# 中国河湖大典

ENCYCLOPEDIA OF RIVERS AND LAKES IN CHINA

《中国河湖大典》编纂委员会 编著
Compiled by: Editorial Committee of Encyclopedia of Rivers and Lakes in China

【综合卷】
SECTION OF NATIONAL OVERVIEW

中国水利水电出版社
China Water & Power Press

封面题字　敬正书

## 图书在版编目（CIP）数据

中国河湖大典. 综合卷 /《中国河湖大典》编纂委员会编著. -- 北京：中国水利水电出版社，2014.12
ISBN 978-7-5170-2847-5

Ⅰ. ①中… Ⅱ. ①中… Ⅲ. ①河流－概况－中国②湖泊－概况－中国 Ⅳ. ①K928.4

中国版本图书馆CIP数据核字(2014)第310501号

审图号：GS（2014）5200号

| 书　　名 | 中国河湖大典　综合卷<br>ENCYCLOPEDIA OF RIVERS AND LAKES IN CHINA<br>SECTION OF NATIONAL OVERVIEW |
|---|---|
| 版　　权 | 《中国河湖大典》编纂委员会<br>中国水利水电出版社 |
| 出版发行 | 中国水利水电出版社<br>（北京市海淀区玉渊潭南路1号D座　100038）<br>网址：www.waterpub.com.cn<br>E-mail：sales@waterpub.com.cn<br>电话：（010）68367658（发行部） |
| 经　　售 | 北京科水图书销售中心（零售）<br>电话：（010）88383994、63202643、68545874<br>全国各地新华书店和相关出版物销售网点 |
| 排　　版 | 中国水利水电出版社微机排版中心 |
| 印　　刷 | 北京新华印刷有限公司 |
| 规　　格 | 210mm×285mm　16开本　38.25印张　1099千字　2插页 |
| 版　　次 | 2014年12月第1版　2014年12月第1次印刷 |
| 印　　数 | 0001—3000册 |
| 定　　价 | 256.00元 |

凡购买我社图书，如有缺页、倒页、脱页的，本社发行部负责调换
**版权所有·侵权必究**

# 《中国河湖大典》编纂委员会

主　任：敬正书

副主任：矫　勇　　周　英　　陈小江

委　员：（按姓名笔画排序）

| | | | | | | |
|---|---|---|---|---|---|---|
| 于　睿 | 于丛乐 | 王世江 | 王仕尧 | 王扬俊 | 王全胜 | 王孝忠 |
| 王宏江 | 王忠法 | 王晓东 | 戈　锋 | 文　明 | 邓　坚 | 叶建春 |
| 叶勇义 | 史会云 | 白玛旺堆 | 匡尚富 | 吕振霖 | 仲　刚 | 朱开茗 |
| 朱芳清 | 朱宪生 | 任宪韶 | 庄　先 | 刘　震 | 刘水在 | 刘兰育 |
| 刘伟民 | 刘雅鸣 | 汤鑫华 | 许文海 | 孙砚方 | 孙晓山 | 孙继昌 |
| 孙雪涛 | 纪　冰 | 杜昌文 | 李代鑫 | 李英明 | 李国英 | 李洪波 |
| 李清林 | 杨志英 | 肖　友 | 吴存荣 | 吴洪相 | 冷　刚 | 宋光禄 |
| 宋继峰 | 张红兵 | 张志彤 | 张拓原 | 张金如 | 张绮文 | 张嘉毅 |
| 张德新 | 陆　兵 | 陈　川 | 岳中明 | 金俊杰 | 周日方 | 周运龙 |
| 周学文 | 郑连第 | 赵　伟 | 赵文元 | 钟想廷 | 段安华 | 袁进琳 |
| 耿福明 | 顾　浩 | 党连文 | 钱　敏 | 高　波 | 高而坤 | 黄柏青 |
| 盛维德 | 康国玺 | 宿　政 | 彭述明 | 董克义 | 韩乃义 | 程　静 |
| 焦志忠 | 谢承或 | 蔡其华 | 谭策吾 | 滕胜叶 | 潘军峰 | 戴军勇 |

主　编：敬正书

常务副主编：顾　浩　　郑连第

副主编：蔡其华　李国英　钱　敏　邓　坚　任宪韶　岳中明　党连文
　　　　叶建春　刘雅鸣　匡尚富　汤鑫华　戴定忠　胡昌支

# 《中国河湖大典》专家组

组　　长：郑连第

副组长：焦得生

成　　员：陆孝平　窦以松　李文垦　窦鸿身　赵魁义　徐根才　张卫东

# 《中国河湖大典》编纂委员会办公室

主　　任：胡昌支

副主任：穆励生　王　丽

成　　员：（按姓名笔画排序）

马爱梅　王可欣　王海琴　王德鸿　冯红春　纪　红　吉鑫丽

曲大鹏　杜丙照　李忠胜　李金玲　吴　娟　崔志强　程　锐

**《综合卷》终审专家：**（按姓名笔画排序）

丁泽民　朱尔明　张卫东　邹宝山　郑连第　赵广和　钟　勇

顾　浩　焦得生

# 《综合卷》编纂人员名单

主　　编：敬正书
副 主 编：顾　浩
执行主编：郑连第
执行副主编：谢良华
主编助理：王　丽　吴　娟

## 《中国的河流与湖泊》

撰　稿：尤联元　汤奇成　郑连第　张家桢　窦鸿身　赵魁义　陆孝平
　　　　顾　浩　张伟兵
统　稿：郑连第　顾　浩　张卫东　吴　娟
核　稿：陈志云　李海路　李红有　邱宝冲　吴宗越　陈炳金　史立人
　　　　石铭鼎　张孝南
摄　影：缪宜江　李树友　刘柏良　耿曙萍　刘建江　贺道富　杨其格
　　　　陈张羽　晋知华　李志杰

## 《中国河湖水系一览表》

### 长江分支

审　稿：别道玉　钟小珍　陈炳金
统　稿：邱忠恩　罗钟毓　钟小珍
制　表：
　　　　长江水利委员会　邱忠恩　罗钟毓

青海省　王绒艳　杜文忠

四川省　李秋红　代　鸿

西藏自治区　周克勤　李　艳　达　平　罗伟锋　罗再均

云南省　潘一学　曹矿君　杨志泉　张应亮　叶　旭

甘肃省　周　侃

贵州省　孙　波　黄秋强

重庆市　程顺钦　谢　芸

湖北省　张培华　黄汉花　姚　玲

湖南省　巢中根　刘和平　谢坤山　覃事恒

广西壮族自治区　刘冬明

陕西省　李献华

河南省　李　夔　张　依

江西省　刘政民　陈福春　周俊锋　邓红喜　杨海保　杨荣清
　　　　肖慧英　周方红　徐伟成　曹正池　郭小帅

安徽省　张文培

江苏省　袁以海　李　慧　郑恩才　徐炳顺　王成功　李国梁
　　　　高　鹏　陆秀才

上海市　陈　晓

编　辑：王　振　陈　辉

## 黄河分支

审　稿：邱宝冲　赖世熹

统　稿：邱宝冲　赖世熹　铁　艳

制　表：

　　黄河水利委员会　邱宝冲　赖世熹　铁　艳

　　青海省　王绒艳　云　涌　韩　荣　杜文忠

四川省　李秋红　代　鸿

甘肃省　周　侃

宁夏回族自治区　陈　丹

内蒙古自治区　袁金梁　任建国

山西省　张晓鹏　刘　洋

陕西省　李献华

河南省　杨惠淑　尹燕莉

山东省　朱汉明

新疆维吾尔自治区　耿曙萍

## 淮河分支

审　稿：伍海平　张卫军

统　稿：陈忠国

制　表：周正涛　汪跃军　顾　梅

## 海河分支

审　稿：王文生　曹寅白

统　稿：邵文砚　李红有

制　表：李红有　于　洋　陶桂荣　张俊霞　邢　斌

## 珠江分支

审　稿：谢　宝　张宇明

统　稿：张孝南　莫介环

制　表：
　　珠江水利委员会　莫介环　王艳红　钱益民　付　英　田　侦
　　　　　　　　　　乐　涛
　　云南省　潘一学　张应亮　曹矿君　杨志泉
　　贵州省　孙　波　黄秋强
　　广西壮族自治区　徐国琼　周也茹
　　广东省　易淑珍
　　海南省　王　坚
　　湖南省　巢中根
　　江西省　杨荣清
　　福建省　任宇祥

## 松辽分支

审　稿：梁团豪　陈志云
统　稿：陈志云　侯吉长
制　表：
　　松辽水利委员会　侯吉长　陈志云　李海路　郑　强　张　鹤
　　　　　　　　　　王　勇　倪　伟　尹雄锐　季叶飞　曲　洋
　　　　　　　　　　陈　伟　关林超　李光华
　　黑龙江省　韩玉梅　任友山　司国佐　刘汉臣　曹伟征　雷　庆
　　　　　　　宋文生　王春雷　赵秀娟　王占兴　赵孟芹　崔永生
　　　　　　　李　颖　刘晓凤
　　吉林省　王政坤　宋艳春
　　辽宁省　梁凤国　梁　冰　张世全　王家枢　刘　芳　周跃川
　　　　　　韩德纯　陈锦范
　　内蒙古自治区　袁金梁　曾翠英

## 太湖分支

审　稿：李　敏　周黔生　郑东文
统　稿：李　敏　卢可源　陈静霞
制　表：
　　　　太湖流域管理局　李　敏　王同生
　　　　浙江省　周黔生　陆鼎言　缪复元　陈绍熙　卢可源　董福平
　　　　福建省　陈静霞　王向工　任宇祥

## 台湾分支

制　表：戴定忠　谭国良　范　昭　吴　娟


《中国河湖水系一览表》统稿：
　　　　李金玲　冯红春　吉鑫丽　王海琴

# 编修当代水经　服务千秋伟业
## ——《中国河湖大典》序

水是人类和一切生物生存的物质基础，是发展经济、保护环境、改善民生的基础性自然资源和战略性经济资源。我国幅员辽阔，地形多样，气候复杂，河湖众多，流域面积超过 1 000 平方千米的河流有 1 500 多条，湖水面积在 1 平方千米以上的湖泊达 2 939 个。先民逐水而居，以水为伴，既享受江河湖泊的恩惠，也遭受洪魔旱魃的侵扰。从大禹治水开始，中华民族始终在同水旱灾害作斗争。上下 5 000 年，一部中国历史，从一定意义上讲，也是中国人民兴水利、除水害的历史。

"善治国者先治水"。新中国成立以来，党和政府带领全国人民开展了大规模水利建设，初步形成了防洪、排涝、灌溉、供水、发电等比较完整的水利工程体系，全国已建成江河堤防 28.69 万千米，是新中国成立之初的 7 倍，相当于环绕地球赤道 7 圈多；各类水库数量从 1 223 座增加到 2008 年的 86 353 座，总库容从约 200 亿立方米增加到 6 924 亿立方米；供水量从 1 031 亿立方米增加到 5 828 亿立方米；农田有效灌溉面积从新中国成立之初的 2.4 亿亩扩大到目前的 8.77 亿亩；累计解决了 2.72 亿农村人口的饮水困难和 1.65 亿农村人口的饮水不安全问题，以及 3 亿多无电人口的用电问题；治理水土流失面积 101.6 万平方千米。我国以占世界 6% 的淡水资源、9% 的耕地养育了占世界 21% 的人口并向全面小康社会迈进，这是中华民族 5 000 年文明史上前所未有的伟大成就，也是中国人民对世界发展作出的巨大贡献。

当前和今后一个时期，我国正处于全面建设小康社会、加快推进社会主义现代化的关键阶段。人多水少，水资源时空分布不均、水土资源与生产力布局不相匹配，是我国将要长期面对的基本水情。特别是受全球气候变化影响，近年来我国极端水旱灾害事件呈多发频发突发趋势，洪涝灾害、干旱缺水、水体污染和水土流失等水问题更加复杂。党和政府高度重视解决水问题，把节约资源、保护环境作为基本国策，大力倡导并深入落实科学发展观。水利部门结合实际提出了可持续发展治水思路，坚持以人为本，坚持人与自然和谐，以民生水利发展为重点，以节水防污型社会建设为途径，以水资源可持续利用为目标，对水资源进行合理开发、高效利用、综合治理、优化配置、全面节约、有效保护和科学管理，推进传统水利向现代水利、可持续发展水利转变，以水资源的可持续利用保障经济社会的可持续发展。我们期望并且坚信，到2020年我国全面建设小康社会目标实现之时，人民群众的防洪安全将得到可靠保障，城乡居民普遍享有安全清洁的饮用水，水环境和水生态状况显著改善，祖国的山更绿、水更清、天更蓝。

盛世修典是中华民族的优良传统。作为水资源主要载体和水旱灾害的地表源头，河流和湖泊历来受到高度重视，描述河湖的文献成为中华民族文化宝库中的重要典藏。公元6世纪郦道元所著的《水经注》，以更早记载我国江河水道的古书——《水经》为纲，溯源探流，访渎搜渠，以辞约意丰、情韵悠然的笔触，记述了1 500多年前我国自然地理、人文地理、历史地理面貌，成为后世人们了解全国水资源、水环境及其开发利用状况的主要依据。其后，历代也出现过一些描述河湖的文献，但其内容的广度和深度都无法与《水经注》相比。今人为此作出过很多努力，出版了一些有关中国河湖及水资源的书籍，但仍未能反映我国河湖水系的全貌。新世纪以来，随着经济社会发展和水资源条件变化，随着治水思路调整和水利实践深入，编纂出版《中国河湖大典》（以下简称《大典》），全面、准确地反映我国江河湖泊的历史和现状，弘扬、传承中华水文化，引导社会科学治水，维护河流生态健康，自然成为水利人和各界有识之士的迫切愿望与神圣使命。

水利部党组高度重视《大典》的编纂出版工作。2004年3月，水利部原部长汪恕诚同志作出批示，请时任水利部党组副书记、副部长的敬正书同志担任全书编委会主任兼主编，组成了由有关司局、流域机构及有关各省、市、自治区水利（务）厅（局）等单位负责人为委员的编委会，下设编委会办公室，组织有关专家成立全书专家组；各流域机构和地方水利部门也成立了相应的工作机构，组织了精干力量。敬正书同志不仅亲自著书、审稿，还多次深入各地指导编纂工作，协调处理编纂过程中遇到的各种困难，创造性地解决了大量关键难题，付出了巨大辛劳。各地撰稿人员和有关专家孜孜不倦、辛勤耕耘，或埋头著述，或字斟句酌，或旁征博引，或探幽发微，奠定了《大典》的基础。全书编委会办公室（中国水利水电出版社）和各地编纂办公室工作人员上下沟通，多方协调，充分发挥了桥梁和纽带作用。《大典》涉及编纂人员数千人，既有水利系统领导干部，也有系统内外专业人才，既有水利水电专家，也有地理学科权威。作者阵容之强大，组织工作之繁复，我国水利出版史鲜见。编纂工作不仅要对已有资料进行系统梳理与整编，还要对许多无人区进行开创性勘探、调查与研究；不仅要纠正历史讹误，明辨是非曲直，努力正本清源，还要秉持科学理念，描绘崭新实践，充实时代元素；不仅要善于突破地理盲区，还要勇于超越思想藩篱。可以说，《大典》不仅是我国江河湖泊面貌和水利实践过程的真实写照，也是"献身、负责、求实"水利行业精神的具体展现。借此机会，谨向参与编纂出版工作的同志们表示由衷的敬意和诚挚的感谢!

《大典》以我国河流湖泊的当代水文水资源状况为主、水利工程建设情况为辅，涉及地理、历史、环境、生态、农业、文化、经济和社会等领域，以现有权威水文资料、史志资料为依托，借鉴《水经注》的行文方式，通过图文并茂的装帧版式，对我国河流湖泊的基本资料进行系统收集、整理、加工和提炼，客观描述当今中国河流湖泊的基本状况，反映21世纪初人类对江河湖泊利用、保护、治理的新理念，是一部具有重要存史价值和重大现实意义的权威工具书，可为水利部门、社会各界乃至国际人士提供新颖、系统、准确、便捷的参考信息，为我国水利事业和经济社会的可持续发展服务。

中华民族悠久灿烂的文明史，中华大地多姿多彩的水景观，孕育了具有鲜明特色的水文化。新中国成立以来波澜壮阔的治水实践和举世瞩目的治水成就，又极大地丰富和发展了水文化。在新的历史时期，我们既要充分认识传统水文化的历史意义和现实价值，对传统水文化进行科学梳理、深入挖掘和系统总结，传承和发扬先进水文化；也要从广泛生动的水利实践中汲取时代精神，在人民群众的治水行动中丰富水文化，在水利事业的发展进步中创新水文化，引导社会建立人水和谐的生产生活方式，促使水文化更好地适应经济社会健康发展的需要。《大典》的编纂是一项浩大的水文化工程，它的问世是水文化建设结出的硕果。《大典》以其所载信息的科学性、准确性、实用性、丰富性和系统性，确立了其在中国水利史册中的权威地位，堪称当代中国的《水经注》。希望广大水利干部职工珍爱《大典》，用好《大典》，使《大典》更好地服务于水利这一千秋伟业，更好地推动社会主义文化大发展大繁荣。

我相信，在科学发展观的引领指导下，在水利部门和社会各界的共同努力下，我国的水利事业必将取得更加辉煌的成就，我国的河流湖泊必将变得更加绚丽多彩、永葆生命健康。

是为序。

中华人民共和国水利部部长 陈雷

2009年9月27日

# 编 纂 说 明

《中国河湖大典》(以下简称《大典》)是一部全面、科学、客观描述中国河流湖泊体系,重要河流湖泊自然、人文状况的大型典籍,由中华人民共和国水利部及其派出的流域管理机构组织各省、自治区、直辖市水行政主管部门负责人、水利系统内外相关专家学者组成的《大典》编纂委员会及其执行机构编纂完成,以供各界人士和有关方面了解或研究河流、湖泊之用。

中国幅员辽阔,不同地域气候、水文千变万化,地形、植被千差万别,河流、湖泊自然面貌千姿百态。中华民族悠久的历史又赋予这些河流湖泊深厚多彩的文化内涵。如何全面真实、深浅适度地将这些信息综合表述在统一的文本之中,现存的文献典籍鲜有可借鉴的先例。因此,编纂《大典》可以说是一项具有挑战性的工作。

《大典》编纂工作在启动伊始就受到社会各方的关注,财政部为此立项,新闻出版总署将其列入"十一五"重点图书出版规划。为保证编纂质量,编纂委员会组织水利、地理、历史等学界专家成立了专家组,各流域机构也组建了编纂机构与工作班子,广揽各方熟悉相关河湖的专家学者、工程技术人员、研究和关心河湖的人士作为撰稿人和审稿人,以使本《大典》更真实、更全面、更权威。

《大典》由序、编纂说明、分卷前言、总论、条目、插图、附表和索引等部分组成,其中条目即全书的正文,是《大典》的主体。各部分的编纂规则如下。

## 一、条目的含义、选列及编号

### 1. 含义

条目是《大典》的基本叙述单元,一般一个条目表述一条河流或一个湖泊,所指河湖包括天然河流、天然湖泊、著名的人工河流(包括运河、灌溉水系、引水渠道等)和人工湖泊(水库)。

### 2. 选列标准

中国河流和湖泊数量巨大,规模和影响差异悬殊,为使全书条目的总数合理,做到各地域间条目数量的大致平衡和内容相称,选列条目时河湖分为两类:第一类是在主要技术参数上达到一定规模的,第二类是规模以下但有特色或重要价值的。

(1)《大典》选列条目标准

达到一定规模的选列条目标准为:

天然河流,流域面积达到或超过1 000平方千米者(包括各级支流);

天然湖泊,水面面积达到或超过10平方千米者;

水库,总库容达到或超过1亿立方米者;

人工渠道,限规模大、历史悠久或社会影响独到者。

规模以下河湖数量众多,其中一些在自然、社会、经济、科技、环境、历史、文化、军事等领域具有突出价值或特殊影响,因此也被列入,称为规模以下列条河湖。这类条目入选的数量控制在第一类条目数量的1.0~1.5倍之间。

（2）其他问题处理原则

1）泉源、瀑布、湿地、水渠和水闸的列条问题。泉源、瀑布一般在相应的河流或湖泊中予以阐述；个别著名或特色突出者单独列条，但严格控制数量；各类湿地因与相关河流、湖泊不可分割，除极个别者外，没有单独列条，其内容在相关的河流、湖泊中阐述。我国水渠和水闸所形成的水域数量很大，它们都是开发治理河湖的工程，故在相应的河湖条目中给予表述。

2)"双源"或"多源"河流的列条问题。由于自然或社会的原因，少数河流没有公认的单一的主源头，而是有两个或多个并列的源头（例如，海河有潮白河、永定河、大清河、子牙河、漳卫南运河等）。此类河流通常既从整体上列选一个条目，在撰写释文时，概述部分以全河流域为撰写范围，说明此河有两个或多个并列的源头；纪实部分则从两源或多源的汇合处写起，直至入河（湖、海）口止；此外，又把两个或多个源头分别作为这条河流最上游的两条或多条支流另列条目。

3）河网或河口的列条问题。平原河网地区，河流的干支关系与一般水系不同。《大典》把一定区域内有水流联系的水网作为一个水系列为条目；而水网中的水流如符合列条要求，就列为该水网的下一级条目。一些河流的河口，水流比较复杂，这一区域也作为一个河网予以列条。

## 3. 条目篇幅分档

为保持全书内容的分布均衡、繁简适当，《大典》在编纂过程中将条目按其篇幅分为7个层次：①特长条；②长条；③中长条；④中条；⑤中短条；⑥短条；⑦短短条。特长条用于极少数特别重要、内容特别丰富的河流，如长江、黄河；长条用于其他重要干流、特别重要的湖泊，如松花江、辽河、淮河、珠江、太湖、洞庭湖、鄱阳湖等；中长条用于七大流域下的重要支流、重要独流入海河流、重要内陆河流、重要湖泊和特大水库，如汉江、汾河、钱塘江、雅鲁藏布江、塔里木河、洪泽湖、三峡水库等；中条用于比较重要的河流、湖泊和水库，如文峪河、白洋淀、密云水库等；中短条用于一般的河流、一般的湖泊；短条用于其他内容偏少的河湖；短短条用于内容最少的河湖。

## 4. 条目编号

（1）编号的表达形式

为便于读者阅读，《大典》对选列的河湖条目进行统一编号。每个条目都有唯一的编号，读者根据编号可以方便地查找条目在书中的准确位置。所有编号组成的体系，体现了本书列条的全国河流、湖泊的存在状况及相互关系。

条目编号的表达形式为×.×.×.×.×，其中每个"×"标示水系的一个干支层次，即几级支流。其具体编法是：

1）从左侧开始，第一位×为流域分片的编号，也是该流域干流（一级列条河湖）的编号。水系和水系群体之间的排号顺序以东北为先，后续按顺时针方向依次排列。黑龙江及其流域片为1，辽河及其流域片为2，海河及其流域片为3，黄河及其流域片为4，淮河及其流域片为5，长江及其流域片为6，七大江河之外的独流入海河流为7，珠江及其流域片为8，海岛河流水系为9，内陆水系为10。

2）前两位×.×为二级列条河湖编号。在相应的流域范围内，按二级列条河湖入河口在一级列条河湖干流上从上游到下游的顺序排列。湖泊水系编号与河流水系相同。

3）前三位×.×.×为三级列条河湖编号。在相应的二级列条河湖流域范围内，按三级列条河湖入河口在二级列条河湖干流从上游到下游的顺序排列。其余依此类推。

4）条目编号示例

    6    长江　　　　　　　　　　　　表示长江水系在全国水系中的编号为6

    6.133　洞庭湖水系　　　　　　　表示洞庭湖水系在长江水系中的编号为133

    6.133.5　湘江　　　　　　　　　表示湘江在洞庭湖水系中的编号为5

    6.133.5.18　春陵水　　　　　　　表示春陵水在湘江水系中的编号为18

    6.133.5.18.3　欧阳海水库　　　　表示欧阳海水库在春陵水水系中的编号为3

（2）独流入海河流、内流河湖编号

《大典》把位于一个特定地区的七大江河以外的独流入海河流或内流河湖作为一个群体（例如东南诸河、广东沿海诸河、羌塘高原内流河湖等）当作一级水系进行编号，其中的河湖按上述原则依次进行编号。

（3）条目编号与条目总表

全书各卷条目按上述原则编成的条目编号体系形成《大典》条目总表，收录于《综合卷》。

## 5. 分卷安排

依据前述条目编号体系及各水系的地理位置，全书共分下列10卷：综合卷，黑龙江、辽河卷，海河卷，黄河卷，淮河卷，长江卷（上、下），东南诸河、台湾卷，珠江卷，西南诸河卷，西北诸河卷。

# 二、条 目 的 结 构

条目由条题、释文、示意图、照片等组成，释文是条目的主体。

## 1. 条题

条题由汉字条题和外文条题组成，外文条题是汉字条题对应的外文译名。

（1）一河多名

一河多名的情况甚多。《大典》规定：以国家明文规定的名字为条题，没有国家明文规定名称的河湖则以一个应用最广、在社会上影响最大的名字作为条题，其他名字则在释文中一一列出。

（2）一河分段异名

一条河流上下游可能存在不同名称。对此，《大典》只选择权威认可的或在社会上最具影响的名字作为条题。如果不具备上述条件，则选择最下游一段河名作为条题。为使读者阅读和检索方便，有必要时，在条题后加括弧注明自上而下的河段名称。

（3）多河或多湖同名

多河或多湖同名者很多。由于在正文和附录中所有条目都是按条目编号排列的，在索引中所有河湖名称后面都注有其所在页码，故同名不会出现混淆问题。少数同名者在条题后面加注了所在地区。

## 2. 释文

释文是条目的核心内容，其主旨是介绍中国河流、湖泊的基本情况，重点是河湖的自然状况，有关经济、工程、文化、社会、历史的内容力求简洁明了，且紧扣人与河湖的相互关系。

释文一般由三部分组成：①题解，②概述，③纪实。

（1）题解

题解是对条题的概括说明。内容包括：河湖名称、别名、少数民族语言称谓、古名，河湖类型，河系关系，河湖发源地、入河（湖、海）口，流域所处经纬度（字数少的条目省略），干流行经及支流伸展所及省、自治区、直辖市。

（2）概述

概述是对河流、湖泊宏观情况的记述，主要包括下述内容：

1）河湖要素。

天然河流：所在水系、自然环境概要、河道历史变迁、河长、流域面积、多年平均入海（河、湖）水量、输沙量。

天然湖泊：湖河关系、自然环境概要、历史变迁、湖面面积及其丰枯变化、水质及其变化等。

人工河流：功用及开发目标、水系关系、自然环境概要、河长、设计规模、建成时间等。

水库：位置、自然环境概要、功用及开发目标、坝型、坝体主要尺寸、库容、库面面积及其丰枯变化、淤积情况、建成时间等。

2）气候水文。气候、降水、蒸发、多年平均流量、冰情、历史洪水等。

3）减灾兴利。旱涝灾害、水利史概述、水资源开发、防洪、灌溉、治涝、发电、航运、城市供水、水土保持等。

（3）纪实

自源头至入河（湖、海）口，依次记述流经地段、自然状况、人与河湖相互影响，属于微观情况描述。包括：

1）自然状况。地质地貌、水流（流态、变化、特殊洪水、断流、泉源、瀑布、地下河等）、沼泽、环境与生态（植被覆盖、生物资源及其多样性、珍稀动植物）等。

2）水事工程和遗迹。重要堤防、不列条水库、渠道、灌区、灌排设施等。

3）自然资源和社会经济概况。

4）与河湖相关的自然景观与文化遗存。城邑聚落、历史事件、民族文化、风景名胜（世界文化遗产和自然遗产、国家重点文物、国家风景名胜区、国家水利风景区等）、名人胜迹（历史人物在此地值得记忆的与河湖相关的遗迹）等。

5）与条目相关的不列条河湖的特色内容的简要表述。

### 3. 示意图

在《大典》条目的释文中，附加了一些平面布置图或河流水系示意图、湖区示意图、库区示意图等。

### 4. 照片

部分条目配有照片，与释文相互印证和烘托。多数照片反映自然生态，也有部分照片反映人文和工程面貌。

### 5. 其他

（1）水利工程本身的描述原则

《大典》不只是水利著作，故对水利工程不作专业详述，主要记述工程在人与河湖关系中的作用，扼要地反映工程的科学技术水平。

（2）水库的描述原则

水库是作为人工湖泊而列条的。《大典》主要描述其形成、规模、形状，人与水库的关系，经济社会效益，以及相关生态、环境情况。

（3）条目与行政区划的关系

条目撰写以水系为单元，不受行政区划的分割。

## 三、《大典》的其他组成部分

### 1. 地图与水系图插页

地图与水系图分为 3 个层次：

（1）全国地图

包括中国政区图、中国地形图、中国河流水系及水资源分区图等。

（2）大流域和大地区水系图

1）大流域水系图包括七大江河的水系图。

2）大地区水系图包括七大江河水系以外由大地区联系的河湖水系图，涉及东南诸河、西南诸河、西北诸河等。

3）七大江河以外无法划入大地区的河湖，根据水资源分区和流域管理范围，分别划入大流域或大地区。

（3）重要支流水系图

一些大流域或大地区水系图比例尺较小，所展示的内容有限。因此，把大流域、大地区按大支流、干流区间或独立的小流域群分片，绘制若干支流水系图，显示相应范围内的列条河湖的流向及干支关系。

根据《大典》的宗旨，所附地图或水系图与一般的地图不同，其核心内容是河湖水系。除标出居民点等必要信息外，其他内容尽量简化。

### 2. 附表

（1）全国水系一览表

列条河湖数量有限，为了更全面展示我国河湖总体情况，在《综合卷》中编列了"全国水系一览表"，把收录范围扩大为：河流流域面积 100 平方千米，湖泊水面面积 1 平方千米，水库库容 100 万立方米及其以上规模。

（2）其他附表

为使读者更方便、清晰地了解各列条河湖要素及相关事项，《大典》在各卷之末增列一些附表，如"列条河流一览表"、"列条湖泊一览表"、"列条水库一览表"、"灌溉面积在 2 万公顷以上的灌区一览表"。

### 3. 索引

《大典》中河湖数量众多，相互关系错综复杂，为方便读者查阅，每卷后设"条题汉字笔画索引"、"条题外文索引"和"内容索引"。内容索引中的河湖名有黑体和宋体两种，黑体为列条河湖，宋体为列条河湖的别称、又称和未列条河湖。内容索引中宋体的河湖名在释文中用楷体标示，以方便检索。释文中标示为斜体的为列条河湖名，表示读者可在专条查阅该河湖的知识，此处不赘述。

# 《综合卷》前言

《中国河湖大典》（以下简称《大典》）全书包括《综合卷》和各流域（区域）水系卷。各流域（区域）水系卷以大水系、大地区分卷，分卷编写组织工作按当前水行政管理机构职责范围划分，各卷对所含大、中、小水系及所属河流湖泊进行具体阐释，水系相对完整、独立。《综合卷》是对全书内容的总览和概述，以沟通各卷关系，它反映了中国河湖水系的总体概况、历史脉络和演变规律，《综合卷》与各水系卷共同构成今天中国河湖的全貌。

《综合卷》内容分为两部分：

第一部分《中国的河流与湖泊》，是用文字辅以图表对中国河流和湖泊的自然、人文状况的综合描述。内容包括中国河湖水系依据复杂的自然条件形成的形态和水情、中国悠久历史和频繁的人类活动在河湖水系留下的印迹、中国河湖的现状以及近现代我国人民进行的水利活动及其展望。由于《大典》的描述对象是水系的现状，当时南水北调工程尚在建设中，相应的各卷中未单独列条，所以专门在本文第六章予以概括介绍。

第二部分《中国河湖水系一览表》，是用表格形式对中国当代河湖水系有次序地全面展示。表格中七大水系及其以外的河湖按东南、西南、西北三大地区依次排列。水系以流域面积1 000平方千米及以上河流为单元按顺序列表。表中内容包括该流域（区域）所含100～1 000平方千米的河流的数量和规模、水面面积1平方千米以上的湖泊的数量和规模、库容100万立方米以上的水库的数量和规模，库容10万～100万立方米的小（2）型水库只记数量不列名称。

根据编纂规则要求，全书专家组和编纂办公室部分人员组织《综合卷》的编纂工作。

《中国的河流与湖泊》涉及地理、历史、水利等跨学科的内容，由中国科学院和水利部的有关专家协同撰写，共同议定编写提纲，交流撰写内容，相互认定撰写初稿。经审稿专家提出意见后，撰稿人认真修改后成文，是一项集体劳动的结晶。参加撰写的人员有：中国科学院地理科学与资源研究所尤联元（第一章第一、二节，第四章第三、五节）、汤奇成（第二章第一、二、五、六节，第四节一、二项，第四章第九节）、张家祯（第四章第一、二、四、六、七、八节），中国科学院南京地理与湖泊研究所窦鸿身（第五章第一、二、三节，第一章第三节一至四项，第二章第四节第三项），中国科学院东北地理及农业生态研究所赵魁义（第五章第四节，第一章第三节第五项），水利部郑连第（第三章第一、二、三节，第六章第一节），水利部陆孝平与中国水利水电科学研究院张伟兵（第六章第二节），水利部顾浩（第六章第三节）。由郑连第、顾浩、中国水利报社张卫东与编纂办公室吴娟统稿。

《中国河湖水系一览表》是在《大典》各卷撰写的基础上，由各卷编委会组织补充编制而成。由于表格内容范围有较大扩充，所以各卷编纂人员收集资料和编制表格的工作量激增，难度加大，付出了更多辛劳。各卷编纂人员严格按要求提供数据资料，经全书编纂办公室统稿协调，使数据涵盖更加全面，水系脉络更加完整，内容层次更为清晰，实在难能可贵。

《大典》的编纂工作，基础信息千头万绪，资料来源十分广泛，编纂工作历时十年，其间河湖水系的形态和指标数据有些发生变化，采集的条件和技术手段也有差别，特别是工作的开展早于全国水利普查数年，所以书中有的资料信息与同类数据相比难免会出现一些差异，但可以认为是在不同时段不同条件下，出现的可以理解的工作成果。

1 500多年前，地理名著《水经注》问世，曾在我国历史上产生了巨大的影响，成为公认的经典。十年前，循着《水经注》的脉络，《中国河湖大典》的编纂者开始收集整理资料和不辍笔耕，今天通过全体编纂人员的共同努力，终于全面完成。希望本书能在大家共同为实现中国梦而奋斗的过程中发挥作用。

在此，对在《中国河湖大典　综合卷》及全书编纂中付出辛勤劳动的各方人士表示衷心的谢意！

*编者*

# 目　　录

编修当代水经　服务千秋伟业——《中国河湖大典》序
编纂说明
《综合卷》前言

## 中国的河流和湖泊

### 第一章　中国河湖水系的形态 　3

第一节　中国河湖发育的自然地理背景 　3
第二节　河流形态的宏观分布格局和区域差别 　8
第三节　湖泊的成因与演变 　21

### 第二章　中国河湖水系的水情 　34

第一节　中国境内的水循环与水平衡 　34
第二节　中国河流水系的水文特性 　41
第三节　中国湖泊的水文情势 　56
第四节　中国河流水系中的泥沙 　61
第五节　中国的冰川和高山冰雪融水 　67
第六节　中国水资源 　69

### 第三章　中国河湖水系上人类活动的历史印迹 　77

第一节　与河湖水系相关的人类活动 　77
第二节　中国的河湖水系和中国水利 　79
第三节　中国河湖水系中的人类活动遗存和遗迹 　90

### 第四章　中国的河流 　109

第一节　黑龙江和东北地区的河流 　109
第二节　海河和华北地区的河流 　117
第三节　黄河 　126
第四节　淮河和山东半岛的河流 　138
第五节　长江 　145
第六节　东南沿海地区的河流 　160
第七节　珠江和华南地区的河流 　168
第八节　西部地区的国际河流 　176

第九节　西部地区的内陆河流 ⋯⋯⋯⋯⋯⋯⋯⋯⋯⋯⋯⋯⋯⋯⋯⋯⋯⋯⋯⋯⋯⋯⋯⋯⋯⋯⋯⋯⋯⋯ 183

第五章　中国的湖泊和沼泽 ⋯⋯⋯⋯⋯⋯⋯⋯⋯⋯⋯⋯⋯⋯ 206
　　第一节　中国湖泊的数量和分布 ⋯⋯⋯⋯⋯⋯⋯⋯⋯⋯⋯⋯⋯⋯⋯⋯⋯⋯⋯⋯⋯⋯⋯⋯⋯⋯⋯ 206
　　第二节　湖水及湖泊水生生物 ⋯⋯⋯⋯⋯⋯⋯⋯⋯⋯⋯⋯⋯⋯⋯⋯⋯⋯⋯⋯⋯⋯⋯⋯⋯⋯⋯⋯ 213
　　第三节　湖泊的开发与可持续利用 ⋯⋯⋯⋯⋯⋯⋯⋯⋯⋯⋯⋯⋯⋯⋯⋯⋯⋯⋯⋯⋯⋯⋯⋯⋯⋯ 221
　　第四节　沼泽 ⋯⋯⋯⋯⋯⋯⋯⋯⋯⋯⋯⋯⋯⋯⋯⋯⋯⋯⋯⋯⋯⋯⋯⋯⋯⋯⋯⋯⋯⋯⋯⋯⋯⋯⋯ 223

第六章　中国近现代河湖水系的开发治理和可持续利用 ⋯⋯⋯⋯⋯⋯⋯⋯⋯⋯⋯ 233
　　第一节　中国河湖开发和治理由古代向近代的转变 ⋯⋯⋯⋯⋯⋯⋯⋯⋯⋯⋯⋯⋯⋯⋯⋯⋯⋯ 233
　　第二节　新中国成立以来对河湖的开发治理 ⋯⋯⋯⋯⋯⋯⋯⋯⋯⋯⋯⋯⋯⋯⋯⋯⋯⋯⋯⋯⋯ 238
　　第三节　中国河湖的可持续利用 ⋯⋯⋯⋯⋯⋯⋯⋯⋯⋯⋯⋯⋯⋯⋯⋯⋯⋯⋯⋯⋯⋯⋯⋯⋯⋯ 255

参考文献 ⋯⋯⋯⋯⋯⋯⋯⋯⋯⋯⋯⋯⋯⋯⋯⋯⋯⋯⋯⋯⋯⋯⋯⋯⋯⋯⋯⋯⋯⋯⋯⋯⋯⋯⋯⋯⋯⋯⋯ 258

# 中国河湖水系一览表

中国河湖水系一览表编制说明 ⋯⋯⋯⋯⋯⋯⋯⋯⋯⋯⋯⋯⋯⋯⋯⋯⋯⋯⋯⋯⋯⋯⋯⋯⋯⋯⋯⋯⋯⋯ 263
中国河湖数据统计表 ⋯⋯⋯⋯⋯⋯⋯⋯⋯⋯⋯⋯⋯⋯⋯⋯⋯⋯⋯⋯⋯⋯⋯⋯⋯⋯⋯⋯⋯⋯⋯⋯⋯⋯ 265
表1　黑龙江水系河湖数据统计表 ⋯⋯⋯⋯⋯⋯⋯⋯⋯⋯⋯⋯⋯⋯⋯⋯⋯⋯⋯⋯⋯⋯⋯⋯⋯⋯⋯ 266
表2　辽河水系河湖数据统计表 ⋯⋯⋯⋯⋯⋯⋯⋯⋯⋯⋯⋯⋯⋯⋯⋯⋯⋯⋯⋯⋯⋯⋯⋯⋯⋯⋯⋯ 297
表3　海河水系河湖数据统计表 ⋯⋯⋯⋯⋯⋯⋯⋯⋯⋯⋯⋯⋯⋯⋯⋯⋯⋯⋯⋯⋯⋯⋯⋯⋯⋯⋯⋯ 306
表4　黄河水系河湖数据统计表 ⋯⋯⋯⋯⋯⋯⋯⋯⋯⋯⋯⋯⋯⋯⋯⋯⋯⋯⋯⋯⋯⋯⋯⋯⋯⋯⋯⋯ 319
表5　淮河水系河湖数据统计表 ⋯⋯⋯⋯⋯⋯⋯⋯⋯⋯⋯⋯⋯⋯⋯⋯⋯⋯⋯⋯⋯⋯⋯⋯⋯⋯⋯⋯ 349
表6　长江水系河湖数据统计表 ⋯⋯⋯⋯⋯⋯⋯⋯⋯⋯⋯⋯⋯⋯⋯⋯⋯⋯⋯⋯⋯⋯⋯⋯⋯⋯⋯⋯ 371
表7　独流入海水系河湖数据统计表 ⋯⋯⋯⋯⋯⋯⋯⋯⋯⋯⋯⋯⋯⋯⋯⋯⋯⋯⋯⋯⋯⋯⋯⋯⋯⋯ 466
表8　珠江水系河湖数据统计表 ⋯⋯⋯⋯⋯⋯⋯⋯⋯⋯⋯⋯⋯⋯⋯⋯⋯⋯⋯⋯⋯⋯⋯⋯⋯⋯⋯⋯ 517
表9　海岛水系河湖数据统计表 ⋯⋯⋯⋯⋯⋯⋯⋯⋯⋯⋯⋯⋯⋯⋯⋯⋯⋯⋯⋯⋯⋯⋯⋯⋯⋯⋯⋯ 536
表10　内陆河湖数据统计表 ⋯⋯⋯⋯⋯⋯⋯⋯⋯⋯⋯⋯⋯⋯⋯⋯⋯⋯⋯⋯⋯⋯⋯⋯⋯⋯⋯⋯⋯⋯ 540

# 插　页　目　录

中国政区图
中国地势图
中国水系图
中国年降水量图

# 中国的河流和湖泊

# 第一章　中国河湖水系的形态

## 第一节　中国河湖发育的自然地理背景

河流、湖泊是最为常见的两种与水有关的地表形态，其形成、发育与其所处自然地理环境有着密切关系，主要包括下列诸方面。

### 一、地质地貌基础

地球历史上曾多次发生过地质构造运动，但只是到了时代较晚的中生代晚期发生的一次巨大范围的地质构造运动——燕山运动才奠定了中国现代地貌的基本地质构造格架，此后又经过了新生代的喜马拉雅运动的作用，从而形成了以三个巨大阶梯为特征的宏观地貌骨架（图1-1）。

#### （一）第一级（最高）阶梯

平均海拔在4 000米以上，面积近260万平方千米，形成了号称"世界屋脊"的青藏高原。高原上横亘着几条近乎东西向的山脉，自北而南依次为昆仑山脉—阿尔金山脉—祁连山脉、唐古拉山脉、冈底斯山脉—念青唐古拉山脉，山脊线海拔大都在6 000米以上。在它的南沿有高耸入云的喜马拉雅山脉，山脉主脊海拔平均在7 000米左右，世界第一高峰——珠穆朗玛峰就位于它的中东部，海拔高达8 844.43米。

#### （二）第二级阶梯

介于青藏高原与大兴安岭—太行山—巫山—雪峰山之间，其中包括了内蒙古高原、黄土高原、云贵高原和塔里木盆地、准噶尔盆地、四川盆地等大的地貌单元。海拔一般在1 000～2 000米左右，唯横亘于塔里木盆地和准噶尔盆地之间的天山较高，平均海拔超过4 000米；四川盆地较低，仅500米上下。

珠穆朗玛峰

#### （三）第三级（最低）阶梯

大兴安岭—太行山—巫山—雪峰山一线以东的部分为第三阶梯。其地形面由于受到后期的强烈破坏（断裂、切割、侵蚀、隆起和沉降等），地面高低起伏不平。近海的沉降地带由于入海河流冲刷淤积，从海中升起，成为广大的平原，而隆起受侵蚀、切割的地带则成为丘陵、山地。自北向南，有海拔200米以下的东北平原、华北平原、长江中下游平原；有江南广大地区平均海拔数百米的许多丘陵、盆地；还有海拔500～1 000米的辽东半岛低山丘陵、山东半岛低山丘陵、东南沿海低山丘陵、两广低山丘陵等；此外，海拔超过3 000米的台湾山地和水深不足200米的浅海大陆架也位于第三级阶梯的范围内。

这一西高东低呈梯级下降的地貌轮廓，控制着中国主要水系的宏观格局。大多数的外流河流均自西向东注入太平洋，如长江、黄河、海河、淮河等皆是如此。也使得像长江、黄河这样的大

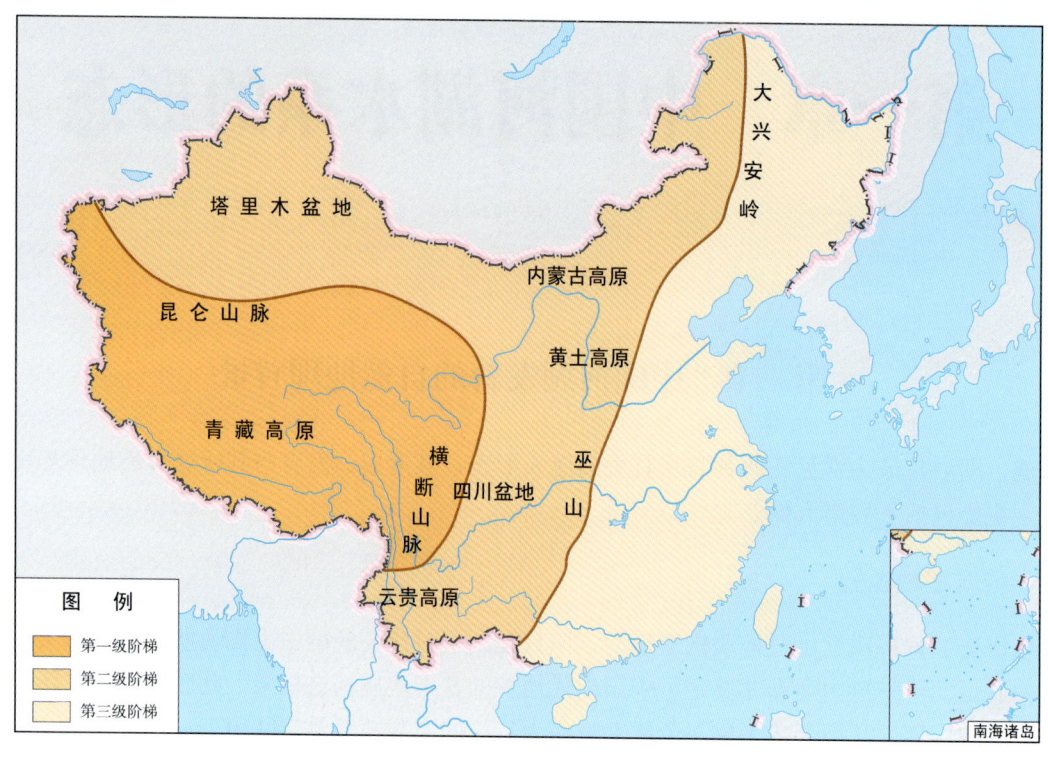

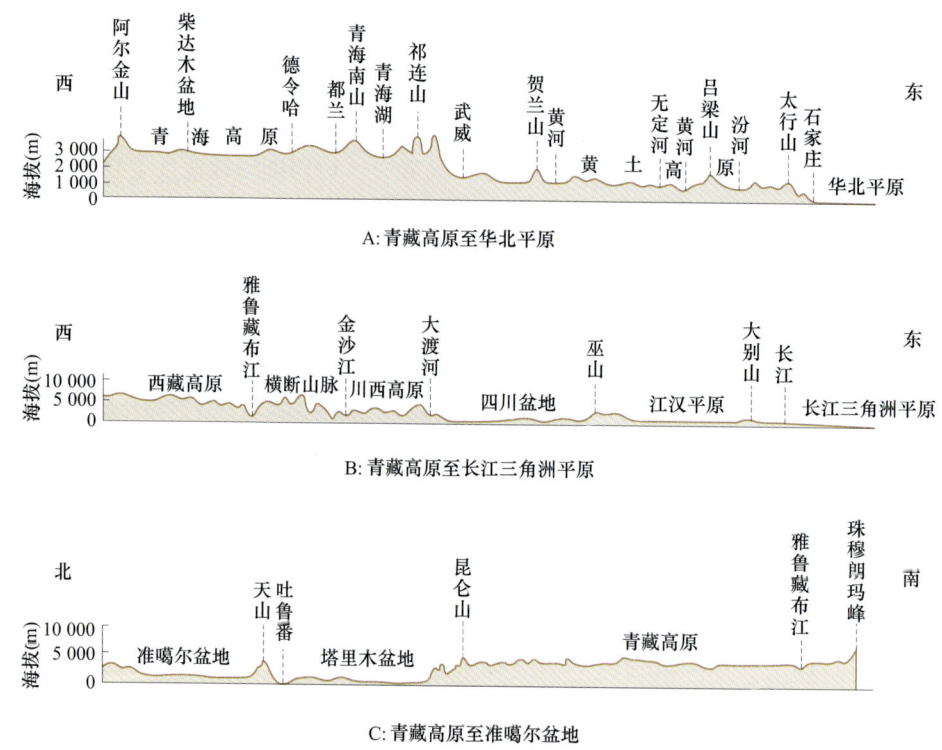

图1-1 中国地貌的三大阶梯

河的上、中、下游都位于同一纬度带内，且自西向东分别属于半干旱区、半湿润区或湿润区，因而在同一河流中径流量沿程向下迅速增大。而当河流穿越梯级之间的交界线时，往往形成典型的高能环境，不仅出现幽深的峡谷，蕴藏丰富的能源，而且也在河流的纵剖面形态上留下引人注目的转折。

第一级阶梯和第二级阶梯由于其地势高峻，往往成为中国外流水系干流的发源地，主要有两个地带，即青藏高原的东南部，大兴安岭—冀晋山地—豫西山地—云贵高原连线。发源于第一个梯级的河流都是源远流长的巨大江河，向东流的有长江、黄河，向南流的有澜沧江、怒江、雅鲁藏布江等。发源于第二级阶梯的河流主要有黑龙江的南源额尔古纳河、嫩江、辽河、滦河、海河、淮河、西江等，就长度和水量而论，一般都次于发源于第一级阶梯的河流。位于第三级阶梯内的长白山地—山东低山丘陵—东南沿海山地，也成为一些较小河流的发源地，主要有图们江、鸭绿江、沂沭河、钱塘江、瓯江、闽江、九龙江、韩江、东江和北江等，由于已临近海岸，流域面积和长度均较小，但因位于我国降水最丰沛的地区，故水量十分丰富。

## 二、新构造运动特征

新近纪、特别是第四纪以来所发生的地质构造运动称为新构造运动，中国现今地势的巨大差异，在很大程度上是新构造运动所造成的结果。新构造运动作为一种重要的内动力（内营力），对河湖发育的影响主要表现在两个方面。首先就是由于在空间大范围上的差异所形成的三大地貌阶梯，从而导致了上述的中国水系宏观格局的形成；其次是实际情形中在三大地貌阶梯内部更小的空间范围内，有着不同的次一级地质构造单元，它们的新构造运动方式、幅度和速率都表现出不同的特点，因而使河流地貌的发育、形态呈现出不同的特征。在新构造运动强烈抬升的地区，河流快速下切，往往形成陡峻的峡谷，特别是在因强烈抬升所形成的第一级阶梯青藏高原边缘，巨大的地形反差使从高原上奔泻而下的河流，在高原边缘山地强烈下切，形成了瀑布、急流连连，两岸峭壁参天的深邃峡谷，横断山脉在滇藏交界处的金沙江、澜沧江、怒江三江并流，雅鲁藏布江大拐弯等峡谷就是这样形成的。一些地区的新构造运动的抬升具有间歇性或抬升和沉降的交替性，在抬升停滞的时期河道就会展宽自己的河谷，直至下一个抬升阶段的到来再重新下切，这样在河谷内就形成了多级河流阶地，长江三峡河谷就是典型。而在一些沉降或相对沉降的地区，河流可以充分地侧向展宽，有着宽广的河谷和自由摆动的河床，乃至自由曲流或游荡性河道。在同一条河道上，由于地质构造属性不一样，不同河段的形态就会有巨大差异，黄河中游流动于山西和陕西之间，禹门口以上地质构造为吕梁台背斜，仅第四纪时期的抬升量就达到250米以上，而禹门口以下则属于汾渭地堑的一部分，持续沉降，禹门口以上黄河主要是深切峡谷，禹门口以下则是平坦宽广的游荡性河流，然而再往下河道又进入新构造运动抬升的豫西山地，河道又转为峡谷，三门峡、小浪底等峡谷即位于此。总体看来，因这种新构造运动性质差异而引起的河流形态差异在第二级阶梯表现比较明显。

新构造运动性质的差异也与湖泊形成有密切关系。构造沉降或相对沉降的地区容易汇聚积水成湖，洞庭湖、鄱阳湖都是位于第四纪以来长期沉降的地区。湖泊所在地区地壳抬升可以导致湖泊面积缩小，相反地壳沉降则助长湖泊面积扩大。在一些抬升和沉降差异特别显著的地方，如断裂带的所在，就容易形成深度更大的断层构造湖，青海湖就是一个构造湖，湖盆所在相对沉降，其南北两侧则都是断块上升的山地。青藏高原上的纳木错等一系列湖泊也都是构造湖。火山活动是新构造运动的表现形式之一，火山喷发口常常积水成火口湖，著名的长白山天池就是火口湖，是国内最深的湖泊。火山喷发出来的熔岩阻塞在河道上，形成堰塞湖，黑龙江省的五大连池、镜泊湖都是堰塞湖。

黄河晋陕峡谷

### 三、自然地理区域差别

河流、湖泊的形成、发育、演变均要通过水的活动来实现。河流既流水，流水的侵蚀、搬运和堆积作用不断地改变着河流的形态。湖泊内水相对静止，但仍有运动，湖泊波浪对湖岸的侵蚀、湖泊增减水的作用，等等。所有这些均属于地貌外营力作用的范畴，而受制于自然地理区域特性的差异，不同地区外营力作用的特性、强弱也很不一样。宏观地来看，在我国可以划分成为下列三个不同的自然地理区。

#### （一）东部季风湿润区

此区包括大兴安岭以东、内蒙古高原以南、横断山脉以东的广大地区。本区西北部与西北干旱区的连接线大致为400毫米等雨量线，西部与青藏高寒区的分界为2 500～3 000米等高线。整个地区南北距离达5 000多千米，东西跨幅最大可达3 000多千米，约占全国陆地总面积的43%。东部季风湿润区降水丰沛，流水作用盛行，河流众多，形成许多庞大水系。本区自北而南还可进一步分为东北山地与平原，华北山地、高原与平原，和华南山地、丘陵与盆地3个组成部分，其影响水系发育的流域自然地理因子也存在一定的差异，因此，同样是纵横交错的冲积性河道，发育于本区东北平原、黄淮海平原、长江中下游平原上的冲积河流往往呈现出不同的形态特征、河型特征和演变特征，详细见后述。

#### （二）西北干旱区

此区南界西起帕米尔、喀喇昆仑山、昆仑山、阿尔金山、祁连山，东接兰州、五台山、滦河上游至满洲里一线，西北界均为国界，约占全国陆地总面积的30%。主要包括内蒙古高原、阿拉善高原和河西走廊、阿尔泰山地、准噶尔盆地、天山山地和塔里木盆地，为海拔1 000～1 500米的广阔内陆高原和盆地，以及海拔3 000～5 000米的断块山地分布地区。由于距离海洋遥远、地形封闭、气候干燥，为我国内流水系分布的主要地区。内蒙古内陆河流域地形平缓，除锡林郭勒盟地区河流季节融水补给较多外，其余主要为雨水补给，河流稀少、短促，无流区约占一半的面积。甘新（甘肃和新疆）内陆河流域是我国内陆地区河流的较发育之处，河流可以得到来自区内天山、昆仑山和祁连山等高大山体的冰川融水补给。大小河流的尾闾或者没于荒漠，或者潴积为湖泊，这些湖泊的位置随着河流的迁徙而变迁，新疆维吾尔自治区境内的罗布泊就是典型的游移湖。

#### （三）青藏高寒区

此区西起帕米尔高原，东抵横断山脉的东侧，南自喜马拉雅山南坡，北达昆仑山、阿尔金山、祁连山北麓，约占全国陆地总面积的27%。本区是以青藏高原为主体，由海拔4 000～5 000米的高原及海拔6 000米以上的许多高山共同组成，主要包括祁连山地、柴达木盆地、昆仑山地、藏北高原、藏南谷地、喜马拉雅山地和横断山地。本区处于高寒干旱环境，除东缘与南缘为我国许多大江大河的发源地以外，均为内流区。位于高原凹陷部分的柴达木盆地，东部分布着发源于边缘山地的短小河流，在盆地中心聚为湖泊，西部则为大片无流区。藏北高原四周被高山围绕而形成盆地，中心布满湖泊，河流都呈辐合状，较小的河流消失于盆地边缘，较大者则汇聚于湖泊中。

除了上述宏观尺度上的区域自然地理条件的组合控制着我国河流特性的宏观分异之外，区域内部的中小尺度地貌组合也导致了河流演变特征的差异。如黄淮海平原北部可以划分为次一级的地貌单元，由太行山前至海滨分别为冲积扇带（其中又可再分为顶部带、中部带和前缘带）、中部低平原带、三角洲平原带等。不同的地貌单元为河流发育提供了不同的地貌条件。当河流出山口后，由于挟沙水流沿程调整，可以造成河流河型特征有规律的递变。在坡降较大的冲积扇顶部为游荡型，随着坡降变小到扇前缘和中部低平原为弯曲型，在中部低平原与三角洲相接的地带可能出现顺直微弯型，进入三角洲之后便会出现分流分汊河型。

### 四、气候特征

河川和湖泊径流主要靠大气降水、冰雪融水、地下水补给，河、湖水的侵蚀、搬运、堆积活动无疑与降水特性密切相关，因此在自然地理诸多因素中，气候状况对河流、湖泊形态、发育和活动状况无疑是最为直接的因素。气候和降水是河湖形成的外动力（外营力）。中国气候分布的基本格局与上述三大自然地理区域基本一致，东部地区深受东亚季风影响，冬季比较干冷，夏季湿热，降水季节变化很大，为世界上典型的季风气候区；西北部深居内陆，是典型的干旱气候；青藏高原大部分地区的年平均气温低于0摄氏度，属于高寒气候。东部季风湿润区主要雨带的位置与夏季风的进退密切相关。从多年平均状况来说，5月中旬华南沿海出现雨带，以后就有顺序地北移，6月上旬雨带北进到华南，6月中旬雨带跃进到江淮流域，7月中旬雨带越过黄河而达到黄河中下游，7月中旬华北雨季开始，8月中旬雨带达最北位置。位居内陆的干旱气候区和青藏高寒气候区其雨带位置与夏季风进退关系不是很密切，但也有一定影响。中国大部分地区降水都集中在下半年的这一水热组合特征，对于植物的生长特别有利，也有利于化学风化的进行，进而对于流域侵蚀和化学剥蚀过程都有一定的影响。

在气候诸要素中，对河流影响最大的是降水。中国年降水量的分布，总的趋势是由东南沿海向西北内陆逐渐减少，年降水量等值线大致是东北—西南走向，各地降水的多寡除取决于离水汽源地远近外，地形的影响十分明显，一些多雨中心大多是距海有一定距离的丘陵山地区，如浙江、福建两省交界处的武夷山区，广东云开大山的南坡，广西十万大山的东南坡，海南五指山的东部等，都是面对水汽来向而地形有显著抬升的地方。为了比较位于不同自然带的流域年降水量的变化，图1-2表明中国东部季风影响区内70余个代表性流域多年平均年降水量随流域重心所处纬度的变化。从图中可以清楚地看到，华南地区流域降水量最大，随着纬度的增高，降水量迅速减小；大约在北纬35°~40°间达到最低值。再往北去，进入东北，降水量又略有增加。

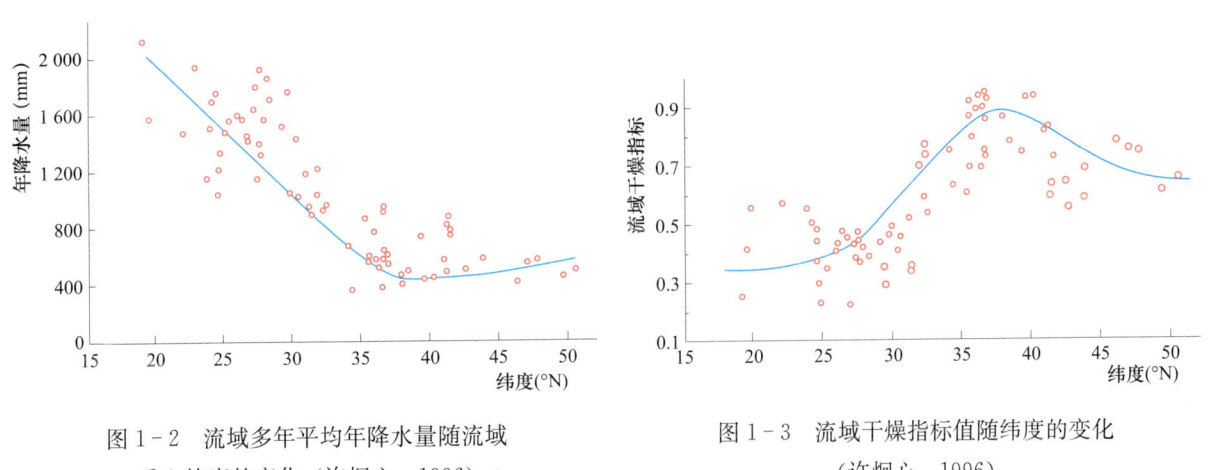

图1-2 流域多年平均年降水量随流域重心纬度的变化（许炯心，1996）

图1-3 流域干燥指标值随纬度的变化（许炯心，1996）

流域干燥度（定义为某一流域的多年平均实际蒸发量与多年平均降水量之比。如果忽略流域蓄变量，某一流域的实际蒸发量可以由该流域的平均降水量减去径流量而得到）可以用来进一步揭示流域发育演变与气候的关系。为了揭示中国东部季风影响区的流域干燥指标的地域变化，建立了不同自然带的52个中等大小的代表流域的流域干燥度对于其流域重心纬度的关系（图1-3），可以看出，流域干燥度指标在华南地区取得最小值，向北去迅速增大，在华北地区达到峰值；再向北去，进入东北，则又逐渐减小，达到另一个最小值。这一变化趋势对于我国东部季风影响区的森林覆盖度、流域侵蚀过程、河流泥沙与河型的分布特征都有着重要的影响。

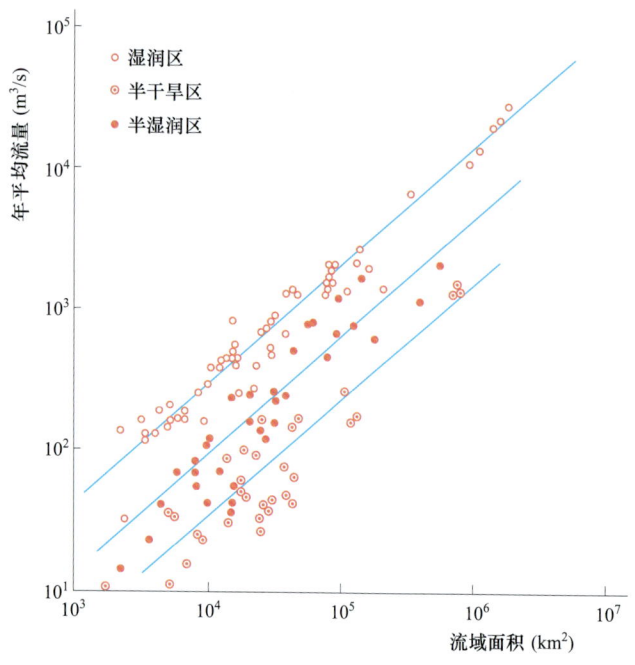

图 1-4 中国东部季风影响区不同自然带的河流的年平均流量（$Q$）与流域面积（$A$）的关系
（许炯心，1996）

降水特征的地带性和区域分异，直接导致了河川径流也具有地带性和区域的分异。以年平均流量作为指标，对中国东部季风影响区内不同自然带河流的河川径流特征的地带性和区域分异进行分析，发现即使是流域面积同等大小，位于不同自然带内河流的年平均流量也是不一样的，半干旱区河流和半湿润区河流的年平均流量只相当于湿润区河流的 11.7% 和 35.3%（图 1-4）。从图中可以看出，代表不同自然带河流的数据自成一条直线，各条直线相互平行，有关系：

对于半干旱区，$Q=0.01417A^{0.849}$；

对于半湿润区，$Q=0.04017A^{0.849}$；

对于湿润区，$Q=0.1208A^{0.849}$。

河川径流是塑造河流的主要动力因素，它的地带性区域分异必然会影响到河流地貌发育、演变的差异，从而又导致了河流形态的差异。

## 第二节　河流形态的宏观分布格局和区域差别

### 一、水系形式

地表径流对地表产生侵蚀以后所形成的槽状系统称为水系，由河流的干流和各级支流共同组成。水系的形成涉及流域范围内从面蚀到沟蚀、槽蚀的全过程，深受地质构造和自然地理环境的控制，所以具有各种不同的形式。根据平面组合排列规律，水系有树枝状、格状、平行状、放射状、环状、向心状、网状、倒钩状等多种形式（图 1-5）。

#### （一）树枝状水系

支流较多，干流与支流以及支流与支流间呈锐角相交，排列如树枝状的水系。树枝状水系是分布最为广泛的一种水系，也最符合河流发育的自然特性，干流两侧的支流向中央略偏前方与干流汇合，多见于微倾斜平原或地壳较稳定、岩性比较均一的缓倾斜岩层分布地区。我国的绝大多数河流，无论是大河还是小河都属于树枝状水系。长江中下游、珠江流域的大部分区域、辽河流域等均十分典型。

#### （二）格状水系

支流与主流直角相交成格状的水系。之所以发育成为这样的形式在很大程度上是受褶皱构造和断裂裂隙控制的结果。如主流发育在向斜轴部，支流顺向斜两翼发育，一般与主流皆成直角相交。在多组直角相交节理或断层发育地区，河流沿构造线发育，也可以形成格状水系。闽江水系最为典型，闽江自西北向东南方向流经福建省中北部，在福州市南台岛淮安附近分成南北两支（北支仍称闽江或白龙江，南支称乌龙江），至罗星塔复合，折向东北，在马尾区亭江附近又分为两支（长门水道、梅花水道），绕琅岐岛注入台湾海峡。闽江右岸的主要支流尤溪、大樟溪，左岸的建溪、古田溪等，以及上游沙溪干支流均循地质构造线或横切地质构造线、呈直角相交成方格状水系。位于四川西部荥经县

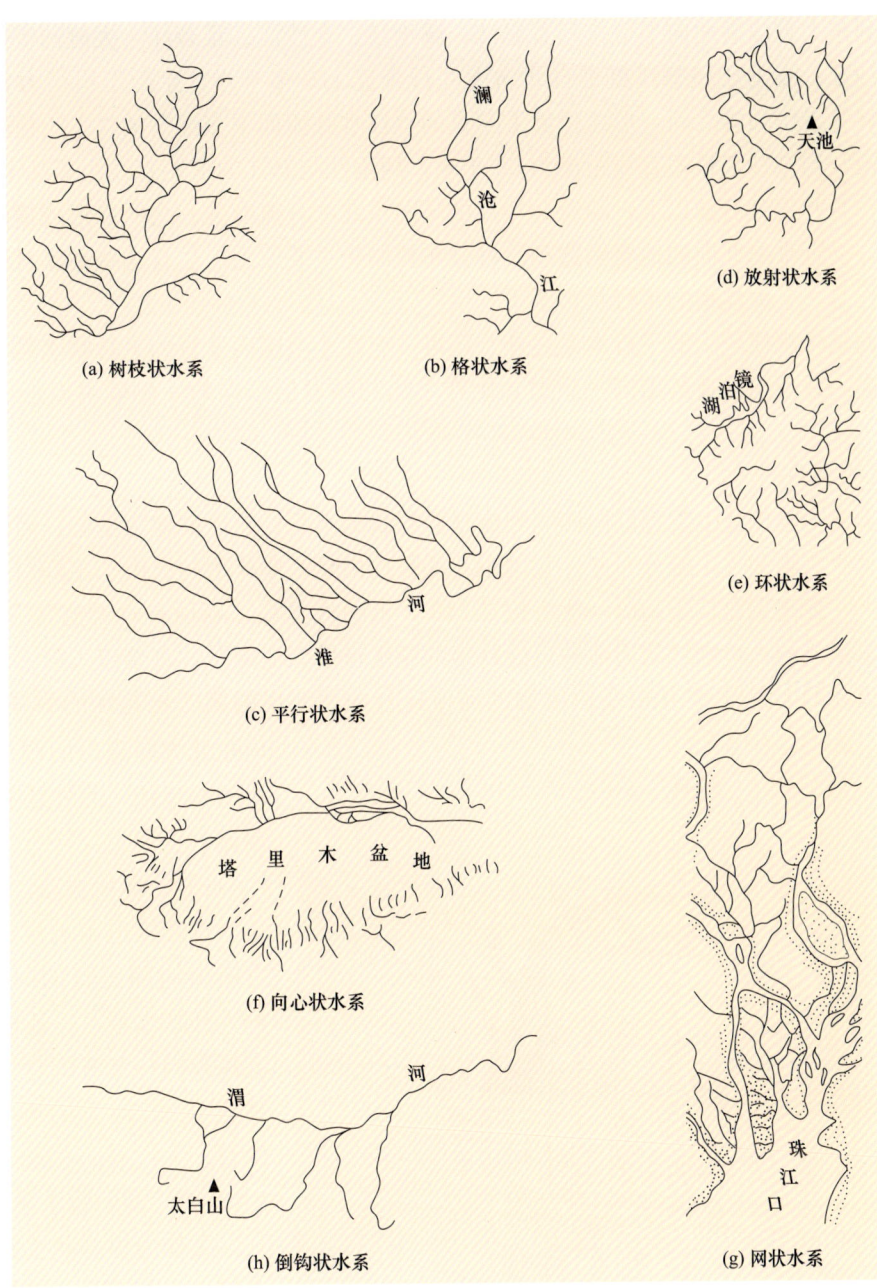

图 1-5 水系的各种类型

城的岷江的二级支流荥经河（汇入青衣江）是一条不大的河流，主源荥河在荥经县城东北，以 90°角度右纳大支流经河，且荥河支流代黄沟、头道水、桥溪、小河子、相岭河，都以 90°角度汇入荥河，也是典型的格状水系。还有嘉陵江水系、拉萨河水系等也是格状水系。

### （三）平行状水系

各条河流平行排列，在地貌上呈平行的岭谷。它们往往受区域大地构造或山岭走向和地面倾向的控制，具有大致平行的主流和支流，支流大多与干流成直角相交，所以这种水系也称为梳状水系。淮河左岸的许多支流，颍河、涡河、西淝河、北淝河、汝河、芡河、浍河等均以彼此相平行的方式自西北向东南方向入汇到淮河中来，主要原因就是淮北平原总的地势由西北向东南方向倾斜，而位于其北面的黄河，由于是高高在上的地上河，历史上频频向南泛滥、改道、夺淮，也更加剧了这一形势。山区的河流同样也可以发育成平行状水系，中国西南部西藏、四川、云南三省（自治区）毗连的横断山脉地区，从西到东大致成南北向平行排列着怒江、澜沧江、金沙江、雅砻江、大渡河等多条河流，云南省西北部金沙江、澜沧江和怒江更是自北向南并行奔流170多千米，穿行于担当力卡山、高黎贡山、怒山和云岭等崇山峻岭之间，形成世界上罕见的"江水并流而不交汇"的"三江并流"自然地理景观。其间澜沧江与金沙江最短直线距离为66千米，澜沧江与怒江的最短直线距离甚至还不到19千米。三条大江一直并流到石鼓以下，随着金沙江的转向东北才分流而去。之所以形成横断山脉区域江河的平行流动，受近乎南北向的地质构造和岭谷分布控制是主要原因。尽管这些河流具有较大的独立性，但仍可视作是一个大规模的平行状水系。

除了像上面这样规模较大的平行水系之外，还可以有在小范围内发育的平行状水系，只要河流的流向与岩层走向一致或与构造的走向一致时，则在主流的顺岩层倾向的一侧就可以形成很多平行的支流。

### （四）放射状水系

在火山锥上或穹隆构造上发育的向四周外流呈放射状的水系。它以高地为中心，河流呈放射状向四周外流，常见于穹隆和火山锥分布区。我国东北的长白山是一座典型的火山，主峰白头山位于中国和朝鲜的边界上，最高点是位于朝鲜一侧海拔2 749.2米的将军峰，峰顶有"天池"，这是一个在火山喷火口内积水形成的火口湖。从天池缺口处跌落的湖水形成天池瀑布，直接流入第二松花江的正源二道白河（二道江的上游段）。从白头山发源的河流还有向西流出的第二松花江的另一源头头道江，向东北方向流出的图们江，向南流出的鸭绿江，此外还有一些较小的河流。

### （五）环状水系

穹隆构造山被侵蚀破坏后，沿穹隆山周围发育的河流形成环状，称为环状水系，一般由水系的不同支流或同一支流的弯曲而形成。吉林省延吉地区的环状水系十分发育。

### （六）向心状水系

又称为辐合状水系。区域内各条河流由外围向中心汇聚的水系。大多发育于盆地的内缘带或堆积平原上沉陷中心的周边。新疆维吾尔自治区境内的塔里木盆地的水系最为典型。塔里木盆地四周位于北边的有天山、库鲁克塔格山，位于南边的有昆仑山和阿尔金山，发源于这些山地的河流均向盆地中央的塔里木河汇集，北边的有开都河、渭干河、阿克苏河，南边的有叶尔羌河、和田河、克里雅河、尼雅河、安迪尔河等，还有许多较小的河

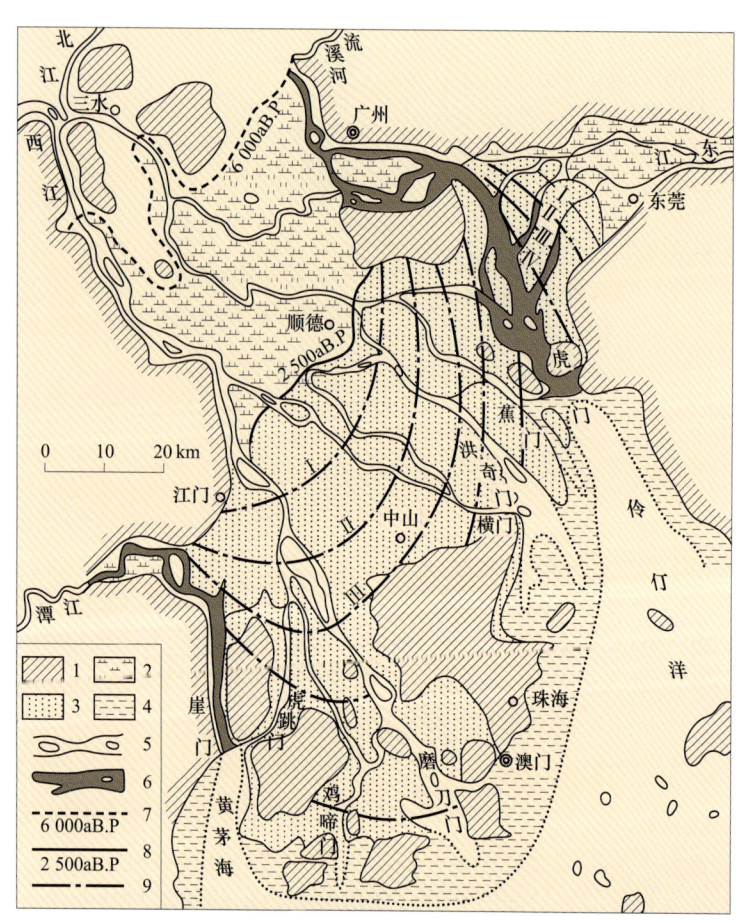

图1-6 珠江三角洲网河形势（李春初等，2002）

1—丘陵；2—早期三角洲；3—晚期三角洲；4—水下三角洲（浅滩）；5—河道；
6—河道；7—6 000aB.P海浸边界线；8—2 500aB.P古海岸线；9—等淤积线

流。青海湖盆地也是一个内陆盆地，周边北面有大通山，东面有日月山，南面有青海南山，从这些山上发源的河流均汇入青海湖，著名的倒淌河就是其中之一。离此不远的黄河自西向东流，而倒淌河却是自东向西流，就是受盆地地形的影响所致。柴达木盆地内尽管河流不多、不大，也是向心状水系。并不是所有的盆地地形都能够发育成为向心状水系，只有在比较封闭的内陆盆地内才有可能。四川盆地被长江东西贯通，支流皆汇入长江，并不形成向心状水系。

### （七）网状水系

一些河流三角洲地区河道纵横交错，形成网状水系。珠江三角洲上的网河发育得最为典型。珠江三角洲由西江、北江、东江三个三角洲联合组成，三个三角洲不断向外海方向伸展，三角洲上的河道也不断成长、分汊和汇合，从三角洲顶点到前缘，形成一个河汊纵横、相互贯通的河网区（图1-6）。其中西江、北江三角洲主要水道近百条，总长1 600余千米，河网密度为0.81千米每平方千米；东江三角洲主要水道5条，总长138千米，河网密度0.88千米每平方千米。这些河道有的独流入海，主要的口门共有8个，即虎门、蕉门、洪奇门、横门、磨刀门、鸡啼门、虎跳门和崖门等八大口门；有的则入汇于相邻河流，成为横向的汊河，尽管它们不是独立入海，却是珠江三角洲网河系统的重要组成部分。磨刀门是西江干流的入海口，从三角洲顶点到口门共长139千米，河道平均坡降−0.048‰。北江于虎门入海，河口段长105千米，平均坡降0.0534‰。东江先汇入狮子洋，再经由虎门入海，河口段长42千米，平均坡降0.00047‰。

并不是所有河流三角洲上都能发育成为网状水系，珠江三角洲能发育、形成网状水系有其自己特定的条件。珠江三角洲地区地壳长期沉降，海平面上升，使得河道比降能够降低到该区足以发育网状河流所需要的程度；弱潮流对径流的顶托使得沉积作用也比较旺盛，平均沉积速率大于10毫米每年，再加上频繁发生的洪水，河道决口冲裂形成汊流，遂形成了今天的网状河型。

### （八）倒钩状水系

在支流汇入主流附近或在支流的上游呈多次90°的大转弯，形成倒钩状。这种水系多是由于新构造运动迫使河流改道或流向改变而造成的。在国内仅见于陕西省渭河南岸的一些支流。太白山的隆起迫使河流转向，逆河流的总流向而发展。

从上面的一系列阐述可以看出，决定水系发育成为何种形式主要是地质和地貌因素，包括地质构造及其活动特征，地体是抬升还是沉降、断裂方向及其组合、地面倾斜等，河流本身的水沙状况不是十分重要。另外，各种水系类型的发育、形成并没有自己一定的尺度要求，在很大的范围内变化。可以是大的河系或流域，也可以是较小的河系，而对于某一个特定的河流或河系来说，不同的河段或区域可以发育成为不同类型的水系。

## 二、河流密度

流域单位面积内的河道包括干流和支流的总长度，称为河流密度（$D$），也称为河网密度。河流密度的大小与区域地质、地形、降水、土壤、植被等自然条件有着密切的关系。在地面坡度陡峻的山区，河流密度较大；在透水性较强的土壤或岩石裂隙发育的地区，降水容易下渗，河流密度比较小；干燥地区由于降水少，河流密度也小，而湿润地区则正相反，河流密度较大。可见影响河流密度的一些因素是具有地带性意义的，所以中国河流的密度也呈现出一定的地域分布规律。

去除那些非常流性的河道不算，中国常流性河道的河流密度（$D$）主要取决于地表径流丰沛的程度，故从湿润区到干旱区，河流密度（$D$）呈现出逐渐减小的趋势。

中国东部与南部深受东南季风和西南季风的影响，降水丰沛，径流量大，为河流水系的发育提供了十分有利的条件。西北部降水稀少，径流贫乏，河流水系的发育受到很大的限制。秦岭—桐柏山—

大别山以南、武陵山—雪峰山以东地区是中国降雨量和地表径流最丰富的地区，也是中国常流水道河流密度最大的地区，一般可在 0.5 千米每平方千米以上。武陵山—雪峰山以西的外流地区，河流密度一般在 0.3～0.5 千米每平方千米之间。秦岭—大别山以北的外流地区，常流性河流密度与降水、径流、地貌条件的变化趋势一致。冀北山地和太行山为 0.3 千米每平方千米；鲁西、胶东、辽吉东部丘陵山地以及小兴安岭、大兴安岭为 0.2 千米每平方千米左右；地势低平的松嫩平原、西辽河平原以及河北平原形成河网稀疏的地区，河流密度在 0.1 千米每平方千米以下。在广阔的西北内陆流域，河流密度都很小，都在 0.1 千米每平方千米以下，而且出现了大面积的无流区，只有地势比较高，山体比较大的地区例外，如我国西北部的阿尔泰山、天山、帕米尔高原一带降水比较丰富，河流密度可以达到 0.5 千米每平方千米。

采用河道频率的概念，可以更好地看清中国常流性河流密度的宏观地带性分异。定义：以一直线截取某一地区，求取被直线切割的河道数与该直线长度之比，此即为河道频率。河道频率可以间接地反映河流密度。图 1-7 表示出的是：以温州—武汉—汉中—若尔盖—卡群这一线作为能充分代表东南季风从东南到西北方向变化的典型剖面，据实际资料求算得该剖面上每 500 千米长度上的河流频率。同样的，选取了湛江—北京—漠河这一从南到北的直线，求算出了该直线上每 500 千米长度上的河道频率，这样所显现出来的就是中国河流密度随纬度方向的变化（图 1-8）。

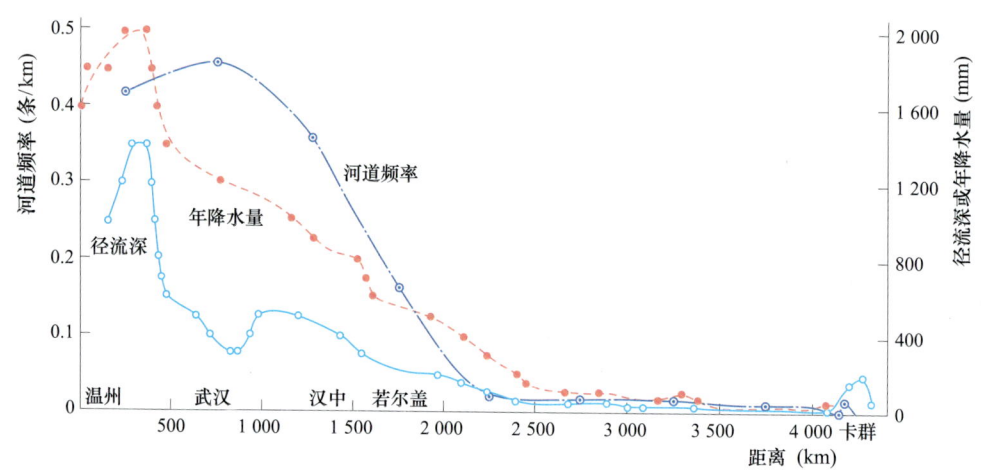

图 1-7　河道频率沿温州—武汉—汉中—若尔盖—卡群一线的空间变化（许炯心，1996）

从图 1-7 可以看出，东南部河道频率最高，向西北去则呈现出持续减小的趋势。图 1-8 则表明，华南、华中地区河道频率最高，向北去逐渐减小，在华北达到最低值，进入东北又逐渐加大。在该两张图中，还叠加上了沿同一剖面的年降水量与年径流深的空间变化曲线。可以看出，年降水、年径流曲线的变化趋势与河道频率的变化趋势是十分一致的，说明了它们之间具有成因上的联系。从东南向西北，由于夏季风作用强度渐次减弱，因而降水量和径流深都减小。为了适应承泄径流的需要，河流在塑造自身常流性河网密度的过程中，便形成与径流深的变化趋势相一致的河流密度空间分异格局。同样的，由南向北，降水量和径流深先是减小，达到最低值后又略有增加，因此使河道频率也呈现出先减小复又增大的趋势。

图 1-8 中的曲线上，还叠加了非地带性因素如地形、岩性等的影响。从湛江向北，经过石灰岩分布区，由于大量地表水转化为地下径流，所以地表常流性水道频率明显地偏小，向北去才又逐渐增大，并达到最大值。当剖面线经过华北平原时，由于地表物质渗透性很强，使径流深偏小，故河道频率也很小。但是，上述地形及岩性的影响毕竟是次一级的，并未改变由气候因子的分异所导致的常流性河道频率的地带性变化趋势。

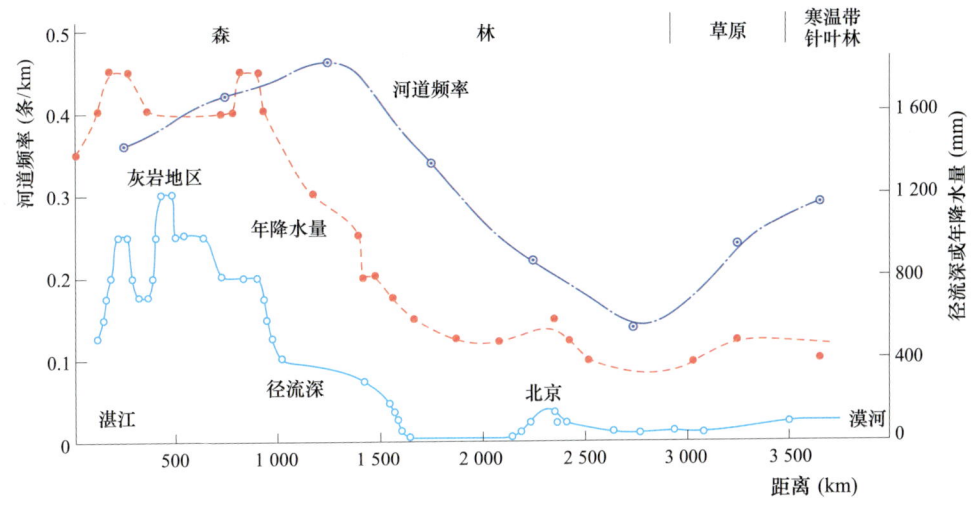

图1-8 河道频率沿湛江—北京—漠河一线的空间变化（许炯心，1996）

### 三、河谷形态

河流所流经的长条形凹地称为河谷。河谷形态包括纵向和横向两个方面，纵向即河谷的纵剖面，一般来说，河谷的纵剖面自上游向下游逐渐降低变缓，大致呈向下凹的形状。这是因为河流上游坡度虽大，但流量有限，下切作用不强；下游流量虽大，但坡度小，下切作用也较弱，甚至不能下切，只有中游下切作用较强，造成高山深谷。但是实际情形比较复杂，受制于地质构造、岩性、河道水流、所搬运的碎屑物质的性质和数量等因素沿程会有很大变化。横向形态即河谷的横剖面，由谷坡和谷底两部分组成。谷坡是河谷两侧的斜坡，有时有河流阶地。谷底通常可分河床和河漫滩两部分。山区河谷多半谷形窄深，谷底被河床占据；中下游段河谷，谷形多半宽浅，除河床外，还有宽阔的河漫滩和河流阶地，两相对坡麓间的距离就是谷底的宽度。从谷坡的顶端到河谷底部的垂直距离称为河谷深度。平原地区河谷较浅，深度不超过数十米，但宽度较大，且洪水河槽与枯水河槽宽度相差很大。山区河谷较深，有的深达数千米，但宽度较小，谷底窄，谷坡陡，洪水河槽与枯水河槽宽度相差较小。

通常，河谷横剖面形态受到更多的关注，按形态特征河谷通常可以分为：隘谷、嶂谷、峡谷、河漫滩河谷，以及复式河谷等多种。谷地深窄，谷坡近乎直立，谷底完全为河床所占的U形河谷称为隘谷。典型的隘谷形成于河流强烈下蚀和垂直节理发育的坚硬岩层地区，一般范围不大。谷坡陡立，谷底完全为河床所占，或谷底两侧略有缓坡，横剖面呈V形或近于U形的河谷称为嶂谷，多发育于新构造运动抬升强烈和垂直节理发育的坚硬岩层分布地区，由河流强烈下蚀而成。谷地狭深，两坡陡峭，横剖面呈V形的河谷称为峡谷，常由嶂谷发展而成。峡谷谷底开始展宽，形成滩槽分开的雏形，但河底大部分仍被水流所占据，为V形谷发展的最后阶段。典型的峡谷发育在新构造运动抬升，具有垂直节理的结晶岩，易于透水的坚硬岩层和可溶性岩层分布的地区。广义的峡谷也包括了隘谷和嶂谷，凡谷地狭深、谷坡陡峻的河谷均被称为峡谷，它们的纵向形态具有共同的特征，即有较大的纵向坡降，纵剖面多坡折（裂点），多急流、滩险乃至瀑布。谷底河床水流占据的面积小、而河漫滩面积大的河流称为河漫滩河谷（宽谷）。在地壳运动保持稳定的条件下，河流得以长期地保持侧向侵蚀，结果是使谷底加宽，形成河漫滩河谷。河谷谷底宽度与河流大小、发育的时间长短、地壳运动稳定与否等许多因素有关。形成河漫滩河谷后，河流在自己形成的谷底平坦地面上蜿蜒流动，完全不受谷壁的限制，这种河曲称为自由河曲。河漫滩河谷的河流纵剖面坡降较平缓，少急流、滩险。河床中央存在江心洲或基岩岛屿，将河床分开，成为两股或两股以上河道同时并存的情形，称为复式河谷。可以是平原冲积性河流（江心洲），也可以是山区河流（基岩岛屿）。

地上河的河床床底已经高于两岸地面，完全没有河谷形态，可以说是河谷形态中的一个特例。

河流的河谷发育成什么样的形态更多的是受地质地貌条件，如地质构造、新构造运动特征、物质组成、地形坡度等的制约，所以并没有一定的地域分布规律。宏观地来看，中国河流的河谷形态大体上具有如下的一些特征。

### （一）广义的峡谷（包括隘谷和嶂谷）多分布在山区，河漫滩河谷（宽谷）多分布在平原和盆地区

山区大多处于新构造运动抬升的地区，组成物质多为基岩，只要有充足的水流，流经山区的河流均是以向下侵蚀作用占优势，而两岸坚硬的岩石又阻止了向两侧的侵蚀，流水的动能主要用于下切，经历了长期的下蚀之后河谷就成为深切的峡谷。在一些地壳快速抬升的地区，河流根本来不及有充足的时间向两侧去展宽自己的河谷，或者是所在地区的岩性特别坚硬，例如石英砂岩，致密的石灰岩，并有着近于垂直方向的节理构造，纵使受到侵蚀，也能较长时间内保持直立不倒，这样的情况下就容

云台山红石峡

易发育成为嶂谷甚至隘谷。作为华北平原与山西高原分界的太行山深处就发育了许多嶂谷和隘谷，就是因为太行山山体快速抬升，而相邻的华北平原又向下沉降，有着巨大的地形反差，同时这里的岩性大多是坚硬的石英砂岩，崖壁保持直立不倒，遂形成陡峻峡谷，河道上跌水、瀑布随处可见，著名的太行大峡谷、云台山峡谷都成为著名的风景名胜。河流的峡谷段长度不等，从延伸几千米、几十千米到上百千米、几百千米，但嶂谷和隘谷段一般都不会很长，几千米而已，原因是河流沿途的地质构造和岩性会发生变化，河谷形态也相应发生变化。著名的长江三峡河段从奉节到南津关全长约200千米，也不全是峡谷，坚硬的石灰岩河段发育峡谷，相对较软的砂页岩河段发育宽谷，峡谷和相对较宽的宽谷交替出现就是这个道理。峡谷的谷坡一般都不是平直的，而是具有阶梯形，即存在有河流阶地。表明河流所在地区的新构造运动的抬升具有间歇性，时而快速抬升，时而相对稳定，在相对稳定期间河流就有时间展宽自己的河谷，只不过是后来地壳又抬升，河流再次下切，这样多次地进行就形成了两岸的阶梯状地貌。今天所见阶地表面就是过去的河床。一般情况下河流都具有多级阶地，长江三峡地区的河流阶地就多达11级，最高的一级高出现代河床有400～500米之多。河流阶地可以只见于河道一侧，也可以两边都有。

河漫滩河谷都出现在平原和盆地区域，这里的地壳构造运动性质或者是缓慢的沉降、或者是相对稳定，河流下切的力量较弱，却有充足的时间去向两侧展宽；平原和盆地内的物质大多是河流自己所带来的冲积物，比较松软容易被侵蚀，更加促进了河流的侧蚀作用。河漫滩河谷的谷宽随河流的大小差别很大，大河可以达到几千米、一二十千米，长江中下游有的弯曲分汊河段，如湖北省境内的团风河段、安徽省境内的铜陵河段、江苏南京的八卦洲河段等，单是包括江心洲在内的河床部分就有十几千米的宽度，再加上两岸的河漫滩就宽达几十千米。黄河下游、海河下游这样在华北平原上可以任意地摆动、漫流的河流，已经完全没有河谷的形态。另外，对于大多数入海的河流来说，其河口三角洲段都是广袤的平原，河道常常是频繁地摆动，河谷形态同样也不明显。河漫滩河谷也可以是两侧不对称，长江中下游河道右岸或者是靠基岩山地或丘陵、或者是长江自己早期形成的河流阶地很近，河漫滩比较狭窄，而左岸则相反，发育有广阔的河漫滩，严重不对称。究其原因，与这里的新构造运动特

性,向右岸一边做不对称掀斜运动,以及由地球自转引起的偏向力(科里奥利斯力,在北半球向右偏)的作用有关,在长期的发育过程中迫使长江河道不断右偏,由此在左岸留下了广阔的河漫滩。

### (二) 大的地貌转折是发育河流峡谷的最佳所在

中国地貌的一个最重要特征是呈现有三大地貌阶梯,三大阶梯之间地貌出现较大的转折,这里就成为河流峡谷最为发育的所在。西藏、云南、四川三省区接壤处的横断山脉正好是第一级地貌阶梯青藏高原与第二级地貌阶梯云贵高原的交界,流经该处的众多大河,怒江、澜沧江、金沙江、雅砻江、大渡河、岷江上游等都发育有深切的峡谷。峡谷深度普遍达1 000~2 000米。云南中甸境内的金沙江上的虎跳峡,全长16千米,上峡口海拔1 800米,下峡口海拔1 630米,江流在峡内连续下跌7个陡坎,落差170米,平均比降1.4‰。最窄处河宽仅30米,传说猛虎可以腾越而过,虎跳峡由是而得名。虎跳峡的右岸为玉龙雪山,主峰海拔5 596米,左岸为哈巴雪山,主峰海拔也达5 396米,两岸谷坡陡峭,谷深竟达2 500~3 000米。雅鲁藏布江上的雅鲁藏布大峡谷位于青藏高原边缘,受断裂构造的控制河道在这里转折形成一个大拐弯,纵向切割喜马拉雅山向恒河平原跌落。峡谷最深处在位于其右岸的南迦巴瓦峰(海拔7 782米)与位于其对岸的加拉白垒峰(海拔超过7 200米)之间的地方,深达5 832米,谷底最狭窄处仅37米,无论从峡谷深度还是峡谷长度都无愧于世界第一的称号。峡谷内河道上有壮丽的红霞瀑布。其他怒江、澜沧江上的峡谷深度也普遍在2 000米以上。之所以在第一和第二级地貌阶梯转折处形成深切峡谷,最根本的原因是青藏高原区域新构造运动的快速抬升,这一抬升过程直至今天一直在进行,与其下方第二级阶梯之间形成巨大的高差,侵蚀基面位置低、坡降大、水流急,河流具有充足的能量来进行下切,两岸的岩石山地则限制了河流向两侧的扩展,形成深切峡谷是必然结果。当然,这里的水汽补给比较丰富,雅鲁藏布大峡谷更有来自印度洋的暖湿气流的源源不断地补给,丰富的降水使得河流具有丰富的水量,也助长了河流的下切能力。

虎跳峡峡谷

第二级地貌阶梯与第三级地貌阶梯之间的过渡带的情形与此相类似,也是河流峡谷发育的有利所在。长江三峡、老河口以上的汉江峡谷、黄河三门峡、小浪底峡谷,以及上面所说的太行山与华北平原的交界带的许多峡谷都是属于这种情形。长江三峡最大切割深度可达1 500米,一般在1 000米以下。受岩性差别的影响,峡谷内宽段和狭段交替出现,瞿塘峡最窄处江面宽度仅100多米。三峡水库建成以前,江面有许多急流和滩险,还有许多深达海平面以下几十米的深槽,系江水涡流对江底岩石选择性侵蚀而形成。三峡水库建成后这些妨碍航运的滩险已经不复存在。

### (三) 不同尺度河流河谷形态

源远流长的大河常常是沿途流经不同的地质构造单元,新构造运动的特性、岩性彼此不一,地貌类型也有不同,所以沿程的河谷形态变化也较大。以长江为例,江源区的长江(通天河)位于青藏高原腹地,地面起伏较小,河流还处在形成、发育的早期阶段,还没有来得及充分下切,河道两侧发育有较宽广的河漫滩和一些较低的河流阶地,河谷形态属于河漫滩河谷。直门达以下的金沙江为典型的峡谷河段,并且愈往下游峡谷变得愈来愈深切,到进入云南省境内后达到最大值。宜宾以下进入四川盆地,河谷又变得开阔起来,切割深度较小的峡谷与宽谷相间出现。再往下到第二阶梯的边缘,形成了长江三峡。宜昌南津关以下进入江汉平原,河道可以任意地蜿蜒、摆动,基本上已经看不到河谷的形态。岳阳城陵矶以下的长江右岸有一些不是很高的山地丘陵，左岸则全是平原，河谷形态基本上是不对称的宽谷，少部分河段（如湖北省境内的黄石至武穴河段）两岸都有山丘，具有峡谷形态。江阴以下进入三角洲范围，已完全见不到河谷形态。黄河也与此相似，从上至下先后有：青海高原面上的河源段宽谷；青海、甘肃、宁夏境内的峡谷为主，峡谷、宽谷相间河段（峡谷如龙羊峡、刘家峡、盐锅峡、青铜峡等，宽谷如兰州、景泰、中宁、银川盆地等）；河套平原上的宁蒙宽谷河段；晋陕峡谷段；小北干流宽谷段；潼关至小浪底的峡谷段；小浪底以下的宽谷段（黄河南岸邙山头以上还具有河谷形态）；出山后的地上河段，已完全没有河谷形态。小河则不然，地质地貌状况沿程大多数没有太大的差别，河谷形态也比较简单，或者是上游比较狭深，下游比较宽阔，或者仅是一种形态。

### 四、流域侵蚀产沙

一切形式的降水降落到地面形成地表径流，从坡面再汇集到河流。无论是坡面上的面状水流，还是河道内的线状水流，都具有侵蚀作用，其结果是地表不断被破坏、削低，侵蚀下来的碎屑物被水流带走，这就是侵蚀产沙的大致过程。两个方面的因素影响到侵蚀产沙。首先是气候因素，降水量的多少，降水的变率，是否多暴雨，这些都直接决定着径流量、径流特性，从而影响到流水的侵蚀能力；同时，降水状况也会对一个地方的植被生长带来影响，温暖湿润的气候条件下往往有良好的植被覆盖，而这又保护了地表不容易被侵蚀，反之，寒冷或干旱的气候条件下植被覆盖较差，裸露的地表更容易遭受侵蚀。另一方面，新构造运动特性、地表的物质组成、地形的坡度和破碎程度等也具有不小的影响。由抗侵蚀能力强的岩石或土壤组成的地表不容易被侵蚀，产沙量自然就低；反之，地表的抗蚀能力弱，产沙量就高。在新构造运动活跃、地形陡峻、沟壑纵横的地方，流水容易汇集，其下切的能量也较高，当然侵蚀产沙过程也就较地体平稳、地面平缓之地活跃得多。可以看出，侵蚀产沙实际上是侵蚀力和抗侵蚀力两方面因素综合的结果。上面所说的两个方面，前者，包括降水、径流和植被可以说是外力因素，受自然地理环境的制约，因此具有地带性的特征。后者则是内力因素，不具有地带性。

中国幅员辽阔，三大自然区域差异明显，东部季风影响区内的自然带也比较齐全，拥有从热带到寒温带的各个温度带，从干旱区到湿润区的各个水分带，以及与之相应的丰富多样的植被类型和生态类型，因此，中国东部季风区内的流域侵蚀产沙特征表现出有较明显的地带性规律。

### （一）侵蚀产沙随纬度地带性的变化

产沙模数，以"吨/（平方千米·年）"为其单位，即以每平方千米土地面积上每年产出多少吨泥沙来作为侵蚀产沙状况的表征。图1-9是中国东部季风气候影响范围内的近700个代表性流域侵蚀产沙状况的集中反映。700个流域先按其各自的流域重心所在确定其所处的纬度位置，再将各同纬度位置的流域进行分组平均，求出各个纬度分级中流域的平均产沙模数，最后得到了产沙模数随纬度变化的曲线。从图1-9可以看出，从南向北，产沙模数逐渐增大，在北纬35°~40°间达到峰值，然后迅速减小。与峰值对应的是华北地区（主要为黄土高原）的河流，两侧低值则代表华南与东北的河流。之所以呈现这样的特征，从图

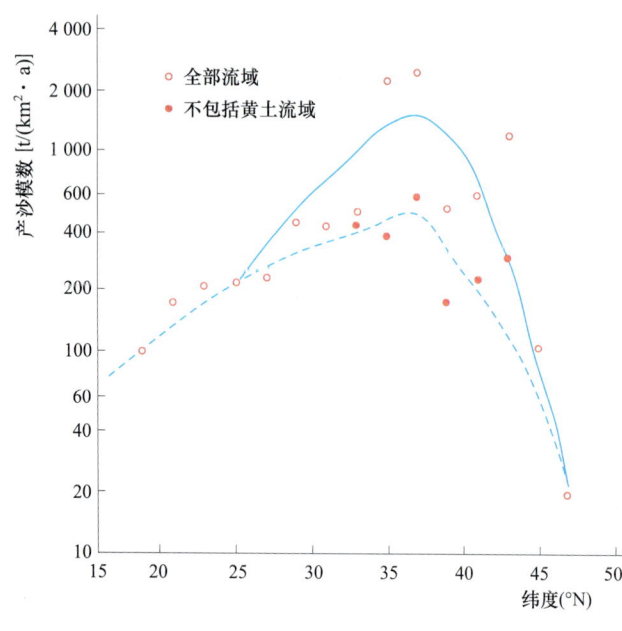

图1-9 产沙模数随纬度变化的曲线（许炯心，1994）

1-10可以得到很好的解释。图1-10表示出了影响中国流水侵蚀作用的地带性因子如年降水量、降雨变率、流域干燥指标和森林覆盖度等随纬度变化的情况，将这些曲线所表现出的地带性变化规律与图1-9中的曲线相比较，可以看出，图1-9中的侵蚀高值区，恰处于半干旱气候区，属于干燥指标的高值区和年降雨量的低值区（不利于植被生长）、降雨变率的高值区（使降雨集中为高强度的暴雨）和森林覆盖率的低值区（形成低的抗蚀力），因而在这里出现了高侵蚀力与低抗蚀力的组合。由此向南进入华中、华南，自然

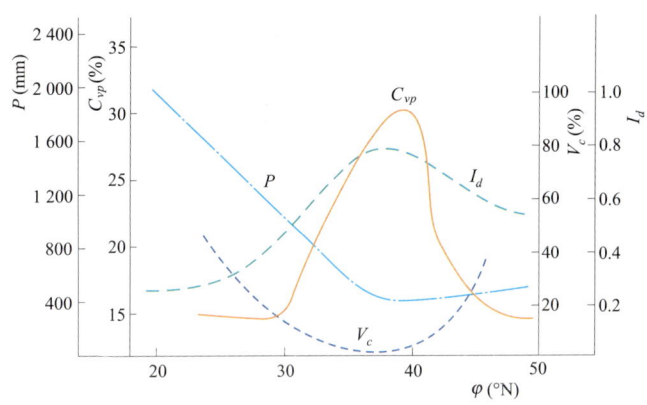

图1-10　年降水量$P$、降雨变率$C_{vp}$、流域干燥指标$I_d$和森林覆盖度$V_c$随纬度变化的曲线（许炯心，1994）

植被变为常绿阔叶林；向北进入东北地区，自然植被变为落叶阔叶林与针阔叶混交林，都使得地表抗蚀力大大增强，可以有效地保护地表，因而侵蚀产沙强度急剧减小，出现两个低值区。

### （二）侵蚀产沙随经度地带性的变化

受东亚季风的影响，中国气候呈现出由东南向西北方向的逐渐递变，气候由湿润、半湿润递变为半干旱、干旱，植被类型则由森林递变为森林草原、草原和荒漠。相应的，由东南向西北，先是侵蚀产沙模数逐渐增大，并达到峰值，然后再迅速减小。这一规律有别于上面所提到的随纬度方向的变化，多少带有东西向的特征，所以称为随经度地带性的变化。以与侵蚀产沙纬度地带性变化研究中所

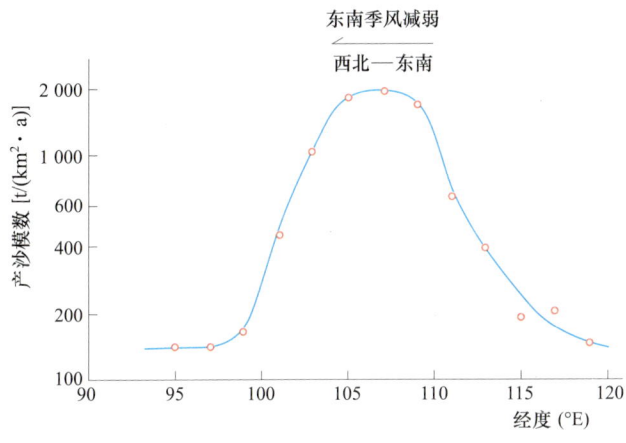

图1-11　产沙模数随经度变化的曲线（许炯心，1996）

取同样的方法，对选取自浙江、福建、安徽、江西、湖南、湖北、四川、陕西、甘肃、青海等省的375个流域面积小于10 000平方千米的流域的实测资料进行分组统计，并点绘与经度的关系（图1-11），发现：自东南向西北方向，有着与森林覆盖度、年降水量与干燥指标等属性所带来影响相应的地域变化，表明由地带性自然因子的地域组合所决定的抗蚀力与侵蚀力的对比关系，同样是我国季风影响下侵蚀产沙经度地带性形成的决定因素。

在上述两种侵蚀产沙随纬度地带性和经向地带性变化关系的共同控制下，在中国中部出现了一条沿东北—西南向展布的流域侵蚀产沙高值带（图1-12中的阴影区）。图1-12是根据中国产沙模数分布图概化而成，其中的阴影区代表产沙模数在1 000吨每平方千米年以上的区域，该高值带起于西辽河流域，向西南经永定河流域、太行山区、黄土高原、秦岭，达于四川盆地西缘山地、横断山区东缘的一部分，断续相连，十分引人注目。这一高值带基本上与夏季风的北界、西界平行，并且与大地貌阶梯之间的接触带有密切关系。其北段为第二级阶梯与第三级阶梯的接触带（如西辽河流域为内蒙古高原东缘，太行山为第二级与第三级阶梯的接触带，由于黄土高原的存在，这里高值带大大地向西扩展）；其南段则为第一级阶梯与第二级阶梯的接触带（四川盆地西缘山地及横断山脉之一部）。

黄土具有疏松、多空隙、易于受侵蚀的特性，黄土分布区是中国流域侵蚀产沙最活跃、最严重的

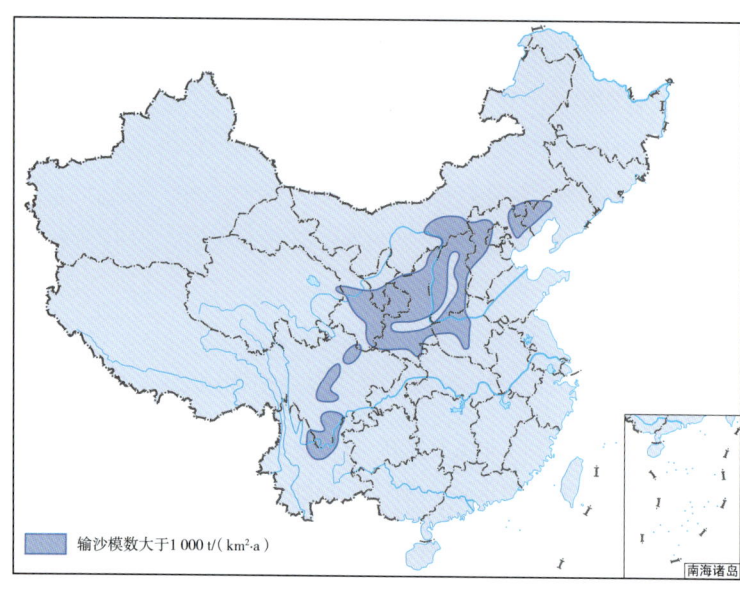

图 1-12　中国侵蚀产沙高值带分布示意图（许炯心，1996）

区域。中国黄土主要分布在北纬 32°～41°之间的黄土高原地区，恰与图 1-11 中所示的中国产沙模数经度变化曲线中的高值区相重合。将所研究的近 700 个流域按以黄土为主的流域与基本上不包含黄土的流域加以区分，在图 1-9 中单独点绘了非黄土流域的产沙模数的纬度变化。图中的曲线仍然显示了与全部流域相同的趋势。这表明，中国流域侵蚀产沙的纬度分布，主要取决于地带性自然因子的影响。作为非地带因子的黄土的分布大大地增加了北纬 35°～41°之间的侵蚀强度，叠加在地带性因子的作用之上，再加上人类活动的影响，使侵蚀产沙高值区更为触目惊心。

位于中国西部的广大干旱区和青藏高原区，由于其内部自然条件相对均一，主要都分别以干旱和高寒为特征，因而在其内部流域侵蚀产沙活动的地带性也不明显。

### 五、河流特征及其在不同自然带的出现频度

河流河谷的发育、演变比较缓慢，是一个漫长的地质历史过程；而河流河床的发育、演变则主要是现代过程，特别是那些位于平原和盆地区域的冲积性河流，其变化更是频繁和迅速，变化的时间尺度可以缩短到上百年、几十年，甚至是一年内。控制它们形成、演变的因素也不一样，前者主要是地质地貌条件，如地质构造、新构造运动特征、物质组成、地形坡度等，大多属于非地带性因素，并没有一定的地域分布规律；而后者则主要是河道所处流域内的来水来沙条件、河道的边界条件（包括河道边界的物质组成、地貌条件、新构造运动特性等），当然也还有各种人类活动的干预等，其中流域的来水来沙条件直接受流域内降水、径流、植被

洛川国家级黄土地质博物公园

覆盖等自然地理地带性因素的控制，因而，河流河床的发育、演变，特别是冲积河流的发育、演变，像侵蚀产沙一样，也明显带有地带性的烙印。

河型是河流形态和运动特征的综合反映，最全面地表征了一条河流的特性，毫无疑义，河型的分布也应该表现出一定的地带性。经典的冲积河流的河型可以分成四种主要的类型：顺直微弯型，弯曲型，江心洲型和游荡型。依照上面所列河型排列顺序，河床横断面变得愈来愈宽浅，宽深比愈来愈大，含沙量和泥沙的淤积量增加，同时河床的冲淤变化也变得愈来愈剧烈，河道愈来愈不稳定，游荡型河流是最不稳定的，黄河下游就是典型。从北向南，中国东部季风区冲积河流河型存在有比较明显的地域变化。黑龙江流域，江心洲河型十分引人注目，弯曲河型也比较发育，具有游荡河型的河流则

很少。辽河流域开始出现较多的游荡河道，但弯曲河型仍占重要地位。到了海河与黄河，游荡河型成为主导河型。进入淮河流域，游荡河流已很少，而弯曲河型居于主导地位。到了长江流域，江心洲河型又复增多，但弯曲河型仍占一定的比重，游荡河型已不再出现。与此相似，珠江流域也以江心洲河型为主，并有一定的弯曲河道。

这样的阐述还仅是比较定性的，进而可以用"河型频度" $f$ 指标来加以量化。河型频度 $f$ 定义为：

$$f = 某一地区出现某种河型的河流条数或河段数 / 该地区参加统计的河流或河段总数 \quad (1-1)$$

或者

$$f = 某一地区出现某种河型的河段长度之和 / 该地区参加统计的河流总长度 \quad (1-2)$$

分别用 $f_w$、$f_b$、$f_m$ 和 $f_s$ 来表示游荡型、江心洲型、弯曲型和顺直微弯型的河型频度。

将中国除属于西南印度洋水系的河流及内陆河流之外的所有主要河流（包括了中国的绝大部分主要的平原冲积河流和宽谷冲积河流），分成9个区域，分别按式（1-1）和式（1-2）计算了各区中4种河型的出现频度，结果见表1-1。

表 1-1　　　　　　　　　　　　中国东部季风区的河型频度

| 编号 | 区域名称 | 河流（段）数 | 游荡河型 | | 江心洲河型 | | 弯曲河型 | | 顺直微弯河型 | | 区域重心纬度 |
|---|---|---|---|---|---|---|---|---|---|---|---|
| | | | 河流（段）数 | $f_w$（%） | 河流（段）数 | $f_b$（%） | 河流（段）数 | $f_m$（%） | 河流（段）数 | $f_s$（%） | |
| 1 | 黑龙江 | 24 | 1 | 4.2 | 6 | 25 | 17 | 70.5 | 0 | 0 | 48° |
| 2 | 辽河 | 16 | 6 | 37.5 | 0 | 0 | 7 | 43.7 | 3 | 18.8 | 42°30′ |
| 3 | 海河 | 24 | 9 | 37.5 | 0 | 0 | 8 | 33.3 | 7 | 31.8 | 38° |
| 4 | 黄河 | 14 | 6 | 42.9 | 0 | 0 | 5 | 35.7 | 3 | 29.2 | 36° |
| 5 | 淮河 | 31 | 4 | 12.9 | 2 | 6.5 | 20 | 64.5 | 5 | 16.1 | 33°30′ |
| 6 | 汉江 | 11 | 3 | 27.2 | 1 | 9.1 | 5 | 45.5 | 2 | 18.2 | 32° |
| 7 | 长江干流① | (10) | 0 | 0 | | 51.8 | | 28.4 | | 20.6 | 31° |
| 8 | 湘江、赣江、钱塘江 | 24 | 1 | 4.2 | 12 | 50 | 9 | 37.5 | 2 | 8.3 | 27°30′ |
| 9 | 珠江、韩江 | 32 | 1 | 3.1 | 15 | 46.9 | 12 | 37.5 | 4 | 12.5 | 24° |

① 长江干流的河型是按式（1-2）计算。

以表1-1中的数据为基础，分析各区域的游荡河型频度、江心洲河型频度、弯曲河型频度随各区域的重心的纬度值的变化（图1-13），从该图中可以清楚地看到河型的地域分布规律。从南向北，游荡河型频度先是增大，在北纬35°～43°间达到最大值，然后急剧减小。江心洲河型的地域变化则表现出相反的趋势，即在北纬22°～31°间，为江心洲河型频度的高值区，往北去江心洲河型频度急剧减小，在北纬35°～43°降低为0，到了东北，江心洲河型频度又开始增大，并达到另一个最高值。弯曲河型频度曲线表现出两个最低值和两个最高值，即在华南和华中，弯曲河型频度较低，但在北纬32°～35°达到峰值，往北去则迅速减小，在北纬36°～43°间达到最小值。再往北去，弯曲河型频度逐渐增大，并在北纬46°～49°达到另一高值。值得注意的是，点绘结果表明，顺直微弯河型的频度随纬度的变化基本上无规律可循，这是由于决定顺直微弯河型形成的因素，在很大程度上是非地带性的。

之所以不同河型的频度会有随纬度的空间变化，主要原因在于不同自然带内产水、产沙状况的差异，对河流的发育、演变来说就是来水、来沙状况的差异。图1-14中表示的是9个区域中河流的径流深（$H_r$）与含沙量（$\rho$）的空间变化，从图中可以看出，各区域中的河流来水来沙因子呈现出有规律的分布，由南向北，随着纬度的增高，径流深表现为递减趋势，但过了辽河流域之后，径流深又开始增加。含沙量的空间分布形式与游荡河型频度的分布形式颇为相似，而与江心洲河型频度的分布形式恰恰相反，即由南向北，含沙量急剧增加，在华北达到峰值，再往北去，到了东北地区，则迅速降低。

河流发育成为什么样的河型与它所在流域的来水、来沙状况密切相关，分别以流量（$Q$）和输沙率（$Q_s$）来表征来水和来沙状况，分析了我国近百条河流的输沙率（$Q_s$）与流量（$Q$）的实际资料表明（图1-15），存在下列关系：

若 $Q_s < 0.00207 Q^{1.60}$，则为江心洲型；

若 $0.00207 Q^{1.60} < Q_s < 0.39 Q^{1.60}$，则为弯曲型；

若 $Q_s > 0.39 Q^{1.60}$，则为游荡型。

这些关系表明，水多、沙少是江心洲河型形成的有利条件，水少沙多是游荡河型形成的有利条件，中等的来水与中等的来沙相配合，则是弯曲河型形成的有利条件。

由图1-14可知，在北纬21°～34°间，来水来沙的组合表现为径流丰沛，含沙量很低，不会形成游荡河型所要求的强烈河床淤积的条件，而有利于冲淤平衡关系的形成，故出现了游荡河型频度的低值区和江心洲河型频度的高值区。由于此区中的河流含沙量甚低，尤其是

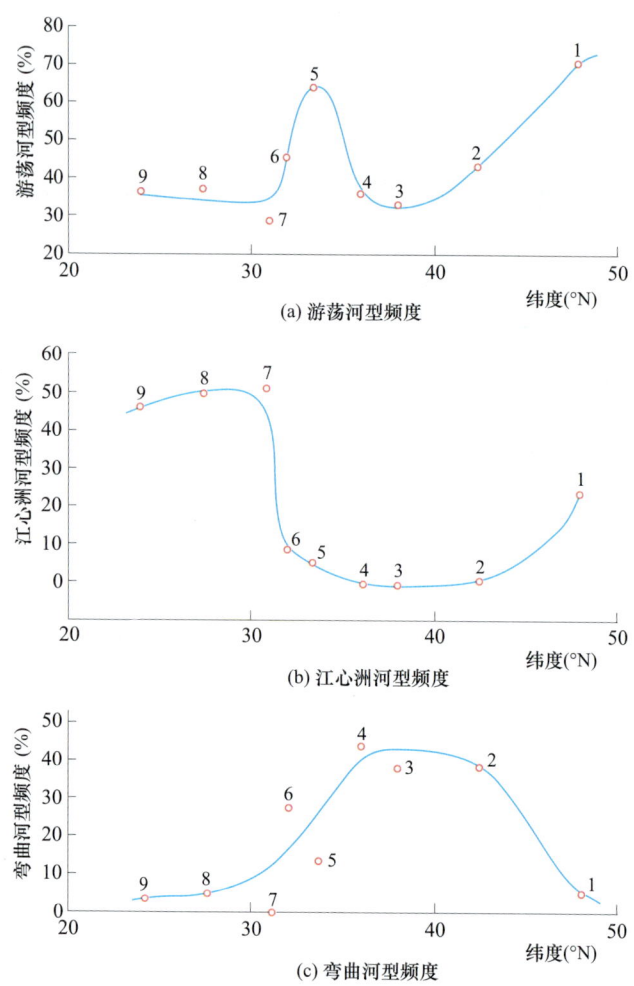

图1-13 河型频度随各区域重心纬度值的变化

缺乏细粒黏性物质，故河岸物质中的黏性成分也相对较低，河岸抗冲性较弱，因而出现弯曲河型频度的低值区。往北去，在北纬35°～40°间，水沙条件的组合为径流深度很小，含沙量很高，故有利于河床淤积的进行而不利于冲淤平衡的实现。而快速的泥沙淤积又使河岸物质结构来不及充分密实，故河岸抗冲性很弱，因而在这一地带出现游荡河型频度的高值区，江心洲河型频度的低值区和弯曲河型频

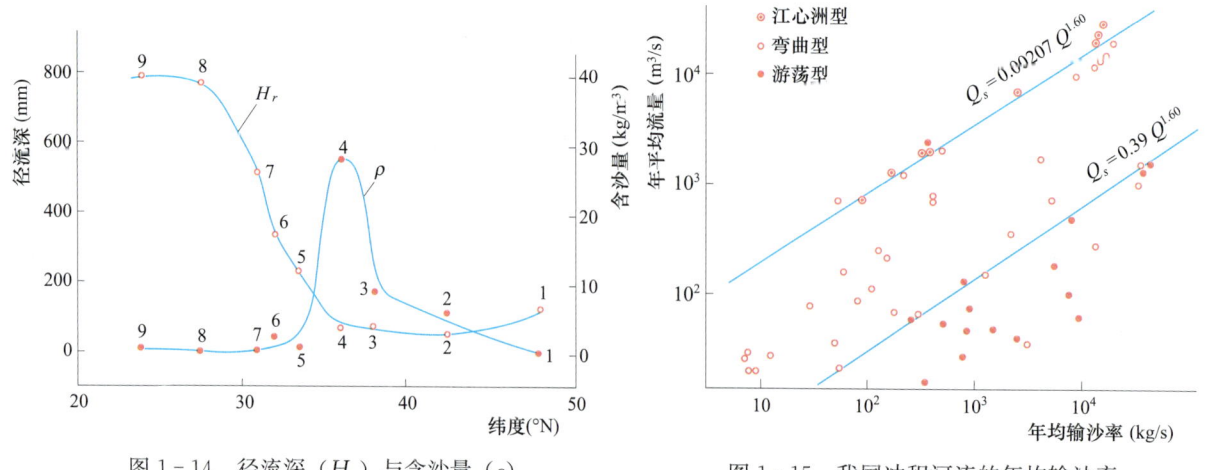

图1-14 径流深（$H_r$）与含沙量（$\rho$）随纬度的变化

图1-15 我国冲积河流的年均输沙率和年平均流量的关系

度的低值区。到了北纬 46°～48°间，径流深有所增加，而含沙量急剧减小，出现强烈河床淤积的可能性再度变小，有利于冲淤平衡的建立，故再度出现游荡河型频度的低值区和江心洲河型频度的高值区。由于相对而言，这里仍属于中等来水与来沙的组成区，故出现了弯曲河型频度的高值区。另一个中等来水和来沙相配合的地带是北纬 32°～35°，也表现为弯曲河型频度的高值区。在这样的地带内，河流含沙量中等，能够实现冲淤平衡，且来沙中黏土成分丰富，能够以适中的速率淤积在河漫滩上，因而使河岸抗冲性适度，既可避免边滩过早地被水流切割，又能使河岸侵蚀后退。于是在这里出现了弯曲河型频度的高值区。

以上的情形说明，纬度带控制了气候带，而气候带又制约了水沙条件的空间组合，进而又在一定程度上控制了中国河型的宏观地域分布。

## 第三节 湖泊的成因与演变

### 一、湖泊的成因

湖泊是地表水体的一种赋存形式。蓄积着水体的洼地称之为湖盆，湖盆内的水体谓之湖水。可见，湖泊的形成必须具备两个先决条件：其一为集水之洼地；其二为洼地内蓄存着的水体。

集水洼地可由地质构造、地震等地质内营力作用所产生，也可由河流、冰川、风及海洋等地质外营力作用所产生。而洼地内蓄存的水体可由降水、径流等原因形成，且其收入之水量应当大于或等于其消耗之水量，否则，就会因水量入不敷出而致水体逐渐消失，湖泊也就不复存在。可见，湖泊是在地质、地貌、气候、水文等多种自然因素综合作用下所形成的。湖盆、湖水中所含物质，包括矿物质、溶解质、有机质及水生生物等各要素间无时无刻不在进行着物理、化学及生物诸方面的相互作用与影响。因此，湖泊学界通常把湖泊视为存在于地球表面的一种自然综合体。

"湖"是对这种自然综合体在全国乃至世界上最普遍使用之称谓，如鄱阳湖、洞庭湖、青海湖、镜泊湖、博斯腾湖等。此外，由于民族语言、各地方言或习惯之不同，至今我国境内湖泊尚有不同之称谓。常见者有：

池，如滇池、天池、五大连池等；
荡，如长白荡、元荡、鹅真荡等；
漾，如长漾、北麻漾、洛舍漾等；
泡，如月亮泡、青肯泡、龙虎泡等；
海，如洱海、邛湖、阳宗海等；
错，如纳木错、色林错、玛旁雍错等；
淀，如白洋淀、南淀、东淀等；
洼，如文安洼、团泊洼等；
潭，如日月潭、商鞅潭、黄龙潭等；
氿，如东氿、西氿、团氿等；
泊，如罗布泊、梁山泊、小克泊等；
塘，如安丰塘、官塘、大苇塘等；
诺尔，如嘎顺诺尔、乌兰诺尔、索林诺尔等；
淖，如红碱淖、白碱淖、察汗淖等；
库勒，如阿其格库勒、阿什库勒、乌鲁克库勒等；

茶卡，如扎布耶茶卡、扎仑茶卡、结则茶卡等。

## 二、湖泊的类型

湖盆是湖水赖以存在的前提，不同的湖盆成因，湖泊之形态及其水文、化学和生物学诸方面有着显著差异。因此，国内外湖泊学者通常基于湖盆成因将湖泊分为构造湖、火山口湖、堰塞湖、冰川湖、河成湖、风成湖、岩溶湖、潟湖等8种类型。

### （一）构造湖

由地质构造运动所产生的断陷、拗陷、沉陷等洼地因积水成湖，这类湖泊称之为构造湖。构造湖在我国分布较为普遍，青海湖、鄱阳湖、纳木错、色林错、滇池、洱海、赛里木湖、呼伦湖等都是著名的构造湖。构造湖的形态特征表现为湖水较深，湖岸陡峭，滨湖断崖清晰可见，湖泊的长轴延伸方向多与构造线的延伸方向相一致，湖泊之长度往往明显大于湖泊之宽度。

云南高原，地处滇东的滇池、抚仙湖、阳宗海和滇西的洱海、程海等都是在断陷盆地基础上发育形成的构造湖。这些由地壳内营力作用所产生的断陷湖盆都保留着清晰的断层陡崖，附近还有涌泉或温泉出露。

青藏高原，因地质构造作用而形成的构造湖有着十分广泛的分布。除青海湖、纳木错、色林错外，羊卓雍错、当惹雍错、扎日南木错、玛旁雍错、班公错以及扎陵湖、鄂陵湖等，都是较为著名的构造湖。即使高原长期受准平原化塑造，但构造湖沿构造线方向呈带状延伸展布的空间格局仍然十分显著。

除上述外，构造湖在蒙新及东北地区也都有较为广泛的分布，如赛里木湖、布伦托海、博斯腾湖、居延海、岱海、呼伦湖、兴凯湖等。

应当特别指出的是长江中下游地区的洞庭湖、鄱阳湖、巢湖以及太湖等，其湖盆成因虽也是断裂构造作用所产生，且湖区仍有断裂构造痕迹可觅。例如洞庭湖的湖盆中部之赤山，就是一个南北走向与赤山断裂相伴生的背斜构造，把洞庭湖分成拗陷强度不一的东西两大湖区，但是，本区这些构造湖的湖盆由于长期受泥沙冲积物所充填塑造及河流的影响，以致有的构造痕迹被掩埋，湖泊呈现出冲积平原地区所拥有的浅水湖泊形态特征。

### （二）火山口湖

火山口湖是经由岩浆喷发所形成的火山锥体，待其喷火口休眠以后因积水而成。这类湖泊一般都受集水面积较小的限制，湖泊水域面积都不大，且湖水较深，湖岸陡峭。东北地区的长白山天池（中朝两国界湖），就是一个最为典型的代表，是经由多次火山喷发而被扩大了的火山口湖。白头山为长白山最高峰，海拔2744米，湖的四周山峰巍然突兀，岩壁直立。天池湖面高程2194米，湖泊面积9.82平方千米；最大水深373米，平均水深204米，蓄水量20亿立方米；为我国湖泊面积最大的火山口湖，同时也是我国湖泊深度最大的湖泊。

我国西南边陲的腾冲县，正处于欧亚和印度两大板块的镶接带上，第四纪的火山喷发，使火山锥群内之许多火山口积水成湖，如青海、大龙潭、小龙潭等。此外，广东湛江附近的湖光岩、台湾宜兰县的龟山岛以及山西省大同地区的昊天寺等，也都有火山口湖的分布。

长白山天池

### （三）堰塞湖

因火山熔岩流活动而将河谷堵塞所形成的湖泊，或者因地震、暴雨等原因引起山体滑坡，巨大的滑坡体将河谷堵塞所形的湖泊，均称之为堰塞湖。在我国，前者主要分布在东北地区，后者多见于青藏高原、云贵高原等的高山峡谷地区。

位于黑龙江省宁安市境内的镜泊湖，是我国面积最大（91.5 平方千米）、形态特征最为典型的熔岩堰塞湖。位于黑龙江省五大连池市的五大连池，是又一典型的著名火山熔岩堰塞湖。湖周有 14 座由火山喷发而形成的环状山峰分布，是我国目前保存较为完整的熔岩堰塞湖及其形成环境天然博物馆。

此外，在内蒙古自治区阿尔山市东北的大兴安岭山区，也见有因火山熔岩流堰塞而形成的一些火山堰塞湖。云南省腾冲县内之北海，亦是因火山熔岩流堰塞沙河所形成的堰塞湖。位于西藏东部的然乌错和易贡错是因山体滑坡而堵塞河道所形成的两个极具典型性的堰塞湖。

### （四）冰川湖

受冰川挖蚀作用而产生的挖蚀坑或冰碛物堵塞冰川槽谷，因积水而产生的湖泊称之为冰川湖。这类湖泊与构造湖相比，面积一般较小，且湖泊之长度明显大于湖泊之宽度，两侧湖岸较陡，湖水较深，而上源多有现代冰川发育，冰雪融水径流是湖泊的主要补给形式，因而湖水矿化度较低，湖水清澈，多属淡水类型。冰川湖在我国主要分布在西部高海拔的山区。

青藏高原是全球海拔最高的一个独特自然地理区域，平均海拔在 4 000 米以上，被誉为"世界屋脊""地球第三极"。其中昆仑山、唐古拉山、冈底斯山、念青唐古拉山及喜马拉雅山等均有现代冰川发育，是冰川湖数量最多、发育最为典型的地区。如位于西藏东部工布江达县境内之八松错（又名巴松错、帕桑错），坐落在念青唐古拉山东段之八松曲谷地内，系由扎拉弄巴和钟错弄巴两条古冰川汇合后因挖蚀作用加强，在冰川槽谷口经终碛垄堵塞而形成的湖泊，现湖面高程 3 484.00 米，湖长 13.8 千米，最大湖宽 2.8 千

喀纳斯湖卧龙湾

米，平均宽 1.85 千米，面积 25.5 平方千米；其入湖河流八松曲上游有常年冰雪覆盖面积 200～210 平方千米，罗结曲上游有常年冰雪覆盖面积 40 平方千米；湖水经西南端之巴河泄入尼洋河，转注雅鲁藏布江。位于西藏自治区革吉县境内之金美错（又名君玛错、久玛错）亦是一典型的冰川湖。

新疆境内的天山、阿尔泰山以及甘肃、青海两省间的祁连山，也有较为典型的冰川湖分布。这些冰川湖大多是冰期前的山间谷地，在冰期时受冰川强烈的挖蚀作用形成较为宽阔的 U 形槽谷，当冰川退缩时槽谷受冰碛垄堵塞遂积水而成为长条状的冰川湖。喀纳斯湖就属于这一类中较为典型的湖泊。

除上述外，另在四川西部也有一些冰川湖的分布，如位于甘孜以西德格县境内的新路海以及峨边泰永场的小天池、大天池等，也都是经冰川作用而形成的冰川湖。

### （五）河成湖

凡湖泊之形成与河流水系的发育和变迁有着直接联系者，称之为河成湖。淮河流域是我国河成湖数量最多、规模最大、分布最为密集的地区。淮河在洪泽湖以上段，分布于左岸的焦岗湖、四方湖、香涧湖、沱湖、天井湖等，分布于右岸的城西湖、城东湖、瓦埠湖、高塘湖、花园湖、女山湖等，都是由于历史时期黄河长期侵淮而形成的河成湖。我国五大淡水湖之一的洪泽湖以及南四湖、高邮湖、邵伯湖等，也是在黄河大规模南泛侵淮的作用下由原来的小型湖荡经大规模地筑堤建坝而拓展形

成的。

长江是我国第一大河。在流经中下游平原间，沿程两岸水系发达，河道迂回曲折，湖荡星罗棋布。其中，有许多小型湖泊也是由于水系变迁、河道横向摆动及自然裁弯取直而产生的河成湖。

此外，在嫩江、海拉尔河等两河沿岸的湖沼和泡子，也多属河成湖类型，如东北泡、龙虎泡、河神滩泡、乌尔塔泡等。

### （六）岩溶湖

由碳酸盐类岩石构成的地层经流水的长期溶蚀作用所产生的岩溶洼地、岩溶漏斗或落水洞等一旦被堵塞，即可汇水成湖。这类湖泊称之为岩溶湖。由此可见，岩溶湖的分布具有鲜明的地域性特色，即集中分布在岩溶地貌发育较好的地区。我国黔、桂、滇等西南诸省区，有发育较好的岩溶地貌，故也是岩溶湖最主要的分布区。贵州省威宁县的草海（又名松坡湖、南海子、八仙湖）是我国最为著名、面积最大的岩溶湖，约形成于19世纪50年代。

贵州省威宁县的草海

此外，如云南省的大屯海和长桥海，也是在原构造盆地基础上受岩溶作用而汇水形成的湖泊。两湖本为统一湖面，名鲤海，又名矣波草海。

### （七）风成湖

因风蚀作用使沙漠中的丘间洼地低于潜水面，由四周沙丘水汇集而形成的湖泊，称之为风成湖。我国北方和西北地区，气候干燥，降水稀少，多风沙，是风成湖的集中分布区。这类湖泊都是些不流动的死水湖、闭流湖，面积小，且湖水浅而无出口，湖水矿化度普遍较高，因受风沙影响而湖形多变，通常是冬春积水，夏季干涸成为湿地。巴丹吉林沙漠、腾格里沙漠、古尔班通古特沙漠、塔克拉玛干沙漠等地区，都有此类湖泊分布。

### （八）潟湖

潟湖系由浅海湾经泥沙封淤而与海洋分离，后经逐渐淡化而形成的湖泊，仅见于我国东部的滨海地区，且数量鲜少。杭州西湖和宁波东钱湖即是两个典型的实例。

杭州西湖

## 三、湖泊的演变

湖泊在其流域内是属于负地形，即位于其流域之最低洼处。"水往低处流"，这是受重力作用的自然规律所使然，并由此而决定湖泊是其流域内之水、沙以及水沙中所含各种营养物质等的蓄存之场所。所以，湖泊从其形成之时始，就一直是处于接受沉积和发生"沧海桑田"的演变过程，而湖泊之上游丘陵山区则是相应进行着"移山"的侵蚀过程。通过径流的输送、搬运，流域内的物质和能量被源源不断地输入湖泊。对于广大内流区域的许多终点湖而言，如纳木错、色林错、青海湖等，由上游输送来的泥沙等各种物质则全部蓄存于湖体内，而对于广大外流区域的许多吞吐湖而言，如鄱阳湖、洞庭湖、巢湖等，由上游输送来的泥沙等各种物质除沉积于湖体内之外，尚有部分被输送至湖泊下游。湖泊及其流域内所进行的这一"移山填湖"之地质作用，使得湖泊经历着由青春期、壮年期、老年期，直至消亡的演变过程。湖泊演变的机理，是因控制其生命活动的水量平衡或沙量平衡、化学平衡以及生物—生态平衡受到破坏。

我国幅员辽阔，区域自然地理分异显著，不同的区域显示其具有的鲜明自然环境特色和湖泊演变的区域性差异。概略言之，我国东部广大外流区的淡水湖，其演变特点是湖泊逐渐淤浅，洲滩广为发育，洞庭湖、射阳湖等大型湖泊萎缩肢解，丹阳湖、南官荡、梅家荡等为数众多的中小型湖泊迅速消失；巢湖、太湖等少数湖泊的富营养化发展日益严重；湖泊生物多样性减少，生态系统趋于脆弱化；多数湖泊被水利工程控制，由天然湖泊演变为水库型湖泊。位于我国西北或西部广大内流区域的湖泊，其演变的总趋势是湖泊补给水源不断减少，湖泊萎缩，水质逐渐咸化，矿化度升高，湖泊生态系统恶化，湖滨逐渐沙化。例如西居延海（嘎顺诺尔）1958年面积267.0平方千米，1961年完全干涸；东居延海（索果诺尔）1958年面积35.5平方千米，后曾6次干涸，20世纪末期更是连年无水，本世纪初采取生态补水措施，湖泊生命活动方得以恢复。举世闻名的罗布泊，1931年面积1 900平方千米，至1961年湖泊面积锐减到600.0平方千米，20世纪70年代初完全干涸，演变为广袤无垠的盐碱滩。博斯腾湖在20世纪50年代曾是我国面积最大的内陆淡水湖，湖水矿化度在1.0克每升以下，至20世纪末期湖水矿化度上升至1.866克每升，演变为微咸水湖。艾比湖自1950年以来，湖面缩小了548平方千米，湖区沙化现象严重；其他如巴丹吉林沙漠、腾格里沙漠等地区的众多小型湖泊，湖泊沙化现象更是常见。

此外，历史时期我国许多古湖泊的演变也是深受地学、水文学和湖泊学界所广泛关注的。其中较为著名的，是关于云梦泽及巨野泽的演变。

位于今江汉平原之云梦泽，古时又称云梦大泽，系发育在构造凹陷基础上的第四纪浩渺巨泽。后因长江和汉江挟带泥沙的逐渐充填和三角洲的发育拓展，至先秦时期云梦泽已步入老年期，萎缩肢解，演变为平原—湖沼形态的地貌景观。因之，在《左转》《战国策》等史籍文献中，这一带地区曾出现有多处"云梦泽"名称之记载，就是云梦大泽肢解萎缩的有力佐证。但彼时云梦大泽主体仍不失为泱泱大湖，故能见于我国最早的地理著作《尚书·禹贡》的记载之中。及至东汉时期，云梦泽进一步淤浅缩小，呈现以沼泽和平原为主的地表形态。至唐宋时期，云梦泽早已不复存在，更进而肢解演变为星罗棋布的小湖群，"重湖巨泽，大者数百里，小者不啻数十里""郡以千计，邑以百计"。

再如巨野泽之兴衰演变。巨野泽，先秦时期又称为大野泽，地处今山东省巨野县东北、山东丘陵西侧之低洼地带，为古代黄河之支汊分流——济水和濮水二水所汇聚而成。汉武帝元光三年（公元前136年），黄河在东郡濮阳瓠子口溃决，洪水东南泄入巨野泽，湖面扩大。据《水经注》载，彼时的巨野泽是"湖泽广大，南通洙、泗，北连清、济，旧县（巨野县）故城正在泽中"，俨然是一漭漭巨浸。到了唐代，巨野泽虽不时受到黄河水沙之影响，湖底有所淤高，但湖泊的面积仍呈浩瀚之状，水面东西宽达百里，南北有三百里之遥。五代及北宋时期，黄河多次在滑州一带决口入曹州、濮州、郓州地区，巨野泽的西南部即上游湖面因被河水泥沙淤高，湖泊水体遂向北部（下游）相对低洼处移动。洪水环梁山合于汶水。梁山周围遂变为相对低下之洼地，演变为历史上著名的梁山泊。宋天禧三年（1019年）、熙宁十年（1077年），黄河两次决口，洪水都从滑州（今滑县旧滑城）、澶州（今濮阳）东注梁山泊，湖面又不断扩大，"绵亘数百里""八百里梁山泊"，正是此时期湖面浩渺无际的写照。但是河水的决入，仅使湖面暂时得到了扩大，因黄河在输入大量洪水的同时，也输入了大量的泥沙，遂垫高了湖底。自南宋建炎二年（金天会五年，1128年）黄河夺泗入淮后，河道向南迁徙。梁山泊因水源补给短缺，水位下降，逐渐淤涸萎缩，湖滩地出露并被附近民众垦殖。元代，又因黄河多次决入，梁山泊返春，扩张成为一个"碧阔渺津"的汪洋巨浸。明代前期，梁山泊仍是一大片浅水洼地。明弘治七年（1494 年）刘大夏主持治河时，为了确保通往京都的漕运通畅，以防河水北侵运道，遂将黄河北支分注渤海的通道堵塞，梁山泊因无水源补给，湖床涸露，渐为沿湖居民垦为农田。梁山泊淤高消亡后，原注入其中的汶水在其下游则改向北折流入大清河。清咸丰五年（1855 年），黄河改道北流，夺大清河入海，河床淤高，汶水下游遂被壅塞为东平湖。

由以上简述可知，湖泊的演变过程通常是比较缓慢的，往往是以千年、万年或更长的地质年代尺度来衡量。但是，若遇地震、泥石流等突发性地质事件，湖泊的演变过程也会在很短的时间内完成。如位于西藏东南部高山峡谷区的易贡错，原系易贡藏布河床的组成段，约在 1900 年前后因地震引发特大泥石流，遂将易贡藏布堰塞而成面积达到 22 平方千米的湖泊。2000 年夏季洪水，下游堰塞体溃决，存在了约 100 年时间的易贡错随之消失。再如，2008 年 5 月 12 日汶川地震，震后曾出现数以百计的堰塞湖。但因组成堰塞体的物质结构十分松散，极易被流水冲蚀，故此次地震形成的堰塞湖只存在了约 1~2 年的时间也就相继消亡。

## 四、影响湖泊演变的主要因素

地质构造运动、地貌、气候、水文等各种内外营力因素都会直接或间接影响到湖泊的演变，加速或延缓湖泊的寿命。其中最为引人关注的，主要是气候变化、泥沙淤积以及人类大规模活动对湖泊演变的影响。

### （一）气候

气候条件是影响湖泊演变的重要因素之一，其中尤以降水和蒸发量的变化直接控制着湖泊水量的收支平衡，表现为湖泊水体的收缩或扩张，进而影响着湖泊的理化性质。调查研究资料表明，晚全新世之后，我国气候向干冷方向发展，季风极峰位置南迁，南涝北旱格局开始形成，相应地在蒙新、青藏地区的许多湖泊逐渐收缩咸化，发生盐类沉积，而在东部长江中下游地区则表现为明显的成湖期，现存的鄱阳湖、巢湖、石臼湖、太湖等或原有蓄水面积进一步扩展，或形成于这一时期。

青藏高原是世界上海拔最高的高原，也是我国湖泊分布最为密集的地区，湖泊普遍呈现萎缩的鲜明特征。

其一，湖泊周围普遍发育有多级古湖岸砂砾堤，一般有 7~8 道，最高一级古湖岸砂砾堤高出现湖面数十米至一二百米，个别湖泊如邦达错等超过 200 米。依古湖岸线范围推算，盛期时的湖泊面积要数倍于今湖泊面积（表 1-2、图 1-16），湖泊历经萎缩和演变的各个阶段，清晰可见。

表 1-2　　　　　　　　　　西藏主要内陆湖泊最高古岸线特征简表

| 湖　名 | 面积（km²） | 海拔（m） | 最高古湖岸线相对高度（m） | 湖岸特征 |
|---|---|---|---|---|
| 班公错 | 430 | 4 214 | 80 | 主要为湖蚀崖，少量湖滨砂砾 |
| 芒错 |  | 5 020 | 200 | 钙质胶结的砾岩层组成 |
| 邦达错 | 105.5 | 5 000 | 210 | 基座阶地、覆盖湖滨砾石 |
| 扎日南木错 | 1 000 | 4 613 | 100~141 | 湖相砂砾石组成 |
| 当惹雍错 | 1 399 | 4 475 | 167 | 侵蚀阶地 |
| 色林错 | 1 865 | 4 530 | 120~130 | 湖相砂砾堤 |
| 巴木错 | 180 | 4 555 | 100 | 砾石堤具浪蚀崖洞 |

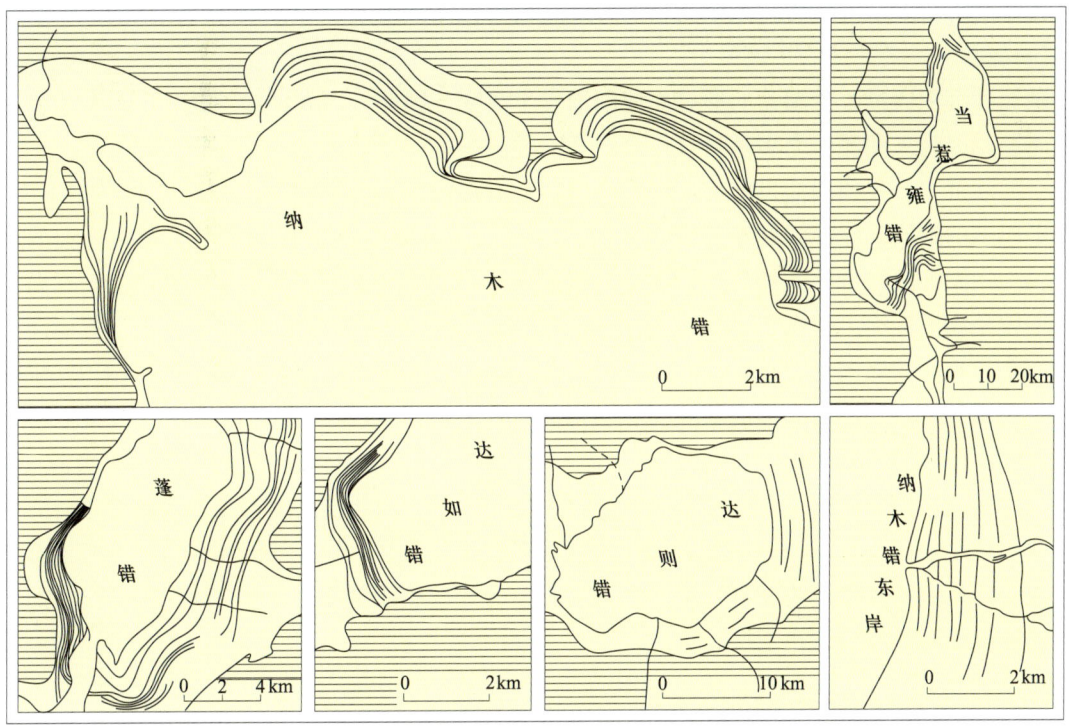

图 1-16 西藏湖泊的古岸线退缩遗迹

其二，湖泊补给系数之大小是反映湖泊流域气候环境及湖泊水量收入丰歉的重要水文条件。西藏地区湖泊的补给系数普通高于我国东部外流区域的湖泊。补给系数大于 50 的湖泊是屡见不鲜的，补给系数大于 100 者也不罕见，更为甚者如聂尔错为 160.9、显民得错为 161.2、直若错为 187.2、吓嘎错为 219.8、浩波湖则更高达 447.0，这不仅在全国，乃至在全世界也是绝无仅有的。如此之高的补给系数，显然是流域降水稀少、径流贫乏的重要标志。

其三，在为数众多的内陆湖泊中，湖水矿化度高，以咸水湖和盐湖类型为主。据统计，全西藏地区水面面积大于 10 平方千米的内陆湖泊共计 248 个，其中咸水湖 109 个、盐湖 105 个，两者合计 214 个，占内陆湖泊总数量的 86.3%；而其中淡水湖只有 34 个，占内陆湖泊总数量的 13.7%。表明广大内陆地区气候干旱，降雨稀少，蒸发强烈，湖泊长期处于水量收入不敷出的状态，以致湖水逐渐浓缩，矿化度不断升高。至于区内为数不多的淡水湖，主要是因为湖泊上游有冰雪融水径流补给所致。

湖泊的演变离不开区域环境变化的背景。上述西藏内陆湖泊的主要特征，说明伴随着青藏高原自第三纪以来的不断隆升，气候逐渐干旱化是影响湖泊萎缩演变的主要因子之一。

与上述气候逐渐干旱引起湖泊不断萎缩演变的现象相反，我国也有少数内陆湖受近期气候逐渐湿润的影响，使入湖径流量增加，湖泊水位上升，湖面逐渐扩大。如面积达 2 339.0 平方千米的呼伦湖在地质历史时期就是个具有伸缩性的湖泊，每当补给水量增加，湖面就扩大成为大型的外流湖；一旦补给水量减少，则分化解体形成内陆咸水小泡子。近百年前，今呼伦湖地区还是些彼此互不通连的小咸水泡。自 1908 年因克鲁伦河涨水，才使一些小泡子汇聚形成一个小湖，后随降水量的增加，湖面逐渐扩大成为一个大型湖泊。据调查，在 1939—1956 年之间，湖面共上涨了 3.05 米，1956—1962 年之间湖面共上涨了 3.54 米。通过 1959—1962 年间水量平衡计算可知，4 年间呼伦湖共增加蓄水量 26.5 亿立方米，平均每年增加蓄水量 6.625 亿立方米，相应湖泊面积由 2 190.0 平方千米增加到 2 323.0 平方千米。再如新疆赛里木湖近百年前在该湖东岸靠三台子附近曾有一半岛，20 世纪 60—70

年代调查时半岛已演变为孤岛,原半岛上的石砌路面已被淹入水下达5.0米深。

### (二) 泥沙

入湖泥沙沉积通过改变湖盆的形态而使湖泊发生演变。因此,入湖泥沙问题,实质上也就是湖泊的寿命问题,因为入湖泥沙之多寡将直接决定湖泊的淤积速度和寿命之长短。

由于泥沙沉积,我国湖泊目前都不同程度地发育有湖泊滩地。其中,尤以东部长江中下游平原、黄淮海平原上的湖泊,泥沙问题最为突出。因为这一地区的湖泊都是吞吐型淡水湖,与大的江河贯通,这就为入湖江河挟带的大量泥沙提供一个沉积环境。黄河是举世闻名的多沙性河流,在黄河下游先秦时期曾是湖泊洼淀星罗棋布之地,著名的大型湖泽就有圃田泽、荥泽、雈苻泽、雷夏泽、大野泽、菏泽等,它们的逐渐消亡是与黄河多沙分不开的。地处淮河中游的城西湖、城东湖、瓦埠湖、花园湖、女山湖等一系列湖泊的形成和演变,也是黄河自公元12世纪长期夺淮造成大量泥沙不均衡沉积于淮河干支流河口所致。长江虽然远比黄河的含沙量小,但其绝对输沙量并不低。江水出三峡后由于比降突然变缓,流势骤减,上游带来的泥沙就大量沉积于沿江低洼的湖沼平原地区。这一方面造成湖泊淤浅、肢解、面积萎缩;另一方面又导致洞庭湖、江汉湖群、华阳河流域湖群、苏皖沿江湖群以及鄱阳湖等众湖泊的洲滩广为发育,从而为湖泊滩涂的开发利用提供着十分有利的土地资源。所以,湖泊的演变无不与泥沙的沉积直接相关。

### (三) 人类活动

人类活动对湖泊演变的影响遍及全国各大湖泊类型,且其影响的内容也是全方位的,但主要体现在如下几个方面。

#### 1. 滩涂围垦

湖泊滩涂围垦在我国有着极为悠久的历史,尤其是江淮中下游平原,湖泊滩涂围垦是农业生产发展的一大突出特色。据不完全统计,仅在1949年后的短短几十年内,因围垦而消亡或基本消亡(仅保留有河道性质的水面以便通航)的大小湖泊就有上千个,其中诸如丹阳湖、白湖、叶泽湖、白龙荡、黄天荡、绿洋湖等一些著名的中小型湖泊均在其列,缩减的湖泊面积约1.3万平方千米,相当于今鄱阳湖等五大淡水湖总面积的1.3倍。

以素有"千湖之省"美誉而著称的湖北省为例,清末至民国初期,水域面积在100亩以上的大小湖泊有2 000余个,总计面积2.6万平方千米;新中国建立初期全省湖泊数量为1 332个,面积为8 528平方千米。经过20世纪50年代末60年代初的大规模围垦,1963年,湖泊数量减少到574个,面积缩小到2 728平方千米;"文革"期间围垦再次兴起,至1977年湖泊再次减少到310个,面积仅有2 373平方千米。群众逐渐认识了盲目围垦之害并实施了退田还湖的措施,至1988年湖泊恢复到843个,面积恢复到2 983平方千米,但与新中国建立之初相比,湖泊数量仍减少了489个,面积减少了5 545平方千米;东湖、沉湖、排湖、里湖、三湖等原本在100平方千米左右的一些著名湖泊现已基本消失或开辟为鱼塘,甚至连神农架极为宝贵的天然湖泊——大九湖也曾因围垦而一度消失。洞庭湖、鄱阳湖、太湖、洪泽湖、巢湖和为数不少的中小湖泊围垦规模和强度也比较大。

围垦不仅导致湖泊数量和面积的剧烈演变,同时还使湖泊水情恶化,生态系统退化,生物多样性下降,引起湖泊物理净化、化学净化和生物净化等各种净化功能严重衰退,有利于各种污染物质的富集和营养水平的提高,加速湖泊富营养化的演变进程。

#### 2. 建闸筑坝

湖泊被建闸控制,改变湖泊水资源的时空分配,是当前湖泊在演变过程中所面临的一个重大生态问题,同时也是湖泊营养水平日益提高以及污染事故不断的重要原因之一。

### 3. 湖泊污染及富营养化

湖泊污染及富营养化的日益严重，是我国东部地区湖泊在演变过程中所出现的一个重大生态与水环境问题。湖区及其流域的化肥、农药等农业面源污染物质的输入，工业和城镇生活污水的排放以及规模化的湖泊养殖等是直接引起湖泊污染和富营养化迅速发展的主要原因。湖泊污染和富营养化的日益发展，已导致我国东部地区众多湖泊水体净化功能衰退，生态系统恶化和生物多样性下降，更为严重者出现水质型水资源短缺，制约着广大湖区社会和经济的持续发展，影响湖区人民群众的身体健康。巢湖、太湖和滇池是全国湖泊污染和富营养化最严重的3个湖泊，湖泊演变受人类活动之影响颇具典型性。

## 五、沼泽形成和发育

### (一) 沼泽的定义

沼泽是湿地的最主要类型。关于沼泽的定义，由于其生态环境千差万别，类型多种多样，常因研究者的学科和研究目的不同而有所差异，至今尚未有统一的定义。归纳起来可有两类看法：一类是狭义的沼泽，即沼泽必须有泥炭积累；另一类是广义的沼泽，沼泽为地表薄层积水或土壤充分湿润的地段，沼泽中可能有泥炭积累，也可能没有泥炭层。

综合起来可以认为，沼泽是一种特殊的自然综合体，它具有三个相互联系、相互制约的基本特征：①受淡水或咸水、盐水的影响，地表薄层积水或过湿；②生长沼生、湿生或盐生植物；③土壤有泥炭积累或仅有明显的潜育层。

### (二) 沼泽的形成因素

沼泽是在多水的环境下形成的，而沼泽水有多种水源，如大气降水、地表径流、江湖泛滥水、海岸潮汐水、地下水、冰雪融化水等。沼泽的形成过程就是地表水或地下水在地表长期积聚而形成水成土壤并生长沼泽植被的过程。地质地貌、气候、水文条件是沼泽形成主要因素或决定性因素。

#### 1. 地质地貌因素

地质地貌因素是制约沼泽形成、发育的重要因素，它既为沼泽发育提供了构造背景与空间，又制约着沼泽的形成、分布与发育。地质地貌因素通过制约水分的再分配，提供适宜地形并促进水分积聚，而成为沼泽形成的重要因素之一。

在充分发育的河漫滩上，靠近河床部位稍高，阶地附近最低，中部是河漫滩面积最广阔区域，由于河水泛滥频繁，形成透水性弱的砂质黏土和黏土质土壤，潜水位经常接近地表，成为河漫滩中最有利于沼泽化的区域（图1-17）。

三江平原是由黑龙江、松花江和乌苏里江汇流冲积而成，曾是我国著名的沼泽集中分布区。在地质构造上，它属于同江内陆断陷，自中生代断裂以来，长期处于以大面积下沉为主的间歇性沉降运动之中。平原海拔高度为50～60米，总地势由西向东缓缓倾斜，总坡降1/10 000左右，许多中小型河流顺应总倾向发育，多无明显河道，为典型的沼泽性河流。不同地貌类型或同一地貌类型的不同部位，水分条件不同，分布着不同类型的沼泽。河漫滩沼泽是广布的类型；河流阶地上常见一种微地貌——沼泽洼地，位于河间阶地上，起伏仅0.5～1.5米，按形态特征可分为碟形、线形和不规则形三种，它们的

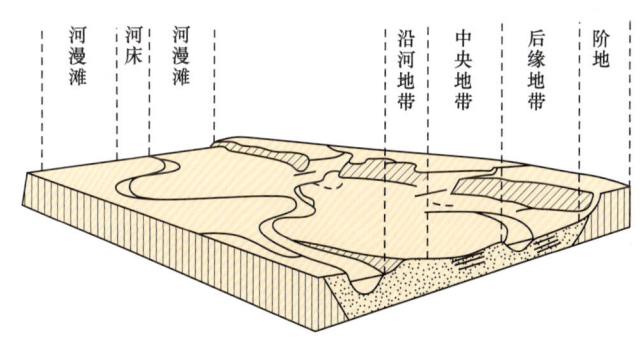

图1-17 河漫滩生态带示意图

形成，主要是地面原始起伏和浅沟谷地形随构造下沉，有些则是松散沉积物融冻过程中不均匀沉陷形成。这些沼泽洼地，从中心到边缘，积水逐渐变浅，沼泽植被常呈不规则带状分布。

滨海地貌是在海陆相互作用下，由河流和海水潮汐作用下形成的。有些滨海地貌成为沼泽发育的主要场所，特别是在淤泥质海岸的滨海平原、河口三角洲平原、海湾、潟湖等地貌类型，沼泽常呈大面积分布。热带、亚热带河口与海滨潮间带发育有重要的红树林沼泽。

冰川地貌和冰缘地貌也是沼泽发育的有利地形，尤其是大陆冰川退缩后，在原冰川发育区留下一系列冰蚀、冰积地貌，如冰斗、围谷、槽谷、冰蚀洼地、雪蚀洼地等，且堆积有大量透水性不良的冰碛物，为沼泽形成发育提供了良好条件。

冻土地貌是寒温带与高山区沼泽形成、发育的主要生态环境因素。我国北纬47°以北地区以及海拔4 000米以上的高原和山地，为永久冻土分布区，冻土沼泽化十分普遍。由于冻土层阻碍了冰雪融水的下沉，形成区域性的隔水层。这些地区气温低，土壤温度也低，不利于植物残体分解，沼泽多有泥炭积累。

不仅新构造运动和地貌是沼泽形成的重要因素，而且岩性对沼泽的形成发育具有重要作用。以亚黏土和黏土为主的沉积物，因透水性差，易积水成沼。

### 2. 气候因素

沼泽土壤的水分和湿度状况主要取决于气候条件。气候因子的不同组合，特别是降水量、蒸发量与温湿度的不同组合，制约着地表水分状况和沼泽植物的组成、生长发育以及沼泽的类型与分布。

（1）温度对沼泽形成、发育的影响。温度是制约沼泽形成、发育的主要因素之一。温度对沼泽形成的影响反映在两个指标上，即气温与土壤温度，它们对沼泽的形成发育具有双重作用：一方面影响地表蒸发过程与强度；另一方面影响植物的生长量和植物残体的分解与积累。温度高时，贴地气层的饱和水汽压大，饱和差大，易于蒸发，温度低时则相反。在气候寒冷地区，虽降水量不大，但蒸发量小，水分输出也少，也可形成沼泽。另外温度通过影响微生物种群的数量和活动强度，进而影响植物残体的分解的指标。该指标对沼泽的形成和发育、沼泽植物生长和积累尤为重要。

我国高纬度地区和青藏高原都是气温和土温最低的地区，亦是我国沼泽面积最大、分布最广的地区。大兴安岭和小兴安岭山区是我国最寒冷的地区，年均温在0摄氏度以下，年降水400~500毫米左右。地貌多为中山、低山和苔原，河谷宽阔，区内河流为黑龙江上游水系，额木尔河、盘古河、西尔根气河、呼玛河等多条支流，河谷宽坦是本区地貌特征，这与存在多年冻土有关，加剧河流的侧向侵蚀，致使河谷加宽，降水难于从地表排出，亦难渗入地下，又因气温低，地面蒸发极弱，造成谷地积水或过湿，沼泽发育是本区独特的自然景观。由于本区气温和土温皆低，土壤中微生物种群的数量少，活动强度弱，进而影响植物残体的分解，因此本区不仅沼泽分布广，并且多有泥炭积累。

青藏高原的东北隅，是一块完整的丘状高原——若尔盖高原，是我国面积最大的一片高原沼泽区之一，气候高寒湿润，年平均气温0摄氏度左右，几乎无绝对无霜期，年平均降水量500~860毫米，蒸发量小于降水量。本丘状高原是第四纪强烈隆起区中的一个相对沉降区，区内黄河及其支流白河和黑河河谷，为沼泽发育和泥炭沉积提供了良好环境，沼泽广泛发育，其中冷湿的水热条件，有利于沼泽的形成和发育。

（2）湿度对沼泽形成、发育的影响。湿度通常以湿润系数表示。湿润系数是表示气候湿润程度与微生物活动、植物残体分解的重要指标。沼泽多发育于湿润系数大于1的地区。

我国东北大兴安岭、小兴安岭、三江平原、长白山区，青藏高原三江源区、若尔盖高原区沼泽分布较广，是我国沼泽集中分布区，湿润系数都在1左右。如果湿润系数超过1时，沼泽发育不仅限于负地貌中，甚至在正地貌类型中也有发育。如大兴安岭中部主峰摩天岭海拔1 300米以上，坡角30°

阴坡上发育的泥炭藓沼泽，就是因为空气湿度大而形成的正地貌沼泽类型。

湿润系数小的地区，沼泽形成受到抑制。我国广大干旱、半干旱地区，在平原的低洼部分、陷落盆地以及封闭的小型湖泊周围可见到适盐、耐盐或抗盐特性的多年生盐生和中生植物在盐碱土上生长的植物群落——盐沼；在这里要见淡水沼泽很难，除非局部水源补给十分丰富的特殊地段有少量淡水沼泽发育。

### 3. 水文因素

水文因素是沼泽形成和发育的决定性因素。与地质地貌、气候因素相比，水文因素是沼泽形成和发育最为直接、最为关键的因素。

水文因素对沼泽形成的影响主要体现在对沼泽的水源补给上。稳定的水源补给和常年的地表积水或土壤过湿，是沼泽形成和发育的先决条件，水源补给的减少或消失，将导致沼泽的退化和丧失。内陆沼泽的水源补给和水循环如图1-18所示。

（1）沼泽水源补给类型对沼泽形成、发育的影响。沼泽水源补给主要有大气降水、地表水、地下水补给。其中地表水包括地表径流、河流泛滥水、冰雪融化水、湖水和和潮汐水等；以大气降水补给为主的沼泽仅发生在贫营养沼泽类型上；绝大多数沼泽都是依靠大气降水和地表水混合补给或地下水、地表水和大气降水共同补给而发育。山区的山间盆谷型沼泽和山前洼地型沼泽，多地下水、地表径流和大气降水混合补给。有地下水补给的沼泽，一般水源丰富，补给稳定，沼泽多集中连片发育，且多形成泥炭沼泽。

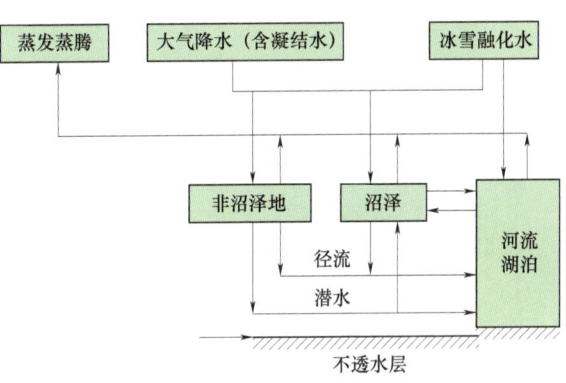

图1-18 沼泽的水源补给与水循环示意图（刘兴土，2006）

以大气降水补给为主的沼泽，其水文周期受到降水季节分配的影响而表现出水位的不稳定性。这类水源补给仅限于我国寒温带、中温带等山地局部地段，如我国东北大兴安岭、小兴安岭等山区，沼泽受地质地貌、气候等因素影响，已从富营养沼泽阶段发展成为贫营养沼泽，由原来多种水源混合补给发展成为以大气降水补给为主。我国以大气降水补给为主的沼泽数量不多，面积也较小。

以大气降水和地表水补给为主的沼泽在我国分布最为普遍，三江平原、松辽平原、长江下游平原、太湖平原、江汉平原等，沼泽均发育在新构造运动缓慢下沉地区的一些洼地，如湖盆、河流及其支流的河漫滩、河间和古河道等洼地。

以地表水和地下水补给为主的沼泽，多分布在山间各类盆地，最为集中分布区为云贵高原等地的构造盆地，构造熔岩盆地以及盆地边缘冲、洪积扇缘洼地。

以大气降水、地表水和地下水共同补给为主的沼泽，受气候和地质地貌综合因素的作用，一般水量丰富，水质好，沼泽长期处于富营养阶段。这类沼泽主要分布在青藏高原区，如三江源区等。

（2）河流对沼泽形成的影响。我国沼泽起源于河流沼泽化为主。这类沼泽主要补给水源为河水，平原区河漫滩沼泽尤为典型。发育在平原区的河流具有河流比降小、弯曲度大、汊流多、河漫滩宽广、河槽平浅的特点，河流泄洪能力弱，河水极易出槽补给河漫滩，易发生沼泽化过程。如东北三江平原乌苏里江支流七虎林河中下游，挠力河中游段。

黑河与白河是黄河在若尔盖高原的两大支流，它们由东南向西北贯穿了整个沼泽区，两流域的沼泽可储水45亿立方米。

河水补给的沼泽，补给具有明显的季节性，水中矿物质营养比较丰富。

(3) 湖泊对沼泽形成的影响。沼泽起源于湖泊沼泽化的类型分布很广泛，面积也很可观。沼泽是处于水域和陆地过渡形态的自然体。我国湖泊多，分布广，类型复杂，因此，湖泊沼泽化的类型也是多种多样的。

湖滨为水陆交互作用地区，最易发生沼泽化过程。特别是平原区湖泊，湖泊边缘平缓，湖滨滩地宽广，常常发生大面积沼泽。湖泊在丰水期通过湖水上涨而补给湖滨沼泽的水量和范围，取决于湖滨地貌特征与湖水位变化幅度。在平缓的湖积平原上，湖水位上涨的幅度越大，则补给的范围和沼泽化的面积越大。长江中下游平原地势低平，湖泊成群，湖盆浅，湖泊多有河流汇入，受河水补给影响，湖水位变幅较大，湖水矿化度不高，发育大面积芦苇沼泽，如洞庭湖、太湖、巢湖等，湖滨湖滩成为我国著名的芦苇沼泽分布区。若尔盖高原的湖泊，多为缓岸，湖滨广泛发育沼泽，如江错湖、错拉坚湖、哈丘湖以及辖曼大海子一带的湖滨成为重要的沼泽集中分布区。

### （三）沼泽的发育模式

沼泽是陆地生态系统和水域生态系统的过渡类型。在沼泽形成因素的综合影响下，沼泽可起源于水域，亦可起源于陆地。水域沼泽化包括湖泊沼泽化、河流沼泽化和海域沼泽化；陆地沼泽化包括森林沼泽化、草甸沼泽化和冻土沼泽化。

#### 1. 湖泊沼泽化

湖滨或湖泊淤积而水深变浅，湖中生长着沼生、水生植物，并从湖滨向湖心推进，这就是湖泊沼泽化过程。在自然界，湖泊沼泽化随处可见。尤其浅水湖泊，水的透明度好，波浪小，含盐量不高，沼生和水生植物极易繁衍而形成沼泽。但是，湖泊陡岸沼泽化比较困难，条件要求更复杂一些，时间会更长些，在一些特定的地区也会形成沼泽化过程。下面分别进行论述。

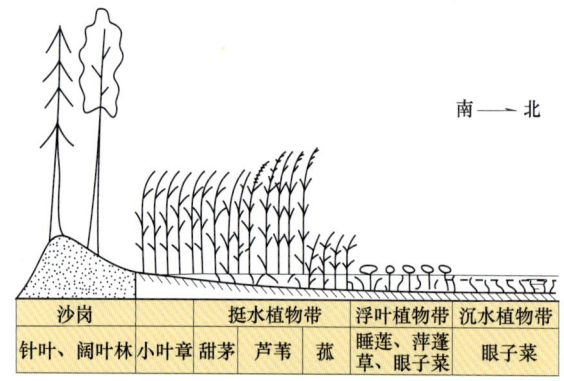

图 1-19　小兴凯湖缓岸水草丛生沼泽化（易富科，1988）

（1）缓岸湖泊沼泽化。向湖心缓缓倾斜的平缓湖泊，湖水清，光照条件好，一些水生、沼生植物在湖滨生长，并逐渐向湖心方向推进，湖泊沼泽化开始了。随着时间的推移，沼泽植物、水生植物由于湖水深度变化而形成不同的水生植被而呈带状分布（图 1-19），这种水生植被带可能结束在某处水深即湖滨局部沼泽化；如果湖水变浅，亦可能覆盖整个湖泊，全部被沼泽植物所覆盖而形成沼泽，即全湖沼泽化。

我国东北大兴安岭、小兴安岭山区，由于冷湿的特殊环境，亦可见到湖泊沼泽化，但是填满湖泊的植物主要是泥炭藓。三江平原东北部，受第四纪寒冷气候影响，广泛发育了古冰丘湖，水分补给丰富，湖水浅，湖体小，波浪弱，水分条件稳定，多发生沼泽化，并发育成比较相似的、沼泽植被呈同心圆式分布的草本泥炭沼泽（图 1-20）。

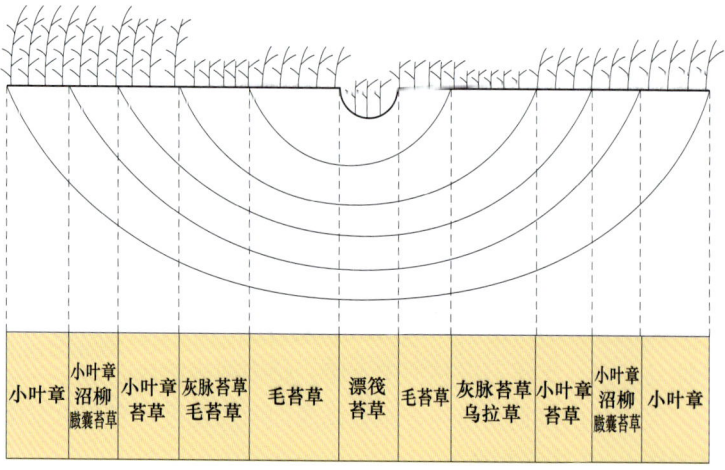

图 1-20　碟形洼地植被同心圆状分布示意图（易富科，1988）

（2）陡岸湖泊沼泽化。一些山区湖泊，湖岸较陡，但也可形成沼泽化。云南省腾冲北部的北海，为全新世形成的火山堰塞湖，湖泊陡岸。初期湖滨环境湿润，有利泥炭藓类发育，可能伸入湖滨，一些长根茎的湿地植物随之侵入，从湖岸向湖水面延伸，植物的长根茎把泥炭藓串联一起固定起来，相互交织成网，形成"浮毯"，由于风吹或地表径流等带来的植物种子，在"浮毯"上生长繁殖，"浮毯"不断加厚。在重力作用下，"浮毯"下部的植物残体脱落到湖底，在嫌气条件下缓慢分解，形成泥炭。沼泽植物形成的厚层浮毯从湖的四周向湖心侵入，导致湖泊的全面沼泽化，湖泊消亡。

### 2. 河流沼泽化

在进入老年期的中小河流，在河床平浅、河曲发育、流速缓慢的河道区域，或河源区等常形成河流沼泽化。

河流沼泽化过程与浅水缓岸湖泊沼泽化相近，只是河流沼泽化植物带状分布不规律。首先在河水较浅、流速缓慢河段，开始生长水生植物，具有粗壮根状茎的挺水植物大量侵入；随着河槽水草丛生，河道消失，从外观上已看不见原来河流的特征，河流完全沼泽化了，成了一片似河非河、似陆非陆的水乡泽国。在我国某些地方可以见到这种河流，黑龙江省三江平原的挠力河、别拉洪河等都是典型的沼泽性河流。

### 3. 森林沼泽化

森林沼泽化包括森林自然演替沼泽化和森林采伐基地沼泽化。

（1）森林自然演替沼泽化。森林自然演替沼泽化主要发生在林区地势平坦、低洼、地下水水位高、排水不良的地段，如平坦河谷、河滩、湖滩、阶地或地下水溢出带。这些地段，水分容易汇聚，加上土壤潜育化，土质黏重，有的地区还有冻土层隔水，使地表积水既难排出又难入渗，造成地表长期过湿或积水，引起了湿生、沼生植物的不断侵入。

森林沼泽化是在地表多水的同时，与林下枯枝落叶层的不断积累和土壤灰化作用有密切关系。枯枝落叶层松散地覆盖在地面，拦蓄和保持大气降水、冰雪融化水，并减少土壤表面蒸发，促进土壤表层过湿和喜湿植物侵入。枯枝落叶和喜湿植物在土壤饱和状态下产生一种能溶解表层土壤成分的克连酸，使土壤中铁、钙、铝、锰的氧化物还原和溶解，并随着下渗水流，带到较深土层沉淀下来，形成淀积层。在淀积层或冻土层共同作用下，土壤上层被水分充填，造成了地表过湿和积水，引起了沼生植物不断侵入，在缺氧的嫌气条件下，土壤的潜育化过程和植物残体的泥炭化过程得到发展，同时，可溶物质（植物养分）淋失，土壤中能释放的养分越来越少，不需要更多养分的藓类植物开始进入，并迅速发展，遍布湿润多水的地面，甚至使某些草本或木本植物因缺氧而死亡，其残体得不到充分分解，逐步积累而形成泥炭层。最终泥炭藓类植物代替了草本和木本植物。从泥炭层堆积物的组成可以反映森林沼泽化的历史过程，即反映森林沼泽化初期富营养沼泽——中营养沼泽——贫营养沼泽的发育过程。

（2）森林采伐、火烧基地沼泽化。在湿润气候条件下，具有低洼的、不透水层的林地，当森林采伐或火烧而遭到破坏后，水量平衡发生重大变化，土壤蒸发和植物蒸腾减少了，再加上土壤结构遭到破坏，林下土壤淀积层和冻土层的存在，影响水分入渗，使土壤水分超过其蓄水能力，地表形成积水，于是喜光、喜湿的沼泽植物侵入，或原湿地植物发育，可能发生森林沼泽化。

# 第二章　中国河湖水系的水情

## 第一节　中国境内的水循环与水平衡

在自然界中，从海洋表面蒸发的水分，被输送到大陆，然后以降水的形式降落到陆地，形成河川径流。从陆地上的河川径流再流入海洋，这就是水循环，也称为大循环或外循环。在长期的水循环过程中，海洋和陆地上的水量并没有明显的增加或减少的现象，这里有一个平衡的过程。对海洋来说，多年平均年蒸发量等于海洋多年平均年降水量及注入的多年平均年径流量之和。对于陆地来说，多年平均年蒸发量等于陆地上多年平均年降水量和从河流流出的多年平均年径流量的差值。

在自然界中除了上述的大循环外，还有小循环或称为内循环。这是指在陆地蒸发的水分就在陆地上以降水形式降落，而降落的水分通过蒸发再返回到大气中。

### 一、中国大陆上的水循环路径

降水需要有水汽，我国的水汽来源有四：太平洋、印度洋、大西洋、北冰洋。以往有学者从年降水由东南向其他地区递减的情况推断，水汽主要来自太平洋。年降水量向西北递减的规律，适合于全国大部分的地区，但也有一部分地区出现另外两种递减的规律，说明我国另外还有两种主要水汽来源，其中之一是印度洋，另外一个是大西洋。近年有学者在卫星云图与计算机技术帮助下，得出新的结论：我国水汽输入以印度洋为主。

我国云南西部年降水量是向西和西南方向递增的，这显然就表示水汽来自印度洋。印度洋的水汽使喜马拉雅山南麓成为世界上年降水量最多的地区之一，而西北麓及西藏高原都很干燥，说明这些地区属于同一水汽系统，即印度洋。近年来研究表明，印度洋水汽不仅控制着我国西部的降水，而且经常还影响到我国中东部的降水情况。

新疆年降水量从西向东逐渐减少的事实，已为人们所熟知。无论在阿尔泰山南坡、天山南北坡、帕米尔或昆仑山北坡，在海拔大致相同的情况下，年降水量由西向东减少是很明显的，说明水汽来源于大西洋，虽然大西洋距离新疆非常遥远（约 6 900 千米），但仍然是新疆的主要水汽来源。

至于北冰洋，它也是我国的水汽来源之一。新疆的阿尔泰山到北冰洋的距离约 3 400 千米，北冰洋水汽当然可以到达，而且还可到达我国其他干旱地区上空，但其水分含量很低，只有西风气流的 1/3~1/4，所以不可能形成大量的降水。

经研究，在太平洋水汽和大西洋水汽交界处的新疆东部与甘肃西部地区，是我国极旱荒漠的重要组成部分。也有人认为，乌鞘岭是我国季风到达的西界，再往西就由大西洋水汽控制。

印度洋孟加拉湾的水汽所控制的范围，过去一直认为大致在滇西、滇中一带以及四川境内的折多山、大小相岭一带。近年来研究表明，还要东移很多。

综上所述，我国境内的水汽来源是多种多样的，世界上主要大洋的水汽都能到达，所以是水汽来源最复杂的国家之一。以水汽总量论，印度洋第一，太平洋第二。

在明确了我国的水汽来源后，再了解我国水循环的路径。按大洋来分，可分为太平洋水循环、印度洋水循环和内陆水循环三个系统。

### (一) 太平洋水循环

太平洋上空的大量水汽由东南季风和台风输向沿海和内陆，造成了丰沛的降水，再由降水形成的河川径流流入太平洋。而我国多数大河，都是自西向东流动，这样就完成了太平洋的水循环。

在我国的东北，从春季到夏季，由季风把鄂霍次克海和日本海的湿冷空气输送到这里，降水后所形成的径流，再由黑龙江注入鄂霍次克海。

同样在华东，由长江将每年约8 900亿立方米的水量回归到东海。在华南，由季风和台风将南海水汽所形成的降水，再由珠江流入南海。

### (二) 印度洋水循环

盛行的西南季风将大量水汽输送到我国的西南、中南、华东甚至西北的东部地区。印度洋水汽所造成的降水，一部分由我国西南地区的河流，如雅鲁藏布江、怒江等流入印度洋；另一部分，如澜沧江、长江、珠江等流域的降水则参加了太平洋的水循环。

### (三) 内陆水循环

在我国新疆等干旱地区，主要是内陆水循环，但大西洋和北冰洋的水汽也参加了内陆水循环。

中国干旱区水循环的情况如下：干旱区多年平均年降水量3 070.9亿立方米，其中山区占75.6%，降水到达地面后，首先由植物截留，通过蒸发蒸腾返回空中。大部分降水到达地面补给河流、湖泊、冰川等各种水体，部分从地表入渗土壤中，当降水强度超过下渗强度时，可形成坡面流，汇入河道。渗入土壤中的水量，一部分通过土壤蒸发和植物散发返回空中；另一部分以壤中流形式补给河道，其余部分下渗补给地下水。坡面流和壤中流以及冰川等水体补给河道的水量合成河道地表径流（图2-1）。

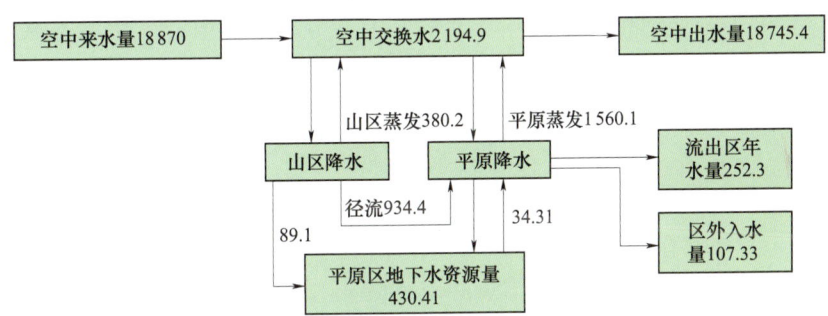

图2-1 中国干旱区水循环和水平衡示意图（单位：亿 $m^3$）

### (四) 水汽的收入与支出

除了水循环的路径，还要知晓在我国境内的水汽的收入与支出。要弄清楚收入与支出，才能对水平衡各要素进行计算。

我国每年从东、南、西、北四个方向输入的水汽量总计为18 215.4立方千米，输出的总量为15 839.7立方千米，将进入的水汽减去输出的水汽得净输入量为2 375.7立方千米。如果平均铺在全国的面积上，则平均水深为250.1毫米，占总输入量的13%。这说明，从四个方向输入中国的水汽量，只有13%留在大陆上，而87%的水汽又输出了国境。

此外，从方向上看，四个方向情况是不同的。从南方边界输入的水汽，年输入量要占全部总输入量的42%，说明水汽主要由南方输入。而东方的边界输入量占24%；西部和北部边界上也有一定数量的水汽输入，分别占总输入量的12%和22%。从水汽输入的年内变化也即季节变化考察，水汽输送最大三个月是每年的5—7月；而冬季的11月至次年1月是全年输入量最少的季节。

## 二、中国的年降水量和蒸发量

### （一）年降水量的分布

有了水汽后，遇到适当的条件就形成了降水（包括雨和雪）。我国境内年降水量的地区分布有三个显著特点：东南多雨，西北干旱，年降水量大致自东南沿海向西北内陆流域递减；山区多于平原；山地的迎风坡多于背风坡。

年降水量的等值线大致为东北—西南走向，通常以年降水 400 毫米等值线将我国划分为比较湿润地区和比较干旱地区两部分。此线以东，年降水量较多，是我国主要的农业区。此线以西，除某些山地外，都比较干旱，主要为牧业及灌溉农业区。

各地年降水量的多少，除了与水汽源地的距离有关外（即距离海洋越远，年降水量越少），还与地形有密切的关系。一些多雨的中心大多是离海洋有一定距离的丘陵和山地。例如江西、福建两省交界的武夷山区，广东云开大山南坡，广西十万大山东南坡，海南五指山的东部，台湾省台湾山脉的东部等多雨区，都是面对着水汽来的方向。

从全国范围看，东南及华南沿海丘陵的年降水在 1 500～2 000 毫米以上，其中台湾的火烧寮，海拔 380 米，多年平均年降雨量 6 576 毫米，最多的 1912 年，甚至高达 8 408 毫米，是全国年降水量最多的地方。长江中下游年降水量在 1 250 毫米左右。秦岭—淮河一线为 750～1 000 毫米，黄河下游到海河流域为 500～750 毫米。东北小兴安岭以西为 300～500 毫米，以东大于 500 毫米，而长白山脉的南部可达 1 000 毫米以上，是东北年降水量最多的地方。内蒙古及河西走廊一般小于 250 毫米。新疆山前平原的年降水量，北疆为 100～200 毫米，南疆都在 100 毫米以下。但新疆各山地年降水量较多，如阿尔泰山的西北部和天山的西部，年降水量可达 800 毫米以上，其中天山那拉提站 30 年实测平均年降水量 830 毫米。塔里木盆地东南部、柴达木盆地西北部、吐鲁番盆地以及北疆伊吾的淖毛湖盆地是我国有降水记录的年降水量最少的 4 个地方，年降水量均在 20 毫米以下，其中吐鲁番盆地的托克逊站，多年平均年降水量仅 7.6 毫米，1968 年仅 0.5 毫米，是全国年降水量最少的纪录。

四川盆地的年降水量为 1 000～1 200 毫米，盆地中心低于 1 000 毫米。云贵高原除云南北部为 750～1 000 毫米外，其他都在 1 200～1 500 毫米。西藏境内年降水量差异特别大：东南隅的墨脱县巴昔卡，年降水量超过 5 000 毫米，是我国大陆上年降水量最多的地方；但到藏北，由于雨影的制约，很快减少到 100 毫米以下。

年降水量受地形的影响十分显著。主要是山地对气流的抬升和阻挡作用，降水量的垂直变化非常显著。一般随着海拔的增加年降水量也相应增加，对峨眉山、黄山、乌鞘岭等的研究表明，许多山地都有最高降水带的存在，但各山地的海拔是不同的，如峨眉山为 2 500 米，天山北坡乌鲁木齐河流域为 2 100 米。也有人认为在海拔 4 000 米左右处存在有第二最高降水带，这还需要更多的实测资料加以证实。

### （二）年降水量的变率

降水量年际变化大也是我国气候的一个主要特点。每年季风进退时间有早有迟，加上雨带在某一地区停留的时间长短不同，使得多年间的降水量有很大差别。此外，每年台风次数的多少及移动路径的变化以及每年冬季寒潮暴发的强弱和次数，也都会引起各年降水量的变化。总的来看，年降水量多的地区，降水年际变化就小；反之，变率就大。

全国年降水量变化最大的是西北干旱区。除山地外，一般都在 30% 以上。几个干旱中心，如吐鲁番盆地、塔里木盆地和柴达木盆地等可超过 50%。内蒙古及华北大部分地区在 20%～40%

间。东北的大小兴安岭、长白山区和长江流域以南地区是我国东部年降水量变化最小的地区，一般在15%左右。从杭州湾经福建沿海一直到雷州半岛，由于受台风影响，可以达到15%~20%。西南地区的降水主要受西南季风的控制，由于季风比较稳定，因此年降水变率较小，其中在北纬30°以南的横断山区及云南的哀牢山以西地区，年降水变率小于10%，是全国降水变率最小的地区。

### （三）中国年陆地蒸发量

蒸发是水量平衡要素中的重要一环。在流域闭合（或大范围）的情况下，多年平均年蒸发量是多年平均年降水量和多年平均年径流量的差值（图2-2）。

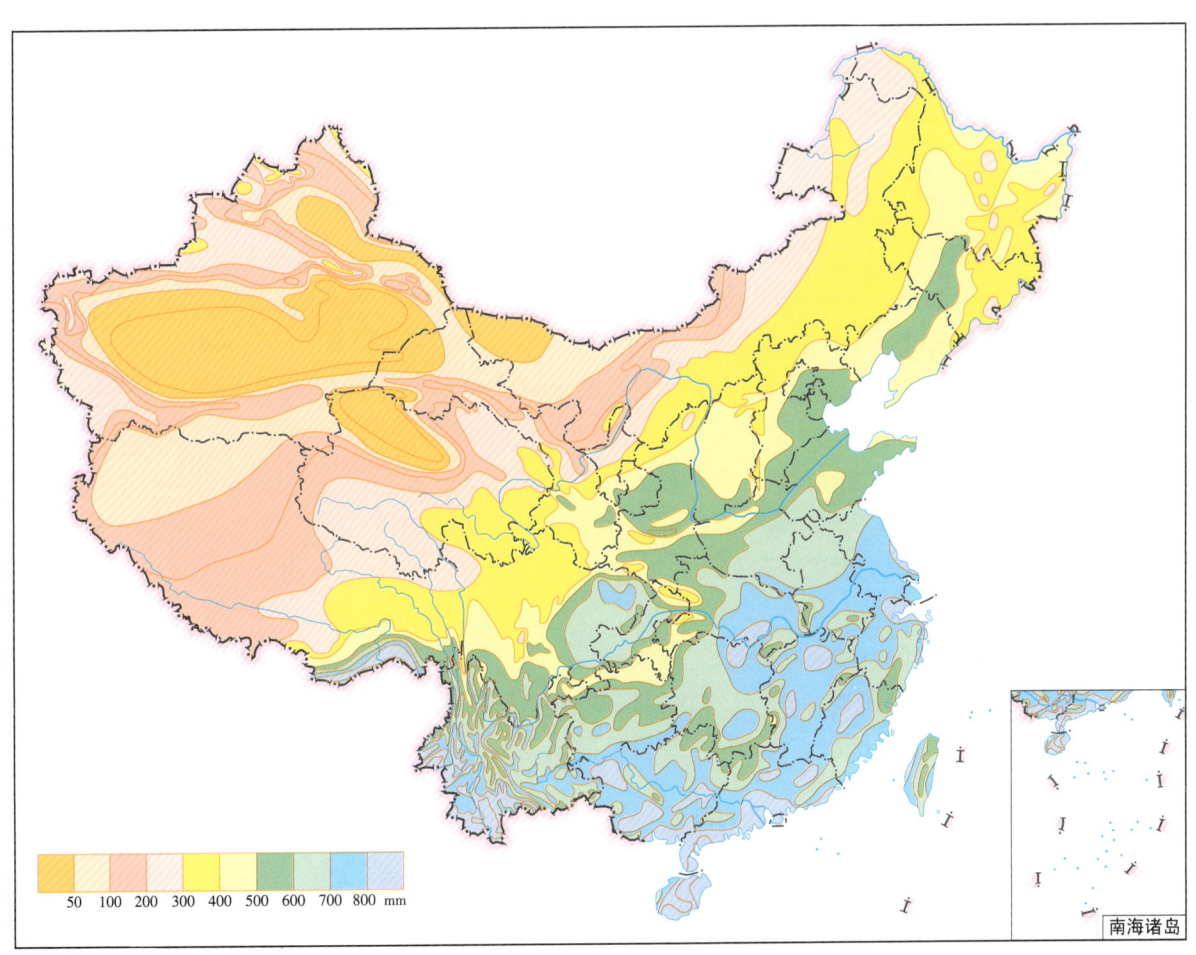

图2-2 中国1956—1979年平均年陆面蒸发量图

从图2-2可以看出，与年降水量一样，年总蒸发量也有自东南向西北递减的趋势。淮河以南、云贵高原以东的广大地区，陆面蒸发量大都为700~800毫米，其中海南岛东部达到1 000毫米，为我国陆面蒸发量最大的地区。云贵高原及四川盆地一带大都为600~700毫米，华北平原南部也达600~700毫米。海滦河流域、黄河流域中下游大部分在400~600毫米。东北除大兴安岭以西和山地局部地区外，一般在400毫米左右。川西高原一般为300~400毫米，青藏高原东部为300毫米左右，西部仅100~150毫米。大兴安岭以西地区、内蒙古高原、鄂尔多斯高原、阿拉善高原以及西北广大地区，一般都低于300毫米，是我国陆面蒸发量的低值区，其中塔里木盆地和柴达木盆地仅25毫米左右，为全国最低值。

## 三、中国的年径流

径流是水平衡中最重要的因素。参加水平衡的径流，是指多年平均河川年径流量，用深度表示。目前通常采用中等流域面积的数值作为勾绘全国年径流深等值线图，探求年径流深在地域上的分布规律。

### (一) 年径流深的分布

由于河川径流量主要由雨水所补给，因此年径流深分布的特点，基本上由年降水量分布的特点所决定。这就是自南向北递减，近海多于内陆，山地（特别是迎风坡）大于平原。

台湾山地年径流深高达 2 000～4 000 毫米，为全国最高的地方，但其东西两侧的平原较少，分别为 1 200 毫米和 800 毫米左右。浙江的雁荡山、天台山、天目山、括苍山和福建的戴云山、武夷山年径流深为 1 200～1 400 毫米，其中以雁荡山最高，达到 1 600 毫米。浙闽沿海平原和山间盆地年径流深不足 800 毫米。

广东沿海的莲花山、云雾山，清远一带的山地，海南岛的五指山，广西桂林附近山地和融安附近山地年径流深在 1 400～1 600 毫米，其中十万大山更高达 2 000 毫米。但沿海平原和山地都不及 800 毫米，尤其是广西西部的喀斯特地区，因地表径流部分转化为地下径流，年径流深仅 300～400 毫米。

江南丘陵，湖南的雪峰山、阳明山，湘赣间的井冈山，湘鄂边区的幕阜山，年径流深可达 1 000～1 200 毫米。平原和盆地是径流的低值区，洞庭湖盆地和湘江中下游平原只有 400～500 毫米。

长江中下游平原，地形平坦，成雨条件差，年深径流一般在 300～500 毫米。

四川盆地由于雨量的地区分布变化大，径流的地区分布差别很大。川西山地，以峨眉山及雅安附近为高值区，年径流深可达 1 600 毫米以上。其他如夹金山、邛崃山、龙门山及大雪山地区也可达 1 200 毫米以上。盆地东北的大巴山和东部的巫山年径流深也可达到 1 000～1 200 毫米以上。而盆地中大部分不足 500 毫米。

云贵高原中云南西部的横断山脉南段、高黎贡山、尖高山等地降水丰沛，年径流深可达 1 500～2 000 毫米以上。云南南部山地大概为 1 600～1 800 毫米。云南高原中部是一个明显的低值区，年径流深在 200 毫米以下，是长江以南我国径流深最低的地区。贵州高原除西部山地年径流深超过 1 000 毫米外，其他地区为 400～600 毫米。

华北平原周围的燕山、太行山和鲁中山地的迎风坡，成雨条件较好，年径流深可达 200～300 毫米。而平原本身除了淮北平原年径流深在 50～150 毫米外，海河平原一般不足 50 毫米，最低的还不到 25 毫米。

东北的山地从东南的长白山起向北到吉林的哈达岭、张广才岭、小兴安岭，往西到大兴安岭是径流深的高值区，一般为 300～500 毫米，其中鸭绿江中下游的山地为最高，达 600 毫米以上。东北平原低地和背山的内陆腹地为径流低值区，三江平原在 150 毫米以下，松辽平原在 25 毫米以下，大兴安岭以西的呼伦贝尔草原更少，尚不足 10 毫米。

黄土高原由于降水量少，且黄土的渗透性强，蒸发旺盛，对径流形成不利。境内的太岳山、吕梁山年径流深在 150 毫米以上。窟野河中下游、无定河上游及榆林河等，年径流深也在 100 毫米以上，这是由于得到鄂尔多斯南部边缘沙漠区大量地下水补给的缘故。汾河和洛河各地年径流深小于 50 毫米，陇中及陕北在 25 毫米左右。

内蒙古高原径流很少，年径流深大部分地区在 25 毫米以下，沙漠地区甚至不足 5 毫米。

西北地区有许多地方地面被沙漠所覆盖，如塔克拉玛干沙漠、古尔班通古特沙漠、巴丹吉林沙漠等，年径流深不足 5 毫米，是我国地表径流最贫乏的地区。但发源于盆地周围高山的河流，除雨水外，还有高山冰雪融水和季节积雪融水的补给，年径流深可达100毫米以上，有干旱区的"湿岛"之称。

青藏高原的喜马拉雅山南坡，特别是雅鲁藏布江从大拐弯处至国境段年径流深最高，可达3 000毫米以上。雅鲁藏布江流域的大部分地区处在雨影区内，故年径流深也向上游递减，大致变化于100～300毫米间。藏北高原因受高山阻隔，降水很少，年径流深在25毫米以下。

## （二）五个径流带

从上述年径流深的分布规律可看出，年径流深为50毫米的等值线大致从东北的海拉尔起，经哈尔滨、张家口、兰州、黄河沿，止于西藏南部，自东北到西南斜贯全国，与400毫米年降水量等值线很接近。400毫米等值线将我国分为东西两部分。东部湿润，径流充沛，基本上是农业区；西部干旱，主要是牧业区。再进一步根据各地年径流深的分布特点并结合自然条件，联系到农牧业生产，大致可以分为五个径流地带（图2-3）。

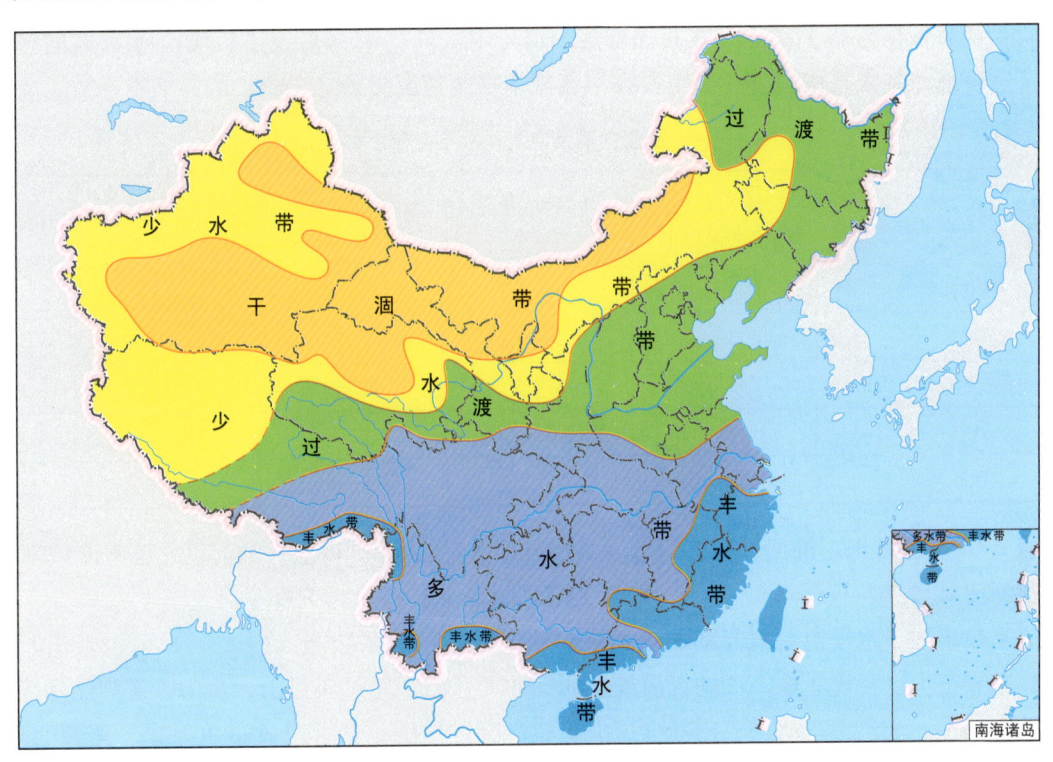

图2-3 中国五个径流地带示意图

这五个地带不仅大致与我国各自然地带相符，而且每个地带都有其特定的农作物。五个地带从东南到西北依次为：丰水带、多水带、过渡带、少水带、干涸带。

丰水带：年径流深大于800毫米，大致相当于亚热带和热带常绿林带。范围包括广东、福建、浙江和台湾大部，江西、湖南的山地，广西的南部，云南的西南部和西藏的东南角。本地带主要农作物是水稻，还有亚热带和热带的经济作物。

多水带：年径流深介于200～800毫米之间，相当于落叶阔叶林和常绿阔叶林的混交林带。包括广西、云南、贵州、四川和秦岭—淮河一线以南的广大长江中下游地区，境内是我国的主要水稻产区，还有冬小麦、油菜等。

过渡带：年径流深介于50～200毫米，相当于落叶阔叶林和森林草原地带，范围包括华北平原、山西、陕西的大部、四川西北部和西藏的东部，是我国主要的小麦产区。

少水带：年径流深在10～50毫米间，相当于半荒漠和草原地带，包括东北西部、内蒙古、甘肃、宁夏、新疆西部和北部以及西藏西部等。境内主要是草原和荒漠草原。是我国的主要牧区。

干涸带：年径流深在 10 毫米以下，相当于荒漠地带。范围包括内蒙古大部分地区，宁夏的腾格里沙漠，甘肃的巴丹吉林沙漠，青海的柴达木盆地，新疆的准噶尔盆地和塔里木盆地等。境内在天然情况下除局部地区受过境河流的影响，水草生长较好外，大部分植被非常稀疏，许多地方地表全为流沙所覆盖。

### 四、中国的水平衡

简化的水平衡方程式为：降水量＝陆地蒸发量＋径流量，从方程式来看我国的水平衡情况。

我国多年平均年降水量为 61 775 亿立方米，即降水深 650 毫米；而多年平均河川年径流量为 27 388 亿立方米，即年径流深 288 毫米；陆地年总蒸发量 34 387 亿立方米，即平均深度 362 毫米。全国平均年径流系数为 0.44，也即在我国降落的水分中，只有 44% 形成了径流，而 56% 的降水量通过蒸发又重新返回到大气中去，我国主要大河流域水平衡情况见表 2-1。

表 2-1　　　　　　　　　　我国主要大河流域水平衡值

| 流　域 | 集水面积<br>（km²） | 年降水量<br>（mm） | 年径流量<br>（mm） | 年总蒸发量<br>（mm） | 年径流系数 |
| --- | --- | --- | --- | --- | --- |
| 松花江 | 557 180 | 504.8 | 138.6 | 358.3 | 0.27 |
| 黄河 | 752 443 | 445.8 | 76.4 | 361.3 | 0.17 |
| 淮河（包括沂、沭、泗） | 269 283 | 838.5 | 205.1 | 599.9 | 0.25 |
| 长江 | 1 808 500 | 1 086.6 | 552.9 | 533.4 | 0.51 |
| 珠江 | 453 690 | 1 549.7 | 815.7 | 734.0 | 0.53 |

从表 2-1 可以看出，淮河以南各河流域的径流系数都在 0.50 以上；淮河以北各河流域都在 0.30 以下；黄河流域更少，只有 0.17 左右，即绝大部分的降水量都消耗于蒸发。

径流系数表述了水平衡要素间的相互关系。从中国年径流系数图（图 2-4）可以看出，各地的径流系数差异很大。径流系数 0.5 的等值线自浙江的天台山，经过天目山、黄山、鄱阳湖和洞庭湖周围的山地、巫山、大巴山、岷山、巴颜喀拉山南麓、唐古拉山、念青唐古拉山而止于西藏的日喀则。此线以南，除局部地区外，年径流系数一般为 0.60，一些多雨山地可达 0.70，川西山地、喜马拉雅山南坡、台湾的东南部更高达 0.80。但盆地、平原和高原则径流系数较小，如四川盆地、滇桂等省（自治区）喀斯特发育地区，只有 0.30。此线以北，径流系数普遍减少。太行山、燕山的迎风坡、鲁中山地可达 0.30～0.40，淮河平原约 0.20，海河平原在 0.10 以下。

东北以长白山地的径流系数值最大，可达 0.50～0.60，大、小兴安岭为 0.40～0.50，松辽平原最小约 0.05～0.10。

黄土高原的径流系数通常在 0.10 左右。

内蒙古高原，径流系数在 0.05 以下，西部有些地方根本不产生地表径流。

西北干旱地区，柴达木盆地不到 0.10，塔里木盆地、准噶尔盆地更小，都在 0.05 以下，还有大片无流区的分布。但高山地区的径流系数都比较大，如阿尔泰山、天山、祁连山等，都可达到 0.30～0.50，天山西段以及阿尔泰山西北部更高达 0.70。

藏北高原在 0.20 以下，中心部分可能小于 0.10。

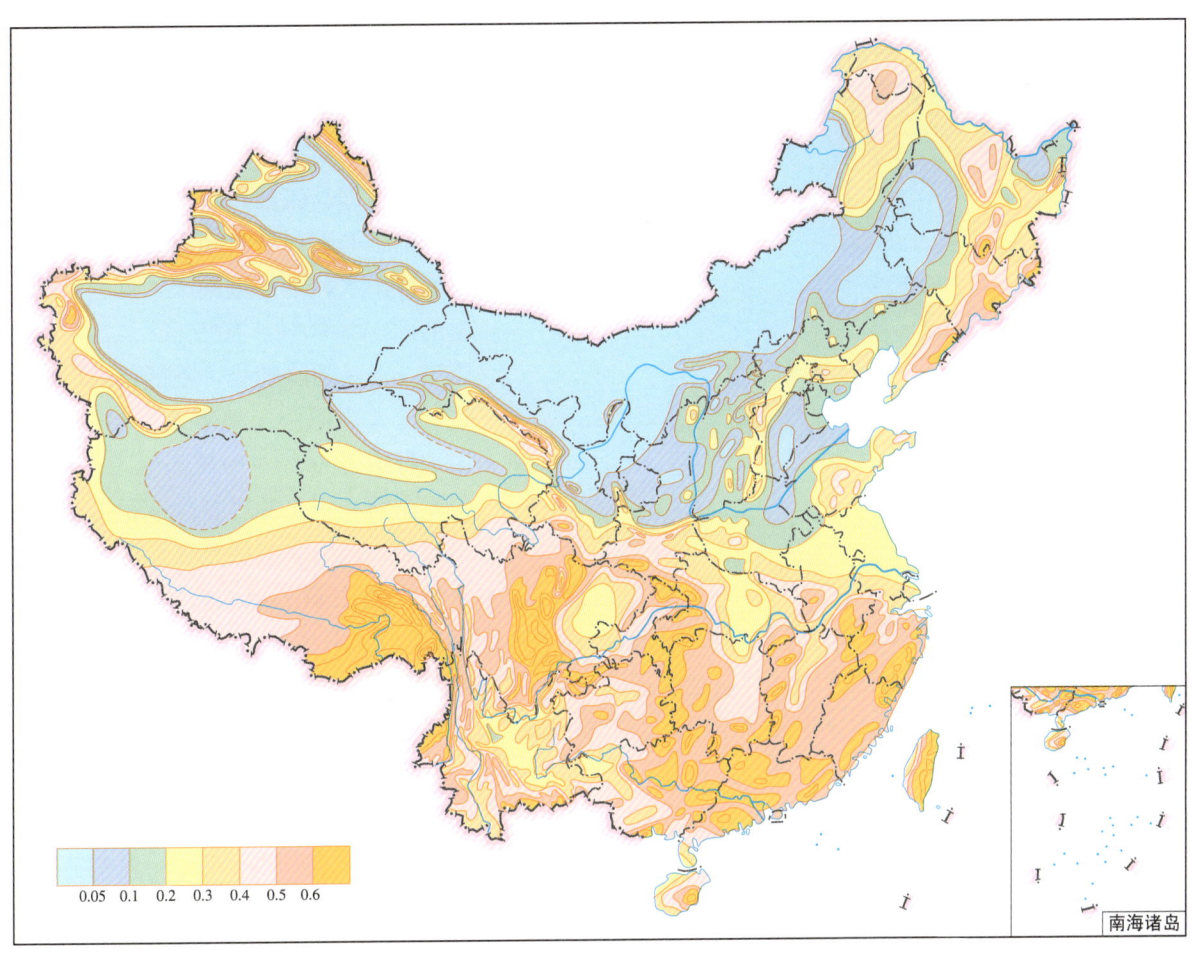

图 2-4 中国年径流系数图

## 第二节 中国河流水系的水文特性

我国幅员辽阔，自然地理环境复杂多样，根据地带性的原理，可分为东部季风区、西北干旱区和青藏高原区。东部季风（湿润）区从北向南依次为寒温带、中温带、暖温带、北亚热带、中亚热带、南亚热带、边缘热带，中热带、赤道热带。西北干旱区从东向西依次为半干旱中温带、干旱中温带、干旱暖温带。青藏高原区从东南向西北依次为青藏高原温带、青藏高原亚寒带、青藏高原寒带。中国如此复杂多样的地带，在其上发育或流经的河流也各具其水文特性。

### 一、河流补给类型多种多样

据最新统计，我国共有流域面积大于 100 平方千米的河流 2.29 万条。这些河流的水源究竟来自何方？其实地球上所有河流的水源都来自大气降水。大气降水有降雨和降雪两种形式，它们在地表存在的形式不同，补给河流的过程也不相同。通常按水分进入河流的过程来划分河流的补给类型：雨水补给；季节积雪融水补给；高山冰雪融水补给；地下水补给。

研究河水补给来源的目的是因为不同的补给来源所反映的河水的水情是截然不同的，补给来源的研究是为水情分析计算提供基础。

我国是河水补给类型众多的国家，正由于补给类型的多样性，造成了河水水情的复杂多样。

## (一) 雨水补给

以雨水补给为主河流的水情特点是河水随着雨量的增减而涨落。我国大部分地方是东部季风区，雨量的年际和年内变化都很大，造成河川径流量季节分配不均匀且年际丰枯悬殊（图2-5）。

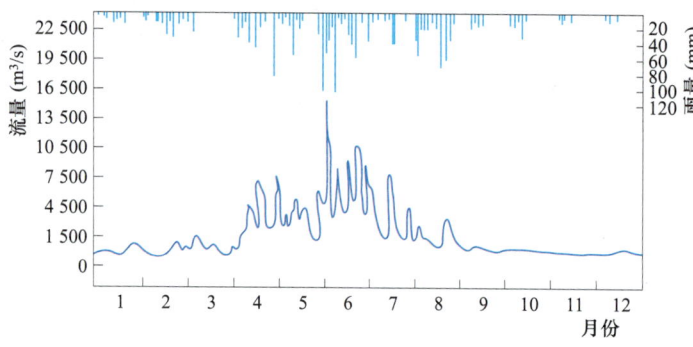

图2-5　以雨水补给为主的闽江十里庵站逐日平均流量与雨量的关系

雨水补给在各地的情况有很大的不同，在东部季风区，雨水几乎是除地下水补给外的唯一补给来源，其中东南沿海地区雨水补给比重最大，可达年径流量的80%~90%。有些地区虽然冬季也降雪，但是随降随化，不能单独形成径流。云贵高原由于地下水补给的增加，雨水补给占60%~70%。

东北和华北虽然有季节积雪融水补给河流，但雨水依然是各河的主要补给来源，其中黄、淮、海平原各河可占80%左右，东北占50%~60%，黄土高原由于地下水补给比重的增加，雨水补给只占40%~60%。

西北干旱区由于有山地的存在，河川径流量的补给类型有明显的垂直地带性规律。发源于高山的河流，雨水补给退居次要地位，但发源于中低山带的河流，仍以雨水补给为主。而且随着干旱程度的增加，雨水占比重减少。例如，祁连山北坡段石羊河流域雨水占60%~70%，而西段疏勒河流域则减少至30%。

青藏高原区的河流虽然有高山冰雪融水和地下水补给，但雨水仍然是河川径流量的主要补给来源，约占60%左右。

以雨水补给为主的河流水情特点是河水随着雨量的增减而涨落。由于季风区内雨量的年际和年内变化均较大，河川径流量不仅季节分配不均匀，而且各年间径流量也丰枯悬殊。

## (二) 季节积雪融水补给

季节积雪融水补给指包括头年冬天和当年初降落的雪，到春季融化补给河流的水源。在我国季节积雪融水对两个地区的河流特别重要：一个是东北地区；另一个是新疆北部的阿勒泰、塔城地区。

东北小兴安岭和长白山地区的积雪深度在20厘米以上，最大可超过40~50厘米。长白山的年降雪量要占年降水量的10%~15%，天池一带更高达35%。积雪的融化形成明显的春汛，其径流量要占年径流量的10%~20%。

阿尔泰山山区冬季降雪量大，冬雪时间为11月至翌年3月，稳定年积雪130~161天。山区降雪量要占年降水量的40%以上，厚度可达150厘米，多雪年达300厘米以上，丘陵区多雪年也可降雪70厘米。因此季节积雪融水要占年径流量的50%以上。每年5—6月径流量最集中，最大水月出现在6月。

准噶尔西部山地一些河流也有季节积雪融水补给，但由于山体较小，由融水形成的高峰比阿尔泰山区要早，一般每年4—5月就出现融水洪峰，最大水月出现在4月。从图2-6可以看出径流量明显的日变化现象。

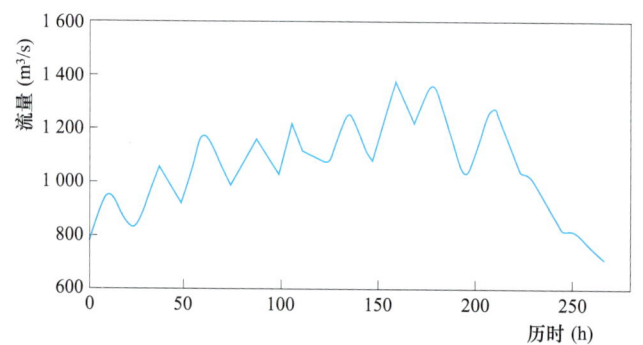

图2-6　布尔津河群库站季节性积雪融水洪水过程线
（1966年6月13日20时至6月22日22时）

### （三）高山冰雪融水补给

高山冰雪融水补给的河流主要分布在我国的西部，包括新疆、西藏、青海和甘肃部分地区。其中天山、帕米尔、喀喇昆仑山、昆仑山等山体高大，冰川分布面积广，高山冰雪融水占年径流量的比重较高。据研究，在新疆境内，天山北坡的玛纳斯河红山嘴站融水占径流量的34.5%，八音沟黑山头水文站占41.1%，特克斯河卡甫其海水文站为24.4%。在天山南坡，木扎堤河阿合不隆水文站高达82.2%，喀拉玉尔滚河最高，达到88.6%。其余昆马力克河协合拉水文站、卡普斯浪河卡木鲁克水文站，盖孜河克勒克水文站等高山冰雪融水占年径流量的比重均超过60%。

发源于喀喇昆仑山和昆仑山的叶尔羌河卡群站、喀拉喀什河赛图拉站、玉龙喀什河同古孜洛克水文站高山冰雪融水占年径流量的比重均超过60%，克里雅河努努买买提兰干水文站也达到了47.7%。新疆境内的高山冰雪融水占全新疆河流年径流总量的25.7%。因此：

（1）河流的水量取决于融水，而融水的情势取决于热量状况，特别是与高空的气温有着密切的关系（图2-7）。

（2）高山冰雪融水占年径流量比重大的河流，在雨水偏少年份融水量增加，而在雨水偏多年份，融水量减少，二者相互补偿，因此径流的年际变化与其他地区河流相比要小得多。

西藏的冰川集中分布在喜马拉雅山和唐古拉山一带，全区高山冰雪融水占年径流量的8%，但雅鲁藏布江羊村水文站却可达50.6%。西藏东南部诸河流域降水丰沛，地表水丰沛，冰川融水比重相应减少，其中怒江的扎那站为8.2%，澜沧江昌都站仅为3.3%。

青海省冰川面积只占全国的5.9%，因此高山冰雪融水比重只占总径流量的3.6%，但柴达木盆地的塔塔棱河、鱼卡河、那棱格勒河可达30%~40%；格尔木河格尔木站只占14.4%。

甘肃祁连山北坡的三大水系：石羊河水系诸河为1.4%~9.9%；黑河水系中高山冰雪融水占年径流量比重最大的是洪水河新地站，为29.8%；疏勒河水系中的疏勒河、党河所占比重均超过30%。

### （四）地下水补给

我国的河流除了季节性的小河外，几乎所有河流都有地下水补给。影响地下水补给的主要因素是流域的地质构造、地面的组成物质及河床的切割深度等非地带性因素，造成了无论是湿润地区还是干旱地区，都可以发育有以地下水补给为主的河流，其中许多是泉水河。

我国东部地区河流的地下水补给

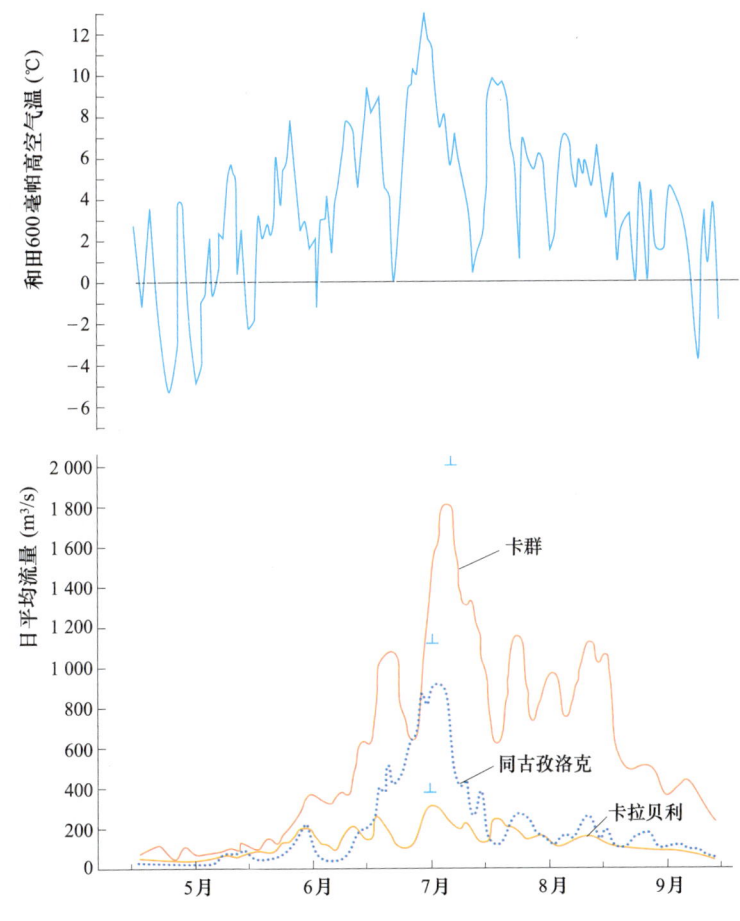

图2-7 1973年和田600毫帕高空气温与叶尔羌河卡群站、玉龙喀什河同古孜洛克站、克孜河卡拉贝利站的日平均流量过程线对照图

量一般不超过年径流量的40%。地下水补给占年径流量比重较大的地区：

（1）黄土高原地区。由于黄土层透水性强，河床切割深，地下水补给可占年径流量的40%～50%。源于鄂尔多斯沙丘区南部边缘的无定河支流榆溪河、海流图河等。地下水补给可高达80%以上。

（2）由于地面广布冰碛物和冰水沉积物，雨水及融水到达地表后，先渗入地下再补给河流。如森格藏布的地下水补给量可达年径流量的60%以上。

地下水补给占年径流量比重最小的是浙闽沿海丘陵，黄淮海平原以及四川盆地的河流，一般不到年径流量的10%（图2-8）。

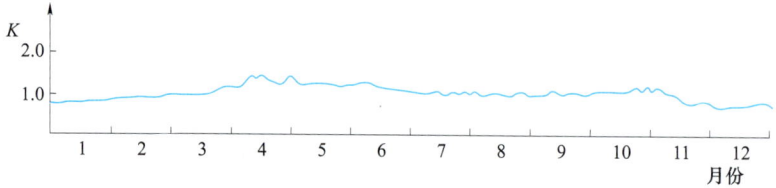

图2-8　以地下水补给为主的典型流量过程线（铁木里克河阿拉尔站）

我国较大的河流流经不同的自然地理区域，各段的补给情况是不相同的，如长江源头以高山冰雪融水补给为主，而中下游则雨水补给又占有很大的比重。即使同一条河流在年内不同时期补给量也各不相同。雨季以雨水为主而旱季则以地下水补给为主。

河水补给来源还具有明显的垂直地带变化规律。如发源于天山的河流，在高山带主要是高山冰雪融水补给，而到中低山带，则又以雨水补给为主。

综上所述，我国较大的河流，通常是具有某种补给类型占优势的混合补给。

## 二、河川径流的年际变化和年内分配

中国河川径流无论年际还是年内，在时间上分配都极不均匀。中国降水量的年际和年内变化都很大，而且愈是缺水的地区变率就愈大。我国大部分地区河川径流以雨水补给为主，因此河川径流年际和年内变化均有较大的变率，它不仅给开发利用带来了困难，而且也是水旱灾害频繁的根本原因。

### （一）年际变化

年际变化通常用两种指标来表达：即变差系数$C_v$（随机变量相对于均值离散程度的统计参数）值和历年最大与最小年的比值（$K$）来表示。

东部季风区河川径流$C_v$值的大小与年降水量变差系数分布趋势一致：由南向北逐渐增大，湿润地区小，干旱地区大；山区小，平原地区大。江淮丘陵一线以南在0.5以下，两湖盆地以南一般为0.3～0.4；淮河流域在0.6～0.8间；华北平原可超过1.0，个别河流达1.3以上，是我国年径流量变差系数值最大的地区；东北山地一般在0.5以下，而松辽平原、三江平原可达0.8以上。黄河流域一般在0.5以下；内陆河流除山地为0.2～0.3外，几个大盆地为0.6～0.8；内蒙古高原的西部大于1.0，最大达到1.2。

在西北干旱区，凡高山冰雪融水补给比重较大的河流，由于冰雪的消融主要取决于热量条件，而气温和太阳辐射的年际变化小，因此径流比较稳定。另外，高山冰雪融水与雨水二者起到相互补充的作用：在气温偏高的年份，雨水偏少，而冰雪融水量增加；相反，雨水偏多的年份，冰雪融水量必然较少，最后反映在河流出山口处的年径流量$C_v$值小（表2-2）。

以地下水补给为主的河流，随着地下水补给量比重的增加，河川径流年际变化变小，$C_v$值远小于周围的河流，如陕西长城以北风沙区河流 $C_v$ 值在 0.20～0.30 之间，甘肃马营河李家桥站更低到 0.10 左右。

表 2-2　有冰雪融水补给河流（干旱区）与雨水补给河流（东部季风区）年径流量 $C_v$ 值

| 有冰雪融水补给河流 | 站名 | $C_v$ | 雨水补给河流 | 站名 | $C_v$ |
|---|---|---|---|---|---|
| 玛纳斯河 | 红山嘴 | 0.12 | 浊漳河 | 石渠 | 0.58 |
| 开都河 | 大山口 | 0.17 | 拒马河 | 张坊 | 0.68 |
| 头屯河 | 哈地坡 | 0.18 | 冶河 | 牙山 | 0.58 |
| 黑河 | 莺落峡 | 0.14 | 万全河 | 加积 | 0.41 |
| 讨赖河 | 冰沟 | 0.20 | 滇河 | 滇湾 | 0.41 |
| 昌马河 | 昌马堡 | 0.25 | 鉴江 | 化州 | 0.38 |
| 渭干河 | 黑孜 | 0.25 | 太子河 | 布溪 | 0.35 |
| 叶尔羌河 | 卡群 | 0.18 | 泾河 | 泾川 | 0.47 |
| 喀喇喀什河 | 乌鲁瓦堤 | 0.19 | 汉江 | 岩城 | 0.47 |

青藏高原部分河流，由于流域内有吞吐湖，这些湖泊在枯水年份水面蒸发量明显加大，使湖泊以下的河川年径流量 $C_v$ 值加大，如黄河上游黄河沿站 $C_v$ 高达 0.84，长江上游支流楚玛尔河 $C_v$ 值亦可达 0.78。

河川径流量年际变化的大小，也可以用历年最大与最小年径流量的比值（$K$）来表示。我国各河最大与最小年径流量的比值差异很大。一般长江以南小于 3.5 倍，长江以北都在 5 倍以上。比值最小的是黑河莺落峡站，$K$ 为 2.0；最大的是潮白河苏庄站，$K$ 值为 19.3（表 2-3）。

表 2-3　　我国部分河流年径流量 $C_v$ 值与 $K$ 值

| 河名 | 站名 | 集水面积（km²） | 系列年数 | 多年平均年径流量（亿 m³） | $C_v$ | $K$ |
|---|---|---|---|---|---|---|
| 乌苏里江 | 兴凯湖 | 22 400 | 66 | 19.9 | 0.42 | 6.0 |
| 浑河 | 沈阳 | 7 919 | 42 | 22.3 | 0.42 | 4.9 |
| 滦河 | 滦县 | 44 100 | 51 | 47.5 | 0.54 | 8.0 |
| 潮白河 | 苏庄 | 17 595 | 62 | 18.4 | 0.74 | 19.3 |
| 永定河 | 官厅水库 | 43 402 | 61 | 17.8 | 0.35 | 4.5 |
| 渭河 | 咸阳 | 46 827 | 46 | 56.5 | 0.33 | 4.2 |
| 淮河 | 蚌埠 | 121 330 | 54 | 278 | 0.64 | 11.6 |
| 汉江 | 黄家港 | 95 217 | 50 | 377 | 0.37 | 5.6 |
| 北江 | 石角 | 38 362 | 64 | 449.6 | 0.25 | 4.4 |
| 钱塘江 | 衢县 | 5 424 | 49 | 65.9 | 0.30 | 3.3 |
| 闽江 | 竹岐 | 54 500 | 44 | 564 | 0.28 | 3.1 |
| 伊犁河 | 雅马渡 | 49 186 | 56 | 116.6 | 0.15 | 5.6 |
| 黑河 | 莺落峡 | 10 009 | 36 | 49.5 | 0.14 | 2.0 |
| 额尔齐斯河 | 布尔津 | 24 246 | 53 | 35.6 | 0.32 | 3.8 |

影响 $K$ 值的因素，主要是降水的年际变化，同时也与流域面积的大小有关。流域面积大，各支流水量来自不同的自然地带，来水的丰枯可以相互补偿，使得年径流量变化和缓。

从表 2-3 可以看出，河川年径流量的 $C_v$ 值与 $K$ 值变化的一致性，即 $C_v$ 值大的河流其 $K$ 值也大。

在分析径流年际变化时可看出，河流具有丰水期和枯水期交替循环的现象，如长江汉口站最短循环期为 17 年，最长 33 年，松花江哈尔滨站循环期约 60 年，可见南方河流丰枯交替循环期较短而北方则较长。

除了丰枯交替现象，我国河川径流更出现连续丰或枯的情况。例如松花江哈尔滨站 1900—1907 年和 1917—1922 年分别出现连续 8 年和 6 年的枯水期，永定河官厅站 1926—1933 年连续 8 年偏枯，最著名的是黄河陕县站 1922—1932 年出现连续 11 年的枯水段。但黄河也曾在 1943—1959 年出现连续 9 年的丰水段。长江 1866—1879 年也有连续 7 年的丰水段，7 年平均年径流量为多年平均的 1.10 倍。

### (二) 径流的年内变化

中国河川径流的年内变化特点是分配极不均匀，这可以用季节分配不均和集中度来表达。

冬季（12 月至次年 2 月）是我国河川径流最为枯竭的时期。处在温带地区的河流，受严寒气候和冰冻的影响，河川径流大部分不及全年的 5%。处在寒温带的黑龙江北部及新疆阿勒泰地区则不足全年的 2%，只有地下水补给较多的黄土高原地区的河流才达到 10%。

亚热带及热带河流冬季径流量占年径流量占年径流量的 6%~8%。冬季径流量最多的是台湾东北部淡水河支流北势溪、兰阳溪，冬季径流量可占全年的 25%。

春季（3—5 月），我国各地河川径流量普遍增多，但各地增长的程度相差很大。

东北及阿勒泰地区由于积雪较多，季节积雪融水可形成显著的春汛，一般占全年的 20%~25%，而松辽平原积雪较少，春季径流只占全年的 10%~15%。华北地区冬季积雪少，春汛主要由河冰消融而成，历时较短，山地可占全年的 15%~20%，平原仅为 8%~10%。

内蒙古锡林郭勒盟一带冬雪多，春汛显著，春季径流量要占年径流量的 30%~40%，成为一年中径流量最多的季节。

南方在长江以南至南岭间春季径流量可占全年的 30%~40%，九岭山、幕阜山更高达 45%，但四川盆地仅为 10%~15%。受西南季风控制的滇中、滇南地区，雨季到来晚，春季径流仅占全年的 6%~8%，为一年中径流最少的季节。

夏季（6—8 月），这时东南季风和西南季风已伸入我国大陆，而西北的高山冰雪又大量融化，所以是我国径流最丰富的季节。

东北、华北和内蒙古地区，降水集中于夏季，因此径流普遍要占全年的 50% 以上。其中东北占 50%~60%，华北及内蒙古地区占 60%~70%。

西北地区在高山冰雪融水补给较多的源自天山、喀喇昆仑山、昆仑山的河流，夏季径流可占年径流量的 60%~70%，其中玉龙喀什河同古孜洛克站更高达 80% 以上。

长江以南地区夏季径流占全年的比重一般在 50% 以下，即由沿海的 50% 到两湖盆地已减至 30%。

西南地区夏季正是西南季风盛行时期，云贵高原夏季径流占年径流的 50%~60%，青藏高原高达 60%~70%。

秋季（9—11 月），夏季风从我国撤出，天气转凉，降水普遍减少。大部分地区河川径流量占全年的 20%~30%，只有受台风影响较大的海南岛，秋季径流高达 50%，为一年中最多的季节。其次是川西、滇北地区，这里多秋雨，秋季径流也可占年径流量的 30%~45%。此外，秦岭及大巴山地区的汉江及嘉陵江上游也可占全年的35%左右。

西北地区由于气温降低，高山冰雪基本停止融化，所以秋季径流迅速减少，一般只占全年的15%～20%。

年内变化除了四季径流的变化外，其分配不均的程度还可以用集中度来表达：如全年径流完全集中在某一个月，则集中度为100%，为最大值；如全年的径流量完全均匀地分配在12个月中，即每个月径流量均占全年径流量的8.3%，则集中度为0，为最小值。集中度可以计算也可作图解，而通常采用月径流量为单位的合成图解来求得。

集中度与河川径流补给来源有密切的关系，反映在向量合成图的图形上也有明显的不同。以地下水补给为主的河流不仅集中度小而且图形呈圆形，如河西走廊踏实河蘑菇台水文站，它的地下水补给量占年径流量的80%，集中度仅为5%，径流分配非常均匀。以高山冰雪融水补给为主的河流，如叶尔羌河卡群水文站，它的高山冰雪融水占年径流量超过60%，而集中度图形呈叶片状，集中度为64%（图2-9）。

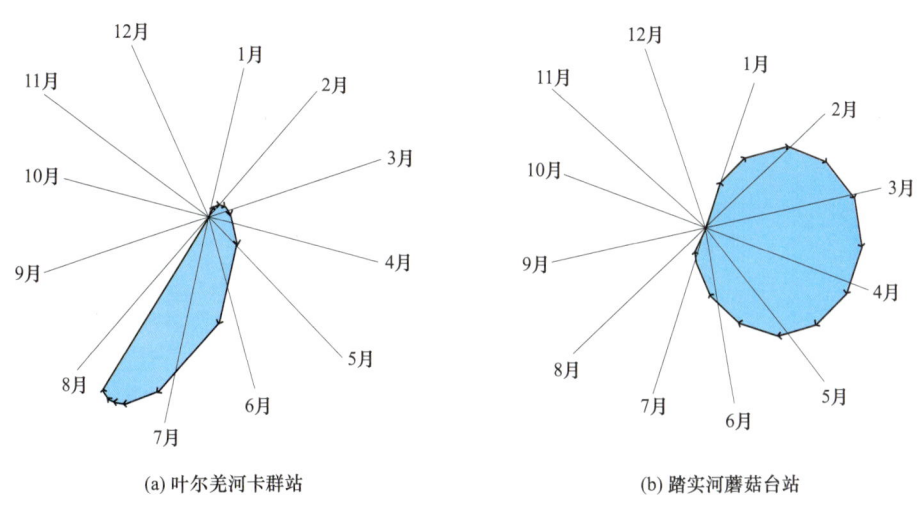

(a) 叶尔羌河卡群站　　　　(b) 踏实河蘑菇台站

图2-9　叶尔羌河卡群站、踏实河蘑菇台站月平均径流量向量合成图

我国河川月径流量集中度总的趋势是自东而西由南往北逐渐增高的，这与我国年降水量从东南向西北减少的趋势相反。除季节性河流外，月径流量集中度最高的是三个地区：一是山东半岛和辽东半岛；二是东北的内陆河区；三是新疆的阿尔泰山区和昆仑山区。

集中度可以作为河流类型，水文区划或区域水文的特征值，另外某站集中度的大小，表示了此处要把径流改变到完全调节所需要年库容的多少，集中度越高，即需要的年调节库容也越大。

## 三、河流水情类型复杂多样

由于我国河流补给类型复杂多样，各地年内变化又有显著不同，因此我国河流水情类型也十分丰富多彩。

按地表水水源，可将我国河流分为三大类：雨水补给类；以雨水补偿为主，并有季节积雪融水补给类；高山冰雪融水及雨水补给类。然后根据径流年内变化情势将每一类再划分为几个型。

### （一）Ⅰ雨水补给类

这类河流分布在秦岭—淮河以南，青藏高原以东地区，位于亚热带和热带气候区内。东部主要受东南季风的影响，西部则受西南季风影响。全年降水绝大部分是雨水，有时各季虽能降雪，但不可能形成大量径流。径流的年内变化主要随雨水的情况而定，汛期集中在雨季，河水流量涨落迅速。由于各地雨季出现迟早不一，各河汛期来临也参差不齐。

本类河流可分为下列几个型：

$I_1$　湘赣型。分布在长江干流以南，南岭以北地区，主要包括鄱阳湖和洞庭湖两水系。这里春雨多，因此汛期开始也早。每年3—4月河水开始上涨，5—6月进入梅雨期，汛期从春季延续到夏季。7—8月在副热带高压的控制下，雨量锐减，河流进入枯水期。但有的年份暖锋南移在此停留，或受台风影响，河水也可形成小秋汛。本型是我国春季水量最多的河流，可占年水量的35%～40%，秋季水量少，只占全年的10%～15%（图2-10）。

$I_2$　江淮型。主要包括长江中下游北侧支流和淮河南侧支流。本型雨季开始较晚，汛期也较迟。4月中下旬降雨量增多，汛期开始，7—8月暴雨盛行，洪峰陡涨陡落。汛期虽也跨春夏两季，但主要集中在夏季。因此，夏季河水量较多，占全年的50%以上，春季只占30%左右，秋、冬两季均占年水量的不足10%（图2-11）。

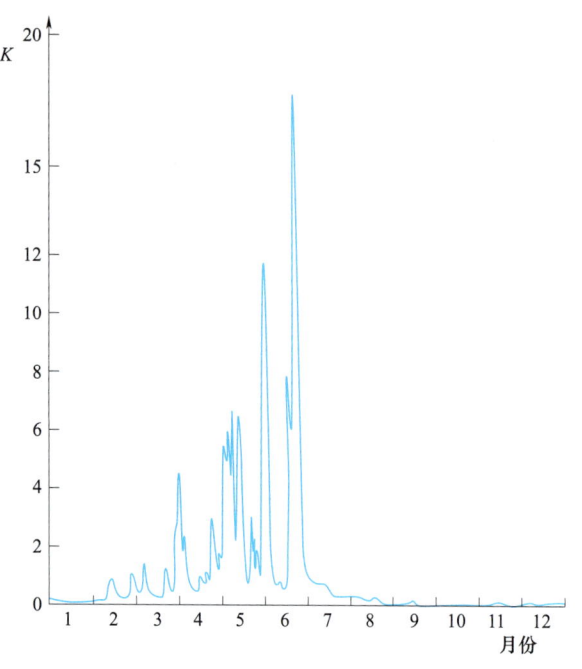

图2-10　湘赣型典型流量过程线（信江梅港站）　　图2-11　江淮型典型年流量过程线（巴河马家潭站）

$I_3$　四川盆地型。主要包括嘉陵江、涪江、渠江和沱江在盆地内的支流。随着东南季风的西伸，雨带进入四川盆地，汛期到6月初才开始。7—8月多雷雨，洪峰涨落迅速。9月上中旬进入枯水期。夏季径流量最多，占年水量的60%左右。春季水量少，仅占10%。秋季水量占年水量的27%（图2-12）。

$I_4$　秦巴型。分布在秦岭以南米包山、大巴山一带，主要河流有汉水、嘉陵江和渠江的中上游。这里雨季每年4月开始10月结束，但大部分雨水集中在7—10月，其中9月最多。每年4—5月河水开始上涨，7月洪峰较大，最大洪峰往往出现在9月。10月上中旬进入枯水期。本型是我国多秋水地区之一，秋季水量可达年水量的30%～40%（图2-13）。

$I_5$　滇桂型。主要包括怒江、澜沧江、元江以及金沙江中下游支流和西江上中游的支流。这里受西南季风控制，雨季开始晚，干湿季节鲜明。每年6月下旬西南季风暴发，雨季突然来临，河水猛涨，进入汛期。9月河水低减，10月当季风撤退时，河水再次上涨。冬、春两季为枯水期，本型河流汛期跨夏秋两季，径流量达年水量的90%左右，冬、春季水量很少（图2-14）。

$I_6$　东南沿海型。分布在今稽山—括苍山—鹫峰山—戴云山—十万大山一线的东南，主要有瓯

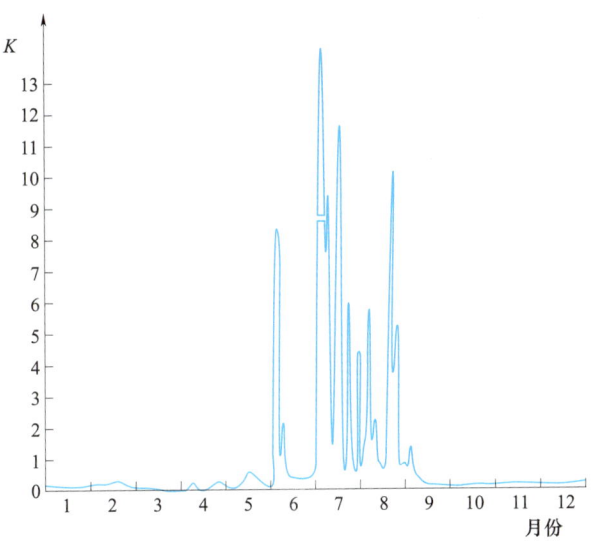

图 2-12　四川盆地型典型年流量过程线（安居河柏梓站）

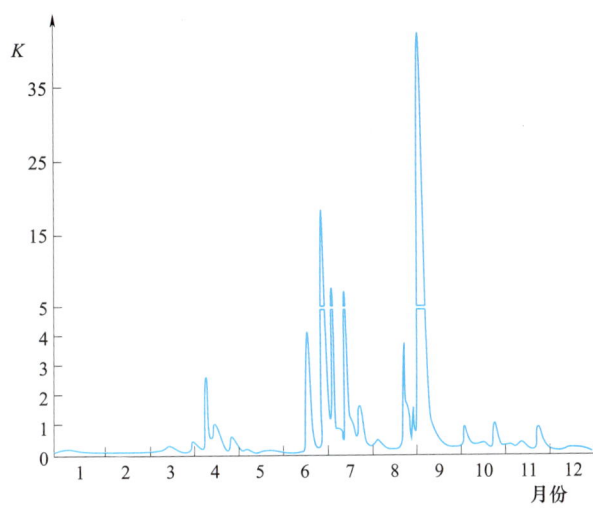

图 2-13　秦巴型典型年流量过程线（后河镇雄站）

江，闽江和韩江等东南沿海河流。本区内台风活动频繁，多台风雨。春末夏初又受锋面雨的影响，所以一年内出现6月和9月两个汛峰。7—8月则为相对的低水期。全年中夏季水量最多，占年水量的50%以上；其次为秋季，约占30%左右（图2-15）。

　　$I_7$　琼雷型。包括海南岛、雷州半岛及台湾东部的河流。这一带是我国受台风影响最强烈的地区，也是我国河流汛期来临最晚的一个地区。一年中虽然6月开始涨水，但极缓慢，直到9—10月台风盛行，带来暴雨，河水才迅猛上涨，秋季水量要占全年的50%以上。每年11月至次年4月为枯水期。春季水量不足全年的10%（图2-16）。

　　$I_8$　台北型。分布在台湾省的东北部。这里经年多雨，河水全年都可出现起伏不定的洪峰，而无稳定的枯水期。最突出的是冬季水量可占年水量的25%以上，是我国冬季水量最多的地区（图2-17）。

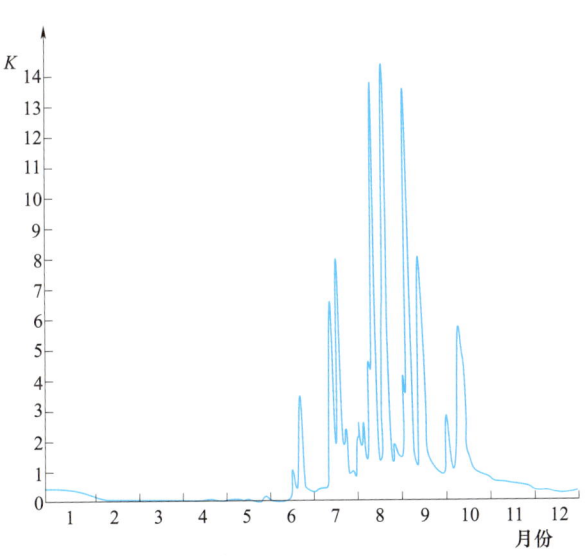

图 2-14　滇桂型典型年流量过程线
（龙川江小黄瓜园站）

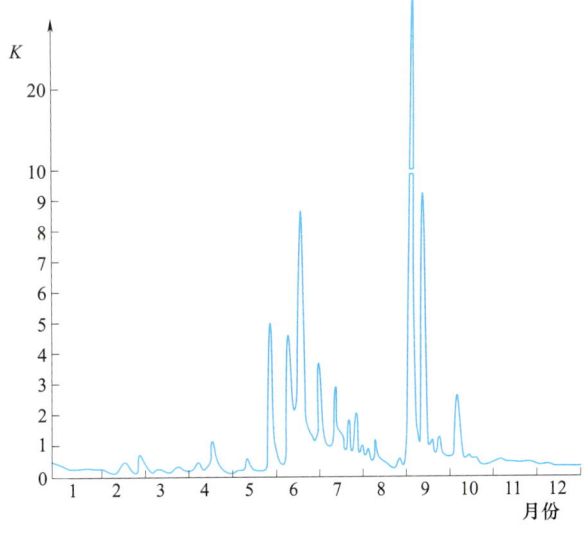

图 2-15　东南沿海型典型年流量过程线
（榕江东桥园站）

## (二) Ⅱ以雨水补给为主，并有季节性积雪融水补给类

本类河流分布在淮河—秦岭以北、贺兰山以东的东北、华北及内蒙古的广大地区，属温带气候区。河水主要由雨水补给，融水补给居次要地位。融水主要由冬季积雪融化形成，也包括一部分解冻的河水。

$Ⅱ_1$ 兴安型。指大兴安岭东侧和小兴安岭东西两侧的河流。由于纬度高，积雪融化较迟，春汛出现于4月上中旬。6月上中旬至9月下旬又出现夏秋汛，春汛与夏秋汛可连接在一起。夏季水量最多，约占年水量的50%；春季占20%左右；秋季水量略多于春季；冬季最少，还不足年水量的1%。北部许多河流因连底冻而断流，封冻期长达5—6个月（图2-18）。

$Ⅱ_2$ 长白型。为发源于长白山地的一些河流。这里每年3月底或4月初就出现春汛。春汛径流中除融水外，还有部分雨水加入。5—6月为枯水期，夏秋汛6月底或7月初开始，9月上中旬结束。一般情况下，夏秋汛的洪峰流量大于春汛的洪峰流量。河流的封冻期为4—5个月（图2-19）。

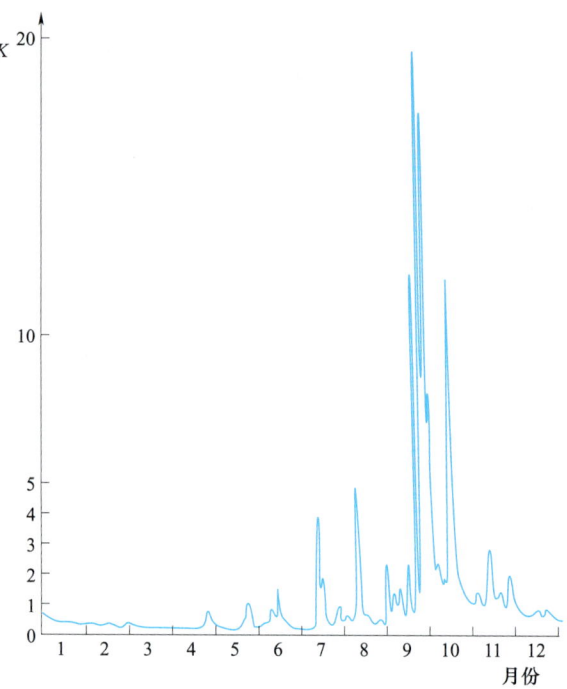

图2-16 琼雷型典型年流量过程线（万泉河加积站）

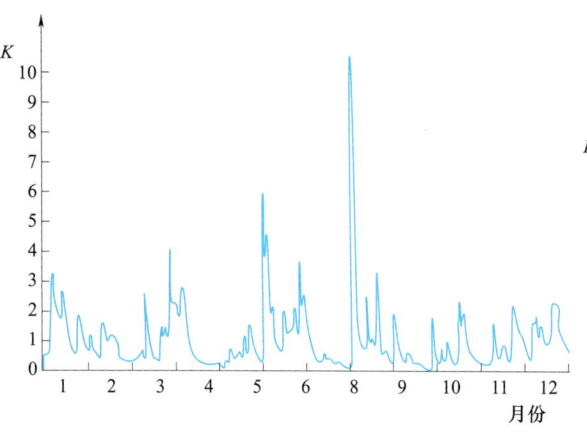

图2-17 台北型典型年流量过程线
（北势溪大粗坑站）

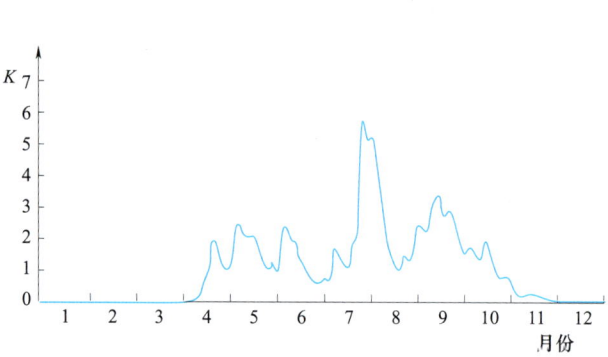

图2-18 兴安型典型年流量过程线
（嫩江石灰窑站）

$Ⅱ_3$ 黄辽型。包括黄河中游各支流及海河、辽河各支流。由于流域内冬季积雪不多，融水较少，因此春汛主要由3—4月河冰融化而成，洪峰不高，持续时间也较短。5—6月雨水少，出现明显的枯水期。7—8月雨水增多，且多暴雨，形成夏汛。夏季水量要占全年水量的50%～70%（图2-20）。

$Ⅱ_4$ 锡林郭勒型。包括内蒙古东北部一些短小的内陆河及黑龙江省北部的河流。每年4月上中旬积雪融化形成春汛，洪峰高大。夏秋多雨水形成的洪水不甚显著。春季水量可占全年的30%～40%，夏季为30%左右，秋季约20%，冬季最少，不足1%（图2-21）。

$Ⅱ_5$ 阿尔泰型。指发源于阿尔泰山的河流，主要有额尔齐斯河、乌伦古河等。这个山地的冰川面积虽小，然而冬季积雪深厚，最深可达1米以上。因此季节性积雪融水是河水的主要补给来源。加

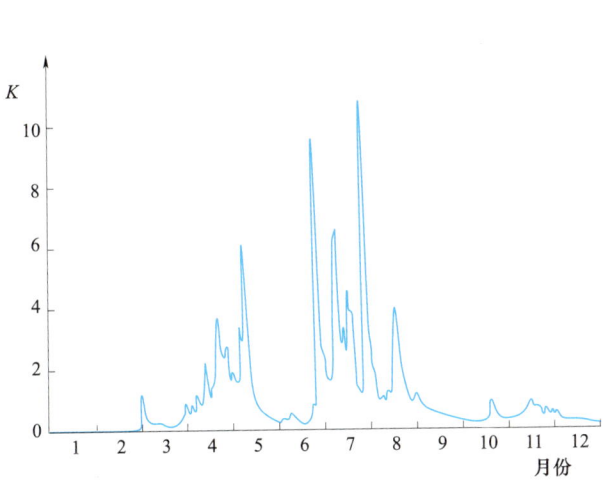

图 2-19　长白型典型年流量过程线
（浑江通化站）

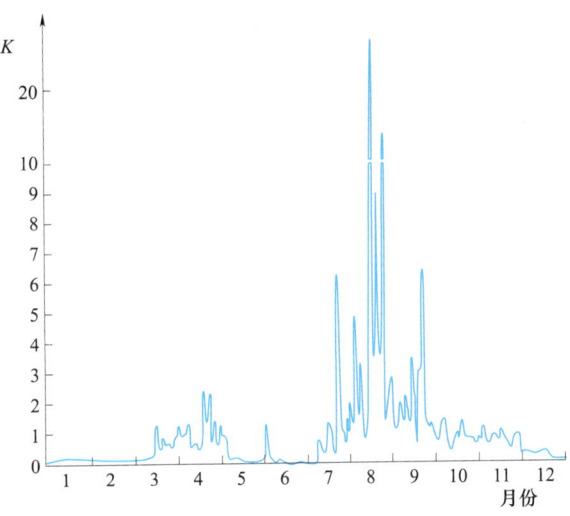

图 2-20　黄辽型典型年流量过程线
（南洋河柴沟堡站）

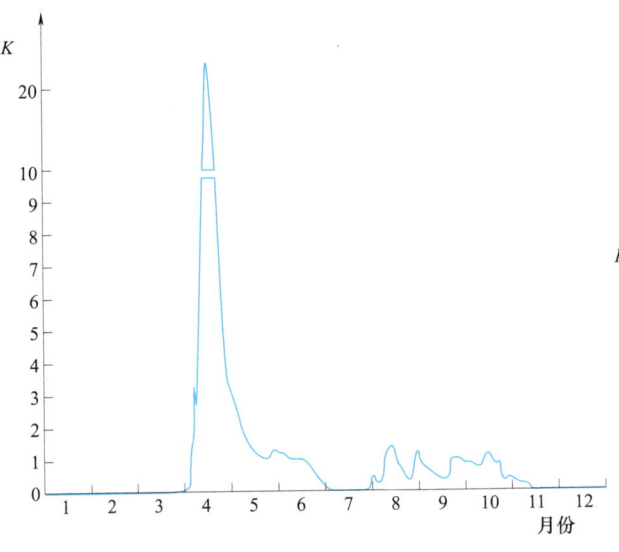

图 2-21　锡林郭勒型典型年流量过程线
（锡林郭勒锡林浩特站）

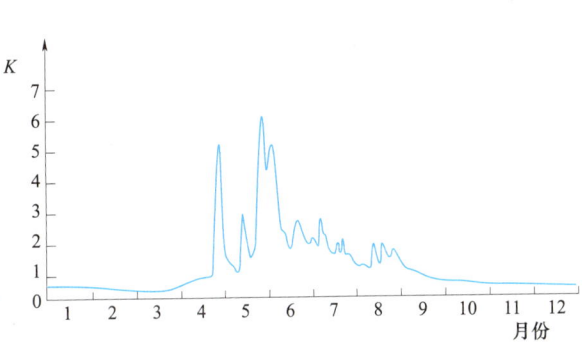

图 2-22　阿尔泰型典型年流量过程线
（哈巴河克拉他什站）

上5—6月间的雨水，一起形成了春夏汛。9月河水开始低减，进入枯水期。夏季水量最多，占年水量的50%左右，春季水量只占25%左右，秋季占15%，冬季只占5%左右（图2-22）。

### （三）Ⅲ高山冰雪融水补给和雨水补给类

本类河流分布在贺兰山以西的天山、昆仑山、喀喇昆仑山和祁连山西部，以及青藏高原的西北部和南部山区。高山上发育有较大面积的冰川，高山冰雪融化是河川径流的重要补给来源，但雨水也占有一定的比重。径流的年内变化主要取决于山地的热量状况，变化过程比较缓慢，可分为以下几个型。

Ⅲ₁　天山型。分布在天山、昆仑山和祁连山西部的高山地区。一般河流汛期从6月才开始，8月底或9月初，冰川融化停止，河流进入枯水期。夏季水量可占年水量的60%～70%，昆仑山北坡有的河流甚至高达80%；春季水量不到年水量的10%（图2-23）。

Ⅲ₂ 藏南型。指冈底斯山与喜马拉雅山之间的雅鲁藏布江中上游干流及其支流年楚河、拉萨河等。境内有许多冰川和永久积雪分布，冰雪融水在河川径流中占的比重较大，其次为雨水。6月雨季到来，气温升高，冰雪融水增多，各河进入汛期，至9月底或10月初结束，夏汛和秋汛相连。夏季水量占全年的50%，秋季占30%，春季水量比冬季还少（图2-24）。

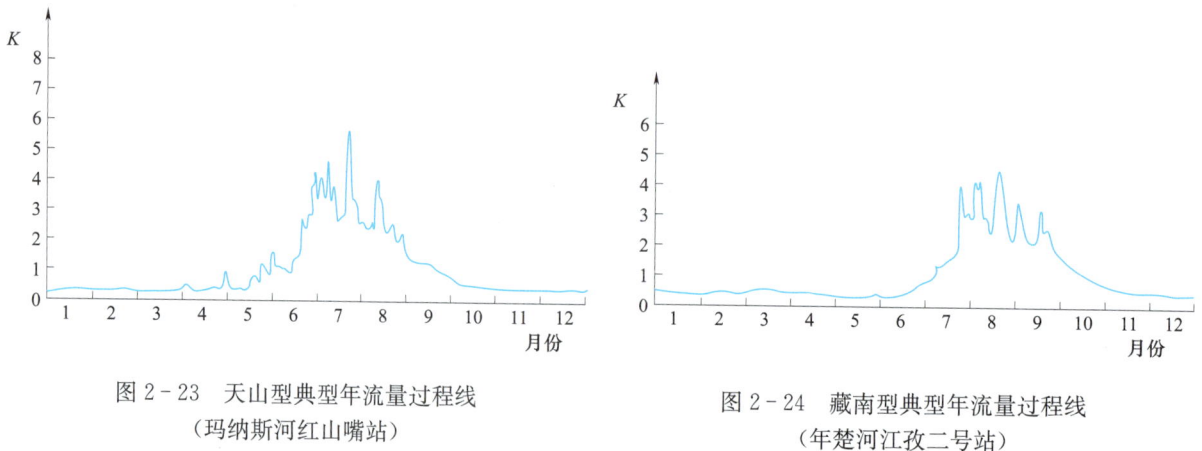

图2-23 天山型典型年流量过程线
（玛纳斯河红山嘴站）

图2-24 藏南型典型年流量过程线
（年楚河江孜二号站）

Ⅲ₃ 藏北型。指昆仑山以南、冈底斯山以北、唐古拉山以西藏北高原的河流。本区是我国主要的内陆湖区。降水稀少，河流短小，大多为间歇性河流。年径流集中于夏秋季，主要靠冰雪融水补给（无实测资料）。

以上所列举的仅是最基本的河流类型，实际上在各基本类型之间还有一些过渡类型。另外所阐述各型河流的水情特征，也是指大多数年份的情况，个别年份可能出现不同的情况。

### 四、河流水质

河流的天然水质即水化学是河流水文重要的特征之一。要合理利用水资源，必须了解河水在自然界循环过程中形成的水化学特征及其时空变化。与此同时，当今为保护水质、防治水污染、保障人民身体健康，也必须对河水本体的水质情况有较深入的了解。

天然河水中，含有多种元素。考虑到水中的 $Ca^{2+}$、$Mg^{2+}$、$Na^+$、$K^+$、$Cl^-$、$SO_4^{2-}$、$HCO_3^-$、$CO_3^{2-}$ 等主要离子含量要占天然水中所含离子总量的98%，所以通常以溶解于水中主要离子之和表示天然水中的矿化度，以"毫克/升"计。当矿化度大于1 000毫克每升时，属于高矿化度水，不适宜人类饮用。

另外，天然水中钙、镁是以碳酸、硫酸盐、氯化物或硝酸盐存在的，总硬度就是碳酸盐硬度（暂时硬度）和非碳酸盐硬度（永久硬度）的总和。水的硬度与生活用水及工农业生产关系极为密切，作为饮用水，硬度过高过低均会影响人体健康。

事实上，水的矿化度与硬度间存在着密切的关系，一般矿化度高，总硬度也高。

反映河水的化学组成其综合指标是化学类型。首先可按阴离子将天然水划分为重碳酸盐类、硫酸盐类及氯化物类三类，再按阳离子钙、镁、钾、钠分型。一般重碳酸盐类水矿化度较低，硫酸盐类水的矿化度可达到500～1 000毫克每升，总硬度大，水质差；氯化物类水的矿化度大于1 000毫克每升，水质更差，是咸水甚至盐水。

自然界决定河水化学特征和格局的主要因素是自然地带性，包括气候条件、河水补给来源等，但在局部地区受非地带性因素主要是地面组成物质的影响也较突出。决定河流水化学特征的主要过程是降水对大气和地表组成物质的淋溶过程，干支流交汇处的混合过程，悬浮物的吸附和解析过程，以及因蒸发浓缩而导致的变质过程等。

必须看到，近代人类活动对河湖水体的水化学性质产生了很大的扰动和影响，有些影响十分严重。

### （一）河水矿化度和化学类型

我国幅员辽阔，自然条件复杂，季节变化明显，因而河水矿化度及其时空变化规律也因地而异。

总的情况是从我国东南沿海湿润地区到西北干旱地区，河水矿化度逐渐增加的趋势是很明显的。大致从小于50毫克每升到大于1 000毫克每升的高矿化水有明显的地带性规律。

我国河水矿化度和化学组成大致在沿淮河、秦岭往西经武都、阿坝、索县到黑河连线以南的广大地区，河水矿化度较低，一般在300毫克每升以下，大都为重碳酸盐水。其中东南沿海地区，气候湿润，土壤及岩石长年受雨水淋溶，可溶性盐难以积累，因此矿化度最低，多在50毫克每升以下，为全国大范围的最低值区。鉴江石鼓站9年平均矿化度为37.2毫克每升，1966年6月实测最小值仅为8.0毫克每升。

云贵高原东部喀斯特地区，矿化度较其周围地区为高，一般达300～500毫克每升，成为秦岭、淮河以南矿化度最高地区。与此相匹配的河水化学组成亦由东南沿海的重碳酸盐钠质水转变为重碳酸盐钙质水。在喀斯特地区还有少量的硫酸钙、硫酸钠质水出现。

雅鲁藏布江流域的东南部雨量丰沛，河水矿化度为50～100毫克每升，西北部寒冷干燥，矿化度增至100～200毫克每升。流域最高值在日喀则一带，为200～300毫克每升。怒江、澜沧江、元江大部分为200～300毫克每升。

秦岭、淮河以北及藏北高原地区，河水矿化度的地区间变化较大，但大部分在300毫克每升以上。在化学组成方面，除重碳酸盐外，还有硫酸盐和氯化物水。华北地区河水化学的水平和垂直地带性规律都较显著，大部分平原地区河水矿化度为400～500毫克每升。周围山地如燕山、太行山北段、泰山及山东半岛丘陵，河水矿化度较低，为200～300毫克每升。水化学组成也有周围山地向平原依次变化的重碳酸盐钙质水及含有少量硫酸盐和氯化物的重碳酸盐钙质水。如发源于太行山东侧的滏阳河，拦截了地表径流及洪积扇地下径流，因而矿化度高达500毫克每升，属硫酸盐钠质水；华北的滨海地区，因受海水和盐渍土的影响，河水矿化度激增至500～1 000毫克每升，甚至更高，有氯化物钠质水出现。

我国东北地区，气候寒冷，蒸发量小，但西部干旱少雨，所以河水矿化度从东北部的100毫克每升，向西南增加到300～500毫克每升。松辽平原局部地区受盐渍土的影响，河水矿化度可达到500毫克每升以上。

内蒙古高原北部、渭河以北的陕甘宁黄土高原部分地区和鄂尔多斯高原中西部降水少，蒸发旺盛，河流下切到含盐岩层，所以河水矿化度很高，达1 000毫克每升。其中甘肃的祖厉河流域平均矿化度在6 000毫克每升以上，郭城驿站18年平均矿化度为8 550毫克每升，多为硫酸盐钠质水和氯化物钠质水。这里是我国河水矿化度最高的地区。

我国西北部的柴达木、塔里木、准噶尔盆地和内蒙古高原多荒漠和盐湖，气候十分干旱，蒸发浓缩作用强烈，河水矿化度普遍大于1 000毫克每升，但在高山区，由于高山冰雪融水补给河水比重的增加，矿化度可降至200毫克每升以下，而中山带则为过渡带，其垂直地带性非常显著。河水的化学组成亦由高山带的重碳酸钙质水及重碳酸盐、碳酸盐钠钙质水，变为中低山带的硫酸盐钠质水，至平原荒漠区则属于氯化物钠质水。

藏北高原虽然少雨，但蒸发量也小，所以河水矿化度较低，水质良好。但接纳较多地下水补给的河流，河水矿化度可上升至500～1 000毫克每升。

全国各流域各级矿化度河水分布面积占全国面积的百分比见表2-4。

表2-4　　　　　　全国各流域各级矿化度河水占全国面积的百分数　　　　　　　　%

| 矿化度<br>流域片 | 一级<br><50mg/L | 50~<br>100mg/L | 二级<br>100~<br>200mg/L | 200~<br>300mg/L | 三级<br>300~<br>500mg/L | 四级<br>500~<br>1 000mg/L | 五级<br>>1 000mg/L | 合计 |
|---|---|---|---|---|---|---|---|---|
| 黑龙江 | 0 | 4.47 | 2.86 | 1.02 | 0.85 | 0.30 | 0 | 9.50 |
| 辽河 | 0 | 0.22 | 0.67 | 0.54 | 2.09 | 0.08 | 0 | 3.60 |
| 海滦河 | 0 | 0 | 0.03 | 0.73 | 1.66 | 0.75 | 0.13 | 3.30 |
| 黄河 | 0 | 0 | 0.14 | 0.56 | 3.83 | 2.15 | 1.62 | 8.30 |
| 淮河 | 0 | 0.26 | 0.66 | 1.22 | 1.01 | 0.32 | 0.03 | 3.50 |
| 长江 | 0 | 2.44 | 6.86 | 8.73 | 0.87 | 0 | 0 | 18.9 |
| 珠江 | 0.25 | 2.26 | 1.81 | 1.53 | 0.25 | 0 | 0 | 6.10 |
| 浙闽台诸河 | 1.21 | 1.16 | 0.13 | 0 | 0 | 0 | 0 | 2.50 |
| 西南诸河 | 0.04 | 1.90 | 3.12 | 3.71 | 0.13 | 0 | 0 | 8.90 |
| 内陆河 | 0 | 0.64 | 1.10 | 2.90 | 9.17 | 9.95 | 11.64 | 35.4 |
| 合计 | 1.50 | 13.4 | 17.4 | 20.9 | 19.4 | 13.5 | 13.4 | 100 |

从表可以看出，全国河水矿化度小于500毫克每升的面积占全国面积的73.1%，另外，河水属重碳酸盐类的面积占全国面积的78%，符合各类用水的水质要求。所以说我国河水天然水质基本良好。全国河水矿化度分布见图2-25。

### (二) 河水的硬度

我国河水的总硬度随着矿化度的上升而增加，当矿化度小于50毫克每升时，总硬度小于15毫克每升；矿化度上升到200~300毫克每升时，总硬度增加到55~85毫克每升。以后受溶解度的限制，当矿化度达到500毫克每升时，总硬度才接近170毫克每升。

中国河水硬度的分布趋势与矿化度大致相同，也具有明显的地带性规律。秦岭—淮河一线以南和西南诸河流域大部分地区为小于85毫克每升的软水或极软水。其中我国东南部的浙闽大部、赣东南、台湾和两广部分地区的总硬度小于15毫克每升的极软水，为全国范围最大的低值区。

云贵高原由于石灰岩淋溶作用强烈，所以出现大范围的85~170毫克每升的适度硬水。

秦岭、淮河以北及西北和藏北大部分地区，河水总硬度都大于85毫克每升，而且与矿化度的地区变化基本一致。

渤海湾至莱州湾沿海冲积平原、鄂尔多斯高原、黄土高原及塔里木、准噶尔、柴达木盆地为大于250毫克每升的极硬水，祖厉河、清水河的固原以下总硬度大于700毫克每升，为全国最高值区。

东北除西辽河外，河水总硬度都小于85毫克每升。西北的阿尔泰山和天山山区也小于85毫克每升。

总之，全国总硬度为85毫克每升以下的软水或极软水的分布面积占全国总面积的52%，与小于300毫克每升矿化度河水的分布范围基本一致。总硬度小于170毫克每升河水的分布面积占全国面积的79%，比小于500毫克每升矿化度河水的分布范围稍大。

### (三) 河流离子径流量

河流离子径流量等于径流量和河水矿化度的乘积。实际上河流的离子径流量也是河流输沙量的组成部分。离子径流量除以集水面积即得离子径流模数。

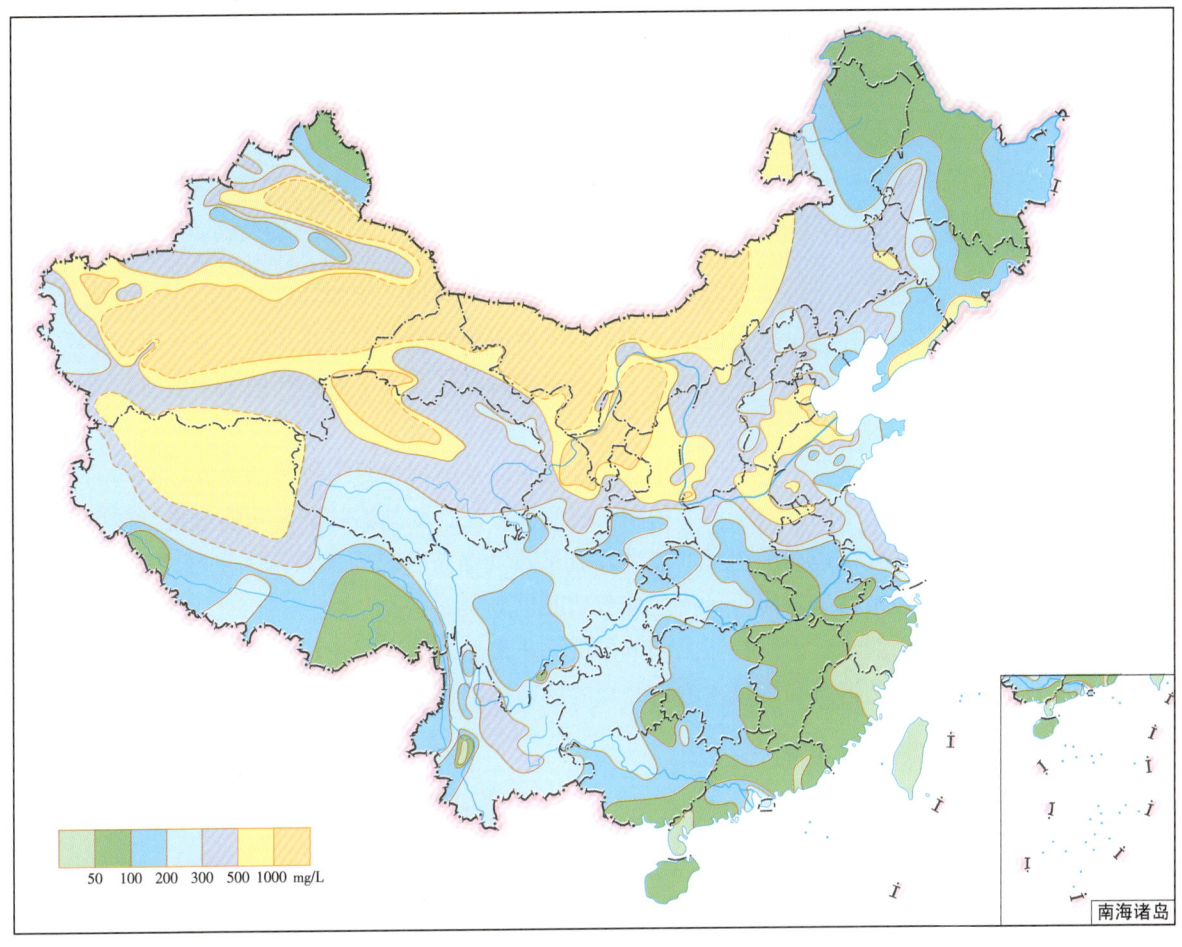

图 2-25 中国河水矿化度图

经分析计算，我国河水年平均矿化度为 167 毫克每升，平均年离子径流量为 45 268 万吨，年离子径流模数为 47.4 吨每平方千米年。整个外流河流域的离子径流量要占全国的 90%，其中长江流域就占全国的 35%，其次是西南诸河占 19.1%，珠江流域占 13.4%。而内陆河流域虽然其面积为全国的 1/3，且平均矿化度高达 428 毫克每升，但年径流量很小，离子径流量只占全国的 10%。

我国平均每年产生及邻国流入的离子径流量共 45 703 万吨，其中有 58% 直接流入海洋；有 23% 流出国境和流入界河；平均每年有 8 550 万吨，即 18.7% 滞留于河流的中下游平原和内流区的湖泊中。

我国离子径流模数分布总的趋势是湿润地区大，干旱地区少，由东南向西北递减。青藏高原东南部以东，秦岭以南地区离子径流模数均大于 50 吨每平方千米年，广西、贵州、湖南及四川盆地周围山地、广东北部、湖北南部、云南东部和藏东南都大于 200 吨每平方千米年，为我国的最高值区。

东北、华北、西北大部分地区及青藏高原中西部，离子径流模数都小于 50 吨每平方千米年。至于松嫩平原、阿拉善高原、柴达木盆地、塔里木盆地、准噶尔盆地的离子径流模数都极小，几乎为零。

综上所述，我国河流的天然水质，无论是矿化度、总硬度、还是 pH 值，大约 80% 都是适宜人类饮用和能满足工农业用水要求的，因此河流天然水质基本良好。

## 第三节 中国湖泊的水文情势

### 一、湖泊沼泽对河川径流的调节

#### （一）湖泊对河川径流的调节功能

凡吞吐型湖泊，无论分布于外流区或内流区，都具有调节河川径流的功能，当河川的洪峰入湖之后，湖泊将暂存于其中的洪峰流量缓慢泄出，使湖泊下游河川水位、流量在年内之变化趋于平缓，洪峰出现的时间滞后，洪峰水位降低，从而减轻了入湖水系对湖区及其下游地区的洪水威胁，改善了水环境和水生态。

因湖区自然条件、河湖水系密集程度、水量交换关系以及河湖相对位置等的差异，不同的湖泊对河川径流调节功能之大小是不同的。湖泊面积和水位变幅愈大，则湖泊的调蓄功能愈强。在汛期，湖泊对河川径流调节功能之大小还通常用其削减洪峰流量和洪峰滞后时间来表示。洪峰之削减量愈大，洪峰滞后时间愈长，则表示湖泊对河川径流之调节功能也愈大。

中国较大的吞吐型湖泊，对河川径流的调节作用都非常显著。现以长江中下游地区的鄱阳湖、洞庭湖，以及云贵高原地区的洱海和塔里木盆地北缘的博斯腾湖作为典型湖泊，将其对河川径流的调节作用分别列述，以资比较。

**1. 鄱阳湖**

鄱阳湖为中国最大的淡水湖，纳赣江、抚河、信江、饶河、修水五河之来水，经调蓄后于北部之湖口注入长江。据1953年、1954年、1955年、1962年、1964年、1968年、1969年、1970年和1973年九次入湖五河及区间入湖之较大洪水的日平均洪峰流量，其最小为3.27万立方米每秒，最大为6.46万立方米每秒；湖口出流日平均洪峰流量，最小为1.48万立方米每秒，最大为2.86万立方米每秒，削减湖口出流日平均洪峰流量最小为1.79万立方米每秒，最大为3.6万立方米每

鄱阳湖

秒，占总入流的32%～60%，一般可削减50%的入湖洪峰。据统计，鄱阳湖入湖洪水的一次洪量在255亿～552亿立方米，湖泊的调蓄水量可达80亿～149亿立方米，占入湖洪量的16%～50%，每次洪水之湖泊调蓄量多在100亿立方米左右。枯水季节，鄱阳湖还可提供约200亿立方米之水量调节长江下游，在长江汛后退水的9—10月，一般可增加流量1 500～2 000立方米每秒，长江最枯水季节的1—2月，也能补充流量400～500立方米每秒，这对维持长江的生态系统以及下游的航运等都是十分有利的。

**2. 洞庭湖**

洞庭湖是江淮中下游地区湖泊中，对河川径流的天然调节效应十分显著的一个大湖。它北承松滋、太平、藕池、调弦（1958年封堵）四口的长江荆江段分流来水，南纳湘江、资水、沅江、澧水四水等25万平方千米以上的流域来水，经调节后于东北隅的城陵矶排入长江。通常年份，四水之洪水早发于长江，一般在5—7月，而长江洪水多发生在7—8月；四水与四口之洪峰彼此错开，互不同步，因而"江涨湖蓄"，湖泊得以发挥较大的调节功能，从而减轻了湖区、荆江及其以下长江段的防

洞庭湖

洪压力。由于洞庭湖蓄容量巨大,即使出现"江湖并涨"之特大洪水,其调蓄功效仍十分显著。1996年7月1日至8月10日,洞庭湖出现了四水、三口(四口)组合的连续性重叠复峰。7月1—4日,长江上游及洞庭湖区沅江、澧水上游普降大到暴雨,7月8—11日,暴雨中心又移至湘江、资水两水的上游,11—12日四水、三口出现第一次洪峰,入湖组合洪峰流量3.4万立方米每秒,出湖洪峰流量2.8万立方米每秒,洞庭湖调蓄洪峰流量6 000立方米每秒。7月13—14日,长江和资水、沅江及洞庭湖区又连续普降大到暴雨,三口洪峰及资、沅两水的洪峰遭遇,洞庭湖出现了第二次组合洪峰流量。7月18日入、出湖洪峰流量分别为5.1万立方米每秒和4.2万立方米每秒,削减洪峰流量约17.6%。7月19—20日,长江及洞庭湖资水、沅江、澧水三流域及湖区,再次发生暴雨、大暴雨和特大暴雨之交替反复降雨过程,使洞庭湖出现了第三次大洪峰。7月1—20日,洞庭湖总入湖径流量625.2亿立方米,总出湖径流量375.5亿立方米。湖泊滞留水量高达249.7亿立方米,大大缓解了湖区及其下游长江段洪水之压力。从统计资料看,洞庭湖多年平均削峰值呈现明显的动态变化。由表2-5来看,一方面,洞庭湖对入湖之江河洪水具有巨大的调节效应,多年平均大约可占入湖洪峰流量的15%~30%;另一方面,洞庭湖对入湖江河的调节效应是呈逐年衰减的,这一动态变化说明其洪水情势在不断恶化。因此,对其进行以防洪减灾、提高调蓄功能为中心的水利建设不仅十分必要,而且也越发迫切。

### 3. 洱海

地处云贵高原的滇池、洱海及抚仙湖等外流湖,对河川径流的调节量虽不及鄱阳湖、洞庭湖等长江中游地区湖泊之大,但因湖盆较深,对河川径流之调节作用却仍然显著。以洱海为例,入湖径流经其调蓄后,出湖河流—西洱河的多年平均流量过程线与入湖流

表2-5　洞庭湖多年平均削减洪峰值统计

| 年　　份 | 多年平均削峰值（m³/s） | 削峰值/入湖洪峰（%） |
| --- | --- | --- |
| 1951—1960 | 13 246 | 31.3 |
| 1961—1970 | 13 039 | 29.3 |
| 1971—1980 | 10 182 | 27.7 |
| 1981—1993 | 5 660 | 15.6 |

量过程线相比较,明显具有变幅小、蓄水期长等特点。其入湖河流之洪峰常出现在每年的7—9月,出湖河流之洪峰多发生在9—11月,经过湖泊调蓄后,洪峰流量减少了20~160立方米每秒,洪峰滞后30~90天,其削减的径流量之绝对值虽不大,但占入湖量之比值却不低。据分析,其削减之洪峰可占入湖洪峰流量的30%~70%。由此可见,云贵高原的外流湖泊对河川径流也具有显著的调节功能(图2-26)。

### 4. 博斯腾湖

不仅东部平原和云贵高原地区的外流湖泊对河川径流具有调节功能,即使是地处内陆的吞吐型湖泊也同样对河川径流具有调节功能,只是因为湖泊地处自然地理区域之不同而调节功能大小有所差异

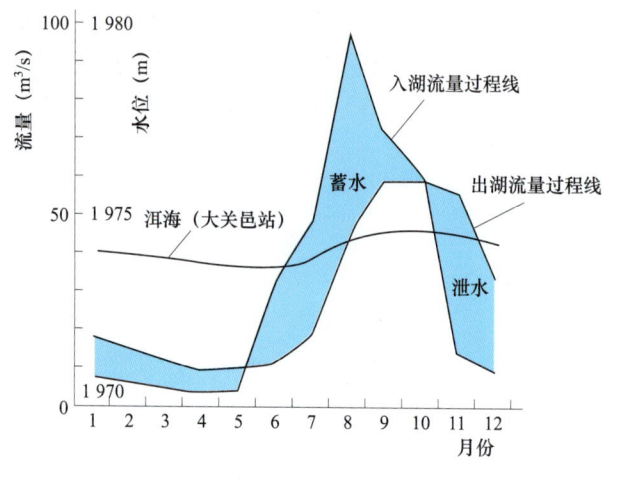

图 2-26 洱海多年平均（1955—1970 年）
水位与进出湖流量过程线

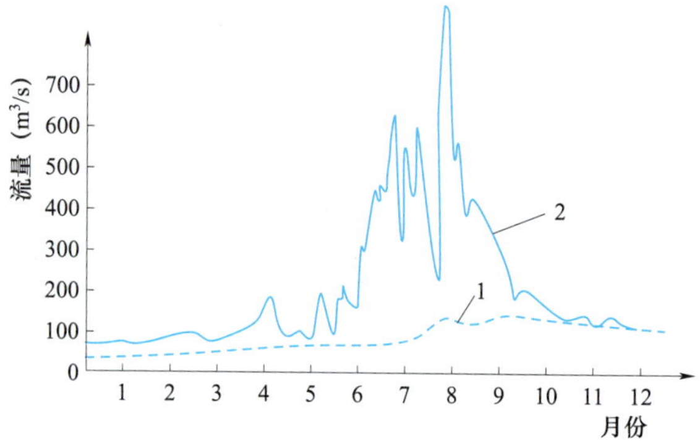

图 2-27 博斯腾湖 1958 年进出湖泊流量过程线
1—孔雀河（他什店）出流过程线；
2—开都河（焉耆）入流过程线

而已。江淮中下游地区，气候温暖湿润，降水丰富，水系发达，河流源远流长，水量充沛，对湖泊的补给水量大，湖泊对河川径流的调节功能亦大。而地处内流区的湖泊，因湖区气候干旱，降水稀少，蒸发旺盛，多以时令湖、尾闾湖或闭流湖的形式出现，少数湖泊虽有河川排泄，但吞吐水量不大，因此对河川径流的调节效应较小。如博斯腾湖是内流区湖泊中吞吐水量相对较大的一个湖泊，虽然水面面积达 1 200 余平方千米，但其来水量尚不及鄱阳湖的 3%、洞庭湖的 2%。通过进出博斯腾湖的河流流量过程线分析显示（图 2-27），该湖似可削减高达 44%～86% 的入湖洪峰流量。但更进一步的分析揭示，如此之高的相对调蓄比值并非是其调节功能和调节量的真实反映，因为其中有 50%～60% 的水量在湖内滞留期间已为蒸发所消耗，每年因蒸发而消耗的水量高达 16 亿立方米。在内陆干旱地区，湖泊犹如一个巨大的蒸发盆，强烈的蒸发作用不仅使湖泊难以显示出明显的调节功能，而且还往往导致湖泊水量缺乏，促使水质咸化。由于蒸发在湖泊水量支出中占有重要地位，所以在研究内流区湖泊的调节功能时，必须充分考虑湖泊的蒸发量，才能较为客观地反映湖泊调节功能之大小。

为有效地发挥湖泊的调节作用和改变水资源在季节分配上的不均衡性，我国现已有许多湖泊建闸蓄水，以减少废弃水量，改变湖泊的自然泄流状态，按生产需要调配水资源。如洪泽湖于 1954 年汛前建成了三河闸、二河闸和高良涧闸控制工程以后，曾迎接了当年淮河高达 15 100 立方米每秒的入湖洪峰流量和 10 700 立方米每秒出湖洪峰流量的特大洪水，削减洪峰流量达 4 400 立方米每秒。建闸后，由于湖泊蓄泄受到调控，只有在多余水量出现时才启动闸门下泄。由此可见，从湖泊综合利用的角度而言，湖泊建闸蓄水无疑是提高湖泊调节功能、有效利用湖泊水资源的最佳途径之一。

### （二）沼泽对河川径流的调节

沼泽一般位于河流中地势较为低洼的部位，由于沼泽具有特殊的水文特性，当它在流域中的面积达到一定数量时，必然会对整个流域水循环产生影响。从水循环的角度考虑，主要体现在调蓄河川径流方面。

沼泽对河川径流的影响，因其所处地貌部位的不同而异。发育于山前倾斜平原和阶地上的沼泽，主要起补给作用；而河漫滩上的沼泽则主要起调节作用。

沼泽一般位于地表水和地下水的承泄区，位于地貌低洼部位，是上游水源的汇聚地，外来地表径流可以补给沼泽，沼泽也可以补给地表径流。由于生长着茂密的沼生、湿生和水生植物，沼泽成为天然蓄水库，对河川径流起重要的调节作用，可以削减洪峰，均化洪水。沼泽对流域径流的调蓄作用，起着分配和均化河川径流的功能，是流域水文循环的重要环节。

沼泽对河川径流的补给，在连续多雨年和连续少雨年是不同的。与非沼泽化土地相比，在连续多雨年，沼泽出现大面积表面积水，蒸发作用和蓄水能力相对减少，河川径流增量随沼泽率增加而增大；在连续少雨年，其补给作用很小，起着强烈减少河川径流的作用，这种作用随着沼泽化程度增加而加强。当年降水量连续多年减少时，沼泽将出现大面积缺水甚至干涸现象。这时的沼泽不但对河川径流无补给作用，而且还拦蓄并消耗来自径流及非沼泽化土地的地表径流。

沼泽可使河川径流年际变化加大和年内分配均化。河川沼泽化程度高者年际变化大，丰、枯期径流系数相对变化也较大。沼泽加剧年际变化的作用，主要是由于河流阶地上的沼泽在不同时期对河川径流的补给作用不同所致；沼泽均化河川径流年内分配的作用，主要是由分布在河漫滩上的沼泽，通过其本身的蓄水透水能力，对洪水进行调节表现出来的。

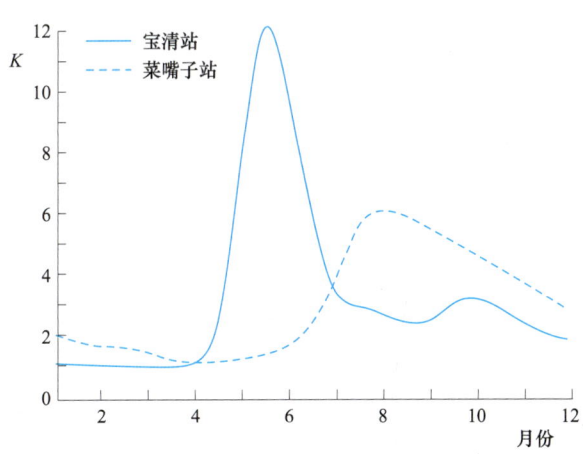

图 2-28　挠力河宝清与菜嘴子站流量过程线

黑龙江省三江平原挠力河流域，宝清水文站以上河流沼泽分布零星，对洪水的调蓄作用很小，宝清水文站以下至菜嘴子水文站之间，河流沼泽分布较广，沼泽率达 32.7%。比较宝清水文站和菜嘴子水文站的流量过程线可以看出，由于沼泽的调节作用使菜嘴子站径流的夏季峰值减少 1/2（相对流量），并使汛期向后推迟（图 2-28）。

## 二、湖泊的换水周期与水量平衡

### （一）湖泊的换水周期

湖泊换水周期是针对吞吐类型湖泊而言的，基本涵义是以湖泊为单元，其全部湖水更新一次所需时间长短的一个理论概念，是判断某一吞吐型湖泊之水资源能否持续利用和保持良好水质条件的一项重要物理指标。通常是以多年平均水位下的湖泊容积除以多年平均出湖流量求得。

凡出湖流量愈大，则湖泊的换水周期愈短，说明湖水一经利用，其补充恢复得亦愈快，从而对湖泊水资源的持续利用亦会愈为有利；反之，若出湖流量愈小，则湖泊的换水周期亦愈长。如果湖水被大量引用，水量将难以得到适时补充，湖面就明显缩小，湖泊的生态环境必因之而趋于恶化。

### （二）湖泊水量平衡

湖泊水量平衡系指某一时段内湖泊水量的收支关系。这是研究湖泊水资源开发利用、湖泊生态环境保护及湖泊演变的重要科学依据。

我国湿润地区湖泊的入湖地表径流量占湖泊补给水量的比重最大，而干旱半干旱地区湖泊的入湖地表径流量占湖泊补给水量的比重相对较小。湖泊的水量消耗，外流湖以出湖地表径流为主，内陆湖几乎为湖面蒸发水量所消耗。我国湖泊水资源空间分布极不均匀，江淮流域的湖泊年补给水量约 5 000 亿~6 000 亿立方米，东北地区的湖泊年补给水量约 20 亿~30 亿立方米，青藏高原的鄂陵湖、扎陵湖年补给水量仅 10 亿立方米左右。时间分布不仅年际变化大，而且年内月际变化也较大，如博斯腾湖丰水年水量约为枯水年的 2 倍，鄱阳湖、洱海和镜泊湖，丰水年水量是枯水年的 4~5 倍，洪泽湖丰水年的水量几乎是枯水年的 20 倍。鄱阳湖、洱海的最大入湖月径流量是最小入湖月径流量的 7~11 倍，而镜泊湖、乌伦古湖高达 100~200 倍。

长江中下游地区的湖泊是我国水资源较充沛的湖区，也是工农业、生活用水的需求量较大的湖区，年水量虽不缺乏，但因年内各月水量分配不均，个别月份仍会出现缺水现象。因此，就整个湖区而言，水资源并不富裕，今后随着工农业生产发展和人民生活水平的不断提高，供水矛盾将日益突出。

以往云南的一些湖泊，多年平均水量收支大体平衡，但在人类经济活动干预不断加强的情况下，不少湖泊水资源供需矛盾已日益突出。

地处蒙新、青藏等干旱与半干旱地区的湖泊，由于处于极脆弱的自然平衡之中，水循环的任何细微改变，必将引起平衡失调。一般在流域上中游由于修建水库或农田灌溉面积增加，都将引起入湖水量的明显减少，从而使湖泊萎缩乃至消亡。

### 三、湖泊水位及湖水运动

#### （一）湖泊水位

湖泊水位是一项基本的水文要素，也是湖区制定防洪标准和水量调度等的重要科学依据。

湖泊水位涨落，主要是由入出湖水量变化所引起，其特点是变化速率较为缓慢，突出表现为水位的月变化、季节变化和年变化。此外，在风、气压等因素变化的影响下，特别是风涌水、风浪、表面定振波及湖流的存在，常使湖泊水位处于波动状态，湖面变得异常复杂。但这种变化是在湖泊贮水量不变情况下由动力因素所引起，一般是变化频率较高，变化过程短暂，通常表现为几天甚至几个小时。

我国外流区域的湖泊，基本上都是雨源型湖泊，其水位的年内变化及其动态过程同降水量的年内季节分配呈现相应的变化。如长江中下游地区的湖泊，每年 4 月雨季来临后，湖水位开始起涨，5—6月进入汛期，水位继续抬升，7—8 月水位达年内最高值。嗣后，随着流域降水量开始递减，湖水位逐渐下降，一般到 11 月进入枯水期，翌年 2—3 月水位出现最低值，其中，应当提及的是在外流区域内一些受闸坝控制的水库型湖泊，如洪泽湖、南四湖、白洋淀等，湖泊水位的涨落除受制于湖泊水量平衡诸要素的变化和湖面气象条件影响外，还受调控湖泊蓄泄的水工建筑（涵闸）启闭之直接影响。

内蒙古、新疆、青海、西藏等广大内流区湖泊、湖水以雨水和冰雪融水径流为主要补给形式，常形成春汛和夏汛，使湖泊相应出现两次高水位，一般丰水年份最高水位多出现在夏季，枯水年份最高水位常出现在春季，但水位的年内变幅远小于外流湖。

#### （二）湖水运动

湖水运动就其类型而言，包括湖流、风浪、风涌水和表面定振波等现象；就运动方式而论，又有前进运动和升降运动之分，且这两种运动方式又常常是相互影响，结合发生的。湖水运动主要是由河湖水量交换及湖面气象因素作用的结果。湖水运动是湖泊的重要特性之一，直接关系到物质及能量的输送与转换。

##### 1. 湖流

湖流是湖泊中水团大致沿一定方向前进的一种运动，按其成因一般可分为重力流（坡降流、吞吐流）、风生流和密度流 3 种。

重力流主要是由河湖水量交换引起水面倾斜，由于重力作用即水力梯度力带动湖水向前运动，常在入流处引起水量堆积，出流处形成水体流失。因此，重力流受河川水情控制，当湖面比降显著时，流势则强，反之，则弱。显然，重力流是从入流岸流向出流岸。当入湖水流不断向湖中扩散时，由于断面扩大，比降减小，愈向湖中心区其流速愈小。湖泊最大重力流均出现在汛期。我国东部和云贵地区的外流湖均可长年出现重力流。而东北地区的外流湖和蒙新、青藏地区的内流吞吐湖在封冻期间则断流。

风生流是由风对湖面的摩擦力及风对波浪背面的压力作用所引起，在黏滞力的作用下使表层湖水带动下层水向前运动。风生流的大小取决于风速的大小、风的持续历时、湖面开阔程度和湖水的深浅。凡风力强、持续历时长、湖面开阔的湖泊，则风生流也强，反之亦然。风生流是大型湖泊最显著的水流形式，能引起全湖广泛的、大规模的水团流动。在地球自转科氏力的参与下，在北半球的大型湖泊中多形成反时针的湖泊环流。

密度流是由于太阳辐射造成湖泊浅水区增温快于深水区，因水体热胀冷缩导致湖泊水位空间分布不均匀，在压力梯度力及科氏力等作用下产生的一种水体流动，抑或是由于湖泊水体密度不均匀而产生的一种水体流动。密度流在湖泊中一般极为微弱。

但是，在自然界，湖流很少呈单一的流态，而往往多见重力流、风生流和密度流组合而形成的混合流。

### 2. 风浪

风浪是由于风作用于湖面所产生的一种水质点周期性起伏的运动。风浪的产生与停息主要取决于风速、风向、吹程、风的持续时间和水深等因素。一般在风场作用初期，湖面即可出现周期短、规模小的二维波。随着风力的增强，波形变陡达最大值，这时涟波演变成为重力波。由于风场的不稳定性，波的二维波特性被破坏，变成不规则的三维波，当风沿一定的方向继续作用时，湖面就会出现与风向垂直排列，并沿风向运动的强制波。若风力强大到足以掀起倒悬波峰时，由于空气的侵入，湖面呈现一片白色的浪花。当风力减弱，风浪虽然停止发展，但由于水质点的惯性作用，波浪仍能继续存在，此时的余波就具有规则对称的二维波特性，余波所具有的能量，在其传播过程中，逐渐消耗于内摩擦和底部摩擦，使波浪逐渐消失，湖面又恢复平静。

### 3. 风涌水

风涌水是指风成湖流向前运动时遇到湖岸的拦阻，在迎风岸引起水位的上升，即增水现象，而在对应的背风岸则引起水位的下降，即减水现象，从而使湖面发生倾斜，故通常亦称之为湖泊的增减水现象。湖泊因风力作用形成的水位增减，主要发生在大型湖泊。

## 第四节 中国河流水系中的泥沙

### 一、中国的多沙河流

中国的河流以多泥沙（悬移质）闻名于世，据实测资料分析，平均每年从山地、丘陵带走的泥沙约35亿吨。其中外流河的输沙量约33亿吨，占全国总输沙量的94%，内陆河的输沙量约2亿吨，占全国的6%。外流河中56%的泥沙即18.5亿吨，由我国直接入海，带入邻国的泥沙占8%，约2亿吨，其余36%，即12亿吨沉积在中下游平原河道、湖泊和水库中，或进入灌区以及分洪区内。

我国河流的多泥沙，指的是悬移质泥沙，这是由独特的自然地理环境所造成的。

首先，我国大陆上70%是山地，西高东低，共有三个隆起带，也是我国外流河的三个主要河流发源地。大的河流多在第一阶梯发源，由西向东或向南入海。从发源地到入海最大落差达6 000米左右，为冲刷和携带大量泥沙提供了势能。

其次，是地面的组成物质容易被冲蚀形成泥沙。最典型的是黄土高原，这个面积约50万平方千米由风积所形成的高原，结构松散，孔隙很多，下渗力强，易溶蚀崩塌，而且垂直节理很发育，这些特性使它极易受到雨水及河水的侵蚀。

第三，我国是受季风控制的国家。随着夏季风的向北跳跃式推进，每年7月下旬至8月中旬，夏季季风到达最北的纬度，华北和东北南部经常出现暴雨，有时7—8月两个月的雨量要占全年降水量的50%甚至更多。这种气候条件加剧了土壤的侵蚀，为河流的多泥沙提供了条件。

第四，植被的破坏。如黄土高原由于人们进行掠夺性的生产，使植被受到破坏，光山秃岭，裸露的黄土遭到雨水和径流的强烈冲刷，造成严重的水土流失。

## （一）河水的含沙量

我国各地河流的含沙量悬殊，黑龙江流域的部分河流多年平均含沙量小于0.1千克每立方米，而黄河中游支流可高达500千克每立方米。除黄河外，海河、辽河、滦河以及西南的元江含沙量也比较大。

淮河以南、贵州大娄山以东各河，青藏高原诸河，多年平均含沙量都很小，一般在0.5千克每立方米以下。

淮河以北，除东北地区黑龙江、图们江、鸭绿江流域一般在0.5千克每立方米以下外，其余的情况较为复杂。

黄河

黄河流域中游及上游部分支流流经黄土高原，河流的含沙量很大。兰州与青铜峡之间的支流祖厉河、清水河，中游头道拐至龙门间支流，以及泾河、北洛河等，多年平均含沙量在100千克每立方米以上，清水河支流折死沟冯川里站多年平均含沙量达635千克每立方米，泾河支流马莲河洪德站多年平均含沙量为601千克每立方米，是我国实测含沙量中的最高值。

西辽河、柳河及大、小凌河，永定河、子牙河和滦河上游，多年平均含沙量在10～100千克每立方米之间。

内陆河流域中，在新疆诸河中，天山北坡各河为0.2～0.8千克每立方米，只有艾比湖流域较高，可达1.70千克每立方米。天山南坡诸河则上升到2.0～10.0千克每立方米。如迪那河为10.0千克每立方米。喀喇昆仑山和昆仑山诸河中，一般为2.0～8.0千克每立方米，其中以艾格孜牙河和安迪尔河最大，达10.0千克每立方米。

中国各地河流的含沙量见图2-29。

河流含沙量的季节变化很大，其变化情势大致与径流的变化一致。我国绝大多数河流高含沙量主要发生在汛期，尤其在北方的河流，但各地在时间上还有先后差别。

长江中下游以南各河最大含沙量月多出现在5、6月或6、7月。长江中上游以北诸河大多出现在7、8月甚至8、9月。东南沿海地区河流也可以发生在5、6月出现高峰后，8、9月又出现高峰的情况，它是由台风造成的暴雨所形成的。

我国大多数河流的含沙量日平均过程线与流量过程线相适应，沙峰大多就出现在洪峰时段上，但在西北干旱地区的河流中，以春汛为主或有明显春季洪水的河流，都存在着沙峰出现在洪峰之前的现象。这是因为干旱地区经过冬季的强烈机械风化作用，地表径流积累了一定数量可被搬运的物质，当河川径流稍有增加时，泥沙即大量进入河道，使沙量猛增，但随着洪峰流量逐步增大，地面可搬运物质已大为减少，结果含沙量反而降低（图2-30）。

在黄土高原的小沟道内，最大含沙量出现的时间一般在洪峰稍晚的时间内，因为当暴雨冲刷土壤时，湿润了土壤并且破坏了土壤的结构，所以在后期，即使是比较少的降雨，也可以产生大量的土壤侵蚀。

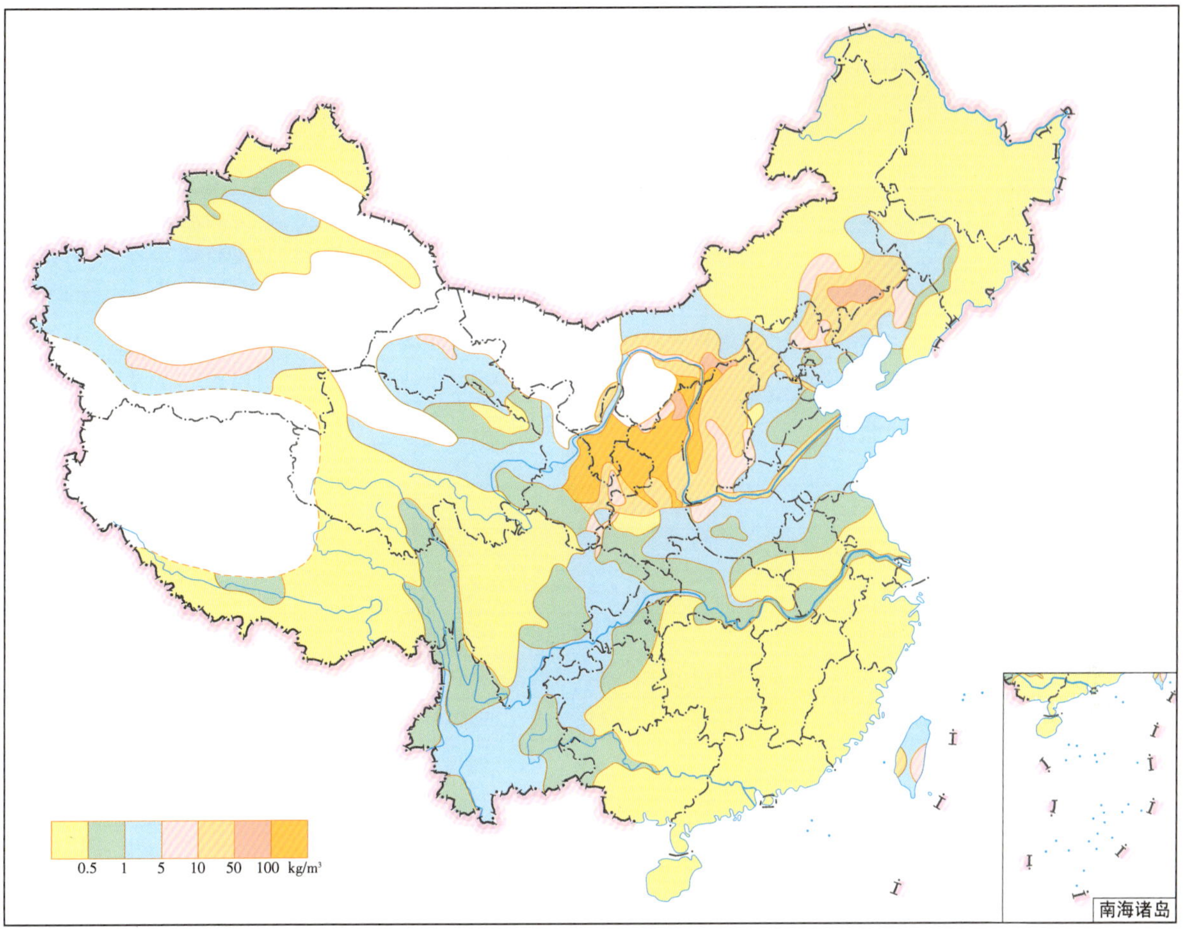

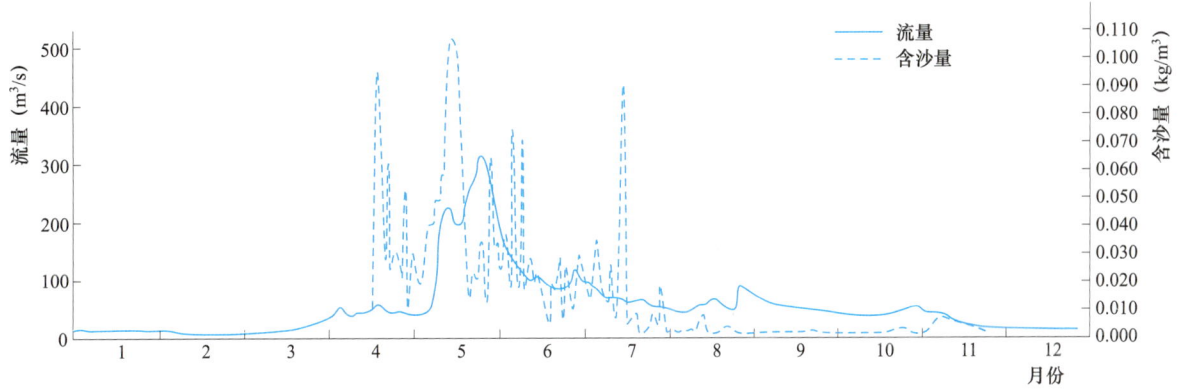

图 2-29 中国多年平均悬移质含沙量分区图

图 2-30 额尔齐斯河布尔津站1964年逐日流量、含沙量过程线

在泥沙的年际变化方面，我国南方河流较北方河流要小。长江干支流最大年平均含沙量一般为最小年平均含沙量的2～6倍。而在北方，以黄河流域为例，则可达到4～10倍。

**(二) 输沙量与水蚀模数**

中国河流以年输沙量大闻名于世。与世界一些大河的输沙量相比，黄河独占鳌头。即使是泥沙相对较少的长江，也排在世界大河中输沙量最多河流的第四位（表2-6）。

松花江、辽河、海河、黄河、淮河、长江、珠江等七大江河，流域面积占陆地国土面积的45%，地表水资源量占全国的57%，而输沙量则占全国的85%。其中黄河流域的输沙量最为突出，平均年输沙量和入海沙量要占全国的53%和60%；长江流域次之，分别占21%和26%。由黄河和长江为主，加上其他河流的入海泥沙量，使得我国多年平均入海输沙量为18.5亿吨，约占世界河流入海沙量的10.6%。

表2-6　　　　　　　　　　　　　世界一些大河的泥沙特征值统计

| 河 名 | 国 名 | 站名 | 集水面积（万 km²） | 平均年径流量（亿 m³） | 平均年输沙量（亿 t） | 平均水蚀模数 [t/(km²·a)] | 年平均含沙量（kg/m³） |
|---|---|---|---|---|---|---|---|
| 黄河 | 中国 | 陕县 | 68.8 | 543 | 16.1 | 2 290 | 36.9 |
| 布拉马普特拉河 | 孟加拉、巴基斯坦 | 杜拉巴特 | 53.7 | 6 140 | 7.35 | 1 370 | 1.16 |
| 印度河 | 巴基斯坦 | 卡拉巴格 | 30.5 | 1 100 | 6.80 | 2 230 | 6.18 |
| 长江 | 中国 | 宜昌 | 100.6 | 4 468 | 5.14 | 512 | 1.18 |
| 恒河 | 孟加拉 | 尔丁吉桥 | 97.6 | 3 680 | 4.80 | 492 | 1.31 |
| 亚马孙河 | 巴西 |  | 615 | 69 300 | 3.62 | 59 | 0.05 |
| 密西西比河 | 美国 |  | 332 | 5 800 | 3.12 | 97 | 0.54 |
| 伊洛瓦底江 | 缅甸 |  | 40.9 | 4 860 | 3.00 | 730 | 0.62 |
| 阿姆河 | 苏联 | 阿姆河中段 |  | 606 | 2.18 |  | 3.59 |
| 密苏里河 | 美国 | 赫尔曼 | 137 | 715 | 2.18 | 159 | 3.05 |
| 干达克河 | 印度 |  | 4.6 | 630 | 1.96 | 4 250 | 3.12 |
| 科罗拉多河 | 美国 | 大峡 | 35.7 | 156 | 1.81 | 507 | 11.6 |
| 湄公河 | 老挝 | 巴色 | 54.0 | 3 020 | 1.32 |  | 0.44 |
| 红河 | 越南 | 越池 | 11.3 | 1 230 | 1.30 | 244 | 1.06 |
| 尼罗河 | 埃及 | 开罗 | 290.0 | 840 | 1.11 | 1 150 | 1.32 |
| 阿特察法拉亚河 | 美国 | 克罗茨泉 |  | 1 640 | 1.10 |  | 0.67 |
| 阿肯色河 | 美国 | 小石城 | 41.0 | 370 | 1.05 | 256 | 2.84 |

全国主要江河部分测站的含沙量与输沙量见表2-7。

表2-7　　　　　　　　　　　　　全国主要江河的含沙量与输沙量

| 河名 | 站名 | 集水面积（km²） | 多年平均含沙量（kg/m³） | 多年平均年输沙量（万 t） | 多年平均水蚀模数 [t/(km²·a)] | 实测最大、最小年输沙量比值 | 连续最大4个月输沙量占年输沙量的百分数（%） |
|---|---|---|---|---|---|---|---|
| 松花江 | 佳木斯 | 527 795 | 0.16 | 1 070 | 20.3 | 8.4 | 72.5 |
| 辽河 | 巨流河 | 129 311 | 2.59 | 1 020 | 79.2 | 39.6 | 91.1 |
| 大凌河 | 锦州 | 23 048 | 13.3 | 2 740 | 1 190 | 17.5 | 96.6 |
| 滦河 | 滦县 | 44 100 | 4.73 | 2 210 | 501 | 37.4 | 96.7 |
| 永定河 | 官厅 | 43 402 | 49.2 | 8 070 | 1 860 | 131.5 | 90.3 |
| 黄河 | 兰州 | 222 551 | 3.56 | 11 300 | 508 | 12.0 | 88.0 |
| 黄河 | 陕县 | 687 869 | 36.9 | 161 000 | 2 290 | 8.0 | 83.7 |
| 黄河 | 利津 | 751 869 | 25.6 | 110 000 | 1 470 | 8.7 | 83.6 |
| 窟野河 | 温家川 | 8 645 | 184 | 13 800 | 16 000 |  | 93.2 |
| 无定河 | 白家川 | 29 662 | 128 | 17 100 | 5 760 | 19.3 | 92.2 |
| 渭河 | 华县 | 106 498 | 49.3 | 42 300 | 3 970 | 21.3 | 79.4 |

续表

| 河名 | 站名 | 集水面积 (km²) | 多年平均含沙量 (kg/m³) | 多年平均年输沙量 (万t) | 多年平均水蚀模数 [t/(km²·a)] | 实测最大、最小年输沙量比值 | 连续最大4个月输沙量占年输沙量的百分数 (%) |
|---|---|---|---|---|---|---|---|
| 淮河 | 鲁台孜 | 91 620 | 0.592 | 1 330 | 145 | 48.4 | 72.4 |
| 长江 | 宜昌 | 1 005 501 | 1.18 | 51 400 | 512 | 2.1 | 82.8 |
| 长江 | 汉口 | 1 488 036 | 0.61 | 43 000 | 289 | 2.2 | 68.3 |
| 长江 | 大通 | 1 705 383 | 0.53 | 46 800 | 274 | 2.0 | 67.1 |
| 汉江 | 皇庄 | 142 056 | 2.06 | 12 700 | 893 | 11.8 | 79.7 |
| 赣江 | 外洲 | 80 948 | 0.174 | 1 110 | 137 | 8.4 | 77.9 |
| 闽江 | 竹岐 | 54 500 | 0.138 | 740 | 136 | 7.4 | 83.7 |
| 西江 | 梧州 | 329 705 | 0.34 | 7 230 | 219 | 8.3 | 82.6 |
| 元江 | 蛮耗 | 32 037 | 3.55 | 3 630 | 30 |  | 80.9 |
| 澜沧江 | 景洪 | 166 834 | 1.28 | 7 380 | 442 | 2.7 | 84.6 |
| 雅鲁藏布江 | 奴下 | 189 843 | 0.30 | 1 820 | 95.8 | 8.0 | 86.2 |
| 伊犁河 | 雅马渡 | 49 186 | 0.59 | 699 | 142 | 3.3 | 88.4 |
| 叶尔羌河 | 卡群 | 50 248 | 4.44 | 2 870 | 572 | 4.9 | 97.0 |
| 格尔木河 | 格尔木 | 16 098 | 3.27 | 247 | 162 | 10.8 | 87.6 |
| 黑河 | 莺落峡 | 10 009 | 1.41 | 219 | 219 | 7.4 | 94.6 |

从表中可以看出，长江的含沙量在全国来说不算高，但其年总输沙量仅次于黄河，居全国第二位。同样，珠江的输沙量也居全国第四位。祖厉河、窟野河、无定河等虽然含沙量很高，但输沙量不是很大。在外流区，东南沿海丘陵山地的河流及黑龙江流域的输沙量最小，藏南雅鲁藏布江的年输沙量也比较小。

在内陆河流域，天山南坡及喀喇昆仑山、昆仑山北坡河流的输沙量较大，其中叶尔羌河位居新疆河流年输沙量的首位（2 770万吨）。泥沙部分来源于经常发生冰川湖突发洪水的支流克勒青河，另外是浅山带的暴雨洪水所挟带的泥沙。内陆干旱区其他河流如塔里木河干流阿拉尔站年输沙量达2 430万吨，沙量主要来源于阿克苏河（新大河）依玛帕夏站下泄的1 410万吨泥沙及和田河肖塔站流入的1 280万吨泥沙。其余河流，有些虽然含沙量较高，但输沙量不大。

水蚀模数的分布大致可将全国划分为东、西两部分。东部为外流区：大体与季风区相当。区内除北部黑龙江流域和内蒙古高原外，水蚀模数比较高，大于100吨每平方千米年地区的面积占有相当大的比例，最高可达6 000吨每平方千米年以上。在此区内，地表大面积分布有极易侵蚀的第四纪黄土，或是较易侵蚀的第三纪红色岩系覆盖，在夏季风影响下，多暴雨，使大量的物质被冲刷进入河道。另外，森林和植被遭破坏加剧了地表侵蚀的强度。

东部地区江淮平原、三江平原—松辽平原、黄淮海平原—长江中游平原沉降带、呼伦贝尔—内蒙古北部—鄂尔多斯高原沉积带都是低水蚀模数带。四川盆地、云南高原和滇西南纵谷区的水蚀模数仅次于黄土分布区。盆地内松散的白垩纪紫色岩系及起伏不定的丘陵地形，加上暴雨区的存在，都是河流多沙的原因。

我国台湾中部山区的水蚀模数为100～200吨每平方千米年，东部为50～100吨每平方千米年，西部则在10吨每平方千米年以下。

贵州东北部和广西北部都有较大面积水蚀模数低于100吨每平方千米年的地区，显示出石灰岩地区的侵蚀作用比较弱，但这不包括石灰岩的溶蚀作用。

西部地区除了天山和藏东南一小部分地区外，水蚀模数均低于 100 吨每平方千米年。本区属干旱的内陆流域，河网密度小，水系不发育，地面侵蚀主要营力也已由地表水转化为风力，因此水蚀模数并不能完全反映地表的侵蚀量。此外，高山高原季节性和永久冻土的广泛发育，也对这些山地的河流泥沙起了一定的限制作用。

## 二、泥沙对河流水系水情的影响

全国平均每年进入河流的悬移质泥沙约 35 亿吨，其中 60% 分布在水蚀模数大于 1 000 吨每平方千米年的 62.5 万平方千米的范围内，而黄河流域就占了 28.9 万平方千米。长江流域 15 万平方千米，辽河流域 6.3 万平方千米，海滦河 5 万平方千米。黄河中游黄土地带年水蚀模数大于 5 000 吨每平方千米年的面积就有 15.6 万平方千米。我国每年输入海洋 18.5 亿吨和输出国境的泥沙 2.5 亿吨，约有 12 亿吨泥沙淤积在外流河的水库、中下游河道及沿岸湖泊和灌区内。大量泥沙的沉积使黄河下游形成了"地上河"，长江的荆江段河道也高出地面。长江入海口处的崇明岛已发育为全国第三大岛。

黄河的泥沙淤积最为严重。这种泥沙淤积的结果，首先是加剧了洪水的险情。由于黄河下游河道仍在不断淤高，1973 年黄河花园口段 5 000 立方米每秒流量的水位竟然高于 1958 年 22 300 立方米每秒流量相应的水位，山东境内黄河水位比 1958 年同流量的水位高出 2 米左右。现在黄河下游及长江荆江段等都是靠大堤在防洪，泥沙不断淤积，洪水的威胁也在逐年增大。

其次，大量的泥沙也给河流引水灌溉时泥沙的处理造成一大难题。据统计，1973—1989 年 17 年间，黄河下游引水累计引出泥沙 27.3 亿吨，大量的泥沙侵占了耕地，使周围土壤沙化，恶化生态环境。如山东位山灌区，沉沙池已占地约 3 万亩，当地的人均占有耕地由原来的 2.3 亩下降到 1.2 亩，并且还在继续下降。

此外，由于河水中的含沙量大，为了使河流能维持一定的挟沙能力，必须安排一定数量的生态环境用水。各地各河的数量很不相同，如黄河下游河道每年需要 200 亿～240 亿立方米的水量来冲沙，这样就大大降低了可利用的水量。

## 三、泥沙与湖泊淤积

### （一）概况

湖水中的泥沙（悬移质）主要来自两个方面：其一是通过入湖地表径流对流域表层的侵蚀，从流域内挟带而来；其二是来自湖岸侵蚀、崩塌的物质以及湖泊底泥的搅动混合。两者相比，前者对湖泊淤积的影响比较显著，后者为湖盆本身的泥沙再分配，对湖泊淤积的影响不大。

湖泊含沙量的高低，主要取决于入湖河川径流含沙量的大小、水深、底质及水动力等因素，而入湖河川径流挟带的泥沙量又与地表径流对流域表土的流域坡度、土壤、植被、气候特征及人类活动等因素密切相关。其总的特点是：汛期湖水含沙量高，枯水期湖水含沙量低；入湖河口区、敞水湖面区湖水含沙量高，湖湾区、水生植被发育良好区湖水含沙量低；风力较强时湖水含沙量增大，风力较弱或无风时湖水含沙量减小。

### （二）湖泊淤积

由于湖水含沙量和湖泊水情之不同，各湖之泥沙淤积存在着较大差异。据已有的沙量平衡资料，我国泥沙淤积最为突出的湖泊，集中分布于长江和淮河中下游地区。例如洞庭湖，由于荆江大量泥沙之长期输入，使湖泊生态环境发生巨大变化，给洞庭湖以及长江中下游地区的安全度汛带来较大威胁。近年，由于多种因素的影响，长江中下游干流下泄的泥沙明显减少。

# 第五节 中国的冰川和高山冰雪融水

## 一、中国的冰川

在中国的西部，南起喜马拉雅山，北至阿尔泰山，有一系列高大山系。这些山系在雪线以上发育了众多的山岳冰川，根据20世纪60—70年代航摄照片和地形图编制的中国冰川目录统计，中国共有冰川46 298条（另一数据为46 377条），纵横分布在西北、西南的甘肃、青海、新疆、西藏、四川和云南六省区，总面积59 406平方千米，约占全球冰川总面积的0.4%左右，约为全球山地冰川面积的26%，相当于亚洲山地冰川面积的1/2，总冰川储量为5 590立方千米，是世界上山地冰川最多的国家之一。

在全国拥有冰川的14个山系中，天山、昆仑山、喀喇昆仑山、念青唐古拉山和喜马拉雅山等5个山系占有冰川面积的79%和冰储量的84%。在有冰川分布的6个省区中，西藏冰川最多，其冰川条数、面积和冰储量分别占全国相应总量的48.53%、48.22%和45.32%。其次是新疆，上述三项数据分别占全国的39.96%、42.66%和48.23%，其他四川、云南、甘肃和青海等四个省冰川数量合计不足全国的10%。

按流域统计，西北和青藏高原内流区共有冰川26 894条，面积35 390平方千米，冰储量3 565立方千米，分别占全国相应总量的58.09%、59.57%和63.77%。其中塔里木内流区为高大的天山、帕米尔、喀喇昆仑山、昆仑山所环绕，冰川数量多且规模大，面积和储量分别占内流区相应总量的56%和68%。由于内流区所对应的是年降水量稀少的干旱区，因此，冰川融水对水资源的意义特别重大。外流区的冰川是黄河、长江以及澜沧江、怒江、雅鲁藏布江、印度河及额尔齐斯河的河源所在地，共有冰川19 404条，面积24 016平方千米，冰储量2 025立方千米，分别占全国冰川总量的41.91%、40.43%和36.23%，其中雅鲁藏布江流域的冰川最多，冰川面积达10 971平方千米（表2-8）。

表2-8　　　　　　　　　全国各山系冰川情况及平衡线高度

| 山系 | 最高峰海拔(m) | 冰川条数 | | 冰川面积 | | 冰储量 | | 平衡线高度(m) |
|---|---|---|---|---|---|---|---|---|
| | | 条数 | % | km² | % | km³ | % | |
| 阿尔泰山 | 4 374 | 403 | 0.87 | 280 | 0.47 | 16 | 0.29 | 2 800~3 350 |
| 萨吾尔山 | 3 835 | 21 | 0.05 | 17 | 0.03 | 1 | 0.01 | 3 300 |
| 天山 | 7 435 | 9 081 | 19.61 | 9 236 | 15.55 | 1 012 | 18.10 | 3 600~4 900 |
| 帕米尔 | 7 649 | 1 289 | 2.78 | 2 696 | 4.54 | 248 | 4.44 | 4 400~5 800 |
| 喀喇昆仑山 | 8 611 | 3 454 | 7.46 | 6 231 | 10.49 | 686 | 12.27 | 5 000~5 600 |
| 昆仑山 | 7 167 | 7 694 | 16.62 | 12 266 | 20.65 | 1 283 | 22.95 | 4 800~6 000 |
| 阿尔金山 | 6 295 | 235 | 0.51 | 275 | 0.46 | 16 | 0.29 | 5 000~5 200 |
| 祁连山 | 5 827 | 2 815 | 6.08 | 1 931 | 3.25 | 93 | 1.66 | 4 400~5 000 |
| 羌塘高原 | 6 822 | 958 | 2.07 | 1 802 | 3.03 | 162 | 2.90 | 5 600~5 800 |
| 唐古拉山 | 6 621 | 1 530 | 3.30 | 2 213 | 3.73 | 184 | 3.29 | 5 300~5 800 |
| 冈底斯山 | 7 095 | 3 538 | 7.64 | 1 766 | 2.97 | 81 | 1.45 | 5 800~6 000 |
| 念青唐古拉山 | 7 162 | 7 080 | 15.29 | 10 701 | 18.01 | 1 002 | 17.92 | 4 600~5 600 |
| 横断山 | 7 514 | 1 725 | 3.73 | 1 580 | 2.66 | 97 | 1.74 | 4 800~5 200 |
| 喜马拉雅山 | 8 848 | 6 475 | 13.99 | 8 412 | 14.16 | 709 | 12.68 | 4 400~6 200 |
| 总计 | | 46 298 | 100 | 59 406 | 100 | 5 590 | 100 | |

冰川的积累区与消融区分界线称为平衡线，即一般所称的雪线。雪线最低处在阿尔泰山（2 800米），随着纬度的降低，雪线逐渐升高，在喜马拉雅山北坡升高到6 000米。在年降水量较丰沛的西藏东南部，雪线又降至4 400～4 800米。青藏高原西部年降水量很少，雪线又升至海拔5 800～6 000米。

依照冰川发育的气候条件，我国的冰川可划分为以下三类。

### （一）海洋型冰川（或称温冰川）

主要分布在西藏东南部和横断山区，占我国冰川总面积的22%，冰川区年降水量1 000～3 000毫米，雪线较低，夏季平均气温为1～5摄氏度，活动层冰温为－1～0摄氏度，冰川流动速度较快，对气候变暖最为敏感。

### （二）亚大陆型冰川（或称亚极地型冰川）

分布在阿尔泰山、天山、祁连山中东段、昆仑山东段、念青唐古拉山西段、喜马拉雅山中段和西段、喀喇昆仑山北坡。冰川面积占全国总面积的46%，冰川区平均年降水量500～1 000毫米，雪线处年平均温度－6～－12摄氏度，夏季气温0～3摄氏度。

### （三）极大陆型（或称极地型）冰川

分布于青藏高原及其边缘山地，占冰川总面积的32%，冰川年降水量为200～500毫米，雪线处年平均气温低于－10摄氏度，夏季气温低于－1摄氏度。

## 二、中国的高山冰雪融水

高山的冰雪在满足热量的条件（热源主要是太阳辐射）后便融化为水，这个过程称为冰雪的消融。我国高山冰雪消融包括：①冬半年季节性积雪的消融，即从消融结束到消融开始期间的季节性积雪的消融。这种消融主要发生在消融区，也有少量发生在粒雪盆。②夏季降落在冰川消融区固态降水和部分粒雪盆的夏季固态降水的消融。③纯冰川冰的消融，这是指在重力作用下冰川发生运动，冰体由冰雪的积累区不断地流向消融区。④由冰面蒸发和冰川末端冰体崩塌以及风吹雪所损失的冰雪量。

由此可见，冰川融水其实也包括了部分的雪的融水，我们可统称为高山冰雪融水。

我国西部山区高山冰雪融水量相当丰富，根据冰川融水径流模数法和用典型流量过程线分割径流的方法，求得中国高山冰雪融水总量约为564亿立方米，约占全国河川径流量的2%左右，接近黄河入海的多年平均年径流量，占我国西部甘肃、青海、新疆、西藏四省区河川径流量的10%。从各山系分析，念青唐古拉山约占全国高山冰雪融水径流总量的27%；其次为天山和喜马拉雅山，各占18%；而阿尔泰山最小，不足1%。如按行政区划来分析，西藏集中了全国高山冰雪融水量的58%；其次为新疆，占了33%；其余均不足5%。全国高山冰雪融水径流总量的60%左右汇入外流河水系，40%汇入内陆河水系，但就冰川面积而言，外流河水系仅占全国冰川面积的39%，内陆河水系却占了61%。

冰川的消融是气温的函数，其中每年6—8月气温的升高起着重要作用。20世纪末期以来在气候变暖的条件下，中国与中亚及世界各地的冰川一样，都在萎缩。具体表现为长度缩短，厚度变薄，雪线上升。其结果是随着高山冰雪融水量的增加，将来一些小冰川将会消失。以天山北麓准噶尔盆地南缘为例：一类是以小冰川为主的河流，如乌鲁木齐河、头屯河、三屯河、塔西河等，预期融水径流量的增加在21世纪初期达到峰值。如乌鲁木齐河上游的天山一号冰川，近年每年长度退缩4米，据此有研究机构预测21世纪中期大部分冰川迅速衰退甚至消失。另一类如玛纳斯河、霍尔果斯河、八音沟河等流域冰川面积均在200平方千米以上，有预测，冰川融水高峰将在21世纪中期出现。

21世纪上半叶冰川萎缩对水资源的影响各地是不同的。现按7个不同地区（流域）分别叙述如下：

### （一）祁连山北麓河西地区

祁连山冰川融水分别经过石羊河、黑河、北大河、疏勒河、党河注入河西地区。这些地区预期最大融水径流量出现在50年代的后期，其年增加量以$10^8$立方米计，其衰退有待于21世纪的下半期。其中1平方千米左右的小冰川消失将在21世纪中期大量出现。

### （二）天山北麓准噶尔盆地南缘

在21世纪30—50年代出现的景象是：一方面1平方千米左右的小冰川大量趋于消失；另一方面，大于5平方千米的冰川消融正盛，出现融水高峰，如玛纳斯河的年径流量在21世纪上中期，可增加约1亿立方米，暂时有利于下游的经济发展。

### （三）天山南麓吐鲁番—哈密盆地

预计2平方千米以内的小冰川将在2050年前基本消亡，部分较大冰川尚可持续到50年代以后。冰川退缩所导致的冰川融水增加量以$10^7$立方米计。

### （四）塔里木内陆河水系

预期在21世纪上半期冰融水一直处于增长状态，其增加量可能达25%~50%左右。其中昆马力克河、台兰河、木扎特河、盖孜河、克孜河、玉龙喀什河、喀拉喀什河、叶尔羌河等7条河年径流量将可增长亿立方米的量级，到2050年左右，当融水量增长50%左右时，阿克苏河、和田河和叶尔羌河增加的年径流量可达10亿立方米左右，这将有利于经济的发展，但也可能造成一些洪水危害。

### （五）柴达木内陆河水系

按1960—1995年间的升温估算，冰川融水增加率为3.7%，年径流量增量在3.2亿立方米左右，预期多数冰川的融水高峰出现在2030—2050年间。

### （六）青藏高原内陆河流域

预期21世纪50年代的升温值超过综合预测的2.5℃，持续升温使融水量持续增长，增长率应在30%以上。虽然升温与融水量增加对改善当地经济有很大帮助，但有专家指出，高原冰川今后消融速度极快，未来将出现冰湖溃堤扩张、冰川洪水等灾害。

### （七）西藏东南部和横断山系

我国海洋型温冰川面积约为13 200平方千米。主要分布于念青唐古拉山东段、喜马拉雅山东段和横断山系西支高黎贡山，冰川融水通过雅鲁藏布江、怒江等流向印度洋。海洋型冰川对气候变暖极为敏感。预期冰川面积到2030年将减少4 075平方千米，到2050年减少6 924平方千米，极为可观。增加的冰川融水量对河川径流有一定影响，但由于补给比重较小，影响程度不会很大，相反强烈的消融可能会导致洪水和泥石流的大量发生。

# 第六节 中国水资源

区域水资源量的计算，实际上包括两大部分，即地表水资源量和地下水资源量，地表水资源量也就是河川径流量。

中国水资源量根据"中国水资源及其开发利用调查评价"资料，地表水多年平均年径流量为27 388亿立方米，多年平均年地下水资源量为8 218亿立方米，二者相加，扣除重复计算量，中国多年平均水资源量为28 412亿立方米。由此可见，中国是以地表水为主的国家，水资源总量的96%是地表水。

全国多年平均年降水量 658 毫米，有 44% 形成河川径流量，其余 56% 消耗于地表水体、植被土壤的蒸散发和潜水蒸发。全国多年平均河川年径流深 288 毫米。其中有 25% 由地下水补给，相当于径流深 72 毫米。全国多年平均总蒸散发量 362 毫米，其中只有 3% 为平原淡水区的潜水蒸发，可以通过地下水开采而截取利用。

全国水资源总量为 28 412 亿立方米，折合水深为 296 毫米，占全国降水量的 46%，其中比较容易开发利用的河川基流量和平原淡水区潜水蒸发量，其数量只占水资源总量的 28%，约 7 955 亿立方米；其余 72% 为地表径流量，由于径流的年际和年内变化都很大，需要修建工程进行调节，才能控制利用。

## 一、中国河川径流资源

我国多年平均年河川径流量 27 388 亿立方米，与世界各国相比，中国的河川径流总量位居世界第六位，少于巴西、原苏联、加拿大、美国和印尼，约占全球河川径流总量的 5.8%。平均年径流深 288 毫米，也低于全球平均值（314 毫米），低于印尼、日本、巴西、印度、美国和加拿大，居世界第七位。

按 1995 年中国人口的普查数计算，中国人均水资源量仅有 2 204 立方米，约为世界人均水资源量的 1/4，美国的 1/5，原苏联、印尼的 1/7，加拿大的 1/50。日本的河川径流量仅为我国的 1/5，但人均占有量为中国的两倍，而且中国目前人口还在逐年增长，而水资源量则相对稳定，所以在中国人均占有水资源量的值将逐年减少（表 2-9）。

表 2-9　　　　　　　　　中国年径流总量和人均、地均水量与各国的比较

| 国　家 | 年径流总量（亿 m³） | 年径流深（mm） | 人口（亿人） | 人均水量（m³/人） | 耕地（亿 hm²） | 耕地平均水量（m³/hm²） |
|---|---|---|---|---|---|---|
| 巴西 | 51 912 | 609 | 1.23 | 42 200 | 0.32 | 162 225 |
| 苏联 | 47 140 | 211 | 2.64 | 17 856 | 2.27 | 20 766 |
| 加拿大 | 31 220 | 313 | 0.24 | 130 083 | 0.44 | 70 954 |
| 美国 | 29 702 | 317 | 2.20 | 13 500 | 1.89 | 15 715 |
| 印度尼西亚 | 28 113 | 1 476 | 1.48 | 18 995 | 0.14 | 200 807 |
| 中国 | 27 115 | 285 | 12.30 | 2 204 | 1.30 | 20 857 |
| 印度 | 17 800 | 514 | 6.78 | 2 625 | 1.65 | 10 787 |
| 日本 | 5 470 | 1 470 | 1.16 | 4 716 | 0.04 | 136 750 |
| 全世界 | 468 000 | 314 | 43.35 | 10 800 | 13.26 | 35 294 |

注　外国人口是联合国 1979 年的统计表，中国人口是 1995 年人口普查数。

从耕地角度看，中国每公顷平均水资源量为 20 857 立方米，约为世界平均值的 60%，低于巴西、加拿大、印尼和日本等国家。当然用耕地单位面积的水资源拥有量来衡量一个地区或国家水资源的多寡有一定的局限性，因为有些国家如西欧国家农田主要依靠天然大气降水提供水分，不需要或只要很少的水量来灌溉。就中国而言，南方和北方由于复种指数的不同也不能作简单的对比。

由此可见，中国的水资源在总量上比较多，但按人均计，则并不丰富，所以，水资源在中国应该是十分珍贵的自然资源，必须十分注意有效地保护和节约利用水资源。节约用水、合理用水应该是中

国长期坚持的一项基本国策。

河川径流资源在国内分布也很不均匀。我国外流河流域，流域面积为全国总面积的64%，但却拥有全国径流量的96%；而内陆河流域面积占全国的36%，而径流量仅占全国的4%。在外流河流域中，仅长江的径流总量就占全国的1/3以上。珠江及广东、广西沿海流域，西藏的外流河流域，其面积仅为全国的5.7%和4.7%，但拥有的径流量却要占全国的16.1%和13.4%。可见径流资源多集中于我国的东南和西南部分。

我国广大的内陆河流域，径流资源普遍贫乏，内蒙古内陆河流域是我国径流资源最缺乏的地区，径流量仅为全国的0.05%；流域面积占全国21.3%的甘肃、新疆内陆河流域，年径流量仅占全国的2.7%。中国各流域径流资源见表2-10。

表2-10　　　　　　　　　　　　　中国各流域径流资源

| 水资源一级区 | 多年平均 | | | 不同频率年地表水资源量（亿 m³） | | | |
| --- | --- | --- | --- | --- | --- | --- | --- |
| | 年径流深（mm） | 地表水资源量（亿 m³） | 地表水资源量占全国（%） | 20% | 50% | 75% | 95% |
| 松花江区 | 138.6 | 1 296 | 4.7 | 1 607 | 1 257 | 1 016 | 732 |
| 辽河区 | 129.9 | 408 | 1.5 | 524 | 390 | 302 | 201 |
| 海河区 | 67.5 | 216 | 0.8 | 289 | 192 | 140 | 96 |
| 黄河区 | 76.4 | 607 | 2.2 | 710 | 596 | 516 | 418 |
| 淮河区 | 205.1 | 677 | 2.5 | 888 | 642 | 479 | 303 |
| 长江区 | 552.9 | 9 856 | 36.0 | 10 834 | 9 812 | 9 036 | 7 996 |
| 其中太湖流域 | 434.1 | 160 | 0.6 | 212 | 153 | 115 | 72 |
| 东南诸河区 | 1 086.1 | 2 656 | 9.7 | 2 360 | 1 953 | 1 663 | 1 301 |
| 珠江区 | 815.7 | 4 723 | 17.2 | 5 326 | 4 667 | 4 179 | 3 545 |
| 西南诸河区 | 684.2 | 5 775 | 21.1 | 6 347 | 5 749 | 5 294 | 4 684 |
| 西北诸河区 | 34.9 | 1 174 | 4.3 | 1 261 | 1 166 | 1 099 | 1 014 |
| 北方地区 | 72.3 | 4 378 | 16.0 | 4 916 | 4 345 | 3 918 | 3 360 |
| 南方地区 | 666.9 | 23 010 | 84.0 | 24 000 | 22 272 | 20 946 | 19 121 |
| 全国 | 288.1 | 27 388 | 100 | 28 488 | 26 652 | 25 241 | 23 284 |

我国河流集水面积在10万平方千米以上的河流有10条，其河口径流量约占全国河川径流总量的74%。河口径流量在70亿立方米以上的河流有26条，其径流量约占全国径流总量的85%。长江是中国径流量最多的河流，多年平均年径流总量达9 755亿立方米；珠江为3 360亿立方米，居第二位；黑龙江第三，为2 709亿立方米，雅鲁藏布江第四，为1 395.4亿立方米。它们不仅是我国的主要河流，占全国径流总量的63%，在世界各大河中也占有重要地位。年径流量在600亿立方米以上的河流，除长江外，依次为珠江、黑龙江、雅鲁藏布江、澜沧江、怒江和闽江，其中除珠江和闽江外，都是上游在我国境内的国际河流。

我国海岸线长约18 000千米。外流河流约占外流面积70%的河流，直接由我国沿岸入海。据估算，直接入海的河川径流量为16 726亿立方米，为全国河川径流总量的63%，占外流河径流量的73%。在入海径流量中，以注入东海的最多，为11 700亿立方米，占入海径流量的70%；其次为南海，入海径流量4 820亿立方米，占29%；入渤海径流量800亿立方米，仅占4.8%；入黄海的径流量560亿立方米，占入海总量的3.3%；台湾东部的河流直接注入太平洋，入海径流量为270亿立方米，占全国的1.6%。

受季风影响，入海径流量的年际变化明显，丰水年各海域入海径流量与多年平均的比值为1.33～2.43，其中入渤海的年径流量变化最大，而入南海的径流量变化最小。枯水年各海域入海径流量与多年平均的比值为0.41～0.81，其中入渤海的比值最小，直接入太平洋的比值最大。入海径流量有明显的年内变化，多数海域冬季最小，夏季最大，春秋季居中，只有直接入太平洋的径流量在秋季所占比重最大，可占全年的44.2%。

各流域实际入海水量与河川径流量的比值反映了流域内水资源开发利用程度，也反映了水资源开发的潜力和余缺程度。西南诸河水资源丰富，但开发利用程度低，平均出境水量占年径流量的99%，河川径流量几乎全部流出国境。而北方的辽河、海滦河、黄河、淮河等流域入海水量所占比重都在80%以下，其中最小的是海滦河流域，为56%，黄河流域也只有62%，并且在下游曾出现过枯水期断流的情况，表明海滦河流域与黄河流域水资源开发利用程度已经很高，缺水矛盾相当突出。

### 二、中国水资源分区

在水资源计算分析的基础上，以应对各地需水部门的要求，可对境内水资源进行分区。中国水资源分区的原则是：①尽量保持大江大河水系的完整性；②同一区域内自然地理要素、水资源特点及建设发展方向基本相同或相似；③有利于进行水资源量的估算和供需平衡分析；④适当保持行政区划的完整。

根据上述原则，可将全国划分为松花江、辽河、海河、黄河、淮河、长江、东南诸河、珠江、西南诸河、西北诸河等10个一级区和80个二级区（表2-11、表2-12）。

表2-11　　　　　　　　　　　中国水资源分区

| 水资源一级区 | 水资源二级区 | 水资源三级区个数 |
| --- | --- | --- |
| 松花江区 | 额尔古纳河、嫩江、第二松花江、松花江（三岔河口以下）、黑龙江干流、乌苏里江、绥芬河、图们江 | 18 |
| 辽河区 | 西辽河、东辽河、辽河干流、浑太河、鸭绿江、东北沿黄渤海诸河 | 12 |
| 海河区 | 滦河及冀东沿海、海河北系、海河南系、徒骇马颊河 | 15 |
| 黄河区 | 龙羊峡以上、龙羊峡至兰州、兰州至河口镇、河口镇至龙门、龙门至三门峡、三门峡至花园口、花园口以下、内流区 | 29 |
| 淮河区 | 淮河上游、淮河中游、淮河下游、沂沭泗河、山东半岛沿海诸河 | 14 |
| 长江区 | 金沙江石鼓以上、金沙江石鼓以下、岷沱江、嘉陵江、乌江、宜宾至宜昌、洞庭湖水系、汉江、鄱阳湖水系、宜昌至湖口、湖口以下干流、太湖水系 | 45 |
| 东南诸河区 | 钱塘江、浙东诸河、浙南诸河、闽东诸河、闽江、闽南诸河、台澎金马诸河 | 11 |
| 珠江区 | 南北盘江、红柳江、郁江、西江、北江、东江、珠江三角洲、韩江及粤东诸河、粤西桂南沿海诸河、海南岛及南海各岛诸河 | 22 |
| 西南诸河区 | 元江、澜沧江、怒江及伊洛瓦底江、雅鲁藏布江、藏南诸河、藏西诸河 | 14 |
| 西北诸河区 | 内蒙古内陆河、河西内陆河、青海湖水系、柴达木盆地、吐哈盆地小河、阿尔泰山南麓诸河、中亚西亚内陆河、古尔班通古特荒漠区、天山北麓诸河、塔里木河源流、昆仑山北麓小河、塔里木河干流、塔里木盆地荒漠区、羌塘高原内陆河区 | 33 |

表 2-12　　　　　　　　　　　　　　水资源二级区水资源数量

| 水资源一级区 | 水资源二级区 | 计算面积（万 km²） | 年降水量 mm | 年降水量 亿 m³ | 地表水资源量 mm | 地表水资源量 亿 m³ | 地下水资源量（亿 m³） | 水资源总量（亿 m³） |
|---|---|---|---|---|---|---|---|---|
| 松花江区 | 额尔古纳河 | 16.43 | 359.3 | 590.3 | 73.2 | 120.3 | 43.3 | 35.8 |
| | 嫩江 | 29.85 | 463.8 | 1 384.4 | 98.4 | 293.9 | 137.3 | 367.7 |
| | 第二松花江 | 7.34 | 695.6 | 510.7 | 223.6 | 164.2 | 50.7 | 181.5 |
| | 松花江（三岔河口以下） | 18.93 | 591.6 | 1 120.0 | 190.0 | 359.7 | 135.8 | 411.6 |
| | 黑龙江干流 | 11.71 | 513.1 | 600.6 | 181.0 | 211.9 | 52.4 | 226.0 |
| | 乌苏里江 | 5.98 | 550.8 | 329.3 | 131.5 | 78.6 | 44.2 | 101.5 |
| | 绥芬河 | 1.00 | 517.9 | 51.7 | 156.9 | 15.7 | 3.6 | 15.7 |
| | 图们江 | 2.24 | 587.3 | 131.8 | 229.7 | 51.6 | 10.6 | 51.9 |
| | 小计 | 93.48 | 504.8 | 4 718.7 | 138.6 | 1 295.7 | 477.9 | 1 491.9 |
| 辽河区 | 西辽河 | 13.52 | 375.8 | 508.1 | 21.9 | 29.6 | 53.8 | 70.2 |
| | 东辽河 | 1.04 | 566.6 | 58.7 | 79.6 | 8.2 | 6.9 | 12.8 |
| | 辽河干流 | 4.82 | 564.4 | 272.1 | 83.9 | 40.4 | 44.2 | 69.9 |
| | 浑太河 | 2.73 | 741.5 | 202.6 | 215.7 | 58.9 | 34.8 | 69.0 |
| | 鸭绿江 | 3.20 | 916.6 | 293.5 | 483.1 | 154.7 | 29.4 | 155.1 |
| | 东北沿黄渤海诸河 | 6.10 | 618.8 | 377.6 | 190.3 | 116.1 | 34.0 | 121.1 |
| | 小计 | 31.41 | 545.2 | 1 712.7 | 129.9 | 408.0 | 202.9 | 498.2 |
| 海河区 | 滦河及冀东沿海 | 5.45 | 548.7 | 299.2 | 97.4 | 53.1 | 28.1 | 63.2 |
| | 海河北系 | 8.34 | 489.4 | 408.3 | 60.2 | 50.2 | 57.7 | 89.3 |
| | 海河南系 | 14.91 | 548.8 | 818.1 | 66.2 | 98.7 | 115.9 | 178.6 |
| | 徒骇马颊河 | 3.30 | 563.9 | 186.2 | 42.5 | 14.0 | 33.2 | 39.3 |
| | 小计 | 32.00 | 534.8 | 1 711.7 | 67.5 | 216.1 | 234.9 | 370.4 |
| 黄河区 | 龙羊峡以上 | 13.13 | 478.3 | 628.1 | 159.0 | 208.9 | 81.1 | 209.4 |
| | 龙羊峡至兰州 | 9.11 | 478.9 | 436.2 | 145.8 | 132.8 | 55.2 | 134.4 |
| | 兰州至河口镇 | 16.36 | 261.9 | 428.1 | 10.8 | 17.7 | 46.2 | 40.3 |
| | 河口镇至龙门 | 11.13 | 433.5 | 482.2 | 39.6 | 44.1 | 35.1 | 62.7 |
| | 龙门至三门峡 | 19.11 | 540.6 | 1 033.1 | 64.7 | 123.7 | 91.0 | 160.3 |
| | 三门峡至花园口 | 4.17 | 659.5 | 275.0 | 132.1 | 55.1 | 35.4 | 63.1 |
| | 花园口以下 | 2.26 | 647.8 | 146.4 | 99.2 | 22.5 | 24.1 | 37.9 |
| | 内流区 | 4.23 | 271.9 | 114.9 | 6.2 | 26 | 7.8 | 11.3 |
| | 小计 | 79.50 | 445.8 | 3 544.0 | 76.4 | 607.2 | 375.9 | 719.4 |
| 淮河区 | 淮河上游 | 3.06 | 1 008.5 | 308.5 | 336.0 | 102.8 | 44.7 | 12.11 |
| | 淮河中游 | 12.88 | 863.8 | 1 112.4 | 207.2 | 266.9 | 167.6 | 370.7 |
| | 淮河下游 | 3.07 | 1 011.2 | 310.0 | 268.8 | 82.4 | 25.8 | 91.8 |
| | 沂沭泗河 | 7.89 | 788.4 | 622.3 | 180.7 | 142.6 | 99.9 | 210.8 |
| | 山东半岛沿海诸河 | 6.11 | 677.9 | 413.8 | 134.5 | 82.1 | 58.9 | 117.0 |
| | 小计 | 33.00 | 838.5 | 2 767.0 | 205.1 | 676.9 | 397.0 | 911.4 |

续表

| 水资源一级区 | 水资源二级区 | 计算面积（万 km²） | 年降水量 mm | 年降水量 亿 m³ | 地表水资源量 mm | 地表水资源量 亿 m³ | 地下水资源量（亿 m³） | 水资源总量（亿 m³） |
|---|---|---|---|---|---|---|---|---|
| 长江区 | 金沙江石鼓以上 | 21.51 | 486.7 | 1 046.9 | 193.4 | 416.1 | 146.2 | 416.1 |
| | 金沙江石鼓以下 | 25.89 | 904.7 | 2 341.8 | 443.9 | 1 149.1 | 324.1 | 1 149.1 |
| | 岷沱江 | 16.30 | 1 076.2 | 1 754.7 | 653.2 | 1 065.0 | 266.6 | 1 066.1 |
| | 嘉陵江 | 15.94 | 935.2 | 1 490.3 | 438.5 | 698.8 | 137.6 | 698.8 |
| | 乌江 | 8.78 | 1 150.7 | 1 010.0 | 627.9 | 551.1 | 134.9 | 551.1 |
| | 宜宾至宜昌 | 10.00 | 1 148.6 | 1 149.2 | 634.5 | 634.8 | 136.9 | 634.8 |
| | 洞庭湖水系 | 26.23 | 1 430.9 | 3 753.1 | 792.1 | 2 077.6 | 493.2 | 2 085.9 |
| | 汉江 | 15.48 | 904.1 | 1 399.5 | 385.3 | 554.7 | 161.5 | 573.2 |
| | 鄱阳湖水系 | 16.21 | 1 647.6 | 2 670.1 | 933.6 | 1 513.0 | 372.6 | 1 532.5 |
| | 宜昌至湖口 | 9.47 | 1 275.5 | 1 207.6 | 606.0 | 573.8 | 153.1 | 590.0 |
| | 湖口以下干流 | 8.78 | 1 267.4 | 1 112.7 | 526.3 | 462.0 | 112.2 | 484.7 |
| | 太湖水系 | 3.69 | 1 177.3 | 434.4 | 433.9 | 160.1 | 53.1 | 176.0 |
| | 小计 | 178.27 | 1 086.6 | 19 370.3 | 552.9 | 9 856.1 | 2 492.0 | 9 958.3 |
| 东南诸河区 | 钱塘江 | 4.91 | 1 626.0 | 798.7 | 937.0 | 460.2 | 102.1 | 461.9 |
| | 浙江诸河 | 1.29 | 1 499.4 | 193.0 | 805.7 | 103.7 | 26.5 | 106.3 |
| | 浙南诸河 | 3.34 | 1 717.1 | 574.3 | 1 023.2 | 342.3 | 76.1 | 344.3 |
| | 闽东诸河 | 1.61 | 1 730.3 | 279.4 | 1 119.1 | 180.7 | 40.1 | 180.7 |
| | 闽江 | 6.11 | 1 726.7 | 1 054.2 | 965.4 | 589.4 | 175.6 | 589.7 |
| | 闽南诸河 | 3.58 | 1 579.2 | 564.7 | 871.3 | 311.5 | 96.5 | 312.5 |
| | 台澎金马诸河 | 3.62 | 2 507.8 | 907.3 | 1 848.0 | 668.6 | 148.9 | 679.6 |
| | 小计 | 24.46 | 1 787.5 | 4 371.7 | 1 086.1 | 2 656.4 | 665.7 | 2 674.9 |
| 珠江区 | 南北盘江 | 8.30 | 1 137.2 | 943.3 | 470.2 | 390.1 | 101.0 | 390.1 |
| | 红柳江 | 11.31 | 1 471.9 | 1 664.1 | 799.6 | 904.0 | 222.3 | 904.0 |
| | 郁江 | 7.79 | 1 320.7 | 1 028.8 | 544.4 | 424.1 | 93.1 | 424.1 |
| | 西江 | 6.66 | 1 624.4 | 1 081.2 | 876.4 | 583.4 | 148.7 | 583.5 |
| | 北江 | 4.70 | 1 763.3 | 828.8 | 1 085.4 | 510.2 | 126.0 | 510.3 |
| | 东江 | 2.72 | 1 732.5 | 471.9 | 1 005.1 | 273.8 | 74.9 | 273.8 |
| | 珠江三角洲 | 2.78 | 1 858.5 | 517.0 | 1 061.4 | 295.2 | 58.6 | 299.1 |
| | 韩江及粤东诸河 | 4.56 | 1 738.1 | 793.1 | 1 002.7 | 457.6 | 115.1 | 460.7 |
| | 粤西桂南沿海诸河 | 5.67 | 1 847.8 | 1 047.0 | 1 025.1 | 580.8 | 142.7 | 584.3 |
| | 海南岛及南海各岛诸河 | 3.42 | 1 748.5 | 597.2 | 889.3 | 303.7 | 80.3 | 307.3 |
| | 小计 | 57.90 | 1 549.7 | 8 972.6 | 815.7 | 4 722.7 | 1 162.6 | 4 737.1 |
| 西南诸河区 | 元江 | 7.60 | 1 346.9 | 1 023.7 | 609.8 | 463.5 | 146.6 | 463.5 |
| | 澜沧江 | 16.44 | 996.3 | 1 637.7 | 451.1 | 741.5 | 303.7 | 741.5 |
| | 怒江及伊洛瓦底江 | 15.74 | 1 076.7 | 1 694.6 | 645.4 | 1 015.9 | 323.5 | 1 015.9 |
| | 雅鲁藏布江 | 24.20 | 946.2 | 2 289.9 | 686.4 | 1 661.2 | 334.7 | 1 661.2 |
| | 藏南诸河 | 14.55 | 1 666.6 | 2 425.6 | 1 278.0 | 1 860.0 | 315.3 | 1 860.0 |
| | 藏西诸河 | 5.88 | 194.2 | 114.2 | 56.0 | 32.9 | 15.9 | 32.9 |
| | 小计 | 84.41 | 1 088.2 | 9 185.7 | 684.2 | 5 775.0 | 1 439.7 | 5 775.0 |

续表

| 水资源一级区 | 水资源二级区 | 计算面积（万 km²） | 年降水量 | | 地表水资源量 | | 地下水资源量（亿 m³） | 水资源总量（亿 m³） |
|---|---|---|---|---|---|---|---|---|
| | | | mm | 亿 m³ | mm | 亿 m³ | | |
| 西北诸河区 | 内蒙古内陆河 | 31.14 | 249.6 | 777.3 | 4.6 | 14.3 | 38.8 | 49.6 |
| | 河西内陆河 | 46.98 | 123.8 | 581.6 | 13.7 | 64.3 | 57.3 | 71.4 |
| | 青海湖水系 | 4.60 | 318.3 | 146.5 | 48.3 | 22.2 | 15.6 | 30.0 |
| | 柴达木盆地 | 27.51 | 113.3 | 311.7 | 17.7 | 48.6 | 38.4 | 57.6 |
| | 吐哈盆地小河 | 13.36 | 82.8 | 110.7 | 15.6 | 20.9 | 17.5 | 25.1 |
| | 阿尔泰山南麓诸河 | 8.18 | 313.6 | 256.5 | 125.1 | 102.3 | 42.7 | 106.2 |
| | 中亚西亚内陆河区 | 7.78 | 502.2 | 390.5 | 231.5 | 180.0 | 100.6 | 184.1 |
| | 古尔班通古特荒漠区 | 8.51 | 62.1 | 52.9 | 0.1 | 0.1 | | 0.1 |
| | 天山北麓诸河 | 14.90 | 269.9 | 402.0 | 70.9 | 105.6 | 64.8 | 115.3 |
| | 塔里木河源流 | 42.94 | 200.4 | 860.6 | 70.7 | 303.3 | 220.1 | 319.9 |
| | 昆仑山北麓小河 | 19.66 | 109.9 | 216.0 | 23.2 | 45.6 | 29.2 | 48.9 |
| | 塔里木河干流 | 3.16 | 41.3 | 13.1 | 0.0 | 0.0 | 18.7 | 0.4 |
| | 塔里木盆地荒漠区 | 34.50 | 18.8 | 64.7 | 0.0 | 0.1 | | 0.1 |
| | 羌塘高原内陆河区 | 73.01 | 169.4 | 1 236.7 | 36.5 | 266.8 | 126.0 | 267.1 |
| | 小计 | 336.23 | 161.2 | 5 420.9 | 34.9 | 1 173.9 | 769.6 | 1 275.7 |

### 三、中国的水能资源

中国的地形中山地要占全国总面积的 70%，还有世界屋脊青藏高原。从山地高原流向平原盆地的河流中，既有源远流长、落差数千米的大河，又有许多坡陡流急、蜿蜒曲折的中小河流，因此水能资源蕴藏量特别丰富。作为清洁能源的重要组成部分，水能资源具有环保和分布广等特点，应该是可再生能源的重点开发对象。

根据 1977—1980 年全国水能资源普查统计，我国的水能资源理论蕴藏量为 6.76 亿千瓦，居世界各国的首位，约占世界水能资源理论蕴藏量的 13.4%，为亚洲的 75.1%。再加上台湾的水能资源蕴藏量 1 000 万千瓦，则我国的水能蕴藏量可以达到 6.86 亿千瓦。

由于河流的落差和径流量不可能全部加以利用，在技术上可能开发的水能资源要比理论蕴藏量小得多。我国大陆可能开发的水能资源为 3.78 亿千瓦，为理论蕴藏量的 56%，大于苏联、美国、巴西、刚果（金）和加拿大。我国可能开发的，装机容量在 10 000 千瓦以上的水电站就有 1 946 座，装机容量 3.57 亿千瓦，年发电量达 1.82 万亿千瓦时。

我国水能资源在地区上的分布极不平衡，主要集中在西部地区，其中以西南各省最多，占全国的 70%，若按省计，则西藏为全国之冠，其水能资源要占全国的 23.6%，按流域统计，长江流域的水能蕴藏量最多，约占全国的 40%，而且开发条件较好，可开发的水能资源要占全国的 53.4%（表 2-13）。其次是雅鲁藏布江及西藏诸河，水能资源可开发量占全国的 15.4%。西南各河居第三位，占全国的 10.9%。由于地处边陲，开发条件很差，可能开发率分别是 31.5% 和 38.9%。淮河及海滦河流域，可能开发的水能资源最少。

表2-13　　　　　　　　　　　　　中国各流域水能蕴藏量及可开发量

| 流域名称 | 水能蕴藏量 | | 水能资源可开发量 | | | 可能开发率（%） |
| --- | --- | --- | --- | --- | --- | --- |
| | 装机容量（万kW） | 占全国（%） | 装机容量（万kW） | 年发电量（亿kW·h） | 年发电量占全国（%） | |
| 东北各河 | 1 530.6 | 2.3 | 1 370.8 | 439.4 | 2.3 | 89.6 |
| 海滦河 | 294.4 | 0.4 | 213.5 | 51.7 | 0.3 | 72.5 |
| 黄河 | 4 054.8 | 6.0 | 2 800.4 | 1 169.9 | 6.1 | 69.1 |
| 淮河 | 145.0 | 0.2 | 66.0 | 18.9 | 0.1 | 45.5 |
| 长江 | 26 801.8 | 39.6 | 19 724.3 | 10 275.0 | 53.4 | 73.6 |
| 东南沿海河流 | 2 066.8 | 3.1 | 1 389.7 | 547.4 | 2.9 | 67.2 |
| 珠江 | 3 348.4 | 5.0 | 2 485.0 | 1 124.8 | 5.8 | 74.2 |
| 西南诸河 | 9 690.2 | 14.3 | 3 768.0 | 2 098.7 | 10.9 | 38.9 |
| 雅鲁藏布江及西藏诸河 | 15 974.3 | 23.6 | 5 038.2 | 2 968.5 | 15.4 | 31.5 |
| 内蒙古、西北内陆河及新疆外流河 | 3 698.0 | 5.5 | 996.9 | 538.7 | 2.8 | 27.0 |
| 全国总计 | 67 604.7 | 100 | 37 853.2 | 19 233.0 | 100 | 56.0 |

**注**　台湾水能蕴藏量1 000万千瓦，可能开发水能资源500万千瓦，可开发率50%，表中未计入。

# 第三章　中国河湖水系上人类活动的历史印迹

河湖水系的存在状况，包括形态和水情，是自然力和人类活动共同作用的结果。随着社会的发展和科学技术的进步，人类对河湖水系的影响力在不断增长，人与水的相处就是一个必须重视的重大课题。

我国已有四千年有文字记载的历史，如果向上推算，有大量的考古成果证明，我们的文明还要更长。我们的祖先在与河湖水系共处的历史进程中，积累了丰富的水文化，包括文字记载和遍布全国的河湖流域的众多的水利遗存和遗迹，它们见证了我们值得自豪的水文明，也留下了值得研究和深思的镜鉴。现存河湖水系上的这些历史符号弥足珍贵。

## 第一节　与河湖水系相关的人类活动

足够的水供应、安全的水运行、舒适的水环境是人类的生存和社会发展对水提出的必然需求。水对人有无所不在的重要性；人对水必然产生不可避免的干预和影响。在人类的水利活动中，地表水是关系最密切的部分；而对地表水的主要载体河湖水系干预和影响最大的活动，则是各类工程建设。

干预和影响河湖水系的人类活动主要有以下几方面。

### 一、引水和排水

人们用水首先是居住和餐饮，然后是清洁洗浴，发展下来就是浇园、灌溉、水上运输，直至防卫和改善环境等。起初用水量较小，可以用钵罐在河、塘中取舀，手提肩挑，也可打井汲取；逐渐地用水量增大，出现了提水工具，如桔槔、辘轳、翻车、恒升，后来又有了畜力筒车和水力筒车。尽管如此，还是满足不了人类社会发展的需求，必须采用工程措施，提高引水效率，增大引水量。这样，不断提高的社会需求得到满足，但河湖中的水量必然不同程度地减少，人类活动改变了河湖的运行状态，河湖水系随着工程规模的加大而受到更大的影响。

中国历史上较大规模的引水工程起源很早，主要包括人居条件、灌溉工程和航运工程。两千多年前开凿的都江堰工程和引泾工程，其后五百年曹魏时期淮河流域的屯田水利，直至后来的宁夏引黄、内蒙古河套引黄等工程都是历史上有影响的大型灌溉工程。这些工程在大的河湖水系中引水，成功地促进了大范围国土上经济的发展，且对水系的长期运行未造成明显的影响。已有两千多年历史的京杭运河和灵渠是我国历史上最重要也是最知名的航运工程，它们把我国多数的大水系联系了起来，特别是前者，与多个水系平面相交，改变了一些河流的流动线路，是对自然水系影响比较多的一条人工水道。

在近海的一些平原上，历史上曾分布着许多大大小小的湖泊洼地，或一些内涝地区，在漫长的历史进程中，人们为了居住和耕种，做了一些排水工程，使之利于居住和适于生存活动。有的建成了旱可溉涝可排的农业发达地区，成为人口集中，经济、文化繁荣之地。打开今日地图，黄淮海平原、长江三角洲和太湖流域等地，都是我国经济社会最发达的地区，未受人类活动影响的自然河流已经所剩不多。

为了引水和排水，我们的前辈发展了水利科学和技术，积累了丰富的治水经验，像无坝引水、圩垸等独具中国特色的水利工程，长期运用、发展而不衰，成为人水和谐相处地有效手段。

现代社会，由于人口数量和生产规模，需水的数量和水利科学技术也是历史上无法比拟的，新形成的需水与供水的关系将对河湖水系产生更大影响，其前景将是必须认真对待的问题。

## 二、治河和防洪

河湖水系的水情是由降水和冰雪融水所决定的，年际和年内丰枯都有不同幅度的变化，我国地理条件决定了这种变化尤其大，洪水和干旱经常发生。后者影响灌溉和供水；前者要通过河道治理和防洪设施来防治，需要通过修筑堤防、开挖减水河和预留滞洪区等手段来解决。

我国传说时代的大禹治水已有"堙"与"疏"两种不同的治水手段。前者是以土挡水，应为初期的堤防。春秋时期的文献已有堤防记载；汉代黄河上已有了系统的堤防；明清时期尤其注重堤防，已列为治国安邦的大计之一。堤防在我国河湖防洪中长期广泛地发挥着不可替代的作用；但堤防又隐藏着更大的洪水风险，历史上曾发生过多次堤防决口或河流改道，留下了痛苦的教训，因此，堤防的安全至关重要。明代潘季驯治理黄河，总结历代科学技术成果，给堤防赋予了新的概念，它不只是消极地防御洪水的工具，更是在多沙河流中通过束窄河槽提高流速冲沙而稳定河床的积极设施。他所设计的堤防系统在治理黄河中长期使用，对黄河的稳定和变迁产生了巨大影响。

为防御河道洪水泛滥，历史上开减水河分流是常用的办法。大禹治水用"疏"的办法取代"堙"的办法取得成功，所谓"禹疏九河"就是开挖了多道减水河把洪水导入大海。传说时代的例证是历史上一个真实存在的反映。减水河即减河，也称分洪道，四千年前即为我们祖先所采用。如果用一条减河把原来全河的大部分水量都排入另一河道，那就是现在所称的新河了。

古代大河左右常连有一些天然的湖泊、沼泽和洼地，在洪水来临时自然地或人为地把多余的水量暂时存入其中，洪水过后河水再回归下游河道，当时称水猥，今称滞洪区，这与河湖水系自然调蓄是一个道理。但由于人口的增加，许多湖泊、沼泽和洼地被挤占，调蓄能力减弱，洪水的威胁自然就加大了。

## 三、水量调节

我国河湖水系由于水量洪枯变化大，洪水期的防洪和枯水期的用水都需要修建水库来调节有余和不足。由于早期科学技术的限制，不能在大江大河上修建高坝和大库。历史上第一座有文字记载的水库是春秋时期建在淮河支流上的芍陂，是用长长的围堤蓄水的平原水库，其水域周长曾达300余里。后来淮河水系上的鸿隙陂和浙江绍兴的鉴湖都是早期的大型水库，它们都用于灌溉，当然也有防洪的功能。最早在大河干流上建造的水库都在淮河上，一是南北朝时期的浮山堰，一是明代形成的洪泽湖，它们的规模都相当大，对淮河水系带来了重大影响。

历史上众多分布在全国各地的陂、塘、池等都是大大小小的水库，它们都对所在地区的社会生活带来好处，也都对所在河湖水系产生过不同的影响。现代，随着科学技术的进步，人类能力的提高，可以建造各种规模和类型的坝，形成大大小小的水库。人们提高了对河湖水系水量的调节能力，为解决供水和防洪的问题提供了可能；但改变了河湖的形态和水流的状况，又带来一些新的问题，甚至是大的问题。

### 四、植被破坏和水土流失

人类社会的发展因建筑、生活用具或炊事取暖等，对林木产生了广泛的需求，或因战争垦殖、放牧等活动致使区域内林草植受到破坏，流域内水源涵养能力下降，土沙流失，直接影响到相应河湖水系形态、水情的变化，甚至导致水系的变迁。现代人口增多，生活水平提高，生产规模扩大，如无健全的管理机制，此种状况将越益恶化。

### 五、侵占河湖水面

河湖之滨是人口聚集之处，是河湖水面最合适和最容易受挤占的地方。如果没有权威的严格管理，侵占河湖水面的事极易发生，从而造成湖泊、沼泽的缩小和消失，河流的变窄、变形乃至消失。历史上，著名的浙江绍兴的鉴湖、河南淮河上的鸿隙陂都是灌溉效益显著的大湖，就是在人类持续活动中逐渐缩小、消失。湖与田的转换消长，争论了上千年，至今仍是个大问题。

### 六、水污染

人类活动带来河湖水体的污染。随着社会的发展，污染由小变大，由轻变重，直至影响、威胁人类社会和生活本身。古代社会以生活污染为主，因人口稀少，水体可以自净。现代污染，从生活污染到生产废水排放，量大，不可降解，不能自净，治理困难，不得不付出更大的代价。

## 第二节　中国的河湖水系和中国水利

我国国土幅员广大，地质、地貌和水文气象条件十分复杂，河流和湖泊的状态多种多样，给不同地区的人群提供了千变万化的生存和发展条件。汉代史学家司马迁在《史记·河渠书》中说："甚哉，水之为利害也！"南北朝时地理学家郦道元在《水经注序》中道："天下之多者，水也。浮天载地，高下无所不至，万物无所不润。及其气流屈石，精薄肤寸，不崇朝而泽合灵寓者，神莫与并矣。是以达者不能测其渊冲而尽其鸿深也。"这是数千年人们在实践中得出的结论，人类对水的尊崇和敬畏、亲近和防范油然而生，促成中国自古以来就是一个水利大国。历史悠久而连续，人类社会对河湖水系的影响至广至深。

在中国有文字记载的历史中，第一页就是大禹治水的传说。相传在四千多年前，有一场全国性的大规模洪水泛滥，以黄河流域最为严重。禹的父亲鲧受命治水，用"堙"的办法，即筑堤围拦挡洪水保护人居点的办法治理九年，没有成效而受到惩罚。禹承继父业，联合各部族，治水十三年，多次过家门而不入，"身执耒臿，以为民先"。他使用简单的测量工具"准绳"和"规矩"，用"疏"的办法，开通多条河道排洪涝直至入海，获得成功。同时，他带领人们，规划灌溉沟洫，围堵湖泊沼泽，辨别土质，在洼地种植稻田。此后，黄河下游原居住在丘陵山区的民众都迁至平原沃土，使生活安定下来，生产有了较大发展。世界上曾有许多古代洪水的传说，多数是洪水给人类带来悲惨的结局，而大禹治水则是"顺水之性"对洪水因势利导，以人类与水和谐相处为结局。

大禹治水所蕴含的内容也和人与水相处的历史过程相吻合，可以确认它所反映的事实是我国历史上相应时代的存在，有待已有的和未来的考古发现证实。我国历史上不同阶段，由于条件不同，水利活动的空间和内容有所差异，但相同的一点是，水利始终是安邦治国必须优先考虑的大事情。

## 一、中国河湖水系的主要特点

不同历史时期，由于生产力水平和相应的人类活动能力、生产方式的不同，相处的状况皆有变化。我国历史上人与水的相处尤其关注河湖水系的下列特点。

### （一）幅员广大，地理条件差异大

《尚书·禹贡》是第一部记述大禹治水传说事迹的古地理名著。成书在战国时代（公元前480—前222年）。根据治水传说和当时的地理认识，用自然分区方法，把全国划分为冀、兖、青、徐、扬、荆、豫、梁、雍九个州，分别记述传说中禹所治导地区的山岭、河流、薮泽、土壤、物产、民族分布及贡赋等情况。所述河流属于当时黄河水系的有22条，长江水系的有19条，淮河水系的有4条，海河水系的有4条，其他有4条。所述薮泽（湖泊和沼泽）属于当时黄河水系的有5处，长江水系的3处，淮河水系及其他各1处。《禹贡》对后世影响深远，曾被奉为经典，备受尊崇。南北朝时的地理名著《水经注》除多处征引《禹贡》外，对《禹贡》山水泽地所在地也作了专篇考证。后世谈地理和水利，一般必谈到《禹贡》。可见那时水利活动中对河湖水系和地区的地理条件的重视，不同地方的水利都有其鲜明的地方和流域特色，这也和数千年来丰富多彩的水利发展状况一致。后代文献典籍也不吝篇幅描述各地的地理特征和江河湖沼的不同风貌。

### （二）降水时空分布极不均衡

中国水资源的主要特点是在空间和时间的分布上存在着严重的不均衡。在古代，人口较少，生产力水平也较低，水资源总量的影响不突出，但时空分布问题却是制约人类生存发展的重要因素。

从空间上讲，长江以南年降雨量都在800毫米以上，淮河、黄河、海河流域和东北地区则在400～800毫米之间，甘肃、青海、新疆、西藏和内蒙古的内陆河地区却在400毫米以下。降雨量最大的珠江流域、台湾、海南等地可达1 500毫米以上，而新疆的一些地方还不足10毫米。这决定了不同流域、不同地区悬殊的人口密度和居民的生活方式。

水资源在时间和空间上分布的严重不均衡决定了中国古代水利在国计民生中的极端重要的位置。同一流域或同一地区丰水年和枯水年的来水量可相差数倍，多者可达几十倍；一年之内，不少地区在洪水季节的两三个月，来水量竟可占全年的80%。结果是，水多时泛滥成灾；水少时，土地龟裂，人畜饮水困难。因此，自古以来，我们的祖先不得不在防洪、排涝和抗旱、供水两个相反的方面不停歇地劳作，不如此则无以生存和发展。

### （三）部分水系河水泥沙含量大

中国西北有大片的黄土高原，水土流失严重，流经这里的河流泥沙含量都很大，最著名的是黄河，其次是海河。

挟带大量泥沙的河水流至下游，地平水缓，泥沙下沉，河槽淤积变浅，河床逐年增高，过水能力变小。人们为防止洪水泛滥之害，在河流两岸建起挡水堤防，自然，泥沙又在两岸堤内淤积，河高堤也涨，久而久之，河底高于地面，形成地上悬河，决口泛滥的威胁随之增大。河两岸平原是人口密集之地，经济也较为发达，这种威胁意味着巨大的生命和财产的安全。

不断发生的决口和泛滥，最终导致全河的改道。据可考历史，黄河最北的入海口曾在今天津市，最南则在江苏省北部的滨海县。其实，清代黄河决口，曾有大量泛滥的河水通过洪泽湖和里运河排至长江中，在广大的黄淮海平原上都可以找到黄河泛滥的痕迹。永定河的泛滥、决口和改道也与黄河类似。

这类河流含沙量之高，影响范围之广，在世界上少见。又由于它流经人类活动频繁的地区，使治理工作更加需要，任务也更加艰巨。在"汗牛充栋"的中国现存古代水利文献中，涉及多沙河流的内容占有相当大的比重。

在漫长的历史进程中，水土流失一方面使上游地区土地贫瘠，生态恶化；另一方面，造就了下游大面积的平原，增加了耕地面积和土壤的肥力。随着社会的发展和人口的增加，洪水的风险对生态环境的威胁，给社会带来了严重的问题和沉重的负担。

### （四）河流水系多为自西向东流，平行流向，南北缺少沟通

古代陆上交通，道路标准低，车辆笨重，依靠畜力拉车运输只能在较小的范围内进行，运量大、路程远则不易实现。那时最方便的运输方式是水上行船，以一叶小舟，用简单的风帆、桨、橹、篙、纤绳即可长途运转，实现物资、人才和信息的交流。大型船只和多船组合的船队更是消耗省而运力大的运输方式。

原始的水上运输自然是在天然河流中进行，受流域范围和河流特性的限制。中国的大江大河，多为自西而东流，每个流域的水运都是一个封闭的系统，大范围的南北运输则没有天然水道可资利用，于是，开凿运河，把东西流向的诸河连接起来，形成统一的航运网络则成为人类追求的必然。中国古代史中有一重要事实是：秦汉、隋唐宋、元明清是三次全国大统一时期，每一时期的开始都是以整理、开凿和维护南北方向运河的通畅为国家最为重要的追求，把它作为实现统一、巩固统一、实施经济来往和文化交流的主要措施。开凿和持续改造、完善运河系统是中国古代水利事业的主要内容。

### （五）古时多沼泽洼地

历史上，平原地区湖泊、沼泽面积曾很广大，《尚书·禹贡》《水经注》等经典的地理著作中都有具体的描述，其他文献中也有零星出现。随着时间的推移，其数量在减少，而人口和土地面积在增加，一些湖泊周围、河流三角洲逐渐成为富饶地区，国家的经济布局也在改变。"沧海桑田"是人类水利活动的期待结果，是我国水利活动的重点内容之一，河湖水系也因之而改变，又有新的水利使命来临。

### （六）山地、沙漠和寒冷地区土地广大，河湖水系特点各有不同

山地、沙漠和寒冷地区人烟稀少，长时间甚至是无人区，水利事业起步较晚，发展缓慢。但一旦出现水利活动，特色则十分鲜明，多彩的梯田、世外桃源似的绿洲和"塞上江南"的大型灌区等都是例证。

## 二、中国的河湖水系造就了中国特色的水利

历史上人类水事活动主要对象是地表水，河湖水系的特性决定了水利的特色。我国早期全国或地区的兴水利除水害的方针和策略就体现了这一点。

战国时的经典文献《尚书·禹贡》是古人根据实践经验、传说、记载以及当时掌握的有关知识综合整理而成的一个水土治理的设想。它根据全国九州的自然资源，包括山水、土壤、物产，以及与政治中心所在的黄河相联络的水运通道等事项，提出九州统一后，要依据各州的自然条件建设城镇，开辟交通道路，疏通江河，兴修水利工程，使各处的水都有归宿，然后整顿财富，划定政区及建立制度。

周灵王二十二年（公元前550年），谷水和洛水泛滥，给流域内人民，甚至给周都王城的王宫带来威胁或危害。太子晋提出平治水土的方略：山为土石所聚，不应当平毁；泽数是动植物生长的所在，不应当填平；河川是水流的通道，不应当堵塞；湖沼是容蓄水的地方，不应当排干。共工氏和崇伯鲧违反这些原则，归于失败。大禹治水，根据天时地利，制定治理方略。在共工的后代四岳的协助下，培植山丘，疏通河流，筑堤防，围湖泊，培育薮泽，开发平原，在冲要的地方建立城镇，"会通

四海"。这个方略与《禹贡》一书所述内容大略相同，都是本着顺应自然规律，符合人民愿望，因势利导的原则制定的。

上述方略提出两年后，地处长江流域的楚国对水土开发利用也提出办法：列出已耕地和未耕地；估算出山林面积；统计积水的湖沼和低洼泽薮；辨别人为高地和天然丘陵；标出肥美的和瘠薄的农田；计算高燥和湿润的面积；规划塘堰陂池；划定平原耕地及河川堤防界限；定出近水潮湿的牧草地；把平衍的良田分成井字形，形成沟洫系统。

治国名篇《管子·度地》中说，"除五害之说，以水为始"，并提出了修堤防水的具体措施。书中许多篇章阐述了因河湖水系的特色兴治水利的精辟论述。秦代统一全国后，由于疆域广阔，自然条件和社会经济条件不同，历代各地区的治水方略各有侧重：黄淮海平原，黄河的治理和修防是重点；西北及江南，农田水利的开发是重点；都城与重要经济区之间，运河的开通是重点。在有侧重的同时，也兼顾其他方面的效益。

### （一）治河防洪的方略

治河防洪方略的制定，常直接受政治经济情况的制约。由于战争攻守的需要，一些江河有人为决口成灾的事实；北宋和金代治理黄河，北重于南；明清治水，以保证漕运为主，黄河、淮河的治理方针也都以此为前提；元明清建都北京，海河水系发展灌溉较多。

方略的实施，常受时代及技术水平的限制。治河工程主要是修筑堤防，其次是分疏改道。先秦虽提出"不防川"，但洪水横流，为灾甚大，还是要修堤防挡水。秦以后，防洪方略主要有如下各种：

#### 1. 因其自然说

汉武帝时，黄河于瓠子决口，长期不堵，丞相田蚡提出的理由是"塞之未必应天"，应听其自然；汉成帝时，李寻、解光的治黄意见是"今因其自决，可且勿塞，以观水势"，"然后顺天心而图之"；汉哀帝时，平当根据《尚书·禹贡》论治河，提出"按经义，治水有决（分疏）河深川，而无堤防壅塞之文"，也主张自然分疏。贾让治河三策中的上策指出："疆理土地，必遗川泽之分。""治土而防其川，犹止儿啼而塞其口"。主张任河向北漫流，"势不能远泛滥，期月自定。"这种说法对后代治水方略很有影响。东汉初，议论治理黄河和汴河的方略，也有人说："宜任水势所之，使人随高而处，公家息壅塞之费，百姓无陷溺之患。"

#### 2. 限制洪水说

北宋开宝五年（972年）诏书说："每阅前书，详究经渎。至若夏后所载，但言导河至海，随山浚川，未闻力制湍流，广营高岸"。仍是先秦"不防川"的一种解释。以后，在治理黄河无成效的情况下，宋神宗说："河决不过占一河之地，或西或东，若利害无所校，听其所趋如何？"又说："如能顺水所向，迁徙城邑以避之，复有何患？"但如果黄河没有一定趋向，"善淤，善决"，而形成洪流，不能不加以限制。对此，远在西汉时提出的贾让三策中的上策就包括"西薄大山，东薄金堤，势不能远泛滥"，还是要靠堤防约束拦挡。北宋建中靖国元年（1101年），任伯雨提出，黄河"泥沙相半"，淤久必决，"势不能变"，"或北而东，或东而北，亦安可以人力制哉！为今之策，正宜因其所向，宽立堤防，约拦水势，使不至大段漫流"。宽堤防缓流，是北宋人治河的重要经验。

#### 3. 分疏洪水说

黄河下游两道分流或多道分流，起源甚古。先秦已有"禹疏九河"之说。又有济水、漯水分支的存在。西汉有瓠子决口，形成两道分流，还有屯氏河分流。漫流或多道分流的局面，直到王景治河时才归为一道。魏晋南北朝时堤防失修，长期漫流。隋唐以后，或分流，或一两年一次决口，决口也是分流。如将决口分流一起统计，2 000多年来，分流时期约占2/3以上。北宋初曾有复遥堤不如分流的主张，明代常有人工挖河向南分黄河水的工程。

河流决口分流后又取代了主流而不堵，就成为改道。有意识不堵而改道或人为改道都是治河方略的一种，常和复禹故道说相连。旧道既淤，不能疏浚，改行新道，实际是节省了疏浚工程量。"疏"也包括浚深，所以改道与分疏是一种方略。主张人为改道始自西汉，北宋曾进行了多次人工改道，未取得成功。明清时，黄河南流，多次有人提出改河北上，因为北低南高，北流顺畅，乾隆年间有人指出应减水或改道入大清河。

### 4. 束水攻沙说

明代潘季驯主张治理黄河应采用"束水攻沙"的战略：坚筑缕堤束水刷沙对黄河进行疏导；筑遥堤防止泛滥，导水入海是顺水之性；攻沙使沙不淤是顺沙之性。他反对分流，认为"水分则势缓，势缓则沙停，沙停则河饱，饱则夺河"。"借势行沙，合之者乃所以杀之也"。反对改道，主张决口必堵，认为旧河淤，新河亦淤，数年之后，新河也变为旧河。

清代陈潢认为，黄河泛滥并不是河性善决，是就下的性质受到抑制；治水要顺其性，疏、蓄、束、泄、分、合都是顺自然之性；堤防束水是以顺水性，合水势以刷深河底，水得就下，是以水治水。采用宽筑遥堤的办法以防止洪水泛滥；采用在遥堤上修减水坝的办法有控制地分减洪水；治河不会一劳永逸，只有经常不懈地修守堤防。

### 5. 散水匀沙说

由于按束水攻沙理论治河的效果不显著，清代有不少人针对河流的泥沙问题反对修筑堤防。认为，古代治黄只有疏导，没有堤防。河决为灾是由于修堤，所以主张开河而不筑堤。宽立遥堤亦无益而有害，无堤时水只是泛滥而无决口。河溢泥沙可以淤地，麦季可以加倍收获。沙漫散于大面积土地上，在河槽内淤积较少，澄水归槽时又可以冲刷泥沙，支流和沥涝可以顺畅流入河内。

清代论治海河各水的主张很多。乾隆年间，对治理永定河就有议论说："治浊流之法以不治而治为上策，如漳河、滹沱河等之无堤束水是也。此外惟匀沙之法次之，如黄河之遥堤一水一麦是也。"提出宽堤散水匀沙。陈宏谋认为，水散漫，深不过尺，不成大灾；沙淤可肥麦田；永定河多沙质堤防，不能束水，反而泛滥成灾。他主张学贾让上策，筑遥堤，辅以减水坝，分减特大洪水；分筑护城、护村等堤防。道光年间程含章及其后的魏源也同意上述说法，认为水害大多是由于筑堤引起，无堤是上策，其次是只筑遥堤。魏源还认为，长江、汉水筑堤也不是上策。同治年间，马征麟提出治江五条，结论是"至于增堤塞溃，在前代或为下策，冀幸一时；自今日视之，直为非策矣！"又把这一观点推广到清水河流。

### （二）农田水利兴修方略

古代全国范围农田水利的规划布局，直接由政治经济的需要决定。最常见的有两点：

其一，政治中心附近大力发展农业，成为农田水利的重点发展区。秦、西汉、隋、唐都建都关中，修建郑白渠等一系列工程。东汉末，曹操先以许都（今许昌）为政治中心，引颍水开屯田水利。后转移至邺（今河北省临漳县西南），沿袭战国时的引漳古灌区，修天井堰灌溉农田和向城市供水。三国吴、东晋、宋、齐、梁、陈都建都建康（今南京），开发长江下游及太湖流域水利。南宋建都临安（今杭州），江、浙、闽的水利事业得到较大发展。元、明、清三代都建都北京，兴畿辅水利，开发海河流域，但不很成功。

其二，开发边疆，兴屯田，修水利。汉唐开发西域，湟水流域、河西走廊、宁夏、内蒙古河套等地区的水利有很大发展。三国时，魏、吴的边界在淮南，魏国在淮河的干支流上兴修了大量的水利工程。北宋时，在今河北宋辽边界地区修建塘泊，水利屯田得到发展。清代，在新疆也建了不少水利工程。

农田水利的开发方略大多是因地制宜，因势利导，根据不同的自然条件进行：

(1) 平原地区的渠系灌溉工程。引水口多建在河流出山峡入平原处，如漳河上的引漳十二渠、岷江上的都江堰、泾水上的郑白渠、黄河上的宁夏灌区和㶟水（今永定河）上的戾陵堰等都是这样。北方多沙河流上的这类工程往往水沙并引，实行淤灌。

(2) 丘陵地区的渠塘结合灌溉工程。渠道上通连多处蓄水陂塘，今称"长藤结瓜"。此类多分布在汉水中游和淮河上游，例如，南阳地区引湍河的六门堨、宜城引蛮河的长渠及木渠、湖北枣阳南宋时修的平房堰等。

(3) 山丘区的塘堰灌溉工程。多分布在南方，零星见于北方山西等地，如安徽寿县的芍陂，今江苏洪泽湖一带的白水塘、扬州的陈公塘、丹阳的练湖、南京的赤山湖、浙江宁波的东钱湖等。

(4) 东南沿海地区的御咸蓄淡灌溉工程。独流入海的小河，海潮沿河上溯，使水质变咸，不利灌溉。古代在入海口处筑堰坝阻挡咸潮入侵，蓄积淡水引灌农田。例如，浙江绍兴的三江闸、宁波的它山堰以及福建莆田的木兰陂等。

(5) 沿江滨湖地区的圩垸工程。唐代开始迅速在长江下游、太湖流域发展，宋、明逐步推广至巢湖、鄱阳湖和洞庭湖流域，以及江汉平原、珠江下游地区。

(6) 井及地下渠道工程。多在西北地区发展，新疆坎儿井是最著名的典型。

### （三）航运工程的修建方略

历史上运河的开凿和整修都以都城为中心，把东西平行的几条天然大河用南北向的人工渠道连接起来，力图连接国内更多的地区。尽量利用天然河道，形成四通八达的航运网络，以便吸收四方财富，扩大国内经济联系，加强对地方的控制，巩固国家的统一。规划布局由政治、经济、军事等各方面的需要和条件来决定。《尚书·禹贡》所设想的运道，隋以前以鸿沟、邗沟、灵渠和白沟等骨干运河形成的南北水运通道。隋唐宋大运河和元明清的京杭运河都是这种方略的体现。

很多运河开凿伊始，目的多为军事所用。例如，春秋开邗沟和菏水，秦开灵渠，东汉末开白沟等。战争过后，大部分归入全国运河网并加以整修，成为长期利用的运河，作用不大的则很快埋废。历史上开凿的运河以航运效益为主，但在水量有余时也引水灌溉，大多为两用。

### （四）平治水土的方略

先秦相传的禹平治水土，后代归纳为因地制宜、因时制宜，普遍开发、综合利用的治水方略，由井田沟洫的实践发展为沟洫治水。

#### 1. 平治水土的概念

明代徐光启认为，农业经济开发的关键在用水，"均水田间，水土相得"，不只能除旱涝，还可以调节气候。"沟洫纵横，播水于中"，还可以减少江河洪水决溢。"治河垦田，互相表里"，治水和治田相结合。他建议采取蓄水、引水、调水、保水、提水等措施来用水之源（泉及山溪）、用水之流（引用河水）、用水之潴（湖及塘泊）、用水之委（海口潮汐顶托的淡水）。掘井利用地下水和修水库蓄积地表水。如果利用得当，"天下无一寸不受水利之田"。治河可自上而下兴修塘泊蓄水，开沟洫于田中容水用水。可以拦沙，可以减洪。如果下游多水，可以修塘浦及圩田。

#### 2. 沟洫的概念

清乾隆年间，晏斯盛提出，"沟洫之法，宜古宜今，惟在变通尽利"，并认为靳辅所开沟田，就是古沟洫的变通，现在还可以再变通：宽阔的土地可以开沟田；没条件开沟田的，可以随地势高下，曲折开通，达到能蓄能泄能灌能排；山谷溪涧是天然的沟洫，可筑陂堰，开沟引水；湖塘、潭泉也可开引或提水；山坡上有泉源时可分层下引，无泉源的多开池塘，层层下灌。坡地可开成梯田，水流陡急可筑陂池节蓄，高地易旱的要灌溉，低地易淹的要预先防治。

#### 3. 沟洫的作用

(1) 上源拦蓄水土。沟洫系统是水土保持中的一种较复杂的水利措施。明清两代针对黄河、长江的治理，都提出过溪涧筑堰节节拦蓄水沙的办法。清康熙年间，许承宣论西北水利时提出，水上源在西北，下流在东南，用下流利害相半，用上源有利无害，惟不善用则成害。古代西北富饶是由于沟洫之利。并强调指出，善用上流之水，要开沟渠，筑堤岸，修梯田，浚陂地，用闸坝节制，用提水排灌。

（2）下游分散利用。西汉贾让治河三策的中策是分河通渠冀州。开渠治田，可以填淤盐碱地、种稻、通航运。就是在黄河下游，用古沟洫法，兼收水土，可以进行多方面的开发。明嘉靖年间，周用主张沟洫治河，认为沟洫可以蓄水备旱涝，处处有沟洫，处处都能容水，黄河不会泛滥；人人修沟洫，则人人都在治水，黄河不会不治；水治则田即可治。把治河、治田、备旱涝结合为一，方法是分散水沙，由群众治理。万历年间，徐贞明论西北水利，认为"河之无患，沟洫其本也"。道理是水聚则为害，散则为利；弃之则为害，用之则为利；水害之未除正以水利之未修。清人论治河要散水匀沙，提出泥沙平铺散布可以肥田，不致淤积河道。明末清初陆世仪曾详细论述长江下游及太湖流域的塘浦圩田就是多水地区的沟洫制，兼容排灌、通航、除涝。洞庭湖、鄱阳湖的圩垸，珠江三角洲的堤围体制也大致相同。

对下游沟洫能否解决泥沙问题，存在相反的意见。康熙后期，张伯行认为沟洫不能用于黄河下游，因为河中所挟泥沙随流随淤。嘉庆年间，沈梦兰认为，沟洫到处可用，黄河泥沙多更应当用。夏秋沟洫分散水沙，冬春挑浚沟洫，取淤泥作肥料，很方便。认为沟洫可备旱涝，获取淤肥，沟通航运，改造水田，容蓄洪水。

### 三、中国水利促成了河湖水系的各色变化

中国河湖水系千姿百态的自然特色和与之相应的各具特色的水利工程，给天然河湖水系带来多种影响和变化。

#### （一）数千年人类活动形成了我国水系与人文密切交织的大格局

#### 1. 灌排工程，人口，城镇，经济区

原始的农业，促成了原始水利的出现，而有效的灌溉和排水，促进了农业的发展。由此导致人口的增长和集中，逐渐形成了大大小小的居民点和经济区。生产经验的积累和生产技术的进步，又促进了经济的进一步发展和社会的进步，集中的人口和提高了的生产力，对水的需求则越来越高，对与之相关的河湖水系的形态和水量产生影响是必然的。生活和生产活动的频繁，还导致污染源的增加，使水质变坏。

居民点和经济区的发展与河湖之间又出现了新的矛盾，为防止洪水的泛溢要在河湖之滨修筑堤防，使生活和生产得到安全保障。人们为了生活的方便，修桥补岸，在某种程度上限制了河湖边界的变化，固定或缩小了河湖范围，乃至与水争地，使河湖的自然状况受到干扰。

#### 2. 运河、水系的连通，人口，城镇，经济区

大大小小的居民点和经济区之间，生活和生产中需要相互交流，以促进沟通和发展，这就要求整治天然河道或开凿运河，运河的出现又促进了居民点和经济区的发展。运河的规模由小而大，直至贯通成为全国范围的大运河。运河实现了相关河湖水系间水量的交换，改变了河湖中水流的状态。一些运河或其附属水利工程，常常截断或打乱天然水系，改变了来水和排水条件，带来了一系列的结果，甚至是负面的后果。

运河的开凿和建设，促进了人口的流动，产品的交流，生产经验、技术和文化的传播，促进了相关河湖水系沿岸的经济社会发展，商埠和城镇的不断生成促成了和经济区的新生或扩大，对相应的河湖水系的影响规模和范围增加。

### 3. 上游水土流失，下游地上河

我国多沙河流的流域范围为世界之最，人口增多和社会发展对水系的影响很大。上游水土流失，造成流域内土地贫瘠，环境恶化；下游河道淤积、游荡、泛溢，修筑堤防使河槽淤积上升，久之成为地上河，是两千年来国计民生中的重大问题。

## （二）水利带来的水系特色形态

由于历史上人类频繁的活动，我国河湖水系的自然形态和水情持续发生变化，有些变化很大。经典的历史典籍对历代河湖水系状况有连续的明确记载，特别是《二十五史》中的《河渠志》和《地理志》中描述颇为具体；北魏郦道元的《水经注》对当时所了解到的情况阐述尤为详细。近代地理学家杨守敬所绘《水经注图》和现代出版的《中国历史地图集》，给现代人了解这些提供了方便。把此两种地图与现代地图对照比较，会发现许多有趣的现象。不少水系的一些区段有不同程度的变化，有些甚至已面貌全非。这些变化除强大的自然因素之外，多与人类活动有关，甚至主要是人类活动造成的。

如果只看现代地图，也会发现许多值得思考的奇特现象，仅举下述几例。

### 1. 下游无支流的黄河

黄河是中华民族的摇篮，这是由众多的文献记载和丰富的考古成果所证实的结论。黄河流域具有适宜人类生存的气候、水文和地质条件；但它又是一条含沙量高和年际年内来水不均的河流，洪枯悬异，河道多变，给人们生存繁衍带来许多挑战。自然力与人力的共同作用造就了黄河在时间和空间上的多种形态变换（图3-1）。

不同历史时期的文献是记载下的黄河都是不同的，仅以地理名著《水经注》对黄河的记载与今日相比，差异甚大，特别是河南郑州以下的下游河道：南北朝时的黄河下游，有多道能分泄水量的分支，主要包括汴渠、济水、白沟、漯水、邓里渠、四渎津、商河等，每条分支之下，还有许多二级分支，这些分支有的入其他水系或入泽，入湖，入海；有多处能容蓄洪水的与各分支通连的湖泽，其中包括荥泽、郏城陂、圃田泽、白羊陂、大茅陂、孟诸泽、菏泽、巨野泽等，它们的长度或宽度大者有数百里，小者有数十里，小于它们的则为数更多；此外，黄河下游还有许多旧河道，平时干涸，汛期可以分泄洪水。这种状态，形成于东汉末，因为长期战乱，人口失散或南迁，堤防失修，人烟稀少，黄河下游呈自流状态。

现代黄河下游除金堤河和大汶河之外，基本没有其他支流流入，与上述南北朝时期的状况相比较，情况完全不同，这一巨大的差别就是多沙的黄河受人类活动长期干扰的结果。在历史上，隋代统一结束了东汉末年以来的长期战乱，唐宋以来，总的来说，虽有战乱，但国家统一时间为多，人们生活相对安定，人口逐渐增多。北宋末年，黄河决口南泛，形成下游多年的混乱局面。明清以来，黄河的治理成为国家的大事，修筑堤防，在泥沙淤积和堤防约束的共同作用下，河床不断增高，形成地上河，下游无大的支流汇入。黄河是我国受人类活动影响最大的大河。

### 2. 下游无干流的淮河

历史上，淮河是一条独流入海的有潮河流，据记载，水流顺畅，宋代黄海的潮汐可以溯流顶托至今当时未成湖的今洪泽湖一带。那时，沂河和沭河两水系是泗河的支流，泗河水系在淮阳直接入淮，是淮河的最大支流。

1128年，宋将杜充决黄河堤放河水南泛，侵夺了淮河下游河道。在明万历以前的400多年间，虽不断修筑堤防，堵塞决口，河道一直在动荡之中，主流常在颍水、涡水、濉水、泗水等河之间不断切换，汇入淮河后入海。自明代万历初年至清代康熙年间，按照明潘季驯的治河思想，大筑两岸系统堤防，把黄河河槽固定在开封、商丘、砀山、萧县至徐州入泗水一线上，由清口（今淮安境内）入淮

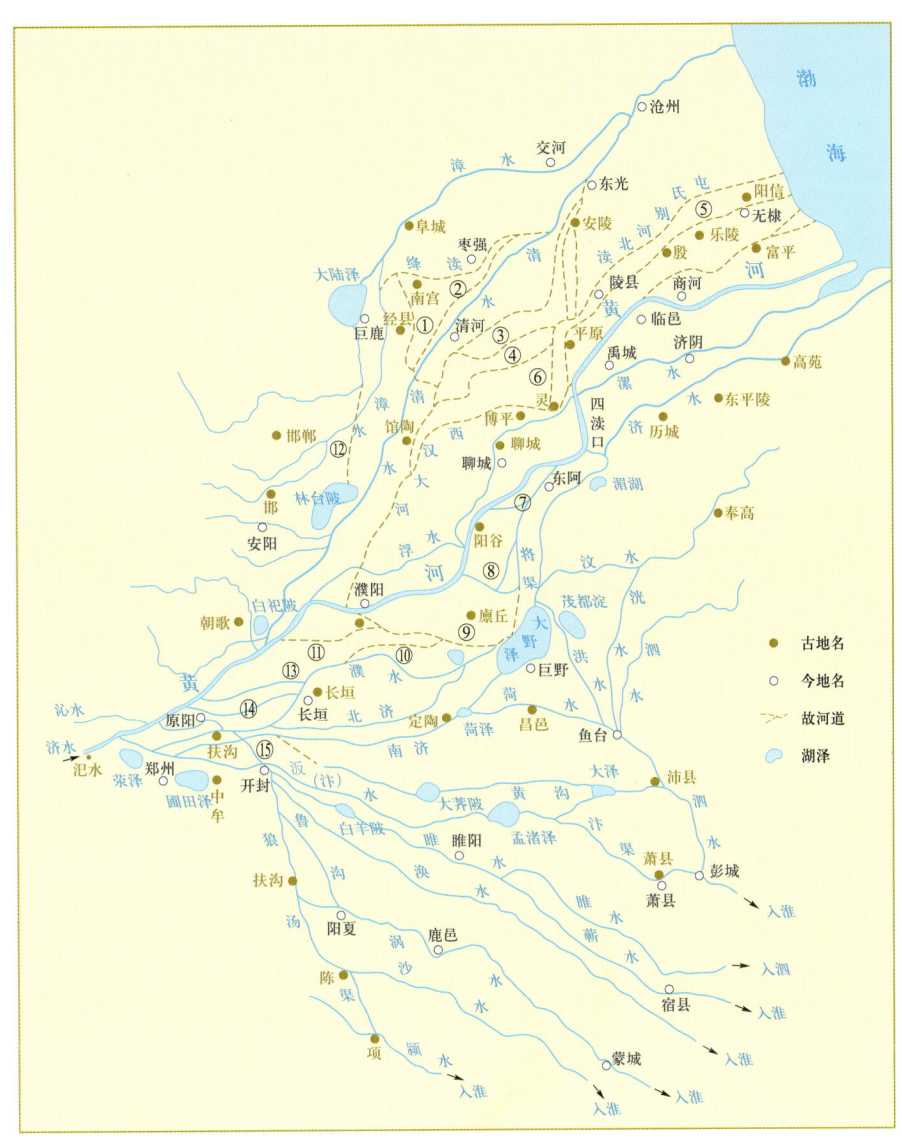

图 3-1 《水经注》中的黄河下游示意图
①张甲河左渎；②张甲河右渎；③屯氏别河；④屯氏河；⑤屯氏别河南渎、笃马河、殷河；
⑥鸣犊河；⑦邓里渠；⑧将渠支渎；⑨瓠子故渎；⑩濮水支渠；⑪白马渎；
⑫禹河故渎；⑬酸渎；⑭别濮；⑮阴沟水

河，经涟水，至云梯关入海。此期间，黄河、淮河与运河在清口相交，并以清口作为出水口，"蓄清刷黄"，"束水攻沙"，以期刷深其下游黄河河槽，使运河不受倒灌之害，黄淮河水顺畅入海。为此目的，多次加高高家堰，成为绵亘数十里的大堤，抬高水位，形成洪泽湖，用来调蓄淮河来水，但未获预期效果（图 3-2）。黄河下游仍在增高，河水仍无出路。此后，分泄洪泽湖水直接入运河，入长江，是导淮入江的开始。1851 年三河礼坝冲决未堵，淮河改道南下入江，即现在的入江水道。1855年黄河在河南省兰考县铜瓦厢改道，北流山东夺大清河归入渤海，形成新的河道，即现在的黄河河道，淮河流域基本摆脱了黄河的干扰。但 700 余年来，黄河携带的大量泥沙已淤塞了淮河的入海干道，形成的废黄河成为新的分水岭，将沂、沭、泗水系从淮河流域中分离了出去。由于特定地理和人为因素，淮河成为世界独有的下游没有入海口的大河，洪泽湖则演变成为全河水量调蓄的枢纽，同时也是我国五大淡水湖之一。

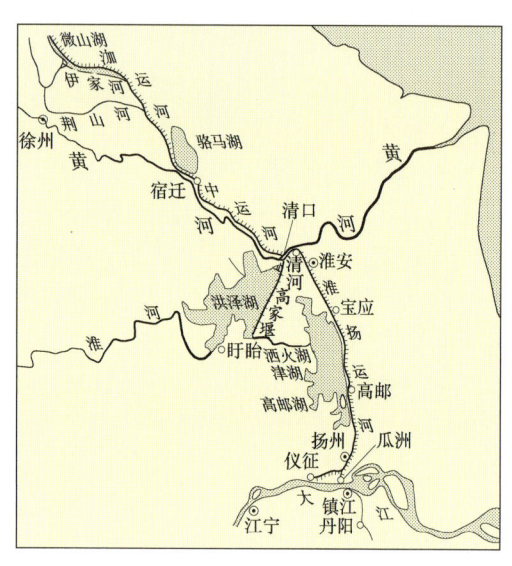

图 3-2 黄淮运交叉于清口示意图

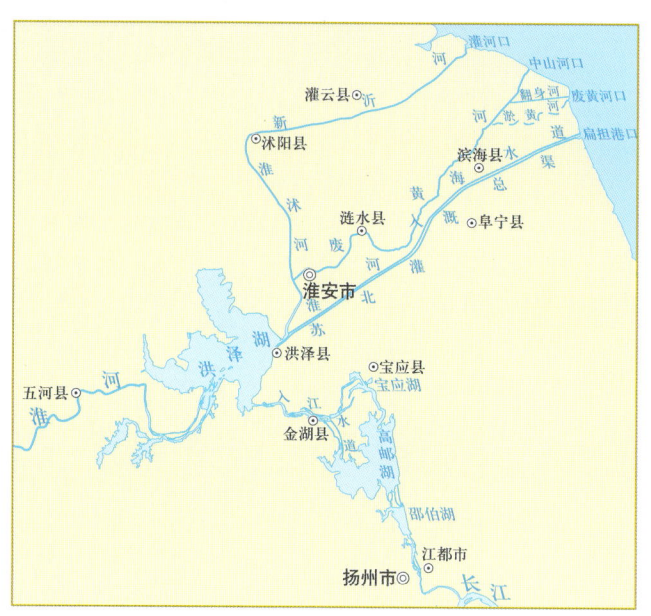

图 3-3 现代淮河下游五条入江入海尾闾

没有通畅排水出路的淮河，流域内灾害频繁，成为国家治水的重点。中华人民共和国成立以来，国家投入大量的人、财、物力治理淮河，已形成了由入江水道、苏北灌溉总渠入海水道、废黄河和淮沭新河—新沂河五道入江入海的大格局，保障了域内的兴旺发达（图 3-3）。

**3. 湖泊沼泽的萎缩、分割和消失**

历史上，我国大地上有众多的湖泊和沼泽，它们的规模大小不等，在不同的水系中调蓄着水量的丰枯，维系着自然的生态系统。由于人类社会的不断进步，人类活动与河流湖泽的关系越益密切，随着生产力的发展和生活方式的变化，人们对河湖水系的影响越来越大。湖泊沼泽的萎缩、分割和消失在自然力和人类的交互作用中不停地进行着，我国丰富的历史典籍有着大量的记载，考古发掘也证实了这些。其中，位置在今河南郑州、中牟之间的圃田泽，位于今河北省隆尧、宁晋、任县、巨鹿、南和、平乡一带的大陆泽，从现在的巨野县城向北一直到现在梁山县北的大野泽，湖北省江汉平原上的云梦泽和位于今浙江绍兴城南的鉴湖等历史上都曾是方圆数十千米到数百千米规模的大型湖泽。它们在数千年的演变中消失了，其中人类活动的影响是巨大的。

**（三）古代的水利为中华民族生息发展提供了合适的环境**

2 000 多年前，伟大的历史学家司马迁说："甚哉！水之为利害也。" 1 500 多年前，伟大的地理学家郦道元说："天下之多者，水也。浮天载地，高下无不至，万物无不润。及其气流届石，精薄肤寸，不崇朝而泽合灵寓者，神莫与并矣。是以达者不能测其渊冲而尽其鸿深也。"这是历史上中国人对水深刻而精准的认识，用力量、智慧的付出，代代相承，耐心地与河湖打交道，为自身的生息和发展创造了合适的环境。中国历史上出现了众多的富庶地区，成为古代社会发展的基础。

关中平原是我国历史上两个最强盛的朝代汉、唐的都城所在地，它的经济和社会根基于一项水利工程，就是战国时秦国修建的郑国渠。工程以渭水的支流泾水为源，北洛水为尾，全长 300 余里，灌田四万顷。泾水含沙量高，古人将其与水一起引入田内，"且溉且粪"，同时收到浇水和施肥的效果，于是关中土地成为没有灾荒的良田。工程由韩国水工郑国主持修建，他对秦王说：郑国渠只能"为韩国延数岁之命，而为秦建万世之功"，为秦统一六国奠定了基础。不仅如此，关中平原人民因此渠而万世受益（图 3-4）。

四川成都平原是尽人皆知的天府之国，历时 2 000 多年，至今仍以世界闻名的富饶之地，而受到

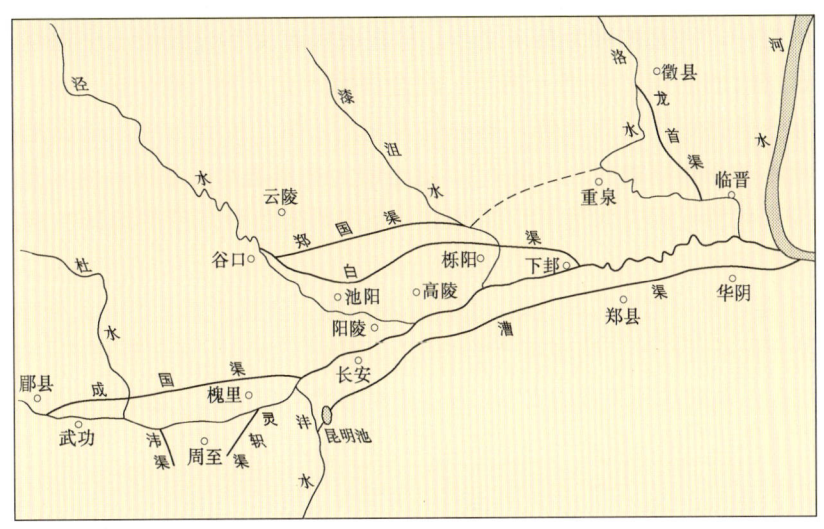

图 3-4 汉武帝时的关中渠系

人们的羡慕，成都市成为知名的休闲之都。这有赖于大自然的赐予和祖先在岷江上所建的都江堰。都江堰为秦代蜀守李冰于公元前 256 年至公元前 251 年所建，经历代不间断的改建、扩建，技术和管理日臻成熟和完善。直至今日，灌溉土地已超过 1 000 万亩，是全国最大的灌区，是全世界迄今为止，年代最久、唯一留存、以无坝引水为特征的宏大水利工程，也是全国重点文物保护单位、世界文化遗产（图 3-5）。

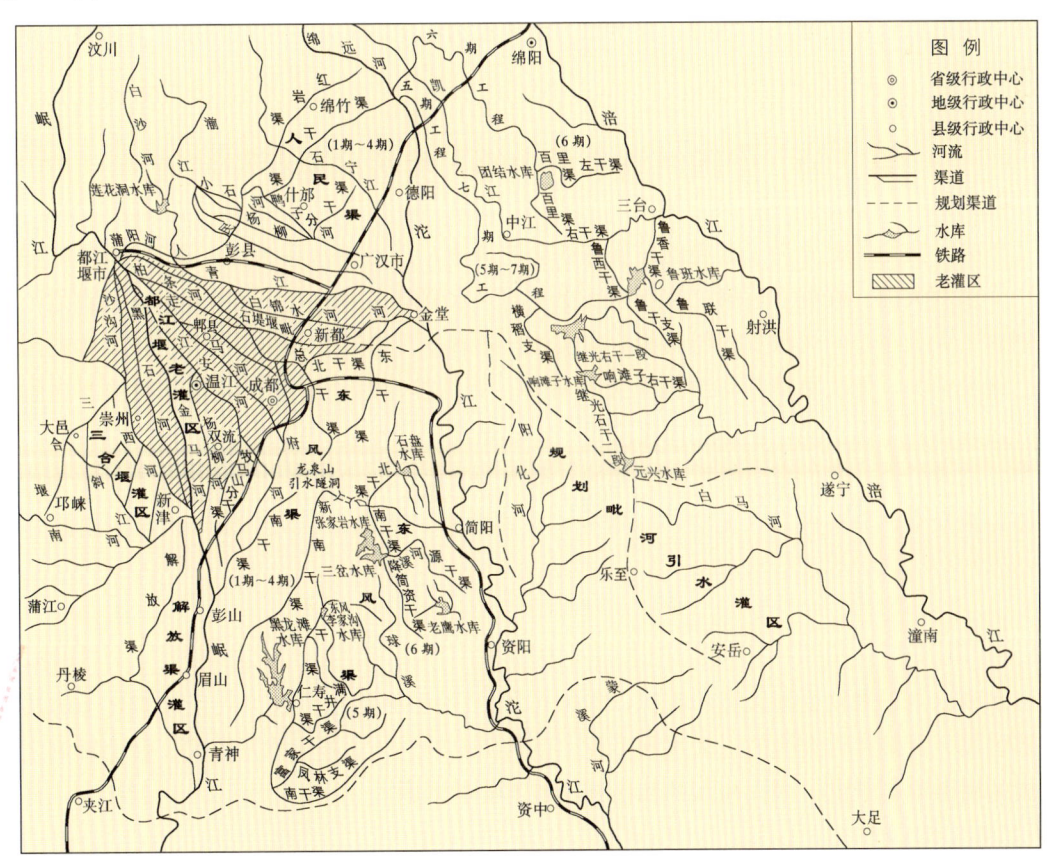

图 3-5 都江堰灌区图

江南是指长江中下游平原南岸地区，一般应指太湖流域地区。这里经济繁荣，文化深厚，是全国最富庶的地区之一，一直被称为鱼米之乡。但在我国有文字记载的历史初期，情况则是另外一个样。成书于战国时的名著《尚书·禹贡》把全国冀、兖、青、徐、扬、荆、豫、梁、雍九个州的自然状况以水土条件好坏分为九等，第一位为上上，第二位为上中，依此类推，第九等为下下，今太湖流域所在的扬州则被列位"下下"。这是因为这里是水乡泽国，尚未开发，人在此地的生存条件差。这与现代情况相去太远了！如何由下下之州变为最富庶的地区？其主要的原因之一是水利的开发。

"湖广熟，天下足"是一句有名的谚语，意思是湖广地方省盛产稻米，若此处丰收，则天下粮食就够用了。湖广是元代所设行省，明清两代专指湖北、湖南。这里土地广袤肥沃，有洞庭湖水系的滋润，有洞庭湖圩垸等一系列水利工程的支撑，所生产的粮食可以使天下足用，说明粮食之多。还有一层意思是，有长江水系便利的运输条件，可以运粮到全国。这是人类活动对河湖水系良性影响的双重意义。

塞上指边境军事要地，亦泛指北方长城内外。历史上，这里空旷多山，干旱寒冷，人烟稀少。由于军事需要，汉代开始，宁夏地区就利用流经此地的黄河水源修渠溉田。至唐宋以来，规模渐大，人口日益增多，渠道纵横，田园密布，成为粮食生产基地，塞上之地变成富饶之乡，堪比江南，因此有了塞上江南之称。后来，宁夏下游的内蒙古黄河河套地区，也大量修渠引黄溉田，成为著名的河套灌区。

上述是人类用兴修水利的手段利用河湖水源，使之有利于社会的发展，改善自身的生存环境的典型事例，由此可见一斑。此外，人们还利用自然水系和人工渠道行船以出行和运输，又增加了人类的活动范围，美好的环境又增添了活力，直至致力于建设沟通全国的水上航运网络。秦时就已建沟通湘漓二水的灵渠。

## 第三节 中国河湖水系中的人类活动遗存和遗迹

数千年来，我们的祖先为了自身的发展和社会的进步，以河湖水系为伴，通过艰苦卓绝的努力，成就了一个水利大国。根据上述第二节所列历史上的兴水利除水害的方针和策略，在河湖之上，水系之中，创建了大大小小的无数工程与其相关的实体，随着岁月的流逝，由于自然的或人为的因素，相当数量已淹没消失，无法重辨其容颜甚至无迹可寻；有的扩建改建重建，随着时间的磨蚀而面貌全非；有的已失去其原有功能，但遗迹尚可追寻；有的虽经千百年在人们精心的呵护下依然傲立波涛，造福人类，功效仍在。我们把仍然发挥功能的工程称为遗存，把遗址叮寻而功能不在的称为遗迹。遗存和遗迹为数众多，分布极广，无法一一审视，只能列举一些典型，从中体味人与河湖相处的历史借鉴。

### 一、我国历史上人水和谐的经典之作

我国水利自古以来就受到人类的重视，建树尤多，"治国必治水"成为历代有识之士的共识。都江堰、郑国渠、灵渠并称秦代的三大水利工程，就其历史的悠久、技术水平之高、社会影响之大，已作为民族的骄傲闻名于世，谈人与水的和谐是不能不提的话题。

#### （一）都江堰

《华阳国志》描述成都平原时说："沃野千里，号为陆海。旱则引水浸润，雨则杜塞水门。""水旱从人，不知饥馑，时无荒年，天下谓之天府也。"都江堰在社会民生中所发挥的作用毋庸

置疑。工程创建于秦昭王末年（公元前256—前251年），已有2 200余年的历史。今日灌溉土地已超过1 000万亩，是全国第一大灌区。置身成都平原，河渠纵横，绿无际涯，竹林农舍，阡陌交通，那种勃发的生机，悠然和谐的繁华，无言概括。

走入都江堰灌区，包括建筑物集中的渠首，只见与青山、流水、庙宇、索桥和由当地材料构成的建筑物等融为一体，不见其宏伟和崇高，浑然是一幅景自天成的山水画卷。闻名遐迩的鱼嘴、飞沙堰和宝瓶口，平淡而充实，简洁而深奥，与人们意识中的大型工程的景象少有共同之处（图3-6）。

鱼嘴，史称都江鱼嘴，又称分水鱼嘴。功用是把岷江水分成内江和外江两部分，外江是岷江主流，流向长江；内江水流向灌区的引水口门进入灌区。这是我国古代应用最多的无坝引水方式。不建拦江大坝，一方面是受古代技术水平的限制；另一方面它能最大限度地减少工程对河流的扰动，顺其自然，达到引水入渠。都江鱼嘴的位置的选择、它与上游河流和下游引水渠道的平顺而自然地衔接令人赞叹，都江堰两千多年的历史贡献，鱼嘴功不可没。无坝引水在中国水利史上应用广泛，并且根据不同的自然条件，有不同的构造型式，是值得我们深入研究和思考的。

岷江水自鱼嘴分来，经宝瓶口进入灌区，但水不得超过灌区的需要，以保证安全；所挟带的泥沙不得进入灌区渠道，以保证渠道的畅通。在宝瓶口前，水

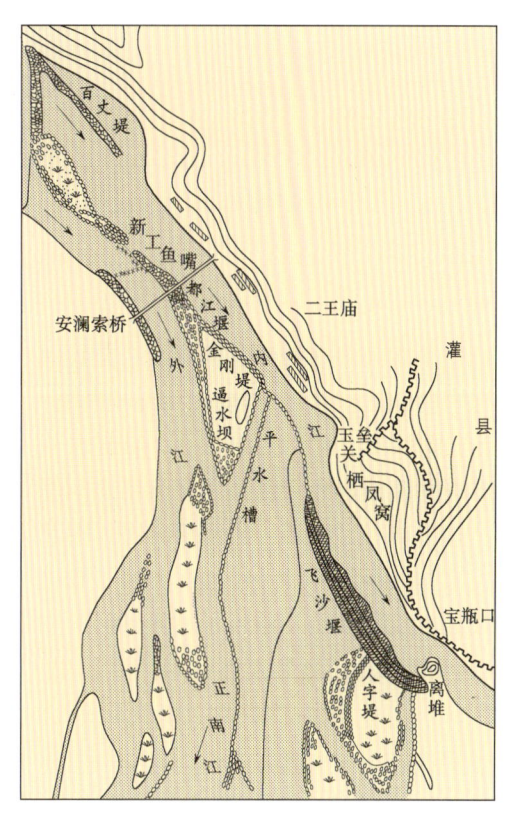

图3-6 都江堰图（1931年）

多时，余水与所挟泥沙从飞沙堰顶溢入外江，有效地保护了灌区的安全。宝瓶口壅水，上游重质泥沙下沉，堰前一段内江为弯道，产生弯道环流，表层水流进入宝瓶口，底层水流推动泥沙"飞过"飞沙堰顶，排入外江，所谓"正面取水，侧面排沙"，既保证了灌区用水，又避免了渠道淤积。

宝瓶口与鱼嘴和飞沙堰科学巧妙的配合，实现了两千多年岷江水按照人们的需要，流进广袤的田园，流进千家万户，成就了天下景仰的"天府之国"。

与平实而高超的工程布局相配合，以竹笼为特色的工程结构，以"深淘滩，低作堰"为真髓的岁修管理制度等一系列有效的技术措施，都是千百年来都江堰水利的有机组成部分，共同昭示着这项伟大工程的独特风骚。

都江堰渠首（鱼嘴）

### （二）郑国渠

郑国渠，关中地区的大型灌溉工程，兴建于公元前246年。因始建主持人郑国的名字命名（图3-7）。

战国末期，秦统一六国的条件渐成熟，韩国为避免灭亡的命运，使用"疲秦"之计。派水工郑国劝秦国修建大型灌溉工程，使其专力于内部，无力东进。在工程进行中，秦发觉韩的意图，欲杀郑国，郑国对秦王说："臣为韩延数岁之命，而

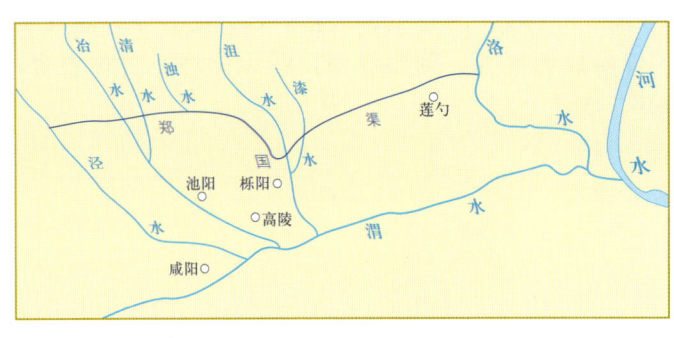

图 3-7　郑国渠图

为秦建万世之功。"秦王认为有理，工程继续，十余年后建成。"于是关中为沃野，无凶年。秦以富强，卒并诸侯，因命曰郑国渠"。这个故事，内涵有两层意思：一是这是一项政治工程，它的建成，强健了秦国的经济基础，使秦国具备了统一六国的实力。二是这项水利工程改变了关中的面貌，使这一地区富裕起来，同一环境，出现了更好的生存发展条件。

郑国渠的水源泾水，含沙量大，对工程的使用和维护非常不利。它的成功在于充分利用了当地自然条件的优势，扬弃了劣势，使之有利于人类和社会的发展。黄土高原，有水则为膏腴，无水则为斥卤，这是黄河等多沙河流的特性，是我国水利的诸特色之一。只有处置好水沙，才"能化斥卤为膏腴"。《史记》记载："渠就，用注填阏之水，溉泽卤之地四万余顷，收皆亩一钟。"《汉书》记载："举臿为云，决渠为雨。泾水一石，其泥数斗，且溉且粪，长我禾黍，衣食京师，亿万之口。"历史证明，郑国渠的建成，不仅解决了灌溉用水问题，还用含有较高肥分的泥沙的泾河水，提高了灌区土地的肥力。这种叫作"淤灌"的灌田方法，在北方灌溉史上写上了重要的一笔。

郑国渠所滋养的关中地区支撑了我国历史上汉唐两个最强盛朝代的都城长安，茫茫黄土之上，绿满际涯，麦谷飘香，滋生了世界景仰的中华文化，灌溉事业居首功。关中历史百看不厌，"黄河流域是中华民族的摇篮"深有韵味。郑国渠两千年的历史体现了中华民族解决人与自然和谐相处的能力。今称泾惠渠的旧时郑国渠已科学地融合了现代科技为关中人民服务。古渠遗迹，俯视皆是，既是遗迹，也是遗户。

### （三）灵渠

运河在我国的历史上作为交通主干线，曾经发挥过非凡的作用。因为我国土地广大，在没有汽车、火车和飞机的岁月里，长距离的客货交流只能靠水运。可是，我国的大江大河都是自西向东流，南北交通靠什么？靠穿山越岭沟通这些大江大河的人工运河。说运河，按规模和历史作用，首先是京杭运河；但按岁月的悠长，工程的精巧和完整的传承，应推灵渠。灵渠虽小，"五脏俱全"，可做示范。

灵渠，又名陡河、湘桂运河，在广西壮族自治区兴安县境内，开凿于公元前 219 年的秦始皇时代，是一条沟通长江水系的湘江和珠江水系的漓江只有 37 千米的穿越南岭的人工"小河"。它受到

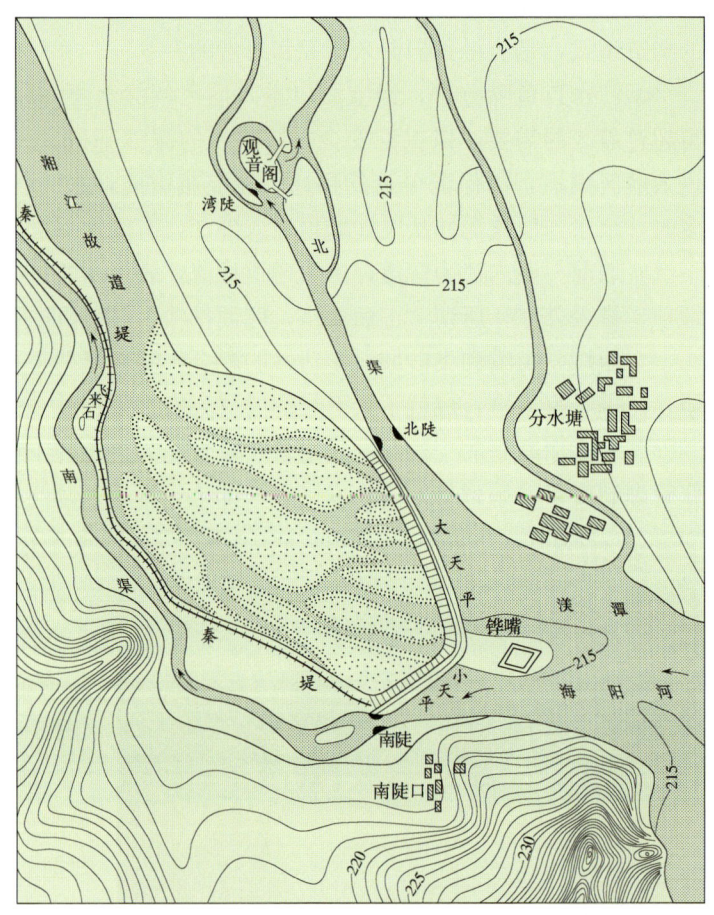

图 3-8　灵渠渠首图

古今中外各方人士的一致关注和赞扬（图3-8）。

唐代人鱼孟威在《桂州重修灵渠记》中对灵渠的历史作用曾作了精辟的概括："所用导三江，贯五岭，济师徒，引馈运。推俎豆以化猿犷，演坟典以移缺舌。蕃禹贡，荡尧化也。"这里包括了政治、经济、军事、文化种种方面，一线长不足40千米、流量只有每秒10个立方米左右的小河，与如此广泛的社会影响相联系，古今中外少有类比。

南宋地理学家周去非在他的著作《岭外代答》中描述了当时灵渠的面貌："于上流砂碛中，垒石作铧嘴，锐其前，逆分湘水为两，依山筑堤为溜渠，巧激十里而至平陆。遂凿渠绕山曲，凡行六十里，乃至融江而俱南。……自铧嘴分水入渠，循堤而行二里许，有泄水滩。苟无此滩，则春水怒生，势能害堤，而水不南。以有滩杀水猛势，故堤不坏，而渠得以溜湘余水缓达于融，可以为巧矣。渠水绕迤兴安县，民田赖之。深不数尺，广可两丈，足泛千斛之舟。渠内置斗门三十有六，每舟入一斗门，则复闸之，俟水积而舟以渐进，故能循崖而上，建瓴而下，以通南北之舟楫。"文

灵渠大小天平

中全面描绘了灵渠的规模、分水、流程和船行的形态。"溜渠""巧激""余水""缓达"等都表达出这是一座规模不大、工程精巧、科学内涵精深、悠然和谐的工程。现存灵渠与那时的格局基本符合。

灵渠与桂林山水一脉相连，充满"甲天下"的余韵。这里只见自然生态，少见人工雕琢。无论在"三七分水"的渠首枢纽，还是巧激六十里的渠道，融于自然，宛如天成。青山有影，清流盈渠，林木有疏密，禾稼有高低。民风质朴，田园繁茂。临渠而汲，汲盬有序。清流一脉，伴随着一方的和谐。

三大经典水利工程起码有下述共同特点：一是工程的构成简洁，建筑物的构造简单，需要操作的构件不多。其功能主要靠各建筑物间相互关联自动实现和调整。工程各个组成部分是一个内在的科学联系的整体，任何一个单体建筑物离开整体都会毫无作为，符合我国传统哲学从整体出发注重治本的思路。二是工程的建造尽量顺应水陆环境的自然存在和态势，"道法自然"，减少干扰，保护环境。三是工程整体与其上下游、左右岸从外在表象和内在规律都有机地、平顺地连接，把人类活动的影响融入大自然之中，所谓"天人合一"，从人类简单地适应自然转变为能动地与自然和谐。四是在人与自然和谐的前提下，使工程付出的环境代价、自然资源和人力代价最小，而获得的效益最大。

三大水利工程的久运不衰，首要的原因是始建时对工程依存的资源和环境要有正确的了解，从而有一个基本正确的布局；初建时，未必完善，边使用，边发现问题，边改进，边完善，历经多年，甚至相当长年月，才逐渐完美；在漫长的运行使用过程中，积累认识，提高工程技术水平，改善工程布局和结构，严格科学管理。它们的成就非一日之功，是多代人集体的创造。

## 二、黄河的变迁

黄河由于多沙善淤，河道变化无常。决口后放弃原河道另寻新道称为改道。黄河改道十分频繁，中游的宁夏、内蒙古一带的黄河河道都曾多次变迁，但影响重大的是黄河下游河道改道。

《尚书·禹贡》中所述河道被认为是有文字记载的最早黄河河道。此河道在孟津以上被夹束于山

谷之间，几无大的变化。孟津以下改向东北流，经今河南省北部，向北流入河北省，汇合漳水，再向北流入今邢台以北的古大陆泽。然后，向东北流入大海。这就是史上所称"禹河"河道。

据文献记载，黄河下游有多次改道，重大的改道有以下几次（图3-9）。

周定王五年（公元前602年），黄河发生了有记载的第一次大改道。洪水从宿胥口（今淇河、卫河合流处）夺河而走，东行漯川，至长寿津（今河南滑县东北）又与漯川分流，北合漳河，至章武（今河北沧县东北）入海。这条新河在禹河之南。

汉武帝元光三年（公元前132年），黄河在今河南濮阳西南瓠子决口，再次向南摆动，决水东南经巨野泽，由泗水入淮河。23年后虽经堵塞，但不久复决，向北分流为屯氏河，六七十年后才归故道。

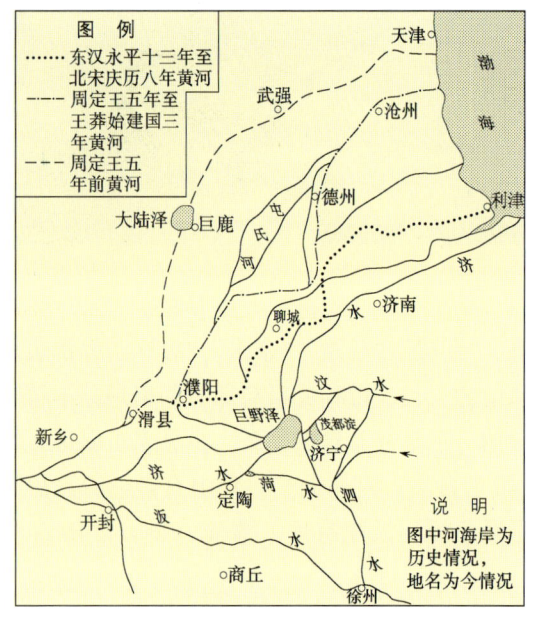

(a) 先秦至五代的黄河改道示意图

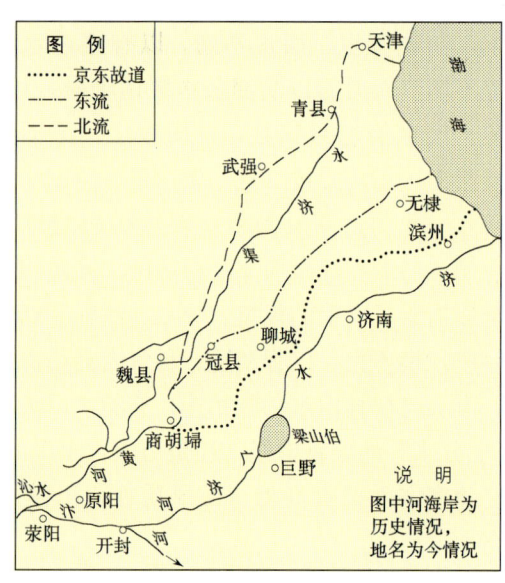

(b) 北宋黄河改道示意图

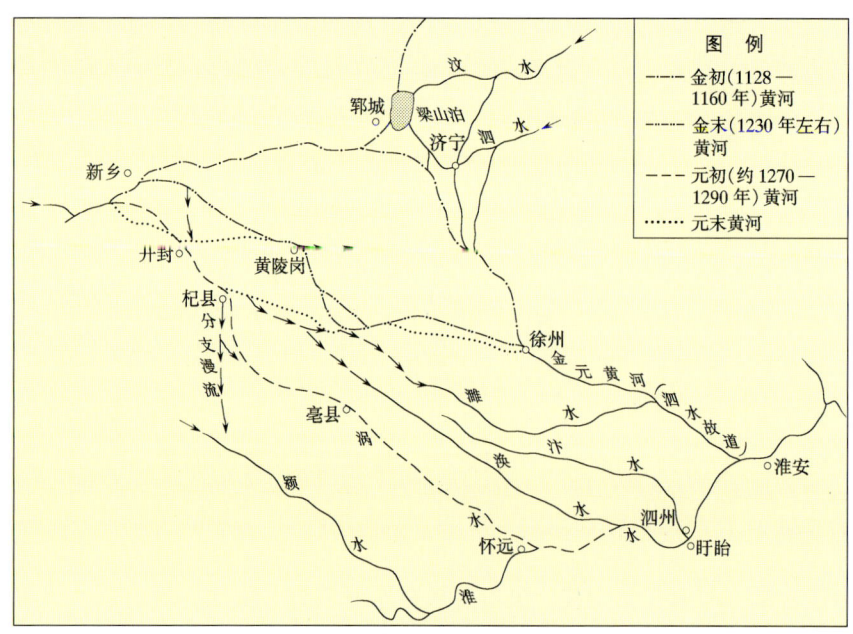

(c) 金元时期黄河改道示意图

图3-9（一） 黄河变迁图黄河改道图

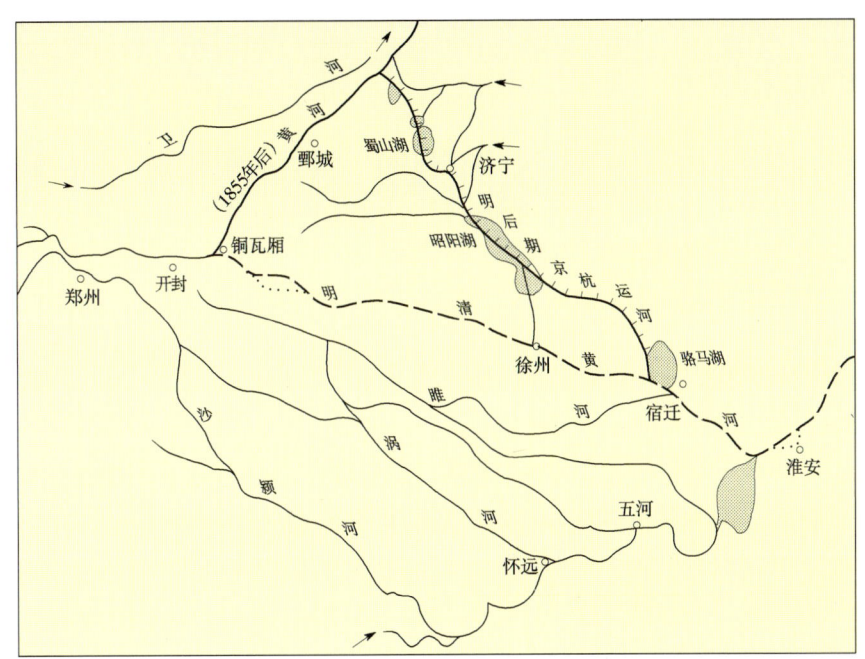

(d) 明清民国时期黄河改道示意图

图 3-9（二） 黄河变迁图黄河改道图

王莽始建国三年（公元 11 年），黄河在今河北临漳县西决口，东南冲进漯川故道，经今河南南乐，山东朝城、阳谷、聊城，至禹城别漯川北行，又经山东临邑、惠民等地，至利津一带入海。东汉王景治河，修筑了系统堤防，使黄河稳定下来。但此后几百年中，处于魏晋南北朝的战乱频繁时期，北魏郦道元在《水经注》中做过一些描述，这时的黄河长期处于少有人为干预的自然状态。

唐以后，特别是五代时期，黄河决口又甚为频繁。北宋初期，决口不断。宋仁宗庆历八年（1048 年），黄河再次改道，冲决澶州商胡埽，向北直奔大名，经聊城西至今河北青县境与卫河相合，然后入海。这条河宋人称为"北流"。12 年后，黄河在商胡埽下游今南乐西再度决口，分流经今朝城、馆陶、乐陵、无棣入海。宋人称此河为"东流"。东流行水不到 40 年便断流。

南宋建炎二年（1128 年），为防御金兵南下，东京守将杜充在滑州人为决开黄河堤防，造成改道，向东南经淮河水系入海。由于元代开通京杭运河，为保运河通航，实施黄淮运统一治理，黄河在南面摆动，虽偶有决口北冲，但均被人力强行逼堵南流。直到明代后期潘季驯治河以后，黄河才基本被固定在开封、兰考、商丘、砀山、徐州、宿迁、淮阴一线，即今之明清故道，行水达 300 年。

清咸丰五年（1855 年），黄河又在河南兰考铜瓦厢决口改道流向东北，改经山东北流入渤海，即今黄河河道。废弃的河道经豫东苏北直至海滨，今称废黄河，成为一条远高于两岸的地上古河道。

1938 年，在抗日战争中人为扒开郑州花园口黄河大堤，全河又向南流，沿贾鲁河、颍河、涡河入淮河。洪水漫流，灾民遍野。直到 1947 年堵复花园口后，黄河才回归北道，自山东垦利县入海。

在周定王五年以来的 2 600 多年间，黄河下游河道在今海河和淮河两水系间摆动。北抵天津、南界滨河的这样一个大三角洲上，遍布黄河废弃的河道遗迹，其中横卧的豫东苏北大地上的废黄河是最清楚完整的一条。

### 三、星罗棋布的灌溉工程

古代灌溉排水工程分布极广：从北京的戾陵堰到珠江三角洲的基围工程；从太湖流域的塘浦圩田到新疆的坎儿井；从宁夏、内蒙古的引黄灌溉到东南沿海的拒咸蓄淡工程；从浙江的三江闸到云南的松华坝，几乎遍地皆是，遗存和遗迹多可查找。由于它们分布在差异很大的自然条件下，形态特点各有千秋，实难一一备述。

#### （一）蓄水灌溉

灌溉用水可以取自河流，也可以取自泉、井、湖等处。其中湖，可以包括天然湖泊，也包括人工湖泊，即古代就有称为陂塘的水库。从自然的或人工的湖泊中取水灌溉的明显优点之一就是可以对天然来水进行调节，能保证取水少受来水丰枯的影响，因此被广泛采用。

我国有文字记载最早的灌溉蓄水工程，是今安徽省寿县境内的芍陂（图3-10），后称安丰塘，建于春秋时的楚国，创建者为楚国令尹孙叔敖，已有2 600年的历史。至今作为淠史杭灌区的组成部分仍在发挥着灌溉效益，尚可灌田60万亩。

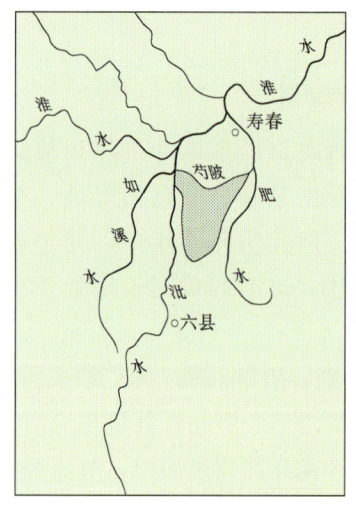

图3-10　芍陂水系示意图

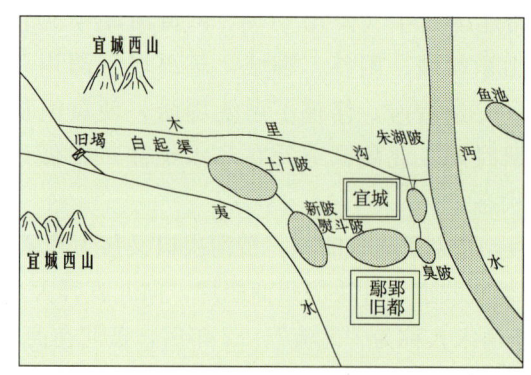

图3-11　白起渠示意图

还有一类工程是多座陂塘由渠道互相串联，构成一个大的灌溉系统，使蓄水调节能力都大有增加，运用也较方便，即现在长藤结瓜式。当时著名的这类工程有湖北宜城汉水支流上的白起渠、河南湍水上的钳卢陂和淮河支流慎水上的陂塘群等（图3-11）。

由于早期的蓄水陂塘多在平原，现在称为平原水库，水不深，占地面积大。随着社会的发展，人口的增殖，加之湖底经长期使用沉积了大量肥沃的有机质，有围湖造田的良好条件，尽管广大农民和有识之士为保护水利与围湖现象做了反复的斗争，但终因种种原因而成效甚少，致使陂塘逐步减少、缩小，乃至消失，至今已所剩不多，所幸文献记载的第一个工程芍陂还在，为我们认识这段水利历史留下了珍贵的工程实体。

#### （二）引水灌溉

引水灌溉是直接从河湖中引水灌溉农田，具体方式有有坝取水和无坝取水两种。前者需在江河上建拦河坝壅高水位，自流引水入渠实现灌田；后者无须建坝壅水，而是根据水流情况和水源与田地间的高程关系，选择取水口位置和引水线路，建设伸向河中的鱼嘴实现引水灌田。由于历史上施工能力的限制，前者一般在较小的河流上选用；后者则使用范围较广。我国古代，无坝取水应用十分普遍，技术水平较高，渠首的形式也有较多的变化。除前面提到的都江堰、郑国渠外，还有相当多遗存和遗迹的例子。

黄河干流流经宁夏和内蒙古，两岸台地开阔平坦，但"土地斥卤，不生五谷"，引水灌溉，则成沃壤。有人认为，宁夏引黄始自秦代，但没有确切的文字根据，可靠的考据认为始自汉武帝北防匈奴、大兴屯田而相应开发。现宁夏灌区中的汉渠、汉延渠各长百里以上，灌田数十万亩，都可能为当时所肇始。后经唐、西夏、元、明各代增开扩展，今唐徕渠、汉延渠、秦渠（原名秦家渠）、汉渠、美利渠（原名蜘蛛渠）、七星渠等主要渠道皆已形成。清代开大清渠、惠农渠、昌润渠，据《大清一统志》记载，当时宁夏引黄灌区渠道已达23条，全长1 000多千米，灌溉农田210万亩，使宁夏成为北方著名的粮食产地，有"天下黄河富宁夏"和"塞上明珠"的美誉。

宁夏引黄历久不衰，在历代不断积累经验的基础上完善了一套适合当地特点的技术成就和管理经验：渠首一般在黄河河面截取一定宽度垒石筑引水长堋（堤坝），导河水入渠，进水正闸前渠道一般很长，最长者可达十余里，其间设数量不等的跳（溢流坝）和闸（泄水闸），将引入的多余水量泄归黄河，以保证入进水闸水量不至于引起渠道泛溢。其长堋、跳和进水闸与都江堰的鱼嘴、飞沙堰和宝瓶口相对应，形态虽相去甚远，但作用却有异曲同工之妙。为保证灌区内地下水水位不致因引水灌溉而升高，使土地盐碱化，还建设了一套完整的排水系统，能灌能排，体现了全套工程的科学性和合理性。工程所用草土建筑物和刻字水则都是成功的技术和设施。宁夏引黄灌区的岁修制度和灌水时的封俵制度也是古代水利科学宝库中的重要组成部分。由于干渠很长，支渠多且长短不一，为保证灌溉的均衡需合理分配水量：放水时，先闭上游斗口，逼水至末梢，由下而上地开闭支渠口，至最上游为止，叫做封；为保证长短支渠的灌水时间，较长的渠道按预定时间先行开口，叫做俵。这种科学的灌水方式已成为传统至今仍发挥效益（图3-12）。

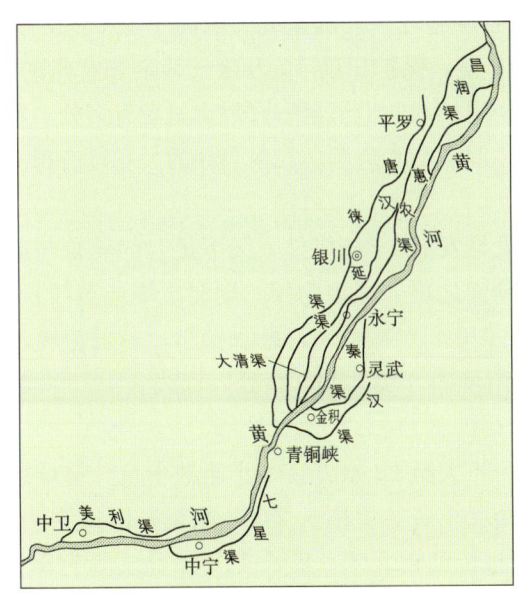

图3-12 宁夏古灌区渠系

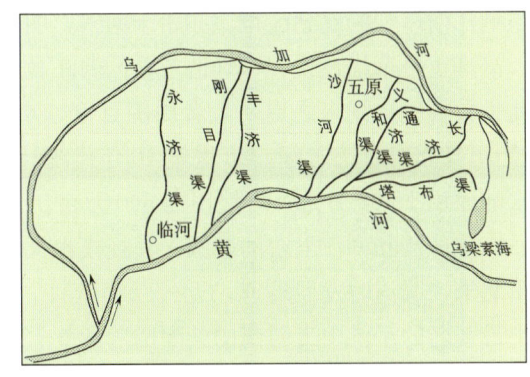

图3-13 清代河套灌区

古代的内蒙古河套灌区是引黄灌溉的又一大成就。其地理条件与宁夏大致相像，水利开发汉、唐时皆已进行，只因文献缺略，无法知其所以，可查证的历史则在清代。自康熙年间始，黄河河道与北面分支五加河间，东西长500余里，南北宽145～200里不等，为黄河冲积平地，适于垦殖和修渠灌溉。清代中期以后，内地移民日见增多，自道光年间起，先后开成了八条干渠，其中最长的是永济渠，长 160 里（图 3-13）。八条渠道共灌田 7 000 余顷。八大渠之西，还有黄土拉亥和杨家河两条大渠，加起来总共是十条。开渠的移民在修渠实践中，涌现出一批开渠的组织者和技术专家，其中的王同春最为著名，八大渠中的丰济、沙河和义和三渠都是他亲手所开，独创许多技术措施和管理办法，为当时水利界所重视。

宁夏和内蒙古历史上遗存的两处大型灌区，承继了先人的工程和技术成就，并采用现代技术分别建设了青铜峡、三盛公两座大型枢纽，改无坝引水为有坝引水规模和效益上都已远超过古代。

### （三）沧海桑田的圩垸工程

春秋战国时，政治、经济和军事活动，中心在黄河流域，或延伸至淮河和海河流域的部分地区，长江流域相对较少。随着社会的发展，长江流域的发展越来越迅速，两晋南北朝和南宋，北方人口两次大量南迁，在开发南方的过程中，原大片的湖泊沼泽成为发展农业的有利条件，其中圩田的出现有关键意义。

在沿江滨湖的低洼地带，人们临水筑堤，连为封闭的圩岸，于圩内开灌排沟渠系统，建成为数众多的旱可灌涝可排圩田。此种农田最早出现在唐朝时的宣州地区，即安徽省长江南岸的低洼地区。另外一种在湖沼浅水地区筑堤环绕，开辟为能灌能排的农田，当时称之为围田。圩田和围田没有实质的区别。后来发展到湖南、湖北，特别是洞庭湖地区，称为垸田、圩垸；发展到珠江下游称为堤围或基围。在浙东还有一种围湖排水为田的，叫作湖田，基本情况也与圩田相像。北宋范仲淹曾在 1043 年对圩田进行过形象的描述："且如五代群雄争霸之时，本国岁饥，则乞籴于邻国，故各兴农利，自至丰足。江南旧有圩田，每一圩方数十里，如大城，中有河渠，外有门闸。旱则开闸引江水之利，涝则闭闸拒江水之害。旱涝不及，为农美利。又浙西地卑，常苦水涔，虽有沟河可以通海，惟时开导，则潮泥不得而堙之；虽有堤塘可以御患，惟时修固，则无摧坏。"

江东（今皖南和赣东北）和太湖流域是圩田开发最早的地区，北宋时已十分兴旺，数目以千计。最早见于记载的是芜湖县的秦家圩，北宋重修时改名万春圩，圩堤宽 6 丈，高 1 丈 2 尺，长 80 里，圩内有田 1 270 顷，至 20 世纪初实测，堤长尚有 61 里，保护田畴 10 万亩。其余如宣州的政和圩、永丰圩等都是著名的大圩。南宋时，圩田更为发展，堤长八九十里至一百数十里者有多处。明代安徽圩田向江北发展，出现最著名的工程有和州铜城圩，周围 200 余里。江南当涂的大官圩有田 24 万亩。当时太湖流域圩田数目更多。

荆江两岸和洞庭湖区圩垸亦始于南宋，明清时大量发展，"湖广熟，天下足"的美誉与此关系重大。清雍正皇帝描述说："湖北之堤，御江救田；湖南之堤，堤水为田。湖北之堤或东西长数百里，南北长数百里；湖南之堤，大者周围百里，小者二三里，方圆不一，星罗棋布，名虽为堤，其实皆垸。"可见当时圩垸之盛。20 世纪 40 年代统计，湖南境内圩垸共 990 余处，堤线长 12 800 余里；湖区水陆面积 1 500 万亩，圩垸田占 500 万亩。

广东珠江和韩江下游的基围，其规模也大小不一，大至 20 余万亩，小至数十亩。筑圩最早记载见于北宋，明清时发展迅速。近代粗略统计，两流域 20 余县堤围长 2 800 余里，围田约 900 万亩。其中最著名的是佛山市西南的桑园围（图 3-14），相传创自北宋，堤长 14 700 余丈，有田 1 800 余顷。珠江堤与长江堤相似，可以是圩岸的一部分。清中期有些堤围挖塘养鱼，塘堤植桑养蚕，蚕粪饲鱼，鱼粪肥桑，如此循环不已，综合效益大为提高。

围田的建设，开辟了大量旱涝保收的农田，促进了社会经济的发展，但也产生了负面作用：大量的蓄水容积被挤占，排水通道被堵塞，一遇汛涝，水利则化为水害。所以，历史上的太湖、洞庭湖、鄱阳湖及长江、珠江下游的圩区，都有围水为田和废田还湖的斗争，都把开通排水道作为战略性的大事来兴办。所以，水利的开发应与除害的建设须相应进行，要统一规划，这一点在古代是难以做

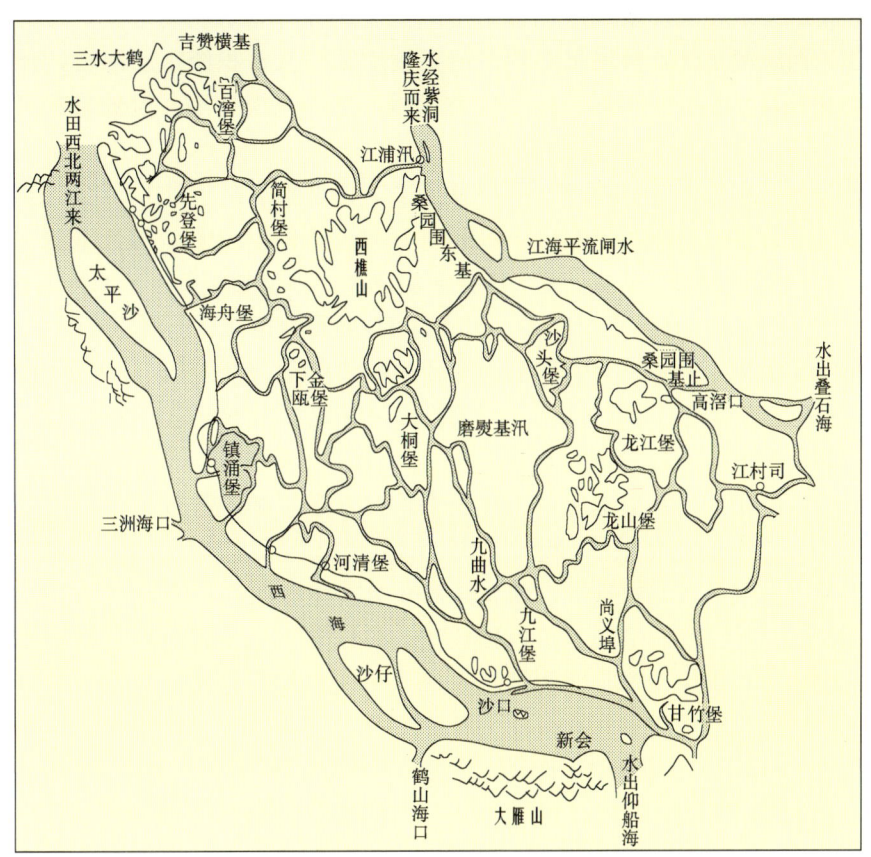

图 3-14 桑园围示意图

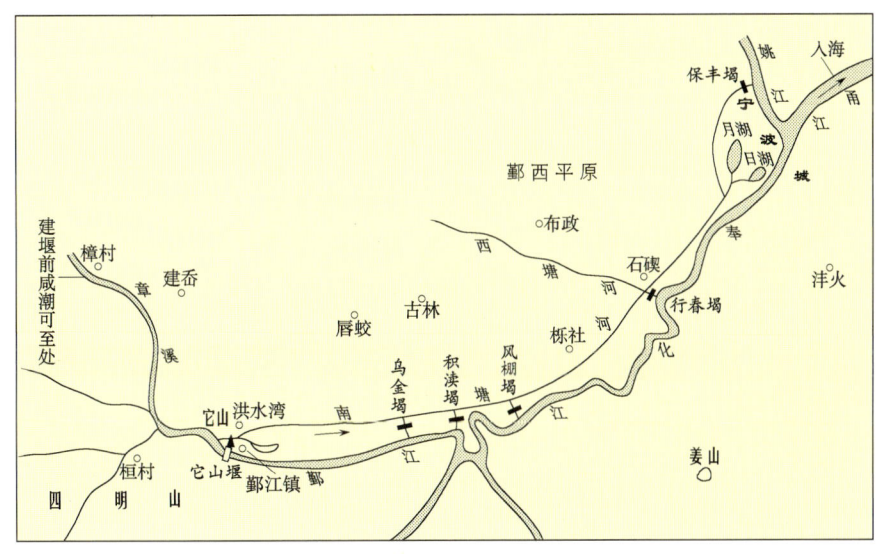

图 3-15 它山堰灌区示意图

到的。

**(四) 拒咸蓄淡工程**

我国东南浙闽沿海，多为山丘地形，河溪沿岸狭小平原是人口稠密的农业发达地区。这里雨水虽多，但因河溪短促，集流快，无缓解和调蓄的条件，河水迅速排泄入海，仍不免有旱叹之虞；海上咸潮可沿河溪上溯，深入内地，使土地斥卤，危害农作物生长，人畜汲引，尽食咸苦。当地人民因地制宜,千余年来在生产实践中创造了拒咸蓄淡这种开发水利的形式,即在河口筑坝,与海岸的塘堤相连,挡海潮于外,使咸水不能沿河上溯为害。又蓄积淡水于河道,开渠引水灌溉农田,收到了理想的效益。一千余年来,所建这类工程,单项规模虽小,但数量甚多,其中不乏知名的重点保护文物。

宁波是文明富庶之区,这与开发水利有较大关系。它山堰坐落在今鄞县奉化江支流大溪上,建于唐太和七年(833年),是一座有坝引水工程(图3-15)。据宋代人记载,堰长42丈,堰身用大木梁做支架,中空,上下游各砌条石36级,是一座拦河溢流坝。坝型独特,由于原始记载简略,难以究其具体。后人改建的条石砌筑体,至今犹存。它山堰可以阻御自甬江口上涌的咸潮,可以拦蓄大溪水入灌渠,灌溉鄞县西数千顷(约20万亩)土地并引水入宁波城,灌注日、月两湖供居民使用。沿引水渠建乌金、积渎、行春三碶,分泄过多的渠水归江。南宋时,在堰上建三孔回沙闸一座,以减少入渠泥沙。

福建省莆田县是古代水利发达地区,工程较多,技术水平和工程效益都很显著,其中木兰陂是突出的代表(图3-16)。北宋治平四年(1067年),由钱四娘主持在县西七里的木兰溪上筑堰,因洪水将堰冲毁而告失败,钱四娘投水以殉。后来又两次移动坝址,终于在熙宁八年(1075年),建成。木兰陂长35丈,上置闸32孔,可以挡咸潮,可以蓄溪水,也可以根据需要开闸放水。木兰陂有两个取水口,分别供应南洋、北洋两个灌区。历代相传,愈益完善,今日木兰陂两岸渠道总长已达309千米,配套建筑物有350余处,灌溉面积达20万亩,成为沿海少有的农业区。木兰陂经久不衰,钱四娘的事迹一直为人们所传颂。至今犹存的建筑物仍可见到宋代文献所描述的面貌。

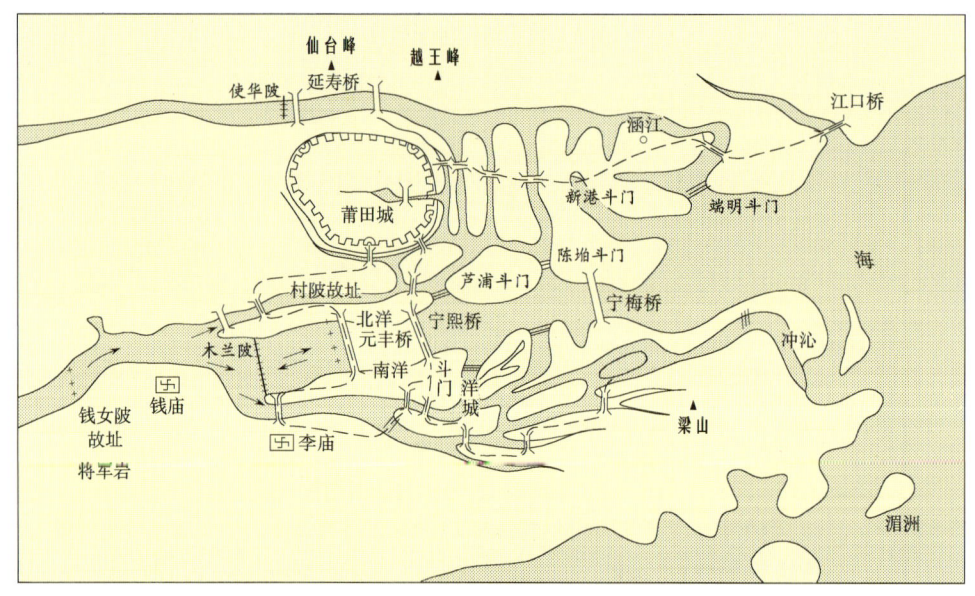

图3-16 木兰陂灌区示意图

规模最大的拒咸蓄淡工程应是浙江绍兴的三江闸(图3-17)。它位于绍兴城东北的老三江海口,建于明嘉靖十六年(1537年)。萧山、绍兴平原南依会稽山地,东有曹娥江,西有浦阳江,北为杭州湾,地势平坦,受潮汐影响较大。宋代始修海塘。南宋时,鉴湖废毁,形成海潮上溯,内水不足,旱涝潮灾害频仍,建三江闸是一举而除三害的综合措施。三江闸总长108米,共28孔。闸两侧依山,下为岩基,闸墩用大条石砌筑,闸旁修堤塘400丈与海塘相接,闸内河道上设多处闸门节制各河水位,与闸联合运用。闸旁设水则,根据绍兴城内水则即可知闸旁水则读数。三江闸上在纵横交错的河

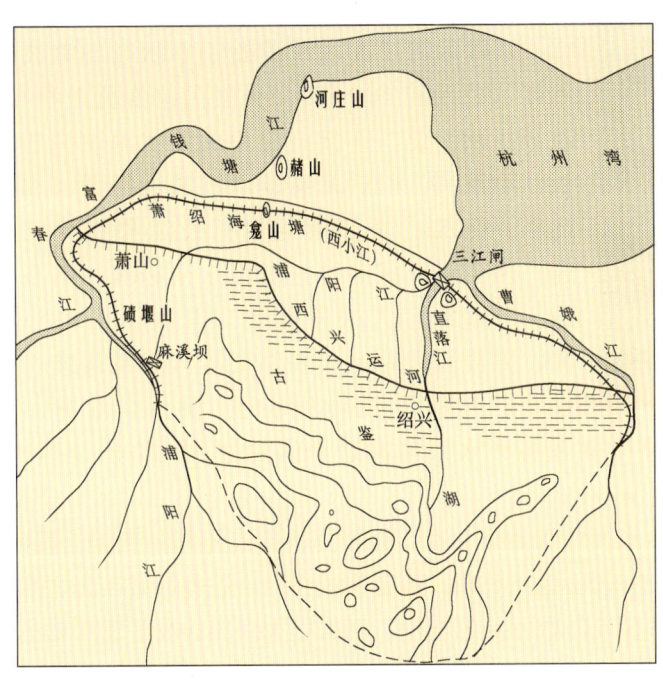

图3-17 20世纪后期三江闸位置示意图

网中可蓄水2亿立方米，使萧山、绍兴一带农田80余万亩不受旱、涝、潮灾的威胁。其功能后为新三江闸所替代，2007年新海口又建成了曹娥江大闸，老三江闸作为文物保留于原址。

### （五）地下渠道

新疆的吐鲁番和哈密一带，气候干燥，降雨量小，蒸发量大，可用作灌溉的水源唯有夏季天山积雪融水深入戈壁而形成的地下潜流。修建坎儿井便是适应当地特殊的地理条件，利用地下潜流，防止蒸发损失，进行自流灌溉的地下暗渠工程。

坎儿井一般顺地面坡度布置，分为竖井和暗渠两部分（图3-18）。暗渠的首段是集水部，中间是输水部分，暗渠的坡降小于地面坡降，以便将水在适当的地方引出地面。出地面后有一段明渠和附属工程，与明渠相接处称龙口。明渠引水入涝坝，即蓄水池，以调节灌溉水量。规模大的坎儿井每条可灌田800～1 000亩；中等的可灌300～500亩；小的可灌数十亩。

坎儿井的施工分为两步：第一步是寻找水源，先打一眼竖井，称定位井，发现有潜流后才开始正式施工。在定位井的下游再开挖竖井，作为水平暗渠定位和施工出渣、通风和维修的孔道。暗渠的长度从数千米至20千米不等。

清代以前，坎儿井在新疆并不多。到19世纪中叶不过30余处。清道光二十五年（1845年），林则徐在新疆提倡和推广，坎儿井遂大量增多，分布于吐鲁番、鄯善、库克、托克逊、哈密等地。20世纪统计，新疆共有坎儿井1 600处以上，总长度不少于5 000千米。

## 四、连绵不断的运河史

我国的主要河流水系，基本都为自西向东流，各水系间有分水岭阻隔。

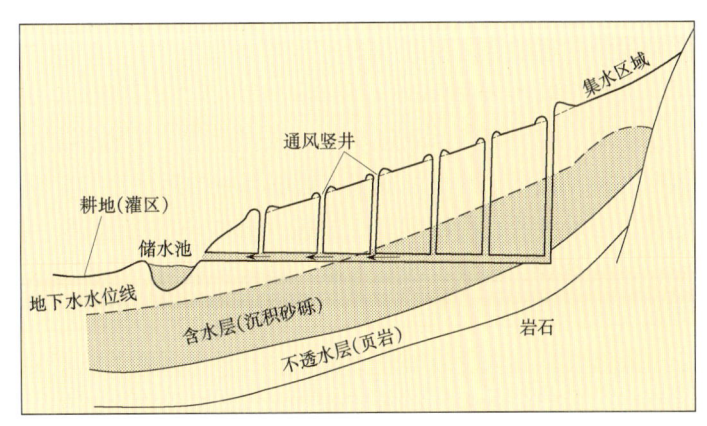

图3-18 坎儿井结构示意图

在漫长的中华民族发展史上，为扩大活动空间，以利于政治、经济、文化的交流人们利用人工运河，沟通各平行的水系。形成以都城为终点的全国水运网络的运河系统，我们可以称之为中国大运河，其最后形成的骨干就是京杭运河。它的形成过程十分复杂，经历了多次的扩建和改建，历时2 000多年。因此可以说它是世界上修建时间最长、涉及地域最广、工程组成最为复杂、工程量最大和动用人财物数量最多的一项工程；也是参与和见证历史事件最多，关系国家和民族形成和进步的工程。

京杭运河

## （一）复杂的形成过程

京杭运河江淮段开凿始于春秋时的鲁哀公九年（公元前486年），吴王夫差为北上争霸，在今扬州南北，连接一连串的天然湖泊沟通了长江和淮河。以后又有菏水和鸿沟把黄河和淮河联系起来；用江南运河把长江和钱塘江沟通；用灵渠穿越南岭把长江水系和珠江水系沟通；曹魏时，为战争需要又开凿了白沟等运河，把黄河和海河水系直至滦河水系连接。这样，早期联系滦河、海河、黄河、淮河、长江、钱塘江、珠江的南北通道即已沟通。一个联系各大水系的沟通全国的交通网络已经形成，可以认为是京杭运河的雏形。

在以后的年代，各段水道兴废不一，但水道网络却始终存在，并根据需要有不同的延伸。其间，有两次大规模的改建和扩建，发生在全国大统一的隋朝和元朝。前者都城在西，后者都城在北，淮河以北的线路有大的改动，但重点基本没变。一次耗时数百年的初创、两次巨大规模的改扩建和无法胜数的不同规模的改扩建，构成了京杭运河建设的全部历史。它是数十代人的集体创造，它关联着一个伟大国家的历史进程。

我们认识京杭运河有狭义和广义的两个概念：狭义指从北京到杭州的现行运河；广义应指历史上京城与江南间变化着的运河为主干，联系全国相关大流域的水运网络。不谈这个网络，京杭运河的伟大历史地位将大打折扣。

## （二）丰富的历史内涵

京杭运河丰富的历史内涵涉及极其广泛的领域，它关乎国家政治统一、经济发达和文化繁荣。

中国历史上秦、隋、元三次大统一都把建设这条运河作为优先规划和实施的大事，历朝历代都把维护运河的通航作为要务（图3-19）。

文献记载："赋出天下，江南居十九。""天下诸津，舟航所聚，旁通巴汉，前指闽越，七泽十薮，三江五湖，控引河洛，兼包淮海。私舸巨舰，千舳万艘，交贸往返，昧旦永日。"描绘出这条运河水运网在国家经济上的不可或缺。唐朝都城的运河港口广运潭汇聚着全国各地的舟船："若广陵则锦、铜器、官端绫绣；会稽则罗、吴绫、绛纱；南海玳瑁、象齿、珠琲、沉香；豫章力士瓷饮器、茗铛釜；宣城空青、石绿；始安蕉葛、蚺胆、翠羽；吴郡方文绫。船皆尾相衔进，数十里不绝。"足见运河涉及经济领域的深广。

唐宋时期有大量的国外使者和学者来中国朝圣或求学，他们多自运河来去，承载着经济文化交流的重任；他们中有些生动地记载了运河及其沿岸的繁华，其中包括唐代日本僧人圆仁和宋代日本僧人成寻流传至今的作品。元朝意大利马可·波罗写下的游记最精华的部分应是是对运河的记载。运河所经名城荟萃，人才辈出，是我国历史面貌的重要见证。

元明清三代，花费昂贵的代价开凿、建设和维护这条运河，是国之大计，其对社会的影响，史不绝书。

## （三）水利科学技术史上的丰碑

京杭运河，为适应社会政治、经济、文化的需求，行经不同的地形地质和水资源条件的地区，给工程提出了许多难题。我们的祖先在解决难题中推进了水利科学技术的前进，取得了经济、文化的辉煌成就。

综 合 卷　第三节　中国河湖水系中的人类活动遗存和遗迹

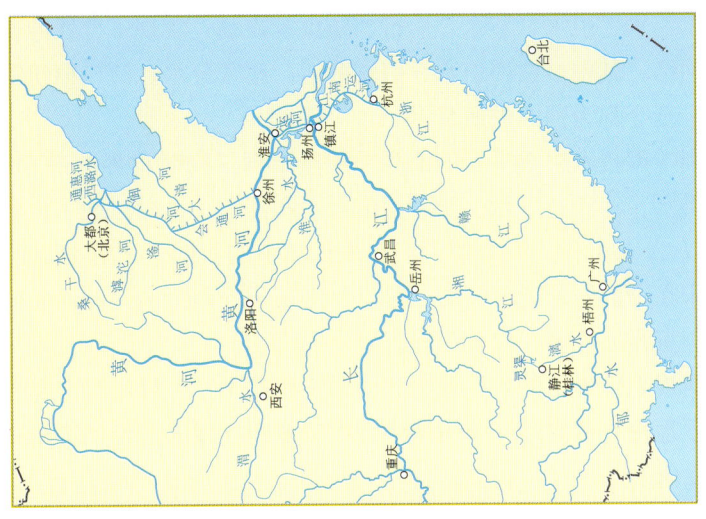
(c) 元明清时全国运河网络示意图

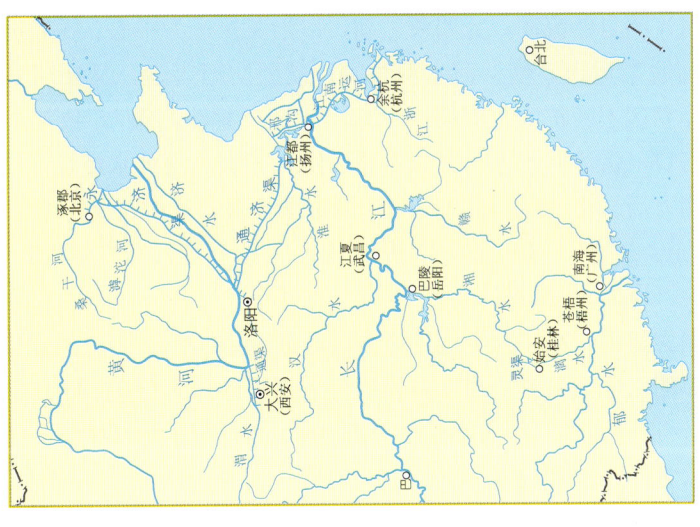
(b) 隋唐宋时期全国运河网络示意图

图3-19　三个历史时期的南北大运河图
（台湾资料暂缺）

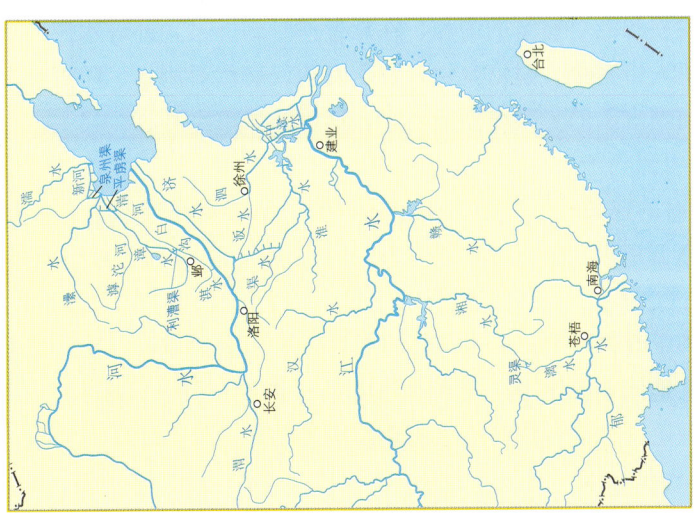
(a) 隋代以前的南北航运干线图

京杭运河是工程规划的典范。在不同的水资源和各种地形地质条件的区段，做出了各具特色的高水平的工程规划，综合解决了汇水、引水、节水、船行、防洪等难题，实现了全线的通航，成为沟通南北、枝蔓全国的国家交通网络。其中，白浮引水、引汶济运、南旺分水、清口枢纽等，还可以包括延伸工程灵渠、浙东运河等，至今都为国内外所赞赏。

京杭运河使中国古代水利工程技术走上世界的前列。这里出现了当时世界上最大的水库洪泽湖，它综合地解决了蓄水、运河供水、冲沙、分水、防洪等多项水利需求；这里出现了世界最早的斜面升船机，其中最大的瓜洲堰，以22头牛作为升船动力，实现长江中的航船进入苏北运河；这里出现了早期的通航闸门，特别是北宋在今淮安附近的复闸，是世界上最早的两个闸门的通航船闸。在元朝运河上已有了通惠河、会通河、济州河等多个渠化河段。

元代科学家郭守敬在运河规划中提出的海拔概念和中国特色的渠化工程，走在世界的最前列；明代水利专家潘季驯的束水攻沙理论在黄淮运综合治理中得到有效的实践等，他们都是在运河建设和运行中做出世界级贡献的科技专家。

### （四）运河的功绩和河湖水系付出的代价

京杭运河是一条与多条水系相通的大的人工水道。它从南到北，一定程度上促成了大河间的水量交换；截断许多东西向中小河流的自然流动；元明清三朝，以治黄保运为中心：一是防止黄河冲毁运河，淤塞运道；二是防止黄河脱离运道，使运河水源枯竭。既要防河害运，又要用河利运。黄淮合流，黄河淤积壅高水位，洪泽湖区不断扩大。大修高家堰，实行"蓄清刷黄"，致使淮河的自然状况受到严重破坏，直至失去入海口；沂沭泗水系分离；泗州城沉入湖底。逼淮水经运河排入长江，水大时更多的矛盾转移至两岸。明万历二十三年（1595年），高家堰再决，高邮决运河堤，里下河一片汪洋。万历时漕抚吴桂芳感慨道："淮、扬二郡，洪潦奔冲，灾民号泣，所在凄然。河流泛滥，盐（城）、淮（安）、高（邮）、宝（应）不复收拾矣。"

已有两千多年历史的中国大运河，在华夏大地上，留下时间和空间不可磨灭的印迹，其中不少区段仍是繁忙的水道，还有更多的已成为遗迹。唐朝文人皮日休评议隋大运河时说："在隋之民不胜其害也，在唐之民不胜其利也。"这是对运河历史功过的高度概括。京杭运河的历史，包括在自然和人文变化中的许多细节，值得永世回味。

## 五、人居与河湖

历史上，随着生产力的发展和社会财富的增加，在靠近河、湖、泉、井等水源的一些地方出现了城镇，可以泛称为城市。这里人口密集，财富集中，文化发达，必然对用水、防洪和交通等水利事项提出更多的要求，为人类与河湖水系的关系增添新内容，这就是城市水利。

### （一）早期建城理论中的水利问题

《管子》一书对春秋战国时的建城理论有系统的论述，其中城市水利理论占有重要地位。可以归纳为：①选择城市的位置要高低适度，既便于取水，又方便防洪，随有利的地形条件和水利条件而建，不必拘泥于一定的模式；②建城不仅要在肥沃的土地上，还应当便于布置水利工程，既注意供水，又注意排水、排污，有利于改善环境；③在选择好的城址上，要建城墙，墙外建郭，郭外还有土坎，地高则挖沟引水和排水，地低就要做堤防挡水；④城市的防洪、引水、排水是十分重大的事情，最高领导人都要过问。这些理论一直为古代城市水利建设所遵循。

### （二）历史上城市水利的基本内容

上述理论的具体化，就成为古代城市水利的基本内容。

（1）居民用水、手工业用水、防火和航运是古代城市供水的主要方面。城市自河湖取水和打井是

主要的取水方式。在水源不便的地方建城，需要做专门的引水工程送水入城。例如，三国时雁门郡治广武城（今山西代县西南）、唐代坊州中部县（今陕西黄陵县）、袁州宜春城都曾建有数里长的专门的供水渠道和相应的建筑物。

（2）古代征战攻守，城占有极重要的地位。为巩固城防，城市要筑坚固的城墙，同时深挖较宽的护城河，也叫池或濠，在敌人攻城时，使城和濠成为相互依托的两道防线。护城河中的水来自上游的河湖、溪流或泉水，大多数有专门的引水工程。也有的护城河就是天然的或人工的河湖。护城河下尾要有渠道排泄入江河。为控制蓄泄，还要建相应的建筑物。护城河和城墙体系是城市最有效的防洪工程。当洪水泛滥时，城墙是坚固的挡水堤防，护城河就成为导水排水的通道。在黄淮海平原，有很多城市在一般的城墙和护城河之外又筑一道防洪堤，实际也是一道土城，堤外同样有沟渠环绕，使城市形成双重防洪体系。

（3）古代不少水利工程兼有城市供水和农田灌溉的双重作用。其中，有的城市供水工程兼有农田灌溉效益，有的大型灌溉工程兼有城市供水作用，有的城市运河也用来作季节性农田灌溉。这些灌溉工程多属于为城市生活服务范围。也有些城市水域用于种植菱荷茭蒲，养殖鱼鳖虾蟹，兼收副业之利。

（4）历史上，城市发展，自然环境随之恶化，以水来改造和美化城市环境作为对策，用水利工程引水入城，或借用自然水体加以修整，改善城市环境，曾得到广泛的采用。中国六大古都西安、洛阳、开封、杭州、南京和北京都兴修了大量的水利工程来改善城市环境，不少中小城市也兴修了相应的工程（图3-20）。

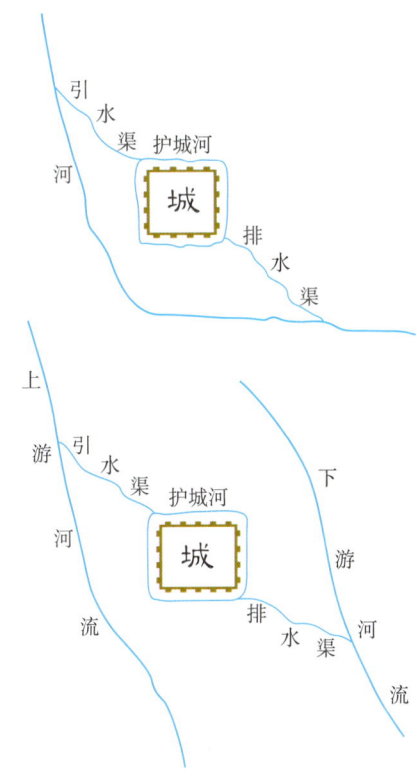

图3-20 中国历史上的城池系统

### （三）传统城市的遗存和遗址

#### 1. 水网城市

苏州城始建于春秋时代，吴国建都之始就是水陆并重的水网城市。隋代，曾经迁城址于西南方的横山下，但新址的自然和经济条件都远不如旧址，显然这是就引水、排水和交通等方面的水环境所做的比较，于是只好又迁回原址。苏州是宋平江府城，保存至今的宋代文物《平江图碑》所刻就是当时详细的城图，我们对照此碑和1949年前后的苏州城图，或上溯到春秋时吴城的记载，会发现城市河网、街道以及一些代表性建筑位置基本一样。这种"千古不变"的城市沿革的根本原因，就是作为城市骨架的水网所起的作用。苏州的城市水网布置充分利用了水源、地形、与周围的联系等条件，使其达到了难以改易的程度。水网创造了城市的繁荣，也给居民带来了舒适和美丽。

#### 2. 西湖何其多

我国西湖很多，除闻名遐迩的杭州西湖之外，水量丰富的南方西湖数不胜数，就是水量不甚丰富的北方的一些城市也有西湖。例如，福建福州、广东惠州、安徽颍州（今阜阳）、河南许昌都有西湖；就连一些县城，例如，福建仙游、四川富顺等都有西湖；北京的瓮山泊（今颐和园昆明湖）也曾称西湖景。它们共同的特点是都在城市的西面。我国多数的地方地形都是西高东低，水域位于城市之上游，水就可以自流入城，它们多数都有供水的功能，解决了居民的生活用水，又可以灌溉田园草木，甚至农田，生产蔬菜，改善环境。我们考察有西湖的城镇，此种情况大致不差。

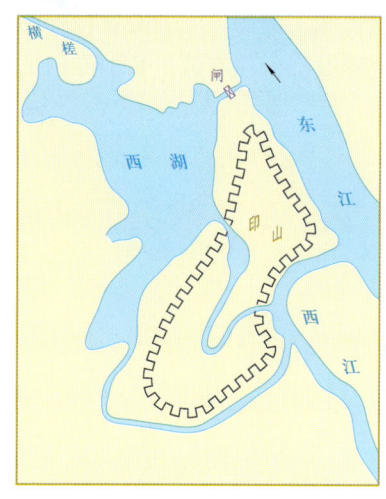

图 3-21 西湖何其多——惠州西湖

谈到杭州西湖，我们不能不联想到文化名人白居易和苏东坡。白居易著名的《别州民》诗："耆老遮归路，壶浆满别筵。甘棠无一树，那得泪潸然。税重多贫户，农饥足旱田。唯留一湖水，与汝救凶年。"表现了为政者的胸怀和追求。苏东坡曾出任杭州知州，也对西湖进行了全面治理。他在惠州和颖州为官，同样修筑了西湖，为地方发展做出了为世代怀念的业绩（图 3-21）。二位不仅是杰出的文学家，而且是政绩显著的官员，也是有成就的水利工程专家。

### 3. 与洪水为伴的古城

寿州即今安徽省寿县，古代曾称寿阳或寿春，战国时曾一度作为楚国的都城。三国至南北朝期间，南北军事对峙，争夺最激烈的地方是淮河流域，而寿阳处于淮河上的要害位置。它南经肥水、施水和巢湖可通长江，北经淮水、颖水、沙水可入黄河流域，也可沿淮水东下转泗水、汴水或菏水入黄河。便利的水上交通使它成为兵家必争之地。城南有春秋时始建的大型水利工程芍陂，灌溉大片农田，生产大量粮食，还可以保障城市用水，使此城的战略地位加强。但寿阳地势低洼，淮河在肥河口上游接纳了颖河和淠河两大支流，极易发生洪水，威胁城市安全。为此，寿阳城建有坚固的城墙和相应的护城河防洪体系。在水攻十分频繁的南北朝，这一体系经受了多次水攻的考验。南朝齐建元二年（480 年）北魏兵南侵，首先攻打寿阳城，守将垣崇祖在城西北筑堰，壅肥水淹城四周，使魏军无法接近该城，赢得时间，用计击退敌军。梁天监年间，北魏占领寿阳城，梁武帝为夺取该城，于天监十五年（516 年），在今安徽五河县浮山处，筑成了著名的拦淮大坝浮山堰，壅高淮河水淹寿阳城，淮河两岸数百里一片汪洋，寿阳城的防洪能力又一次受到考验。南朝陈太建五年（573 年）陈将吴明彻，进攻北齐，又曾堰肥水淹寿阳城，水压城多日，城外水位很高，但城垣仍完好，致使城中地下水水位上升，潮湿不堪，城内人多泻肚浮肿，死亡过半，城被攻陷，但城垣未垮（图 3-22）。

洪水中的寿县古城墙

### 4. 几座相同模样的古城

在我国的城市平面图上，起码有三座中等城市特点突出，且模样极其相似，它们是山东省聊城、河南省淮阳和河北省永年，都是方整的古城，外面环绕着一圈湖水，形成"湖中城"的独特景观。原因何在？这里蕴藏着有趣的城市与水的故事。这种例证很多，有的废弃城池基址甚至成了一个大湖。明代治河官员刘天和曾描述说："滨河郡邑护城堤外之地渐淤高平，自堤下视城中如井然。"在多沙河流泛溢地区多见此种景观（图 3-23）。

### 5. 从繁华到沉没的千古绝唱

泗州（图 3-24）在地图上消失已经三百多年了，它久久留在人们的记忆中不外两个原因：一是它在唐宋两代曾经是全国最繁华的水运枢纽之一；二是它以沉没在浩瀚的洪泽湖中为其结局，这与它在水利上的重要地位和浩瀚的洪泽湖的形成紧密相连，在没有剧烈的地质变动的情况下确为举世少有。

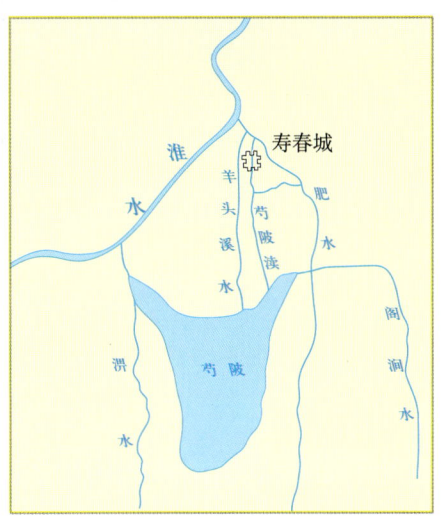
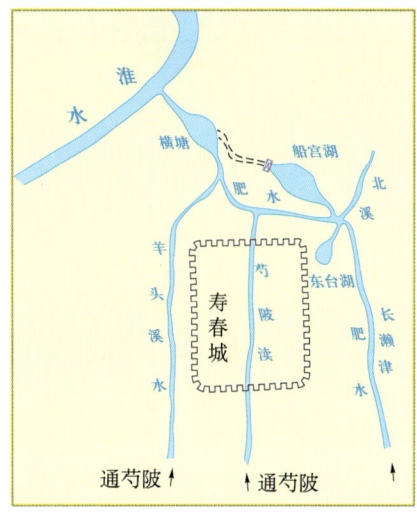

图 3-22　与洪水为伴的古城——寿州

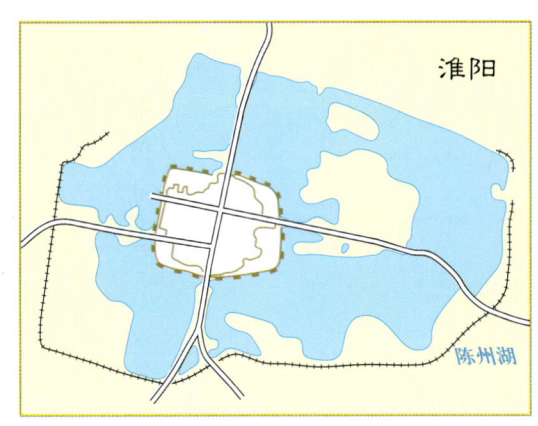

（a）淮阳

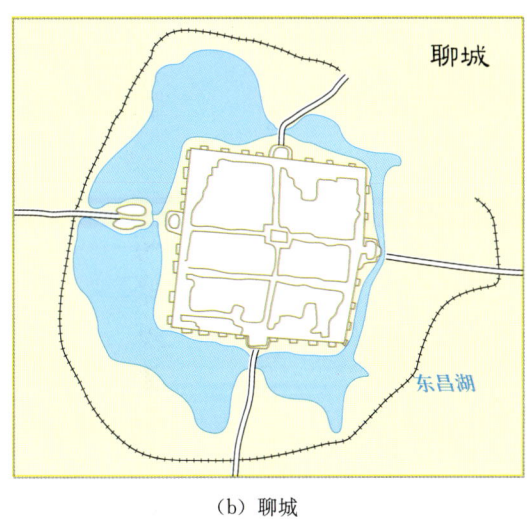

（b）聊城

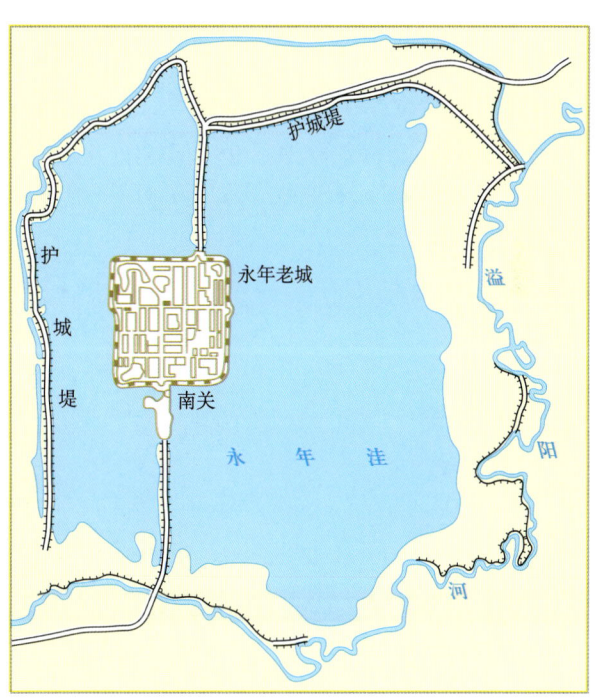

（c）永年

图 3-23　三座相同模样的古城——淮阳、聊城、永年

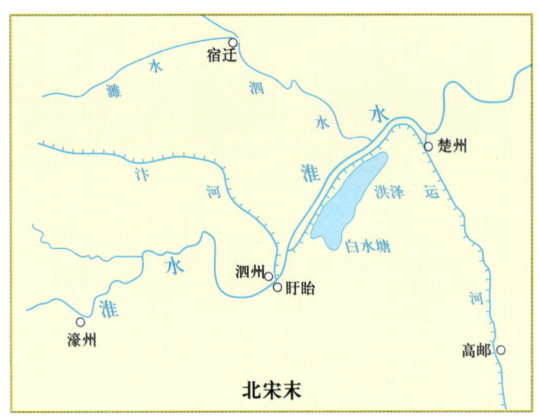
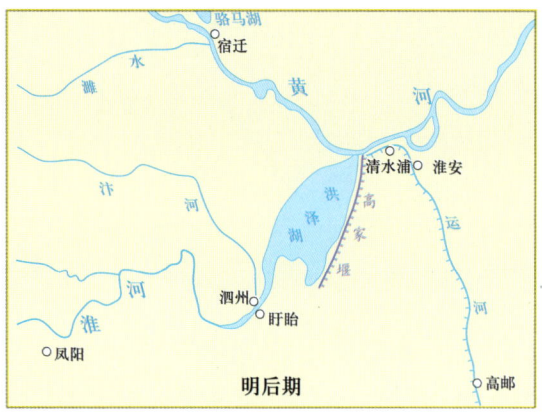

图 3-24 泗州城从繁华到淹没

# 第四章 中国的河流

## 第一节 黑龙江和东北地区的河流

东北地区南起大连、山海关，北至漠河，西至大兴安岭以西。北部与东北部以黑龙江干流、乌苏里江与俄罗斯为界，东部以图们江、鸭绿江与朝鲜为邻，西北部与蒙古国接壤，南濒渤海和黄海。南北长1 600多千米，东西宽1 100多千米。地域包括辽宁、吉林、黑龙江三省及内蒙古自治区的呼伦贝尔市、兴安盟、通辽市、赤峰市和河北省承德市的一部分。土地面积124.9万平方千米。

### 一、山环海偎的地形

东北地区在地形的组成上以松辽平原为核心，西、北、东三面环山，南临渤海、黄海，成为一个巨大的马蹄形。西部大兴安岭北东走向，海拔1 000米以上，西坡平缓，东坡陡峻。西南部为七老图山、努鲁尔虎山，海拔500米以上。北部伊勒呼里山东西走向和小兴安岭北西走向，海拔500～1 000米。小兴安岭东北坡短而陡，西南坡长而缓。东部北起三江平原向南为一系列走向东北的平行山岭，从东往西为长白山、老爷岭—威虎岭—龙岗山—千山、张广才岭—吉林哈达岭、大黑山等。海拔1 000～2 000米，长白山主峰白头山海拔2 744米。其间分布有一些宽广的盆地和谷地，山岭中的河流如牡丹江、穆棱河、辉发河等主要沿着宽阔的纵谷和地堑发育。三面山地及丘陵台地环抱着广阔、富饶的松辽平原，面积35万平方千米，在其中部和南部为松嫩平原和辽河平原，东北部为三江平原。中部在伊通—怀德—科尔沁一带为松辽分水岭高地。辽阔的松嫩平原是一个巨大的宽浅盆地，四周为山麓洪积冲积平原，海拔250～300米，向盆地中心部位的哈尔滨—齐齐哈尔—白城三角形地区徐徐下降，盆地中心海拔在200米以下。第二松花江、嫩江等河流构成向心水系，从山区相向流至平原中心部位，低洼处湖泊、沼泽、湿地广布。辽河平原地势微向西南倾斜，海拔多在50米以下。东北部的三江平原为一断陷盆地，地势低洼，沼泽化尤为突出。为黑龙江与支流松花江、乌苏里江的汇流地区。

### 二、严寒漫长的冰冻期

东北地区的年平均气温为-4～10摄氏度，由北部的大、小兴安岭地区的-5～-3摄氏度向南部辽河平原递增至10摄氏度左右。1月平均气温南北部差别大，南部为-4摄氏度，北部达-30摄氏度，漠河被称为我国的"北极"，极端最低气温达-52.3摄氏度。7月平均气温南北差别较小，一般均在20～25摄氏度之间，赤峰的极端最高气温达42.5摄氏度。

本地区位于中纬度西风带的大陆东缘，为东亚夏季风影响的北部边缘，属寒温带和中温带，具有非常明显的温带大陆性季风气候特征。该地区北面与北半球"寒极"——东西伯利亚为邻，西为高达千米的蒙古高原。西伯利亚极地大陆气团直袭侵入，冬季严寒而漫长。大兴安岭北部是我国唯一的面积较大的寒温带地区，是我国寒冷的地区之一，无霜期仅100天甚至更短。河流一般10月下旬至次年4—5月上旬为封冻期，历时长达半年以上，冰厚达1.5米左右。地下有连续多年冻土层，厚度达50～80米，在额木尔山以西面积占80%以上。季节融化一般在2.0米以内。大、小兴安岭山区和丘陵无霜期不足 120 天，河流一般在 11 月上中旬至次年 4 月中下旬为封冻期，历时 120～170 天，冰厚 0.8～1.3 米。地下有岛状冻土，冻土层厚度：大兴安岭西坡阿尔山地区为 2～3 米，最厚达 16～18 米；东南麓大杨树地区为 1～2 米，最厚达 6～7 米；小兴安岭山地丘陵区 4～7 米，最厚达 10 米以上。长白山山地和低山丘陵地区，无霜期为 100～135 天，河流于 11 月中下旬至次年三月中下旬为封冻期，历时 100～140 天，深山区达 150 天以上，南部不足 100 天，冰厚一般为 0.5～1.0 米。三江平原无霜期 120～150 天，河流于 11 月下旬至次年 4 月初为封冻期，历时 120～130 天。松辽平原和大兴安岭南部山地大部分地区属中温带半湿润气候区，仅在松嫩平原和辽河平原西部为半干旱气候区，河流一般在 11 月至次年 3 月为封冻期，封冻期各地长短不一，北部松嫩平原长达 5 个月以上，南部辽河平原和大兴安岭南部山地为 4～4.5 个月。

### 三、国际界河和出境河流

东北地区的河流大多是环绕于大、小兴安岭和长白山等构成的马蹄形山地和丘陵的国际河流（图 4-1），黑龙江上中游干流和支流乌苏里江是我国与俄罗斯的界河；鸭绿江、图们江是我国与朝鲜的界河；绥芬河是出境流入俄罗斯的国际河流。松花江是黑龙江的最大支流，为我国东北地区的一条重要河流。东北地区河流入海方向有三：一是黑龙江向东北入鄂霍次克海；二是鸭绿江向西南入黄海；三是图们江、绥芬河向东入日本海。

图 4-1　东北地区的国际河流水系示意图

### （一）黑龙江

黑龙江是世界十大江河之一，流经中国、俄罗斯、蒙古国三国。在《山海经》中称欲水、黑水，《旧唐书》《新唐书》称望建河、宝健河，上辽、宋、元时期名混同江，明朝开始称黑龙江。因流经地区森林茂密，水草丰盛，土壤中含大量黑色腐殖质，江水呈现青黑色而得名。

黑龙江有南北两源：北源为石勒喀河，其上源为鄂嫩江，发源于蒙古国北部肯特山麓。南源为额尔古纳河，其上源为海拉尔河，发源于我国大兴安岭西侧古利亚山麓。南北两源在我国漠河县洛古河村汇合后始称黑龙江。江水蜿蜒东南流，右岸纳额木尔河、呼玛河；左岸一侧纳结雅河及布利亚河。而后南折东流，右岸一侧纳松花江及乌苏里江。而后流向东北进入俄罗斯境内，注入鄂霍次克海的鞑靼海峡。以石勒喀河为源头，黑龙江全长 4 416 千米；以海拉尔河为源头，黑龙江全长 4 344 千米；流域面积 184 万平方千米。在我国境内流域面积 90 万平方千米，占全流域的 48.9%。

#### 1. 黑龙江干流上中游

黑龙江干流分为三个河段：洛古河村至结雅

黑龙江

河口为上游，河长900千米；结雅河口至乌苏里江口为中游，河长930千米；乌苏里江口至入海口为下游，河长930千米。

黑龙江上中游为向右弧形弯曲，回转于大、小兴安岭外侧山谷中，右岸悬崖逼近，左岸较平缓，河道坡度不大，可以通行船只。额木尔河口以上江面较窄，水流较急；额木尔河口至嘉荫段，河谷展宽，河道弯曲，多江中岛和江汊；嘉荫至延兴段进入兴安峡谷，两岸山岩直立，河谷缩窄，水流湍急；延兴以下流出峡谷，进入平原地区，河谷展宽，河谷多江汊、沙洲和岛屿。

黑龙江降水由西向东和东南递增，海拉尔河、额尔古纳河地区年降水量350毫米左右，黑龙江干流450～500毫米。6—9月降水占全年的70%，冬季降雪占全年降水的10%～20%。河川径流深东高、西低，西部又北高南低，年径流深山区400～500毫米，三江平原为低值区，仅150毫米左右。

黑龙江流域位于寒温带和中温带，气候严寒。冬季半年地表积雪厚度一般为20～50厘米，春季融雪补给河流，春汛水量占年水量的15%～20%，大兴安岭北部达30%。夏汛期雨水补给占年水量的65%～80%。黑龙江干流径流量年际变化大，丰水年与枯水年的比值为4.1。干流洪水具有峰高、量大和时间长的特点，这与我国北方河流洪水陡涨陡落有明显差异。一次洪水历时10天左右，最长达29天。

黑龙江干流冬季冰期长，冰层厚，有冰上冰甚至连底冻。上游5月初、中游4月下旬气温回升，冰雪融化，相继开江；上游段流冰期间常形成冰块堆积，壅高水位形成冰坝，发生凌汛，冰坝壅高水位常达7～8米，高者达14.1米。

黑龙江上中游水量丰富，乌苏里江口以上年径流总量2 785亿立方米，其中北源石勒喀河149亿立方米，南源额尔古纳河126亿立方米，结雅河597亿立方米，布利亚河319亿立方米，松花江735亿立方米，乌苏里江624亿立方米。

黑龙江水能资源蕴藏丰富。干流是少沙河流，河水年均含沙量多在0.1千克每立方米以下。

黑龙江上中游河道航运在历史上就发挥着重要作用，额尔古纳河奇乾至恩和哈达可通行100～300吨级船舶。干流上游段枯水期航运水深1.5米，航道宽60米，可通行1 000吨级船舶。中游段除特别枯水年外，航运水深1.8米，均能满足1 000吨级的船舶通行。

### 2. 松花江

松花江是黑龙江的最大支流，我国东北地区最主要的河流。主源嫩江源于大兴安岭伊勒呼里山中段南侧。曾作为南源的最大支流第二松花江源于长白山天池，在三岔河与嫩江相汇后称松花江，汇口处海拔128.22米。松花江干流东流至同江东北部从右岸汇入黑龙江。流域面积55.68万平方千米，以嫩江为源河长2 309千米。

松花江

嫩江地势北高南低。嫩江流行于大、小兴安岭和伊勒呼里山环绕的弧形山脉之间，众多支流集成为羽状水系。河源区森林密布，河谷狭窄，河道比降14.25‰，水流湍急。河源区以下河道展宽，水量增大，河道比降3.1‰～3.6‰；嫩江县城至尼尔基两岸多低山丘陵，地势较平坦；尼尔基以下进入松嫩平原，河道曲折，滩地展宽达10千米以上，滩地广布沼泽、湿地和牛轭湖。该段河网密度大，右岸有多条支流汇入，左岸为内陆闭流区，有大片沼泽、湖泊和湿地分布。

第二松花江地势东高西低。东部山区海拔700～1 000米；中部是海拔400～700米的低山丘陵；

西部和西北部地势平坦，海拔 150 米以下，是松嫩平原的中部地区。河源段森林茂密，河谷狭窄、弯曲；两江口至丰满电站段河谷呈 V 形，河道狭窄，河面宽 100 米左右，水流湍急；丰满电站至沐石河口段两岸为丘陵台地，海拔 300～500 米，河谷展宽，为主要农业区；沐石河口以下河道进入平原地区，河宽 250～800 米，两岸多沙丘，河道散乱，多曲流、汊河、沙洲。

　　松花江干流三岔河至哈尔滨段穿行于松嫩平原的草原、湿地，地势平坦。哈尔滨至佳木斯段，河流穿行于小兴安岭和张广才岭之间峡谷和丘陵地带，沿途多断崖、低丘、台地和草地。在依兰附近一段河道称为"三姓浅滩"，江中岛屿和沙洲较多，多处暗礁和岩石露出水面，成为有名的碍航河段。佳木斯至同江段，穿行于三江平原，地势平坦，河面开阔，水流缓慢，江中多沙洲、小岛和暗礁。富锦以下水面开阔，河水受黑龙江干流洪水顶托，回水可上溯 80 千米以上。

　　松花江流域冬季严寒，夏季多雨，秋季较短，春季多风。11 月上中旬至次年 4 月中下旬为冰封期，历时 150～170 天。年均降水量 500 毫米左右，东南部山区 700～900 毫米，小兴安岭 500～700 毫米，大兴安岭中部 400～500 毫米，松嫩平原 400～500 毫米。4—9 月降水量占全年的 60%～80%，12 月至次年 2 月仅占 5% 左右。

　　流域地表径流山地年径流深 300～500 毫米，松嫩平原仅 20～50 毫米，三江平原 150 毫米以下。流域年径流量 783.97 亿立方米。

　　流域每年有两个汛期：春汛（4—5 月）主要由冰雪融水和雨水形成，水量占全年的 10%～20%；夏汛（6—9 月）水量占全年 50%～80%。11 月中下旬开始封冻，进入枯水期。

　　流域各河流的含沙量较小，山区河流小于 0.1 千克每立方米，其余河流为 0.1～0.5 千克每立方米。

　　流域水能资源蕴藏量为 659.85 万千瓦，其中第二松花江 139.82 万千瓦，嫩江 227.12 万千瓦。松花江干流及支流牡丹江 292.91 万千瓦。已建 1 万千瓦以上水电站 8 座，即：第二松花江的白山、丰满、红石、北江，洮儿河的察尔森，牡丹江的镜泊湖、莲花、晨光，总装机容量 338.81 万千瓦。

### 3. 乌苏里江

　　乌苏里江是黑龙江右岸的一条重要支流，也是我国东北部与俄罗斯的国际河流。有东西两源：主源乌拉河源于俄罗斯锡霍特山西侧；支流曾称西源的松阿察河源于兴凯湖的东北部，是兴凯湖的唯一

乌苏里江

出口。两河汇合后始称乌苏里江。由南向北流至俄罗斯哈巴罗夫斯克（伯力）西南部汇入黑龙江干流。河长 890 千米，流域面积 18.7 万平方千米。从河口上溯到松阿察河至兴凯湖西岸的当壁镇，全长 764 千米，是中俄两国的界河和界湖。

　　乌苏里江左岸为三江平原，右岸为锡霍特山山区和丘陵。河流穿行于穆棱-兴凯平原、完达山、三江平原与锡霍特山区、丘陵之间广阔的纵谷。挠力河汇口以下江内多岛屿和江心洲，岛屿甚至成串分布，属于我国的岛屿就有数十个，如珍宝岛、心里沁岛等。

　　干流右侧山区水量丰富，是干流水量的主要来源；干流左侧地势低平，沼泽地发育，水量较小。乌苏里江年径流量 623.5 亿立方米，径流深 333 毫米，干流左侧径流深 150～300 毫米。11 月中旬至次年 4 月中旬为河流封冻期，封冻时间 130～150 天。4—5 月冰雪融水形成春汛，6—9 月为夏汛。三江平原河流受沼泽、湿地影响，春夏汛各月水量分配趋于均匀，峰形呈极为缓平的"马鞍形"。

乌苏里江水面开阔，航运条件很优越，船舶可上达兴凯湖。从松阿察河口至乌苏里江口干流可通行100吨以上船舶，其中虎头山以下可通行千吨级江轮。

### （二）鸭绿江

鸭绿江是中朝两国的界河，发源于长白山主峰白头山南麓，在东港市大东镇注入黄海。干流全长816千米，流域面积6.45万平方千米，在我国一侧流域面积3.2万平方千米。在我国一侧主要支流有浑江、蒲石河、爱河等，在朝鲜一侧有虚川江、长津江、秃鲁江、忠满江等。

鸭绿江

自源头到临江为上游，长339千米。自长白山主峰南流，过长白折向西流至临江，河流流经高山区，河谷深切，山势陡峻，两岸悬崖峭壁，多为V形河谷。长白以上河道比降达9.05‰；长白至临江段悬崖峭壁与开阔丘陵相间，河道弯曲，河宽在150米以下，河道比降为1.7‰。临江至水丰水电站为中游，长322千米。干流折向西南流，沿江两岸山势降低，河床展宽至200～2 000米，河道比降为0.75‰。该段已建云峰、渭原、水丰三座大型水电站。水丰以下为下游，属低山-丘陵区。其中虎山以下的河口段为平原区，河谷呈U形，河谷展宽，水面宽约800～2 000米，丹东附近约5千米，河口段达60千米，形成三角洲，水流分成东西两支入海。

流域属中温带湿润区，夏天炎热多雨，冬天严寒干燥。鸭绿江由东北流向西南。右岸是长白山及其余脉千山，左岸是咸境山、狼林山，形成面向西南的喇叭口地形。夏季太平洋暖湿气流沿河谷北上，极易形成暴雨，成为我国北方一个突出的降雨高值区。流域年均降水量970毫米，下游荒沟一带高达1 200毫米；6—9月占年降水量的70%左右。

流域水资源丰富，年径流深508毫米，居东北、华北诸河之冠。流域多年平均年径流量约320亿立方米，年均入海水量316.9亿立方米。年内径流有明显的春汛和夏汛。每年11月下旬至次年3月中下旬为河流封冻期。3月中下旬积雪开始融化形成春汛，占全年径流量的6%～15%。6月中旬进入夏汛期（6—9月），径流量占全年的80%左右。

流域地表水水质，干流上游段及主要支流浑江、蒲石河、爱河等水质较好，干流下游及其他局部河段有轻度污染。

鸭绿江干流大部分穿行于山谷中，河道比降大，水能蕴藏量丰富。在干流由我国与朝鲜联合、分别负责已建云峰、渭原、水丰、太平湾、长甸五座水电站，总装机容量203万千瓦。我国在最大支流浑江中游段已建桓仁、西江、回龙、太平哨、双岭五座水电站，总装机容量59.45万千瓦。

### （三）图们江

图们江是中国与朝鲜的另一条界河，在珲春防川以下为朝鲜与俄罗斯界河，注入日本海。图们江发源于长白山东麓石乙水，流向东北至密江折向东南，经珲春市防川土字界牌以下为朝俄界河，流经15千米注入日本海。图们江干流全长525千米，其中中朝界河长507千米，总流域面积3.32万平方千米，我国境内面积2.26万平方千米。

图们江上游穿行于长白山崇山峻岭之中，河谷深切，形成V形峡谷，河床比降7.2‰；水面宽50～100米，河道异常弯曲，河槽宽窄不一。图们江中游流经岭谷区，有构造盆地穿插分布，较大的有延吉、图们、和龙三个盆地。南坪至开山屯河谷呈U形束放，河床坡陡，水流湍急，是水能蕴藏量最大的河段。开山屯至甩弯子河床展宽，河谷两侧阶地发育，为该流域经济和文化最发达的地区。图们江下游进入珲春河平原，地势开阔平坦，河道展宽，主流摆动较大，河道多汊流、沙洲。

图们江流域降水量地域分布受地形影响，在流域上游山区和珲春河流域的迎风坡年降水量为600～700毫米，流域中部和龙盆地和延吉盆地为500毫米左右，流域西北部山地和丘陵地区为500～600毫米。

流域河川年径流在河源区达500毫米以上，上游山区和珲春河流域迎风坡为300～400毫米，嘎呀河中下游低于200毫米。在我国一侧年均径流量为51.9亿立方米，径流深为227毫米。夏季（6—8月）占全年的50%～70%，冬季（12月至次年2月）占4%～5%。每年一般11月下旬至次年3月下旬为河流封冻期，封冻天数120天左右。

流域水能蕴藏量丰富，现开发利用率不高。河道航运具有很好的前景。干流圈河至防川43千米可通航50～100吨船舶，防川至河口18千米可通航300吨船舶。待航道整修后，防川以下可通行2 000吨级船舶。

### （四）绥芬河

绥芬河是东北地区流入俄罗斯的一条国际河流。全长443千米，其中我国境内长258千米；流域面积17 321平方千米，其中我国境内面积10 069平方千米。

绥芬河主源大绥芬河源于长白山余脉大虎岭的秃头岭北侧，至东宁镇进入平原区，而后流入俄罗斯，向东南流至乌苏里斯克（双城子）附近转向南流注入日本海大彼得湾。绥芬河属山溪性河流，上游段流经崇山峻岭，河谷深切；中游流经低山丘陵区，河谷趋于平坦；下游进入平原区。

流域冬季严寒，夏季多雨。年降水量530～600毫米，雨季6—9月降水占全年的70%以上。河川水量丰沛，东宁站年径流量13.1亿立方米，年径流深158.7毫米。汛期6—9月径流占全年的64%，11月至次年3月为枯水期，水量仅占全年的7%。11月下旬至次年4月上旬为河流封冻期，封冻天数130左右，冰厚0.9米。

## 四、辽河

辽河是我国七大江河之一，东北地区的一条重要河流。东面为长白山，西面为大兴安岭南端，西南为七老图山及努鲁尔虎山，北为松辽分水岭近东西宽缓岗丘。东、北、西三面呈马蹄形环绕辽河平原。

辽河发源于河北省七老图山的光头山，海拔1 490千米。东北流至苏家堡称老哈河，接纳西拉木伦河后称西辽河。东流至双辽转向南流于福德店附近纳东辽河后始称辽河。弯曲南流至六间房以下河道分成两股：一股称双台子河（现改称辽河），于盘山附近入渤海，此为辽河干流的入海口；一股称外辽河，在三岔河接纳浑河、太子河后称大辽河，于营口入渤海。1958年外辽河于六间房附近被堵截后，浑河、太子河成为独立水系。

辽河盘锦段

辽河干流长1 345千米，流域面积（包括浑河、太子河）为21.96万平方千米。

老哈河为辽河的上游，河长426千米，流域面积2.74万平方千米。河道落差1 215米，平均比降2‰~5‰。英金河汇口以上流经山区，河槽深切，水流湍急；以下为黄土丘陵和冲积平原，天然植被较差，水土流失极为严重，河口形成三角洲。老哈河是一条多沙河流，河水年均含沙量为27.4千克每立方米。西辽河为中游，西辽河河长403千米，流域面积10.88万平方千米，河水年均含沙量0.4千克每立方米。流经黄土和沙地地区，河道比降为0.4‰。通辽以上河道宽浅、弯曲，河水含沙量大，河床淤高，河道左右摆动，属游荡型；通辽以下河宽逐渐缩窄，河宽500~1 000米，水深增加。东辽河汇口以下为下游，河道弯曲，河谷更加平缓，平均比降0.2‰~0.31‰。泥沙大量淤积，致使河床抬高，汛期极易酿成洪涝灾害。铁岭以下筑有堤防。

辽河支流面积大于1万平方千米的有9条，即英金河、西拉木伦河、教来河、乌力吉木伦河、东辽河、浑河、太子河和绕阳河。

辽河位于东北地区的西南部，冬季寒冷，11月下旬、12月上旬至次年3月中下旬河流为封冻期，封冻天数90~130天。积雪3—4月陆续融化形成春汛，水量占全年的3%~4%。5—6月初为夏汛前的枯水期。夏汛（6—9月）水量占全年的70%左右。年降水量300~950毫米，自东向西递减，浑河、太子河等支流的上游山区800~950毫米，流域中部500~700毫米，西辽河300~350毫米。流域年均径流量137.2亿立方米，其中福德店以上29.6亿立方米，占全流域的21.6%；福德店至入海口48.6亿立方米，占35.4%；浑河、太子河区58.9亿立方米，占43%。径流深分布趋势与降水相似，东部山区250~350毫米，中部50~150毫米，西辽河及老哈河下游在25毫米以下，老哈河上游达50毫米以上。

辽河流域河水含沙量仅次于黄河，主要产沙区是老哈河、西拉木伦河的部分河段。西辽河、新开河、教来河、老哈河、西拉木伦河、乌力吉木伦河的下游地区属西辽河平原及沙丘坨甸区。辽河右侧支流柳河、养畜牧河、扣河子河水土流失严重，也是产沙多的地区，每遇暴雨就有大量泥沙下泄，最大含沙量达300~700千克每立方米。含沙量年内变化大，80%~90%以上的泥沙由暴雨洪水侵蚀所致。

流域水能蕴藏量133万千瓦，技术可开发量45万千瓦，其中30%在辽河干流，50%在西拉木伦河、浑河、太子河，20%在其他支流。浑河、太子河水量丰沛、落差大、地质条件好，是重点开发区域。流域已建、在建水电站60多座。

流域水旱灾害频繁且范围广。新中国成立后，水旱灾大致平均为两年一次。水灾主要发生在西辽河干流、教来河、新开河两岸和东辽河、辽河干流、浑河、太子河等诸河下游。旱灾发生率有上升趋势，特别是春旱严重，辽河中上游地区一般十年九春旱。

中华人民共和国成立后，辽河共修堤防2 500千米，大型拦河分洪枢纽6座，兴修大型水库18座，总库容134.65亿立方米；中型水库70座，总库容22.18亿立方米；其他工程。工程总供水能力达145.81亿立方米，有效灌溉面积达196.9万公顷。

### 五、水丰富饶的大地

东北地区是我国自然地理单元完整、自然资源丰富、经济实力雄厚的大经济区域，在我国经济发展中占有重要地位。

区内土地面积124.9万平方千米，占全国土地面积的13%，其中黑龙江、吉林、辽宁三省占全国土地总面积的8.3%，耕地面积21.5万平方千米，占全国耕地面积的16.68%，人均耕地0.309公顷，是全国人均的3倍。

该地区是全国最主要的天然林区。主要集中在大兴安岭、小兴安岭、长白山的广大区域，现有林地面积3 500多万公顷,活立木总蓄积量29亿立方米,占全国总蓄积量的45.8%。森林覆盖率达36%,是全国平均覆盖率的3倍。森林中的野生植物资源极为丰富,堪称我国的"生物资源宝库"。

区内矿产资源分布广,种类繁多,多达84种,居全国首位的有石油、铁、油页岩等9种,铁保有储量占全国四分之一,石油储量占全国二分之一,油页岩储量占全国46%。

区内水资源比较丰富。年均降水量6 377亿立方米,占全国的10.3%;年均径流量1 653亿立方米,占全国的6.1%;降水的地区分布总趋势为迎风坡大于背风坡,山地大于丘陵、平原。长白山地700~900毫米,鸭绿江下游大于1 000毫米,小兴安岭500~700毫米,大兴安岭300~500毫米,平原地区300~500毫米,其中三江平原500~600毫米。年径流深分布与降水类似,鸭绿江下游大于600毫米,长白山地300~500毫米,小兴安岭150~300毫米,大兴安岭25~200毫米,三江平原150~200毫米,松辽平原中部地区低于100毫米。

东北地区的地表水资源地区分布不均。一是山区多平原少,需水量平原多山区少,需要兴修大量水利工程在流域内调剂,以保工农业生产和城市供水;二是流域间水量多少差异很大,松花江、鸭绿江水量丰富,辽河水量匮乏,人均水量不足黑龙江流域(含鸭绿江)的二分之一,亩均水量为其80%左右,且辽河平原工业城市集中,需要流域之间水量调剂来协调。

东北平原位于大小兴安岭和长白山之间,北起嫩江中游,南至辽东湾,南北长约1 000千米,东西宽约400千米,大多低于海拔200米,面积达35万平方千米,地区跨越黑龙江、吉林、辽宁三省,是我国面积最大的平原。它是一个山环水绕、沃野千里、土地肥沃、黑土广布、耕地广阔的富饶地域,是我国主要的粮食产区之一。

东北平原分为三个部分:东北部为黑龙江、松花江、乌苏里江冲积而成的三江平原;中部为松花江、嫩江冲积而成的松嫩平原;南部为辽河冲积而成的辽河平原。

三江平原西、北和东北为三江夹峙,南和东南为张广才岭、完达山所围,是一个低洼平坦的低地。由于地势低洼,每到雨季三条江的洪水易造成江水泛滥,河流纵横、排水不畅,地面长年积水演变成我国地域广阔的沼泽地,成为"除了兔子就是狼,光长野草不打粮"的"北大荒"。三江平原地域辽阔,面积达6.8万平方千米,土层深厚,且为大面积的肥沃黑土。新中国成立后经大规模垦殖,千古荒原变成了万顷良田,往年的"北大荒"变成了"北大仓",盛产小麦、大豆、玉米、水稻等。

鸟瞰建三江大地

建三江湿地

松嫩平原西、北、东为大小兴安岭、张广才岭和长白山所围,南为松辽分水岭,形状类似菱形的山麓平原和台地。以嫩江与第二松花江汇合处的三角地带最低,分布有众多的沼泽湿地和大小湖泊。松嫩平原地域辽阔,面积达17万平方千米。嫩江、松花江干流的西部和南部以及第二松花江的下游地区是世界著名的"黄金玉米带",是我国大型的商品粮、油料基地。松嫩平原土地肥沃,黑土和黑钙土占60%以上,区内盛产玉米、水稻、小麦、大豆、甜菜等作物,是我国重要的商品粮基地。

辽河平原位于辽东半岛和辽西丘陵之间、松辽分水岭以南，向南至辽东湾，为一沉降区域。地势北高南低，由于辽河携带大量泥沙，使平原不断地向辽东湾延伸。辽河平原是我国东北地区的重要工业基地，沈阳、抚顺、本溪、鞍山等工业城市都集中在这一地区；同时该地区为东北地区的主要商品粮食基地之一。

## 第二节 海河和华北地区的河流

华北地区的河流是指海河、滦河及冀东、鲁北沿海诸河。北倚内蒙古高原，西起山西省管涔、太岳两山，南迄黄河北大堤，东邻渤海，包括北京、天津、河北省大部、山西省北部和东部、山东和河南省北部以及内蒙古自治区和辽宁省部分地区。流域总面积31.8万平方千米，占全国总面积的3.3%。

本地区北部和西部为山地和高原，东、东南部为广阔的平原，海拔不足50米，东部则是海拔为10米以下的滨海低平地区，为黄淮海平原的一部分。山地高原和平原面积分别占全流域面积的60%和40%。燕山、太行山从东北至西南，形成一道高耸的屏障，环抱平原。山地和平原近乎直接相交，丘陵过渡地带区甚短。太行山、燕山以西、以北分布着面积较广的黄土高原，水土流失严重，是流域内泥沙的主要来源。平原的地势由西南、西、北三个方向向渤海倾斜，按其成因可分为山前冲积洪积倾斜平原、中部冲积湖积平原和滨海冲积海积平原。这种地势格局，决定了本区的水系结构，河流顺地势发育，大部分由西北向东南及由西南向东北流入渤海。

### 一、扇形水系和众多的人工河道

#### （一）扇形水系

海河水系由蓟运河、潮白河、北运河、永定河、大清河、子牙河、漳卫南运河诸水系，至天津注入海河干流，与黑龙港运东地区诸河共同组成，并注入渤海。海河水系受地质地貌形态影响，属山地型河流。河流形态分两类：一类是源远流长，如潮白河、永定河、滹沱河和漳河等；一类是源近流短，如蓟运河、大清河、滏阳河、卫河等。两类河流相间分布，像一把扇子斜铺在太行山至渤海之间的大地上，形成典型的扇形水系。海河干流是指天津至大沽口一段，长72千米。若以漳河的浊漳南源为源，全长1 122千米，海河水系流域面积23.46万平方千米。

海河干流（狮子林桥上游）景观图

#### 1. 蓟运河、潮白河、北运河

蓟运河、潮白河和北运河虽然是三条独立的河流，因其在防洪与输水渠系方面已联成一个体系，故而被统称为北三河。

蓟运河由源于河北省兴隆县大青山南侧青灰岭的沟河（河长180千米）和源于河北省兴隆县孤山子乡大青山的州河（河长112千米）组成源流，在天津市宝坻区张古庄相汇后称蓟运河，后在宁河县阎庄纳还乡河等，流至滨海新区与永定新河汇流后入渤海。以沟河为源河长337千米，流域面积10 288平方千米。年均径流量9.53亿立方米，年均输沙量57万吨。

蓟运河自西北向东南流出山地，出山后流经平原和低平洼淀，如新集洼、青甸洼、大和洼、黄庄洼等，为华北洼淀集中地区之一。流域建有海子、于桥、邱庄三座大型水库，总库容18.83亿立方米。

潮白河由源于河北省沽源县东房子乡九龙泉的白河（河长250千米）和源于河北省丰宁县哈拉海湾村的潮河（河长220千米）组成源流，在北京市密云县河漕村东汇合后称潮白河。潮白河平原段过去河道常常迁徙不定，无正常入海出路，或于通县附近入北运河，或夺箭杆河入蓟运河。1950年开辟了潮白新河，流至天津市宁河县宁车沽与永定新河汇流后入渤海。河长467千米，流域面积19 354平方千米。年均径流量16亿立方米，年均输沙量560万吨。流域建有云州、密云、怀柔三座大型水库，总库容46.21亿立方米。

北运河为京杭运河的最北段，上源温榆河源于北京市八达岭主峰下的关沟，至通州镇北关闸始称北运河（河长90千米），至天津市三岔河口附近入海河干流。北运河两段总长250千米，流域面积6 166平方千米。在温榆河上建有十三陵水库，库容0.81亿立方米。

潮白河北京河段

北运河通州东关段

### 2. 永定河

永定河历史上是海河水系最不稳定的一条河流，古称"㶟河"，也称治水、卢沟水、浑河。清康熙三十七年（1698年），永定河"浚河百十五里，筑南北堤八十余里"，进行大规模整治，河道始受堤约束，并赐名"永定"，但未达到根治。上源有桑干河、洋河两源：主源桑干河源于山西省宁武县管涔山庙儿沟（河长390千米）；洋河源于内蒙古自治区兴和县苏木山。两河于河北省怀来县夹河村汇合后称永定河，经官厅山峡至三家店流出峡谷，过卢沟桥以下形成地上河，于天津市滨海新区塘沽北塘镇入海。河长747千米，流域面积47 016平方千米。年均径流量20.29亿立方米，年均侵蚀量1.1亿吨。流域建有官厅、册田、友谊三座大型水库，总库容48.56亿立方米。

### 3. 大清河

大清河由源自恒山南麓、太行山东麓的众多水流汇集而成，源近流短。上源有南北两支：北支拒马河源于河北省涞源县涞源镇，与白沟河相汇后称大清河；南支潴龙河、孝义河、唐河、清水河、府河、漕河、瀑河、萍河等八条河共同以白洋淀为汇集区，出白洋淀下接赵王新河入东淀汇入大清河，大清河于天津市静海县第六埠与子牙河汇流。以潴龙河为上源河长409千米，以拒马河为上源河长

430千米，流域面积43 060平方千米。流域中下游有一系列洼淀，如白洋淀、文安洼、东淀等。北支大部分洪水由新盖房分洪道入东淀；南支诸河洪水汇入白洋淀经赵王新河入东淀，入东淀的洪水经海河干流、独流减河入海。流域建有王快、西大洋、横山岭、口头、龙门、安格庄六座大型水库，总库容34.31亿立方米。

### 4. 子牙河

子牙河有两源：一源滹沱河源于山西省繁峙县五台山北麓泰戏山（河长587千米）；一源滏阳河源于河北省峰峰矿区和村镇（河长413千米）。两源在河北省献县八里庄汇合后称子牙河。子牙河东流，经子牙新河入海；子牙河干流北流至天津市大红桥与北运河汇流后经海河干流入海。子牙河若以滹沱河为上源，河长（河源至大红桥）762千米，流域面积46 868平方千米。年均径流量42亿立方米。流域建有东武仕、朱庄、临城、岗南、黄壁庄五座大型水库，总库容为36.62亿立方米。

子牙河天津段

### 5. 漳卫南运河

漳卫南运河由漳河、卫河、卫运河、漳卫新河和南运河组成。该河有两源：一源漳河源于山西省长子县方山东麓，合河口以上称浊漳南源，以下称浊漳河，至合漳村汇清漳河后称漳河（河长460千米）；一源卫河源于山西省陵川县夺火镇南岭（河长394千米）。两河在徐刀仓汇合后至山东省德州武城县四女寺枢纽称卫运河，至天津市三岔河口段称南运河。南运河与北运河汇流后入海河干流。以浊漳南源为源，至天津三岔河口，河长1 050千米，流域面积37 584平方千米。年径流量51.63亿立方米。流域建有岳城、关河、后湾、漳泽、盘石头、小南海六座大型水库，库容27.12亿立方米。

四女寺枢纽

### 6. 黑龙港运东地区诸河

黑龙港运东地区地势上陡下缓，古河床、沙丘、岗坡呈条状分布，中间形成许多封闭洼地。东临渤海湾，地势低洼，一般高程为 2~5 米。区内较大排水河道有滏东排河、南排河、北排河及独流入海的沧浪渠、廖家洼排水渠、新石碑河、大浪淀排水渠、宣惠河等。

### （二）众多人工河道

为解决河道"上大下小"，洪水集中到天津后入海尾闾不畅的局面，新辟和扩挖了众多人工河道，称"新河"、"减河"或"排河"。主要的人工河道有潮白新河、永定新河、独流减河、子牙新河、漳卫新河及捷地减河、马厂减河等（图 4-2）。

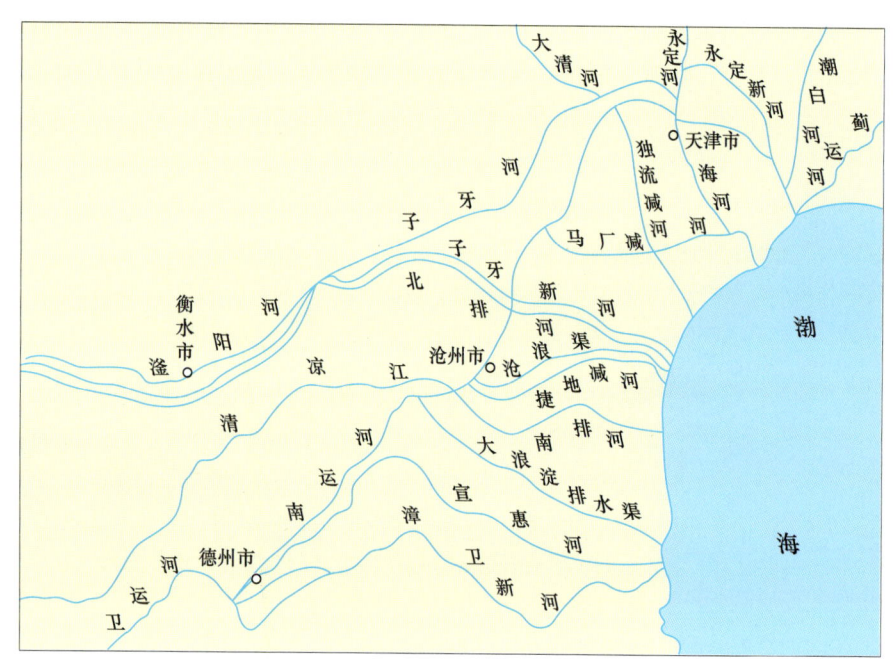

图 4-2　海河流域人工河道入海示意图

潮白新河：西起河北省香河县焦康庄，东至天津市宝坻区八台港，全长 36.50 千米；分泄潮白河洪水，使上游洪水改入黄庄洼、七里海而后入海。设计行洪能力 2 100 立方米每秒。

永定新河：自天津市屈家店水闸枢纽的永定新河进洪闸至天津市北塘入渤海。沿途纳北京排污河、金钟河、潮白河、蓟运河等；确保了北京、天津及京山铁路安全，缓解海河干流洪水压力。

独流减河：自天津市西青区第六埠村独流减河进洪闸至独流减河防潮闸入海，全长 68.8 千米；主要排泄了牙河、大清河洪水，以保天津及海河下游安全。

子牙新河：自河北省献县枢纽进洪闸至天津市马棚口入海，全长 143 千米；是子牙河径直东流入海通道，主要排泄滹沱河、滏阳河洪水。

漳卫新河：由山东省武城县四女寺至山东省无棣县大口河入渤海，全长 257 千米；以承泄上游卫运河洪水和沿岸排涝为主，兼有蓄水功能。

捷地减河：始于河北省沧县捷地镇，至黄骅市高尘头挡潮闸入渤海，全长 85 千米；主要排泄南运河、减河洪水。

马厂减河：始于天津市静海县九宣闸，横贯天津市南部，至滨海新区塘沽新城西关闸入海河干流；分泄南运河洪水，兼引水灌溉。

北排河：黑龙港运东地区主要排沥河道，区域内较大洼地有梅庄洼、观留洼、崇仙洼、于二庄洼等，涝渍为主要灾害。上承滏东排河，始于河北省沧州泊头市冯庄节制闸，至天津滨海新区大港马棚口入渤海。

南排河：为黑龙港地区主要排沥河道，上有老盐河、清凉江，两河在河北省泊头市文庙北汇流至乔官屯始称南排河，至黄骅市李家堡入渤海；排泄滏新河以东、南运河以西、滹沱河故道以南的沥水。

## 二、滦河及冀东、鲁北沿海诸河

### （一）滦河

滦河源于河北省丰宁满族自治县大滩镇孤石村，流经内蒙古高原、坝上草原和燕山峡谷之间，在潘家口穿越长城，经滦县入冀东平原，于唐山市乐亭县兜网铺入渤海。河长 888 千米，流域面积 4.48 万平方千米。

闪电河

滦河上源段称闪电河，纳上都河后称大滦河，在郭家屯附近纳小滦河后称滦河。滦河支流众多，主要汇集燕山、七老图山、大马群山等水流，穿行于峡谷之中，奔腾下泄，至滦县后进入平原，河道展宽。滦河是华北地区水资源较丰富的河流，年均径流量 41.92 亿立方米，年均输沙量 1 960 万吨；河上建有潘家口、大黑汀两座大型水库，库容分别为 29.3 亿立方米、3.37 亿立方米。潘家口水库、大黑汀水库及引滦枢纽闸一起构成了引滦入津工程的供水水源，引滦入津渠从大黑汀水库引水经于桥水库向天津市供水。引滦入唐工程起于大黑汀水库引滦枢纽闸，止于陡河水库（库容 5.15 亿立方米）；引青济秦工程，始于滦河支流青龙河上桃林口水库（库容 8.59 亿立方米），止于秦皇岛市。

引滦枢纽闸输水干渠

### （二）冀东沿海诸河

冀东沿海诸河是指滦河下游两侧单独入海的小河。干流左侧 17 条，大都发源于燕山南麓，源短流急，具有山溪性河道特征。干流右侧 15 条，大都发源于燕山山地丘陵区，具有山溪性河流向平原河流过渡的特点。该区域内有洋河、陡河两座大型水库和众多小型水库，总库容 10 多亿立方米。

### （三）鲁北沿海诸河-徒骇马颊河水系

徒骇马颊河流域属华北平原的平原型河流。流域南靠黄河，西、北以卫运河、漳卫新河为界，东临渤海。

徒骇河源于山东省莘县文明寨，在沾化县暴风站入渤海，全长 436 千米，流域面积 1.39 万平方千米。年均径流量 6.82 亿立方米。徒骇河支流众多，流域面积在 300 平方千米以上的支流有 16 条，流域呈梳状水系。

马颊河源于河南省濮阳县澶州坡，至山东省无棣县老沙头入渤海，全长 443 千米，流域面积 8 330 平方千米。年均径流量 2.54 亿立方米。流域面积在 300 平方千米以上的支流有 8 条，其中德惠新河河长 172.5 千米，流域面积 3 249 平方千米。

### 三、华北地区水资源

华北地区水资源的主要特点是水资源总量少，径流年内年际变化大，经常出现连丰连枯、丰枯水年交替的规律，以及水资源生态环境问题突出。

#### （一）水资源严重短缺

华北地区属于资源性严重缺水地区。多年平均水资源总量 374.39 亿立方米，人均占有水资源量 272 立方米，仅为全国平均水平的 13%，相当于世界人均水平的 4.2%。亩均占有水资源量 213 立方米，相当于全国平均水平的 12%，是我国水资源匮缺最为严重的地区之一。

地区内水资源短缺的形势在不断加剧。据统计，1956—1998 年间，水资源总量为 404 亿立方米，而 2000—2008 年间水资源总量仅为 247.04 亿立方米，减少了 38.9%。另据统计，1956—2000 年年均降水量 535 毫米，年均河川径流量 216 亿立方米；1999—2008 年年均降水量 476 毫米，降水量减少 11%，年均河川径流量 107 亿立方米，径流量减少 50.1%。1999—2008 年为枯水段，降水 2003 年为丰水年，2000、2004、2005、2007、2008 年 5 年为平水年，其他年份为枯水年。由于连续干旱，造成土壤含水量下降、下垫面产流能力减弱，河川径流全部为枯水年，其中 2002 年是 1956 年以来最枯的一年。1999、2001、2006 三年的径流频率超过 95%。

#### （二）径流年内、年际变化剧烈

华北地区属温带半湿润半干旱大陆性季风气候区，冬季盛行北风和西北风，夏季多东南风，春季干旱多风沙，具有夏季暴雨集中，冬春雨雪稀少，春旱、秋涝、晚秋干旱的特点。汛期（6—9 月）降水占全年的 70%~85%，主要集中在 7—8 月的 1~2 次降雨过程，易形成洪涝灾害。流域内汛期降水的集中程度有明显的地区差异，北三河（蓟运河、潮白河、北运河）6—9 月降水占全年的 85% 以上，而漳卫南运河占 60%~80%，有的年份仅为 60%。

由于季风和地形的影响，区域降水季节分配不均匀，导致径流年内分配极不均匀，且区域内河川径流的补给形式有较大的差别，致使河川径流的年内分配不尽相同。一类是发源于山西高原北部的河流和发源于内蒙古高原西部背风坡的较大河流，流域调蓄能力强，汛期河川径流占全年总量的 50%~60%。往往有泉水补给的河流有春汛。以泉水补给为主的河流，则径流年内分配更趋均匀，汛期径流量占全年的 35%~45%。另一类是发源于燕山、太行山迎风坡的河流，源短流急，流域调蓄能力小，汛期河川径流量占全年的 70%~80%，个别小河可达 90% 以上。在平原地区，人类活动较为强烈，全年水量往往集中于汛期的几次暴雨，致使河流呈现为间歇性。由于出山口水库的拦蓄，绝大部分平原河道变成了季节性的河流，甚至有河流长年干涸。

河川径流的年际变化主要取决于降水的多年变化，呈现出与降水相类似的地带性差异，同时还受到径流补给类型、流域下垫面条件和人类活动的影响。年径流的多年变化幅度比降水量变化更大，地区之间的差异更悬殊。据对各河流代表站 1956—2000 年年径流系列的变差系数 $C_v$ 值和最大年径流量与最小年径流量的极值比的分析，变差系数 $C_v$ 值的最小值与最大值的变化在 0.19~1.44 之间，极值比的最小值与最大值变化在 2.3~1 851 之间。河川径流的不同补给来源对径流的年际变化影响较大，以地下水补给为主的河流年际变化明显小于雨水补给为主的河流。如位于神头泉下游的东榆林水库站变差系数为 0.20，极值比为 2.3。

全流域 1956—2000 年年径流系列的变差系数为 0.41，极值比为 5.9。各河流的变化幅度差别很大：海河流域极值比最大的潮白河为 61.2，永定河最小为 3.42，蓟运河为 10.2，漳卫南运河为 8～10。其他河流，滦河为 11.7，徒骇河为 78.3，马颊河为 151。

据分析，海河北部河流与滦河、冀东沿海诸河径流量年际变化趋势基本一致，而海河南部河流与徒骇河、马颊河径流量年际变化趋势基本一致。

区域内径流的年际变化存在有连丰连枯的变化规律，1956—2000 年期间出现有 1958—1959、1962—1964、1977—1978、1994—1996 年 4 个连丰段，最长连丰段为 3 年；1980—1987、1992—1993、1999—2000 年 3 个连枯段，最长的连枯段为 8 年。

### （三）水资源生态环境问题突出

据对海河流域各河中下游 5 787 千米河道调查统计，长年有水的河段仅占 16%，长年断流（每年断流大于 300 天）的河段则高达 45%。湖泊干涸，湿地萎缩。20 世纪 50 年代，全流域湿地面积 9 000 平方千米，而到 20 世纪末，湿地和水库总面积 3 852 平方千米，减少了 57%。地下水已近枯竭，目前地下水年开采量 243 亿立方米，超采 65 亿立方米。自 50 年代至今，累计超采地下水近 900 亿立方米，形成了 9 万平方千米的超采区和 10 多个大面积地下水漏斗区。有的地方地面沉陷，海水入侵。天津市地下水漏斗中心水位下降了 105 米，造成地面沉降 2.6 米，塘沽下沉达 3 米以上。

## 四、径流匮乏与京畿要地

海河流域地处京畿要地，是我国政治文化和经济中心。北京、天津以及石家庄、唐山等十余大中城市，成为我国重要城市集群区；东部沿海是环渤海经济圈核心区。

与海河流域重要战略地位不相协调的是：由不足全国 1.3% 的水资源总量，却承担了全国 10% 的总人口、全国 13% 的生产总值、全国 12% 的粮食产量的重责。海河流域水资源供需矛盾突出；连续枯水年频发；防洪形势面临突发性暴雨洪水和超标准洪水以及生态环境的挑战。

近年来受气候和下垫面变化的影响，海河流域的降水和径流量在减少。随着区域经济的持续高速发展，水资源的开发利用程度超过了水资源的承载能力，处于严重超采状态。

1980 年以后，降水减少和产流能力下降及工程配套和人类活动等因素的影响，地表水可供水量总体呈下降趋势，水资源严重短缺，成为制约京津冀地区社会经济发展的主要因素，对这一地区的生态安全提出了严峻的挑战。

跨流域调水工程最早是 1952 年建成的人民胜利渠引黄入卫工程，到 1972—1977 年经卫河引黄济津工程输水。自 1999 年起每年通过山东位山灌区引黄入卫和引黄济津输水，1981—2004 年共引水 59.76 亿立方米。南水北调工程是我国水资源优化配置，解决黄淮海地区缺水的一项战略性基础设施工程。南水北调工程投入运行，将改变海河流域水资源严重短缺的局面。

华北地区内的调水工程，是由潘家口水库、大黑汀水库、引滦枢纽闸构成的引滦枢纽工程，主要是为缓解天津、唐山两市用水危机而兴建的。1980 年投入运行的引滦入津工程，至 2005 年从大黑汀水库引水 121 亿立方米。1984 年投入运行的引滦入唐工程，至 2003 年共供水 30 亿立方米。此外，从滦河支流桃林口水库至秦皇岛的引青济秦工程，1990 年投入运行至 2005 年共供水 17.85 亿立方米。

海河流域的地形条件决定了其常发生突发性暴雨洪水。海河流域年均降雨量 548 毫米，相当于珠江流域的 35%、长江流域的 50%，但短历时和长历时（7 日）降雨强度最大值均发生在海河流域。"63·8"大洪水子牙河上的獐狉站 7 日降雨量高达 2 050 毫米，为我国大陆之冠。大多数河道发源于山区，在山区和平原之间没有丘陵地带。山区河流坡陡流急，进入平原后河流坡度骤降，水流速度减小，水流挟带的大量泥沙淤积河道，极大降低了河道的过水能力。永定河的卢沟桥—梁各庄河段，由于泥沙在河道的长期堆积，形成典型的游荡性地上河，堤防抗冲能力差，极易造成决口（图4-3）。永定河流经北京，两岸地域广阔，人口稠密，事关首都安危及沿岸地区经济建设和人民生命财产安全。1985年国务院将永定河列为全国四大防汛重点江河之一。

海河水系较大入海河口12个。11个为淤泥质河口，河口建闸后，由于入海径流量的大幅度减少，以及潮汐的作用，挡潮闸下泥沙淤积，造成尾闾不畅，泄洪能力锐减。主要入海河道泄流能力较原设计下降了30%。

图4-3 永定河下游防洪情势图

海河流域的防洪问题受到国家的高度重视，《海河流域防洪规划》针对河道泥沙淤积尾闾不畅、泄洪能力锐减、堤防老化、中小河流防洪标准低以及蓄滞洪区启用难度大等问题，明确海河流域"上蓄、中疏、下排、适当地滞"的防洪方针。加强整个流域的防洪建设，积极加以应对。

### 五、河流泥沙

海河流域西部分布着黄土丘陵，约占山区面积的30%，植被较差，是流域泥沙的主要来源。流域内水土流失面积13.2万平方千米，经初步治理的水土流失面积为6万平方千米。河流泥沙按严重程度依次为永定河、漳河、滹沱河以及滦河。

#### （一）永定河

永定河上游是阴山和太行山支脉恒山所包围的黄土高原，东南方为恒山以及八达岭高原。上游流经黄土高原，河水含沙量大，有"小黄河""浑河"之称。从官厅起穿越八达岭形成官厅山峡，从三家店流入华北平原。官厅以上流域面积中，山区、丘陵和河川区面积分别为33%、37%和30%。河川区因大面积耕作，森林覆盖受到限制；丘陵区植被更差，基本上是荒山秃岭。降水量集中于夏季，且常以暴雨形式出现。据计算全流域年均总侵蚀量约1.1亿吨，其中丘陵区占80%。上游桑干河黄土丘陵及石山分布较广，沟壑纵横，黄土和砂壤土结构松软，透水性强，水土流失十分严重。流域主要集中产沙区是源子河、十里河、浑源北山、蔚县北山、石朝区间、大泉山区、友柴区间和万全北山。以桑干河左岸支流源子河和右岸浑河水土流失最严重，源子河仅右玉县1千米以上沟道就有98条，其中5千米以上的沟道26条，泥沙含量较大，土壤侵蚀模数一般为0.5万~1.0万吨每平方千米年。浑河泥沙主要来源于上游的黄土丘陵区，侵蚀以面蚀、沟蚀为主，春季风蚀也较严重。黄土丘陵区土壤侵蚀模数0.5万吨每平方千米年。

官厅水库是永定河干流上的大型水库，库容达41.6亿立方米。据统计，1954年建成后至2006年，水库共淤积泥沙6.5亿立方米，占总库容的15.6%，其中91.5%的泥沙淤积在库区，形成河口拦门沙坎，使得妫水河的蓄水无法正常使用。采取打通拦门沙的工程措施，经过4年运行，拦门沙坎区域泥沙回淤量42.2万立方米。

官厅水库来水量由20世纪50年代的19亿立方米，降至90年代的4.47亿立方米，近几年减少至2亿立方米。1983年三家店以下开始断流，上游过度开发利用加剧了河流的断流。从2009年开始实施整治永定河断流段工程，即北京170千米河段恢复流水，尤其是城区37千米范围形成六大湖面、十大公园，这就需要每年1.3亿立方米的供水量。

### （二）漳河

漳河古称衡漳、衡水。衡者横也，意指古代漳河迁徙无常。漳河的特点是水猛、沙多、善淤、善决、善徙。历史上漳河决口无数；1368—1942年的575年间较大改道50多次。观台站实测最大年输沙量为8 290万吨。漳河泥沙主要来源于支流浊漳河。浊漳河流域植被条件较差，丘陵区及盆地黄土覆盖深厚，耕垦指数较高，水土流失严重。浊漳河正是因其含沙量多而得名，年均含沙量10~30千克每立方米，输沙模数1 000~2 000吨每平方千米年。浊漳西源河床两岸一、二级台地是沁县和襄垣县的主要耕地区，河床内沙丘密布，河势变化迅速，主流变化频繁，迁徙不定。

漳河干流出山口处建有大型的岳城水库，库容经改造加固后达13亿立方米。水库以下漳河为平原河流，河槽宽浅，设有堤防。岳城水库建成后，改变了来水来沙条件，下游河道由堆积为主转成为冲刷为主，由于中小水历时增加，造成河水冲滩刷槽，个别河段游荡加剧。

### （三）滹沱河

滹沱河是子牙河的两源之一，上游山峦重叠，地形复杂，自山西省五台县东冶穿太行山峡谷后，河道弯曲，地貌为中山、低山、丘陵、盆地、河谷相交错。山前黄土丘陵区为山地与平原间过渡带，冲沟发育，沿河多宽滩。至河北省鹿泉市黄壁庄水库以下进入平原。流域内植被较差，水土流失严重，黄壁庄站多年平均年输沙量1 960万吨。1958年和1989年实测库容曲线表明，入库淤积总量1.51亿立方米，年均淤积量486万立方米。黄壁庄水库以下河道由于淤大于冲，河道滩地多高于堤外地面。1980年后，河道长年干枯无水或只在汛期有少量流水。近年石家庄市区河段经过整治，已经改观。

滹沱河山西河段

潘家口水库

### （四）滦河

滦河多泥沙，主要来自高原、山区的冲蚀侵蚀。滦县水文站年均悬移质输沙量1 960万吨，年均含沙量4.12千克每立方米。潘家口、大黑汀水库建成后，蓄浑泄清，下游河道泥沙量较少。潘家口水库已累计淤积泥沙超过1亿立方米。滦河的泥沙主要来自上游左岸支流伊逊河和武烈河。伊逊河流域由于开放围荒，大量森林被砍伐，草坪被开垦，生态环境遭受严重破坏，逐渐变成了林疏草稀、水土流失严重之地。滦河中游植被逐渐稀少,人类活动频繁,土壤侵蚀加重,位于伊逊河中游的庙宫水库,库容1.83亿立方米,1960年7月建成至1986年,库区累计淤积泥沙9 650万立方米,占库容的52.7%。1979—2005年的大规模治理水土流失工程,治理面积385平方千米。

## 第三节 黄　河

黄河是我国第二大河,发源于青海省巴颜喀拉山北麓海拔约4 500米的约古宗列盆地,横跨了我国三大地貌阶梯,流经青海、四川、甘肃、宁夏、内蒙古、山西、陕西、河南、山东等9个省、自治区,在山东省垦利注入渤海,全长5 464千米,流域面积81.34万平方千米。从河源到内蒙古自治区境内托克托县的河口镇为上游,长3 472千米,流域面积43.63万平方千米,在该段汇入的较大支流共有43条;从河口镇到河南省境内的桃花峪(位置在河南省郑州市西北)为中游,长1 206千米,流域面积34.4万平方千米,有30条较大的支流汇入。黄河的一些重要支流,如渭河、汾河、伊洛河等均在此段汇入黄河。从桃花峪到山东省境内的黄河入海口为下游,长约786千米,流域面积2.3万平方千米,其中山东省的利津县以下习惯上又单独划为黄河的河口段,长约104千米。

黄河壶口

黄河是一条具有鲜明特色的河流。自然属性方面,水少沙多、水沙异源,水情(冰情)复杂多变。地上河世界罕见,造陆功能世界第一;人文属性方面,黄河又是中华民族的主要发祥地,流域内文化遗存十分丰富、数以千计,被称为中华民族的母亲河。

### 一、世界知名的多沙河流

#### (一)输沙量世界第一

黄河是世界上大河中挟带泥沙最多的河流,无论是河水的含沙量还是全年的输沙量,都堪称世界第一(表4-1)。黄河下游的多年平均含沙量达到33.6千克每立方米,多年平均年输沙量15.6亿吨(1919—1985长系列平均值,河南省陕县站),最大年输沙量39.1亿吨。汛期的含沙量就更高,200~300千克每立方米是常事,500~600千克每立方米也不鲜见,最高可以达到911千克每立方米(河南省三门峡站)。我国永定河的含沙量高于黄河,但水量小,输沙量也小。黄河的水量不及长江的1/20,沙量却是长江的3倍。在黄河的一些支流上,含沙量更高,暴雨后的河流含沙量往往可以超过1 000千克每立方米。例如陕西省境内的无定河(多年平均含沙量141千克每立方米)、窟野河(多年平均含沙量182千克每立方米,最大含沙量1 700千克每立方米)等,简直就是泥浆流。

表4-1　　　　　　　国内外一些河流的水量和泥沙量(钱意颖等,1993)

| 河　流 | 所在国家 | 站　名 | 实测年来水量<br>(亿 m³) | 年输沙量<br>(亿 t) | 年平均含沙量<br>(kg/m³) |
| --- | --- | --- | --- | --- | --- |
| 黄　河 | 中国 | 陕县 | 464 | 15.6 | 33.6 |
| 长　江 | 中国 | 大通 | 9 211 | 4.78 | 0.52 |
| 永定河 | 中国 | 三家店 | 14.2 | 0.82 | 44.2 |

续表

| 河 流 | 所在国家 | 站 名 | 实测年来水量（亿 m³） | 年输沙量（亿 t） | 年平均含沙量（kg/m³） |
|---|---|---|---|---|---|
| 珠江 | 中国 | 梧州 | 2 270 | 0.772 | 0.34 |
| 恒河 | 印度、孟加拉 | 哈丁桥 | 3 440 | 1.96 | 0.57 |
| 布拉马普特拉河 | 孟加拉、印度 | | 3 840 | 7.26 | 1.89 |
| 印度河 | 巴基斯坦 | 柯特里 | 1 750 | 4.35 | 2.49 |
| 伊洛瓦底江 | 缅甸 | 普朗姆 | 4 270 | 2.99 | 0.70 |
| 湄公河 | 柬埔寨 | | 3 500 | 1.70 | 0.49 |
| 红河 | 越南 | | 1 230 | 1.30 | 1.06 |
| 密西西比河 | 美国 | 河口 | 5 645 | 3.12 | 0.55 |
| 密苏里河 | 美国 | | 616 | 2.18 | 3.54 |
| 科罗拉多河 | 美国 | 大峡谷 | 49 | 1.35 | 27.5 |
| 亚马孙河 | 巴西 | 河口 | 57 396 | 3.63 | 0.063 |
| 尼罗河 | 埃及、苏丹 | 格弗拉 | 892 | 1.11 | 1.25 |

### (二) 水沙异源

黄河来水来沙的一个重要特征是水沙异源。黄河流域范围广大，东西长约 1 900 千米，南北宽约 1 100 千米，各地自然地理条件差别较大，水沙来源地区分布也非常不均（表 4-2）。

表 4-2　　1919—1985 年黄河不同区间来水量和来沙量状况统计（钱意颖等，1993）

| 河 段 | 流域面积（km²） | 项 目 | 水量（亿 m³） | 沙量（亿 t） | 含沙量（kg/m³） |
|---|---|---|---|---|---|
| 河口镇以上 | 385 966 | 总量 | 252 | 1.41 | 5.6 |
| | | 占三黑小（％） | 54 | 9 | |
| 河口镇至龙门 | 111 586 | 总量 | 67 | 8.54 | 126.4 |
| | | 占三黑小（％） | 14 | 55 | |
| 泾河、洛河、渭河、汾河 | 190 869 | 总量 | 101 | 5.33 | 52.4 |
| | | 占三黑小（％） | 22 | 34 | |
| 伊河、洛河、沁河 | 41 615 | 总量 | 49 | 0.31 | 6.2 |
| | | 占三黑小（％） | 11 | 2 | |
| 三、黑、小① | 730 036 | 总量 | 454 | 15.59 | 33.6 |
| | | 占三黑小（％） | 100 | 100 | |

① 指三门峡（黄河干流）、黑石关（伊洛河）和小董（沁河）等控制站之和。

可见，黄河水量主要来自上游，占全部水量的 54%，而沙量仅占 9%。黄河泥沙则主要来自中游，河口镇至龙门区间和泾河、洛河、渭河、汾河区间合占来沙量的 89%，而其来水量仅占 36%。"水沙异源"的特点非常鲜明。

实际上，黄河的水量主要来自贵德以上，"天下黄河贵德清"，而中游来的泥沙却非常集中，输沙模数大于 1 000 吨每平方千米年的只有 3 片，即河口镇至延水关之间的支流；无定河的上游红柳河，支流芦河、大理河和清涧河、延水、北洛河及泾河支流马莲河河源区；渭河上游北岸支流葫芦河中下游和散渡河地区。其中对于造成下游河道淤积的粗泥沙（粒径大于 0.05 毫米）主要来自河口镇至龙门区间的两个区域：一是皇甫川至秃尾河各支流的中下游地区（粗泥沙模数 10 000 吨每平方千米年）；二是无定河中下游及白于山河源区，粗泥沙模数为 6 000~8 000 吨每平方千米年。总而言之，黄河泥沙和粗泥沙总量中，约有四分之三集中分别来自河口镇至潼关区间的11万平方千米和10万平方千米区间，这些地区都是黄土丘陵沟壑区。

### （三）来沙变化趋势

表4-2列出的是1919—1985年的实测来水来沙多年平均值，实际上自1985年以后的20多年来，黄河的来水来沙是大为减少的，1985—1998年和1999—2007年，年均入海水量分别为156.9亿立方米和133.3亿立方米；年均入海沙量分别为14.14亿吨和1.56亿吨。不仅是总量，在年内汛期和非汛期的分配也有所改变，汛期来水来沙量比例减少，非汛期比例增加。导致出现这种情形的原因有：①气候波动引起的变化；②工农业及城乡生活用水的增长是水量减少的主要原因；③龙羊峡、刘家峡水库调节径流改变了年内分配；④中上游水土流失综合治理有显著的减水减沙作用，20世纪90年代，年均减水量达到29.04亿$m^3$，年均减沙量达4.57亿吨；⑤干流水库，三门峡水库和小浪底水库拦沙量；⑥引黄灌溉的减水减沙影响等。

## 二、洪水和枯水

黄河洪水按其成因可以分为暴雨洪水和冰凌洪水两种类型，本节阐述前者，冰凌洪水在下节阐述。

### （一）黄河洪水特征与成因

黄河的暴雨洪水有如下特点：第一，都发生在每年的夏秋之交（7—10月），俗称为"伏秋大汛"；第二，暴涨暴落，涨水快，退水也快。出现这些情况主要是受大陆性季风气候控制的结果。黄河流域冬季受蒙古高压控制，盛行偏北风，气温低，降水少。春季蒙古高压衰退，副热带高压开始北上，气温回升，降雨也开始增多。夏季大部分地区受副热带高压的影响，盛行偏南风，水汽丰沛，成为一年中降水最多的时段。秋季副热带高压逐渐衰退，蒙古高压又开始扩展，降水减少，但常有连阴雨的发生。大陆性气候的一个重要特点是变化幅度大，升温快，降温也快，降水多变化并且十分不稳定，经常以暴雨的形式降落。正是由于这一特性，尽管黄河流域的降水总体上说来并不丰沛，但瞬间的降雨强度可以很大，特别是在黄河的中下游地区，夏季降水均以暴雨的形式出现，往往几场暴雨就占据了全年雨量的绝大部分，甚至是好几年的雨量。在陕西、内蒙古两省、自治区交界处的乌审旗，1977年8月1日发生一次特大暴雨，暴雨中心木多才当，10小时降雨1 400毫米；河南省三门峡至花园口区间，1982年7月底至8月初一次大暴雨，暴雨中心宜阳县，24小时降雨734毫米。暴雨的直接结果是形成了来得快、去得也快，以暴涨暴落为特征的洪水。

### （二）洪水来源

黄河上的暴雨洪水主要出现在中下游地区。上游兰州以上多大雨和连阴雨，暴雨很少。黄河下游的雨洪有5个来源区：①兰州以上洪水，其主要特征是洪峰低、历时长、峰形矮胖、含沙量小。大洪水发生时间一般在6—9月，洪水历时一般20～40天，洪水总量60亿～100亿立方米。②河口镇至龙门区间洪水，为暴雨形成的洪水和大洪水，其主要特征是峰高量小、涨落迅猛、含沙量很高。③龙门至三门峡区间洪水，洪水主要来自泾河、渭河和北洛河流域。汾河流域洪水主要被已建水库所拦截，汇入黄河的很少；泾河洪水一般峰高量小，渭河洪水相对峰低量大；泾河和北洛河流经黄土丘陵区，其洪水的含沙量很大。④三门峡至花园口区间洪水，主要来自伊河、洛河、沁河和黄河三门峡至花园口区间，均由大强度的暴雨形成，该区间的植被覆盖较好，所以含沙量也较低。⑤汶河洪水，汶河是黄河下游最大支流，汛期雨量丰沛，暴雨时也可以形成较大洪水，1964年9月曾实测到6 930立方米每秒的洪峰流量。

### （三）洪水组成和机遇

黄河下游的较大洪水和大洪水，主要都是来源于河口镇至龙门区间、龙门至三门峡区间和三门峡至花园口区间 3 个地区。兰州以上的洪水一般具有对下游洪水期抬高基流，加大洪水总量的作用。汶河洪水一般不与黄河大洪水遭遇。黄河下游的大洪水来自三门峡以上的称为上大洪水，来自三门峡以下的称为下大洪水。

当来自两个区间的洪水同时遭遇时就会形成特大洪水。历史调查，1843 年黄河发生特大洪水，陕县洪峰流量达到 36 000 立方米每秒；1933 年特大洪水，实测陕县洪峰流量 22 000 立方米每秒。这两场洪水都是由河口镇至龙门区间和龙门至三门峡区间大洪水遭遇而形成。三门峡至花园口区间和伊河、洛河、沁河流域同时产生洪水的机遇较少，但一旦同时发生暴雨，往往产生较大或特大洪水，1958 年的流量 22 300 立方米每秒（花园口）洪水即是由此产生。

近一二十年来，由于黄河来水来沙状况发生变化，来水减少、汛期水量减少，因此洪峰流量也随之变小，一般不超过 10 000 立方米每秒。

黄河洪水来势凶猛，很容易冲破堤防而决口，造成大的灾害。统计资料表明，自西汉文帝十二年（公元前 168 年）到清道光二十年（1840 年）的 2008 年中，共计有 316 年黄河发生决溢，平均每 6.5 年就发生一次。从近代 1840—1938 年的 98 年中，有 52 年黄河发生决溢，平均每两年就一次。大的决口发生时，洪水以居高临下之势破堤而出，波及范围从北方的天津到南面的淮河，纵横 25 万平方千米。防洪历来是黄河上的重要任务，现阶段所采取的防洪措施主要有：堤防工程，下游两岸黄河大堤总长达 1 370 千米；分滞洪工程，已建成东平湖分洪工程、北金堤滞洪区、齐河展宽工程；干支流水库工程等。

### （四）枯水

受制于偏大陆性的季风气候，黄河流域降水分配不均，年内年际均有较大变率，黄河水情也洪季、枯季分明。正常情况下，每年 7—10 月为汛期，水量占全年的 60% 左右甚至更多，漫长的枯季只占有不到 40% 的水量，每年 4—5 月的水量为年内最小值。由于黄河水沙具有丰、枯水段和丰、枯水年交替出现，年际变化大的特点，有时会出现连续多年的枯水系列（1922—1932 年 11 年和 1969—1974 年 6 年），其间每年的来水量就大大少于正常年份。

20 世纪 70 年代以后，由于来水减少，枯水流量历时延长，而用水却不断增加，出现了严重的断流现象。利津站 1992 年断流 83 天，1993 年 64 天，1994 年 71 天，1995 年达 100 多天，1997 年 200 多天（图 4-4）。以后采取了一系列的措施断流现象才得以消除。

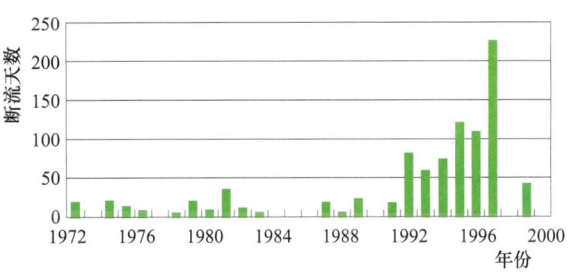

图 4-4 黄河下游断流历时变化

## 三、强烈的侵蚀和堆积

### （一）黄土高原土壤侵蚀

黄土高原总面积约 42 万平方千米，横跨黄河、长江、海河三大流域，其中有 37 万平方千米属于黄河流域，构成黄河中游的主体，在这里黄河有着众多的支流。黄土高原的自然环境有两个特点：第一，它处于暖温带和中温带的半湿润到半干旱的环境中，降雨集中，多暴雨，并且年际变化大；第二，地表普遍覆盖有 100～300 米厚的黄土层，黄土的质地均匀而疏松，有很强的透水性，内部还经常夹有称之为结核的石灰质硬块，还具有大量的垂直裂缝。这样两方面条件的结合就使得它特别容易被侵蚀，无论是面蚀还是沟蚀都极其发育，形成了黄土高原大部分地表千沟万壑的景观。侵蚀下来的泥沙源源不断地带到了黄河中，这也就是为什么黄河的产沙区主要在中游和为什么有如此巨量的输沙量的主要原因。

基岩层下伏于黄土层之下，它们的岩性软硬不一，一些中生界侏罗纪、白垩系地层，新生界的泥砂岩地层也很容易被侵蚀，这就是"基岩产沙"。基岩产沙也成为黄河泥沙的重要来源之一，据估算大约占黄河全部产沙量的10%～20%。基岩产沙一般粒径较粗（>0.05毫米），所以有人认为多沙粗沙区的粗泥沙至少有33%是来自基岩产沙。

各种影响侵蚀程度的自然环境因素如降雨、植被、土壤和地貌等在黄土高原内部空间上是有差异的，因此不同区域的侵蚀强度也不一样（图4-5）。总的规律是：六盘山与吕梁山之间侵蚀强度由北向南越来越大，由5 000～6 000吨每平方千米年逐渐增加到20 000吨每平方千米年。在这一带的东西方向六盘山西侧与吕梁山东侧都小于中间地带，其中东部又大于西部，东部大部分地区都小于5 000吨每平方千米年，而六盘山以西又是由东向西侵蚀模数由东部的7 000吨每平方千米年减少到最西部的2 000～3 000吨每平方千米年。图中的半湿润至半干旱的森林草原带是黄土高原侵蚀最严重的地区，侵蚀强度达到20 000吨每平方千米年以上，堪称世界上侵蚀强度最大的地区。

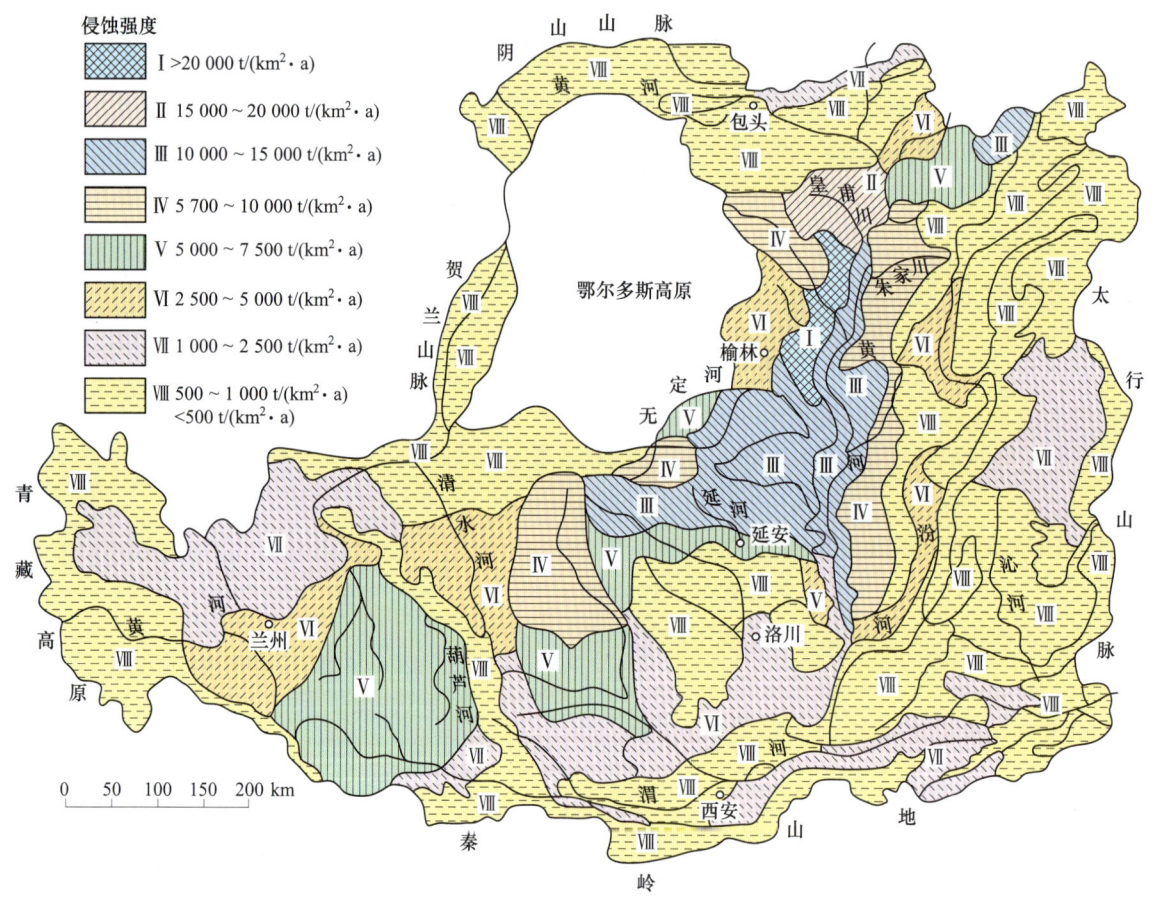

图4-5 黄土高原侵蚀强度分布图

黄土高原土壤侵蚀是一个经历了长期发展的地质历史过程，在这一漫长的过程中影响侵蚀产沙的环境因素，包括自然因素和人文因素不断发生变化，从而侵蚀强度、产沙量都随之而变。由自然因素包括降雨、植被、地貌、土壤等引起的侵蚀称为自然侵蚀，由各种人类活动引起的侵蚀称为加速侵蚀。图4-7表示自全新世以来自然侵蚀和加速侵蚀引起的产沙量的变化状况（除去原来的本底值），可见相当一段历史时期由于人口和各种人类活动的增加，加速侵蚀的增长远远快于自然侵蚀的增长。推算所得的侵蚀量情况是：全新世中期（距今6 000～3 000年）约为10.75亿吨每年；全新世晚期（公元前1020—1194年）11.6亿吨每年，比前期增加14.6%；1919—1949年间，每年约16.8亿吨，比前期增加了26.3%。

20世纪80年代以来，充分认识到由于人类活动所引起的加速侵蚀带来的危害，大力开展水土保持工作，使得侵蚀产沙量有所减少，用水文法和水保法两种方法计算得到的结果表明，20世纪80年代多沙粗沙区年均减沙总量7.4亿吨，其中人类活动影响的减沙量为3.1亿吨（水保法）和3.95亿吨（水文法），分别占总减沙量的42%和53%。只要持之以恒，这一趋势还可以持续下去。

### （二）下游范围内的堆积

#### 1. 地质时期和历史时期堆积

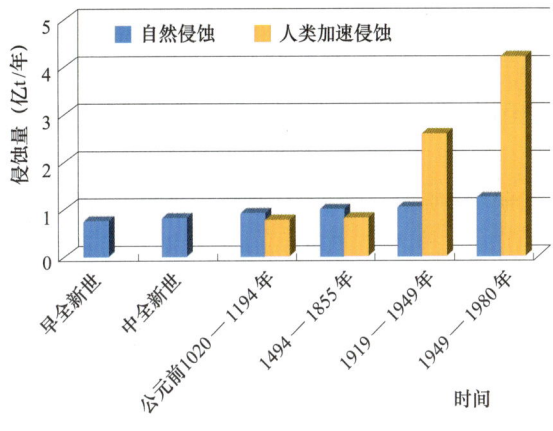

图4-6　黄土高原经历不同时期加速侵蚀变化过程

堆积与侵蚀密切相关，黄河从中上游输送下来的巨量泥沙必然在下游发生堆积。关于黄河形成的历史到底有多久，特别是三门峡盆地是在什么时候打开与下游河道实现贯通，一直有不同意见，但至少在10万～50万年以前的中更新世已经开始贯通，有了几十万年的历史。在此期间黄河所带来的泥沙当然也要在下游堆积，由于年代久远，具体的堆积情形不是十分清楚，但至少可以说，在营造广大的华北大平原的过程中黄河作出了最大的贡献。15 000年以来的全新世的情形已然比较清楚，依据地

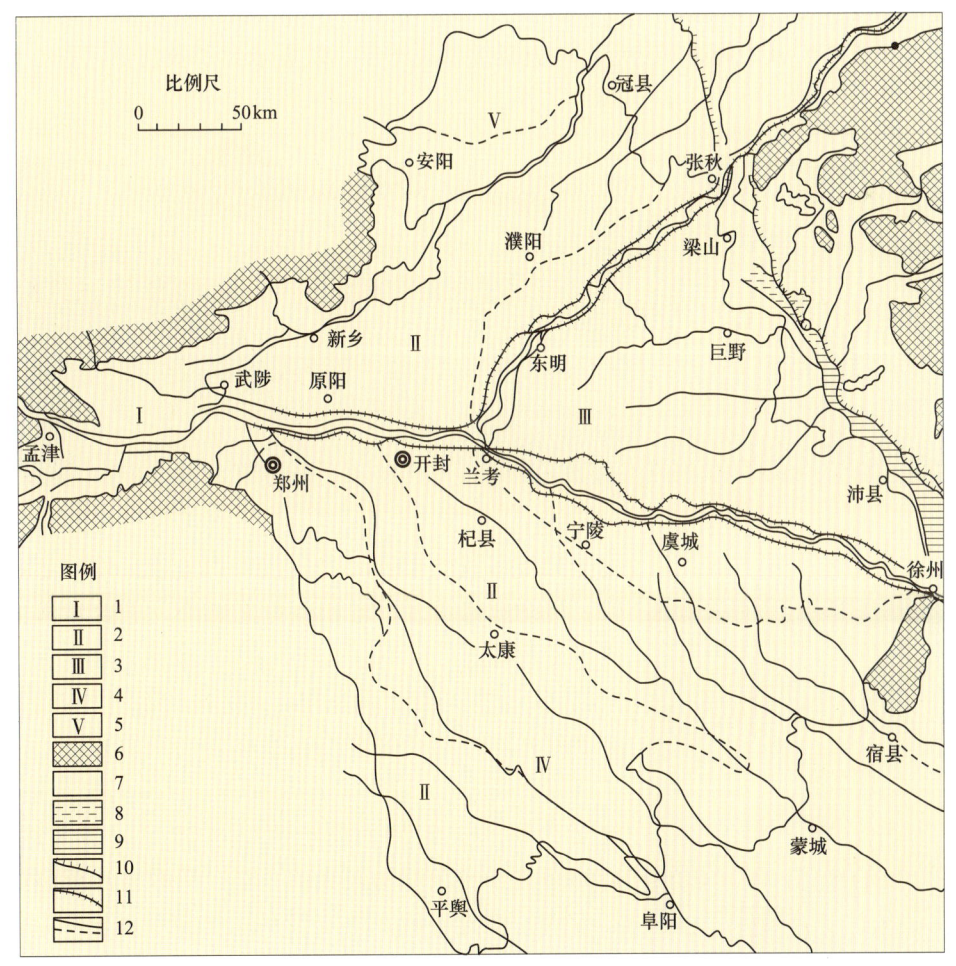

图4-7　黄河下游冲积扇

1—宁嘴冲积扇；2—桃花峪冲积扇；3—兰考冲积扇；4—花园口冲积扇；5—漳河冲积扇；6—山地；7—泛滥平原；8—洼地；9—湖泊；10—运河；11—大堤；12—冲积扇范围界线

质钻探资料，黄河在今天河北、河南、山东、安徽、江苏等省的广大范围内建造了5个大冲积扇（图4－7）。按时间排列，它们是：① 形成于晚更新世末期的郑州以西的古黄河冲积扇（宁嘴冲积扇）；② 因地壳下沉而被埋藏的冲积扇，形成时间在全新世初，于今地面不能见到；③ 桃花峪冲积扇，形成于1194年以前；④ 兰考冲积扇，1494年之后形成；⑤ 花园口冲积扇，1938年人为扒口后形成。根据地质钻探所揭示的沉积物厚度和范围，推算得黄河下游不同时期的泥沙堆积量（表4－3）。

表4－3　　　　　　　　全新世不同时期黄河下游泥沙堆积量　　　　　　　单位：亿 t/年

| 时间 | 沉积部位 | 冲积扇 | 陆上三角洲 | 水下三角洲 | 外海 | 年堆积总量 |
|---|---|---|---|---|---|---|
| 全新世早期 | | 2.43 | | | | |
| 全新世中期 | | 4.35 | 1.08 | 2.16 | 2.16 | 10.75 |
| 全新世晚期 | 公元前1020—1194年 | 5.1 | 1.30 | 2.60 | 2.60 | 11.60 |
| | 1494—1855年 | 5.9 | 1.48 | 2.96 | 2.96 | 13.30 |
| | 1919—1949年 | 4.0 | 2.56 | 5.12 | 5.12 | 16.80 |
| | 1949—1980年 | 4.0 | 2.46 | 4.92 | 4.92 | 16.30 |

**2. 现代堆积**

　　黄河下游原来两岸并没有堤防，黄河河道可以在广袤的平原上任意摆动，黄河泥沙有着广阔的堆积空间。随着经济发展、人口增加，为了抵御洪水侵犯，人们开始在黄河两岸修筑堤防。从公元前602年（东周定王五年）开始修筑堤防起，一直延续了几千年。筑堤限制了黄河的流路，使得泥沙基

金秋黄河口

黄河河口卫星影像（2006年）

本上只能在两侧大堤限定的范围内堆积，堆积的速度大大加快，堤防愈修愈多，堆积也愈来愈快，导致黄河的河床底部高于两边地面，成为地上河。自20世纪初期有正式的测验记录以来，黄河下游平均每年有4亿吨的泥沙淤积在河床上，其中河南省境内河段的堆积速率更要快于山东段，河底平均每年可以淤高8～10厘米。平均而言，目前河床已普遍高出两岸地面2.74米，河滩面高于两岸3.75米，最大达10.72米。1933年是下游淤积量最大的一年，下游孟津至高村淤积量有20亿吨，滩地普遍淤高1～2米。大量泥沙淤积是黄河下游孟津至高村段成为游荡性河道的主要原因之一。河道可以任意摆动，频繁地泛滥、决口成灾。大的决口往往还造成了黄河的大改道，历史上共发生大改道5次（计入1938年花园口人

为改道则为 6 次），范围北达天津，南抵江苏（图 4-8）。

图 4-8 黄河下游河道变迁图

20 世纪 80 年代以来，黄河上游来水来沙状况发生改变，小浪底水库发挥作用，来沙量减少，相应地，黄河下游河道的淤积量也有所减少。

### 3. 黄河河口三角洲

黄河泥沙淤积在河道中的仅是一小部分，大部分泥沙都被带到河口堆积下来或输送到外海，其大致的比例为 20% 堆积在陆上，60% 堆积在黄河口外海滨，20% 被输送到外海。前两者即是黄河自己所建造的三角洲，分别是三角洲的陆上部分和水下部分。现代黄河三角洲是 1855 年黄河在铜瓦厢决口、改道以后形成的，由两个大的亚三角洲组成（图 4-9），一个是 1855—1934 年建造的以宁海为顶点的宁海亚三角洲，另一个是 1934 年以来建造的以渔洼为顶点的渔洼亚三角洲，陆上部分面积合计约 5 400 平方千米。黄河泥沙来量世界第一，所以三角洲的建造速度也是世界第一，陆地部分不断向海方向推进，河口沙嘴不断延伸。表 4-4 列出了到 1989 年为止的黄河三角洲的延伸和造陆情形。

表 4-4　　　　　　　　　　现代黄河河口三角洲延伸和造陆情况

| 起止年代 | 时段实际年数 | 河口延伸（km） | 延伸速率（m/年） | 造陆面积（km²） | 造陆速率（km²/年） |
| --- | --- | --- | --- | --- | --- |
| 1855—1953 年 | 64 | 11.8 | 190 | 1 510 | 23.6 |
| 1954—1963 年 | 9 | 15.8 | 1 760 | 412 | 45.8 |
| 1964—1973 年 | 9.75 | 17.6 | 1 800 | 506.9 | 52 |
| 1976—1989 年 | 13.34 | 17.7 | 1 320 | 441.3 | 33.1 |
| 1855—1989 年 | 96.09 | | | 2 870.2 | 29.86 |

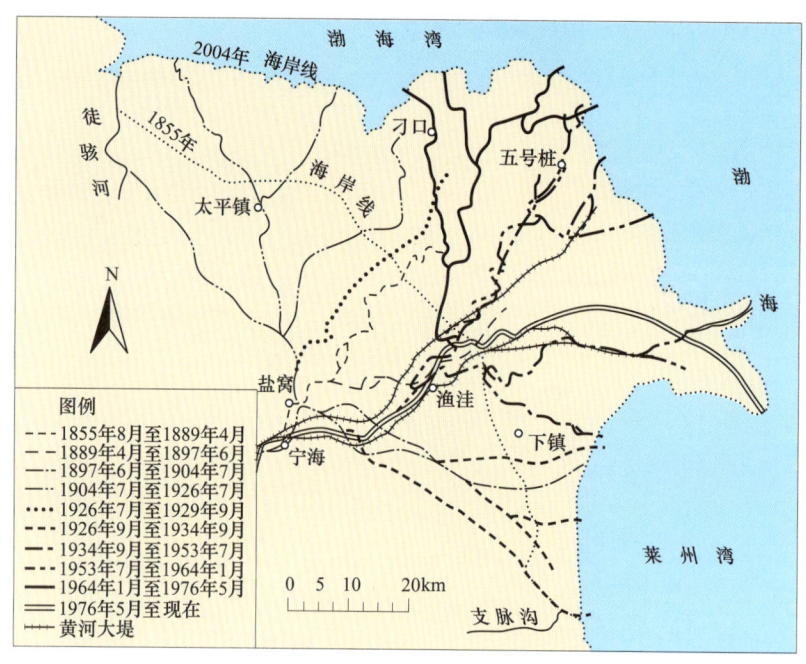

图 4-9 黄河三角洲的变迁（水利部黄河水利委员会，1989）

## 四、冰情

黄河流域冬季盛行西北季风，气候干燥寒冷，气温一般都在 0 摄氏度以下，加之河道主要靠基流补给，流量较小，因此造成许多河段都结冰封河。河道被封冻后，上游来水受阻，使得河槽内蓄水量增加，水位上涨，待到解冻开河，这部分水量急剧释放并向下游推移，沿程水量越积越多，就形成了黄河的冰凌洪水。区别于伏秋大汛，称之为"凌汛"。

黄河凌汛

在黄河上有两个河段容易发生凌汛，内蒙古河段（也称宁蒙河段）和下游河南省到山东省境内的河段，流向基本上都是由南向北，亦即从低纬度流向高纬度，在相差好几个纬度的情况下，下游河段的气温较上游河段明显偏低，因此封河时下段河道早于上段，河冰厚度下段大于上段；而解冻开河时，下段河道晚于上段河道，上游来的大量冰凌随水流向下游，造成冰凌卡塞，形成冰坝，引起上游水位急涨。特别是当冰凌流至弯曲、狭窄河段时更容易卡冰，黄河下游济南的老徐庄、利津的王庄、垦利的张家圈等河段有几个Ω、V 和 S 形的弯道，它们都是卡冰结坝的重点河段。

凌汛虽然水量不如伏秋大汛，但造成的灾害并不轻。因为：第一，凌汛的发生与寒潮天气有密切关系，寒潮可以多次入侵，河道也随之多次封冻、开河，加重不利局面；第二，暴雨洪水的流量一般都是沿程递减，而凌汛洪峰却是因冰坝堵塞，下游河道节节开河，沿程递增，使得灾情加重；第三，黄河下游河道上宽下窄，河道封冻后上段河道的蓄水量往往大于下段，开河时上段河道蓄水量的急剧释放，冰水齐下，在狭窄弯曲河段受阻，水位急剧上涨，扩大灾情。黄河内蒙古河段凌汛期，年年有不同程度的凌洪灾害发生，较大范围的淹没损失平均两年一次；黄河下游河段，自 1855 年黄河改道由山东垦利入海至1938年的84年间，黄河大堤有27年在凌汛期发生决口，平均每两年半决口一次。1951年和1955年分别在弯窄河段的利津王庄和五庄决口，共淹及利津、沾化、滨县土地87 000公顷，受灾人口达26万多人。

凌汛的特点使得防凌做起来有一定的难度，仍然面临诸多问题。现时所采取的措施有工程措施和非工程措施两类。

### （一）工程措施

黄河凌汛

（1）水库防凌。在凌汛期，利用水库拦蓄上游来水，控制或减少下游河道水量的增加，从而达到控制凌汛危害的作用。黄河上现已有好几座大型水库，如甘肃省境内的刘家峡水库，河南省境内的三门峡水库，通过它们对水量的控制和调度，分别对黄河上游宁（宁夏）蒙（内蒙古）河段和下游山东河段的凌汛防治起作用。新建成的河南省境内的小浪底水库同样也对下游的防凌有利。

（2）分水分凌。在狭窄弯曲河段卡冰后或预测可能卡冰时，相机在上游或其附近的涵闸、分凌区分水分凌，削减凌峰流量。

（3）机械破冰。主要有爆破、炮轰、飞机投弹、人工打冰等。其作用是扩大河道断面、增大排冰能力，疏导冰凌的下泄，以减少冰凌堵塞的机遇。20世纪的50—70年代，这些措施发挥了重要作用。

### （二）非工程措施

防凌的非工程措施主要是：对冰情的观测和预报及建设防凌决策支持系统，这是指挥防凌的重要依据；做好河滩地区人民群众的迁移、安置和救护工作，以及报汛和通信工作等。

## 五、中华民族的主要发祥地

黄河是中华民族的母亲河，又是中华民族文明的主要发祥地，在黄河流域上下，有着无数的遗存和遗址，从旧石器时期、史前时期、历史时期，一直到近世，显示了中华民族的灿烂文明和光辉历史。

### （一）史前时期的古文化

#### 1. 蓝田猿人

在距今100多万年前的旧石器时期（地质时代属于第四系的早更新世晚期），黄河流域就有了能直立行走的猿人居住。1963年夏天，陕西省蓝田县陈家窝村发现了蓝田猿人的下颌骨；1964年，蓝田县公王岭发现了蓝田猿人的头盖骨和部分面骨。经用古地磁方法测定，他们的年代距离今天约115万~110万年。

#### 2. 大地湾遗址

位于甘肃省秦安县（属天水市）县城外约40千米的地方，1958年发现。经过科学家用碳的放射性同位素（14C）测定，遗址的年代为距今7 800年。在遗址中发现了带色彩的陶片，彩陶的年龄同样也为7 800年。

彩陶的出现是文明进步的一个标志。大地湾彩陶与世界上已经发现的最早的彩陶古代美索不达米亚的两河流域（时代约距今8 000年）差不多同时期。大地湾遗址的彩陶片上还有一些介于图画和文字之间的符号，在西安半坡发现的象形文字比这些陶片要晚约1 000多年，所以，很可能这就是中国文字的起源。

传说中华民族的人文始祖之一的伏羲氏 8 000 多年以前就生活在天水一带。他教人们耕种、养畜和狩猎。天水城内建有一座壮丽宏伟的伏羲庙，现在是中华民族追思祖先的一个圣地。

### 3. 仰韶文化的诞生地

1921 年，一个大规模的新石器时代遗址在河南省渑池县城北边的仰韶村被发现。遗址面积有 30 万平方米，出土文物有经过磨制和打制的各种石器，如石斧、石锛（音 ben）、石刀、石铲、石凿、石箭头、石弹丸等。还有各种陶制的生活用具，如钵、盆、罐、壶等，陶器的表面大都施有彩绘的图案。

根据碳 14 同位素的测定，其年代为公元前 5000—前 3000 年，晚于大地湾文化，被称为"仰韶文化"。后来，在黄河流域陆续发现了大量与仰韶文化同时代的文化遗址。分布范围以中原地区为中心，西抵甘肃，北至河套（今内蒙古自治区境内），南到湖北省的西北部，东到河南省东部，总共有 1 000 多处，可见当时的黄河流域有多繁荣（图 4-10）。

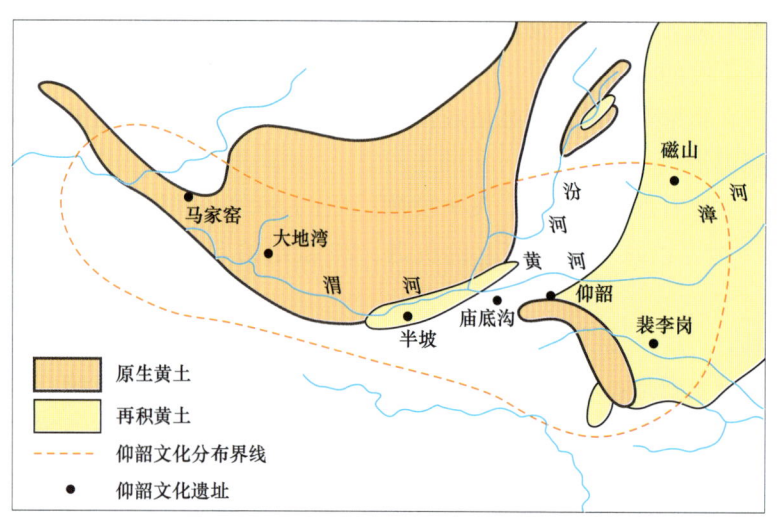

图 4-10　仰韶文化遗址（任美锷，2002）

仰韶文化的特征是以农业生产为主，栽培粟黍等粮食作物和蔬菜。采集和渔猎经济亦占有比较重要的地位，饲养猪、狗等家畜。仰韶文化前后活动了近 2 000 年，是中华民族原始文化的核心部分，它不断吸收周围其他文化的某些因素，同时又影响着它们，为中华民族文化的形成奠定了基础。

### 4. 轩辕黄帝

中华民族是炎黄子孙。"炎"指的是炎帝神农氏，"黄"就是黄帝轩辕氏。他们是伏羲氏的后裔，生活在距今约 5 500～5 000 年的时间里，也就是"仰韶文化"的后期。"炎"和"黄"是当时两大部族的首领。黄帝族生活在渭河中游现陕西省区域，炎帝族开始也居住在那里，后来两个部族之间发生战争，炎帝族被打败，迁居到南方，也就是今天的湖南省南部。

黄帝死后葬于陕西省黄陵县的桥山，黄帝陵是国家重点文物保护单位，被推为"天下第一陵"。桥山之东建有规模宏伟的轩辕庙，庙院内有几棵高大的古柏，相传其中最高、最粗的一棵为黄帝手栽，称为"轩辕手植柏"，已有 5 000 多年的历史。树干巨大，要有 8 个人才能合抱过来。此外，还有汉武帝手植的两株"将军柏"，也已有 2 000 多年的历史。从公元前 8 世纪开始，黄帝陵就成为我国人民祭祀祖先的圣地，分布在世界各地的炎黄子孙都把黄帝陵看作是自己的"根"，在每年的清明节纷纷前来寻根祭祖。

随着生产力的不断发展，黄河流域后来又先后出现了"大汶口文化""龙山文化"和"齐家文化"。它们遗址的发现地点分别在山东省滕县、山东省济南和甘肃省的广河齐家坪。时间约为公元前4300—前2000年,属于新石器时代的晚期。"齐家文化"时期青铜器开始出现。

### (二)尧、舜、禹的传说和殷商文化

经过漫长的史前时期,大约在距今4 300年左右,黄河中游地区开始形成占统治地位的部落联盟,即传说中以尧、舜为帝的王国。其都城建于平阳(今山西省临汾市境内)。尧让位于舜,舜又禅让位于禹,禹死后自己的儿子启继位,并且一代一代地传下去,建立起了我国历史上第一个奴隶制的国家——夏王朝,这是真正的文明古国的开始。

夏王朝先建都在平阳,后又搬迁至安邑(今山西省夏县境内)和迁原(今河南省济源市境内),夏朝人的活动范围大抵在今河南省西部、山西省南部,沿黄河东至今天河南、河北、山东三省交界的地方,都是在黄河流域的范围内。从夏王朝建国(公元前2070年)开始到今天,在4 000多年的时间里,中国历史叠经许多次朝代变迁,但是直到北宋时期(960—1126年),主要王朝的都城大都建立在黄河流域。

一国的都城是国家的中心,它在政治、经济和文化的发达程度上无疑比其他地区高。黄河流域作为中国的政治、经济和文化中心一直持续了3 000多年。

"禹"是黄河流域作为3 000年政治、经济、文化中心的创始人,其被后人传诵的最大功绩当数"治水"。距今大约4 100多年以前,出现了一次世界性的气候异常,黄河中下游也发生了大洪水。当时称帝的"尧"和"舜"先命一个名叫"鲧(音gun)"的人去治水,也就是禹的父亲。"鲧"修筑堤防去堵洪水,可是水势浩大,根本就堵不住,所以"鲧"的治水失败了。后来舜帝又命令"禹"去治水,"禹"以"疏导"为主,给洪水广开出路,最后归入大海,经过前后13年不懈努力,治水终于取得了成功。经禹治理过的黄河被称为"禹河",据历史记载,禹河古道的流动时间为公元前2278—前602年,历时长达1 676年。现在全国各地都有纪念大禹的古迹或者以大禹命名的地方,如建于浙江省绍兴市城外会稽山下的"禹陵",河南省开封市东南郊的"禹王台",陕西和山西两省交界处黄河出峡谷口处被称为"禹门口",矗立在河南省郑州市北郊邙山顶上的大禹像等。

在所有建立在黄河流域的古都中,殷墟有着其特殊的地位。殷墟是中国商代晚期都城遗址,位于河南省安阳市西北郊洹(音huan)河两岸,面积约24平方千米,是一个集中地表现了古代黄河流域中国灿烂文化的宝库。

"殷"始于商朝的盘庚(商朝的一个帝王)将都城迁此,一直到帝辛(商朝的又一个帝王),这里经历了8代12个王共273年,即从公元前14世纪末到前11世纪的时期。

20世纪初的一个偶然机会,这里出土了甲骨刻辞。以后就开展了进一步的考古发掘。从已发掘出的情况来看,它的中心是宫殿和宗庙区,宫殿的外围有一条很大的灰沟,大概是宫殿区的防御设施。在宫殿、宗庙区的周围有手工业作坊和普通人的居住区以及墓地等。这些作坊中有铸铜的,有制骨的。帝王的陵墓和平民的分开,显示了贵贱的区别。现在已经发掘了大墓13座,祭祀坑1 400余个,发掘出大量有价值的文物,其中最多的是陶器,已经开始有了精致的刻纹白陶、硬陶和原始的瓷器。青铜器铸造显现出较高的技术水平,最著名的是"后母戊大方鼎",高1.33米,长

殷墟甲骨文

1.1米，宽0.78米，重875千克，是世界上最大、最重、最古老的青铜器。玉器以动物和人像的装饰品居多，栩栩如生。此外还有多达16万片的甲骨文碎片，是研究中国古代奴隶制社会政治、经济和文化状况的宝贵资料。今天在殷墟宫殿的遗址上，已仿建了名为"殷墟博物苑"的大型商代建筑群，陈列了大量出土的甲骨文、青铜器等文物供参观。

## 第四节  淮河和山东半岛的河流

　　淮河和山东半岛的河流，位于黄淮海平原和山东沿海低山丘陵地带。西以嵩山、伏牛山与黄河支流伊洛河及长江支流汉水为邻，北以黄河南大堤为界，南以桐柏山、大别山、皖山余脉及通扬运河、如泰运河东段与长江相接，东北和东面直抵渤海、黄海。区域内山地和丘陵所占面积较小，大部分为地势低平的冲积平原，是我国黄淮海平原的组成部分。

　　区域内的河流除淮河以外均为规模较小的河流。淮河自西向东流；其他河流受山地、丘陵地形的影响，向东、向南、向北分别直接注入黄海、渤海。

### 一、不对称的羽状水系

　　淮河流域地势总的趋势是西高东低，南北高，中间低。流域的西部、南部及东北部为山地和丘陵；中部、北部和东部为黄淮冲积、洪积、湖积和海积平原、洼地；山地丘陵与平原之间为冲积、洪积或冲洪积台地。其中山地、丘陵面积占31%，台地、平原面积占56%，洼地面积占13%。西部伏牛山、桐柏山区海拔一般为200~500米，沙河（颍河支流）上源石人山为2 153米。南部大别山区海拔一般为300~500米，淠河上源白马尖为1 774米；山地以下为岗丘及山前冲积洪积扇，一直延伸到干流南侧。东北部沂蒙山区海拔一般为200~500米，龟蒙顶为1 156米；丘陵区海拔为100~300米。从丘陵的前缘到淮河中下游是广阔的淮河平原，高程一般为10~100米；海滨平原最低，一般海拔为2~10米。

　　淮河从源地桐柏山蜿蜒东流。由于受地质构造的影响，干流南侧是古老的结晶岩构成的淮阳地盾，北侧是黄淮冲积平原。干流横贯于流域的南部，致使干流南北两侧的面积很不对称。干流南北两侧的支流众多，南侧支流都源于桐柏山或大别山的北麓，一般都短小、坡陡、流急。北侧支流源于伏牛山、嵩山的东南坡及黄河南大堤下，东南流入淮河干流。南北两侧支流的流向各自基本平行，故使淮河中游以上成为不对称的羽状水系。

　　淮河南侧支流由南向北汇入干流，自西向东依次为浉河、小潢河、竹竿河、寨河、潢河、白露河、史河、汲河、淠河、东淝河、窑河、池河等，其中以史河、淠河最大；南侧支流多短小、坡陡，

淮河

水流急，洪量大，是干流洪水的主要来源。北侧支流自西北流向东南汇入干流，自西向东依次为洪汝河、颍河、西淝河、芡河、涡河、北淝河、浍河、沱河、濉河、汴河等（濉河、汴河直接汇入洪泽湖），其中颍河是淮河的最大支流。北侧支流都比较狭长。源于伏牛山的洪汝河、颍河含沙量比较大；源于黄河南堤下的支流，流域狭长，河堤夹持，内水难排，加之水系乱，易出现内涝。在干流正阳关上下，南北两侧支流比较密集地汇入干流，故有"七十二水归正阳（今正阳关）"

138

之说。

支流的羽状排列有利于干流两侧水流的汇集，每当雨洪季节，各支流的洪水往往同时汇入干流，使干流水量猛增，水位陡涨，常出现干支流的洪水顶托，极易酿成洪灾。

## 二、有多条入海口的水系

淮河是我国七大水系之一，我国东部地区的一条重要河流。发源于桐柏山主峰太白顶，海拔1 140米，自西向东流，经河南省南部、安徽省北部和江苏省北部注入洪泽湖，其主流过三河闸经宝应湖、高邮湖、邵伯湖，于三江营入长江，借长江汇入东海；另有人工河淮河入海水道、苏北灌溉总渠直接入东海。洪河口（王家坝）以上为上游，流经山丘区，河道比降较大，平均比降为0.5‰，集中了干流总落差的89%。洪河口至洪泽湖三河闸为中游，河道曲折、平缓，比降仅0.03‰，是淮河干流比降最小的河段；水流缓慢，河床多泥沙沉积。干流两侧地势平坦，各支流入淮口又多为湖泊洼地，致使支流下游呈现河湖不分的状态。三河闸以下为下游，地势低平，平均比降0.04‰；下游运河以西各支流均汇入入江水道；以东为里下河地区，河网密布，各支流均直接入海。下游北部地区为沂沭泗河水系，黄河南袭夺淮之前为淮河支流，之后入淮受阻而成为独立水系；经治理后，仅有大运河及淮沭新河与淮河沟通；其下游分别通过新沭河、新沂河东流直接入海。

淮河流域原是一个独立的完整水系，12世纪90年代之前，洪泽湖以西干流大致与今淮河相似，经盱眙转向东北至淮阴，于今响水县云梯关入海。1128年黄河南决，河水涌入淮河水系，改变了水系形态。1194年黄河夺淮入海。盱眙与淮阴之间的洼地积水成为洪泽湖。明代，加筑高家堰，使洪泽湖成为拦蓄淮河的水库，实现黄淮运三河交会于清口，并实施"蓄清刷黄""束水攻沙"的治理方针，以保证运河通航和黄河下游河道通流。为保证多余的淮河水的宣泄，预留了天然溢洪道，并逐步改建为减水坝，后形成了入江水道。在黄河长期夺淮期间，它挟带的大量泥沙使淮河下游河道淤为地上河。沂河、沭河、泗河原为淮河的支流，由于淮河入海故道淤高而失去入淮出路，使原淮河水系分为淮河水系和沂沭泗河水系。

由于黄河的长期夺占和多次泛滥决口，淮河水系和沂沭泗河水系排洪、排涝没有畅通的出路，经常发生洪涝灾害。长期以来，特别是近60多年来，开挖了大量的人工河道，修建了众多的拦河闸，以增加排水排涝的出路；安排了多处河水入海口，以求顺畅排水，减少内涝。

目前淮河水系有五个入海通道：

一是入江水道。淮河水通过洪泽湖东侧三河闸，经宝应湖、高邮湖、邵伯湖至三江营入长江，借长江下游水道注入东海。全长158千米，最大泄洪流量达12 000立方米每秒。

二是里运河。里运河是大运河介于长江与淮河之间的河段，北接中运河，南接江南运河；自淮安市清江大闸经宝应、高邮至邗江施桥闸瓜洲古渡入长江，全长170千米。新中国成立前淮河经此入长江，汛期宣泄不畅，常泛滥成灾。近经几十年的整治，已成为一条综合利用的河道，既

淮河入江水道

可分泄淮河洪水入江，又是大运河的一部分和南水北调东线的一段干渠。可通航1 000吨级以上的船舶。

三是苏北灌溉总渠。苏北灌溉总渠西起洪泽湖高良涧闸，经楚州、滨海至扁担港流入黄海，全长

淮河入海水道

168 千米。这是利用洪泽湖水源,发展废黄河以南苏北地区灌溉的输水干渠,也是淮河洪水入海的一条人工河道。设计泄洪能力为 800 立方米每秒。

四是淮河入海水道。新中国成立后,洪泽湖的总排水能力仅 1.2 万～1.6 万立方米每秒,只有 50 年一遇左右的标准。为扩大淮河洪水的出路,提高洪泽湖的防洪标准,确保淮河下游地区的防洪安全,2003 年前竣工了淮河入海水道。它与苏北灌溉总渠平行,靠近其北侧,西起洪泽湖二河闸,东至扁担港入海,全长 163.5 千米。近期设计排洪流量为 2 270 立方米每秒,强排流量为 2 890 立方米每秒。与现有的入江、入海水道一起可使洪泽湖的防洪标准提高至 100 年一遇。同时,可将苏北灌溉总渠以北 1 700 平方千米的排洪标准,由 3 年一遇提高至 5 年一遇。远期设计排洪流量 7 000 立方米每秒,洪泽湖防洪标准可达 300 年一遇。

五是淮沭新河。当淮河遭遇特大洪水时,还可利用新沂河、新沭河排洪入海,即由洪泽湖二河闸经淮沭新河东北流入沂沭泗河水系的入海水道——新沂河,于燕尾港汇入黄海。

沂沭泗河及废黄河的入海路径为泗河经南四湖、韩庄运河、中运河、骆马湖、新沂河入黄海。沂河经骆马湖、新沂河入黄海。沭河流至大官庄后,分新沭河、老沭河;老沭河入新沂河,新沭河至临洪口入黄海。

废黄河为淮河流域的独特水系,西起铜瓦厢,东南流至淮阴折向东北,于滨海县套子口入黄海。它具有排泄废黄河河床内洪水入海的功能。

## 三、水系交错　湖泊众多

### (一) 水系连通工程

淮河流域的河流分两种类型:一是山溪型河流,二是平原型河流。山溪型河流主要是发源于桐柏山、大别山区的淮河南岸支流和发源于沂蒙山区河流。这些河流的共同点是:河流比较短小,河长一般为 100～200 千米,河道比降较大,水流湍急,径流比平原河流丰富,河水含沙量比较大。平原型河流多发源于岗丘坡地,流经冲洪积平原,河道较长,比降较小,水流平稳;下游河道狭窄,汛期河水宣泄不畅,易酿成洪涝灾害。淮河北岸支流以及里下河地区交织如网的天然和人工河道均属于典型的平原型河流。

淮河干流以北地区地势西北高、东南低,为向东南倾斜的冲洪积平原。河流除洪河、颍河源于山区外,其余都源于黄河南堤下。由于黄河泥沙沉积抬高河道和地面,河流流域宽度较狭窄,河道比降一般在 0.2‰以下,雨季洪水宣泄不畅,极易酿成洪涝灾害。为了有效地调节平行河流的洪水排泄,减少洪涝灾害,开凿了六条人工河道(图 4-11),使河流间相互沟通,有的河道直通洪泽湖,以减轻淮河干流洪水压力。

(1) 茨淮新河。淮河中游左岸的大型人工河道。西起颍河左岸茨河铺,流经阜阳、利辛、蒙城、凤台、潘集、怀远六个县(市、区)至怀远荆山口入淮河,全长 134.2 千米,汇水面积 6 960 平方千米。主要分泄颍河洪水和承泄茨河、西淝河上段来水,减轻淮河干流洪水压力;同时具有排涝、灌溉、航运等功能。

图 4-11 淮河北岸人工河道示意图

(2) 怀洪新河。淮河中游左岸的大型人工河道。西起涡河入淮口西左岸何巷闸分水，分泄涡河、淮河洪水，纳入北淝河、澥河、浍河、沱河、唐河、石梁河来水，注入洪泽湖溧河洼。减轻涡河口以下淮河干流的洪水压力。全长121.5千米，汇水面积1.2万平方千米，设计分洪流量2 000立方米每秒。

(3) 新汴河。淮河中游左岸的大型人工河道。始于宿州市西北戚岭子，截引沱河、濉河、唐河、石梁河来水，于泗洪县傅圩子入洪泽湖溧河洼。全长127千米，汇水面积6 562平方千米，设计入湖流量1 460立方米每秒。

(4) 洪河分洪道。始于洪河左岸班台闸向东经新蔡、临泉、阜南三县，至阜南县张家岗入濛河分洪道，全长90千米。分泄洪河及所经区域洪水，通过濛河分洪道入淮河干流。

(5) 濛河分洪道。淮河左岸王家坝西分流洪水的河道。始于阜南县王家坝，沿途汇集了洪河分洪道及阜南县南部小支流来水，于颍上县南照集入淮河干流。全长48.4千米，设计分洪流量2 110立方米每秒。

(6) 徐洪河。是一条以南水北调为主，具有防洪排涝、航运等综合效益的人工河道。南起洪泽湖成子洼顾勒河口，沿安河故道经睢宁、宿迁跨废黄河、民便河后，于邳州八路镇刘集村与房亭河相通。不调水时，汇集沿途小河的来水入洪泽湖。全长187千米。

沂沭泗河水系兴修了下述三条人工河道：

(1) 邳苍分洪道。由郯城江风口分洪闸向西南至邳州大谢湖入中运河，全长74千米，分泄沂河洪水和邳苍北部山区诸河来水，汇水面积2 357平方千米。

(2) 东鱼河。西起东明县刘楼，东流经6个县至东鱼县西姚入昭阳湖。横跨万福河、洙河、大沙河等上游段，全长173.4千米，汇水面积6 360平方千米。拦截上述河流及沿途地区洪水，以减轻洪涝灾害。

(3) 洙赵新河。由东明县宋砦村东流至济宁刘官屯入南阳湖，全长145千米。横跨洙水河、赵王河、梁济河等河流，共拦截4 206平方千米地区的洪水，灌溉126万亩耕地。

淮河下游里运河以东为里下河地区。里下河网密布，通江达海，是鱼米之乡，也是灾害连年之区。经过60多年的治理，里下河地区已形成淮河下游相对完整、相对独立的引排水系。里下河腹部已形成两河引水、三线送水、四港排水布局的区域骨干河网。两河引水指新通扬运河、泰州引江河，分别从长江引水。三线送水：一是由三阳河、大三王河、蔷薇河、夏粮河接射阳河组成的西线；二是由卤汀河、下关河、沙黄河至黄沙港组成的中线；三是由泰东河、通榆河组成的东线。三线分别主要向北部及滨海地区送水。四港排水是指河网排水入海的主要通道——射阳港、黄沙港、新洋港和斗龙港；四港可排水1 476立方米每秒入海。里下河全区目前达到5年一遇除涝标准。

## （二）湖泊

古淮河流域内有上百个大小不等的湖泊、沼泽，主要分布在淮河干流以北和苏北地区，其中著名的古泽有荥泽、圃田泽、菏泽、巨野泽、沛泽及射阳湖等，这些湖泊、沼泽在12—19世纪黄河南夺期间先后多被淤废。与此同时，在许多河流下游因低洼阻水而又形成新的湖泊。

洪泽湖

淮河流域湖泊众多，水面面积达7 000多平方千米，占流域总面积的2.7%，蓄水能力达280亿立方米，兴利库容66亿立方米。其中较大的湖泊为：北岸支流上有八里湖、焦岗湖、四方湖、香涧湖、沱湖、天井湖等；南岸支流上有城西湖、城东湖、瓦埠湖、高塘湖、花园湖、女山湖、七里湖、洋湖等；干流及入江水道上有洪泽湖、宝应湖、高邮湖、邵伯湖等。里运河以东有白马湖。在淮河中游干流两侧还有一连串的湖泊洼地，如邱家湖、姜家湖、唐垛湖、董峰湖等。沂沭泗河水系内的湖泊有南阳湖、独山湖、昭阳湖、微山湖、骆马湖、东平湖（入黄河）等。另外还有很多湖泊洼地已改成水库或蓄洪区，如泥河洼、老王坡、宿鸭湖、蛟停湖等。

洪泽湖是我国第四大淡水湖。洪泽湖原为浅水小湖群，古称破釜塘，隋称洪泽浦，唐始名洪泽湖。因黄河夺淮，淮河失去入海水道，下游河道淤高，在盱眙以东洼地淮水聚集，原来的小湖群及周围的洼地连接扩大而成洪泽湖。在明代筑高家堰，使洪泽湖成为蓄淮、刷黄、济运的巨型水库，并发展成五大淡水湖之一。洪泽湖发育在冲积平原的洼地上，湖底浅平，岸坡低缓，湖底高出东部苏北平原4～8米，成为一个"悬湖"。湖面海拔12.5米，水面面积2 069平方千米，最大水深5.5米，平均水深3～4米。多年平均蓄水量约41.9亿立方米。非常洪水破圩水面面积达3 500平方千米，最大蓄水量约130亿立方米。历史上最大入湖流量为1.98万立方米每秒。洪泽湖旧时排水不畅，大堤失修，水患严重。1949年后，东湖东侧新建宏大的三河闸，整修入江水道，加固洪泽湖大堤，1952年在高良涧以东修苏北灌溉总渠，1958—1960年增辟淮沭新河，2003年建成淮河入海水道。目前淮河水从洪泽湖起有5条入海通道。汇入洪泽湖的较大河流除淮河外，主要有新汴河、濉河、徐洪河、怀洪新河等9条河流。20世纪50年代初，三河闸修建后，使洪泽湖成为具备防洪、灌溉、航运和养殖等综合作用的湖泊型水库。现在的洪泽湖，是苏北平原2 000多万人口、3 000万亩土地的防洪屏障和主要供水水源，也是南水北调东线工程的主要调节水库。

南四湖（南阳湖、独山湖、昭阳湖、微山湖）位于沂蒙山区西侧山麓堆积平原与黄河冲积平原接合部的断裂带上，原系古泗水流经之地，12世纪黄河南夺之后，因排水不畅潴水成湖。它是一个南北狭长126千米，东西宽5～25千米的平原湖泊，水面面积1 268平方千米。1949年后对南四湖的堤防、湖腰、出口及湖滨地区进行了整治，1958年在昭阳湖中段修建了跨南四湖的二级坝枢纽工程，将南四湖分为上下二级湖，其中上级湖湖面602平方千米，下级湖湖面666平方千米。南四湖是京杭运河的必经之地，现在的南水北调东线工程以南四湖为主要调节水库之一。整治后的南四湖，水利状况已明显改善，部分湖滨地区已建成商品粮基地。

## 四、自然和人文的南北分界线

基于地理学和气候学的原理，把淮河—秦岭—白龙江这条连线作为划分我国暖温带和亚热带、北方和南方的重要"地理界线"。这条线大体沿秦岭、伏牛山呈东西走向，到河南方城县一带折向东南，在板桥附近往东大致沿淮河干流至废黄河下段延伸入海。

秦岭—淮河一线正处在自然地带的一个边缘地带，从南到北或从北到南变化积累到这里达到了一种临界状态，把一些自然地理现象的等值线图画出来就会发现，淮河大体处在这一条神奇的界线上。如一月平均气温为0摄氏度等值线沿淮河一带延伸，表示淮河是河流、湖泊南不封冻、北封冻的界线；年降水量800毫米等值线经过淮河一带，该线是湿润（＞800毫米）和半湿润（＜800毫米）地区的界线；干燥度为1意味着降水量与可能蒸发量恰好相抵，这条线也是沿着淮

淮安南北分界线标志

河一带延伸，以北大于1表示半湿润或干旱，以南小于1表示湿润；淮河一带还是阔叶林由常绿向落叶转变的临界地带，即淮河以南阔叶林终年常绿，以北阔叶林到秋天就枯黄落叶。另外，积温（一年内气温连续在10摄氏度以上的日平均气温之和）的大小对植物和农作物的意义重大，大于或等于10摄氏度积温4 500度等值线也通过淮河一带，表示是一些标志性的南方植物——橘子、竹子种植的北界，早在《晏子春秋》中就有"橘生淮南则为橘，橘生淮北则为枳"的记载。由此可见，这条线的南、北无论在气候、水文、土壤、植被以及农业生产、人们习俗等方面都有明显差异。以南属亚热带湿润气候，类似长江中下游；以北属暖温带半湿润气候，类似黄河中下游一带。

### （一）水文特性的南北差异

淮河处于我国南北气候的过渡地带。淮河以北冬半年比夏半年长，过渡期短，空气干燥，年内气温变化大；以南则夏半年比冬半年长，降水丰沛，空气湿润，气温年内变化幅度较小。作为过渡地带，淮河流域既有南方气候的某些特征（如盛夏炎热），又有北方气候的某些特征（如雨热同期），属大陆季风气候，天气系统复杂多变，降雨时空分配不均，极易产生强烈暴雨。

流域年均降水量875毫米，其中淮河水系911毫米，沂沭泗河水系788毫米。降水量的地区分布趋势南部大、北部小，山丘区大、平原少，东部大、西部小。大别山区年均降水量1 400毫米，伏牛山区1 100毫米，平原地区600～1 000毫米，干流上游南侧1 000～1 600毫米，中游南侧900～1 000毫米，干流北侧600～900毫米。

降水年内分配不均，4月中下旬在冷暖气流的遭遇下，淮河南部易出现连阴雨（即桃花汛），流域北部易出现春旱。淮河上游及淮南地区受长江中下游梅雨锋的影响，降水集中在6—7月。流域北部及沂沭泗地区受华北雨季的影响，降水集中在8—9月。由此淮河的雨季特别长，淮南地区10月往往出现连阴雨（即秋汛）。连续最大四个月的降水，淮南山丘区及淮河干流为5—8月，占年降水量的50%～60%；其他地区为6—9月，淮北地区占全年的60%～70%；沂沭泗河上游地区为70%～75%。冬季降水量最小，冬季干旱比较普遍。

淮河流域河川径流的地区分布趋势类似降水分布，由于地形和下垫面条件的变化，地区分布出现一定差异或变化更剧烈。1956—2000年流域年均径流深221毫米，其中淮河水系238毫米，沂沭泗水系181毫米。南部大别山区高达1 000毫米以上，干流南侧各河为500～800毫米；干流北侧各河为100～300毫米，北部沿黄河一带仅50～100毫米，有的在50毫米以下；淮河下游里下河地区250～300毫米。

径流在一年内的集中程度淮北大于淮南，淮北多数河流汛期6—9月径流占全年的60%以上，淮南各河汛期5—8月占全年的60%左右。4月淮南多连阴雨，春季径流占全年的30%左右，而淮北春

季径流占全年的15%左右。淮南各河多为山溪性河流，坡陡流急，汇流速度快，径流损失小，汛期洪峰流量远大于淮北各河。枯水期淮南、淮北各河均有可能出现断流。

淮河流域河水含沙量呈自上游向下游递减的趋势。西部和南部山区年均含沙量0.28~0.53千克每立方米，淮河干流北侧支流上游受引黄的影响，为含沙量的高值区，一般为2.0~3.5千克每立方米，下游为0.064~0.891千克每立方米。淮河干流为0.09~0.39千克每立方米，由上而下逐渐减小。东北部沂蒙山区0.987~1.46千克每立方米，沂沭泗河水系为0.01~0.617千克每立方米。

### （二）水资源短缺、水土资源不匹配

淮河流域1956—1979年年均河川径流量居我国十大流域中的第七位，仅多于辽河流域和海河流域。由于淮河流域人口密度大，人均、亩均占有水量相当低。据1982年统计，淮河流域人均径流量477立方米（2002年为345立方米），为全国人均的18.1%，亩均338立方米（2002年为302立方米），为全国亩均的18.7%；由于人口增加，1997年人均387立方米，为全国的17.6%。1982年人均水量（包括地下水）637立方米（2002年为479立方米），为全国的23.3%，亩均水量450立方米（2002年为406立方米），为全国的24%。按联合国综合标准，人均水资源不足500立方米的为极度缺水地区，淮河流域就属于水资源极度缺水地区。

水资源的地区分布同流域社会、经济分布不相适应，水资源与人口、耕地分布不相匹配。淮河干流以北拥有流域78%以上的人口、耕地和地区生产总值等，而水资源仅占65%；人均、亩均占有水量干流南北悬殊，南部水多，北部严重短缺，淮北地区亩均水量仅为淮南地区的52.1%；南四湖湖西平原亩均水量最低，仅235立方米，为全国亩均的13%。

### （三）旱涝灾害

淮河流域地处南北气候和沿海向内陆的过渡地带，天气变化剧烈；加之历史上黄河袭夺，干支流河床抬高，入海出路被占，河流水系紊乱，河水宣泄不畅，洪涝灾害频繁发生。据1470—1994年525年间水旱灾害的统计，较大规模的旱涝灾害350次，平均3年2次。其中流域性的洪涝131次，平均4年1次；旱灾96次，平均5.5年1次。旱涝同年发生的82次，平均6.4年1次。若包括局部地区的旱涝灾害，几乎年年都有。即使1949年以来对淮河流域进了大规模的治理，但水旱灾害仍在威胁着流域社会、经济发展。

流域内旱涝灾害交替，时空分布复杂。淮北中东部多涝，淮北西部和淮南山丘区多旱；夏涝、秋旱和东北旱、西南涝是最常见的组合形式；夏秋多洪涝，春夏多干旱；流域南部和下游地区多伏旱，淮北平原多春旱。旱涝灾害往往连年发生，1949年后大涝年有1954—1957年连续4年，1989—1991年连续3年；大旱年有1959—1962连续4年，1986—1989年连续4年，1999—2001年连续3年。

淮河流域的洪涝灾害主要是由大范围、长历时降雨或是由范围小、历时短、强度大的局地暴雨产生的。如1931年6月下旬至7月底，流域内出现长时间的大雨和暴雨，蚌埠站实测最大流量8 730立方米每秒，但据分析推算洪峰流量达16 500立方米每秒，为历史最大值；洪水灾害遍及四省100多个县，里下河地区变成了泽国，灾情十分严重。1954年7月江淮梅雨几乎笼罩整个流域，流域面平均雨量513毫米，发生1949年以来淮河流域的最大洪水，蚌埠站最大洪峰流量达11 600立方米每秒。造成严重的洪涝灾害。1975年8月在洪汝河、颍河上游出现了我国大陆地区罕见的特大暴雨，暴雨中心林庄站最大6小时降雨830毫米，24小时1 060毫米，3天降雨量1 605毫米，暴雨强度之大为世界有水文气象记录以来所罕见。洪水造成板桥、石漫滩两座大型水库、两个滞洪区、两座中型水库和58座小型水库垮坝失事，灾害损失巨大。

### 五、山东半岛水系

山东半岛是指黄河以南，泰山、沂山以北，济南玉符河以东地区。半岛三面环渤海、黄海，地面

由多种方向断裂分割成的大小不一的断块组成，经长时间的剥蚀、冲积作用而形成波状山地、丘陵和平原。其地势由西向东呈马鞍形，西部地形变化较大，由南往北为山地、丘陵、山前平原、黄泛区或滨海平原；中部为胶莱河剥蚀冲积平原、谷地；东部为低山丘陵及山前平原、滨海平原。

半岛地处暖温带半湿润季风气候区，年均降水量650～850毫米，南侧在800毫米以上，西北侧滨海平原600毫米。降水多集中在6—9月，占年降水量的70%～80%。春季雨少，易发生春旱。

半岛河流众多，多为山溪性河流，发源于中部山地，南北分流，源短流急，独流入海。主要河流有小清河、弥河、潍河、胶莱河、大沽河、东五龙河、大沽夹河。河川径流的基本特征为：雨季流量大，陡涨陡落，遇有洪水常泛滥成灾。枯季流量很小，甚至干涸断流。汛期6—9月占全年的70%以上；枯水期8个月仅占全年的20%～25%。

小清河原为古济水残渠，源于济南市西郊睦里庄闸，汇黑龙泉、趵突泉、孝感泉等泉水，流向东至寿光市羊角沟入渤海。全长237千米，流域面积10 572平方千米。流域地处山丘平原交界地带，支流众多，大部由右岸汇入干流，大致呈典型的梳状水系。支流多系山洪河道，干流处于流域北部低洼地带，汛期易遭洪水威胁。河口呈喇叭状，大潮时海水可上溯10千米以上。小清河历来有舟之利，为山东主要的内河航运水道。经集防洪、排涝治污、改善民生为一体的综合治理，流域生态环境得到了明显的改善。

潍河古称潍水。源于山东省莒县箕屋山西麓，北流至昌邑下营镇汇入莱州湾。全长246千米，流域面积6 367平方千米，河道比降1.04‰。上游山丘区3.42‰，河道狭窄，水流湍急；中游为岗丘区，河槽逐渐展宽；下游为山前平原及滨海平原。年降水量629毫米，径流深202毫米，径流年际变化大。上游山区易发生暴雨洪水，泛滥成灾。中游建有峡山水库，库容14.05亿立方米，电站装机容量3 475千瓦，有效灌溉面积6.93万公顷，并有效保护下游地区的防洪安全。

胶莱河亦称运粮河，是山东半岛的一条重要河流，干流为自然河道经人工开凿而成的运河，河道较顺直。元代曾通漕。以平度市姚家村为分水岭，胶莱河南北分流，分为南胶莱河和北胶莱河。南胶莱河南流入胶州湾，河长30千米，流域面积1 500平方千米；北胶莱河北流入莱州湾，河长109千米，流域面积3 978平方千米。当高水位时，南北胶莱河河水彼此互流。

胶莱河支流众多，两侧支流正交汇入，形成羽状水系。流域内山地丘陵占25%，侵蚀台地和冲积台地占75%。山地丘陵和侵蚀台地在支流的中上游，冲积台地在干流两侧。

南胶莱河多年平均年降水量730毫米，年径流量1.93亿立方米；北胶莱河多年平均年降水量为750毫米，年径流量2.02亿立方米。径流年际变化大。山丘区河水含沙量为2.0千克每立方米，平原区为1.0～1.5千克每立方米。

大沽河为胶东半岛最大河流，源于阜山西麓，西南流入胶州湾，河长189.4千米，流域面积4 631平方千米。上中游山丘区占流域面积的46%，下游平原和洼地占54%。河道比降为1.2‰。流域多年平均年降水量688毫米，年径流量5.0亿立方米。汛期7—9月径流量占全年的80%左右，12月至次年2月仅占年径流量4%以下。最大与最小年径流量的比值为46。河水含沙量一般为0.6～2.4千克每立方米。

## 第五节 长 江

### 一、源远流长 支脉庞大

长江是我国第一、世界第三大河，发源于青藏高原唐古拉山脉主峰各拉丹冬雪山西南侧，干流全长 6 300 余千米，流经青海、四川、西藏、云南、重庆、湖北、湖南、江西、安徽、江苏、上海等 11 个省、自治区、直辖市，注入东海。支流延展于贵州、甘肃、陕西、河南、浙江、广西、广东、福建等 8 个省、自治区。流域西以可可西里山、祖尔肯乌拉山、尕恰迪如岗雪山群与藏北羌塘内陆水系为界；以唐古拉山与怒江水系为界；以芒康山、云岭与澜沧江水系为界；北以巴颜喀拉山、岷山、秦岭、伏牛山、大别山与黄河、淮河水系相接；南以南岭、武夷山、天目山与珠江和浙闽诸水系相邻；东临东海。流域总面积 180 万平方千米，占全国总面积的 18.8%。

长江流域地形，总的趋势是西部高、东部低，由河源至河口，总落差 5 400 余米（若计冰川则可达 6 543 米）（图 4-12），形成地势 3 个大台阶。第一级台阶由青南、川西高原和横断山区组成，一般海拔 3 500～5 000 米。第二级台阶为秦巴山地、四川盆地和云贵高原，一般海拔 500～2 000 米。第三级台阶由大别山地、江南丘陵和长江中下游平原组成，一般海拔均在 500 米以下，其中平原海拔在 50 米以下，长江三角洲在 10 米以下。一、二级台阶之间的过渡带，由陇南、川、滇高中山地构成，海拔为 2 000～3 500 米，地形起伏大，自西向东由高山急剧降为低山丘陵。二、三级台阶之间的过渡带由南阳盆地、江汉平原与洞庭湖平原西缘的狭长岗丘和湘西丘陵组成，海拔 200～500 米。整个长江流域内山地高原约占 60%，主要分布在流域西部和流域边缘地带；丘陵、盆地约占 25%，主要分布于四川盆地、湘赣两省的中部及安徽省中南部；平原占 11%，主要分布于四川盆地西部、河南省唐白河流域及长江中下游沿江两岸；河流、湖泊约占 4%。

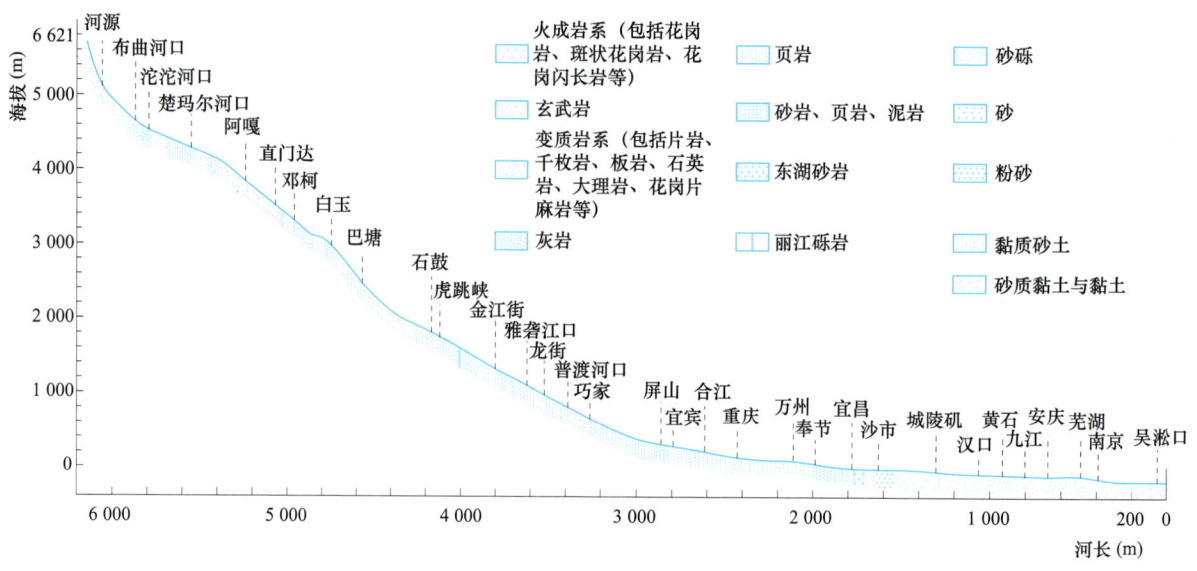

图 4-12　长江干流纵剖面图
（中国科学院《中国自然地理》编辑委员会，1980）

### （一）干流河道特征

长江源远流长，划分为上、中、下游河段，各个河段内再有细分，并有不同的名称，其综合情形见表 4-5。

#### 1. 河源与通天河

长江河源区主要有北、中、南三支源头，北支楚玛尔河，中支沱沱河，南支当曲。沱沱河为正源，它发源于唐古拉山主峰海拔 6 621 米的各拉丹冬雪山西南麓的姜根迪如冰川。冰川全长 12.8 千米（冰川起点，海拔 6 543 米）。其中冰舌段长 8.5 千米，冰舌末端海拔 5 400 千米（依此计算长江总落差为 5 400 米）。

表 4-5　　　　　　　　　　　　　　　　长江各段的划分

| 分 段 | 河 段 | 起 讫 地 点 | 长度（千米） |
|---|---|---|---|
| 上游 | | 江源（5 820m 雪线）至宜昌（南津关） | 4 504 |
| 上游 | 沱沱河 | 江源至囊极巴陇（当曲汇口） | 346 |
| 上游 | 通天河 | 当曲汇口至玉树（巴塘河口） | 828 |
| 上游 | 金沙江 | 巴塘河口至宜宾（岷江汇口） | 2 290 |
| 上游 | 川江 | 宜宾至宜昌（南津关） | 1 040 |
| 上游 | 川江 | 宜宾至奉节 | 832 |
| 上游 | 三峡 | 奉节至宜昌 | 208 |
| 中游 | 长江 | 宜昌（南津关）至鄱阳湖口 | 955 |
| 中游 | | 宜昌（南津关）至枝城 | 70 |
| 中游 | 荆江 | 枝城至城陵矶 | 338 |
| 中游 | | 城陵矶至鄱阳湖口 | 547 |
| 下游 | 长江 | 鄱阳湖口至长江口（50号灯浮） | 938 |
| 下游 | | 鄱阳湖口至浏河口 | 806 |
| 下游 | | 浏河口至东经 122°线 | 95 |
| 下游 | | 东经 122°线至 50号灯浮 | 37 |
| 长江全长 | | 江源冰川 5 820m 雪线至长江口 50号灯浮（未包括雪线以上 4.3km 江源冰川段） | 6 397 |

注　长江水利委员会 1983 年量算数。

沱沱河源头冰川融水顺着各拉丹冬雪山西麓，与西侧尕恰迪如岗雪山冰川融水汇合，穿过古冰川的 U 形谷地北流，至唐古拉山口附近，深切古冰川终碛垄，形成岸高 20 米、谷宽 30 米、水面宽 10 米的峡谷，急流出山进入南北长 20 千米、东西宽 7 千米的广阔河漫滩，水流时分时合，形成辫状水网。

河水继续北流，切穿横列东西的祖尔肯乌拉山，形成长 30 千米、宽 1 千米的河谷，两岸陡峭成峡。水流出山，至葫芦湖南，左岸接纳支流波陇曲后，沱沱河折向东流。从源头冰川至波陇曲汇口的沱沱河上段，以往出版的地图上均未标出，所以一直误认为长江发源于祖尔肯乌拉山北麓，直至 20 世纪 70 年代测绘和水利部门考察时才予以纠正。东流的沱沱河在宽浅的河床中游荡，跨过青藏铁路沱沱河特大桥（河宽 1 300 米），至囊极巴陇与长江南源当曲汇合。从源头冰川 5 820 米雪线起至当曲汇口止，沱沱河段全长 346 千米，汇口以下进入长江干流通天河段。

长江正源沱沱河与南源当曲的各支流受青藏滇"歹"字形构造体系控制，汇集于唐古拉山脉北麓的断陷盆地内，水系呈扇状排列。在完整的青藏高原面上，除部分山区外，大部分地势平缓，属长江江源高平原地貌区，河床纵断面比降较小。沱沱河源头至波陇曲汇口 126 千米属山区段，平均比降约 5.4‰，波陇曲汇口至当曲汇口 220 千米为宽谷游荡段，平均比降约 1.3‰，河床宽浅、汊道纵横，沙滩罗列为其特征。

通天河自当曲汇口到玉树（巴塘河汇口）河道呈弓形，长 828 千米。其中，当曲汇口至楚玛尔河汇口的通天河上段长 278 千米，仍属长江江源高平原区。

河谷地貌，可划分为三种类型：第一种是山区宽浅峡谷型，见于青藏公路以东的马日给、安多拉仓峡和牙哥峡，两岸山峰高出河面 250～500 米。河谷横断面呈上陡下缓的宽浅的上凹形。第二种是丘陵坦谷型，两岸山顶高出河面 200～300 米，相距 4～5 千米，河谷横断面为宽浅梯形，谷底宽约 1～2 千米，河漫滩一般宽 1 千米以上，水流分散，汊道很多，还有废弃的古河道。第三种为平原宽槽型，谷形不明显，河漫滩宽达 2～3 千米，河水散乱，汊道更多，在楚玛尔河汇口处，水面宽约 1.2

千米,分为7汊,游荡于平坦的砂砾层上。

楚玛尔河汇口至玉树巴塘河汇口为通天河下段,长550千米。其中楚玛尔河汇口至登额曲汇口段,为高平原丘陵区向高山峡谷区过渡地带,两岸阶地发育,山岭高100～500米,河谷开阔,向下游逐渐束窄,水面宽150～200米,中泓水深2～3米,砂砾卵石河床。登额曲汇口以下为高山峡谷区,两岸山高400～600米,通天河在峡谷间迂回穿行,水面宽50～200米,中泓水深4米以上。通天河自当曲汇口处的海拔4 470米起点,至巴塘河汇口处海拔3 530米止,落差940米,河道平均比降1.16‰。通天河汇聚长江江源地区来水,年径流量约130亿立方米,输沙量900多万吨,含沙量0.74千克每立方米,河水清澈,水质良好。

长江发源地各拉丹冬雪山姜根迪如冰川

长江上游沱沱河

### 2. 金沙江

从玉树巴塘河汇口以下到宜宾岷江汇口称为金沙江,全长2 290千米,在丽江的石鼓以上,金沙江流向由东南逐渐转为南北,大致与澜沧江、怒江相平行。石鼓以下,折转向东北,复折向南,又经多次直角转折,东流至四川盆地。

金沙江河谷,从玉树直门达水文站到邓柯,两岸山岭海拔一般4 000～5 000米,江面海拔3 500～3 000米,相对高差500～1 000米,具有高山河谷的地貌特点。从邓柯到石鼓,金沙江河谷愈切愈深,一般山岭高度降低有限,而江面海拔却从3 000米降到1 800米,岭谷高差可达1 000～1 500米,成为横断山区山高谷深的典型地段。石鼓以下,金沙江折向东北流,造成了一个马蹄形的弯曲,被称为"长江第一弯",河谷也更加束窄,著名的虎跳峡即位于此段。虎跳峡全长约16千米,江流在峡内连续下跌7个陡坎,落差220米,平均比降13.8‰。最窄处河宽仅30米。

长江第一弯

金沙江河床上险滩特别多，仅从金江街到新市镇1 000多千米流程内，著名的险滩就有400余处，其成因大致可分为三类：第一类，由两岸溪沟冲出的冲积—洪积锥或泥石流阻塞江流而成的险滩，约占总数的85%以上；第二类，由山崩巨大岩块所构成的险滩，约占10%；第三类，由基岩河床上的岩礁所形成的险滩，约占5%。

### 3. 川江

长江自宜宾以下河段才正式以长江命名，宜宾至宜昌为上游（长1 040千米），宜昌至江西省

长江上游金沙江虎跳峡

的鄱阳湖湖口为中游（长955千米），湖口以下为下游（长938千米）。上游自宜宾以下至重庆的奉节之间的一段又称为川江，长832千米。川江河谷所在的四川盆地的地质构造，主要为北东向的梳状褶皱以及走向断层，愈往盆地东部褶皱愈紧密，至川东平行岭谷区尤其明显。背斜轴部所成的大小山脉有20余条，长者达300多千米，短者亦有20～30千米。河流在向斜层中为宽谷，江面宽700～800米，穿过背斜层时则成峡谷，江面宽200～300米，形成川江河谷形态的基本特征。

### 4. 长江三峡

长江三峡亦属川江的一段，西起奉节的白帝城，东迄宜昌的南津关，全长约208千米，最大切割深度可达1 500米。有三个主要峡段：白帝城至黛溪称瞿塘峡，巫山至巴东的官渡口称巫峡，秭归的香溪至南津关称西陵峡。峡谷之间有三段宽谷相隔：瞿塘峡与巫峡间为大宁河宽谷；巫峡与西陵峡间为香溪宽谷；西陵峡中部有庙南宽谷，又将西陵峡分为东西两段。长江三峡两岸的山势，自西向东大致呈不对称抛物线形，最高点在巫峡一带，两岸山顶海拔达1 500～1 600米，巫峡以西降至1 000～1 200米，巫峡以东降至800～1 000米，至南津关只有200～300米。

（1）瞿塘峡（白帝城—黛溪）。全长约8千米，两岸山峰海拔1 000～1 500米，岩壁直立，江面狭窄，最窄处不过100多米。

（2）大宁河宽谷。自黛溪到巫山长约25千米，长江河谷位于北东东走向的向斜层内，沿岸出露三叠系巴东组与侏罗系香溪群的砂页岩，由于岩性松软，谷形宽广。

（3）巫峡（巫山—官渡口）。长约45千米，长江河谷大致成东西向，沿程几乎全部为三叠系大冶灰岩，由于流向与岩层走向斜交，形成著名的巫峡。在峡谷段内，河道曲折，两岸山峰一般高出江面500～600米，较高的达到1 000～1 300米，号称"巫山十二峰"。

（4）香溪宽谷。官渡口到香溪长约47千米，在泄滩以西河谷较宽，具有单斜谷性质。在泄滩以东为秭归盆地，河谷开阔。

（5）西陵峡西段。自香溪到庙河长约16千米，长江流向东南，斜穿黄陵背斜的西翼，已经进入西陵峡范围，两岸均为海拔1 000～1 500米的喀斯特山地。

（6）庙南宽谷。庙河到南沱长约34千米，长江横穿黄陵背斜轴部。在美人沱以上，流向南东东，河谷呈现较开阔的对称峡谷，江面宽度为300～500米。美人沱至南沱之间，长江两岸多属丘陵，谷宽坡缓，最宽处在三斗坪一带，建坝前洪水期河宽达1 400米，三峡大坝即修建于此。

（7）西陵峡东段。南沱到南津关长约20千米，长江河谷发育在黄陵背斜的东翼，石牌以北的灯影峡，河宽不到250米；石牌以东称黄猫峡，又称宜昌峡，长约12千米，江面宽度250～450米。

在三峡地区的河床上，有顺河分布的低于海平面的槽状洼地，称为"深槽"，三斗坪附近有8个深槽，最深的长木沱深达-36米，南津关附近有4个深槽，最深达-45米。深槽的成因主要是由于

河床岩石性质不同,地质构造破碎带的存在以及河流选择侵蚀的结果。

关于长江三峡的成因及其演变过程,一直有很多学者研究,但一些问题直到今天也还没有取得一致的意见。

### 5. 长江中下游

宜昌以下,长江流入辽阔的中下游平原区。虽然局部仍受到基岩山丘的作用,形成节点,但绝大部分河段均属冲积性河床,挟沙水流可以自由地塑造河床形态。

（1）宜昌至城陵矶河段（含荆江河段）。长江在宜昌南津关出三峡后,经过一段长约100千米限制性的顺直河道以后,从宜都开始进入弯曲河段。长江从枝城至城陵矶称为荆江,全长338千米,为我国著名的弯曲河流,其中枝城至藕池口为上荆江,长168千米,属于切滩型或下移型弯曲河型；藕池口至城陵矶为下荆江,长170千米,河道蜿蜒迂回,属于典型的自由弯曲河型。虽然同为弯曲河道,上下荆江的河床形态特征和演变特征有明显的不同（表4-6和图4-13）。

表4-6　　　　　荆江河床形态特征（长江水利水电科学研究院,1981）

| 河段 | 顺直段 | | | 弯曲段 | | | 最小河弯半径（m） | 平均弯长（km） | 曲折率 |
|---|---|---|---|---|---|---|---|---|---|
| | 平滩河宽 $B$ (m) | 平滩平均水深 $H$ (m) | 宽深比 $B^{0.5}/H$ | 平滩河宽 $B$ (m) | 平滩平均水深 $H$ (m) | 宽深比 $B^{0.5}/H$ | | | |
| 上荆江 | 1 220 | 13.45 | 2.67 | 1 542 | 12.68 | 3.23 | 3 390 | 12.83 | 1.67～1.71 |
| 下荆江 | 973 | 11.70 | 2.70 | 1 037 | 13.02 | 2.55 | 910 | 4.30 | 2.01～3.57 |

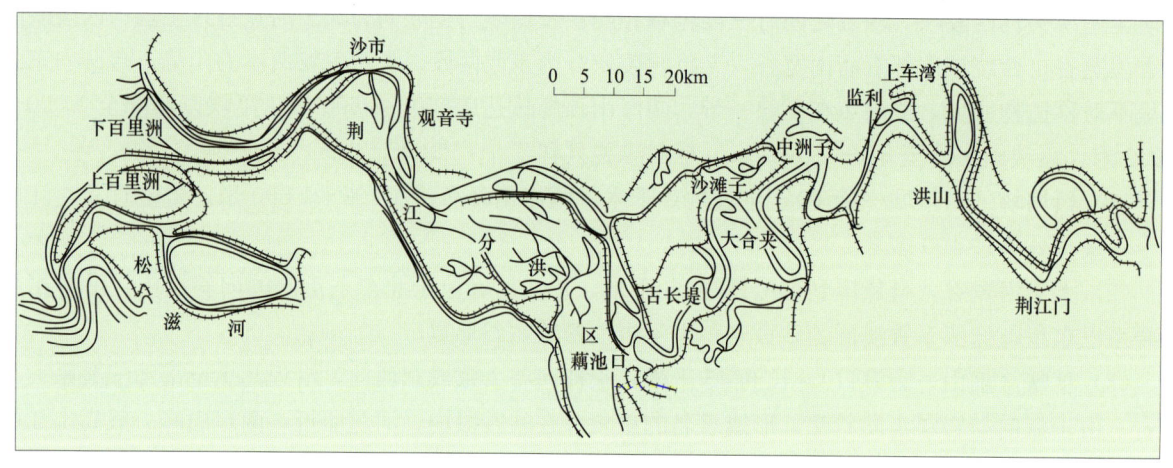

图4-13　长江荆江段河床平面形态

由于河道过度弯曲,下荆江在历史上曾多次发生自然裁弯,而为了河道整治的需要,也多次进行人工裁弯。1967年和1968年,分别在中洲子河段和上车湾河段实施了人工裁弯工程,1972年又发生了沙滩子自然裁弯,多次裁弯共缩短河长78千米,使下荆江的弯曲系数由3.0下降为2.0。人工裁弯和自然裁弯增大了局部河段的比降,因而使河道的挟沙能力增大,导致裁弯点以下的河道冲刷下切,同时也引起逐渐向上游发展的溯源侵蚀,使得河床降低。

在长江荆江段与洞庭湖之间,历史上形成了复杂的分流河网系统,长江干流、河网和洞庭湖共同构成了一个复杂系统,即江湖耦合系统。枝城至城陵矶河段,南岸沿程有若干分流口即"穴口"分流入洞庭湖。历史上分流口较多,后来不断淤塞,到1950年尚存在4个分流口,即松滋口、太平口、藕池口和调弦口。1959年在调弦口建闸,1970年调弦口封闭,仅余三口,这就是习称的"四口分流"或"三口分流"。

（2）城陵矶至江阴河段。长江城陵矶至江阴段全长为 1 120 千米，由于节点的控制，河道呈宽窄相间的藕节状分布，共有分汊河段 41 个，其长度之和为 799 千米，占河段全长的 71%，属于江心洲分汊河型。

按照分汊河段的整体平面形态，可以将分汊河道分为顺直分汊、微弯分汊与弯曲分汊（或称鹅头分汊）共 3 个亚型。在上述 41 个江心洲型河段中，顺直分汊亚型共有 16 段，总长 288.8 千米，占汊河全长的 36.1%；微弯分汊亚型共有 15 段，总长 272.9 千米，占汊河全长的 34.1%；弯曲分汊亚型共有 10 段，总长 237.2 千米，占汊河全长的 29.8%。另外，长江中游（湖口以上）与下游（湖口以下）的汊河发育情况也稍有区别，湖口以下，汊道发育程度更高，汊河段的几何尺度也较湖口以上为大，湖口以上以顺直分汊为主，湖口以下则以微弯分汊和弯曲分汊为主。

长江中下游江心洲型河床演变有如下特征：

第一，江心洲的形成和演变所遵循的规律是：江心出现零星的心滩；心滩归并、壮大，形成江心洲；江心洲下移。或是：形成边滩；边滩切割成为心滩；边滩壮大成为江心洲；江心洲下移。

第二，汊河形成以后，各支汊发生交替变化，一汊发展，一汊衰退或消亡，然后再重新形成。当支汊衰退过甚时，可以完全淤死，这时江心洲靠岸，成为河岸的一部分，但由于形成分汊的条件依然存在，分汊可以重新发生。

第三，主支汊交替的周期相当长，即分汊具有在较长时期内保持稳定的性质。长江中下游的各个分汊河段，在 24 个有历史记载和测图资料的分汊河段中，有 16 个河段的支汊至少已存在了 100 年以上，其余 8 个河段的支汊历史也在 30~40 年左右。

### 6. 长江河口

安徽大通以下，长江进入感潮段，从大通到长江口门全长约 642 千米，大通至江苏江阴的 400 千米主要受径流控制，仍保持河流的基本属性。江阴至口门（拦门沙滩顶）为河口段，长 232 千米，存在径流、潮流的相互作用。口门至 30~50 米等深线附近为海滨段，以潮流作用为主。江阴下游 80 千米处的徐六泾河段，由于大量围垦，河宽从 13 千米缩窄到 5.8 千米，形成节点河段。徐六泾至口门长 160 千米，口门启东嘴至南汇嘴江面宽达 90 千米。长江口目前分为三级分汊，由四个口门入海（图 4-14）。由崇明岛分为南支和北支，南支由长兴岛和横沙分为南港和北港，南港再由九段沙分为南槽和北槽。长江口的这些岛屿和沙滩均为长江带来的泥沙淤积而成的。崇明岛面积为 1 086 平方千米，是我国第三大岛。

长江入海径流丰沛，大通站多年平均流量 29 300 立方米每秒，多年平均洪峰流量 56 200 立方米每秒，最大洪峰流量 92 600 立方米每秒（1954 年），最小枯水流量 4 620 立方米每秒（1979 年）。多年平均年输沙量为 4.86 亿吨，洪季（5—10 月）占 87.2%。多年平均含沙量为 0.54 千克每立方米，洪季约为 1.01 千克每立方米，枯季约为 0.10 千克每立方米。长江口各汊道分水分沙状况不同。目前长江口南支的分流比大于 95%，北支小于 5%；南、北港分流比和分沙比多年来保持在 50% 上下，变化幅度小于 10%，南、北槽的分流比和分沙比多年来大体在 40% 与 60% 之间波动。长江河口属于中等强度潮汐河口，潮差在 2~3 米的范围，通过北支庙港断面和南北港断面的进潮量达 26.63 万立方米每秒，为多年平均入海流量的 8.83 倍。由于河流比降十分平缓，海滨段岛屿较少，外海传来的潮波可以长驱直入，枯水大潮季节，潮波影响可以上溯到距河口 642 千米的大通，成为我国深入内陆最远的河口潮。由于长江含沙量比较大，径流出河口之后，水流分散而发生大量沉积，形成河口沙坝。在长江这样的中等强度的潮汐河口，由于科氏力的作用，涨潮主流偏于北岸，落潮主流偏于南岸。涨潮流因与径流发生顶托，易发生淤积；落潮流与径流方向一致，可造成河槽的冲刷。这样，北槽由于泥沙的堆积而日渐衰亡，南槽则可以受到落潮流冲刷而迅速发展并向南侧移动，北支消亡后，

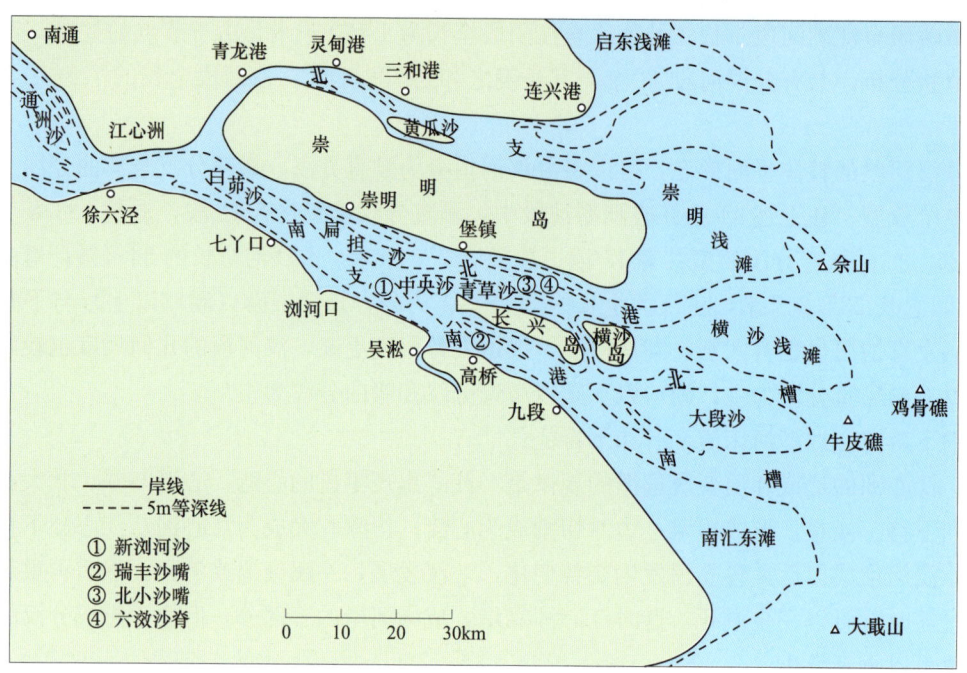

图 4-14 长江口分汊形势图

沙岛并入北岸，成为亚三角洲的雏形。

### (二) 庞大的长江水系

长江流域总面积180万平方千米，干流横跨东西，支流伸展南北，由7 000多条各级支流组成了庞大的长江水系。其中流域面积在1 000平方千米以上的河流有483条，1万平方千米以上的河流有49条，8万平方千米以上的河流有8条。

#### 1. 长江上游区段

宜宾以上的长江金沙江区段流域面积34.2万平方千米，左岸有长江上游最大支流雅砻江及其流域面积1万平方千米以上的支流鲜水河、理塘河、安宁河等主要支流加入。雅砻江发源于巴颜喀拉山南麓青海省称多县，流经横断山脉区域，被夹于大雪山和沙鲁里山之间，是典型的峡谷型河流。雅砻江在攀枝花市汇入长江，干流全长1 535千米，总落差4 420米，流域面积12.8万平方千米，水量丰富，年径流量604亿立方米。金沙江右岸流域面积在1 000平方千米以上的支流有29条，1万平方千米以上的支流有3条，即普渡河、牛栏江和横江。

宜宾以下至宜昌的长江上游区段流域面积超过50万平方千米，汇入的支流众多，左岸支流主要有岷江、沱江、嘉陵江；右岸有乌江、赤水河。岷江发源于岷山南麓，在宜宾市汇入长江，干流全长711千米，流域面积13.6万平方千米，主要支流有大渡河、青衣江及马边河。大渡河是岷江最大支流，全长1 060千米，流域面积9.1万平方千米，占岷江流域面积的68%。青衣江是大渡河的支流，长279千米，流域面积12 897平方千米。岷江水量丰富，多年平均年径流量达899亿立方米，是长江水量最大的支流。沱江发源于九顶山南麓，于泸州市汇入长江，全长634千米，流域面积27 844平方千米，年径流量143亿立方米。沱江支流众多，与干流组成树枝状水系。嘉陵江发源于秦岭南麓，于重庆市汇入长江，干流全长1 120千米，流域面积15.98万平方千米。干流与主要支流涪江、渠江在合川附近汇合，构成向心水系。嘉陵江流域地势，东、北、西三面较高，向东南方向逐渐降低。各水系上游全为山区，河谷比较狭窄。干流自广元以下河谷逐渐开阔，但到合川以下地势重新升高为山区地形，构成俗称的"小三峡"。嘉陵江年径流量659亿立方米，多年平均年输沙量1.52亿吨，约占长江宜昌站输沙量的29%，是长江主要泥沙来源之一。乌江发源于乌蒙山东麓，流经贵州、重庆两省，于重庆市涪陵汇入长江，全长1 037千米，流域面积87 920平方千米。乌江支流众多，集水面积大于1 000平方千米的支流有15条。乌江流域气候温和，雨量丰沛，年径流量509亿立方米，多年平均年输沙量2 690万吨。

### 2. 长江中游区段

宜昌至湖口的长江中游区段流域面积68万平方千米。汇入本区段的主要支流右岸有清江，洞庭湖水系的湘、资、沅、澧四水，鄱阳湖水系的赣、抚、信、饶、修五水，左岸则有汉江。清江位于湖北省西南部，干流全长423千米，流域面积16 700平方千米。流域内80%以上为山地，河谷深切，河道狭窄，有较大的比降。年径流量141.1亿立方米，水质清澈，含沙量较低。

洞庭湖水系全部流域面积26.3万平方千米，湘江、资水、沅江、澧水分别占36.0%、10.7%、33.9%和7%，余为其他中小支流。湘江发源于广西壮族自治区兴安县海洋山，向东北流经湖南省永州、衡阳、株洲、湘潭、长沙，至湘阴县入洞庭湖后归长江。全长867千米，流域面积94 660平方千米。上游水急滩多，中下游水流平稳。干支流大部可通航。湘江水量丰富，年径流量771亿立方米，在长江流域中仅次于岷江。资水有二源，分别发源于广西壮族自治区的资源县和湖南省城步苗族自治县境，两水在邵阳市双江口汇合后称为"资水"，至益阳市甘溪港注入洞庭湖。全长653千米，流域面积28 142平方千米。干流上中游河道弯曲多险滩，穿越雪峰山一段，陡险异常，有"滩河""山河"之称。年径流量242亿立方米。沅江源出贵州省云雾山鸡冠岭，流经黔东南、湘西，至洪江市黔城镇以下始称沅江，在常德市德山镇注入洞庭湖。全长1 033千米，流域面积89 647平方千米，大部分为崎岖山地。年径流量671亿立方米。澧水发源于湖南省桑植县杉木界，至澧县小渡口注入洞庭湖。干流全长388千米，流域面积18 583平方千米，年径流量177亿立方米。

汉江发源于秦岭南麓陕西省汉中市宁强县的汉王山，于汉口汇入长江，干流全长1 577千米，流域面积15.9万平方千米。汉江在丹江口以上为上游，流经秦岭大巴山地，河谷狭窄；丹江口至钟祥为中游，流经丘陵和盆地，河谷较宽；钟祥以下为下游，流经江汉平原，两岸修建有堤防。汉江多年平均年径流量566亿立方米。

鄱阳湖水系主要包括赣、抚、信、饶、修五水，全部流域面积16.22万平方千米。赣江上源有二：西源章水出自广东省毗连江西南部的大庾岭，东源贡水出自江西省武夷山区石城县的赣源岽，在赣州汇合称赣江，到南昌市吴城注入鄱阳湖，长823千米，流域面积82 809平方千米，多年平均年径流量686亿立方米。中上游多礁石险滩，水流湍急。下游江面宽阔，多沙洲。赣州以下可以通航。抚河发源于武夷山脉西麓广昌县驿前乡的血木岭，全长348千米，流域面积16 493平方千米，年径流量165.8亿立方米。信江有二源，分别发源于浙赣两省交界的怀玉山南的玉山水和武夷山北麓的丰溪水，在上饶汇合后始称信江。在余干瑞洪入鄱阳湖，全长359千米，流域面积17 599平方千米，年径流量209.1亿立方米。修水发源于湘、鄂、赣边境的幕阜山脉，上源有三支，于渣津汇流后始称修水。全长419千米，流域面积14 797平方千米，年径流量135亿立方米。饶河位于江西省东北部，发源于皖赣交界的婺源县五龙山，于鄱阳县尧山入鄱阳湖。河长299千米，流域面积15 300平方千米，年径流量165.6亿立方米，是由昌江和乐安河两条水系汇合而成。昌江发源于安徽省祁门县，乐安河发源于江西省婺源县，两河在鄱阳县境内的姚公渡附近汇合，经鄱阳县城后注入鄱阳湖。

### 3. 长江下游区段

长江湖口以下的下游区段流域面积12万平方千米，汇入的主要支流有右岸的青弋江-水阳江水系、太湖水系和左岸的巢湖水系。青弋江-水阳江水系主要由青弋江、水阳江和漳河组成，流域面积18 910平方千米。巢湖水系位于安徽省中部，环湖有杭埠河、丰乐河、南淝河等诸多河流汇入，流域面积13 486平方千米。太湖流域位于长江、钱塘江下游三角洲地带，流域面积36 000平方千米。

太湖和其他地区性湖泊，苕溪、荆溪和洮滆湖等上游水系，黄浦江，以及京杭运河一起组成了复杂的太湖水系。除少部分经通江河道排入长江外，绝大部分都经过湖泊水网调蓄后由黄浦江排入长江。

黄浦江发源于上海市青浦淀山湖，于吴淞口汇入长江，全长113.4千米，流域面积5 193平方千米，江面宽300～700米，是长江入海前的最后一条支流。

## 二、瓜藤相连的湖群

宜昌以下，长江流入辽阔的中下游平原区，除了长江河道本身及其两岸的众多支流缓慢地流淌在平原上之外，众多的湖泊密集地分布在长江两岸是其重要特点，它们或者直接与长江干流相通，或者通过河流间接地与长江或长江的支流相连。长江像一根粗壮的瓜藤，湖群就像藤上所结的瓜，通过长江这根藤串联在一起。河湖交织，组成了一片水乡泽国的景观。由于这些湖泊绝大部分均与长江有着水体上的联系，因此也被称为"通江湖泊"，并且全部都是淡水湖。

### （一）主要湖泊及其分布

中国最主要的淡水湖多数在长江中下游，如洞庭湖、鄱阳湖、太湖、巢湖、洪湖等。表4-7列出了一些最主要的湖泊。

表4-7　　　　　　　　　　　长江中下游主要湖泊（杨达源等，2000）

| 湖 名 | 平均水位（海拔）(m) | 面积(km²) | 平均水深(m) | 贮水量(亿m³) | 所在省份 | 湖泊洼地的成因类型 |
|---|---|---|---|---|---|---|
| 鄱阳湖 | 14.01 | 3 960 | 6.5 | 259 | 江西 | T—E |
| 洞庭湖 | 24.3 | 2 691 | 6.5 | 178 | 湖南 | T |
| 太湖 | 3.00～3.12 | 2 338 | 1.89 | 44.3 | 江苏 | E/T |
| 巢湖 | 8.15 | 753 | 2.4 | 18.0 | 安徽 | B/E/T |
| 洪湖 | 25.0 | 402 | 1.9 | 7.5 | 湖北 | Br |
| 梁子湖 | 17.2 | 256 | 2.5 | 6.5 | 湖北 | Bl/E/T |
| 龙感湖 | 12.0 | 243 | 1.7 | 4.1 | 安徽 | Bl/E/T |
| 大官湖（黄湖） | 12.0 | 217 | 2.2 | 4.8 | 安徽 | Bl/E/T |
| 泊湖 | 12.0 | 178 | 2.5 | 4.4 | 安徽 | Bl/E/T |
| 菜子湖 | 14.0 | 165 | 1.5 | 2.5 | 安徽 | B/E/T |
| 大通湖 |  | 159 | 1.6 | 2.5 | 湖南 | Bp/T |
| 长湖 | 30.5（正常水位） | 122.5 | 2.5（一般水深） | 2.71 | 湖北 | Bf/E |
| 斧头湖 | 19.2 | 128 | 1.6 | 2.0 | 湖北 | Bl/E/T |
| 武昌湖 | 12.0 | 125 | 3.4 | 4.3 | 安徽 | Bl/E/T |
| 西凉湖 | 19.5 | 66.7 | 1.6 | 1.1 | 湖北 | Bl/E/T |
| 大冶湖 | 17.0 | 64.8 | 1.8 | 1.2 | 湖北 | Bl/E/T |
| 黄盖湖 | 22.0 | 60.6 |  |  | 湖北 | Bl/E/T |

注　T：构造沉降；E：侵蚀洼地；Bl：自然堤后洼地；Br：河间洼地；Bf：扇缘洼地；Bp：漫滩洼地。

湖泊的分布不是很均匀，长江中下游区域计有湖泊约180个，其中位于湖北省境内的最多，有88个，占全部湖泊数的49％，省境内的江汉平原是最大的湖群密集区；江西、湖南、安徽次之，均各有20余个；江苏有15个；浙江和上海境内最少。具体分布状况见图4-15。

### （二）湖泊成因

低洼地区蓄水才能成为湖，而洼地的形成则可以有多种原因。长江中下游地区湖泊洼地的成因可以划分为三大类8种类型。

#### 1. 构造沉陷洼地（T）

湖盆洼地区相对于其周围地区发生构造沉陷而成为蓄水盆地。有两种次级类型：拗陷沉降洼地（Td）；断陷沉降洼地（Tf）。长江中下游的几个大型湖盆洼地都有构造沉降因素，如洞庭盆地、鄱阳盆

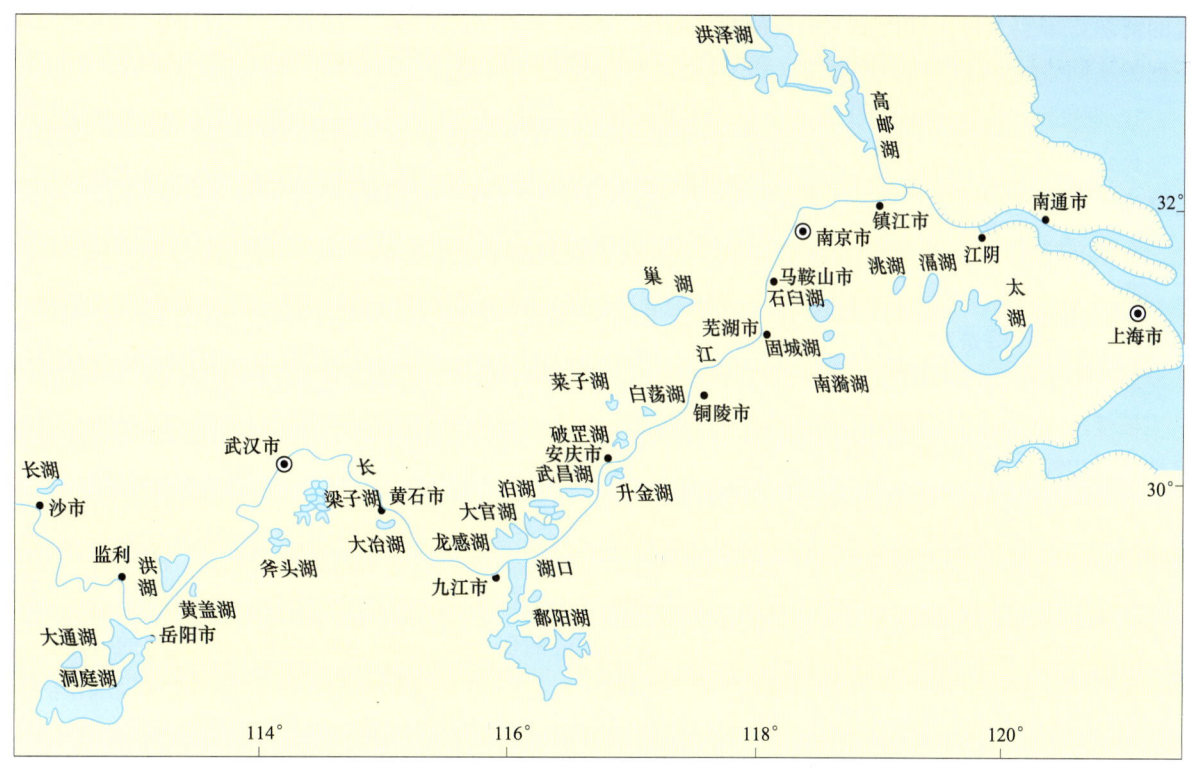

图 4-15 长江中下游主要湖泊分布（杨达源等，2000）

地、太湖盆地和江汉盆地等。盆地开始沉降是在中生代，早期是断陷沉降洼地，后来是拗陷沉降洼地。

### 2. 侵蚀洼地（E）

第一类为废弃河道，即牛轭湖（Er），如下荆江两侧的月亮湖、大公湖、尺八口、东港湖等。第二类是江堤决口洪水冲出的洼地（Es），通常称"渊"，如龙二渊、蛟子渊、文村渊等。

有些大湖在其成湖之前或成湖的早期也曾经是侵蚀洼地，如鄱阳湖区在中更新世时就曾是宽阔的河谷洼地。

### 3. 堰塞洼地（B）

堰塞洼地指各种成因的洼地其流水出口被堵塞，而导致成为积水洼地。又可以分为四类：第一类是被长江自然堤堵塞的支流河口洼地（Bl），也称为"自然堤后湖"，如安徽的龙感湖、大官湖、泊湖，湖北长江南侧的梁子湖、西凉湖、黄盖湖、斧头湖等。长江中下游的湖泊以自然堤后湖为最多，安徽的巢湖就是一个距离现长江较远的一个自然堤后湖，该湖泊洼地原来是一个位于构造沉降区的侵蚀洼地，后来由于长江河漫滩堵塞了洼地中积水的排泄通道而积水成湖。类似的湖还有许多。第二类为河间洼地（Br），河间洼地与河流发育自然堤或修筑河堤有关，使河间相对比较低洼且具有积水"内流"的特征，如长江与汉江之间的排湖、荆江与虎渡河之间的重湖等。第三类是扇缘洼地（Bf），决口扇扇顶部位的加积使扇的前缘成为相对的低洼地，如长湖、白露湖等。第四类是河漫滩或泛滥平原上的洼地（Bp），有的洼地则位于河漫滩的后缘地带，这类洼地的特点是没有较长的河流汇入，如湖北长江南岸的鲁湖，洞庭湖湖区中心部位的大通湖。

### （三）通江湖泊的蓄水与演化

长江中下游通江湖泊的蓄水主要来自众多支流的汇集，然后注入长江，湖泊换水周期都不是很长。湖泊水位在很大程度上都要受到长江水位的影响，长江洪水对湖泊出水有明显的顶托作用，甚至有时要向湖泊倒灌，如鄱阳湖长江洪水每年平均就要向其倒灌 2.5 次，持续 15 天之多。这当然是现代的情形,事实上古代和历史上的变幅要大得多,宏观地看,从晚更新世的盛冰期以来,大致经过了下列的不同阶段。

### 1. 晚更新世盛冰期低海面时期

长江中下游干流深切,水位大幅度下降,平均要比现代低 20~40 米,导致沿江湖泊蓄水外泄,湖盆洼地成为河网洼地,甚至干涸。

### 2. 冰后期海面上升时期

冰后期海面上升,大约在 6 000 年前达到最高海平面,长江的水位也随之上升,洪水泛滥,两岸的河湖洼地也相继蓄水成湖,并且湖盆面积增大。这一阶段持续时间较长。

### 3. 清代以来

长江流域人类活动加剧,大片土地开垦,入湖泥沙增多,湖滩快速增长,湖面和湖泊容积又相对缩小,尤以洞庭湖为甚。而受长江洪水位上升和湖泊容积缩小的共同影响,湖泊洪水位也继续上升,湖区水位年变幅增大,湖区高水位与长江干流高水位有可能发生重叠,这样就对长江的防洪带来了负面效应。

可以看出,长江中下游两岸湖泊的演化是多种因素变化的综合结果。湖区的构造沉降增大湖泊容积;湖区的泥沙淤积使湖泊的静态容积缩小;长江水位的变化导致湖区泄水量及湖区水位的变化,增减湖滩的淹没和泥沙的加积,从正负两方面产生湖泊容积的变化;入湖江河水量导致湖区洪水位的变化;人类活动导致湖泊容积增减的变化等都在对湖泊的演化施加影响。

## 三、峰高量大的洪水

### (一) 长江洪水特征

#### 1. 峰高量大

峰高量大是长江洪水最主要的特征。除了上游金沙江以上区间因集水面积较小,水量不是很大外(屏山站实测最大洪峰多年平均值为 17 500 立方米每秒,最大 15 天洪量 182 亿立方米),宜宾以下各区段洪水峰高量大的特征均十分明显。实测最大洪峰的多年平均值均在 50 000 立方米每秒以上,最大洪峰流量重庆寸滩站 85 700 立方米每秒(1981 年),宜昌 71 100 立方米每秒(1896 年),汉口 76 100 立方米每秒(1954 年),大通 92 600 立方米每秒(1954 年)。历史洪水调查数据则更大,宜昌曾有过 92 800 立方米每秒(1153 年 7 月 31 日)、105 000 立方米每秒(1870 年 7 月 20 日)的记录。洪水的历时也比较长,上游 20~30 天,汉口至大通区间有时超过 50 天,重庆市寸滩到大通 30 天洪量的多年平均值为 787 亿~1 380 亿立方米。长江洪峰之高、洪量之大无疑居国内各大河之首,世界大河也多有不及(表 4-8)。

表 4-8　　　　　　　　长江与一些河流最大洪峰流量的比较

| 河 名 | 测 站 | 最大流量 (m³/s) | 河 名 | 测 站 | 最大流量 (m³/s) |
|---|---|---|---|---|---|
| 长江 | 宜昌 | 71 100 | 钱塘江 | 芦茨埠 | 29 000 |
| 长江 | 大通 | 92 600 | 西江 | 梧州 | 51 400 |
| 松花江 | 哈尔滨 | 11 500 | 密西西比河 | 新奥尔良 | 65 000 |
| 永定河 | 三家店 | 5 280 | 伏尔加河 | 河口 | 67 000 |
| 黄河 | 花园口 | 22 300 | 尼罗河 | 河口 | 13 500 |
| 淮河 | 蚌埠 | 20 500 | 印度河 |  | 18 000 |

长江有许多大支流,支流洪水是长江洪水的来源和重要组成部分。支流洪水量较大的有岷江、湘江、赣江、沅江、嘉陵江、汉江等,它们的实测最大洪水流量的年平均值也达到 12 300~23 400 立

方米每秒，年最大 15 天洪量平均值达 100 亿～128 亿立方米。

### 2. 时空差异

长江是一条大河，支流众多，流域面积广阔，因此其洪水的组成、来源、发生的时间在时间和空间上均存在较大的差异。长江洪水的组成中，洞庭湖水系、鄱阳湖水系和金沙江来水占有较大比重，按上、中、下游划分，宜昌以上汛期洪量约占大通测站的一半，中游占 44%，下游还不到 5%。金沙江以上区间汛期洪量占宜昌以上的 1/3，洪水量也比较稳定，成为宜昌洪水的基础部分。嘉陵江流域的洪水涨势迅猛，对宜昌洪峰有很大影响。而宜昌洪水一般情况下均要占汉口以上全部入流的 60%，成为汉口洪水的重要组成部分。长江洪水主要由暴雨形成，洪水发生的时间和类型与暴雨特征密切相关，不同区段洪水发生的时间有先有后。正常情况下，流域内降水从东向西、从南向北在时间上逐渐滞后，鄱阳湖水系和洞庭湖水系的汛期来得最早（4—7 月），中游和汉江流域次之（5—7 月），上游及金沙江区域最迟（6—8 月），所以长江中下游的汛期也来得较早，大通站的主汛期为 6—8 月，汉口以上干流为 7—9 月，而长江上游则可以延长到 10 月。

### （二）特大洪水

长江是一条雨洪河流，如果遇到天气异常，中下游的雨季延后，上游雨季提前，干支流洪水严重遭遇，就将形成洪峰高、洪量大的特大洪水。1954 年发生的特大洪水十分典型。是年 6、7 两个月雨带一直徘徊于长江流域，各支流和干流区间汛期洪量超过多年平均值很多，宜昌从 6 月 25 日至 9 月 6 日共发生四次连续洪水。8 月上半月金沙江、乌江、干流区间洪水与嘉陵江洪峰相遇，使得宜昌 7 天最大洪峰流量达 66 800 立方米每秒，超过 50 000 立方米每秒的流量持续 15 天之久。而此时中下游地区也连续出现暴雨洪水，洪水下泄困难，造成几乎是全流域的特大洪水。1998 年雨带广泛分布到长江的上、中、下游，并且位置南北拉锯、上下摆动，持续时间长，遂形成了仅次于 1954 年的特大洪水。其他如 1931 年、1949 年的大洪水也是类似于这种情况。长江流域大洪水形成的另一种情形是稳定的地区性暴雨，尽管它的影响范围较小，历时较短，但同样来势凶猛。鄱阳湖水系、洞庭湖水系、汉江和四川省诸河经常发生。

大洪水带来的是巨大的灾难。据史料记载，从公元前 185 年的汉代到 1911 年清末间的 2 096 年中，长江中下游共发生洪灾 214 次，平均每 10 年一次。受洪水危害最严重的地区是长江中下游平原区，特别是荆江流经的江汉平原，带来人民生命财产的巨大损失（表 4-9）。

表 4-9　　　　　　　　　　　　长江中下游平原区洪灾损失

| 大水年份 | 1931 | 1935 | 1949 | 1954 |
| --- | --- | --- | --- | --- |
| 受灾田亩（万亩） | 5 090 | 2 264 | 2 721 | 4 755 |
| 受灾人口（万人） | 2 850 | 1 003 | 810 | 1 888 |
| 淹死人口（万人） | 14.54 | 14.20 | 0.57 | 3.00 |
| 损毁房屋（万间） | 176.60 | 40.60 | 45.20 | 427.6 |

造成长江中下游洪灾的原因，首先是暴雨形成的洪水，峰高量大，超过河道的宣泄能力，大量超额的洪水泛滥成灾；其次，防洪标准较低也是一个原因；再有，人类与洪水争地，大量围垦洼地和河湖洲滩，使得河道和湖泊的行洪和蓄洪能力严重不足，也是重要原因。

## 四、丰富的水资源和畅通的黄金水道

### （一）长江水资源

长江流域降水充沛，多年平均年降水量 1 100 毫米左右，因而地表径流和水资源均十分丰富。长江下游控制站大通站的多年平均年径流量 9 150 亿立方米，约占全国总河川径流量的 36%，居世界第四位（前三位分别是亚马孙河、刚果河和奥利诺科河）。长江流域多年平均水资源总量达9 958亿立方米，占全国水资源总量的35%，其中地表水资源9 856亿立方米，地下水资源2 462亿立方米，两者的不重复水量102亿立方米。长江流域面积广大，不同部分的单位面积产水量也不一样，金沙江水系和汉江水系最少，鄱阳湖水系和洞庭湖水系最多，具体情况见表4-10。

表4-10　　　　　　　长江流域水资源总量及其分布（长江流域综合规划，1988）

| 水资源分区名称 | 多年平均年径流量（亿 m³） | 单位面积年径流量（万 m³/km²） | 人均年径流量（m³/人） |
| --- | --- | --- | --- |
| 金沙江水系 | 1 535 | 32.6 | 9 848 |
| 岷沱江水系 | 1 033 | 62.7 | 3 327 |
| 嘉陵江水系 | 704 | 44.4 | 1 848 |
| 长江上游干流区 | 656 | 54.6 | 2 309 |
| 乌江水系 | 539 | 62.0 | 3 295 |
| 汉江水系 | 562 | 36.0 | 1 784 |
| 长江中游干流区 | 234 | 57.0 | 2 000 |
| 洞庭湖水系 | 2 011 | 76.7 | 3 277 |
| 鄱阳湖水系 | 1 384 | 85.3 | 4 529 |
| 长江下游干流区 | 418 | 48.8 | 1 541 |
| 长江三角洲平原 | 137 | 36.4 | 334 |
| 全流域 | 9 513 | 52.6 | 2 734 |

人均水资源占有量全流域平均数略高于全国平均值，但由于人口分布不均，各地区的人均水资源占有量也差别很大，有的地方缺水现象还很严重。

长江的径流主要来自每年5—10月的汛期，占全部径流的70%～75%，支流的情形略有差异，在55%～80%之间。在遭遇特殊情况的年份，枯水季节一些地区水资源仍有不足，发生旱情。

由于降水丰沛，年际变率较小，加上长江流域面积广阔，不同区域的降水和来水相互错开，具有互补性，长江径流的年际变化却比较小，年径流变差系数（$C_v$）在0.11～0.36，实测最大年径流量与最小年径流量之比为1.7～4.9，远小于我国其他地区的河流（表4-11）。

表4-11　　　　　　　长江流域年径流特征值统计

| 河　名 | 站名 | 年径流均值（亿 m³） | $C_v$ | 实测最大 $W_大$ | | 实测最小 $W_小$ | | 变幅 |
| --- | --- | --- | --- | --- | --- | --- | --- | --- |
| | | | | 年径流量（亿 m³） | 年份 | 年径流量（亿 m³） | 年份 | $W_大/W_小$ |
| 金沙江 | 屏山 | 1 443 | 0.16 | 1 952 | 1954 | 1 108 | 1942 | 1.8 |
| 长江干流 | 寸滩 | 3 566 | 0.12 | 4 626 | 1949 | 2 543 | 1942 | 1.8 |
| | 宜昌 | 4 512 | 0.11 | 5 751 | 1954 | 3 348 | 1942 | 1.7 |
| | 汉口 | 7 522 | 0.12 | 10 130 | 1954 | 4 750 | 1900 | 2.1 |
| | 大通 | 9 149 | 0.15 | 13 590 | 1954 | 6 321 | 1928 | 2.1 |
| 岷江 | 高场 | 894 | 0.13 | 1 260 | 1949 | 686 | 1972 | 1.8 |
| 沱江 | 李家湾 | 130 | 0.21 | 191 | 1961 | 66.4 | 1969 | 2.9 |
| 嘉陵江 | 北碚 | 686 | 0.24 | 1 070 | 1983 | 359 | 1941 | 3.0 |
| 乌江 | 武隆 | 508 | 0.21 | 838 | 1954 | 319 | 1966 | 2.6 |
| 洞庭湖 | 城陵矶 | 3 126 | 0.20 | 5 268 | 1954 | 1 990 | 1978 | 2.6 |

续表

| 河名 | 站名 | 年径流均值（亿 m³） | $C_v$ | 实测最大 $W_大$ | | 实测最小 $W_小$ | | 变幅 |
|---|---|---|---|---|---|---|---|---|
| | | | | 年径流量（亿 m³） | 年份 | 年径流量（亿 m³） | 年份 | $W_大/W_小$ |
| 湘江 | 湘潭 | 654 | 0.26 | 949 | 1970 | 281 | 1963 | 3.4 |
| 汉江 | 碾盘山 | 517 | 0.36 | 1 047 | 1964 | 212 | 1966 | 4.9 |
| 鄱阳湖 | 湖口 | 1 480 | 0.30 | 2 627 | 1954 | 566 | 1963 | 4.6 |
| 赣江 | 外洲 | 672 | 0.29 | 1 071 | 1973 | 237 | 1963 | 4.5 |

从表 4-11 也可以看出，干流的年径流变化较之支流更为稳定，因此可以说，长江流域是中国年径流最为稳定的地区。

### (二) 长江流域内河航运

长江流域是我国内河航运最发达的地区，长江干流江阔水深，终年不冻，具有航运的天然优势，素来被誉为"黄金水道"，自古以来就是横贯我国华东、华中和西南的重要水道。长江的重要支流，如岷江、嘉陵江、乌江、汉江、洞庭湖水系、鄱阳湖水系、巢湖水系、太湖水系等向南北伸展，并通过京杭运河与淮河水系相连，构成了我国最重要的内河运输网络。目前，长江水系的通航里程达 67 000 余千米，占全国内河通航里程的 52.8%。

长江水系主要通航河道有 90 条，通航里程 24 800 千米，其中通航 1 000 吨级以上船舶航道 2 638 千米。长江干流通航里程 3 638 千米（包括云南维西至新市镇间分段季节通航的 825 千米河段），其中新市镇至宜宾 108 千米通航 300 吨级轮船，宜宾至重庆 384 千米通航 500~800 吨级轮船，重庆至宜昌 660 千米在三峡工程修建前只能通航 1 000~1 500 吨级的轮船，三峡工程修建后万吨级的船队已经可以直达重庆，宜昌至武汉 626 千米可以通航 5 000 吨级驳船队，武汉以下直

长江黄金航道

至海口 1 125 千米，可以终年行驶 5 000 吨级海轮，其中南京以下 330 余千米的航道由于分段打通了影响通航的"瓶颈"河段，航道水深已达 10 米，具备了第三、四代集装箱和通航 3 万吨级海轮、5 万吨海轮可乘潮通行的能力，第五代集装箱船和 10 万吨级散货船乘潮可进入上海港。长江的一些主要支流大多也可以通航 500 吨级以下的轮船，一些较大支流的下游，如湘江，在经过河道整治之后甚至也可通航千吨级的轮船。

## 五、富饶的大地

长江流域资源丰富，经济发展水平高，流域内大部分地区都属于国内的富饶、发达地区，长江三角洲更是居全国发达地区的前列。

### (一) 自然资源

#### 1. 水土资源

长江流域水资源情况已见前述，就土地资源而论，全流域共有耕地 3 087 万公顷，约占全流域面积的 17.2%，占全国耕地面积的 25.6%，耕地中水田占耕地总数的 58%。由于人口众多，人均耕地只有 1 亩左右，人均林地 2.0 亩，牧地不到 1.3 亩，人多地少的矛盾比较突出。

### 2. 水力资源

长江流域水资源丰富，地形落差又大，蕴藏着巨大的水力资源，理论蕴藏量大约 2.78 亿千瓦，约占全国的 40%。可开发的水力资源为 2.56 亿千瓦，占全国的 47.3%。主要分布在干流和支流的上游，宜昌以上占 84%，其中金沙江水系和宜宾至宜昌间水系大约各占一半。中下游地区集中在汉江、洞庭湖水系和鄱阳湖水系的上游。

### 3. 森林资源

长江流域自然条件优越，大部分位于亚热带范围，森林植物可以全年生长，故森林资源丰富多彩，成为我国主要的多种林产品地区。全国三大林区中有两个大部分在长江流域。流域内森林主要分布在以下地区：青海东南部高山峡谷林区，金沙江中上游林区，川西林区，秦巴山地林区，湘、鄂、川、黔边境林区，江南丘陵区，淮阳山地林区，南岭山地林区和湖北神农架原始森林等。流域内保存有许多孑遗植物和珍稀树种，还有许多重要的经济林木。流域内森林面积共有 3 600 万公顷，立木蓄积量占全国的 25%，林木覆盖率为 20.3%。

### 4. 水生资源

长江流域是中国最大的淡水鱼产区，淡水鱼产量约占全国淡水鱼产量的 60%。全流域可分为四个渔区：青、藏、川西高原渔区，金沙江、川江水系渔区，中下游水系渔区，长江口渔区。共有鱼类 370 余种，其中特有鱼类 112 种，有 9 种列入《国家重点保护野生动物名录》。

### 5. 矿产资源

几乎全国所有的矿产资源在长江流域都有储量。其中保有储量占全国 50% 以上的有 30 种，钛、钒、铯、汞、磷等的矿储量占全国的 80% 以上，铜、钨、锰、锑、铋、铊等的矿储量占全国的 50% 以上。攀枝花铁矿居全国第二位。

## （二）社会经济

长江流域是中国近代工商业的发祥地，特别是上海、武汉等大城市在全国具有举足轻重的地位。新中国成立后，特别是改革开放以来，长江流域经济的发展更加迅猛，2005 年流域地区生产总值 61 370 亿元，占全国的 33.5%。人均生产总值 14 330 元，略高于全国平均值。流域内有以上海为龙头和重庆、武汉、南京、成都、长沙、南昌等大城市，还有一批中等城市，沿江建立的 20 多个经济技术开发区，2002 年的生产总值已达 4 716 亿元，占全国工业总产值的 36%，出口创汇占全国的 37%。

2005 年年底，全流域总人口有 47 239 万，占全国的 32.7%。平均人口密度每平方千米 240 人，约为全国平均人口密度的 1.8 倍。流域内居住有 30 多个少数民族，1 800 多万人。

长江流域地处亚热带，气候温和，雨量充足，土地肥沃，光热资源充足，是我国重要的农业区。流域内成都平原、江汉平原、洞庭湖区、鄱阳湖区、巢湖地区、太湖流域等都是我国重要的粮、棉、油生产基地，既是"天府之国"，又是"鱼米之乡"。2005 年全流域粮、棉总产量 1.63 亿吨，占全国的 33.6%。

## 第六节 东南沿海地区的河流

中国的东南沿海地区位于亚热带，呈东北—西南向的长条状，北起杭州湾，南至韩江与东江的分水岭，长达 1 700 千米。北以天目山与太湖流域为界，西以黄山、怀玉山、武夷山与赣江、东江为界，东南面向东海和南海。台湾岛西隔台湾海峡与大陆相望，东为太平洋。区内河流流域涉及浙江、福建、台湾和广东、安徽的部分地区。

## 一、青山绿水的自然环境

东南沿海地区是一个具有山地丘陵景观特色的自然地理单元，峰峦重叠、河流纵横、四季常青为其主要特色。大陆地区河流的分水岭处于我国地形的第三个隆起带的边缘，地势向海洋倾斜，河流多自西北流向东南，穿过重叠的山地丘陵、沿海平原洼地奔流入海。其中钱塘江、瓯江、闽江、九龙江、韩江等以及台湾岛中央山脉以西的河流注入东海和南海，台湾岛中央山脉以东的河流注入太平洋。

东南沿海发育有三列北北东或北东走向与海岸平行的山脉，西列是天目山、千里岗山和怀玉山，中列是会稽山、仙霞岭和武夷山，东列是天台山、括苍山、洞宫山、鹫峰山、戴云山、博平岭和莲花山。这些山脉与众多支脉相交织，形成纵横交错的峰岭。

东南沿海山地以海拔500～1 000米的低山为主，海拔1 000米以上的山地占一定比重，区内武夷山、仙霞岭地势最高，平均在1 000米以上，主峰黄岗山2 158米，是我国大陆东南部的最高峰。在三列山脉之间为海拔100～200米的长廊谷地，山脉以东为沿海丘陵和台地，一般海拔在50～100米之间。沿海一带为河谷盆地和冲积平原。

在新构造运动中山体产生众多断裂，沿断裂发育成各级大大小小的河流，河流的干支流多为直角相交会，构成为格状水系。河流多独流入海，是我国最突出的多元水系地区。区内河流多在山体之间的谷地和山间盆地贯穿连接，形成串珠似的峡谷和宽谷相间排列。

台湾自东而西为大体平行的四条几乎贯穿全岛南北的台东（海岸）山脉、中央山脉、玉山山脉和阿里山山脉，以中央山脉为主轴，山岳高峻雄伟，高度在3 500米以上的主峰22座，玉山主

武夷山

峰3 952米，是我国东部地区的最高峰。山体偏于台湾东部，其西缘为山麓丘陵和滨海平原，各平行山脉间为狭长的低洼谷地。山地丘陵占全台湾岛面积的三分之二以上，平原和盆地占20%左右。台湾的河流从分水岭向东、西分流入海，向东入海的河流都比较短小，向西和南入海的河流相对比较长大，大多数河流从海拔2 000～3 000米的山地奔流而下，坡陡流急，侵蚀力强，特别是西斜面的河流出山口后形成冲积扇或滨海平原。

本区大部分处于我国中亚热带浙闽沿海山地常绿阔叶林区，福州-福清-永春-漳平-永定-梅州一线以南为南亚热带、岭南丘陵常绿阔叶林区，台湾为南亚热带、热带常绿阔叶林和季雨林区。常绿阔叶林是本地区的地带性植被类型，森林植被茂密，全区森林覆盖率在60%左右，其中福建63.1%，居全国各省（自治区）之首，浙江60.5%，台湾58%。武夷山森林植被垂直分布为常绿阔叶林、针阔叶混交林、针落叶阔叶混交林、落叶阔叶林以及人工植被等。台湾山脉为热带雨林性常绿阔叶林、亚热带常绿阔叶林、针阔混交林、针叶林以及高山灌丛、草甸植被。

本区东部面向东海、南海，台湾面向太平洋，受海洋的强烈影响，具有明显的海洋性暖湿气候特点，雨量丰沛，水量丰富，山上四季常青，地上四季水流滚滚，涛声不绝，多数河流或河段水质良好，清澈见底。山清水秀，有许许多多令人向往的绝佳去处。

## 二、丰富的水资源和水能资源

大陆东南沿海和台湾的山脉多呈北东走向，大体与海岸平行，地势向海洋倾斜，且山地距海较

近，是东南季风进入中国的第一道屏障，地形由沿海向内地逐步抬升，季风携带的大量水汽在本区引起大量降水，本区的降水是我国降水最丰富的地区之一，台湾地区尤为丰沛。沿海地区年降水量1 000～2 000毫米，沿海平原和盆地1 000～1 500毫米，山地年降水量1 800～2 000毫米，武夷山区高达2 100～2 700毫米。台湾地区平均年降水量2 515毫米，中部山区在3 000毫米以上，迎风坡可达4 000～5 000毫米，多雨中心基隆市南部火烧寮6 569毫米，最大年（1912年）达8 408毫米。降水的年内分配受季风的进退和台风的影响，分为两个雨季，春末夏初阴雨连绵形成梅雨，夏秋季以台风暴雨为主。3—6月为梅雨季节，降水量为全年的50%左右，雨面广，雨期长，特别是5、6月降水强度大，雨量集中，往往出现洪涝灾害。7—9月为雷雨台风季，降水量占全年的30%左右，7月受副热带高压控制，天气炎热少雨，易出现伏旱。

河川径流由雨水补给，区域内山地和丘陵表面多为透水性能差的火成岩或变质岩，降水易形成径流，加之坡陡流急，河川径流系数比较高，浙闽地区多在0.6以上，台湾地区0.70以上。浙闽地区年径流深多在800毫米以上，河流下游河谷平原、山间盆地600～800毫米，低山丘陵800～1 000毫米，山区1 000～1 400毫米。台湾地区迎风坡一侧降水丰沛，山地坡度大，有利于径流形成，年径流深在2 000毫米以上，而西部沿海平原处于背风环境，降水较少，平原地区种植业比较发达，不利于径流的形成，年径流深只有700～900毫米。径流的年内、年际变化基本与降水同步。

东南沿海地区是我国河川径流最丰富的地区之一，土地面积占全国的2.1%，河川径流量占全国的3.2%。流域面积只有黄河8%的闽江，年径流量却是黄河的1.03倍。台湾高屏溪年径流深高达2 204毫米，是我国年径流深最大的河流。

大陆东南沿海地区的河流多由西北流向东南与山脉走向成正交或斜交，有的几次横切山体形成峡谷、宽谷的串珠状排列，水能资源较丰富，有良好的水电开发条件，目前开发利用量还不到可开发能源的三分之一。

我国潮汐能源相当丰富，浙闽两省有先天的优势。潮汐发电工程常兼有海涂围垦等方面的综合利用效益。

### 三、钱塘江和涌潮

钱塘江古名浙江，每年秋季在河口发生的极为壮观的涌潮"钱塘潮"闻名世界。

钱塘江

钱塘江上游兰江源于安徽省休宁县青芝埭尖北坡，源头海拔810米，在浙江省建德市梅城镇汇合最大支流新安江后称富春江，流向东北至澉浦入杭州湾。干流全长668千米，流域面积5.56万平方千米。

#### （一）河流基本特征

干流在梅城以上为上游，河流流经山区，河谷深切形成峡谷段，两岸悬崖陡壁，花岗岩和中生代火山岩系广布，重峦叠嶂，有著名的芦家潭和铜官峡，山地和盆地交错分布，在山间盆地河谷展宽，河床坡度较大，从屯溪至紫金滩比降为1.0‰，水流湍急。1957年兴建了新安江水库，坝址设在铜官峡。

梅城至富春江水库大坝为中游，梅城以下干流水量大增，河道比降小，水流平缓，江面展宽。梅城以下7千米处河流下切中生代火山岩，形成乌石滩至茨埠溪全长22千米的七里泷峡谷，两岸山石陡立，重峦叠嶂，青山夹峙。1968年在七里泷峡谷出口筑坝建成富春江水库。

富春江水库大坝以下为下游，河长282千米，河道分为三段：水库大坝至闻家堰75千米，以径流作用为主，河床基本稳定，河道在谷地中摆动，河床比降小，水流平缓。闻家堰至澉浦为河口段，长122千米，河流进入萧绍平原，受径流和潮流的共同作用，河道宽浅，变形剧烈，属游荡性河型；受潮水顶托，江心多沙洲，水流缓慢，主流河道蜿蜒曲折。澉浦至入海口门为河口湾，习称杭州湾，长85千米，以潮流作用为主。

钱塘江水系发达，支流众多，呈羽状分布，右岸多于左岸。主要支流有新安江、曹娥江、分水江和浦阳江等。最大支流新安江发源于皖赣两省交界的情玉山主峰六股尖，源头海拔1 350米。

兰江在衢州以上多为山地，河谷多为V形，河床比降较大，属山溪性河流。衢州以下河流穿行于金衢断陷盆地中，盆地表面由质地松软的第三系红色砂岩组成，河谷宽阔，水流平缓。金衢盆地是我国南方著名的红色盆地之一，面积4 500平方千米，是钱塘江流域最大的走廊式盆地。

## （二）河川径流

流域位于亚热带季风气候区，雨量充沛，流域年均降水量1 690毫米，河谷盆地及平原地区1 200～1 600毫米，山区1 700～2 200毫米。年内一般出现两个多雨期（3—6月和9月）、两个少雨期（7—8月和10月至次年2月）。3—6月降水量占全年的45%～55%，以5、6月最集中；9月占全年的10%左右。降水量的年际变化较小，最大年为最小年的2倍左右。

径流为雨水补给。流域年径流深920毫米，下游河谷平原400～600毫米，低山丘陵及山间盆地600～1 000毫米，山区多在1 000毫米以上。流域多年平均年径流量431.4亿立方米，梅城以上来水量占69.2%，兰江来水占梅城以上的63%。径流年内分配不均匀，上游为梅雨主控区，3—6月径流占全年的60%～70%，易发生洪涝灾害。7—9月为台风雨期，一般历时短、范围小，径流量占全年的20%左右。径流过程为双峰型，前峰为5月或6月，后峰为8月或9月。11月至次年1月为枯水期，径流量仅占全年的8%左右。径流年际变化比较小，最大年是最小年的2～4倍。

河水含沙量小，年均含沙量为0.1～0.4千克每立方米。曹娥江上游水土流失严重，年输沙量占全流域的16.3%。

海宁盐官观潮

## （三）水能源开发和航运

钱塘江流域水能资源丰富，已建成多座大中型水电站，流域支流上还有数以百计的小水电站。钱塘江流域水利建设兼顾发电、防洪、供水、灌溉、航运、养殖等综合效益，同时对支流河道进行了一系列整治，增强排水能力，使流域中下游一般旱涝年份基本消除了干旱、洪涝的威胁。

钱塘江是地区水运的骨干航道，通江达海。干支流大部分可以通航，通航里程可达900多千米，干流自屯溪，兰江自衢州，可以直达杭州。经船闸扩建改造，和必要的航道整治，预计2015年500吨级船舶可从兰江顺流而下最后直抵宁波舟山港。

## （四）钱塘涌潮

钱塘涌潮是一大自然奇观。涌潮的形成与地形关系密切。钱塘江江口形状呈弯曲的喇叭形，江道宽度自杭州湾向里急剧收缩，湾口宽度达100千米，至澉浦水面宽20千米，至海宁盐官宽2.5千米，至杭州宽1.0千米（图4-16、图4-17）。

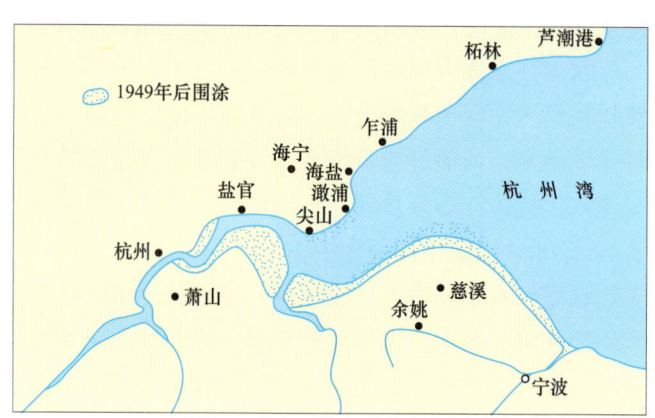

图4-16 钱塘江口平面示意图

从澉浦上逆90千米至萧山仓前附近形成一个倒坡沙坝，倒坡比降为0.12‰。东海潮波进入杭州湾向内地方向传播过程中，因河床急剧收缩，同时受水下拦门沙的阻塞，水深变浅，使潮波变形不断加剧，最终潮波连续破碎而形成涌潮，潮能聚集，潮差沿程增大。涌潮推进速度为5~7米每秒，最大可达10米每秒。涌潮的大小受月、地引力及风向、风速等因素的影响，

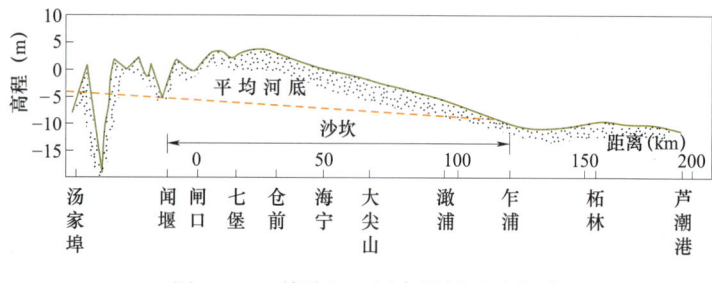

图4-17 钱塘江口河床纵剖面示意图

每当大潮时节，潮水位越涌越高，湾顶澉浦实测最大潮差可达8.93米，居全国之冠。涌潮压力可高达7吨每立方米。每年农历八月十八日的涌潮最为壮观，涌潮来临时，潮水立壁似墙，奔腾咆哮似雷鸣。沿程潮差以澉浦最大，多年平均为5.57米，比杭州湾口南汇嘴潮差3.21米增大74%。澉浦以上河床迅速抬高，潮差沿程减小，如海宁盐官一带平均潮差3.46米，盐官至八堡一带涌潮高度一般为1~2米，实测最大涌潮高度达3米。杭州闸口潮差0.51米，大尖山至杭州闸口段基本上属于涌潮影响河段。潮水挟带沿岸海流提供的大量泥沙进入河口区，实测潮流最大含沙量达51千克每立方米，澉浦平均含沙量为3~4千克每立方米，每次涌潮带进的泥沙量约1000万吨。

## 四、闽江

闽江发源于闽赣边界武夷山区，在福建省南平以上由建溪、富屯溪、沙溪三条长度、面积相近的支流在南平附近先后相汇称闽江，干流下游向东南，流至福州市以东分两支注入东海。河流全长541千米，流域面积6.1万平方千米。

### （一）河流基本特征

闽江南平以上为上游，由三条支流组成。北支为建溪，源于仙霞岭南侧将军山南坡，称南浦溪，在松溪口纳松溪后始称建溪；西北支富屯溪，源于闽赣交界光泽县司前乡岱坪村，称北溪，光泽以下

称富屯溪，经邵武在顺昌纳金溪后弯曲东南流；西南支沙溪，源于武夷山杉岭南麓建宁县均口乡均口村，源头称台田溪，水茜至宁化称水茜溪，宁化至永安称九龙溪，永安以下称沙溪。1992年根据河源唯远的原则确认沙溪源头台田溪为闽江的正源。沙溪在沙溪口与富屯溪相汇后称西溪，西溪在南平与建溪相汇，南平以下始称闽江。闽江上游属山溪性河流，干支流均循地质构造线或横切地质构造发育，多呈近似直角相汇，构成典型的格状水系。沿岸多峡谷，溪流密布，河道坡度大，河床岩石裸露，滩多水急，流经山间盆地形成宽谷，宽窄相间，呈串珠状。

闽江

南平至水口段为中游，又称剑溪。河谷穿行于鹫峰山、戴云山之间的峡谷中，河谷狭窄，两岸谷坡陡峭，水流湍急，流量大，水位落差大，有不少宜建库的优良坝址。已建水口水电站。

水口以下为下游。河道进入丘陵和福州盆地，河谷渐宽，河道中有河漫滩断续出现。河流进入福州盆地后，流经广阔的冲积平原，在淮安干流被南台岛分为南北两支。北支为北港，仍称闽江，经福州市区流向马尾。南支为南港，称乌龙江，纳大樟溪至马尾与北港汇合。流向东北至亭头被琅岐岛又隔成南北两支分别入海。北港左岸为鼓山所限，河谷较窄，河宽不足200米，水深有利通行，是闽江航道的出入口。南港河谷宽1 200米，最宽处3 000米以上，是河道来沙的主要沉积河段，沙滩、边滩和江心洲串联相间，属游荡性河段。

闽江上游面积约为全流域的70%，像一个扇面，中下游相对比较狭窄，像一个长大的扇柄，整个流域似一把朝向东南方向的蒲扇。这样特殊的流域形态，便于集水，难于排水，汛期上游三条支流洪水若同时汇聚南平，易发生洪涝灾害。

(二) 径流特征

闽江流域地处亚热带季风气候区，温湿多雨，流域多年平均年降水量1 724毫米，武夷山及光泽一带在2 000毫米以上，戴云山区大于1 600毫米，背风坡及闽江下游1 400～1 600毫米，福州盆地不足1 400毫米。春季和夏初多锋面雨，3—6月降水量占全年的50%左右，5、6月为主雨季。流域下游7—9月受台风影响，降水量比中上游大，如竹岐站为全年的32.5%，建阳站为全年的20.3%。降水量最大4个月，上游为3—6月，下游为5—8月。

闽江为山溪性河流，大部为山地和丘陵，集流迅速，流域上游森林茂密，覆盖率达64.9%，流域径流系数达0.66左右，年径流总量605.5亿立方米，径流深992.8毫米。闽江流域面积在全国大河中居第十一位，水量居第七位。

径流年内分配不均匀，汛期水量比较集中，4—9月占全年的71.2%～79.1%，竹岐站73.9%。上游地区是梅雨的主控区，4—6月占全年的50%以上，而下游大樟溪受梅雨及台风雨的控制，永泰站5—9月径流占全年的70.2%。6月最大，占全年的20%左右。最小月为1月或2月。

闽江干流洪水主要来自建溪和富屯溪，两溪洪水不仅量大，且洪峰往往同时汇入干流，而沙溪洪水一般小于上述二溪，往往错峰到达南平。流域洪水多由锋面雨形成，峰高量大，1949年以来发生的10次大洪水，有9次是锋面雨形成的。1998年6月、1992年7月、1968年6月的三次大洪水，竹岐站的洪峰流量分别达33 800立方米每秒、30 300立方米每秒和29 400立方米每秒。

闽江上游山区森林茂密，植被覆盖率高，河水一般清澈见底，河水含沙量很小，富屯溪0.07千克每立方米，沙溪和建溪0.11千克每立方米。流域中游中低山区因植被遭到破坏，含沙量较高，龙溪、梅溪0.29~0.32千克每立方米，干流下游0.14千克每立方米。

### （三）水能资源开发和航运

流域水能蕴藏量为641.8万千瓦，在全国各河流中居第13位，约为东南沿海地区的三分之一。技术可开发量468万千瓦。1937在沙溪支流建成桂口水电站，1952—1971年建成古田溪4级水电站，1978年以后建成沙溪安砂、金溪池潭、干流水口、沙溪沙溪口、尤溪街面等大中型水电站，总装机容量247.25万千瓦，其中水口水电站装机容量140万千瓦，是华东地区最大的水电站。一级支流已建梯级电站24座，二、三级支流小水电站数百座，到2010年全流域梯级电站开发率达85%。据规划，流域内共建大中型水电站39座，总装机容量达369.5万千瓦，为可开发装机容量的79%。

闽江流域各河段是福建主要的交通运输线。新中国成立之初，闽江干流可通行20~30吨机船，沙溪枯水可全线通航3~5吨木帆船，水口至南平建库前仅能通航60~80吨级轮船，建库后可使500吨级轮船由马尾直抵南平。北港为闽江主航道，长年可通航300吨级轮驳船，台州至马尾段可乘潮通航1 000吨级货轮，马尾以下可乘潮通航2万吨级货轮。南港淮安至湾边段只能季节通航。

## 五、韩江

韩江古称恶溪、鳄溪，又称凤水，因下游潮州市为唐代大文学家韩愈谪居之地而得名韩江。韩江的上源由西北流向东南的汀江和自西南流向东北的梅江组成，在大埔县三河坝汇合后始称韩江。干流在澄海县分为东溪、北溪、西溪三支，西溪又分为东、中、西三支，西支又分为三支，最后由七个口门流入南海。全长486千米，流域面积3.01万平方千米。

韩江

韩文公祠

汀江发源于武夷山南段木马山北坡。由于流向与韩江干流一致，有将汀江称韩江主流的说法。汀江属山溪性河流，山脊呈东北西南走向，干流切穿背斜构造形成横向峡谷，支流多顺构造线发育成纵谷，上杭至峰市险滩栉比，有龙汀峡、相洪峡、蛇王峡、白磜滩、大沽滩、穿什滩等峡谷和险滩。峰市至石下坝6千米落差25米，两岸山体对峙，河道狭窄的棉花滩仅10米宽，是良好的坝址。过石下坝河流进入宽谷，河宽达400米，河床比降小，水流平缓，两岸有冲积台地。

梅江发源于莲花山脉乌凸山七星崬，上游称琴江，五华县水寨镇以下称梅江，由于梅江流域面积和水量大于汀江，故又多将梅江作为韩江的主源。梅江蜿蜒于丘陵、宽谷和一系列串珠盆地中，属平原型河流。河道曲折，水流缓慢，沿岸有冲积平原和台地。梅县以下流经山地，为梅江峡谷段。

三河坝至高陂段，河流流经低山区，右岸临近莲花山铜鼓峰，河道狭窄弯曲。高陂至潮州段，河流行于丘陵、台地，河谷逐渐展宽。潮州以下为韩江三角洲河网区，是韩江流域的主要平原区。

韩江流域主要受海洋性东南季风影响，夏季长且多暴雨，冬季短而干旱，前汛期常形成大面积的锋面连续降雨，后汛期以太平洋和南海热带风暴影响为主。武夷山和莲花山迎风坡雨量丰沛，年降水量在 1 800 毫米以上，梅江河谷及沿海地区为 1 400 毫米左右，流域年均降水量 1 600 毫米。降水多集中在 4—9 月，占全年 70% 以上，5—6 月最集中。夏秋季台风和热带气旋暴雨常常造成洪涝灾害。

流域年径流量 245 亿立方米，年径流深 814 毫米，4—9 月径流量占全年的 80% 左右。洪水以热带气旋雨影响为主，洪水多发生在 6 月或 8 月，暴雨大且集中。中下游干流洪水峰高量大且持续时间长，在流域发生的几次较大洪水中，44% 以上的水量来自梅江，汀江占 30%～40%。梅江与干流几近平行，梅江与中下游干流处在同一个暴雨区，同时发生洪水，对下游三角洲产生较大洪水危害。

韩江南北堤潮州段

韩江是东南沿海诸河中含沙量较大的河流，年均含沙量 0.28 千克每立方米，年输沙量 711 万吨。泥沙主要来自梅江，梅江横山站 0.48 千克每立方米，年输沙量占全流域的 63.4%。汀江溪口站 0.23 千克每立方米，年输沙量不足梅江的二分之一。

流域水能资源蕴藏量丰富。已建成多座水电站。

韩江航运既有山区航道又有平原航道，汀江自上杭可上溯通航 50 千米，梅江从梅州可上溯通航至五华，梅州以下可直达汕头市，主航道 241 千米，全线可通航 65 吨级货轮。

### 六、浊水溪

台湾省境内，流域面积超过 1 000 平方千米的河流共有 9 条，分别是淡水河、大甲溪、乌溪、浊水溪、曾文溪、高屏溪、卑南溪、秀姑峦溪和花莲溪。其中浊水溪是台湾省最长、面积最广的河流。横贯于台湾岛的西部中段，源于中央山脉西侧合欢山和奇莱主山之间，源头海拔 3 400 米。沿途接纳多条支流，从彰化县二水乡流出山口进入平原区。在八卦台地、斗六丘陵西侧形成台湾最大的冲积扇，河流在冲积扇上曾多次改道并分五条汊流（虎尾溪、旧虎尾溪、新虎尾溪、西螺溪和东螺溪）入台湾海峡。20 世纪初曾由东螺溪（旧浊水溪）在鹿港附近入台湾海峡。后人们在西螺溪两岸加筑堤防，使漫流河水得到控制，东螺溪变成了一条排水渠道，其他诸溪也被护堤切断而形成断头小溪，从此西螺溪变成了浊水溪入海的干流河道。河道全长 187 千米，流域面积 3 157 平方千米。因河流流经质地较松软的黏板岩和页岩山地，河水常呈灰黑色，故得名浊水溪。

浊水溪

浊水溪为山溪性河流，河道平均比降 18‰，中上游穿行于山区，地势起伏，河道多成纵谷，水流湍急，河床多有岩礁出露。由于河水从山区挟带大量砂砾石、粗砂和粉砂，出山口后坡度骤减，水流减缓，砾石堆积在冲积扇的上部，其他泥沙沿程沉积，并向海洋扩展，造成河道不稳定，出现汊流、改道。

流域地处亚热带湿润气候区，山地海拔高，降水具有明显的垂直变化，山区气候温凉湿润，年降水量 2 000～3 000 毫米，下游平原区因高山的阻隔和季风风向常与海岸线平行，降水较少，年降水量 1 200 毫米左右。流域年均降水量 2 442 毫米。受季风和夏季台风的影响，降水量多集中在下半年，其中 6—8 月降水量最多，约占全年的 70%。

河川径流来源于降水，山地丘陵年径流深 1 500～2 500 毫米，平原在 1 000 毫米以下，滨海不足 800 毫米。流域年径流量 60.95 亿立方米，流域平均径流系数达 0.67，山区在 0.70 以上。汛期 6—9 月径流占全年的 60% 左右，桶头站达 79%，其中 6 月水量最大。流域洪水主要由台风暴雨形成，多发生在夏秋季。由于山区暴雨强度大，河床坡陡，洪水汇流快，洪水峰高、量大、历时短，集集镇最大洪峰流量达 11 200 立方米每秒，是年平均流量的 77 倍。桶头最大流量 438 立方米每秒，是年平均流量的 209 倍。枯水期水量迅速减小，冬季（12 月至次年 2 月）占全年水量 10% 以下。

浊水溪明潭水库

流域内有的岩层比较松软，加上丘陵地带植被遭破坏，水土流失比较严重，河水含沙量比较高，流域年输沙量达 0.63 亿吨，侵蚀模数近 2 万吨每平方千米年，含沙量高达 10.3 千克每立方米，平均年冲蚀深度 17.1 毫米。

浊水溪是台湾省水能资源最丰富的河流，水能蕴藏量为 126 万千瓦，占全省的 12.63%，技术可开发量 64.755 万千瓦，已建多座水电站。利用日月潭为上池，在支流水里溪上建有明湖、明潭两座抽水蓄能电站，其中装机容量 160 万千瓦的明潭电站发电量是台湾最大的抽水蓄能电站。

## 第七节　珠江和华南地区的河流

珠江和华南地区位于我国最南部，西及西北以乌蒙山、北部以苗岭及南岭与长江流域为界，东部以武夷山与东南沿海诸河为界，南偎我国南海，西、南与越南为邻。包括滇、黔、桂、粤、湘、赣、琼七省（自治区）及港、澳地区。总面积 56.19 万平方千米，大陆海岸线长达 5 670 多千米。全区（不包括海南岛及海南诸岛礁）山地丘陵面积占总面积的 82%，平原盆地占 16%。海南岛与雷州半岛隔海相望，陆地总面积 3.42 万平方千米，海岸线长 1 725 千米。

### 一、多山地形及奇特的喀斯特地貌

本地区地势总体是西北高、东南低和北高南低。西北部为峰峦起伏的云贵高原，北部为苗岭和南岭山地，中部为两广丘陵和盆地，东南部为珠江三角洲及沿海诸河冲积平原。云贵高原及黔桂高山峡谷地区，河谷深切，高原面破碎，峰顶高程 1 800～2 500 米，乌蒙山山峰 2 800 米以上，山巅还保留较完整的夷平面，海拔 2 000 米左右，是南盘江、北盘江发源及流经之地。天峨一带是云贵高原与桂粤中低山丘陵盆地间过渡地带的高原斜坡地段。西部峰顶高程 1 600～1 800 米，向东递减至 1 000～1 200 米，低山丘陵高程 800～1 500 米，广西盆地四周为海拔 500～1 000 米的石灰岩山岭，再向东南为沿海低山丘陵区，海拔多为 200～500 米。

在区域内的众多山脉中，以南岭山脉规模最大，东起武夷山南端，西至八十里大南山，东西绵延 600 千米，南北宽约 200 千米。丘陵主要分布在山前地带、盆地四周或河谷两侧，以郁江丘陵区、丹霞丘陵区和花岗岩丘陵区为代表。郁江丘陵区分布在左、右江下游及南宁盆地周边地区；丹霞地貌分布不广,以北江上游为典型;花岗岩丘陵分布在北江、东江下游及西江德庆一带。

区域内广西、贵州和云南东部是我国碳酸岩地层分布最集中、面积最广的地区,面积约占总面积的32%。主要集中在南盘江、北盘江、红水河、郁江、桂江、北江等流域。喀斯特地貌发育,峰丛、峰林、孤峰、残丘、喀斯特山原、溶蚀洼地、漏斗、落水洞、地下溶洞、暗河等千姿百态。峰丛以红水河上游最为典型;峰林以广西桂林、阳朔一带和云南路南石林、贵州兴义、广东肇庆英德最为典型;孤峰以广西宾阳、黎塘一带为代表;残丘以广西横县至平南一带为代表。路南石林、桂林山水、黄果树瀑布等著名风景区,是国内外著名的旅游胜地。

黄果树瀑布

海南岛是我国第二大岛,岛上地形由山地、丘陵、台地、阶地和平原等构成三个环带:内环由五指山、黎母岭和雅加大岭等中低山组成;中环由中低山外围的丘陵组成;外环由台地、阶地和平原组成。以外环的面积最大。

## 二、结构独特的珠江水系

珠江流域的水系犹如一棵树冠庞大而不对称的大树,各级支流如树枝,西江、北江和东江汇入珠江三角洲后,就像将树根深深地插入南海之中。

珠江是我国南方最大的河流,跨越滇、黔、桂、粤、湘、赣六省(自治区),干流长2 214千米,流域面积45.37万平方千米,其中有1.16万平方千米在越南境内。珠江原指广州到入海口的一段河道,后来才逐渐成为西江、北江、东江和珠江三角洲诸河的总称。具有复合流域和复合三角洲的特点。西江、北江、东江分别从西北、北、东北汇入珠江三角洲,西江是珠江的主流。珠江三角洲由这三条河流及其他诸河的三角洲复合而成。三角洲上河汊纵横,互相沟通,最后分别由八个口门注入南海。

### (一) 西江

西江是珠江的主干流,源于云南省沾益县马雄山东麓,在广东省佛山市三水区思贤滘与北江汇合入三角洲河网区,其主流经珠海市磨刀门注入南海。自江源至思贤滘西滘口全长2 075千米,平均比降0.58‰,流域面积35.31万平方千米,占珠江流域总面积的77.8%,其中越南境内面积1.16万平方千米。

西江从源头至与北江汇合,自上而下分为南盘江、红水河、黔江、浔江和西江5个河段。从河源至蔗香村双江口(贵州)称南盘江,双江口至石龙镇三江口(广西)称红水河;三江口至桂平(广西)称黔江;桂平至梧州(广西)称浔江;梧州至思贤滘(广东)称西江。

河源到三江口为西江上游,包括南盘江和红水河两段。南盘江段长914千米,河道比降1.74‰,区间集水面积56 880平方千米。河流穿行于高原盆地和峡谷,河道深切,河宽50~100米,在蔗香村以上190千米河段内,有著名的雷公滩等急滩91处,河流干支连通着7个天然湖泊:阳宗湖、抚仙湖、星云湖、杞麓湖、异龙湖、大屯湖和长桥湖。其中抚仙湖容积185亿立方米,水深一般80~90米,最深处155米,湖深居我国第二位。红水河段长659米,河道比降0.38‰,区间集水面积52 699平方千米。河流穿过高山峡谷后,河谷展宽到200米,河中仍多急滩跌水,河岸陡,河水深

20～30米。主要支流有北盘江、濛江、牛河、刁江等。

三江口到梧州为西江中游，包括黔江和浔江两段。黔江段长122千米，河道比降0.06‰，区间集水面积2 210平方千米。该段有著名的大藤峡，其峡长44千米，水流湍急，枯水时水深最深处达85米，为西江干流最深处。其他河段河谷比较开阔，两岸较平坦。浔江段长172千米，河谷比降0.1‰，区间集水面积20 570平方千米。两岸有低山、丘陵和平地，在武林至梧州的龙潭峡，枯水位河宽340米，泗化洲河宽2 660米，两岸有防洪堤。主要支流有柳江、郁江、蒙江和北流河。

梧州到思贤滘为下游，河长208千米，河道比降0.09‰，区间集水面积43 860平方千米。河宽700～2 000米，在肇庆市有三榕峡和羚羊峡，河宽仅300～370米，水深分别为78米、83米，下游段无险滩，为优良的通航河道。较大支流有桂江、贺江和罗定江等。

### （二）北江

北江是珠江第二大水系，源于江西省信丰县油山镇大茅坑，在广东省佛山市三江区思贤滘与西江相汇后，流入珠江三角洲河网区，主流经虎门注入南海。思贤滘以上河长468千米，河道比

西江边的巽峰塔

降0.26‰，流域面积4.67万平方千米，占珠江流域总面积的10.3%。干流韶关以上两岸多丘陵，河谷比较开阔。韶关以下河道比较顺直，水面宽400米左右，沿途有飞来峡、育子峡、香炉峡和大庙峡四个峡谷，飞来峡、育子峡分别长9千米、6千米，枯水期水深20～30米。香炉峡、大庙峡谷长不足100米。连江是其最大支流。

### （三）东江

东江是珠江第三大水系，源于江西省寻乌县桠髻钵山，至广东省东莞市石龙镇以下进入珠江三角洲，分为东江北干流和东江南支流两水道入狮子洋，经虎门注入南海。河源至石龙镇长520千米，河道比降0.39‰，流域面积27 040平方千米。流域地势东北高、西南低，上中游主要是山地丘陵河谷区，两岸为海拔千米以上的山体，出沙岭峡谷后进入平原堤围区。新丰江为最大支流。

北江

东江

### （四）珠江三角洲水系

珠江三角洲的全称是珠江流域三角洲，是我国第二大三角洲，是个尚未填满的湾内复合三角洲。其范围是西江、北江思贤滘以下，东江石龙以下网河水系和注入三角洲内的高明河、沙坪河、潭江、

流溪河、西福河、增江、茅洲河及深圳河等河流的三角洲复合而成。总汇水面积 26 820 平方千米，其中西、北江三角洲 8 370 平方千米，东江三角洲 1 380 平方千米，入珠江三角洲诸小河流集水面积 17 070 平方千米（含香港九龙 432.1 平方千米、澳门 18 平方千米）。三角洲上河道纵横交错，互相沟通，河道弯曲，河宽水深。

珠江三角洲河网区水流具有"三江汇集、八口分流"的特点，即河网区水道汇集西江、北江、东江三江的河川径流，又分八个出海口门（水道）泄洪纳潮（图 4-18）。自东向西依次为：虎门水道、蕉门水道、洪奇门水道、横门水道、磨刀门水道、鸡啼门水道、虎跳门水道和崖门水道。

珠江三角洲河网区八大口门出海年径流总量 3 260 亿立方米，其中承泄西江、北江、东江 3 004 亿立方米，三角洲及诸小河产流量 256 亿立方米。进入珠江三角洲的年输沙量为 8 809 万吨，其中 20％沉积在河网区内，80％输往口门外。

### 三、温暖潮湿气候下的河川水情

#### （一）降雨量的地区分布和年内分配

珠江流域属亚热带气候区，温暖多雨，多年平均年降水量 1 470 毫米。降水由东向西递减，呈现沿海多山区少，下游多上游少，东部多西部少，南部多北部少的格局。西江年均降水量 1 370 毫米，上游 1 000～1 300 毫米，中游 1 500～1 800 毫米，下游 1 600～3 000 毫米。降水年内分配东北部 4—7 月，占全年降水的 55％～60％；中部及东南部 5—8 月，占全年的 65％～70％；西部 6—9 月，占全年的 65％～70％。北江年均降水量 1 724 毫米，4—9 月占全年的 70％～85％。东江年均降水量 1 732.6 毫米，4—9 月占全年的 79％。三角洲网河区年均降水量 1 600～2 300 毫米，4—9 月占全年的 81％～85％。

#### （二）河川径流特点

珠江流域河川径流量特别丰富，多年平均年径流量 3 380.7 亿立方米，占全国河川径流总量的 13％。

河川径流地区分布比年降水量的地区更为不均，河川径流深的变化幅度在 300～2 000 毫米之间，西江下游、北江和东江径流深大于 1 000 毫米，属丰水区。粤北山地清远北部笔架山一带，高达 1 600 毫米，丰水区面积占全流域面积的 20.5％。年径流深在 300～1 000 毫米的多水带，主要分布在珠江三角洲、西江下游干流、郁江的左右江和红水河、柳江、黔江及南盘江、北盘江大部地区，多水带的面积占全流域面积的 76％。其余 3.5％的流域面积则分布在南盘江上游的开远、宜良、沾益一带，径流深 200～300 毫米。

径流量按四大水系划分：西江（思贤滘西口以上）年径流量 2 300 亿立方米，占全流域年径流量的 69.1％；北江（思贤滘北口以上）年径流量 510 亿立方米，占全流域年径流量的 15.3％；东江（石龙镇以上）年径流量 261 亿立方米，占全流域年径流量的 7.9％；在三角洲内及其诸河年径流量 256 亿立方米，占全流域年径流量的 7.7％。

径流的年内分配受降水量的支配，汛期径流量占全年的 75％～85％，夏季最丰。西江、北江和东江三江干流夏季径流量分别占全年的 53.1％（西江梧州站）、47.2％（北江石角站）和 51.7％（东江博罗站）。冬季径流量最少，西、北、东三江冬季径流量分别占全年的 6.7％、8.4％和 7.6％。可见夏、冬季径流量西、北、东三江基本相近。而春、秋季径流量的情况则不尽相同，北江、东江上中游因受静止锋的影响，雨季早，春季径流量多于秋季，而西江正相反，秋季径流量多于春季。西江由于源远流长，流经不同的降水带，因此，其不同河段四季径流分配相差较大，如上游南盘江，春、夏、秋、冬四季径流量分别占全年的 7.8％、45.9％、34.3％和 12.0％。而红水河受北盘江等支流影

图 4-18 珠江三角洲三江汇流、八口门入海示意图

响，夏季径流量可达 55.5%，春、秋、冬三季径流量分别为 12.0%、25.3% 和 7.2%。上述两个河段尽管四季径流量的分配相差较大，但两者夏秋季所占比例大体相近，而春冬所占比例为互换。西江中游段为主要支流汇集地，这些支流处在不同的气候区、径流年内分配差别更大。如左岸支流柳江和桂江春秋季径流量分别占全年的 41.0%、24.4% 和 14.0%、10.5%。右岸支流郁江冬春季枯水，夏

季水丰，四季径流分别为10.1%、55.0%、28.5%和6.4%。西江干流径流四季分配主要决定于红水河段和最大支流郁江，夏季最丰，秋季次之。

北江、东江最大水月为6月，占年径流的比例分别为23.1%、27.9%。西江最大水月上游段为8月，中下游段为7月，占年径流的18.7%。最小水月均出现在1月或2月，占年径流的2.0%左右。

河川径流年变化，西、北、东三江上游段变化较大，年径流变差系数$C_v$值在0.4以上；三江中下游及三角洲地区变化较小，$C_v$值为0.2～0.3。西江梧州站实测最大年径流量3 469亿立方米（1915年），最小年径流量1 023亿立方米（1963年），二者比值为3.4倍；北江石角站最大年径流量721.7亿立方米（1974年），最小年径流量162.7亿立方米（1963年），前者为后者的4.4倍。据分析，西、北、东三江年径流具有30年左右的短周期和60～80年的长周期，其中西江以70年长周期为主，北江、东江以50年和36年的周期为主。另外还出现有连续3年的枯水或丰水，连续6年的枯和偏枯、丰和偏丰的连续长时段。

### （三）珠江流域洪水特点

洪水主要是由暴雨形成，特点是峰高、量大、历时长。西江、北江和东江的洪水特性有较大的差别。

西江流域面积广大，支流众多，沿岸支流洪水期不同步，洪峰流量不常遭遇。北岸支流洪水一般发生在5—7月，南岸支流发生在7—9月。由于两岸支流洪水期错开，致使西江洪水历时长达15～30天；个别年份，流域出现大面积、长历时、大强度的暴雨，支干流洪水相遇，则发生特大流量，历时可长达30～40天，如1915年7月梧州出现相当于200年一遇特大洪水，最大流量高达58 700立方米每秒。

北江因暴雨的出现常遍及整个水系，暴雨量大，河床坡度陡，加上北江呈对称的叶脉状水系结构，洪水上涨迅速，具有峰高、量不大、历时较短的特点。洪水一般发生在5—6月，每次历时7～15天。

东江具备两个洪水期，一个是由锋面雨形成的前汛期，4—6月；另一个是由台风造成的后汛期，7—9月。

珠江三角洲河网地区的洪水主要受西江、北江和东江洪水的影响，特别是当西江、北江洪水的遭遇成为珠江三角洲洪水灾害的主要来源。在1949—2000年间发生全流域性大洪水14次，平均每两年发生一次小洪水。1946年6月，西江、北江同时发生50年一遇洪水；1998年6月，西江发生100年一遇洪水，梧州、桂林等沿河市县和下游珠江三角洲部分河道出现了100年或超100年一遇的洪水；2005年6月，西江中游发生超100年一遇的特大洪水，加上北江、东江分别出现10年一遇和20年一遇的洪水，造成珠江三角洲遭遇特大洪潮。显然，珠江流域的洪水威胁主要来自主干西江。

珠江属于少沙河流，年均含沙量0.28千克每立方米，年输沙量9 210万吨，是我国大江大河中含沙量最小的河流。西江上游地形坡度大，植被较差，是全流域含沙量较大的河段，年均含沙量1.26千克每立方米；支流北盘江上游为2.61千克每立方米。西江支流柳江、郁江、浔江、西江干流中下游、北江、东江等年均含沙量在0.103～0.313千克每立方米之间。

## 四、珠江水利和航运

### （一）水利建设

珠江流域水资源总量丰富，但时空分布不均，水旱灾害严重，洪、涝、潮问题突出。水利建设以防洪建设为重点。至2009年已有江海堤防2.28万千米；水库1.7万座，其中大型水库84座，中型水库654座，总库容862.69亿立方米；大型水闸123座。初步形成了以堤库结合的防洪工程体系。

拥有万亩以上灌区784处，灌溉面积446.8万公顷。蓄、引、提水工程年供水量931亿立方米。治理水土流失面积5万平方千米。

西江是珠江流域防洪的重点，在干支流上建设了一批大中型骨干水利水电枢纽工程，初步改变了流域水利的落后面貌。右江上游控制性防洪工程百色水利枢纽已于2006年建成。红水河龙滩水库一期工程已于2007年建成。即将建设的黔江大藤峡水利枢纽工程是以防洪、水资源配置和发电为主的流域控制性工程。目前西江主要依靠堤防防洪。浔江、西江沿岸和西江下游重点是南宁、梧州和柳江的堤防工程建设。

百色水库

北江的防洪工程是以飞来峡水库和北江大堤构成的堤库结合的防洪工程体系。

东江已建成新丰江、枫树坝、白盆珠三座水库，总库容170.6亿立方米。三库联调可降低洪水对下游堤防的压力。

北江北大堤

珠江流域的水利建设已初步形成北江中下游、南盘江中上游、红水河和东江等堤库滞洪区相结合的流域防洪工程措施，形成了以流域为单元、防洪工程措施与非防洪工程措施相结合的防洪体系，保障了广州、南宁、柳江、梧州、深圳等重要城市和珠江三角洲、浔江、郁江等重要经济区和粮食生产基地的防洪安全。

珠江流域水能资源理论蕴藏量比较丰富，达3 223.67万千瓦；技术可开发量3 128.8万千瓦，其中西江2 771.23万千瓦，北江224.03万千瓦，东江133.54万千瓦。截至2001年，已开发和正开发电站957座，总装机容量1 810.07万千瓦。西江干支流上已建大中型电站498座，其中10万千瓦以上电站有鲁布革、天生桥一级、天生桥二级、龙滩、岩滩、大化、百色、西津、长洲、平滩、乐滩、红花、白龙滩、麻石等14座，总装机容量1 401.5万千瓦。北江截至2000年已建和正建水电站310座，其中装机容量1万千瓦以上的电站有锦江、孟洲坝、飞来峡、龙须带、南水、长湖、孟洲、泉水、潭岭等9座，总装机容量48.21万千瓦。东江截至2000年已建水电站702座，其中装机容量1万千瓦以上的电站有枫树坝、新丰江、白盆珠、斗晏等4座，总装机容量50.7万千瓦。

### (二) 珠江水运

珠江流域河道水量充沛、稳定，泥沙含量少，下游流经地区地势平坦，且终年不冻，具备良好的通航条件。目前，珠江流域已初步形成了以西江航运干线、珠江三角洲、北盘江-红水河、右江、柳江-黔江等3 500千米国家高等级航道网和南宁、贵港、梧州、肇庆、佛山等5个主要港口，以及北江、东江等区域重要航道和港口组成的航道体系。至2008年珠江水系的航道通航里程为1.55万千米，占全国通航里程的12.6%；高等级航道3 253千米，占全国的17%；航道维护里程8 668千米，港口建成的泊位年通过能力2.2亿吨，运输船舶1.8万艘，588万载重吨。

  2008年珠江水系完成运货量3.6亿吨，货物周转量558亿吨千米；主要港口完成货物吞吐量2.4亿吨。水运的货物运输量占流域综合运输量的12%。广州港货物吞吐量的三分之一由珠江水运完成，占香港港集装箱总量的20%，珠江水系内河集装箱运量占全国内河集装箱运量的50%以上。西江长洲水利枢纽的过坝运量达3 600万吨，相当于长江三峡船泊运量的三分之一以上。

  珠江内河航运的"一横、一网、三线"在全国内河航运中占有重要地位。"一横"即横贯东西的西江航运干线，由南宁到广州全长854千米。"一网"即珠江三角洲航道网。"三线"即由郁江段、浔江段、西江段和东平水道组成。至2010年年底，西江黄金水道已建成2 000吨级航道291千米，1 000吨级航道282千米，千吨级泊位73个，内河港口货物吞吐能力超过6 000万吨。随着贵港至梧州2 000吨级航道、桂平航道枢纽年通过能力3 100万吨的二线船闸工程和柳州500级航道整治等重点工程的实施，西江航运在珠江流域水运和经济建设中将发挥更大的作用。

  珠江三角洲航道网将加快白泥水道、磨刀门水道及出海航道的建设，全面建成"三纵三横"高等级航道网。

### 五、海南岛河流

  海南岛受中部高凸四周低平的地形控制，河流均从中部山区或丘陵区向四周分流，构成放射状水系，分别注入南海。岛内河川年径流量307亿立方米。岛内共有河流214条，其中流域面积大于100平方千米独流入海的河流39条，大于3 000平方千米的3条，即南渡江、昌化江、万泉河。

南渡江夜景

  海南岛地处热带亚热带季风气候区，湿热多雨，受台风影响频繁，雨量充沛，干湿季分明。河流以雨水为主要补给来源。由于台风活动的路径和强度变化，雨量年内不均，年际变化大。河流短小，属山溪性河流，河槽调节能力小，加重了径流的年际变化。径流年内分配不均，东南部冬季径流占全年的10%以上，是我国冬季径流比较多的地区；西南部在10%以下。春季径流占全年的10%左右。夏季径流一般占全年的30%，东南部不足30%。河流一般在6月才开始缓慢涨水，是我国汛期来临最迟的地区之一。秋季台风频繁，径流占全年的50%左右。9、10月台风盛行，多暴雨，洪峰高而历时短，一次洪水一般3天左右。最大流量及最大水月大都出现在9月或10月，连续最大三个月为9—11月。12月至次年4月为枯水期。

  南渡江源于白沙黎族自治县南峰山，干流斜贯海南岛中北部，至海口市三联村汇入琼州海峡。河长333.8千米，河道比降0.72‰，流域面积7 033平方千米。距入海口十几千米的河段为感潮段，水流挟带泥沙能力减弱，泥沙落淤形成许多沙洲岛，其中新埠岛、海甸岛将河口段分成三支水流入注琼州海峡。北支为干流，在三联村入海；西北支横沟河在网门港入海；西支海甸溪在海口港入海。年径流量 69.07 亿立方米，年输沙量 36.5 万吨。南渡江上游的松涛水库，是一座大型水利枢纽，也是海南省最大的人工湖，库容 33.45 亿立方米，控制南渡江流域面积的 20.8%。

### 六、粤桂沿海诸河

粤桂沿海诸河主要包括三部分，即粤东、粤西和桂南独立入海河流。区域内地势北高南低。粤东沿海北部为莲花山，南滨南海；粤西沿海北部为云开大山、云雾山，南滨南海；桂南沿海北部为大容山、十万大山，南滨北部湾。区内河流均源自北部山区或丘陵区，或从北向南流，或从东北向西南流独流入海。由东往西流域面积在 2 000 平方千米以上的较大河流有榕江、漠阳江、袂花江、鉴江、九洲江、南流江、钦江、茅岭江等。本区的河流具有山区性河流的特点：流程短，坡度陡，水流急，急滩多等。

漠阳江

受海洋性气候和地形的影响，降雨主要由锋面雨和台风雨形成，4—6 月多为锋面雨，7—9 月多为台风雨。区域年降水量在 1 400~2 400 毫米之间，山区大于沿海平原地区。粤东和粤西沿海 4—9 月降雨量占全年的 70%~85%，桂南沿海 6—9 月降雨量占全年的 60%~70%。河川径流主要由雨水补给，径流的年内分配主要取决于降水的年内分配与变化。年径流深粤东、粤西沿海 1 300 毫米左右，桂南沿海多在 1 000 毫米或低于 1 000 毫米。

漠阳江源于广东省阳春市河望镇云廉洒山西南，在阳东县北津港流入南海。河长 199 千米，流域面积 6 091 平方千米。多年平均年降水量 2 199.5 毫米，汛期（4—9 月）降雨占全年的 70%~85%。年径流量 82.1 亿立方米。流域内洪涝灾害频繁。已建大河水库和东湖水库 2 座大型水库和 11 座中型水库、202 座小型水库，总库容 10.27 亿立方米。

南流江源于广西壮族自治区玉林北流市，在广西壮族自治区北海市合浦县流入北部湾，河长 285 千米，河道比降 0.35‰，流域面积 9 232 平方千米。多年平均年降水量 1 693 毫米，汛期（4—9）月降雨量占全年的 75%~80% 以上。年径流量 73.49 亿立方米。夏秋易涝，冬春易旱，多为旱涝交替。已建旺盛江、小江、洪潮江三座大型水库，总库容 18.89 亿立方米。

## 第八节　西部地区的国际河流

我国西部地区的国际河流主要分布在青藏高原以及新疆西和西北部高山地区，按其自然地带既有呈放射状发育在青藏高原、流经亚热带和热带地区的国际河流，又有发育和流经干旱、半干旱地区的国际河流。所以自然地理环境复杂多样。

### 一、奇特的自然地理环境

青藏高原发育了众多世界巨川，年出境水量约 6 000 亿立方米，不仅是中华民族的"水塔"，也是东南亚和南亚的"水塔"所在。这些河流多源于青藏高原腹地，海拔在 5 000 米以上，流经高山峡谷，地形总趋势西北高东南低。雅鲁藏布江先由西向东流，后折向东南流出境。澜沧江、怒江的上源地区为保持比较完整的高原区，地势开阔，高差小。进入横断山峡谷区后，自西向东担当力卡山-独龙江-高黎贡山-怒江-怒山-澜沧江-云岭-金沙江-沙鲁里山等纵向平行排列，山地海拔4 000米以上，河水在幽深的峡谷中流动，形成1 000～2 000米的高差。向下随地势降低，山地与河流的间距逐渐加大，形成北窄南疏的"扫帚形"。随着地形、地理位置及水汽来源条件的变化，各地气候条件具有明显的差异。由上游至下游或随海拔由高山到深谷垂直气候带十分明显，依次为高山寒带、温带、暖温带、亚热带、热带气候和植被景观。降水的地区分布悬殊，横断山区河流从下游的2 000～2 500毫米，至河源地区减至400毫米左右。雅鲁藏布江由下游的5 000毫米至河源区减至200毫米左右。

新疆地区的国际河流有的虽发源于半荒漠地带的山地，而河流的流向由东往西，西来水汽顺河谷而上，受山体阻挡，成为干旱地区降水最丰富的地区。有的河流由邻国流入国内，由山区流至盆地，丰富的河水成为荒漠半荒漠地区的主要水源。

## 二、太平洋水系的国际河流

### （一）元江

元江发源于云南省大理市与巍山彝族回族自治县交界的者摩山茅草哨，上源称礼社江，纳绿汁江后称元江，至云南河口瑶族自治县河口镇（海拔76.4米）流入越南后称红河，在越南海防市入南海北部湾。在我国境内，元江河长692千米，流域面积3.46万平方千米。红河在我国境内还有支流李仙江、藤条江、盘龙江、普梅江等，分别流入越南后入红河。

元江流域地势西北高、东南低，右岸为高耸的哀牢山脉，左岸是滇中红色高原，河谷深切，相对高差2 000米以上，河道比降3.9‰。三江口以下除有三个平坝外，均为谷宽80～100米的峡谷，直到出境时展宽300米左右。支流李仙江河长488千米，流域面积2.34万平方千米，上游河段较开阔，中下游山势陡、河谷窄，沿河多有急滩。盘龙江河长231千米，流域面积0.64万平方千米，流域内石灰岩广布，溶洞发育，河道狭窄，水流急，多瀑布。

元江

流域年降水量大部分地区为1 000～1 600毫米，降水主要集中在5—10月，占全年的85%左右。受地质构造、岩性、地貌和植被等多种影响，各地产流情况复杂，流域地下水为153亿立方米。由于流域内石灰岩喀斯特分布广泛，地表水渗漏严重，造成严重缺水。流域以引地表水灌溉为主，蓄水灌溉为辅，水利化程度较低，水资源利用率为3.1%。

元江是西南地区诸河含沙量最大的河流，年平均含沙量3.86千克每立方米。

流域水能蕴藏量989万千瓦，目前只在绿汁江、依萨河建两个中型电站及一些小型水电站。由于受地形、地质和交通条件的制约，全流域基本处于未开发状态。

### （二）澜沧江

澜沧江发源于唐古拉山北麓青海杂多县拉赛贡马山（又名寨错山）冰川，海拔5 167米，源头称扎阿曲，在杂多县尕松多汇扎那曲后称扎曲，东南流至西藏昌都汇昂曲后始称澜沧江。流经青海、西藏、云南三省（自治区），在云南省西双版纳南阿河口出境入缅甸，始称湄公河，流经缅甸、老挝、泰国、柬埔寨和越南五国后入南海。澜沧江河长2 129千米，流域面积16.48万平方千米。

澜沧江西有怒江，东有金沙江、元江，由西北流向东南，流域呈狭长带状，两岸支流短小。昌都以上位于青藏高原的东南部，海拔 4 000～5 000 米，在青海境内河谷宽坦，水流平缓，入西藏后两岸山地海拔 5 000～5 500 米，形成深切的 V 形峡谷，河床比降 4.0‰～4.5‰。昌都至功果桥段河流流经著名的横断山高山峡谷区，在他念他翁山—怒山、达马拉山—芒康山—云岭夹峙下，河谷深切，形成世界典型的南北走向 V 形纵谷，流域宽度狭窄，最窄处 20～25 千米，水面宽 80～120 米，最窄处 30～40 米，多急流险滩。功果桥以下进入中山宽谷区，过渡为云贵高原，山势较低，约 2 500～3 000 米。流域宽度增大，支流发育，河谷仍为 V 形。沿程时宽时窄，河道弯曲，河谷由南北转向东南，罗闸河口以下转向西南，小黑河口以下又转向东南，直至流出国境。

流域径流分布依赖于降水分布变化，降水主要受西南季风进退影响，降水下游大于上游，山地大于河谷，垂直变化十分明显。上游地区年降水量 400～500 毫米；地表径流 200 毫米左右；下游河谷降水 900～1 000 毫米，两岸山地 1 400～1 800 毫米；径流深 500～900 毫米；中游段由于气流下沉的焚风作用，降水山地 900～1 000 毫米，河谷 600～900 毫米；径流深 200～400 毫米。

流域南北跨 12 个纬度，落差近 5 000 米，流经不同的自然区域，河川径流的补给具有明显的地域差异。昌都以上以地下水和冰雪融水补给为主，中游段以雨水和地下水补给为主，下游以雨水补给为主。

洪水由暴雨形成，洪水组成主要来自下游，6—10 月为洪水期，以 8、9 月居多，11、12 月也常有洪水发生，最易受洪水危害的是西双版纳地区。

功果桥以下地表松散层较厚，人类活动破坏严重，加之流水作用强烈，为流域水土流失最严重的地区。河水含沙量一般为 1.35～1.45 千克每立方米，支流威远江景谷站最大可达 680 千克每立方米。

澜沧江是我国水能资源的富矿区之一，水能资源蕴藏量 3 656 万千瓦。流域水能资源开发已有 60 多年的历史，早在 1946 年在支流西洱河上建成了装机容量 400 千瓦的天生桥电站，至 20 世纪 80 年代西洱河已建成 25 万千瓦的梯级电站。80 年代以来澜沧江水能资源开发成为国家重点开发流域之一。

澜沧江-湄公河是亚洲仅有的一江连六国的国际河流黄金水道。我国从 60 年代着手整治澜沧江航道，80 年代从小橄榄坝至中缅边界已可常年航道，90 年代以来澜沧江-湄公河国际航道已成为该区域经济合作的重要契机和维系纽带。2009 年货运量已达 40 万吨，2015 年将达 50 万吨，客运量达 20 万人次。

### 三、印度洋水系的国际河流

#### （一）怒江

怒江发源于唐古拉山南麓吉热柏格，索曲汇口以上称那曲，以下始称怒江。沿地势由西北流向东南，至门工附近转向南流，穿经横断山峡谷后，至南信河（曼辛河）汇口处出境入缅甸，始称萨尔温江，南流经缅甸与泰国边界至毛淡棉入印度洋安达曼海。

怒江干流长 2 013 千米，流域面积 12.483 万平方千米，河床平均比降 2.4‰，最大比降 15‰～20‰，是一条源远流长、河谷深切、落差巨大的河流。河源区流经青藏高原宽谷和湖泊沼泽地区，河谷宽 500～1 000 米，汊流发育，水流散乱，河床高程在 4 300 米以上。索曲河口至加玉桥段河流下蚀作用显著，宽谷、窄谷相间分布，为高原浅切宽谷向深切高山峡谷的过渡地带。加玉桥以下河流进入横断山区，怒江在念青唐古拉山-伯舒拉岭-高黎贡山、他念他翁山-碧罗雪山-怒山的夹峙下，高山深谷，相对高差达 2 000～3 000 米，山谷幽深，危岸耸立，谷底宽 100～150 米，最窄处 60～80 米，水面宽 60～120 米。河床内多急流险滩，多为垮山崩石堵江及支流河口堆积所致，水势汹涌，声震山谷。泸水以下两岸山势渐低，河谷较为开敞，河谷宽窄相间，沿河有阶地平坝出现，以潞江坝最宽，是怒江流域农业发达的地区。

流域径流的分布与降水受地形、气候影响变化有直接关系，下游大于上游，垂直变化明显。上游年降水量 400～600 毫米，年径流深 200～400 毫米，河水以地下水补给为主。中游河谷降水量 400～500 毫米，年径流深 300 毫米左右；中游下段山区年降水 1 300～1 600 毫米，年径流深 500～900 毫米，河水以雨水和地下水补给为主。下游年降水 1 200～1 600 毫米，年径流深 600～1 200 毫米，河水主要由雨水补给。

上中游河道深切，两岸无大支流汇入，河槽调节能力大，少有大洪水出现。下游多暴雨，流域水系发达，支流洪水往往同时汇入干流，而形成峰高量大的洪水。洪水多发生在 7、8 月，少数发生在 6 月或 9 月。

河水含沙量较小，道街坝站为 0.43 千克每立方米，下游支流枯柯河、南汀河水土流失比较严重，含沙量分别为 3.17 千克每立方米、2.23 千克每立方米。

怒江

流域水能蕴藏量 4 600 万千瓦。河流水量稳定，含沙量小，淹没损失小，开发条件优越。至今尚未开发。对干流水电开发方案国内外有不同观点和争论。

怒江流域是我国乃至世界上生物多样性最丰富的地区之一，民族文化的多样性也不断地受到人们的关注。

目前流域水资源、水能资源开发利用程度很低，开发利用率仅为 1.0% 左右。

### （二）独龙江

独龙江发源于我国西藏伯舒拉岭来亚拉山东麓，在西藏境内称吉太曲，在云南境内称独龙江，流入缅甸纳狄不勒支流后称恩梅开江，与迈立开江汇合后称伊洛瓦底江，于缅甸南部注入印度洋安达曼海。

独龙江在我国境内长 178.6 千米，流域面积 4 327 平方千米。中上游位于青藏高原东南部，河谷宽浅开阔，下游由云南贡山独龙族怒族自治县下流，行于高黎贡山与担当力卡山之间，河谷深切，两侧山体逼近河床，河道坡陡，水流湍急。流域年降水量在 2 000 毫米左右，是云南省降水较多的地区之一。每年 10 月至次年 5 月大雪封闭雪山垭口，断绝与外界的联系。该流域是我国原始生态保存最完整的地区之一。河川径流主要由雨水和冰雪融水补给，水资源丰富。水能蕴藏量 70 万千瓦，现无开发条件。

大盈江是伊洛瓦底江的支流之一，源于云南省高黎贡山西南支尖高山南麓，向东南流至中缅 37 号界桩处入缅甸境内，在八莫北入伊洛瓦底江。在我国境内长 204 千米，流域面积 5 833 平方千米。流域水能蕴藏量丰富，现已在干流兴建四个水电站。

瑞丽江是伊洛瓦底江的支流之一，源于云南省高黎贡山西南支尖高山南侧，东南流至云南瑞丽市葫芦口入缅甸境内，至伊尼亚入伊洛瓦底江。在我国境内河长 200 千米，流域面积 8 470 平方千米，流域上下游段地势较平坦，多山间盆地，是云南省西部地区主要农业区。流域年降水量 2 000 毫米以上，河水含沙量 0.35 千克每立方米，流域下游水土流失严重。流域水能蕴藏量 164.5 万千瓦。

河源及下游具有较长的国境线，是我国西部、西南部的陆上大门，在对缅甸、东南亚和南亚的交往中具有非常重要的战略地位。畹町、瑞丽已成为国家级陆上边境口岸，现正着手开发国际水路航运建设。

### (三) 雅鲁藏布江

雅鲁藏布江是世界海拔最高的河流，源于我国喜马拉雅山中段北坡杰马央宗冰川，海拔高度5 590米，西藏萨嘎以上称马泉河，以下称雅鲁藏布江。河源区多冰碛湖，湖多与河流串联在一起。由西往东流，在米林县派镇附近折向北东，又改向南流，至墨脱县巴昔卡进入印度，称布拉马普特拉河，流入孟加拉国称贾木纳河，入印度洋孟加拉湾。

雅鲁藏布江河长2 057千米，流域面积24.05万平方千米，长度居全国大河第六位，流域面积居第五位，水量仅次于长江、珠江，居第三位。流域蕴藏着丰富的水能资源，水能蕴藏量仅次于长江，单位面积和单位河长的水能蕴藏量均居全国各大河流之首。

雅鲁藏布江大峡谷

河源至仲巴县里孜为上游，河谷海拔4 500～4 800米，河谷平宽，两岸多为第四系沉积物，曲流发育，多汊流和江心洲，两侧沼泽、湿地广布。干旱少雨，人烟稀少，为广阔的高原牧场。

里孜至米林县派镇为中游，水面落差1 520米，河道比降1.2‰，河谷宽窄相间呈串珠状分布，谷宽一般2～4千米，最宽达8千米；水面宽200～400米，最宽达2千米。该段的主要支流有年楚河、拉萨河、尼洋河等。宽谷段水流平缓，河道多汊流、浅滩、江心洲。干支流两岸是西藏的主要农业区，也是西藏的政治、经济和文化中心地带。主要峡谷有岗来、仁庆顶、托夏、永达、加查、朗县、日敏等，峡谷长10～20千米，最长约50千米。谷底宽一般100米左右，水面宽50米左右。

派镇至墨脱县巴昔卡为下游，河道比降5.49‰，其中派镇到墨脱段比降10.3‰。派镇以下河道折向东北流，在帕隆藏布入口附近骤然折向南流，后又折向西南流，形成U形大拐弯。这一段山高谷深，河道迂回曲折，峡谷雄伟险峻，峰谷高差达7 000多米，呈现出峰顶白雪皑皑，河谷郁郁葱葱，从永久积雪至亚热带、热带的奇特景观。这一独特的U形大拐弯，构成了世界闻名的雅鲁藏布江大峡谷，峡谷幽深、险峻、秀丽、奇特。

流域地势西高东低，藏东南为北高南低。印度洋暖湿气流进入流域下游向北随地势抬升产生大量降雨，墨脱县巴昔卡年降水量4 496毫米，墨脱县戴林5 317毫米。水汽沿干流上溯，地势逐渐变得较为平缓，加之距水汽源地渐远，中上游处在喜马拉雅山的北麓，形成一条狭长的雨影区，降水沿程减小；林芝年降水量635毫米，拉萨444毫米，江孜280毫米，噶尔60.4毫米。

流域年径流深由上游至下游变化在50～3 000毫米之间。干流上游及中游上段河川径流以地下水补给为主，中游下段和下游上段为雨水和冰雪融水混合补给，下游下段为多雨和暴雨区以雨水补给为主。汛期6—9月径流占全年的65%以上，最大水月为8月，占全年的30%左右；11月至次年4月为枯水期，多以2月水量最小。洪水多发生在7—9月，7月洪水一般较小，8、9月的洪水峰高量大，洪水过程多呈双峰型，前小后大。

### (四) 甲纳雄曲

甲纳雄曲也称甲扎岗噶河，源于喜马拉雅山西段西藏扎达县塔加拉山南麓，河长35千米，流域面积1 330平方千米，是恒河的主源。恒河左岸主要支流呼拉卡那利河的主源马甲藏布，根德格河的右支主源吉隆藏布及阿润河的主源朋曲等也在中国。

### (五) 森格藏布

森格藏布（狮泉河）是印度河的上源，也是西藏的重要河流之一。发源于冈底斯山主峰冈仁波齐峰东北雄瓦尔峰以东革吉县切日阿弄拉。河源海拔5 536米，由源头流向西北至革吉转向西流，纳噶尔藏布转向西北，于多布附近入克什米尔地区，始称印度河。河长446千米，流域面积2.745万平方千米，平均比降3.69‰。除河源及下游局部地区较狭窄外，河流沿断层发育，岩层破碎，河谷开阔，宽度一般5～10千米，河漫滩广布，沿程有温泉出露。

流域深居内陆，来自孟加拉暖湿气流抵流域已成强弩之末，流域年降水量75毫米左右，降水主要集中在8—9月两个月，占年降水的68%。流域内冰川和终年积雪面积仅占流域面积的1.3%，流域平均径流深23毫米，在我国国际河流中单位面积产水量最低。11月至次年3月为河流封冻期，冰厚可达1.0米左右。4月下旬开始高山冰雪和河冰融化，流量增加，7月底至9月上旬为主汛期。由于河道宽浅，一般洪水就易出现险情。流域水能蕴藏量13.57万千瓦。

森格藏布

朗钦藏布（象泉河）位于森格藏布南部，是印度河最大支流萨特累季河的上游，源于喜马拉雅山西段扎达县各则拉附近，河长309千米，流域面积2.276万平方千米。干流于达吉县什布奇以西流入印度，改称萨特累季河，在巴基斯坦境内汇入印度河。干流中游段是该流域农牧业最发达的地区，已启动山、水、田综合开发"一河两沟"（象泉河、香孜沟、热布拉林沟）工程，为发展现代农业起示范作用。

### 四、北冰洋水系的国际河流

额尔齐斯河位于我国的西北端，是我国唯一属于北冰洋水系的河流，发源于阿尔泰山南麓喀拉巴勒其克山以西的富蕴县境内。上源库依尔斯特河与卡依尔斯特河汇合后称额尔齐斯河。向西流纳阿拉克别克河后出境流入哈萨克斯坦、俄罗斯汇入鄂毕河，是鄂毕河的最大支流，鄂毕河注入北冰洋喀拉海鄂毕湾。在我国境内河长633千米，流域面积5.7万平方千米。流域平均海拔2 000米，有少量冰川分布。

晚霞中的额尔齐斯河

额尔齐斯河的支流都分布在干流的右岸，各河呈一致流向并几近平行排列，为典型的梳状水系。各支流流出阿尔泰山麓后先后两次改变流向，且流向大体一致，是因有巨大断层崖所致。各支流均有上宽、中窄、下宽的特点，在山区都有山间盆地和阶地发育。

流域地处大气环流西风带，水汽主要来自大西洋，其次为北冰洋，水汽沿干流河谷长驱直入，至阿尔泰山被抬升形成较丰沛的降水，降水呈现随高度递增，由西向东递减的趋势。平原区年降水量一般为100～200毫米，山区300～400毫米，高山达600～800毫米。寒季（11月至次年3月）历时5个月，降雪量流域平均270毫米左右，积雪深1.0米左右。冬春降雪量在年降水量中占较大比重，额尔齐斯河是我国以春汛为主的河流之一。干支流春夏汛为4月下旬或5月上旬至8月中下旬，汛期水量占全年水量的75%～80%。洪水多出现在5月底至6月，个别年份延至7月，最大水月为6月，占年水量近30%；最小水月为2月，占年水量的1.1%左右。12月初至次年4月中旬为河水封冻期，封冻日数140～160天，冰厚1.0米以上，小河常出现连底冻。

河水清澈，含沙量小，年均含沙量0.11千克每立方米以下，且沙峰多出现在洪峰前。

流域自然资源优势突出，特别是水、土、草、林、矿产等在新疆甚至全国都占有一定的地位。畜牧业是地区的支柱产业，草场基地的建设离不开水资源的开发。流域内现用水量较少，而干流与乌伦古河之间高台地非常缺水。乌伦古湖水量日益减少，水面大大缩小。开发额尔齐斯河，意义重大。流域水能蕴藏量约80万千瓦，有较大开发潜力。

### 五、源头在外的入境河流

#### （一）阿克苏河

阿克苏河是塔里木河的主要支流，它由托什干河和昆马立克河汇合后称阿克苏河，南流至肖夹克处汇入塔里木河。以托什干河为主源，源于吉尔吉斯斯坦境内阿特巴什山南坡。阿克苏河在我国河长449千米，流域面积3.1万平方千米。流域地势西北高、东南低，流域上游有著名山峰汇集，海拔5 000米以上，有冰川和永久积雪，丰富的高山冰雪融水是河流水量的主要来源之一。

西风带大气环流是流域水汽的主要来源，降水主要集中在山区，高山区年降水量900毫米以上，山前冲积平原50～100毫米；流域年径流量77.46亿立方米，其中入境水量47.25亿立方米。阿克苏河是唯一长年有水流入塔里木河的支流，流域山前冲积平原分布有阿克苏绿洲和草场、灌丛。绿洲灌溉农业历史悠久，水资源的利用主要用于农田灌溉，2009年灌溉面积达563万亩，灌溉用水量33.8亿立方米。由于径流年内分配极不均匀，3—5月水量仅占全年的11%左右，常出现春旱。

阿克苏河

冬日里的伊犁河

#### （二）伊犁河

伊犁河是一条著名的内陆河，也是我国内陆河中水量最丰富的河流。伊犁河位于我国新疆天山西部，上游有三大支流：特克斯河、巩乃斯河和哈什河。特克斯河是主源，源于哈萨克斯坦汗腾格里峰北侧。自西往东流进入我国境内，在东经82°以东折向北流，穿过喀德明山与巩乃斯河汇合后始称伊犁河，向西流有哈什河汇入，纳霍尔果斯河后流回哈萨克斯坦境内，最后注入巴尔喀什湖。伊犁河在我国境内河长442千米，流域面积5.67万平方千米。

我国境内伊犁河流域形似向西开口的喇叭口，有三条自西向东逐渐收缩的山脉。北部和中部山岭之间为伊犁河谷和喀什河，南部和中部山岭之间为特克斯河和巩乃斯河，东端为高大山体封闭。流域东西长约400千米，西端出境高程海拔520米，河道比降11.2‰。如此特殊地形，北可挡西伯利亚干冷气流，东可拒哈密、吐鲁番等盆地干热风，南可阻塔里木沙漠风沙。

伊犁河流域水汽主要来自大西洋和沿途地中海、里海、黑海等水体的水汽补充，长驱直入。山区年降水量 800～1 000 毫米，我国境内流域平均年降水量 644 毫米，年径流量 161 亿立方米。由于干支流径流补给来源的多样性，以高山冰雪融水或雨水补给为主的河流，径流多集中在夏季；以季节融雪水补给为主的河流，春季水量比重较大。所以伊犁河春夏汛相连接，汛期时间较长，量大而峰缓，径流集中程度不高。干支流径流年内变幅为：春季 16.3%～43.3%、夏季 31.9%～62.1%、秋季 12.6%～23.9%、冬季 4.5%～15.0%，这种分配对水资源的利用是很有利的。

水资源的开发利用主要集中在哈什河。伊犁河流域农业、畜牧业、林业等在新疆都具有举足轻重的地位，素有"粮仓""油盆"之称。

流域水能蕴藏量 205 万千瓦，具有良好的坝址条件，开发条件优越。

## 第九节　西部地区的内陆河流

中国的外流河流域面积占全国总面积的 64%，而内陆河流域面积占全国面积的 36%。从世界范围来看，外流河流域面积率低于世界平均数 78.5%，内陆河流域面积高于世界平均数 21.5%。

中国内陆河流域的范围，除西藏外，几乎与全国三大自然地带中的西北干旱区的范围基本一致。

中国的内陆河流域，包括内蒙古地区、甘新地区、柴达木青海地区、藏南和藏北地区、鄂尔多斯的内陆河流域等。

### 一、内陆河流域的径流形成与散失

西北地区的内陆河流域地处干旱区，那里的自然环境特点是气候干旱，年降水量一般不足 200 毫米，其中吐鲁番盆地、柴达木盆地的冷湖地区、新疆伊吾淖毛湖盆地、新疆若羌附近是全国的极旱荒漠地区，年降水量不足 20 毫米，尤以吐鲁番盆地的托克逊站，多年平均年降水量仅 7.6 毫米，为全国最低值。与此同时，气温很高，吐鲁番的极端最高气温达到 48.9 摄氏度，更为全国之冠。加上风力强劲，因此蒸发旺盛，年水面蒸发量都在 2 000 毫米以上，托克逊更高达 3 821 毫米。

同时，内陆河流域境内又有许多高山矗立，包括天山、帕米尔、喀喇昆仑山、昆仑山、阿尔金山、祁连山等。这些山地能截获较多的水汽，形成较多的降水，孕育着大面积的冰川，如天山那拉提站的多年平均年降水量可达 830 毫米。

在上述自然环境条件下，20 世纪 50 年代末提出了径流形成与散失的理论，即在山区是径流的形成区，而出山口后到山前平原及盆地基本上产生不了径流，而是径流的散失区。

#### （一）径流形成区

**1. 径流垂直地带性规律显著，径流形成区大体为整个干旱山区部分**

各种自然因素包括土壤、植被、水文、气象都有明显的垂直地带性规律。在水文方面，河川径流量随流域面积的增加而增加，并且随着流域平均高程的升高而增加，例如石羊河流域各自然带的产流量见表 4-12。

表 4-12　　　　　　　石羊河山区流域各自然带的产流量

| 自然带 | 荒漠草原带和干草原带 | 森林草原带和森林草甸草原带 | 灌丛（杜鹃）草甸带和高寒草甸带 | 高山垫状植被带和冰雪带 | 合计 |
|---|---|---|---|---|---|
| 产流量（亿 m³） | 0.251 | 3.754 | 6.607 | 5.394 | 15.466 |
| 比例（%） | 1.6 | 24.3 | 39.2 | 34.9 | 100 |

从表 4-12 可以看出，径流形成区中的主要产流区集中分布在亚高山和高山地区。

在天山南坡的开都河流域的高程与径流深的关系见表 4-13。

表 4-13　　　　　　　　　　　　开都河流域山区高程与年径流深的关系

| 高程（m） | 2 960 | 3 100 | 3 110 | 3 200 | 3 250 |
|---|---|---|---|---|---|
| 平均径流深（mm） | 63.6 | 59.4 | 103.3 | 214.3 | 143.2 |

从上表可以看出，在 3 200 米高程产流最多，这可能就是由最高降水带所造成的。一般认为在林带上限的附近高程会出现最高降水带，但也有学者认为在 4 000～5 000 米左右的山区还存在有第二最高降水带。有关这方面的问题尚待进一步研究。

在径流形成区，山地的降水中有 60％左右在维持山区生态系统中被蒸发或蒸腾掉了。据估算：在新疆北部为 55％，新疆南部山区为 65％左右，河西走廊山区为 64％。除了蒸发蒸腾外，在山区形成的雨水径流和冰雪融水径流，迅速汇集于河道，地表径流随河流沿程增加，到达山口时，径流值达到最大。

干旱区山区平均年径流系数为 0.40，其中新疆北部为 0.47，在天山北坡巩乃斯河流域更可高达 0.6 左右，新疆南部为 0.36，河西走廊平均为 0.38，而昆仑山、阿尔金山的河流如车尔臣河只有 0.21。可见随着荒漠化程度的加剧，年径流系数会相应降低。

#### 2. 径流形成区内地下水补给了地表水

山区的地下水在河水流出山口前补给了河流，变成了地表水，并且通过河道输往山前平原地区。祁连山北坡山区的地下水有 88％是直接通过山区河道排泄的。新疆玛纳斯河红山嘴站的地下水补给量可占年径流量的 47％左右，而迪那河迪那站则可达到 72％。但河流在出山口前未受到前山带构造的阻水时则地下水量所占比例要小得多。如乌伦古河二台站只有 16％。

#### 3. 径流形成区内地表水以水蚀作用为主

天山山区一般河流的悬移质水蚀模数为 100 吨每平方千米年以上，在稀遇的情况下，于低山带也可能发生暴雨泥石流。天山南坡库车一带 1958 年 8 月曾出现过历史上罕见的暴雨泥石流灾害。在山区，从地表侵蚀营力分析，水蚀仍然是主要的，其他营力如风蚀等是次要的。

#### 4. 径流形成区化学径流以淋溶为主

山区河水的矿化度很低，大都在 500 毫克每升以下，并且以重碳酸盐水为主，只有发源于中低山带的小河和间歇性河流，矿化度才会大于 500 毫克每升，并且成为硫酸盐水，甚至氯化物水。尽管如此，其过程仍然以淋溶为主。

### （二）径流散失区

区内的径流特性与径流形成区迥然不同。

#### 1. 径流散失区内河川径流量随着集水面积的增加而减少

首先在径流散失区内，河流没有支流汇入，而只有汊流分出。玛纳斯河从红山嘴站到山前平原的杨家摆站，年平均流量减少了 20.4 立方米每秒。疏勒河从出山口的昌马堡站到平原区的潘家庄站年平均流量减少了 12.9 立方米每秒。由此可见，山前平原和盆地内基本上不产生地表径流，在稀遇的情况下，遭受暴雨时，偶尔也可以产生一些径流，但历时很短，并且很快消耗于蒸发。

#### 2. 径流散失区内地表水转化为地下水

这种转化有两种情况：一种是河流出山口后，直接与冲积洪积扇相接，河水渗漏严重，直接补给了地下水，部分地下水又在扇缘地带溢出。另一种是河水出山口后，先入渗到前一排构造盆地，形成伏流，然后再在扇缘溢出形成泉水溢出带。河西走廊就属于后一种情况。

径流散失区地下水的补给：一是包括河流、渠系及田间入渗补给；二是降水入渗补给；三是山前侧渗补给；另外还有少量湖泊、沼泽入渗及凝结水。据研究，河流、渠系、田间入渗补给量占地下水的补给量的 80％以上，而降水入渗只占 4.5％；山前侧渗补给占 9.5％。

**3. 径流散失区的河流泥沙最终沉积在区内**

河水挟带的泥沙最终以洪积、冲积、湖积等不同方式堆积在大大小小的盆地中，如塔里木盆地、准噶尔盆地、吐鲁番-哈密盆地，安西、敦煌盆地及河西走廊等地。在距山地的近处是巨大的冲积洪积扇群，远处则逐渐为冲积湖积平原，这就是内陆流域的绿洲分布地区。

**4. 径流散失区内化学径流过程主要表现为蒸发浓缩、溶滤和沉积**

河水进入径流散失区后，由径流形成区带来的淡水，经蒸发浓缩作用，加上对通过沿途地层中对土壤中石膏及氯化物的溶蚀，使水的矿化度大幅度上升，再加上沿途农田灌溉回归水和潜水进入，使矿化度可超过 1 000 毫克每升，并由重碳酸盐水变为硫酸盐水甚至氯化物水。例如塔里木河在平枯水期时，中下游河段的河水矿化度可达 1 500～5 000 毫克每升，河西走廊疏勒河中下游河段也可达到 2 700 毫克每升。

## 二、藏南内陆河

藏南内陆河水系主要分布在喜马拉雅山以北与雅鲁藏布江干流以南的地区，总面积 26 670 平方千米，占西藏内陆水系总面积的 4.36%，是西藏四大水系中面积最小的。

藏南内陆河由独立的 5 个水系组成。自西向东分别为：①玛旁雍错-拉昂错水系；②佩枯错-错戳龙水系；③错姆折林-定结错水系；④多庆错-嘎拉错水系；⑤羊卓雍错-普莫雍错-哲古错水系。其特点是以一个或几个湖泊为中心的封闭水系，河流从湖区四周汇入湖泊，成为独立的向心式水系，散落在广大的外流水系中。

在上述 5 个水系中，以羊卓雍错为最大，流域面积 9 980 平方千米；其次为玛旁雍错，流域面积为 8 700 平方千米，其他三个流域面积均不超过 3 200 平方千米。

这 5 个流域的年降水量约 300～400 毫米，年径流深在 100～200 毫米之间，二者均有自东向西减少的趋势。

以下仅对其中最重要的两个水系，羊卓雍错流域和玛旁雍错流域分别加以阐述。

### （一）羊卓雍错

羊卓雍错是喜马拉雅山北麓最大的湖泊，湖水面积 638 平方千米，（如包括空姆错面积 40 平方千米，则为 678 平方千米）。湖面海拔 4 441 米，流域面积 6 100 平方千米。其他的湖泊如哲古错 1 260 平方千米、普莫雍错 1 523 平方千米等。羊卓雍错地区各内陆湖基本情况见表 4-14。

羊卓雍错

表 4-14　　　　　　　　　　羊卓雍错地区各内陆湖补给系数表

| 湖泊名称 | 湖面海拔 (m) | 湖面面积 $F_1$ (km²) | 流域面积 $F_2$ (km²) | 补给系数 $F_2/F_1$ |
| --- | --- | --- | --- | --- |
| 哲古错 | 4 611.4 | 61 | 1 260 | 20.7 |
| 巴纠错 | 4 502.2 | 45 | 858 | 19.1 |
| 羊卓雍错 | 4 441.2 | 678 | 6 100 | 9.00 |
| 普莫雍错 | 5 009.8 | 284 | 1 523 | 5.36 |
| 沉错 | 4 427.6 | 38 | 148 | 3.90 |

羊卓雍错地区的多年平均降水量为373毫米，雨季、旱季分明。每年6—9月为雨季，降水量约占年降水量的92%。10月至次年5月是旱季，几乎没有雨日，其降水量仅为全年的8%，经估算，年湖面蒸发量为1 310毫米。

流入羊卓雍错的河流主要分布在湖岸的南岸、东岸及西岸，其中较大的河流有6条，其基本情况见表4-15。

表4-15　　　　　　　　　　羊卓雍错流域主要河流特征值

| 河　名 | 入湖地点 | 河长<br>(km) | 流域面积<br>(km²) | 河源海拔<br>(m) | 平均比降<br>(‰) | 年平均流量<br>(m³/s) |
| --- | --- | --- | --- | --- | --- | --- |
| 卡洞加曲 | 南岸 | 73 | 1 325 | 6 100 | 23 | 5.33 |
| 嘎马林河 | 东岸 | 68 | 1 010 | 5 000 | 8.2 | 2.36 |
| 卡鲁雄曲 | 西岸 | 49 | 385 | 7 000 | 52 | 3.28 |
| 浦宗曲 | 西岸 | 32 | 325 | 5 700 | 39 | — |
| 香达曲 | 西南岸 | 24 | 215 | 5 198 | 32 | — |
| 曲清河 | 西南岸 | 19 | 175 | 5 200 | 40 | — |

卡洞加曲是入湖的最大河流，发源于南岸。上游分两支：一支是玛曲，源于海拔6 108米的雪尖倾日雪山；另一支为甫汪曲，源于海拔6 425米的蒙达岗日雪山。两支流于洞加汇合后进沙堆处，又分东西两支入湖，东支称贡曲，西支称曲让迫加曲。卡洞加曲流域面积1 325平方千米，约占羊卓雍错流域面积的22%，是流域内第一大河，其年平均流量为5.33立方米每秒，主要由高山冰雪融水、地下水和雨水混合补给。

玛旁雍错

嘎马林河发源于海拔5 000米的陆哥拉山，是以雨水补给为主的河流。

卡鲁雄曲流域内分布有许多冰川，冰川面积68.8平方千米，估算高山冰雪融水量每年可达0.47亿立方米，约占羊卓雍湖整个高山冰雪融水量的62%，它是典型的以高山冰雪融水补给为主的河流。

浦宗曲源于呀嘎肖波和青比拉山，海拔约5 700米，由雨水和高山冰雪融水混合补给。另外两条曲清河和香达曲，流域面积小，水情不稳定，一年中常可出现断流现象。

## (二) 玛旁雍错

玛旁雍错是西藏西南部边境地区著名的湖泊，湖面海拔4 588米，湖水面积412平方千米，虽然玛旁雍错是内陆湖，但湖水清澈，矿化度400毫克每升，透明度14米，贮水200亿立方米，是地球上高海拔地区淡水最多的湖泊之一。

据普兰站资料，湖区年平均降水量为168.6毫米，6—8月约占年降水量的55%。入注湖泊的河流，在源头有许多冰川，如昂色冰川、古里曲冰川等。因此河流是以高山冰雪融水和雨水混合补给。入湖的河流主要有扎藏布、萨摩河、巴钦河、巴穷河、足马龙河等。诸河的特征值见表4-16。

进入玛旁雍错的河流迄今还未有正式的水文测量记录，仅在野外考察期间（夏季）曾对足马龙河进行检测，估算流量约5立方米每秒，而巴钦河、巴穷河的流量要大于足马龙河。

表 4－16　　　　　　　　　　　　玛旁雍错流域河流特征值

| 河　名 | 入湖地点 | 河长<br>(km) | 流域面积<br>(km²) | 河源海拔<br>(m) | 平均比降<br>(‰) |
|---|---|---|---|---|---|
| 扎藏布 | 东南岸 | 71 | 861 | 5 400 | 11 |
| 萨摩河 | 东北岸 | 64 | 922 | 5 600 | 16 |
| 巴穷河 | 东北岸 | 21 | 76 | 4 900 | 15 |
| 巴钦河 | 东北岸 | 41 | 258 | 5 100 | 13 |
| 足马龙河 | 北岸 | 31 | 202 | 5 100 | 16 |

### 三、羌塘高原内陆河

羌塘高原内陆河的范围，应该包括西藏北部大部分地区以及新疆最南端的部分地区，总面积 70 万平方千米左右。本文所指的羌塘高原内陆河，仅指西藏北部的内陆河，所以也可称为藏北内陆河流域，总面积 585 500 平方千米，是西藏总面积的 48.76％，占西藏内陆河水系面积的 55.64％。

羌塘高原内陆区北有昆仑山、唐古拉山，南部有冈底斯山、念青唐古拉山矗立，其东、西部也各有高山分布，所以形成巨大的封闭区域。流域内部高原面保持比较完整，但境内低山丘陵仍有大量分布，纵横交错，形成许多网络状的盆地，每个盆地内分布着一个或几个湖泊，四周的河流携水向湖泊汇集，形成了许多向心状的水系。盆地周围的高大山峰，有冰川发育，为河流提供了部分水源。

由于高原地势高亢，气候寒冷干燥，属高原亚寒带、寒带的半干旱和干旱气候，年降水量 100～300 毫米，大部分地区以飘雪为主。年降水量的分布总的趋势是由东南向西北减少。降水量的年内分配很不均匀，主要集中在 6—9 月，约占年降水量的 90％。

迄今为止，羌塘高原还没有系统的实测水文记录，只能通过间接的方法推求，首先求得地区的年降水量，初步估算，年降水量为 170 毫米，再求得合理的年径流系数，初步可定为 0.2，则年平均径流深为 34 毫米，再推算地表水水资源量约为 200 亿立方米。

内陆河的水源补给类型，南部以雨水补给为主，而北部则高山冰雪融水比重增加，长年有水河流的地下水补给比重较大，但大多数河流均以混合补给居多。

纳木错

羌塘高原内陆河区内湖泊星罗棋布，是我国内陆湖泊最集中的地方之一。据统计，面积大于 1 平方千米的湖泊，在区内有将近 500 个，总面积 21 400 平方千米，占我国湖泊总面积的 1/4 以上。这些湖泊的特点是：①海拔高，大都在 4 500 米以上；②南部湖泊大而多，淡水湖较多，而北部湖少且多为小湖，且以咸水湖或盐湖为多；③内陆河与湖泊密不可分，一般湖泊大则注入的河流规模也大。

以下我们以主要的湖泊为中心，分别研究注入湖泊的内陆河的主要特征。

#### （一）纳木错

纳木错跨西藏自治区班戈、当雄两县，湖面海拔 4 018 米，湖水面积 1 961 平方千米，是西藏最大的湖泊，也是世界上海拔最高的大湖。纳木错流域面积 10 610 平方千米，补给系数为 5.53，汇入纳木错的主要河流有波曲、昂曲、测曲等。表 4-17 为纳木错流域河流特征值。

表 4-17　　　　　　　　　　　纳木错流域河流特征值

| 河　名 | 入湖地点 | 河　长 (km) | 流域面积 (km²) | 河源海拔 (m) | 平均比降 (‰) |
|---|---|---|---|---|---|
| 波曲 | 西岸 | 93 | 1 450 | 5 134 | 4.5 |
| 昂曲 | 西南岸 | 118 | 1 700 | 5 230 | 4.3 |
| 测曲 | 西南岸 | 106 | 2 350 | 5 400 | 6.4 |
| 岗牙桑曲 | 西北岸 | 37 | 600 | 4 920 | 5.5 |
| 你亚曲 | 东岸 | 39 | 590 | 5 250 | 14.0 |
| 南岸平行的河流 | 南岸 |  | 1 500 |  |  |
| 北岸区间 |  |  | 500 |  |  |

波曲发源于湖体西部的日那峰东侧，先后于果日和扎穷等处汇入汤列、果芒曲、俄弄等支流，河床在那果以上宽 5～7 米，水深 0.3～0.4 米，流速 0.3～0.4 米每秒，在拉江附近注入纳木错。

昂曲源于四布拉山，源头分南北二支，于昂穷拉附近汇合，河宽约 15 米，水深 0.5 米，流速 0.6 米每秒。沿河两岸多沼泽，在河口附近昂曲与南侧的测曲汇合，然后注入纳木错。

测曲源于穷姆岗峰北麓，在离源头 10 千米处的布加雄，河宽 3～8 米，水深 0.5 米，两岸多沼泽。在空金曲汇入后。测曲在汛期水面宽约 20 米，水深 1.2 米，流速 1.6 米每秒。

以上三条河流的流域面积占全湖总面积的 50% 以上，是纳木错主要的水源。

色林错

### （二）色林错

色林错跨西藏自治区班戈、尼玛、申札三县，总流域面积 45 530 平方千米，流域内有许多河流与湖泊相互串通，组成了封闭的内陆湖泊群，是西藏最大的内陆湖水系。

色林错湖面海拔 4 530 米，湖水面积 1 627 平方千米，是西藏第二大湖。长年或季节性汇入色林错的主要河流有扎根藏布、扎加藏布、波曲藏布和阿里藏布四条。表 4-18 为色林错流域河流特征值。

表 4-18　　　　　　　　　　　色林错流域河流特征值

| 河　名 | 入湖地点 | 河　长 (km) | 流域面积 (km²) | 平均比降 (‰) |
|---|---|---|---|---|
| 扎根藏布 | 西岸 | 355 | 16 675 | 3.7 |
| 扎加藏布 | 北岸 | 455 | 16 591 | 4.3 |
| 波曲藏布 | 东岸 | 85 | 1 360 | 6.6 |
| 阿里藏布 | 西南岸 | 245 | 9 845 | 4.7 |
| 其他 |  |  | 2 800 |  |

扎根藏布流域面积 16 675 平方千米，占色林错总流域面积的 36%，是西藏流域面积最大的内陆河。从源头到河口流程串联着一系列湖泊，其中面积较大的有格仁错、吴仁错等。

扎加藏布全长 455 千米，是西藏最长的内陆河，它发源于唐古拉雪山当玛岗北坡，于色林错北岸汇入色林错。扎加藏布出口处水面宽达 500～600 米，河水深度在 6—9 月时可达 2.5 米，春季时仅 0.5～1.0 米。河流的年平均流量为 27 立方米每秒，是色林错流域各河中水量最大的河流。

阿里藏布是错鄂湖的出水河流，它将错鄂湖与色林错相连通。每年雨季当错鄂湖水位上涨时，湖水才通过阿里藏布流入色林错。因此阿里藏布是一条季节性的河流，错鄂湖的流域面积 8985 平方千米，汇入的河流主要有永珠藏布等。永珠藏布也是一条较大的内陆河，河长 203 千米，流域面积 4 177 平方千米。

波曲藏布发源于浪钦山的南麓，河长 85 千米，入湖处河宽仅 10 余米，水量也较小。

### （三）扎日南木错

扎日南木错位于西藏自治区措勤县，少部在昂仁县，是西藏第三大湖，湖面海拔 4 613 米，湖水面积 1 023 平方千米。扎日南木错流域面积 16 430 平方千米，入湖河道主要有措勤藏布、达龙藏布两条。

措勒藏布流域面积 9 930 平方千米，约占扎日南木错流域面积的 60%。它发源于冈底斯山，全长 253 千米，上游段称碰日藏布，源头海拔 6 000 米左右，河段长 75 千米，坡陡流急。中游段称玉察藏布，河长约 97 千米。许多支流都自中游段汇入。这些支流一般长 50～80 千米，多有高山冰雪融水补给，因此中游段是措勤藏布水源的主要汇集区。下游段指萨沃藏布河口以下至湖口，河长 81 千米，分布有大片低洼沼泽。

扎日南木错

达龙藏布流域面积 2 560 平方千米，约占全流域面积的 16%，河长 160 千米，源头无冰川发育，所以上游各支流多为季节性河流，整个河流水量较小。

### （四）班公错

班公错跨我国西藏自治区日土县和克什米尔（印度实际控制区），处于班公错-色林错大断裂构造带内。全湖面积 604 平方千米，其中我国境内面积 413.0 平方千米，湖面海拔 4 241 米。入湖的河流，在东段有麻嘎藏布、多玛曲、昂卖曲等，中、西段有麦巴尔渠、藏格河、卡尔龙巴、通达河等。

麻嘎藏布是班公错流域中最大的河流，河长 135 千米，流域面积 9 200 平方千米，巴扎雄曲、曲陇藏布是其主要支流。麻嘎藏布在河口区有岛屿，水流平缓。

多玛曲流域面积 3 000 平方千米，河长 130 千米，汛期上段河宽 10～20 米，水深约 1 米，有温泉补给，泉水量较丰。

除上述两条河外，境内其他河流均较小，多数为间歇河。

对班公错年水量平衡值进行分析，在假设湖水面相对稳定的情况下，如略去地下水的收支，用湖面蒸发和降水量初步估算，全年湖面蒸发量约 8.93 亿立方米，湖面降水量为 0.36 亿立方米，入湖径流总量为 8.57 亿立方米，相当于流域平均年径流深为 30.5 毫米。

### （五）错尼

错尼位于西藏自治区尼玛县一断陷盆地内，是藏北北部的一个中型湖泊，湖面积 66.6 平方千米，湖面海拔 4 902 米，错尼是"双湖"，由东、西两湖组成，中间有水道相连。

错尼流域面积 4 300 平方千米，其中 80% 分布在湖体西侧的甜水河流域，实际上错尼是甜水河的尾闾湖。

甜水河全长 128 千米，发源于海拔 6 460 米的藏色岗日雪山东麓。源头发育有面积达 75 平方千米的冰川，因此夏季高山冰雪融水补给量较大。成为藏北大的内陆河之一。全河分为三段：上游段长约 31 千米，支流众多。中游段长 50 千米，河宽 4～6 米，水深 0.4 米，沿岸有泉水出露，如清水泉、鹅头泉等。下游段长 47 千米，河道与十多个小型过水湖相串联。

### （六）达则错

湖面海拔 4 461 米，湖水面积 243 平方千米，流域面积 11 130 平方千米，汇入湖体的河流主要有波仓藏布和那若曲岗两条。

波仓藏布发源于巴林岗日雪山，全长 250 千米，流域面积 8 318 平方千米。源头有它日错，湖面积 38 平方千米，该湖主要靠融水和地下水补给，每年夏季湖水下泄补给河流。1976 年 9 月 18 日曾在下游段检测断面流量为 6.0 立方米每秒。

达则错

那若曲岗源于嘎各波雪山，河长 45 千米，源头有冰川发育，河流出山口后，地表径流渗入地下成为潜流，在无多附近又复出至地面。

## 四、塔里木河和新疆地区内陆河

### （一）塔里木河

塔里木河是我国最大的内陆河，是南疆的母亲河。归属塔里木河水系的支流有叶尔羌河、和田河和阿克苏河，历史上喀什噶尔河、渭干河、克里雅河、迪那河、车尔臣河等都曾注入塔里木河。开都河-孔雀河水系在中游与塔里木河水系交织在一起，现在虽然分别输入罗布泊和台特马湖，但通过库塔干渠用人工方式向塔里木河输水。实际上有天然水进入塔里木河的只有阿克苏河、和田河及叶尔羌河三条主要支流。

塔里木河

塔里木河干流全长 1 321 千米，若从叶尔羌河算起，则全长 2 421 千米，是仅次于阿姆河和锡尔河的中亚第三大内陆河。

从广义来说，整个塔里木盆地及其周围山区都属于塔里木河流域，总面积有 107.5 万平方千米，其中包括塔克拉玛干沙漠面积 33.7 万平方千米。现在属于塔里木河流域的只有叶尔羌河、和田河、阿克苏河、渭干河和开都河-孔雀河等 5 条支流及塔里木河干流，合计流域面积为 43.55 万平方千米，其中国外面积有 2.234 万平方千米。

叶尔羌河、阿克苏河及和田河的交汇点肖夹克是塔里木河干流的起点。河流沿塔克拉玛干沙漠北缘自西向东到卡拉附近折向东南，到阿尔干流向正南，最后归宿于台特马湖。台特马湖过去也曾是车尔臣河的尾闾湖，现在车尔臣河已无水进入该湖。

塔里木河从肖夹克到英巴扎称为上游，长 495 千米，英巴扎到卡拉为中游，长 398 千米，卡拉以下到台特马湖为下游，长 428 千米。应该指出，这里的所谓上、中、下游，只是传统的称谓，事实上与其他河流的上、中、下游有很大的区别：首先是塔里木河干流本身不产流，随着河长的增加，在流域面积很少增加的情况下，河川径流量急剧地减少；其次是无支流的汇入，而只有汊流的发育，所以也可称为上、中、下段。

上游的河道顺直，很少有汊流，河漫滩发育，阶地不明显。中游地势平坦，河道弯曲，泥沙淤积严重，致使中游汊流众多。下游河道穿行于塔克拉玛干沙漠与库鲁克沙漠之间，河床比较稳定，由于河流沿途水量不断消耗，1970年后在英苏以下266千米河道断流，塔里木河无水流入台特马湖，使湖泊于1974年后干涸。

20世纪50年代塔里木河原有叶尔羌河、和田河和阿克苏河汇入，但1964年后叶尔羌河水绝大部分引入小海子水库，只有大洪水年才有余水进入塔里木河，一般年份已基本无水进入。和田河也只有在洪水期才有水穿越300多千米沙漠汇入塔里木河。因此，只有阿克苏河长年有水补给塔里木河。从水源来看，塔里木河实际上是阿克苏河的延伸。

塔里木河中游英巴扎以下55千米处分为两汊，南汊为渭干塔里木河；北汊为拉因河。拉因河在尉犁县与孔雀河相通，1921年北汊的拉因河成为塔里木河的主河道，因此，罗布泊成为塔里木河与孔雀河合流的尾闾湖。1952年为减轻尉犁县的水患和塔里木河下游的农垦事业，在拉因河入口处修筑了塔里木大坝，堵塞拉因河，使塔里木河复归1921年以前的故道，向南流向台特马湖，这就是所谓罗布泊"游移湖"的真实原因。

1961—1964年，由于人为的扒口，相继使塔里木河主流入阿拉河及乌斯满河，水流除漫灌草场外，均消失在罗呼洛克湖和阿克苏蒲沼泽中。塔里木河中游水量的76%以上进入乌斯满河，流向罗呼洛克湖，使该湖成为季节性的大湖，除少量水向东流出外，大部分水量在湖区消耗掉。

塔里木河水在中游大量地被消耗掉，使下游水量急剧减少。虽然中游的汊流众多，但最后都在卡拉站上游汇入塔里木河。从卡拉到台特马湖全长428千米，由北向南穿越沙漠区，水量大量损耗，1970年英苏以下断流，1974年后台特马湖逐渐干涸。

塔里木河干流地处暖温带干旱地区，河北岸一带年降水量为50～70毫米，而南岸则估计只有30毫米，这些降水基本上不产生径流，但在稀遇的情况下，也可产生暴雨，对塔里木河干流两侧的地下水补给有一定作用。

塔里木河干流从阿拉尔站以下，年径流量逐渐减少，按上、中、下游统计，上游段从阿拉尔到英巴扎447千米，损失水量16.2亿立方米，平均1千米损失362万立方米；而英巴扎到卡拉的中游段，损失水量22.49亿立方米，平均每公里损失565万立方米；卡拉以下428千米，平均每公里损失水量182万立方米。可见中游段的损耗量最大，这是多年平均的情况。但从20世纪80年代以来的情况有所不同：上游段比多年平均增加了15%，中游段与多年平均相当，说明上游段损耗增加了；至于下游段的卡拉站的年径流量已从多年平均的7.81亿立方米，降至80年代的3.92亿立方米，见表4-19。

表4-19　　　　　　　　　塔里木河干流沿程水量损失情况表

| 站　名 | 阿拉尔 | 新渠满 | 英巴扎 | 大坝 | 卡拉 | 英苏 |
|---|---|---|---|---|---|---|
| 距离（km） | | 189 | 258 | 76 | 322 | 162 |
| 多年平均年径流量（亿m³） | 46.5 | 38.5 | 30.3 | 27.1 | 7.81 | |
| 差值（亿m³） | | 8.0 | 8.2 | 3.2 | 19.29 | |
| 1km损失水量（万m³） | | 423 | 318 | 421 | 599 | |
| 20世纪80年代平均年径流量（亿m³） | 44.8 | 35.2 | 26.2 | 23.4 | 3.92 | |
| 差值（亿m³） | | 9.6 | 9.0 | 2.8 | 19.48 | 3.92 | 0 |
| 1km损失水量（万m³） | | 507 | 349 | 368 | 604 | |

从阿拉尔站历年的径流量变化来看（图4-19），从1957年以来，除60年代水量偏丰外，以后均呈递减趋势。特别是1989—1992年四年的平均值只有35.7亿立方米，仅为多年平均的76%。今后要维持塔里木河的径流量，必须加强整体规划，使各河汇入塔里木河的水量保持稳定。

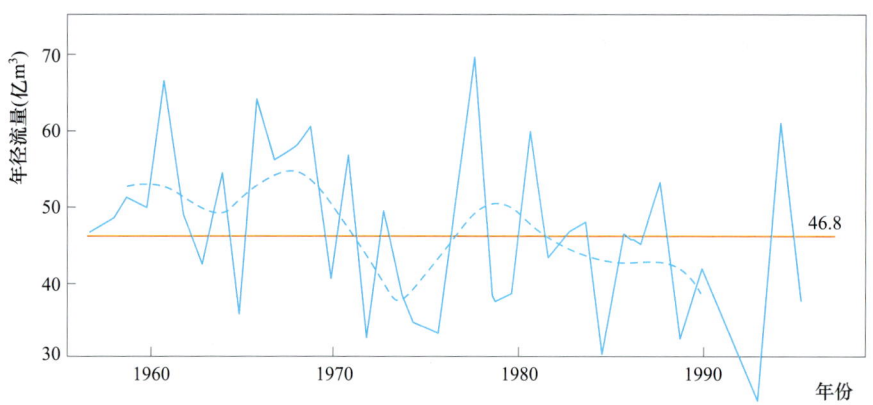

图4-19 塔里木河阿拉尔站历年径流量过程线图

关于各源流河汇入塔里木河的水量，可根据叶尔羌河艾力塞克水文站来确定叶尔羌河的水量，用和田河的肖塔水文站来确定和田河汇入塔里木河水量。再用塔里木河阿拉尔水文站的年径流量减去上述两条河的径流量即为阿克苏河汇入塔里木的径流量，见表4-20。

表4-20　　　　　　　塔里木干流三源流年径流量表（据实测资料）　　　　　　单位：亿 m³

| 年　份 | 叶尔羌河艾力赛克站 | 和田河肖塔站 | 阿克苏河 | 塔里木河阿拉尔站 |
|---|---|---|---|---|
| 1964 | 0.3307 | 7.826 | 45.24 | 53.4 |
| 1965 | (0.5676) | 0.4323 | 33.80 | 34.8 |
| 1966 | (0.7852) | 18.92 | 44.09 | 63.8 |
| 1967 | (6.7897) | 17.02 | 31.89 | 55.7 |
| 1968 | | 9.53 | | (57.4) |
| 1969 | (4.4220) | 8.820 | 46.46 | (59.7) |
| 1970 | 0.465 | 13.13 | 25.91 | 39.5 |
| 1971 | (3.8284) | 20.39 | 32.18 | 56.4 |
| 1972 | 1.563 | 5.664 | 24.37 | (31.6) |
| 1973 | 5.915 | 12.18 | 31.61 | (49.7) |
| 1974 | 1.847 | 7.418 | 29.44 | 38.7 |
| 1975 | | 4.759 | | 33.8 |
| 1976 | | 6.016 | | (32.8) |
| 1977 | 1.789 | 18.50 | 29.11 | 49.4 |
| 1978 | 7.167 | 24.43 | 38.00 | 69.6 |
| 12年平均 | 2.93 | 12.89 | 34.34 | 50.19 |
| 占阿拉尔站比例 | 5.8% | 25.7% | 68.5% | 100% |

除此之外，在塔里木河下游，为了解决农垦团场的用水困难，从1976年起由库塔干渠从孔雀河引水进入塔里木河，平均每年进入塔里木河下游水量为1.69亿立方米。

从上述可知，塔里木河干流的径流量，近70%来自阿克苏河。

塔里木河干流径流的年内变化在阿拉尔站大致可分为三个时期：每年7—9月为夏秋洪水期；10

月至次年 3 月为秋冬平水期；4—6 月为春夏枯水期。经分析，若将 1958—1967 年称为前期，1978—1987 年称为后期，则两个时期相比较，后期在枯水期（4—6 月）水量减少更为明显。阿拉尔站水量仅占年径流量的 4.5%。相反，在夏秋洪水期，阿拉尔站和新渠满站都从前期的占年径流量的 66%～68%，增加到后期的 72%～75%，说明枯水期水量更枯，洪水期水量更多。

塔里木河是一条洪水较大的河流，阿拉尔站最大洪峰流量为 2 250 立方米每秒，发生在 1994 年 7 月 25 日，洪峰主要由阿克苏河的昆马立克河高山冰川阻塞湖突发洪水形成。另外，和田河的大洪峰也能穿越 300 千米的沙漠河段到达塔里木河。如 1966 年 8 月 24 日和田河肖塔站的洪峰流量为 996 立方米每秒，造成阿拉尔的 1 425 立方米每秒的较大洪水。相反，叶尔羌河下游平原段流程长，几无洪水传入塔里木河。

在阿拉尔形成的洪峰，向下游递减很快，1994 年阿拉尔站 2 250 立方米每秒，到英巴扎已衰减为 655 立方米每秒。

塔里木河是一条多沙河流，阿拉尔站多年平均含沙量 5.07 千克每立方米。1986 年 8 月最大含沙量达 34.8 千克每立方米，年输沙量达 2 420 万吨。泥沙主要随洪水而来，而洪水主要来自阿克苏河支流昆马力克河。其协合拉站多年平均含沙量为 3.52 千克每立方米，西大桥站 3.13 千克每立方米，年输沙量 1 870 万吨。泥沙另一来源是和田河，它的洪水主要来自挟带大量泥沙的玉龙喀什河，它在穿越沙漠时，又增加了风积沙。塔里木河沿程的泥沙情况见表 4-21。

表 4-21　　　　　　　　　　塔里木河沿程年输沙量、含沙量

| 年份 \ 站名 泥沙 | 阿拉尔 | | 新渠满 | | 大坝 | |
|---|---|---|---|---|---|---|
| | 年输沙量（万 t） | 含沙量（kg/m³） | 年输沙量（万 t） | 含沙量（kg/m³） | 年输沙量（万 t） | 含沙量（kg/m³） |
| 1961 | 3 740 | 5.61 | (3 658) | (6.35) | (2 313) | (5.67) |
| 1962 | 1 880 | 3.85 | 1 010 | 2.52 | (1 315) | (4.57) |
| 1963 | 1 700 | 4.03 | 805 | 2.32 | (889) | (3.67) |
| 1964 | 2 480 | 4.64 | 2 120 | 4.88 | (1 623) | (5.10) |
| 1965 | 1 430 | 4.11 | 825 | 2.84 | 880 | 4.19 |
| 1966 | 3 180 | 4.98 | 2 860 | 5.23 | 2 360 | 5.81 |
| 1967 | (2 617) | (4.70) | 2 420 | 2.42 | (2 337) | (6.15) |
| 1968 | (2 807) | (4.89) | 2 320 | 4.70 | 2 130 | (5.79) |
| 1969 | (2 933) | (4.91) | 2 620 | 5.12 | (2 981) | (7.57) |
| 1970 | (1 482) | (3.75) | 1 480 | 3.78 | (1 600) | (6.50) |
| 1971 | (2 681) | (4.75) | (2 340) | (4.88) | (2 320) | (6.70) |
| 平均 | 2 448 | 4.65 | 2 042 | 4.53 | 1 910 | 5.82 |

从上表可以看出，塔里木河沿程年含沙量和输沙量变化不大，但在中游坡降很小的情况下，为河流改道创造了条件。

随着塔里木河历年水量减少趋势日益明显，河水的水质也出现了变化，原来上游在枯水期为淡水，如 1960 年 6 月 6 日实测的矿化度为 500 毫克每升，同一年的 5—12 月，矿化度变化在 330～1 280 毫克每升之间。在枯水年的 1965 年实测，各月的河水矿化度均有所升高，其中枯水期可达 2 000～3 500 毫克每升。1985 年也为枯水年，6 月份的矿化度已高达 6 000 毫克每升；1994 年 5 月英巴扎的河水矿化度已达 6 450 毫克每升。

为了保护好塔里木河下游的绿色走廊，不使塔克拉玛干沙漠与库鲁克沙漠在下游合龙，妨害新疆

的第二出疆通道，以及下游农垦团场的用水，必须保证下游经常有水：首先要整治中游，杜绝洪水泛滥。其次是降低上游阿克苏地区的灌溉用水量，将更多的余水流向中下游。第三要保证和田河及叶尔羌河每年有一定的水量注入塔里木河。据初步估算，从大西海子水库每年下泄3亿～4亿立方米的水量，就可以满足需要。至于台特马湖，不必向湖中注入许多水量，否则会使水量白白地消耗于蒸发。

在整治中游河道中，已经修建了堤坝，并在北岸设有若干个引水闸，为保护和发展胡杨林生态系统供水。但有的学者认为，塔里木河中游本身就是一个游荡性的河段，建设堤防限制了水流的自由流动，对胡杨林的生长不利，为保护和发展我国乃至世界上最大的胡杨林聚集地，应该任由它自由流动而不加约束，以保障地区的生物多样性。现在中游地区已经出现了野猪，将来有可能恢复到20世纪20—30年代塔里木虎的现身。

除塔里木河外，新疆的内陆河流众多，一些重要的河流如伊犁河、阿克苏河等都是著名的国际河流，它们将在国际河流章节中阐述，这里我们选择了南北疆的代表性河流，即玛纳斯河和叶尔羌河。

## （二）玛纳斯河

玛纳斯河是环绕准噶尔盆地内陆河中年径流量最大的河流，也是天山北坡最大的河流之一，又是乌鲁木齐-奎屯-克拉玛依金三角中最大的河流。玛纳斯河水系的流域面积东起塔西河西至巴音沟，共2.665万平方千米，其中出山口以上山区流域面积1.079万平方千米。

玛纳斯河

玛纳斯河源位于依连哈比尔尕山的山结地带，海拔5 000米以上山峰聚集，发育有800条冰川，所以上游河道承接不少高山冰雪融水。流域的垂直地带性表现十分显著。海拔3 600米以上是高山区，以古生界岩系为主，岩石裸露；3 600～2 700米为高山草甸和亚高山草甸；2 700～1 500米间多天山云杉及灌木，是雨水径流的主要形成区；1 500～600米为低山丘陵区，山体以砂砾岩为主，植被为草地，覆盖率约50%，每逢暴雨，水土流失严重，是河流的主要产沙区；海拔600米以下进入平原，红山嘴水文站位于出山口处，海拔610米，从河源至水文站长193千米，河道平均坡降为15‰。

玛纳斯河出山口后向北流后又折向西北经小拐、大拐最后汇入尾闾湖——玛纳斯湖。1962年后，玛纳斯河地表径流已全部被拦蓄，玛纳斯湖逐渐干涸。

玛纳斯河流域实测多年平均年降水量最多的是海拔1 360米的清水河站，为453毫米，而海拔336米和346米的炮台和莫索湾分别为141.3毫米和118.3毫米。可见年降水量随海拔升高而增加的现象非常明显。据此加上年径流深的反推，河源区年降水量可达700毫米，中高山带大部分介于500～600毫米之间。年降水量主要集中在春夏两季，约占全年的70%，其中4—7月占50%～60%。在山区夏季降水量大于春季，平原则两季接近。玛纳斯河红山嘴站的年径流量中，地下水补给占47%，高山冰雪融水占34%，其余为中低山区的雨水和季节性积雪融水补给。

玛纳斯河流域年径流深与流域平均高程关系密切，高程越高，年径流深也越大。清水河站最高，达358毫米，肯斯瓦特站为252毫米，红山嘴站是245毫米。相应的年径流系数肯斯瓦特为0.416，而红山嘴则为0.427，说明从肯斯瓦特到红山嘴之间的峡谷河段，夏季暴雨及地下水溢出的径流较多。

玛纳斯河夏季水量要占全年径流量的70%左右，冬季不到10%，秋季占18%，春季不及全年的

10%，见表4-22。

表4-22　　　　　　　玛纳斯河各站径流年内分配及年际变化表

| 河　名 | 站名 | 年径流量（亿 m³） | 四季分配（%） | | | | 最大年与最小年年径流比值 | $C_v$ |
| --- | --- | --- | --- | --- | --- | --- | --- | --- |
| | | | 春（3—5月） | 夏（6—8月） | 秋（9—11月） | 冬（12月至次年2月） | | |
| 玛纳斯河 | 煤窑 | 9.90 | 8.3 | 71.1 | 15.9 | 4.7 | 1.59 | 0.133 |
| 玛纳斯河 | 肯斯瓦特 | 11.70 | 8.7 | 69.8 | 16.5 | 5.0 | 1.53 | 0.115 |
| 玛纳斯河 | 红山嘴 | 12.65 | 9.8 | 66.5 | 17.2 | 6.5 | 1.49 | 0.125 |
| 清水河 | 清水河 | 1.33 | 10.7 | 66.2 | 16.7 | 6.4 | 1.81 | 0.13 |

玛纳斯河年径流量的年际变化比较平稳，各站最大年径流量与最小年径流量的比值仅为1.5，$C_v$值仅为0.13。

玛纳斯河的洪水按成因可分为三种类型：

(1) 高山冰雪融水洪水。每年7—8月，融水径流量最大，其特点是有明显的日变化现象，洪峰不高，但历时较长，洪量大。

(2) 暴雨洪水发生在中低山带，洪水陡涨陡落，历时短，峰高量不大。

(3) 雨雪混合洪水，由雨水和季节性积雪融水叠加在一起形成。

玛纳斯河各站历年最大流量均值，红山嘴站为317立方米每秒，肯斯瓦特站312立方米每秒，但据调查，近百年来红山嘴站1931年洪峰流量为870立方米每秒，1940年为1 440立方米每秒。洪水出现的时间，都在每年6月下旬至8月中旬，其中7月发生概率为55%，8月为40%。

玛纳斯河各站年平均悬移质含沙量为2.0～2.5千克每立方米，从上游到出山口的年平均含沙量和年输沙量在不断增加，红山嘴站年平均输沙量为270万吨，水蚀模数559吨每平方千米年，这里面肯斯瓦特站以上占82.6%，而肯斯瓦特站至红山嘴站区间占7.4%，区间的水蚀模数高达1 560吨每平方千米，说明地面侵蚀非常严重。玛纳斯河的输沙量90%以上集中在夏季，肯斯瓦特站更为95%，而冬季则为0。

玛纳斯河天然水质良好，各站的pH值为8.0～8.5，矿化度在200毫克每升左右，总硬度小于130毫克每升，为良好的淡水和软水。

### (三) 叶尔羌河

叶尔羌河是我国唯一发源于喀喇昆仑山的大河，大支流有两条：一为克勒青河；另一为塔什库尔干河。进入平原后，东侧有提兹那甫河等三条支流。

叶尔羌河流域南高北低，河源区有世界第二高峰——海拔8 611米的乔戈里峰耸立其间，5 000米以上的高山终年积雪，上游的山谷冰川延伸入干流谷地，是冰川湖洪水形成的主要原因。

叶尔羌河上游河谷

流域的中低山带地势起伏较缓，冲沟发育，植被稀少，这里是雨水补给径流的地区，局部暴雨也多在此地出现。

叶尔羌河在卡群以下进入冲积平原，然后由北穿越塔里木盆地抵阿拉尔汇入塔里木河。

(1) 克勒青河。是叶尔羌河的主要支流，发源于喀喇昆仑山的胜利南达坂冰川，集水面积7 802

平方千米,干流长 266 千米。

克勒青河流域有 2 870 平方千米面积位于国外,其冰川面积可占全河的 1/3。克勒青河径流量主要由高山冰雪融水补给。上游有 5 条大冰川垂直于干流河谷,它们都有可能在运动中阻塞干流河谷而形成冰川阻塞湖。

(2) 塔什库尔干河。发源于明铁盖达坂。在汇合发源于慕士塔克的塔合曼河后拐向东流,在其盖里克处汇入叶尔羌河。塔什库尔干河流域面积 20 000 平方千米,河长 273 千米,上游段冰川十分发育,中游河道宽阔,下游多为深切峡谷,水流湍急。

(3) 提兹那甫河、柯柯亚尔河、乌鲁克河。是叶尔羌河东侧的 3 条支流,发源于昆仑山的科克阿特冰川。提兹那甫河最大,山口以上集水面积 5 370 平方千米,河长 335 千米。出山口后与叶尔羌河平行流动后水量全部用于灌区,但仍有尾水和回归水汇入叶尔羌河。

叶尔羌河流域的年降水量一般随高程稍有增加,海拔最低的巴楚(海拔 1 117 米)为 47.2 毫米,而 3 091 米的塔什库尔干也只有 68.0 毫米。不过据叶尔羌河冰川考察队对海拔 5 600~6 000 米雪层的估算,年降水量可达 600 毫米左右。年降水量年际变化大,卡群站最大年降水量是最小年降水量的 16 倍。年降水量主要集中在 5—8 月,4 个月总量占全年的 53%~75%,在中低山带常有暴雨发生。

叶尔羌河卡群站年径流量 64.2 亿立方米,在南疆仅次于阿克苏河。其独立支流提兹那甫河年径流量 7.78 亿立方米,见表 4-23。

表 4-23    叶尔羌河流域山区年径流量和年降水量表

| 自然地带 | 序号 | 河 名 | 区 间 | 流域面积（km²） | 年径流量（亿 m³） | 年降水量（mm） |
|---|---|---|---|---|---|---|
| 高山带 | 1 | 克勒青河 | 国外部分 | (2 870) | (7.18) | 550 |
|  | 2 | 克勒青河 | 全流域（包括国外部分） | 7 802 | 19.5 | 506 |
|  | 3 | 叶尔羌河 | 上游干流 | 16 194 | 21.9 | 350 |
|  | 4 (2+3) |  | 上游合计（克勒青河汇合口以上） | 23 996 | 41.4 | 401 |
| 中高山带 | 5 | 叶尔羌河 | 中游 | 8 884 | 8.7 | 281 |
| 高山—中高山带 | 6 | 塔什库尔干河 | 伊尔列黑以上 | 7 780 | 11.5 | 361 |
| 中低山带 | 7 | 叶尔羌河 | 库—伊—卡群 | 9 588 | 2.6 | 166 |
|  | 8 (4+5+6+7) |  | 卡群以上合计 | 50 248 | 64.2 | 328 |
| 高山—中高山带 | 9 | 提兹那甫河 | 玉孜门勒克以上 | 5 389 | 8.06 |  |

从上表可知,高山带产生的年径流量占出山口卡群站的 64%,再加上塔什库尔干河的高山带年径流量 6.27 亿立方米,二者相加为 47.67 亿立方米,占卡群站以上年径流量的 74.3%,而中高山带只占 21.7%,中低山带仅为 4%,出山口后为径流散失区,基本不产流。

叶尔羌河卡群站径流年际变化较小,其 $C_v$ 值仅 0.19,最大、最小年径流量为正常年径流量的 30%~40%。但年内分配却十分集中,6—8 月径流量占年径流量的 68.5%,其次为秋季,占 18.7%,春、冬两季各占 6.7% 和 6.1%。在年径流量中高山冰雪融水补给(包括国外部分)占 63.1%,而提兹那甫河为 28.2%。

叶尔羌河的洪水闻名全疆。1961 年 9 月 3 日,突然发生的洪水流量达到 6 270 立方米每秒,1971 年 8 月 2 日、1978 年 9 月 6 日、1984 年 8 月 30 日,相继产生 4 570 立方米每秒、4 700 立方米每秒和 4 570 立方米每秒的洪峰流量。经研究,这是由冰川阻塞湖形成的突发洪水,这种洪水呈单峰,有如水库大坝溃决的泄水过程,故又称"溃坝型洪水"。除此之外,还有高山冰雪融水洪水,它与气温上升和积温密切相关,特点是一次洪水过程较长,洪峰不高但洪量大。1973年从7月1日开始到8月底,历时60多天,洪水总量占当年径流量的62.5%。

在中低山带,叶尔羌河还会有暴雨洪水的发生,其特点是范围小历时短,且常伴有泥石流。

叶尔羌河的洪水有时是混合型的,包括暴雨洪水与高山冰雪融水的组合,或融水与冰川湖突发洪水的组合等。

叶尔羌河卡群站的含沙量比较高,这与流域内地表物质疏松、洪积段扇发育普遍有关。卡群站年平均含沙量达4.32千克每立方米,年输沙量为2770万吨,水蚀模数551吨每平方千米年。泥沙主要伴随洪水而来,所以7—8月卡群站的输沙量约占全年的80%,6—9月则占96%。含沙量的年际变化与年径流基本对应,即大水年沙多,小水年沙少,但变幅比年径流量大。

叶尔羌河的水质在出山口处的矿化度不到300毫克每升,为重硫酸盐钙质水,随着流程的增加,矿化度也在增加;到距卡群120千米的东河滩时,矿化度已增至600毫克每升,为硫酸盐钠质水;到492千米的艾力赛克站时,矿化度已增至4300毫克每升,成为氯化物钠质水。

## 五、青海和河西走廊的内陆河

### (一)青海的内陆河

青海省既有外流河也有内陆河,外流河流域有黄河、长江、澜沧江三大水系,分别注入渤海、东海和南海,总面积348 609平方千米,占全省面积的48.2%。内陆河流域位于地质构造运动形成的封闭半封闭的内陆盆地,河流数目众多,流程短小,多自成独立的水系。全省共有6个内陆河水系,总流域面积374 100平方千米,占全省面积的51.8%,各内陆河流的流域面积及年径流量见表4-24。

表4-24　　　　　　　青海省内陆河流域的流域面积及年径流量

| 流域(水系) | 流域面积(km²) | 占全省面积(%) | 年径流量(亿m³) | 占全省径流量(%) |
|---|---|---|---|---|
| 柴达木盆地 | 257 768 | 35.7 | 44.4 | 7.1 |
| 青海湖盆地 | 29 695 | 4.1 | 19.3 | 3.1 |
| 哈拉湖盆地 | 4 768 | 0.7 | 3.23 | 0.5 |
| 茶卡、沙珠玉盆地 | 11 569 | 1.6 | 2.31 | 0.4 |
| 祁连山地 | 25 064 | 3.5 | 34.6 | 5.5 |
| 可可西里盆地 | 45 230 | 6.2 | 25.3 | 4.1 |
| 合计 | 374 094 | 51.8 | 129 | 20.7 |

从表4-25可看出,在内陆河中无论是按流域面积还是按年径流量,柴达木盆地的内陆河无疑是最为重要的。柴达木盆地主要河流均由山区流向盆地中心,山区是径流的形成区,出山口后径流大量散失于各河的洪积冲积扇,并在扇缘以泉水形式出露。主要河流有那棱格勒河、格尔木河、诺木洪河、香日德河、察汗乌苏河、巴音河、塔塔棱河、鱼卡河和哈尔腾河等,其中最重要的是格尔木河。

格尔木河是柴达木盆地的第二大河,位于昆仑山北坡,上源分为二支:西支奈金河,又名昆仑河,由西向东流,习惯上被认为是格尔木河的正源。东支舒尔干河(雪水河)自东向西流动,两条河均位于宽阔平缓的构造纵谷中。

舒尔干河发源于唐古拉山,河源高程5 692米,在卡巴纽尔多湖以上称刚欠曲,其下至格涌曲汇口称霍兰郭勒,其下至奈金河汇口,称舒尔干河(雪水河),全长317千米,集水面积10 723平方千米,河道平均比降5.56‰。

奈金河发源于昆仑山脉的博卡雷克塔克山的冰川,河源海拔5 400米,从源地狼牙山向东南流入

格尔木河

黑海,在黑海以上为季节性河流,出黑海后称野牛沟,才长年有水,至三岔口附近接纳了小南川后始称奈金河(昆仑河),在五十三道班处与舒尔干河相汇,全长 248 千米,流域面积 7 527 平方千米。

舒尔干河与奈金河相汇后始称格尔木河,干流长 248 千米,天然落差 1 440 米。

格尔木河从河源至昆仑桥为上游段,河谷开阔。昆仑桥至出山口为中游段,全长 33 千米,河床下切较深,岩石裸露,岩性坚硬,节理发育。格尔木河出山口后为下游段,是径流的散失区,河水大量损耗于渗漏。据测定,格尔木河在出山口后的 17 千米内,径流量损失就达 30% 左右,每年补给地下水约 2 亿立方米,最后流向达布逊湖,但在到达达布逊湖前,地表水流已经消失,成为独特的没有尾巴的河流。

格尔木河流域的水汽来源主要是西南季风的暖湿气流,但经长途跋涉,水汽所剩无几,纳赤台的年降水量为 145 毫米,格尔木站只有 40.3 毫米,并且多年间变化很大。格尔木站实测最大年降水量为最小年的 8.93 倍,且集中在夏季,6—8 月的降水量要占全年的 65% 左右。

河水补给来源以地下水为主,格尔木站地下水补给量要占年径流量的 66%,高山冰雪融水只占 14%(纳赤台站为 21%),而舒尔干河地下水补给量较小。格尔木河年径流量中的 51% 来自奈金河。

河川径流的年内分配比较均匀(表 4-25),最大日径流量出现在 7 月,但仅占年径流量的 14%。

表 4-25　　　　　　　　　　格尔木河年径流及年内分配

| 河名 | 站名 | 集水面积 (km²) | 年径流量 (亿 m³) | 水量分配(%) | | | | 最大日径流量占年径流量(%) | 月份 |
| --- | --- | --- | --- | --- | --- | --- | --- | --- | --- |
| | | | | 春 | 夏 | 秋 | 冬 | | |
| 奈金河 | 纳赤台 | 5 973 | 3.770 | 23.5 | 33.2 | 23.5 | 19.8 | 12.7 | 7 |
| 格尔木 | 格尔木 | 18 648 | 7.746 | 24.7 | 35.1 | 24.6 | 15.6 | 14.1 | 7 |

格尔木河年径流量的年际变化较小,$C_v$ 值为 0.13~0.20。格尔木河的洪水与气温关系较为密切,说明多数洪冰与高山冰雪融水有直接关系,但在 7、8 月雨水增多,洪水常由高山冰雪融水叠加雨水混合而成。奈金河洪水属高山冰雪融水-雨水混合型,而舒尔干河洪水属季节积雪融水-雨水混合型,所以在两河汇合后的格尔木站洪水呈多峰型。其中纳赤台站与格尔木站区间的雨水洪水有时来势较猛,对下游威胁较大。

高山地区寒冻风化强烈,中、低山区岩石裸露,气候干燥,机械风化作用强烈。夏季降水集中,侵蚀沟谷发育,这些都使格尔木河的河水含沙量较大,格尔木站河水多年平均含沙量 3.40 千克每立方米,多年平均年输沙量 263 万吨,水蚀模数 141 吨每平方千米,均为柴达木盆地诸河之首。河水含沙量、输沙量的高值均出现在汛期,集中程度大于径流量。历年最大含沙量及输沙量均出现在 7 月,7 月的多年平均含沙量为年平均含沙量的 2.9 倍,输沙量占年输沙量的 37%,历年最少含沙量出现在每年的 1 月,格尔木河泥沙特征值见表 4-26。

格尔木河的天然水质基本良好,各站的河水矿化度均小于 1 000 毫米每升,其中舒尔干河舒尔干站的矿化度及总硬度均较高,矿化度在柴达木盆地中仅次于察汗乌苏河察汗乌苏站。离子径流模数也居整个盆地之首,水的类型也变为氯化物钠质水,水质较差,而奈金河及格尔木河则均为重碳酸盐钙质水和重碳酸盐钠质水。表 4-27 为格尔木河天然水化学特征。

表 4-26　　　　　　　　　　　　　格尔木河泥沙特征值

| 河　名 | 站　名 | 流域面积<br>（km²） | 多年平均径流量<br>（亿 m³） | 多年平均输沙量<br>（万 t） | 多年平均含沙量<br>（kg/m³） | 多年平均水蚀模数<br>（t/km²） | 年平均含沙量<br>极值比 |
|---|---|---|---|---|---|---|---|
| 奈金河 | 纳赤台 | 5 973 | 3.770 | 85.3 | 2.26 | 143 | 10.9 |
| 格尔木 | 格尔木 | 18 648 | 7.746 | 263 | 3.40 | 141 | 15.1 |

表 4-27　　　　　　　　　　　　　格尔木河天然水化学特征

| 河　名 | 站　名 | 流域面积<br>（km²） | 矿化度<br>（mg/L） | 总硬度<br>（mg/L） | pH 值 | 年离子径流量<br>（万 t） |
|---|---|---|---|---|---|---|
| 舒尔干河 | 舒尔干 | 10 723 | 732.1 | 174.9 | 8.3 | 18.51 |
| 奈金河 | 纳赤台 | 5 973 | 467.1 | 127.9 | 8.3 | 17.61 |
| 格尔木河 | 格尔木 | 18 648 | 519.1 | 134.2 | 8.4 | 40.21 |

### （二）河西走廊的内陆河

发源于南部祁连山区，向北流入河西走廊区，最终潴成尾闾湖或消失于沙漠，由东至西分属于石羊河、黑河和疏勒河三大水系，大小内陆河共有 57 条。由于降水、地形等的限制，其中大型的内陆河不多，主要是些长度短、水量小的小型河流，据统计，河西走廊年径流量超过 10 亿立方米的大型内陆河只有 3 条，即黑河、石羊河、疏勒河，超过 1 亿立方米的有 16 条。

石羊河水系由发源于祁连山东段冷龙岭北坡的诸河支流组成，自西向东为西大河、东大河、西营河、金塔河、杂木河、黄羊河、古浪河及大靖河等。这些河流出山口后，由武威的东、南、西三个方向流经古浪、凉州、永昌县（区），穿越平原汇聚于凉州城北三岔堡以下的扇形地北流后，始称石羊河，经红崖山峡口进入民勤盆地，至青土湖。

石羊河

黑河水系位于河西走廊的中部，是河西走廊中最大的河流，由源于东起山丹西至酒泉的走廊南山的山丹河、洪水河、大渚马河、黑河、梨园河、摆浪河、马营河、丰乐河、洪水坝河及讨赖河等支流组成（图 4-20）。

疏勒河水系位于河西走廊的西部，主要由发源于祁连山西段北坡的白杨河、石油河、昌马河、踏实河、党河和安南坝河等组成。疏勒河干流发源于祁连山内的讨赖掌西侧，经疏勒峡进入昌马小盆地，称昌马河，再转向东北至玉门镇，以下称疏勒河。经黄闸湾改向西流，至八道桥纳党河注入哈拉湖，哈拉湖现已完全干涸。

在上述三大水系中，黑河水系径流量最大，也是最重要的河流，流域内的张掖盆地，有"金张掖"的称号。

黑河干流上源在青海省境内祁连山，分为东西两支，东支俄博河（峨堡河）又名八宝河，发源于俄博滩东的绵羊岭，自东向西流，长 100 余千米。西支野牛沟源于铁里干山，自西向东流，长 190 多千米。东、西二支流在黄藏寺汇合后折向北流，称甘州河，在莺落峡处流出山口。干流段长 95 千米，两岸山高谷深，谷宽 50 米左右，最窄处仅 20 余米。河流出山口进入张掖盆地，称黑河。在张掖县城西北 10 千米处纳山丹河、洪水河折向西北流经高台汇梨园河、摆浪河，河面宽阔，坡降变缓，河槽左右摇摆不定，大量河水下渗变为潜流。在正义峡穿越北山，至鼎新纳西来之北大河，改称额济纳河（古弱水）北流进入内蒙古，到湖西新村附近又分为东西两支，分别注入索果诺尔（东湖）和嘎顺诺

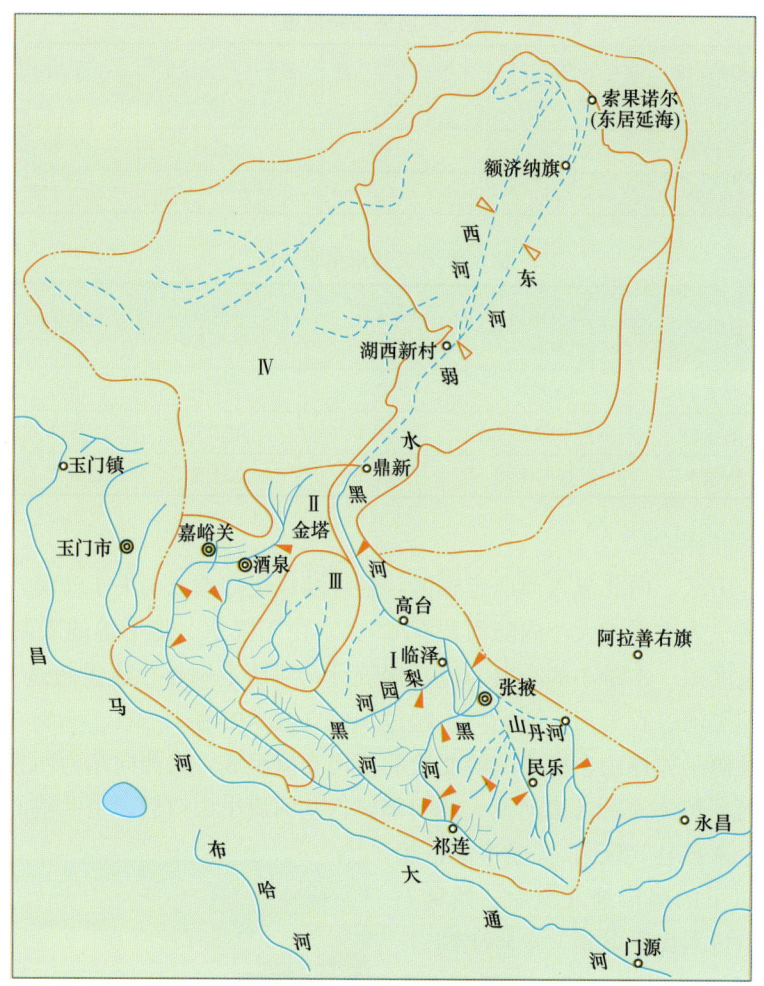

图 4-20 黑河水系略图
（选自《中国干旱区自然地理》第 70 页）

尔（西湖），两湖合称居延海，全长 800 余千米，所以黑河是一条跨三省（自治区）的河流。

黑河干流的径流补给来源比较多样，据估算，高山冰雪融水仅占 4% 左右，而地下水补给却占了 35% 左右，还有少量的季节性积雪融水，其余均为雨水补给，祁连山区的年降水量一般超过 300 毫米，并且随海拔增高而增加，其梯度约为 16~20 毫米/100 米。祁连山区有两个降水中心：一个在冷龙岭西段的山丹、民乐县南的南山北坡，中心年降水量可达 700 毫米；另一个在酒泉南的走廊南山，中心年降水量可达 600 毫米，估算每年降落在黑河水系源头山区的降水量达 100 亿立方米，约为出山口地表径流量的 2.5 倍。河流出山口后进入径流散失区，额济纳旗的年降水量仅 50 毫米，根本不可能形成径流，黑河水系各河的年径流量见表 4-28。

黑河流域的河流，基本上属于雨水补给型，雨水集中在每年 6—9 月，一般占年径流量的 55%～80%，如黑河莺落峡站为 68.3%，梨园河梨园堡站为 79.6%，而洪水坝河新地站最高达 89.1%，这是由于该河高山冰雪融水补给比重较大再叠加雨水，使径流更加集中。集中程度最低的是讨赖河冰沟站，仅占 55.2%，枯水期 1—3 月的径流量只占年径流量的 5%～18%。

表 4-28　　　　　　　　　　　　　黑河水系各河年径流量

| 河　名 | 站　名 | 流域面积（km²） | 出山年径流量（亿 m³） |
| --- | --- | --- | --- |
| 洪水河 | 上湾村 | 578 | 1.23 |
| 大渚马河 | 瓦房城 | 217 | 0.88 |
| 酥油河 | 酥油口 | 147 | 0.43 |
| 黑河 | 莺落峡 | 10 009 | 15.97 |
| 梨园河 | 梨园堡 | 2 240 | 2.43 |
| 马营河 | 红沙河 | 619 | 1.14 |
| 丰乐河 | 丰乐河 | 568 | 1.41 |
| 洪水坝河 | 新地 | 1 574 | 2.81 |
| 讨赖河 | 冰沟 | 6 883 | 6.69 |
| 合计 |  | 22 835 | 32.99 |

黑河流域诸河年径流量各年间非常平稳是主要水文特征。与河西走廊其他河流相似，除丰乐河外，年径流 $C_v$ 值均在 0.3 以下，黑河莺落峡站最大年径流量为 22.8 亿立方米，最小年径流量为 11.1 亿立方米，$C_v$ 值仅 0.149。表 4-29 为黑河流域各河径流量多年变化。

表 4-29　　　　　　　　　　　　　黑河流域各河径流量多年变化

| 河　流 | 多年平均年径流量（亿 m³） | 变差系数 $C_v$ | 最大年径流量（亿 m³） | 最小年径流量（亿 m³） | 最大与最小年径流量比值 |
| --- | --- | --- | --- | --- | --- |
| 洪水河 | 1.23 | 0.169 | 1.69 | 0.925 | 1.83 |
| 黑河 | 15.97 | 0.149 | 22.8 | 11.1 | 2.05 |
| 梨园河 | 2.43 | 0.192 | 3.38 | 1.58 | 2.14 |
| 马营河 | 1.14 | 0.282 | 2.16 | 0.568 | 3.80 |
| 丰乐河 | 1.41 | 0.595 | 4.67 | 0.562 | 8.31 |
| 洪水坝河 | 2.81 | 0.263 | 5.11 | 1.69 | 3.02 |
| 讨赖河 | 6.69 | 0.197 | 11.4 | 5.18 | 2.20 |

黑河流域诸河的另一水文特点是地表水与地下水相互转换频繁。在山区，地下水在出山口前几乎全部转化为地表水，经河道流出山后，进入山前平原，这时地表水大量渗漏补给了地下水，地下水又在适当条件下以泉水形式溢出地面，成为地表水。这种河水—地下水—河水的转化过程，是干旱区内陆河流域水循环运动的基本模式，具有普遍性。而黑河流域是一个多排构造盆地的分布区，所以水资源的转化过程可出现多次。

黑河干流在祁连山区的两大支流都流行在纵向构造谷地中，河水与地下水间已经进行了转化。在河流进入平原后，首先进入南盆地（张掖-酒泉盆地）的洪积冲积扇裙带，河水大量渗漏，一般可达河水量的 20%～70%。而在扇缘又以泉水形式溢出地表转化为地表水。黑河在正义峡站年径流量为 12.13 亿立方米，其地下水比重为 56.7%，北大河鸳鸯池站的年径流量 3.88 亿立方米，地下水比重为 62.4%。

在南盆地完成了地表水→地下水→地表水的转化后，以地表水形式穿越北山到了北盆地，同样又转化为地下水和地表水，当流至额济纳盆地又进入了第三个循环带。黑河 1978 年进入额济纳盆地的河水量为 9.82 亿立方米，其中 4.4 亿立方米又转化为地下水，占 44.9%，除部分潜流进入居延海盆地外，大约有 79.5％损耗于蒸发，见表 4-30。

表 4-30　　　　　　　　　　　　　　黑河地表水与地下水的三次循环转化

| 第 一 次 循 环 转 化 ||||||
|---|---|---|---|---|---|
| 出山地表径流量 (m³) | 地下径流量 || 泉水径流量（流入北盆地） |||
| | 河渠渗漏量 (m³) | 占出山口地表径流量 (％) | 山前平原区 (m³) | 占地下天然资源 (％) | 占流入北盆地河水量 (％) |
| 39.180 | 25.178 | 64.26 | 13.783 | 54.74 | 86.1 |
| 第 二 次 循 环 转 化 ||| 第 三 次 循 环 转 化 |||
| 地表径流量 (m³) | 地下径流量 || 地表径流量 (m³) | 地下径流量 ||
| | 河渠渗漏量 (m³) | 占地表径流量 (％) | | 河渠渗漏量 (m³) | 占地表径流量 (％) |
| 16.008 | 3.411 | 31.32 | 9.820 | 4.409 | 44.9 |

　　黑河流域的三次转化，有利于水资源的重复利用，使利用率达到很高的水平。

　　黑河流域在山区天然状况下河水水质良好，在河源区矿化度为 100～300 毫克每升，是重碳酸盐钙质水。到出山后矿化度增至 300～500 毫克每升，属重碳酸盐钙镁质水。当河流进入河西走廊盆地后，在盆地北部溢出时，水质随季节变化明显，在夏季汛期时矿化度不超过 600 毫克每升，但秋冬季或冬春季枯水期，水质变劣，矿化度升到 800 毫克每升。进入额济纳旗后，夏季洪水期可维持在 700 毫克每升，而冬季可达 1 000 毫克每升，成为微咸水。

　　黑河干流莺落峡站的含沙量及输沙量均不大，而且集中在每年的 6—9 月，这 4 个月的输沙量为 207.4 万吨，占全年输沙量的 95％。

　　黑河干流流经张掖后经正义峡至鼎新，在鼎新以下称额济纳河（弱水），至湖西新村又分为东西两河，分别注入东湖（索果诺尔、苏泊淖尔）和西湖（嘎顺诺尔）。据 1962—1970 年资料，西河莱格敖包站与东河保都格站两河总年径流量为 4.2 亿立方米，其中东河占 80％。

　　黑河流域水资源的开发利用历史悠久，从汉代至今主要通过修建渠道引水灌溉。20 世纪 60 年代后，中游的用水量激增，使得下游水量锐减，甚至断流。额济纳盆地中与罗布泊和台特马湖、阿兰诺尔与玛纳斯湖齐名的双子湖——东、西居延海也逐渐萎缩。1961 年西湖首先干涸，东湖 1963 年干涸，以后 1973、1984、1988 年均出现干涸现象。80 年代初湖面曾恢复到 23.6 平方千米，1994 年又告干涸，2000 年后由于实行了流域水量分配和统一调度，黑河下游生态得到修复，2008 年东房延海面积已达 45.0 平方千米。

## 六、内蒙古地区内陆河

　　本文所指内蒙古地区的范围，在阴山山脉以北，阿拉善高原以东，大兴安岭南段以西。在地貌单元上西部为内蒙古的巴彦淖尔高原，中部是乌兰察布高原，东部是锡林郭勒高原及河北省的张北高原部分。不包括额济纳河（弱水）水系，实际上只有乌拉盖尔河、锡林郭勒河（锡林河）、塔布河、黄旗海、岱海以及其他一些小水系。

　　在自然景观方面，大部分属于中温带的半干旱草原地区，仅最西部属于中温带的干旱地区。境内为高原地貌，地势起伏比较平缓，周边没有高大山脉的分布，所以垂直地带性规律很不显著。年降水量从东部的 400 毫米向西降到 100 毫米，景观区由草原带、干草原过渡到荒漠草原甚至荒漠，本地区的河流特点分述如下。

　　（1）内蒙古草原河流都比较短小，长度不及 400 千米，集水面积也小，最大的乌拉盖尔河奴奶庙站以上也仅 7 000 平方千米。一般河流从丘陵地发源后，一进入平原就逐渐成为蜿蜒曲折无明显河槽的河流。洪水期间河水可溢到两岸，而最终消失于草原之中或流入内陆湖泊，如腾格淖尔、查干诺尔、达来诺尔以及黄旗海、岱海等。

河网密度小，一般小于 0.05 千米每平方千米，也是特点之一，除无流区之外是全国河网密度最小的地区。

（2）因为河流短小，河流切割能力弱而使切割深度浅，造成地下水在河流补给来源中的比重较小。在河流的汛期过后，河流迅速进入枯水期出现断流。冬季有些河流可出现连底冻现象而断流。草原河流每年一般要断流两个月左右，所以这些河流是季节性河流，也就是时令河。

（3）内蒙古地区内陆河另一特点是变率大。无论是年径流量还是各月的径流量，尤其是春季的径流量，造成径流量变率大的原因，主要是年降水量的变率大，多雨年份与少雨年份的年降水量相差可达 3~4 倍。

内蒙古内陆河流的补给来源中，除了雨水和地下水外，还有季节性积雪融水。雨水补给是河川径流的主要来源。初步估算，雨水补给量约占年径流总量的 60％以上，其中最少的锡林河锡林浩特站也有约 30％。

半干旱地区一般每年 9、10 月至次年 3、4 月降水均为飘雪，它的融化就形成河流的春汛。季节性积雪融水补给比重较大的河流有锡林河、乌拉盖尔河等，融水可占年径流量的 50％甚至更多。

由于河流的集水面积小，河槽切割深度浅，造成本地区河流地下水补给一般只占年径流量的 10％以下，大大低于全国的平均水平（约 30％），这也是许多河流包括锡林河在内成为季节性河流的原因。

本地区是全国年径流深最小的地区之一，在多年平均情况下，一般不超过 10 毫米，其空间分布由东向西逐渐减少，西部则不足 5 毫米。

内蒙古内陆河的河川径流量多年平均总计为 1.7 亿立方米，河北省张家口市的内陆河流域 0.19 亿立方米，其中最大的乌拉盖尔河年径流量还不足 1 亿立方米。

本地区河流水量的年内分配很不均匀，而且东、中、西部也不尽相同，见表 4-31。

表 4-31　　　　　　　　　　　月平均流量占年径流量

| 地区 | 河名 | 站名 | 月径流量占年径流量（％） | | | | | | | | | | | |
|---|---|---|---|---|---|---|---|---|---|---|---|---|---|---|
| | | | 1月 | 2月 | 3月 | 4月 | 5月 | 6月 | 7月 | 8月 | 9月 | 10月 | 11月 | 12月 |
| 东部 | 乌拉盖尔河 | 奴奶庙 | 0 | 0 | 0.05 | 9.9 | 17.7 | 10.9 | 16.9 | 21.0 | 15.8 | 10.0 | 2.7 | 0.05 |
| 中部 | 霸王河 | 集宁 | 0.8 | 2.0 | 11.2 | 11.2 | 3.8 | 7.7 | 14.4 | 6.6 | 8.9 | 7.5 | 4.6 | 1.3 |
| 西部 | 艾不盖河 | 百灵庙 | 0 | 0.1 | 4.8 | 6.2 | 2.4 | 3.6 | 37.0 | 35.4 | 4.6 | 2.6 | 2.8 | 0.5 |

对上述三个站进行集中计算，结果是从东至西分别为 70.3、50.5 和 75.3。上表说明东部河流径流量集中在每年的 5—8 月。中部既有春汛也有夏秋汛，比较均匀。西部则高度集中在 7—8 月，这两个月径流量要占全年的 70％以上，全国罕见。

本地区的洪水绝大部分由降雨特别是暴雨所造成。东部的少数河流，洪水也与季节性积雪融水有关，但历年最大洪峰流量仍然是由暴雨所造成。如乌拉盖尔河 1960 年 8 月 12 日洪峰流量达到 42.4 立方米每秒。在锡林河以西，雨水造峰的现象更为显著，如塔布河西厂汗营站 1958 年曾出现 1 840 立方米每秒的洪峰流量。同样是洪水，东部诸河多年平均最大流量仅为多年平均流量的 6 倍左右，而西部的塔布河、艾不盖河等洪水陡涨陡落，最大流量与年平均流量之比可以达到 300 左右。在诸河中只有锡林河的洪水比较特殊，70％的洪水为季节积雪融水形成，均出现在春季。

河流结冰期长是本地区河流主要特征之一。内蒙古地区的海拔在 1 300~1 800 米，冬季严寒，河流结冰期很长,其中东部更为显著。乌拉盖尔河曾从1978年11月1日河流封冻,一直到1979年4月10日才解冻,封冻期长达161天,其中连底冻123天;而西部的霸王河集宁站,断流最长的1980年也仅3个月左右。

## (一)乌拉盖尔河

乌拉盖尔河是内蒙古地区内陆河中最大的河流。干流发源于大兴安岭西侧的宝克图山,向西南流至胡稍庙有支流舍野日机河汇入,由此以下河流则为东西向,至新庙以西河槽逐渐消失,形成大片的湿地和一些湖泊,最终注入乌珠穆沁盆地的最低点——索里诺尔大洼地。另外4条支流,即宝尔斯泰河、彦吉嘎河、高力罕河与巴拉盖尔河,均发源于大兴安岭的博利舒依干山,由南向北流入干流。这些支流平时无水,只有遇到丰水年的洪水期才有水注入干流,因此是时令河。

乌拉盖尔河干支流的上游,都位于大兴安岭西坡的低山与丘陵,因此河谷与河槽一般较窄而深,谷地也比较陡峻,河谷宽2~3千米,河道比降1/500~1/1 000,河宽2~4米。在中游,河谷加宽至4千米,河道比降也边较平缓,为1/1 000~1/1 800,河宽3~10米,是河川径流的汇集地段。下游是河流的消失段,河谷不明显,比降1/2 000~1/3 000,没有明显的河槽。

乌拉盖尔河在奴奶庙站的集水面积为7 500平方千米,多年平均流量3.06立方米每秒,径流量的年际变化和年内变化都很大,冬季径流量很小,基本上是断流。

## (二)巴拉格尔河、吉力河与锡林河

这三条河流均发源于赤峰市克什克腾旗境内,河流下游没有明显的汇合点,但有共同流往查干诺尔的趋势。

吉力河是由大吉力河与小吉力河在果先敖包附近汇合而成。上游在赤峰市克什克腾旗境内的大兴安岭西北侧,地势陡峻,河谷切割较深。一般河谷宽1~2千米,河道比降1/100~1/400,河宽2~4

锡林河(哈斯提供)

米。在乌套海以下,河谷开阔,大吉力河与小吉力河间有5~10千米宽的洪积平原所分隔,没有明显的分水岭,河道比降1/500~1/700,河宽4~6m。在浩齐特庙以下,河流穿越沙地,水量急剧减少。大、小吉力河汇合口以下为下游,一般河谷宽2~4千米,没有明显河槽,通常流至述停苏木附近即行消失。

锡林河自库尼苏曼以上为上游,河流流经丘陵地带,河道弯曲,河谷宽约1千米,比降为1/150~1/400,河宽2~3米。库尼苏曼以卜为中卜游,经温格麦麦,河流折向北流,过锡林浩特最后归入查干诺尔。这一段河宽2~5千米,河道比降1/500~1/1 000。

巴拉格尔河、吉力河与锡林河是典型的草原型河流,流域的年降水量为300~400毫米,河流12月至次年3月可以断流或流量很小,是季节性河流。

## (三)艾不盖河

艾不盖河发源于达尔罕茂明安联合旗西南骑劳以根山脉,经西河、百灵庙、黑沙兔庙、乌兰苏木等地后,河流折向北流,最终归入腾格淖尔,全长约205千米。

河流的上游为山地,是主要的产流区。两岸山地平缓,河谷宽约2千米左右,有泉眼出露。以下河道变窄,后又变宽,到出山口处形成了一个小峡谷,河道比降1/500,百灵庙以下至乌兰苏木,河流流行在丘陵与石山交错地带,约占全流域面积的85%,形成不连续的峡谷地带。谷宽300~600米,深20~40米，河道比降1/300~1/400。出乌兰苏木后，两岸为高出河床40米以上的台地，从都容敖包以北，两岸为戈壁滩，河槽逐渐消失，最终没于腾格淖尔。沿河大小支沟虽多，但大多数为季节性河流或若干年才能充一次水的河流，较大的支流如黑石林沟等共有12条。

### （四）塔布河

塔布河发源于春坤山脉，自固阳县大南沟至武川县大文公逐渐向北流，经水口子、吉生太、牛房滩、锡拉木伦庙、白音敖包、江岸牧场而入呼和诺尔。干流全长316千米，上游段均为山区，但坡度较缓，表层覆盖有砾质土层，山体高大浑厚，谷深约40米，河槽宽10米，深约2米，平时几乎为干河。中游为山地与丘陵相间的分布，河道形成不连续的峡谷地带，蜿蜒70余千米。下游两岸多台地，高出河床约100米，土层结构以沙性土壤为主，地势平坦，为广阔无垠的干旱草原，在河道中有零星的滩地分布，面积很小。

### （五）巴音河

巴音河又名昌都河，发源于锡林郭勒盟正蓝旗的沙地内，由灰腾河与高格斯台河汇合而成。两河中上游由不高的沙丘所分开，河道比降1/400~1/900，河宽约3~10米，因受沙地调蓄影响，河川径流量虽然由上游向下游逐渐增加，但变化不大，河流最终注入查干诺尔。

巴音河

巴音河昌图庙站的集水面积2 471平方千米，多年平均流量1.36立方米每秒，是内蒙古的第二大内陆河。

# 第五章　中国的湖泊和沼泽

## 第一节　中国湖泊的数量和分布

### 一、湖泊的数量

我国湖泊众多。但是，由于自然和人为的原因，天然湖泊的数量及面积一直处于动态变化的过程之中。

表 5-1 为 1984 年《我国的湖泊》（商务印书馆出版）记载的湖泊数量和面积。表中所列数据为嗣后相继出版问世的《中国湖泊概论》所采用。

表 5-1　1984 年《我国的湖泊》载湖泊数量与面积

| 类　别 | 分级标准 ($km^2$) | 数量（个） | 面积 ($km^2$) |
|---|---|---|---|
| 大型湖泊 | >500 | 28 | 39 389 |
| 中型湖泊 | 500～50 | 203 | 27 195 |
| 小型湖泊 | 50～1 | 2 617 | 14 061 |
|  | <1 | 22 032 | 2 755 |
| 合　计 |  | 24 880 | 83 400 |

又据 1989 年《中国湖泊资源》（科学出版社出版）载，全国面积在 1.0 平方千米以上的湖泊共有 2 300 余个（不包括时令湖），总计面积达 70 988 平方千米，约占全国总面积的 0.8%。

嗣后，有关科研单位、高等院校及政府水利、环保等政府部门在上述科研成果的基础上开展了补充性的湖泊调查研究，并于 1998 年出版了《中国湖泊志》（科学出版社出版）。该书记载见表 5-2。

继之，2013 年《中国湖泊地图集》（科学出版社待刊）问世。该图集对以往所采用的中国湖泊数量与面积予以更新，其成果见表 5-3。

《第一次全国水利普查公报》湖泊分流域数量汇总表见表 5-4。

表 5-2　1998 年《中国湖泊志》载湖泊数量与面积

| 级　别 | 数量（个） | 面积（$km^2$） |
|---|---|---|
| >1 000.0 $km^2$ | 14 | 34 618.4 |
| 500.0～1 000.0 $km^2$ | 17 | 11 230.8 |
| 100.0～500.0 $km^2$ | 108 | 22 415.3 |
| 10.0～100.0 $km^2$ | 517 | 16 992.4 |
| 1.0～10.0 $km^2$ | 2 086 | 5 762.7 |
| 合　计 | 2 759 | 91 019.63 |

**注**　表中合计项尚包括 17 个面积在 10.0 平方千米以下的干盐湖，仅季节性有湖表卤水存在。

表 5-3　2013 年《中国湖泊地图集》载湖泊数量与面积

| 级　别 | 数量（个） | 面积（$km^2$） |
|---|---|---|
| >1 000.0 $km^2$ | 11 | 23 832.2 |
| 500.0～1 000.0 $km^2$ | 15 | 10 364.8 |
| 100.0～500.0 $km^2$ | 108 | 23 164.1 |
| 10.0～100.0 $km^2$ | 562 | 17 944.3 |
| 1.0～10.0 $km^2$ | 1 997 | 6 439.6 |
| 合　计 | 2 693 | 81 745.0 |

相信，今后随着调查研究工作的逐渐深入以及自然和人为因素方面的影响，湖泊的数量、面积还将有所变化。

表 5-4　　《第一次全国水利普查公报》载湖泊数量汇总表

| 流域（区域） \ 湖泊面积 | 1km² 及以上（个） | 10km² 及以上（个） | 100km² 及以上（个） | 1000km² 及以上（个） |
|---|---|---|---|---|
| 合计 | 2 865 | 696 | 129 | 10 |
| 黑龙江 | 496 | 68 | 7 | 2 |
| 辽河 | 58 | 1 | 0 | 0 |
| 海河 | 9 | 3 | 1 | 0 |
| 黄河流域 | 144 | 23 | 3 | 0 |
| 淮河 | 68 | 27 | 8 | 2 |
| 长江流域 | 805 | 142 | 21 | 3 |
| 浙闽诸河 | 9 | 0 | 0 | 0 |
| 珠江 | 18 | 7 | 1 | 0 |
| 西南西北外流区诸河 | 206 | 33 | 8 | 0 |
| 内流区诸河 | 1 052 | 392 | 80 | 3 |

## 二、湖泊的分布

### （一）区域分布

我国湖泊的区域分布广泛，但在各区域之间分布又十分不均衡，湖泊率显示出巨大的差异性。这一特色的形成是受地质构造、地貌发育以及气候、水文等自然因素综合作用的结果。

长江中下游平原，在大地构造上是坐落在扬子准地台南京凹陷区内，中生代燕山运动以来是长期处于以振荡性沉降为主的地质过程之中，从而接受了江河水系所带来的泥沙，堆积成深厚的第四系沉积物。如洞庭湖平原河湖相沉积物质总厚达 100～334 米，江汉平原也在 100 米以上。由于泥沙沉积在地区分布上的不均衡性，从而在地貌塑造过程中使本区在地势坦荡的平原地貌背景下通过分异作用又产生了数量众多、面积大小不一的浅碟形洼地。本区在气候上几乎全部属于湿润亚热带，在强大的东亚季风环流影响下，具有温暖湿润、降水丰沛、四季分明的亚热带季风气候特点，年降水量一般在 1 000～1 200 毫米之间，低山丘陵区可达 1 400～1 800 毫米，丰沛的降水和由此产生的丰富地表径流，形成了发达的水系网，径流在碟形洼地的汇聚，形成了众多的湖泊，因而造就了本区水系发达、河网交织、大小湖泊棋布的"水乡泽国"之自然景观，成为我国淡水湖泊分布最为密集的地区。据统计，长江以及淮河中下游地区面积在 1.0 平方千米以上的大小湖泊共有 655 个，合计面积 2.05291 万平方千米，分别约占我国相同级别湖泊总数量的 23.7%、总面积的 22.5%。但是，应当指出，分布于江淮中下游平原地区的湖泊皆属浅水类型淡水湖，水深一般只在 2.0 米上下。如太湖、巢湖及洪泽湖的平均水深分别为 2.12 米、2.69 米、1.90 米；最大水深分别为 3.30 米、3.77 米、4.50 米；鄱阳湖、洞庭湖的平均水深分别为 5.10 米、6.39 米，最大水深分别为 29.19 米、23.50 米。

青藏高原平均海拔在 4 000 米以上，构成我国地势上最高的一级阶梯，素有"世界屋脊"之称。高原上纵横延展的巨大山系构成了高原地貌的基本框架。自第三纪始新世晚期至上新世末、第四纪初相继发生的三期喜马拉雅运动，使青藏地区强烈隆起成为高原，与此同时伴随着规模宏大的断裂活动，产生了一系列褶皱断块山地和断陷盆地、谷地，这就为众多湖泊的形成奠定了十分有利的地貌条件。如在西藏地区，就明显存在着如下四条断裂槽谷带：昆仑山南麓由断陷盆地和断裂谷地构成的山前断陷带、班公错-色林错深大断裂槽谷带、冈底斯山北麓断陷带、雅鲁藏布江-噶尔藏布断裂槽谷带。其中，班公错-色林错深大断裂槽谷带是藏北海拔最低、形态最为清晰和延伸最长的一条巨型槽洼地带，东西全长逾 2 000 千米，带内发育了班公错、扎仓茶卡、洞错、达则错、色林错等一系列呈东西向展布的湖泊。

青藏高原深居内陆，远离海洋，属大陆性气候，降水稀少，蒸发强烈，干燥而严寒，且年降水量

青海湖

由东南向西北呈逐步减少的变化，如：拉萨—那曲—玉树一线约400～500毫米；至定日—申扎—班戈湖—玛多一线减至200～300毫米；更向西北，到阿里地区，降水量一般在100毫米以下。显然，如此恶劣的气候条件是不利于现代湖泊发育的。但是，在第三纪末至第四纪的地质、地貌、气候等自然环境演变过程中，仍然有大量的古湖泊得以残存，纳木错、色林错、达如错、达则错、当惹雍错等滨湖地区有保留清晰的多级古湖岸砂砾堤，以及本区分布有大量盐湖、咸水湖等，则是古湖泊存在的不争事实。因之，青藏高原也就成为与长江中下游平原东西遥相对应的两大稠密湖群区之一。据统计，本区面积在1.0平方千米以上的湖泊1 091个，合计总面积44 993.3平方千米，约占全国相同级别湖泊总面积的49.5%；其中面积大于10.0平方千米的湖泊346个，合计面积42 816.1平方千米，占全国同一级别湖泊总面积的50.2%，占本区湖泊总面积的95.2%。青海湖、纳木错、色林错、玛旁雍错、鄂陵湖等，都是湖水深度较大的著名大湖。

与长江中下游平原和青藏高原两大稠密湖群区相比较，形成明显反差的是我国华南低山丘陵地区，包括福建、广东、广西、海南和台湾省（自治区）辖境的全部以及浙江省的部分辖境，约占国土总面积的近8%。区内面积在1.0平方千米以上的湖泊只有11个，合计面积53.1平方千米，约占全国湖泊总面积的0.0006%。其中面积大于10.0平方千米的湖泊只有2个，合计面积32.6平方千米，这在我国湖泊地区分布上，无论是湖泊数量、面积抑或是湖泊率，都是最小的区域。由此突显了我国湖泊在地区分布上的不均衡性。本区气候高温多雨，多数地区的年降水量在1 400～2 000毫米之间，其中不少地方的年降水量超过2 300毫米，如广东的思平为2 443毫米，广西的东兴为2 784毫米，台湾的基隆近3 000毫米。丰富的降水和地表径流本是湖泊形成的有利因素，但是，地表在流水侵蚀切割及溶蚀作用下，变得支离破碎，呈现山地、丘陵和狭窄的山间河谷平原相互交错的地理景观，而无完整的大型封闭或半封闭式的盆地发育。这又是十分不利于地表径流汇聚和湖泊发育及形成的。所以，在这一自然地理背景和地貌结构的控制下，本区湖泊数量稀少乃是自在情理之中。

## （二）垂直分布

我国湖泊垂直分布高度差异十分巨大，既有发育在低海拔的滨海平原地区以及海平面以下地区的，也有发育在高海拔的高原盆地乃至白雪皑皑的高耸山区的。位于西藏地区的纳木错，湖面高程4 718.0米，水面面积1 920.0平方千米，为我国和世界上海拔最高的大湖。至于中小型湖泊，分布在海拔5 000.0米以上者，亦并非鲜见，如奖弄错湖面高程5 580.0米（面积7.7平方千米），森里错湖面高程5 386.0米（面积83.8平方千米），杰萨错湖面高程5 201.0米（面积146.2平方千米），金美错湖面高程5 355.0米（面积16.8平方千米）。据初步统计，面积在1.0平方千米以上的湖泊分布在高程3 000.0～4 000.0米者有36个，合计面积5 487.4平方千米，约占全国相同级别湖泊总面积的6.7%；分布在高程4 000.0～5 000.0米者有849个，合计面积32 249.69平方千米，约占全国湖泊总面积的39.5%；高程在5 000.0米以上者有267个，合计面积6 493.53平方千米，约占全国湖泊总面积的5.7%。而地处新疆吐鲁番盆地内的艾丁湖，湖面高程在海平面以下155.0米，面积180平方千米（20世纪80年代中期湖表卤水面积约5.0平方千米），是我国海拔最低的湖泊。以上对比表明，我国湖泊不仅在区域分布上十分广泛，而且在垂直分布上高差悬殊，高度相差达5 700米之多，这在世界上可说是十分鲜见的。

## 三、湖泊的地理分区

我国湖泊地理分区的理论基础是中国地表自然综合体的区域分异规律。我国地域辽阔，区域自然环境的分异明显，从而使我国湖泊的自然特征相应呈现显著的区域性差异。依据"物以类聚"的基本原则，将全国的湖泊区分为如下6个地理分布区。

### （一）东部湖区

东部湖区是我国最重要的湖泊地理分布区之一，其范围主要是指分布于长江及淮河中下游平原、黄河与海河下游平原及京杭运河两岸的大小湖泊。东部湖区由于降水、径流及地形条件有利于湖泊的形成，因而成为我国湖泊分布密度最大、淡水湖泊数量最多的地理分布区。据统计，本区面积在1.0平方千米以上的大小湖泊共计618个，合计面积21 445.84平方千米，占我国相同级别湖泊数量的22.9%、总面积的26.29%；而面积大于10.0平方千米的湖泊有144个，合计面积19 837.7平方千米，分别占全国相同级别湖泊数量的20.7%、面积的26.3%。其中，尤其是长江中下游平原及三角洲地区、淮河中下游平原，水系发达，河网交织，湖荡星罗棋布，呈现一派"水乡泽国"的自然景观。地处长江三角洲的水网平原地区更是"家家门前舟船过，户户屋后枕河湖"的水乡特色。所以，本区是大、中、小型湖泊类型齐全的地理分布区。我国著名的五大淡水湖——鄱阳湖、洞庭湖、太湖、洪泽湖、巢湖皆位于本区。

本区湖泊，成因复杂，构造湖、河成湖、潟湖等诸类型，均可见到。其中大型湖泊如洞庭、鄱阳、巢湖等的原始湖盆，都是因断裂构造作用所产生的。但在成湖及其演变的过程中，都普遍有江河作用的参与，长期的河湖相互作用及泥沙沉积，往往使湖区的构造特征如断层崖等被掩埋，如洞庭湖在成湖和演变过程中明显受长江南侵及其支流湘、资、沅、澧四水的共同作用，鄱阳湖的形成和演变受长江主泓道的南北迁移摆动所控制。河成湖是本区最常见的一种类型。淮河流域的城西湖、城东湖、瓦埠湖、南四湖等一系列的湖泊均是南宋建炎二年（1128年）之后因黄河长期南泛夺淮、大量泥沙在淮河干支流河口不均衡沉积所形成。黄河长期夺淮不仅导致淮河流域生成许多新的湖泊，同时，历史时期一些著名的大型湖泽如圃田泽、孟诸泽等也因严重的泥沙淤积而湮灭消亡。在长江的荆江段，由于水系变迁及河道的横向摆动与自然截弯取直，也发育了许多河成湖，如鸭湖、月亮湖、哑河（湖）、老江河（湖）等。

经由潟湖演变而形成的湖泊，本区以射阳湖和杭州西湖最为著名。射阳湖本是历史上的著名大湖，遗憾的是由于强烈的人类活动，现已衰亡、肢解为大纵湖、蜈蚣湖、得胜湖等众多小型湖荡。

东部地区濒临海洋，气候温暖湿润，水热条件优越，水系发达，湖泊的水源补给相对较丰，河湖关系密切，湖泊普遍具调蓄江河径流的功能。但在季风气候支配下，降水和径流分配不均，变率大，湖泊水情变化显著，水位的年内与年际间有时相差悬殊，湖泊的时令性特点鲜明，尤其是长江中下游地区的湖泊，水情变化的时令性特点更为突出，如鄱阳湖、洞庭湖的水位年变幅一般在8.0~12.0米之间，湖泊呈现"高水湖相，枯水河相"和"洪水一片，枯水几条线"的自然景观，湖泊洪、枯水位条件下的水域面积可悬差20倍以上。长江下游地区的湖泊，由于密集的水网调节，水位变化平缓，年内变幅一般在1.0~2.0米上下。1949年后，为增强湖泊的调蓄功能，提高水资源的利用率，白洋淀、南四湖、洪泽湖、骆马湖、巢湖、龙感湖等绝大多数湖泊已相继建闸控制，由天然湖泊转变为水库型湖泊，湖泊的蓄泄由"听命于天"转变为"听命于人"，对减轻江河洪水威胁和支撑广大湖区社会经济的稳定发展发挥着重大的水利效应。目前，只有长江中下游两岸的洞庭湖、鄱阳湖、石门湖和石臼湖尚保持着与长江自然沟通的状态。

本区湖泊由于长期的泥沙淤积，皆属浅水类型，洲滩广为发育，湖泊生物种类丰富，分布广，生物生产力相对较高，种群类型和生态结构复杂多样。

本区湖泊资源开发利用历史悠久，人类活动影响深刻，水文化积淀丰厚。调蓄水旱、围垦种植、水上运输、供水、水产养殖等促使所在地的持久繁荣。尤其是地处长江三角洲的太湖地区，水位变幅小，又相对稳定，是中国湖泊滩涂围垦开发最早的地区。及至南宋时期"苏湖熟，天下足"和"上有天堂，下有苏杭"之民谚便广为流传。地处长江中游的两湖平原，到明清时期，"湖广熟，天下足"之民谚也已名扬海内外。但是，对湖泊资源的过度开发利用，致使本区湖泊面积锐减，数以千计的湖泊因之消失，导致湖泊调蓄功能降低，洪涝灾害仍是湖区社会经济稳定发展的制约因素。在强烈的人类经济活动干扰下，还使得太湖、巢湖、白洋淀、南四湖、洪泽湖等一些湖泊富营养化和水质污染有逐渐发展的趋势，这是本区湖泊在资源开发利用及治理上所面临的突出问题。

### （二）东北湖区

东北湖区是我国重要的湖泊地理分区之一，在行政区划上是以黑龙江、吉林、辽宁三省为主体。

本区面积在 1.0 平方千米以上的大小湖泊有 418 个，合计面积 4 653.7 平方千米，占全国相同级别湖泊总数量的 15.5%，总面积的 5.7%；其中面积在 10.0 平方千米以上的湖泊计有 61 个，合计面积 3 585.3 平方千米，占全国相同级别湖泊数量的 8.8%，面积的 4.8%。以中小型湖泊为主是本区湖泊在构成上的一大显著特色。

东北地区地形的基本框架是三面环山，中间为松嫩平原和三江平原。松嫩平原是东北平原的主体，在地质构造上属我国东部中、新生代大型陆相沉积盆地区。发育在平原之上的松花江、嫩江等水系呈辐辏状向盆地汇聚，然后折向东北流去，平原地势平坦而卑下，四周则相对高仰，排水不畅。由松花江、黑龙江、乌苏里江汇流而发育形成的三江平原，在地质构造上亦属新生代断陷沉降区，是长期接受泥沙充填之地，地势低缓而平坦，排水不良，地表径流极易汇聚。在这一自然地理背景下，平原地区因发育了面积大小不一的众多湖泊或沼泽湿地，当地习称之为泡子或咸泡子。由于湖泊为大量现代松软深厚的泥沙所充填，湖盆坡降平缓，湖水甚浅，且矿化度往往较高。

分布于东北山区的湖泊，其成因多与第三纪以来玄武岩熔岩流的溢出或火山喷发活动有密切的关系，这也是本区湖泊在成因上的又一重要特色。如镜泊湖、五大连池是典型的玄武岩熔岩流堰塞湖。长白山天池（中朝两国界湖）是典型的火山口湖，面积 9.82 平方千米，最大水深 373 米，也是我国最深的湖泊。

东北地区地处温带湿润、半湿润季风型大陆性气候区。夏季短而温凉多雨，6—9 月的降水量约占全年降水量的 70%～80%。汛期，随着嫩江、松花江、乌苏里江等江河水位的上涨而入湖水量颇丰，湖泊水位因此上涨；冬季寒冷多雪，湖泊水位随江河水位的下降而进入低枯时期，湖泊封冻期较长。本区与大的江河直接相连通的湖泊，均是外流吞吐型淡水湖。这是东北地区湖泊在水系和水质类型上的主体。但是，在长期的自然地理分异和演变过程中，由于泥沙的不均衡沉积，本区也有少数湖泊发育成了内流湖，其水质类型是属于微咸水湖、咸水湖乃至盐湖，如西大海、茂兴泡、庄头泡、大布苏盐湖、花敖泡等。

本区湖泊资源的开发利用以工业供水、农业灌溉、水产养殖为主，有的湖泊兼收航运、发电之利；少数湖泊如五大连池、镜泊湖、长白山天池等，自然风光壮丽，是国内外著名的观光旅游胜地。查干湖（泡）冰上捕鱼，尽显北国风光之神奇，更引来无数冬季旅游爱好者流连忘返。

### （三）蒙新湖区

蒙新湖区是我国东西跨度最大的一个湖泊地理分布区，在行政区划上包括内蒙古、新疆及宁夏 3 个省级自治区的全部以及山西、陕西、甘肃等省的部分地区。区内共有面积在 1.0 平方千米以上的大小湖泊 520 个，合计面积 12 749.7 平方千米，占全国相同级别湖泊数量的 19.3%，总面积的

15.6%。其中，面积在 10.0 平方千米以上的湖泊有 88 个，合计面积 11 416.5 平方千米，分别占全国相同级别湖泊数量的 12.6%、面积的 15.2%。

蒙新湖区在地貌上是以波状起伏的高原、山地以及山间盆地相间分布的结构为基本特征。由于地域辽阔，范围广大，区域自然环境分异显著，因而造就了本区湖泊突显在类型方面的复杂多样性。如基于湖盆之成因，既可见有艾比湖、乌伦古湖、赛里木湖、艾丁湖、呼伦湖等一些著名的构造湖，也有喀纳斯湖、天山天池等盛名远播的冰川湖以及堰塞湖、风成湖和河成湖等；基于矿化度之高低，既分布有众多的微咸水湖、咸水湖和盐湖，也不乏湖水清澈的淡水湖；基于内外流水系上之差异，既有属于外流区水系的湖泊，也有更多属于内流区水系的湖泊；如此等等。区内一些大中型的湖泊往往成为内陆盆地水系的尾闾和最终归宿地，发育成为内流湖。这是本区湖泊在水文学上的常见现象。在内流湖泊中，又进而区分为内流终点湖和内流吞吐湖两种类型。内流终点湖是本区分布最广、数量最多的一种类型，表示湖泊是其集水区域内水系的最终归宿地，如艾丁湖、赛里木湖、居延海、岱海、吉兰泰盐湖等。在内流湖泊中，本区还有少数湖泊是属于内流吞吐湖，即在内流水系内，湖泊除具调蓄上游河川径流功能外，另有排水尾闾向下游泄流，进入终点湖或消失于干旱盆地之中。博斯腾湖是本区，乃至全国面积最大，也最为著名的内流吞吐湖。该湖在《汉书·西域传》中称为"焉耆近海"，上承开都河等 2.7 万平方千米集水面积的径流，经调蓄后出流于铁门关峡谷泄入孔雀河。历史上，孔雀河曾下注流域内的终点湖罗布泊。20 世纪 50 年代之后，由于上游地区人口增加、人为干扰加剧等因素影响，孔雀河下泄水量减少，罗布泊逐渐萎缩以至消亡于广袤的沙漠之中。

本区地处内陆，气候干旱，降水稀少，蒸发强烈，地表径流稀缺，水系甚不发育。但是，唯独宁夏黄河河套平原，却是大小河渠水系密如蛛网，小型湖荡星罗棋布，尽显"北国江南"之塞上水乡风光，如银川地区在 1949 年前后还有大小湖泊数十个，因而享有"七十二连湖"之美称。目前，在宁夏地区尚存的小湖还有沙湖、大北湖、明水湖、高庙湖、大西湖（阅海）、宝湖、宁大湖等，从而成为本区湖泊地理分布的一个鲜明特色。

本区湖泊资源丰富，具工业供水、农业灌溉、水产养殖、矿产开发及改善生态环境和观光旅游之利。其中，开采盐、碱等矿产是本区盐湖的传统产品，且历史悠久，国内外盛名。据《中国盐政沿革史》载，我国开采利用最早的盐湖，当属本区之山西省运城解池。该湖之盐"由晒而成，发源最古"。相传，远在公元前 21 世纪之前的虞舜时期，解池的湖水（卤水）已被用于晒盐，并总结出"解池盐产，必资南风，南风不时，盐即失利"的科学规律。昔时舜为祈解池盐产之丰盛曾作五弦之琴，以歌南风。歌曰："南风之时兮，可以阜吾民之财兮。"解池所产之盐，斯时称之为河东盐。秦时，解池盐赋已是国家的一项重要收入，《史记》言"秦赋盐利二十倍于古，则其赋入之数以河东居多焉"。除解池之外，据《汉书·地理志》载，吉兰泰盐湖（池）、同湖池、达赖巴音池、雅布赖池、白盐池、花马池等也是开采历史悠久的盐湖。其中，尤以吉兰泰盐湖较为著名。该湖蒙语称察汗布鲁克池，唐时又名温池，所产盐质口味极佳，因表层混有淡红色的泥沙，又俗称红盐，亦名吉盐。唐大中四年（850 年），以温池盐利可赡边陲，宣宗李忱令度支收管。清乾隆二十二年（1757 年）之后，吉盐开始输入内地，销路大开。后因陆运供不应求，至乾隆末期又以黄河作为水运通道，以旧磴口为发运之所，最盛之时运盐船只多达 500 余艘。天然碱是本区盐矿资源开采的又一大宗产品，鄂尔多斯高原地区的盐湖，即是我国著名的天然碱产区，如察汗淖、白彦淖、哈马台淖等都有着较久的开采历史。过去，这些盐湖开采的天然碱，经初步加工后，多由张家口转运至今全国各地，称之为"口碱"。因"口碱"质地优良，深受用户欢迎，至今，"口碱"这一称谓仍为人们所沿用。

当前，湖泊萎缩、水质咸化、湖区沙化及生态系统脆弱化是本区湖泊在开发利用与保护方面所面临的突出问题。保护优先，适度开发利用，并采取有针对性的管理与监督措施实为当务之急。

### (四)青藏湖区

青藏湖区是指分布于青海、西藏两省（自治区）为主体的湖泊。

青藏高原平均海拔在 4 000 米以上，号称"世界屋脊"和"地球第三极"，是世界上海拔最高的大高原和高山区。由于地质、地貌等自然条件有利于湖泊的发育，因而成为地球上海拔最高、数量最多、面积最大的高原湖群区，也是我国湖泊分布最为稠密的两大湖群区之一，与长江中下游群区呈东西遥遥相对之势。本区面积在 1.0 平方千米以上的湖泊有 1 062 个，合计面积 41 600.0 平方千米，分别占全国相同级别湖泊总数量的 39.4％，总面积的 50.9％。其中，面积大于 10.0 平方千米的湖泊计 388 个，合计面积 39 328.6 平方千米，分别占全国相同级别湖泊总数量、总面积的 55.8％、52.2％。全国面积最大的咸水湖青海湖、面积最大的盐湖察尔汗盐湖（群）、世界上海拔最高的大湖纳木错均位于本区范围之内。

青藏地区湖泊，若依湖盆成因类型区分，复杂多样，但多数湖泊属构造湖，如青海湖、察尔汗盐湖、纳木错、色林错、班公错、扎日南木错、当惹雍错、扎陵湖、鄂陵湖等一些大中型的湖泊，都是由于地质构造作用所形成，且湖盆陡峭，湖水较深。在西藏地区，就明显存在呈东西向展布的四条断陷带，即昆仑山南麓断陷带、班公错—色林错深大断裂槽谷带、冈底斯山北麓深大断裂槽谷带及噶尔藏布—雅鲁藏布江深大断裂槽谷带。在每条断陷带内，都发育有许多湖泊沿构造线分布。

青藏高原因巨大的高差所引起的水热差异使自然景观表现出明显的垂直地带规律，因而在高海拔的山区经由冰碛或冰蚀作用而形成的冰川湖不仅数量相对较多，且分布亦较为广泛，这是本区湖泊在成因类型上的一大特色，昆仑山、唐古拉山、冈底斯山、喜马拉雅山等高大山区，都有冰川湖的分布，如巴松错、金美错、布冲错、布托错青等都是发育较为典型的冰川湖。但是，冰川湖若与构造湖相比较，都是分布在水系上游高山深谷区的小型湖泊，面积逾 10.0 平方千米者已不多见，且湖泊以冰雪融水径流为主要补给形式，湖泊补给系数较小。

本区深居内陆，远离海洋，气候严寒而干旱，降水稀少，蒸发强烈，故本区的湖泊是以咸水湖和盐湖为主要类型。其中，盐湖均属所在水系的终点湖，开发矿产是盐湖资源的利用方式。察尔汗盐湖主产钾盐，是我国业已规模化开采的最大钾盐生产基地。西藏的班戈盐湖是本区开发利用最早的盐湖，远自公元 6 世纪，该湖的硼砂盐矿就已开采利用，比欧洲早了 1 000 多年。其他如茶卡、扎布耶茶卡、扎实仓茶卡等也都是著名的盐湖开采区。本区的咸水湖，尤其是微咸水湖，如青海湖、纳木错、色林错、羊卓雍错等，具有重要的生态功能，在维护生物多样性及改善生态环境诸方面发挥着不可替代的作用。本区为数不多的淡水湖，如扎陵湖、鄂陵湖、玛旁雍错等，随着本区社会经济的快速发展和对淡水资源需求的日益增长，无疑将具有重要的战略意义。但是，本区自然环境严酷，湖泊萎缩显著，湖区生态环境脆弱，对湖泊资源的利用一定要坚定不移地贯彻保护优先的基本原则，在此前提下编制湖泊资源开发利用与保护规划，有序实施。

### (五)云贵湖区

云贵地区面积在 1.0 平方千米以上的湖泊共有 64 个，合计面积 1 242.7 平方千米，分别占全国相同级别湖泊数量的 2.38％、面积的 1.52％。其中，面积在 10.0 平方千米以上的湖泊 13 个，合计面积 1 104.9 平方千米，分别占全国同一级别湖泊数量的 1.87％，总面积的 1.47％。以中小型湖泊为主是本区湖泊构成的一大突出特点。

本区是以高原、高山、深大断裂河谷与断陷盆地（当地俗称坝子）为基本框架的地表形态。据统计，仅云南省境内面积大于 1.0 平方千米的坝子就有 1 400 余个，总面积为 2 400 平方千米，其中面积在 100.0 平方千米以上的坝子约有 50 个。区内湖泊多数坐落在断陷盆地（坝子）之内。如滇池坐落于昆明断陷盆地；抚仙湖在地质构造上是坐落在滇东凹陷区内，这一凹陷经上新世以来的构造断裂活动进而发展成为地堑式盆地；洱海则是坐落于大理断陷盆地之中。故本区湖泊多具有水深岸陡的特征，湖区断崖清晰可见，湖泊的长轴延伸方向多与湖区地质构造的方向相一致，湖泊的长度明显大于湖泊的宽度。如滇池、洱海、抚仙湖的湖泊长度与湖泊宽度之比分别达到 5.7、7.2、4.7。我国第二深水湖抚仙湖，最大水深 157.8 米，平均水深 89.6 米，蓄水量达 191.4 亿立方米。本区古生代以来，有巨厚的碳酸盐类岩沉积，石灰岩地层分布广泛，岩溶地貌发育典型，且分布范围广。经长期溶蚀作用而形成的岩溶湖在本区有较为典型的代表。贵州省的草海即是我国面积最大、发育最为典型的岩溶湖。云南省的大屯海、长桥海亦属岩溶湖类型。此外，在云南省腾冲县境内，还发育有青海、北海、大龙潭、小龙潭等小型火山口湖。其中，青海则是我国唯一的水质呈酸性且矿化度最低的湖泊，湖水 pH 值 5.8，矿化度 16.24 毫克每升。

云贵地区湖泊所处纬度较低，属印度洋季风气候区，年内干湿季节转换明显，降水量主要集中在每年的 5—10 月，约占全年降水总量的 80%以上。湖泊水位随降水量的季节性变化而发生相应变化，年内最高水位多出现在每年的 9—11 月，年内水位变幅一般在 1.0 米上下。湖水清澈，矿化度不高，全系吞吐型外流淡水湖。水温终年在 4.0 摄氏度以上，冬季无冰情出现。湖区自然景色秀丽，素有高原明珠之称。

本区湖泊具工业和城镇生活供水、农业灌溉、发电、航运、水产养殖及风光旅游等多种功能。尤其是多土著种类和特有种类物种，使本区湖泊在维护生物多样性方面彰显其重要作用。据调查，在云南省湖泊中共栖居有土著鱼类 124 种；其中在滇池、洱海、抚仙湖栖居的 81 种鱼类中就有土著鱼类 62 种，在土著鱼类中又有 27 种是属于特有种类，鱼类区系组成中特有种类就占了 33.3%，这与其他诸湖泊地理分布区相比拟可说是绝无仅有的。此外，滇池中生长的海菜花，也是闻名的水生植物特有种。遗憾的是由于湖泊水质污染及富营养化，加之不合的开发利用，现鱼类的土著种类和特有种类正渐趋减少，海菜花也已绝迹。保护本区湖泊生态环境及生物多样性已是刻不容缓。滇池、洱海、抚仙湖、泸沽湖等自然风光旖旎，民族风情独特，还是我国著名的风光旅游胜地。

### （六）华南湖区

本区在行政区划上包括广东、广西、福建、台湾、海南诸省（自治区）的全部以及浙江省的部分地区。区内共有面积在 1.0 平方千米以上的大小湖泊 11 个，合计面积 53.1 平方千米，分别占全国同一级别湖泊数量和面积的 0.4%、0.00065%；面积大于 10.0 平方千米的湖泊 2 个。可见，本区湖泊无论是数量或者面积，在全国湖泊中所占比例都是微不足道的。但是，由此也突显了我国湖泊在区域分布上的不均衡性。

本区是我国各湖泊地理分布区中气温最高、降水最为丰富的区域，高温多雨的气候既是本区自然地理的一个重要特征，同时又是区域自然特征形成的一个主要原因。丰富的降水和地表径流本是湖泊形成的有利条件，但因无大型封闭或半封闭式盆地，使地表径流缺少汇聚积存之处，终致湖泊稀少。

区内湖泊以风光旅游、发电、供水等资源利用为主，其中以日月潭最负盛名。该湖坐落于玉山和阿里山山间的断陷盆地内，四周为高达千米的翠绿群山所环抱，林木葱郁，湖光山色相映似画，奇景幽绝，被誉为"岛内仙境"，是台湾岛内八大胜境之一，终年游人如织，同时也是岛内的电力中枢。

## 第二节　湖水及湖泊水生生物

### 一、湖水物理性质

#### （一）水温

湖水温度是表述湖水热学动态的基本物理要素之一，直接影响着湖水的各种理化过程和动力现象，同时也是湖泊生态系统运行的必要条件，不仅影响着生物的新陈代谢和物质的分解，而且也是决定湖泊生产力的重要指标，与渔业、农业等均有着密切的关系。

湖泊热量的输入和支出，首先是通过湖面进行的。热量输入的主要来源是太阳辐射。在湖面吸收的总热量中，来自太阳辐射的热量约占90%以上，其余为对流及湖底的来热。一般地说，到达湖面的辐射量随湖泊所处的纬度而异，亦即太阳辐射量随纬度的降低而增加。湖泊热量的散失，主要通过三个途径：一是湖面的长波辐射所损失的热量，约占总辐射收入量的30%；二是蒸发所损失的热量，约占总辐射收入量的45%～75%，此项是湖泊热量支出的重要部分；三是当水温高于气温时，由对流和紊动所引起的热量损失，约占总辐射收入量的2%～25%，居热量支出部分的第三位。

### 1. 水温的日变化和年变化

水温的日变化和年变化，取决于日内和年内热量平衡收支各要素间的关系。水温的日变化和年变化以湖水表层最为明显，并随着深度的增加而衰减，同时产生相移，以致最高及最低水温出现的时间滞后。

（1）水温的日变化。湖泊表层的最高水温出现在14：00—20：00时，最低水温出现于5：00—8：00时。夏季由于日出早，日落晚，因此最高水温出现的时间稍迟，一般为18：00—20：00时，冬季提早到14：00—16：00时。最低水温，夏季常出现在5：00—7：00时，冬季为6：00—8：00时。

（2）水温的年变化。由于湖水在年内不同季节接受太阳辐射热能的不同，使水温发生年内变化，最高水温常出现在每年的7、8月，最低水温常出现在每年的1、2月。且水温和气温有着相应的年内变化过程，大致是：1—3月是全年气温较低的时期，然而由于湖泊的热容量较大，散热不及空气快，所以这一时期的水温常高于气温；3月之后气温回升，而水温回升不及气温显著，因而4—6月气温常高于水温，7、8月之后，太阳辐射开始减弱，月平均气温开始下降，但水体散热慢，此一时期水温则常高于气温。

### 2. 水温的垂线变化

湖泊水温随着湖泊水层深浅的不同而变化，即水温的垂线分布。不同类型的湖泊水温的垂直变化各有不同。

### （二）冰情

当湖水表层散热冷却至4摄氏度时，水分子密度变大而下沉，引起上下对流，直至上下层水温均为4摄氏度时循环停止；如继续冷却，表层湖水密度变小，不再下沉，直至湖水表面温度达－1.2摄氏度的过冷却状态时，聚集在湖面的冷水分子将随之放出潜热而形成岸冰。当岸冰出现后，随着湖水继续冷却，岸冰向湖心不断发展，最终将湖面覆冰封冻。当气温回升，湖水表层增温达0摄氏度以上时，冰层即开始融化，至此，湖泊结冰期结束。可见，湖泊冰情直接反映着湖泊的热量收支状况，也是从一个侧面揭示湖泊物理特征的重要指标。

我国湖泊冰情主要取决于湖泊所在区域的气候特点。其中冬季寒潮所到达的地区，可使湖泊支出热量急剧增加，水温骤降，对冰封期动态起着决定性的作用。我国云贵地区的湖泊几乎没有寒潮侵袭，水温长年在4摄氏度以上，湖泊不出现冰情。而地处淮河以北地区的湖泊，则每年都会出现结冰封冻，淮河以南至长江沿岸地区的湖泊仅在个别严寒年份出现岸冰或薄冰。

湖泊冰情还受湖水盐度的影响。淡水冰的平均密度为0.92，冰的密度随着温度的降低而增加，因此，在夜间温度急剧下降时，封冻的冰面常形成许多裂隙，并伴随着多种响声，有时甚至发出巨大的轰鸣。咸水冰的密度平均为0.7～0.8，咸水冰因温度降低而增加的密度小于淡水冰，从而使咸水湖冰面上的裂隙比淡水湖少。此外，我国不少高矿化度的盐湖，冬季湖水一般不冰冻。

依据湖泊在冬季是否结冰封冻，可将我国湖泊区分为冰冻型、不冻型和过渡型3类。在外流区

域，大致在北纬35°以北的湖泊属冰冻型，湖泊每年均出现结冰封冻。

湖面封冻妨碍对鱼类进行水面投饵，减少水禽栖息场所，同时还阻止光线透入，影响光合作用，抑制了水生生物生长，但却有利于冰下鱼类的越冬。此外，一些通航湖泊，冰封时将缩短行船季节，限制经济活动。

### （三）透明度与水色

湖水透明度是指湖水能使光线透过的程度；水色则决定于水对光线选择吸收和选择散射的程度。两者都是湖泊中重要的光学特征。透明度和水色随湖水化学成分的不同和水中悬浮物质及浮游生物的多少而变化。透明度和水色的年际变化，还在一定程度上反映了湖泊遭受污染的状况。在自然条件相近的情况下，我国深水湖的透明度比浅水湖要大，水色亦低；咸水湖的透明度比淡水湖要大，水色亦低。

湖水水色是指位于透明度1/2深处，在白色圆盘上所显示的湖水颜色。水色与透明度两者关系甚为密切，水色号愈低，则透明度愈大；反之，若水色号愈高，则透明度愈小。

## 二、湖泊水化学

湖水与自然界其他类型的水体一样，是一种十分复杂的溶液，常溶有一定数量的化学离子、溶解性气体、生物营养元素和微量元素等。我国湖泊的地域分布广泛，各地湖泊在地质、地貌、气候、水文等诸自然环境的差异，导致了湖水化学性质的多样性。

### （一）矿化度与pH值

#### 1. 矿化度

矿化度是湖泊水化学的主要属性之一，它可直接反映出湖水的化学类型，是对湖泊进行水化学分类的基本依据，同时又可间接地反映出湖泊盐类物质积累或稀释的环境条件。通常按湖水矿化度将湖泊区分为淡水湖、咸水湖和盐湖3类，即矿化度小于1.0克每升的湖泊称为淡水湖，1.0~50.0克每升的湖泊称为咸水湖（其中，矿化度在1.0~35.0克每升的湖泊又称为微咸水湖），大于50.0克每升的湖泊称为盐湖。《中国湖泊志》据此将我国面积在10.0平方千米以上的湖泊进行分类统计，其结果是：淡水湖泊210个，合计面积27 727.3平方千米；咸水湖145个，合计面积26 796.3平方千米；盐湖159个，合计面积23 707.6平方千米；另有情况不明的湖泊142个，合计面积7 025.7平方千米。

我国湖泊矿化度在地区上的差异较大，低的如青海（又名澄镜池，面积0.4平方千米，在云南省腾冲县）为16.24毫克每升，是我国矿化度最低的湖泊；高的如协作湖（青海省乌兰县）为532.0克每升，是我国矿化度最高的湖泊，两者对比相差达3万倍以上。鄱阳湖是我国最大的淡水湖，同时也是矿化度较低的著名湖泊，其全湖平均矿化度为47.63毫克每升，若该湖与协作湖相比，悬差也在1万倍以上。

湖水矿化度受各地区自然环境所制约，因而显示出区域分布差异的特点。而且在同一湖泊中还显示出平面分布的差异，其差异程度主要与湖盆形态、湖水动力特性和流域内来水的化学性质等因素有关。一般来说，当入流水系多而分布不均、流域内环境条件的区域性差异明显，而来水的化学特性又有所不同的大型湖泊，矿化度在平面分布上的差异显著。西藏地区的班公错，是矿化度显示出平面差异的典型湖泊。该湖又名错木昂拉仁波，为我国和克什米尔（印度实际控制区）间的界湖，面积604.0平方千米，呈东西向狭带状延伸，可自然区分为东、中、西三段。由于东段是雨水和冰雪融水的补给区，湖水向西流动，故湖水由东向西不断咸化，矿化度逐渐增高，以致出现3个明显差异的分布区：东段为淡水，矿化度约700毫克每升；中段为微咸水，矿化度约2.7克每升；西段更咸，矿化度超过11.0克每升。东、西两段湖体的矿化度相差近16倍。湖泊矿化度在垂线上的分布，主要与湖盆形态、湖水深度以及湖水的动力特性有关。

矿化度的年内变化，主要取决于构成湖泊水量平衡诸要素的年内分配。

汛期，降雨量丰富，入湖地表径流增加，湖泊由于受到大量弱矿化地表径流的补给，湖水矿化度因之降低。枯水期，降水稀少，入湖地表径流的补给减少，与此同时湖泊的蒸发作用在湖泊水量平衡诸要素中则起着越来越大的作用，因而湖泊的矿化度也随之相应地提高。夏季是年内的多雨季节，也是湖泊来水量最丰沛的时期。对于以冰雪融水为主要补给形式的湖泊，夏季也是冰雪融水大量补给的时期。所以，我国的淡水湖，夏季是矿化度在年内的最低时期；冬季为湖泊的枯水期，也相应为湖泊矿化度在年内的最高时期；春、秋两季的矿化度变化，则介于夏、冬两季之间，为矿化度在年内最高或最低的过渡时期。这便是我国淡水湖矿化度在年内变化过程的梗概。咸水湖矿化度在年内的变化与淡水湖基本类似，夏季或秋季的矿化度较低，冬季的矿化度较高。盐湖矿化度的年内变化过程与淡水湖明显不同，最高值多出现在夏季，最低值多出现在春季。这主要是因为盐湖地处内陆干旱地区，降水十分稀少，而夏季的高温和强烈的蒸发作用使湖水被大量损耗，以致溶解于湖水中的各种盐类被进一步地浓缩，达到饱和或过饱和状态。春季虽也是水温的增温时期，但较夏季为低，而蒸发作用也不及夏季旺盛，有的盐湖甚至还有少量冰雪融水补给使湖水被稀释。所以，盐湖矿化度在年内的最低值往往出现在春季。盐湖矿化度的年内变幅较大。

### 2. pH值

pH值为湖水中氢离子浓度的负对数值，亦称酸碱度，其数值的高低对于湖泊水体的理化过程及水生生物的生命活动等均有着直接的影响。

我国湖泊的pH值具有地带性分布特点。东北及长江中下游地区湖泊的pH值较低，一般在6.5～8.3之间，基本上呈中性或微碱性；云贵及黄淮海地区的湖泊次之，pH值在8.4～9.0之间，湖水呈弱碱性；而蒙新和青藏地区绝大多数湖泊的pH值都在9.0以上，呈碱性或强碱性，只有少数湖泊的pH值在7.5左右，呈微碱性。

湖水pH值除因受地带性因素影响而具有明显的区域性分布差异外，在同一湖区或在同一湖泊中，因入湖径流pH值的不同、湖水交换强弱的差异，以及湖内生物种群数量等环境条件的不同影响，使pH值的平面分布也有一些变化。

### (二) 湖水主要离子组成

我国湖泊的湖水离子组成，由于受湖泊所处自然条件的影响，情况较为复杂，地区性差异明显。湖水主要离子系由 $K^+$、$Na^+$、$Ca^{2+}$、$Mg^{2+}$、$Cl^-$、$SO_4^{2-}$、$HCO_3^-$ 和 $CO_3^{2-}$ 八大离子组成。由于它们在湖水中的含量常较其他离子高得多，它们的总量又常接近于湖水的矿化度，因此，主要离子与矿化度之间有着极为密切的关系。

淡水湖中，阴离子均以 $HCO_3^-$ 占首位，$Cl^-$ 次之，$SO_4^{2-}$ 再次之，$CO_3^{2-}$ 最少；阳离子中，以 $Ca^{2+}$ 的含量最高，$Na^{2+}$ 次之，$Mg^{2+}$ 再次之，$K^+$ 最少。

淡水湖中的阴阳离子一般随着矿化度的升高而增加。其中矿化度低于300毫克每升时，以 $HCO_3^-$ 和 $Ca^{2+}$ 的增加速度最快。由于淡水湖中的离子组成是以 $HCO_3^-$ 为主，所以其水化学类型皆属重碳酸盐类水。

咸水湖中，阴离子以 $Cl^-$ 较高，$SO_4^{2-}$ 次之，而 $HCO_3^-$ 和 $CO_3^{2-}$ 的含量均不高。咸水湖中的阳离子中，以 $Na^+$、$K^+$ 居首位，$Mg^{2+}$ 次之，$Ca^{2+}$ 最少；$Na^+$、$K^+$、$Mg^{2+}$ 均有随矿化度升高而增加的趋势，但以 $Na^+$、$K^+$ 增加的幅度较大，而 $Mg^{2+}$ 增加的幅度较小，其他离子与矿化度的关系则不甚明显。咸水湖的水化学类型比较复杂，既有碳酸盐类型水又有氯化物类型和硫酸盐类型水。

盐湖卤水的离子组成与咸水湖类似。阴离子中也以 $Cl^-$ 居首位，$SO_4^{2-}$ 次之，$HCO_3^-$、$CO_3^{2-}$ 含量最少；在阳离子中以 $Na^+$、$K^+$ 为主，$Mg^{2+}$ 次之，$Ca^{2+}$ 含量最少。在盐湖卤水的各主要离子组成中，$Cl^-$、$SO_4^{2-}$ 和 $Na^+$、$K^+$、$Mg^{2+}$ 均有随矿化度的升高而增加的趋势，但其中以 $Cl^-$ 和 $Na^+$、$K^+$ 的增加速度最快，其他离子与矿化度关系则不甚明显。盐湖卤水的水化学类型基本上都属氯化物类型水。

### 三、湖泊富营养化与水质污染

在湖泊的自然演变过程中，由于受到工业废水、农业污水及生活污水等的直接排放而又超越了湖泊的自净功能，致使湖泊生态环境恶化，生态系统遭受破坏，并进而危害人们的身心健康，谓之湖泊水质污染。其中工业废水的种类很多，危害湖泊生态健康者主要是含有重金属及有机污染物和无机污染物的废水；农业污水中主要含有化肥及农药；生活污水中主要含氮、磷的有机或无机化合物。当前，危害我国湖泊生态健康者主要是含氮、磷营养盐废水的输入及由此而引起的湖泊富营养化。

富营养化是指地表水体所发生的一种生态系统的渐进变化，即由生物生产力低的贫营养状态逐渐向生物生产力高的富营养状态过渡的现象。只要环境条件具备，不论热带、温带乃至寒带，也不论是河流、湖泊或者海洋，都有可能发生富营养化。就湖泊来说，富营养化现象最为突出的表现是浮游藻类的异常增殖。这种增殖加快了全湖生态系统的物质代谢速度，使湖泊的生物生产力越来越高。富营养化发展到一定阶段，过量繁殖的藻类就会泛浮于水面，形成一种特殊的湖水"开花现象"，人们通常称之为"水华"或"水花"。严重时，麇集于湖水表层的藻类会形成糊状薄膜，使湖面呈暗绿色或黄绿色，湖水浑浊，水体透明度降低，溶解氧含量减少，造成湖泊"荒漠化"和水质恶化，并加速湖泊衰老化的演变进程。更甚者，会使湖泊的生态和水功能受到毁灭性的破坏。大量死亡的藻体，散发出强烈的腥臭味，不仅污染了水体，而且还污染空气。研究表明，导致藻类异常增殖和"水华"现象形成的生态环境因子很多，其形成的机理也比较复杂，但主要还是因营养物质的输入过量所导致，其中特别是氮、磷营养盐是导致藻类异常增殖的最为重要的营养物质，因而也是影响湖水富营养化的关键。

近几年来，随着我国经济社会和城镇化的迅速发展，湖泊的营养水平普遍提升，湖泊营养化日益发展，镜泊湖、白洋淀、南四湖、洪泽湖、花园湖、巢湖、太湖、阳澄湖、淀山湖、滇池等众多湖泊都出现了富营养化现象，尤其是巢湖、太湖和滇池是富营养化和水质污染最为严重的湖泊，成为我国目前湖泊生态环境治理的焦点和难点。在太湖地区，对于湖泊富营养化和水质的变化，广泛流传有"（20 世纪）50 年代（湖水）淘米洗菜，60 年代洗衣灌溉，70 年代水质变坏，80 年代鱼虾绝代，90 年代身心受害"之民谚。这不仅形象而生动地概括描绘出了太湖净化功能衰退和富营养化发展的迅速，同时也道出了湖泊营养化和水质污染所带来的危害。这对于我国广大湖区湖泊水体富营养化和水质污染的防治，具有十分重要的警示意义。

#### （一）富营养化与水质污染的发展进程

（1）20 世纪 50—60 年代，广大湖泊山清水秀，水质普遍很好，湖泊富营养化和水质污染仅见于极个别湖泊。这一时期我国东北、东部及云贵地区的湖泊，湖水清澈，水质普遍很好，是湖区工业供水、农田灌溉及居民生活用水的重要水源。不仅众多的乡野湖泊及纵横交织的溪溇，就连人类经济活动十分频繁的城郊湖泊乃至市内的河道也都是居民乐于淘米洗菜和垂钓的处所。可见彼时就总体而言，为数众多的湖泊尚未出现富营养化和水质污染这一水环境问题。广大湖区山清水秀，生态环境协调。由于湖泊具有较强的净化功能，其氮、磷等各种营养盐的输入和输出基本保持相对平衡状态。20 世纪 50 年代后期，江苏省在苏南和苏北地区共设置了 70 余处河湖的天然水质监测站，由于水质问题不突出，加之人们的环境保护意识淡薄，至 1967 年全部停测。此后，随着工农业生产和城乡建设的逐步发展，人类经济活动对湖泊生态系统的干扰破坏日益增强，河湖水质污染的问题渐显，到 1977

年又在全省重新开始进行水质监测。这既形象地显示出了江苏省河湖水质的演变动态，同时也间接地说明了在20世纪60年代之前江苏省的湖泊水质基本上是良好的。社会经济相对较为发达的江苏省，湖泊尚能得以保持着良好生态运行系统和较强的净化功能，至于全国其他省份内的湖泊，其生态系统和水质状况也就不言而喻了。

(2) 20世纪70年代，湖泊营养水平提高，富营养化和水质污染进一步发展，湖泊净化功能衰退迹象渐显。这一时期就总体状况而言，湖泊仍保持着湖水清澈，矿化度低，溶解氧丰富，氮、磷营养盐含量不高等较为良好的水质条件。但是在长江和淮河中下游湖区，由于人口众多，城镇密集，随着工农业生产、社会经济和城市化建设发展，工矿企业废水、城镇生活污水的大量排放和含化肥、农药物质的农田灌溉回归水的注入等外源性干扰破坏，对湖泊生态环境影响的强度日益增大，湖泊营养水平已较20世纪50年代有所提高，湖泊富营养化和水质污染有了明显发展，湖泊净化功能退化迹象渐现。

(3) 20世纪80年代以来，湖泊营养水平持续提高，富营养化范围扩大，水质污染问题突出，湖泊净化功能明显衰退。湖泊富营养化的发展过程，其实就是湖泊净化功能的衰退过程。藻类异常增殖、藻华暴发和水质污染，不仅是湖泊生态系统严重退化的具体表现，同时也是湖泊净化功能显著衰退的具体征兆。

这一时期随着国家一系列改革开放政策的实施，湖区工农业生产、城镇建设和社会经济都得到了迅速的发展。与此同时，湖泊受人类经济活动的干扰破坏也日益严重，而对湖泊生态环境的治理和保护则相对滞后，以致加速了湖泊的演变进程。20世纪60年代之前原本山清水秀、居民乐于淘米洗菜和垂钓的大小湖泊，及至20世纪80年代以来水体富营养化和水质恶化问题却显得日益突出，湖泊净化功能进一步衰退，水质性缺水已在很多湖区成为制约社会经济可持续发展的瓶颈。

### (二) 湖泊富营养化原因

富营养化是湖泊生态环境演变过程中的一个阶段，其本质含义是指在湖泊水体高营养水平下的生物异常增殖、生态系统结构和功能的异常变化，并由此而造成水环境恶化的现象。换言之，富营养化也可以说是由于在湖泊的演变过程中因水体的氮、磷等营养盐含量不断增加而超越了其自净功能，由此引发了因营养盐过剩而导致的一系列病灶的变化。其中，藻类的异常增殖和水质恶化是其主要表征。湖泊富营养化产生的原因是多方面的，既有自然因素所致，也有人为因素所为。

在自然状态下，湖泊富营养化的产生与湖泊自身的发育和所处的演变阶段密切相关，并受流域内自然地理环境所制约。其富营养化的发生是属于内源性的，即在流域内的自然演变过程中，由于营养盐的输入和湖泊中生物有机体自身生长、消亡的新陈代谢，造成了水体营养盐的积累和营养水平的提高，进而促进了生物的异常增殖，形成了水体的富营养化。通常，由于自然原因所形成的湖泊水体富营养化是极其鲜见的，一般仅偶见于人迹罕至的高山或极地的湖泊中。

湖泊的人为富营养化是外源性的，即在湖泊的自然演变过程基础上，由于人类活动不当而加剧了湖泊的富营养化发展过程，如大量城镇废污水排放、流域内过量施用化肥导致地表径流营养盐含量的增加、规模化的养殖以及大量的围垦等，都是人为富营养化形成的因素。主要由人为因素所引起的湖泊富营养化，在国内外都不乏典型实例，并成为湖泊治理上的一大难点。

(1) 自然环境有利于湖泊的富营养化。湖泊形成之后，在湖泊的自然演变过程中，其营养型随着湖泊的演变进展而发生相应的变化，即由贫营养型逐步过渡到中营养型、富营养型乃至超富营养型，直至湖泊消亡。这是湖泊的天然富营养化发展过程，是伴随着湖泊的正向演变而必然会出现的一种营养水平和生态系统渐进变化的自然现象和规律，是由其自然方面的原因使然。

(2) 人类活动的强烈影响加速了湖泊富营养化的进程。现阶段所讨论的湖泊水体富营养化，其本质是自工业文明以来直到现在人类进行的非理性扩张和膨胀的结果，或者更确切地说，是由于人类经济活动的强烈干扰破坏并叠加在湖泊营养水平自然演变基础上的结果。水体富营养化和由此而引发的水质污染，不仅是太湖、巢湖、滇池、洪泽湖、南四湖、东湖、玄武湖等许多湖泊所面临的最为突出的水环境问题，同时也是世界上许多淡水湖泊所面临的重大水环境问题。

人类活动对湖泊水体富营养化的影响，主要表现在如下几个方面：
1) 湖区工业化、城市化快速发展，废污水排放量相应增加，使湖泊的营养水平迅速提高。
2) 以肥料流失为主的面源污染是加速湖泊富营养化的又一重要原因。
3) 养殖业的迅猛发展加速了湖泊水体的富营养化，恶化了湖泊的生态与环境。
4) 围垦和建闸控制使湖泊的生态环境恶化，净化功能衰退，有利于湖泊水体向富营养化演变。

### 四、湖泊水生生物

湖泊水生生物是指栖居、繁衍于湖泊水生环境中的生物，其类别庞大，构成复杂。我国湖泊水生生物通常由浮游藻类、浮游动物、底栖动物、水生高等植物和鱼类五大部分组成。

#### (一) 湖泊浮游藻类

藻类属低等植物，而湖泊中的浮游藻类则是藻类中的重要组成部分。浮游藻类具有叶绿素，可直接利用光能并吸收湖泊水体的中的氮、磷、钾等营养盐类进行光合作用，制造有机物质，释放出氧气。浮游藻类与水生高等植物共同组成了湖泊中的初级生产者，是维持湖泊生态系统运行的基础。

近几十年来，由于人类社会经济活动的影响，我国湖泊营养水平普遍升高，呼伦湖、镜泊湖、白洋淀、南四湖、洪泽湖、巢湖、太湖、滇池等众多湖泊在夏季常有藻类水华出现，特别是巢湖、太湖和滇池的水体富营养化导致每年夏秋高温时期藻类疯长，大量藻类群体泛浮于水面形成水华，污染水体，破坏生态环境，引起水质型缺水，成为湖区一大生态灾害。治理湖泊富营养化和浮游藻类异常增殖已成为我国生态安全和生态建设不可或缺的重大环节。

#### (二) 湖泊浮游动物

湖泊浮游动物是一个大的生态类群，系湖泊生态系统中的初级消费者，其种类组成较之浮游藻类复杂得多。我国湖泊浮游动物包括原生动物、轮虫、枝角类和桡足类中的一些种类。浮游动物的常见种类组成，以原生动物中的种类最多，约有 130 种；轮虫、枝角类、桡足类中的种类分别约 80、50 及 55 种左右。

我国湖泊中的浮游动物大多属于世界性的普生种类，但由于各湖理化性质的差异，因而也显示出一定的区域性变化。显然，研究浮游动物的区系组成，数量变化及其对生态环境的响应，也就成了研究湖泊生态环境特点及其变迁的主要手段之一。我国湖泊分布广泛，区域性差异显著，这对研究湖泊浮游生物提供了广阔的前景。

#### (三) 湖泊底栖动物

湖泊底栖动物是一个庞杂的生态类群，以其生活于湖泊水底的泥面上或附生于湖底的水草、石块上等而得名，它涵盖原生动物、多孔动物、腔肠动物、扁形动物、线形动物、担轮动物、拟软体动物、环节动物、软体动物和节肢动物诸门中的一些种类。

底栖动物是湖泊生物资源的重要组成部分。大型底栖动物如螺、蚌、虾、蟹等作为水产品是人们直接利用的对象，更多的小型和微型底栖动物作为湖泊生态系统的一个大类群参与物质的循环和能量转换。底栖动物既是藻类、水生植物、浮游动物及有机碎屑的摄食者，同时又是鱼类的天然饵料，成为湖泊渔业发展的一项重要物质基础。典型的实例莫过于在江淮中下游和云贵地区湖泊中分布较为普遍的水蚯蚓，以体型更为微小的动物和有机碎屑为食物，其躯体又常被鱼类或其他水生动物所吞食。

#### (四) 水生高等植物

我国湖泊中常见的水生高等植物有 70 余种，它们绝大多数种类生长在淡水湖泊中，属淡水种类；

个别种类可生长于咸水环境中（如沟草），属咸水种类。按分类系统划分，则分属于 30 余科 50 多个属。其中，水生蕨类植物有 6 种左右，种子植物有 60 余种。种子植物中，又以眼子菜科、睡莲科、水鳖科及莎草科中的种类所占比例较大。

依据不同的形态特征和生态习性，我国湖泊中所见水生高等植物可区分为挺水植物、漂浮植物、浮叶植物和沉水植物四个生态类型。在各生态类型中由于种类组成的不同，又往往形成复杂多样的群落结构，以至于湖泊水生植物的分布呈现多样化。

水生植物是一宗重要的资源，具有多方面的用途。有些水生植物如茭草、莲藕、芡实、菱角等，富含淀粉和多种维生素，可用作副食品或蔬菜，为广大群众所喜爱。香蒲之地下匍匐茎先端的嫩头称为芽菜，系名贵蔬菜。莼菜在我国自古以来就被视为特产名菜，太湖和杭州西湖地区为其著名产地，每当春夏季节采摘其嫩茎、叶加工食之，品质极佳，且远销国外。莲的地下根状茎叫藕，不仅可直接供作食用，尚可加工制成藕粉，被认为是滋补健身食品。

有许多种水生植物可用于入药，这在《神农本草》、《齐民要术》、《名医别录》以及李时珍名著《本草纲目》等专著中都有详细记载。其中，有的水生植物可以全草为药用，如金鱼藻可治吐血；苦草为妇科用药；满江红服之能发汗、利尿、祛风湿，治顽癣；槐叶萍全草煎服治虚劳发热、湿疹，外敷治丹毒、疔疮和烫伤等。有的水生植物可部分入药，如荷叶、藕节、莲蓬、莲须（雄蕊）以及莲子也都是药材；芡实可补脾益肾，为滋补强壮药，等等。

有的水生植物还是良好的纤维原材料，种类有 7~8 种之多，其经济价值最高者莫过于芦苇。据测算，1 亩芦苇滩地可产芦苇 1 吨左右，相当于 2 立方米木材的出浆率。我国各大湖区几乎都有芦苇分布，其中博斯腾湖区所产的芦苇茎秆粗壮，株高一般 4~5 米，最高者逾 10 米，是我国少见的优质芦苇。其他如白洋淀、南四湖、洪泽湖、洞庭湖等也都是著名的芦苇产区。此外，湖区广泛分布的蒲草等亦是良好的纤维植物，广泛用作编织草席、草帘、草包等的原材料。

由上述列举可知，水生植物与浮游藻类同为湖泊中的初级生产者，是湖泊生态系统运行不可或缺的基础性物质。水生植物在净化湖泊水质、改善湖区生态环境方面发挥着更为广泛的作用。

### （五）湖泊鱼类

鱼类是湖泊中的重要水产资源。我国湖泊鱼类资源丰富，不但种类多，而且具有重要经济意义的特产鱼类数量较大。湖泊中常见的鱼类约 170 种，分属 24 科，12 亚科。鲤科鱼类是湖泊中最主要的鱼类，约有 60 种，其中青、草、鲢、鳙是我国的特有种，号称"四大家鱼"，久享盛誉。

按照鱼类的栖息洄游习性，我国东部地区湖泊中的鱼类可显著区分为定居性、洄游性、半洄游性及山溪性等四个生态区系。湖泊中栖息的鱼类绝大多数种类是属湖泊定居性的，其繁殖、生长、发育过程都始终在湖泊中进行，如鲤、鲫、鳊、鲂、鲌、黄颡、鲶、鳜、乌鳢、太湖短尾银鱼等。洄游性鱼类，包括中华鲟、长颌鲚、鲥、鳗鲡、窄体舌鳎、半滑三线舌鳎和弓斑东方鲀、暗色东方鲀等。还有一类是属于半洄游性类，最为典型性的种类是青、草、鲢、鳙。它们在湖泊中生长发育，但必须到江河流速较大的水体中产卵孵化，进行江河和湖泊之间的洄游活动，因其洄游路程短、洄游路线也较简单，故称之为半洄游性鱼类。再有一类是属于山溪性质的鱼类，如胡子鲶、月鳢、鲶等。它们原本栖于湖泊上游的溪流中，后因流水而经江河到湖泊中生栖繁育。

鱼类是湖泊渔业的基础。在渔业中，经济价值较大的鱼类有 70 余种，较为常见的有鲤、鲫、青、草、鲢、鳙、鳊、鲂、鳡、鲚、银鱼、鳜鱼、乌鱼、黄颡鱼等。

我国对于湖泊鱼类资源的利用有着非常悠久的历史，并在长期的生产实践中十分注重对鱼类资源的繁殖保护。早在西周时期就已有明确规定，在鱼鳖的繁殖季节，"网罟毒药不入泽，不夭其生，不绝其长"。到了秦、汉时期，对保护湖泊中的天然鱼类资源和捕捞方式、捕捞规格则有了具体要求，如《吕氏春秋》里说："竭泽而渔，岂不得鱼，而明年无鱼"；《淮南子》里则说："鱼不长尺不得取"。从我国湖泊渔业发展的简况可知，对我国湖泊天然鱼类资源实行严格的科学管理和保护措施，实为刻不容缓。

## 第三节　湖泊的开发与可持续利用

### 一、湖泊资源

湖泊资源，是一种重要自然资源，在国民经济可持续发展中发挥着重要的经济、环境和社会效益。

#### （一）湖泊资源是复合式的自然资源

湖泊资源是指赋存于湖泊自然综合体内各类资源的总称，它涵盖了水资源、生物资源、滩地资源、矿产资源、热量资源、水力资源、环境资源等诸多类型。这就是说，各种资源类型共寓存于同一湖泊综合体内，且彼此互为条件，相互影响和制约，或彼此互为消长，存在着内在的有机联系，从而形成复合式的自然资源。

#### （二）水资源是湖泊资源中的基础资源或母体资源

湖泊在长期的自然演变过程中，历经青年期、壮年期、老年期各个阶段，湖泊中进行的物理、化学和生物学等各种作用以及生态系统的运转一直是生生不息，直到湖泊的消亡。在物理、化学和生物学各种自然现象的发生和变化过程中，湖水不仅有其自身的物理规律可循，而且化学和生物学过程也正是因为有了水的参与和介入才得以发生。水是湖泊中最为积极活跃的因素，是湖泊生态环境的基础性控制因子，贯穿于湖泊演变和生态系统运转过程的始终。湖泊中各种现象的发生、变化以及湖泊的演变和寿命均与水有着直接和间接的联系。水是湖泊形成的先决条件和自然实体，同时也是重要的介质和载体。

#### （三）湖泊资源具有显著的时空变化

从湖泊综合体长系列演变过程而言，其在内外营力的相互作用下，无时无刻不在发生着变化，如滩地的淤蚀消长、植被的兴衰演替、水系的变迁和营养盐的积聚等。这种自然演变一般来说虽是渐进而比较缓慢的过程，但年长日久，"沧海"仍可以为"桑田"。古云梦泽、大野泽和射阳湖、罗布泊等湖泊的兴衰消亡就是突出的实例。湖泊不同的发展阶段，其赋存的诸资源类型即会随之而发生相应的动态变化。如在湖泊形成的初期演变阶段，一般是以水资源为主，嗣后随着泥沙的不断淤积和滩地的扩张，以及营养盐的富集，水生生物渐趋兴盛；及至老年期阶段呈现沼泽化，调蓄功能及水资源赋存量下降，滩地资源及生物资源，尤其是大型水生植物资源赋存量则相应上升。所以，湖泊不同的发展阶段，湖泊资源相应显示出不同的特征。

#### （四）湖泊资源具有两重性，在一定的条件下可以转化，由兴利转化为致害

根据水量平衡的基本原理，湖泊在一定的时段内，其入流量与出流量若相对处于平衡状态，湖内蓄积的水体可以兴利；一旦水量平衡状态受到破坏，如入流量由于流域内强降水的发生而骤然增加，出流宣泄不及，导致湖水位迅速升高，水面超过沿岸地面高程，就会形成洪水，泛滥成灾。所以，通常所言湖泊水资源，实际上是有条件的，是指在一定的条件下湖水可以兴利，否则，将会为害。这里所指的条件，就是"水量平衡"条件，即在湖泊入流和出流保持基本平衡的条件下，其蓄积的水体可以成为资源。古语云，水能载舟，也能覆舟，就是对水资源两重性辩证认识的高度概括和形象描绘。相应的湖泊资源的其他组成部分也是如此。

#### （五）湖泊资源的形成和变化与其流域内的环境变迁有着不可分割的有机联系

湖泊是其流域物质和能量之汇，流域是湖泊物质和能量之源。湖泊资源的形成和变化，与其流域自然要素的变化，如水系变迁、径流丰枯、植被兴衰、泥沙和营养盐输入之多寡等均有着不可分割的密切联系。湖泊的演变和赋存的诸资源类型的动态变化，不仅遵循着其自身固有的自然规律，同时也受流域内环境因素变化的影响，其中水、土和营养盐因素的变化则起着控制性作用。

流域内环境因素的每一变化，无不在湖泊中得到相应反映。湖泊成了流域环境特征的一面"镜子"和"信息贮存库"，是流域环境特征最集中的体现。

由上述可见，湖泊资源的产生和演变，与其流域内自然环境的变化以及社会经济的发展有着直接的联系。研究湖泊资源形成的机理、演变规律和持续利用及整治，不应局限于湖体，应牢固树立流域圈的基本概念，把对流域和湖泊生态系统运转影响最大的水土平衡条件作为控制因素，坚持山、江、湖、地统一开发整治的原则，把山、江、湖、地视为不可分割的有机整体进行综合性的研究。同理，对于湖泊的治理，要由过去的"就湖论湖"的末端治理的传统思维模式转变为源头控制的思维模式，以治本为主，标本结合，从而实现人与湖泊资源、环境的协调。鄱阳湖、洞庭湖、太湖等众多湖泊当前在开发利用方面所存在的问题，以无可争辩的事实告诉人们，流域水、土平衡条件不解决，即源头若得不到有效的控制，湖泊资源、环境及湖区社会经济也就不可能得到持续、协调的发展。

### 二、湖泊资源的开发利用

我国对湖泊资源的开发利用和治理都是在沿袭着历史时期对湖泊长期开发利用及改造治理的基础上进行的。但无论是对湖泊资源开发利用的规模、强度及其对生态环境影响的深远，抑或是投资的力度，都是过去任何历史时期无可比拟的，不仅成就斐然，其展现的特点也十分鲜明。但开发利用带来的新问题，需认真关注和解决。

#### （一）建闸筑坝（堤）等工程建设是湖泊水资源开发利用的主要途径

我国水资源短缺，且年际及年内各季节之间变率大，时空分布不均，洪涝旱灾害常有发生，湖区尤甚。60余年来，全国大兴水利，在防洪、灌溉、供水、发电、航运、水土保持、环境保护等方面发挥了关键性的作用，为国家富强、人民幸福做出了重大贡献，其中湖泊水利不可或缺。其间，淮河流域面积超过10.0平方千米的23个大小湖泊均已先后被建闸控制，湖泊由天然状态转变为受闸坝控制的湖泊型水库。长江中下游面积在10.0平方千米以上的大小湖泊计有108个，其中除洞庭湖、鄱阳湖、石臼湖、石门湖外，其余湖泊也都已被建闸控制，其他被建闸筑坝控制的还有如海河流域的白洋淀、嫩江流域的月亮泡、塔里木河流域的博斯腾湖等内、外流域的许多湖泊。湖泊被建闸筑坝等水利工程控制之后，提高了其防洪调蓄的功能，水资源供需得到有效调节，但对河湖的生态系统也相应产生一系列负面效应，并引起国内外学者的广泛关注，成为当前河湖生态研究的重要范畴之一。

#### （二）围垦依然是湖泊滩地资源开发利用的主要方式，围垦强度和建圩规模大，被围垦和消亡的湖泊数量多

据不完全统计，在全国范围之内，1949年后因围垦而消亡或基本消亡的大小湖泊有上千个，其中诸如丹阳湖、白湖、叶泽湖、白龙荡、黄天荡、绿洋湖等一些著名的中小湖泊均在其列，缩减的湖泊面积约1.3万平方千米，相当于鄱阳湖等五大淡水湖总面积的1.3倍。

湖泊本是江河的"调节器"，发挥着巨大的天然水利效益。湖泊经围垦后不但减少了对江河洪水调蓄的容积，极大地削弱了湖泊的调蓄功能，而且广大圩区的涝渍水要向江河排放，这无疑也加重了广大圩区的防洪排涝负担。围垦使湖泊水情恶化，生态系统退化，生物多样性下降，同时还导致湖泊

的物理净化、化学净化和生物净化等各种净化功能的严重衰退，有利于各种污染物质的富集和营养水平的提高，加速了湖泊富营养化的演变进程，激发围垦与环境保护之间的矛盾。

### （三）湖泊天然捕捞渔业逐渐衰减，湖泊养殖渔业迅猛上升

历史时期，我国湖泊渔业实为自然捕捞，即捕捞在湖泊中自然生息繁衍的鱼、虾、蟹、贝等。现代，随着对渔船、动力、渔具、劳力的投入不断加大，在为广大群众提供了丰富的水产品的同时，水产资源遭到破坏，捕捞产量逐渐下降，质量衰退，大型鱼类和高龄鱼类越捕越少，低龄鱼和幼鱼在捕捞产量中所占比例越来越高，使湖泊渔业资源及捕捞渔业严重衰退。自20世纪80年代之后大规模的湖泊养殖却异常迅速地发展起来，现已遍及全国大、中、小型各类湖泊。在补充了水产品之外，也为湖泊带来了环境与生态问题。

### （四）盐湖矿产资源开发利用正向更广更深的领域发展

我国盐湖众多，但1949年前盐湖事业却一直处于停滞不前的状态，无论从开采的盐湖数量，或是从生产的规模和产量而论，与全国为数众多、矿种较齐全、储量丰富的盐湖作比较，都是十分不相称的，而且对盐湖资源的利用也十分单一。

1949年后，首先对历史时期已进行开采的盐湖矿床通过技术革新、改造，进一步扩大了生产规模，并相继建成了大型机械化的盐湖场，使盐湖生产从开采到分离、脱水、堆垛以及加工除钙等生产工序都完全实现了机械化，产量倍增。目前，察尔汗盐湖已建设成为我国最大的钾盐产地和钾肥生产基地，标志着我国盐湖事业正向更广更深的领域发展。

### （五）湖泊污染及富营养化日趋严重

湖泊污染及富营养化日趋严重，湖区及其流域的化肥、农药等农业面源污染物质的输入，工业和城镇生活污水的排放以及规模化的湖泊养殖等是直接引起湖泊污染和富营养化迅速发展的主要原因。许多湖泊，甚至大型湖区已出现水质型水资源短缺，制约着社会和经济的持续发展。

### （六）内陆干旱、半干旱地区湖泊，湖面萎缩，水质咸化，生态环境恶化

一些内陆地区，由于农业生产的迅速发展和湖泊上游拦截水源发展灌溉等，使入湖水量减少，湖面萎缩，导致湖泊生态环境恶化，湖区植被衰退，湖滨土地沙化，严重者甚至由湖泊演变为沼泽，进而演变为陆地，造成湖泊消亡。

# 第四节　沼　　泽

## 一、沼泽的类型和分布

### （一）沼泽综合分类及其原则和依据

沼泽是水体和陆地过渡形态的自然综合体，其分类采用综合分类的原则和依据。

**1. 分类的原则**

（1）综合性因素与主导因素相结合原则。在分类体系的总体上强调综合性，使用多种指标来表征沼泽的特性，达到全面辨识沼泽的目的。

（2）定性指标和定量指标相结合原则。沼泽是一个复杂的自然综合体，与其他事物间存在着过渡性；沼泽类型之间亦往往具有渐变特征。因此，为使分类体系尽可能精确化，在运用定性指标判定的同时，适当运用定量指标加以判定是十分必要的。

（3）简明适用原则。分类体系宜简明扼要，便于操作应用。既不可过于粗略，以致不能反映沼泽的综合体特征，又不可过于复杂，造成操作上的困难。充分考虑到分类体系便于应用是十分重要的

原则。

### 2. 分类的依据

根据上述原则，提出我国沼泽综合分类的依据：

（1）根据淡水环境和盐碱环境划分为淡水沼泽和盐碱沼泽，以沼泽土壤表层含盐量作为划分的定量化指标，土壤表层含盐量不大于0.1%，则为淡水沼泽；大于0.1%则为盐碱沼泽，这是第一级。

（2）第二级根据有无泥炭层划分为泥炭沼泽和潜育沼泽。

（3）第三级根据沼泽植被的生活型异同，将沼泽进一步划分为木本沼泽、草本沼泽、藓类沼泽、盐碱沼泽与红树林沼泽等。

（4）第四级为沼泽分类体系中的基本单位，以植物群落的建群种或优势种的差异划分为若干沼泽体。

### 3. 沼泽综合分类系统

根据上述原则、依据和指标，简述分类系统见表5-5。

表5-5　　　　　　　　　　　　中国沼泽分类系统

| 系 | 类 | 型 | 体 |
|---|---|---|---|
| 淡水沼泽 | 潜育沼泽 | 草本沼泽 | 膨囊薹草沼泽、乌拉草沼泽、灰脉薹草沼泽、毛薹草沼泽、漂筏薹草沼泽、湿薹草沼泽、直穗薹草沼泽、沼薹草沼泽、踏头薹草沼泽、青藏薹草沼泽、芒尖薹草沼泽、阿尔泰薹草沼泽、帕米尔薹草沼泽、肥壮薹草沼泽、木里薹草沼泽、红穗薹草沼泽、弯囊薹草沼泽、绿穗薹草沼泽、坚果薹草沼泽、藏嵩草-薹草沼泽、四川嵩草-薹草沼泽、藏北嵩草-薹草沼泽、藏西嵩草-薹草沼泽、喜马拉雅嵩草-薹草沼泽、黄颖莎草沼泽、香附莎草沼泽、水葱沼泽、百球藨草沼泽、庐山藨草沼泽、三棱藨草沼泽、荆三棱藨草沼泽、藨草沼泽、羊胡子草沼泽、朝鲜羊胡子草沼泽、高秆茅沼泽、少花荸荠沼泽、野荸荠沼泽、刘氏荸荠沼泽、华扁穗草沼泽、扁穗草沼泽、华克拉莎草沼泽、芦苇沼泽、北方芦苇沼泽、卡开芦苇沼泽、狭叶甜茅沼泽、水甜茅沼泽、假鼠妇草沼泽、荻沼泽、菰沼泽、黍沼泽、李氏禾沼泽、拂子茅沼泽、香蒲沼泽、蒙古香蒲沼泽、狭叶香蒲沼泽、菖蒲沼泽、葱状灯心草沼泽、翅茎灯心草沼泽、灯心草沼泽、田葱沼泽、帚灯草沼泽、杉叶藻沼泽、斑唇马先蒿沼泽、水木贼沼泽、莕菜沼泽、睡莲沼泽、萱草沼泽、马来眼子菜沼泽、苦草沼泽、金鱼藻沼泽、满江红沼泽、槐叶萍沼泽、黑藻沼泽、海菜花沼泽、穗状狐尾藻沼泽、茨藻沼泽、梅花藻沼泽、黄花狸藻沼泽、川蔓藻沼泽、轮藻沼泽、中位泥炭藓沼泽、尖叶泥炭藓沼泽、白齿泥炭藓沼泽、广舌泥炭藓沼泽、卵叶泥炭藓沼泽、钝叶泥炭藓沼泽、沼泽泥炭藓沼泽 |
| | | 木本-草本沼泽 | 兴安落叶松-油桦-膨囊薹草沼泽、兴安落叶松-狭叶杜香-中位泥炭藓沼泽、长白落叶松-笃斯越橘-藓类沼泽、太白落叶松-粗叶泥炭藓沼泽、水松沼泽、水杉沼泽、狭叶杜香-中位泥炭藓沼泽 |
| | | 草本-藓类沼泽 | 毛薹草-藓类沼泽 |
| | 泥炭沼泽 | 草本沼泽 | 毛薹草沼泽、湿薹草沼泽、漂筏薹草沼泽、帕米尔薹草沼泽、青藏薹草沼泽、肥壮薹草沼泽、木里薹草沼泽、红穗薹草沼泽、弯囊薹草沼泽、绿穗薹草沼泽、坚果薹草沼泽、藏嵩草-薹草沼泽、四川嵩草-薹草沼泽、藏北嵩草-薹草沼泽、藏西高草-薹草沼泽、喜马拉雅嵩草-薹草沼泽、华扁穗草沼泽、扁穗草沼泽、芦苇沼泽、荻沼泽、藨草沼泽、李氏禾沼泽、香蒲沼泽、狭叶香蒲沼泽 |
| | | 木本-草本沼泽 | 柴桦-薹草沼泽、川西锦鸡儿-藏北嵩草沼泽、狭叶杜香-中位泥炭藓沼泽、油桦-尖叶泥炭藓沼泽、箭竹-白齿泥炭藓沼泽 |
| | | 草本-藓类沼泽 | 李氏禾-卵叶泥炭藓沼泽、毛薹草-钝叶泥炭藓沼泽 |
| 盐碱沼泽 | 潜育沼泽 | 木本沼泽 | 白骨壤沼泽、红树沼泽、秋茄沼泽、木榄沼泽、桐花树沼泽、海桑沼泽、水椰沼泽、盐角草沼泽、柽柳沼泽、盐穗木沼泽、盐节木沼泽 |
| | | 草本沼泽 | 碱蓬沼泽、盐地碱蓬沼泽、星星草沼泽、獐毛沼泽、盐地鼠尾粟沼泽、芨芨草沼泽、偃麦草沼泽 |

### (二) 沼泽的分布规律

沼泽在地理空间上的分布，主要取决于形成沼泽的水热条件，而水热条件既受纬度地带性因素的制约，也受海陆分布、地质地貌等非地带性因素影响。

#### 1. 沼泽的纬度地带分布规律

我国东半部以辽阔的平原和低山为主，有利于沼泽的形成和发育。沼泽总面积约占我国沼泽面积的 70%，而且沼泽类型齐全，种类多样。寒温带、温带湿润—半湿润地区，沼泽主要分布在我国东北的大小兴安岭、长白山区和三江平原；半干旱的松嫩平原西部有芦苇沼泽、盐碱沼泽等分布。从沼泽的发育地貌部位看，主要发育在河湖漫滩、阶地上洼地、堰塞湖、火口湖、热融湖、宽浅的坳沟及熔岩台地等。从沼泽类型看，有淡水潜育草本沼泽、木本-草本沼泽、木本-草本-藓类沼泽、草本-藓类沼泽等。盐碱沼泽包括滨海和内陆盐碱草本和木本沼泽。山区多泥炭沼泽，平原多潜育沼泽。泥炭沼泽中的泥炭层厚度，有从北向南增厚的趋势，如大兴安岭区域沼泽泥炭层厚度一般小于 0.5 米，长白山区域多为 1～2 米，最厚达 9 米。

暖温带、亚热带湿润—半湿润气候区，包括辽河下游、海河下游、淮河、黄河和长江中下游平原。由于人类活动历史悠久，沼泽面积明显减少，类型也比较简单。如辽河下游、海河平原的古河道和洼淀，是我国著名的"芦苇荡"分布区；黄淮平原、长江中下游平原分布着许多湖泊，如洪泽湖、微山湖、洪湖、洞庭湖、鄱阳湖、太湖等湖滨均有大面积草本沼泽发育，常见的有芦苇、荻、菰等沼泽类型。在辽宁河口、黄河三角洲及其沿岸，还有滨海盐碱草本沼泽发育。

亚热带、热带湿润气候区，包括江南丘陵、滇南山间宽谷、东南沿海及岛屿，常见的草本沼泽有华克拉莎沼泽、卡开芦苇沼泽、滨海红树林沼泽等。

#### 2. 沼泽的垂直地带分布规律

高海拔地区的沼泽存在垂直分布特点。青藏高原的隆起使中国沼泽空间分布的垂直地带性规律得到充分的体现。

(1) 山地亚热带沼泽分布带海拔 2 000～2 500 米，典型区为云南省西部断陷湖盆区。年平均温度 15 摄氏度左右，年降水量 1 000 毫米。温暖、湿润的气候使湖滨沼泽充分发育，在大面积芦苇沼泽中常见亚热带沼泽植物成分。

(2) 山地温带沼泽分布带海拔 2 500～3 000 米，年平均气温 12 摄氏度左右，年降水量 600 毫米，温凉偏干的气候，不利于沼泽广泛发育，以华扁穗草-薹草沼泽、杉叶藻沼泽和北水苦荬沼泽为主。

(3) 山地亚寒带沼泽分布带海拔 3 500～4 000 米，年平均气温 0 摄氏度左右，年降水量 400～600 毫米左右，冷湿的气候有利于沼泽发育，著名的高原沼泽——若尔盖高原沼泽就分布在本高度带区域，并以本区特有的木里薹草沼泽、藏嵩草沼泽为代表类型，普遍发育泥炭层，其厚度最厚可达 10 米。

(4) 山地寒带沼泽分布区海拔 4 000～5 000 米，年平均气温 0 摄氏度以下，年降水量 400 毫米左右，寒冷而偏湿润，为多年冻土分布区，虽然降水不多，但高山冰雪融水补给丰富，沼泽广泛发育。如长江、澜沧江、怒江、黄河的江源区，都发育着大面积泥炭沼泽，并以高原特有种——藏北嵩草沼泽为代表类型。

## 二、沼泽的特征和功能

沼泽是湿地的一种主要类型，是水陆交错地带中由水、土壤和植物要素耦合作用而形成的特殊自然综合体，水是沼泽形成和发育的最关键要素，但是，三要素是形成沼泽不可或缺的要素，缺一则不成为沼泽。三要素的有机结合而构成具有多种功能的沼泽生态系统。

## （一）沼泽的特征

### 1. 沼泽水文特征

沼泽的地表经常积水，但积水深度较浅，并处于停滞或微弱流动状态；又有常年积水、季节性积水和临时性积水状况；也有存在于泥炭层或草根层中水状况。从沼泽水补给来源分析，还有地下水补给、地表水补给、大气降水补给和混合补给（两种以上水源补给）四种补给水源，因此，沼泽的水文特征比较复杂。

沼泽的地表积水与沼泽地区的河流、湖泊等水体经常联系组合在一起，从而构成多种多样的水文网体系。如黑龙江省三江平原常年积水型沼泽，其水源补给为地下水和洪水泛滥补给的低河漫滩和洼地沼泽，主要生长芦苇、毛薹草和漂筏薹草，积水深度一般在10～80厘米之间，除高水位时期现形洼地中部沼泽水有极微弱的流动之外，多处于停滞状态；季节性积水型沼泽多见于河漫滩较高的部位和阶地上各种洼地边缘，主要是洪水泛滥、地表径流和大气降水补给；常年土壤过湿，地表薄层积水，一般为沼泽；季节性土壤过湿或积水，多为沼泽化草甸。

水文网状况与沼泽类型与发育阶段有关。由膨囊薹草、灰脉苔草等密丛型沼泽植物所组成的沼泽，有塔头状草丘，草丘高度20～80厘米，直径20～30厘米，草丘间距离50～70厘米不等，积水存在于丘间洼地之中，汛期可产生丘间水流，干季水流停滞或积水消失，水文网形态为网络状。由疏丛型沼泽植物毛薹草、漂筏薹草等组成的沼泽，无草丘，为片状薄层积水。沼泽有多种多样的水文网体系，常呈以下几种组合关系：片状—网络状水体—线形洼地—湖泊；片状—网络状水体—线形洼地—河流；片状—网络状水体—湖泊；片状—网络状水体—河流等。

### 2. 沼泽土壤特征

沼泽土是在气候湿润、地形低洼、母质黏重、地表水丰富，地下水水位高，土壤经常处于季节性积水、长期积水或经常被水饱和状态，生长沼生或湿生植物条件下形成的。

沼泽土的形成过程一般是在大气降水、地表水和地下水经常作用的条件下，沼泽植物在土壤表层积累大量有机物（植物残体），由于微生物活动受到强烈抑制，不能获得彻底分解，而形成泥炭层或腐殖质层，底层矿质土壤由于缺氧发生潜育化过程，这样就形成了各种类型的沼泽土。总之，沼泽土的形成过程，大致有泥炭化过程、腐殖质积累过程、潜育化过程和盐渍化过程等。

### 3. 沼泽植物特征

（1）沼泽植物区系特征。沼泽植物具有种类多、生物多样性丰富的特点。由于我国地域广阔，自然条件复杂，沼泽分布广泛，类型多，沼泽植物种类比较丰富。据初步统计，中国沼泽高等植物约有214科663属2 043种（包括变种、变型），分别占全国科、属、种数的6％、20.8％和6.9％。沼泽植物所拥有的科数占全国高等植物总科数过半表明，沼泽植物种类丰富，植物区系成分复杂。这与沼泽是一种非地带性植被类型，但具有地带性"烙印"有关。

地理成分复杂分布广泛。我国现有的沼泽植物分别归于泛热带分布、温带分布、世界分布、北极高山分布和中国特有（表5-6）。从分类学和地理学角度"属"是最能反映植物区系问题，从表5-5看出，中国沼泽植物区系中温带成分比较丰富。温带成分是指分布于欧亚、北美温带地区的植物。

（2）沼泽植物生态特征。沼泽植物生长在地表经常过湿、季节性或常年积水的生境中，植物体基部经常没于水中，茎、叶大部分挺于水面之上，暴露于空气中。因此，沼泽植物具有水生和陆生的双重特征，是水生和陆生植物之间的过渡类型，有人称其为"两栖植物"。因而湿地植物具有适应这一特殊生境的生态特征。

1）沼泽植物形态结构的适应与分化：沼泽植物的根、根状茎和茎都有气腔和通气组织，叶、茎和根部均有细胞间隙与气腔相通连，便于气体流通和各部组织细胞气体交换。如芦苇、睡莲的地下根

状茎十分发达，长达数米，在其地上茎、地下茎和不定根内都有通气组织，细胞间隙大，可以储藏空气（图5-1）。气腔的总体积通常比细胞的总体积大，气腔白天能聚积光合作用所产生的氧气，以供植物夜间呼吸用；夜间呼吸产生的二氧化碳，又排入气腔，气腔成为代谢过程中气体交换的储藏室。

表 5-6　　　　　　　　　　　　中国沼泽高等植物属的分布区类型

| 分布区类型 | 代　表　属 | 占总属数（%） |
| --- | --- | --- |
| 世界分布类 | 泥炭藓、水藓、细湿藓、赤茎藓、金鱼藻、狸藻、眼子菜、睡莲、香蒲、泽泻、芦苇、苔草、蓼属、酸模属、繁缕、毛茛、铁线莲、黄芩、水苏、狸藻、蔗草 | 38 |
| 温带分布类 | 柳属、桦属、委陵菜、蒿属、拂子茅、鸢尾、百合、黄精、菱属、风毛菊、驴蹄草、唐松草、莲属、山鳖豆、野豌豆、鹿药、珍珠梅、柳叶菜、旋覆花 | 50 |
| 泛热带分布类 | 水车前、箎属、茨藻、马齿苋、茅膏菜、大戟、西瓜苗 | 10 |
| 北极高山分布类 | 冰岛蓼、杜香、越橘 | 1 |
| 中国特有类 | 水松、水杉、垂头菊 | 1 |

2）繁殖方式的适应与分化：红树的种子成熟后，先在果实内萌发抽芽，形成绿色棒状胎轴，长10～30厘米，下端粗，上端细，发育到一定程度就脱落于地，坠入淤泥中，数小时内就可扎根生长成为新植株；如棒状胎轴下落正遇涨潮而被海流带走，由于胎轴内含有空气，可漂浮海流之上，当漂浮到海滩上时，便扎根生长。

沼泽植物还有适应多水环境的另外一些特征，如某些植物具有持水的功能；由于高位贫营养沼泽养分不足，某些植物具有食虫的功能等。

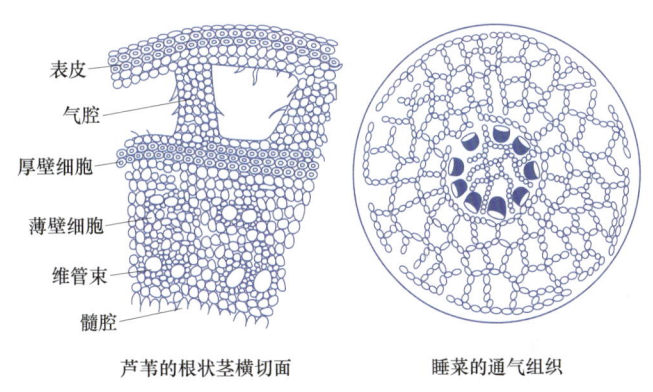

图 5-1　沼泽植物的通气组织

### （二）沼泽的功能

沼泽是地球上水陆相互作用形成的独特生态系统，是人类重要的生存环境和自然界最富生物多样性的生态景观之一，在抵御洪水、调节径流、改善气候、控制污染、美化环境、哺育生命和维持区域生态平衡等方面具有其他系统所不能替代的作用，被誉为"地球之肾""生命的摇篮""文明的发源地"和"物种的基因库"。沼泽湿地与森林、海洋一起并列为全球三大生态系统。

#### 1. 水分调节功能

（1）沼泽蓄水功能。沼泽和沼泽化土壤草根层和泥炭层，孔隙度为72%～93%，饱和持水量830%～1030%，出水系数为0.5左右，因此它的蓄水和透水能力较强。由于沼泽和沼泽化土壤特殊的蓄水能力，沼泽湿地具有天然"蓄水库"之称，可以调节河川径流量，削减洪峰，均化洪水。黑龙江省三江平原曾有沼泽和沼泽化草甸约1 100万公顷，它可以储水约25亿立方米。由于沼泽植被具有几十厘米厚的草根层，能蓄存相当于本身重量8倍的水分，加上三江平原坡降小，径流量很小，因此，三江平原成为面积大、分布广、蓄水多、失水少的理想的储水库。

在沼泽干涸的情况下，降水大量被拦蓄在草根层和泥炭层中，而使其产流量比耕地小（表5-7）。沼泽湿地的补水功能表现为可以补给地下水和补给河川径流两个方面。

表 5-7　　　　　　　　三江平原干涸沼泽与耕地产流对比（刘兴土等，2005）　　　　　　　单位：mm

| 降水 | 丰水年沼泽产流 (a) | 枯水年沼泽产流 (b) | 耕地产流 (c) | 丰水年沼泽与耕地产流量差 (a-c) | 枯水年沼泽与耕地产流量差 (b-c) |
| --- | --- | --- | --- | --- | --- |
| 45.0 | 19.3 | 18.0 | 11.3 | ＋8.0 | ＋6.7 |
| 83.1 | 24.0 | 0.4 | 17.0 | ＋7.0 | －16.0 |
| 37.2 | 9.5 | 0.75 | 1.0 | ＋8.5 | －0.24 |
| 37.7 | 9.0 | 0.3 | 0.8 | ＋8.2 | －0.5 |
| 46.1 | 11.5 | 0.1 | 2.3 | ＋9.2 | －2.2 |
| 44.5 | 15.1 | 0.22 | 6.7 | ＋8.4 | －6.48 |
| 46.4 | 16.5 | 9.7 | 8.5 | ＋8.0 | ＋1.2 |
| 46.8 | 15.1 | 3.5 | 6.7 | ＋8.4 | －3.7 |
| 51.5 | 11.2 | 0.17 | 2.1 | ＋9.1 | －1.93 |
| 67.8 | 32.9 | 0.19 | 27.0 | ＋5.9 | －26.8 |
| 22.6 | 19.8 | 0.15 | 12.0 | ＋7.8 | －11.85 |
| 47.1 | 21.5 | 0.14 | 14.0 | ＋7.5 | －13.86 |

表 5-8　洮儿河流域湿地调蓄洪水量统计（白效明，尚金城，2002）

| 项目 | 面积（hm²） | 最小储水量（亿 m³） | 最大储水量（亿 m³） |
| --- | --- | --- | --- |
| 沼泽湿地 | 65 850.4 | 1.19 | 5.33 |
| 湖泊 | 36 124.1 | 7.59 | 11.2 |
| 合计 | 101 974.5 | 8.78 | 16.53 |

（2）沼泽的均化洪水功能。沼泽湿地具有很强的均化供水功能。1998年嫩江洪水期间，洮儿河和霍林河流域沼泽湿地共蓄积洪水达60亿立方米，相当于一个特大型平原水库的蓄积能力，对于嫩江和松花江下游防洪减灾作出了重大贡献（表 5-8）。

（3）沼泽的气候调节功能。沼泽诱发降雨和调节地方小气候功能。根据三江平原沼泽化草甸试验，1公顷沼泽化草甸一个生长季蒸发量7 415吨水，其中植物蒸腾量4 050吨水。若借鉴沼泽化草甸的蒸发与蒸腾来估算三江平原沼泽的蒸发与蒸腾量（实际上沼泽的蒸发与蒸腾量大于沼泽化草甸），结果是：三江平原沼泽一个生长季总蒸发量达86亿吨水，其中沼泽植物蒸腾量达47亿吨水。这无疑对区域气候起着重要调节作用。

### 2. 生物地球化学功能

生物地球化学是通过追踪化学元素迁移转化来研究生命与其周围环境关系的科学，其以研究地球表面化学过程为主。生态系统内化学物质的传输和转化即生物地球化学循环，包括大量的相关的物理、化学和生物过程。沼泽生态系统生物地球化学循环可概括为：通过各种转化过程进行系统内循环；沼泽地与其周围环境之间进行化学物质交换。

沼泽生态系统的物质输入是通过与其他生态系统的物理、生物和水文途径作用进行的。如营养物质通过降水、河流泛滥、地表水和地下水进入沼泽湿地。营养物质的输出主要受沼泽中水的出流控制，这些养分流亦是沼泽湿地生产力和分解作用的重要成果，系统内的养分循环一般受初级生产力和分解过程所制约。生态系统的输入、输出、物质的系统内循环的定量描述称为生态系统物质平衡，沼泽生态系统的物质平衡决定沼泽作为"汇""源"还是"转换器"功能的重要因素。如果沼泽地有某一元素或那种元素的某一特定形态在沼泽地中输入大于输出的话，这种沼泽地就是"汇"；如果某一沼泽地能向下游或相邻的生态系统输出更多的元素或物质时，若无此沼泽地便不会有此输出的话，该沼泽地就叫"源"；如果沼泽地把一种化学物质由溶解状态转化到颗粒形式，但并不改变沼泽地的输入输出量的,就被认为是"转换器"。

### 3. 维持食物链与生物多样性功能

(1) 沼泽植物为核心的食物链。沼泽之所以被誉为最富生物多样性和"物种基因库"的原因在于它是重要的物种栖息地,又是建立和维系食物链的"关键地区"。

在沼泽生态系统中,能量流动开始于沼泽植物通过光合作用对太阳能的固定,植物所固定的太阳能或所制造的有机物质称为初级生产量或第一性生产量。净初级生产量可以全部或部分被异养生物所利用,转化为次级生产量(动物的肉、骨骼、皮毛等);实际上,这个生态系统的净初级生产量将有部分流失到其他生态系统中去。

净初级生产量是生产者以上各营养级所需能量的唯一来源。以绿色植物为食的昆虫、鱼、虾、鸟类等草食动物,以及肉食动物等形成次级生产量的一般生产过程;最后,经过细菌和真菌等微生物对动植物尸体的分解过程,有机物经过分解最终成为矿物成分而进入再循环。沼泽生态系统特殊的水、热条件,其初级生产力高,能量积累快。

黑龙江洪河国家级自然保护区,被誉为三江平原的"缩影",面积2.18万公顷,现有高等植物1 012种。目前,三江平原尚有沼泽湿地130万公顷,其沼泽植物资源蕴藏量极为可观。洪河自然保护区以沼泽生态类型为主,动物种类则以湿地动物种类占绝对优势。本区有鱼类4目6科25种;两栖类2目4科8种;爬行类1目3科3种;兽类4目12科33种;鸟类17目46科215种,其中国家一级保护鸟类有东方白鹳、丹顶鹤、白枕鹤、金雕、白尾海雕、中华秋沙鸭,二级保护鸟类有雀鹰、鸳鸯、白额雁等51种。三江平原沼泽湿地是候鸟迁徙最重要的停歇驿站和北方繁殖基地之一,该区地处候鸟南北迁徙的必经之地,无论是从江苏盐城、江西鄱阳湖飞来,直接飞越渤海进入辽东半岛继续北飞,还是由台湾途经日本诸岛、朝鲜半岛向北飞往西伯利亚,都把三江平原的沼泽湿地作为重要的栖息地。

(2) 物种丰富,生态系统多样。生物多样性是指地球上所有的植物、动物和微生物物种及其所拥有的基因,各物种之间及其与生境之间的相互作用所构成的生态系统及其生态过程。生物多样性是概括性的术语,通常认为有三个水平,即遗传多样性、物种多样性和生态系统多样性。

沼泽湿地生物多样性即沼泽所有生物种类、种内遗传变异和它们的生存环境的总称,其生物多样性同样包括遗传多样性、物种多样性和生态系统多样性三个层次。由于我国沼泽湿地类型多样、生境独特,决定其生物多样性丰富的特征,处于陆地上各生态系统领先的水平。

沼泽生态系统生境独特,生态环境复杂,生态位丰富,适于各类生物生存繁衍,除了初级生产力——有机物质的生产者绿色植物(沼泽植物)外,还有浮游植物——初级生产力(绿藻、蓝藻)、浮游动物(桡足类)、底栖动物(腹足类、贝类)、无脊椎动物(昆虫类)、脊椎动物(鱼类、两栖类、爬行类、鸟类、哺乳类)等在这里栖息繁衍。据初步统计,全国沼泽湿地高等植物约有225科815属2 276种,分别占全国科、属、种数的63.7%、25.5%和7.7%;沼泽湿地动物(哺乳类、鸟类、爬行类、两栖类、鱼类)约2 000多种,其中鸟类已占全国已知鸟类总数的三分之一,鱼类已占全国已知鱼类总数的37.1%(表5-9)。

表5-9 中国和中国沼泽湿地物种已知数统计

| 类群名称 | 中国沼泽湿地已知数 | 中国已知数 | 百分比(%) |
|---|---|---|---|
| 高等植物 | 2 276 | 29 368 | 7.7 |
| 哺乳动物 | 65 | 498 | 13 |
| 鸟类 | 300 | 1 186 | 26.1 |
| 爬行类 | 50 | 376 | 13 |
| 两栖类 | 45 | 275 | 16.4 |
| 鱼类 | 1 040 | 2 840 | 37.1 |
| 昆虫 | 137 | 34 000 | 0.4 |

### 三、沼泽的退化、保育与可持续利用

#### （一）沼泽的退化现状

沼泽湿地不仅为人类生产、生活提供宝贵的淡水资源、食品、能源、工业原料和旅游资源，并具有蓄水、均化洪水、补充地下水、调节气候、净化环境、维系生物多样性等生态功能。但是，由于人们长期将沼泽湿地视为荒芜的土地，保护沼泽的意识薄弱，更无保护沼泽的法律和法规，受近期经济利益驱动，导致天然沼泽湿地的大量破坏和丧失。

近40年来，我国沼泽湿地面积急剧减少，功能退化十分严重。中国科学院遥感应用研究所首次完成了我国全国范围多时间序列的湿地遥感制图，研究表明从1978—2008年湿地面积减少了约10万平方千米。

自20世纪50年代以来，我国湿地面临围垦、污染、引种和过度利用等严重威胁，沼泽湿地大量丧失，剩下的湿地约有一半以上受到不同程度的污染，破坏了湿地资源和湿地生物多样性，使湿地生物多样性流失和生产力下降。

黑龙江省三江平原1949年有沼泽湿地约534万公顷，占平原总面积约80%；三江平原经过4次大的开荒高潮，2000年沼泽湿地只有83.14万公顷，已经减少80%以上。位于四川省西北部的若尔盖高原沼泽，20世纪60年代尚有沼泽湿地46万公顷，70—80年代经过大规模开沟排水，疏干沼泽，改造沼泽20余万公顷，再加超载过度放牧，致使沼泽湿地大部分消亡和退化。

长江原有通江大湖22个，面积为17 198公顷，到80年代，湖泊面积仅存6 605公顷；围垦湖泊湿地面积高达150万公顷，其中绝大部分是沼泽湿地。

我国南部沿海原有红树林5万公顷，现仅存1.4万公顷，三分之二的红树林已经消失。

沼泽生态功能遭损失。沼泽湿地面积大幅度减少导致蓄水容量减少，洪峰向下游漫延，造成水灾。松嫩平原由于农业开发沼泽面积锐减，农业开发不断逼近低河漫滩沼泽湿地，霍林河中下游、洮儿河中下游及月亮泡一带，芦苇沼泽湿地面积减少了13.3万公顷。沼泽湿地面积大幅度减少导致湿地蓄水容量减少，储水空间变小。

湿地生物多样性下降。沼泽湿地被誉为物种"基因库"，是生物种类最丰富的地区，被誉为生物多样性的"关键地区"。但是，由于沼泽湿地面积日益缩小，如果不采取适当的保护措施，甚至有消失的危险。我国位于澳大利亚——东亚、印度——中亚迁徙飞行线路上，每年约有200多种数百万只迁徙水禽在我国沼泽湿地中转停歇或栖息繁殖。如果我国沼泽湿地遭到破坏甚至丧失，不仅沼泽生物多样性不复存在，而且这些珍稀的鸟类和濒危的水禽也将在地球上消失了。

总之，我国沼泽湿地面临着来自人类活动的巨大威胁，生存型压力依然没有减轻，发展型扩张又严重威胁着沼泽湿地，导致沼泽湿地数量继续减少，生态功能不断退化乃至消失，威胁到保障国家生态安全的需求。

#### （二）沼泽的恢复与可持续利用

沼泽资源是世界上各种自然资源中的重要组成部分，在维持世界生态平衡、生物多样性和人类社会持续发展中发挥重要作用。一个持续发展的自然界和人类社会，有赖于自然资源的持续发展与供给的能力。因此，沼泽湿地资源持续利用的如何，不仅影响自然界和人类社会的持续发展，影响后代人的利益甚至威胁到人类社会的未来。

1992年我国成为联合国《关于特别是作为水禽栖息地的国际湿地公约》（简称《湿地公约》）缔约国。我国加强了对包括沼泽在内的湿地的保护，强化沼泽自然保护区建设。

沼泽自然保护区的建设和管理是沼泽保育的关键环节和有效途径。除了进行严格保护的部分（如

珍稀物种）以外，一般是在合理利用过程中进行保护，使它的自然机制不致因为人们的利用而遭到破坏，造成生态平衡失调。

我国自1992年加入《湿地公约》以来，截止到2008年，全国已建立湿地保护区353个，据首次全国湿地资源调查统计，现有100公顷以上的各类湿地3 848.55万公顷，占国土面积3.77%，其中沼泽湿地1 370.03万公顷，湖泊湿地835.16万公顷，河流湿地820.7万公顷，沿海湿地594.17万公顷，库塘湿地228.5万公顷。目前已有以沼泽为主的国际重要湿地46处，总面积380万公顷（表5-10）。

表5-10 中国的国际重要湿地名录

| 名　　称 | 列入时间（年） | 面积（hm²） | 海拔（m） | 地理坐标 |
| --- | --- | --- | --- | --- |
| 黑龙江扎龙国家级自然保护区 | 1992 | 210 000 | 143 | 47°12′N　124°12′E |
| 吉林向海国际级自然保护区 | 1992 | 105 467 | 156～192 | 44°02′N　122°41′E |
| 江西鄱阳湖国家级自然保护区 | 1992 | 22 400 | 12～18 | 29°10′N　115°59′E |
| 湖南东洞庭湖国家级自然保护区 | 1992 | 190 000 | 30～35 | 29°19′N　112°59′E |
| 海南东寨港国家级自然保护区 | 1992 | 5 400 | 0 | 19°59′N　110°35′E |
| 青海湖国家级自然保护区 | 1992 | 595 200 | 3 185～3 250 | 36°50′N　100°10′E |
| 香港米埔-后海湾湿地 | 1995 | 1 500 | 0 | 22°30′N　114°02′E |
| 黑龙江洪河国家级自然保护区 | 2002 | 21 836 | 51.5～54.5 | 47°49′N　133°40′E |
| 黑龙江三江国家级自然保护区 | 2002 | 198 000 | 50 | 47°56′N　134°20′E |
| 黑龙江兴凯湖国家级自然保护区 | 2002 | 222 488 | 59～81 | 45°17′N　132°32′E |
| 大连斑海豹国家级自然保护区 | 2002 | 11 700 | 0～328.7 | 39°15′N　121°15′E |
| 湖南南洞庭湖省级自然保护区 | 2002 | 168 000 | 28.5～33.5 | 28°50′N　112°40′E |
| 湖南西洞庭湖省级自然保护区 | 2002 | 35 680 | 20.5～58.6 | 29°01′N　112°05′E |
| 江苏盐城国家级珍禽自然保护区 | 2002 | 453 000 | 1.3～3 | 33°31′N　120°22′E |
| 江苏大丰麋鹿国家级自然保护区 | 2002 | 78 000 | 1～2 | 33°05′N　120°49′E |
| 上海市崇明东滩鸟类自然保护区 | 2002 | 32 600 | 0～5 | 31°38′N　121°58′E |
| 广东湛江红树林国家级保护区 | 2002 | 20 279 | 1～3 | 20°54′N　110°08′E |
| 广东惠东海龟国家级保护区 | 2002 | 400 | −10～25 | 22°33′N　114°54′E |
| 广西山口红树林国家级保护区 | 2002 | 4 000 | 3 | 21°28′N　109°43′E |
| 内蒙古达赉湖国家级自然保护区 | 2002 | 740 000 | 545～784 | 48°33′N　117°30′E |
| 内蒙古鄂尔多斯遗鸥自然保护区 | 2002 | 14 700 | 1 440 | 39°48′N　109°35′E |
| 辽宁双台河口湿地 | 2005 | 128 000 | 0～4 | 41°00′N　121°47′E |
| 青海鄂陵湖湿地 | 2005 | 64 900 | 4 268.7 | 34°56′N　97°43′E |
| 青海扎陵湖湿地 | 2005 | 52 600 | 4 273 | 34°55′N　97°16′E |
| 西藏麦地卡湿地 | 2005 | 43 400 | 4 800～5 000 | 31°08′N　93°00′E |
| 西藏玛旁雍错湿地 | 2005 | 73 700 | 4 500～6 500 | 30°44′N　81°19′E |
| 云南纳帕海湿地 | 2005 | 3 434 | 3 260 | 27°51′N　99°38′E |
| 云南拉什海湿地 | 2005 | 1 443 | 2 440～3 100 | 26°53′N　100°08′E |
| 云南碧塔海湿地 | 2005 | 2 000 | 3 568 | 27°42′N　100°01′E |
| 云南大山包湿地 | 2005 | 3 150 | 2 210～3 364 | 27°24′N　103°20′E |
| 福建漳江口红树林国家级保护区 | 2008 | 2 360 | −6～8 | 23°53′N　117°30′E |
| 广西北仑河口国家级自然保护区 | 2008 | 3 000 | −1～2 | 21°31′N　108°16′E |
| 广东海丰公平大湖省级保护区 | 2008 | 11 590 | 0～300 | 22°50′N　115°37′E |
| 湖北洪湖湿地 | 2008 | 41 412 | 20.7～28.5 | 29°42′N　113°30′E |
| 上海市长江口中华鲟自然保护区 | 2008 | 3 760 | 0 | 31°28′N　122°8′E |

续表

| 名　　称 | 列入时间（年） | 面积（hm²） | 海拔（m） | 地理坐标 |
| --- | --- | --- | --- | --- |
| 四川若尔盖湿地国家级保护区 | 2008 | 166 570 | 3 422～3 704 | 33°25′N　102°59′E |
| 浙江杭州西溪国家湿地公园 | 2009 | 1 150 | 10 | 30°15′N　120°08′E |
| 黑龙江七星河国家级自然保护区 | 2009 | 20 800 | 60 | 46°52′N　132°26′E |
| 黑龙江南翁河国家级自然保护区 | 2009 | 229 000 | 370 | 51°05′N　125°50′E |
| 黑龙江珍宝岛国家级自然保护区 | 2009 | 44 364 | 50～60 | 45°52′N　133°47′E |
| 甘肃尕海则岔国家级自然保护区 | 2009 | 247 431 | 34 000 | 33°58′N　102°46′E |
| 山东黄河三角洲国家级保护区 | 2013 | 153 000 | 0～15 | 37°35′N　119°20′E |
| 黑龙江东方红国家级自然保护区 | 2013 | 31 516 | 50～70 | 46°12′N　133°54′E |
| 吉林莫莫格国家级自然保护区 | 2013 | 144 000 | 130～150 | 45°45′N　124°04′E |
| 湖北神农架大九湖国家湿地公园 | 2013 | 5 083 | 1 730 | 31°27′N　110°01′E |
| 武汉蔡甸区沉湖湿地自然保护区 | 2013 | 11 579 | 18 | 30°15′N　113°55′E |

　　数十年来，由于人类活动对沼泽湿地排水开垦或作为建设用地，天然湿地已大量丧失，使中国自然湿地面积仅占国土面积的3.77％，远低于世界平均水平。从维护区域生态安全和可持续发展的长远利益出发，应对现有天然沼泽湿地实行全面保护。在严格禁止开垦沼泽湿地的同时，若建设工程必须占用天然沼泽，务必经过严格的生态与环境影响评价和实行天然沼泽湿地用途转变的许可制度，同时异地重建面积和功能相当的沼泽湿地，实行沼泽湿地"无净损失"的国家目标，以确保沼泽湿地"零损失"制度。

　　在保护天然沼泽湿地的同时，国家应出台沼泽湿地恢复奖励政策，对于特别是"环境敏感区域"遭到破坏或"占用"而流失的湿地，实施必要措施而重新恢复湿地，国家予以经济补偿或奖励，从而促进湿地恢复工作，以保障湿地保护的有效性和长期性。在湿地"无净损失"情况下，根据我国湿地遭到破坏而流失状况，提出逐年净增湿地规划，使我国自然湿地保有量占国土面积合理比例，使沼泽湿地生态系统总量和功能接近破坏前自然状态下所拥有的面积和应该发挥的生态功能，为我国经济社会可持续发展夯实沼泽湿地生态资源基础。

　　目前，尚未遭到人类大规模开发的沼泽湿地，基本位于我国生态脆弱地区，如青藏高原的三江源地区，东北西部及内蒙古自治区东部干旱、半干旱区，这些地区的沼泽湿地仍然面临不合理开发的巨大威胁，一旦破坏，结果将导致这些干旱地区的沼泽、湖泊迅速萎缩、碱化、沙化，沼泽湿地丧失，加速区域生态环境恶化。

　　沼泽湿地丰富的生物多样性构成了巨大的物种库和基因库，有许多具有价值的生物资源和开发潜力。从科学研究的角度讲，中国目前在沼泽湿地基础研究方面相当薄弱，家底不清，对沼泽湿地许多特征尚不甚了解。以目前的技术和资金难以准确、全面地评估我国沼泽湿地对未来发展的影响和价值，有许多生物特别是沼泽植物在我们还没有认识、利用它之前可能已经消失了，这对于人类无疑是一种不可挽回的损失。为此，极有必要抢救性地尽快保护好我国沼泽湿地，特别是那些尚未受到人为干扰或干扰较轻的沼泽湿地，以利于我们未来的研究和利用。将来具备条件，有新的资源被发现，它们所创造的财富和效益是目前难以估计的。因此，早日着手保护是对沼泽资源及其生物多样性的珍惜，将对未来的发展产生重大的影响。

　　全面保护我国天然沼泽湿地，不仅是我国生态环境建设的重要任务，更是维护国家生态安全的强制性义务。

# 第六章　中国近现代河湖水系的开发治理和可持续利用

## 第一节　中国河湖开发和治理由古代向近代的转变

中国历史上的河湖开发和治理按其内容可分为三个发展阶段：古代、近代和现代。古代是指有文字记载的历史到1840年鸦片战争，近代是指1840年到1949年中华人民共和国成立，1949年以后是现代。水利史上发展阶段的划分与历史界的划分是吻合的。

古代的中国，是一个强大的东方古国，为世界文明曾做出过突出的贡献。中国古代水利，有着十分丰富的内容，是民族和国家发展和强盛的命脉和根基。

中国古代传统水利，虽然不乏一流的成就，但受封建社会的种种制约，致使中国古代水利长期发展缓慢。汉、唐、元、明等朝代曾有短期对外开放，中外科技交流曾一度兴旺，但很快就被切断，发挥作用有限，还没有对中国古代传统的水利科学技术产生较大影响。

19世纪后期和20世纪初，清王朝已无力与世界列强并肩而立，在先进的枪炮的威逼之下只能任人宰割。中国人民在奋起反击侵略，追求国家独立和强盛的同时，吸收和消化一些外来的先进理念和技术以发展实业和传统产业，古代传统水利到了必须改革的历史关头。

### 一、引进外来科技与中国水利特点相结合

近代西方水利科学技术引进中国，大致从鸦片战争开始。1840年后，鸦片战争失败，列强入侵，国土饱受践踏，财富被掠夺，人民遭受极大痛苦，人们在追求救国之策。有人认识到要"尽得西洋之长技为中国之长技"，提出要学习制造"西洋奇器"。清末和民国初年，到外国留学的学生日见增多，其中有相当一些人从事水文、气象、土木工程或水利工程等学科的学习和研究，在引进外国先进的水利技术方面作出许多努力。外国的学者、工程师到中国来的也越来越多，西方的技术也随之而来。中国的水利产生了深刻的变化。

李仪祉先生是我国近代水利事业的开拓者和近代水利科学的奠基人。他与一批有识之士一起走出国门，致力于学习和研究国外先进的水利科学与实践，致力于引进技术与中国国情和古代传统的水利技术相结合。他有大量的译文和著作，涉及范围从水文、水力、灌溉、航运到河道治理，从基本理论到计算方法，内容是多方面的。"凡于水工学术有关的基本科学，如水工试验、最小二乘法、宇冰学说、诺莫术、实用水力学等重要学理莫不尽先译著，教我国人，启我民智。"

李仪祉像

进入民国之后，外国人对于黄河的考察活动很多。德国的方修斯，美国的费礼门、萨凡奇等都做

过这方面的工作。德国著名的河工模型试验专家恩格斯，虽未曾到过中国，他却"素以研究黄河为志"，于1920—1934年间，"广集黄河史料悉心研究"，并先后三次为黄河做模型试验，提出著名的"固定中水河槽"的治黄方策。美国工程师费礼门于1919年来黄河考察，也做过许多工作。他认为"解决黄河问题，需要长久之分析与大力之研究，而不宜立即拟出计划实行之"。20世纪30年代中期在淮河上也开展了水工模型试验。

李仪祉非常重视外来技术在中国如何利用。他说："泰西各国治水成法，可供吾国人仿效者多，因其地理之关系，各有所特长。论中下游之治导，则普鲁士诸河可为法也。论山溪之制驭，则奥地利与瑞士可为师也。论海洋影响所及河口一段之整治，则英、法及北美诸河流可资效仿也。论防止土壤冲刷，则美国及日本今正在努力也。"他对黄河治理与西北水利的研究尤深，在他的《黄河之根本治法商榷》等文和西北水利实践中有深刻的体现。他的治河主要内容是"蓄洪以节其源，减洪以分其流，亦各配定其容量，使上有所蓄，下有所泄，过量之有所分。"主张在上中游植树造林，减少泥沙的下泄量，同时在各支流"建拦洪水库，以调节水量"，并且于"宁夏、绥远、山西、陕西各省黄河流域及各省内支流，广开渠道，振兴水利"，以进一步削减下游洪水。至于下游防洪，他认为应尽量为洪水"筹划出路，务使平流顺轨，安全泄泻入海"。其具体意见：一是开辟减河，以减异涨；二是整治河槽，依据恩格斯的办法"固定中常水位河槽，依各段中常水位之流量，规定河槽断面，并依修正河线，设施工程，以求河槽冲深，滩地淤高"。我国传统治河方略只着重于下游。近代外国人则多把上中游植树造林视为治理黄河的主要办法。李仪祉提出上、中、下游全面治理的主张，使我国的治河方略向前推进了一大步。李仪祉是我国近代水利科学家的代表。他的理论和主张，影响深广。

20世纪前半期，与水利科技和建设的进展相应，水利管理、科研和教育也有了新的发展。各流域和一些省相应成立了水利管理机构，有的还成立了水利工程局。1942年7月颁布了《水利法》。

1915年，在南京设立河海工程专门学校，是我国最早的水利专业学校；1931年成立中国水利工程学会，并创办《水利》月刊；1933年在天津开始筹建第一水工试验所，1935年在南京建立中央水工试验所，1940年在陕西建立武功水工试验室，水利科学技术的试验研究有了基地。

## 二、水利工程的勘测及规划

19世纪以来，西方水利科学与技术的传入，刺激着中国传统的水利工程技术的改造和发展。在水利工程中运用大地测量、水文测量及地质钻探技术首先始于通航水道的整治，继而用于防洪治河、农田水利及水电工程中，范围由最初各江河干流的中下游扩展到上游或全流域，对当时和后来水利建设有着重要的影响。

### （一）大地测量

19世纪后期，中国一些通商口岸渐次对外开放，出于整治通航水道的需要，河口段及河道的测量首先引起注意。咸丰十一年（1861年），英国海军测绘长江航道，9年后据此编制成长江计里全图。光绪十五年（1889年），河南、山东黄河河道在开封设立河图局，召集津、沪、闽、粤测绘等专业人才20多人进行河南阌乡至山东利津海口的河道测绘工作。光绪十九年（1893年），长江上测绘湖北藕池口段，为规划荆江南岸堤防作准备。淮河的测量工作始于同治六年（1867年）的导淮局，该局首先主持了云梯关以下河道及洪泽湖一带通海、通江水道的初步测量。

辛亥革命以后，各流域相继设水利机构，测量工作由配合河道疏浚而进行的河道地形测量转向为防洪、农田水利、水电、航运规划前期工作服务。1923年以来，黄河流域先后完成了河南、山东境内1∶5 000和1∶10 000流域局部地形图及主要支流河道地形图；配合20世纪30年代及40年代陕西引泾、引洛、引渭等农田水利工程规划设计，开展了这些地区的局部地形测量。30年代以来为开展长江流域水力开发规划，在长江三峡段、金沙江及岷江、嘉陵江等干支河流上进行坝区、库区、局部河段等专题测量。珠江流域测量工作自1914年广东治河处开始，亦由广州河口段，分别向东江、西江的广东、广西境内扩展。这一时期浙江的钱塘江流域、福建的闽江流域等都相继开展了多目标的水利测量。

近代，中国大地测量零点高程基准点均为通商口岸海关所设。海河和黄河流域多采用天津海河口"大沽零点"。长江流域下游采用"吴淞零点"，是1871年至1900年出现的最低潮位；中游有湖北藕池口相对零点；上游多采用支流岷江灌县（今都江堰市）假设高程。淮河流域则有江淮水利局设置的运河惠济闸基准点、黄河故道假设零点（又称废黄河口零点）等坐标系统。测量基准点各河不相统属，且精密水准点布点少，相应水利测量精度亦不高，施测数量也很有限，但这是一个良好的开端。这种状况延至20世纪50年代才逐渐改进。

航空测量是20世纪初开始兴起的用于大地测量的一项新技术，它采用飞机摄影得到的地形照片，利用少量的地面控制点作平面纠正，再作中心投影而为平面地形图。中国1928年引进这一技术，并首先用于水利测量。经过筹备，1930年在浙江浦阳江试行航测成功，飞机飞行高度2 000～400米，长度36千米，制成的地形图比例为1∶15 000、1∶30 000。1933年对河南长垣大车集至石头庄施行了长27千米黄河堤防段的航测，测得1∶7 500黄河堤防图和1∶25 000平面地形图。

### （二）水文测量

首先开始的水文测验项目是水位及雨量观测。1841年俄国教会在北京设雨量站，进行连续降雨量及其他气象观测，是可考的我国最早的水文观测记载。咸丰十年（1860年），上海海关在长江口外吴淞口设置潮位站。同治四年（1865年），海关在汉口长江干流上设水位站。光绪六年至宣统三年（1880—1911年）海关在长江干流上已设有重庆、宜昌、沙市、城陵矶、汉口、九江、芜湖、南京、镇江、吴淞等10处水位站。

20世纪20年代，水文测验开始由水位、雨量观测向综合测验发展。海河流域理船厅和海河工程局自光绪二十八年（1902年）至1920年在潮白河、温榆河、永定河、滹沱河上建水位站4处。至1937年，全流域有水文站19处（其中汛期水文站10处），水位站22处，雨量站158处（含汛期临时站），测验内容包括流量、含沙量、雨量及蒸发量。淮河流域水文测验站最早一批设于1913年，主要分布在苏北。据1937年底统计资料，其时淮河全流域有水位站117处，雨量站97处，流量及含沙量站18处，初步形成淮河全流域水文站网。

黄河水文测验是在清代水位站的基础上发展起来的。乾隆三十年（1765年），在河南陕州黄河万锦滩、巩县洛河口、武陟木栾店分设水志桩，相当于近代的水位站。1933年黄河水利委员会成立以后，黄河干流及陕西境内各支流水文站才有大的增加。1937年以后始在上游山西、内蒙古、甘肃境内设站。据1949年统计，黄河流域有水文站33个，水位站28个，开展了流量、泥沙、汛期水位等水文测验项目。

1941年始在流经一省以上河流上设水文总站。1945年抗日战争胜利后，各流域机构、各省水利机构相继恢复旧有的水文站，1948年统计，全国有水文总站18处，水文站191处，水位站245处。

### （三）水利发展规划及前期设计

1918年孙中山以英文发表了《国际共同发展中国实业计划——补助世界战后整顿实业之方法》，三年后以中文发表，改名为《建国方略之一——实业计划（物质建设）》。这是一个以国家工业化为中心，使国民经济全面发展的建设规划。其中水利方面以民国初年江、河、海初步勘测成果为依据，提出了兴建北方、东方、南方三大海港；整治长江、黄河、海河、淮河、珠江五大江河，发展通航、水电、灌溉等方面的水利全面开发发展规划。

治淮规划始于清末，1855年黄河由铜瓦厢向北改道后，淮河下游河道的治理更引起注意。清末至民国初年主要的倡导者是江苏咨议局议长张謇等人。在他的主持下，自1914—1920年提出了四种治理规划，这些规划以河道治理、导淮入江入海为主要目标，进行闸坝、堤防、排洪河道的初步设计及经费预算。这四个方案设计流量相差大，且工费预算和工程效益亦有很大出入。1929年导淮委员会成立，李仪祉担任工务长兼总工程师，在他的领导下次年提出《导淮工程计划书》。依据1912—1926年水文测验资料及江淮水利测量局的地形测量成果，选用15 000立方米每秒作为设计标准。这是一项包含防洪、航运、灌溉、水电综合治理、综合开发的规划设计。

1925年，由顺直水利委员会制定的《顺直河道治本计划报告书》，为海河流域第一个治理规划。这个计划采取减河分流入海工程措施，主要规划工程有挽潮白河归北运河的苏庄、龙凤、土门等泄水闸，马厂减河，独流减河，子牙河泄洪水道等。

20世纪20—30年代进行的工程规划中较大的还有扬子江水道整理委员会的《整治武汉至上海长江口水道计划》，广东治河委员会的《珠江各河整治计划》，整理运河讨论会的《整理运河计划》，黄河水利委员会的《整治黄河下游计划》和《三门峡、宝鸡峡水库工程规划》等。

20世纪30年代以来，开展了对长江干流的水电开发规划。1932年国防设计委员会组织了由电力、水利、测量工程师恽震、曹瑞芝、宋希尚、史笃培（美国人）、陈晋模5人组成的长江三峡测勘队，当年10—12月在长江三峡段进行了为期2个月的查勘，提出了《扬子江上游水力发电勘测报告》。1944年，当时的国家资源委员会邀请美国垦务局设计总工程师萨凡奇来华协助查勘长江水力资源。经过实地查勘，他在四川长寿完成了《扬子江三峡计划初步报告》，提出了包括葛洲坝、黄陵庙在内的5个坝址方案。规划中最大电站的发电量为1 056万千瓦，相应水库防洪库容270亿立方米，建成后万吨海轮可达重庆，全部工程造价包括淹没损失共计约9亿美元。

30年代末至40年代期间，全国水利机构主持了湘西、云、贵、川、宁、甘、新等省农田水利工程规划及设计，并制定了一些旧有农田水利工程的改造规划，但能够付诸实现的极为有限。

### 三、水利工程机械，新型建筑材料

清朝末年及民国年间中国相继引进水利工程机械和水泥、钢材等新型建筑材料，并开始自己制造。光绪十四年（1888年）黄河河南长垣、山东东明堤防段施工中始用小铁路运输土料，同年亦用于郑州堵口；次年九月，又用于封堵山东章丘大寨决口。

光绪十四年（1888年），黄河堤工中首次使用水泥。这批水泥一部分由旅顺调拨而来，一部分购于上海、香港，是舶来品。光绪十九年（1893年）为防御长江洪水，调运唐山生产的水泥300吨，重修湖南常德城墙及防洪石堤。宣统三年（1911年）葫芦岛港地基工程已用钢筋混凝土桩。20世纪20年代采用钢筋混凝土结构的水工建筑物已日见普遍。

20世纪20年代浙江石质海塘的维修用水泥灌浆加固，或工程堵漏。绍兴三江闸原用条石砌筑，用铁锭上下联锁，无胶结材料。由于水流长期淘刷、渗漏，闸底板逐渐淘空，严重漏水；闸墩及翼墙也因风化开裂，裂缝最宽达5厘米，漏水严重。1932年开工修复，主要采用灌浆技术用水泥浆充填。灌浆机全套设备系德国进口，采用国产水泥，历时52天，共灌水泥砂浆158立方米。

### 四、新型水利工程的兴建

中国新型水利工程的修建，20世纪20年代后，数量有较大的增加，类型呈多向发展，但是工程规模一般较小。

#### （一）治河工程

1888年始用小铁路运输工程用料，用电灯照明，用水泥抹面、灌浆。1899年疏浚海口，开始使

用挖泥船。1888年,河南开始使用电报传递汛情,1902年山东河防局设电报局及分局若干处,次年,敷设济南以下电报线。1909年陕州始用电报报汛,代替旧有的驿马报汛等制度。民国初年,防洪工程中出现了钢筋混凝土结构、采用启闭机械、配备钢板闸门的新型水闸。1923年,山东利津宫家坝曾用新法堵口。1929年,山东第一次用虹吸管放淤、淤灌,后来各地陆续效仿。1932年顺直水利委员会修建潮白河上的苏庄闸,由39孔泄水闸、10孔进水闸组成,闸孔宽6米,可宣泄洪水600立方米每秒,1939年7月毁于洪水。

### (二) 船闸工程

中国修建的新型船闸,以导淮委员会在淮扬运河上修建的邵伯、淮阴、刘老涧闸为早。这些船闸净长100米,宽10米,以木桩、钢板为基础。邵伯船闸上下游水位差7.7米,淮阴、刘老涧上下游水位差9.2米,闸门为钢质双扇对开式,闸室为钢筋混凝土结构。20世纪40年代导淮委员会主持长江上游支流航道整治,在沟通川黔的重要水道綦江及其支流蒲河上实施渠化工程,共建船闸11座,其中以綦江车滩大利船闸为最大,落差6.5米,船闸净长60米。在技术、工程规模等方面基本接近本世纪30年代的同类工程水平。

### (三) 水电站工程

据载,台湾在日占时期的1905年已建装机容量为600千瓦的龟山水电站。1910年7月,云南石龙坝水电站开工,1912年4月投产,与于1882年建成的美国威斯康星世界第一座水电站的诞生相距30年。石龙坝水电站位于滇池出水道螳螂川上,为商人和官方合资兴办,聘请德国工程师为技术顾问。电站装机2台,单机容量412千瓦。1925年建成四川泸县龙溪河上的洞窝水电站。这是由中国技术人员自己勘测、设计的引水式电站,装机容量140千瓦,用6.6千伏线路输往泸州。西藏拉萨河上的夺地水电站,建成于1928年,装机容量为125马力。

石龙坝电站一厂

20世纪30年代以后我国西南地区水电站建设成绩较大,建成的多是径流引水式水电站,由中国技术人员主持修建。较大的水电站有:四川长寿县境内龙溪河上的桃花溪电站,装机容量876千瓦;下峒电站,装机容量3 000千瓦。1945年在四川江津白沙镇由民间集资兴建的高洞水电厂,是中国修建较早的地下式电站,装机容量120千瓦。1944年全国水利委员会筹资建成的重庆北碚高坑岩水电站,装机容量160千瓦,是全部采用国产设备的一个水电厂。1945年建成的贵州桐梓境内赤水河支流天门河上的天门河水电站,装机容量1 000千瓦,全部机电设备由中国技术人员安装。20世纪40年代中国解放区也建设了几座小型水电站。由日本侵略者组织修建在第二松花江上的丰满水电站则是大型电站,1937年开工,1943年第一台机组发电,1945年抗日战争胜利后由我国组织续建,直至1959年竣工。

### (四) 农田水利工程

泾惠渠是中国引进西方水利技术的最著名的工程,是在古郑白渠的基础上由李仪祉于1930—1932年主持兴建的,计划灌溉面积64万亩,1935年实灌达59万亩。取水枢纽为混凝土溢流坝和具有平面钢闸门、螺杆启闭机的进水闸、退水闸所组成。相继修建的灌溉工程还有渭惠渠、洛惠渠等7个灌区。其他地区也有类似的工程出现,如海河流域的苏庄闸、龙凤闸,珠江流域的芦苞闸、马嘶闸等。

泾惠渠渠首

中国最早使用机电灌排的是江苏武进县。1915 年常州开始制造内燃机，拖带水车戽水，使这一带的机械排灌逐渐普遍。据统计，至 1929 年有抽水站 42 处，专用电线近 50 千米，灌溉面积近 4 万亩。

1927 年开工修建的福建长乐县莲柄港提水灌溉工程，工程分两期实施：第一期建两级扬水站，每级扬水 6.3 米，引水量 130 立方米每秒，灌溉山原南、中部农田 6 万亩；第二期工程延长干渠，增设抽水站，灌溉北部农田 4 万亩。架设由福州至莲柄港长 23 千米的 3 万伏高压输电线，工程规模和难度在当时影响都很大。

近代水利开发建设及相应科技的工作虽然规模不大，但在中国水利发展史上却占有十分重要的地位，它是中国几千年延续的传统水利向现代水利不可缺少的过渡阶段，为中华人民共和国成立后水利事业的大发展作了必要的准备。

## 第二节　新中国成立以来对河湖的开发治理

### 一、新中国面临的河湖治理形势

河湖水系是水的天然载体，但也受人类活动的影响而变化。例如在河道上修建水库，形成新的水面，碧波连天；以堤束水形成玉带环绕，防止洪水横流。中国古代是文明大国也是水利大国。从传说中的"禹疏九河"到有史可查的秦代都江堰、灵渠，隋开凿大运河以至历代的治黄、治江、治湖（太湖）都有过光辉的历史。国兴则水利兴，国败则水利败。晚清以致后来北洋军阀和中华民国时期，外敌入侵，内患不断，政治腐败，经济凋敝，水患频发，民不聊生，全国水利事业每况愈下。黄河在鸦片战争之后 13 年即 1855 年，于河南兰考铜瓦厢决口改道，向北夺大清河入海，成今黄河下游河道。中国著名的南北大运河，因被黄河冲断而废弃，只有断续河道通航。淮河入海出路，早在 12 世纪始即因黄河夺淮而逐步淤塞，其中游末端于 16 世纪形成洪泽湖，囤蓄洪水。1851 年后南决，改入长江。入江水道东堤一旦决口，里下河地区将尽成泽国。其后国力日衰，1928—1931 年黄河流域各省大旱，遍及 13 省，灾民达 3 400 万人，赤地千里，饿殍载道。1931—1939 年，长江、汉江、淮河、黄河、海河接连发生大水，灾情震惊世界。其中 1931 年长江、汉江和淮河水灾，长江流域淹没耕地 5 090 万亩，死亡达 14.5 万人，下游沿江大城市包括汉口均遭水淹；淮河流域淹没耕地 7 700 万亩，死亡 7.5 万人。民国时期，对于这些江河湖泊严重的水旱灾害并未来得及认真治理，只能对河湖溃决堤防做修补。1938 年国民政府为防御日寇南侵，在郑州花园口扒开黄河大堤，使河南、安徽、江苏三省 5.4 万平方千米土地成为泽国，1 200 多万人受灾。黄河主流自颍河入淮，淮河北岸支流普遍淤积破坏，正阳关以下淮河干流淤积严重。到 1947 年花园口堵复后，淮河才恢复为独立的水系，但已经破败不堪，形成大雨大灾、小雨小灾、无雨旱灾的局面。同时，原黄河下游大堤多年未经行洪，也已千疮百孔，鼠穴獾洞不可胜数。因此，治淮、治黄成为新中国成立后首位的治水任务。

尽管水旱灾害频繁，民不聊生，但中国人口从 17 世纪中期到 1949 年却增加了 3 倍，达到 5.4 亿人。在占全球陆地面积 6.4%的国土面积上养育着全球 1/5 的人口。新中国成立后，面对的是清朝中期以后人口膨胀、水旱灾害深重的局面，河湖面貌更是满目疮痍，破败不堪。

首先，在1949年新中国成立时，我国河湖基本处于无控制的自然状态，水系紊乱，又经过长期乱围乱垦，河道排洪能力与流域产洪流量极不适应，大多河流缺乏足够洪涝出路，江河湖泊体系尚不足抵御10年一遇～20年一遇的中小洪水危害。当时全国共有堤防约4.2万千米，保护面积广大的七大江河重要堤防也均为沿袭历代治水旧制加固改造，不少已经年久失修，质量很差。著名的黄河大堤、荆江大堤、淮北大堤、钱塘江海塘等，在新中国成立之前每逢汛期，防汛非常紧张。号称最坚固的石砌堤防，如洪泽湖大堤、钱塘江海塘，由于是木桩基础，在旧社会长期运用后也出现多处险工险段。很多江河湖泊则尚无防洪措施，小水小淹，大水大淹。洪水调节水库或控制工程更无从论及。明代建成的洪泽湖水库已在三河溃决近百年，全国仅有的6座大型水库（丰满、水丰、镜泊湖、闹德海、二龙山、太平池）防洪作用很小。洪水监测和预报的手段也相当落后，全国仅有水文站148个，水位站203个。从全流域看七大江河中下游重要河段防洪能力都在防御20年一遇洪水以下。黄河下游河床淤积较高，一旦堤防决口，很容易出现改道。海河上游9大支流来水，而下游干流多年淤积已不能承泄任一支流的洪水，被冲开了多处减河，分洪入海，成为一种奇观，但仍不能承泄全部洪水。1939年大水时，下游主要河道决口79处，洼地一片汪洋，天津市区受淹一个半月。新中国成立前，水系紊乱，河道断续，防洪能力极低。严重的河湖洪水威胁成为中华民族的心腹之患。

其次，江河湖泊兴利程度很差，水资源利用水平低下。我国绝大部分处于温带地区，气温适宜，雨量适中，本来应是农作物高产地区。但是，由于历史上水土资源开发不当，种植技术还属自然状态，广种薄收，所以农产品单位面积产量很低。1949年按播种面积计算的粮食单产只有每亩141.8斤，按人口平均的粮食产量每年209公斤，人均国民收入仅66元。近半数人口衣不蔽体，食不果腹。1949年，全国仅有灌溉面积2.4亿亩，不到总耕地面积的1/5。其中大部分在可以自流引江河水源灌溉的平原或低丘区，以及一些依靠小型堰塘或人力车水的河网区。其中著名的大灌区有历代兴建的四川都江堰灌区、黄河宁蒙河套灌区、新疆内陆河下游灌区以及近代开发的陕西泾惠渠灌区等。尽管有些大型工程设计巧妙，延续千年，但一般灌区普遍缺乏水源调蓄，灌溉保证率低，工程简易，时毁时修。泾惠渠即借用秦时郑国渠之雏形在近代复建。1949年时，全国大中型水库只有23座，在大型水库6座中有3座属以发电为主的水库。水力发电装机容量仅36万千瓦，除丰满、水丰两处外，其他都在一些小河上，大江大河的水能资源基本上没有开发。原装机容量最大的丰满水电站，设计56.3万千瓦，到新中国成立前夕，可投入运行的仅14.3万千瓦。内河航道基本处于天然状态，通航里程7.4万千米，航道等级不高，航运设施落后。元代沟通的京杭运河受黄河改道影响，只能从南四湖以南通行小型驳运船只。抗战时规划并修建的綦江多级船闸，因缺经费，泄水闸下游未修消力池，航道未能完善。

再次，缺乏对水利基础资料的调查搜集和全面系统规划。我国地域辽阔，大江大河经过长期变迁，都已形成源远流长的水系，其他中小江河湖泊也有各自的流域和水系。治水是一项系统工程，必须有科学、妥善的流域综合规划作为指导。在新中国成立前，虽在黄河、长江、淮河、海河和珠江设立了流域机构，全国建立了350多个水文站点，开展过一些勘测设计工作，但由于技术设施简陋，调查研究工作不足，基础资料相当贫乏。全国大比例尺流域地形图采用旧时期的陆军图，精度很低。在这样的基础条件下，近代水利工作者汲取国际上对密西西比河、伏尔加河等河流综合规划的经验，编制过一些规划，如《顺直河道治本计划报告书》《永定河治本计划》《导淮工程计划》《长江治本计划大纲》《治理吴淞江初步计划》等。但是这些规划由于时代条件的限制，绝大部分当时没有能够实施，而成为新中国成立后全面开展规划的参考资料。

新中国成立后，面临着全国进入和平发展的环境，人口剧增，经济快速发展，粮食需求大增，迫切需要加强江河治理，减免水旱灾害，大力开发水资源，从而开启了全民大办水利的新局面。

## 二、新中国对江河的治理开发

我国有古训:"善治国者必先治水"。新中国成立后,党和政府对水利工作高度重视。60余年来,我国对大江大河进行了全面系统的治理,规模之宏大,覆盖地区之广泛,为历代所未有。经过60多年建设,大江大河主要河段基本具备了防御新中国成立以来发生的最大洪水的能力,中小河流和湖泊也在抓紧治理,灌溉、水电、航运、水土保持各项事业全面发展,为保障国民经济和社会发展发挥了重要作用。

### (一)新中国江河开发治理的基本历程

新中国成立初期,党和政府就把江河治理工作列在恢复和发展国民经济的重要地位,提出水利建设的基本方针是防治水患,兴修水利,以达到大量发展生产的目的;党和政府倡导"人民水利为人民",并在"水利是农业的命脉"号召下,大兴水利治理江河湖泊。同时研究制订各河流的治本计划。1950年中央人民政府发布《关于治理淮河的决定》,开展了以治淮为先导的大规模江河治理工作。此后,毛泽东主席发出"一定要把淮河修好""要把黄河的事情办好""一定要根治海河"的伟大号召,表达了全国人民整治江河、造福人民的坚强决心和强烈愿望。至1978年,全国已有江河防洪堤达16.5万千米,保护面积达到4.8亿亩,建成各类水库8.4万座,其中大型水库311座,总库容4 000亿平方米,初步形成了大江大河防御洪水灾害的工程体系。

三峡水利枢纽

改革开放后,水利工作的着重点从建设转移到建设与管理并重。1988年,继《中华人民共和国水法》颁布后,《中华人民共和国河道管理条例》也颁布实施。1998年大水后,中央下发了关于灾后重建、整治江湖、兴修水利的若干意见,进一步加大水利投入,我国江河治理出现新的高潮。20世纪90年代以来,随着水利投入的增加,大江大河治理明显加快。长江三峡、黄河小浪底和南水北调等举世瞩目的水利工程相继开工兴建,实现了中国几代人孜孜以求的梦想。随着长江三峡工程的建成,三峡水库和长江堤防联合运用,大大提高了长江中下游防洪标准;黄河小浪底、万家寨枢纽工程的建成、调水调沙运行,以及黄河下游堤防工程的达标建设,进一步完善了黄河中下游的防洪工程体系;新一轮治淮工程全面展开,规划确定的骨干工程全面完成,初步形成防御流域性大洪水的防洪工程体系;太湖综合治理规划确定的骨干工程建设完成,大大提高了流域防洪安全、供水安全和生态安全保障能力;松花江、辽河、珠江等大江大河干流堤防建设和海河治理步伐也明显加快,防洪标准明显提高。目前,全国七大江河中下游均可防御新中国成立以来发生过的最大洪水。此外,塔里木河、黑河等流域综合整治工程取得重大进展,生态保障能力显著提升。20世纪末,中央提出了"全面规划、统筹兼顾、标本兼治、综合治理、兴利除害结合、开源节流并重、防汛抗旱并举"的治水方针。相应地,水利部对江河治理方略做出调整,提出从控制洪水向洪水管理转变,从单一抗旱向全面抗旱转变，为我国经济社会全面、协调、可持续发展提供保障。

这一时期，通过兴建一大批水库调蓄水源，同时建设各种调水工程和取用水工程开发利用水资源。到 2010 年，全国水资源使用量达到 6 022 亿立方米，全国水电装机突破 2 亿千瓦，内陆水运里程达 12 万千米。

2011 年，中共中央 1 号文件《中共中央国务院关于加快水利改革发展的决定》首次以水利为主题发布。文件指出，"水是生命之源、生产之要、生态之基。"要继续实施大江大河治理，"十二五"期间抓紧建设一批流域防洪控制性水利枢纽工程；加快中小河流治理和小型水库除险加固，大力发展民生水利，实现人水和谐。同年 7 月，中共中央首次召开水利工作会议，对落实 1 号文件精神作了全面部署。2014 年，习近平总书记对保障水安全发表重要讲话，又提出了"节水优先，空间均衡，综合治理，两手发力"的治水思路。江河治理迎来一个新的黄金时期。

### （二）新中国江河治理开发的特点

新中国成立 60 余年江河治理发展历程，总体趋势上与国民经济和社会发展水平相对应，也体现出一些阶段性特点：

一是突出重点，统筹兼顾。新中国成立初期，我国江河治理的重点集中在七大江河（黄河、长江、淮河、海河、辽河、珠江、松花江）中下游洪涝灾害严重区域。因为这些江河的洪水灾害历来是我国的心腹大患，不抓紧治理，不足以保障民众的安全与稳定。改革开放后，仍以大江大河为治理重点，同时对其上中游治理开发也得到重视加强，特别是各大江河上中游的水土保持工作，也得有了长足进展，重点治理地区的生态、经济和社会效益成效显著。长江上中游初步治理水土流失面积 8 万平方千米，年均减少土壤侵蚀量约 1.5 亿吨；黄河流域初步治理水土流失面积 20 万平方千米，年均减少入黄泥沙 3 亿吨。21 世纪初以来，七大江河中下游洪水调控工程体系基本建立。国家强调民生水利的发展，对每年产生洪灾众多而分散并直接影响民生环境的中小河流，逐步加强治理。例如，属于各大江河支流的中小河流、独流入海及内陆河流，也逐步加强工作。对新疆塔里木河、西藏"一江两河"在世纪之交都加快了治理步伐。

二是标本兼治，讲求实效。江河治理是一项艰巨复杂的系统工程，实践证明，必须把流域作为一个整体进行综合治理，才能有效地兴利除害。新中国成立初期，国民经济困难，1950—1952 年三年恢复时期，大部分地区治水只能在各条河流上治标性的以堵口复堤为主，加高加固堤防，恢复提高河湖蓄泄洪能力。在此基础上，从淮河开始，在全国范围内开展了以防控水旱灾害为重点的主要江河治理工作，并在各大支流修建了一大批综合利用水库。随着国家"一五""二五"等五年计划的实施，陆续在各大江大河开展了大规模的工程建设。突出的是在 1958 年"大跃进"之后，全国 1 亿立方米以上库容的大型水库猛增到 300 座。据统计，至 20 世纪 70 年代末，大江大河堤防总长度达 16.5 万千米，修建各类水库 8.4 万余座，主要江河开辟了蓄滞洪区，初步进行了河道治理，初步形成了防洪抗旱工程体系。改革开放后，我国江河治理工作实行工程措施与非工程措施相结合的方针，加强了预警预报系统建设，防洪预案建设取得突破，并且加强了法制建设，确立了以行政首长负责制为主体的防汛责任制等。到 21 世纪初，七大江河治理初步达到标本兼治的目标，但其他中小河流大部分仍只能先治标、再治本，陆续全面开发治理。

三是科学规划，与时俱进。新中国成立以来，我国江河治理工作基本是在流域规划的基础上进行的。新中国成立初期，即开展大江大河综合规划，但各大江河规划基本以控制性工程规划布局为主。改革开放以来，随着社会经济形势的变化以及江河治理方针的转变，我国再次开展了七大江河流域综合规划，确定了主要江河流域开发利用的总体布局。经过"八五"至"十一五"4 个五年计划，我国主要江河的防洪能力、调蓄能力和供水能力得到显著提高，保障和促进了经济社会的良好发展。1998

年长江、松花江大水后，中央对水利工作方针再次做出调整，水利部组织开展了七大江河流域的防洪规划和综合规划，以及《全国水资源规划》，对保障国家防洪安全、供水安全、生态安全，促进水资源可持续利用，起了重要作用。到 2009 年七大流域防洪规划全部通过国务院批复。到 2012 年，七大流域综合规划全部获国务院批复。

四是政府主导，群众参与。新中国成立初期，我国大规模的江河治理工作与广大人民群众迫切希望摆脱洪涝灾害以及安定生活、发展生产的愿望不谋而合，调动了亿万群众投入江河治理的积极性。广大农民以义务或低酬投工、投劳，支持了江河治理工作的开展。据统计，水利建设中农民的投入按当时的标准估算，大体上与每年国家的投入相当。改革开放以后，国家取消了农民义务工制度，政府逐步增加水利投入，水利基本建设得以加速进行。此外，还多方面利用世界银行和亚洲银行贷款，世界粮农组织粮油无偿援助等。进入 21 世纪以来，我国国力日盛，国家投入水利的能力日强。2000 年，国务院出台了《关于加强公益性水利工程建设管理的若干意见》（国发〔2000〕20 号），要求水利基本建设资金管理要严格执行国家基本建设资金管理办法，专款专用，严禁挤占、挪用和滞留，使水利发展更为迅速。2002 年，国务院办公厅转发国务院体改办《水利工程管理体制改革实施意见》，将纯公益性水管单位定为事业单位，其他还有准公益性水管单位和经营性水管单位。负责江河治理工程管理的部门基本上属纯公益性单位，其经费主要由政府财政资金开支。使江河治理等水利工程得到良性运行机制的支持，改善可持续利用条件。

五是锐意改革，推陈出新。新中国成立之初，水利设施极其简陋，著名的黄河、长江大堤上鼠穴、獾洞、蚁（白蚁）穴不可胜数，成为极大隐患。黄河大堤方面，发明了锥探、灌浆等方法加固；长江采取了治蚁（白蚁）等方法。由于缺乏水泥、钢筋、木材等物资，只能"以土代洋"，很多水库都选用了土坝，甚至人工运土。在缺乏碾压设备情况下，盛行水中倒土、土中倒水等土办法筑坝，也带来一些质量问题。之后，不断进行改造灌区续建配套和险库险闸除险加固。发展到 21 世纪初，三峡大坝和南水北调（东、中线）建成后，我国已经具备了建设和管理世界一流水利工程的能力。在防汛抗旱方面，20 世纪中不少地方还是千军万马上阵，到世纪之交，大部分转变为利用遥感遥测进行防汛抗旱调度管理，水利工程管理能力有很大提高。

六是总结提高，创新理念。从新中国成立初期简单的"人民水利为人民"，到毛主席提出"水利是农业的命脉"，发动农民大搞水利，掀起全国水利建设高潮。其间经过"大跃进"时，"蓄、小、群"方针的误导，水利规划设计建设都受到一定影响。"文革"后，在水利建设低潮时，曾提过"加强经营管理，提高经济效益"的水利工作方针，开始建设与管理两手抓。20 世纪八九十年代，更为重视水环境治理。1980 年召开全国第四次水土保持工作会议，研究贯彻国务院颁发的《水土保持工作条例》。水库移民问题也引起国家的重视。80 年代开始，强调"依法治水"，颁布施行《中华人民共和国水法》《河道管理条例》《水土保持法》《防洪法》等。1998 年党的十五届三中全会明确要求，把兴修水利摆在全党工作的突出位置，提出水利建设要坚持全面规划，统筹兼顾，标本兼治，综合治理的原则，实行兴利除害结合，开源节流并重，防洪抗旱并举，下大力气解决洪涝灾害、水资源不足和水污染问题。进入 21 世纪，水利部提出了可持续发展治水思路，从工程水利向资源水利、从传统水利向现代水利、可持续发展水利转变，以水资源的可持续利用保障经济社会的可持续发展。2011 年，中央一号文件发布和中央水利工作会议召开，2012 年，党的十八大强调了加强生态文明建设，使水利建设呈现出前所未有的大好局面。在国家科学发展、可持续发展的总体方针指引下，水利界又提出：人与河流和谐发展，以及保持河流健康生命等理念。2014 年，水利部发出"关于加强河湖管理工作的指导意见"，指出总体目标是：到 2020 年，基本建成河湖健康保障体系，建立完善河湖管理体制机制，努力实现河湖水域不萎缩、功能不衰减、生态不退化。我国江河湖泊的治理还有很长的路要走,还需要在实践中不断创新理念,指导江河湖泊治理的发展。

### 三、新中国对大江大河大湖的治理开发

我国流域面积在 20 万平方千米以上的河流有 10 条。习惯上,将流域内人口密集、工农业发达的松花江、辽河、海河、黄河、淮河、长江和珠江,称为七大江河。对江河流域范围内的较大湖泊,也并入其所在江河范围一并规划治理。七大江河均处于我国东部季风气候区域,其中下游平原地面高程低于江河洪水位,是我国洪水灾害最为严重的地区。与此同时,七大江河中下游地区也是我国经济最发达,人口和城市分布最为集中的区域。粗略统计,这一区域总面积约占国土面积的 8%,但人口约占全国的 40%,耕地占全国的 35%,工农业产值占全国的 60%,在国民经济和社会发展中占有举足轻重的地位。因此,七大江河的治理和开发,自新中国成立以来,一直是我国防洪减灾的重中之重,是我国国土开发整治的重大工程之一。七大江河之外,塔里木河地处我国西北内陆,是保障南疆地区经济发展、自然生态和各族人民生活的生命线,在国防、交通方面也具有重要作用,也是新中国重点治理开发的大江大河之一。

#### (一)长江治理

长江是我国第一大河,中下游人口密集,经济发达,但水旱灾害严重。新中国成立后,按照"蓄泄兼筹、以泄为主"的方针和"江湖两利""左右岸兼顾""上中下游协调""工程措施与非工程措施建设并举"的原则进行治理。长江堤防体系包括长江上游堤防约 3 100 千米,中下游干流堤防 3 900 千米,支堤和圩垸 3 万多千米,滨江海塘 900 余千米。新中国成立之初,在 1954 年大水后,即对干流堤防进行了全面加固,其后历年进行了维修加固。1998 年大水时,干堤仅出现九江一处溃口。1998 年后全面加固达标。在中下游平原洼地,兴建了荆江分洪区、洪湖隔堤工程、汉江杜家台分洪工程;建成了汉江的丹江口、资水的柘溪、修水的柘林、青弋江的陈村、沮漳河的漳河、唐白河的鸭河口、沅水的五强溪、清江的隔河岩与水布垭、澧水的江垭等大型水库;洞庭湖区、鄱阳湖区和太湖流域的圩垸地区进行了防洪和排灌系统的建设。2009 年随着三峡工程的建成,流域形成以三峡工程

洪湖长江干堤

杜家台分洪闸

为骨干,以堤防为基础,干支流水库、湖泊、分蓄洪区、河道整治相配套的防洪工程体系,三峡以下干流达到防御百年一遇洪水标准。同时,结合水土保持等非工程措施,流域防洪抗旱能力显著提升,有效应对了 1998 年流域型大洪水和 2006 年川渝大旱等历次特大洪水和严重干旱灾害,成功抵御了频繁发生的台风和山洪灾害袭击,最大程度地减轻了灾害损失,为保障流域经济社会发展和人民安居乐业作出了重要贡献。此外,随着对长江上游干支流水资源的开发利用,金沙江、雅砻江上一批梯级开发的水电站水库如溪洛渡、向家坝正陆续建成,岷江紫坪铺水库、嘉陵江亭子口水库也已建成。这些都将有利于长江上游水电、灌溉、防洪等事业的发展。从长江流域引水到华北的

南水北调东、中线一期工程，也在2014年通水，西线正在规划。对我国形成"四横三纵"的大水网格局极为有利。

## （二）黄河治理

黄河是我国的"母亲河"，也是世界著名的"害河"。新中国成立以来，我国对黄河治理首先是对黄河大堤进行加高加固、修建滞洪区，其后在黄河中游干支流上，先后修建了三门峡水利枢纽、陆浑水库、故县水库和小浪底、万家寨水利枢纽。在黄河下游两岸1 370余千米的临黄大堤先后实施了4次加高培厚，进行了放淤固堤；建设险工135处、坝垛护岸5 279道，控导工程布局日趋完善；标准化堤防建设也逐步实施；先后开辟了北金堤、东平湖滞洪区，大功分洪区，齐河、垦利展宽区等分滞洪工程。经过多年建设，目前基本形成了以中游干支流水库、下游堤防和河道整治工程、蓄滞洪区工程为主体的"上拦下排、两岸分滞"防洪工程体系。同时，还加强了防洪非工程措施和人防体系建设以及下游滩区安全建设。依靠这些防洪措施和沿黄广大军民的严密防守，战胜了1958年22 300立方米每秒、1982年15 300立方米每秒等12次超过10 000立方米每秒的大洪水，彻底扭转了历史上黄河下游"三年两决口"的险恶局面，取得了连续60多年伏秋大汛堤防不决口的辉煌成就，保障了黄淮海平原12万平方千米防洪保护区的安全和稳定发展。黄河上中游的梯级开发水电站水库如龙羊峡、刘家峡等大部分也已建成，对调节黄河上中游水资源以及防洪、防凌等工作都起了良好作用。黄河中游万家寨水库的建成，为引黄入晋在高原地区利用黄河水资源打下了基础。黄河下游随着小浪底水库的建成，利用一系列水库开展了黄河调水调沙试验，这是迄今为止世界上规模最大的人工原型试验，是新中国治黄史上的重要成就，为争取黄河下游河道长期稳定进行了科学的探索。据统计，截至2012年，黄委会已连续组织开展了13次黄河调水调沙。其中，2002—2004年开展了3次不同模式的调水调沙运用试验，2004年后转入正常生产运行。黄河13次调水调沙，累计进入下游总水量509.12亿立方米，下游河道共冲刷泥沙3.9亿吨。通过小浪底水库拦沙和调水调沙运行，黄河下游主槽河底高程平均被冲刷降低2.03米左右，主槽最小过流能力由2002年汛前的每秒1 800立方米恢复到2011年的每秒4 100立方米。此外，黄河自1999年实施统一调度以来，使有限的黄河水资源得到了合理配置，从2000年起黄河下游没有断流。

小浪底水利枢纽调沙

## （三）淮河治理

淮河是新中国最早开始全面治理的大河。根据1950年政务院颁布的《关于治理淮河的决定》和

"蓄泄兼筹"的方针，在干支流上游修建了南湾、薄山、佛子岭、梅山等近20座大型水库；中游整治干支流堤防、疏浚河道，拓展行蓄洪区并在润河集附近建中游控制蓄洪工程，加固洪泽湖水库；下游拓浚了入江水道，修建灌溉总渠，并对沂沭泗流域也开展了治理。1991年淮河、太湖流域发生特大水灾，国务院确定加快治淮、治太工作。随着1991年国务院确定的治淮19项骨干工程的建成，淮河流域形成了由宿鸭湖、鲇鱼山、梅山、响洪甸等大型山丘区水库，临淮岗洪水控制工程，茨淮新河、怀洪新河、入江水道、入海水道、淮沭新河等分洪河道，淮北大堤、洪泽湖大堤、里运河大堤等堤防，濛洼、城西湖、城东湖、瓦埠湖、姜唐湖、荆山湖等行蓄洪区，洪泽湖、高邮湖等平原水库及湖泊组成的防洪工程体系，流域防洪标准有较大提高。淮河干流上游防洪标准由不足5年一遇提高到约20年一遇，中游淮北大堤保护区及重要城市防洪标准由不足50年一遇提高到100年一遇，下游由不足100年一遇提高到100年一遇以上，沂沭泗河中下游地区防洪标准由不足20年一遇提高到50年一遇，淮河流域的防洪安全屏障更加坚固可靠。

怀洪新河西坝口节制闸

临淮岗工程（淮委）

### （四）海河治理

新中国成立后，为保护首都安全，首先在1952年开始建设永定河官厅水库，加固干支流堤防和洼淀滞洪区。1958年"大跃进"期间，修建了大批支流山谷水库。海河流域自1963年大水以来，按照"上蓄、中疏、下排、适当地滞"的治理方略，初步建立了由水库、河道及堤防、水闸枢纽、蓄滞洪区组成的防洪工程体系，形成了各河系"分区防守，分流入海"的防洪格局。发源于背风坡的主要河流，除拒马河外，都建有大型水库，基本控制了山区洪水。各主要支流河系分别开辟了规模较大的分流入海河道，如潮白新河、永定新河、子牙新河等，改变了过去泄洪能力上大下小、集中在天津入海的不利局面。永定河左堤、千里堤、滹沱河北大堤、漳河及卫运河左堤等堤防为海河流域防洪的四道防线。1963年大水以后，各大型水库共拦蓄超过下游河道安全泄量的洪水133次；主要河道堤防没有发生过溃决，保障了下游广大地区的防洪安全。

### （五）珠江治理

珠江干流区只有珠江三角洲一片，上游东、西、北江呈扇形分布，规划分别治理。新中国成立后，首先对三角洲一片采取治标的办法，加固堤围修筑电力排灌工程排除内涝。在主要支流上：东江水系陆续建成以新丰江、枫树坝和白盆珠水库及堤防组成的防洪工程体系；北江水系形成飞来峡水库和北江大堤等堤库结合的防洪工程体系；西江水系龙滩电站和百色水利枢纽基本建成，大藤峡水利枢纽在2014年已立项，准备实施。珠江三角洲以堤防防洪为主，在上游水库联合调度的基础上（大藤峡建成后），可达100年一遇～200年一遇防洪能力。目前，珠江流域有江海堤防5 800多处，总长2.2万多千米，各类水库15 100多座，各类水闸8 500余座，大中型水库总库容860多亿立方米。堤防大多为10年一遇～20年一遇防洪标准，部分重点堤防达50年一遇～100年一遇，初步形成堤库结合的防洪工程体系。随着防洪工程体系的建成，流域内防洪减灾效应明显，特别是连续五次实施枯水期水量调度，确保了澳门、珠海等三角洲地区1 500多万人的饮水安全。2006年，珠江流域防汛抗旱总指挥部成立，积极组织、协调各省（自治区）防汛抗旱，有效减少了洪灾损失和人员伤亡。

### （六）松花江、辽河治理

该两大流域为我国东北老工业基地所在地。流域内较中部和东部沿海地带相对地广人稀，特别是三江平原和松嫩平原，湿地兼黑土地较多，是我国在20世纪垦荒重点之一。经过数十年农业开发，东北已成为我国新兴重要粮食基地，江河治理也更为重要。辽河在20世纪50年代进入丰水期，连年大水水灾严重，1954年开始修建浑河大伙房水库，以后陆续在下游的支流修建清河、柴河、参窝、观音阁等水库，扩建柳河拦沙坝闹德海水库。60年代扩建上游东辽河二龙山水库，在西辽河修建红山水库和他拉干等一批平原水库。整修加固了辽河堤防和大批城市防洪堤。将大辽河和辽河干流在浑河口以下彻底分开，使大辽河专泄浑河、太子河洪水，减轻辽河干流泄洪压力。到20世纪末，又修建了辽河干流石佛寺等水库，可以调节辽河干流百年一遇洪水。沈阳市防洪能力已达300年一遇，其他大型城市防洪能力也都已达标。目前，辽河流域重点防洪河段堤防长2 505千米，大中型水库142座，总库容384.56亿立方米，为辽河流域多年平均年径流量的94%。其中，石佛寺水库是辽河干流上唯一的控制性水利枢纽，2005年一期工程顺利建成，可使辽河下游平原防洪标准由30年一遇提高到100年一遇。松花江流域在日伪占领时期曾在松花江干流上修建了丰满水电站，其水库库容较大，可以适当调节松花江洪峰。新中国成立后，加固整修松花江干流和嫩江沿岸堤防，重点加强涝区排水工程，包括三江平原疏通十条排涝河道的治理工程，松嫩平原排水工程等，还建设了一些机电灌排站。从20世纪70年代开始，流域内修建了引嫩工程，以大型渠道引嫩江水供大庆油田及灌溉使用。在松花江一级和二级支流上，修建有洮儿河、察尔森水库，石头口门、龙凤山、泥河、西泉眼等水库。其他还修建一批干流水电站如白山、红石、莲花等水电站水库。但只能解决支流或干流上游防洪问题，对干流下游防洪作用不大。经过1998年大水考验，主要支流嫩江出现特大洪水，峰高而且持

尼尔基水利枢纽鸟瞰

续时间长，直接威胁松花江干流下游哈尔滨、富锦等城市的安全，因此，抓紧在嫩江下游修建了尼尔基水库可以全面削减嫩江洪峰，结合防洪堤和滞洪区建设，可大大提高松花江干流下游防洪标准。哈尔滨市结合堤防加固和滞洪，可达200年一遇防洪标准。松花江流域干流重点防洪河段堤防长3 270千米，有大中型水库178座，总库容为429.5亿立方米，为松花江流域多年平均年径流量的33%。齐齐哈尔城市防洪标准由50年一遇提高到100年一遇，嫩江齐齐哈尔市以上河段防洪标准由20年一遇提高到50年一遇，齐齐哈尔市以下至大赉河段防洪标准由35年一遇提高到50年一遇。经过大规

模的防洪工程建设，松花江流域防洪工程体系已初具规模，基本形成了库、堤、蓄滞洪区结合，功能较齐全、设施较完善的防洪体系。松花江干流上还待修建哈达山大型水库。该库建成后，可以联合嫩江的尼尔基水库向辽河调水，实现松辽两大流域水资源调配。

### （七）太湖治理

太湖平原属长江流域，是我国经济最发达地区之一。该流域水利基础条件较好，大部分属平原圩区。新中国成立后，主要是依靠群众拓浚河道，加固圩堤，重点加固外围的北部江堤、南部钱塘江海塘；并在流域内部疏通浏河（原娄江）入江，开通太浦河入海，但未修通。上海市建成黄浦江防洪墙及海塘。环湖陆续加固了太湖围堤，在山区修建了一批山塘水库，并在浙江省加固了保障杭州的东西苕溪下游防洪工程。1991年太湖流域大水，圩区受灾严重，从太浦河以下炸开圩堤泄洪入海。1991年后，相继建成了望虞河、太浦河、环（太）湖大堤等11项治太骨干工程，太湖流域初步形成了洪水北排长江、东出黄浦江、南排杭州湾，充分利用太湖调蓄，"蓄泄兼筹、以泄为主"的流域防洪骨干工程体系，可以防御50年一遇洪水，在抗御1991年、1999年和2009年流域洪水中发挥了显著的防洪减灾效益，同时为2002年起实施改善太湖水环境、充分利用水资源的引江济太工程的顺利实施，提供了重要的工程保障，也创造了今后进一步提高防洪标准的能力。

### （八）塔里木河治理

塔里木河是新疆南疆人民的"母亲河"。流域水资源和生态环境保护，不仅关系流域自身的生存和发展，而且在民族团结、社会安定、国防稳固方面，也起着重要作用。20世纪50年代以来，流域内各支流灌区扩大了近一倍。为此，修建了多处平原水库并在80年代开始修建克孜尔大型山谷水库，其后又继续修建乌鲁瓦提等大型综合利用的山谷水库。受气候变化和人类加强开发利用水资源，流域内多条源流相继脱离干流。2001年，国务院批准实施《塔里木河流域近期综合治理规划报告》，决定修复塔里木河流域脆弱的生态环境。至2012年，先后12次实施向塔里木河下游生态输水，其中水头9次到达尾闾台特马湖，下游生态环境得到初步改善。据监测资料，同近期综合治理前相比，距主河道1千米以内的地下水水位由至地面7米以下回升到2~4米；地下水矿化度由高于3~11.1克每升降至1.5~26克每升；天然植被恢复面积达105万亩，植被盖度增加最大的英苏一带增量达5倍以上；沙地面积减少了130万亩，塔克拉玛干、库鲁克塔格两大沙漠合龙的趋势得到有效遏制，治理前218国道197处经常被沙埋的问题基本得到解决。同时，随着干流多处闸坝的相继建成，通过有的放矢地向沿河林区泄洪，大量的盐渍化耕地得到改良；以往难觅踪迹的野生动物也已常见。同时提高了有限水资源的利用效率，使干流上中游林草植被得到有效保护和恢复，河道两侧已有相当数量的次生苗出现，林草覆盖面积呈现出逐年扩大的趋势。另外，流域各地在加强原始生态保护的同时，大力加强人工生态建设，有力地促进了流域整体生态环境的改善。

新中国成立60多年来，在"除害与兴利相结合"治理方针指导下，我国对大江大河大湖进行了全面系统治理。目前，我国七大江河已经实现了源头加强水土流失治理；中游有控制性水库枢纽拦蓄洪水，调节水资源；下游广大的平原区有合理地堤防挡水，防御洪水漫流，形成规整河道，中下游主要河段基本具备了防御新中国成立以来发生过的最大洪水的能力。重要的水资源开发利用工程基本形成，开始注意了对水环境的治理。旧中国江河泛滥、洪涝肆虐的落后局面得到了彻底扭转。

## 四、新中国对中小河流的治理

通常，我国将不属于中央直管的大江大河以外的河流称之为中小河流，包括七大江河支流、独流入海河流、内陆河流等。据2013年第一次全国水利普查公告，我国流域面积在1万平方千米以上的河流228条，流域面积在1 000平方千米以上的河流2 221条，流域面积在200平方千米以上的河流

9 270条。我国大部分江河发源于山区，中下游则形成丘陵间冲积盆地或冲积平原。平原区大多位于江河洪水位以下，是洪水易发地区，洪涝灾害十分频繁。山丘区中小河流常常引发山洪，造成的灾害十分频繁。我国大陆海岸线全长约18 000千米，众多单独入海的中小河流除洪灾外，经常遭受风暴潮灾害。一些滨海地区，由于海平面上升与地面沉降，造成洪水位的抬高，加重了洪涝灾害。另据资料，全国有防洪任务的639座城市中，567座位于江河支流与其他中小河流上，其防洪标准在20年一遇或不到20年一遇的占82.7%。根据统计，这些位于中小河流上且防洪标准在20年一遇以下的城市，集中了全国城市75%的工农业产值和全国工农业产值的1/2。

新中国成立以来，我国人口剧增，对水资源开发利用量也迅速增加，带来一些中小河流过度开发，从而形成河流干枯、地下水水位下降、水污染等环境问题，成为新世纪中迫切需要注意解决的重大问题。

### （一）中小河流治理基本情况

如前所述，新中国成立以来，国家以防御七大江河中下游洪水灾害为重点，进行了大规模的江河治理。在中小河流治理方面，可以分为两类：一类是大江大河主要一级支流，影响大江大河干流治理，同时本身也灾害严重的，由中央列入大江大河流域规划，结合地方，统一治理；另一类是为当地减灾和水资源综合开发利用的中小河流治理，如独流入海的钱塘江、闽江、韩江，七大江河的次要支流、国际界河、内陆河流等，治理工作基本以地方为主，防洪、灌溉、发电、航运相结合，多目标综合开发利用。对其中重点工程或贫困地区，中央个别给予扶持。由于各地条件不同，治理的标准高低不一。治理的目标也多限于保护中下游人口密集的平原地区。对更小的河流尚无力顾及，只能对威胁人口集中的区、县城镇河段，修建一些保护堤防或围垸。

第一，与大江大河干流洪水成灾关系密切且本身灾害严重的严重，由国家支持抓紧治理。这方面突出表现在淮河支流与汉江的治理上。淮河流域是我国第一条大中小河流全面治理的流域（包括沂沭河治理）。由于淮河干流属羽状河流，其洪水来源分散来自上游支流、中游的北部坡地洪水和南部山地洪水。因此，对上中游支流的中小河流洪涝旱灾全面进行了治理。上游支流河道上分别修建了浉河南湾等12座大型水库，多座中小型水库，并进行沙颍河等河道治理，结合水库的修建，建成一批水库灌区。在支流洪汝河、沙颍河上修建了老王坡、蛟停湖及泥河洼等蓄洪区。上游支流河道的治理大体上按20年一遇防洪标准。在二级支流也根据防洪供水要求，建成一批中小型水库，如在潢河支流田铺河上修建了8 500万立方米库容的香山水库，结合堤防保护下游新县县城，达20年一遇防洪标准。淮河中游南部为山丘区，支流山高水急，是干流洪水主要来源之一，已修建众多山谷水库，如淠河佛子岭、史河梅山水库等，相应地还修建了淠史杭等大型灌区。其中，梅山灌区（史河灌区之一）还支持了古代安丰塘灌区的改造。中游淮北支流均属坡地平原河道，洪涝难分，60多年来以挖河筑堤为主，一般按20年一遇防洪，3年一遇～5年一遇排涝为治理标准。但在各支流下游接近淮河本干的涝区，由于外河水位较高，治理有相当困难。为了解除淮河干流洪水压力，减轻淮北各大支流下游防洪排涝困难，在淮北沿淮河干流流向开挖了茨淮新河和淮洪新河，以2 000立方米每秒的流量使中游淮北诸河直接泄洪入洪泽湖。在淮河下游除治理泄洪干流入江水道、开挖入海水道外，还兴建灌溉总渠、徐洪河等排灌排涝河道。在苏北里下河区，疏浚治理新洋港等四大港，并在出海口建挡潮闸。在各大港之间，发动群众整治出沟渠纵横的众多灌排河道，使里下河区从过去屡遭灭顶之灾的"锅底坑"变为灌排自如的丰产地。淮河可以说是新中国成立60多年来大、中、小河道同步治理比较完整的河道。

另外一个治理的典型例子是汉江治理。汉江是长江最大支流，汇入长江口门正处于武汉市中心，洪水威胁汉口、汉阳和江汉平原，地位重要。过去中游曾出现5万立方米每秒洪峰淹死4万人的重灾。下游武汉市附近右岸境垸堤三年两决口。因此，治理长江兼以治理汉江为重点之一。1953年，在汉江下游修建杜家台分洪区，1958年修建丹江口水库，其后在干流上游陆续修建了石泉、安康水电站，在支流上建成白河鸭河口水库、堵河黄龙滩水电站。在汉江一二级支流上建成的大型水库达23座，全流域建成的大、中、小型水库超2700座。汉江干流上的水库，在1956年专编《汉江流域规划要点报告》，大多统一纳入长江治理规划，由国家支持修建。支流上的大、中、小水库，分别由地方政府结合群众力量修建。60年来，汉江干流上、中、下游的堤防已经全面加固，其中，上游汉中段按20年一遇治理；中游丹江口水库至钟祥、下游钟祥至汉口，由于丹江口水库的调节标准较高，结合分洪区、分洪道，总的是要保障江汉平原和汉口市防御100年一遇洪水。汉江的支流堤防则分别不同情况由地方政府组织群众实施。例如汉江上游的玉带河，流域面积831平方千米，中部围绕陕西宁强县城。1949年后在县城段修建浆砌石防洪堤，在罗村坝乡修建拦河坝。1959—2005年先后修建城市防洪堤27.4千米，建成小（2）型水库7座，灌溉面积达1254公顷，水电站装机6.78万千瓦，山区还开展大量水土保持工程，修建梯田，营造林木。宁强县城附近还修建了橡胶坝，形成人工水面的景区。在安康水库上游的岚河，流域面积2126平方千米，属于较小河流。但中游北岸有岚皋县城，历史筑有多处防洪堤，标准很低，新中国成立后，20世纪60年代，在岚河岚皋段修筑防洪堤，开挖河道修建丁坝。70年代后又建成岚河岚皋县城段新河堤、龙爪子拦河坝、蔺河乡河堤、佐龙镇河堤，和沿线35处人畜饮水工程、8处节水灌溉工程，使流域内水利条件和民居环境得到改善。七大江河中，其他如海河、黄河、辽河、松花江的主要一级支流都得到以上情况的治理。

第二，主要为当地减灾和结合水资源开发利用的中小河流治理。其中包括：①独流入海河流，大的如钱塘江、闽江、韩江等，中小的如浙江甬江、福建九龙江、广东九洲江、海南南渡江等。钱塘江下游是自古以来就已修建的著名海塘，新中国成立后，逐年进行了现代化改造。上游于1957年修建新安江水电站，1978年全部投产，发电装机66.25万千瓦，同时可以调节水源、防洪灌溉、航运、养殖、旅游。其余干支流上还兴建了大量水电站，其水库库容较大的有富春江、紧水滩、滩坑、湖南镇、分水江等。这些分支上的水电站水库除开发利用水电、调水等作用外，对防洪也起了相当大的作用，使钱塘江沿岸在多次台风暴雨的侵袭下得庆安澜。福建九龙江上游二级支流船场溪，规划了多年的中型水电站，但没有建成。河水多次淹没南靖县城，灾情严重。20世纪80年代，由水利部专项支持兴建南一大型水库，彻底解决了南靖县城的防洪问题，还作为一项龙头水库，使地方上得以在下游修建一系列小型梯级电站，全县受益。②大江大河次要支流、内陆诸河、边境河流等需要治理的江河，绝大部分已经由地方政府组织进行了治理，其中个别重要的工程由国家给予支持。例如，新疆第一座山谷大型水库——克孜尔水库，由国家支持兴建，而南北疆所有平原水库都是由地方政府或建设兵团兴建的。1980年后，我国边境界河的护岸全部由国家投资兴建，以免国土流失。其他河流上保护面积较小的堤防、护岸，也全部由地方政府组织群众修筑。

综合以上两个方面来看，新中国成立60多年来，中小河流治理的成绩显著。全国现有8.9万座水库，大约95%以上是为中小河流治理而修建的。其中，大型水库650座中，600座以上都是主要为中小河流治理开发服务的。现有河道堤防30万千米，也绝大部分分布在中小河流和海堤上。60多年来，我国以政府动员、全民参与，开展了各地的治河工作，创造了历史上的奇迹。

进入21世纪以来，中小河流特别是其中较小的河流，由于多数洪水防控能力较低，出现局部的"大雨大灾、小雨小灾"情况。但从全国来看，积少成多，每年中小河流灾害反比大江大河为重。因此，2011年中央一号文件提出要加快中小河流治理，优先安排洪涝灾害易发、保护区人口密集、保护对象重要的河流及河段，加固堤岸，清淤疏浚，使治理河段基本达到国家防洪标准。中小河流治理成为民生水利的重要组成部分。

### (二) 中小河流治理措施

中小河流治理是民生水利的重要内容，关系城乡经济发展，也是全面建设小康社会和向现代化迈进的必经之路。"十二五"水利发展规划指出，防洪减灾方面，要基本完成重点中小河流（包括大江大河支流、独流入海河流、内陆河流）重要河段治理。目前，中小河流治理采取的对策主要有：

一是转变观念，按照人与自然和谐相处的理念，使中小河流治理与改善环境并与大江大河治理协调发展。目前，地处经济发达地区的各省、直辖市均已开展对境内中小河流有重点地治理工作，有的在上游修水库，拦洪，蓄水，发电，综合开发利用水资源；有的疏浚、扩挖河道，改善水环境，建设清水河道；有的进行水系联网，河湖连通，调节丰枯，治理旱涝，都取得了很好的效果。有一批洪水危害严重的河道，如汉江、澧水、渭河、东江以及淮河中上游一批支流，已在国家支持下开展大规模治理。但不少中小河流的系统治理程度较差，水资源利用与环境问题未能统筹兼顾，有的开始形成新的生态环境问题。2012年，北京市区发生"7·21"大水，据北京市公布，受灾面积1.6万平方千米，成灾面积1.4万平方千米，受灾人口190万人，因灾死亡37人，经济损失近百亿元。事后，北京市计划在4年内实现全市中小河道防洪排水全部达标。随着我国人口增长、工业发展，占用中小河流滩地、污染河流水质问题，时有发生。总之，要转变思路，增强全民抗灾减灾意识，只有治理好中小河流，才能使我国水环境逐步赶上发达国家，实现现代化。

二是加强中小河流规划。我国部分重点中等河流曾由各地分别进行过规划，多数中小河流尚无成熟的流域规划。根据新时期中央治水新思路，大部分中小河流均需要重新调整或编制规划。在新编规划中统筹协调大江大河与中小河流治理的关系，在中小河流水系内部要协调好山洪治理与骨干河道治理的关系，防御普通洪水与大洪水的关系，防洪排涝与蓄水抗旱的关系，地区与流域之间的关系，农村与城市的防洪、供水关系，大中小型工程的关系，工程措施与非工程措施的关系等。要全面、统筹、协调处理好规划中遇到的各种问题，以开展好治理工作。近期水利部已布置40余座重点中小河流进行全面规划，准备开展进一步治理工作。

三是加大对中小河流治理的投入。中小河流治理主要由各地负责，中央对跨省重点河流给予一定的支持。中小河流治理面广量大，首先要对洪涝灾害严重、影响人口集中的地区的河流开展治理工作。21世纪初以来，地方财政有很大好转，中央也逐步加大了专门对中小河流治理的投入。特别是对中西部有些困难地区的中小河流治理，中央给予大力支持，加大了投入的比重。

四是沿海感潮中小河流要解决好河口治理问题。感潮河段及河口河道的形成与维持都有其相适应的径流，或平衡的水沙条件。破坏了平衡的水沙条件，河道或淤或冲，以求得新的平衡。在沿海泥质感潮河段，尽管海相泥沙随潮水逆流而上，但因有一定的河川径流冲刷，一般淤积是比较缓慢的。但是，随着经济社会发展，用水量不断增加，入海径流普遍大量减少，感潮河段往往出现严重淤积。为解决河道萎缩问题，部分地区已采取挖河、建挡潮闸等河道整治措施。同时，加强管理，节约用水，充分利用水资源，保护生态环境。

五是加强对中小河流实施流域管理。《水法》规定国家对水资源实行流域管理与行政区域管理相结合的管理体制。七大江河（包括太湖）和各跨省支流已由国务院明确流域管理机构和管理权限，流经青海、甘肃、内蒙古三省区的黑河已由国家建立流域机构，塔里木河也由新疆成立流域管理单位，其他跨省中小河流尚待加强管理。

### 五、新中国修建的人工河渠

新中国成立后，我国修建了众多人工河渠，包括人工运河、灌溉渠道、分洪和排水河道，主要集中在海河、淮河和长江流域。

子牙新河

海河流域。新中国成立后，海河干流为适应泄洪需要，修建了堤距宽达2.5～3.6千米的人工河道——子牙新河，作为洪水主要入海通道，原设计泄洪能力6 000立方米每秒，校核泄洪能力9 000立方米每秒，改变了子牙河系洪水经天津由海河入海的局面。北三河水系开挖了潮白新河、运潮减河、青龙湾减河等，使潮白新河成为北三河的骨干入海通道。永定河水系开辟了入海尾闾——永定新河。大清河水系开挖了赵王新渠，开辟了新盖房分洪道，并按行洪3 200立方米每秒规模开挖了入海尾闾独流减河。漳卫河水系，在四女寺减河基础上，经几次扩大，开挖成漳卫新河。徒骇河、马颊河水系，在黑龙港运东等易涝地区开挖了南、北排河及滏东排河。

淮河流域。新中国成立以来，淮河流域先后开挖了许多分洪水道。淮河水系的主要分洪水道有洪河分洪道、苏北灌溉总渠、淮沭新河、新汴河、茨淮新河、怀洪新河、入海水道等；沂沭泗河水系的主要分洪水道有分沂入沭、新沭河、邳苍分洪道、新沂河等。

长江流域。长江流域的人工河道主要在太湖地区。新中国成立后，太湖地区开挖和疏浚了骨干河道30多条，苏南地区通江河道先后疏浚和开挖了九曲河、新孟河、德胜河、锡澄运河、望虞河、太浦河、常浒河、张家港、七浦塘、白茆塘河、浏河等。湖西腹部地区疏浚了南溪水系和洮滆水系的河道。杭嘉湖地区主要开挖了南排工程长山河、红旗塘，实施了东苕溪导流工程。上海地区主要河道工程有淀浦河、川杨河、大治河、金汇港、油墩港等。

永定新河防潮闸

望虞河

新中国成立后，大力发展灌溉事业，使全国有效灌溉面积从建国初期的2.4亿亩，增加到2010年的9亿亩。至2010年，全国万亩以上灌区6 537处，其中，30万亩以上大型灌区349处。灌溉引水渠道本身也是人工河道，但基本上是间歇性的，灌溉时有水，非灌溉季节就是干沟。不过，大型灌区的总干渠一般规模都比较大，供水时间也比较长，形成中小型河道。这里以全国三个特大型灌区渠道为例进行说明。

都江堰灌区。目前，灌区总灌溉面积已达 1 100 万亩，总引水渠道从宝瓶口引水，下游河分为蒲阳、柏条、走马、江安等河渠进行灌溉，四条渠道可容泄洪水 640 立方米每秒。现代又兴建人民渠、东风渠等，充分利用上游新建成的紫坪铺水库，调蓄水源，陆续扩大灌溉面积。

淠史杭灌区。灌区设计灌溉面积 1 198 万亩，实灌面积 1 000 万亩。灌区从史河、淠河、杭埠河三河引水，分为三条总干渠相互连接，每条总干渠引水量都在 100 立方米每秒以上。

内蒙古河套灌区。灌区历史悠久，历史上系分口取水，灌溉排水系统比较混乱，灌区内碱荒地与农田杂处。新中国成立后，建立三盛公拦河渠首闸，并修建北岸总干渠，统一单口引水，然后从总干渠分渠引水，灌区水源得到统一管理。此外，还疏通沿阴山脚下的五加河作为总排干，灌排系统逐步规范。仅引黄总干渠流量即达到 500 立方米每秒左右，当地号称"二黄河"。总排干上端宽度近百米，深度有 8~9 米，也属中等河流。下端受乌梁素海湖水顶托，排水不畅。全灌区现有灌溉面积已发展到 860 万亩，进一步还可扩展到千万亩左右。

除以上三处灌区规划范围达千万亩级的特大型灌区具有较大的引排水渠道外，还有新疆叶尔羌河、宁夏青铜峡、山东位山三处 500 万亩级的大型灌区，其引水渠道规模也很大。广东省雷州半岛上灌溉面积达 146 万亩的青年运河，河长 76 千米，最大过流量 120 立方米每秒，渠底宽 30 米，正常水深 4~5 米。

人工河道还有一批专门为跨流域调水或通航的河渠，如京杭运河，通榆河，通扬运河，南水北调东、中线一期（西线尚在规划中），京密引水渠，大庆引嫩，东深供水，引黄济青，引青济秦，大伙房输水，黑河引水，引碧入连，引黄入晋，引大入湟（正建），引大入秦，引洱入宾，黔中调水（正建），牛栏江—滇池补水，滇中引水（规划已定），引汉济渭（正建），等等。由于我国水资源分布不均衡，今后还将有一批新建调水工程，如现在规划中的引江济淮、山西大水网的中部引黄、引沁入汾等，继续开辟大量新的人工河渠。这里重点阐述南水北调工程。

南水北调工程是当今世界上最宏伟的跨流域调水工程，分别在长江下游、中游和上游规划三个调水区，形成东线、中线和西线三条调水路线（图 6-1）。工程建成后将与长江、黄河、淮河和海河四大江河构成我国"四横三纵"的大水网，对缓解我国北方水资源严重短缺局面、促进经济社会和生态环境协调可持续发展，具有重大战略性意义。南水北调工程规划最终调水规模 448 亿立方米，其中东线 148 亿立方米、中线 130 亿立方米、西线 170 亿立方米、建设时间约需 40~50 年，整个工程将根据实际情况分期实施。

东线工程是利用江苏省已有的江水北调工程，逐步扩大调水规模并延长输水线路，从长江下游扬州江都抽引长江水，利用京杭大运河及其平行的河道逐级提水北送，并连接起调蓄作用的洪泽湖、骆马湖、南四湖、东平湖。出东平湖后分两路输水：一路向北输水到天津；另一路向东经济南输水到烟台、威海。工程分期实施，其中，一期工程主要调水到山东半岛和鲁北地区，多年平均调水 87.66 亿立方米，抽江设计流量 500 立方米每秒、过黄河设计流量 50 立方米每秒、送山东半岛设计流量 50 立方米每秒，调水主干线全长 1 467 千米。

中线工程从加坝扩容后的丹江口水库陶岔渠首闸引水，沿线开挖渠道，经唐白河流域西部过长江流域与淮河流域的分水岭方城垭口，沿黄淮海平原西部边缘，在郑州以西李村附近穿过黄河，沿京广铁路西侧北上，可基本自流到北京、天津。输水干线全长 1 432 千米。规划分两期实施，其中，一期工程年均调水 95 亿立方米，渠首设计流量 350 立方米每秒（加大流量 420 立方米每秒），穿黄河设计

图 6-1 南水北调东、中、西线工程示意图

流量265立方米每秒（加大流量320立方米每秒），进河北设计流量235立方米每秒（加大流量265立方米每秒），西黑山分水口设计流量（进天津）50立方米每秒（加大流量60立方米每秒），进北京设计流量50立方米每秒（加大流量60立方米每秒），输水干线全长1 432千米。

西线工程在长江上游通天河、支流雅砻江和大渡河上游筑坝建库，开凿穿过长江与黄河分水岭巴颜喀拉山的输水隧洞，调长江水入黄河上游。工程将根据实际情况分期实施，目前正在开展前期规划工作。

### 六、新中国修建的人工湖泊

人工湖泊主要是水库。据《中国水利统计年鉴2011》，截至2010年，我国共建成各类水库8.8万余座，总库容7 162亿立方米。其中，大型水库552座，总库容5 594亿立方米，占全部总库容的78.1%；中型水库3 269座，总库容930亿立方米，占全部总库容的13.0%。

南水北调京石段渠道

长江流域。截至2010年底，长江流域共修建大中小型水库4.5万座（其中太湖流域203座），总库容2 463亿余立方米，其中，中型水库1 160座，库容301亿立方米；大型水库178座，总库容1 884亿立方米。中小型水库多以灌溉为主，兼有发电、养殖等效益，防洪作用有限。大型水库多是综合利用工程，多数以发电或灌溉为主，兼顾防洪，对所在支流的中下游有一定的防洪作用，但对长江中下游平原区的防洪作用不大。以防洪为首要任务的枢纽性水库，目前已建成的主要有三峡水库、汉江丹江口水库、澧水江垭水库。已建成的具有较大防洪作用的水库还有：湖北隔河岩、漳河水库，湖南五强溪、柘溪、皂市水库，江西柘林、万安水库，四川宝珠寺、二滩、紫坪铺、亭子口、向家坝、溪洛渡水库，安徽港口湾、陈村水库等。

黄河流域。新中国成立以来，黄河上中游干支流兴建了一批水库工程。其中重要的大型水库有：干流上建成龙羊峡、拉西瓦、李家峡、公伯峡、刘家峡、青铜峡、万家寨、三门峡、小浪底、西霞院

253

等水库，重要支流上建成的水库主要有黑泉水库、故县水库、陆浑水库等。到 2010 年底，黄河流域共修建大中小型水库 2 773 座，其中大型水库 29 座，总库容 740 亿立方米；中型水库 186 座，总库容 68 亿立方米。

江垭水库

桃林口水库

淮河流域。淮河流域修建大中小型水库 5 700 多座，总库容 270 亿多立方米。其中，中型水库 166 座，总库容 47.8 亿立方米；山丘区大型水库 36 座，控制面积 3.45 万平方千米，占山丘区面积的 1/3，总库容 189 亿立方米。大型水库中，佛子岭水库大坝是亚洲第一座钢筋混凝土连拱坝；响洪甸水库大坝是当时国内最高重力拱坝；梅山水库始建于 1954 年，其大坝是当时世界上最高的钢筋混凝土连拱坝；磨子潭水库大坝是国内第一座钢筋混凝土支墩坝。这些水库建成后，不但发挥了巨大的灌溉、发电、养鱼等兴利效益，而且在大洪水年份，也有效地控制了上游洪水，减轻了下游的洪水灾害。

海滦河流域。滦河干支流和独流入海的陡河、洋河上分别建有潘家口、大黑汀、庙宫、陡河、洋河和桃林口 6 座大型水库，总库容 50.27 亿立方米。其中承担滦河下游防洪任务的只有潘家口水库。大黑汀水库和桃林口水库仅对低标准洪水有一定调蓄作用。北三河水系共建有密云、怀柔、海子、云州、邱庄和于桥 6 座大型水库，总库容 65.03 亿立方米，调洪库容 30.31 亿立方米。密云水库为潮白河控制枢纽，不仅为北京市提供了大量水源，而且控制了山区洪水，保证 50 年一遇以下洪水控泄 600 立方米每秒，可削减洪峰 90% 左右。永定河水系兴建有册田、友谊和官厅 3 座大型水库，总库容 48.56 亿立方米。大清河水系修建有王快、西大洋、龙门、口头和横山岭、安各庄水库共 6 座大型水库，总库容 33.02 亿立方米。子牙河水系修建有岗南、黄壁庄、东武仕、临城和朱庄等 5 座大型水库，总库容 35.3 亿立方米，调洪库容 23.09 亿立方米。漳卫河水系修建了岳城、漳泽、后湾、关河、盘石头 5 座大型水库总库容 27.12 亿立方米，调洪库容 19.99 亿立方米。

珠江流域。截至 2010 年底，珠江流域建成的各类水库约 15 000 多座，总库容 1 056 亿立方米，其中大型 83 座，中型 635 座。主要水库有：东江流域的新丰江、枫树坝、白盆珠等水库，以及增江的天堂山水库；北江流域的飞来峡水库、锦江水库；西江流域的龙滩水库、柴石滩水库、百色水库、青狮潭水库。西江的骨干防洪枢纽大藤峡水库即将建设。

松花江流域。截至 2008 年年底，松花江流域内共有大型水库 33 座，总库容为 419.70 亿立方米。其中，位于嫩江干流上的尼尔基水库、第二松花江上的白山水库、丰满水库和洮儿河上的察尔森水库 4 座水库总库容为 267.61 亿立方米，约占流域大型水库总库容的 63.8%，防洪作用十分明显。

辽河流域。截至 2008 年年底，辽河流域内共有大型水库 39 座，总库容为 219.22 亿立方米。这些水库工程在抗御流域洪水和水资源的综合利用方面发挥了巨大的作用。重要大型水库有红山、二龙山、参窝、大伙房、观音阁、石佛寺等水库。

水库具有防洪、灌溉、发电、生态保护等功能，水库形成的人工湖，水面可以开展旅游、航运、养殖等产业，有重要的社会、经济和生态意义。水库形成的水面，发挥了湖泊所具有的生态环境功能。

此外，大江大河两岸，还修建有一定数量的蓄滞洪区。在洪水发生时，也能发挥湖泊调蓄洪水的作用。

天堂山水库

截至2010年年底，全国各类水库数量从新中国成立前的1 200多座增加到8.8万多座，总库容从约200亿立方米增加到7 162亿立方米；全国建成江河堤防29.41万千米，是新中国成立之初的7倍，相当于环绕地球赤道7圈多；已建各类水闸4.3万座，其中大型水闸567座。

2011年，中共中央1号文件强调水是生命之源、生产之要、生态之基，也指出兴水利除水害历来是治国安邦的大事。新中国成立60多年来，治水成果为国家的发展、人民的幸福生活提供了有力保障。到2010年全国GDP达到40.1万亿元，国民总收入达到40万亿元，人均国民收入3万元（折合约4 270美元）。全国粮食产量达到54 648万吨，人均408千克。可以看出，水利工程对江河湖泊的治理工作来说，基本上可以适应我国建设小康社会的要求。但今后要实现全国的现代化，水利仍属一块短板，需要实现跨越式发展，使河湖水系的水生态环境达到更高的境界，实现国强民富、山清水秀、河湖水系永保安澜。

## 第三节　中国河湖的可持续利用

### 一、河湖之水孕育生命和人类文明

水是生命之源、生产之要、生态之基。河湖承载着循环的水。河湖的变迁与生态的演变、人类的发展息息相关。保护河湖，让河湖水系永续健康、可持续利用，是社会进步的要求。

地球是目前人类所知宇宙中唯一存在生命的天体。唯有地球，提供了维持生命进化的环境——液态水、大气和地表温度。地球诞生于大约46亿年前，经过不断的运动和进化，陆续形成了地壳、原始海洋、原始大气。生命诞生于水。大约35亿年前，海洋中出现了细菌和蓝藻等原核生物，蓝藻的光合作用产生了氧气，使地球上演化出需氧生命。大约12亿～19亿年前，海洋中进化出具有细胞核、叶绿体和线粒体的真核细胞和真核生命，它们具有光合作用和呼吸的能力。大约10亿年前，海洋中产生了最原始的单细胞原生动物。到了大约5亿年前的寒武纪前期，海洋中突发性地出现了各门类的多细胞动物，并迅速地发展出形体多样、构造复杂的生物群类，这个过程被称为"寒武纪大爆发"。在大约4亿年前的泥盆纪，水中出现了以种类繁多的鱼为标志的脊椎动物。经过鱼类漫长的进化，逐步演化出水陆两栖动物、陆地爬行动物、哺乳动物，摆脱了对水体环境的完全依赖，适应了河湖水系滋养的陆地生活，形成了富有多样性生态系统的生物圈。尽管多数生物今天已经离开了海洋，但是在这个演变的过程中，水从生物的外部转化为细胞和生物内部新陈代谢的基本条件。

人类文明依伴河湖水系而生生不息。世界四大文明古国无一不是发育于大河流域。古埃及文明发祥于尼罗河谷。古巴比伦文明发祥于流经美索不达米亚平原的幼发拉底河和底格里斯河。古印度文明发祥于印度河流域。在中国，黄河、长江、珠江、海河、辽河等流域都有丰富的史前人类活动的信息，孕育了数千年的大河文明，农耕社会；历经沧桑，融汇成延绵不断的、大一统的、辉煌的中华文明。现在我国正在全面推进现代化进程，对江河湖泊的开发利用和治理保护都提出了更高的要求。河湖水系将永续滋润着人类文明的不断进步。

## 二、保护河湖是全社会的使命和义务

人类开发利用河湖，既满足了人类发展的需要，也带来了对水系的改变和扰动。从历史的长河看河湖形态并不是恒定不变的。据地质研究，长江金沙江段三江并流区是在2 500万年前喜马拉雅运动时代这一地区地壳持续上升，致使山岭高耸、河床深切形成世界罕见的高山深谷金沙江河谷地段。四川盆地古为内陆海。大约30万～60万年前巫山山脉为两侧河流切穿，四川盆地中水东流入海形成今日壮丽的长江三峡和富饶的四川盆地。黄河流域上中游流经的黄土高原大约起始于120万～70万年前，由于黄土易为水流淘刷，使黄河下游水流含沙量居世界之魁，形成河道水少沙多，易淤善徙频决的特征。虽灾害严重，但也造就了今天富饶的黄淮海大平原。

以前，自然界的运动，包括洪水、地震、河床淤积、地貌变化、气候变化等，是河湖水系变迁的基本因素。随着人口的增加，特别是工业革命以后，人类活动对河湖的扰动越发剧烈。一些超越自然承载能力和违背自然规律的不合理开发利用，甚至演变成对自然的掠夺和对环境的破坏。今天，人类活动甚至成为影响河湖变化的主要因素。

在世界许多人类活动强烈的地方，都曾经经历或正在经历着生态退化、河湖萎缩、水质污染，如中亚的阿姆河与咸海、美洲的科罗拉多河、欧洲的莱茵河与泰晤士河。在中国，河湖也正面临严峻的公开挑战和潜在威胁。20世纪以来，罗布泊、居延海的消失，洞庭湖、白洋淀的萎缩，外流河黄河、海河、辽河的断流，内流河黑河、塔里木河、石羊河的断流，淮河、辽河、太湖、滇池等许多河湖的污染，流域生态系统的破坏，地下水（与河湖水体关系密切）的超采和污染，这些现象说明，许多河湖生存状况在恶化，功能在衰退，资源在耗竭，生态系统在劣化。人类对自然的掠夺必然导致自然对人类的警告和报复。

我国保护河湖的行动已经开始艰难地起步。为了扭转人水争地局面，在洞庭湖、鄱阳湖、太湖等实行了退田还湖、退渔还湖。为了扭转江河断流现象，在黄河、黑河、塔里木河等实行了综合治理、统一调度。为了扭转水质恶化趋势，加强了污水治理和排污管理。为了保护水源区，开展了退耕还林、水源涵养。启动了最严格水资源管理，建设节水型社会。对河湖的保护，在一些范围、一些方面取得了不同程度的效果，然而，河湖环境恶化的趋势尚未得到根本的扭转，保护河湖的事业任重而道远。可以相信的是，保护河湖，维护生态，已经成为中国政府和全社会的共识，全社会将以坚持不懈的努力实现这一目标。

## 三、维持河湖健康生命，保障河湖可持续利用

我国正处在经济社会快速发展的时代。中国的水资源在空间和时间上分布很不均衡，人均水资源量大约只是世界平均水平的三分之一弱。保护河湖水系，就是保护我们的生存空间和发展空间。为了实现中国的可持续发展，必须高度重视水资源、水环境、水生态的问题，刻不容缓地保护河湖水系。首先要树立正确的自然观和世界观，必须以人与自然和谐相处的理念来处理人水关系，人水关系是人与自然关系的缩影。必须坚持在保护中开发，在开发中保护，保护优先。不论是保护还是开发利用，都要顺应自然规律，尊重自然规律。维护河湖健康生命，保持河道通畅，水质清澈，任务极其艰巨，

需要人们付出巨大的努力，使我们生存在一个青山绿水、蓝天白云的美好环境中。

中国的河流湖泊，以其承载的物质流、能量流和信息流，以其提供的资源和环境，支撑着中国的经济发展、社会进步和生活文明。可以说河湖的可持续利用支持着我国社会经济的可持续发展。

《中国河湖大典》旨在了解中国河湖、认识中国河湖，让中国的河湖水系可持续利用，永续造福人民，这就是《中国河湖大典》的用心所在。

# 参 考 文 献

[1] 沈玉昌. 长江上游河谷地貌. 北京：科学出版社，1965.
[2] 孙鸿烈，张荣祖. 中国生态环境建设地带性原理与实践. 北京：科学出版社，2004.
[3] 许炯心. 中国不同自然带的河流过程. 北京：科学出版社，1996：1-277.
[4] 杨逸畴. 神奇的雅鲁藏布大峡谷. 北京：海燕出版社，1997.
[5] 中国科学院《中国自然地理》编辑委员会. 中国自然地理：地表水. 北京：科学出版社. 1980.
[6] 中国科学院《中国自然地理》编辑委员会. 中国自然地理：地貌. 北京：科学出版社，1980.
[7] 中国科学院地理研究所，长江水利水电科学研究院，长江航道局规划设计院. 长江下游河道特性及其演变. 北京：科学出版社，1985.
[8] 陈霁巍. 黄河治理与水资源开发利用：综合卷. 郑州：黄河水利出版社，1998.
[9] 陈永宗，景可. 黄河粗泥沙来源及其变化//黄河粗泥沙来源及其侵蚀产沙机理研究文集. 北京：气象出版社，1989：1-26.
[10] 景可，陈浩. 黄河中游粗泥沙区的面积、数量及基岩产沙. 科学通报，1986（12）：927-931.
[11] 景可，陈永宗，李凤新. 黄河泥沙与环境. 北京：科学出版社，1993：1-248.
[12] 齐朴，李世滢，刘月兰，等. 黄河水沙变化与下游河道减淤措施. 郑州：黄河水利出版社，1997.
[13] 钱意颖，叶青超，周文浩. 黄河干流水沙变化与河床演变. 北京：中国建材工业出版社，1993.
[14] 任美锷. 黄河——我们的母亲河. 北京：清华大学出版社，2002.
[15] 叶青超，景可，杨毅芬，等. 黄河下游河道演变和黄土高原侵蚀的关系//第二次河流泥沙国际学术讨论会论文集. 北京：水利电力出版社，1983：597-607.
[16] 张胜利，李倬，赵文林，等. 黄河中游多沙粗沙区水沙变化原因及发展趋势. 郑州：黄河水利出版社，1998.
[17] 李承三. 长江发育史. 人民长江，1956，10：3-6.
[18] 卢金友，黄悦，宫平. 三峡工程运用后长江中下游冲淤变化. 人民长江，2006，37（9）：55-57.
[19] 沈玉昌. 长江上游河谷地貌. 北京：科学出版社，1965.
[20] 杨达源，李徐生，张振克. 长江中下游所的成因与演化. 湖泊科学，2000，12（3）：226-232.
[21] 杨达源. 长江三峡贯通时代及其地质意义研究//黄土·第四纪地质·全球变化：第三集. 北京：科学出版社，1992.
[22] 杨达源. 长江研究. 南京：河海大学出版社. 2004.
[23] 尤联元. 分汊河型河床的形成和演变. 地理研究，1986，3（4）：12-24.
[24] 中国科学院地理研究所，长江水利水电科学研究院，长江航道局规划设计院. 长江下游河道特性及其演变. 北京：科学出版社，1985.
[25] 周彬，杨达源，韩志勇，等. 长江三峡河段下切速率研究. 第四纪研究，2006，26（3）：406-412.
[26] Barbour G. B. Physiographic history of Yangtze. Geological Memories. Series，1935，A 14：490-509.
[27] Lee C. Y.（李春昱）. The development of the Yangtze valley. Bulletin. Geological survey of China，1933，3：107-118.
[28] Lee J. S.（李四光）. Geology of the Gorge district of the Yangtze with reference to the development of the Gorges. Bull. Geol. Soc. of China，1925，3：382-389.
[29] Yih L. F. et. al.（叶良辅）. Geologic structure and physiographic history of the Yangtze valley below Wushan. Bulletin. Geological survey of China，1925，7：87-109.
[30] 孙鸿烈，张荣祖. 中国生态环境建设地带性原理与实践. 北京：科学出版社，2004.
[31] 杨针娘. 中国冰川水资源. 兰州：甘肃科学技术出版社，1991.
[32] 吴传钧. 中国经济地理. 北京：科学出版社，1998.
[33] 王绍武，董光荣. 中国西部环境特征及其演变//秦大河. 中国西部环境演变评估. 北京：科学出版社，2002.

[34] 丁一汇．中国西部环境变化的预测//秦大河．中国西部环境演变评估．北京：科学出版社，2002.
[35] 陈曦．中国干旱区自然地理．北京：科学出版社，2010.
[36] 周聿超．新疆河流水文水资源．北京：新疆科技卫生出版社，1999.
[37] 汤奇成，曲耀光，周聿超．中国干旱区水文及水资源利用．北京：科学出版社，1992.
[38] 汤奇成，等．新疆水文地理．北京：科学出版社，1966.
[39] 刘燕华．柴达木盆地水资源合理利用与生态环境保护．北京：科学出版社，2000.
[40] 任光和，张志良，胡双熊，等．柴达木盆地．兰州：兰州大学出版社，1990.
[41] 陈隆亨，曲耀光，等．河西地区水土资源及其合理开发利用．北京：科学出版社，1992.
[42] 中国科学院内蒙古宁夏综合考察队．内蒙古自治区及其东部毗邻地区水资源及其利用．北京：科学出版社，1982.
[43] 毛德华．塔里木河流域水资源、环境与管理．北京：中国环境科学出版社，1998.
[44] 王志杰．新疆地表水资源概评．北京：中国水利水电出版社，2008.
[45] 汤奇成，程天文，李秀云．中国河川月径流的集中度和集中期的初步研究．地理学报，1982，37（4）：383－393.
[46] 高前北，等．黑河流域水资源合理开发利用．兰州：甘肃科学技术出版社，1991.
[47] 汤奇成，何希吾，赵楚年．青藏高原的水资源．北京：中国藏学出版社，2003.
[48] 中国科学院《中国自然地理》编辑委员会．中国自然地理：总论．北京：科学出版社，1985.
[49] 中国科学院《中国自然地理》编辑委员会．中国自然地理气候．北京：科学出版社，1984.
[50] 水利电力部水文局．中国水资源评价．北京：水利电力出版社，1987.
[51] 熊怡，汤奇成，程天文，等．中国的河流．北京：人民教育出版社，1989.
[52] 熊怡，张家祯，等．中国水文区划．北京：科学出版社，1995.
[53] 汤奇成，熊怡，等．中国河流水文．北京：科学出版社，1998.
[54] 郦道元．水经注．永乐大典本.
[55] 姚汉源．中国水利史纲要．北京：水利电力出版社，1987.
[56] 姚汉源．京杭运河史．北京：中国水利水电出版社，1998.
[57] 二十五史河渠志．周魁一，等，注释．北京：中国书店，1990.1.
[58] 郑连第．中国水利百科全书：水利史分册．北京：中国水利水电出版社，2004.
[59] 何大明，汤奇成，等．中国国际河流．北京：科学出版社，2000.
[60] 任宪韶．海河流域水资源评价．北京：中国水利水电出版社，2007.
[61] 卢路，于赢东，刘家宏，等．海河流域的水文特性分析．海河水利，2011（6）.
[62] 李元昌，边自然．海河流域人工开挖河道的演变特点及治理．海河水利，2000（3）.
[63] 于淼，魏源送，等．永定河（北京段）水资源、水环境的变迁及流域社会经济发展对其影响．环境科学学报，2001，31（9）.
[64] 毛信康．淮河流域水资源可持续利用．北京：科学出版社，2006.
[65] 秦莉云，金忠青．淮河流域水资源特征及可持续利用．人民长江，2001，32（1）.
[66] 韩曾萃，戴泽蘅，李光炳，等．钱塘江河口治理开发．北京：中国水利水电出版社，2003.
[67] 汪承杰，褚维德．闽江沙溪流域水资源开发利用探讨．自然资源，1988（4）.
[68] 《中国台湾水利》编委会．中国台湾水利．北京：中国水利水电出版社，2000.
[69] 华红安．台湾最长、流域面积最广的河流——浊水溪．水利天地，2008（2）.
[70] 谢锡钦，姚嘉耀，陈正炎．浊水溪下游段河性分析与治理对策．水土保持研究，2005，12（5）.
[71] 何大明，冯彦，胡金明，等．中国西南国际河流水资源利用与生态保护．北京：科学出版社，2007.
[72] 中国科学院西部地区南水北调综合考察队．川西滇北地区水文地理．北京：科学出版社，1985.
[73] 中国科学院青藏高原综合科学考察队．西藏河流与湖泊．北京：科学出版社，1984.
[74] 王苏民，窦鸿身．中国湖泊志．北京：科学出版社，1998.
[75] 窦鸿身，姜加虎．中国五大淡水湖．合肥：中国科学技术大学出版社，2003.
[76] 窦鸿身，姜加虎．洞庭湖．合肥：中国科学技术大学出版社，2000.

[77] 姜加虎，窦鸿身，苏守德. 江淮中下游淡水湖群. 武汉：长江出版社，2009.
[78] 施成熙，汪宪枢，窦鸿身，等. 中国湖泊概论. 北京：科学出版社，1989.
[79] 王洪道，窦鸿身，颜京松，等. 中国湖泊资源. 北京：科学出版社，1989.
[80] 孙顺才，黄漪平. 太湖. 北京：海洋出版社，1993.
[81] 朱海虹，张本. 鄱阳湖. 合肥：中国科学技术大学出版社，1997.
[82] 朱松泉，窦鸿身. 洪泽湖. 合肥：中国科学技术大学出版社，1993.
[83] 中国科学院南京地理与湖泊研究所，兰州地质研究所，南京地质古生物研究所，地球化学研究所. 云南断陷湖泊环境与沉积. 北京：科学出版社，1989.
[84] 王洪道，窦鸿身，汪宪枢，等. 中国的湖泊. 北京：商务印书馆，1984.
[85] 赵魁义. 中国沼泽志. 北京：科学出版社，1999.
[86] 柴岫. 泥炭地学. 北京：地质出版社，1990：8-31.
[87] 刘兴土，等. 沼泽学概论. 长春：吉林科学技术出版社，2006.
[88] 孙广友，张文芬，等. 若尔盖高原沼泽生态环境及其合理开发的研究//中国科学院长春地理研究所. 中国沼泽研究. 北京：科学出版社，1988：305-314.
[89] 陈刚起，张文芬. 三江平原沼泽对河川径流影响的初步分析. 地理科学，1982，2（3）：254-263.
[90] 《中国湿地植被》编辑委员会. 中国湿地植被. 北京：科学出版社，1999.
[91] 林鹏. 中国红树林生态系. 北京：科学出版社，1997.
[92] 刘兴土，等. 东北湿地. 北京：科学出版社，2005.
[93] 白效明，尚金城. 吉林省生态环境及生态省建设的研究. 长春：吉林大学出版社，2002.
[94] Mitsch W. J, J. G. Gosselink. Wetlands. Van Nostrand Reinhold Company, New York, 2000.
[95] 陆孝平，富曾慈. 中国主要江河水系要览. 北京：中国水利水电出版社，2010.
[96] 陆孝平，谭培伦，王淑筠. 水利工程防洪经济效益分析方法与实践. 南京：河海大学出版社，1993.
[97] 钱正英. 中国水利（新版）. 北京：中国水利水电出版社，2012.
[98] 《水利辉煌50年》编纂委员会. 水利辉煌50年. 北京：中国水利水电出版社，1999.
[99] 水利部办公厅，水利部发展研究中心. 水利辉煌60年. 北京：中国水利水电出版社，2010.
[100] 徐乾清. 中国防洪减灾对策研究. 北京：中国水利水电出版社，2002.
[101] 水利部长江水利委员会. 长江流域防洪规划简要报告. 武汉：水利部长江水利委员会，2003.
[102] 水利部黄河水利委员会. 黄河流域及西北诸河防洪规划简要报告. 郑州：水利部黄河水利委员会，2004.
[103] 水利部淮河水利委员会. 淮河流域防洪规划简要报告. 蚌埠：水利部淮河水利委员会，2004.
[104] 水利部珠江水利委员会. 珠江流域防洪规划简要报告. 广州：水利部珠江水利委员会，2005.
[105] 水利部松辽水利委员会. 松花江流域防洪规划简要报告. 长春：水利部松辽水利委员会，2005.
[106] 水利部松辽水利委员会. 辽河流域防洪规划简要报告. 长春：水利部松辽水利委员会，2005.
[107] 水利部太湖流域管理局. 太湖流域防洪规划简要报告. 上海：水利部太湖流域管理局，2005.
[108] 中国水利学会减灾专业委员会. 新中国防汛抗旱60年专辑. 中国防汛抗旱，2009（增刊）.

# 中国河湖水系一览表

# 中国河湖水系一览表编制说明

本表是《中国河湖大典》有关资料的重要汇集、摘录和补充，凝聚着上千编写者的劳动成果，它将为读者全面、集中地展示全国水系的分布现状和一定规模以上的河湖、水库的基本参数，可服务于全国的水利建设和经济社会的可持续发展。

1. 该表由 10 个部分组成，见目录。一般皆以流域面积在 1 000km² 及以上的河流归类，序号也是流域面积 1 000km² 及以上的河流的计数。其填写顺序从源头到河口依次排列，并单占一行，后面即为该河流的支流、湖泊和水库。鉴于有些河流过大或水系复杂，也有以河段区间或湖泊水系的形式单占一行分段填写的，该行后面填写的即为该河段区间或湖泊水系的支流、湖泊和水库。河段区间没有条题号，湖泊水系一般有条题号，但都不统计到序号中，以便能准确记录该流域 1 000km² 及以上河流的数目。

2. 所填河流、湖泊、水库的名称，凡列条者均用蓝色斜体字表示。河流名称后括号内的数字为其流域面积，单位为 km²（有少数河网地区河流流域面积不易确定，采用河长表示；如果是河长，括号内的数字后面有单位 km）；湖泊名称后括号内的数字为其湖泊水面面积，单位为 km²；水库名称后的数字为其总库容，单位为万 m³。

3. 对于国际河流，若为境内面积或河长，在相应数值右上角用 * 标出。

4. 内陆河的流域面积或河长若为出山口以上数值，在相应数值右上角用 △ 标出。

5. 该表第 5 栏流域面积 100～1 000km² 的河流中，如果所列河流为前面所列河流的支流，则无论是几级支流都用一个 [ ] 标出。

6. 如果所列湖泊、水库不属于前面的水系或河段，相关内容单占一行。

7. 因本表的编制工作处于第一次全国水利普查开展前后，表中部分数据和水系关系参考普查成果有局部调整。

备注：

水库分大型水库、中型水库、小（1）型水库、小（2）型水库四类，其中小（2）型水库在表中只填写水库数目，不填写水库名称和库容。各类水库标准如下：

| | |
|---|---|
| 大型水库 | 总库容 10 000 万 $m^3$ 及以上 |
| 中型水库 | 总库容 1 000 万～10 000 万 $m^3$ |
| 小（1）型水库 | 总库容 100 万～1 000 万 $m^3$ |
| 小（2）型水库 | 总库容 10 万～100 万 $m^3$ |

## 中国河湖数据统计表

| 分类号 | 水 系 | 河流（条） | | 湖泊（个） | | 水库（座） | | | |
|---|---|---|---|---|---|---|---|---|---|
| | | 流域面积1000km²及以上 | 流域面积100～1000km² | 水面面积10km²及以上 | 水面面积1～10km² | 大型 | 中型 | 小(1)型 | 小(2)型 |
| 1 | 黑龙江水系 | 224 | 1855 | 87 | 433 | 45 | 180 | 769 | 1291 |
| 2 | 辽河水系 | 61 | 481 | 0 | 57 | 20 | 88 | 258 | 301 |
| 3 | 海河水系 | 82 | 472 | 3 | 2 | 29 | 117 | 309 | 835 |
| 4 | 黄河水系 | 179 | 1226 | 20 | 89 | 37 | 195 | 706 | 1519 |
| 5 | 淮河水系 | 82 | 1017 | 33 | 61 | 40 | 189 | 1021 | 5114 |
| 6 | 长江水系 | 482 | 4176 | 136 | 596 | 198 | 1201 | 7005 | 35897 |
| 7 | 独流入海水系 | 404 | 2341 | 23 | 32 | 136 | 627 | 2734 | 12057 |
| 8 | 珠江水系 | 129 | 932 | 10 | 1 | 65 | 352 | 1627 | 6132 |
| 9 | 海岛水系 | 16 | 114 | 0 | 1 | 20 | 76 | 291 | 724 |
| 10 | 内陆河湖水系 | 365 | 1248 | 396 | 310 | 24 | 133 | 319 | 123 |
| | 合 计 | 2024 | 13862 | 708 | 1582 | 614 | 3158 | 15039 | 63993 |

## 表1 黑龙江水系河湖数据统计表

| 水系（河段） | | 河流（条） | | | 湖泊（个） | | | 水库（座） | | | |
|---|---|---|---|---|---|---|---|---|---|---|---|
| | | 流域面积1000km²及以上 | 流域面积100～1000km² | 水面面积10km²及以上 | 水面面积1～10km² | | 大型 | 中型 | 小(1)型 | 小(2)型 |
| 合计 | | 224 | 1855 | 87 | 433 | | 45 | 180 | 769 | 1291 |
| 海拉尔河段 | | 22 | 178 | 9 | 64 | | 0 | 2 | 4 | 5 |
| 额尔古纳河段 | | 17 | 149 | 0 | 6 | | 0 | 0 | 0 | 0 |
| 黑龙江干流河段 | | 36 | 270 | 0 | 8 | | 3 | 6 | 15 | 9 |
| 松花江水系 | 小计 | 136 | 1172 | 73 | 348 | | 39 | 159 | 679 | 1219 |
| | 嫩江河段 | 60 | 543 | 59 | 253 | | 14 | 49 | 167 | 110 |
| | 第二松花江水系 | 23 | 185 | 2 | 16 | | 13 | 43 | 215 | 659 |
| | 松花江干流河段 | 53 | 444 | 12 | 79 | | 12 | 67 | 297 | 450 |
| 乌苏里江水系 | | 13 | 86 | 5 | 7 | | 3 | 13 | 71 | 58 |

表1-1 黑龙江水系

表1-1　黑龙江水系一览表

| 流域面积1000km²及以上 | | | 河流 | | 湖泊 | | | | 水库 | | | | |
|---|---|---|---|---|---|---|---|---|---|---|---|---|---|
| 序号 | 条目编号 | 河流·河段 | 条目数 | 流域面积100～1000km² 名称 | 水面面积10km²及以上 | | 水面面积1～10km² | | 大型 | | 中型 | | 小(1)型 | 小(2)型 |
| | | | | | 条目数 | 名称 | 条目数 | 名称 | 条目数 | 名称 | 条目数 | 名称 | 条目数 | 名称 | 条目数 |
| 1 | 1 | 黑龙江(1840000) | | | | | | | | | | | | |
| | | 海拉尔河干流区间 | 35 | 兴安里河(208)、大牧丰河(372)[小牧丰河(206)]、克里河(222)、乌尔克其河(156)、大乌尔其汗河(155)、大门德力河(243)[小莫拐队农业点河(168)]、喜旗农业点河(105)、大莫拐河(515)、牧原河(197)、牧原麦点河(135)、永兴河(119)、乌里西沟(246)、十二里沟(111)、石瓦拉沟(143)、胜利沟(137)、东北沟(174)、西北沟(128)、红靡沟(238)、布莫也沟(102)、奥格格浑迪(958)[哈拉格浑迪(253)]、尖山沟(315)、结干希干沟(324)、红胡子沟(120)、团结一队干沟(370)、二道井子沟(470)、索伦浑迪(364)、沟图浑迪(191)、呼吉尔图沟(176)、乌兰浑迪矿沟(739)、西乌珠尔东木沟(742)[修土硝干沟(140)] | 1 | 哈拉湖(24.1) | 11 | 潘扎诺日(3.23)、呼吉尔图诺尔(2.80)、查干诺尔(4.11)、修土硝石湖(1.87)、碱泡子(1.03)、宝日希勒泡子(1.74)、巴里嘎斯湖(1.9)、乌兰诺尔(2.25)、安吉尔图诺尔(1)、莫斯图诺尔(12)、海托哈努湖(1) | | | | | | | 2 |
| 2 | 1.1 | 库都尔河(3484) | 7 | 原林河(366)、太平沟(198)、巴郡尔河(368)[巴郡尔右支河(198)]、海拉尔河右支一河(376)[1045.5高地沟(124)]、西五旗河(152) | | | | | | | | | | |
| 3 | 1.2 | 免渡河(6704) | 4 | 煤查沟(379)、水产沟(110)、十九号点河(100)、大南沟(345) | 1 | 九号泡子(121.0) | | | | | | | | |
| 4 | 1.2.1 | 巴嘎乌尼日高勒(2595) | 7 | 巴嘎乌尼日高勒(232)、乌诺尔河(151)、乌山沟(277)、开伊利他巴河(169)、西岭口河(231)、南大河(838)、乌奴耳鹿场河(176) | | | | | | | | | | |
| 5 | 1.2.2 | 扎敦河(2750.8) | 8 | 白库河(217)、头道其龙沟(103)、北大河(739)[冰井子沟(125)、十六号河(186)]、西彼尔河(232)、三十七公里河(267)、银岭河 | | | | | | | | | | |
| 6 | 1.3 | 桦尼河(1400) | 3 | 额莫尔哈达(124)、哈拉胡顷浑迪(133)、牧场四队河(122) | | | 1 | 特尼河村东无名湖(2.00) | | | | | | |
| 7 | 1.4 | 伊敏河(22640) | 13 | 桑林尔(231)、德廷德高勒(193)、牙多尔高勒(124)、塔日其道(376)、洪古勒吉道(269)[阿拉劳高勒(214)]、浩迪力道河(332)[浩迪力道(103)]、布浑图(142)、伊敏河左一河(201)、浩勒限浑迪(151)、敷伊木沟(140) | | | 6 | 英诺尔(1.27)、多希诺尔(1.8)、呼吉尔诺尔(1.07)、乌兰布拉格(1.12)、覆鲁特(1)、古尔班敷包诺尔(2.97) | | | | 1 | 胡斯图(146) | | 1 |

续表

| 序号 | 流域面积1000km² 编号 | 河流·河段 | 数目 | 流域面积100～1000km² 名称 | 湖泊 水面面积10km²及以上 数目 | 名称 | 水面面积1～10km² 数目 | 名称 | 水库 大型 数目 | 名称 | 中型 数目 | 名称 | 小(1)型 数目 | 名称 | 小(2)型 数目 |
|---|---|---|---|---|---|---|---|---|---|---|---|---|---|---|---|
| 8 | 1.4.1 | 敖宁高勒(2137) | 5 | 布如浑多(122)、威那多高勒(384)、哲日德音(209)、哲日德(154)、尼斯洪堆维纳孕高勒(449) | | | | | | | | | | | 2 |
| 9 | 1.4.2 | 芽柯柯河(1640) | 2 | 额日格图高勒(119)、呼吉尔(169) | | | | | | | | | | | |
| 10 | 1.4.3 | 锡尼河(1565) | 1 | 山海浑迪(258) | | | | | | | | | | | |
| 11 | 1.4.4 | 辉河(11470) | 15 | 呼莫真(575)[伊和威力格(125)、巴嘎巴彦代音都音格左支(121)、呼贵(427)[木毛好来河(182)]、希鲁台金井扎格(275)、那合好米河(498)、呼德仓好米河(800)[呼巴图古支沟(-06)]、哈斯扎拉格(395)、呼给合浑迪支流(226)、毕鲁客浑迪(408)、[阿给合浑迪支流(145)](518) | 1 | 呼和诺日(15.1) | 7 | 巴彦滚西湖(2.17)、巴音查干诺尔(7.88)、哈尔干廷布日(2)、乌兰诺尔(1.44)、塔尔布日诺尔(4.34)、呼吉尔诺尔(1.5)、伊贺诺尔(212) | | | | | | | |
| 12 | | 巴尔毛盖音高勒(1210) | 2 | 准毛查音高勒(271)、勒日很青和(208) | | | | | 1 | 阿拉坦(3639) | | | | | |
| 13 | | 沙巴尔台高勒(1423) | 2 | 准沙巴尔(159)、拉冷哈拉勒娜(253) | | | | | | | | | | | |
| 14 | | 查干巴嘎河(1543) | 2 | 布拉浑达根(109)、乌兰乌东沟(244) | | | | | | | | | | | |
| 15 | 1.5 | 莫东格勒河(4987) | 15 | 布杨河(101)、阿参河(258)、敦达齐格那沟(105)、哈尔温迪(122)、必鲁嘎拉图浑迪(127)、干浩温迪(288)、哈图温迪(610)[爱吉嘎拉图浑迪(125)、沙巴尔诺尔(182)、阿尔布拉格河(130)、海东沟(115)、东明沟(105)、哈巴图沟(540)[干虎腰建树门河(103)、哈达图河(127)井沟(150)]、扎嘎拉音哈日陶勒盖沟(127) | 1 | 呼和诺日(18) | 4 | 查干诺尔(2.3)、白音诺尔(3.2)、巴里嘎湖(1.6) | | | | | | | | |
| 16 | 1.6.1 | 克鲁伦河(92670) | 29 | 阿尔巴乃浑德仓(417)[札娜根包勒德如沟(154)]、沃布多根浩特(147)、查干达郎沟(110)、尚丁音浩(302)、乌勒特(276)、查干包廷浑迪(179)、和斯格林河(195)、巴彦造雷(960)[浑德伦沟(182)]、塔尔仁诺尔(182)、珠勒格特河(964)[乌尔塔河(114)、阿达跟浑迪(224)、头山沟(154)]、莫格尼沟(656)、哈日沟(169)、达钦呼都格二队(710)、牧场二队(195)、达青湖渔场沟(374)、呼伦牧羊沟(116)、泉水沟(269)、哈什根特拉格(211)、扎赉诺尔(162)、霍尔津河(699)[哈拉尔西沟(223)]、德日高森吉格日河(149)、(13) | 1 | 呼伦湖(2342.5) | 14 | 小河口湖(1.02)、东庙湖(1.88)、博乌拉(1.63)、准宁诺尔(1.52)、善丁诺尔(1.45)、湖(1.55)、和斯嘎河(182)、巴尔湖(2.62)、白音诺尔(3.55)、哈日诺尔(1.32)、哈日湖(2.6)、巴润萨吴诺尔(292)、巴润乌和日廷诺尔(6.39)、陶勒盖廷尔(2.02)、勒盐廷尔(1.17) | | | 1 | 乌兰诺尔(5457) | | | |

续表

| 序号 | 流域面积 1000km² 及以上 | | 河流 | | 湖泊 | | | | 水库 | | | | |
|---|---|---|---|---|---|---|---|---|---|---|---|---|---|
| | 河流·河段 | 条目编号 | 流域面积 100~1000km² | | 水面面积 10km² 及以上 | | 水面面积 1~10km² | | 大型 | | 中型 | | 小(1)型 | 小(2)型 |
| | | | 名 称 | 数目 | 名 称 | 数目 | 名 称 | 数目 | 名 称 | 数目 | 名 称 | 数目 | 名 称 | 数目 | 名 称 | 数目 |
| 17 | 哈布其勒河 (1594) | | 杭盖因淖迪 (105)、都日图河 (152)、塔榆力莫吉河 (115)、巴嘎哈如乐河 (267) | 4 | | | | | | | | | | |
| 18 | 木吉盖音扎格拉 (1823) | | 乌勒吉廷都格 (143)、昭日廷扎木拉嘎 (131)、吉布胡郎图沟 (136)、达郎德日斯沟 (287) | 4 | | | | | | | | | | |
| 19 | 乌尔逊河 (10400) | | 呼勒斯特塔诺日河 (462)、音根高日河 (659) | 2 | 乌兰诺尔贝尔湖 (27.69)、哈达乃浩来 (51.2*)、 (119) | 3 | 和日森查干诺日 (2.3)、阿拉林诺日 (1.9)、东河口湖 (1.6)、布日嘎斯特诺日 (1.8)、嘎洛托包伊湖 (4.2)、古日班敖包诺尔 (2.5)、苏敏诺日 (2.3)、伊和沙日乌苏 (3.45) | 9 | | | | | | |
| 20 | 1.6.2.1 哈拉哈河 (8375.82*) | | 三支沟 (366)、金江沟 (194)、哈达南沟 (129)、苏呼河 (693)、古尔班河 (298)、八道山后堵沟 (700)、阿尔善郭勒 (303)、托列拉河 (159)、罕达根郭勒 (571)、莫拉根郭勒 (192.88)、胡得仁河 (109.72) [拜特诺尔] | 12 | 达尔滨湖 (20) | 1 | 1号泡子 (1.43)、3号泡子 (1.60)、八十一大泡子 (1.05)、杜鹃湖 (1.31)、四十九泡子 (1.43)、松叶湖 (3.13)、乌苏浪子湖 (1.53)、鹿鸣湖 (1.73)、查干诺尔 (1.53)、和尔森查干湖 (1.81)、巴彦滚西无名湖 (3.90)、嘎布津托鲁克湖 (1.10) | 12 | | | | | | |
| 21 | 努木尔根高勒 (1099) | | 呼贲勒 (178)、阿尔苏巴根勒音河 (121) | 3 | | | | | | | | | | |
| 22 | 1.6.2.3 好来吉河 (2243.69) | | 宝日根敷包河 (186)、[塔布森特河 (113)]、同金胡日嘎拉吉河 (105) | 3 | | | | | | | | | | |
| 23 | | | 白音诺尔东沟 (194)、海拉图达板沟 (623)、达拉孙浑迪 (225)、阿拉斯魏尔谷沟 (275)、八卡河 (104)、阿尔基马沟 (251)、吉拉林河 (425)、西尔河 (150)、水磨河 (243)、腰板河 (170)、达克旗河 (119)、温河 (101)、吉克达日河 (193)、齐稚河 (161)、阿里亚河 (102)、大甘吉木耳河 (371) [老干河 (134)]、狼须河 (145)、米房沟河 (130)、吉兴均河 (110) | 20 | | | 浩勒包浑日 (3.32)、胡列巴乐吐诺尔 (2.96)、阿日布拉格 (2.53)、二卡牧场海 (3.37)、陶森舒 (1.53)、柴达木淖尔 (2.23) | 6 | | | | | | |
| | 1.6.2 额尔古纳河干流区间 (1151) | | | | | | | | | | | | |
| | 孟和西里沟 (1151) | | | | | | | | | | | | |

续表

| 流域面积1000km²及以上 | | | 河流 | | 湖泊 | | | | 水库 | | | | | |
|---|---|---|---|---|---|---|---|---|---|---|---|---|---|---|
| 序号 | 条目编号 | 河流·河段 | 数目 | 流域面积100～1000km² 名称 | 水面面积10km²及以上 名称 | 数目 | 水面面积1～10km² 名称 | 数目 | 大型 名称 | 数目 | 中型 名称 | 数目 | 小(1)型 名称 | 数目 | 小(2)型 数目 |
| 24 | 1.7 | 西戈力吉河(3187) | 9 | 沙尔乌苏阿木河(112)、兰图南沟(122)、查干茅尔沟(102)、卡勒素沟(568)[柞鲁布克农场河(347)、苏鲁布克农场河(131)、苏彦哈达牧场河(124)、颇格鲁山河(281)、阿莫盖吐浑泊(250) | | | | | | | | | | | |
| 25 |  | 根河(15800) | 29 | 七十一公里河(237)、约安里沟(473)、里沟右支二沟(137)、红胜沟(190)、奥里耶多河(394)、鲁吉刁河(838)、[伊理提马沟(114)、鲁吉刁河(316)、西乌齐亚河(153)、冷布落河(454)、木涌河(270)、支刀木河(416)、达拉河(107)、卡米岗河(152)、育林沟(127)、乌尔根河(258)、乌耶勤格其河(250)、库不库力河(675)、[哲弓库力河(142)、巴罗木库力河(191)]、拉布达栎煤矿西沟(121)、那尔莫格其河(578)、[那尔莫格其西沟(249)]、那不大林主沟(172)、呼鲁海图河(373)、东南沟(226)、西乌里河(149) | | | | | | | | | | | |
| 26 | 1.7.1 | 图里河(3647.68) | 8 | 库郁汉林场南河(143)、开拉气主沟(296)、[西支沟(100)]、西尼气河(396)、[西尼气栎场河(138)]、吉亚沟(143)、哈达沟(128)、达力马沟(164) | | | | | | | | | | | |
| 27 | 1.7.1.1 | 伊图里河(1122) | 1 | 卜奎沟(184) | | | | | | | | | | | |
| 28 | 1.7.2 | 依根河(1302) | 3 | 十九公里河(186)、成勾康河(118)、小依根河(224) | | | | | | | | | | | |
| 29 | 1.8 | 得耳布尔河(6816) | 10 | 上比利亚谷河(109)、二道子河(109)、牧丰场地营子沟(201)、第二瓦卡其利沟(132)、第三瓦卡其利河(110)、盟果梭雅河(201)、酸水泉沟(132)、康达岭谷河(102)、萨克屹梯沟(105)、巴尔扎贯郭勒(340) | | | | | | | | | | | |
| 30 | 1.8.1 | 哈乌尔河(1938) | 1 | 嘎拉嗨沟(101) | | | | | | | | | | | |
| 31 | 1.9 | 莫尔道嘎河(2674) | 8 | 莫尔道嘎西河(113)、多博库塞河(211)、库天坎河(160)、古纳沟(746)、[黑山河(186)、八道沟(114)]、太平镇河(283)、[望火楼北山沟(108)] | | | | | | | | | | | |

续表

| 序号 | 条目编号 | 河流·河段 | 流域面积 100~1000km² 数目 | 流域面积 100~1000km² 名称 | 水面积 10km² 及以上 数目 | 水面积 10km² 及以上 名称 | 水面积 1~10km² 数目 | 水面积 1~10km² 名称 | 大型 数目 | 大型 名称 | 中型 数目 | 中型 名称 | 小(1)型 数目 | 小(1)型 名称 | 小(2)型 数目 |
|---|---|---|---|---|---|---|---|---|---|---|---|---|---|---|---|
| | | | | 流域面积 1000km² 及以上（河流名称后括号内为流域面积） | | | | | | | | | | | |
| 32 | 1.10 | 濑流河 (16700) | 20 | 吉塔河(140)、那拉蒂河(105)、小牛耳河(374)、阿鲁千河(160)、1314高地北沟(230)、三十一农场北无名河(207)、塔加马坎河(398)、二支线河(119)、阿埃秀卡河(219)、莫霍福卡河(125)、阿郎河(113)、满住河(901.6)[那尔尼斯涅河(127)]、那克马河(236)、沙布洛佳西基河(109)]、大特莎玛河(162)、沙加洛佳西南沟(180)、霍洛台河(190)、安嫩娘河(414)、吉岭大河(170) | | | | | | | | | | | |
| 33 | | 金河 (2036) | 6 | 达赖沟(326)、土木老跟河(122)、尼古乃奥罗爱沟(226)、三十七公里南沟(108)、夏戈牙河(182)、下塔克奇河(105) | | | | | | | | | | | |
| 34 | 1.10.1 | 阿龙山河 (1500) | 2 | 乃大乌鲁河(333)、金科河(130) | | | | | | | | | | | |
| 35 | 1.10.3 | 敖鲁古雅河 (1390) | 3 | 约古斯根河(125)、大阿鲁阿亚河(262)、小阿鲁阿亚河(137) | | | | | | | | | | | |
| 36 | 1.10.4 | 安格林河 (1600) | 8 | 蟠福卡河(131)、塔拉坎河(248)、达鲁西亚河(354)、加发塔河(631)[希利基期河(151)]、乌库草河(123)、老加塔塔河(156)、于里亚河(100) | | | | | | | | | | | |
| 37 | 1.11 | 阿巴河 (2391) | 8 | 塞里格河(291)[高勒河(103)]、库多齐河(134)、果露普通吉河(346)、伊里吉其河(535)[阿巴东苏吉河(112)]、尼斯奈伊甲千河(138)(100) | | | | | | | | | | | |
| 38 | 1.12 | 乌玛河 (1829) | 7 | 呼拉岭河(139)、阿娘娘河(114)、乌龙河(135)、乌龙千北河(127)、达拉河(254)、南伊里吉奇河(233)、伊里吉奇河(317) | | | | | | | | | | | |
| 39 | 1.13 | 恩和梨达沟 (2139) | 6 | 拖安赘里河(123)、库里尔河(113)、托龙河(243)、八道千河(498)[八道卡河赤支河(103)]、阿凌河(317) | | | | | | | | | | | |
| | | 黑龙江干流上游区间 | 23 | 兴华沟(100)、北极村河(661)[北极村次沟(103)]、森调库沟(120)、大草甸子沟(131)、西大沟(213)、小阿拉木格河(194)、依西青河(204)、龙沾河(461)[富拉罕河(186)、委西门大沟(205)、水磨沟(171)、胡通河(100)][北胡通河(114)]、道河(226)、大克朗河(199)[北胡朗河(143)、托牛河(288)音河(111)]、石锦河(809)[达音河(199)、大卧牛河(288)、[阿陶沟河(924)[河陶沟沟(178)、三公河(137)] | 2 | 下站长泡子(4)、卜东屯堤外泡子(3) | | | | | 1 | 红旗(574) | |

续表

| 序号 | 条目编号 | 河流·河段 | 数目 | 流域面积100~1000km² 名称 | 湖泊 水面面积10km²及以上 数目 | 名称 | 水面面积1~10km² 数目 | 名称 | 水库 大型 数目 | 名称 | 中型 数目 | 名称 | 小(1)型 数目 | 名称 | 小(2)型 数目 |
|---|---|---|---|---|---|---|---|---|---|---|---|---|---|---|---|
| | | 流域面积1000km²及以上 | | | | | | | | | | | | | |
| 40 | 1.14 | 额木尔河 (16121) | 26 | 玛斯立那河(113)、嘎来奥河(119)、阿夫科洛希河(109)、阿兴苦河(115)、乔鲁马奇河(162)、上阿里亚奇河(376)[下阿里亚奇河(188)]、库乌里埃斐河(258)、大宝尔奇河(113)、奥拉奇河(197)、楚龙沟河(291)、大赤里马河(322)[小赤里马河(138)]、府库奇河(355)、马尼斐河(306)、门都里河(637)[前哨河(156)、莫托卡西河(104)]、老沟河(490)、千沟(120)、龙沟河(120)、大丘古拉河(664)[小道河(108)、小丘古拉河(296)]、毛家大奇(136)、北二根河(298) | | | | | | | | | | | |
| 41 | 1.14.1 | 老槽河 (1627) | 3 | 莫托卡西河(126)、大吉鲁当河(114)、德库里特夫河(155) | | | | | | | | | | | |
| 42 | 1.14.2 | 大林河 (4553) | 10 | 西鹿角欢河(144)、麂角河(146)、人字饮沟河(119)、东林河(116)、西林河(149)、高林河(144)、富克山河(134)、霍洛台河(485)[东霍洛台河(137)]、中林河(119) | | | | | | | | | | | |
| 43 | 1.14.2.1 | 南古莲河 (1200) | 3 | 南古莲河(180)、乌克勒江河(195)、霍拉盆河(150) | | | | | | | | | | | |
| 44 | 1.14.3 | 二龙河 (1423) | 3 | 依林河(116)、博拉葛里河(363)[博拉葛里河支流(131)] | | | | | | | | | | | |
| 45 | 1.15 | 盘古河 (3638) | 10 | 聂河(324)、大布克克里河(145)、大头卡河(249)、上布克里河(118)、布克里河(178)、二根坎河(121)、塔里河(120)、乌里亚河(175)、傻头山河(108) | | | | | | | | | | | |
| 46 | 1.16 | 西东根气河 (3857) | 4 | 峻岭河河(146)、古鲁干河(661)[古鲁干河左支二河(112)]、瓦露丽河(115) | | | | | | | | | | | |
| 47 | 1.16.1 | 小西东根气河 (1675) | 5 | 东人里洁河(103)、广里嗜河(383)、二十一站河(247)、加木扩力平河(130)、双河(141) | | | | | | | | | | | |

续表

| 序号 | 条目编号 | 河流·河段<br>流域面积1000km²及以上 | 数目 | 流域面积100~1000km²<br>名称 | 湖泊 水面面积10km²及以上 数目 | 名称 | 湖泊 水面面积1~10km² 数目 | 名称 | 水库 大型 数目 | 名称 | 水库 中型 数目 | 名称 | 水库 小(1)型 数目 | 名称 | 水库 小(2)型 数目 |
|---|---|---|---|---|---|---|---|---|---|---|---|---|---|---|---|
| 48 | 1.17 | 呼玛河 (31197) | 31 | 第腓鲁波卡第玛霍鲁河 (217)、白呼玛穆鲁河 (100)、阿穆卡第玛鲁河 [小洛杭纳霍鲁玛鲁河 (125)、奥伦诺霍塔库河 (138)、横流河 (142)]、呼源河 (108)、欧拉伶河 (363)、欧宁河 (145)、坡洛戈埃河 (574) [北特多河 (516)]、上埃基西玛亚河 (316) [下埃基西玛亚河 (102)]、条乌卡下河 (382) [上条乌卡下河 (129)]、阿尔浓河 (172)、阿吉丰河 (886)、[大库塔塔音河 (116)、小库塔塔音河 (102)] [大西卡山河 (212)]、哈拉巴 (105)、查拉班河 (723) [内查拉班河 (174)]、十七站河 (151)、布拉格罕河 (121)、奇布沟 (334)、乌苏门河 (406)、博拉沟 (139)、博洛嘎里沟 (142)、张家沿沟 | | | | | | | | | | | | 2 |
| 49 | | 亚里河 (1133) | 4 | 伊加勒门河 (166)、坡鲁卡河 (283)、鲁浜河 (149)、英尼亚勒河 (133) | | | | | | | | | | | |
| 50 | 1.17.1 | 卡玛兰河 (2048) | 6 | 嗄立地斯隔伊河 (121)、人字河 (126)、白朗河拉别 (119)、乌瓦洛哈提河 (135)、阿鲁戈埃河 (536) [下阿鲁戈埃河 (163)] | | | | | | | | | | | |
| 51 | 1.17.2 | 塔河 (6589) | 13 | 沙诺库大河 (195)、柯乌里河 (181)、西里尼亚河 (815)、小库大音河 (197)、阿多内河 (117)、奥摩萨卡埃河 (159)、海来河 (193)、曼拉开河 (202)、穆亚鲁河 (147)、乌鲁喀马诺孔河 (161)、大阿鲁果西那埃河 (180)、小诺木诺孔河 (149)、干部河 (839) | | | | | | | | | | | |
| 52 | | 大乌苏库河 (1359) | 3 | 奥鲁卡提河 (414)[堵孜卡兰河 (127)]、西里尼干河 (202) | | | | | | | | | | | |
| 53 | | 瓦拉干河 (1007) | 1 | 北瓦拉干河 (248) | | | | | | | | | | | |
| 54 | | 依沙溪河 (1280) | 4 | 科多堤沙基河 (166)、吴家碑泥河 (437) [司里里根娜河 (121)、布尔格里罕河 (111)] | | | | | | | | | | | |
| 55 | 1.17.3 | 依勒根河 (3859) | 4 | 长沟顶河 (183)、达拉罕河 (250)、嗄啦河 (482) [吉龙河 (115)] | | | | | | | | | | 1 | |
| 56 | 1.17.3.1 | 内依勒根河 (1232) | 3 | 黑龙沟 (218)、库纳森河 (238)、沙金河 (124) | | | | | | | | | | | |
| 57 | 1.17.4 | 牟纳河 (2240) | 7 | 老焦布靳石河 (127)、空腰囊河 (140)、兴隆大沟 (167)、三叉沟 (124)、骆驼脖子沟 (103)、余伏老沟 (272) | | | | | | | | | | | |
| 58 | 1.17.5 | 古龙干河 (2130) | 3 | 三分沟 (160)、如舟河 (109)、中卡河 (102) | | | | | | | | | | | |

续表

| 序号 | 条目编号 | 河流 | | 湖泊 | | | | 水库 | | | | | |
|---|---|---|---|---|---|---|---|---|---|---|---|---|---|
| | | 流域面积 1000km² 及以上 | | 水面面积 10km² 及以上 | | 水面面积 1~10km² | | 大型 | | 中型 | | 小(1)型 | 小(2)型 |
| | | 河流·河段 | 流域面积 100~1000km² | | | | | | | | | | |
| | | | 数目 | 名称 | 数目 | 名称 | 数目 | 名称 | 数目 | 名称 | 数目 | 名称 | 数目 | 名称 | 数目 |
| 59 | 1.18 | 娜河 (2134) | 2 | 松花河 (223)、北宽河 (336) | | | | | | | | | |
| 60 | 1.18.1 | 汗达河 (1021) | 2 | 羊角河 (242)、葛拉曼河 (273) | | | | | | | | | |
| 61 | 1.19 | 法别拉河 (2902) | 5 | 古兰河 (280)、剌尔滨河 (815)［索东及汗河 (103)］、二道沟子 (175)]、阿东滨河 (286) | | | | | | | | | |
| | | 黑龙江干流中游区间 | 25 | 太阳河 (204)、鹿河 (134)、二道河 (306)、老西水道 (144)、石砬子河 (153)、车陆头水道沟子 (108)、葛贡河 (378)、平阴河 (215)、三道 沟河 (144)、新安河 (226)、温河河 (204)、茅兰 沟 (119)、双桥河 (196)、太平西河 (110)、永安东湖 (124)、东小河 (529)、[旱河 (400)[西北小横河 (166)、鸭蛋河 (529)]、[旱河大马连站河 (166)]、上连河 (104)、东其利河 (32km)]、上连站干 (71km:30km)、勤得利河 (26km)、被鸭蛋河总干 (29km)、黑鱼泡河 (29km) | | 边疆湖 (1)、西山湖 (4)、东山湖 (1)、黑鱼泡 (5)、腰屯大泡子 (3)、八岔泡 (1) | 6 | 象山 (33400) | 1 | 卧牛河 (5773) | 1 | 红旗 (445)、红色 (149)、跃进河 (130)、永安东湖 (709) | 4 | | 5 |
| 62 | 1.20 | 公别拉河 (2803) | 6 | 秀水河 (127)、义气罕河 (202)、石匠河 (317)、阿凌河 (327)、洪湖吐河 (398)、库纳尔河 (322) | | | | | | | | | |
| 63 | 1.21 | 逊毕拉河 (15743) | 13 | 小科河 (109)、八地沟 (205)、南河 (205)、猪肚子河 (326)、[东茅兰河 (830)、茅兰河 (140)]、小佔不起河 (161)、哈拉气口子河 (150)、大公河 (150)、小公河 (103)、卜达敏河 (377)[小卜达敏河 (106)]、麒麟河 (113) | | | | 西河 (14600) | 1 | 宋集屯 (1740)、富地督子 (9681) | 2 | 哈拉台 (992) | 1 | | |
| 64 | 1.21.1 | 辰清河 (2032) | 5 | 兴安河 (193)、长青河 (179)、卡西鲁河 (316)、平顶河 (234)、汤滚河 (127) | | | | | | | | 红跃 (139)、虎山 (333)、兴华 (109) | 3 | | |
| 65 | 1.21.2 | 二龙河 (1075) | 1 | 二龙 (291) | | | | | | | | 钟山 (116)、卡德门 (245) | 2 | | |
| 66 | 1.21.4 | 沾河 (6578) | 14 | 北沾河 (503)、大乌兰河 (153)、乌斯孟河 (178)、三道薪泥河 (355)、大吉岭奇河 (221)、二道薪泥河 (130)、霞东达奇河 (114)、乌拉敏河 (215)、三道干河 (100)、头道新尼其河 (120)、尧疙敏河 (330)、义气敏河 (391)、甫各河 (209)、九清河 (194) | | | | | | | | 前进 (115) | 1 | |
| 67 | 1.21.4.1 | 都鲁河 (1598) | 3 | 西都鲁河 (138)、二道二可河 (104)、头道二可河 (188) | | | | | | | | 茂岚 (172) | 1 | |

续表

| 序号 | 流域面积1000km²及以上 | | | 河流 | | 湖泊 | | | | 水库 | | | | | |
|---|---|---|---|---|---|---|---|---|---|---|---|---|---|---|---|
| | 条目编号 | 河流·河段 | 流域面积100～1000km² | | 水面面积10km²及以上 | | 水面面积1～10km² | | 大型 | | 中型 | | 小(1)型 | | 小(2)型 |
| | | | 数目 | 名称 | 数目 | 名称 | 数目 | 名称 | 数目 | 名称 | 数目 | 名称 | 数目 | 名称 | 数目 |
| 68 | 1.21.5 | 乌底河(1029) | 1 | 小乌底河(115) | | | | | | | | | | | |
| 69 | 1.22 | 库尔滨河(4968) | 10 | 都鲁滨河(155)、西玛鲁河(160)、克拉鲁河(244)、霍吉河(248)、克林河(382)[大布苏济河(130)]、乌鲁木河(206)、阿廷河(719)[阿廷河第一支流(335)]、都尔滨河(285) | | | | | 1 | 库尔滨(39000) | 2 | 宝山(5800)、乌松岗(2020) | 1 | 白石(330) | 1 |
| 70 | 1.22.2 | 二皮河(1089) | 2 | 皮河(411)、格勒必勒河(103) | | | | | | | | | | | |
| 71 | 1.23 | 乌云河(2949) | 7 | 乌伊河(278)、西米千河(490)[西米千河右支一河(171)]、北伊支流河(153)、扎克大支流河(300)、清蒸馆河(106)、西支流河(163) | | | | | | | | | 1 | 红石(171) | |
| 72 | 1.24 | 结烈河(1014) | 2 | 大翁棊河(146)、翁棊河(138) | | | | | | | | | | | |
| 73 | 1.25 | 乌拉嘎河(1166) | 2 | 西北岔河(278)[上马奇河(100)] | | | | | | | | | | | |
| 74 | 1.26 | 嘉荫河(2101) | 4 | 笑山河(159)、西南岔河(199)、杜家河(192)、中心沟(286) | | | | | | | | | | | |
| 75 | 1.27 | 松花江(556800) | | | | | | | | | | | | | |
| | | 嫩江干流区间 | 49 | 右南翁河(185)、阿鲁卡裤河(174)、伊拉康河(277)、南阳河(593)[南阳河左支一河(124)]、二根河(960)[二根河土河(113)]、638.8高地西河(128)、库尔库河(295)]、拉河(684)[嘉河(2.50)、加格达奇河(133)]、北界河(237)、九里小河(239)、李里图河(392)、北界河(198)、古利库河(884)[古利库河(108)]、增碰山台河(120)、古里小河(108)]、大阿尔格开河(318)、八十里小河(117)、克尔克土河(177)、夫头河(175)、茑塔河(245)、克尔克土河(177)、夫金河(638)、高地西河(212)、奋兴东沟(106)、哈水磨沟(684)[嘉河(208)、固雨河(210)、哈里图河(684)[嘉河(290)、北界河(149)、伊斯坎大尔嘎里(155)、多金河(371)、郭恩河(837)[鄂恩吉坡河(104)、喀布楚花日格河(169)、小图日特仿河(133)、丰产河(104)、赤卫沟(129)、新安沟(215)、库勒主支流(167)、永强沟(104)、广信大沟(169)、莫(191)、丰勒河(843)[广信大沟(111)]、八平沟(136)、大沟(200)、托力河(368)[一运河(163)] | 6 | 哈尔琺泡(40)、老莉莓泡(18)、哈达泡(10.42)、鲁山泡(15.5)、格泡子(12.6)、时雨大泡子(10.4) | 36 | 鸿雕泡(2.7)、莫伊海泡(9)、北湖(7)、高山泡(4)、东湖(4)、秦湖(2)、黎明泡子(2)、王家泡(2.50)、根宝店泡(1.50)、韩福元泡(2.50)、嫫泡(4.60)、小南湖(2.00)、乌兰昭泡(3.03)、吴樏头泡(2.76)、嚛木拉泡(2.00)、衣勒泡(9.50)、好来宝泡(3.00)、兴鹤湖(1.18)、哈布它海拉泡(8)、仙鹤湖(3.59)、哈店泡沁(1.46)、富稻纸浆西泡(2.2)、黑泡(7.43)、秦湖(2.12)、东四家子北泡(2.09)、南湖(3.51)、宁姜湖(2.18)、龙哈拉泡(3.67)、龙泉泡(1.58)、马牛泡(4.23)、南湖(2.57)、兴俭泡(3.7)、王海山泡(2.42)、王海山泡(2.67) | 1 | 尼尔基(861000) | 3 | 西江(2219)、宏胜(4419)、南湖(2583) | 11 | 古里农场(504)、小黑山(630)、七队(243)、年(170)、前进(195)、中心(434)、建设(114)、北山(101)、宏大(109)、五家子(490)、王焕(951) | 6 |

275

续表

| 序号 | 流域面积1000km²及以上 | | | 河流 | | 湖泊 | | | | 水库 | | | | | |
|---|---|---|---|---|---|---|---|---|---|---|---|---|---|---|---|
| | 河流·河段 | 条目编号 | 数目 | 流域面积100~1000km² | | 水面面积10km²及以上 | | 水面面积1~10km² | | 大型 | | 中型 | | 小(1)型 | 小(2)型 |
| | | | | 名称 | 数目 | 名称 | 数目 | 名称 | 数目 | 名称 | 数目 | 名称 | 数目 | 名称 数目 | 名称 数目 |
| 76 | 宇诺河(1384) | 1.27.1 | | | | | | | | | | | | | |
| 77 | 卧都河(1488) | 1.27.2 | 4 | 伊洛特河(102)、枣眼河(291)、泉呼河(317)[庄武河(138)] | | | | | | | | | | | |
| 78 | 那都里河(5428) | 1.27.3 | 7 | 左支二河(114)、北氵[辶](183)、拉气河(333)[古利河(142)]、兴天沟河(164)、柯哇黑河(104)、格根那河(122) | | | | | | | | | | | 1 |
| 79 | 古里河(2879) | 1.27.3.1 | 7 | 三十五公里河(120)、马家河(346)[624高地西河(124)]、小古里河(998)[739高地河(101)]、大金河(246)、白音河(198) | | | | | | | | 加区古里(1576) | 1 | | |
| 80 | 多布库里河(5760) | 1.27.4 | 15 | 乌鲁卡河(351)、小海拉吉奇河(108)、大海拉义河(113)、嘉拉巴奇河(218)、库除河(299)、大杨气河(604)、大八代河(172)、小杨气河(183)、大甸河(299)、母子官河(415)、四十里大甸河(107)、大二根河(128)、伊斯哈奇河(171)、榨山河(124)、勃音那河(200) | | | | | | | | | | | |
| 81 | 欧肯河(1602) | 1.27.5 | 2 | 右支河(130)、晓瓦力毕拉字河(228) | | | | | | | | | | | |
| 82 | 门鲁河(5378) | 1.27.6 | 6 | 三道卧冬河(160)、当同卧冬河(137)、北河(244)、窝黄东小河(123)、座虎窝河(194)、喜鹊河(417) | | | | | | | | | | | |
| 83 | 泥鳅河(2392) | 1.27.6.1 | 7 | 大河里河(152)、裸河(135)、金水河(147)、小泥鳅河(278)、北小河(101)、母猪河(197)、霍龙门沟(120) | | | | | | | | | | | |
| 84 | 科洛河(8539) | 1.27.7 | 21 | 东臣牛河(112)、西臣牛河(127)、麦海河(317)[麦海河(541)[风水河(169)]、鄂洛诺河(136)、乌库音河(231)、白云岱河(154)、麦海北(51氵)、小边坡(314)、板石河(548)[夏家店后沟(607)]、小岔人气河(203)、何大泡子河(156)[北岔子河(92)]、老虎沟(132)、山沟(121)、四十里河(234)、高台沟(136)、嫩北西沟(220)、狼洞沟(272) | | | | | | 白云(1089)、民兵(1165)、炮台山(1286)、东风(2700) | 4 | | 9 | 板石沟(900)、一水库(160)、二水库(423)、马铃薯(130)、五水库(130)、六水库(182)、朝阳(238)、奋斗(969)、红旗(341) | 6 |
| 85 | 沐河(1785) | 1.27.7.1 | 5 | 南岔子河(104)、塔溪河(360)、鄂头河(272)[小鄂头河(10)]、土石沟(198) | | | | | | | | | | | |

续表

| 序号 | 条目编号 | 河流 流域面积1000km² 及以上 | | | 湖泊 | | | | 水库 | | | | | |
|---|---|---|---|---|---|---|---|---|---|---|---|---|---|---|
| | | 河流·河段 | 流域面积 100~1000km² | | 水面面积 10km² 及以上 | | 水面面积 1~10km² | | 大型 | | 中型 | | 小(1)型 | 小(2)型 |
| | | | 数目 | 名称 | 数目 | 名称 | 数目 | 名称 | 数目 | 名称 | 数目 | 名称 | 数目 名称 | 数目 |
| 86 | 1.27.8 | 甘河 (19670) | 28 | 乌里特河 (429) [乌里特右支河 (101)]、古鲁酶河 (125)、斗河 (225)、兴滨河 (430)、库尔滨河 (488)、左支二河 (121)、吉文河 (687) [吉峰河 (246)]、西陵梯河 (251)、嘎仙洞北无名河 (148)、窖隆山河 (149)、大一坑河 (317) [小二坑河 (149)]、加西河 (107)、塔列图河 (342)、颚尔格奇河 (597) [克尔铁特河 (122)、查巴尔奇河 (238)、胡地气伊河 (845) [胡地气伊河 (425)、胡地气南河 (153)]、朝阳沟 (104)、善廷颚河 (255)、库鲁奇河 (127)、前达尔滨沟 (292)、鲁乌其河 (327)、满蒴胡浅河 (102) | | | | | | | | | 3 | 达拉滨 (463)、二站 (271)、甘河农场 (485) | 5 |
| 87 | 1.27.8.1 | 克一河 (1780) | 3 | 霍都齐河 (113)、索图罕河 (266) [索图罕古支河 (266)] | | | | | | | | | | | |
| 88 | 1.27.8.2 | 阿里河 (2183) | 7 | 西哇河 (135)、左阿里河 (219)、斗克河 (123)、十八区林场河 (122)、库布青河 (219)、东西列尼奇河 (124)、红旗沟 (117) (380) | | | | | | | | | | | |
| 89 | 1.27.8.3 | 奎勒河 (4733) | 7 | 阿格东那河 (112)、西日特其青河 (119)、小奎勒河 (502)、大红花尔基河 (104)、加格达奇河 (108)、大库莫河 (104)、二根河 (238) | | | | | | | | | | | |
| 90 | 1.27.8.3.1 | 卧罗河 (1249.42) | 6 | 霍图坎河 (169)、颚斯门河 (118)、乃木河 (235)、张大奇河 (133)、扎兰河 (276)、略博特那河 (194) | | | | | | | | | 甘河农场 (800) | 1 |
| 91 | 1.27.9 | 霍日里河 (1312.39) | 2 | 霍里奇坎河 (281)、德扎河必也河 (168) | | | | | | | | | | | |
| 92 | 1.27.11 | 诺敏尔河 (13945) | 27 | 南北河 (125)、南小河 (120)、北小河 (101)、唐暮店河 (124)、鱼亮子河 (158)、土鲁木河 (252)、木沟河 (264)、二更河 (121)、王老好河 (217)、长水河沟子 (223)、二道河 (501)、温查尔河 (838)、长河 (742) [复兴沟 (249)]、石龙河 (723) [张世通河 (225)]、解放沟 (171)、庆民河 (237)、振兴河 (103)、东石底河 (151)、宽沟子河 (247)、西石底河 (310)、卫星运河五号沟 (259)、南阳河 (137)、卫星运河八号沟 (149)、二号坡水沟 (133) (528) | 1 | 五大连池 (40) | | 山口 (99500) | 1 | 3 | 南阳河 (1614)、五一 (1310)、前进 (1530) | 18 | 一号 (240)、三号 (220)、四号 (547)、建国 (115)、红升 (216)、丰田 (100)、西桥 (846)、天龙山 (635)、永和 (779)、萌芽 (178)、红旗 (370)、七队 (165)、十二队 (103)、四队 (130)、跃进 (135)、永丰 (161) (115) | 16 |
| 93 | | 引龙河 (1225) | 4 | 襄河 (107)、固东河 (254)、引龙河 (100)、固西河 (200) | | | | | | | 2 | 青年 (4910)、襄河 (1410) | 2 | 发展 (424)、良种 (222) | 3 |

277

续表

| 序号 | 条目编号 | 河流·河段 | 河流 | | 湖泊 | | | 水库 | | | | |
|---|---|---|---|---|---|---|---|---|---|---|---|---|
| | | | \ | 流域面积 100~1000km² | 水面面积 10km² 及以上 | | 水面面积 1~10km² | | 大型 | | 中型 | | 小(1)型 | | 小(2)型 |
| | | | 数目 | 名称 | 数目 | 名称 | 数目 | 名称 | 数目 | 名称 | 数目 | 名称 | 数目 | 名称 | 数目 |
| 94 | 1.27.11.3 | 老莱河(2306) | 4 | 尖山河(140)、跃进沟(135)、鹤山东沟(172)、双五沟(195) | | | | | | | | | 12 | 场部(377)、场部(213)、六队(120)、高峰(257)、四水库(407)、宽沟子六队(991)、宽沟子七队(240)、跃进(300)、跃进(335) | 1 |
| 95 | | 老云沟(1210) | 1 | 孙殿英沟(282) | | | | | | | | | | | |
| 96 | 1.27.12 | 北引渠道(243km) | | | | | | | 2 | 红旗泡(11600)、大庆(17800) | 3 | 繁华(1227)、东城(6450)、东湖(6278) | 5 | 北湖(806)、东湖(880)、三永(555)、四合(968)、红星(604) | 3 |
| 97 | 1.27.13 | 诺敏河(25966) | 34 | 虫沟里河(122)、莫尧卡拉吉坑河(154)、毕力河(127)、西尼科河(169)、敖勒高坤河(109)、西日奇青河(240)、西斯木科科河(130)、东斯木克河(176)、牛尔坑河(990)[古衣别拉河(131)、新宁力特河(148)]、库日必汗河(498)[七十二公里河(163)]、查拉巴奇河(193)、西王特其汗河(133)、瓦希格气河(186)、木奎河(518)[北木奎河(250)]、敖敷纽乌鲁河(103)、鄂更河(269)、伊斯奇河(46)[上阿特勒克雅河(160)]、巴提克河(2∽0)、大二沟(562)[敖鲁高洪河(128)]、小二沟(211)、大库如其河(133)、布坤浅库如奇花尔噶河(104)、楚鲁库如奇库拉平河(132)、嘎尔洞河(123)、赛札勒朝格河(132)、扎格达其河(107)、坤密尔提河(779)[西瓦尔图河(298)] | | | 1 | 达尔滨湖(3.63) | 1 | 新发(3808) | 1 | 永安(800) | 7 | |
| 98 | | 托河(1183) | 4 | 利克斯林场河(170)、特勒林场河(152)、四十五公里东北沟(101)、上坑崩河(128) | | | | | | | | | | | |
| 99 | 1.27.13.1 | 毕拉河(7844) | 12 | 依斯齐河(119)、莫纳根右支河(191)、莫纳根右支河(101)[温河右支河539]、西卧齐河(166)、那吉支河(144)、乌尔公河(126)、珠格德力河(157)、阿木珠苏河(377)、达来滨河(103)、毕二沟(250) | | | | | | | | | | | |
| 100 | 1.27.13.1.1 | 诺门河(3364) | 6 | 西几克出气河(119)、温库图河(787)[那吉河(344)、卧罗国红河(135)]、根河(253)、小齐河(123) | | | | | | | | | | | |
| 101 | 1.27.13.1.2 | 扎北河(1340) | 2 | 扎山其汗河(215)、霍日高鲁河(202) | | | | | | | | | | | |

278

续表

| 河流 | | | 湖泊 | | | | 水库 | | | | | |
|---|---|---|---|---|---|---|---|---|---|---|---|---|
| 流域面积1000km²及以上 | | | 水面面积10km²及以上 | | 水面面积1~10km² | | 大型 | | 中型 | | 小(1)型 | 小(2)型 |
| 序号 | 条目编号 | 河流・河段 数目 名称 | 名称 | 数目 | 名称 | 数目 | 名称 | 数目 | 名称 | 数目 | 名称 数目 | 数目 |
| 102 | 1.27.13.2 | 格尼河(4975) 15 | 阿力格亚河(131)、库特尔(238)、楚万沟(119)、瑞德新力齐河(343)、大索尔珠沟(149)、都瓦新力齐河(29)、希亚克特沟(101)、马河(645)[小马河(185)]、沃尔奇河(422)[石头井河(150)]、莎拉沟(634)[青龙山东北河(100)、龙犀沟(133)、太平庄河(115)] | | | | | | | | 四合(131)、巨泉山(110) | 1 |
| 103 | 1.27.14 | 黄蒿沟(1270) 1 | 中央排干(570) | | | | 太平湖(15300) | 1 | | | 红旗(137)、白马河(947)、德胜(271)、友谊(171)、全胜(340) | 3 |
| 104 | 1.27.15 | 阿伦河(6700) 13 | 小时尼奇河(105)、大时尼奇河(185)、库伦河(591)、小松树沟(109)、伊力巴沟(105)、大挖塔奇河(230)、大文布奇河(195)、小文布奇沟(108)、小索洛霍奇河(503)、鸭尔代河(129)、索勒沟(129)、集贤屯沟(191)、施家沟(372) | | | 复兴(2211) | 1 | | | 群英(163)、兴隆(135)、厚(156)、先进(438)、忠新建(155) | 1 |
| 105 | 1.27.16 | 音河(2617) 2 | 羊鼻子沟(367)、音河干沟(114) | | | | | | 向阳峪(1749.09)、四方山(2680) | 2 | 圣水(180)、大岗(153) | 1 |
| 106 | 1.27.19 | 雅鲁河(19640) 18 | 东沟(105)、旗山东沟(108)、大西沟(244)、大东沟(391)、爱林沟(707)[六道沟(149)]、石门沟(379)、沙里沟(155)、务东哈气河(450)[马家岔儿沟(111)]、三道沟(632)[三道沟左支一沟(108)]、拉霍气河(151)、二道沟(595)[三道沟(120)]、昌盛沟(146)、泉水河(485)、奇克奈河(251) | | | 音河(25000) | 1 | 沟口(1160) | 1 | 靠山(326)、兴隆泉(111)、猴石山(988)、碾泉(118)、立新(187) | 2 |
| 107 | 1.27.19.1 | 阿木牛河(1814) 6 | 坤尼气河(164)、大铁古鲁河(185)、库库河(262)、三七林场沟(138)、沃力嘎沟(106)、转心潮沟(242) | | | | | | | | | |
| 108 | 1.27.19.2 | 卧牛河(1460) 3 | 白来沟(129)、四道桥沟(375)[东牛角沟(185)] | | | | | | | | | |
| 109 | 1.27.19.3 | 济沁河(2738.34) 13 | 黄草沟(252)、卧牛气河(177)、方家沟(110)、根多河(510)[阿拉马气河(476)[一气罕林场沟(108)、哈拉沟(121)]、乌达哈气(108)、大呼勒气沟(155)、马隆沟(135)、库提河(886)[龙瓜沟(135)、麒麟河(300)] | | | | | | | | | |

279

续表

| 序号 | 流域面积1000km² 及以上 | | | 河流 | | | 湖泊 | | | | 水库 | | | | | |
|---|---|---|---|---|---|---|---|---|---|---|---|---|---|---|---|---|
| | 条目编号 | 河流·河段 | 数目 | 流域面积100～1000km² | | | 水面面积10km²及以上 | | 水面面积1～10km² | | 大型 | | 中型 | | 小(1)型 | 小(2)型 |
| | | | | 名称 | | | 名称 | 数目 | 名称 | 数目 | 名称 | 数目 | 名称 | 数目 | 名称 数目 | 名称 数目 |
| 110 | 1.27.19.4 | 牙达乎河 (4356) | 7 | 七棵树河 (112)、大尼步气河 (153)、嘞嘛河 (217)、塔图珠如利扎立格 (173)、哈尔楚鲁扎拉格 (387)、东三家子河 (153)、西大沟 (109) | | | | | | | | | | | | |
| 111 | | 乌力根河 (1657.34) | 3 | 野马河 (254)、育林河 (2331)、柳树泉眼沟 (187) | | | | | | | | | | | | |
| 112 | 1.27.20 | 绰尔河 (17435) | 37 | 五道桥沟 (101)、育禾河 (165)、乌丹河 (129)、鄂勒格特气河 (105)、塔气河 (545)[中心沟 (144)]、古营河 (194)、巴片河 (334)、莫克河 (622)、梁河 (147)、希力格特沟 (147)、敖尼尔河 (320)、紫河 (762)[四支沟 (127)]、固里沟 (607)[大比沟 (104)]、德勒河 (330)[和勒河 (123)]、白毛沟 (168)、韭菜沟 (333)、浩绕河 (115)、巴彦乌兰布哈 (376)、古迪鄂勒 (115)、巴彦乌兰扎拉格 (379)[西呼勒斯扎拉格 (103)]、敷扎拉嘎 (106)、毛盖图扎拉格 (270)、敖格特尔扎拉格 (124)、沙巴尔吐沟 (266)、居里根扎拉格 (107)、杨根扎拉格 (174)、东华小河 (150)、小河 (398)、臧筒沟 (187)、鄂尔本新河 (238) | | | 龙江湖 (13)、岔古散泡 (20) | 2 | 大盆泉 (5.73)、岔古闹泡子 (0.39)、陈地房子泡 (4.74) | 3 | 绰勒 (26000) | 1 | 瓮泉 (2183) | 1 | | 1 |
| 113 | 1.27.20.1 | 哈郁气河 (1097.5) | 2 | 合丁果河 (187)、红花尔基河 (337) | | | | | | | | | | | | |
| 114 | 1.27.20.2 | 托欧河 (1919.02) | 4 | 好森沟 (195)、火龙沟 (233)、哈勒金郭勒 (106)、门德沟 (334) | | | | | | | | | | | | |
| 115 | | 图门河 (1083.40) | 2 | 吉日根河 (362)、[特莫扎拉格 (118)] | | | | | | | | | | | | |
| 116 | 1.27.21 | 二龙套河 (5090) | 9 | 好田扎拉格 (129)、查干木伦河 (284)、六合屯 (113)、努布金沟 (167)、[跃进马场沟 (112)]、兴隆镇沟 (273)、哈达马场河 (335)、[哈达马场左支河 (138)] | | | 图牧吉泡子 (14.42)、洋沙泡 (37.50)、莕子沟泡 (10.00)、盛家围子泡 (10.4) | 4 | 三道泡子 (4.79)、高榆泡 (5)、前六家子泡 (3.35)、龙凤泡 (1.01) | 4 | | | 图牧吉 (9900)、老母山 (1669) | 2 | | |
| 117 | | 古恩宝力皋沟 (1214) | 2 | 乌兰吐沟 (205)、查干楚鲁沟 (316) | | | | | | | | | | | | |

续表

| 序号 | 流域面积1000km²及以上编号 | 河流 | | 湖泊 | | | | 水库 | | | | | |
|---|---|---|---|---|---|---|---|---|---|---|---|---|---|
| | | 河流·河段 | 流域面积100~1000km² | 水面面积10km²及以上 | | 水面面积1~10km² | | 大型 | | 中型 | | 小(1)型 | 小(2)型 |
| | | | 名称 | 数目 | 名称 | 数目 | 名称 | 数目 | 名称 | 数目 | 名称 | 数目 | 名称 | 数目 |
| 118 | 1.27.22 | 乌裕尔河(23110) | 小牦犆滚河(205)、闹龙河(363)、粘捆滚沟子(248)、民生沟(130)、玉岗沟(316)、三八沟(135)、铁南(377)、红旗沟(499) [八字沟(182)]、鳌龙河群胜大沟(851)、长兴河(123)、素西河(522)、通南沟(898) [长山沟(168)] | 15 | 克钦湖(18.16)、南山湖(40)、连环湖(470) [西葫芦泡(55.8)、他拉红泡(65.2)、牙门气泡(3.00)、羊草甸泡(36.1)、二八泡(24.8)、三八霍胶黑泡(44.1)、铁哈拉泡(18.1)、齐家泡(42.6)、月牙泡(15)、月牌泡(22.87)、马勒盖泡(24)、五棵树泡(11.3)、蒯兰丰泡(55)、石人沟后堵泡(21.2)、大金泡(13)、西大海(32)、东大海(18.5)、茂兴湖(18)、康家围子湖(13.4) | 22 | 庄头泡(9)、天湖(9.11)、东泡(3)、牙门蓍泡(2.45)、腰零泡(1)、八代泡(2)、蓝泡(3)、伐地泡(3)、扎兰台泡(2)、西新泡(3)、三十里台泡(8.9)、后伍代东泡(1.79)、红源泡(8.47)、小尚池(5.88)、六合泡(1.4)、散包泡(3)、那吉拉泡(3)、小庙子泡(4)、连花拉泡(3.15)、北泡子(4.91)、哈拉乌苏西泡(3.76)、大哈拉乌苏西泡(3.29)、腰口泡(3.00)、乌骡马泡(2.50)、叶家泡(1.30)、五嫩泡(3.00)、毛德西那泡(3.22)、哈布气东泡(5.92)、恩木廷泡(6.78)、前红河泡(1.41)、赵家屯南泡(4.69)、月亮泡(2.48)、杨国减吴泡(2.48)、蔚华湖(3)、三水湖家岑南泡(2.33)、六十六号泡(3.9)、黎明湖(2.97)、兰德湖(1.21)、宏伟村西北泡(1.04)、东泰湖(1.8)、富强湖(4.79)、乘风湖(1.89)、大明水泡(2.19)、常家围子泡(4.05)、滨州湖(3.04)、碧绿湖(9.93)、北泡(3.03)、千家窝铺北泡(1.13)、翁海西泡(3.1)、后五家子北泡(1.92)、红旗北泡(1.15)、秀又湖(2.12)、兴隆地泡(3.26)、后宫地泡(1.55)、大碱泡(4.33)、东新屯南泡(3.08)、哈布塔北泡(2.97)、二人股泡前进泡(2.16) | 62 | 东升(16100)、龙虎泡(40000)、南引(40500) | 3 | 闹龙河(9660)、玉锋(1702)、工农宏伟(2047)、先春(1930)、阳跃进(2930)、宏伟(1100)、新政(3000)、上游(3800) | 8 | 宏伟(862)、联合(243)、曙光(165)、五福堂(150)、东红(246)、胜利(334)、晨光(135)、红旗(136)、更升(382)、红星(298)、红农(165)、平兴(235)、长青(136)、三八(546)、光化(235)、光荣(478)、东凤(158)、共兴(147)、文化(115)、新大(118)、新曙光(455)、新政(124)、种畜场(102)、永明(718)、东凤(495)、幸福(343)、维新(244)、青年(161)、红卫(245)、保安(106)、海城(325)、群芜(914)、那什吐(980)、五家子(870) | 34 | | |
| 119 | | 鸡爪河(1040) | 柳毛河(306) | 1 | | | | | | | | | | |

续表

| 流域面积1000km²及以上 | | | 河流 | | 湖泊 | | | | 水库 | | | | | |
|---|---|---|---|---|---|---|---|---|---|---|---|---|---|---|
| 序号 | 条目编号 | 河流·河段 名称 | 流域面积100~1000km² | | 水面面积10km²及以上 | | 水面面积1~10km² | | 大型 | | 中型 | | 小(1)型 | 小(2)型 |
| | | | 数目 | 名称 | 数目 | 名称 | 数目 | 名称 | 数目 | 名称 | 数目 | 名称 | 数目 名称 | 数目 名称 |
| 120 | 1.27.22.1 | 湖津河 (1201) | 2 | 长胜沟 (113)、西沟 (286) | | | | | | | | | 8 丰收 (850)、胜利 (523)、胜利 (103)、卫国 (238)、大治 (110)、上升 (120)、双龙 (209)、千湖 (106) | 5 |
| 121 | 1.27.22.3 | 双阳河 (4772) | 5 | 大清沟 (148)、孟家注子沟 (299)、兴检排干 (554)、兴恭沟 (192)、兴温沟 (114) | | | 3 | 顶土泡 (2)、红旗纳污泡 (1.67)、千泡 (1) | 1 | 双阳河 (29800) | 2 | 双阳 (7598)、黑顶子 (1532) | 20 小龙 (165)、小石棚 (196)、前进 (226)、八一 (573)、朝阳 (183)、反修步 (181)、繁荣 (129)、南湖 (174)、国乐 (213)、进修 (132)、龙泉 (122)、太米 (360)、雄 (161)、太化 (720)、英 (103)、文化 (245)、爱 (219)、自治 (571)、国 (316)、反美 (157)、霍家泡子 | 20 |
| 122 | 1.27.26 | 洮儿河 (33070) | 28 | 满蒙沟 (118)、查干郭勒 (165)、三十公里河 (373)、额木斯台沟 (243)、胡斯沟 (275)、刀唠台沟 (318)、特厂扎拉格 (495)、[特门扎拉格西源 (134)]、草根合沟 (268)、特布台沟 (155)、特布台拉格 (369)、乌兰都木扎拉格 (150)、乌兰麦扎拉格 (162)、敖包郭勒 (139)、居力合山沟 (220)、阿尔斯合沟 (243)、[乌拉斯台沟 (122)]、莞合吞沟 (504)、[乌斯吉沟 (170)]、阿木古郎河 (349)、合特沟 (120)、马家沟 (101)、小新青河 (434)、[张家密沟 (112)]、三项昭分洪河 (422)、新开河 (860)、[老草河 (337)] | 7 | 嘎海 (10.00)、后格格泡 (20.00)、西一龙坡 (40.00)、新荒泡 (11.00)、莫郭 (10.00)、莫郭 (10.00)、四家泡 (30.00) | 55 | 烙锅镇泡 (1.80)、新立堡泡 (2)、二泡 (1.10)、小泡 (2.00)、他拉红泡 (8.40)、元宝山泡 (1.20)、珠山泡 (5)、大太平山泡 (3)、郑家泡 (3)、前呼拉泡 (5)、格力吐泡 (2)、六家泡 (3.60)、巨力可泡 (8)、六家泡 (3)、高梢泡 (5)、火烧泡 (3)、卧卜泡 (5)、大屯泡 (5)、乌拉龙泡 (2)、大雁泡 (3)、锁龙泡 (8)、黑鱼泡 (1)、张伯川泡 (1.50)、三门吴家泡 (1.50)、敖包泡 (5)、葛台泡 (1.5)、老山头泡 (5)、胡布连泡 (2.91)、少力泡 (5)、大龙王庙泡 (1.50)、杨家闷泡 (5)、河宝吐泡 (2)、二道岗泡 (1.6)、白家泡 (3)、榆西泡 (4.00)、月亮泡 (2)、汪洋泡 (2.30)、南园泡 (2.50)、大树泡 (3)、陈家泡 (2.5)、赤吐泡 (8)、董山岑泡 (2.5)、那什台山靑泡 (5)、莫什海泡 (9)、叉干泡 (3.60)、长城泡 (2)、东大泡 (2.2)、三家泡 (1.08)、罗龙泡 (1.43)、新立泡 (1.1)、罗家泡 (3.2)、杨磨房泡 (3.2)、狼头泡 (4.81)、包日明颈泡 (5.31)、大呼啦泡 (6.32) | 2 | 察尔森 (125300)、月亮湖 (119900) | 2 | 团结 (7620)、五间房 (3053) | 2 石灰窑 (614)、盐铺 (591) | 2 |

续表

| 序号 | 条目编号 | 河流 流域面积1000km² 及以上 河流·河段 | | 流域面积100~1000km² 数目 | 名称 | 湖泊 水面面积10km²及以上 数目 | 名称 | 水面面积1~10km² 数目 | 名称 | 水库 大型 数目 | 名称 | 中型 数目 | 名称 | 小(1)型 数目 | 名称 | 小(2)型 数目 |
|---|---|---|---|---|---|---|---|---|---|---|---|---|---|---|---|---|
| | | 数目 | 名称 | | | | | | | | | | | | | |
| 123 | 1.27.26.1 | 1 | 哈干河(1013.44) | | 乌隆合扎拉格(289) | | | | | | | | | | | |
| 124 | 1.27.26.3 | | 归流河(9522.65) | 25 | 额布根乌拉尼郭勒(122)、扎木廷乌拉格(143)、呼利扎拉格(512)[呼利楚鲁乌扎拉格(101)]、阿拉巴拉乌拉格(207)、浩利机扎拉格(292)[图勒勒格申乌拉格(114)]、海勒斯台郭勒(977)[果以其根河(131)]、瑚门台河(382)、哈尔拜兴扎拉格(177)、萨然台扎拉格(227)、阿尔扎拉格(123)、西利热木河(157)、(148)、东利热木河(132)、哈浜赤木河、哈图莫河(279)、芒干沟(116)、保门河(150)、二道(117)、巴尔格牙河(712)[曦子沟(104)、又兴屯沟(103)]、毛日拉拉格(142)、柳树川沟(192) | | | | | | | 永丰(2300) | 2 | 古迹(602)、兴安(968) | 2 |
| 125 | 1.27.26.3.1 | | 阿德河(2170.18) | 6 | 和勒木亭勒(141)、塔尔巴扎拉格(331)、少代河(121)、索勒干河(209)、道木图沟(212.64)、桃绞木鄂勒(440) | | | | | | | | | | | |
| 126 | 1.27.26.4 | | 蛟流河(10719) | 9 | 宝田沟(108)、蛤蟆甲沟(401)、大碇沟(203)、巨合屯沟(220)、榆树河(197)、刘八沟(221)、新明河(108)、喇嘛吨沟(262.9)、好田河(112) | | | 7 | 王闹泡子(2.64)、九家泡(1.00)、石灰签泡(2.50)、双扶泡(2.00)、畜牙泡(1.20)、三家泡(2.00)、西郑泡(1.90) | | | 3 | 双城(2090)、明星(2538)、九龙(1925) | 6 | 宝力(625)、齐心(178)、巨力(113)、八家户(782)、灰窑(400)、白台岭(150) | |
| 127 | 1.27.26.4.1 | | 那金河(1608) | 2 | 古树河(337)、双发河(293) | | | | | | | 1 | 群目(5960) | 1 | 饿体(152) | |
| 128 | 1.27.26.4.2 | | 额木非河(4396) | 4 | 海力金芒哈沟(203)、奈泉沟(437)、呼河(342)、北屯河(133) | 1 | 小香海泡(10.00) | 10 | 白音包力方高西泡子(1.23)、忙牛海(4.10)、索金布勒格(1.75)、架子台沟(5.40)、泉眼泡(1.10)、二龙泡(1.70)、保安泡(2.00)、德书太泡(1.00)、新城泡(1.70)、新艾里泡(1.00) | 1 | 向海(22100) | 3 | 忙牛海(7380)、大青山(1200)、创业水库(6720) | 4 | 湖苍沟(980)、盐铺(900)、泉眼泡(820)、架子台(700) | 2 |
| 129 | | 2 | 旱河(1075) | 2 | 八家户河(548)[张家窑河(273)] | | | | | | | | | | | |

续表

| 序号 | 条目编号 | 河流 流域面积1000km² 及以上 | | 湖泊 | | | | 水库 | | | | 小(2)型 数目 |
|---|---|---|---|---|---|---|---|---|---|---|---|---|
| | | 河流·河段 数目 | 名称 | 水面面积 10km² 及以上 数目 | 名称 | 水面面积 1~10km² 数目 | 名称 | 大型 数目 名称 | | 中型 数目 | 中型 名称 | 小(1)型 数目 名称 |
| 130 | 1.27.27 | 霍林河 (36623) | 28 | 艾木日朗沟 (117)、汇笼甸子沟 (116)、查干诺尔拉格 (108)、芒牛特扎拉格 (102)、泽鲁迪音郭勒 (196)、巴润布尔额斯日台郭勒 (164)、巴润额额斯日格扎拉格 (131)、敖德淮乌鲁格扎拉格 (155)、巴润布尔额苏里木河 (648) [和日木扎拉格 (132)、西哲里图河 (460) [和日木扎拉嘎 (101)]、东哲里木河 (424) [乌兰恩扎拉格 (152)]、海林扎拉格 (189)、朝尔图沟 (104)、哈日铁扎拉格 (110)、朝尔图沟 (497) [德勒特扎拉格 (118)、南额木扎河 (556)、十三泡游区主沟 (804)、十三泡区北沟 (195)、花敖泡一支流 (373)、花敖泡二支流 (958)、查干湖支流一河 (682)、查干花河支流 (193)、海勃日戈河 (763) | 16 | 四海泡 (10)、四十三海 (12.90)、四腰井泡 (12.70)、平安泡 (11.40)、查干湖 (228.50)、敖音诺日 (30.70)、牛心套堡泡 (36.00)、大布苏湖 (37.00)、张家泡 (12.00)、花敖泡 (13.00)、利民泡 (14.40)、新木泡 (10.60)、宝图泡 (16.00)、大库里泡 (12)、道字里泡 (14) | 72 | 代钦哈嘎 (2.3)、大肚泡 (2.6)、利民泡 (1.2)、拉拉屯泡 (2.7)、鹿场泡 (1.2)、大段泡 (2.6)、小波泡 (1.4)、民胜泡 (1.60)、大泥哈嘎泡 (1.80)、同心泡 (3)、核心泡 (6)、两家泡 (6)、榆树泡 (7.20)、大岗泡 (7.9)、巩固泡 (2.6)、张家岔泡 (4)、菱角泡 (2)、袁岔泡 (1.9)、夜泡 (2.5)、那胳岱泡 (3.5)、抗字泡 (4.9)、尔字泡 (2.93)、抗字泡 (1.21)、北大泡 (1.80)、民兴泡 (2.5)、交格苗泡 (1.1)、粮丰西泡 (2.4)、粮丰泡 (1)、珍字泡 (3.2)、水字泡 (2.5)、效字泡 (2.33)、女字泡 (2.4)、三王泡 (2.4)、女字泡 (2.2)、严字泡 (2.43)、灵字泡 (1.7)、同字泡 (1.5)、裸字泡 (2.94)、传字泡 (1.4)、潜字泡 (2.58)、荣字泡 (2.37)、东升泡 (3.1)、金盆泡 (3.7)、万吉泡 (4.50)、郭家店泡 (5.12)、烧锅镇泡 (1.62)、查干花泡 (1.02)、乌兰塔拉泡 (1.62)、十段西泡 (1.77)、大兴东泡 (2.15)、大段泡 (1.23)、宏大泡 (2.53)、爱国泡 (2.18)、四海泡 (4.6)、绥靖渔场 (3.23)、旱龙泡 (1.3)、黑山泡 (5.62)、莫波泡 (2.7)、平安泡 (7.1)、前西山泡 (1.3)、盘山泡 (3.18)、广兴店泡 (2.1)、元宝吐泡 (2.11)、海花泡 (1.65)、大太泡 (3.18)、长龙泡 (3.81)、宝龙泡 (1.33)、长山堡泡 (1.6)、大肚泡 (2.05)、东新荣泡 (1.69)、新春泡 (1.37) | | | 4 | 翰嘎利 (9250)、霍林河 (4999)、兴隆 (3100)、胜利 (3205) | 6 | 呼和 (534)、静湖 (426)、创业 (109)、同安 (980)、三八 (500)、望海 (248) | 2 |
| 131 | 1.27.27.1 | 坤都冷河 (4025) | 2 | 乌布日昆都榔郭勒 (352) [敖木楚鲁扎拉格 (156)] | | | | | | | | | |
| 132 | | 阿尔滓德仑郭勒 (2243.2) | 4 | 敖日布格扎拉格 (109)、伊和达坂扎拉格 (224)、黄木伦郭勒 (156)、吉布吐郭勒 (419) | | | | | | | | | |

284

续表

| 流域面积 1000km² 及以上 | | | 河流 | | 湖泊 | | | | 水库 | | | | | | |
|---|---|---|---|---|---|---|---|---|---|---|---|---|---|---|---|
| 序号 | 条目编号 | 河流·河段 | 数目 | 流域面积 100~1000km² 名称 | 水面面积 10km² 及以上 | | 水面面积 1~10km² | | 大型 | | 中型 | | 小(1)型 | | 小(2)型 |
| | | | | | 数目 | 名称 | 数目 | 名称 | 数目 | 名称 | 数目 | 名称 | 数目 | 名称 | 数目 |
| 133 | | 霍林河北股(2918) | 1 | 霍林河中股(145) | | | | | | | | | 1 | 四海泡(992) | |
| 134 | | 望海排洪沟(1180) | 1 | 小巴山分干(131) | | | | | | | | | 2 | 太平山(400)、小巴山(630) | |
| 135 | | 查干湖支流三河(1495) | | | | | | | | | | | | | |
| 136 | 1.27.28 | 第二松花江(73400) | 51 | 头道白河(523)、[露水河南源(106)、头岔河(124)]、蘇水河(594)[露水河南源(106)、头岔河(168)]、细鳞河(138)、浪柴河(103)、二道岔河(197)、头道砬子河(120)、二道溜子河(135)、会全栈沟(194)]、山麻河(239)、头道溜河(578) [黄沙河(107)、色洛河(158)、板庙子河(161)]、万两河(455) [密什哈(138)、木箕河(649)、地营子河(111)、漂河(763) [昆阿河(110)]、石槽河(446)、大石头河(105)、爱林河(169)、石虎沟(153)、漂尔河(212)、小蒲子河(289)、松牛河(874)、红星河(169)]、团山子河(853) [东沙河(146)、于屯河(196)]、张庄子河(113)、嘎呀河(144)、三岔河(344)、小江(138)、西地河(119)、秀水河(247)、卡路身为(203)、临江(161)、小房身沟(174)、嗽嗽沟(131)、河(111)、榆树沟(121)、前郭灌区排水渠、阿木斯尔沟(167) | | | 14 | 长白山天池(9.82)、蘚水泡(1.00)、大泡(1.08)、葛家泡(1.00)、白家泡(1.00)、三角泡(1.10)、千层泡(1.00)、黄家泡(1.00)、小狼山泡(2.50)、大粲子泡(1.50)、家子泡(1.00)、大三家泡(2.06)、包家泡(1.00)、敖包泡(2.06)、富江泡(1.90)、康泡(3.94) | 4 | 两江(21100)、白山(621500)、红石(28400)、丰满(1098800) | 4 | 三〇一(1107)、红星(1146)、庆丰(1036)、牛头山(3240) | 23 | 羊草(191)、三〇一(378)、三道沟(290)、蛤蟆河(136)、草木沟(108)、新道(182)、龙北(219)、查沙(170)、共青团(106)、天岔王(112)、马凤(179)、天北(235)、老少沟(357)、荒沟(192)、老跃沟(115)、双岭子(143)、青山(379)、双岭子(420)、李家砦(153)、秀水(895)、共青团(106)、大河(411)、常山(163) | 70 |
| 137 | 1.27.28.2 | 五道白河(2596) | 7 | 黑石沟(109)、星火沟(176)、荒沟(166)、四道白河(286)、三道白河(742)[奶头河(107)]、小沙河(149) | | | | | | | | | | | |
| 138 | 1.27.28.4 | 古洞河(4303) | 9 | 和安河(229)、大开河(103)、大荒沟(174)、拉拉岗河(122)、寒葱沟(350)、卜柴沟(163)、西北岔河(343)、马鹿岭沟(134)、大沙河(314) | | | | | | | | | | | |
| 139 | 1.27.28.4.1 | 富尔河(1501) | 3 | 浪彩河(180)、仁义河(106)、大蒲柴河(148) | | | | | | | 1 | 双河(1530) | 1 | 珍珠门(659) | 2 |
| 140 | 1.27.28.7 | 头道松花江(7927) | 13 | 老黑沟(200)、辅江(492)、桦皮河(157)、石头河(466)、汤河(603)、正身河(185)、头道花园河(408)、大苇沙河(113)、床子河(953)、[青龙河(228)、那尔轰河(820)[西南岔河(242)、东北岔河(129)] | | | | | | | 1 | 松山(13300) | 6 | 平安(332)、向阳(170)、川(188)、小营子(625)、龙海(262)、龙蜂河(184)、西 | 12 |

续表

| 序号 | 条目编号 | 河流·河段 名称 | 数目 | 流域面积100～1000km² 名称 | 数目 | 湖泊 水面积10km²及以上 名称 | 数目 | 湖泊 水面积1～10km² 名称 | 数目 | 水库 大型 名称 | 数目 | 水库 中型 名称 | 数目 | 水库 小(1)型 名称 | 数目 | 水库 小(2)型 数目 |
|---|---|---|---|---|---|---|---|---|---|---|---|---|---|---|---|---|
| 141 | 1.27.28.7.3 | 松江河(1935) | 5 | 上小沙河(153)、松江河南源(294)、三道松江河(383)、二道松江河(208)、万良河(101) | | | | | | 小山(10500)、双沟(38800) | 3 | 石龙(4050) | 1 | 北江(740)、泉阳湖(160)、泉阳(112) | 3 | 1 |
| 142 | 1.27.28.11 | 辉发河(14900) | 22 | 二道河(145)、姜家菁河(118)、(129)、西河(485)、大横道河(196)、鸭绿河(448)、梅圈河(109)、挡石河(999)、拐子坑河(216)、亮子河(351)、蛤蟆河(575)[四平街河(108)、兴隆堡河(114)(155)]、富太河(455)、大色力河(536)[大北岔河(320)、柳树河(224)、呼兰河(206)、苏密河(146)、公别河(205)、发别河(210) | | | | | | 海龙(31600) | 1 | 龙头(1104)、辉发城(1373)、青顶子(1622)、柳杨(1775)、官马(1203)、关门砬子(1479) | 6 | 倒木沟(196)、大安屯(223)、薪立(108)、烟桥(110)、白石道(438)、金厂(206)、水沟(587)、古年(288)、福合(239)、大阳(336)、双龙(126)、共安(711)、兴隆(408)、利民(174)、同和(274)、孙家街(119)、东安堡(352)、吊鹿沟(111)、太平沟(101)、鹿圈沟(150)、赵家街(920)、黄瓜沟(202)、龙(251)、萝卜地(236)、大阳(331)、福盛(696)、郭大院(336)、赵家街(227)、大输树(655)、红土(377)、兴隆(290)、工农兵(161)、朝盘(104)、菊蚕(142)、磐海(850)、兴华(465)、南大桥(348)、横河(145)、五四(179)、东方红(422)、解放(112)、治安(104)、大顶子(134)、大肚川(157)、平安(109)、马家店(149) | 46 | 144 |
| 143 | 1.27.28.11.3 | 莲河(1066) | 3 | 绕盈河(113)、小柳树河(223)、秀水河(144) | | | | | | | | 仁合(1288) | 1 | 永薪(231)、久安(118)、太平(268)、六道(304)、长安(105)、安福(478)、永秀水(146)、中心(128)、裕民(141)、胜利(270)、龙山(506)、蚂蚁(201)、(231) | 13 | 44 |
| 144 | 1.27.18.11.4 | 大沙河(1014) | 3 | 小沙河(122)、黄泥河(157)、桦树河(127) | | | | | | | | | | 黄泥河(589)、赵家街(202)、康大营(260)、挑参沟(184)、迎春(150)、太平河(302)、木家店(127)、红星(245)、牛心顶(210)、野猪河(245)、王家(551)、六马架(245)、中青(503)、均乐(502) | 14 | 48 |

286

续表

| 序号 | 条目编号 | 河流·河段 | 流域面积 100~1000km² | | 湖泊 水面面积 10km²及以上 | | 湖泊 水面面积 1~10km² | | 水库 大型 | | 水库 中型 | | 水库 小(1)型 | | 水库 小(2)型 |
|---|---|---|---|---|---|---|---|---|---|---|---|---|---|---|---|
| | | 名称 | 数目 | 名称 | 数目 | 名称 | 数目 | 名称 | 数目 | 名称 | 数目 | 名称 | 数目 | 名称 | 数目 |
| 145 | 1.27.28.11.5 | 一统河(1547) | 3 | 碱水河(145)、乌鸦河(338)、圣水河(175) | | | | | | | 柳河(1074)、碱水(2740)、新合(1300) | 3 | 池大地(146)、样子沟(245)、野猪沟(158)、桦皮(100)、十三户(117)、东升(126)、黄崴子(137)、东方红(152)、荆大院(206)、德胜(397)、隆胜(199)、又民(459) | 12 | 65 |
| 146 | 1.27.28.11.6 | 三统河(2434) | 7 | 小通沟河(140)、栏山河(112)、凉水河(223)、德兴屯河(115)、时家店河(120)、金川河(210)、大坦平河(198) | | | | | | | 和平(2034)、小梅山(4200)、时家店(1700) | 3 | 全胜(710)、黄场(133)、铁北(103)、大青沟(118)、青甸(137)、东安屯(115)、姜家店(112)、隆兴(266)、鹿林(261)、东河(138)、泥河(589)、王家屯(327) | 12 | 53 |
| 147 | 1.27.28.11.12 | 金沙河(1209) | 3 | 八道河(212)、栗子河(120)、横道沟(288) | | | | | | | 双杨树(1210) | 1 | 西北盆(260)、新地(245)、永安(118)、老狼沟(101) | 4 | 4 |
| 148 | 1.27.28.13 | 蛟河(2470) | 9 | 又气河(297)、拉法河(885)、海青河(177)、小嶝河(430)、大关门河(524)[刘家堡河(155)]、梨树河(125)、青背河(289)、新立店(102)、二店(101) | | | | | | | 龙凤(1483) | 1 | 大关门(213)、厢房店(209)、向阳(524)、仁和(216)、十八垧地(107)、红旗(123)、青背(129)、新立二店(102) | 10 | 41 |
| 149 | 1.27.28.15 | 温德河(1179) | 3 | 白马夫河(135)、西阳河(308)、高城子河(102) | | | | | | | 朝阳(1630)、二道(1171) | 2 | 小屯(113)、杏山(116)、二道(106)、金三(193) | 4 | 26 |
| 150 | 1.27.18.17 | 鳌龙河(1528) | 6 | 一拉溪(134)、加工河(132)、鸭通河(112)、搜登河(195)、大绥河(183)、黑青河(101) | | | | | | | 碾子沟(1475)、胖头沟(1776)、大绥河(1710) | 3 | 查家沟(170)、万昌(133)、二官地(147)、迎风(166)、左家(123)、小绥河一库(217)、肇山(248)、白庙子(255)、暖泉子(344) | 9 | 22 |
| 151 | 1.27.28.19 | 冰石河(1464) | 3 | 旱河(195)、大房身河(167)、高城子河(112) | | 波罗湖(82.7) | 1 | 石头口门(127700) | 1 | 柴窝林(1439)、高城子(1095)、跃进(1547) | 3 | 八一(376) | 1 | 2 |
| 152 | 1.27.28.20 | 饮马河(18247) | 8 | 汶水河(138)、玻璃河(170)、肚带河(324)、波泥河(145)、小南河(311)、三道沟(436)、四道沟(115)、驿马河(575) | | | | | | | 亚吉河(2190)、黄河(3814) | 2 | 保南(125)、白杨树(129)、砖庙(240)、解放(640)、柳树(345)、河北(511)、马家城子(121)、榆榆(100)、下甸子(125)、马家城子(115)、营湾(186)、腰泉子(575)、滴泉子(187)、带河(100)、三八(170)、半截河(153)、七道(273)、榆(100)、半截河(170)、七道(153)、大夹沟(146)、张家店(126) | 19 | 58 |

287

续表

| 序号 | 条目编号 | 河流·河段 | 流域面积 1000km² 及以上 | | 湖泊 | | | | 水库 | | | | | | |
|---|---|---|---|---|---|---|---|---|---|---|---|---|---|---|---|
| | | | | | 水面面积 10km² 及以上 | | 水面面积 1~10km² | | 大型 | | 中型 | | 小(1)型 | | 小(2)型 | |
| | | | 名称 | 流域面积 100~1000km² 名称 | 数目 | 名称 | 数目 | 名称 | 数目 | 名称 | 数目 | 名称 | 数目 | 名称 | 数目 | 名称 |
| 153 | 1.27.28.20.1 | 双阳河 (1290) | 5 | 黑顶子河 (136)、杏树河 (106)、小营子河 (129)、奢岭河 (101)、东风河 (126) | | | | | | 2 | 双阳 (7780)、黑顶子 (1532) | 9 | 小石棚 (196)、朝阳 (242)、小龙 (165)、尚营 (109)、丁家 (130)、三合 (113)、红旗 (534)、杜家 (106)、小营 (580) | 14 | |
| 154 | 1.27.28.20.2 | 岔路河 (1076) | 2 | 倒木河 (120)、东响水河 (117) | | | 1 | 星星哨 (26500) | 1 | 庙岭 (1041) | 5 | 石门子 (473)、王家 (189)、五一 (400)、任家店 (176)、半拉川 (206) | 13 | |
| 155 | 1.27.28.20.4 | 雾开河 (1198) | 1 | 干雾海河 (471) | | | | | 1 | 五一 (5543) | 1 | 七一 (838) | 5 | |
| 156 | 1.27.28.20.5 | 伊通河 (8440) | 11 | 那丹伯河 (107)、千沟子河 (295)、伊丹河 (464)、大南河 (153)、小河沿子河 (103)、鲶家河 [马圮子沟 (188)]、大孛子沟 (252)、新立沟 (111) | 1 | 敖宝图泡 (11.6) | 2 | 元宝洼泡 (3.72)、莫波波泡 (8.41) | 1 | 新立城 (59200) | 5 | 寿山 (2530)、三联 (1620)、石门 (2883)、净月潭 (2770)、两家子 (1062) | 17 | 建国 (150)、西苇 (130)、前进 (121)、新林 (149)、三家子 (196)、团山子 (316)、爱国 (184)、德惠红旗 (540)、四间 (466)、双阳红旗 (281)、大青 (102)、九德号 (160)、鸾坑 (250)、花园 (156)、三门徐 (100)、四平街 (108) | 30 |
| 157 | 1.27.28.20.5.2 | 新凯河 (2289) | 6 | 杨柳河 (148)、永春河 (145)、笔家河 (952)、岔中高排水总干 [663]、秦家河 (286)、宝泉河 (200) | | | | | 1 | 太平池 (20110) | 2 | 平洋 (1365)、共青团 (1120) | 5 | 三八 (115)、八一 (527)、强 (200)、西新 (353)、富贵 (197) | 2 | 富贵、平安 |
| 158 | | 农安南沟 (1284) | 2 | 娘娘庙沟 (765) [老龙沟 (177)] | | | | | | | 1 | 头道岗 (1958) | 1 | 四道岗 (121) | 3 | |
| | | 松花江干流区间 | 56 | 南河 (131)、右支一河 (168)、右支一河 (149)、校石沟 (503) [右支二河 (168)]、[简家水库 (248)]、第六排干 (403)、运粮河 (460)、阿家沟 (126)、马家沟 (229)、大亮子河 (3)、南华 (102)、吉一 (351)、吉兴 (157)、西南沟 (414) [公家窝棚 (153)]、淘气河 (159)、海里浑河 (327) [永太河 (102)]、五岳寺 (286)、大通河 (435)、马蛇子河 (1)、古洞河 (250)、伽板河 (947) [石涧沟 (411)、新兴 (262)、吉卫 (141)、红卫 (351)、四道河子 (117)、新兴 (326)、杨 (411)、转心湖 (166)、东方红 (139)、羊角沟 (631)、大 (138)、三八 (163)、一马 (152)、国盛 (109)、大兴 (302)、前进 (292)、石河 (535)、大柳 (187)、宏发 (671)、龙河 (237)、吉飞 (141)、豆兴 (108)、红卫 (218)、四道泡 (256)、一号 (326)、方正 (139)、元旗 (178)、罗隆 (124)、香兰 (193)、永旗 (232)、卧龙 (535)、永安 (165)、美格 (178)、法司 (189)、欧吐 (906)、大沟 (124)、阿拔达 (101)、格会 (249)、石杨 (281)、富贵 (121)、范家 (156)、啤碱沟 (104)、那打河 (180)、进 (315)、范家 (168)、昆家 (380)、李跃 (295)] | 4 | 平原 (4008)、人身 (5324)、丰山 (1274)、石碑 (3764) | 42 | 库塘木 (720)、肇东 (949)、阿陵达湖 (290)、先锋 (227)、... | 32 | |

288

续表

| 序号 | 条目编号 | 河流 | 流域面积 100~1000km² | | 湖泊 水面面积 10km² 及以上 | | 湖泊 水面面积 1~10km² | | 水库 大型 | | 水库 中型 | | 水库 小(1)型 | | 水库 小(2)型 |
|---|---|---|---|---|---|---|---|---|---|---|---|---|---|---|---|
| | | 流域面积 1000km² 及以上 河流·河段 | 数目 | 名 称 | 数目 | 名称 | 数目 | 名 称 | 数目 | 名称 | 数目 | 名称 | 数目 | 名 称 | 数目 |
| 159 | 1.27.29 | 安肇新河 (14000) | | | 8 | 王花泡(207)、北二十里泡(74.5)、中内泡(32.3)、哔咀泡(142)、培利滨泡(15.2)、兴隆泡(10)、六十六号泡(21)、青肯泡(123) | 33 | 游洲泡(2)、赵家屯南泡(5)、七十二号泡(2)、新华泡(6)、老猪泡(6)、三胜屯泡(5)、东凤泡(2)、葫芦泡(2)、嘞嘛甸北泡(2)、对青泡(3)、八里岗泡(5.56)、西山泡(1.02)、牛毛泡(9.08)、兴农泡(2.64)、小烧锅泡(1.93)、青山泡(1.51)、前郭家窑泡(3.12)、七才拉合泡(7.64)、六炮合泡(3.9)、拉拉泡(4.38)、董家泡(2.08)、福民泡(1.77)、富来泡(1.88)、计家店泡(2.17)、青龙湖(2.7)、清华泡(2.93)、勤奋铁路泡(1.24)、民来泡(1.37)、盘锦湖(1.56)、一四零号泡(3.06)、一三七号泡(1.83)、一四三泡(1.65) | 1 | 八一(1560) | 7 | 朝阳沟(128)、卫国(224)、沿国(174)、游洲(552)、青山(278)、月牙(139)、兴隆(980) | 12 |
| 160 | 1.27.30 | 夹津沟(1953) | 2 | 夹津沟东沟(567)、上千沟(158) | | | | | | | | | | | |
| 161 | 1.27.31 | 拉林河(19215) | 20 | 莫泥河(125)、大石河(221)、大沙河(291)、三岔河(196)、沙河子(153)、哈蚂河(136)、七道河子(119)、六道河子(149)、栎家沟(138)、西大坡河(346)、第五排干(376)、敖家窝棚(147)、大荒沟(643)、第四排水干线(256)、头号沟(156)、第三排干(375)、灰塘沟(604)、第二排干(469)、[双龙泉沟(189)]、引拉河(254) | | | 8 | 岱王泡(1.20)、莲花泡(1.00)、木先泡(1.00)、张百川泡(1.00)、孙家亮子泡(1.50)、永兴(185)、淹土泡(1.30)、罗圈泡(1.80) | 1 | 磨盘山(52300) | 1 | 苏家岗(2330) | 5 | 谢家店(425)、七一(128)、八一(258)、永兴(185)、淹死狼沟(569) | 25 |
| 162 | 1.27.31.2 | 溪浪河(2904) | 3 | 黄梁河(114)、千棒河(165)、沙河子河(127) | | | | | | | 2 | 小城子(1420)、沙河(2555) | 6 | 保安(153)、上平安营(126)、北五道(323)、横范(109)、大兴(388)、胜利(355) | 61 |
| 163 | 1.27.31.2.1 | 霍伦河(1502) | 3 | 上柳树河(106)、皖源河(123)、珠琦河(321) | | | | | | | 1 | 新安(1953) | 4 | 大口面(123)、存粮堡(133)、太平堡(118)、五色沟(168) | 18 |
| 164 | 1.27.31.3 | 牤牛河(5280) | 6 | 冲河(755)、[石人沟(106)]、七寸河(106)、头道冲沟(130)、腾泥河(171)、捌把河(178) | | | | | 1 | 龙凤山(27700) | | | 8 | 香水河子(372)、新胜利(614)、新跃进(200)、新曙光(176)、合作(310)、鹰盘山(189)、八宝(273)、双跃进(514) | 19 |

续表

| 流域面积1000km² 及以上 | | | 河流 | | 湖泊 | | | | 水库 | | | | | |
|---|---|---|---|---|---|---|---|---|---|---|---|---|---|---|
| | | | 流域面积100~1000km² | | 水面面积10km² 及以上 | | 水面面积1~10km² | | 大型 | | 中型 | | 小(1)型 | 小(2)型 |
| 序号 | 条目编号 | 河流·河段 数目 | 名称 | 数目 | 名称 | 数目 | 名称 | 数目 | 名称 | 数目 | 名称 | 数目 | 名称 | 数目 |
| 165 | 1.27.31.3.2 | 大泥河(1976) | 3 | 小泥河(116)、大石头河(330)、茅沙河(661) | | | | | | 1 | 三股流(1512) | 3 | 南金(244)、新发(245)、龙头(112) | 12 |
| 166 | 1.27.31.4 | 卡岔河(3136) | 11 | 上二道河(203)、天德河(188)、黑林河(126)、团山河(109)、姜家沟(129)、二道河(735)[小三道河(225)、半截河(120)]、芦家沟(274)、四道河(414)[三道河(189)] | | | | 小黑鱼池(1.00) | 1 | 亮甲山(19250) | 1 | 响水(1600)、大平(1610)、玉皇庙(6060)、石塘(3050)、南莲(2621)、于家(3394) | 6 | 团山(629)、农富(350)、合(127)、南莲(380)、东沟(165) | 5 | 60 |
| 167 | 1.27.32 | 阿什河(3532) | 10 | 头道河子(110)、符家围子河(328)、黄泥河(235)、大石河(121)、东小河(178)、玉泉河(193)、海沟河(443)[蜻溪河(149)]、怀家沟(101)、新乡二排干(162) | | | | 大白鱼池(3.37) | 1 | 西泉眼(47800) | 1 | 红星(2752) | 1 | 民丰(271)、三余(186)、一(169)、碇子沟(360)、跃进(494) | 5 | 9 |
| 168 | 1.27.33 | 呼兰河(31424) | 19 | 小呼兰河(862)、[鸭嘴河(113)]、[绫云山(102)、铁山包河(131)、稳水河(127)、拉林孝河(744)[柳河(814)]、泥尔根河(686)、格木克沟(204)]、姜大喇叭东沟(107)、支(192)、津河(192)、红头支沟(128)、腰家路(570)[孔家沟(110)]、孟家游区五排干(218)、孟家游区四排干(108) | | | | 长岭湖(1) | 1 | | | 红星(7000)、柳河(4237)、红旗(1295)、津福(1320)、幸河(1250) | 5 | 备斗(131)、东方红(696)、团结(421)、桃东(237)、丰(517)、桃山(110)、五龙山(205)、新展(790)、靠山(168)、大顶山(490)、大石川(116)、大泉眼(307)、前程(105)、东升(220)、龙盛河(123)、红卫(135)、荣旺(110)、东沟子(172)、大红星(177)、小柳河(853)、二六(170) | 21 | 22 |
| 169 | 1.27.33.1 | 依吉密河(1777) | 4 | 西北(186)、小依吉密河(145)、小黑河(242)、二道河(285) | | | | | | | | | | 张家湾(670) | 1 | |
| 170 | 1.27.33.2 | 安邦河(1679) | 1 | 一道河子(115) | | | | | | | | | | 庆丰(163)、红旗(990)、三八(220) | 3 | 1 |
| 171 | 1.27.33.3 | 欧根河(2040) | 4 | 西北(132)、依通河(151)、二道欧根河(194)、三道河(282) | | | | | | | | | | | | |
| 172 | 1.27.33.5 | 努敏河(5759) | 6 | 八道河(330)、又气松河(200)、大鸡爪河(465)[小鸡爪河(14*)]、四道河(104)、前五沟(118) | | | | | | | | 向阳(1030) | 1 | 欢喜岭(245)、平原(207)、六队(100)、北三(120)、攀河(129)、阁山(200)、前三(450)、三二(173)、宋家(150)、后八(450) | 10 | 1 |
| 173 | 1.27.33.5.1 | 克音河(2200) | 1 | 北岔河(376) | | | | | | | | 东边(6371) | 1 | 群英(149)、双兴(989)、西北岗(320)、昔荣(143)、东林(275)、八队(212) | 7 | 11 |

290

续表

| 序号 | 流域面积1000km²及以上 条目编号 | 河流·河段 | 河流 流域面积100~1000km² 数目 | 名称 | 湖泊 水面面积10km²及以上 数目 | 名称 | 湖泊 水面面积1~10km² 数目 | 名称 | 水库 大型 数目 | 名称 | 水库 中型 数目 | 名称 | 水库 小(1)型 数目 | 名称 | 水库 小(2)型 数目 |
|---|---|---|---|---|---|---|---|---|---|---|---|---|---|---|---|
| 174 | 1.27.33.6 | 通肯河(10583) | 19 | 额音河(130)、十一道沟(145)、十道沟(225)、九道沟(102)、八道沟(351)、七道沟(631)[和平沟(172)]、苗家沟(101)、六道沟(151)、五道沟(106)、利兴排干(121)、三道沟子(521)、撒拉沟(336)、眼沟(289)、五道河(119)、吉兴沟(147)、三道乌龙沟(556)、于家古南沟(147)、复兴达大沟(163) | | | | | | | | 9 | 三道镇(4461)、星星火(1050)、紫石原(1260)、青石岭(1470)、爱国星(1460)、卫世纪(2034)、山头芦(2564)、胜利(3236)、解放(1029) | 27 | 主星一库(107)、主星二库(108)、东星(173)、红星(519)、九龙口(300)、备斗(309)、兴胜(440)、永胜(132)、石远(525)、建设(173)、海边(300)、创新(114)、新世纪(101)、华生(232)、百发(310)、继丰(101)、金山(102)、齐心(114)、红心(336)、宏伟(120)、幸福(102)、敏二(309)、双河(104)、红(353)、信三(124) | 28 |
| 175 | 1.27.33.6.1 | 扎音河(1326) | 2 | 七星河(199)、姜胡泄水沟(134) | | | | | | | | | | | 经建(604)、红光(587) | |
| 176 | 1.27.33.6.2 | 海伦河(1141) | 2 | 曹小铺南沟(184)、靴靿子(306) | | | | | | | | 1 | 联丰(7766) | 2 | 前进(180)、丰民(110) | 4 |
| 177 | | 头道乌龙沟(1026) | 1 | 头道乌龙沟(423) | | | | | | | | | | | | |
| 178 | 1.27.33.7 | 泥河(2100) | 5 | 拉三太河(145)、干江河(107)、大荒沟(160)、莲花沟(100)、申家沟(112) | | | | | 1 | 泥河(11300) | | | 1 | 前程(105) | 2 |
| 179 | 1.27.34 | 蓝花图河(1101) | 3 | 暖河(120)、大杨俐河(115)、小杨俐河(119) | | | | | | | 2 | 丰农(4106)、东风(1224) | | | 6 |
| 180 | 1.27.35 | 少凌河(2469) | 4 | 小柳河(122)、泉眼河(244)、猪蹄河(308)、漂河(774) | | | | | | | 1 | 二龙山(9400) | 4 | 满井(255)、山口(292)、陵(974)、五一(970) | 3 |
| 181 | 1.27.36 | 木兰达河(1619) | 3 | 西北河(197)、青阳河(261)、二道黄河(144) | | | | | 1 | 香磨山(11010) | 1 | 江湾(2800) | 6 | 龙江(335)、卫星(465)、尚家店(377)、东风(666)、山(306)、马鞍山(180) | 3 |
| 182 | 1.27.37 | 岔林河(1929) | 5 | 安乐河(166)、东八道河(231)、大东北岔河(279)、小东北岔河(184)、蚂蝗河(175) | | | | | | | | | | | | |
| 183 | 1.27.38 | 蚂蚁河(10547) | 27 | 石头河(134)、黄泥河(502)[黄泥河左支二河(112)]、小苇沙河(422)、茅沙河(149)、大连河(124)、沙子河(106)、乌珠河(413)、岔怒河(223)[楸皮河(684)]、大亮子河(216)、西柳树河(111)、小亮子河(105)、新发河(354)[蒲河(105)]、黄新河(577)、石头河(144)、东柳树河(156)、小黄玉河(223)、乌吉密河(212)、安山东沟(117)、大凌河(172)、柳树河(211)、石头河(163)、大石头河(397)、大石头沟(141)、桶子河(342)、黄泥河(270) | | | 1 | 莲花泡(6) | | | 6 | 新城(2580)、黑龙宫(1872)、门山(4200)、楸皮河东(1097)、双龙(4202)、双凤(4178) | 25 | 太平(220)、石缝(134)、盛(245)、南平(247)、刘一(148)、曙光(139)、同山(164)、万发(107)、安山(300)、太安(138)、金沙河(250)、北山(177)、二龙(260)、三义(466)、玉山(382)、五甲(148)、双龙(302)、五七(129)、团结(380)、农丰(163)、四合(114)、高丽沟(390)、兴让(355)、黄沟(133)、(147) | 48 |

291

续表

| 序号 | 条目编号 | 河流·河段 | 河流 | | 湖泊 | | | | 水库 | | | | | |
|---|---|---|---|---|---|---|---|---|---|---|---|---|---|---|
| | | | | 流域面积 100~1000km² | 水面面积 10km² 及以上 | | 水面面积 1~10km² | | 大 型 | | 中 型 | | 小(1)型 | | 小(2)型 |
| | | | 数目 | 名称 | 数目 | 名称 | 数目 | 名称 | 数目 | 名称 | 数目 | 名称 | 数目 | 名称 | 数目 |
| 184 | 1.27.38.2 | 亮珠河 (2614) | 8 | 东南岔河 (113)、小西岔河 (182)、小黄泥河 (128)、抚安河 (137)、万江河 (100)、驿马河 (600) [曙光林场河 (138)]、先锋屯河 (174) | | | | | | | | | 先锋 (212)、凤山 (142)、小 遂河 (325) | | 2 |
| 185 | 1.27.40 | 牡丹江 (38909) | 59 | 寒葱沟 (121)、西小夹丹河 (103)、福胜河 (169)、二道荒沟 (167)、西黄泥河 (153)、大石河 (353)、王家店沟 (117)、小石河 (259)、黄泥河 (670)、都陵河 (422)、黑石沟 (118)、捅鱼沟 (102)、三道沟 (151)、当石河 (124)、官地河 (405)、马鹿河 (719)、塔拉河 (344)、朱敦沟 (105)、房身 (114)、大沟沟 (196)、大夹吉沟 (166)、[腾河沟 (105)]、大 柳树河 (453) [石头角子河 (156)]、西革塘 河 (678) [沙兰河 (111)、木其河 (107)]、四道河 (735) [大北叉沟 (104)]、盔鲶河 (109)、花 脸沟 (127)、腰龙沟 (107)、东川河 (112)、 东小沟 (253)、铁岭 (431)、亮子河 (853) (269)、佛塔密河 (245)、大夹皮沟 (141)、二道 [大西南沟 (134)、大北叉沟 (105)]、窟窿珊河 河 (227)、细鳞河 (136)、振兴沟 (131)、木兰 集沟 (147)、大沟里河 (132)、江北大夹皮 沟 (114)、东柳河 (121)、四道河子 (656) [响水河子 (237)、三一七河 (131)、石头河排干 (164)、勃力河 (782)_中心河 (291)] | 17 | 王八泡 (1.1)、塔拉湖 (4.61)、 红信泡 (2)、东靠山泡 (1.55)、 东砬根泡 (2)、罗家湾泡 (2)、 鲤鱼池 (1.5)、小北湖 (4)、东 大泡 (2)、西大泡 (3)、渤海泡 (1)、鱼圈泡 (4)、钻心湖 (1.32)、 莲花池 (1)、玄武湖 (1.32)、 东大泡 (2.32)、小北泡 (6.03) | 2 | 镜泊湖 (182400)、 莲花 (418000) | 9 | 红石 (2646)、上 沟 (1539)、西威 子 (5170)、雁鸣 湖 (4160)、小石 河 (1340)、亮子 河 (1649)、新立 (2280)、永发 (7000)、小北湖 (2079) | 34 | 大沟 (130)、六顶山 (707)、 团山 (318)、金沟 (432)、半 截河 (120)、官地 (720)、林 胜 (100)、苗圃 (141)、八棵 树 (528)、吉祥 (240)、黑石 (735)、宝山 (360)、西河 (310)、筒家 (177)、市林 (170)、长胜 (201)、和盛 (536)、长明 (134)、连家 (116)、劳动 (129)、三林 (112)、万寿 (389)、联合 (130)、大碱 (102)、长石 (453)、斗沟子 (122)、中心 (912)、大唐 (102)、九梁子 (540)、小河沿 (680)、永平 (285) | 29 |
| 186 | 1.27.40.3 | 沙河 (1849) | 2 | 二道河 (336)、头道河 (129) | | | | | | | 哈尔巴岭 (2547)、 大林 (1785) | 2 | 沿山 (520)、东沟 (556) | | 2 |
| 187 | 1.27.40.4 | 珠尔多河 (1750) | 5 | 东北岔河 (213)、额穆索河 (210)、大威虎河 (711) [大石头河 (115)、小威虎河 (112)] | | | | | | | | | 东风 (121)、靠山 (151) | | 2 |
| 188 | 1.27.40.5 | 尔站河 (1156) | 3 | 尔站南河 (305) [三村沟 (113)、吕北河 (168)] | | | | | | | | | | | |
| 189 | 1.27.40.6 | 蛤蟆河 (1860) | 5 | 三道河子 (170)、八道沟 (305)、卧龙河 (297) [团山子河 (123)]、榆林河 (221) | | | 1 | 桦树川 (13200) | 1 | 卧龙河 (1519) | 1 | 迎门山 (320) | | |

续表

| 河流 | | | | | 湖泊 | | | | 水库 | | | | | |
|---|---|---|---|---|---|---|---|---|---|---|---|---|---|---|
| 流域面积1000km²及以上 | | | | | 水面面积10km²及以上 | | 水面面积1~10km² | | 大型 | | 中型 | | 小(1)型 | 小(2)型 |
| 序号 | 条目编号 | 河流·河段 | 数目 | 名称 | 数目 | 名称 | 数目 | 名称 | 数目 | 名称 | 数目 | 名称 | 名称 | 数目 |
| 190 | 1.27.40.7 | 海浪河(6193) | 14 | 杨树沟(347)、太平沟(232)、铁亮子沟(113)、柳河(145)、二道海浪河(108)[西南岔河(106)、双山子河(142)、牛尾巴河(262)、万丈沟(103)]、密江河(598)[密江右支河(103)]、山市河(729)、红甸子河(328)、新民河(143) | | | | | | | | 双丰(1163) | 4 | 万丈(180)、石头沟(130)、密江(110)、双桥(466) | 10 |
| 191 | 1.27.40.8 | 五虎林河(1840) | 3 | 柳树河(130)、嘎库河(240)、牛心河(126) | | | | | | | | | 2 | 清茶馆(974)、万寿(389) | 1 |
| 192 | 1.27.40.9 | 三道河子(1455) | 4 | 新房子河(156)、白庙沟(110)、闹子沟(429)[西南岔河(126)] | | | | | | | | | | | |
| 193 | 1.27.40.11 | 乌斯浑河(4042) | 15 | 楚山河(157)、小龙爪沟(101)、二道河子(124)、大杨木青河(231)、马路河(141)、亚河(863)[青山沟(243)、秋皮河(125)]、东沟河(125)、寒葱沟(308)、西北房河(316)、红旗沟(150)、大百顺河(110)、源发沟(271)、马蹄沟(109) | | | | | | | 小龙爪(1304) | 1 | 红旗(186)、东风(130)、云(919)、中山阳(231)、高进(155)、天宝山(179) | 6 | 5 |
| 194 | 1.27.41 | 倭肯河(11123) | 18 | 筑棚河(124)、金沙河(376)、大金沙河(307)、龙湖河(123)、茄子河(391)[乃泉河(129)]、挖金别河(280)、七台河(205)、礓子河(607)[小五站河(286)]、连珠河(182)、吉兴河(315)[马粪包河(138)]、双河(117)、二道河(108)、久兴河(171)、兴隆山水库河(134)、阿木达沟(103) | 1 | 西大岗(27) | | | 1 | 桃山(26400) | 5 | 汪清(5133)、互助河(2360)、吉兴河(1322)、安兴(1315)、共和(3590) | 20 | 四新(454)、石龙山(615)、通天(102)、礓子河(246)、连珠(151)、玄丰河(121)、河口(304)、大丈(314)、长发(638)、柳毛河(270)、正心河(422)、正红(293)、卫(142)、胜利(105)、隆兴(868)、胜利(401)、兴隆山(261)、自卫(146)、万宝(110)、自卫(146) | 7 |
| 195 | 1.27.41.2 | 七虎力河(1750) | 2 | 双鸭河(102)、柳河(147) | | | | | | | | | 2 | 八一(106)、达连泡(115) | 1 |
| 196 | 1.27.41.3 | 八虎力河(1800) | 3 | 小八虎力河(902)、[南柳树河(503)、北柳树河(141)] | | | 1 | 向阳山(15700) | | | | | | | |
| 197 | | 松木河(1335) | 2 | 来财河(563)、大兴排干(228) | | | | | | | | | 3 | 西湖景(929)、团结(166)、金沙(256) | 3 |
| 198 | 1.27.42 | 巴兰河(2083) | 8 | 七道沟(187)、三道沟(104)、折棱河(210)、二道沟(101)、大西北岔河(562)[正岔沟(163)、东岔沟(204)]、烟筒山河(104) | | | | | | | | | | | |

293

续表

| 序号 | 条目编号 | 河流·河段 | 流域面积1000km²及以上 数目 | 流域面积100~1000km² 名称 | 湖泊 水面面积10km²及以上 名称 | 数目 | 水面面积1~10km² 名称 | 数目 | 水库 大型 名称 | 数目 | 中型 名称 | 数目 | 小(1)型 名称 | 数目 | 小(2)型 数目 |
|---|---|---|---|---|---|---|---|---|---|---|---|---|---|---|---|
| 199 | 1.27.43 | 汤旺河(20557) | 32 | 通江河(181)、西汤旺河(533)[石林河(111)]、二青河(266)、头道薪青河(252)、援朝河(318)、金林河(101)、抗美河(249)、红旗河(387)、趋英河(269)、丽林河(166)、丰林河(476)、永丰河(138)、五营河(129)、长青河(191)、梅花河(331)[桦林河(106)]、红旗河(111)、大西林河(371)、小西林河(315)[南西林河(102)]、大昆气河(159)、小昆气河(131)、大柳树河(324)、小柳树河(163)、朱拉比拉河(546)[金沟河(132)]、小亮子河(151)、大亮子河(295)、公子河(314)、西北盆河(148)、老浪河(111) | | | | | | | | | | 碧源湖(520)、石林(685)、龙泉湖(850) | 3 | 2 |
| 200 | 1.27.43.1 | 友好河(1650) | 1 | 西友好河(396) | | | | | | | | | | | |
| 201 | 1.27.43.2 | 双子河(1866) | 1 | 东卡尔太河(272) | | | | | | | | | | | |
| 202 | 1.27.43.3 | 伊春河(2472) | 6 | 昆伦气河(227)、荤恋河(597)[尖山河(205)]、扶青河(130)、挡古河(221)、乌马河(636) | | | | | | | | | | | |
| 203 | 1.27.43.4 | 五道库河(1773) | 5 | 青山口河(213)、顺利河(115)、珍珠河(523)[鹭仓库河(159)]、卧龙河(353) | | | | | | | | | | | |
| 204 | 1.27.43.5 | 大丰河(1094) | 3 | 安全河(106)、查巴旗河(239)、东一沟(116) | | | | | | | | | | | |
| 205 | 1.27.43.6 | 西南岔河(2735) | 9 | 小白河(147)、半圆河(283)、朗乡河(163)、大龙爪沟(134)、永翠河(757)[南烈河(120)、明月河(104)]、木曾河(232)、石头河(257) | | | | | | | | 郎乡(989)、平原(462)、都柿沟(400) | 3 | 2 |
| 206 | 1.27.44 | 梧桐河(4565) | 8 | 鹤立河(589)[小鹤立河(272)]、小梧桐河(175)、老梧桐河(449)、嘎拉基河(342)、剑鳞河(633)[蒲子河(188)] | | | | | 五号(3063)、细鳞河(3207) | 2 | | | 南大排(228)、十里河(743)、伏尔基河(862)、新一(125)、黑山头(110)、鹤立河二库(350)、老龙岗(179)、互助(112) | 8 | 5 |
| 207 | 1.27.45 | 都鲁河(1848.8) | 1 | 奇拉河(205) | 老等泡(14) | 1 | 水城(1.86) | 1 | | | | | 黎明(293)、南山(632) | 2 | |

续表

| 序号 | 流域面积1000km² 及以上 | | | 河流 流域面积 100~1000km² | | 湖 泊 水面面积 10km² 及以上 | | 水面面积 1~10km² | | 水 库 大型 | | 中型 | | 小(1)型 | | 小(2)型 |
|---|---|---|---|---|---|---|---|---|---|---|---|---|---|---|---|---|
| | 条目编号 | 河流·河段 | 数目 | 名称 | 数目 | 名称 | 数目 | 名称 | 数目 | 名称 | 数目 | 名称 | 数目 | 名称 | 数目 | 名称 |
| 208 | 1.27.46 | 安邦河(1678.9) | 3 | 马蹄河(122)、柳树河(398)、哈达密河(204) | | | | | | | | 笔架山(3080)、寒葱沟(9446) | 2 | 工农兵(203)、定国山、红旗(502)、庆丰(163)、龙泽潮(203)、三八(214) | 6 | 3 |
| 209 | 1.27.47 | 鳇鱼河(1230) | | | | | | | | | | | | 五星山(110) | 1 | 1 |
| 210 | 1.28 | 莲花河(1797) | 1 | 青龙河(473) | | | | 莲花泡(4) | 1 | | | | | | | |
| 211 | | 浓江河(4051) | 3 | 鸭绿河(894)、抓吉河(28km)、通江(30km) | 1 | 大力加湖(28.5) | 1 | 十里泡(1.01) | | | | | | 鸭绿河(530) | 1 | 1 |
| 212 | 1.29 | 乌苏里江(187000) | 11 | 小木河(129)、大木河(130)、独木河(637)[北独木河(142)]、七里沁河(444)[白杨河(126)]、大朋拉饮河(192)、大哲河(519)[关门嘴子河(176)]、小安河(160)、西川河(138) | 3 | 兴凯湖(1080*)、小兴凯湖(162)、东北池子(80) | 4 | 月牙泡(1.19、胖头亮河泡(3)、乌苏西大泡(2)、抓吉南河泡(20) | | | | 青山湖(4362) | 1 | 兴凯湖(841)、桦山(382)、承紫河(257)、白泡子(313)、胜板(110)、红领巾(109)、阿布胶河(117)、团结(108) | 8 | 21 |
| 213 | 1.29.2 | 松阿察河(2200) | | | | | | | | | | | | | | |
| 214 | 1.29.3 | 穆棱河(18136) | 34 | 双宁沟(142)、东碱厂沟(121)、牛心河(115)、荒草沟(409)[东杨木河(148)]、泉眼河(168)、大石头河(162)[西北岔河(111)、小石头河(213)、盘哈河(128)]、黄岩哈河(725)、柳毛河(213)、盛羊哈河(155)、俞米哈河(103)、马桥河(451)、悬羊哈子沟(128)、清河(109)、雷锋河(403)、百草沟(371)、亮子河(583)[东亮子河(314)]、杜牛河(889)[大通沟(169)]、凤山河(175)、安宁河(214)[哈达河(543)]、滴道(691)、校河老岭河(677)、新立河(475)[水曲柳河(24)]、塔头湖河(263)、解放河(108)、柳毛河(265)、石头河(252)、小穆棱河(103km) | 1 | 月牙潮(1.6) | | | | 团结(8630)、哈达(9997)、团山子(5900)、石头河(1795) | 4 | 大同(271)、龙山(559)、先锋(212)、清河(305)、西大坡(131)、麒麟山(150)、猴石(126)、东方红(114)、新丰(162)、庆丰(254)、兴隆(141)、金沟(49)、解放(328)、柳毛(463)、青山(603)、铁西(278)、塔头(992)、太平(394)、杨木(356) | 19 | 21 |
| 215 | 1.29.3.4 | 黄泥河(1873) | 4 | 金厂(117)、小石头河(162)、大石头河(854)[小黄泥河(366)] | | | | | | | | 羊截河(1427)、八砬山(9990) | 2 | 平阳(741)、曲河(553)、水胜(212) | 3 | 7 |
| 216 | 1.29.3.5 | 裴德河(1730) | 5 | 迎门山河(166)、四部沟(172)、小表德里河(212)、奥目河(199)、偏脸河(104) | | | | | | 青年(40100) | 1 | 红星(1940) | 1 | 金沙池(136)、青一(140)、金岭(620)、育红(568)、新西南(364)、新六一八(108)、红旗(710) | 7 | |

295

续表

| 序号 | 条目编号 | 河流 | | 湖泊 | | | | 水库 | | | | | |
|---|---|---|---|---|---|---|---|---|---|---|---|---|---|
| | | 流域面积 1000km² 及以上 | 流域面积 100~1000km² | 水面面积 10km² 及以上 | | 水面面积 1~10km² | | 大型 | | 中型 | | 小(1)型 | 小(2)型 |
| | | 河流·河段 | 名称 | 名称 | 数目 | 名称 | 数目 | 名称 | 数目 | 名称 | 数目 | 名称 | 数目 |
| 217 | 1.29.4 | 七虎林河 (2689) | 白棱河 (21km)、格格河 (25km) | 2 | | | | | | 云山 (5196) | 1 | 东风 (624)、丰产 (355)、六一八 (420)、青一干 (150)、神泉山 (470)、团山 (340)、团山子 (314)、皖峰 (145)、小清河 (363)、先进 (575)、勇胜 (422) | 11 | 3 |
| 218 | 1.29.5 | 阿布沁河 (1667) | 青山口河 (104)、小西蓄岔河 (346) [西南岔河 (167)]、西北河 (109) | 4 | | | | | | 西南岔 (2700) | 1 | 阿东 (167) | 1 | 1 |
| 219 | 1.29.6 | 挠力河 (22495) | 泥鳅河 (245)、宝密河 (161)、岚峰河 (197)、珠山河 (387) [大主河 (149)]、柳毛河 (102)、什今别河 (419) [大什今河 (142)]、小百岔河 (892)、宝青河 (224)、宝石河 (194)]、宝青河 (112)、红新 (280)、梨树沟 (190)、山里河 (112)、大佳河 (205)、小佳河 (331)、东半截河 (130) | 17 | 五星湖 (1.46) | 1 | | | 龙头桥 (61500) | 1 | 清河 (2588)、大紫伦 (1650) | 2 | 东山 (228)、小清河 (205)、新征 (154)、小东沟 (112)、仁和 (280)、红新 (112)、林源 (130)、前进 (248)、小东沟 (112)、新鲜河 (243) | 10 | 9 |
| 220 | 1.29.6.2 | 蛤蟆通河 (1400) | 电厂河 (175) | 1 | | | 蛤蟆通 (15100) | 1 | 尖山 (1130) | 1 | 东风 (133)、劲松 (290)、横林 (376)、小紫伦 (717)、新征 (154) | 5 | 5 |
| 221 | 1.29.6.3 | 七星河 (4001) | 扁石河 (661) [宏伟勾 (138)]、大叶沟河 (126)、金沙河 (132) | 4 | | | | | | | | 支援 (217)、青峰 (201)、兴隆山 (915)、仁和 (280)、幸福 (443) | 5 | 7 |
| 222 | 1.29.6.4 | 七里沁河 (1204) | 向阳河 (108)、大牙克河 (596) [大叶子河 (206)] | 3 | | | | | | | | | | 1 |
| 223 | 1.29.6.5 | 外七星河 (6703) | | | 西葦塘 (4.15) | 1 | | | | | | 山河 (724) | 1 | 1 |
| 224 | 1.29.7 | 别拉洪河 (4503) | 胖头河 (30km) | 1 | | | 黑鱼泡滞洪区 (80)、二道岗滞洪区 (61) | 2 | | | | | 光明 (112) | 1 | 4 |
| | 合计 | | 1855 | | 87 | | 433 | | 45 | | 180 | | 769 | 1291 |

296

## 表2 辽河水系河湖数据统计表

表2-1 辽河水系

| 水系（河段） | 河流（条） | | 湖泊（个） | | 水库（座） | | | |
|---|---|---|---|---|---|---|---|---|
| | 流域面积1000km²及以上 | 流域面积100~1000km² | 水面面积10km²及以上 | 水面面积1~10km² | 大型 | 中型 | 小(1)型 | 小(2)型 |
| 合计 | **61** | **481** | **0** | **57** | **20** | **88** | **258** | **301** |
| 干流·老哈河区间 | 8 | 63 | 0 | 0 | 2 | 4 | 19 | 12 |
| 西拉木伦河 | 12 | 97 | 0 | 41 | 3 | 9 | 26 | 12 |
| 干流·西辽河区间 | 16 | 97 | 0 | 15 | 3 | 18 | 26 | 12 |
| 东辽河 | 2 | 29 | 0 | 0 | 2 | 14 | 23 | 63 |
| 辽河下游区间 | 23 | 195 | 0 | 1 | 10 | 43 | 164 | 202 |

表 2-1　辽河水系一览表

| 序号 | 条目编号 | 河流·河段 | 河流 流域面积100~1000km² | | 湖泊 水面面积10km²及以上 | | 湖泊 水面面积1~10km² | | 水库 大型 | | 水库 中型 | | 水库 小(1)型 | | 水库 小(2)型 |
|---|---|---|---|---|---|---|---|---|---|---|---|---|---|---|---|
| | | | 名称 | 数目 | 名称 | 数目 | 名称 | 数目 | 名称 | 数目 | 名称 | 数目 | 名称 | 数目 | 数目 |
| 1 | 2 | 辽河 (219630) | | | | | | | | | | | | | |
| | | 干流·老哈河区间 | 黑里河(653.16)、匹道沟河(214.73)、下拐河(103.37)、八里罕河(419.10)、热水河(146.30)、大明北小河(250.70)、忙农河(124.48)、东小河(551)[沙海河(262)]、三家河(226)]、海棠河(757)[四汗城河(262)]、马架子河(163.00)、楼子店河(363.80)、黑水河(289)、小五家河(107.17)、火烧咎石河(166)、小嘎岔河(107.17)、皇姑屯电沟(318.5)、伊马河(260.90)、大牤牛河(199)、五牌河(325.7)[丁家猪铺河(107)]、额府咎子河(304)[万棵榛河(121.40)] | 25 | | | | | 打虎石(15600)、红山(25600) | 2 | 白山(3352.1)、二道河子(8430)、乌兰召(1035) | 3 | 天义(760)、二龙山(364.28)、前庙(193)、南淮(120.5)、公爷地(108)、玉暴(495)、三名(168)、刘咎子(244.34)、天义(760)、南河(164.72)、西高日苏(179.5)、辉屯塔拉(137.8)、土龙(403.1)、汐子(295.61) | 15 | 10 |
| 2 | 2.2 | 坤兑河 (1748.6) | 仔仝沟河(181.40)、大城子河(216.52)、八素台河(244.30)、吉旺咎子河(126.20)、汐子河(249.63) | 5 | | | | | | | | | 钓鱼台(975)、韩帆柳(730) | 2 | |
| 3 | 2.3 | 芝金河 (11008) | 山涛子河(522)、梭罗沟河(108)]、七宝丘河(259)、别龙沟河(135.30)、东朋东沟(253.30)、狮子沟河(656.10)、栾板沟(186.80)、大六份沟(102.7)、三道井子河(119.20)、三道井子河(159.0)、兴隆庄沟(102.7) | 10 | | | | | | | | | | | |
| 4 | 2.3.1 | 西路嘎河 (2309) | 二道川(117)、嘟嘛地河(682) [克勒沟河(110.0)、[姜家营东沟(300.30)][姜家营东(110.0)] | 5 | | | | | | | 二道河子(5250) | 1 | | | |
| 5 | 2.3.2 | 鞠伯河 (2968.34) | 汤土沟(130)、大西河(129.7)、碇子沟(170.70)、小牛群河(438.2)、柳条子河(112.2)、半支箭河(797.94)、南台子河(165.9)[永丰南(116.0)、盔甲川(158.2)] | 9 | | | | | | | | | 大沟(158) | 1 | 1 |
| 6 | 2.3.3 | 召苏河 (1059.37) | 大六份沟(122) | 1 | | | | | | | | | | | |
| 7 | 2.4 | 蚌河 (1297.59) | 东张咎子河(109)、柴杖子河(112)、汤土沟河(110) | 3 | | | | | | | | | 三家(147.26) | 1 | |
| 8 | 2.5 | 羊肠子河 (2320.1) | 大烟筒沟(105)、房身沟(136.5)、杖房河(170.88)、敖包吐沟(119)、梧桐花河(189.75) | 5 | | | | | | | | | | | 1 |

续表

| 序号 | 条目编号 | 河流·河段 | 河流 流域面积 100～1000km² | | 湖泊 水面积 10km² 及以上 | | 湖泊 水面积 1～10km² | | 水库 大型 | | 水库 中型 | | 水库 小(1)型 | | 小(2)型 |
|---|---|---|---|---|---|---|---|---|---|---|---|---|---|---|---|
| | | 流域面积 1000km² 及以上 | 名称 | 数目 | 名称 | 数目 | 名称 | 数目 | 名称 | 数目 | 名称 | 数目 | 名称 | 数目 | 数目 |
| 9 | 2.7 | 西拉木伦河 (32539) | 小克头河 (161.6)、*大老头河* (219.1)、塔七沟 (391.1)、梅林赫吐河 (175.6)、胡比吐河 (115.20)、小托河 (123.7)、哈拉海沟 (228.4)、大托河 (128.4)、兑虎石沟 (164.7)、无宝山河 (124.5)、兑德河 (185)、五份地沟 (443.25)、头份地河 (311.85) [野猪汽 (110)]、支房河 (244.0)、楼子河 (205.9)、查干花沟 (141.0)、海里河 (718)、洪河 (394.2)、黑嘛窝堡河 (250)、腾格勒 鄂勒 (1579) [萨格四台河 (1133)、乌兰陶勒盖河 (977)、(326)]、文牛格尺河 (870)、跃茂排水干渠 (108)、满达湖河 (1984)、骆驼岭布 (278)、泉眼沟 (385)、小西河 (705) [井岗河 "507"]、蝴蟆河 (168) | 32 | | | 大哈拉巴泡 (1.26)、和索泡 (2.45)、梨树台泡 (6.48)、五井泡 (3.71)、阿古拉西池子 (1.64)、大方子地泡子 (1.99)、八里泡子 (2.83)、大方子地泡 (1.64)、日敖池子 (1.71)、查干胡颁泡子 (2.52)、超造尔哈泡 (3.82)、柴达木池子 (4.85)、达拉哈诺 尔 (1.28)、东庙池子 (1.63)、都音哈嘎 (1.52)、二莫力池子 (1.25)、广台区东南池子 (1.01)、哈 斯拉哈尔 (1.18)、哈拉图哈泡 (2.57)、后石甸子 (1.08)、花灯泡子 (1.33)、花胡颁哈嘎 (7.25)、吉里吐嘎 (1.84)、芦苇泡子 Ⅱ (3.02)、阿鲁科尔沁尔大池子 (4.31)、旗杆大泡子 (1.55)、乌布西科路嘎 (2.07)、乌日 都鲁哈 (1.1)、乌赤恒格章尔 (1.76)、乌小池子 (1.13)、协日 嘎池子 (2.04)、伊和宝利蘭池 (1.9)、营沙吐泡 (7.15)、伊和益利蘭池 (1.77)、巴巴答池子 (1.86)、乌兰莱泡子 (1.87)、西协方台泡子 (1.6)、西协方台池子 (1.11) | 39 | 莫力庙 (15200)、孟家段 (10800)、大石门 (18500) | 3 | 小龙口 (1060)、小塔子 (1509)、五星山 (3508)、小路驼岭 (2368)、上潭子Ⅰ级 (1710)、(4140)、(1682) | 7 | 东五家子 (770)、泉眼沟 (119)、东山 (162.12)、下音他拉草原 (103.46)、白花湖 (462.15)、胡家湾子 (340.9)、荷花湖 (337.33)、三台子 (386.22)、青年 (259)、上潭子 (874)、(294.41)、苏吉 (150.5)、洪河 (269.1)、小河子 (422.63)、台子店 (589.9)、东五家子 (770)、散都 | 16 | 7 |
| 10 | | 小清河 (1627) | 长茂河 (543)、兴隆河 (244) | 2 | | | | | | | | | | | |
| 11 | 2.7.1 | 萨岭河 (1230.4) | 乌兰公河 (465.2)、西大河 (297.0)、鲍家沟 (357.3) [蛤蟆坝河 (105.6)]、银钉扣河 (148.8)、沙里漠河 (707.3) | 6 | | | | | | | | | | | |
| 12 | 2.7.3 | 必如河 (1038.5) | 长善沟 (103.5)、密剑沟 (103.3)、多伦沟 (516.2) | 3 | | | | | | | | | | | |
| 13 | 2.7.4 | 百岔河 (1786) | 莫力沟 (100)、坤兑岭河 (136.8)、苇连沟 (429.8)、古鲁饭吐沟 (132.7) | 4 | | | | | | | | | | | |
| 14 | 2.7.5 | 苇塘河 (1420) | 乌兰苏河 (123)、嫩嫩昆都河 (358.3)、怀都坤昆兑河 (756) | 3 | | | | | | | | 哈巴沁 (408.36) | 1 | 1 |

续表

| 序号 | 流域面积1000km²及以上 | | 河流 | | 湖泊 | | 水库 | | | | | |
|---|---|---|---|---|---|---|---|---|---|---|---|---|
| | 河流·河段 | 条目编号 | 流域面积100～1000km² | | 水面面积10km²及以上 | | 大型 | | 中型 | | 小(1)型 | 小(2)型 |
| | | | 数目 | 名称 | 数目 | 名称 | 数目 | 名称 | 数目 | 名称 | 名称 | 数目 |
| 15 | 查干木伦河 (11450) | 2.7.6 | 23 | 灰通河(385.7)、[白旗河(144.2)、阿山河(263.5)、吉布吐河(134.4)、比吐河(144.2)]、海清河(166.0)、海苏坝洛(135.4)、东坝筒子(261.18)、西坝筒子(207.68)、三段河(116.90)、小坝土河(224)、[大三段河(111)]、小北沟(110)、沙布尔台河(591.5)、热木汤河(388.9)、枕头沟(144.5)、布尔嘎斯台河(201.9)、吉布吐河(125.5)、呔头路沟(122.0)、敖尔盖河(576.0)、床金河(18.4)、阿里木吐河(173.0)、伊和德尔苏河(102) | | | | | | 2 | 草原(2271)、达林台(1978) | 7 | 朝阳(400)、大冷山(303)、红卫(227)、沙丈(132.4)、拥军爱民(545)、南门外(150.24) | 3 |
| 16 | 巴尔汰河 (1324) | 2.7.6.1 | 4 | 老鸦子黄沟(130.5)、嘎叉河(177.8)、大坝河(399.67)、大乌兰沟(104) | | | | | | | 石门子(106.5) | 1 | |
| 17 | 嘎斯汰河 (2616.33) | 2.7.6.2 | 7 | 黄河(213.50)、木石匣河(875.2)、莫菊芦沟(138.1)、王安池沟(166)、羊肠子沟(218.6)、勃拉沟(220.5)、瓜皮子沟(139.9) | | | | | | | | | |
| 18 | 古古台河 (2465.17) | 2.7.6.3 | 7 | 乌苏伊根河(184.6)、塔拉宝力格河(415.4)、[下山湾河(102)、下乌久吐河(209)、巴彦他拉河(462.6)、[宝木拉河(45)]、召郝郝格河(224.0) | | | | | | | | | |
| 19 | 少冷河 (2793.75) | 2.7.7 | 6 | 马架子河(113.25)、大善德沟(124.0)、兴隆沟(132.1)、头牌子河(202.36)、布日墩河(112.75)、旗杆泡子(451.5) | 2 | 布日墩泡子(6.67)、旗杆泡子(8.67) | | | | | 小响水(609) | 1 |
| 20 | 孝庄河(1309) 干流·西辽河区间 | | | | | | | | | | | |
| 21 | 教来河 (18300) | 2.10 | 8 | 克力代河(171.5)、敖力虎河(117.4)、白塔子河(458.2)、白塔子扩坡河(106.0)、干沟子河(188.8)、腾克力河(463.2)、杜贵河(233)、三道淮河(272) | | | 1 | 吐尔基山(12000) | 3 | 干沟子(1500)、山湾子(9171)、乌兰勿苏(3320) | 泡子埃(722)、东北大歹平(159.5)、呼歇苏木(425.81)、太(661.4)、薪镇(328.12)、石碑土(228.3)、哈达江(142.6)、韩家窝铺(126.67)、西节粮罐(123)、敖包(195.62) | 10 | 9 |
| 22 | 教来河故道 (5713) | | 3 | 小达布嘎筒河(259)、西达不嘎筒河(1013)、红河 | | | | | | | | | |
| 23 | 孟克河 (2665.05) | 2.10.1 | 7 | 呼仁宝河(110.8)、二井河(142.6)、北扎兰营子河(778)、舍塘河(147.8)、公司河(188)、孟克河故道(142)、双井河(0.5) | | | 1 | 舍力虎(11800) | 3 | 王子庙(6000)、青山(3050)、西湖(5210) | 平顶庙(235.09)、西河(140.85) | 2 |

续表

| 流域面积1000km²及以上 | 条目编号 | 河流·河段 | 河流 | | 湖泊 | | | | 水库 | | | | |
|---|---|---|---|---|---|---|---|---|---|---|---|---|---|
| 序号 | | | 流域面积100~1000km² | | 水面面积10km²及以上 | | 水面面积1~10km² | | 大型 | | 中型 | | 小(1)型 | 小(2)型 |
| | | | 数目 | 名称 | 数目 | 名称 | 数目 | 名称 | 数目 | 名称 | 数目 | 名称 | 数目 | 名称 | 数目 |
| 24 | | 洪河 (2457) | | | | | | | | | | | | | |
| 25 | 2.11 | 新开河 (8942.8) | 4 | 小清河子 (275)、引辽济莠渠道 (513)、茂林河 (357.4)、前哈拉吐河 (451) | | | 5 | 哈尔呼舒哈拉泡子 (1.18)、乃门他拉泡子 (1.26)、南好力宝 (1.26)、小茶曼塔拉 (1.25)、公敖泡子 (1.87) | 1 | 他拉干 (13500) | 5 | 帮西南 (7000)、胡力斯台 (5717)、三八 (5284)、苏吐 (1013)、乃门他拉 (1400) | 1 | 哈根努拉 (235.86) |
| 26 | 2.12 | 乌力吉木伦河 (35300) | 33 | 马兰坝河 (433.6)、横河子河 (160.6)、千支嘎河 (370.8)、浩拉吐河 (797.3)、十三敖包河 (199.6)、花加拉嘎河 (344.5)、罕吐柏河 (117.2)、沙力河 (642.9)、水泉河 (156.6)、小黑河 (138.6)、刁家段河 (254.0)、毛布力格河 (351.9)、[大东营子河 (256)]、萨日古塔拉河 (160)、道德牛场河 (814)、[道德牛场河右支河 (290)]、清河古旧河道 (150)、巨里黑河 (147.4)、白音塔拉河 (223.6)、乌兰陶勒盖河 (101.4)、塔布呼郭嘎河 (397.3)、乌兰陶勒盖河 (198.4)、格力楚鲁河 (170.2)、乌布图阿林河 (314.7)、乌苏里河 (102.1)、查干陶拉格盖沟 (180.2)、张家排水干渠 (214)、查干陶勒盖沟 (156)、那仁河 [652]、潢池子沟 (164)、乌嘎勒吉郭勒 [103]、马拉嘎嘎郭勒 (634)、[塔格塔图河 (315)] | 10 | 布拉格图泡子 (1.11)、塔布包诺尔 (1.47)、黄台基泡子 (4.78)、其和你台哈嘎 (1.65)、乌兰牛场旧河 (1.89)、西日图河 (2.22)、德仑 (1.48)、珠日很泽尔 (3.94)、都诺尔泡子 (1.00)、塔必诺尔 (2.66) | | | 6 | 沙那 (6766)、小河西 (1270)、红旗 (6418.3)、路驼岭 (1740)、益和诺尔 (3026)、哈日朝鲁 (4131.9) | 12 | 宝力格 (912.4)、平原 (990)、泉眼沟 (119)、巴嘎诺尔 (925)、半拉沟 (179)、沙坝 (940)、朝尔图 (810)、敖干朝尔 (440.7)、吉布花 (141.46)、乌兰 (174.62)、海力图 (113)、太平 (981.65) | 1 |
| 27 | 2.12.1 | 乌兰哨河 (1144.4) | 3 | 毛日乌苏河 (149)、查干日旗河 (427)、头道井子河 (110) | | | | | | | | | | | |
| 28 | 2.12.2 | 巴奇楼子河 (2317) | 5 | 黄花敖包河 (175)、巴彦查干河 (266)、翁根艾勒河 (169)、哈通河 (957)、[宝日勿苏河 (299)] | | | | | | | | | | | |
| 29 | 2.12.3 | 大板木伦河 (2304.11) | 6 | 姚家段河 (115.6)、黑德营河 (201.25)、哈拉乌素河 (283.85)、乌兰苏木河 (199.8)、天山西河 (420.3)、新立屯河 (194) | | | | | | | 1 | 白音花 (2285) | 1 | 白城子 (316.75) |
| 30 | | 黑木伦河 (6044.8) | 18 | 珲都仑高勒 (190)、哈黑尔高勒 (607)、查干敖包河 (256.0)、艾日根提高耆 (161.9)、也希林泽迪 (181.6)、白音火烧河 (284.9)、达勒林拉格 (154)、伊日格代扎拉格 (135)、[毛希嘎达坂扎拉格 (583)、吉布土高勒 (108.6)、威好来河 (994.2)、会音高勒 (202.1)、陶海高勒 (231.1)、坤都仑河 (443.6)、巴塔拉河 (665)、扎腊河 (114)、格炒郭勒 (109.6)、皂洛企塔拉 (329) | | | | | | | | | | |

续表

| 序号 | 流域面积 1000km² 及以上 条目编号 | 河流·河段 数目 | 河 流 流域面积 100～1000km² 名称 | 湖 泊 水面面积 10km² 及以上 数目 | 名称 | 水面面积 1～10km² 数目 | 名称 | 水 库 大型 数目 | 名称 | 中型 数目 | 名称 | 小(1)型 数目 | 名称 | 小(2)型 数目 |
|---|---|---|---|---|---|---|---|---|---|---|---|---|---|---|
| 31 | 2.12.3.1 | | 苏吉高勒(1175.6) | | | | | | | | | | | |
| 32 | | 2 | 杜其普子河(2439) | | | | | | | | 浩吉尔塔拉沟(126)、敖尼斯附台扎拉格(313) | | | |
| 33 | | | 乌梳格其郭勒(2544) | | | | | | | | | | | |
| 34 | 2.12.4 | | 广兴堡河(1648.7) | | | | | | | | | | | |
| 35 | 2.12.5 | 2 | 胜利河(2045.2) | | | | | | | | 塔布呼都格郭勒(426)、德勒斯附台乌苏河(121) | | | |
| 36 | 2.12.6 | 6 | 乌鲁格奇河(1898.8) | | | | | | | | 乌苏尼郭勒(196)、达武仑郭勒(337)、查干少淖高郭勒(228)、桑根巴旨总郭勒(138)、额滚楚鲁河(179)、巴彦花沟(113) | | | 2 |
| 37 | 2.13 | 26 | 东辽河(11450) | | | | | 2 | 二龙山(179200)、杨木(10061) | 13 | 杨木(9412)、椅山(1369)、金满(1916)、三良(1442)、白泉(2414)、八一(1230)、欢欣岭(2350)、二十家子(1154)、卡伦(8069)、川头(1455)、双山(1650)、小山(1866)、聚龙潭(2414.1) | 22 | 石场(162.87)、共青团(737.9)、玻璃城(580)、丰吉(693)、安合(108)、安西(890)、荣华(119)、薪青(114.79)、兴国(100)、路清(113.95)、杏岭(173.6)、河(227.5)、老龙头(981)、西辛子(130.35)、下湾(146.6)、勾家店(737)、大良(765)、年丰(104)、东吉(845)、复生(223.9)、丰吉(119.66)、(693) | 53 | 保安河(106)、灯杆河(283)、鹭鸶河(116)、滑津河(383)、[西清河](156)、大梨树河(242)、小梨树河(108)、猪嘴河(150)、二道河(346)、[三道河](153)、头道河(119)、北小河(152)、孤山河(531)、[杨树河](128)、小孤山河(140)、兴隆河(2350)、卡伦河(523)、[陶家屯河(123)]、黑鱼河(238)、土龙小河(120)、卡伦劳区总干渠(373)、小二道河(147)、炼家河(377)、温得河(544)、兴升河(808)、小青河(20) |
| 38 | 2.13.8 | 3 | 小辽河(1140) | | | | | | | 1 | 杨大城子(7350) | 1 | 黑泉眼(180) | 10 | 三县堡河(190)、大青山河(203)、姜小河(215) |
| | | 22 | 辽河下游区间 | | | | | 1 | 石佛寺(18500) | 6 | 红顶山(2147)、尚屯(6840)、其堡(1523.25)、三合成(1183.77)、八一(1271)、泡子沿(4760) | 11 | 安家(136.6)、朝阳(126.7)、关门山(402)、石砬子(482)、家寨(691.23)、牛(495.99)、帽山(128)、凡河(168.17)、一路(308.2)、上台(285)、楠霞堡(480) | 13 | 亮子河(566)、王荒河(44)、沙河(570.2)、[南沙河](132)、长沟子河(207.7)、西小河(191.98)、拉马河(786.85)、[五合河](143.42)、小岭河(116.25)、牛河(103.45)、[五泉河](223.25)、[西小河](177)、长命里河(134.95)、左小河(139.05)、小河(163)、燕飞里排干(256.39)、付家窝堡排干(118.65)、小柳河(769.48)、旧跨阳河(212.51)、吴家排干(182.66)、太平河(177.5)、潮沟河(41) |

续表

| 序号 | 条目编号 | 河流·河段 流域面积1000km² 及以上 | 河 流 流域面积100～1000km² | | 湖 泊 水面面积10km² 及以上 | | 水面面积1～10km² | | 水 库 大 型 | | 中 型 | | 小(1)型 | | 小(2)型 数目 |
|---|---|---|---|---|---|---|---|---|---|---|---|---|---|---|---|
| | | | 数目 | 名称 | 数目 | 名称 | 数目 | 名称 | 数目 | 名称 | 数目 | 名称 | 数目 | 名称 | |
| 39 | 2.14 | 公河 (1459.8) | 6 | 八家子河 (825.06)、东马连河 (635) [地河 (109)]、西马连河 (288.72) [善刀河 (202)、二道河 (164)] | | | | | | | 2 | 三台子 (4500)、四道号 (1727) | 1 | 公河来 (768.6) | |
| 40 | 2.14.1 | 李家河 (1155.9) | 1 | 八家子河 (511.22) | | | | | | | 1 | 卧龙湖 (9620) | | | |
| 41 | 2.15 | 招苏台河 (3018) | 9 | 三岔河 (112)、新立屯河 (163)、安家屯河 (175)、条子河 (861) [仙马泉河 (113)、北太平河 (182.42)、山门河 (156)]、小南河子河 (187)、南条子河 (158.83) | | | | | | | 3 | 上三台 (1429)、下三台 (3973)、山门 (2560) | 14 | 青石岭 (547)、太平山 (203)、民兵 (491)、塔山 (222)、方家 (112.5)、丛家 (200.68)、北洼子 (103)、大泉 (105)、丰产 (195.01)、西头 (204.63)、前进 (106)、三家子 (234)、曹家 (180)、南湖 (287.34) | 22 |
| 42 | 2.15.2 | 二道河 (1598) | 6 | 牤牛南河 (102)、双庙子河 (234) [下二台河 (105.65)、小河子河 (176.04)]、红山河 (332.82)、苇子河 (140.92) | | | | | | | 1 | 红山 (2748) | 4 | 栖霞堡 (480)、四新 (153.34)、黑鱼 (530)、莫家发 (140.92) | 27 |
| 43 | 2.17 | 清河 (4846) | 6 | 二道沟河 (233)、阿拉河 (216.19) [大甜河 (102)]、营碧河 (542.72)、马仲河 (273) | | | | | 1 | 清河 (97100) | | | 11 | 大甘河 (153.33)、前马 (243.4)、王大堡 (469.34)、北大沟 (240.2)、大甘河 (153.33)、万和 (173.15)、大山子 (113.8)、八一 (443)、老观堡 (279.91)、太阳山 (514.17)、银河 (117.38) | 12 |
| 44 | 2.17.3 | 寇河 (1551.6) | 5 | 小寇河 (102.09)、乌鲁河 (180.58)、艾青河 (221.36)、叶藤河 (629)、西小河 (104.89) | | | | | 1 | 南城子 (23500) | 1 | 转山湖 (2610) | 3 | 房身 (385)、宝兴 (628)、铁河 (498) | 10 |
| 45 | 2.19 | 柴河 (1501) | 1 | 南柴河 (212.06) | | | | | 1 | 柴河 (61400) | | | 2 | 金家 (713.74)、熊官屯 (386) | 3 |
| 46 | 2.20 | 凡河 (1001.72) | 2 | 恶龙河 (116.90)、莲花河 (108) | | | | | 1 | 榛子岭 (21000) | | | 5 | 大龙汀 (230.85)、得胜沟 (125)、得胜台 (536.4)、凡河 (168.17)、范家屯 (815.4) | 2 |
| 47 | 2.23 | 秀水河 (3002) | 6 | 二道河子 (174.15)、南小凌河 (103)、尖山子河 (453) [三台成河 (239)]、新开河 (127.15)、老营河 (110.23) | | | | | | | 4 | 花古山子 (2403)、尖拉 (2290)、马章 (1087)、灌子洞 (5052) | 6 | 张家窑 (338.7)、黑山 (102.7)、七家子 (855)、西大营子 (126.7)、满斗 (101.49)、三家子 (177.84) | 1 |

续表

| 序号 | 流域面积1000km²及以上 | | | 湖泊 | | | | 水库 | | | | |
|---|---|---|---|---|---|---|---|---|---|---|---|---|
| | 河流·河段 条目编号 | 流域面积100~1000km² | | 水面面积10km²及以上 | | 水面面积1~10km² | | 大型 | | 中型 | | 小(1)型 | 小(2)型 |
| | | 数目 | 名称 | 数目 | 名称 | 数目 | 名称 | 数目 | 名称 | 数目 | 名称 | 数目 | 名称 | 数目 |
| 48 | 2.24 养息牧河(1861) | 7 | 头道河(216.95)、二道河(367.06)、三道河(186.52)、地河(440.52)[西地河(152)]、双徐河(176.80)、老龙湾河(185.71) | | | | | | | 1 | 巨龙湖(1339) | 15 | 长坨子(141.47)、西旧府(537)、北沟(220)、沙力土(197)、清泉(175.1)、小得阁(440)、兴隆山(318.94)、八推子(100.79)、卢启(242.7)、巨德(297.33)、五家子(115.87)、互利(118)、二道(228.33)、黎明(107.84)、大楡(148) | 3 |
| 49 | 2.25 柳河(5791) | 17 | 边家杖子河(136)、下大窝棚河(145)、福兴地河(130.03)、哈拉勿苏河(244.19)、石灰窑子河(205)、阿哈来河(543.53)[佗不郎河(146.97)]、乌兰呼舒羊杨河(828)[下庙河(37e)、养畜牧河(202)、石碑河(188.6)、沙河子河(113)]、扣河子(1113)、大清沟(242)[小清沟(100)]、三合屯渠(159)、盘山楼河(116) | | | | | 1 | 硕德海(21700) | 2 | 大清沟(1120)、莫河沟(1348) | 23 | 红旗(421.3)、刘大房(370.4)、公家(277.5)、石金阜(169.45)、沙金(133.41)、盘山楼(227)、七方地(202)、小清沟(339.79)、小敦沟(367)、博勿沟(238)、巴尔敦沟(240.25)、哈昭(132.4)、五星(3508)、库伦(107)、打鹿山(135)、水坝(库伦旗)(527.8)、道老都(463.47)、哈海沟(282.09)、马石井泣(415.6)、胡金窟(425)、小南京洼(161)、五家子(170.9)、五家子(304) | 45 |
| 50 | 2.27 绕阳河(10483) | 22 | 押京河(250.13)、鹭鹰河(113.34)、苇塘河(396.65)、二道河(396.48)、沙河(150.84)、邵绕排干(244.88)、杜屯湾河(160.46)、马绕宽排干(192.89)、杜屯排干(251.90)、黄海亮排干(342.26)[付绕排干(121)]、三排干(113.03)、贺家店(148)、七家子(834)、施家(286.21)、四排干(264)、辽绕运河(272.37)、庞家河(199.83)、羊肠河(624)[白门河(149)]、月牙河(658)[大丰河(229)]、锦盘河(645.27)、丰屯河(180) | | | | | | | 2 | 喊锅(1204.9)、红旗(3500) | 9 | 胡家(110.6)、三家子(728)、杜家店(148)、七家子(834)、施家(130)、南柳(107)、前进(114)、丰屯河(439)、锦盘河(225.85) | 2 |
| 51 | 2.27.1 东沙河(2099) | 5 | 八宝海河(233.12)、金沙河(180.44)、奉仕河(166.02)、朝阳寺河(406)、新西支流河(405.76) | | | | | | | 3 | 友邻(4580)、龙湾(7019)、八宝海(2339.67) | 5 | 老官(290)、七家子(304)、六家子(111.77)、高峰(121.27)、狼洞子(101.2) | 5 |
| 52 | 西沙河(1454) | 6 | 安家河(103)、清河(148.97)、黑鱼沟河(388.12)、黑鱼浴河支流(149.1)、鸭子沟河(273.75)[贺张沟(112)] | | | | | | | 1 | 青年(1250) | 6 | 龙门(133.01)、大阁(170.67)、江家(290)、鸭子河(553.5)、英山(155)、张家沟(225.18) | 2 |

续表

| 流域面积1000km²及以上 | 条目编号 | 河流·河段 | 河流 流域面积100~1000km² | | 湖泊 水面面积10km²及以上 | | 湖泊 水面面积1~10km² | | 水库 大型 | | 水库 中型 | | 水库 小(1)型 | | 水库 小(2)型 |
|---|---|---|---|---|---|---|---|---|---|---|---|---|---|---|---|
| 序号 | | | 数目 | 名称 | 数目 | 名称 | 数目 | 名称 | 数目 | 名称 | 数目 | 名称 | 数目 | 名称 | 数目 |
| 53 | 2.28 | 浑河(11481) | 20 | 大苏河(180.11)、黑牛河(196.39)、英额河(547.65)、小孤家河(143.14)、树基沟河(158.14)、海阳河(191.06)、百花河(164.96)、社河(468.42)、后安河(158.27)、章老河(326)、东洲河(537.6)、王木河(138.89)、古城子河(269.43)、莲岛河(100.04)、拉古河(203.19)、小沙河(173.27)、白塔堡(175.83)、韭菜河排干(170.95)、细河(241.00)、蒲缝排干(389.30) | | | 1 | 沈阳西湖(1.98) | 1 | 大伙房(226800) | 8 | 乾塔楼(4050)、荣洲(1613)、三角洞(4205)、楼(1462.68)、小孤家(2000)、夹山(4440)、腰堡(2047.89)、英守(1140.89) | 27 | 接官厅(170)、辽篌(131.73)、日友(116.13)、新开小型(100.06)、爱堡(542.4)、月牙湾(221.2)、于家(385)、东碇门(128)、海阳(134)、二道沟(141)、南天门(172)、官山(167)、北关(514)、浅沟(520)、羊湖(317.51)、兰山(103.6)、黄金(100.59)、眼家(422.62)、安家(127.44)、上羊(101.37)、夏家(210.82)、虎台(650)、三块石(351)、上寺(962.86)、官山(141)、康大(170) | 15 |
| 54 | 2.28.2 | 苏子河(2230) | 5 | 二道河(117.17)、二道河子(531.34)、[哈山河](122.66)、金岗河(178.45)、洞上河(189.29) | | | | | | | 1 | 红升(3071) | 10 | 白家(313.07)、得胜(215)、大块地(333.22)、亚明(232.01)、红石(152.4)、皇寺(155.2)、龙头(159)、豫家(776.8)、林子头(103.85)、头道碇子(198.32) | 2 |
| 55 | 2.28.7 | 蒲河(2540) | 6 | 九龙河(282.83)、号水路排干(126.40)、小浑河(117.60)、沈新辽排干(144.50)、于家台排干(184.59)、乌伯牛排干(180.94) | | | | | | | 1 | 棋盘山(8020) | 1 | 辉山(120) | 3 |
| 56 | 2.29 | 太子河(13883) | 24 | 平顶山河(122.33)、草盆河(154.14)、刘家河(158.20)、双河(209.67)、南太子河(947.19)、[南河](103.5)、杉松河(100.35)、三道河[清河(396.97)]、孤山河(127.81)、马圈子河(176.03)、泉水河(109.55)、小汤河(466)、五道河(129.68)、小夹河(198)、卧龙河(149.35)、南沙河(121.63)、三河(417)、柳峻河(508.8)、南沙河(458)、运粮河(268.12)、杨柳河(209.2)、五道河(326.79)、[三通河](271.74)、南草河(105) | | | | | 2 | 观音阁(216800)、葠窝(79100) | 4 | 上英(2919)、黑山(1211.71)、关门山(7661)、三道河(2980) | 7 | 东凤(100.7)、徐大沟(152.32)、东沟(149.43)、草河(134)、隆山(191.6)、关门(197.21)、李家(277.46) | 21 |
| 57 | 2.29.5 | 细河(1126) | 5 | 正沟河(124)、大石河(140.53)、三道河(238.44)、万两河(141.33)、祁堡河(122.72) | | | | | | | | | 1 | 噶沟(118.73) | 1 |
| 58 | 2.29.8 | 汤河(1466) | 3 | 河拦沟河(178)、汤河东支(562)、路驼石河(176.96) | | | | | 1 | 汤河(72300) | | | | | 1 |
| 59 | 2.29.9 | 北沙河(1618) | 4 | 杨木河(161.29)、十里河(202)、艾西河(198.72)、马峰河(161.98) | | | | | | | | | 1 | 黑牛屯(143) | 7 |
| 60 | 2.29.15 | 海城河(1293.17) | 7 | 黑岭河(195)、析木西大河(215)、马风河(152.64)、砂铁河(115.59)、八里河(343.95)、接文河(193.10)、岔沟河(214.87) | | | | | | | 2 | 王家坎(1706)、山嘴(1118) | 2 | 孙家坎(268.42)、英房(661.02) | 5 |
| 61 | 2.30 | 大辽河(1963) | | | | | | | | | | | | | |
| 合计 | | | 481 | | 0 | | 57 | | 20 | | 88 | | 258 | | 301 |

## 表3　海河水系河湖数据统计表

| 水系（河段） | 河流（条） | | | 湖泊（个） | | | 水库（座） | | | |
|---|---|---|---|---|---|---|---|---|---|---|
| | 流域面积1000km²及以上 | 流域面积100~1000km² | 水面面积10km²及以上 | 水面面积1~10km² | | 大型 | 中型 | 小(1)型 | 小(2)型 |
| 合　计 | 82 | 472 | 3 | 2 | | 29 | 117 | 309 | 835 |
| 表3-1 海河干流 | 1 | 0 | 0 | 0 | | 0 | 2 | 2 | 0 |
| 表3-2 蓟运河水系 | 4 | 16 | 0 | 0 | | 3 | 7 | 17 | 52 |
| 表3-3 潮白河水系 | 7 | 48 | 1 | 0 | | 3 | 7 | 11 | 42 |
| 表3-4 北运河水系 | 2 | 17 | 0 | 2 | | 0 | 4 | 4 | 10 |
| 表3-5 永定河水系 | 13 | 100 | 0 | 0 | | 3 | 24 | 68 | 106 |
| 表3-6 大清河水系 | 15 | 57 | 1 | 0 | | 8 | 10 | 36 | 93 |
| 表3-7 子牙河水系 | 21 | 81 | 0 | 0 | | 5 | 26 | 92 | 292 |
| 表3-8 漳卫南运河水系 | 10 | 93 | 0 | 0 | | 6 | 34 | 78 | 240 |
| 表3-9 黑龙港运东地区诸河水系 | 9 | 60 | 1 | 0 | | 1 | 3 | 1 | 0 |

注：列出现次序按"水面面积10km²及以上"、"水面面积1~10km²"的顺序。

表 3 – 1　海河干流水系一览表

| 流域面积1000km² 及以上 | | 河流 | | 湖泊 | | | | 水库 | | | | | | |
|---|---|---|---|---|---|---|---|---|---|---|---|---|---|---|
| | | 流域面积100~1000km² | | 水面面积10km²及以上 | | 水面面积1~10km² | | 大型 | | 中型 | | 小(1)型 | | 小(2)型 |
| 序号 | 条目编号 | 河流·河段 | 数目 | 名称 | 数目 | 名称 | 数目 | 名称 | 数目 | 名称 | 数目 | 名称 | 数目 | 数目 |
| 1 | 3 | 海河 (234613, 以浊漳南源为源) | | | | | | | | 津南(2019)、鸭淀(3360) | 2 | 永金(804)、于庄子(300) | 2 | |
| | | 海河干流 | | | | | | | | | | | | |
| 合计 | | | 0 | | 0 | | 0 | | 0 | | 2 | | 2 | 0 |

307

表 3-2 蓟运河水系一览表

| 序号 | 条目编号 | 河流 | 河流·河段 | 流域面积 100~1000km² 数目 | 流域面积 100~1000km² 名称 | 湖泊 水面面积 10km² 及以上 数目 | 湖泊 水面面积 10km² 及以上 名称 | 湖泊 水面面积 1~10km² 数目 | 湖泊 水面面积 1~10km² 名称 | 水库 大型 数目 | 水库 大型 名称 | 水库 中型 数目 | 水库 中型 名称 | 水库 小(1)型 数目 | 水库 小(1)型 名称 | 水库 小(2)型 数目 |
|---|---|---|---|---|---|---|---|---|---|---|---|---|---|---|---|---|
| 1 | 3.1 | 蓟运河(10288) | | 3 | 金水河(172)、兰泉河(373)、双城河改道(345) | | | | | | | 1 | 营城(3043) | | | |
| 2 | 3.1.1 | 沙河(3278) | | 7 | 快活林河(113)、黄蛇峪石河(106)、将军关河(111)、泃河(507)[泃河右支河(151)]、龙河(112)、金鸡河(129) | | | | | 1 | 海子(12100) | 3 | 杨庄(2700)、黄松峪(1008)、西峪(1430) | 4 | 花峪(222)、杨家台(214)、营촘(101)、郭家沟(175) | |
| 3 | 3.1.2 | 州河(2144) | | 4 | 清水河(175)、魏进河(341)、黎河(562)、淋河(246) | | | | | 1 | 于桥(155900) | 3 | 般若院(5457)、上关(3687)、龙门口(2970) | 6 | 接官厅(456)、金山子(113)、刘吉素(742)、三八(100)、大河局(561)、新房子(173) | |
| 4 | 3.1.3 | 还乡河(1566) | | 2 | 沙河(391)、双城河改道(226) | | | | | 1 | 邱庄(20400) | | | 7 | 八一(265)、长山沟(102)、仁字峪(142)、后峪(102)、八一(825)、石庄子(213)、团子庄(187) | |
| | 合计 | | | 16 | | 0 | | 0 | | 3 | | 7 | | 17 | | 52 |

308

表 3-3  潮白河水系一览表

| 序号 | 流域面积1000km²及以上 | | 河流 | | 湖泊 | | | | 水库 | | | | | | | |
|---|---|---|---|---|---|---|---|---|---|---|---|---|---|---|---|---|
| | 条目编号 | 河流·河段 | 流域面积100~1000km² | | 水面面积10km²及以上 | | 水面面积1~10km² | | 大型 | | 中型 | | 小(1)型 | | 小(2)型 | |
| | | | 名称 | 数目 | 名称 | 数目 | 名称 | 数目 | 名称 | 数目 | 名称 | 数目 | 名称 | 数目 | 名称 | 数目 |
| 1 | 3.2 | 潮白河（19354，以白河为源） | 箭杆河(238) | 1 | 七里海(56.5) | 1 | | | 密云(437500) | 1 | 大水峪(1460)、七里海(2400) | 2 | 转山子(100) | 1 | | |
| 2 | 3.2.1 | 白河(9100) | 东栅子河(100)、虎龙沟(114)、马营河(556)[二道川(160)]、镇安堡河(239)、汤泉河(329)[西栅子河(124)]、龙门所沟(262)、南卜子沟(151)、红旗甸沟(155)、茉食河(270)、天河(383)、琉璃河(245)、白马关河(197) | 14 | | | | | 云州(10200) | 1 | 白河堡(9060) | 1 | 汤泉(561) | 1 | | |
| 3 | 3.2.1.4 | 红河(1124) | 炮梁沟(162)、水礤堡河(245)、小雕鹗河(296) | 3 | | | | | | | | | | | | |
| 4 | 3.2.1.4 | 黑河(1660) | 老栅子(111)、青羊沟(123)、瓦屋沟(198) | 3 | | | | | | | | | | | | |
| 5 | 3.2.1.5 | 汤河(1257) | 大西沟(150)、汤河东沟(122) | 2 | | | | | | | | | | | | |
| 6 | 3.2.2 | 潮河(6870) | 小坝子沟(317)、潮河北源(580)[乐国河(147)、张百万沟(162)]、撖袋沟河(190)、西南沟河(210)、长阁北沟(201)、塔黄旗沟(196)、窄岭西沟(243)、石人沟(350)[菅木山沟(137)]、岗子川(229)、金子川(269)、干营子河(129)、两间房川(377)[火斗山河(175)]、安达木河(364.3)、牤牛河(134)、清水河(606)[大黄岩河(256)]、小黄岩河(112)、红门川河(151) | 22 | | | | | | | 沙厂(2120)、半城子(1940)、遥桥峪(1020) | 3 | 唐指山(527)、曹营子(127)、凌营(119)、龙潭庙(286)、头龙潭(249)、杨树沟(145) | 6 | | |
| 7 | 3.2.5 | 怀河(1043) | 怀沙河(175)、雁栖河(411)[沙河(225)] | 3 | | | | | 怀柔(14400) | 1 | 北台上(3830) | 1 | 红螺镇(257)、西水峪(183) | 3 | | |
| 合计 | | | | 48 | | 1 | | 0 | | 3 | | 7 | | 11 | | 42 |

表 3-4　　北运河水系一览表

| 序号 | 条目编号 | 河流 流域面积 1000km² 及以上 河流·河段 | 河流 流域面积 100~1000km² 数目 | 河流 流域面积 100~1000km² 名称 | 湖泊 水面面积 10km² 及以上 数目 | 湖泊 水面面积 10km² 及以上 名称 | 湖泊 水面面积 1~10km² 数目 | 湖泊 水面面积 1~10km² 名称 | 水库 大型 数目 | 水库 大型 名称 | 水库 中型 数目 | 水库 中型 名称 | 水库 小(1)型 数目 | 水库 小(1)型 名称 | 水库 小(2)型 数目 |
|---|---|---|---|---|---|---|---|---|---|---|---|---|---|---|---|
| 1 | 3.3 | 北运河 (6166) | 7 | 通惠河 (258)、凉水河 (693)、新凤河 (135)、凤港减河 (223)、青龙湾减河 (河长52km)、新开河 (河长13km)、金钟河 (河长23km) | 0 | | 2 | 昆明湖 (2.13)、东丽湖 (7.27) | 0 | | 2 | 上马台 (2730)、尔王庄 (4530) | | | |
| 2 | 3.3.1 | 温榆河 (2478) | 10 | 蔺沟 (188)、东沙河 (127)、高崖口沟 (109)、苇沟 [雁石口沟 (356)]、东沙河 (250)、葡萄河 (217)、[秦屯河 (192)]、顺河 (156)、小中河 (185) | | | | | | | 2 | 十三陵 (8100)、桃峪口 (1008) | 4 | 南庄 (190)、王家园 (500)、响潭 (718)、沙峪口 (775) | |
| 合计 | | | 17 | | 0 | | 2 | | 0 | | 4 | | 4 | | 10 |

**表 3-5　永定河水系一览表**

| 序号 | 条目编号 | 河流·河段 | 流域面积 100～1000km² 名称 | 数目 | 湖泊 水面面积 10km²及以上 名称 | 数目 | 水面面积 1～10km² 名称 | 数目 | 水库 大型 名称 | 数目 | 中型 名称 | 数目 | 小(1)型 名称 | 数目 | 小(2)型 数目 |
|---|---|---|---|---|---|---|---|---|---|---|---|---|---|---|---|
| | | 流域面积 1000km²及以上 | | | | | | | | | | | | | |
| 1 | 3.4 | 永定河 (47016, 以桑干河为源, 至屈家店止) | 黑沙沟—龙凤山沙河(354)、沙城东沙河(169)、灵泉河(556)、[灵山河(254)]、石河沟(165)、沿河城沙河(132)、湫水(209)、潜水河(北京)(558)、天堂河(330)、龙河(477) | 10 | | | | | 官厅(416000) | 1 | 珠窝(1430)、斋堂(5420)、大宁(3611)、黄永定河滞洪(4389)、[灵河一库(1300)、黄港二库(4620)、北塘(3980) | 7 | 果园(360)、苇子(800)、落坡岭(365)、崇坛(360)、大兴(882)、干庄(737)、永金(804)、赤土一库(246)、赤土二库(180)、赤土三库(100) | 10 | |
| 2 | 3.4.1 | 桑干河 (26000, 以恢河为源) | 小北岔(159)、七里河(332)、木瓜河(408)、大峪河(244)、小峪河(344)、鹅毛口河(275)、口泉河(482)、甘河(182)、名赐河(158)、吴城河(110)、坊城河(417)、[尼河(140)]、黑灵堂沟(108)、黎元沟(187)、宫河(271)、辛其河(115)、殷家沟河(107)、孙家沟(145)、岔道河(443) | 19 | | | | | 册田(58000) | 1 | 东榆林(6500)、薛家营(1200)、下米河(1145)、文瀛湖(1036) | 4 | 耿庄(236)、太平窑(935)、七里河(一)(127)、木瓜河(二)(123)、木瓜河(三)(262)、侯家岭东(200)、万金桥(580)、新发(339)、柳东营(110)、安家皂(142)、郭家窑(150)、杜庄(117)、西岸(108)、茄子(250)、孙启庄(100)、陈庄(120)、开阳(196)、东目连(121)、拣花堡(143)、焦家庄(135)、辛堡东沟(145) | 22 | |
| 3 | 3.4.1.1 | 浑子河(2084) | 小马营河(106)、大沙沟河(524)、冻牛坡河(103.3)、马关河(195) | 4 | | | | | | | | | 赵家口(648) | 1 | |
| 4 | 3.4.1.2 | 黄水河(2490) | 福善庄河(400)、水峪口河(204)、马兰峪河(223)、茄越峪河(169)、小石峪河(201)、大石峪河(149) | 6 | | | | | | | | | | | |
| 5 | 3.4.1.3 | 浑河(1911) | 王千庄峪(197)、唐峪河(169)、凌云口河(236)、北楼峪(105) | 4 | | | | | | | 佰山(1330)、镇子梁(5430) | 2 | 神溪(208)、田村(167)、西庄(125)、梨园(167) | 4 | |
| 6 | 3.4.1.4 | 御河(5002) | 大泉村河(165)、黑河(130)、河湾(519)、[巴音图河(239)]、大庄科河(622)、[音泉河(162)、源泥河(742)(110)、方泉河(155)]、张土窖河 | 10 | | | | | | | 九龙湾(1240)、赵家窑(1814)、巨宝庄(8563)、孤山(547) | 4 | 亥亥山(180) | 1 | |
| 7 | 3.4.1.4.1 | 十里河(1228) | 宁鲁堡沟(124)、井儿沟河(150) | 2 | | | | | | | 十里河(1060) | 1 | | | |

续表

| 序号 | 条目编号 | 河流 流域面积1000km²及以上 河流·河段 | 河流 流域面积10~1000km² 数目 | 河流 流域面积10~1000km² 名称 | 湖泊 水面面积10km²及以上 数目 | 湖泊 水面面积10km²及以上 名称 | 湖泊 水面面积1~10km² 数目 | 湖泊 水面面积1~10km² 名称 | 水库 大型 数目 | 水库 大型 名称 | 水库 中型 数目 | 水库 中型 名称 | 水库 小(1)型 数目 | 水库 小(1)型 名称 | 水库 小(2)型 数目 |
|---|---|---|---|---|---|---|---|---|---|---|---|---|---|---|---|
| 8 | 3.4.1.6 | 壶流河(4316) | 10 | 长江峪(137)、莎泉峪(257)、直峪河(152)、石门峪(252)、北口峪(439)、[四十里峪(119)]、九宫口峪(210)、水涧河(111)、清水河(205)、定安沂(709) | | | | | | | 1 | 壶流河(8700) | 9 | 直峪(670)、下河湾(650)、枕头河(208)、底庄(240)、留北堡(233)、涌泉庄(119)、红桥(226)、横涧(189)、卢子洞(161) | |
| 9 | 3.4.2 | 洋河(16250, 以东洋河为源) | 14 | 古峪河(236)、洪塘河(922)[塔岩寺沟(128)、日怀安河(124)]、城西[峡东河(136)]、柳儿河(101)、东沙河(395)、塔儿沟(214)、车道沟(147)、海儿(112)、水皇河(448)、龙洋河(187)、里口泉(198)、瓦窑头(440)、戴家沙河(155)、鸡鸣驿沙(251)、河(100)、洗马林河(187) | | | | | | | 1 | 响水铺(5750) | 9 | 洗马林(590)、水沟口一库(570)、水沟口二库(716)、太平庄(911)、常峪口(214)、车道沟(147)、海儿洼(187)、里口泉(198)、瓦窑头(251) | |
| 10 | 3.4.2.1 | 东洋河(3674) | 9 | 大五号河(483)[黑石崖河(113)]、马家村河(163)、前河(312)、黄石崖河(293)、银子河(476)、燕尔墓河(688)[永胜地河(112)]、鸳鸯河、甲石河 | | | | | 1 | 友谊(11600) | 2 | 鄂卜坪(1865)、皂火口(2150) | 5 | 南豪垒(650)、上纳岭(102)、下井(334)、甲石河(127)、下井(334) | |
| 11 | 3.4.2.2 | 南洋河(2936) | 6 | 上泉河(139)、黄水河(150)、吾其河(132)、三沙河(301)、西洋河(934)[南豁村河(111)] | | | | | | | 2 | 孤峰山(2380)、西洋河(1535) | 4 | 贾丰(250)、赵家沟(240)、两家营二库(235)、瓦窑台(142) | |
| 12 | 3.4.2.3 | 清水河(张家口)(2360) | 5 | 太子城河(233)、正沟(354)、西沟(727)、[三岔沟(107)、六间房沟(104)] | | | | | | | | | 1 | 花豹崖(103) | |
| 13 | 3.4.4 | 钓水河(1073) | 1 | 古城(238) | | | | | | | | | 2 | 古城(852)、佛峪口(205) | |
| 合计 | | | 100 | | 0 | | 0 | | 3 | | 24 | | 68 | | 106 |

表 3－6

## 大清河水系一览表

| 序号 | 条目编号 | 河流 流域面积1000km² 及以上 河流·河段 | 流域面积100~1000km² 数目 | 流域面积100~1000km² 名称 | 湖泊 水面面积10km²及以上 数目 | 湖泊 水面面积10km²及以上 名称 | 湖泊 水面面积1~10km² 数目 | 湖泊 水面面积1~10km² 名称 | 水库 大型 数目 | 水库 大型 名称 | 水库 中型 数目 | 水库 中型 名称 | 水库 小(1)型 数目 | 水库 小(1)型 名称 | 水库 小(2)型 数目 |
|---|---|---|---|---|---|---|---|---|---|---|---|---|---|---|---|
| 1 | 3.5 | 大清河 (43060) | 2 | 薪盖房分洪道 (532)、白沟引河 (845) | 1 | 白洋淀 (366) | 0 | | | | | | | | |
| 2 | 3.5.1 | 拒马河 (1000, 含北拒马河和白沟河) | 17 | 西神山沟 (156)、北屯河 (626) [斜山沟 (120)、狮子峪沟 (229)]、乌龙河 (262)、白澜沟 (705)、蓬头沟 (129)、其中口沟 (233)、天津沟 (275)、紫石口沟 (912) [大庙沟 (221)、谢家堡河 (186)、庄里沟 (120)]、马敦豹 (123)、龙安沟 (125)、胡良河 (205)、小清河 (405) | | | | | | | 3 | 宋各庄 (2270)、大宁 (3600)、崇青 (2900) | 3 | 南上屯 (197)、西安 (148)、庄里 (142) | 93 |
| 3 | 3.5.1.2 | 南拒马河 (2156) | | | | | | | | | | | 1 | 蔡家井 (725) | |
| 4 | 3.5.1.2.1 | 中易水河 (1979) | 3 | 鸭子村沟 (169)、北易水河 (789) [马头沟 (171)] | | | | | 1 | 安格庄 (30900) | 1 | 旺隆 (1275) | 6 | 良岗 (137)、莲花池 (257)、太宁寺 (100)、黄嵩 (338)、马头 (822)、聚子 (933) | |
| 5 | 3.5.1.3.1 | 大石河 (1280) | 3 | 史家营沟 (113)、周口店河 (100)、支括河 (215) | | | | | | | 1 | 牛口峪 (1000) | 4 | 天开 (148)、丁家洼 (110)、鸽子台 (180)、鲁家滩 (125) | |
| 6 | 3.5.2 | 赵王新河 (38km) | 7 | 拒河 (440)、鸡爪沟 (175)、瀑河 (800) [六平地沟 (147)]、府河 (643) | | | | | 1 | 龙门 (12670) | 1 | 瀑河 (9750) | 2 | 曲水 (162)、马连川 (498) | |
| 7 | 3.5.3.5 | 唐河 (4990, 清苑县东石桥以上) | 8 | 赵北河 (329)、羊山沟 (119)、大东河 (273)、上蒸河 (184)、千峪河 (230)、银坊河 (100)、蒲阳河 (256)、通天河 (626) | | | | | 1 | 西大洋 (125800) | 1 | 龙潭 (1178) | 8 | 唐河 (950)、南神道 (167)、燕川 (461)、大悲 (562)、杨家台 (670)、千家寨 (814)、卧佛寺 (390)、高昌 (123) | |
| 8 | 3.5.3.5.2 | 蒲阳河 (2122) | 2 | 蒲阳河 (163)、南逆河 (210) | | | | | | | | | | | |
| 9 | 3.5.3.6 | 孝义河 (1262) | | | | | | | | | | | | | |
| 10 | 3.5.3.7 | 潴龙河 (9430) | 12 | 磁峪河 (141)、音羊口河 (437) [神堂堡河 (119)]、寿长寺沟 (124)、下天沟 (274)、北蔬河 (334)、鹊峪河 (190)、南孝木 (268)、板峪河 (256)、胭脂河 (169)、(373)、平阳河 (257)、曲河 (169)、都河 (497) | | | | | 2 | 王快 (138900)、口头 (10560) | 1 | 红领巾 (4146) | 7 | 海沱 (367)、麻棚 (110)、杨家庄 (920)、白家湾 (112)、江河 (576)、(487)、白家湾 (112) | |
| 11 | 3.5.3.7.3 | 磁河 (2100) | 1 | 横山岭 (24300) | | | | | 1 | 横山岭 (24300) | 1 | 燕川 (4700) | 5 | 后山 (130)、砂子洞 (149)、徐家庄 (800)、梁前沟 (399)、米家町 (460) | |
| 12 | 3.5.4 | 小盂河 (1705) | | | | | | | | | | | | | |
| 13 | 3.5.5 | 任文干渠 (2648) | 1 | 古洋河 (864) | | | | | | | | | | | |
| 14 | 3.5.6 | 鱼流减河 (511) | | | | | | | 2 | 屈治洼 (18000)、北大港 (50000) | 1 | 钱圈 (2700) | | | |
| 15 | 3.5.7 | 中亭河 (2994) | 2 | 雄固霸薪河 (627)、牤牛河 (752) | | | | | | | | | | | |
| 合计 | | | 57 | | 1 | | 0 | | 8 | | 10 | | 36 | | 93 |

## 表3-7  子牙河水系一览表

| 序号 | 条目编号 | 河流·河段 | 流流域面积10~1000km² 名称 | 数目 | 湖泊 水面面积10km²及以上 名称 | 数目 | 湖泊 水面面积1~10km² 名称 | 数目 | 水库 大型 名称 | 数目 | 水库 中型 名称 | 数目 | 水库 小(1)型 名称 | 数目 | 水库 小(2)型 名称 |
|---|---|---|---|---|---|---|---|---|---|---|---|---|---|---|---|
| | | 流域面积1000km²及以上 | | | | | | | | | | | | | |
| 1 | 3.6 | 子牙河(46868,以滹沱河为源,至天津子北口) | 子牙新河(河长143km) | 1 | | | | | | | | | | | |
| 2 | 3.6.1 | 滹沱河(24774) | 虎山河(106)、龙山河(157)、羊眼河(214)、双井河(104)、峨沟河(400)[大东沟(126)]、长乐河(179)、中解河(138)、长东河(355)[龙宫河(458)]、云中河(415)、同牌(271)、小银河(225)、水头沟(103)、龙华河(499)、嵩田河(290)[木口河(135)]、营里河(250)、卸甲河(337)、柳林河(186)、险溢河(425)[黑砚木河(181)]、文都河(121)、郭苏河(203)、南甸河(258)、松阳河(114)、周汉河(275) | 31 | | | | | 岗南(170400)、黄壁庄(121000) | 2 | 孤山(1100),神山(2869),观上(1560),下茄越(1192),双乳山(1025),米家寨(1285),石板(1750),下观(1846) | 8 | 虎山(226)、龙山(263)、水沟(150)、柳沟(120)、正沟(146)、寨沟(225)、泉子沟(114)、中解河(400)、东皮河(105)、西皮河(325)、大茹解(101)、神沟(101)、峰阳湖(205)、石匣口(280)、槽化沟(196)、岔口(186)、王北尧(103)、石门沟(102)、寿山(160)、将军山(118)、皮家庄(300)、田家岗(100)、郭家寨(182)、西龙池抽蓄电站上库(469)、西龙池抽蓄电站下库(503)、眷门(148)、下泉(101)、板山(101)、古石沟(107)、西回舍东沟(104)、林山峡(138)、陶庄(386)、石圈(198)、王阜安(180)、梁庄(120) | 35 |
| 3 | 3.6.1.1 | 牧马河(1498) | 平社河(121) | 1 | | | | | | | | | 西岁兴(5354) | 1 | 北村(491) | 1 |
| 4 | 3.6.1.2 | 清水河(2405) | 绸线沟(162)、珠官寺沟(169)、泗阳河(174)[柳院沟(127)]、石沟(106)、涂浞河(370)、移坡河(154) | 7 | | | | | | | 唐家湾(1598) | 1 | 圈马沟(560) | 1 |
| 5 | 3.6.1.4 | 乌河(1174) | 温川河(340) | 1 | | | | | | | | | 鹿儿湾(440)、寨沟(237) | 2 |
| 6 | 3.6.1.7 | 冶河(6420,以甘陶河为源) | 金良河(102)、小作河(329)、马家河(120) | 3 | | | | | | | | | 长峪(182)、马中(165)、北白(101) | 3 |
| 7 | 3.6.1.7.1 | 绵河(2736) | 香河(139)、圉山河(156)、岔口河(157) | 3 | | | | | | | | | 冯家沟(270) | 1 |
| 8 | 3.6.1.7.1.1 | 温河(1144) | 泉寺河(109)、南川河(307)[阳胜河(255)] | 3 | | | | | | | 大石门(1251) | 1 | 下董寨(270) | 1 |
| 9 | 3.6.1.7.1.2 | 桃河(1311) | | | | | | | | | | | | | 油翁(100)、山南(535)、上冶头(123)、尚怡(590)、原坪(382)、后底成(109)、岭南河(256) | 7 |

续表

| 序号 | 流域面积1000km² 及以上 | | | 河流 流域面积100~1000km² | | 湖泊 水面面积10km² 及以上 | | 水面面积1~10km² | | 水库 大型 | | 中型 | | 小(1)型 | | 小(2)型 |
|---|---|---|---|---|---|---|---|---|---|---|---|---|---|---|---|---|
| | 条目编号 | 河流·河段 | 数目 | 名称 | 数目 | 名称 | 数目 | 名称 | 数目 | 名称 | 数目 | 名称 | 数目 | 名称 | 数目 | 数目 |
| 10 | 3.6.1.7.2 | 甘陶河(2564) | 7 | 坡西河(154)、赵壁河(141)、杨赵河(260)、月把口河(115)、阳坡沟(197)、大梁家沟(118)、[东寨河(492)] | | | 0 | | | | 3 | 郭庄(1352)、水峪(1207)、张河湾(8330) | 8 | 秦山(750)、关山(880)、石亭(135)、杨家坡(350)、平原(487)、车亭寺(105)、峪沟(450)、大梁江(125) | |
| 11 | 3.6.2 | 滏阳河(21737, 以北滏河为源) | 7 | 忙牛河(241)、沁河(124)、槐河—北沙河(679)、[许亭川(140)、苏阳河(108)]、小西河(280)、龙冶河(639) | | | | | | | 1 | 东武仕(16200) | 1 | 白草坪(4492) | 9 | 漱村(158)、北牛叫(251)、康庄(160)、许亭(155)、军营(139)、土湾(180)、北潘(114)、南潘(213)、葛沟(135) |
| 12 | 3.6.2.3 | 北澧河(10574) | 4 | 留垒河(697)、派河(945)、顺水河(593)、[牛尾河(246)] | | | | | | | 1 | 临城(17000) | 1 | 乱木(1410) | 1 | 东川口(928) |
| 13 | 3.6.2.3.1 | 洺河(3122, 以南洺河为源) | 6 | 木井河(178)、冶陶河(134)、玉带河(106)、北洺河(514)、马会河(443)、[淤泥河(103)] | | | | | | | | | 5 | 青塔(1271)、车谷(3799)、四里岩(1144)、大洺远(3299)、口上(3208) | 10 | 夏庄(170)、固镇(198)、七一(328)、五一(214)、沙洺(712)、沟(571)、证坡(270)、黑龙潭(202)、马会(374)、青年(214) |
| 14 | 3.6.2.3.2 | 南澧河(1830) | 4 | 将军塞川(174)、浆水川(167)、罗川(324)、渡口川(234) | | | | | | | 1 | 朱庄(41600) | 2 | 野河门(5040)、东石岭(6840) | 1 | 八一(420) |
| 15 | 3.6.2.3.4 | 马河(1081) | | | | | | | | | | | 1 | 马河(2445) | 3 | 羊卧湾(795)、石河(365)、北岭(201) |
| 16 | 3.6.2.3.5.2 | 午河(1115) | | | | | | | | | | | 1 | 南平旺(5522) | 4 | 西会(214)、阳泽(240)、严华寺(320)、魏村(210) |
| 17 | 3.6.2.4 | 汦河(1658) | 3 | 南池洪渠(144)、沙河(121)、潘龙河(280) | | | | | | | | | 1 | 八一(7387) | 5 | 韩家园(410)、野鹿头(152)、北正(475)、南正(645)、长村(550) |
| 18 | 3.6.2.5 | 汪洋沟(1392) | | | | | | | | | | | | | | |
| 19 | 3.6.2.6 | 天平沟(1120) | | | | | | | | | | | | | | |
| 20 | 3.6.2.7 | 留垒排干(1032) | | | | | | | | | | | | | | |
| 21 | 3.6.2.8 | 滏阳新河(14877) | | | | | | | | | | | | | | |
| | 合计 | | 81 | | 0 | | 0 | | | | 5 | | 26 | | 92 | 292 |

## 表3-8　漳卫南运河水系一览表

| 序号 | 条目编号 | 河流·河段 | 流域面积1000km² 及以上 | 流域面积100~1000km² | | 湖泊 水面积10km²及以上 | | 水面积1~10km² | | 水库 大型 | | 中型 | | 小(1)型 | | 小(2)型 |
|---|---|---|---|---|---|---|---|---|---|---|---|---|---|---|---|---|
| | | | | 数目 | 名称 | 数目 | 名称 | 数目 | 名称 | 数目 | 名称 | 数目 | 名称 | 数目 | 名称 | 数目 |
| 1 | 3.7 | 漳卫南运河(37584，以浊漳南源为源) | | 4 | 漳卫新河(河长257km)、捷地减河、马厂减河、卫河 | | | | | | | 3 | 夏津(1150)、大屯(5200)、沙井子(2000) | 2 | 塔坡(180)、建德(960) | |
| 2 | 3.7.1 | 漳河(19537) | | 17 | 小丹河(120)、陶清河(735)[荫城河(167)]、岚水河(463)[雍河(131)]、石子河(385)[黑水河(105)、绛河(877)]、黄龠河(186)、平头河(105)、原庄河(110)、小东河(207)、平顺河(677)[南大河(298)]、虹霓河(719)[露水河(266)]、郁党沟(129) | | | | | 2 | 漳泽(42700)、岳城(130000) | 8 | 西堡(2900)、申村(3410)、陶清河(2219)、鲍家河(1024)、庄头(1700)、屯绛(5192)、南谷洞(7750)、马家岩(2795) | 23 | 流泽(708)、葡萄山(258)、脚步河(128)、北杰(470)、东庄(278)、石泉(105)、雍河(126)、河东(307)、龙厕河(795)、贾庄(157)、西洼(132)、汇源(300)、长修河(150)、申王河(118)、阳南河(142)、塔坡(101)、段家庄(112)、北甘泉(504)、黄牛蹄(947)、西钩(199)、西河(603)、何坟(125)、上天助(136) | |
| 3 | 3.7.1.2 | 浊漳西源(1669) | | 5 | 迎春河(133)、屹芦河(281)、苇河(286)、淤泥河(114) | | | | | 1 | 后湾(13030) | 2 | 屹芦河(1680)、月岭山(2111) | 13 | 漳源(344)、景村(793)、西湖(845)、迎春(530)、石家湾(334)、板上(208)、徐阳河(357)、阳泽河(208)、下峪(285)、夏店(191)、合漳(158)、商村(403)、灰齿(144) | |
| 4 | 3.7.1.3 | 浊漳北源(3797) | | 10 | 泉水河(203)、东河(134)、云竹河(485)[石盘河(147)]、南屯河(199)、涅河(697)[高寨寺河(122)、马牧河(131)]、蟠洪泒(526)、史水河(191) | | | | | 1 | 关河(13990) | 2 | 云簇(9870)、双峰(1503) | 3 | 胡庄(285)、下赤土(104)、故城(228) | |
| 5 | 3.7.1.6 | 清漳河(5339) | | 11 | 梁余河(183)、松烟河(113)、峪河(116)、末崖底河(119)、刘儿西沟河(105)、桐泉河(307)[西井河(107)]、宇庄沟(166)、东枯河(143)、夫防沟(215) | | | | | | | 2 | 恋思(1600)、石匣(5400) | 2 | 古台(268)、偏城(284) | |
| 6 | 3.7.1.6.1 | 清漳西源(1570) | | 4 | 沙峪河(146)、下交河(104)、柏河(239)、沟河(113) | | | | | | | | | | | |

续表

| 序号 | 条目编号 | 河流 | | | 湖泊 | | | | 水库 | | | | | | |
|---|---|---|---|---|---|---|---|---|---|---|---|---|---|---|---|
| | | 流域面积1000km² 及以上 | | | 水面面积10km²及以上 | | 水面面积1~10km² | | 大型 | | 中型 | | 小(1)型 | | 小(2)型 |
| | | 河流·河段 | 流域面积100~1000km² | | | | | | | | | | | | |
| | | | 数目 | 名称 | 数目 | 名称 | 数目 | 名称 | 数目 | 名称 | 数目 | 名称 | 数目 | 名称 | 数目 |
| 7 | 3.7.2.5 | 卫河(16373) | 30 | 蒋沟(372)、新河(280)、山门河(143)、陆村涝河(124)、纸坊河(180)、大狮涝河(276)、浚河(672)[曙嗜河(140)]、共产主义渠上段(500)、石门河(493)[王村河(175)]、黄水河(122)、百泉河(279)、西孟姜女河(320)、东孟姜女河(386)、沧河(370)、思德河(317)、折胫河(109)、民丰排水沟(105)、民生渠(159)、北堤河(106)、刘连河(128)、长丰排水沟(171)、长虹渠(350)、淩河(186)、赵王沟(499)、杏园沟(111)、硝河(499)[井六沟(155)]、志节河(229) | 0 | | 0 | | | | 8 | 群英(2000)、马鞍石(1033)、宝泉(4458)、石门(3020)、正面(1532)、狮豹头(1860)、塔岗(1786)、夺丰(1132) | 10 | 月山(180)、古石(960)、石峪沟(141)、长岭(684)、后庄(142)、石头(246)、香泉(547)、石桥(190)、红卫(389)、夏庄(135) | |
| 8 | 3.7.2.6 | 淇河(2259) | 3 | 湘河(125)、淅河(584)[石坡河(120)] | 0 | | 0 | | 1 | 盘石头(60800) | 5 | 陈家院(1370)、三郊口(2297)、要街(空库运行)(3191)、弓上(1112)、石门 | 8 | 东双脑(555)、大峪(992)、磨掌(580)、八泉峡(206)、石门口(405)、罗圈(146)、白龙庙(143) | |
| 9 | 3.7.2.7 | 汤河(1287) | 5 | 牛村河(116)、永通河(353)、麦河(625)[茶店坡沟(142)]、洪水河(232) | 0 | | 0 | | | | 2 | 汤河(6180)、琵琶寺(2024) | 8 | 杨邑(234)、温家沟(171)、马村(156)、中张贾(302)、部落(280)、焦庄(138)、张北河(283)、龙泉(316) | |
| 10 | 3.7.2.8 | 洹河(1920) | 4 | 黄华河(102)、淇园河(246)、粉红江(219)、梨园沟(213) | 0 | | 0 | | 1 | 小南海(10700) | 2 | 彰武(7800)、双泉(1819) | 9 | 北采桑(290)、东柏澜(137)、团结(125)、龙宫(253)、磊口(314)、石门(181)、水浴(115)、小坟(106)、粉红江(116) | |
| 合计 | | | 93 | | 0 | | 0 | | 6 | | 34 | | 78 | | 240 |

317

## 表3-9　黑龙港运东地区诸河水系一览表

| 序号 | 条目编号 | 河流 | 河流·河段 | 流域面积 10)~1000km² | | 湖泊 水面面积 10km²及以上 | | 湖泊 水面面积 1~10km² | | 水库 大型 | | 水库 中型 | | 水库 小(1)型 | | 水库 小(2)型 |
|---|---|---|---|---|---|---|---|---|---|---|---|---|---|---|---|---|
| | | 流域面积 1000km²及以上 | 河段 | 数目 | 名称 | 数目 | 名称 | 数目 | 名称 | 数目 | 名称 | 数目 | 名称 | 数目 | 名称 | 数目 |
| | 3.8 | | 黑龙港运东地区诸河(22212) | 9 | 沧浪渠(706)、王家河子(163)、滏家洼排水渠(673)、新石碑河(524)、老石碑河(732)、淤泥河(116)、黄浪渠(201)、新贾甫排干(303)、连连排干(150) | 1 | 衡水湖(75) | | | | | 2 | 南大港(7800)、黄壮(3864) | 1 | 观州湖(505) | |
| 1 | 3.8.1 | 北排河(1328) | | 6 | 黑龙港河西支(391)、马兰河(150)、黑龙港河中支(211)、黑龙港河东支(210)、小流津排水渠(216) | | | | | | | | | | | |
| 2 | 3.8.2 | 南排河(13707) | | | | | | | | | | | | | | |
| 3 | 3.8.2.1 | 滏东排河(4409) | | 6 | 西沙河(779)、冀马渠(641)、冀南渠(210)、冀昌渠(125)、冀午渠(100)、盐河故道(159) | | | | | | | | | | | |
| 4 | 3.8.2.1.1 | 老漳河(1897) | | 4 | 合义渠(232)、商店渠(405)、商店渠上段(113)、小漳河(507) | | | | | | | | | | | |
| 5 | 3.8.2.2 | 老盐河(2182) | | 4 | 七支渠(216)、九支渠(140)、冀南渠(110)、王瞍渠(166) | | | | | | | | | | | |
| 6 | 3.8.2.3 | 清凉江(3894) | | 12 | 卫西干渠(4533)、威临渠上段(140)、临威渠(357)、丰收渠(206)、新清临渠(380)、滏临四支渠(145)、辛堤干渠(173)、西支渠(255)、铁路西支(112)、百里屯支渠(135)、武北沟(127)、东支渠(111) | | | | | | | | | | | |
| 7 | 3.8.2.3.1 | 江江河(2410) | | 5 | 跃进渠(324)、惠民渠(256)、留府渠(140)、广川渠(136)、湘江河(270) | | | | | | | | | | | |
| 8 | 3.8.6 | 大浪淀排水渠(1263) | | 8 | 三号干沟(176)、四号干沟(105)、五号干沟(102)、孟西干沟(108)、孟东干沟(112)、丁北排干(150)、六号十六排干(178)、丁北排干(155) | | | | | 1 | 大浪淀(10000) | | | | | |
| 9 | 3.8.7 | 宣惠河(3031) | | 6 | 沙河(205)、龙王河(289)、宣南干沟(483)、无棣干沟(258)、宣惠引河(120)、宣北干沟(152) | | | | | | | 1 | 杨埕(3600) | | | |
| | 合计 | | | 60 | | 1 | | 0 | | 1 | | 3 | | 1 | | 0 |

## 表 4 黄河水系河湖数据统计表

| 水系（河段） | 河流（条） 流域面积1000km² 及以上 | 河流（条） 流域面积100~1000km² | 湖泊（个） 水面面积10km²及以上 | 湖泊（个） 水面面积1~10km² | 水库（座） 大型 | 水库（座） 中型 | 水库（座） 小(1)型 | 水库（座） 小(2)型 |
|---|---|---|---|---|---|---|---|---|
| 合 计 | 179 | 1226 | 20 | 89 | 37 | 195 | 706 | 1519 |
| 表4-1 河源—下河沿河段 | 60 | 324 | 14 | 55 | 8 | 16 | 60 | 113 |
| 一、黄河干流·河源—多曲河口 | 5 | 24 | 3 | 9 | 0 | 0 | 0 | 0 |
| 二、黄河干流·多曲河口—热曲河口 | 4 | 21 | 7 | 28 | 0 | 0 | 0 | 0 |
| 三、黄河干流·热曲河口—白河口 | 14 | 67 | 3 | 9 | 0 | 0 | 0 | 0 |
| 四、黄河干流·白河口—黑河口 | 4 | 7 | 0 | 2 | 0 | 0 | 0 | 0 |
| 五、黄河干流·黑河口—切木曲河口 | 3 | 28 | 0 | 1 | 0 | 0 | 0 | 0 |
| 六、黄河干流·切木曲河口—曲什安河口 | 3 | 23 | 0 | 0 | 0 | 0 | 0 | 0 |
| 七、黄河干流·曲什安河口—大夏河口 | 9 | 62 | 1 | 3 | 5 | 5 | 16 | 25 |
| 八、黄河干流·大夏河口—洮河口 | 9 | 13 | 0 | 0 | 0 | 1 | 5 | 9 |
| 九、黄河干流·洮河口—湟水河口 | 4 | 62 | 0 | 3 | 3 | 4 | 25 | 63 |
| 十、黄河干流·湟水河口—祖厉河口 | 5 | 17 | 0 | 0 | 0 | 6 | 14 | 16 |
| 表4-2 下河沿—托克托河段 | 25 | 158 | 3 | 32 | 5 | 38 | 95 | 118 |
| 一、黄河干流·祖厉河口—清水河口 | 6 | 48 | 0 | 2 | 2 | 13 | 52 | 108 |
| 二、黄河干流·清水河口—苦水河口 | 3 | 11 | 0 | 0 | 1 | 1 | 2 | 2 |
| 三、黄河干流·苦水河口—都思兔河口 | 1 | 11 | 2 | 20 | 0 | 3 | 22 | 3 |
| 四、黄河干流·都思兔河口—乌梁素海退水渠口 | 6 | 25 | 1 | 5 | 1 | 8 | 11 | |
| 五、黄河干流·乌梁素海退水渠口—大黑河口 | 9 | 62 | 0 | 5 | 1 | 13 | 8 | 1 |
| 六、黄河干流·大黑河口—红河口 | 0 | 1 | 0 | 0 | 0 | 0 | | 4 |
| 表4-3 托克托—潼关河段 | 43 | 355 | 2 | 1 | 8 | 59 | 154 | 144 |
| 一、黄河干流·红河口—窟野河口 | 11 | 86 | 0 | 0 | 1 | 12 | 26 | 12 |
| 二、黄河干流·窟野河口—无定河口 | 12 | 103 | 0 | 0 | 3 | 26 | 28 | 25 |
| 三、黄河干流·无定河口—延河口 | 4 | 40 | 0 | 0 | 1 | 3 | 5 | 4 |
| 四、黄河干流·延河口—汾河口 | 13 | 117 | 0 | 1 | 3 | 13 | 78 | 82 |
| 五、黄河干流·汾河口—涑水河口 | 3 | 9 | 2 | 0 | 0 | 5 | 17 | 18 |
| 六、黄河干流·涑水河口—渭河口 | 0 | 1 | 0 | 0 | 0 | 0 | | 3 |
| 表4-4 渭河水系 | 35 | 236 | 1 | 1 | 5 | 44 | 186 | 352 |
| 表4-5 潼关口—黄河口河段 | 16 | 153 | 1 | 0 | 11 | 38 | 211 | 792 |
| 一、黄河干流·渭河口—洛河口河段 | 5 | 72 | 0 | 0 | 6 | 14 | 62 | 186 |
| 二、黄河干流·洛河口—沁河口河段 | 3 | 41 | 0 | 0 | 1 | 6 | 41 | 116 |
| 三、黄河干流·沁河口—大汶河口河段 | 8 | 33 | 1 | 0 | 2 | 13 | 80 | 414 |
| 四、黄河干流·大汶河口—黄河口河段 | 0 | 7 | 0 | 0 | 2 | 5 | 28 | 76 |

## 表4-1  河源—下河沿河段河湖水系一览表

| 序号 | 条目编号 | 河流 河段 | 河流 流域面积100~1000km² 数目 | 河流 流域面积100~1000km² 名称 | 湖泊 水面面积10km²及以上 数目 | 湖泊 水面面积10km²及以上 名称 | 湖泊 水面面积1~10km² 数目 | 湖泊 水面面积1~10km² 名称 | 水库 大型 数目 | 水库 大型 名称 | 水库 中型 数目 | 水库 中型 名称 | 水库 小(1)型 数目 | 水库 小(1)型 名称 | 水库 小(2)型 数目 |
|---|---|---|---|---|---|---|---|---|---|---|---|---|---|---|---|
| | | 黄河(766909) 流域面积1000km²及以上 | | | | | | | | | | | | | |
| 1 | | 黄河干流·河源—多曲河口 | 14 | 约古宗列曲(242)、扎毛玛绒曲(156)、加核曲(225)[阿朋鄂里曲(960)[泰哇日鄂曲(348)、加核尕玛曲(822)、曲果查仁(170)、扎曲(515)、玛卡日埃(110)、琼走陇巴(150)、龙拉加日苟(240)、康淀(300)、康前曲(450) | 2 | 星宿海(300)、扎陵湖(526.1) | 6 | 宗列拉木错(1.4)、星星湖(1.58)、双盲湖(5.57)、周毛松科湖(3.56)、错龙阿湖(4.3)、无名湖(3.2,N98°02′,E35°00′) | | | | | | | |
| 2 | 4.4 | 卡日曲(3157) | 5 | 棒咯曲(344)、卡日曲西支(522)、莫柔(320)、利勤达果(275)、卡日纵勤(215) | | | | | | | | | | | |
| 3 | 4.6 | 多曲(6085) | 2 | 托洛曲(192)、柏格冰曲(184) | | | | | | | | | | | |
| 4 | 4.6.1 | 白玛曲(2000) | 2 | 夏则切(160)、贡德曲(225) | 1 | 窑紫错(17.5) | 1 | 阿木错(2.7) | | | | | | | |
| 5 | 4.6.2 | 邹玛曲(1183) | 1 | 扎阿拉仁(130) | | | 2 | 色列拉错(1.0)、日玛错根(2.8) | | | | | | | |
| | | 黄河干流·多曲河口—热曲河口 | 6 | 柯尔唯圣(205)、哈尔呀纳(350)、坑卓达连(225)、达迁曲(150)、嘎玛勒世(110)、纳加郎曲(575) | 6 | 桌让错(12.5)、鄂陵湖(610.7)、隆热错(19)、阿浦灵玛错(29.3)、阿浦旺玛错(37.6)、尕玛错(22.7) | 15 | 洼里错(1.0)、茶木错(4.7)、茶错(1.0)、鄂西湖(4.2)、看穷哈勒错(3.7)、哈江盐池(8.21)、万波爱马湖(2.35)、海瀨湖(3.15)、拉加尔错(1.7)、詹连岗北湖(1.62)、然玛知知公马湖(1.0)、阿日冲过公马湖(1.27)、斗茸湖(1.0)、无名湖(1.4,N34°50′,E98°33′)、切忻玛西湖(2.15) | | | | | | | |
| 6 | 4.7 | 勒那曲(1678) | 2 | 勒那赫才尔洼曲(180)、汪藏尼择卡(300) | | | 2 | 江藏黄特错(4.7)、烈拉烈鹩错(2.8) | | | | | | | |
| 7 | 4.14 | 多钦安科朗河(1103) | 2 | 多钦安科朗西支(480)、尕玛(250) | | | 1 | 多钦东湖(1.8) | | | | | | | |

续表

| 序号 | 条目编号 | 河流 | | 湖泊 | | | | 水库 | | | | | | |
|---|---|---|---|---|---|---|---|---|---|---|---|---|---|---|
| | | 流域面积1000km²及以上 | | 水面面积10km²及以上 | | 水面面积1～10km² | | 大型 | | 中型 | | 小(1)型 | | 小(2)型 |
| | | 河流·河段 | 数目 | 名称 | 数目 | 名称 | 数目 | 名称 | 数目 | 名称 | 数目 | 名称 | 数目 | 数目 |
| | | 流域面积100～1000km² | | | | | | | | | | | | |
| | | 名称 | 数目 | | | | | | | | | | | |
| 8 | 4.15 | 热曲 (6596) | 9 | | | 约日错 (1.2)、错加朗 (1.0)、无名湖 (2.2, N34°42′, E98°13′)、无名湖 (1.8, N34°44′, E98°03′)、无名湖 (1.8, N34°48′, E98°20′)、无名湖 (1.1, N34°34′, E98°03′)、无名湖 (1.0, N34°42′, E98°12′)、无名湖 (1.0, N34°36′, E98°05′) | 8 | | | | | | | |
| | | 尕乌约迪 (185)、汪涌 (500)、查陀 (650)、托里拉尕 (150)、措木热玛 (160)、乌拉格 (550)、峨奶 (140)、隆贡曲 (375)、热涌 | | | | | | | | | | | | |
| 9 | 4.15.1 | 黑河 (1400) | 2 | 尕拉拉错 (22.5) | 1 | 热蒙错 (1.4)、江蒙错 (9.0) | 2 | | | | | | | |
| | | 柏尼龙洼 (100)、藜纳曲 (320) | | | | | | | | | | | | |
| | 黄河干流·热曲河口—白河河口 | | 22 | 岗纳格玛错 (33.1)、日格错岔玛 (15.0)、冬草阿龙湖 (10.5) | 3 | 马龙错格 (2.4)、斗格恰玛 (1.4)、夏器错 (1.3)、泥格 (2.8)、希门错 (3.5)、日干错茨玛 (2.5)、哈阿错纳霍玛 (1.5)、冬鄂错 (1.6) | 8 | | | | | | | |
| | | 义龙 (100)、阿达贡玛 (180)、康玛让 (220)、白马曲 (630)、根足 (120)、夏门塔 (730)、尔根玛 (125)、当曲 (796) [尼格曲 (185)]、久曲 (730) [哈曲 (839)] [哈尔瓦尔特布 (195)、哈阿朗 (110)、哈曲 (674) [昨更玛河 (141)、西洛河 (193)]、沃木曲 (180) | | | | | | | | | | | | |
| 10 | 4.19 | 东曲 (1418) | 3 | | | | | | | | | | | |
| | | 哈木恰尕玛 (150)、盆昌曲 (165)、岔藏贡玛 (150) | | | | | | | | | | | | |
| 11 | 4.20 | 优尔油 (1898) | 3 | | | | | | | | | | | |
| | | 昂勤晓曲 (130)、冬库尼长马沟 (310)、香龙纳格角沟 (120) | | | | | | | | | | | | |
| 12 | 4.23 | 科曲 (2449) | 3 | | | 错斯多错 (1.0) | 1 | | | | | | | |
| | | 肯德龙 (560)、康浪 (520)、罗纳 (105) | | | | | | | | | | | | |
| 13 | 4.24 | 达日河 (3377) | 2 | | | | | | | | | | | |
| | | 桑支尕玛 (120)、沙那 (125) | | | | | | | | | | | | |
| 14 | 4.24.1 | 达日根曲 (1430) | 2 | | | | | | | | | | | |
| | | 都曲 (590)、错隆洼玛 (110) | | | | | | | | | | | | |
| 15 | 4.25 | 吉迈河 (1852) | 3 | | | | | | | | | | | |
| | | 勾切 (250)、洼里格 (270)、吉拉曲 (675) | | | | | | | | | | | | |
| 16 | 4.27 | 西科曲 (2655) | 5 | | | | | | | | | | | |
| | | 龙格库达 (150)、冬吉公麻 (250)、冬吉哇廉 (200)、冬吉休麻 (125)、龙什加 (150) | | | | | | | | | | | | |

续表

| 序号 | 条目编号 | 河流 河段 流域面积1000km²及以上 河流·河段 | 河流 流域面积100~1000km² 数目 | 河流 流域面积100~1000km² 名称 | 湖泊 水面面积10km²及以上 数目 | 湖泊 水面面积10km²及以上 名称 | 湖泊 水面面积1~10km² 数目 | 湖泊 水面面积1~10km² 名称 | 水库 大型 数目 | 水库 大型 名称 | 水库 中型 数目 | 水库 中型 名称 | 水库 小(1)型 数目 | 水库 小(1)型 名称 | 水库 小(2)型 数目 |
|---|---|---|---|---|---|---|---|---|---|---|---|---|---|---|---|
| 17 | 4.28 | 东科曲 (3443) | 4 | 下寨义河 (120)、吉尔根河 (160)、直合拉沟 (420)、乐石夹 (130) | | | | | | | | | | | |
| 18 | 4.29 | 章安河 (1041) | 2 | 穷纳 (200)、公木脚平日 (130) | | | | | | | | | | | |
| 19 | 4.32 | 沙曲 (1597) | 3 | 隆隆 (290)、结阿 (118)、德格隆隆泽玛 (10) | | | | | | | | | | | |
| 20 | 4.33 | 赛尔曲 (1200) | | | | | | | | | | | | | |
| 21 | 4.35 | 贾曲 (2226) | 6 | 格尔斗曲 (178)、香柔曲 (397)、七口由 (671)、姜黄柯 (106)、嘎恰沟 (111)、吾黄柯 (132) | | | | | | | | | | | |
| 22 | 4.36 | 白河 (5552) | 4 | 哇马河 (263)、知米曲 (569)、知米曲 (150)、工美曲 (162) | | | | | | | | | | | |
| 23 | 4.36.1 | 阿木河 (1321) | 5 | 龙壤柯 (168)、紫目沟 (127)、拉木卡尔沟 (157)、卓曲 (208)、知隆沟 (236) | | | | | | | | | | | |
| | | 黄河干流·白河口—黑河口 | 1 | 马尔莫曲 (563) | | | | | | | | | | | |
| 24 | 4.37 | 黑河 (7821) | 5 | 卓河 (216)、德纳合曲 (448)、热尔根河 (153)、哈曲 (546)、格曲 (478) | | | | | | | | | | | |
| 25 | 4.37.1 | 班佑河 (1205) | 1 | 各曲 (161) | | | | | | | | | | | |
| 26 | 4.37.2 | 达水曲 (1317) | 7 | 鄂尔嘎斯曲 (250)、毛曲 (130)、兰木曲 (680)、泽科河 (460)、西哈差 (675)、索哈德 (280)、得科合 (520) | 2 | 哈丘湖 (6.06)、措拉坚湖 (2.6) | | | | | | | | |
| | | 黄河干流·黑河口—切木曲河口 | | | | | 1 | 措目更 (1.5) | | | | | | | |
| 27 | 4.38 | 西科河 (1003) | | | | | | | | | | | | | |
| 28 | 4.39 | 泽曲 (4756) | 14 | 纳木汉塘 (300)、夏德日河 (160)、告斗曲 (390)、参美曲 (140)、切儿町 (145)、洞五曲 (110)、樱玛 (210)、旺什加 (120)、泽玛尔油 (353) [哈日琼 (100)]、鲁科河 (540)、尔积 (110)、果芽 (100)、赛欠曲 (120) | | | | | | | | | | | |

续表

| 序号 | 流域面积1000km²及以上 | | 河流 | | 湖泊 | | | | 水库 | | | | | |
|---|---|---|---|---|---|---|---|---|---|---|---|---|---|---|
| | 条目编号 | 河流·河段 | 流域面积100～1000km² | | 水面面积10km²及以上 | | 水面面积1～10km² | | 大型 | | 中型 | | 小(1)型 | 小(2)型 |
| | | | 数目 | 名称 | 数目 | 名称 | 数目 | 名称 | 数目 | 名称 | 数目 | 名称 | 数目 名称 | 数目 |
| 29 | 4.41 | 切木曲(5550) | 5 | 左赫岸玛沟(280)、亚玛沟(100)、日让沟(100)、日禾训沟(260)、当前河(225) | | | | | | | | | | |
| 30 | 4.41.1 | 格曲(1856) | 2 | 德尔尼河(300)、桑曲(120) | | | | | | | | | | |
| | | 黄河干流·切木曲河口—曲什安河口 | 6 | 茨哈河(115)、中铁沟(513)[浪贝儿(105)]、休麻(100)、江前(210)、杜宗沟(125) | | | | | | | | | | |
| 31 | 4.43 | 巴沟(4232) | 6 | 儿得娃勒河(102)、直干木河(190)、次哈吾曲(310)、宁秀曲(192)、芥干曲(960)[深群曲(200)] | | | | | | | | | | |
| 32 | 4.44 | 曲什安河(5787) | 9 | 昂勒晓曲(110)、得勒尼曲(120)、年扎河(450)、娘木(300)、握玛(100)、赛勒让(265)、双龙河(112)、深曲(520)[薇龙(105)] | | | | | | | | | | |
| 33 | 4.44.1 | 长水(1210) | 2 | 玛木龙、吾昌日昂(100)、玛日塘(235) | | | | | | | | | | |
| | | 黄河干流·曲什安河口—大夏河口 | 29 | 日扬(100)、格卜恰河(851)、东巴河(225)、热水沟(358)、农春河(360)、西河(865)、然让河(120)、巴塞沟(833)[关藏沟(222)]、红沟(100)、把巴沟(100)、曲加思多(150)、毕滴沟(185)、马克堂沟(256)、科洛沟(240)、建设堂沟(100)、昂拉沟(100)、深楞沟(120)、衔子河(303)、西沟(120)、清水河(689)[夕昌目(268)]、金源沟(180)、杏儿沟(100)、甘沟(100)、前河(165)、银川河(457) | | | | | 5 | 龙羊峡(2470000)、李家峡(105600)、公伯峡(165000)、积石峡(55000)、拉西瓦(26350) | 4 | 尼那(2620)、直岗拉卡(1540)、康扬(2880)、苏只(4550) | 11 沟后(230)、夏拉(154)、合群(120)、文家山(100)、乙沙尔什家(460)、后沟(187)、查汗大寺(213)、东湾寺(107)、永丰(718)、龙曲(280)、沟(114.6) | 25 |

323

续表

| 序号 | 条目编号 | 河流 | | 湖泊 | | | 水库 | | | | | |
|---|---|---|---|---|---|---|---|---|---|---|---|---|
| | | 河流·河段 | 流域面积 100~1000km² | 水面面积 10km² 及以上 | | 水面面积 1~10km² | | 大型 | | 中型 | | 小(1)型 | 小(2)型 |
| | | | 数目 名称 | 数目 | 名称 | 数目 | 名称 | 数目 | 名称 | 数目 | 名称 | 数目 名称 | 数目 |
| 34 | 4.45 | 大河坝河(3986) | 9 扎龙加当(110)、切龙(135)、水塔拉河(720)[合日桑(100)、索察曲(140)]、黄青河(295)、塔玛龙连(124)、雪郎龙注(105)、居布尔隆曲(220) | | | | | | | | | | |
| 35 | 4.46 | 洮拉河(3002) | 4 达布江曲(262)、塔秀河(205)、寨格曲沟(145) | | | | | | | | | | |
| 36 | 4.47 | 沙录玉河(8301) | 3 莫曰(240)、鹿龙(120)、直多买(160) | | 3 | 达连海(4.0)、更尕海(4.7)、英得尔海(1.1) | | | 1 | 娘堂(1080) | 3 | 切吉(410)、大水(485)、塔什秋(100) | |
| 37 | 4.49 | 沙沟(1434) | 5 多石在沟(208)、木河沟(127)、浪麻河(225)、昨那河(274)、多拉河(121) | | | | | | | | | 1 寨什塘(135) | |
| 38 | 4.54 | 高红崖河(1093) | 2 豆后漏夹巴河(396)、孔擦(100) | | | | | | | | | | |
| 39 | 4.56 | 隆务河(4960) | 5 他木格曲(475)、扎毛河(466)、麦加河(625)、羊普曲(780)、保安河(150) | | | | | | | | | | |
| 40 | 4.61 | 大夏河(7154) | 5 大纳昂河(751)、牛津河(283)、老鸦关河(243)、槐树关河(238)、大滩河(238) | | | | | | | | | | |
| 41 | 4.61.2 | 喀什(1540) | | | | | | | | | | | |
| 42 | 4.61.3 | 扶龙沟(1125) | | | | | | | | | | 1 深沟(103) | |
| | | 黄河干流·大夏河口—洮河口 | | | | | | | | | | | |
| 43 | 4.62 | 洮河(25527) | 13 延曲(450)、卡车沟(585)、大峪沟(782)、岜藏河(854)、羊沙河(552)、冠坝河(464)、峪沟(582)、巴谢河(388)、东塘河(252)、大碧河(425)、改河(104)、中芋河(230)、苏木沟(190) | | | | | | | 1 牙塘(1920) | | 5 康家峡(102)、新民、五家(108)、梁家寺(110)、卜家庄(130) | 9 |
| 44 | 4.62.2 | 周科河(1224) | | 1 | 尕海(26) | | | | | | | | |

续表

| 序号 | 流域面积1000km²及以上 | | | 流域面积100~1000km² | | 湖泊 水面面积10km²及以上 | | 水面面积1~10km² | | 水库 大型 | | 中型 | | 小(1)型 | | 小(2)型 |
|---|---|---|---|---|---|---|---|---|---|---|---|---|---|---|---|---|
| | 条目编号 | 河流·河段 | | 名称 | 数目 | 名称 | 数目 | 名称 | 数目 | 名称 | 数目 | 名称 | 数目 | 名称 | 数目 | 数目 |
| 45 | 4.62.3 | 科才河(1394) | | | | | | | | | | | | | | |
| 46 | 4.62.4 | 拓合曲(1253) | | | | | | | | | | | | | | |
| 47 | 4.62.5 | 傅拉河(1696) | | | | | | | | | | | | | | |
| 48 | 4.62.6 | 羊巴沟(1076) | | | | | | | | | | | | | | |
| 49 | 4.62.11 | 冶木河(1333) | | | | | | | | | | | | | | |
| 50 | 4.62.13 | 三岔河(1480) | | | | | | | | | | | | | | |
| 51 | 4.62.15 | 广通河(1573) | | | | | | | | | | | | | | |
| | | 黄河干流·洮河口—湟水河口 | | 沙子沟 | 1 | | | | | 刘家峡(612000)、盐锅峡(22000) | 2 | | | | | 63 |
| 52 | 4.65 | 湟水(32863) | | 哈勒景河(679) [乌哈阿兰河(320)]、寺寨河(158)、大华沟(175)、药水河(639)、盘道沟(159)、康城川(178)、甘河(153)、永峡河(957)、哈拉谷川(126)、实惠沟(190)、云谷川(165)、海子沟(107)、南门河(398)、林川沟(160)、东和沟(145)、沙沟(100)、小南川(354)、哈拉直沟(370)、祁家川(184)、白沈家沟(220)、红崖子沟(350)、巴藏沟(100)、上水磨沟(214)、引胜沟(481)、大西沟(110)、岗子沟(273)、羊倌沟(105)、双塔沟(123)、虎狼沟(153)、下水磨沟(153)、松树沟(169)、米拉沟(174)、巴州沟(200)、咸水沟(112)、隆治沟(328) | 36 | | | 西宁市人民公园三连湖(1.2)、西宁宁湖(1.0) | 2 | | | 东大滩(2850)、盘道(1988)、大南川(1320) | 3 | 大石门(770)、云谷川(765)、胜利(107)、小南川(832)、西盆湾(156)、法台(140)、干沟(203)、六合(302)、古鄯(780)、马家河(142)、张铁(184)、大石浪(425)、盛家峡(723.5)、中坝(455)、李家(205) | 15 | |
| 53 | 4.65.5 | 北川河(3371) | | 黑林河(673)、东峡河(547)[瓜拉河(210)]、景阳峡沟(130)、峡门碗沟(115) | 5 | | | | | 黑泉(18200) | 1 | | | 景阳(197)、大哈门(107)、中岭(120) | 3 | |
| 54 | 4.65.7 | 沙塘川河(1115) | | | | | | | | | | 南门峡(1840) | 1 | 红土湾(160)、乔其沟(165)、扎扎(100)、营头沟(170)、草沟(100)、本炕沟(390) | 6 | |

续表

| 序号 | 条目编号 | 河流 | 河段 流域面积1000km² 及以上 | 流域面积100~1000km² 名称 | 数目 | 湖泊 水面面积10km²及以上 名称 | 数目 | 水面面积1~10km² 名称 | 数目 | 水库 大型 名称 | 数目 | 中型 名称 | 数目 | 小(1)型 名称 | 数目 | 小(2)型 数目 |
|---|---|---|---|---|---|---|---|---|---|---|---|---|---|---|---|---|
| 55 | 4.65.9 | 大通河(15130) | | 莫日曲(521)[阿泽河合曲(170)]、克克赛河(≤80)、西助河(134)、孜姆作勾(112)、拉巴沟(100)、孟日干水(105)、萨拉沟(300)、赛尔图曲(240)、永安西河(475)、白水河(220)、老虎沟(282)、沙河(144)、讨拉沟(278)、塔里华沟(288)、初麻沟(384)、珠固寺沟(≤36)、元甫沟(150)、湟土当(172)、皮袋沟(180) | 20 | | | 错喀莫日(4.2) | 1 | | | | | 雪龙滩(279.5) | 1 | |
| 56 | 4.67 | 庄浪河(4008) | | 石门河(310) | 1 | | | | | | | | | | | |
| 57 | 4.68 | 宛川河(1801) | | | | | | | | | | | | | | |
| 58 | 4.72 | 祖厉河(10653) | | 厉河(5570)、祖河(413)、苦水河(139)、黑窟川(403)、西巩河(746)、甘沟小河(627) | 6 | | | | | | | 八盘峡(1660)、小峡(4800)、大峡(9000)、高产(2370)、乌金峡(1034)、柴家峡(4900) | 6 | 毫谷(118)、大东湾(155) | 2 | 16 |
| 59 | 4.72.1 | 土木蚬河(1703) | | | | | | | | | | | | | | |
| 60 | 4.72.2 | 关川河(3511) | | 东河(788)、西河(636)、七里沙河(340)、腰井沟(233)、野糜川河(282)、团结沟(153)、香泉河(145)、称沟河(282) | 8 | | | | | | | | | 米家峡(760)、新添(710)、南嘴(200)、苦山(180)、高庄(250)、炭水(360)、芦台(485)、马家岔(435)、七家堡(358)、石门(324)、韩家岔 | 12 | |
| 合计 | | | | | 324 | | 14 | | 55 | | 8 | | 16 | | 60 | 113 |

326

**表4-2　下河沿—托克托河段河湖水系一览表**

| 流域面积1000km²及以上 | | | 河流 | | 湖泊 | | | | 水库 | | | | | |
|---|---|---|---|---|---|---|---|---|---|---|---|---|---|---|
| 序号 | 条目编号 | 河流·河段 | 流域面积100~1000km² | | 水面面积10km²及以上 | | 水面面积1~10km² | | 大型 | | 中型 | | 小(1)型 | | 小(2)型 |
| | | | 数目 | 名称 | 数目 | 名称 | 数目 | 名称 | 数目 | 名称 | 数目 | 名称 | 数目 | 名称 | 数目 |
| | | 黄河干流·祖厉河口—清水河口 | 8 | 冰沟（127）、嗍蜆子沟（299）、三个窑沟（161）、阴洞梁沟（168）、寺口子沟（131）、新井沟（102）、色井沟（296）、井梁子沟（220） | | | 4 | 香山湖（1.0）、小湖（2.0）、千岛湖（1.0）、腾格里湖（3.0） | | | 1 | 沙坡头（2600） | 1 | 寺口子（225） | 59 |
| 1 | | 高崖沟（2580） | 1 | 北沟（130） | | | | | | | | | 1 | 新水（309） | |
| 2 | 4.77 | 清水河（14481） | 15 | 杨达沟（205）、东至河（500）、大沙河（161）、洞子沟（113）、边浅沟（150）、洪泉沟（214）[甜水井沟（110）]、边桥沟（103）、白石头沟（107）、杨家河（111）、长沙河（528）[铰育川沟（138）]、大合拉沟（137）、石滩沟（152）、双井子沟（945） | | | | | 1 | 长山头（40000） | 3 | 沈家河（4640）、东至河（2758）、南坪（980） | 25 | 曹河（80）、蒋口（114）、上店子（668）、杨郎南门（65）、青石峡（253）、黑刺沟（25）、二营（1181）、陈家沟（534）、潘家庄（302）、杨达沟（2510）、大马庄（284）、鄂庙（158）、海王峡（565）、毛家沟（867）、黑洞沟（609）、清溪沟（332）、吴庄（103）、贺家湾（320）、四营（1563）、王家沟（643）、丁家二沟（994）、西沟（74）、蒋河（400）、小洪沟（567）、石峡（600） | 12 |
| 3 | 4.77.2 | 中河（1190） | 9 | 臭水河（492）、白崖沟（146）、茇崛沟（763）[撒家台河（239）]、郑旗河（226）、财洞河（160）、马栗沟（161）、甘城沟（342）[梨龙嘴沟（115）] | | | | | | | 5 | 寺口子（5550）、下坪（1382）、茇崛河（6280）、盘河（1035）、撒台（1969） | 7 | 偏城大庄（122）、海子滩口（605）、下堡子（107）、大滩口（212）、杨圪堝（401）、上白崖川口（165）、白崖（339） | 25 |
| 4 | 4.77.4 | 折死沟（1860） | 4 | 张家井沟（120）、黑风沟（406）、折腰沟（277）、斩家沟（130） | | | | | | | | | 5 | 虎家阴台（270）、严家渚（294）、解放新庄（847）、索草窝子（103）、梁家川（498） | 12 |

327

续表

| 序号 | 条目编号 | 河流 | 流域面积 1000km² 及以上 河流·河段 | 流域面积 100～1000km² 数目 | 流域面积 100～1000km² 名称 | 湖泊 水面面积 10km² 及以上 数目 | 湖泊 水面面积 10km² 及以上 名称 | 湖泊 水面面积 1～10km² 数目 | 湖泊 水面面积 1～10km² 名称 | 水库 大型 数目 | 水库 大型 名称 | 水库 中型 数目 | 水库 中型 名称 | 水库 小(1)型 数目 | 水库 小(1)型 名称 | 水库 小(2)型 数目 |
|---|---|---|---|---|---|---|---|---|---|---|---|---|---|---|---|---|
| 5 | 4.77.5 | 西河 (3118) | | 8 | 碱沟 (218)、王家井沟 (199)、下小河 (110)、大沙沟 (918)、贺堡河 (305)、马营河 (722)〔杨坊河 (178、老虎沟 (137)〕 | | | | | 1 | 石峡口 (23700) | 3 | 碱泉口 (2288)、张湾 (3740)、沙沟 (2368) | 13 | 园河 (390)、阴洼沟 (463)、陶堡 (148)、衣儿沟 (402)、马湾 (350)、谢沟 (688)、郑湾 (208)、郝沟 (146)、王坡 (82)、曲湾 (375)、照壁山 (1570)、张红湾 (55)、白吉 (110) | |
| 6 | 4.77.6 | 金鸡儿沟 (1069) | | 3 | 凉风崖沟 (306)、水路沟 (326)、东庄子河 (129) | | | | | 1 | 青铜峡 (73500) | 1 | 小湾 (1788) | | | 2 |
| | | 黄河干流·清水河口—苦水河口 | | 6 | 咸沟 (221)、双吉沟 (129)、大岔河 (113)、花石沟 (393)、双疙瘩沟 (483)、榆树沟 (324) | | | | | | | | | | | |
| 7 | 4.78 | 红柳沟 (1064) | | 1 | 碱井子沟 (23) | | | | | | | | | | | |
| 8 | 4.82 | 苦水河 (5218) | | 1 | 小河 (603) | | | | | | | | | | | |
| 9 | 4.82.1 | 甜水河 (1193) | | 3 | 甜水河 (407)、老虎沟 (232)、石沟驿沟 (706) | | | | | 1 | 郝家台 (4865) | 2 | 鸭子荡 (2400)、旗眼山 (1290) | 19 | 甜水河 (434)、刘家沟 (1000) | 2 |
| | | 黄河干流·苦水河口—都思兔河口 | | 5 | 大水河 (140)、大风沟 (154)、大武口沟 (574)、大河子沟 (874)、水洞沟 (505) | 2 | 沙湖 (19.2)、星海湖 (11.5) | 18 | 宝湖 (0.39)、阅海湖 (9.5)、鸣翠湖 (0.67)、丽景湖 (1.3)、鹤泉湖 (3.0)、鸟嘴湖 (2.6)、阁家湖 (1.0)、马家湖 (1.3)、团结湖 (2.0)、谭家湖 (7.0)、瀚苑湖 (2.0)、镇朔湖 (8.2)、翰泉苑 (2.4)、明月湖 (2.0)、南大湖 (2.4)、西大湖 (4.6)、高庙湖 (5.4)、惠泽湖 (4.6) | | | | | 3 | 水洞沟 (159)、园林场拦洪库 (436)、第五拦洪库 (354)、芦花拦洪库 (500)、第三拦洪库 (690)、第四拦洪库 (174)、芦草洼 (532)、二期沟 (83)、金山湾 (54)、上沟拦洪 (1104)、高庙湖 (294)、梁子 (334)、高庙湖拦洪库 (394)、雁窝池拦洪库 (901)、红崖子沟拦洪库 (150)、王家沟拦洪 (107)、磨石沟 (133)、大沟拦洪库 (354)、马圈沟拦洪库 (110) | |

328

续表

| 序号 | 条目编号 | 河流·河段 | 流域面积 100~1000km² 数目 | 名称 | 湖泊 水面面积 10km² 及以上 数目 | 名称 | 水面面积 1~10km² 数目 | 名称 | 大型 数目 | 名称 | 中型 数目 | 名称 | 小(1)型 数目 | 名称 | 小(2)型 数目 |
|---|---|---|---|---|---|---|---|---|---|---|---|---|---|---|---|
| 10 | 4.88 | 郁思兔河 (8325.58) | 6 | 海留兔河、莫荷日拉河、郁思兔北支、赛乌素河、托里庙河、陶忽兔河 | | | 2 | 托里庙西诺尔 (1.3)、哈马尔代海 (2.1) | | | 1 | 布龙 (3100) | 3 | 巴音陶老盖 (319)、大沟湾 (162)、大沟湾 (230) | |
| | | 黄河干流·乌梁素海退水渠口兔河口—乌梁素海退水渠口 | 9 | 吉力更特高勒 (548.8)、乌加河 (206km)、乌拉特前期根河沟 (340.6)、乌敖包高勒 (323.3)、哈日嘎那流沙河 (141)、红山口沟 (106.5)、扬贵口沟 (140.6) | 1 | 乌梁素海 (224.36) | 5 | 陈普海子 (1.38)、额领力图岸 (1.05)、东大图岸 (1.21)、蒲壳卜 (1.63)、牧养公司海子 (2.25) | 1 | 海勃湾 | 6 | 三盛公 (8000)、狼山石哈河 (3300)、石哈河 (2525)、增龙日 (1470)、韩乌拉 (1386)、红山口 | 11 | 二牛湾 (470)、大余太 (770)、桑根达米 (250)、黑水壕 (350)、白齐沟 (364)、新忽热陶来 (178)、召沟 (131)、秦达门、巴彦古鲁 (141)、高勒 (134) | |
| 11 | 4.92.1.1 | 敖布拉格高勒 (1819.1) | 11 | 大坝沟 (383)、达拉盖沟 (124)、乌兰盖沟 (580.4)、朴勒汗苏沟 (143)、东乌盖沟 (294)、乌兰布拉格沟 (916)、迪格努勒高勒 (330)、庆圣木沟 (365)、罕乌拉沟 (512.5)、部德乌苏阿勒木高勒 | | | | | | | 1 | 红格尔 (5763) | | | |
| 12 | 4.92.1.2 | 海流图河 (2044.5) | 2 | 敖德布拉格高勒 (214.46)、博格尔高勒 (186) | | | | | | | 1 | 德岭山 (8000) | | | |
| 13 | 4.92.1.2.2 | 乌兰额热格高勒 (1090) | | | | | | | | | | | | | |
| 14 | 4.92.1.3 | 木伦河 (2455.3) | 2 | 羊肠河 (178.51)、查汗不浪沟 (101) | | | | | | | | | | | |
| 15 | 4.92.2 | 扎海格河 (1381.4) | 1 | 苏海河 (452.2) | | | | | | | | | | | |
| 16 | | 乌苏图勒河 (1933) | | | | | | | | | | | | | |
| | 4.92.2 | 黄河干流·乌梁素海退水渠口—大黑河口 | 9 | 巴尔洞沟 (545.86)、卜尔色太沟 (272.2)、墨峨沟 (943.79)、宿亥图沟 (272.2)、哈噙门沟 (151.2)、平台儿 (874.71)、五当沟 (984.24)、东柳沟 (451)、呼斯太河 (405.99) | | | 4 | 张古淖 (1.20)、西海子 (1.20)、南海子 (3.33)、万成淖 (1.10) | | | 4 | 乌兰 (1125)、刘宝子 (1630)、阿塔山 (1999)、乌兰淖 (1080) | 1 | | |
| 17 | 4.93 | 毛不浪孔兑 (1262) | | | | | | | | | | | | | |
| 18 | 4.96 | 西柳沟 (1194) | | | | | | | | | | | | | |

续表

| 序号 | 流域面积1000km²及以上 | | 河流 | | | 湖泊 | | | | 水库 | | | | | |
|---|---|---|---|---|---|---|---|---|---|---|---|---|---|---|---|
| | 条目编号 | 河流·河段 | 流域面积100~1000km² | | 水面面积10km²及以上 | | 水面面积1~10km² | | 大型 | | 中型 | | 小(1)型 | | 小(2)型 |
| | | | 数目 | 名称 | 数目 | 名称 | 数目 | 名称 | 数目 | 名称 | 数目 | 名称 | 数目 | 名称 | 数目 |
| 19 | 4.97 | 昆都仑河(2761.01) | 14 | 极申不兔兔(225.8)、铁匠沟(124.4)、里至沟(2.4.5)、温泛气沟(183.2)、苏计沟(311、小奴气沟(122)、白彦沟(195、合同沟(102)、窑子沟(127.3)、宝豪沙河(213.3.3)、中三岔沟(109.3)、(128.6)、五当召沟(131)、母花沔(406.7) | | | | | | | 1 | 昆都仑(7850) | | | |
| 20 | 4.101 | 哈什拉川(1089) | | | | | | | | | | | | | |
| 21 | 4.104 | 大黑河(17673) | 7 | 河子上沟(288.37)、麻达兔沟(102.3)、巨银厂汗沟(213.25)、韭菜沟(164.71)、宿嘛青沟(117.01、石人湾沟(717.36)[大羊寨沟(276.8)] | 1 | 哈素海(4.63) | | | 1 | 雪山(10808) | 6 | 石嘴子(2200)、前营子(7070)、二道凹(1630)、美岱(3070)、哈素海、万家沟 | 8 | 乌素图(248)、水洞沟(622)、掸楼板(800)、面铺窑(120)、什不斜气(424)、五一、头号、海流 | |
| 22 | 4.104.1 | 捌角铺河(1511.2) | 6 | 乌哈雅沟(458.2)、木沟(114.7)、仟盘沟(109.2)、五堵青河(403.06)、砖山子河(139.35)、吉庆营子沟(326.7) | | | | | | | | | | | |
| 23 | 4.104.3 | 小黑河(2181.5) | 8 | 卯德沁沟(125.4)、哈拉沁沟(715.1)、咸河(152.3)、詹胜营子沟(14".7)、宝气沟(112)、红山口沟(177.5)、乌素图河(201.2)、巨石头沟(128.6) | | | | | | | | 1 | 哈拉沁(6730) | | | |
| 24 | 4.104.4 | 水磨沟(1456.7) | 3 | 西土城沟(11..4)、倒阮沟(257.13)、昆都仑河(355.4) | | | | | | | | 1 | 红领巾(1680) | | | |
| 25 | 4.104.5 | 什拉乌素河(1860.6) | 15 | 韭菜沟(110.3)、东沟门沟(136.08)、什拉乌素前河(514.96)、宝贝河(52汇89)、沙河(443.1)、畜房沟(100.5)、水洞沟(425.4)、善胜沟(107)、美岱沟(395.5)[大水吃洞沟(102.5)]、白石头沟(102.5)、万家芍(195.5)]、阙沁(259)、山神庙沟(153)、苏盖菁子沟(134.3) | | | | | | | | | | | |
| | | 黄河干流·大黑河口—红河口 | 1 | 大沟(502.7) | | | | | | | | | | | |
| 合计 | | | 158 | | 3 | | 32 | | 5 | | 38 | | 95 | | 118 | 4 |

## 表4－3　托克托—渭河口河段河湖水系一览表

| 序号 | 条目编号 | 河流·河段 流域面积1000km²及以上 | 流域 数目 | 流域面积100～1000km² 名称 | 湖泊 水面面积10km²及以上 数目 | 名称 | 水面面积1～10km² 数目 | 名称 | 水库 大型 数目 | 名称 | 中型 数目 | 名称 | 小(1)型 数目 | 名称 | 小(2)型 数目 |
|---|---|---|---|---|---|---|---|---|---|---|---|---|---|---|---|
| 1 | 4.105 | 红河(5533.17) | 14 | 滦头河(575.6)、乌营河(304)、石门沟(515.3)、马场河(117.6)、三道沟(290)、密今沟(333)、古力半儿河(386.)、二道河(287.2)、石匣子河(670.79)、三道河(159)、李洪河(174.4)、三通河(158)、欧家村河(118.8、)、马营河(184.4) | | | | | | | | 6 | 常门铺(2176)、当阳桥(9955)、石峡口(2440)、永兴(1360)、前点子(7070)、蒲水沿(2489) | 1 | 东碾头(894) | |
| | | 黄河干流・红河口－葛野河口 | 14 | 龙王沟(260.5)、黑岱沟(261)、罐子沟(230)、速机沟(108)、沙梁川(293)、大石窑河(115.6)、清水川(883)、石马川(243)、葛桥川(210)、红寺沟(140)、蒲连河(856)、鹿角河(35=)、马家河(224.7)、小河洞沟(166.5) | | | | | | 1 | 万家寨(89600) | 4 | 忽鸡兔沟(2153)、天桥(6600)、天古崖(2409)、陶老湾(1061) | 18 | 特拉沟(370)、石兰会(220)、候家吃洞(112)、布尔洞沟(130)、公益盖(400)、好赖河(231)、大纳林沟(200)、超忆图沟(100)、石极太(520)、土沟(500)、南峰(682)、白草庄(840)、高家湾(650)、明通沟(954)、千城(330)、高阳湾(890)、后河川(768)、水洞沟(166) | 12 |
| 2 | 4.106 | 杨家川(1002.15) | | | | | | | | | | | | | |
| 3 | 4.108 | 偏关河(1919.1) | 4 | 只泥泉河(101.3)、口子上河(150.3)、水泉甸(332)、沙漠沟(131.3) | | | | | | | | | | | |
| 4 | 4.109 | 皇甫川(3245.73) | 6 | 正川(422.6)、纥秋沟(223.73)、忽鸡兔沟(149.4)、虎石沟(385.64)、塔拉沟(125.6)、十里长川(702.81) | | | | | | | | | | | |
| 5 | 4.111 | 县川河(1559) | 3 | 悬沟河(157.5)、尚峪沟(331.9)、红建子沟(236.87) | | | | | | | | | | | |
| 6 | 4.114 | 孤山川(1272) | 3 | 陌家川(118)、地家川(119)、木瓜川(195) | | | | | | | | | | | |

续表

| 序号 | 条目编号 | 河流 | 流域面积1000km²及以上 河段 | 流域面积100~1000km² 数目 | 流域面积100~1000km² 名称 | 湖泊 水面面积10km²及以上 数目 | 湖泊 水面面积10km²及以上 名称 | 湖泊 水面面积1~10km² 数目 | 湖泊 水面面积1~10km² 名称 | 水库 大型 数目 | 水库 大型 名称 | 水库 中型 数目 | 水库 中型 名称 | 水库 小(1)型 数目 | 水库 小(1)型 名称 | 水库 小(2)型 数目 |
|---|---|---|---|---|---|---|---|---|---|---|---|---|---|---|---|---|
| 7 | 4.115 | 朱家川(2903.3) | | 3 | 泥彩河(442.6)、青连河、鹿角河 | | | | | | | | | | | |
| 8 | 4.116 | 岚漪河(2166.6) | | 5 | 跑马泉河(274)、北川河(572.8)、南川河(278.2)、中寨河(104.37)、汤家坡沟(119.4) | | | | | | | | | | | |
| 9 | 4.117 | 蔚汾河(1462.6) | | 5 | 岚尾河(226)、南川河(390.4)、固贤沟(13..6)、孟家坪河(176.3)、赵家坪沟(161) | | | | | | | | | | | |
| 10 | 4.118 | 窟野河(8706) | | 17 | 大速贝沟、哈拉哈兔沟、阿布亥沟、束鸡川、公牛盖河、呼和乌苏沟、石灰沟、晋鲁河、乌兰木伦河、石灰河、考考乌素沟(260)、四道柳川、活鸡兔沟(311)、木盖淖(177)、考考乌素沟、暖水川、石灰沟(327) | | | | | | | 2 | 乌兰木伦(9880)、常家沟(1444) | 7 | 乌尔图(140)、讨嚎(109)、柴盛南(138)、沿路沟(100)、三台基(150)、纳林(710)、张三沟(175) | |
| 11 | 4.118.1 | 梓牛川(2274) | | 12 | 朋阿(147)、二板兔川(238)、黄羊城石灰沟(133)、杜茂灰沟(220)、芦草沟(236)、石头沟(120)、柏林沟(110)、柏油沟(402)、牛栏沟(146)、贾家沟(125)、清水沟(154)、温家川沟(122) | | | | | | | | | | | |
| | | 黄河干流·瑙野河口—无定河口 | | 7 | 张家坪河(161)、芦山沟河(122)、八堡灰水河(142.8)、兔坂河(142.8)、曲崎河(203.1)、青凉寺河(287)、月镜河(267) | | | | | | | 2 | 瑶镇(1060)、暖渠山(1550) | 7 | 太平(536)、曹家岭(550)、南阳沟(500)、王村(783)、青岭川(530)、赵家岔(227)、石灰瑶(144) | |
| 12 | 4.119 | 秃尾河(3294) | | 11 | 黑龙沟(152)、圪丑沟(344.8)、古今滩沟(132)、红柳沟(286)、乔公滩沟(208)、扎林川(208)、阿家东淖(122)、刘家庄沟(104)、开荒川(140.8)、车会河(131)、渭川 | | | | | | | | | 25 | | |

续表

| 序号 | 条目编号 | 河流 | | 湖泊 | | | | 水库 | | | | | | |
|---|---|---|---|---|---|---|---|---|---|---|---|---|---|---|
| | | 流域面积 1000km² 及以上 | | 水面面积 10km² 及以上 | | 水面面积 1~10km² | | 大型 | | 中型 | | 小(1)型 | | 小(2)型 |
| | | 河流·河段 | 流域面积 100~1000km² 名称 数目 | 名称 | 数目 | 名称 | 数目 | 名称 | 数目 | 名称 | 数目 | 名称 | 数目 | 数目 |
| 13 | 4.120 | 佳芦河(1134) | 毛团川(189)、五女川(374)〔金明寺沟(154)〕、乌龙河(377)、阎家坪河(130)、楼底河(247)、曹家川(134)、王家川(182) 8 | | | | | | | | | | | |
| 14 | 4.121 | 淑水河(1989) | 城庄沟河(160.3)、安业沟(146.3)、湍水头沟(189.3) 3 | | | | | 高阳湾(1760) | 1 | | | | | |
| 15 | 4.122 | 三川河(4147) | 马坊沟(143.1)、峪口沟河(243.8)、大东川河(922.2)、小东川(418.8)、枝柯河(104.4)、阴坡沟(158.75)、南川河(851.6)、东川(292.8)、陈家湾沟(181)、留誉河(346.4)、金家庄沟(127) 11 | | | | | 阴坡(1740) | 1 | | | | | |
| 16 | 4.124 | 屈产河(1218.3) | 宋家沟河(131.25)、东石羊河(108.5)、龙交河(118.8)、暖泉河(264)、土门河(105)、小蒜河(100.3)、万镇沟(158) 7 | | | | | | | 吴城(1244)、陈家湾(3750) | 2 | | | |
| 17 | 4.125 | 无定河(30261) | 王家沟、新生庆沟、砖窑子沟、杨桥畔、宁家寨子沟、小河、母户河、圪洞河、黑木头河(462) 9 | | | | | 新桥(20000)、金鸡沙(10480)、巴图湾(10343) 3 | | 边墙(7478)、水磴畔(6250)、阿湾(9651)、张家畔(2850)、土桥(2635)、王家庙(1134) 6 | | | | |
| 18 | 4.125.7 | 纳林川(1500) | 黑河 1 | | | | | | | | | | | |
| 19 | | 海流兔河(2487) | 白河(968)、同河(202)、八里庄河(75)、石笛沟(414)、黑河子(6044)、二道河(142)、九房沟(1099) 7 | | | | | | | | | 团结(158)、电市(765)、大川沟(228)、油房台(960)、华石崖(650)、十八墩(420)、三卜树(623)、圪流沟(222)、团结(201)、塌崖畔(154)、大台(970)、龙眼(930) | 12 | |

333

续表

| 序号 | 条目编号 | 河流·河段 | 流域面积100～1000km² | | 湖泊 | | | | 水库 | | | | |
|---|---|---|---|---|---|---|---|---|---|---|---|---|---|
| | | 流域面积1000km²及以上 | | | 水面面积10km²及以上 | | 水面面积1~10km² | | 大型 | 中型 | | 小(1)型 | 小(2)型 |
| | | | 数目 | 名称 | 数目 | 名称 | 数目 | 名称 | 数目 名称 | 数目 | 名称 | 数目 名称 | 数目 |
| 20 | 4.125.8 | 芦河(2490) | 13 | 西芦河(387)、东芦河(436)、贾家沟(301)、南门沟(114)、阳小川(149)、大坪川(138)、白城子河(3-1)、石盖沟(162)、槐木沟(139)、草皮沟(149)、黑木头河(462)、野羊沟(125)、马房背沟(163) | | | | | | 12 | 猪头山(9530)、河口庙(6664)、杨家湾(1080)、韩岔(2400)、中营盘(1900)、尤家峁(1584)、李家梁(2340)、电市(1625)、柳匠台(3900)、大岔(9000)、老树卜(1130)、惠桥(6586) | 9 | 大湾畔(892)、袁家湾(519)、古峁(519)、大桥畔(370)、黄家畔(232)、山旺庄(800)、卧兔心(640)、榆林沟(950)、南沟(465) |
| 21 | 4.125.10 | 榆溪河(5537) | 11 | 白河(869)、头道河(262)、屹求河(782)、青云沟(113)、刘千沟(258)、东西岔沟(314)、马朝峁沟(375)、小川沟(286)、杜家乞沟(129)、银河沟(107)、可十里铺沟(193) | | | | | | 2 | 河口(2325)、红石峡(1900) | | |
| 22 | 4.125.11 | 大理河(3906) | 10 | 红河千沟(374)、卧牛城沟水(124)、马昌河(210)、小沟子沟(144)、小理河(820)、鲁家寨(115)、磨石沟(190)、岔巴沟(205)、驼耳巷沟(235) | | | | | | | | | |
| 23 | 4.125.12 | 淮宁河(1218) | 5 | 马家峁沟(115)、崔家沟(145)、义合沟(427)、李家川(326) | | | | | | | | | |
| | 4.125.12 | 黄河干流·无定河口—延河口 | 12 | 中山川(230.2)、唐家河(119)、马家河(114.3)、李家川(221)、吴家寨子沟(180)、文安驿河(25.8.6)、安河渠沟(137)、义嵘河(268.8)、和合河(119.1)、老河(75.1.5)、段家沟(100.3)、桑壁河(181.2) | | | | | 2 | 中山川(4430)、寨砂石(1520) | 3 | 堡村(117)、下庄(611)、太仙河(517) |
| 24 | 4.126 | 清涧河(4080) | 5 | 永坪川(987.6)[贺家渠川(108)、马家湾沟(145.1)、关庄川(235.8.]、郝家川河(325) | | | | | | | | | |
| 25 | 4.128 | 昕水河(4325.8) | 1 | 义亭河(770) | | | | | | | | | |

续表

| 序号 | 流域面积1000km² 及以上 | | | 湖泊 | | | | 水库 | | | | | |
|---|---|---|---|---|---|---|---|---|---|---|---|---|---|
| | 条目编号 | 河流·河段 | 流域面积100～1300km² | | 水面面积10km² 及以上 | | 水面面积1～10km² | | 大型 | | 中型 | | 小(1)型 | 小(2)型 |
| | | | 数目 | 名称 | 数目 | 名称 | 数目 | 名称 | 数目 | 名称 | 数目 | 名称 | 数目 | 名称 | 数目 |
| 26 | 4.129 | 延河(7687) | 20 | 马圈沟(129)、周家河(125.2)、小川·237.8、石窑沟(130)、西川河(809)、山王河(120.4)、长家沟(104)、楼坪川(171.5)、南川河(432.5)、杜甫川(166)、马四川(166.1)、三富川(205)、蟠龙川(570.9)、杜丹川(194)、武厕川(132.3)、唐家坪川(104)、郭旗沟(104)、石公河(175.3)、烟雾沟(122)、安沟河(135.6) | | | | | | | 孙台(1475) | 1 | 刘庄(410)、木头沟 | 2 | |
| 27 | 4.129.1 | 杏子河(1483.1) | 2 | 盆路川(138)、长尾河(246) | | | | | 王瑶(20300) | 1 | | | | |
| | | 黄河干流·延河口—汾河口 | 9 | 雷多河(273.6)、白水河(318)、蔡儿川(480)、蒲平河(310.7)、盘河(194.8)、清水河(646.3)、马家河(176)、鄂河(747.6)、遮马峪河(200.5) | | | | | | | | | 钟楼寺(256)、崖底(150)、胜利(582)、盘河(795.5)、西南(730) | 5 | |
| 28 | 4.131 | 云台河(1785) | 2 | 松树林河《139》、刘村沟(317.7) | | | | | | | | | | | |
| 29 | 4.132 | 住望河(2356) | 7 | 小南川(604)、小南沟(140)、蔡家川(221)、西川河(516.5)、丁盘沟(125)、交川河(387.6)、鹿儿川(145) | | | | | | | | | 红旗(585)、白家河(438)、赵家坡(228)、栏杆沟(106)、谢悲(430)、宋家沟(137)、吉县上贴(109.7) | 7 | |
| 30 | 4.139 | 汾河(39471) | 23 | 大庙河(112.3)、中马坊河(565)[东马坊河(15)、怀道沟(125-]、西马坊河(156.25)、新堡河(109.95)、鸣水河(264.67)、五村河(135)、东曙河(518.4)、湘河(595)、南川河(247)、西川河(136)、郵术河(119)、狮子河(177)、天池河(193)、屯兰河(298)、柳叶川(220)、太平河(297)、林河(463)、太川河(213)、盘岈河(313)、龙凤河(556)[王陶河(163)] | | | 晋阳湖(5.1) | 1 | 汾河(72100)、汾河二库(13300) | 2 | | | | | 82 |

续表

| 序号 | 条目编号 | 河流 | 流域面积 1000km² 及以上 河流·河段 | 流域面积 100~1000km² 数目 | 流域面积 100~1000km² 名称 | 湖泊 水面面积 10km² 及以上 数目 | 湖泊 水面面积 10km² 及以上 名称 | 湖泊 水面面积 1~10km² 数目 | 湖泊 水面面积 1~10km² 名称 | 水库 大型 数目 | 水库 大型 名称 | 水库 中型 数目 | 水库 中型 名称 | 水库 小(1)型 数目 | 水库 小(1)型 名称 | 水库 小(2)型 数目 |
|---|---|---|---|---|---|---|---|---|---|---|---|---|---|---|---|---|
| 31 | 4.139.4 | 岚河(1148) | 3 | 上明河(137)、普明河(340.3)、龙泉河(176) | | | | | | | | | 8 | 岚城(600)、哈蟆神(624)、国练(141.1)、王满坪(436.4)、阴山(520)、涞沟(240)、北留(159)、南沙河(137) | |
| 32 | 4.139.9 | 杨兴河(1398) | 3 | 凌井河(290)、泥屯河(256)、中社河(305) | | | | | | | | | | | |
| 33 | 4.139.12 | 潇河(3894) | 6 | 安丰河(157)、龙泉河(112.7)、木瓜河(127)、西马泉河(574)、里思河(426)、徐河(365) | | | | | | | | | 6 | 石门(508)、郑家庄(240)、十里沟(311)、田家湾(942.5)、小河(260)、石苗(126) | |
| 34 | 4.139.12.1 | 龙门河(1067) | 4 | 龙门河(131)、人字河(266)、石门河(200)、涧河(256) | | | | | | | | | | | |
| 35 | 4.139.13 | 昌源河(1029) | 7 | 象峪河(361)、伏西河(乌马河)(873.2)、沙河退水(279)、樱涧河(142)、柳根河(216)、候堡河(11) | | | | | 1 | 蔡庄(2070) | 12 | 杜家庄(119)、鲁村(128)、五曲湾(188)、神庙(387)、长源(102.6)、高林(124)、南王(257)、水屯营(500)、友谊(196)、下梁(480)、文水虎啸沟(135)、瓦窑河(190) | |
| 36 | 4.139.16 | 磁窑河(1059) | 2 | 白石南河(3-4)、瓦窑河(105) | | | | | | | | | | | |
| 37 | 4.139.17 | 文峪河(4034.57) | 14 | 西葫芦河(344)、燕家庄(131)、四道川(125)、三道川(271)、苍儿会(126)、西冶河(264)、沙河沟(371)、神堂河(181)、禹门河(224)、阴曦河(189)、魏义河(318)、孝河(534.21)、[兑镇河(379)、下堡河(223)]、曹溪河(105) | | | | | 1 | 文峪河(10750) | 1 | 张家庄(3751) | 14 | 神堂(315)、安家庄(121)、石匣(150)、西侯(179)、南马(500)、文家沟(246)、楮家沟(371)、东曹村(156.4)、前洼丹(332)、梁家疙(217)、石门沟(168)、西上(125)、干澜(315)、宜兴(162) | |
| 38 | 4.139.19 | 段纯河(1115.6) | 14 | 鼎升河(282)、仁义河(257)、交口河(412)、大麦郊河(208)、下村儿河(147)、南澜河(304)、对一河(236)、团柏河(645)、袒坪河(161)、姜凳河(153)、三交河(131)、午阳澜岭(134)、大洪澜岭(113)、霍泉河(157) | | | | | | | | | 4 | 西山(764)、杨家庄(146)、罗殿(158.3)、它支(320.7) | |
| 39 | 4.139.21 | 洪安澜河(1149.7) | 1 | 石壁河(377) | | | | | | | | | | | |

续表

| 序号 | 条目编号 | 河流 | 流域面积1000km²及以上 河流·河段 | 流域面积100~1000km² 数目 | 流域面积100~1000km² 名称 | 湖泊 水面积10km²及以上 数目 | 湖泊 水面积10km²及以上 名称 | 湖泊 水面积1~10km² 数目 | 湖泊 水面积1~10km² 名称 | 水库 大型 数目 | 水库 大型 名称 | 水库 中型 数目 | 水库 中型 名称 | 水库 小(1)型 数目 | 水库 小(1)型 名称 | 水库 小(2)型 数目 |
|---|---|---|---|---|---|---|---|---|---|---|---|---|---|---|---|---|
| | | 汾河干流·洪安涧河河口—浍河口(39471) | | 12 | 曲亭河(181.25)、仙洞沟河(122)、龙祠河(156)、浍河(909.27)[杨村河(206.6)]、柏村河(198)、巨河(354.9)]、邓庄河(174、豁都峪河(406.95)、三官峪河(368)、南贾峪河(145)、澄河(327) | | | | | | | | 4 | 曲亭(3666)、涝河(5960)、巨河(4867)、土—(5578) | 8 | 羊舍沟(140)、刘贾(177)、城西(168.7)、天坛山(113)、司马(533)、中陈(106)、澄河(398)、高显(280) | |
| 40 | 4.139.27 | 浍河(2060) | | 5 | 浍底河(213)、滑家河(125)、霍家桥河(143)、续鲁峪河(337.19)、黑河(383.54) | | | | | | | 3 | 浍河(9964)、浍河二库(2856)、小河口(4430) | 8 | 里册峪(667)、安峪沟(324)、故城(135)、西冯(113)、四梁(433.7)、北常(123)、鉴峪(225)、天晋(270) | |
| | | 汾河干流·浍河口—涑水河口 | | 5 | 三泉河(160.58)、三交河(133)、马壁峪(315)、黄华峪河(232)、瓜峪河(304) | | | | | | | | | 6 | 红叶泉(100)、三交(456)、水酉(134)、黄华峪(321)、三交晋(125)、紫家峪(120) | |
| | | 黄河干流·汾河口—涑水河口 | | 3 | 芝川(239)、徐水河(226)、金水河(521.3) | | | | | | | | | 1 | 张王(436.4) | 18 |
| 41 | 4.140 | 潦水(1083) | | 2 | 北川(103)、庙后川(100) | | | | | 1 | 薛峰(4360) | | | | | |
| 42 | 4.142 | 涑水河(5774.4) | | 2 | 沙渠河(262.8)、后河(139.4) | 2 | 伍姓湖(20)、运城盐湖(130) | | | | | 4 | 上马(3165)、苦池(1400)、吕庄(3320)、中留(1195) | 16 | 三河口(325.7)、樊村(267)、安邑(180)、八一(232)、杨家园(245.7)、史家峪(227.5)、王峪口(137.4)、崔家河(200.3)、陈村峪(310)、红沙河(135.6)、紫家峪(170)、跃进(189.5)、禹王(454.7)、白沙河(212.8)、关村(317.8)、小涧河(171.8) | |
| 43 | 4.142.3 | 姚暹渠(2127) | | 2 | 青龙河(444.6)、湾湾河(101.4) | | | | | | | | | | | 3 |
| | 合计 | 黄河干流·涑水河口—渭河口 | | 355 | | 2 | | 1 | | 8 | | 59 | | 154 | | 144 |

337

表 4-4　　渭河水系一览表

| 序号 | 条目编号 | 河流 | | 流域 | | 湖泊 | | | 水库 | | | | | |
|---|---|---|---|---|---|---|---|---|---|---|---|---|---|---|
| | | | | 流域面积 100~1000km² | | 水面面积 10km² 及以上 | | 水面面积 1~10km² | | 大型 | | 中型 | | 小(1)型 |
| | | 流域面积 1000km² 及以上 | | | | | | | | | | | | |
| | | 河流·河段 | 数目 | 名称 | 数目 | 名称 | 数目 | 名称 | 数目 | 名称 | 数目 | 名称 | 数目 | 名称 |

| 序号 | 条目编号 | 河流·河段 | 数目 | 名称 | 数目 | 名称 | 数目 | 名称 | 数目 | 名称 | 数目 | 名称 | 数目 小(2)型 |
|---|---|---|---|---|---|---|---|---|---|---|---|---|---|
| 1 | 4.143 | 渭河(134766) | | | | | | | | | | | 352 |
| | | 渭河河源—千河口 | 19 | 连峰河(212)、蒲川河、秦祁河(858)、孔眼泵沟(115)、冰沟(142)、山丹河(402)、大南河(622)、麦河、武家河、颖川河(360)、云阿河(184)、通关河(848)、武家河(217)、小水河(407)、香泉河(141)、清麦河(234)、金胶河(427)[清川河(124.1)]、清水河(163) | 1 | 党家岔湖(1.9) | | | 10 | 宝鸡峡(5000)、东峡(8600)、夏寨(2417)、张家嘴头(4442)、马连(2660)、什字(2237)、黄家川(1882)、东坡(1200)、八台桥(1326)、三里店(1072) | 27 | 大滩(250)、铁家窑(165)、鱼儿河(257)、苏家沟(248)、浅岔河(301)、郎岔(284)、张易(235)、雨落沟(226)、马嘴(213)、王银(253)、陈田玉(295)、范岔(100)、二岔口(963)、红堡(188)、黄家峡(117)、清凉(328)、罗家峡(389)、前川沟(185)、高坪(810)、马蹄沟(847)、直楂(203)、桃山(430)、落花沟(194)、无陵峡(183)、范家河(112)、光明(112) |
| 2 | 4.143.2 | 葳河(1160) | | | | | | | | | | | |
| 3 | 4.143.3 | 榜沙河(3554) | 1 | 龙川河(866) | | | | | | | | | |
| 4 | 4.143.3.2 | 漳河(1271) | 1 | 东扎河(284) | | | | | | | | | |
| 5 | 4.143.6 | 散渡河(2484) | 4 | 牛谷川(967)、苫家河(721)[李店河(·26)]、清溪河(165) | | | | | 1 | 锦屏(1200) | | | |
| 6 | 4.143.7 | 葫芦河(10730) | 13 | 马连川沟(325)、杨家沟(120)、滥泥河·879)、什字路河(222)、好水川沟(179)、长尾河(103)、渝沱(606)、高界河(400)[甘沟河(270)]、甘渭河(259)、义陇河(695)、安逸河(234)、狗娃河·210) | | | | | | | | | |

续表

| 序号 | 流域面积1000km² 及以上 河流·河段 | 河流 流域面积100~1300km² 数目 | 河流 流域面积100~1300km² 名称 | 湖泊 水面面积10km²及以上 数目 | 湖泊 水面面积10km²及以上 名称 | 湖泊 水面面积1~10km² 数目 | 湖泊 水面面积1~10km² 名称 | 水库 大型 数目 | 水库 大型 名称 | 水库 中型 数目 | 水库 中型 名称 | 水库 小(1)型 数目 | 水库 小(1)型 名称 | 水库 小(2)型 数目 |
|---|---|---|---|---|---|---|---|---|---|---|---|---|---|---|
| 7 | 李店河(1236) | | | | | | | | | | | | | |
| 8 | 永洛河(1792) | 2 | 南洛河、五音河<882 | | | | | | | | | 2 | 红崖湾、竹林寺 | |
| 9 | 楮河(1267) | | | | | | | | | | | | | |
| 10 | 牛头河(1864) | 5 | 汤峪河(1860)、樊河(249)、后川河(215)、白驼河(135)、稠泥河(151) | | | | | | | | | | | |
| 11 | 千河(3493.9) | 8 | 石罐沟(132)、咸宜河(161)、蒲峪河(182)、北河(411)、大杜阳沟(100)、普洛河(239)、草碧河(288)、冯坊河(230) | | | | | 1 | 冯家山(38900) | 2 | 段家峡(1832)、王家崖(9420) | 6 | 夜枚木(486)、桐花庄(241)、大沟(214)、郝家坡(172)、丰收(120)、东河沟(124) | |
| | 千河口-泾河口 | 11 | 硪漆河(67.5)、伐鱼河(156)、石头河(779)、汤峪河(386)、山岔峡(114)、盆峡(126)、涝河(663)、甘河(132)、[东沙河(140.5)、霸王河(287.2)、静河(230)] | | | | | 1 | 石头河(14700) | 3 | 东凤(1350)、白荻沟(1125)、信邑沟(3290) | 36 | 孔头沟(894)、白家砭(540)、祁家沟(440)、钓鱼台(420)、潘溪沟(260)、姚家沟(272)、芦子沟(215)、美水沟(200)、五郡沟(198)、润河桥(177)、石沟门(189)、官务(460)、中张庄(172)、金家沟(156)、鸡峰山(148)、刘家沟(142)、太川(140)、云龙沟(138)、桃树沟(135)、芋子沟(106)、许家沟(430)、杨家沟(518)、鹿塬(528)、大峪(450)、汤峪(476)、岱峪(420)、红旗(448)、甘峪(380)、东沟(400)、马厂(260)、三岔河(267)、团结(256)、小峪(220)、翠华山(200)、白马河(132)、白北河(168) | |
| 12 | 漆水河(3824) | 2 | 澄水河(159)、大北沟(484) | | | | | 1 | 羊毛湾(12000) | 2 | 老鸦嘴(1803)、大北沟(5543) | | | |
| 13 | 清水(2136) | 4 | 雍水河(打)、横水河(538)、七星河(176)、美阳河(233) | | | | | | | | | | | |

续表

| 序号 | 条目编号 | 河流 | 流域面积 1000km² 及以上 河流·河段 | 流域面积 100～1000km² | | 湖泊 水面面积 10km² 及以上 | | 湖泊 水面面积 1～10km² | | 水库 大型 | | 水库 中型 | | 水库 小(1)型 | | 水库 小(2)型 |
|---|---|---|---|---|---|---|---|---|---|---|---|---|---|---|---|---|
| | | | | 数目 | 名称 | 数目 | 名称 | 数目 | 名称 | 数目 | 名称 | 数目 | 名称 | 数目 | 名称 | 数目 |
| 14 | 4.143.22 | 黑河(2258) | | 4 | 沙河(115)、板房子沟(158.5)、虎豹沟(122.2)、王家河(257.6) | | | | | 1 | 金盆(20000) | | | | | |
| 15 | | 就峪河(1593) | | 2 | 田峪河(297.5)、耿峪河(114) | | | | | | | | | | | |
| 16 | 4.143.24 | 沣河(1460) | | 6 | 高冠河(167.2)、太平河(394.5)、漘河(687) [滈河(238)]、石砭峪(142.4)、小峪河(132.8) | | | | | | | | | | | |
| 17 | 4.143.25 | 潏河(2581) | | 9 | 浐河(760) [岱峪河(162)、库峪河(172)、荆峪沟(118)]、辋川河(548)、西采峪(161)、蓝桥河(201.5)、东采峪(149.6)、道沟峪(218) | | | | | | | 1 | 石砭峪(2810) | | | |
| 18 | 4.143.26 | 泾河(45421) | | 12 | 香水河(154)、暖水河(173)、颉河(608)、洪川河(359)、刘家沟(116)、石桥沟(228)、王洼河(245)、斜崖沟(139)、李家沟(110)、石峡沟(154)、纸坊沟(186)、胭脂河(161) | | | | | | | 9 | 石头腰岘(1552)、店洼(2183)、酒河(1290)、庙台(1576)、西庄(1460)、雅硐(2970)、王家湾(2092)、杨家河(1725)、泔河二库(1850) | 16 | 康沟(130)、嗳岘(365)、庙嘴(760)、红堡(350)、马河(260)、磴沟(134)、小虎庄(525)、斜崖沟(618)、周庄(330)、雅石沟(618)、东海子(323)、李儿河(375)、西峡(120)、先进(168)、卧龙山(149)、八里庙(176) | |
| 19 | 4.143.26.3 | 浉河(1645) | | 1 | 箕底河(117) | | | | | | | | | | | |
| 20 | 4.143.26.4 | 洪河(1336) | | | | | | | | | | | | | | |
| 21 | 4.143.26.5 | 蒲河(7478) | | 1 | 大黑河(684) | | | | | 1 | 巴家嘴(51100) | | | | | |
| 22 | 4.143.26.5.3 | 茹河(3375) | | 1 | 交口河 | | | | | | | | | | | |
| 23 | 4.143.26.5.3.1 | 黄家河(1127) | | | | | | | | | | | | | | |

续表

| 序号 | 流域面积1000km²及以上 | | 河流·河段 | 流域面积100~1000km² | | 湖泊 | | | | 水库 | | | | | |
|---|---|---|---|---|---|---|---|---|---|---|---|---|---|---|---|
| | 条目编号 | 河流·河段 | 数目 | 名称 | 数目 | 水面面积10km²及以上 | | 水面面积1~10km² | | 大型 | | 中型 | | 小(1)型 | 小(2)型 |
| | | | | | | 名称 | 数目 | 名称 | 数目 | 名称 | 数目 | 名称 | 数目 | 名称 数目 | 数目 |
| 24 | 4.143.26.6 | 马莲河(19086) | | 大路河(219)、小路河(244)、蒲河(243)、恫沟河(140)、黎明河(166)、西华河(113)、湘裕河(158)、立城沟(280)、代城沟(187)、城西川(497)、鸳鸯沟(112)、马岭东沟(287)、野孤沟(155)、辛家沟(180)、蔡家堡沟(345)、教子川(144)、太乐沟(163)、赵家川(44)、砚瓦川(284)、湘乐川(811)、九龙河(642)、康家河(159)、交口河(470)、酒房河(110)、两亭河(715)、普化河(161)、磨子河(139)、红岩川(715)、水岔河(81)、百子沟(237)、太岭河(226)、姜家河(135)、马坊川(867)、安山川(594)、合道川(885)、白马川、合水川(807)、固城川(694)、阴阳河(783) | 39 | | | | | | | 寺沟(276)、吕家拉(183)、小川(100)、王峡口(117)、花果山(396)、冉河川(520)、刘巴沟(560)、解放沟(155)、乔儿沟(735)、唐台子(740)、庙儿沟(380)、土门沟(596)、鸭子嘴(383)、太阴坡(144)、新村(297)、孔家沟(142)、庵里(624)、吴家沟(520)、白吉坡(565)、王嘴(112)、乾陵(950)、小河(550)、李家川(525)、西沟(408)、东沟(350)、石沟(326)、南坊(317)、红岩(274)、七里(266)、太峪(228)、三筲河(139)、马家山(156)、小花沟(155)、后沟(149)、庄河(131)、马坊(130)、弥家河(126)、梨园沟(114)、苍儿沟(114)、蒋家(113)、凉马(112)、桥沟(110)、谭沟(108) | 44 | |
| 25 | 4.143.26.6.4 | 柔远河(3063) | | 城壕川(450)、白马川(116) | 2 | | | | | | | | | | |
| 26 | 4.143.26.8 | 黑河(4026) | | | | | | | | | | | | | |
| 27 | 4.143.26.8.1 | 达溪河(2537) | | 南川河(113)、涧河(160) | 2 | | | | | | | | | | |
| 28 | 4.143.26.9 | 三水河(1323) | | 石底子川(141)、石门川(111)、桨家河(126) | 3 | | | | | | | | | | |
| 29 | 4.143.26.10 | 洧河(1185) | | 三盆河(83) | 1 | | | | | 洧河(6463) | 1 | | | | |

续表

| 序号 | 条目编号 | 河流 | | | 湖泊 | | | | 水库 | | | | | |
|---|---|---|---|---|---|---|---|---|---|---|---|---|---|---|
| | | 流域面积1000km²及以上 | 流域面积100～1000km² | | 水面面积10km²及以上 | | 水面面积1～10km² | | 大型 | | 中型 | | 小(1)型 | 小(2)型 |
| | | 河流·河段 | 名称 | 数目 | 名称 | 数目 | 名称 | 数目 | 名称 | 数目 | 名称 | 数目 | 名称 | 数目 |
| | | 泾河口-北洛河口 | 零河（292）、沋河（252）、罗夫河（228.5） | 3 | | | | | | | 玉皇阁（1590）、冯村（1890）、黑河（1430）、零河（4195）、泗河（2450）、沈河（1284）、涧峪（2450） | 7 | 李家桥（937）、宫山（590）、前嘴子（500）、秦庄（380）、弓王（315）、小道口（286）、贾河滩（225）、南王（214）、泥河沟（108）、沿渠（108）、西河（785）、五一（312）、高尔塬（470）、党沟（125）、李家河（268）、二龙口（870）、栎阳（846）、西骆峪（569）、任家河（127）、候家河（126）、柳天河西（117）、车村（116）、郭社（114）、箭峪（314）、桥峪（645）、小华山（117）、吉家河（150）、蒲峪（138）、太峪（168）、鱼化屯（146）、三张（202）、贺兰（340）、西王子（300）、小夫峪（100） | 35 |
| 30 | 4.143.27 | 石川河（4478） | 温泉河（5564）、漆水河（814.7）、炭蒗沟（116.7）、赵氏河（293.9）、秀房沟（108.6）、教场坪（199.7） | 6 | | | | | | | 桃曲坡（5720） | 1 | | |
| 31 | 4.143.27.2 | 清河（1550） | 冶峪河（619）、清峪河（395.3）、浊峪河（221）、赤水河（300）、遇仙河（141.5）、石堤河（134.8）、螺纹河（115.7）、仙峪（115.7）、长涧河（119） | 9 | | | | | | | 三原西郊（3406） | 1 | | |

续表

| 序号 | 流域面积1000km²及以上 | | 河流 | | 湖泊 | | | | 水库 | | | | | |
|---|---|---|---|---|---|---|---|---|---|---|---|---|---|---|
| | 条目编号 | 河流·河段 | 流域面积100～1000km² | | 水面面积10km²及以上 | | 水面面积1～10km² | | 大型 | | 中型 | | 小(1)型 | 小(2)型 |
| | | | 数目 | 名称 | 数目 | 名称 | 数目 | 名称 | 数目 | 名称 | 数目 | 名称 | 数目 名称 | 数目 |
| 32 | 4.143.31 | 北洛河(26905) | 26 | 方西河(134)、王凹子川(544)、秋科川(193)、乱石头川(949)、牛城子沟(158)、二道川(376)、宁寨沟(529)、大路沟(107)、三道川(262)、白豹河(405)、杨青川(133)、罗坪河(180)、脚扎川(114)、吴堡川(151)、又正川(183)、仙姑河(605)、石堡川(960)、泄湖河(117)、李家河(142)、铁牛河(108.5)、孔走河(124.2)、长宁河(221.6)、白水河(762)、二马河(118.8)、县西河(298)、大峪河(479) | | | | | | | 5 | 拓家河(1550)、福地(1050)、石堡川(6220)、薛峰(4360)、林皋(3300) | 20 | 闫庄(130)、尧门河(178)、大申号(314)、柳梢湾(230)、川口(375)、安生沟(176)、凉台(204)、岳屯(218)、五一(390)、胜利(520)、故砚(686)、铁牛河(257)、五人百良(125)、定国(585)、八百良(222.5)、永内(138)、富源(320)、红石崖(235)、大峪河(360)、大峪河(160) | |
| 33 | 4.143.31.2 | 周水河(1334) | 8 | 麻子河(135)、腰子川(183)、瓦子川(150)、孙岔沟(176)、龙嘴沟(103)、大庄河(127)、岳屯沟(104)、劳山沟(205) | | | | | | | | | | |
| 34 | 4.143.31.3 | 葫芦河(5449) | 17 | 清泉沟(155)、府村川(396)、牛武川(427)、史家沟(112)、大申号沟(207)、界子河(229)、大东沟(575)、石厂子沟(119)、石磨沟(404)、娘娘庙沟(100)、小河子川(140)、魏树川(856)、石莲子沟(156)、姜美川(140)、党家河(108)、余家河(149)、党家沟(106) | | | | | | | 1 | 邵家河(1250) | | |
| 35 | 4.143.31.5 | 沮河(2486) | 14 | 柳芽沟(129)、西沟(205)、建庄川(464)、后安河(109.4)、小清河(485.5)、前清河(148.9)、淤泥河(176)、田家河(134)、黄莲河(249)、五里镇河(442)、王家河(195)、马茹沟(145)、雷塬河(332)、石川河(127.3) | | | | | | | | | | |
| 合计 | | | 236 | | 0 | | 1 | | 5 | | 44 | | 186 | 352 |

343

表 4-5  渭河口—黄河口河段河湖水系一览表

| 序号 | 条目编号 | 河流·河段 | 河流 流域面积 1000km² 及以上 | | 湖泊 水面面积 10km² 及以上 | | 湖泊 水面面积 1～10km² | | 水库 大型 | | 水库 中型 | | 水库 小(1)型 | | 水库 小(2)型 |
| --- | --- | --- | --- | --- | --- | --- | --- | --- | --- | --- | --- | --- | --- | --- | --- |
| | | | 数目 | 名称 流域面积 100～1000km² | 数目 | 名称 | 数目 | 名称 | 数目 | 名称 | 数目 | 名称 | 数目 | 名称 | 数目 |
| | | 黄河干流·渭河口—洛河口 | 21 | 葡萄涧河(104.1)、洪阳河(114)、八政河(173)、曹家川河(147.5)、青龙涧河(478)、东涧河(171)、兴隆河(128)、涧口河(119)、泗交河(382)、五福涧河(190.2)、板涧河(348.5)、孟西河(570)、西洋河(343.3)、横河(291.5)、杨柏河(100)、董洛川(111.1)、畛河(398)、阳平川(172)、沙河(264)、好阳河(230)、苍龙河(177) | | | | | 3 | 三门峡(964000)、小浪底(1265000)、西霞院(16200) | 4 | 后河(1375)、涧里(1570)、沟水坡(1328)、顺涧(1755) | 33 | 大河庙(514.8)、红旗一库(351.3)、红旗二库(283)、南峦头(127.6)、王沟(180)、西沟(118.1)、泗交(106.6)、东升(155)、群英(136)、郑河(111.5)、东方红(237.5)、张家河(654)、王官(240)、塔山(156)、芦家坟(320)、吊坡(248)、朱乙河(440)、后河(204)、常卯(268)、九岭沟(142)、小寨河(465)、翰林河(167)、金山(117)、湖(136)、裴庄(136.5)、莫河(167.5)、上寨(234)、南青(110)、砖铺庙(105)、紫河(275)、东杨(133)、负图(248)、五八(125) | 186 |
| 1 | 4.144 | 宏农河(2068) | 9 | 下河(138)、董家埝河(188)、麻家河(195)、东涧河(171)、川口河(621)[孟家河(201)]、丹河(194)、闵底河(327)、盘豆河(156) | | | | | 1 | 窄口(18500) | | | | | |
| 2 | 4.148 | 壹淆河(1185) | 1 | 杜村河(124.5) | | | | | | | | | | | |

续表

| 序号 | 条目编号 | 河流·河段 | 流域面积 100～1000km² | | 湖泊 水面积10km²及以上 | | 水面积1～10km² | | 水库 大型 | | 中型 | | 小(1)型 | | 小(2)型 |
|---|---|---|---|---|---|---|---|---|---|---|---|---|---|---|---|
| | | 流域面积1000km²及以上 | 数目 | 名称 | 数目 | 名称 | 数目 | 名称 | 数目 | 名称 | 数目 | 名称 | 数目 | 名称 | 数目 |
| 3 | 4.154 | 洛河(18881) | 26 | 嵩坪川(127)、文峪河(118)、石门河(354)、麻坪河(184)、县河(154)、西峪河(123)、石坡河(662)[周湾河(117)、坪河(183)]、中沙河(157)、西峪河(161)、龙河(136)、东宫河(355)[施家河(134)]、涧河(132)、沙河(178)、文峪河(124)、范里河(128)、寻峪河(266)、崇阳河(102)、大铁沟(163)、还峪(110)、渡洋河(432)、永昌河(410)、韩城河(263)、焦涧 | | | | | 1 | 故县(117500) | 9 | 麻家边(1230)、坞罗口(1768)、大沟口(1019)、段家沟(1126)、龙脖(5119)、寺河(1021)、范店(1063)、九龙角(1030)、陶花店(1870) | 15 | 谢湾(266)、姬家河(117)、李村(300)、辛岳(120)、鼓楼河(354)、朱文(742)、天坡(486)、凉水泉(440)、后寺河(430)、赵城(360)、庞文(405)、洪河(250)、桑家沟(202.5)、双庙(210)、礼庄寨(371) | |
| 4 | 4.154.7 | 涧河(1430) | 2 | 金水河(226)、洪阳河(109) | | | | | | | | | | | |
| 5 | 4.154.8 | 伊河(6029) | 15 | 北沟河(139)、洪洛河(160)、小河(603)、明白河(352)、大章河(124)、鹿亭寺(276)、焦家川(146.5)、白峰河(380)、刘涧河(154)、木栅沟(154)、兰草河(253)、底张涧(127)、陈吴涧(130)、龙衢涧(106)、仁村(117) | | | | | 1 | 陆浑(132000) | 1 | 刘窑(3683) | 14 | 常窑(185)、双桃梁(140)、杜家(133)、鱼脊(324)、胡芦湾(154)、裴窑(102)、鹿寺(258)、南庄(107.6)、刘郭(315)、南涧(111)、胡家洼(135.2)、韩岔(209.5)、南桑(200.3)、仁村(121) | 116 |
| | 黄河干流·洛河口—沁河口 | | 1 | 沇河(373.3) | | | | | | | | | | | |
| 6 | 4.156 | 蟒河(1320) | 2 | 南蟒河(240)、济蟒截洪(213) | | | | | | | 1 | 白墙(5000) | 9 | 冯沟(5230)、火神庙(176)、王河(115.03)、窟隆(195)、赵庄(600)、泗坪(135)、大沟(579)、三河(142)、曲阳(210) | |

345

续表

| 序号 | 条目编号 | 河流·河段 | 河流 流域面积100~1000km² | | 湖泊 水面面积10km²及以上 | | 湖泊 水面面积1~10km² | | 水库 大型 | | 水库 中型 | | 水库 小(1)型 | | 水库 小(2)型 |
|---|---|---|---|---|---|---|---|---|---|---|---|---|---|---|---|
| | | 流域面积1000km²及以上 | 名称 | 数目 | 名称 | 数目 | 名称 | 数目 | 名称 | 数目 | 名称 | 数目 | 名称 | 数目 | 数目 |
| 7 | 4.157 | 沁河(13532) | 赤石桥河(<15.6)、聪子峪河(183)、紫红河(394)、白孤窑河(118.7)、狼尾河(153)、青龙河(195)、龙头河(268)、蔺河(286)、李元河(141.5)、王村河(<124.8)、泗河(283.5)、兰河(361)、石槽河(169)、马壁河(165.5)、苏庄河(101.5)、龙集河(467.4)、山交河(218.7)、樊村河(127)、沁水河(433.3)[杏河(174.2)]、山泽河(109)、蔺底河(241.4)[十里河(781)]、侯村河(120.2)、芦苇河(359)、获泽河(839)[土沃河(100.3)、瀚河(148.6)]、西冶河(259)、长河(317) | 30 | | | | | 张峰(39400) | 1 | 董村(2347) | 1 | 胜天(117)、长河(438)、刘村(111)、常坡(235)、沙沟(165)、寺河(185)、屹套(400)、东仓(278)、西仓(384.5)、陈区(295)、米山(860)、秦家庄(359)、秦家庄(488)、末村(240)、山耳东(178)、猪头山(136)、石景山(125)、桑家坪(640)、窄相(334)、尚峪(180)、釜山(201)、赵庄(192)、陈区(295)、南村(125.8)、明西(153)、石末(510)、山泽(362)、红卫(183)、沙坡(105)、小沟(138)、蒲峪(135.9) | 32 | |
| 8 | 4.157.8 | 丹河(2931) | 小东仓河(117)、大东河(116.8)、许河(215)、东大河(510.9)[奏家庄河(197)]、巴公河(191)、白洋泉河(625.3)、白水河(385.9) | 8 | | | | | | | 任庄(8050)、上郊(1172)、申庄(1400)、青天河(1930) | 4 | | | 414 |
| 9 | 4.159 | 黄河干流·沁河口—大汶河口 天然文岩渠(2555) | 文岩二支(131)、文岩六支(107)、文岩九支(210)、文岩故道(128)、天然渠(658)、天然七支(102.5) | 6 | | | | | | | | | | | |
| 10 | | 文岩渠(2287) | | | | | | | | | | | | | |
| 11 | 4.160 | 金堤河(5047) | 西柳青河(342)、柳青一支(130) | 2 | | | | | | | | | | | |
| 12 | 4.160.1 | 黄庄河(1301) | 丁栾沟(416)、文革河(160)、东柳青河(124)、五星沟(101.5)、人民河(118)、胡状沟(102.6)、青薇沟(118)、孟楼河(208.2)、青河(148)、枯河(247.5) | 10 | | | | | | | | | | | |

续表

| 序号 | 条目编号 | 河流 | | | 湖泊 | | | | 水库 | | | | | |
|---|---|---|---|---|---|---|---|---|---|---|---|---|---|---|
| | | 流域面积 1000km² 及以上 | | | 水面面积 10km² 及以上 | | 水面面积 1～10km² | | 大型 | | 中型 | | 小(1)型 | 小(2)型 |
| | | 河流·河段 | 流域面积 100～1000km² | | | | | | | | | | | |
| | | | 条目 | 名称 | 条目 | 名称 | 条目 | 名称 | 条目 | 名称 | 条目 | 名称 | 条目 名称 | 条目 |
| 13 | 4.162.1 | 大汶河(9098) | 5 | 陶河(152)、海子河(127)、漕河(648)、汶河(160)、小汇河(183) | 1 | 东平湖(627) | | | | | 9 | 大河(2310)、山阳(2295)、角峪(1785)、彩山(1650)、直界(1500)、贤村(2870)、下演马(5900)、赵家村(1890)、尚庄炉(1332) | 80 | 安家林(819)、药乡(115)、刘家峪(680)、九曲(125)、家峪(710)、响水河(438)、黄家(115)、水河(438)、路山(316)、徂徕(210)、李家庄(277)、高家庄(125)、龙门口(780)、五一(290)、房庄(130)、寺(175)、黄石崖(120)、水峪(220)、况洞(109)、南白楼(264)、鸡鸣返(369)、旋固河(258)、祝福庄(664)、藏子(179)、魏家峪(241)、古子山(121)、石河庄(880)、桃花峪(106)、香水河(128)、黄花岭(770)、杨庄(860)、西岚(265)、柴城(156)、岙山东(250)、重兴(680)、青山东(420)、龙池庙(615)、岙马沟(145)、山头(252)、赵家沟(271)、西周(126)、红花峪(121)、田村(890)、韩山(391)、司家庄(120)、苗河二号(295)、苗河一号(251)、霍庄(105)、孔庄(123)、王府家洼(123)、高家店(104)、群将湖(343)、漕河(151)、南岗丘(164)、潮泉(100)、大王庄(193)、胡桥(171)、西陆庙(178)、罗双(150)、东里(179)、楊山(103)、虎门(700)、苗河(374)、石坞李(120)、张南阳(336)、车砚山(113)、拷山(148)、张安(109)、张岭(102)、宋庄(185)、北仇(442)、石龙口(145)、东柿园(120)、西沟流(150)、赵庄(346) |

347

续表

| 序号 | 条目编号 | 河流 | 河段 | 河流 流域面积 1000km² 及以上 | | 湖泊 水面面积 10km² 及以上 | | 湖泊 水面面积 1~10km² | | 水库 大型 | | 水库 中型 | | 水库 小(1)型 | | 水库 小(2)型 |
|---|---|---|---|---|---|---|---|---|---|---|---|---|---|---|---|---|
| | | | | 流域面积 100~1000km² 名称 | 数目 | 名称 | 数目 | 名称 | 数目 | 名称 | 数目 | 名称 | 数目 | 名称 | 数目 | 数目 |
| 14 | 4.162.1 | 瀛汶河(1326) | | 小曹河(1012)、石汶河(350)、泮汶河(368) | 3 | | | | | 雪野(22100) | 1 | 黄前(8248) | 1 | | | |
| 15 | 4.162.1.1 | 柴汶河(1944) | | 平阳河(1172)、光明河(145)、丰流河(2127)、禹村河(108) | 4 | | | | | 光明(10400) | 1 | 东周(8900)、金斗(3250)、苇池(1028) | 3 | | | |
| 16 | 4.162.1.4 | 汇河(1260) | | 康王河(427)、东金线河(210)、跃进河(272) | 3 | | | | | | | | | | | |
| | | 黄河干流·大汶河口—黄河口 | | 南大沙河(584.6)、北大沙河(436)、浪溪河(118)、玉符河(751)[锦阳川(182)]、玉带河(134)、青木沟(107) | 7 | | | | | 卧虎山(11700)、广南(11400) | 2 | 锦秀川(3778)、崮头(1305)、孤北(5000)、石店(1101)、武家庄(1112) | 5 | 石店(935)、钓鱼台(812)、黄巢(526)、武芴岭(241)、白炭窑(117)、田家庄(133)、坡里庄(148)、孙庄(100)、张庄(133)、腾家沟(101)、葡萄湾(103)、小屯(580)、石明同(104)、胡林(104)、东河(502)、芷庄(152)、丁泉(202)、小黄崖(130)、大荆山(287)、半边井(105)、安子山(216)、赵台(197)、罗东崖(345)、郭套(110)、黑石崖(240)、长山(230)、毛铺(130) | 28 | 76 |
| 合计 | | | | | 153 | | 1 | | 0 | | 11 | | 38 | | 211 | 792 |

348

## 表5 淮河水系河湖数据统计表

| 水系（河段） | 河流（条） | | | 湖泊（个） | | 水库（座） | | | |
|---|---|---|---|---|---|---|---|---|---|
| | 流域面积1000km²及以上 | 流域面积100~1000km² | 水面面积10km²及以上 | 水面面积1~10km² | 大型 | 中型 | 小(1)型 | 小(2)型 |
| 合计 | 82 | 1017 | 33 | 61 | 40 | 189 | 1021 | 5114 |
| 表5-1 河源—洪汝河口河段 | 5 | 37 | 0 | 1 | 5 | 24 | 143 | 584 |
| 表5-2 洪汝河水系 | 4 | 30 | 0 | 0 | 4 | 6 | 33 | 100 |
| 表5-3 洪汝河口—沙颍河口河段 | 9 | 58 | 2 | 2 | 6 | 10 | 106 | 1111 |
| 表5-4 颍河水系 | 10 | 115 | 1 | 2 | 5 | 24 | 127 | 248 |
| 表5-5 沙颍河口—涡河口河段 | 8 | 48 | 5 | 9 | 0 | 14 | 59 | 403 |
| 表5-6 涡河水系 | 5 | 50 | 0 | 4 | 0 | 0 | 1 | 7 |
| 表5-7 涡河口—洪泽湖三河闸河段 | 12 | 114 | 11 | 15 | 0 | 33 | 142 | 694 |
| 表5-8 淮河入江水道段 | 1 | 57 | 5 | 3 | 1 | 12 | 65 | 211 |
| 表5-9 里下河水网区 | 0 | 170 | 6 | 25 | 0 | 1 | 1 | 0 |
| 表5-10 沂沭泗河水系 | 28 | 338 | 3 | 0 | 19 | 65 | 344 | 1756 |

表 5-1　河源—洪汝河口河段河湖水系一览表

| 序号 | 条目编号 | 河流 流域面积1000km² 及以上 河流·河段 | 流域面积100~1000km² 数目 | 流域面积100~1000km² 名称 | 湖泊 水面面积10km²及以上 数目 | 名称 | 水面面积1~10km² 数目 | 名称 | 水库 大型 数目 | 名称 | 中型 数目 | 名称 | 小(1)型 数目 | 名称 | 小(2)型 数目 |
|---|---|---|---|---|---|---|---|---|---|---|---|---|---|---|---|
| 1 | 5 | 淮河(270000) | | | | | | | | | | | | | |
| | | 河源—洪汝河口 | 20 | 碾子庄河(122)、月河(310)、商县河(230)、毛集河(295)、十字江(105)、明河(321)、肖店河(131)、田白河(228)、洋河(451)、肖王河(105)、遵河(200)、泥河(432)、[白马港(187)、乌龙港(106)]、乌龙港(205)、游河(698)、[沙河(111)、浉水河(483)、间河(827)、莲玉港(186) | | | 1 | 毛大湖(1.12) | | | 14 | 游河(1765)、永民河(1010)、双河(1579)、火石山(1662)、霍庄(1049)、东西湖(1050)、尖山(1094)、顾岗(1456)、老鸹河(4771)、红石嘴(4646)、王堂(1975)、洪山(1726)、龙潭(1044)、赵庄(3160) | 47 | 紫金山(626.22)、二道河(702)、桐林(145)、大林(255)、胡桥(208)、马堰(107.1)、白土堰(157.4)、太山庙(102)、王古井(107.8)、徐堂(114)、余塘(103.3)、石板沟(121.8)、罗楼(638.9)、陈营(409)、张新店(227)、富强(295.2)、古井(100.7)、四里井(287)、月塘(118.3)、中心(103.1)、刘河(101)、迂注(107.1)、海营(117)、付湾(360.5)、尚庄(109.3)、响水河(422.9)、三道口(142.8)、李老楼(123.6)、虵塘(121.2)、冯湾(156.81)、黄庄(191.4)、小高寨(106.7)、十八口(261.9)、天子寺(187.5)、何湾(127.2)、石河沟(261.6)、莲厂(107)、桐柳庄(149)、学屋庄(135)、后闸(480)、尤店(115)、丁庄(350)、水帘(160)、银盘河(401)、清淮(148)、小西湖(140)、吕河(252) | 162 |
| 2 | 5.1.6 | 浉河(2012) | 5 | 谭家河(230)、浉河港河(119)、五道河(222)、东双河[杜河(119)](333) | | | | | 2 | 花山(15380)、南湾(135500) | 2 | 飞沙河(6613.2)、许家冲(2521) | 8 | 白龙潭(141.9)、蚂蝗沟(102.1)、碾子湾(143.4)、龟山(264)、土门(229)、石硪河(365.8)、龙井沟(112.1)、龙王寺(232.1) | 66 |

350

续表

| 序号 | 条目编号 | 河流 | | | 湖泊 | | | | 水库 | | | | | | |
|---|---|---|---|---|---|---|---|---|---|---|---|---|---|---|---|
| | | 流域面积1000km²及以上 | 流域面积100～1000km² | | 水面面积10km²及以上 | | 水面面积1～10km² | | 大型 | | 中型 | | 小(1)型 | | 小(2)型 |
| | | 河流·河段 | 数目 | 名称 | 数目 | 名称 | 数目 | 名称 | 数目 | 名称 | 数目 | 名称 | 数目 | 名称 | 数目 |
| 3 | 5.1.7 | 竹竿河(2587) | 8 | 后河(237)[浉河(106)]、麻田河(133)、养马河(111)、九龙河(311)、小潢河(781)[潢河(106)、楠龙河(136)] | 0 | | | | 1 | 石山口(28100) | 3 | 丰店(3213)、宣化(3301)、小龙山(2614) | 43 | 龙潭(343.93)、叶家洼(687.03)、祝家山(100.83)、吴洼(188)、栗灵山(170)、老龙潭(165)、胡湾(176.1)、张冲(182.9)、张河边(130)、滴水崖(104.3)、蔡里沟(105.2)、高庄(103.04)、张门腰(101.8)、响水罩(183)、青栅(244.6)、老虎店(107.4)、老佛洞(107.9)、红山冲(102)、官庄(126.49)、鲁寨(185)、月亮湾(419.4)、曹门(260.3)、郑门冲(117.2)、黄土沟(192.91)、罗岗(101.2)、滕子沟(149.8)、大坡岭(113.4)、吴堂(392)、九龙(543)、谈洼(105.6)、石头(102.55)、凉亭(216.5)、陡山(102.31)、大马石沟(102.02)、跃进(189.2)、连花塘(105.2)、吊洼(176.5)、杨寨(298.5)、肖桥(232.2)、刘岗(100.9)、田洼(114.1)、子路(331.4)、李洼(124.3) | 161 |
| 4 | 5.1.9 | 寨河(1021) | 1 | 淮河故道(170) | 0 | | | | 1 | 五岳(12010) | 0 | | 16 | 付洼(151.8)、王崖(226)、北崖(129.4)、赛胜湖(108.9)、七里(164.4)、张用改(146.3)、张岗(104.5)、桐桥(108)、张五楼(398.4)、天辅洼(113.8)、金河沟(636.3)、谈河沟(287.9)、程坡寨(183)、项岗(142)、刘斩闸(326)、李洼(409) | 65 |
| 5 | 5.1.11 | 潢河(2400) | 3 | 浚波河(270)、吴河(376)、临仙河(333) | 0 | | | | 1 | 泼河(23500) | 5 | 邬桥(1191.2)、香山(1117)、老龙尝(8385)、龙山(8878)、长洲河(2340) | 29 | 千河堰(118)、磨盘山(163.1)、朱大桥(251.5)、视线行(217.3)、夹塘(340.4)、府庙(135.2)、白大山(132.43)、新山(137.8)、金兰(225)、王里河(187.2)、马坡寺(128.2)、滚岔沟(100.9)、陈大连(118.1)、赵冲(470.1)、嚷盘山(133)、神更(245.7)、王沟(261.9)、晏高山(109.5)、余湾(215.8)、小胡楼(114.7)、西畈(202.6)、石堰口(576.5)、马驹河(139.4)、碱石当(154.2)、黄石(168)、胜(212)、李畈(350.5)、刘河(514.7)、民蔡桥(871) | 130 |
| 合计 | | | 37 | | 0 | | 1 | | 5 | | 24 | | 143 | | 584 |

表 5-2　　洪河水系一览表

| 序号 | 条目编号 | 河流 | 流域面积 1000km² 及以上 | | 湖泊 | | | | 水库 | | | | | |
|---|---|---|---|---|---|---|---|---|---|---|---|---|---|---|
| | | 河流·河段 | 流域面积 100~1000km² | | 水面面积 10km² 及以上 | | 水面面积 1~10km² | | 大型 | | 中型 | | 小(1)型 | | 小(2)型 |
| | | | 数目 | 名称 | 数目 | 名称 | 数目 | 名称 | 数目 | 名称 | 数目 | 名称 | 数目 | 名称 | 数目 |
| 1 | 5.1.12 | 洪河(12231) | 13 | 茅河(166)、马港(102)、威桥港(130)、三里河(357)[苇河(115)]、淤泥河(456)[唐江河(132)]、杨岗河(245)、南马场河(348)[杜一沟(192)]、大黄港(206)、小清河(285)、龙口大港(369) | 0 | | 0 | | 1 | 石漫滩(12000) | 3 | 田岗(3176)、康山(1110)、谭山(1316) | 13 | 油坊山(859.8)、袁门(888.59)、任阳沟(141.55)、水磨湾(169.76)、袁庄(270)、竹园(300)、黄湾(862.65)、庙街(355.34)、红卫(272.69)、同心寨(400)、任三楼(992)、八里岗(338)、朱兰(128.62) | 18 |
| 2 | 5.1.12.2 | 汝河(7376) | 10 | 贾楼河(273)、黄溪河(244)、赵文献河(155)、汝河分洪道(171)、练江河(224)、倒流水(117)、文珠河(369)、慎水河(325)、黄大港(190)、新息界河(166) | 0 | | 0 | | 2 | 板桥(67500)、宿鸭湖(165600) | 1 | 老河(2570) | 11 | 侯庄(240)、小河(244)、上曹门(337)、磨沟(127)、三架山(182)、猫沟(166)、李阁(534)、小岗(490)、王大塘(160)、李林(443) | 28 |
| 3 | 5.1.12.3 | 北汝河(1139) | 2 | 红湖河(126)、奎旺河(453) | 0 | | 0 | | 0 | | 1 | 下宋(2056) | 2 | 双沟(660)、魏楼(420) | 11 |
| 4 | 5.1.12.4 | 臻头河(1813) | 5 | 邓河(120)、十里河(157)、小沙河(322)[潇河(113)]、吕岗河(159) | 0 | | 0 | | 1 | 谭山(62000) | 1 | 竹沟(1120) | 7 | 龙山口(610)、马楼(495)、岗户店(110)、赵湾(260)、七棵树(161)、张冲(210)、石龙山(227) | 43 |
| 合计 | | | 30 | | 0 | | 0 | | 4 | | 6 | | 33 | | 100 |

表 5-3　洪汝河口—沙颍河口河段河湖水系一览表

| 序号 | 条目编号 | 河流·河段 流域面积1000km² 及以上 | 流域面积100～1000km² 数目 | 流域面积100～1000km² 名称 | 湖泊 水面面积10km² 及以上 数目 | 湖泊 水面面积10km² 及以上 名称 | 湖泊 水面面积1～10km² 数目 | 湖泊 水面面积1～10km² 名称 | 水库 大型 数目 | 水库 大型 名称 | 水库 中型 数目 | 水库 中型 名称 | 水库 小(1)型 数目 | 水库 小(1)型 名称 | 水库 小(2)型 数目 |
|---|---|---|---|---|---|---|---|---|---|---|---|---|---|---|---|
|  |  | 淮河干流·洪汝河口—沙颍河口 | 4 | 濠洼大沟(155)、湘河下段(483)、[小潢河(218)]、民排河(212) | 2 | 城东湖(380)、城西湖(517) | 1 | 灵台湖(1.15) |  |  |  |  | 上坝(765.1)、徐郢(121.7)、鲁冲(360)、西老荒(194.5)、郭圩(102) | 40 |
| 1 | 5.1.13 | 白露河(2211) | 8 | 小汪河(140)、两河口(107)、蚂蚁河(132)、李店沟(108)、白露河分洪道(135)、朋思河(108)、紫泥河(185)、春河(435) |  |  |  |  |  |  | 3 | 方家湖(1400)、大石桥(1345)、兔子湖(1962) | 31 | 黄楼(168.1)、贺堰(684.3)、石猴(250.9)、任小圩(168.5)、九重陴(240)、东凤观(129.6)、冯大塘(248.2)、胡山(106)、雷山(108.9)、古塘(487.4)、王营(190.1)、张大堰(464.7)、段营(105.3)、钟庙(208.5)、石门冲(107.5)、赵冲(101.9)、高庙(174)、王桥(283.3)、连塘(106.6)、马新(132)、砮冶(116.3)、老鼠嘴(107.6)、鲍楼(184.4)、李楼(431)、余营(143.8)、胡桥(689)、十冲(107.5)、后岗(101)、关岗(129.2)、余大冲(100.7)、胡寺(621.5) | 91 |
| 2 | 5.1.15 | 史河(6816) | 13 | 竹根河(392)、白水河(219)、麻河(376)[两河(129)]、长江河(237)、羊行河(220)、响水沟(173)、小沙河(945)、[石槽河(715)、吴河[834]、急流湖河(238)、[漂桥沟(181)、堂河*126)] | | | | | 1 | 梅山(226300) | 1 | 老圈行(1400) | 17 | 吴楼(150.5)、桃花坞(247)、郭营沟(130)、东凤(116.3)、龙井(114.37)、解大堰(200)、关庙(400)、黄谷滩(300)、牛山河一站(120)、瓶竹园(600)、金刚(185)、八一(160)、长江河(100)、锁口(472.2)、关门山(273.3)、夏河湾(456.4)、鼓顶山(153.2) | 198 |
| 3 | 5.1.15.3 | 灌河(1644) | 2 | 九曲河(145)、吴河(110) |  |  |  |  | 1 | 鲇鱼山(91600) | 1 | 铁佛寺(3777) | 7 | 蛇尾沟(109.7)、大门楼(111.2)、黑注(108.5)、两河口(154)、连塘河(101.7)、张冲(176)、东凤(220) | 88 |

续表

| 序号 | 条目编号 | 河流·河段 | 河流 流域面积1000km² 及以上 | | 流域面积10~1000km² | | 湖泊 水面面积10km² 及以上 | | 水面面积1~10km² | | 水库 大型 | | 中型 | | 小(1)型 | | 小(2)型 |
|---|---|---|---|---|---|---|---|---|---|---|---|---|---|---|---|---|---|
| | | | 数目 | | 数目 | 名称 | 数目 | 名称 | 数目 | 名称 | 数目 | 名称 | 数目 | 名称 | 数目 | 名称 | 数目 |
| 4 | 5.1.16 | 濛河分洪道(2549) | 4 | | | 陶牧河(465)[涡河中段(347)、草沟(116)]、洪河分洪道(499) | | | | | | | | | | | |
| 5 | 5.1.16.1 | 谷河(1274) | 3 | | | 双港沟(151)、苇河(110)、界南河下段(404) | | | | | | | | | | | |
| 6 | 5.1.18 | 洋河(1439) | 3 | | | 找母河(1622)、牛角河(240)、沿岗河(483) | | | | | | | | | 大官塘(106.7)、洋西(100)、楼湾(100)、七塘(100)、园艺(100)、庙岗(100.3)、溜山(237.8)、瑞河(156) | 173 |
| 7 | 5.1.19 | 汲河(2231) | 4 | | | 孙桥堰沟(146)、二道河(254)、油坊河(186)、东汲河(489) | | | | | | | 3 | 水门塘(1040)、龙潭(6700)、鲫子山(1506) | 7 | 乌江(129.1)、泉胜(144.2)、大塘郢(138.3)、头道河(170)、九子堰(134.9)、威大塘(107.5)、三道河(400)、杜楼(150)、粉坊(170.9) | 259 |
| 8 | 5.1.20 | 淠河(5920) | 14 | | | 清水河(100)、马糟河(249)、石羊河(118)、淙水河(129)、但家庙河(222)、郑家嘴(755)、熊家河(117)、方小河(276)、陡岭河(370)、安城河(121)、小淠河(130)、梁家副排游沟(183)、黄尾河(856)、清潭河(189)、扫帚河(185) | | 磨子潭(34700)、白莲崖(46000)、佛子岭(49100) | 1 | 梁家湖(2.78) | 3 | | 21 | 蛇皮塘(151.1)、石塘(106)、谢坝(162.6)、陶家河(273.1)、水口(108)、工暖(222)、郑家嘴(755)、陡岭河三站(480)、爬虱岩(730)、烂泥坳(370)、高板岩(114)、下山口(106.03)、高河(289)、长岭(140)、爱国塘(229)、朱家堰(186.8)、民兵(153.1)、翻山河(423)、西县严家(518)、岳西县天马桥(593) | 228 |
| 9 | 5.1.20.4 | 西淠河(1582) | 3 | | | 青龙河(188)、燕子河(501)、三岔十八道(218) | | 响洪甸(261300) | | | 1 | 流波(5700)、青山(1170) | 2 | | 9 | 团山一站(492)、塔儿城(950)、抽水蓄能水库(950)、旋塘寺(212)、响洪甸(249.3)、莲花河(268)、麒麟河(300)、其龙(280)、金鸡笼(350)、丰坪(590) | 34 |
| 合计 | | | 58 | | | | 2 | | 2 | | 6 | | 10 | | 106 | | 1111 |

## 颍河水系一览表

表 5-4

| 序号 | 条目编号 | 河流 流域面积 1000km² 及以上 河流·河段 | 河流 流域面积 100~1000km² 数目 | 河流 流域面积 100~1000km² 名称 | 湖泊 水面面积 10km² 及以上 数目 | 湖泊 水面面积 10km² 及以上 名称 | 湖泊 水面面积 1~10km² 数目 | 湖泊 水面面积 1~10km² 名称 | 水库 大型 数目 | 水库 大型 名称 | 水库 中型 数目 | 水库 中型 名称 | 水库 小(1)型 数目 | 水库 小(1)型 名称 | 水库 小(2)型 数目 |
|---|---|---|---|---|---|---|---|---|---|---|---|---|---|---|---|
| 1 | 5.1.21 | 颍河(36660) | 26 | 石崇河(147)、潘家河(181)、小泥河(170)、柳塔河(180)、重建沟(111)、吴公河(66)、范河(129)、运粮河(132)、马拉河(228)、小洪河(107)、[运粮河](120)、谷河(493)、西蔡河(287.1)、狼牙沟(171)、新蔡河(983)、[老蔡河](140)、黄水圩(139)、老蔡河(200)、母猪沟(112)、常胜沟(151)、万福洼(119)、大窑沟(194)、[长林潮苕](159)、五里潮沟(540)、[柳沟](114)、第三潮沟(132) | | | 1 | 八里潮(16.2) | | | 1 | 白沙(29500) | 4 | 券门(1675.1)、少林(1151.4)、纸坊(1656)、纸坊(4425) | 17 | 佛洞(153.1)、隐士沟(541.56)、孙庄(154)、牛头(466)、清凉寺(162)、王堂河(413.84)、红石岩(105.5)、郜湾(171)、土岭(180.8)、龙尾(162)、黄土岭(130.2)、马庄(296.1)、西燕村(797.1)、王屯(336.6)、吴河 | 65 |
| 2 | 5.1.21.5 | 清潩河(2137) | 7 | 石梁河(333)、小泥河(481)、[清泥河(208)、苍河沟(329)、五里河(123)、鸡叫沟(277)、[北马沟(100)] | | | | | | | | | 8 | 增福庙(174)、五虎赵(735)、青岗庙(226)、唐寨(515)、杨庄(538)、范河(167.95)、月湾(436)、遇龙池(150) | 3 |
| 3 | 5.1.21.6 | 清流河(1486) | 4 | 丰收河(131)、二道河(308)、大浪沟(505)、[幸福沟(127)] | | | | | | | | | | | |
| 4 | 5.1.21.7 | 沙河(12600) | 14 | 大浪沟(115)、应河(118)、清水河(165)、荡泽河(431)、襄河(147)、七里河(154)、彭河(266)、大泥河(485)、潜河(198)、派河(184)、朱集沟(110)、孔沟(102)、北白洋河(111) | | | 1 | 淮阳龙湖(7.54) | 2 | 昭平台(71300)、白龟山(92200) | 2 | 米湾(1248.7)、彭河(6020) | 10 | 东土门(346.53)、王湾(107.11)、捞饭店(124.66)、石峡(120)、边圪(130)、石板河(105)、袁店(130)、耐庄(153.28)、友谊(129)、堂南岭(285.6) | 38 |
| 5 | | 新运河(1366) | 4 | 黄水沟(330)、清水沟(494)、流沙沟(195)、[岂冲沟(113)] | | | | | | | | | | | |
| 6 | 5.1.21.7.3 | 北汝河(5660) | 17 | 大木省沟(135)、马兰河(226)、芦涧河(155)、蟒川河(161)、芝河(109)、小潩河(139)、斩村河(415)、[斜文河(157)]、牛涧河(1705)、[荆河(348)、[洗耳河(108)]、黄蒲河(257)、石河(457)、[净肠河(268)]、兰河(355)、肖河(140)、马皇河(242) | | | | | 8 | 虎盘(1060)、五马(5410)、老虎洞(2027)、澜山口(134)、西安沟(370.59)、滕口(785.06)、枣元(197.38)、安坡寺(202.19)、寺街(270)、西外口(305)、石柱河(963)、小山(4028.76)、马庙(1705)、沟(104.09)、夏店(487)、窑院(913)、大安沟(1530.27)、龙兴寺(3550)、河睬(1432) | 33 | 辛寨(320)、陈沟(304.2)、雷洞(161)、潘庄(125)、七贤(119)、黄龙潭(172)、山头赵(122)、红旗(127.61)、青山崖(134)、寺街(370.59)、滕口(785.06)、枣元(197.38)、安坡寺(202.19)、寺街(270)、西外口(305)、石柱河(963)、小山(4028.76)、草寺(317)、冕庄(110)、栗树岭(110)、官窑(103)、末沟(105)、张湾(527.71)、北水峪(110)、河湾(130)、菁英(105)、东炉(320)、柏桥(304)、澗头河(108)、上李庄(280)、 | 53 |

续表

| 序号 | 条目编号 | 河流 | 流域面积 1000km² 及以上 | | 湖泊 | | | | 水库 | | | | | | |
|---|---|---|---|---|---|---|---|---|---|---|---|---|---|---|---|
| | | 河流·河段 | 流域面积 100～1000km² | | 水面面积 10km² 及以上 | | 水面面积 1～10km² | | 大型 | | 中型 | | 小(1)型 | | 小(2)型 |
| | | | 名称 | 数目 | 名称 | 数目 | 名称 | 数目 | 名称 | 数目 | 名称 | 数目 | 名称 | 数目 | 数目 |
| 7 | 5.1.21.7.4 | 甘江河(2508) | 脱脚河(115)、马子河(110)、桂河(382) [东沙河(170)]、贾河(219) [澧河(675)](202) | 7 | | | | | 燕山(92500)、孤石滩(18451) | 2 | 常庄(1708)、尖岗(6070.4)、楚楼(1640)、河王(2193)、丁店(6065)、后胡(1190) | 6 | 郭林(355)、塔山(115.35)、白庄(136)、吕家沟(571.2)、寺庄(104)、黄花寺(255)、鸽子楼(176)、斗沟河(104.8)、王庄(203)、友谊(215)、蚕子营(157.14)、高庄(214.13)、金龙嘴(339.77)、白秀沟(269)、苗庄(103)、石门(233.14)、黄庄(113)、弯潭(160)、黄土岗(277)、刘建沟(102) | 20 | 60 |
| 8 | 5.1.21.8 | 贾鲁河(6137) | 石沟(111)、索河(560) [须水河(174)]、七里河(730)、东风渠(218) [潮河(120)]、水贯沟(170)、堤里小青河(144)、丈八沟(366) [小青河(224)]、北康沟(138)、康洛河(631) [南康沟(126)]、杜公河(237) | 14 | | | | | | | | | 寺河(314.5)、老邢(215)、楚庄(123.2)、三仙庙(316.2)、罗洞(399.09)、林锦店(168)、山后杜曹古寨(381.58)、古城(309.75)、刘湾(295)、魏庄(213.69)、小范庄(166.39)、小简家(248)、郭家嘴(487.6)(163) | 14 | 12 |
| 9 | 5.1.21.8.1 | 双洎河(1918) | 清水(137)、溱河(173)、黄水河(111)、梅河(139)、黎明河(119) | 5 | | | | | | | 佛耳岗(4100)、李湾(2415)、五星(1044)、老观寨(1003) | 4 | 老樟黄(183)、九龙庙(104)、禹寨(403)、龙潭(114)、曹马沟(245)、张庄(134)、云蒙山(401.6)、古角(238)、高老庄岩店(506)、皂树(182)、井沟(150.1)、石峡(133)、王家庄(124.2)、南红石峡(113)、楼上庄(108)、张湾(416.6)、曲梁(203)、河西(270)、庙木(231)、冯庄(117.5)、望京楼(154.5)、轩辕(280.78)、花李(110) | 25 | 17 |
| 10 | 5.1.21.11 | 泉河(5206) | 韦沟(115)、哥柏河(320) [黄碱沟(107)]、老柏河(122)、青龙沟(303)、界沟(141)、曹洼(146)、遂河(276) [孟河(100)]、棋子沟(138)、三十里河(175)、蔡子河(132)、泥河(994) [杨河(111)]、北新河(111) [流鲛河(173)](383) [临鲛河] | 17 | | | 颍州西湖(1.93) | 1 | | | | | | | |
| 合计 | | | | 115 | | 1 | | 2 | | 5 | | 24 | | 127 | 248 |

表 5-5　沙颍河口—涡河口河段河湖水系一览表

| 序号 | 条目编号 | 河流·河段 | 河流 流域面积100~1000km² 数目 | 河流 流域面积100~1000km² 名称 | 湖泊 水面面积10km²及以上 数目 | 湖泊 水面面积10km²及以上 名称 | 湖泊 水面面积1~10km² 数目 | 湖泊 水面面积1~10km² 名称 | 水库 大型 数目 | 水库 大型 名称 | 水库 中型 数目 | 水库 中型 名称 | 水库 小(1)型 数目 | 水库 小(1)型 名称 | 水库 小(2)型 数目 |
|---|---|---|---|---|---|---|---|---|---|---|---|---|---|---|---|
| 1 | 5.1.22 | 淮河干流·沙颍河口—涡河口 | 10 | 正南洼抽排水渠(320)、老䱏沟(429)[迤沟(137)]、永幸河(218)、渠河(264)、天河(325)[刘府河(145)]、泥河(668)[黑河(90)、岔连沟(102)] | 4 | 瓦埠湖(161)、高塘湖(58.5)、焦岗湖(24.9)、花家湖 | 7 | 肖严湖(5.56)、城北湖(5.18)、十涧湖(4.94)、白洋店湖(3.88)、施家湖(3.1)、孔津湖(2.61)、淮西湖(1.16) | | | | | | | |
| | | 东淝河(4650) | 9 | 金小堰(108)、寿县护城河(198)、天河(681)[王桥小河(174)、南小河(165)]、万小河(309)[陈库河(105)]、陡涧河(829)[中心沟(117)] | | | | | | | 3 | 花果(1006.3)、大井(5055)、魏老河(1296) | 21 | 潜山(150.08)、乳山(176.1)、山北(208)、欧岗(103.6)、益民(112)、张坡塘(129)、花果南库(108)、龙河(152)、岔路口(180.3)、松林坝(135)、油坊湾(122.5)、潘庄(107)、井河坝(164)、宝教寺(320)、唐小河(112)、马黄岗(643)、双门坝(113.1)、新庄坝(101.8)、汪大坝(100)、童坝(113.6)、叫天岗(100) | 182 |
| 2 | | 庄塞河(1065) | 2 | 庄塞河二源(93)、庄塞河一源(174) | | | | | | | 6 | 红旗(1260)、双河(2985)、罗集(1339)、陶老坝(1290)、龙门寺(2470)、安丰塘(9080) | 11 | 王南集(118.2)、东方红(797)、林庄(180.06)、葛塘(140.4)、徐庙(204.75)、黄花山(391)、独龙青(258)、幸福坝(237)、铁匠庄(133.89)、胜岗(112.97)、大坝(137) | 75 |

357

续表

| 序号 | 条目编号 | 河流 | | | 湖泊 | | | | 水库 | | | | | |
|---|---|---|---|---|---|---|---|---|---|---|---|---|---|---|
| | | 流域面积 1000km² 及以上 | 流域面积 100～1000km² | | 水面面积 10km² 及以上 | | 水面面积 1～10km² | | 大 型 | | 中 型 | | 小（1）型 | 小（2）型 |
| | | 河流·河段 | 名 称 | 数目 | 名称 | 数目 | 名称 | 数目 | 名称 | 数目 | 名称 | 数目 | 名称 数目 | 数目 |
| 3 | 5.1.23 | 西肥河下段(1658) | 苏沟(304)、乌江(147)、济河(683)、港河(120) | 4 | | | | | | | | | | |
| 4 | 5.1.26 | 浍河(1625) | 古洛河(163)、青洛河(285)、马(190)、南渭湾(110) | 4 | | | | | | | 齐顾郑(2315)、霍集(1264)、杜集(1305)、永丰(2469)、芝麻(2231) | 5 | 陡河沿(123)、杨庄(133)、青山(260.42)、哑叭冲(118)、麦塘(164)、伍岗(111.75)、小麦头(208)、金山(116)、大命塘(102.4)、高家坝(138.13)、西家坝(386.1)、孙集(456)、同心(100.29)、三里河(740.25)、小泥河(152)、七里塘(206)、大柳塘(135)、老谷山(132.87)、丁王寺(308)、马厂(198.3) 20 | 125 |
| 5 | 5.1.27 | 茨淮新河(7218) | 利阚河(380)、蕲新沟(104) | 2 | | | 鳗鲤池(2.67)、资洼(1) | 2 | | | | | | |
| 6 | 5.1.21.10 | 茨河(2979) | 二龙沟(156)、李贯沟[老黑河(190)、西洛汴(190)、北八丈河(373)[皇姑河(201)]、合河(365)[塘河(111)] | 9 | | | | | | | | | | |
| 7 | 5.1.23 | 西肥河上段(1957) | 西界洪河东段(117)、青龙沟(102)、千溪沟(119)、老母猪港(429)[阜涡河(122)]、阜蒙新河西段(21) | 6 | | | | | | | | | | |
| 8 | 5.1.28 | 芡河(1405) | 九龙沟(277)、廖沟(204) | 2 | 芡河洼(53.7) | 1 | | | | | | | | |
| 合计 | | | | 48 | | 5 | | 9 | | 0 | | 14 | 59 | 403 |

358

表 5-6　　涡河水系一览表

| 流域面积1000km²及以上 | 条目编号 | 序号 | 河流·河段 | 流域面积 100～1000km² | | 水面面积 10km²及以上 | | 湖泊 水面面积 1～10km² | | 水库 大型 | | 中型 | | 小(1)型 | | 小(2)型 |
|---|---|---|---|---|---|---|---|---|---|---|---|---|---|---|---|---|
| | | | | 数目 | 名称 | 数目 | 名称 | 数目 | 名称 | 数目 | 名称 | 数目 | 名称 | 数目 | 名称 | 数目 |
| 5.1.31 | 1 | | 涡河(15862) | | | | | | | | | | | | | |
| | | | 涡河干流 | 25 | 孙城河(111)、惠贾渠(198)、百邸沟(165)、运粮河(178)、涡河故道(548)[小清河(139)]、大堰沟(296) [小白河(126)]、大新沟(325)、亳米河(189)、黑风沟(104)、五直沟(188)、北风沟(113)、青羊沟(117)、阜蒙新河东段(214)、老涡河(659)[蔚扶河(274)、兰河(148)、铁底河(639)[小温河(108)]、赵王河(960) [八里河(168)、急三道河(163)、清水河(184)]、亳城河(113) | | | | | | | | | | | | |
| 5.1.31.3 | 2 | | 惠济河(4429) | 16 | 黄汴河(168)、下泄水渠(102)、小洪河(136)、淤泥河(627)[圈章河(152)、杜庄河(142)]、茅草河(200)、通惠渠(537) [吴堂河(141)]、申家沟(202)、蒋河(748)[祁河(299)、周塔河(156)]、古黄河(389)[小涉河(107)]、太平沟(335) | 3 | 黑池(2.71)、柳池(2.61)、睢县城湖(1.96) | | | | | | 1 | 开封市引黄灌区调蓄(910) | 3 |
| 5.1.31.4 | 3 | | 大沙河(1813) | 4 | 上清水河(1011)、下清水河(248)、古宋河(490)、港河(338) | 1 | 睢阳区南湖(1.27) | | | | | | | | | 4 |
| 5.1.31.6 | 4 | | 涪河(1088) | 2 | 洪河(133)、沱河(296) | | | | | | | | | | | |
| 5.1.31.7 | 5 | | 武家河(1060) | 3 | 老杨河(185)、母猪沟(132)、大杨河(130) | | | | | | | | | | | |
| 合　计 | | | | 50 | | 4 | | 0 | | 0 | | 0 | | 1 | | 7 |

359

表 5-7 涡河口—洪泽湖三河闸河段河湖水系一览表

| 流域面积1000km²及以上 | | 河流流域面积100~1000km² | | 湖泊 | | | | 水库 | | | | | |
|---|---|---|---|---|---|---|---|---|---|---|---|---|---|
| 条目编号 | | | | 水面面积10km²及以上 | | 水面面积1~10km² | | 大型 | | 中型 | | 小(1)型 | 小(2)型 |
| 序号 | 河流·河段 | 数目 | 名称 | 数目 | 名称 | 数目 | 名称 | 数目 | 名称 | 数目 | 名称 | 数目 | 名称 | 数目 |
| | 淮河干流·涡河口—洪泽湖三河闸 | 41 | 沫冲引河（11）、龙子河（154）、北淝河下段（587）[黄马沟（193）]、鲍家沟（128）、溪河（617）、青河（186）、团结河（197）、维桥河（577）[高桥河（179）]、小溪河（884）[板桥河（35C）]、老汴河（34km）、拦山河（25km）、濉河（35km）、徐洪河（118km）、魏工分洪道（8.7km）、睢北河（38km）、徐沙河（53km）、白马河（22km）、白塘河（28km）、西渭河（26km）、中渭河（23km）、新龙河（30km）、老龙河（55km）、潼河（62km）、西沙河（49km）、利民河（28km）、安东河（44km）、西民便河（70km）、皂河干渠（17km）、古山河（24km）、五河（15km）、马化河（11km）、成子河（9.2km）、高松河（26km）、黄歹河（14km）、南淮泗河（11km）、跃进河（4.5km） | 6 | 洪泽湖（1525）、七里湖（56.4）、花园湖（52.8）、天斗湖（34.2）、龙河湖（20.1）、龙子湖（10.3） | 8 | 猎耳湖（6.84）、仙灯湖（5.61）、老牛洼（1.59）、三叉河湿地保护区（3.9）、钓鱼台湖（3.53）、四圣山湖（3.08）、谢山湖（2.72）、桥煤矿塌陷区（1.59） | | | 8 | 官沟（4194）、雄子洞（2480）、凤阳山（1029）、山洪（2620）、龙王山（9065）、桂五（9099）、燃灯寺（8940）、鹿塘（1360） | 50 | 白山凌（620）、团结王小湖（103.85）、盘山（132.8）、青妇（234.82）、河桥（142.31）、曹港（247.46）、青草湖（170.54）、何岗（163.99）、红旗坝（120.99）、盘塘（141.62）、叱儿湾（343）、草塘（235）、望山（100.8）、洪山（150.7）、兴隆（744.17）、团结（109.66）、大和（148）、林山（207.24）、簸箕筹（213）、八仙台（162.4）、国庆（462.04）、小刀场（324.48）、万塘（111.83）、鲁坝（450.87）、黄练山（270.78）、三人（120）、石牛（196）、大冯（112）、黄大山（139.36）、前洪（101.65）、山湖（150）、龟山甲（125.75）、团山丁（743）、秦塘（143）、下张塘（128）、淅塘（118）、刘佛塘（345）、红星（111）、红旗（527）、先锋（505）、高套（186）、袁集（105）、赵庄（223）、隊集（二）（107）、塘怀（一）（169）、大湖（132）、友谊（109）、土山（186.45）、江坡（103） | 238 |

360

续表

| 序号 | 条目编号 | 河流 流域面积1000km²及以上 | | | 湖泊 | | | | 水库 | | | | | |
|---|---|---|---|---|---|---|---|---|---|---|---|---|---|---|
| | | 河流·河段 | 流域面积10(0~1000km² 名称 | 数目 | 水面积10km²及以上 名称 | 数目 | 水面面积1~10km² 名称 | 数目 | 大型 名称 | 数目 | 中型 名称 | 数目 | 小(1)型 名称 | 小(2)型 数目 |
| 1 | 5.1.35 | 池河(5120) | 宁庙河(126)、陈集河(192)、桑涧河(154)、青春河(144)、护岗河(177)、储城河(229)、蔡桥河(224)、马桥河(356)[坡河(133)]、永宁河(212)、南沙河(399)、石坝河(214)、涧溪河(483)[凤山涧(116)] | 14 | 女山湖(103) | 1 | 抹山湖(2.78) | 1 | | | 万林(1137)、仓东(1040)、双河(4401)、灯子王(1060)、南店(1595)、黄桥(1542)、桑涧(3673)、岱山(3210)、青春(2034)、明城(1010)、储城寺(1350)、岗王(2030)、蔡桥(168)、联西(3707)、大余(2165)、小李(1125)、黄山(1232)、解放(1800)、城北(2885)、新集(1680)、南沙河(1970)、林东(4774)、石坝(2420)、分水岭(7448) | 23 | 白龙(120.5)、俞庄(148.2)、青龙(854)、草冲(750)、赵集(148)、肖凤(393.4)、红旗(178.2)、大官塘(161)、黄泥塘(214)、竹林(147.95)、老观井(311.62)、吴庄(356.11)、二龙(298.32)、曹大山(125)、将军岗(169)、横山(289.3)、宁岗(144.6)、王巷(189)、孙(980)、五刘(162.6)、张山(260.3)、西洋山(385.68)、永丰(103)、丁岗(175)、余六(536)、江淮(290.5)、元旦(122)、丰收(130)、大夫塘(143)、红塘(166)、天河(523.56)、杨湾(418)、劳武(255)、伏塘(234.6)、大明(219)、大郑(287.98)、团结(168)、耿河(135)、联西(192)、牛老圩(201.14)、周老圩(172)、曹冲(359)、大倾塘(612.45)、扫帚坝(540)、东小吴(196)、仓西(104)、平塘(122)、官桥(148)、大吴(217.71)、小罗坝(148)、石塘(994)、高朗(192)、蒋大庙(615.68)、红星(143.8)、小刘(290.86)、詹胜(793)、漫张(108)、界牌(219)、朗峰(687)、小沈(149)、罗后冲(192)、上王(135.92)、陇山(217)、龙头港(169.6)、长港(367.32)、熊吴(489.71)、黑头港(102.98)、小李(118)、童塘(211.36)、龙江(146.91) | 369 |

361

续表

| 序号 | 条目编号 | 河流·河段 | 流域面积1000km² 及以上 | | 湖泊 | | | | 水库 | | | | |
|---|---|---|---|---|---|---|---|---|---|---|---|---|---|
| | | | 流域面积100~1000km² | | 水面面积10km² 及以上 | | 水面面积1~10km² | | 大型 | | 中型 | | 小(1)型 |
| | | | 数目 | 名称 | 数目 | 名称 | 数目 | 名称 | 数目 | 名称 | 数目 | 名称 | 数目 | 名称 | 数目 |

| 序号 | 条目编号 | 河流·河段 | 数目 | 名称 | 数目 | 名称 | 数目 | 名称 | 数目 | 名称 | 数目 | 名称 | 数目 | 名称 | 小(2)型数目 |
|---|---|---|---|---|---|---|---|---|---|---|---|---|---|---|---|
| 2 | 5.1.37 | 怀洪新河(12181) | 7 | 通浍沟(166)、张家沟(136)、石梁河(706)、漴河(896)[新濉河(338)、清沟河(203)、新澥河(120)] | 3 | 香涧湖(58.2)、四方湖(39.6)、天井湖(37.3) | 2 | 张家湖(3.73)、香套湖(3.81) | | | | | 4 | 邵庄(150)、瓦坊(141)、向阳(715)、迎四(140) | 10 |
| 3 | 5.1.37.1 | 北濉河(1522) | 3 | 殷家沟(143)、凤凰沟(136)、沿涡大沟(114) | | | | | | | | | | | |
| 4 | 5.1.37.3 | 浍河(4651) | 10 | 挡马沟(1133)、洛沟(123)、大涧沟(141)、常沟(217)、杨柳沟(123)、黄泥沟(101)、运粮河(103)、东沙河(442)、包河(987)[岭子沟(16*)] | 1 | 临涣湖(1.48) | | | | | | | | | 2 |
| 5 | 5.1.37.4 | 沱河(3244) | 5 | 戚家沟(156)、新北沱河(212)、马拉沟(150)、虹老沿(751)、柳公河(106) | 1 | 沱湖(54.8) | 1 | 芦岭湖(2.87) | | | | | | | |
| 6 | 5.1.37.4.2 | 王引河(1457) | 3 | 利民河(258)、巴河(272)[小王引河(173)] | | | | | | | | | 1 | 洪河头(134.2) | 2 |
| 7 | 5.1.37.4.3 | 唐河(1481) | 3 | 闫河(117)、新河(190)、北沱河(584) | | | | | | | | | | | 1 |
| 8 | 5.1.38 | 新汴河(6911) | | | | | | | | | | | | | |
| 9 | | 新宅河(3995) | 4 | 毛河(281)、歧河(294)、宋沟(114)、韩沟(295) | | | | | | | | | | | 6 |
| 10 | | 萧濉新河(2630) | 10 | 利民沟(210)、岱河(261)、湘西河(238)[港河(125)]、洪碱河(510)[申河(136)]、龙岱河(432)[岱河下段(121)]、闸河(407)[闸濉河(118)] | | | 2 | 南湖(4.46)、朔里湖(3.85) | | | 1 | 华家湖(1150) | 5 | 粱套(300.85)、永湖(430)、汉王(133)、龙鸟(103.24)、胡集(148) | 19 |
| 11 | 5.1.39 | 濉河(3130) | 9 | 拖尾河(906)[宋路沟(104)、洪山河(208)、新杨河(128)、运粮河(358)、老运料河(140)]、三集沟(180)、老虹灵沟(194)、沙河(-886) | | | | | | | | | 4 | 洪山(150)、宣山(189.9)、郭集(258.32)、九顶(300) | 20 |
| 12 | 5.1.39.3 | 奎河(1318) | 5 | 灌沟河(152)、孤山河(140)[青溪河(108)]、方河(528)[欧河(217)] | | | | | | | | | 1 | 云龙湖(3330) | 7 | 李院(101)、大龙河(630)、六堡(390.6)、马庄(154)、长山套(139.07)、伍柳(321)、镇头(156.06) | 27 |
| | 合计 | | 114 | | 11 | | 15 | | 0 | | 33 | | 142 | | 694 |

362

表 5-8  淮河入江水道河段河湖水系一览表

| 序号 | 条目编号 | 河流·河段 | 流域面积 1000km² 及以上 | | 湖泊 水面面积 10km² 及以上 | | 湖泊 水面面积 1~10km² | | 水库 大型 | | 水库 中型 | | 水库 小(1)型 | | 水库 小(2)型 |
|---|---|---|---|---|---|---|---|---|---|---|---|---|---|---|---|
| | | | 数目 | 流域面积 100~1000km² 名称 | 数目 | 名称 | 数目 | 名称 | 数目 | 名称 | 数目 | 名称 | 数目 | 名称 | 数目 |
| | | 洪泽湖三河闸—三江营入江口 | 52 | 王桥河 (146)、铜龙河 (415)[安乐河 (118)]、秦栏河 (277)、汪木排河 (25km)、利农河 (18km)、中港航道 (31km)、中心排河 (23km)、金宝航道 (8.9km)、中心河 (7.9km)、东中心河 (15km)、西中心河 (17km)、老三河 (38km)、草泽河 (34km)、浔河 (19km)、花河 (17km)、白马湖上游引河 (25km)、温山河 (21km)、白塔河 (22km)、十扦港 (3km)、北洲主排河 (27km)、太平河 (11km)、新河 (4.5km)、红旗河 (3.4km)、古运河 (29km)、槐洞河 (13km)、公道引水河 (31km)、中港河 (5.8km)、向阳河 (15km)、向扬运河 (6.2km)、薛蔡运河 (7.9km)、如泰运河 (182km)、九洋河 (36km)、通扬运河 (154km)、三阳河 (68km)、盂郡河 (27km)、子婴河 (90km)、临兴河 (26km)、澄潼河 (26km)、龙耳河 (18km)、潼河 (15km)、涧沟河 (21km)、沣东河 (24km)、夹汀河 (50km)、东平河 (28km)、野田河 (21km)、南澄子河 (38km)、横泾河 (39km)、渭水河 (60km)、(40km) | 5 | 高邮湖 (634)、白马湖 (115)、邵伯湖 (84.9)、宝应湖 (67.6)、沂湖 (18.5) | 3 | 洋湖 (6.67)、窝洼 (1.0)、沙湖 (1.65) | | | 5 | 大潮口 (1451)、大焦潼 (3684)、安乐 (2885)、红旗 (4073) | 26 | 陈敦 (170)、岗陈 (596.29)、官塘洞 (355)、虎山 (108)、阴府 (204.4)、墩子 (264)、桥头 (133.1)、官桥 (173.8)、渝兴 (324)、官桥 (786)、大西 (225)、卢项 (306.26)、山大礼堂 (120.08)、东阴 (131.95)、和平 (188)、新河 (545.84)、高庄 (153.84)、蔡郡 (689.18)、叶潮 (149.05)、岗村 (253.7)、达天岗 (710.61)、乔田 (150)、石桥 (565.63)、凤岭 (325.73)、官塘 (280.82)、港 (134) | 125 |
| | | | | | | | | | | | 7 | 跃进 (2941)、车冲 (1020)、化农 (4072)、时宫 (8554)、河王坝 (2216)、川牌 (4983)、高峰 (1430) | 39 | 烂泥潮 (180)、乌龙冲 (102.95)、坝田 (219.4)、石桥 (130)、莫冲 (207.5)、竹园 (103)、魏桥 (343)、刘跳 (207.3)、刘正 (197)、雨山 (116.84)、凤凰台 (119.68)、联合 (142.82)、三店 (176)、庆义 (180)、小山头 (972)、王集坝 (374)、小人民 (222.71)、葡萄沟 (121.28)、麻场 (117.2)、黄庄 (113.11)、六黄 (127.4)、中坝 (173)、尚武 (160)、蔡港 (599)、邢桥 (168)、万山 (131)、张港 (296.55)、良田 (153.99)、木注 (270.69)、千棵柳 (282.6)、邓 (364.36)、下苏 (129)、东 (212)、南阳 (163.42)、杨武 (194.55)、赵桥 (486.45)、东风 (624)、王庄 (102)、应桥 (123) | 86 |
| 1 | 5.1.48.1 | 白塔河 (1235) | 5 | 龙罩河 (256)、左桥河 (105)、川桥河 (311)、老白塔河 (354)[扬桥河 (236)] | | | | | 1 | 金山 (11350) | | | | | |
| 合计 | | | 57 | | 5 | | 3 | | 1 | | 12 | | 65 | | 211 |

表 5-9　里下河水网区河湖水系一览表

| 序号 | 流域面积1000km²及以上 | | 河　流 | | 湖　泊 | | | | 水　库 | | | | | |
|---|---|---|---|---|---|---|---|---|---|---|---|---|---|---|
| | 河流·水系 | 条目编号 | 流域面积100～1000km² | | 水面面积10km²及以上 | | 水面面积1～10km² | | 大　型 | | 中　型 | | 小（1）型 | | 小（2）型 |
| | | | 数目 | 名　称 | 数目 | 名称 | 数目 | 名称 | 数目 | 名称 | 数目 | 名称 | 数目 | 名称 | 数目 |
| | 里下河水网区 | | 170 | 下官河（31km）、秦东河（14km）、茅山河（11km）、姜溱河（16km）、西塘河（8.1km）、南官河（21km）、先进河（16km）、东塘河（18km）、梓辛河（40km）、白涂河（47km）、串场河（174km）、蚌蜒河（50km）、蚌蜒河（44km）、中心河（17km）、新河（9.5km）、海沟河（46km）、盐河—皮岔河（43km）、乍时河（14km）、海溱河（22km）、方塘河（47km）、梁垛河（53km）、安烷河（34km）、乍时河（22km）、三合河（46km）、王港河、东台河（57km）、七灶河（15km）、新团河（13km）、二窎河（42km）、三十里河（13km）、小寿河（3.5km）、渔深河（13km）、北官河（45km）、八姓河（56km）、福直河（19km）、长角河（51km）、马丰河（24km）、南陵河（18km）、友谊河（44km）、红星河（39km）、红星河（10km）、丁堡河（38km）、张河（41km）、盐靖河（59km）、阚河（16km）、翻身河（10km）、北渣河（40km）、兴盐界河（45km）、头富堡河、直河（43km）、幸福河（28km）、西塘港（28km）、团结河（30km）、中心河（12km）、雌港（16km）、何梁河（29km）、上官河（28km）、盐叶河（15km）、东斗龙港（30km）、川东港、西潼堡河（28km）、黄海复河（15km）、红旗河（15km）、马路河（30km）、 （19km）、斗龙港（60km）、雌港（8.5km）、四卯酉河（27km）、大丰河（40km）、港（50km）、北中心河（12km）、一卯酉河（19km）、横竖河（41km）、中引河（12km）、鲤鱼跃南河（30km）、小洋河（19km）、螺蛇河（26km）、横泽河（10km）、团结河（26km）、朱沥沟、进河（6.4km）、大鲳河（27km）、红九河（20km）、尚官河（14km）、中干河（19km）、西冈（27km）、东溪河（20km）、冈南河（22km）、大心沟（7.3km）、新生河（23km）、小马沟（10km）、新升港（26km）、幸福河（14km）、大新河（39km）、广晋河（9.1km）、仁泽港、南（24km）、阜宁总干渠（47km）、宝射河（30km）、谭洋河（30km）、芦范河（32km）、向阳河（9.1km）、池沟、西潮河（31km）、大篷河（20km）、李中河（28km）、女儿河（5.9km）、新五河、（16km）、横塘河（14km）、运棉河（14km）、中心河（102km）、廖家（19km）、渔深河（13km）、洋沙河（12km）、利民河（42km）、运粮河（20km）、小洋河（45km）、塘河（30km）、南佃河（31km）、建港沟、（28km）、管头河（28km）、大塘河（49km）、头溪河（44km）、大三王河（31km）、菁薇河（41km）、营沙河（13km）、朝阳河、粮河（21km）、太绪河（41km）、海陵河（19km）、南佃河（15km）、南柏河（21km）、西塘沟、（17km）、蒿河（21km）、阜东总干渠（44km）、中心河（15km）、马泥河（15km）、民便河（20km）、北塘河（9.5km）、生产河（16km）、东塘河（27km）、马河（17km）、中心河（17km）、阜牧河、（17km）、张家河（18km）、海河（34km）、小中河（11km）、龙地河（25km）、小洋河（8.5km）、中河（17km）、横塘河（20km）、运棉河（12km）、地龙河（26km）、翻身河（16km）、运粮河（29km）、中（25km）、运料河（9.2km）、海河北段（36km）、吊鸭河（18km）、五岸干渠（28km）、名塞河、（17km）、大圩概总渠168km、团结河（9.9km）、淮河入海水道（159km）、分淮入沂、古盐河（19km）、蒿河（19km）、引射济黄河（12km）、柴米河（21km）、张福河（104km）、（20km）、中八滩河（47km）、北八滩河（48km）、菱陵一站引河（29km）、南八滩河（30km）、青安河（21km） | 6 | 马家荡（31.94）、九龙口（19）、九里荡（13.68）、射阳湖（13.1）、蜈蚣湖（12.86）、大纵湖（12.27） | 25 | 莘大西北荡（9.9）、得胜湖（9.43）、王庄荡、绿沟（8.29）、沙沟（5.33）、刘荡（4.4）、广洋湖（5.16）、支渔荡（4.17）、土桥河北圩（4.17）、平旺潮（3.66）、郭正潮（3.2）、官庄荡（2.95）、李中河（2.63）、花粉荡（2.1）、乌巾荡（2）、菩荠湖（1.93）、支荡（1.85）、菊子荡（1.81）、东港荡（1.6）、菱花荡（1.37）、洋港荡（1）、洋湾荡、南荡、草南荡（5.93）、徐马荒、东荡、三里荡、 | 0 | | 1 | 明潮（3556） | 1 | 盐龙湖（500） | 0 |
| 合　计 | | | 170 | | 6 | | 25 | | 0 | | 1 | | 1 | | 0 |

表 5-10　沂沭泗河水系一览表

| 序号 | 河流·水系 | 流域面积1000km² 及以上 | | 湖泊 | | | | 水库 | | | | | | |
|---|---|---|---|---|---|---|---|---|---|---|---|---|---|---|
| | | | | 水面面积10km²及以上 | | 水面面积1~10km² | | 大型 | | 中型 | | 小(1)型 | | 小(2)型 |
| 条目编号 | | 数目 | 流域面积100~1000km²名称 | 数目 | 名称 | 数目 | 名称 | 数目 | 名称 | 数目 | 名称 | 数目 | 名称 | 数目 |
| 5.2 | 沂沭泗河水系 | 208 | 周营妙河(154)、小龙河(170)、东大河(108)、郭河(221)、十字河中支(150)、十字河南支(110)、丁万河(15km)、龙口河(28km)、杨屯河(15km)、挖工庄河(17km)、丰沛运河(37km)、五段河(7.3km)、郑集北支河(41km)、郑集南支河(39km)、桃园河(22km)、杏屯河(12km)、二堤河(54km)、苗城河(28km)、白衣河(16km)、五干沟(24km)、又河(35km)、大沙河(20km)、黄白河(15km)、贺李河(17km)、姚楼河(27km)、黄东干渠(47km)、蛮身河(28km)、魏东干渠(24km)、四明河(32km)、南赵王河(38km)、丁陶新沟(22km)、吴河沟(9.9km)、三干河(26km)、乐成河(41km)、新冲小沟(39km)、夏营新河(15km)、团结河(22km)、武官河(34km)、四联河(22km)、店子河(19km)、东沟(48km)、金堤河(22km)、老万福河(34km)、南坡河(34km)、龙门河(27km)、南梁河(29km)、苏河(21km)、东沟(15km)、莱河(33km)、西支河(25km)、安济河(16km)、蔡河(26km)、金成河(32km)、新西河(33km)、柳林河(27km)、彭河(22km)、邱公会(20km)、大沙河(20km)、太平溜(43km)、北大榴河(24km)、临豫妙河(29km)、安兴河(34km)、徐河(28km)、巨龙河(26km)、郓城新河(38km)、范阳河(45km)、丰收河(20km)、三分干河(25km)、杲阳河(23km)、赵王河(17km)、半阳河(34km)、宋金河(24km)、泗塘河(17km)、准泗河(17km)、梨河(32km)、跃进河(13km)、竹络现坦(598)、梨西沟(37km)、邢马河(19km)、大洞河(34km)、南柴河(9.5km)、马河(24km)、柴塘河(34km)、黄注河(12km)、军柴河(7.4km)、北总河(11km)、刘店河(39km)、崇河(11km)、北柴河(11km)、柴沂河(27km)、路北河(26km)、蛮身河(8.3km)、小洋河(15km)、公兴河(24km)、张蛮河(35km)、东沟(31km)、塘站新开河(15km)、西张河(49km)、柴连总干渠(15km)、柴南河(57km)、古屯河(18km)、柴塘东大沟(16km)、沂河(48km)、又泽河(11km) | 1 | 骆马湖(285) | | | 1 | 小塔山(28100) | 15 | 户主(2026)、石嘴子(2427.8)、曹县太行堤水库三库(1301)、菏泽电厂(1113)、大山(1477)、巨峰(1085)、宿城(2473)、阿湖(2561)、横沟(2459)、房山(4032)、双湖(2654)、贺庄(1760)、西大石埠(2217)、昌梨羽山(2111)、(1225) | 99 | 黄岭(176)、尚庄(112)、李白(322)、黑龙(212)、莫亭(767.7)、大河滩(156.81)、八一(411)、七(299.82)、石门(103.7)、大律(181.01)、(172)、郑集北支河(41km)、郑集南支河(39km)、桃园河(22km)、(430.7)、长城(224)、辛庄(276.94)、二堤河(54km)、苗城河(28km)、红石嘴(141.1)、胡沟(141.2)、九子岭(147)、石门(108.4)、黄北岭(110.74)、前伏(242.2)、黄山前(100.5)、沈井(133.67)、虎山(323.67)、将军(271.24)、梁蓉(600)、王月铺(495)、南湖(315)、车箱(128)、黄所(980)、四门口(116.4)、朱芦向阳(101.84)、龙潭(102.6)、龙山(630)、龙门(158.94)、土山河(295)、姜陵沟(357.42)、东温(106.9)、宋家庄(160)、黄所(105)、沙土庄(100.6)、后合庄(108)、朱芦向阳(101.84)、龙潭(127)、龙山(630)、龙门(158.94)、土山河(295)、姜陵沟(357.42)、东温(296.47)、山(121.16)、大张(105.38)、孟山(121.16)、大张(226)、曲阳(610.05)、胜利(570.75)、大村(597)、计习(372.36)、朝县(121.63)、朝阳(243.59)、龙枝(175)、磨岭(119.43)、双山(336.92)、陈(736.36)、东连庄(118)、季岭(118)、月牙(164.31)、塔桥(104.11)、芦窝(755.09)、代塘(116.58)、北湖(450.08)、黄里岭(119.43)、王集(370.96)、黄沟(210.77)、陵家(125)、红领巾(460.08)、努家(179.9)、小营(104.3)、西北村(294.5)、陈北雄(261.62)、郭村(285.97)、后合山(143.3)、龙泉(334.5)、大鲍庄(100.67)、安乐(608.4)、刘庄(174)、大孔桥(398)、圣窝(141)、五塔泉(195.14)、梁水峰(350.8)、箬山(163.52)、清水窝(627.28)、柴楼(533.59)、白龙马(161.41)、又泽河(231.1) | 322 |

续表

| 河流 | | | 湖泊 | | | | 水库 | | | | | |
|---|---|---|---|---|---|---|---|---|---|---|---|---|
| 流域面积 1000km² 及以上 | | | 水面面积 10km² 及以上 | | 水面面积 1～10km² | | 大型 | | 中型 | | 小(1)型 | 小(2)型 |
| 序号 | 条目编号 | 河流・水系 | 数目 | 流域面积 100～1000km² 名称 | 数目 | 名称 | 数目 | 名称 | 数目 | 名称 | 数目 | 名称 | 数目 | 名称 | 数目 |
| | | | | 武嵊河 (13km)，渠西河 (39km)，民便河 (5.4km)，港河 (19km)，唐响河 (82km)，甸响河 (32km)，黄滹河 (30km)，唐豫河 (13km)，南静河 (37km)，太平河 (15km)，陈牧河 (22km)，南盲河 (14km)，民生河 (30km)，北彭河 (15km)，白马河 (32km)，古运河 (23km)，一手䢀河 (22km)，帮房亭河 (18km)，三八河 (18km)，房皮河 (6.2km)，三八河 (9.4km)，荆马河 (11km)，徐运新河 (5km)，黄墩小河 (12km)，小冯河 (20km)，引龙河 (18km)，小新河 (11km)，老不牟河 (27km)，纳河 (14km)，官塘河 (15km)，剑秋河 (14km)，老沂河 (22km)，潮东目排河 (31km)，新沂河 (146km)，哥墨河 (14km)，新蘸运河 (20km)，黄竣河 (23km)，虞瘦沟 (37km)，淅头河 (16km)，阿安沟 (76km)，友谊河 (31km)，沭河 (809)，沭河 (11km)，安房河 (15km)，孟流新开河 (11km)，沭峰山溢洪道 (4.8km)，白沙河 (15km)，安峰站引河 (6.8km)，马河 (20km)，鲁兰河 (40km)，翻木站引河 (16km)，四圩大沟 (14km)，小潮河 (7.3km)，韩东河 (15km)，马龙河 (28km)，枯沟河 (19km)，西护岭河 (25km)，前蔷薇河 (34km)，官沟河 (16km)，叮当河 (7km)，牛觉坪河 (14km)，赢深沟河 (19km)，小伊河 (11km)，亿帆河 (19km)，东萎龙河 (12km)，大新河 (39km)，东干河 (11km)，谱副河 (27km)，车轴河北段 (31km)，图西河 (16km)，大浦河 (11km)，烧香河 (5.1km)，东盐河 (15km)，大浦河 (22km)，妇联河 (23km)，排淡河 (21km)，卫星河 (15km)，车南段 (6.7km)，苎平河 (12km)，石榴树河 (15km)，龙梁河 (66km)，龙北干渠 (125km)，范河 (3.2km)，龙梁河 (175km)，沭榆沟 (14km)，二塔总洪沟 (9.7km)，未塔河 (18km)，兴庄河 (19km)，八务条益洪道 (3km)，川子河 (582)，秀针河 (371)，巨峰河 (222)，龙王河 (100)，青口河 (-93)，淮沭河 (66.1km)。 | | | | | | | | | |

续表

| 序号 | 条目编号 | 河流 流域面积1000km²及以上 | | | 湖泊 | | | | 水库 | | | | | |
|---|---|---|---|---|---|---|---|---|---|---|---|---|---|---|
| | | 河流·水系 | 流域面积100~1000km² | | 水面面积10km²及以上 | | 水面面积1~10km² | | 大型 | | 中型 | | 小(1)型 | 小(2)型 |
| | | | 名称 | 数目 | 名称 | 数目 | 名称 | 数目 | 名称 | 数目 | 名称 | 数目 | 名称 数目 | 数目 |
| 1 | 5.2.1 | 泗河(2403) | 石莱河(166)、石鼓河(102)、济河(183)、险河(176)、小沂河(616)[沩河(155)] | 6 | | | | | 尼山(11280) | 1 | 贺庄(9973)、尹城、华村(5786)、龙湾套(5213.8) | 4 | 中册(105.9)、崔家庄(100)、峡开(396)、洪河(116)、上峪(243.35)、石猪河(165)、西故安(277)、张家庙(118.4)、王玫(143.52)、西头(185.5)、葫芦河(101.5)、凤仙山(105)、陈庄(155.78)、张家峪(100.1)、刘家山(134.68)、张家界(414)、梨园(380)、韦家庄(336)、夹店(368)、吴村(187)、粮船石(352.5)、高桥(183.35)、八里碑(492.16)、胡二东(143) | 223 |
| 2 | 5.2.2 | 京杭运河(426.8km,折沭河河流域段) | 老运河(345)、界河(193)、北沙河(535)、城漷河(912)、新薛河(686)、大沙河(296)、蟠龙河南支(106)、沿河(338)、鹿口河(428)、郑集河(61km)(497) | 12 | 南四湖(1003) | 1 | | | 马河(13800)、岩马(20311) | 2 | | | | |
| 3 | 5.2.2.1 | 梁济运河(3201) | 南跃进沟(111)、柳长河(156)、郓城新河(395)、琉璃河(244)、湖东排水河(354)、小汶河(294)、泉河(605)[南梁河(196)]、赵王河(390)[红旗河(152)]、宁波河(238) | 11 | | | | | | | | | | |
| 4 | 5.2.2.2 | 洸府河(1358) | 石集河(135)、汉马河(315)[宁阳河(108)]、北跃进沟(133)、杨家河(199)、蓼沟河(161) | 6 | | | | | | | | | 月牙河(814)、杏山(214)、石集(991)、乱石(113.5)、白塔(194) | 5 | 28 |
| 5 | 5.2.2.3 | 白马河(1057) | 大沙河(127)、望云河(177)、石里沟(222) | 3 | | | | | 西苇(10194) | 1 | | | 独山(172.14)、九里涧(154)、菖尚(175.09)、三合村(220.5)、浔滩(103.29)、古木(232)、沃里(108.1) | 7 | 34 |
| 6 | 5.2.2.2.10 | 洙赵新河(4206) | 鄄郓河(975)、鄄巨河(986) | 2 | | | | | | | | | | |
| 7 | 5.2.2.2.11 | 万福河(1283) | | | | | | | | | | | | |
| 8 | 5.2.2.2.12 | 东鱼河(6362) | 惠河(283) | 1 | | | | | | | | | | |
| 9 | 5.2.2.2.12.1 | 东鱼河南支(1239) | | | | | | | | | | | | |
| 10 | 5.2.2.2.12.2 | 东鱼河北支(1443) | | | | | | | | | | | | |
| 11 | 5.2.2.2.12.3 | 胜利河(1224) | | | | | | | | | | | | |
| 12 | 5.2.2.2.13 | 复新河(1812) | 太行堤河(476) | 1 | | | | | | | | | | |
| 13 | 5.2.3 | 韩庄运河(1996) | 大沙河(620)[陇郓支流(108)]、齐村支流(144)、伊家河(327)、鸣鸠河(676)[新沟河(371)、王场新河(136)] | 7 | | | | | | | | | | |

续表

| 序号 | 条目编号 | 河流·水系 | 流域面积 100~1000km² 名称 | 数目 | 湖泊 水面面积 10km²及以上 名称 | 数目 | 水面面积 1~10km² 名称 | 数目 | 水库 大型 名称 | 数目 | 中型 名称 | 数目 | 小(1)型 名称 | 数目 | 小(2)型 数目 |
|---|---|---|---|---|---|---|---|---|---|---|---|---|---|---|---|
| 14 | 5.2.2.4 | 不牢河(1343) | 顺堤河(80km*、苏北堤河(75km)、徐沛河(70km) | 3 | | | | | | | | | | | |
| 15 | 5.2.2.5 | 中运河(6800) | 房亭河(716)、民便河(348)、邳洪河(595) | 3 | | | | | | | | | | | |
| 16 | 5.2.2.5.1 | 邳苍分洪道(2480) | 陷泥河(140)、南来河(224)、燕子河(240)、吴坦河(648)[金桥河(117)]、汶河(275)、东泇河(484.7)、西泇河(783)[花园沟(173.)]、城河(418) | 10 | | | | | | | | | | | |
| 17 | 5.2.3 | 沂河(11470) | 白马河(109)、徐家庄河(170)、蟠龙河(143)、暖阳河(132)、小沂河(113)、崔家峪河(181)、柳青河(187)、苏村西河(138)、老北子河(312)、涑河(303)、李公河(182)、浪清河(137)、蒙河(634)、白马河(545) | 14 | 沂蒙湖(10.67) | 1 | | | 田庄(12000)、跋山(52837) | 2 | 红旗(1151)、寨子(1084)、寨子山(1121)、刘庄(2586)、黄仁(1003)、马庄(1332)、施庄(1228) | 7 | 娄峪(300.4)、青杨圈(441.86)、北营(525)、双跃(105.32)、水营(167.5)、官庄(476.89)、赵庄(124.63)、龙王堂(一)(139)、张家劳峪(344.26)、郭家上峪(105.7)、昔石(176.22)、宅(一)(551.23)、后峪(103.32)、北店子(411.95)、下古村(100)、石门(一)(393.73)、刘家(286)、芦芽(177.13)、塔坡(183.2)、大营(104.47)、马家河(120.67)、羊圈(284)、赵庄子(100.8)、向阳(102)、东王家庄子(130.38)、后峪(179)、大杏花(140)、郝埠(147.58)、南岭(221.44)、尚庄(100)、峪子(128)、暖和崖子(121.38)、桃花山(137.2)、石马河(701)、勞曲(206.28)、老石头(100.05)、黄山前(100)、大草场(115)、司家庄(211.16)、河头泉(192)、石山后(135) | 41 | 181 |
| 18 | 5.2.3.4 | 东汶河(2427) | 桃墟河(129)、孙祖河(120)、梓河(930)、[夏蔚河(112)]、坦埠西河(205) | 5 | | | | | 岸堤(74940) | 1 | 黄土山(1099.4)、张家坡(1068)、高湖(3170)、朱家坡(1208) | 4 | 山南河(132)、杨庄(283)、东凤(345.65)、完庄(645)、胜景(108)、五沟峪(309.38)、石峰峪(118.41)、上行庄(107.33)、高都(340)、洪沟(100.54)、薛峪(111.8)、虎路坡(110.63)、宝兴店(118.5)、(239)、石家水营(104)、王家(111.56)、孙家麻峪(107)、上峪(101.86)、孟良菌(314.79)、东猎(560)、十字涧(162.55)、上峪(147.1)、井旺庄(440.45)、家庄子(164.6)、薛庄(115.76)、石井(150)、西王家庄子(157)、夏蔚(101)、黄家洼(747.9)、石泉(188)、天晴旺(119)、黄家洼(306.9)、天晴旺(190.6) | 32 | 93 |

续表

| 序号 | 条目编号 | 河流 流域面积1000km² 及以上 | | | 湖泊 水面面积10km² 及以上 | | 水面面积1～10km² | | 水库 大型 | | 中型 | | 小(1)型 | | 小(2)型 |
|---|---|---|---|---|---|---|---|---|---|---|---|---|---|---|---|
| | | 河流·水系 | 流域面积100～1000km² | | | | | | | | | | | | |
| | | | 名 称 | 数目 | 名称 | 数目 | 名称 | 数目 | 名称 | 数目 | 名称 | 数目 | 名称 | 数目 | 数目 |
| 19 | 5.2.3.6 | 祊河(3379) | 跃鱼沟河(151)、鲁埠河(195)、朱田河(186)、上冶河(-53)、薛庄河(132)、方城河(131)、西崄河(245)、温凉河(759)[石井河(104)] | 9 | | | | | 唐村(14399)、许家崖(29290) | 2 | 吴家庄(1660.8)、大富宁(1024)、公家庄(1130)、安靖(1191)、杨庄(1000.3)、龙王口(1460)、上治(3485)、石岚(3589)、古城(1396)、昌里(7183)、书房(1228) | 11 | 西新安庄(136)、乔家村(960)、岳庄(736)、进泉(502)、红泉(244)、小贤河(147.3)、黄莊头(104)、柴山子峪(101)、圈里(103)、大孟常(195)、八亩石(118)、马家峪(136)、大殿正(195)、大崀峧(145)、陈家庄(161)、通天沟(100)、里庄(528)、大王庄(290.5)、黄里(139)、王林(101.71)、城子(100)、大王围子(286)、徐家庄(100)、苗家圈(128)、葛峪(139.9)、白露(272.4)、齐家峪(110.2)、石门(503)、约鱼台(414)、新庄(101)、稻港(283) | 32 | 182 |
| 20 | 5.2.7 | 沭河(5175) | 马站河(127)、绣针河(165)、朱公河(167)、武阳河*120、黄白总干渠(174)、新白马河(2〇)、洛河(117)、袁公河(559)、鹤河(535)、柳青河(301)[黄花河(124)]、浔河(555)、鸡龙河(293)、汤河(470)[梁子沟(117)]、新沭河(861)、牛腿沟(126)、石门河(106)、苍源河(210)、参鲁河(2111)、青口河(333)、龙王河(457)、高榆河(307.5)、分沂入沭水道(256.1)、墨河(257) | 25 | | | | | 沙沟(10437)、青峰岭(40200)、小仕阳(13640)、陡山(29048) | 4 | 崚山头(1502)、刘大河(1079)、相邸(5150)、人字路(1190)、龙潭(2143)、石苗子(4738)、石泉湖(4738)、峤山(4738)、石泉湖(5416) | 8 | 仙人脚(152)、羽山(100.41)、荣观堂(124)、五块石(110.3)、娄山(425.01)、大山头(100.52)、手子河(213)、西盘(421.3)、燕子店(123.63)、西石沟(120.32)、车赤涧(260.13)、嶙山(233.3)、大成岭(156)、大成居(106.44)、石鼓岭(169.34)、芦草沟(148.52)、管葛阜(155.3)、王祥(314)、后净埠(102)、寨山(779.92)、坊前(105)、西演马(117)、刘下畈柱(232.9)、西 (129.45)、中峰四库(187)、赤岭(124.17)、中长沟(100)、敦山(507)、后岭(420)、黑埠(494.86)、草家关(396.01)、场西沟(110.32)、砂罗(373.13)、小冲(130.6)、闾山(100.8)、薪龙潭(293.7)、会师(107.05)、黑石(479)、狼窝沟(262.2)、魏马岭(113)、荷葩(110.46)、西疃庄(226.45)、牛家(340)、台路(151.58)、石牛(112)、凤凰山(100.23)、水窝虎(296.31)、仕河(316.7)、张家抱(617)、王庄(231.43)、西相沟(180)、曹家(191)、石家沟(109.34)、河北(110)、老营(240)、黄岭(415.48)、柳河(134.1)、牡南头(113.5)、茶城(272)、程山后(104.9)、小庄子(201)、花崖头(105.1)、黄黄河(134.9)、陈北(275)、大放鹤(159.7)、柳黄河(219)、贺家(110)、王结庄(100.7)、南陈家沟(444)、竖旗山(110)、山后(228)、官庄(102.29) | 83 | 564 |

369

续表

| 河流 | | | | 湖泊 | | | | 水库 | | | | | |
|---|---|---|---|---|---|---|---|---|---|---|---|---|---|
| 流域面积1000km²及以上 | | | 流域面积100～1000km² | | 水面面积10km²及以上 | | 水面面积1～10km² | | 大型 | | 中型 | | 小(1)型 | 小(2)型 |
| 序号 | 条目编号 | 河流·水系 | 数目 | 名称 | 数目 | 名称 | 数目 | 名称 | 数目 | 名称 | 数目 | 名称 | 数目 | 名称 | 数目 |
| 21 | 5.2.8 | 新沭河(2850) | 2 | 龙梁河(250)、石安河(420) | | | | | 1 | 石梁河(53100) | | | | | |
| 22 | 5.2.8.4 | 蔷薇河(1816) | 1 | 沭新河(324) | | | | | 1 | 安峰山(11300) | | | | | |
| 23 | 5.2.9 | 废黄河(2777) | 4 | 小堤河(454)、杨河(493)、淤黄河(46km)、翻身河(27km) | | | | | 1 | 单县浮岗(10417) | 10 | 崔贺庄(3549)、梁园区(6293)、民权郑阁(2630)、民权吴屯(2985)、民权县林七(7632)、岳县任庄(9832)、虞城县张集镇王安庄(5635)、虞城县马楼(4400)、虞城县田庙乡石庄(6348) | 7 | 大坝潮(407)、水口(720)、吴青(540)、杨连(392)、倪园(204)、吴洪(850)、梁园区刘口(360) | 2 |
| 24 | 5.2.10 | 惠障河(1058) | 3 | 三庄河(200)、南潮河(170)、菌河(164) | | | | | 1 | 日照(31805) | 1 | 马鲛(2100) | 8 | 司马(417.2)、蛙子沟(542.9)、挑沟(468)、四亩地(283)、下潮(167.6)、大宅科(292)、龙口(138)、独栈(111.5) | 78 |
| 25 | 5.2.16 | 古沿善后河(1470) | | | | | | | | | | | | | |
| 26 | 5.2.18 | 灌河(7273) | | | | | | | | | | | | | |
| 27 | 5.2.18.1 | 北六塘河(1433) | 2 | 北六塘河(794)、沂南小河(269) | | | | | | | | | | | |
| 28 | 5.2.18.3 | 柴米河(1299) | | | | | | | | | | | | | |
| 合计 | | | 338 | | 3 | | 0 | | 19 | | 65 | | 344 | | 1756 |

## 表6 长江水系河湖数据统计表

| 水系（河段） | 河流（条） | | | 湖泊（个） | | 水库（座） | | | |
|---|---|---|---|---|---|---|---|---|---|
| | 流域面积1000km²及以上 | 流域面积100~1000km² | 水面面积10km²及以上 | 水面面积1~10km² | | 大型 | 中型 | 小(1)型 | 小(2)型 |
| 合　计 | 482 | 4176 | 136 | 596 | | 198 | 1201 | 7005 | 35897 |
| 表6-1 沱沱河河段 | 5 | 22 | 5 | 17 | | 0 | 0 | 0 | 0 |
| 表6-2 通天河河段 | 35 | 184 | 8 | 52 | | 0 | 0 | 0 | 0 |
| 表6-3 金沙江·巴塘河口—雅砻江口河段 | 33 | 220 | 3 | 2 | | 0 | 13 | 56 | 211 |
| 表6-4 雅砻江水系 | 26 | 294 | 2 | 2 | | 2 | 2 | 15 | 96 |
| 表6-5 金沙江·雅砻江口—岷江口河段 | 20 | 217 | 2 | 3 | | 4 | 45 | 251 | 701 |
| 表6-6 岷江水系 | 40 | 327 | 0 | 7 | | 4 | 21 | 132 | 540 |
| 一、岷江干流·河源—大渡河口 | 8 | 75 | 0 | 2 | | 2 | 10 | 60 | 271 |
| 二、大渡河水系 | 29 | 224 | 0 | 5 | | 2 | 3 | 10 | 38 |
| 三、岷江干流·大渡河口—岷江口 | 3 | 28 | 0 | 0 | | 0 | 8 | 62 | 231 |
| 表6-7 岷江口—嘉陵江口河段 | 26 | 190 | 0 | 0 | | 2 | 45 | 520 | 2228 |
| 表6-8 嘉陵江水系 | 42 | 322 | 0 | 0 | | 9 | 74 | 544 | 3501 |
| 一、嘉陵江干流·江源—白龙江口 | 8 | 40 | 0 | 0 | | 0 | 3 | 5 | 12 |
| 二、白龙江水系 | 8 | 63 | 0 | 0 | | 2 | 0 | 4 | 3 |
| 三、嘉陵江干流·白龙江口—合川 | 3 | 51 | 0 | 0 | | 2 | 16 | 130 | 992 |
| 四、渠江水系 | 12 | 79 | 0 | 0 | | 1 | 20 | 156 | 970 |
| 五、涪江水系 | 11 | 82 | 0 | 0 | | 4 | 32 | 222 | 1431 |
| 六、嘉陵江干流·合川—嘉陵江口 | 0 | 7 | 0 | 0 | | 0 | 3 | 27 | 93 |
| 表6-9 嘉陵江口—乌江口河段 | 3 | 25 | 0 | 0 | | 2 | 12 | 102 | 525 |
| 表6-10 乌江水系 | 26 | 222 | 0 | 1 | | 16 | 51 | 253 | 1011 |
| 表6-11 乌江口—宜昌河段 | 13 | 102 | 0 | 0 | | 6 | 18 | 121 | 744 |

续表

| 水系（河段） | 河流（条） | | 湖泊（个） | | 水库（座） | | | |
|---|---|---|---|---|---|---|---|---|
| | 流域面积1000km²及以上 | 流域面积100~1000km² | 水面面积10km²及以上 | 水面面积1~10km² | 大型 | 中型 | 小(1)型 | 小(2)型 |
| 表6-12 宜昌—洞庭湖口河段 | 11 | 55 | 5 | 51 | 7 | 27 | 138 | 461 |
| 表6-13 洞庭湖水系 | 66 | 643 | 18 | 91 | 43 | 335 | 2058 | 9789 |
| 一、澧水系 | 6 | 43 | 1 | 1 | 7 | 25 | 130 | 433 |
| 二、沅江水系 | 23 | 238 | 0 | 0 | 14 | 94 | 598 | 2130 |
| 三、资水系 | 7 | 69 | 0 | 0 | 3 | 37 | 320 | 1439 |
| 四、湘江水系 | 27 | 244 | 17 | 1 | 17 | 153 | 833 | 4621 |
| 五、湖区水系 | 3 | 49 | 17 | 89 | 2 | 26 | 177 | 1166 |
| 表6-14 洞庭湖口—汉江口河段 | 4 | 29 | 7 | 75 | 5 | 29 | 113 | 725 |
| 表6-15 汉江水系 | 45 | 357 | 0 | 47 | 28 | 128 | 466 | 2302 |
| 一、汉江干流·江源—唐河口 | 29 | 249 | 0 | 1 | 14 | 48 | 196 | 1277 |
| 二、唐白河口 | 9 | 50 | 0 | 0 | 5 | 45 | 108 | 450 |
| 三、汉江干流·唐白河口—汉江口 | 7 | 58 | 7 | 46 | 9 | 35 | 162 | 575 |
| 表6-16 汉江口—鄱阳湖口河段 | 12 | 102 | 24 | 74 | 25 | 77 | 426 | 2296 |
| 表6-17 鄱阳湖水系 | 43 | 393 | 10 | 6 | 27 | 233 | 1349 | 8038 |
| 一、湖区水系 | 3 | 22 | 9 | 2 | 3 | 24 | 136 | 1131 |
| 二、修水系 | 4 | 33 | 0 | 0 | 3 | 14 | 117 | 435 |
| 三、赣江水系 | 23 | 212 | 1 | 4 | 14 | 119 | 602 | 3280 |
| 四、抚河水系 | 6 | 42 | 0 | 0 | 2 | 20 | 155 | 891 |
| 五、信江水系 | 4 | 43 | 0 | 0 | 3 | 38 | 207 | 1252 |
| 六、饶河水系 | 3 | 41 | 0 | 0 | 2 | 18 | 132 | 1049 |
| 表6-18 鄱阳湖口—长江口河段 | 24 | 177 | 23 | 44 | 10 | 73 | 432 | 2535 |
| 表6-19 太湖水系 | 8 | 295 | 12 | 124 | 8 | 18 | 29 | 194 |

表 6-1

## 沱沱河河段河湖水系一览表

| 序号 | 条目编号 | 河流·河段 | 河流 数目 | 流域面积 100~1000km² 名称 | 湖泊 水面面积 10km²及以上 数目 | 水面面积 10km²及以上 名称 | 水面面积 1~10km² 数目 | 水面面积 1~10km² 名称 | 水库 大型 数目 | 大型 名称 | 中型 数目 | 中型 名称 | 小(1)型 数目 | 小(1)型 名称 | 小(2)型 数目 |
|---|---|---|---|---|---|---|---|---|---|---|---|---|---|---|---|
| 流域面积 1000km²及以上 | 6 | 长江 (1800000) | | | | | | | | | | | | | |
| 1 | | 沱沱河干流 | 17 | 波尔藏陇巴 (230)、切亦美曲 (243)、奔错曲 (658)、拉日干木章巴 (352)、阻理陇巴 (191)、阻江陇巴 (200)、阻夏陇巴 (124)、岗敛陇巴 (352)、曲哩陇巴 (15D)、枪木加哈 (358)、萨保查曲 (682)、那日尼亚 (210)、吾乎曲 (953)、碎达曲 (170)、扎日呃哇曲 (120)、诸日苟曲 (129)、雅西错北端支流 (163)、籁曲 (382) | 3 | 雀莫错 (88.2)、错阿日玛 (12.3)、雅西错 (19.3) | 11 | 奔错 (7.0)、奔错南湖 (5.0)、丝瓜湖 (1.3)、仓龙错切玛 (4.5)、尖嘴湖 (5.5)、奔德错切玛 (4.5)、黎日错 (8.8)、扎里娃错 (5.7)、尼阿希错 (9.0)、河滩湖 (3.3)、鸟岛湖 (1.9) | | | | | | | |
| 2 | 6.2 | 波陇曲 (1349) | 2 | 南江塔曲 (354)、半咸河 (557) | 1 | 葫芦湖 (29.1) | 1 | 俗泉湖 (1.3) | | | | | | | |
| 3 | 6.4 | 斜日贡尼曲 (1668) | 1 | 苟纠麦尕曲 (643) | 1 | 玛章错钦 (60.3) | 1 | 无名湖 (5.5) | | | | | | | |
| 4 | 6.6 | 介普勒节曲 (3900) | 1 | 康特金格曲 (441) | | | | | | | | | | | |
| 5 | 6.6.1 | 冬多曲 (1868) | 1 | 苟鲁查如贡其金 (305) | | | 4 | 苟茅错仁 (1.4)、苟茅错 (2.5)、东苟弄错 (1.1)、南苟弄错 (1.1) | | | | | | | |
| 合计 | | | 22 | | 5 | | 17 | | 0 | | 0 | | 0 | | 0 |

**表6-2　通天河河段河湖水系一览表**

| 流域面积1000km²及以上 | | | 河流 | | | 湖泊 | | | 水库 | | | | | | |
|---|---|---|---|---|---|---|---|---|---|---|---|---|---|---|---|
| 序号 | 条目编号 | 河流·河段 | 流域面积100~1000km² | | 数目 | 水面面积10km²及以上 | | 数目 | 水面面积1~10km² | | 大型 | | 中型 | | 小(1)型 | 小(2)型 |
| | | | 名称 | 数目 | | 名称 | 数目 | | 名称 | 数目 | 名称 | 数目 | 名称 | 数目 | 名称 数目 | 名称 数目 |
| | 6.8 | 通天河干流 | 西丐确箏贡玛 (800)、冬布里曲 (660)、达哈曲 (500)、赛箐多陇 (115)、颗采曲 (160)、夏俄巴曲 (450)、日阿查改美 (140)、德阿佐木 (225)、辛玖松多曲 (124)、曲日赛扠 (164)、曲牙拉松美 (100)、南荀贡玛 (116)、勒池曲 (990)、那曲 (280)、知芎窝玛 (188)、陇撒窝玛 (104)、日阿吐曲 (200)、帮巴曲 (250)、阿俄曲 (120)、江青湖 (700)、查仁其九 (380)、登恩湧 (420)、冬恩多 (100)、贡东多 (130)、蒙切 (120)、日科 (110)、通卡湧 (420)、敦曲 (190)、浪西科 (200)、查拉隆 (460)、拉通 (340)、电陇陵 (264)、歌武茶曲 (470)、扎心陵 (170)、师令陇 (160)、亚丰科 (105)、湖西 (105)、湖西河 (323) | 37 | 特拉什湖 (67.4) | 1 | 荀鲁都格错 (6.1)、长荼湖 (1.7)、长荼湖南湖 (1.1)、辛玛贡尼错 (7.6)、襄皱错 (1.3)、西巧右湖 (1.6)、巴子曲北湖 (1.4)、查仁错 (1.8)、笔果错 (5.0) | 9 | | | | | | |
| 1 | 6.8.1 | 当曲 (30900) | 奔荁曲 (126)、多仁曲 (108)、夏胶农 (144)、楼都曲 (119)、权当曲 (666)、加力角 (648)、果曲 (583)、玛日阿达州 (876)、巴查箏乌 (357)、多尔丘索巴 (186)、各西公卡曲 (390)、错江铁南岸支流 (152) | 12 | 错江铁 (11.5) | 1 | 蘑菇湖 (1.5)、三角湖 (1.1)、野牛湖 (1.3)、南错仁玛 (1.1)、响保错 (1.3) | 5 | | | | | | |
| 2 | 6.8.2 | 沙丁曲 (1491) | 查敦曲 (477)、散马曲 (484) | 2 | | | | | | | | | |
| 3 | 6.8.3 | 吾铁曲 (1033) | 日阿钦曲 (162)、贡尔曲 (254) | 2 | | | | | | | | | |
| 4 | 6.8.4 | 查吾曲 (1041) | 索拉窝玛曲 (139) | 1 | | | | | | | | | |
| 5 | 6.8.5 | 鄂池曲 (2515) | 郭曲 (322)、确赛曲 (484)、夏黑果松曲 (732) | 3 | 尼日阿错波 (35.1) | 1 | 扎木错 (6.8)、错江克 (1.06) | 2 | | | | | |
| 6 | 6.8.6 | 廷曲 (3665) | 茶末布日空曲 (137)、希泺曲 (162)、贝马玛曲 (109)、偏浦曲 (607)、切美曲 (278) | 5 | | | 当拉错钠玛 (6.0)、乃洛错日登 (1.0) | 2 | | | | | |
| 7 | 6.9 | 布曲 (14100) | 尺埃曲 (132)、窳哈玲 (161)、区果曲 (123)、多通蒙陇巴 (121)、尼亚曲 (131)、阜改陇巴曲 (360)、砂赛日曲 (185)、永冈曲 (331)、礓廷曲 (118)、查钠曲 (491)、那钦曲 (587)、加革曲 (568) | 12 | | | 多陇 (1.6)、龙天湖 (1.0)、盖曾孟格玛 (1.0)、箭鱼湖 (2.4)、错殷牧 (1.4)、巴斯湖 (6.2)、曲托旺克错 (1.0)、尺锗错 (7.9) | 7 | | | | | | |
| 8 | 6.8.6.1 | 尕尔曲 (4123) | 果丛乘曲 (448)、鸾多曲 (300)、扎根曲 (969)、尕日曲 (574)、恰木特浪曲 (189)、支柱碧登曲 (144) | 6 | | | 错登如玛 (2.3) | 1 | | | | | | |
| 9 | 6.8.6.2 | 冬曲 (2846) | 陇亚曲 (427)、冬曲 (818)、多丘曲 (195)、盖玛陇巴 (100) | 4 | | | 常错 (8.0)、错陇巴日玛错 (1.0) | 2 | | | | | |
| 10 | 6.9 | 然池曲 (2587) | 然池曲 (211)、夏含屹曲 (368)、桑格窕陇曲 (328)、荀鲁重饮玛曲 (320)、桑箔曲 (113) | 5 | 荀鲁错 (26.1) | 1 | 荼错 (4.9)、曼太错 (1.6)、荀鲁错西北湖 (1.3) | 3 | | | | | |
| 11 | 6.10 | 莫曲 (8654) | 东丈莫曲 (157)、禾丛曲 (145)、查曲 (242)、洛德玛昌荁曲 (853)、鄂浦 (271)、荀浦曲 (358)、代拉锒浦 (139)、拉日曲 (230) | 9 | | | 改西查错 (2.7) | 1 | | | | | |
| 12 | 6.10.1 | 鄂曲 (1801) | 荁巴湧曲 (131)、宠玛曲 (468)、鄂阿西卡曲 (467) | 3 | | | | | | | | | |
| 13 | 6.10.2 | 巴子曲 (1400) | 冬日通曲 (130)、多尕强曲仁曲 (364)、荀日强箔曲 (149) | 3 | | | | | | | | | |
| 14 | 6.10.3 | 君曲 (1608) | 奥格折希陇湧 (126) | 1 | | | | | | | | | |
| 15 | 6.11 | 牙哥曲 (2985) | 区丰曲 (188)、勒怀贡卡曲 (141)、牙曲 (470)、凶前曲纳桑 (229) | 4 | | | | | | | | | |
| 16 | 6.11.1 | 巴卜曲 (1032) | 哇湧曲纳 (135) | 1 | | | | | | | | | |

374

续表

| 序号 | 流域面积1000km²及以上 | | 河流 | | | 湖泊 | | | | 水库 | | | | | |
|---|---|---|---|---|---|---|---|---|---|---|---|---|---|---|---|
| | | | | 流域面积100~1000km² | | 水面面积10km²及以上 | | 水面面积1~10km² | | 大型 | | 中型 | | 小(1)型 | 小(2)型 |
| | 条目编号 | 河流·河段 | 数目 | 名 称 | 数目 | 名称 | 数目 | 名 称 | 数目 | 名称 | 数目 | 名称 | 数目 | 数目 | 数目 |
| 17 | 6.12 | 北麓河(7966) | 10 | 巴音加加晓曲(415)、巴音陇瑞吉保towards(259)、扎木车木曲(131)、冒西孔曲(297)、白日曲(737)、白日巴日玛曲(430)、白日窝玛曲(450)、沙龙窝玛曲(140)、斜果窝玛曲(128)、依日玛农(253) | | | | | | | | | | |
| 18 | 6.12.1 | 扎秀尔玛曲(1246) | | | | | 2 | 贡目日玛湖(1.7)、贡目日玛南湖(1.1) | | | | | | | |
| 19 | 6.14 | 科大曲(3552) | 6 | 阿娘考(142)、瓦卜曲(430)、崩曲(869)、查九涌(156)、日阿让涌(112)、阿西蛮尔(131) | | | | | | | | | | |
| 20 | 6.16 | 楚玛尔河(20970) | 18 | 西北支流(280)、野马川河(806)、托日阿扎加曲(961)、五道梁河(133)、婆饺丛切曲(613)、直达峡木窝(645)、阿青岗大陇巴(821)、拉日曲(564)、多鄂曲(220)、多斯拉木曲(214)、涌那谷曲(356)、牙扎卡色曲(408)、仟乃匣(598)、宁格曲(241)、秦池吉(442)、曲峡陇巴(243)、高玛龙(455)、米涌曲(159) | 2 | 野马川湖(12.5)、多尔戏错(145.9) | 12 | 东野马川湖(1.7)、楚玛尔南湖(1.4)、赛洛日南湖(2.6)、飞兔湖(1.5)、君日的玛南湖(1.0)、湖边山湖(1.4)、小鸟湖(1.6)、长梁湖(1.0)、长梁南湖(1.3)、阿青湖(2.5)、直达湖(5.3)、把湖(1.1) | | | | | | |
| 21 | 6.16.2 | 乌石曲(1618) | 2 | 乌石曲(260)、清水河(760) | | | 2 | 乌石湖(7.0)、长尾湖(3.4) | | | | | | | |
| 22 | 6.16.4 | 巴那大才曲(1196) | 2 | | | | 1 | 清水湖(2.9) | | | | | | | |
| 23 | 6.16.5 | 扎日乔那曲(1059) | 1 | 东支(241) | | | | | | | | | | | |
| 24 | 6.16.6 | 牙扎曲(1130) | | | | | | | | | | | | | |
| 25 | 6.17 | 色曲(6399) | 8 | 昂日尼美审美曲(260)、错池玛陇(246)、婆罗从勤(141)、邦曲卡揉(175)、仙陇仁保(796)、昂日贡玛陇(172)、贡果亚陇(111)、孔阿陇贡玛(530) | 1 | 东日昂巴牧错(19.5) | 2 | 昂日湖(1.0)、昂日尼审美湖(2.0) | | | | | | |
| 26 | 6.17.2 | 东齐涌曲(2009) | 3 | 龙玛陇(525)、加巧陇(490)、白的口(230) | | | | | | | | | | | |
| 27 | 6.18 | 聂恰曲(5738) | 5 | 东齐涌曲(373)、米曲(613)、切根草(280)、涌确曲(233)、达考(320) | | | | | | | | | | | |
| 28 | 6.18.1 | 多柔曲(2158) | 2 | 让勤让莽曲(125)、多柔南支(251) | | | | | | | | | | | |
| 29 | 6.18.1.1 | 河池荬曲(1100) | 1 | 查涌(700) | | | | | | | | | | | |
| 30 | 6.19 | 登额曲(2256) | 3 | 打儿它(155)、格莫欧特(280)、乔阿(635) | | | | | | | | | | | |
| 31 | 6.20 | 德曲(4231) | 2 | 绒略坡(370)、解吾曲(900) | | | | | | | | | | | |
| 32 | 6.20.1 | 布曲(1077) | 3 | 柏切陇(100)、得拉考(240)、腰青科(120) | | | | | | | | | | | |
| 33 | 6.21 | 细曲(1626) | 3 | 昂然曲(210)、夏青(360)、卡龙陇(400) | | | | | | | | | | | |
| 34 | 6.22 | 益曲(2644) | 3 | 交曲(268)、波玛拉通(464)、可涌(145) | | 牟苦错(20.9) | 1 | 隆宝湖(5.0) | | | | | | | |
| 35 | 6.23 | 巴塘河(2480) | 4 | 暗子曲(127)、交曲(390)、巴曲(622)、扎喜科河(485) | | | | | | | | | | | |
| | 合 计 | | 184 | | 8 | | 52 | | 0 | | 0 | | 0 | 0 |

375

表 6－3　金沙江·巴塘河口—雅砻江口段河湖水系一览表

| 流域面积 1000km² 及以上 | | | 河流 | | 湖泊 | | | | 水库 | | | | | |
|---|---|---|---|---|---|---|---|---|---|---|---|---|---|---|
| 序号 | 条目编号 | 河流·河段 | 流域面积 100～1000km² | | 水面面积 10km² 及以上 | | 水面面积 1～10km² | | 大型 | | 中型 | | 小(1)型 | | 小(2)型 |
| | | | 名称 | 数目 | 名称 | 数目 | 名称 | 数目 | 名称 | 数目 | 名称 | 数目 | 名称 | 数目 | 数目 |
| | | 金沙江·巴塘河口—雅砻江口 | 刚巴河(617)、业质牟沟(158)、饮龙河(231)、夺坡龙沟(110)、鄂龙喇叭沟(154)、任隆沟(253)、盖哈沟(820)、绒曲(560)[尼苦柯(196)、玛绒沟(121)]、白曲(519)、董曲(643)、扎错沟(172)、朗达直卡沟(126)、尼曲(168)、罗坡西沟(192)、中心绒沟(116)、攀棱河(140)、把关河(246)、大河(750)[大田沟(109)、小河(105)]、东水河(111)、达延铁达(136)、茂顶河(158)、东松河(186)、水泥河(125)、川吉洛马(213)、猎普河(867)[柯公河(208)]、陇巴河(157)、新足河(397)、新足支河(133)、兴蜂河(101)、金庄河(927)[美东索河(418)、安东河(113)、大具河(213)、白水河(282)、格基河(298)、花衣河(114)、呢罗河(111)、扎伯河(124)、翠玉河(212)、中村河(115)、金榆河(238)、金榆河(288)、子朴河(164)、文化河(103)、倒流脾河(133)、小庄河(344)、恩浦河(134)、朱美河(105)、妾坪河(342)、炒滩子河(122)、朱青菁(152)、平川大河(434)、转弯河(116)、多底河(312)、湾碧河(201)、永济(110)、马马沟(116) | 62 | 纳帕海(31.25)、程海(76.9) | 2 | | | | | 胜利(2128)、跃进(1432) | 2 | 高涧沟(117)、混撒拉(107)、黑牌(204)、平地(458)、沙坝田(102)、双河口(107)、水涮田(115)、团结(155)、向阳(175)、小纸房(214)、新华(202)、新街(123)、裕民(680)、占田(108)、梅子菁(417) | 15 | 82 |
| 1 | 6.26 | 色曲(1762) | 鹤绒柯(752)、猎普沟(383)、木猢普沟(103)、八里隆沟(160)、折曲(181) | 5 | | | | | | | | | | | |
| 2 | 6.27 | 支曲(1283) | 折东沟(178)、登沟(468) | 2 | | | | | | | | | | | |
| 3 | 6.28 | 赠曲(5472) | 拉曲(161)、略曲(841)、昌曲(414)、坚隆沟(135)、杂拉曲(525)、相阳柯(163)、俄热柯(414)、谢儿通沟(179)、岳曲(459)、呷沙沟(124)、则曲(163)、白翁沟(121)、然章沟(222)、末曲(459)、呷沙沟(127)、白龙沟(120) | 15 | | | | | | | | | | | |
| 4 | 6.29 | 隅曲(2902) | 若当沟(414)、霍根沟(146)、相曲多沟(386)、婴鹭儿河(550)、绒盖沟(157) | 5 | | | | | | | | | | | |
| 5 | 6.30 | 藏曲(4559) | 乌曲(183)、牙曲(193)、独曲(256)、麦堤沟(234) | 4 | | | | | | | | | | | |
| 6 | 6.30.1 | 宇曲(1972) | 29道班(544)、兰果曲(333)、永曲西(179)、娘西曲(303)、哇德(388)、则曲(260)" | 6 | | | | | | | | | | | |
| 7 | 6.31 | 热曲(5453) | 纳曲(517) | 1 | | | | | | | | | | | |
| 8 | 6.31.1 | 马曲(1201) | | | | | | | | | | | | | |
| 9 | 6.33 | 娃曲(1129) | 擦多柯(125)、沙马沟·103)、斋如龙沟(115)、扛日隆沟(365)、绒萨托沟(198)、德曲(310)、措拉柯(623)、岗通隆沟(203)、小巴曲(184) | 4 | | | | | | | | | | | |
| 10 | 6.34 | 巴曲(3183) | 刚达托沟(125)、秦曲(203)、欧町柯(264)、岗通隆沟(203)、小巴曲河(303) | 8 | | | | | | | | | | | |
| 11 | 6.35 | 宗曲(3080) | 刚达曲(322)、嘎曲(364)、林芝门(623)、错龙门(179) | 4 | 茶错(18.0) | 1 | | | | | | | | | |
| 12 | 6.36 | 莫曲(1510) | 夺雪沟(178)、纳纳公汽(138)、月日西沟(255) | 3 | | | | | | | | | | | |
| 13 | 6.37 | 中岩曲(2500) | 努乌雪曲(153)、茶郭曲(234)、拉拉奇黑(273) | 3 | | | | | | | | | | | |
| 14 | 6.38 | 定曲(12163) | 结绒沟(239)、曾斗溪(110)、孜丞沟(371) | 3 | | | | | | | | | | | |
| 15 | 6.38.1 | 马长河(2297) | 毕干溪(247)、子阳沟(176)、拉波沟(226) | 3 | | | | | | | | | | | |

续表

| 序号 | 条目编号 | 河流 | | 湖泊 | | | | 水库 | | | | | |
|---|---|---|---|---|---|---|---|---|---|---|---|---|---|
| | | 流域面积1000km²及以上 | | 流域面积100~1000km² | | 水面面积10km²及以上 | | 水面面积1~10km² | | 大型 | 中型 | | 小型 |
| | | 河流·河段 | 数目 | 名称 | 数目 | 名称 | 数目 | 名称 | 数目 | 名称 | 数目 | 名称 | 数目 | 小(1)型 名称 | 小(2)型 数目 |

| 序号 | 条目编号 | 河流·河段 | 数目 | 名称 | 数目 | 名称 | 名称 | 数目 | 名称 | 数目 | 名称 | 数目 | 小(1)型 名称 | 小(2)型 数目 |
|---|---|---|---|---|---|---|---|---|---|---|---|---|---|---|
| 16 | 6.38.2 | 硕曲(6678) | 14 | 热曲曲(900)、[硕曲沟(258)]、迂多柯(312)、温辛柯(130)、热曲(127)、娥昂通沟(171)、交沃柯(130)、冻莫棚沟(205)、百另八条沟(143)、热勒甬沟(164)、登尕冈休沟(516)、然乌沟(255)、顿曲支流(114)、胜利河(118) | | | | | | | | | | |
| 17 | 6.39 | 格咱河(2704) | 7 | 日冗水(117)、衣哇(199)、元洼(116)、姜塘水(282)、翁水河(764)、比让(170)、马寻通隆巴(220) | | | | | | | | | | |
| 18 | 6.40 | 支巴洛河(1880) | 4 | 夺站树隆巴(166)、归龙罗马(128)、庵巴泥马(204)、相多河(228) | | | | | | | | | | |
| 19 | 6.43 | 冲江河支流(1001) | 2 | 冲江河支流(129)、大左水(301) | | | | | | | | | | |
| 20 | 6.44 | 硕多岗河(1954) | 3 | 泥个曲沟(104)、舍池(110)、测任河(247) | | 属都湖(1.1) | 1 | | | | | | | |
| 21 | 6.45 | 水洛河(13971) | 17 | 希箐沟(202)、日水沟(135)、傍河(412)、色拉沟(134)、杂交沟(271)、冲坡沟(118)、麦莊沟(123)、习坡河(157)、巨龙河(588)、[降冲沟(141)]、嶽绒沟(222)、给肝沟(123)、沿固沟(280)、群矣河(142)、拉损贡沟(321)、全马塔沟(157)、毅滚沟(176) | | | | | | | | | | |
| 22 | 6.45.1 | 拉曲(1364) | 2 | 擦曲措海(214)、纳霜曲(152) | | | | | | | | | | |
| 23 | 6.45.3 | 赤土河(1794) | 5 | 公坚沟(203)、哈古拉浩(186)、德西墈沟(193)、俄初河(435)、贡嘎冲古沟(219) | | | | | | | | | | |
| 24 | 6.45.4 | 东义河(2971) | 6 | 尼隆沟(316)、浪都沟(胖他通)(517)、脸龙用沟(134)、龙达河(新建沟)(434)、老蛙堆沟(179)、康江果沟(166) | | | | | | | | | | |
| 25 | 6.45.5 | 尼波河(1162) | 2 | 洛吉河(535)、洛吉河支盎(163) | | 碧塔海(1.6) | 1 | | | | | | | |
| 26 | 6.47 | 五郎河(2088) | 5 | 歧河(235)、清水沟(14)、西布沟(236)、妙力河(206)、中泥河(491) | | | | | | 羊坪(3998) | 1 | 马场坪(672)、大研(120)、白草坪(425)、康家河(190)、盐塘河(366) | 5 | 2 |
| 27 | 6.48 | 谋弓江(1687) | 1 | 松桂河(222) | | | | | | 团山(1153) | 1 | 清溪(126)、文笔(765)、玉龙(147)、中溪(110)、羊龙覃(133)、松桂(334.3)、大龙潭(295)、西龙潭(203)、洗马池(187) | 9 | 28 |
| 28 | 6.49 | 洛浦河(1028) | 2 | 金玉桥河(164)、石漏河(173) | | | | | | 三锅桩(1540) | 1 | | | 3 |
| 29 | 6.52 | 达日河(1888) | 3 | 铁城河(333)、禄洞河(447)、[大营河(137)] | | | | | | 海稍(6094)、花桥(2086)、大银甸(4085) | 3 | 菠萝坪(105)、白石海(130)、杨公箐(580)、宜民海(370)、人池湖(155.6)、小河底(221.8)、崔家箐(112.8)、石门河(104.59)、李大庄(138.9)、茅草坪(112.6)、土官村(380.1)、松坪哨(123.6)、乌龙坝(300.6) | 13 | 38 |
| 30 | 6.53 | 渔泡江(4055) | 10 | 金家小河(105)、力必河(225)、中河(630)、三角河(136)、楚场河(615)、西河(105)、三盆河(402)、拉乍公河(110)、三合河(110)、青水河(286) | | | | | | 新兴昔(1824)、浑水海(1690)、胡家山(1310)、普棚(2064)、邵家(1003) | 5 | 马游(325)、梨园(446)、排沙河(154)、里长园(444)、昂家海(505)、青涧美(666)、三甲(807)、罗家村(308)、南海(120)、莲花海(255)、青海(700)、上赤水海(105)、白鹤海(208)、许长(313) | 14 | 33 |
| 31 | 6.54 | 马迈河(1380) | 2 | 仙人河(241)、皮拉河(281) | | | | | | | | | | | 7 |
| 32 | 6.55 | 万只河(1075) | 3 | 直首河(178)、班酒河(107)、路洒河(107) | | | | | | | | | | | 2 |
| 33 | 6.56 | 新庄河(1245) | 4 | 边涯河(130)、哲里河(159)、皮拉河(214)、大兴河(183) | | | | | | | | | | | 16 |
| | 合 计 | | 220 | | | | 3 | | 2 | | 0 | | 13 | | 56 | | 211 |

377

表6-4　雅砻江水系一览表

| 序号 | 条目编号 | 河流·河段 | 河流 流域面积 100~1000km² | | 湖泊 水面面积 10km²及以上 | | 水面面积 1~10km² | | 水库 大型 | | 中型 | | 小(1)型 | | 小(2)型 |
|---|---|---|---|---|---|---|---|---|---|---|---|---|---|---|---|
| | | 流域面积1000km²及以上 | 名称 | 数目 | 名称 | 数目 | 名称 | 数目 | 名称 | 数目 | 名称 | 数目 | 名称 | 数目 | 数目 |
| 1 | 6.58 | 雅砻江 (128439) | 稍吩 (165)、当诵 (210)、清水河 (630)、日阿夸玛 (132)、金恩俐考 (115)、东阿陇 (130)、陇仁陇巴 (100)、列仁陇巴 (110)、东木陇巴 (175)、卓木陇巴 (195)、俄布喹巴沟 (192)、火然柯 (673)、洋抉曲 (320)、宽央沟 (629)、宽儿拉干 (148)、翁寂鸫 (291)、虾曲 (279)、芒曲 (186)、阿萎儿沟 (131)、马沟 (173)、裹复甬河 (661)、[尼尼沟 (120)、阿多沟 (131)]、吉柯 (520)、瓦苋沟 (157)、苏柯 (251)、热柯 (744) [尼尼沟 (120)、阿多沟 (131)]、吉柯 (520)、瓦苋沟 (133)、苏柯 (157)、热柯 (251)、勒柯 (153)、龙顶柯 (139)、若达柯 (124)、[门达柯 (126)]、[隆果柯 (126)]、村柯 (571)、雅隆曲月拉隆巴沟 (404)、合努沟 (108)、俄达沟 (157)、麦玉曲 (118)、雅隆曲 (222)、拉沈沙 (158)、卓达曲 (134)、绒盆沙 (157)、庭卡沟 (198)、阿色曲 (842)、[欽通沙 (127)]、切衣柯 (170)、加拉西隆巴沟 (250)、霍曲 (651)、通宵郎村隆沟 (699)、君頃河 (517)、哈衣沟 (139)、尤拉西隆巴沟 (278)、千拖西沟 (186)、(167)、相克崇河 (160)、王哪柯 (578)、嘎佳沟 (467)、额地沟 (187)、尼吉隆沟 (111)、弯地沟 (132)、吉沿 (248)、夹贺沟 (131)、马岩柯 (362)、臥龙寺 (330)、野人沟 (194)、三永河 (128)、大海子沟 (139)、孟底沟 (246)、张牙沟 (119)、古都柯 (194)、三岩龙沟 (414)、单波沟 (112)、洛簧 (140)、卞尼沟 (103)、尖根沟 (135)、鸭嘧嘧沟 (571)、[车催冈沟 (101)]、干年河 (618)、三夏沟 (168)、马丝躁沟 (128)、呷蹈沟 (158)、黑水河 (329)、大桥河 (166)、梅子堡河 (396)、五道河 (124)、树瓦河 (523)、城门洞沟 (162)、麻柳河 (292)、麻桥河 (135)、藤桥河 (465)、半边街沟 (10E)、红果河 (269)、日杰 (113) (云南境内 245) | 97 | | | | | 二滩 (580000) | 1 | | | 长冲箐 (156)、田坪 (108)、纸房 (120) | 3 | 20 |
| 2 | 6.58.1 | 洋溥河 (1516) | 马日沟 (146)、陈涌沟 (134)、八苦洼沟 (161) | 3 | | | | | | | | | | | |
| 3 | 6.58.2 | 麻坪河 (3608) | 木毛河 (265)、查昌马沟 (228)、马木下拉堆沟 (209)、浪藏沟 (299)、巴俄昂冲沟 (685)、马么日阿库沟 (372)、塔查洛沟 (125)、亚央龙洼沟 (110)、巴涌沟 (154)、哈曲巴马沟 (350) | 10 | | | | | | | | | | | |
| 4 | 6.58.3 | 鄂曲 (2160) | 巴丁加王玫沟 (322)、扎唧马沟 (210)、永波江龙沟 (154)、俄钦沟 (255)、江涌沟 (722)、隆纭约沟 (281)、沙玛沟 (110) | 7 | | | | | | | | | | | |
| 5 | 6.58.5 | 拉马河 (1399) | 格柯 (174)、仁考沟 (136)、纳曲 (297)、龙茸沟 (169) | 4 | | | | | | | | | | | |
| 6 | 6.58.6 | 各雅河 (2141) | 马朋沟 (148)、给云沟 (232)、扎尔岬马沟 (186)、约达沟 (225)、甲嘎沟 (264) | 5 | | | | | | | | | | | |
| 7 | 6.58.8 | 三岔河 (1840) | 俄西柯 (166)、前柯 (676)、芒柯河 (279)、竹庆沟 (410) | 4 | | | | | | | | | | | |
| 8 | 6.58.10 | 玉曲 (2050) | 错曲 (624)、雪沟 (325)、错阿沟 (222) | 3 | | | 莳跸海 (3.33) | 1 | | | | | | | |
| 9 | 6.58.11 | 达火沟 (1079) | 如地柯 (190)、索柯 (149)、打柯 (194) | 3 | | | | | | | | | | | |
| 10 | 6.58.12 | 卓基沟 (1041) | 戈珊科沟 (176) | 1 | | | | | | | | | | | |
| 11 | 6.58.16 | 热衣曲 (2218) | 森欢喀玛沟 (2.0)、支托沟 (188)、略西沟 (162)、莫曲 (348) | 4 | | | | | | | | | | | |

续表

| 序号 | 流域面积1000km²及以上 条目编号 | 河流·河段 | 流域面积100~1000km² 数目 | 流域面积100~1000km² 名称 | 湖泊 水面面积10km²及以上 数目 | 湖泊 水面面积10km²及以上 名称 | 湖泊 水面面积1~10km² 数目 | 湖泊 水面面积1~10km² 名称 | 水库 大型 数目 | 水库 大型 名称 | 水库 中型 数目 | 水库 中型 名称 | 水库 小(1)型 数目 | 水库 小(1)型 名称 | 水库 小(2)型 数目 |
|---|---|---|---|---|---|---|---|---|---|---|---|---|---|---|---|
| 12 | 6.58.17 | 鲜水河 (19338) | 31 | 尼吉楞(240)、热振(102)、泥拉(410)、格尔根玛(325)、涅麻(180)、麦德沟(207)、翁柯(420)、章柯(111)、吉泽沟(341)、亚柯(129)、瓦尔沟(145)、甲柯(132)、灵鲸沟(153)、老则柯(441)、日阿柯(126)、易日沟(494)、阿陇沟(984)、麦田加改(162)、木如柯(120)、龙曹(162)、白朗拉沟(120)、默日杰曲(508)、龙曹(112)、木如柯(213)、[拉热科沟(227)]、[甲斯孔沟(977)、[拉热科沟(227)]、拉曲(958)、扎地沟(529)、勒嘴博沟(226)、白龙柯(143)、吾麦柯(106) | | | | | | | | | | |
| 13 | 6.58.17.1 | 达曲 (5204) | 10 | 柏格玛柯(122)、阿加隆巴沟(112)、阿沙沟(170)、扎柯(279)、夺绒隆沟(143)、肯曲(111)、德马隆沟(206)、日阿柯(192)、根洛柯(141)、邓达隆巴沟(109) | | | | | | | | | | |
| 14 | 6.58.18 | 庆大河 (1859) | 4 | 乾宁沟(295)、协德沟(133)、桑其柯(231)、特白沟(118) | | | | | | | | | | |
| 15 | 6.58.19 | 霍曲 (3333) | 3 | 波热嘀沟(207)、柯拉柯(131)、中德差沟(150) | | | | | | | | | | |
| 16 | 6.58.19.1 | 吉珠沟 (1233) | 3 | 麦嘎柯(113)、西缘洛沟(185)、智村沟(105) | | | | | | | | | | |
| 17 | 6.58.20 | 力丘河 (5925) | 11 | 额戎柯(136)、多目阿嘎曼沟(696)、兰靖西沟(279)、鱼子西沟(116)、塔拉沟(748)、[尼马宗介(251)]、甲根沟(220)、拉盔隆巴沟(148)、温德柯(211)、兄罗隆巴沟(368)、苦西绒沟(220) | | | | | | | | | | |
| 18 | 6.58.20.2 | 色物绒沟 (1098) | 2 | 城子隆巴沟(278)、久库沟(148) | | | | | | | | | | |
| 19 | 6.58.22 | 理塘河 (19114) | 25 | 色格玛沟(102)、哈日河(317)、阿沙沟(204)、镇多沟(110)、扎尔吉沟(131)、曲登沟(107)、勒布沟(224)、青羊沟(225)、格下沟(168)、普隆曲(392)、才衣曲(145)、岔苦柯(321)、伊麟沟(107)、羊奶沟(240)、鄂霍沟(206)、[小沙拉达沟(416)]、拉城沟(193)、巴尔沟(137)、巴尔沟(453)、色更沟(206)、莫嘎拉吉沟(153)、冈念久沟(179)、前山沟(129)、苦巴店沟(283)、新龙沟(118)、博瓦沟(106)、木里沟(374) | | | | | | | | | | |
| 20 | 6.58.22.1 | 邛罗河 (8482) | 10 | 大河沟(315)、马鹿塘沟(315)、亚宁河(546)、棉娅沟(370)、盆秋沟(276)、罗渣沟(250)、亚木河(775)、[小沙拉达沟(218)、新龙沟(118)]、博瓦沟(106) | | | | | | | | 12 | 曹家坡(510)、石楼梯(292)、杨柳塘(109)、二道沟(238)、黄沙沟(101)、朱壁山(102)、立新沟(104)、白泥巴(120)、双石包(385)、枧槽沟(213)、白石包(385)、前所(217)、(635) | 40 |
| 21 | 6.58.22.1.3 | 前所河 (3726) | 4 | 赵家坪河(111)、温泉河(115)、豆洛河(363)、泸沽湖河(328) | 1 | 泸沽湖 (51.3) | | | | | | | | | |
| 22 | 6.58.22.1.3.2 | 宁蒗河 (1890) | 4 | 拉巴沟(267)、铜厂沟(113)、红桥河(194)、黄腊老河(244) | | | | | | | | | | |
| 23 | 6.58.24 | 九龙河 (3648) | 7 | 兰尼巴沟(188)、热枯沟(117)、伍须河(313)、铁厂河(452)、千海子沟(127)、踏卡河(964)、[麻赛沟(133)] | | | | | | | | | | |
| 24 | 6.58.26 | 鳡鱼河 (2843) | 8 | 蝉成河(139)、爬陀沟(138)、永he河(861)、[温泉河(194)、江西河(152)]、新晔河(379)、龙胜院(104) | | | | | 1 | 务坪 (4935) | | | | |
| 25 | 6.58.28 | 安宁河 (11150) | 28 | 阳洛沟(104)、北基河(401)、曹古沟(119)、马尿河(166)、擂鼓河(127)、南河(404)、河边沟(201)、沙坝河(279)、热水河(162)、鹿沟(138)、海河(264)、二道沟(770)、[东河(138)、东跋沟(104)、西溪河(175)、西沟(918)、武达沟(556)、冷水沟(119)]、摩睿音河(244)、桂门沟(162)、六华沟(323)、热水沟(119)、小河沟(1667)、楠木沟(278) | 1 | 邛海 (27.41) | | | 1 | 大桥 (68300) | 1 | 晃桥 (1860) | 36 |
| 26 | 6.58.28.2 | 孙水河 (1618) | 3 | 巴久沟(179)、朴尔达沟(118)、箓河沟(152) | | | | | | | | | | |
| 合计 | | | 294 | | 2 | | 2 | | 2 | | 2 | | 15 | | 96 |

379

表 6-5　金沙江·雅砻江口—岷江口河段河湖水系一览表

| 流域面积 1000km² 及以上 | | 河流 | | 湖泊 | | | | 水库 | | | | |
|---|---|---|---|---|---|---|---|---|---|---|---|---|
| | | | | 水面面积 10km² 及以上 | | 水面面积 1～10km² | | 大型 | | 中型 | | 小(1)型 |
| 序号 | 条目编号 | 河流·河段 | 流域面积 100～1000km² 名称 | 数目 | 名称 | 数目 | 名称 | 数目 | 名称 | 数目 | 名称 | 数目 | 名称 | 小(2)型 数目 |

| 序号 | 条目编号 | 河流·河段 | 数目 | 流域面积 100～1000km² 名称 | 10km²及以上 数目 | 名称 | 1～10km² 数目 | 名称 | 大型 数目 | 名称 | 中型 数目 | 名称 | 小(1)型 数目 | 名称 | 小(2)型 数目 |
|---|---|---|---|---|---|---|---|---|---|---|---|---|---|---|---|
| | 6.59 | 金沙江·雅砻江口—岷江口干流 | 38 | 新民沟(155)、崖丰河(111)、纳东河(105)、竹箐沟(207)、酸水河(128)、淌塘河(140)、岩坝河(125)、黄芦沟(123)、大桥河(809)[岔河(110)、双河(143)]、支鲁沟(120)、芦稿林河(208)、金阳河(400)[高峰沟(108)]、西步确河(707)、底罗补水沟(223)、豆沙溪(183)、马湖溪(135)、邓溪沟(153)、中都河(463)、福荣河(145)、马门溪(101)、木土达河(112)、已衣河(245)、封过河(100)、太平小河(237)、白水河(196)、海口河(102)、牛栏江小河(117)、大寨沟(139)、鸬口小河(188)、长坪河(458)、桧溪河(197)、细沙河(101)、大汝溪(391) | | | 1 | 马湖(7.32) | | | 2 | 马湖(3330)、七零(1259) | 10 | 板栗树(105)、红旗(129)、黑扯子(118)、弓青田(166)、响水洞(171.2)、冷水菁(250)、普格达(101)、踏秆(102)、蝗冲(132)、坝塘(158) | 102 |
| 1 | 6.59 | 龙川江(9225) | 10 | 双殿河(107)、紫甸河(261)、青河(338)、朵基大河(161)、罗溪河(174)、牟定河(-65)、冷水河(168)、丙巷河(142)、青河(154)、小井河(-48) | | | | | 9 | 老厂河(1573)、毛板桥(2083)、九龙甸(6300)、西静河(1123)、大海波(3300)、猛连(1036)、丙丙(1784)、麻柳(1982)、庆丰(1120) | 44 | 尹家嘴(600)、朵基(253)、中石坝(675)、马金河(127.5)、团山(290)、二成哨(224)、竹园(118)、楚双(590)、江家冲(172)、关城坝(105)、毁家箐(146)、龙宝起(180)、兴隆坝(162)、改水河(220)、奋腰河(218)、夜起连(159.2)、丙令(131)、油田(131.5)、木马河(140.2)、羊福(266)、大过坝(496)、千工坝(144)、赵家菁(128)、革洪街(102)、龙潭河(163)、龙潭沟(366)、大跃进(230)、鼠青(168)、种用菁(125)、芹菜沟(165)、北山寺(187)、龙丰(183)、冬青(240)、罗家呼(320)、耐新(182)、老纳(206)、龙丰(262)、共和(290)、新民(141)、储麦(465)、红豆树(110)、向阳冲(340)、新河(335) | 130 |
| 2 | 6.59.5 | 勐戛河(1138) | 3 | 石者河(278)、猫街河(124)、班果河(162) | | | | | 2 | 中屯(1138)、河尾(1444) | 1 | 空心树(142.3) | 18 |
| 3 | 6.59.7 | 鲆鲸河(3548) | 7 | 七街河(126)、紫甸河(141)、永丰河(268)、外普河(520)、者纳公河(141)、羊蹄江(419)、河底河(454)、永定河(613) | | | | | 4 | 洋涨(4000)、白鹤(1130)、白租(1890)、麻栗树(2650) | 25 | 下口坝(720)、大康郎(182)、杨家村(125)、黄桥(122)、龙林(110)、团山(245)、大坝(781)、老班山(190)、工农(121)、大血厂(327)、大罗古(683)、大古簡(141)、小官地(284)、太平地(125.8)、利皮乍(561)、妙峰(563)、赵家龙潭(166)、(179)、大菁(176)、天生坝(192.7)、赵家冲(199)、维的(374) | 65 |
| 4 | 6.60 | 勐果河(1738) | 5 | 新村河(114)、插甸河(132)、永(170)、沙拉河(374)、波必里河(112) | | | | | 1 | 新村(2307) | 12 | 平地(113.1)、龙梅(177.2)、螃蟹(634)、烂泥箐(360.2)、石关(160.6)、石菊铺(141)、永兆(122.3)、旧方(276)、芭蕉回(101)、大菁坡(352)、铁广(277.5)、石板河(152.1) | 29 |

380

续表

| 序号 | 流域面积1000km²及以上条目编号 | 河流 | | 湖泊 | | | | 水库 | | | | | |
|---|---|---|---|---|---|---|---|---|---|---|---|---|---|
| | | 河流·河段 | 流域面积100~1000km² | | 水面面积10km²及以上 | | 水面面积1~10km² | | 大型 | | 中型 | | 小(1)型 | 小(2)型 |
| | | | 数目 | 名称 | 数目 | 名称 | 数目 | 名称 | 数目 | 名称 | 数目 | 名称 | 数目 名称 | 数目 |
| 5 | 6.61 | 敏河(2334) | 4 | 麻龙河(162)、小河(333)、核桃河(371)、和爱河(149) | | | | | | | | 红旗(1242) | | 103 |
| 6 | 6.62 | 鳝鱼河(1381) | 2 | 太平河(336)、官村河(172) | | | | | | | | 竹寿(1163) | | 10 |
| 7 | 6.63 | 普渡河(11657) | 22 | 羊甫河(114)、冷水河(145)、宝象河(288)、洛龙河(120)、捞鱼河(124)、大河(166)、柴河(251)、东大河(150)、沙河(124)、大宫河(909)、螃蟹河(201)、甸尾箐(177)、律则河(951)、木板河(362)、龙潭河(122)、东村河(307)、中屏河(247)、基多小河(175)、哨冬河(100)、哨麦河(107) | 1 | 滇池(309.5) | | | 1 | 松华坝(21900) | 9 | 宝象河(2091)、果林(1140)、松茂(1428)、横冲(1000)、大河(1960)、柴河(2550)、双龙(1378)、车木河(4840)、张家坝(1349) | 79 | 东白沙河(438)、金殿(295)、铜牛寺(122.5)、天生坝(232.5)、沙井大河(158)、沙井小河(106)、源清(158)、西北沙河(259)、自卫村(105)、青龙(301)、落水洞(260)、三多(413)、没底坑(100)、石龙坝(289)、夹山(560)、意思桥(772)、白龙潭(154)、马金铺(148)、大红(357)、永红(102)、军民(192)、李家箐(201)、千坝庄(134)、上响水箐(111.8)、石门坎(258.5)、西大竹箐(114)、瑶冲(123)、映山塘(123)、石门坎(139)、月宇庄(785)、明朗(820)、老高箐(118)、老荒川(100.5)、龙树江(167)、凤仪下(111.5)、小胖门口(120)、五一(140)、松房坝(116)、丰收(160)、龙箐(220)、始甸(174)、上村畈(210)、三月三(250)、新村(102)、南海(225)、东鸽关(241)、田尾巴(180)、搬翔(180)、白乐龙潭(123)、老鸦关(104)、梁王庙(330)、老羊箐(224)、团结(114)、大冲箐(122)、东冲(104)、大石坝(121)、马鞍箐(715)、闸边(118)、黄龙(164)、野马冲(394)、新桥(198)、拖担(168)、黄坡(106)、大春河(350)、白龙箐(120)、王家湾(220)、小营村(103.32)、中干河(329.9)、胡家村(171.8)、甲甸(208.4) | 113 |
| 8 | 6.63.4 | 掌鸠河(1933) | 7 | 水城河(309)、云龙河(111)、利山河(123)、团箐河(104)、武定河(294)、西村河(125)、铺西河(167) | | | | | 1 | 云龙(44800) | 1 | 双化(2490) | | 12 |
| 9 | 6.63.6 | 洗马河(1330) | 3 | 凤梢河(103)、马街河(161)、九龙河(438) | | | | | | | | | | 6 |
| 10 | 6.65 | 小江(3049) | 7 | 大块河(715)、甸沙河(134)、乌龙河(137)、小清河(341)、黄水箐(103)、尖山沟(176)、盐水沟(187) | 1 | | 1 | 清水海(7.2) | | | | | 横山(205) 1 | 2 |
| 11 | 6.66 | 以礼河(2645) | 5 | 连扯河(303)、海河(140)、岔河(114)、马树河(433)、荞麦地河(572) | | | | | 1 | 毛家村(55300) | 1 | 长海(1078) | 水槽子(958) 1 | |
| 12 | 6.67 | 黑水河(3596) | 13 | 火俄沙农沟(154)、洛副依莫沟(233)、莱子沟(135)、鲁溪河(125)、卯木河(623)、薪建河(146)、松薪河(163)、小河(105)、俱乐河(146)、基河(266)、觉木河(128)、交际河(224)、泥洛依达河(358) | | | | | | | | | | |

续表

| 序号 | 条目编号 | 河流·河段<br>流域面积1000km²及以上 | 河流<br>流域面积10C～1000km² 数目 | 河流<br>流域面积10C～1000km² 名称 | 湖泊<br>水面面积10km²及以上 数目 | 湖泊<br>水面面积10km²及以上 名称 | 湖泊<br>水面面积1～10km² 数目 | 湖泊<br>水面面积1～10km² 名称 | 水库 大型 数目 | 水库 大型 名称 | 水库 中型 数目 | 水库 中型 名称 | 水库 小(1)型 数目 | 水库 小(1)型 名称 | 小(2)型 数目 |
|---|---|---|---|---|---|---|---|---|---|---|---|---|---|---|---|
| 13 | 6.68 | 南溪河(2921) | 8 | 则普拉达河(284)、三湾河(641)、博洛沟(114)、四开河(115)、依吉拉达河(154)、尼思拉打日河(443)、去依洛史威沟(198)、日沟依达沟(186) | | | | | | | | | | | |
| 14 | 6.69 | 牛栏江(13787) | 35 | 弥良河(141)、花生河(274)、石马草河(135)、马龙河(988)、通泉河(100)、桃园河(129)、红桥河(19)、东河(282)、小洞河(401)、扯夏河(19)、黑滩河(401)、色格河(116)、车马河(154)、两开河(855)、扯借河(258)、野牛圈河(530)、罩子河(132)、元塘河(113)、扯都河(247)、酒衣河(114)、者海河(216)、中寨河(248)、沙坝河(337)、龙头山小河(115)、铅厂小河(266)、安丹河(112)、清水河(108)、哈嘛河(102.5)、李家村(226)、哈嘛河(898)、冲子沟(221)、水西河(155)、深沟(148)、玉龙小河(385)、深沟河(231) | | | 1 | 者海<br>(1.5) | | | 6 | 上游(2610)、大石头(1000)、凤龙河(1440.9)、王家村(2056)、炉房(1860)、跳墩河(1250) | 51 | 山冲(120)、大冲河(590)、弥良河(335)、西冲河(600)、杨官庄(175)、小海子(280)、小石缸(142)、小麦地(232)、李家湾(108)、松溪坡(581)、前进(416)、几坡龙(345)、四旗田(240)、五里箐(189)、后冲(192)、沙坡龙(218)、花园山(120)、新棱房(105)、花鱼洞(640)、长海子(105)、癞蛤洞(228)、阿草勺(137)、鱼洞(686)、三里桥(495)、野牛圈(116)、哈盆沟(298)、保山圩(168)、黑滩河(243)、九股龙(220)、大坝龙(130)、红瓦房(160)、麻塘(316)、德西(214)、冲门口(196)、新备桥(125)、小米冲(217)、白坡(108)、毛家油房(132)、永法塘(100)、沿口(250)、佳花箐(106)、介胜(104)、青口塘(258)、龙泉(366)、李子沟(141)、新华(410)、响水(100～150)、邓家营(400～450)、新华(400～450) | 90 |
| 15 | 6.69.6 | 硝厂河(1365) | 3 | 老羊河(158)、干河(505)、头道河(181) | | | | | | | 2 | 金乐(1190)、跃进(5604) | 5 | | |
| 16 | 6.71 | 美姑河(3236) | 9 | 瓦西沟(126)、天菩河(196)、连渣洛河(409)、特布洛河(347)、竹梭河(109)、瓦古沟(100)、古洛沟(119)、苏八古河(287)、阿沙依达沟(151) | | | | | | | | | | | |
| 17 | 6.74 | 西宁河(1042) | 2 | 罗山溪(102)、杨诗坝沟(142) | | | | | | | | | | | |
| 18 | 6.76 | 横江(14800) | 18 | 雨箐小河(124)、昭鲁河(836)、桃源河(121)、虹桥河(178)、秃尾河(115)、利济河(105)、冷水河(385)、连峰小河(177)、墨翰小河(189)、大夫河(430)、高桥河(544)、新场河(120)、车上(115)、上清河(206)、黄坪河(289)、串丝坝河(121)、滩头小河(167)、太平河(216) | | | | | 1 | 渔洞<br>(36400) | 4 | 段家(1080)、石桥(1193)、跳墩河(1040)、永丰(1225)、高枝坝 | 26 | 北闸(231.3)、杨家弯(180)、头道沟(107)、菁门(105.7)、放丰河(130)、省群堂(140)、桃源(300)、猫鼻子(630)、燕麦地(267)、省箐冲(145)、孔家湾(103)、上荒冲(108)、盆麦湾(118.5)、大岩脚(147.6)、罗汉沟(209)、水清坝(222.7)、毛稗田(105.6)、罗汉脚(520)、水清坝(152.2)、钟鸣(120)、景凤(124.5)、砚池山(180)、官洞(258)、跃进(180)、油房沟(124.2)、铁坝田(108)、焦箐闸(537)、杉坝 | 15 |
| 19 | 6.76.3 | 洛泽河(4268) | 8 | 松林河(356)、龙潭河(149)、角奎河(821)、发达河(399)、大水沟(139)、黄家河(136)、六涌桥河(127)、施洛河(766) | | 1 | 草海<br>(19.8) | | | 1 | 杨务桥(3622) | 1 | 雪山(200) | |
| 20 | 6.76.4 | 白水江(3710) | 8 | 牛场河(321)、以者洒(195)、盐溪河(179)、麟凤河(383)、庙淌河(113)、小干溪(505)、细沙河(217.7)、未洛一西河(328) | | | | | | | 1 | 大水沟(2770) | | | 1 |
| 合计 | | | 217 | | 2 | | 3 | | 4 | | 45 | | 251 | | 701 |

382

表 6-6　岷江水系一览表

| 序号 | 流域面积 1000km² 及以上 | | | 河　流 | | 湖　泊 | | | | | 水　库 | | | | | |
|---|---|---|---|---|---|---|---|---|---|---|---|---|---|---|---|---|
| | 河流·河段 | 条目编号 | 数目 | 流域面积 100~1000km² | | 水面面积 10km² 及以上 | | 水面面积 1~10km² | | 大型 | | 中型 | | 小(1)型 | | 小(2)型 |
| | | | | 名称 | 数目 | 名称 | 数目 | 名称 | 数目 | 名称 | 数目 | 名称 | 数目 | 名称 | 数目 | 数目 |
| 1 | 岷江 (13881) | 6.77 | | 热玛宗沟 (239)、渣腊河 (630)、泥巴沟 (113)、牟尼沟 (371)、归化沟 (400)、*松坪沟* (509)、黑虎沟 (153)、杂谷脑沟 (115)、*卓坡河* (530)[*金波河* (149)]、*寿溪河* (565)[*中*河 (163)]、*白沙河* (365)、*杨柳*河 (255)、*府河* (305)、江安河 (340)、鹿溪河 (684)]、倒流水 (306)、赤水河 (115)、毛河 (180)、筒车河 (126)、醴泉河 (548)、秦家河 (213)、永通河 (146)、柳江 (527)、沙溪河 (162)、思溪河 (691)[盘鳌河 (130)]、金牛河 (341)、泥溪河 (262) | 32 | | 0 | 叠溪海子 (3.25)、木格措 (1.9) | 2 | 黑龙滩 (36000)、紫坪铺 (111200) | 2 | 毛垭 (1721)、梅湾 (1015)、两河口 (1590)、兴厅 (1747)、复盛官 (1290.8)、洪峰 (1250)、李家沟 (1220) | 7 | 古井沟 (165)、大寨 (192)、中观山 (159)、吴嘴 (103)、胜利 (315)、杨水碾 (282)、张易坡 (192)、连鳌山 (138)、核桃堰 (502)、鸽子沱 (198)、桂花桥 (105)、莲花坝 (361)、李善桥 (473)、黄连堰 (875)、工农 (486)、大跃进 (163)、石硬子 (239)、宝塔口 (280)、龚家堰 (323)、红旗 (135)、双凤 (158)、天生堰 (217)、柏杨沟 (135)、青龙 (246)、象耳 (160)、乐群 (277)、红旗 (221)、健丰 (346)、胜利 (166)、牛心寺 (505)、龙池 (132)、塔寺 (121.4)、土门子 (285)、永安 (251)、友谊 (118)、鲤鱼 (188.5)、红岩 (579)、东凤 (211)、团结 (182)、友谊 (232)、龙华 (138)、胜利 (283)、幸福 (100)、齐红 (103)、东凤 (200) | 224 |
| 2 | 小姓沟 (1693) | 6.77.2 | 3 | 央鄂柯 (109)、果西柯 (187)、热务沟 (174) | 3 | | | | | | | | | | | |
| 3 | 黑水河 (7249) | 6.77.5 | 10 | 朝克隆沟 (390)、羊拱沟 (395)、哈雅甫沟 (160)、沃玛季沟 (195)、俄多沟 (101)、扎窝沟 (118)、小黑水 (596)、龙坝沟 (235)、赤不苏河 (768)、三龙沟 (233) | 10 | | | | | | | | | | | |
| 4 | 大黑水 (1980) | 6.77.5.1 | 5 | 奶子沟 (210)、*打古河* (614)[塔洛沟 (149)]、二古鲁沟 (114)、詹石窝沟 (224) | 5 | | | | | | | | | | | |
| 5 | 杂谷脑河 (4629) | 6.77.6 | 12 | 斯博果沟 (155)、米亚罗沟 (213)、九架棚沟 (150)、大沟 (199)、梭罗沟 (620)、毕棚沟 (174)、孟董河 (994)、小沟 (175)、三岔沟 (200)、龙溪沟 (204) | 12 | | | | | | | | | | | |
| 6 | 渔子溪 (1750) | 6.77.8 | 3 | 银厂沟 (147)、*正河* (637)[*钱粮沟* (122)] | 3 | | | | | | | | | | | |
| 7 | 西河 (1393) | 6.77.14 | 3 | 味江 (260)、千五里河 (108)、泊江河 (189) | 3 | | | | | 向阳 (1293) | 1 | | | | | |
| 8 | 南河 (3640) | 6.77.15 | 7 | 夹河 (417)、石头河 (120)、*鄢江* (420)、蒲江 (745)、临溪河 (370)、斜江 (850)[进江河 (228)] | 7 | | | | | 长滩 (2706)、百丈 (2080) | 2 | | | 金洞子 (246)、金阳 (282)、红光 (400)、观音寺 (124)、深沟 (100)、妙音 (305)、小海子 (110)、红旗 (171)、朝阳 (760)、毛家沟 (335)、石象 (347)、三一 (314)、毛家沟 (106)、柏树 (106) | 13 |
| | 岷江干流·河源—大渡河口小计 | | 75 | | | | 0 | | 2 | | 2 | | 10 | | 60 | 271 |

383

续表

| 序号 | 流域面积1000km² 及以上 | | | 河流 流域面积100~1000km² | | 湖泊 | | | | 水库 | | | | | | |
|---|---|---|---|---|---|---|---|---|---|---|---|---|---|---|---|---|
| | 河流·河段 | 条目编号 | 数目 | 名称 | 数目 | 水面面积10km²及以上 | | 水面面积1~10km² | | 大型 | | 中型 | | 小(1)型 | 小(2)型 | |
| | | | | | | 名称 | 数目 | 名称 | 数目 | 名称 | 数目 | 名称 | 数目 | 数目 | 数目 | |
| 9 | 大渡河(90700) | 6.77.20 | 66 | 晒察(115)、智姐昨(128)、俄沟(120)、机邱沟(195)、科索(155)、加更(120)、降格(100)、尕沟(125)、美昆沟(100)、则沟(230)、揭那(405)、莫朗河(196)、阿嘎木朵河(114)、亚朗河(178)、日果柯(133)、夺襄拉杂沟(118)、木郎沟(710)、柯梔沟(143)、木尔甲河(326)、协果沟(199)、科拉基沟(182)、阿拉林沟(364)、匹尔因沟(124)、米湄沟(155)、卡拉脚沟(228)、酒瓦脚沟(260)、炭厂(545)、西里磨沟(125)、曾达沟(204)、新开宗沟(134)、独松沟牛河(631)[狮子拜河(165)、甲斯沟(125)、甲脚沟(163)]、大里沟(153)、俄日沟(170)、汗(153)、高尔拜沟(112)、野牛沟(126)、涯脚沟(194)、座棚沟(126)、磨河(168)、花园沟(109)、磨两沟(514)、燕子沟(531)、大冲沟(219)、海螺沟(224)、白岩沟(220)、两岔河(329)[西街河小冰溪(172)、穿婴河(317)、顺水河(245)、凉水沟(105)、临江沟(327)、峨眉河(452)拉达沟(102)]、龙迨河(324)、小河(160)[双福河(174)] | 4 | | | 俄精尔玛(1.0)、鄂木措公玛(1.0)、年保南湖(1.0)、朵尔乌略(1.0) | 2 | 龚嘴(31000)、铜街子(26000) | | | | | |
| 10 | 马尔曲(1900) | 6.77.20.1 | 6 | 龙格(100)、谷塔(120)、水沟(240)、则沟(250)、玛纳芎(102)、满掌河(330) | | | | | | | | | | | | |
| 11 | 热卡河(1637) | 6.77.20.2 | 2 | 安纳尔沟(175)、迈尔底沟(124) | | | | | | | | | | | | |
| 12 | 尼柯河(1210) | 6.77.20.3 | 11 | 冻脚(180)、达卡沟(475)、佐茉(125)、怕琪(115)、当俄(100)、日则(132)、舍茅(108)、康当星(152)、赤茅达(208)、艾柯(610)、青葳沟(220) | | | | | | | | | | | | |
| 13 | 阿柯河(5247) | 6.77.20.4 | 7 | 安拜德沟(110)、多木他沟(102)、龙尕茶(517)、章莫沟(175)、作柯(321)、色尔塘河(54)、打曲(347) | | | | 冬鄂措(1.6) | 1 | | | | | | | |
| 14 | 东柯河(1144) | 6.77.20.4.1 | 2 | 拉沙龙洼沟(207)、日阿柯(334) | | | | | | | | | | | | |
| 15 | 木里河(1255) | 6.77.20.5 | 2 | 黑尔枢沟(196)、龙尔甲沟(378) | | | | | | | | | | | | |
| 16 | 梭磨河(3027) | 6.77.20.6 | 9 | 大热格冲沟(153)、王家寨沟(106)、欧竹沟(238)、正沟(148)、毛孟楚沟(171)、赶丰沟(108)、纳布足沟(154)、大郎足沟(121)、直坡沟(159) | | | | | | | | | | | | |
| 17 | 鲜斯甲河(16064) | 6.77.20.7 | 25 | 达雀沟(135)、加止勾(358)、优色曲(136)、勒曲(114)、过曲(137)、拉过沟(127)、然日勾(137)、日柯(234)、热基河(218)、宗柯河(108)、竹柯(121)、昂柯(284)、章纳沟(157)、尤日柯(213)、许柯河(217)、尔汶柯(451)、嘎拉果洛[俄马柯(171)、依生沟(186)、板登龙沟(159)、太阴河(624)、日别英河(920)沟(224)、亚隆沟(103)*] | | | | | | | | | | | | |
| 18 | 色曲(3127) | 6.77.20.7.1 | 5 | 色拉沟(140)、宁清勾(205)、念柯(189)、脚柯(123)、俄尔柯(105) | | | | | | | | | | | | |

续表

| 序号 | 流域面积1000km² 及以上 | | 河流 流域面积 100~1000km² | | 湖泊 水面面积 10km² 及以上 | | 水面面积 1~10km² | | 水库 大型 | | 中型 | | 小(1)型 | | 小(2)型 |
|---|---|---|---|---|---|---|---|---|---|---|---|---|---|---|---|
| | 条目编号 | 河流·河段 | 数目 | 名 称 | 数目 | 名称 | 数目 | 名称 | 数目 | 名称 | 数目 | 名称 | 数目 | 名 称 | 数目 |
| 19 | 6.77.20.7.3 | 玉曲(1901) | 3 | 七格柯(252)、嘎柯(177)、二安沟(175) | | | | | | | | | | | |
| 20 | 6.77.20.9 | 革斯孔河(2535) | 5 | 雀儿沟(213)、涅斯柯(419)、八美沟(119)、磨子沟(774)[莫斯卡沟(164)] | | | | | | | | | | | |
| 21 | 6.77.20.10 | 东谷河(1838) | 3 | 奎拥河(231)、沙冲沟(762)[祖尤沟(117)] | | | | | | | | | | | |
| 22 | 6.77.20.11 | 小金川(5323) | 10 | 中梁子沟(326)、虹桥沟(162)、彭家正沟(201)、和平沟(314)、美胎沟(128)、登春沟(174)、美沃沟(398)、崇德沟(140)、沙龙沟(159)、新桥沟(112) | | | | | | | | | | | |
| 23 | 6.77.20.11.1 | 沃日河(1796) | 4 | 双桥沟(212)、木尔寨沟(144)、结斯沟(515)、山脚沟(122) | | | | | | | | | | | |
| 24 | 6.77.20.13 | 金汤沟(1096) | 2 | 向阳沟(125)、三合沟(153) | | | | | | | | | | | |
| 25 | 6.77.20.14 | 瓦斯沟(1566) | 4 | 大龙布沟(108)、木格措沟(112)、榆林沟(680)[折多塘沟(260)] | | | | | | | | | | | |
| 26 | 6.77.20.16 | 田湾河(1442) | 2 | 滕嗜沟(115)、玶河(392) | | | | | | | | | | | |
| 27 | 6.77.20.17 | 松林河(1481) | 2 | 洪坝河(645)[正杠(170)] | | | | | | | | | | | |
| 28 | 6.77.20.18 | 南桠河(1217) | 4 | 勒内沟(156)、黑蚂蚁筒沟(140)、麻麻地沟(143)、竹马河(205) | | | | | | | | | | | 1 |
| 29 | 6.77.20.19 | 流沙河(1147) | 2 | 旭家河(226)、西门河(182) | | | | | | | | | | | 1 |
| 30 | 6.77.20.20 | 尼日河(4084) | 11 | 尔赛河(112)、越西河(829)[中所河(117)、板岩河(264)]、瓦岩沟(162)、萝坪河(134)、斯觉河(171)、甘洛河(927)[格古河(181)]、田坝河(354)、嘎嘎以达柯(111) | | | | | | | | | | | |
| 31 | 6.77.20.21 | 官料河(1381) | 3 | 黑竹沟(177)、长濈河(267)、茨竹河(113) | | | | | | | | | | | |
| 32 | 6.77.20.26 | 青衣江(12897) | 13 | 城墙岩沟(259)、锅台岩沟(123)、邓池沟(113)、老场河(129)、洪江河(119)、陇西河(201)、名山河(390)、延镇河(136)、花溪河(743)[杨村河(241)]、雅川河(310)、安溪河(324)、马村河(166) | | | | 3 | 总岗山(3186)、槽鱼滩(2720)、铜头(2250) | 8 | 工衣兵(587)、丰产(105)、胜利(126)、虎跳(130.8)、梅沟(136)、马村(803)、东风(550)、党仲(798) | 30 |
| 33 | 6.77.20.26.1 | 西河(1369) | 5 | 土巴沟(119)、金太子河(138)、赶羊沟(405)、贾强溪沟(115)、梅里川(124) | | | | | | | | 2 | 石碑田(108)、黄龙(272) | |
| 34 | 6.77.20.26.3 | 玉溪河(1397) | 3 | 黄水河(193)、太平河(212)、西川河(187) | | | | | | | | | | | 1 |
| 35 | 6.77.20.26.4 | 荥经河(4040) | 4 | 冷水河(199)、相岭河(203)、经河(592)、黑石河(235) | | | | | | | | | | | 2 |
| 36 | 6.77.20.26.4.1 | 天全河(2016) | 6 | 蜂子河(101)、昂州河(120)、两路河(322)、拉塔河(173)、白沙河(330)、大河(200) | | | | | | | | | | | 3 |
| 37 | 6.77.20.26.5 | 周公河(1078) | 3 | 燕子河(145)、小周公河(325)、孔雀河(100) | | | | | | | | | | | |
| | 大渡河水系小计 | | 224 | | 0 | | 5 | | 2 | | 3 | | 10 | | 38 |

385

续表

| 序号 | 条目编号 | 河流·河段 流域面积1000km² 及以上 | | 河流 流域面积100~1000km² | | 湖泊 水面面积10km²及以上 | | 湖泊 水面面积1~10km² | | 水库 大型 | | 水库 中型 | | 水库 小(1)型 | | 小(2)型 数目 |
|---|---|---|---|---|---|---|---|---|---|---|---|---|---|---|---|---|
| | | 名称 | 数目 | 名称 | 数目 | 名称 | 数目 | 名称 | 数目 | 名称 | 数目 | 名称 | 数目 | 名称 | 数目 | |
| 38 | 6.77.21 | 岷江干流·大渡河口—岷江口 | 11 | 涂溪河(280)、石夷河(126)、百丈溪(208)、沐川河(518)、龙溪河(644)[南洲河(158)、庄家河(158)]、文星河(140)、蕨溪河(160)、黄溪河(122)、鸳溪河(175) | | | 0 | | 0 | | 0 | 三盆河(1443)、太平寺(1523) | 2 | 双龙(200)、胜利(132)、黑函子(118)、山珍(607)、月耳坝(184)、周家沱(910)、马家坡(444)、龙船溪(205)、雷家沟(153)、割草坝(185)、解放(584)、战天(409) | 12 | 83 |
| | | 芝溪河(1227) | 5 | 殷家河(103)、东村河(182)、月波河(187)、月哈沟(110)、东孝营河(260)、金银河(109)、磨池河(102) | | | | | | | | 大佛(5510)、高中(1609)、新店(2601)、红星(1050) | 4 | 光辉(172)、邹家岩(112)、金银桥(130)、栗虹桥(125)、牛头滩(195)、高寺(407)、佛尔岩(150)、沙溪河(108)、千佛(149)、门玫(161)、竹园(462)、群英(195)、战备(220)、桑树咀(227)、长滩子(462)、翻身(808)、双江(265)、七三(584)、健康(122)、黑龙江(114)、光华(105) | 23 | 36 |
| 39 | 6.77.22 | 马边河(3517) | 9 | 日哈沟(110)、先孝营河(601)[西泥沟(121)]、袁家溪(126)、金银河(188)、大竹堡河(188)、洋溪河(383)、四平河(146) | | | | | | | | 黄牙(2200)、坛罐窑(3520) | 2 | 三角沱(532)、观音桥(146)、大塘口(239) | 3 | 12 |
| 40 | 6.77.25 | 越溪河(2630) | 3 | 玉屏河(205)、沙溪河(254)、沙沟河(412) | | | | | | | | | | 双龙(200)、万金(149)、革命(108)、红阳(203)、红星(214)、白岩二坝(250)、红光(280)、红岩二坝(180)、跳石河(105)、棋盘石(406)、幸福堰(249)、红岩(224)、兰家沟(106)、拦壁冲(165.2)、磨子咀(127)、七一(519)、王岩(104)、陡沟子(114)、团结(129)、四眼桥(288)、松林寺(112)、大岩洞(128) | 24 | 100 |
| | | 岷江干流·大渡河口—岷江口小计 | 28 | | | | 0 | | 0 | | 0 | | 8 | | 62 | 231 |
| 合计 | | | 327 | | | | 0 | | 7 | | 4 | | 21 | | 132 | 540 |

## 表6-7 岷江口—嘉陵江口河段河湖水系一览表

| 序号 | 条目编号 | 河流 | 流域面积1000km² 及以上 | | 湖泊 | | | | 水库 | | | | | | |
|---|---|---|---|---|---|---|---|---|---|---|---|---|---|---|---|
| | | | 河流·河段 | 流域面积100~1000km² | | | 水面面积10km² 及以上 | | 水面面积1~10km² | | 大型 | | 中型 | | 小(1)型 | | 小(2)型 |
| | | | | 数目 | 名 称 | 数目 | 名称 | 数目 | 名称 | 数目 | 名称 | 数目 | 名称 | 数目 | 名 称 | 数目 |
| | | 长江干流·岷江口—嘉陵江口 | | 16 | 黄沙河(874)、[涪溪河(184)]、绵溪河(480)、清溪河(116)、倒流溪(105)、龙溪河(502)、盐井河(102)、大陆溪(429)、永川河(730)、圣水河(100)、驴子溪(241)、元明溪(195)、路黄沟(103)、箭滩河(386)[跳石河(100)]、龙溪河(239) | | | | | | | 7 | 马尔岩(1765)、马庙(1540)、三溪口(3994)、艾大桥(1164)、关门山(1435)、上游(2895)、油坊坳(1450) | 76 | 高滩(225)、水草沟(199)、卫星(340)、两盆河(281)、天堂嘴(123)、肖沟(159)、观音滩(140)、翻身(126)、滩子口(384)、大垠坝(454)、青木洞(850)、马颏淮(688)、犀牛沱(193)、堰塘溪(180)、王河(148)、杨桥(176)、野狗湾(106)、青山(134)、牛角山(106)、落水湖(474)、玉河沟(132)、河高寺(109)、朱梅滩(816)、楼房(210)、沙滩子(109)、石蛋口(170)、花园(183)、龙透(164)、牛耳朵(213)、七洞桥(226)、丁家湾(116)、肉口岩(146)、余家洞(104)、潘家寺(154)、红旗(162)、水口庙(105)、马鞍山(110)、道林沟(120)、八一(295)、付家洞(179)、苦竹洞(197)、革命(301)、卫星(920)、三合(182)、跃进(145)、永胜(314)、青峰(322)、勤俭(159)、梅家桥(153)、斯桥(390)、东方红(189)、万顺桥(174)、两路口(203)、牛门口(262)、新桥(131)、大同(202)、太平寨(238)、流水岩(141)、江水(131)、金刚(134)、明灯(219)、帽水洞(149)、大寨(171)、大桥(194)、农爱(257)、红旗(126)、乌烧丘(126)、双河口(122)、五通(107)、滩子口(472)、团结(508)、红旗(151) | 450 |
| 1 | 6.78 | 南广河(4784) | | 13 | 长官司河(140)、斑竹河(139)、兴隆河(109)、九丝城河(254)、孔花河(177)、乐义河(123)、镇州河(444)、巡司河(400)、箭连河(599)、二夹河(145)、沙溪河(209)、月江河(429)、福溪(117) | | | | | | | 2 | 都家村(1835)、嘉泽(2085) | 10 | 帅家沟(238)、李家沟(130)、康兴(180)、上古(181)、张村坝(117)、双槽(225)、磨儿沟(452)、秦家嘴(324)、柏相望天坳(267) | 49 |
| 2 | 6.80 | 长宁河(2060) | | 4 | 后江河(110)、红桥河(477)、梅洞河(182)、牟呼河(102) | | | | | | | | | 11 | 方四滩(352)、观音桥(122)、毫猪洞(116)、马达沱(125)、宁春(668)、破牛滩(131)、转拐沱(469)、土地坡(105)、万丰岩(370)、天社洞(134)、龙门桥(121) | 31 |
| 3 | 6.82 | 永宁河(3228) | | 6 | 黄泥河(273)、东门河(340)、古木河(747)、万寿河(160)、共乐河(140)、高洞河(267) | | | | | | | | | 11 | 团结(148)、大桥铺(111)、东风(314)、三洞桥(120.2)、打古(173)、丰乐(316)、手爬岩(117)、灵官楼(132)、四季(195)、友谊(220)、跃进(178) | 51 |

387

续表

| 序号 | 条目编号 | 河流·河段 | 流域面积100~1000km² | | 湖泊 水面面积10km²及以上 | | 湖泊 水面面积1~10km² | | 水库 大型 | | 水库 中型 | | 水库 小(1)型 | | 水库 小(2)型 |
|---|---|---|---|---|---|---|---|---|---|---|---|---|---|---|---|
| | | 流域面积1000km²及以上 | 数目 | 名称 | 数目 | 名称 | 数目 | 名称 | 数目 | 名称 | 数目 | 名称 | 数目 | 名称 | 数目 |
| 4 | 6.83 | 沱江(27844) | 26 | 耘丰河(125)、泰丰河(121)、爪龙溪(101)、清白江(97)、土溪河(140)、岜木河(116)、清濠河(310)、万家河(114)、壮溪(153)、三星河(100)、峰溪河(896)[海螺河(237)、赤水河(186)]、九曲河(361)、清水河(137)、蛾柳河(272)、石燕河(100)、亭溪(110)、小青龙河(405)[古清河(100)]、泥水溪(120)、桂花井河(113)、鳖溪(114)、起凤溪(110)、大城河(131)、长兴河(206) | | | | | 1 | 三岔(22900) | 7 | 石盘(6960)、张家岩(1450)、莲花洞(1870)、红旗(1127)、松林(1453)、团结(1125)、老鹰(3670) | 118 | 团结(145)、龙泉(287)、火连桥(212)、老龙(127)、龙凤(105)、胜利(102)、五龙(106)、金龙(245)、黄鹤(106)、大安(275)、红花(176)、明星(232)、白金山(282)、新堰(167)、毛井沟(302)、石洞沟(113)、天定寨(116)、金龙(110)、白腊沟(246)、同福(113)、友工堰(168)、柏林(258)、大田(245)、李家沟(120)、山门寺(268)、高洞子(101)、薄鱼滩(108)、共和(110)、丰产(127)、辛福(104)、毛家口(102)、紫沟(131)、光华(164)、光华(114)、建设(408)、英发(306)、文革(142)、友谊(122)、民众(272)、河坝冲(175)、民富(239)、八一(660)、三甫(106)、迎波(172)、团结(134)、金龟桥(596)、振兴(511)、三甫(123)、迎波(203)、东安(170)、双石桥(1040)、鲤鱼书(511)、太平(165)、太平(150)、兴隆(274)、建兴(170)、石饭(630)、狗岩(357)、马家坡(122)、响滩子(167)、杉树坳(121)、瓦店子(338)、鞭台(122)、金带(116)、洄龙桥(103)、大田沟(122)、白砂嘴(212)、鱼介滩(130)、大河沟(148)、太平(94)、长征(113)、高坡(132)、工农(124)、双河口(513)、仰天亏(112)、老鹰岩(111)、和平(330)、鹞匪岩(137)、老寨(785)、龙兴寺(116)、河田(180)、河坎上(110)、千嘴(174)、石河(101)、上游(315)、猴子石(115)、水打架(127)、柑桔树(107)、猫儿(112)、柿家湾(118)、上龙函(141)、盐井沟(333)、双龙寺(125)、徐家嘴(133)、鱼介滩(162)、里座滩(420)、渔儿滩(186)、天堂坝(186)、白山头(157)、二郎(188)、末家嘴(195)、海螺坝(132)、飞安(102)、楼房沟(140)、石柱房(140)、双河(265)、建新(170)、金银窖(162)、楼房沟(240) | 529 |
| 5 | 6.83.1 | 渝江(2808) | 4 | 白水河(138)、白鹿河(106)、鸭子河(227)、马蹄河(222) | | | | | | | | | 3 | 东湖(219)、牌坊沟(380)、西河(262) | 4 |
| 6 | 6.83.1.1 | 石亭江(1518) | 4 | 二道金河(194)、马尾河(400)、射水河(192)、白鱼河(152) | | | | | | | | | 6 | 东湖(225)、庭阳(261)、民乐(106)、太平(147)、困牛山(222)、公墓志(145) | 40 |
| 7 | 6.83.2 | 青白江(2173) | 1 | 西江河(433) | | | | | | | | | | | 3 |
| 8 | 6.83.2.1 | 毗河(1196) | | | | | | | | | | | | | |
| 9 | 6.83.5 | 阳化河(1934) | 4 | 永兴河(123)、索溪(436)、小阳化河(547)、童家河(165) | | | | | | | 1 | 东禅寺(1075) | 18 | 百堰(370)、七零(403)、清水(258)、新民(165)、盆河(371)、龙头堰(212)、凤凰桥(198)、猫儿寨(121)、汪家桥(141)、象鼻明(130.9)、盐井啕(226)、杨家沟(113.6)、白果湾(418)、滴水岩(367)、红光(108)、红星(130)、七零(100)、郭家桥(464) | 47 |

续表

| 序号 | 条目编号 | 河流 | | 湖泊 | | | | 水库 | | | | | | |
|---|---|---|---|---|---|---|---|---|---|---|---|---|---|---|
| | | 流域面积1000km²及以上 | | 水面面积10km²及以上 | | 水面面积1~10km² | | 大型 | | 中型 | | 小(1)型 | | 小(2)型 |
| | | 河流·河段 | | | | | | | | | | | | |
| | | 数目 | 名称 | 数目 | 名称 | 数目 | 名称 | 数目 | 名称 | 数目 | 名称 | 数目 | 名称 | 数目 |
| 10 | 6.83.7 | 5 | 玖木河(838)、玖溪河(2482)[三溪河(250)、镇金河(207)]、青木河(459)、龙结河(240) | | | | | | | 1 | 黄板桥(1420) | 15 | 鸭池(155)、劳武(378)、红旗(188)、安全(103)、民新(143)、明阳(352)、四合(540)、易发街(155)、六角堰(150)、牌记(148)、大佛(181)、东凤(212)、狮子岩(218)、中衣(188)、太平(160) | 41 |
| 11 | 6.83.9 | 5 | 大濠溪河(140)、丹山河(250)、小院河(100)、小濠溪(472)、龙江溪(116)、濠溪河(1445) | | | | | | | 3 | 龙江(2418)、朝阳(2700)、八角庙(1054) | 36 | 德胜桥(145)、筒家河(250)、白家明(514)、鲁家(234)、双桥(136)、汪家桥(630)、东方红(415)、高板桥(275)、五闷(113)、五台山(101)、宝元(119)、土地桥(125)、石峰(140)、响嗣(134)、禾木桥(514)、五闷(113)、双才(278)、两河口(169)、永安桥(271)、五星(140)、芋河沟(124)、石花(104)、报恩桥(278)、蔡家寺(180)、八井口(188)、东峰(218)、铜马桥(671)、啄木沟(178)、小河沟(127)、康家河(897)、盆河(386)、鸭儿石(284)、龙王堂(386)、岩板滩(641)、观音河(190)、红旗(408) | 69 |
| 12 | 6.83.11 | 3 | 小清流河(260)、九龙河(188)、马鞍河(146) | | | | | | | 2 | 报花厅(1320)、磨滩河(3974) | 26 | 猪儿洞(167)、龙桥(650)、桂花(196)、双河(305)、八方桥(120)、周家庙(605)、幸福(168)、金鼓山(114)、三溪(286)、观音寺(122)、马锣山(546)、鸭子塘(188)、宝树寺(487)、付家洪(397)、桥家河(132)、黑塘河(281)、小万福桥(203)、双河口(123)、水冲(111)、吊楼子(525)、豆腐桥(191)、罗家沟(542)、天宝堂(224)、桂花湾(101) | 61 |
| 13 | 6.83.12 | 6 | 新场河(234)、泥河(118)、龙会河(128)、乌龙河(499)、桂溪(129)、镇溪河(421) | | | | | | | 4 | 长沙坝(4621)、葫芦寺(7580)、黄河镇(1540)、木桥沟(2970) | 33 | 双桥子(222)、高滩(595)、观音坝(534)、洪沟大堰(213)、火箭(230)、瞟放堰(486.4)、双龙(125)、金银桥(827)、老斋桥(120)、龙咆(158)、霹子滩(222)、吴台(328)、回龙大堰(110)、响子沟(435)、青龙口(120)、天池湖(137)、二高滩(246)、洞子沟(138)、红旗(223)、民新(216)、坪干(100)、河口(640)、高滩(128)、庆丰(148)、团鱼凼(188)、龙函(126)、双龙桥(268)、曹家堰(550)、莱子沟(135)、船石堰(735)、五联、沙罗(161) | 115 |
| 14 | 6.83.12.3 | 1 | 中溪河(211) | | | | | | | 1 | 双溪(5800) | 16 | 艾叶堰(106)、豹子沟(210)、白庙七一(280)、柏树湾(106)、庆大(155)、重滩堰(355)、双河口(164)、老古堰(388)、马蹄沟(128)、七〇(112)、上游(754)、叉河口(388)、水打河(110)、团结(186)、五联(139)、桥头堰(182)、红旗(118) | 46 |
| 15 | 6.83.13 | 8 | 韶溪河(182)、九仙河(942)、十里河(187)、马溪河(292)、珠溪河(105)、濯濯河(341)、三溪河(105)、新峰河(173)、渔箭河(105) | | | | | | | 7 | 古宁庙(5589)、柏林寺(1020)、上游(2750)、螺蛳山(100)、花龙(2361)、水湖(1714)、三奇寺(1390)、玉滩(2360) | 43 | 狮子岩(107)、茅岩石(201)、龙溪寺(136)、严家滩(412)、元明(360)、红旗(612)、黄土桥(178)、新桥(418)、冯河(158)、松滩桥(128)、楝耳岩(113)、荷子院(468)、观音桥(152)、观音(159.5)、黄楠寺(100)、鬃鳅山(390.5)、桐子林(146)、王河坎(266.6)、五子闷(188.5)、玄滩(112.8)、白云(158)、响水滩(818)、江明(109)、十里闷(205)、豹子塘(316)、自力沟(324)、西北(437)、胜光(340)、东凤(274)、观音(136)、种家河(167)、东北红(318)、李家沟(216)、龙岗(118)、红梅(379)、麻雀岩(701)、龙滩子(359)、石卡拉(245)、玉溪沟(241)、观音岩(157)、海棠寺(155)、盐井沟(228)、高升沟(674) | 189 |

389

续表

| 序号 | 流域面积1000km²及以上 | | 河流 | | | 湖泊 | | | | 水库 | | | | | | |
|---|---|---|---|---|---|---|---|---|---|---|---|---|---|---|---|---|
| | 条目编号 | 河流·河段 | 流域面积10(~1000km²) | | 水面面积10km²及以上 | | 水面面积1~10km² | | 大型 | | 中型 | | 小(1)型 | | 小(2)型 | |
| | | | 数目 | 名称 | 数目 | 名称 | 数目 | 名称 | 数目 | 名称 | 数目 | 名称 | 数目 | 名称 | 数目 | |
| 16 | 6.85 | 赤水河(20440) | 42 | 五川沟(180)、截齿河(280)、酮流河(560)、母享河(476)、甬城河(245.33)、芭蕉沟(282.95)、五岔河(115)、九仓河(110.4)、五岔河(122)、白马涓河(179)、同民河(135.5)、胡市沟(104)、白马河(157.5)、大同河(185.2)、五盘河(104)、横溪河(361)、坚合河(197)、稻车河(6)、钝鱼河(360)、五马河(683)、马蹄河(251)、盐津河(263)、长嘴河(118)、蟆蚁河(153)、明井河(401)、同民河(226)、长坝河(157)、翁溪河(106)、葫芦沟(105)、长江河(01)、马蹄河(250)、大村河(983)、许家河(273)、段江河(177)、天星桥河(212)、(160)、先水河(394)、龙爪河(247)、沙溪河(160)、先市河(394)、龙爪河(247)、沙溪河(100) | | | | | 2 | 盐津桥(3400)、香溪口(2100) | 32 | 小银水(240)、青菜河(700)、天生桥(710)、流沙岩(700)、樟柳(150)、后河(156)、千同沟(238.7)、螺丝湾(143.5)、邓家孔(124)、茅坝沟(156)、千同沟(314)、王龙(100)、烂坝(102)、二郎坝(167)、基坝(272)、大马(544)、红龙(146)、上游(102)、双河(664)、工农(134)、卫星(149)、高楼方(250)、花湾(141)、胡家沟(310)、任家村(153)、观井(105)、群利(105)、烂泥(347)、挖泥口(515)、安基屯(117)、扎西(141) | 205 |
| 17 | 6.85.4 | 二道河(1353) | 3 | 母郁河(215)、深匀河(132)、水边河(495) | | | | | | | | | 3 | 官田(323)、蓊源(178)、长征(665) | 2 | |
| 18 | 6.85.5 | 稻梓河(3318) | 7 | 天门河(249)、高桥河(216)、马鹿河(173.1)、混子河(406)、观音寺河(688)、沙溪场河(471)、重溪河(120) | | | | | 1 | 园满灌(11820) | 2 | 天门河(2560)、桤子园(7820) | 5 | 九盆水(240)、火石(113)、高坎(184)、邓家沟(124)、塘房(209) | 13 | |
| 19 | 6.85.8 | 古蔺河(1015) | 1 | 水落河(202) | | | | | | | | | | | | |
| 20 | 6.85.10 | 大洞河(1040) | 2 | 水尾河(193)、天沙河(152) | | | | | | | | | | | | |
| 21 | 6.85.11 | 习水河(1655) | 4 | 沙子沟(100.2)、梅溪河(120.7)、官渡河(103.6)、长嵌沟(153) | | | | | | | 1 | 东风(1250) | 8 | 关门山(341)、马沙沟(600)、稻仙溪(300)、渣溪坝(388)、歇基坝(222)、二即坝(167)、九曲潭(160)、观音岩(400) | 29 | |
| 22 | 6.88 | 溱河(1200) | 1 | 小槽河(441) | | | | | | | | | 1 | 大同(202) | 20 | |
| 23 | 6.89 | 壁南河(1060) | 2 | 梅江河(217)、飞龙河(520) | | | | | | | 2 | 同心(1386)、金堂(1252) | 15 | 七一(333)、人民(257)、花土沟(107)、简嘈沟(416)、水爬岩(138)、朝阳(198)、团结(156)、三五(176)、东风(183)、跃进(137)、百家店(124)、林家岩(170)、凤凰山(135)、新民(183)、盐井河(848) | 62 | |
| 24 | 6.90 | 綦江(7020) | 16 | 新站河(263)、六井沟(221)、木瓜河(386)、羊渡河(309)、下朝阳(104)、吉庙河(117)、西山(322)、马颈子(106)、洞沟(240)、马蹄沟(110)、木夹塘(174)、土地河(135)、梅子桥(251)、东溪(134)、潘河(389)、扶义河(136)、郭通(148)、河(122)、马庙河(834)、清溪河(506)、龙洞沟(106)、惠民(198)、清溪河(122)、银碳槽(182)、大槽(103)、双河场(520)、三马口(103)、梅家沟(297)、红花(111)、互助(114)、石桥(131)、松树桥(130) | | | | | 3 | 清溪沟(1638)、下洞口(1129)、汤家沟(1120) | 28 | 木柴(263)、六井沟(221)、万里(106)、青梅榜(309)、下朝阳(104)、西山(117)、丁山(322)、新民(183)、三岔沟(137)、百家店(124)、林家岩(170)、天河(183)、跃进(114)、梅子桥(240)、马蹄沟(110)、马颈子(845)、凤凰山(135)、青梅(112)、木夹塘(174)、土地河(136)、三丘田(157)、三岔(148)、毛里(131)、银碳槽(122)、大槽(103)、双河场(520)、三马口(103)、梅家沟(297)、红花(111)、互助(114)、石桥(131)、松树桥(130) | 139 | |
| 25 | 6.90.1 | 蒲波河(1149) | 3 | 马柔坎河(259)、鲤鱼河(154)、水坝塘河(231) | | | | | | | | | 6 | 新桥(138)、黄莲坝(101)、洪海(301)、小红岩(142)、二洞口| 5 | |
| 26 | 6.90.3 | 羊溪河(1198) | 3 | 飞龙河(186)、复兴河(247)、龙吟河(170) | | | | | | | | | | | 28 | |
| 合计 | | | 190 | | 0 | | 0 | | 2 | | 45 | | 520 | | 2228 | |

390

**表 6-8　嘉陵江水系一览表**

<table>
<tr><th rowspan="3">序号</th><th colspan="3">河　流</th><th colspan="4">湖　泊</th><th colspan="6">水　库</th></tr>
<tr><th rowspan="2">流域面积 1000km² 及以上<br>河流·河段</th><th rowspan="2">条目编号</th><th rowspan="2">流域面积 100～1000km²</th><th colspan="2">水面面积 10km² 及以上</th><th colspan="2">水面面积 1～10km²</th><th colspan="2">大　型</th><th colspan="2">中　型</th><th colspan="2">小(1)型</th><th colspan="2">小(2)型</th></tr>
<tr><th>数目</th><th>名称</th><th>数目</th><th>名称</th><th>数目</th><th>名称</th><th>数目</th><th>名称</th><th>数目</th><th>名称</th><th>数目</th></tr>
<tr><td></td><td colspan="3">数目</td><td colspan="2">名称</td><td colspan="2">名称</td><td colspan="2"></td><td colspan="2"></td><td colspan="2"></td><td colspan="2"></td></tr>
<tr><td>1</td><td>嘉陵江 (159800)</td><td>6.93</td><td>21　三岔河 (118)、安河 (407)、小峪河 (557)、红星河 (855)、旺峪河 (664)、茆河 (347)、金家汇 (142)、八渡河 (601)、[金池院河 (136)、东渡河 (138)]、乐素河 (368)、巩家河 (304)、三道河 (109)、浅溪河 (263)、清边河 (155)、清河 (326)、安乐河 (750)、沙河 (460)、南河 (793)、[鱼洞河 (198)]、西北河 116</td><td>0</td><td></td><td>0</td><td></td><td></td><td></td><td></td><td>1</td><td>东山庙 (105)</td><td>7</td></tr>
<tr><td>2</td><td>永宁河 (2177)</td><td>6.93.5</td><td>2　花庙河 (122)、高桥河 (248)</td><td></td><td></td><td></td><td></td><td></td><td></td><td></td><td></td><td></td><td></td><td></td></tr>
<tr><td>3</td><td>洛河 (1035)</td><td>6.93.6</td><td>1　伏镇河 (425)</td><td></td><td></td><td></td><td></td><td></td><td></td><td></td><td></td><td>1</td><td>高峰 (192)</td><td>3</td></tr>
<tr><td>4</td><td>青泥河 (1866)</td><td>6.93.7</td><td>2　麻沿河 (120)、南河 (134)</td><td></td><td></td><td></td><td></td><td></td><td></td><td></td><td></td><td></td><td></td><td>2</td></tr>
<tr><td>5</td><td>西汉水 (10178)</td><td>6.93.8</td><td>11　燕子河 (礼县) (765)、洮水河 (613)、太石河 (412)、六巷河 (166)、平洛河 (193)、(898)、卸水河 (249)、永坪河 (636)、笆坪河 (380)、洛峪河 (205)、崇水河 (237)、秦家河</td><td></td><td></td><td></td><td></td><td></td><td></td><td>3</td><td>红河 (2138)、晚家峡 (1008)、葫芦头 (1897)</td><td>3</td><td>苗河 (810)、黄江 (608)、贾坝 (112)</td><td></td></tr>
<tr><td>6</td><td>清水江 (1640)</td><td>6.93.8.4</td><td>2　南峪河 (212)、白家河 (374)</td><td></td><td></td><td></td><td></td><td></td><td></td><td></td><td></td><td></td><td></td><td></td></tr>
<tr><td>7</td><td>燕子河 (康县) (1276)</td><td>6.93.10</td><td>1　铜钱河 (516)</td><td></td><td></td><td></td><td></td><td></td><td></td><td></td><td></td><td></td><td></td><td></td></tr>
<tr><td>8</td><td>五马河 (1040)</td><td>6.93.11</td><td>0</td><td></td><td></td><td></td><td></td><td></td><td></td><td></td><td></td><td></td><td></td><td></td></tr>
<tr><td></td><td>嘉陵江干流·江源—白龙江口小计</td><td></td><td>40</td><td>0</td><td></td><td>0</td><td></td><td>2</td><td>碧口 (52100)、宝珠寺 (255000)</td><td>3</td><td></td><td>5</td><td></td><td>12</td></tr>
<tr><td>9</td><td>白龙江 31808</td><td>6.93.13</td><td>24　占哇沟 (306)、热尔河 (312)、扎敉巴沟 (139)、伊曲 (252)、哇垌沟 (107)、安子沟 (118)、尖泥沟 (144)、角弓河 (177)、唔子沟 (487)、大峪沟 (144)、北峪河 (437)、两水沟 (150)、汤河 (575)、五库河 (212)、三河沟 (214)、羊汤河 (828)、小团鱼河 (15)、大团鱼河 (716)、毛垒子河 (146)、青川河 (763)、大坝河 (137)、金溪河 (74)、平溪河 (132)、苍溪河 (278)</td><td></td><td></td><td></td><td></td><td></td><td></td><td></td><td></td><td>2</td><td>茶园沟 (311)、英雄 (177)</td><td>3</td></tr>
<tr><td>10</td><td>达拉沟 (2627)</td><td>6.93.13.1</td><td>5　挪鄂柯 (119)、鸮豆沟 (650)、阿卓沟 (208)、森多柯 (216)、措码尔曲 (379)</td><td></td><td></td><td></td><td></td><td></td><td></td><td></td><td></td><td></td><td></td><td></td></tr>
</table>

391

续表

| 序号 | 条目编号 | 河流·河段 | 流域面积 100~1000km² | | 湖泊 水面面积 10km²及以上 | | 湖泊 水面面积 1~10km² | | 水库 大型 | | 水库 中型 | | 水库 小(1)型 | | 水库 小(2)型 |
|---|---|---|---|---|---|---|---|---|---|---|---|---|---|---|---|
| | | | 数目 | 名称 | 数目 | 名称 | 数目 | 名称 | 数目 | 名称 | 数目 | 名称 | 数目 | 名称 | 数目 |
| 11 | 6.93.13.2 | 多儿沟(1065) | 1 | 阿夏沟(191) | | | | | | | | | | | |
| 12 | 6.93.13.4 | 岷江(岩昌)(2239) | 6 | 秋木河(235)、羊川河(127)、南河(125)、油房沟(211)、车拉河(172)、大坝河(132) | | | | | | | | | | | |
| 13 | 6.93.13.5 | 拱坝河(1281) | 1 | 铁坝河(206) | | | | | | | | | | | |
| 14 | 6.93.13.8 | 白水江(8316) | 16 | 嘎咪柯(203)、丰多柯(126)、赛德柯(419)、八郎沟(-19)、绕蜡沟(173)、达介沟(266)、安乐沟(138)、太平沟(109)、[马腊沟(299)]、[106)、中路河(646)、[马家塘(299)]、白马峪河(365)、马连河(309)、白马峪河(365)、丹堡河(225)、草坡(107) | | | | | | | | | | | |
| 15 | 6.93.13.8.1 | 白河(1335) | 2 | 九寨沟(660)、扎伽沟(109) | | | | | | | | | | | |
| 16 | 6.93.13.14 | 丁寺沟(2873) | 8 | 青溪河(104)、三锅石沟(171)、大石河(132)、乐安河(151)、楼子沟(130)、[148]、雁门河(522)、青江沟(172)、三江河 | | | | | | | | | | | |
| 白龙江水系小计 | | | 63 | | 0 | | 0 | | 2 | | 0 | | 2 | 陡岩口(105)、剑雕(450) | 3 |
| | 嘉陵江干流·白龙江江口—合川 | | 36 | 射箭河(155)、闹溪河、黄龙沟(114)、店子河(390)、白溪河(825)[刘家沟(155)]、[圈龙河(101)]、苟溪河(876)、白门沟(120)、新野(122)、长滩溪(155)、大涧溪(164)、大泥沟(111)、长塘河(137)、渔溪河[清溪河(311)]、广溪河(378)、梁溪河(290)、多扶沟(154)、螺龙溪(366)、西充河(804)、晋阳溪(252)、曲水沟(696)、[283]、鹅家河(142)、[147]、吉安河(319)、南溪河、东保河(786)、西溪河(122)、[三星河(108)]、走马河(195)、双星河(1111)、三油溪(121)、[343]、三油沟(343) | | | 2 | 东西关(59800) | 11 | 五排(5215)、大高滩河(3980)、万家沟(1803)、响水滩(1975)、白哨桥(1406)、阀溪(1013)、龙王潭(2360)、大深沟(3200)、大磨沟(1051)、东磨(1120)、白鹤(2830) | 87 | 凌云湖(119)、响儿滩(549)、岩凤沟(140)、北山(113)、为民(103)、红卫(104)、立新(122)、嘉陵(111)、双丰(471)、上游(466)、鲜店(305)、许家坑(120)、广兴(240)、英雄(142)、七一(431)、三元(968)、龙城院(113)、万福乐(144)、桂花(377)、东凤(172)、新跃(825)[圈龙(101)]、王家桥(158)、海中寺(102)、上游(113)、青家岩(103)、腊身(107)、文家洞(106)、红星(720)、新胜(102)、东风(189)、红星(107)、幸福洞(106)、红星(141)、老鹰岩(180)、友谊(103)、一碗水(202)、杨家沟(263)、石马山(136)、磨儿塘(183)、净石沟(102)、双桥(138)、大力(246)、凤凰(106)、新桥(139)、长安(136)、杨房沟(102)、观(221)、花园(120)、双江桥(147)、双顶(130)、六方沟(130)、雷火(104)、荣(104)、夹槐沟(228)、团结(113)、民主(107)、团结(116)、高台(100)、大益(104)、扬家桥(235)、连花湖(153)、东升(419)、大洋沟(978)、自力(206)、团(258)、红卫(147)、幸福沟(344)、印合(879)、青春(108)、黑龙江(121)、班竹沟(624)、砂坪嘴(250)、超坝(155)、东方红(266)、火箭(155)、团(235)、连花湖(153)、东升(419)、人民沟、(235)、班竹沟(624)、砂坪嘴(250)、超坝(155)、火箭(155) | 614 |
| 17 | 6.93.17 | 东河(5191) | 6 | 小河(110)、千河(126)、老坡河(112)、白水河(244)、稻江浩(936)、雒河(333) | | | | | 3 | 紫云(1326)、文家阁(1040)、工农(1230) | 17 | 长征(113)、三林(105)、富强(102)、红旗(106)、韩家湾(121)、文林(361)、三叉沟(122)、八一(135)、胜利(140)、新华(135)、苓竹娅(172)、关门石(107)、苟家娅(124)、新华(295)、四槽沟(321) | 159 |

续表

| 流域面积1000km²及以上 | | | 流域面积100～1000km² | | 湖泊 | | | | 水库 | | | | | | |
|---|---|---|---|---|---|---|---|---|---|---|---|---|---|---|---|
| 序号 | 条目编号 | 河流·河段 | 数目 | 名　　称 | 水面面积10km²及以上 | | 水面面积1～10km² | | 大　型 | | 中　型 | | 小（1）型 | | 小（2）型 | |
| | | | | | 数目 | 名称 | 数目 | 名称 | 数目 | 名称 | 数目 | 名称 | 数目 | 名　　称 | 数目 | |
| 18 | 6.93.17.1 | 盐井河(1358) | 1 | 南三道河(128.4) | | | | | | | | | 1 | 红卫(130) | | |
| 19 | 6.93.19 | 西河(3719) | 8 | 柳垭(251)、程家沟(154)、紫子河(256)、白燕河(194)、宝马河(507)、紫岩河(204)、西紫河(108) | | | | | 1 | 升钟(133900) | 2 | 八尔滩(1750)、杨家坝(2640) | 25 | 二教(104)、光华(103)、国光(231)、鸣凤(108)、胜利(132)、新电(325)、迎嵩(164)、战备(121)、紫金(104)、迎凤(115)、开天观(151)、青杠(109)、徐岸河(195)、赶场岭(339)、上游(105)、万家沟(116)、三合(224)、洪山(224)、光明(103)、合作(105)、健康(105)、张家沟(121)、红岩(240)、金陵(151)、群英(201) | 219 | |
| | 嘉陵江干流・白龙江口—合川区间小计 | | 51 | | | 0 | | | 2 | | 16 | | 130 | | 992 | |
| 20 | 6.93.28 | 渠江(39610) | 32 | 旸坪河(145)、罗罗河(248)、寨坝河(148)、陈家河(118)、中滩河(154)、西溪河(187)、药铺河(194)、刘马沟(848)、清江(316)、化成河(940)、花溪(189)、潘水溪(302)、磴子河(111)、江陵河(111)、岳家河(148)、梓潼河(146)、[长滩河(925)]、[夹门河(123)]、潘兴河(178)、桂溪(223)、利丰(102)、庆丰(123)、张家坝(168)、新桥河(155)、冷水沟(444)、肖水河(523)、龙溪河(154)、龙王沟(162)、三人(111)、三合(101)、龙凤(123)、九龙(108)、清水河(105)、梅子河(152)、螺丝沟(331)、土地堂(101)、红旗(154)、红龙(522)、合仙桥(218)、争鸣(218)、高龙(347)、王坡益(731)、丁家罐(154)、青龙(161)、新衣(196)、游秀沟(169)、高家(731)、车家沟(177)、沈家河(105)、骑鱼(224)、大河(196)、清溪(110)、驴溪河(138)、福寿河(105) | | | | | 1 | 江口(30400) | 12 | 化成(6600)、玉堂(2100)、沙河(1934)、牛角滩(1934)、角林(2086)、石梯花(1033)、全一(2477)、天池湖(9052)、莲花(5300)、长龙(1954)、双河(4880)、友谊(1786) | 85 | 光茨(170)、龙洞沟(101)、因结(217)、卫星(142)、仙鱼(135)、水井沟(830)、新衣(515)、继光(387)、凉水井(331)、桃光(114)、花桥(536)、灯塔(127)、石桥(197)、斯连(104)、野鸭沟(517)、大滩沟(126)、福星(101)、石匾口(108)、阳合(283)、大滩河(115)、高桥(134)、江北(119)、黄亚(224)、大柏树(163)、高桥(185)、八一(151)、木花山(151)、三上(117)、牛草湾(102)、鸡窝(331)、龙洞沟(225)、家庙(112)、唐家明(158)、丰登(153)、鸡公石(139)、沙洞河(140)、人民(102)、井坝(226)、杨家沟(161)、九龙桥(169)、利东(132)、青年(201)、长滩(154)、堰水(288)、蔡家(106)、庆丰(135)、上游(331)、长龙(108)、石河坝(167)、张家湾(130)、黄家沟(108)、新桥(155)、九龙(522)、青王沟(152)、龙王沟(162)、三人(123)、红旗(123)、红(161)、合仙桥(478)、螺丝岩(331)、土坡盖(101)、天泉罐(731)、青鱼(191)、游溪沟(347)、高家(347)、王房岗(177)、沈家沟(105)、双新衣(136)、生龙(520)、车家沟(151)、月壳岩(501)、上游(108)、兴无(101)、龙(320)、文胜(122)、会龙(127)、撕(108) | 562 | |
| 21 | 6.93.28.1 | 神潭河(1204) | 2 | 关田河(150)、关门(114) | | | | | | | | | 4 | 友谊(195)、堤河(133)、后溪沟二(106)、后溪沟一(155) | 41 | |
| 22 | 6.93.28.2 | 恩阳河(3112) | 6 | 白河(380)、黑罩河(159)、三汇溪(706)、渔溪河(427)、蔡溪河(218) | | | | | | | | | 7 | 赤南(120)、大井河(226)、流里河(202)、沙河子(118)、晒河(118) | 100 | |
| 23 | 6.93.28.4 | 通江(8972) | 3 | 简池河(340)、铁溪(708)、药铺河(128) | | | | | | | | | 3 | 大石桥(127)、石门子(110)、湾田河(124) | 27 | |
| 24 | 6.93.28.4.2 | 肖口河(2096) | 4 | 渔水河(463)、康乐河(113)、范家河(145) | | | | | | | | | 3 | 金山(170)、红星(222)、船儿石(102) | 10 | |
| 25 | 6.93.28.4.3 | 小通江(1908) | 4 | 楼子河(381)、白玉河(109)、临江(157)、陈阳溪(143) | | | | | | | | | | | | |
| 26 | 6.93.28.4.4 | 㵲滩河(1832) | 1 | 喜神河(647) | | | | | | | | | | | | |
| 27 | 6.93.28.7 | 州河(11102) | 12 | 燕子河(199)、石溪河(153)、三层岩(216)、响滩子(114)、九龙(463)、刘家沟(109)、三层岩(216)、双龙河(114)、芭蕉河(185)、三汇(101)、凉水井(192)、观音(148)、石佛(100)、岩峰(100)、[石桥河(916)]、铺地河(107)、[东柳河(845)]、施家洞(299)、高兴(517)、刘家坝(291)、水大坝(105)、安(227)、花桥(170)、[回龙河(120)]、施家河(149)、柳駁溪(329)、丁(299)、姜勇(117)、河源(210)、新胜(202)、朝阳(342)、拱桥(104)、余沟(156) | | | | | | | 5 | 忠心(1255)、乌木滩(5310)、明星(1953)、龙潭(2112)、竹丰(1248) | 29 | 罐子岩(114)、谭家河(162)、凉水井(203)、团结(101)、长胜(100)、石佛(100)、岩峰(126) | 79 | |

续表

| 序号 | 流域面积1000km²及以上条目编号 | 河流·河段 | 流域面积100~1000km² 数目 | 流域面积100~1000km² 名称 | 湖泊 水面面积10km²及以上 数目 | 湖泊 水面面积10km²及以上 名称 | 湖泊 水面面积1~10km² 数目 | 湖泊 水面面积1~10km² 名称 | 水库 大型 数目 | 水库 大型 名称 | 水库 中型 数目 | 水库 中型 名称 | 水库 小(1)型 数目 | 水库 小(1)型 名称 | 水库 小(2)型 数目 |
|---|---|---|---|---|---|---|---|---|---|---|---|---|---|---|---|
| 28 | 6.93.28.7.1 | 后河(3611) | 4 | 万源河(535)、小河(138)、跳河(163)、清溪河(297) | | | 0 | | | | | | | 陕田湾(101)、明月(270)、胡家沟(260) | 28 |
| 29 | 6.93.28.7.1.2 | 中河(1366) | 2 | 黄溪河(151)、石塘河(165) | | | | | | | | | | | 7 |
| 30 | 6.93.28.7.3 | 明月江(1921) | 4 | 任市河(303)、明星河(237)、新宁河(543)、开江河(II0) | | | | | | | 1 | 宝石桥(10700) | 7 | 深沟子(247)、石罗(146)、朱家沟(105)、明桥(194)、老河堰(103)、明月(702)、红星(230) | 34 |
| 31 | 6.93.28.9 | 流江河(3166) | 5 | 东观河(183)、绿水河(346)、营山河(259)、潜水河(9⊠)、[双河](121)] | | | | | | | 2 | 思德(4170)、羊眉(3880) | 15 | 明星(104)、红旗(129)、拦庙河(110)、刘家沟(158)、同盟(155)、解放(110)、东凤(129)、百胜(508)、木高滩(620)、茶盘(524)、凉井沟(270)、盐井(429)、联升(245)、高板桥(251) | 82 |
| | 渠江水系小计 | | 79 | | 0 | | 0 | | 1 | | 20 | | 156 | | 970 |
| 32 | 6.93.29 | 涪江(35982) | 31 | 西沟(127)、虎牙河(655)、[古口沟(125)]、黄羊罩(197)、土城河(137)、黄家沟(218)、小河子(149)、洪溪河(325)、曹家河(201)、坝子河(149)、方水河(100)、芙蓉溪(580)、白庙河(177)、中和村(119)、皂角铺(943)、[苏宝河(238)]、木龙溪(222)、水磨河(171)、芦溪河(233)、观弥河(369)、洋溪河(133)、桃花河(548)、芝溪(752)、[大石桥河(202)]、荷叶溪(258)、永兴河(125)、南宣河(2.6)、古溪河(213)、白家沟 | | | | | 3 | 武都(57200)、富金坝(23700)、安居(19100) | 10 | 沉抗(9820)、八一(1129)、人旗(1261)、战结(2210)、团上游(1176)、安昌河(1674)、城塘(3435)、龙凼(2070)、燕儿河(9573)、三块石(2640)、清花(2640)、黑渭沱(2640) | 76 | 清吉沟(138)、连心(109)、段家桥(135)、和平(219)、金花(393)、罗家堰(270)、苏家堰(206)、石住庵(167)、龙珠(250)、牛王庙(122)、伍家碑(168)、团结(175)、龙滩(109)、七一(126)、胜利(203)、观音沟(139)、既竹园(494)、狮儿河(265)、红豆嘴(324)、飞跃(112)、陡坡子(139)、应龙桥(230)、岐山(126)、水磨沟(225)、秦家罩(630)、团山(151)、长江(325)、东风(364)、本觉院(385)、长红(165)、坝子河(101)、圆门(108)、龙泉(322)、红卫(322)、永生(108)、柏林弯(127)、新会(742)、三玉(244)、高升一库(121)、分水岭(227)、高石梯(196)、茶盘湾(136)、隐岩口(264)、胜利(168)、鲢鱼咀(374)、红旗(110)、印盒山(212)、钟家店(234)、幸福(114)、连花雍(284)、连江(110)、群英(276)、太平寨(181)、乌龟堡(234)、拦桥(480)、大龙山(507)、上游(679)、曹家沟(104)、罗家坝(600)、葫芦坝(177)、坼竹湾(120)、藏龙(159)、敬家沟(150)、关斗寺(134)、九道坎(145)、长山沟(154)、石壁沟(132)、龙井沟(494)、红星(104)、拦天河(280)、大滩(129) | 692 |
| 33 | 6.93.29.2 | 火溪河(1497) | 1 | 小河沟(169) | | | | | | | | | | | |
| 34 | 6.93.29.3 | 平通河(1299) | 3 | 苦竹沟(290)、徐塘河(219)、杨家河(183) | | | | | | | | | | | |
| 35 | 6.93.29.4 | 通口河(4346) | 4 | 白丰河(382)、小园河(267)、玉溪(174)、都贯河(322) | | | | | | | | | | | |
| 36 | 6.93.29.4.1 | 青片河(1489) | 2 | 正河(153)、土门河(503) | | | | | | | | | | | |
| 37 | 6.93.29.7 | 凯江(2596) | 6 | 秀水河(284)、衡青河(115)、辑庆河(251)、东河(145)、古井坝河(175)、绿豆河(189) | | | | | | | 1 | 鲁班(29400) | 3 | 白水河(1672)、黄鹿(2350)、双河口(1874) | 16 | 幸福(137)、白土地(148)、彭家坝(310)、六松(198)、青市(156)、新市(113)、龙王塘(270)、煤炭河(142)、丰收(196)、五一(100)、曹家(138)、庆丰(141)、兴兴(260)、立志(150)、黄水沟(100) | 75 |

394

续表

| 序号 | 条目编号 | 河流·河段 | 河 流 流域面积100～1000km² 数目 | 河 流 流域面积100～1000km² 名称 | 湖 泊 水面面积10km²及以上 数目 | 湖 泊 水面面积10km²及以上 名称 | 湖 泊 水面面积1～10km² 数目 | 湖 泊 水面面积1～10km² 名称 | 水 库 大型 数目 | 水 库 大型 名称 | 水 库 中型 数目 | 水 库 中型 名称 | 水 库 小(1)型 数目 | 水 库 小(1)型 名称 | 水 库 小(2)型 数目 |
|---|---|---|---|---|---|---|---|---|---|---|---|---|---|---|---|
| 38 | 6.93.29.8 | 梓潼江(5072) | 10 | 长坪沟(156)、永平沟(246)、金天河(122)、石鸡河(356)、盐亭河(207)、宝石河(356)、盐亭河(578)、浙江河(287)、湔江(209)、梓溪(195) | 0 | | 0 | | | | 3 | 莲花湖(两岔滩3550)、红旗(1100)、东方红(2066) | 40 | 上游(104)、向家沟(285)、战斗(409)、蔡耳岩(186)、胜利(520)、向家沟(130)、杨家埝(124)、拱桥沟(135)、长征(194)、光辉(107)、大鹏(132)、大天或(252)、复兴寺(737)、灯塔(172)、黄家湾(132)、安家湾(165)、望瓢山(328)、云丰(115)、和平(400)、三清观(203)、关田坝(350)、天生埂(320)、三清观(107)、大堰(182)、长家河(112)、三堰(136)、跳墩河(102)、金银埂(176)、团结(120)、园黄子(198)、任家沟(202)、吕家村(347)、凉水湾(101)、土地河(102)、群英(173)、前峰(245)、苔家(192)、军民(297) | 388 |
| 39 | 6.93.29.8.1 | 魏城河(1004) | 2 | 徐家沟(167)、长乐沟(118) | 0 | | 0 | | | | 1 | 红旗堰(3777) | 8 | 龙滩子(104)、洛神沟(100)、前进(112)、飞跃(146)、战备(153)、三人(300)、龙江(144) | 36 |
| 40 | 6.93.29.10 | 郪江(2145) | 6 | 继光沟(108)、清水河(446)、象山河(183)、马力河(171)、河边溪(170)、太乙溪(151) | 0 | | 0 | | | | 6 | 继光(9820)、滩子元五(2222)、寸塘口(1353)、万古(1960)、星五花(1700)、万古桥(1198) | 10 | 石龙(120)、古井弯(335)、四五(827)、高滩子(240)、鹅头颈(222)、蓄金(119)、猫儿沟(209)、蔡家湾(152)、黑堰塘(137)、万古桥(186) | |
| 41 | 6.93.29.15 | 涪江(4440) | 13 | 苏家河(105)、鳌龙河(532)、[回澜河(155)]、会龙河(143)、姚市河(742)、通贤河(184)、龙台河(693)、永清河(118)、石羊河(304)、护龙河(104)、塘坝河(157)、平滩河(558)、[复兴河(169)] | 0 | | 0 | | | | 8 | 麻子滩(9002)、跑马滩(3260)、新生(1680)、许家河(374)、观音河(4100)、棉花沟(1248)、丹房沟(6730)、崇金(1780)、青云(1700) | 47 | 席家堰(134)、雷音寺(145)、东岳庙(295)、白强寺(105)、白鹤嘴(148)、黄角坝子(169)、狮子湾(217)、吊石岩(691)、双龙桥(182)、高岩(123)、油房沟(180)、五角沟(163)、桂花(138)、张家桥(112)、许家河(124)、观水岩(105)、踏水河(616)、古渡口(155)、凤凰山(132)、陈氏河(374)、观音庙(240)、桂花场(110)、高牧河(108)、双石桥(142)、十八罗汉(106)、团山沟(312)、古渡口(236)、金龙井(108)、石桥沟(110)、碗子河(215)、三星桥(102)、长生桥(118)、十里(658)、张家沟(827)、[拾家沟(248)]、童湖(105)、河坝(144)、龙桥河(668)、观测(110)、胜利(134)、双寨(652)、洪大(108)、邹家沟(108)、秤陀湾(102)、滩(143) | 158 |
| 42 | 6.93.29.16 | 小安溪(1724) | 4 | 双桥溪(106)、柳溪(149)、淮远河(533)、[蒲河(140)] | 0 | | 0 | | | | 1 | 玄天湖(1056) | 25 | 邓家沟(132)、花滩(197)、佛尔岩(104)、双河口(104)、复生桥(404)、[新胜(510)]、观音堂(127)、廖家沟(131)、鲤鱼石(132)、鸡公岩(319)、红旗(108)、新胜(151)、五马归槽(122)、跃进(866)、响水岩(135)、伍家(120)、三元桥(490)、西郭(642)、桥亭(267)、九龙(580)、响水岩(100)、巴岳(130)、大田湾(102)、石桥(170)、栏河塔(196)、龙门桥(100)、黎家沟(260) | 82 |
| 涪江水系小计 | | | 82 | | 0 | | 0 | | 4 | | 32 | | 222 | | 1431 |
| | | 嘉陵江干流·合川-嘉陵江口 | 7 | 壁北河(270)、白水溪(127)、梁滩河(350)、[后河(358)]、[上睦河(121)] | | | | | | | 3 | 胜天(1128)、海底沟(1340)、新桥(1433) | 27 | 龙滩子(144)、灶鸡洞(197)、回龙洞(111)、工农(520)、龙罩沟(436)、大河湾(160)、廖家沟(207)、末家沟(112)、马家沟(891)、卫星(1)、虎溪(689)、工农(840)、东方红(132)、鸽子沟(109)、桂花(250)、工农(269)、石嘴口(580)、五一(187)、杨家沟(131)、幸福(214)、照寺(156)、千爆堰(100)、巴岳(108)、大山(113)、大沟(173)、三日(198)、双河(207)、大林(112)、千秋堰(153)、栗家沟(100) | 93 |
| 合 计 | | | 322 | | 0 | | 0 | | 9 | | 74 | | 544 | | 3501 |

表6-9  嘉陵江口—乌江口河段河湖水系一览表

| 序号 | 条目编号 | 河流 | | 湖泊 | | | | 水库 | | | | | |
|---|---|---|---|---|---|---|---|---|---|---|---|---|---|
| | | 河流·河段 | 流域面积 1000km² 及以上 | | 水面面积 10km² 及以上 | 水面面积 1~10km² | | 大型 | | 中型 | | 小(1)型 | 小(2)型 |
| | | | 数目 | 名称<br>流域面积 100~1000km² | 数目 | 名称 | 数目 | 名称 | 数目 | 名称 | 数目 | 名称 | 数目 | 数目 |
| | | 长江干流·嘉陵江口—乌江口 | 11 | 朝阳河 (136)、鱼嘴河 (128)、[芦沟溪 (153)、鸭溪河 (148)、二圣河 (129)]、陡滩溪 (371)、黎香溪 (860)、[油江河 (366)]、清溪沟 (108)、马颈河 (122) | 0 | | 0 | | | | 6 | 南彭 (1330)、八一桥 (1209)、新桥 (1580)、土溪 (1780)、天宝寺 (1630)、水磨滩 (1367) | 41 | 白蟾口 (106)、升平坝 (112)、水淹咘 (150)、金桥 (161)、威峰山 (108)、石桥沟 (127)、响水 (122)、青年湖 (218)、跃进 (113)、雷家沟 (658)、石桥河 (288)、百步梯 (137)、肉子口 (151)、河泉 (322)、三条沟 (265)、高产 (125)、新民 (120)、双望 (150)、坪桥 (127)、渣渣桥 (265)、长寿 (283)、武华 (463)、龙溪沟 (218)、叶家沟 (178)、龙桥 (283)、高梯子 (113)、龙桥 (132)、小坪 (140)、郑家沟 (353)、雪峰 (122)、双 (411)、龙桥 (562)、谙陵 (141)、联合 (314)、雪峰 (361)、红旗石桥 (558)、兴隆 (772)、东凤 (361)、王家嘴 (113)、红旗 (241)、同心 (156)、跃进 (160)、清水塘 (145)、石堡丘 (196) | 197 |
| 1 | 6.96 | 御临河 (3396) | 5 | 庙坝河 (212)、邻溪 (160)、七孔溪 (114)、白水河 (308)、温塘河 (216) | | | | | | | 3 | 万绣桥 (2420)、关门石 (1500)、两岔 (3660) | 16 | 虾叭口 (122)、洪安 (133)、狮子沟 (288)、荆坪 (331)、台子湾 (108)、跃进 (154)、螺丝凼 (148)、新华 (120)、丰收 (243)、团丘 (295)、东凤 (102)、两河口 (241)、四五 (135)、过马滩 (756)、新坪 (128)、狮子 (105) | 81 |
| 2 | 6.96.1 | 东河 (1427) | 2 | 八渡溪 (100)、四合溪 (225) | | | | | 1 | 大洪河 (36800) | 1 | 同心桥 (2700) | 5 | 合作 (238)、高峰 (428)、太阳 (131)、拱桥坝 (381)、大安槽 (331) | 47 |
| 3 | 6.98 | 龙溪河 (3213) | 7 | 礼让河 (135)、七间河 (186)、回龙河 (251)、桂溪河 (161)、卧龙河 (118)、大沙河 (543)、打渔溪 (116) | | | | | 1 | 狮子滩 (102700) | 2 | 盐井口 (2004)、双河 (1257) | 40 | 黄钦 (880)、石塔河 (104)、巨木洞 (138)、朝阳 (205)、祝家洞 (104)、吼水湾 (184)、红旗 (123)、飞水洞 (449)、黑沟 (366)、马达咘 (294)、沙坝 (452)、大河坝 (320)、张星桥 (686)、胜利 (236)、团结 (124)、备战 (196)、金光 (104)、渭石 (336)、红光 (432)、三龙 (292)、三龙 (443)、来家河 (117)、迎凤 (876)、跳石 (591)、广家沟 (328)、红旗 (195)、三合 (155)、东汇 (151)、东坎 (139)、官仓 (133)、石um (127)、河堰口 (160)、曙光 (125)、十路口 (118)、朝阳 (119)、白云 (112)、清平 (105)、岩屋明 (326)、西山 (103) | 200 |
| 合计 | | | 25 | | 0 | | 0 | | 2 | | 12 | | 102 | | 525 |

396

表 6-10　乌 江 水 系 一 览 表

| 序号 | 条目编号 | 河流·河段<br>流域面积1000km²及以上 | 河流<br>流域面积100～1000km²<br>数目 | 河流<br>流域面积100～1000km²<br>名称 | 湖泊<br>水面面积10km²及以上<br>数目 | 湖泊<br>水面面积10km²及以上<br>名称 | 湖泊<br>水面面积1～10km²<br>数目 | 湖泊<br>水面面积1～10km²<br>名称 | 水库<br>大型<br>数目 | 水库<br>大型<br>名称 | 水库<br>中型<br>数目 | 水库<br>中型<br>名称 | 水库<br>小(1)型<br>数目 | 水库<br>小(1)型<br>名称 | 水库<br>小(2)型<br>数目 |
|---|---|---|---|---|---|---|---|---|---|---|---|---|---|---|---|
| 1 | 6.100 | 乌江 (87920) | 69 | 连山河 (122)、山河 (410)、水城河 (320)、阿柳河 (558)、矮卧河 (143)、千田河 (368)、懒洞 (150～200)、龙桥河 (371)、二道水 (257)、歹阳河 (603)、波玉河 (190)、干峰河 (109)、朴泥河 (135)、干河 (353)、晤酒河 (506)、九庄河 (120)、息烽河 (462)、猫猫洞 (533)、谷撒河 (408)、爱安河 (909)、半塘河 (310)、敖溪河 (155)、水车河 (150)、本庄河 (148)、浑塘河 (392)、三道水 (232)、黑鹊溪 (107)、消货河 (473)、相思溪河 (115)、板桥河 (102)、马脚河 (920)、构皂溪 (106)、坝吃河 (690)、思南河 (101)、马儿河 (398)、长溪河 (836)、朝阳河 (225)、芭蕉水 (102)、白水河 (110)、唐家溪 (114)、青水河 (144)、白水河 (146)、桂花河 (148)、德江河 (148)、朱家河 (161)、岩底河 (177)、渠阳河 (200)、洋水河 (210)、盾家河 (218)、白水河 (271)、水公河 (304)、长石溪 (319)、水公河 (361)、马路河 (374)、雅阳河 (446)、暗俯江 (397)、诸佛江 (760)、马林溪 (114)、长溪河 (836)、木棕河 (531)、沿沧河 (282)、老盘沟 (219)、长头河 (254)、清水溪 (183)、石溪河 (519) [鄂溪沟 (136)、后溪河 (184)、麻溪 (263)、马武河 (170)] | 0 | | 0 | | 8 | 普定 (42000)、引子渡 (53100)、东风 (102500)、乌江渡 (230000)、构皮滩 (645400)、思林 (169400)、彭水 (146500) | 10 | 阿珠 (3380)、金狮子 (1137)、板桥 (1080)、甘金桥 (3480)、墨子箐 (1140)、坨素 (2705)、山虎关 (1116)、中心庙 (1210)、卫东 (1018)、官舟 (2006) | 73 | 岩门 (100)、包家园 (108)、羊文监狱二大队 (100～150)、鞍山 (134)、东风 (150～200)、桥边沟 (150～200)、水淹塘 (184)、老厂 (146)、敖塘 (258.9)、元丰 (260)、出水箐 (250～300)、中火 (530)、明嗣 (200～250)、岔上 (600)、红阳 (788)、瓮堡 (197)、棕树 (279)、猫猫洞 (408)、窄口 (508)、九大河 (106)、自强 (700～800)、息烽县下红马 (327)、落县小桥河 (382)、九岩 (346)、红岩 (200～250)、迎燕 (713)、马塘 (290)、九烟水 (400)、李家寨 (926)、八崩堰 (206)、永温 (100～150)、老堡河 (250～300)、翁井 (481.4)、晏家坝 (206)、永温 (100～150)、大塘河 (100～150)、清水坑 (136)、天邦 (100～150)、电站 (400～450)、水田坝 (224)、天生桥 (250～300)、胡家坝 (236)、朱家沟 (250)、白果树 (700～800)、卫星 (149)、陈家沟 (213)、花滩子 (200～250)、湄拖 (500)、八大 (203)、三星 (545)、高寨进 (335)、王家坡 (102)、耗子堰 (600～700)、耗子堰 (144)、跃进 (114)、车地 (495)、红光 (220)、白岩 (265)、龙坪 (147)、息烽县上沟 (162)、胜利堰 (115.5)、小沟 (114)、息烽县上沟 (162)、下司 (142)、细夷池 (147)、高寨 (213)、野那沟 (101.9)、千河 (314)、红阳 (175)、梅花堰 (174)、朵云 (130)、三洞河 (115)、马槽坝 (188) | 305 |
| 2 | 6.100.7 | 六冲河 (10665) | 21 | 蚂蚁河 (481) [小溪河 (120)、和平河 (120)、莆河 (184)、六曲河 (120)、野马川河 (244)、古基河 (123)、野鸡河 (170)、毕底河 (294)、引底河 (525) [藤桥河 (126)、鼠仲河 (184)、后河 (383)、扯瓜河 (166)、伍佐河 (411)、木白河 (434)、四水河 (418)、底那河 (241)、织金河 (374)、果华河 (110)、杨柳河 (285) | 0 | | 0 | | 1 | 洪家渡 (494700) | 3 | | 12 | 石板渡 (106)、深沟 (112.5)、公鸡寨 (100～150)、厕子田 (290)、勐山 (124)、红岩 (316)、牛集 (115)、野鸡坪 (150)、红旗 (370)、小箐沟 (100～150)、移山 (522)、青浦塘 (100～150) | 35 |
| 3 | 6.100.7.2 | 以萨河 (1195) | 4 | 波机河 (塘房河 644)、青场河 (关道 208)、镇雄河 (167)、周家对门 (106) | 0 | | 0 | | 0 | | 0 | | 0 | | 0 | |
| 4 | 6.100.7.6 | 白甫河 (2344) | 6 | 观音河 (151)、十八河 (212)、海子衙河 (118)、归化河 (247)、两岔河 (587)、折溪河 (236) | 0 | | 0 | | 0 | | 3 | 落脚河 (4650)、东风 (1128)、倒天河 (1880) | 2 | 毛栗 (375)、高寨 (337) | 18 |

397

续表

| 序号 | 流域面积1000km²及以上 条目编号 | 河流·河段 名称 | 河流 流域面积100~1000km² 名称 | 数目 | 湖泊 水面面积10km²及以上 名称 | 数目 | 湖泊 水面面积1~10km² 名称 | 数目 | 水库 大型 名称 | 数目 | 中型 名称 | 数目 | 小(1)型 名称 | 数目 | 小(2)型 数目 |
|---|---|---|---|---|---|---|---|---|---|---|---|---|---|---|---|
| 5 | 6.100.9 | 猫跳河(3246) | 黑秧河(111)、麻线河(245)、马场河(144)、乐平河(260)、麦架河(160)、修文河(231)、暗流河(396) | 7 | | | | | 红枫(75296)、百花(22082) | 2 | 修文(1170)、红岩(3800) | 2 | 前进(102)、白泥坝(100~150)、栏沟(100~150)、右二(100~150)、乐坝(142)、黄土坎(126)、大连冲(291)、双海(345)、团结(102)、烂塘坡(156.33)、黄家寨(167)、东风(150~200)、齐跃(176)、红林(200~250)、鹅颈(619.4)、窄巷口(184)、沙田(240)、罗格胸(250~300)、七一(184)、蚌壳岩(500)、黄泥哨(100~150)、岩鹰山石坝(930)、岩鹰嘴(825)、甲落(250~300)、连架河(149.4)、龙潭(117)、阁老寨(114)、石燕河(168) | 28 | 68 |
| 6 | 6.100.10 | 野纪河(2204) | 沙寨河(254)、甘堡河(115)、渭河(551)、[安洛河(325)]、马路河(274) | 5 | | | | | | | 响嶂(1215)、沙坝河(4430) | 2 | 卷洞门(144.57)、水堆坝(305)、野那沟(101.9)、千河沟(314) | 4 | 20 |
| 7 | 6.100.12 | 偏岩河(2243) | 西洛河(279)、金沙河(139)、茶园河(243)、回平堡河(143)、乐民洛(295)、花滩河(329) | 6 | | | | | | | 小洋溪(1500)、游洋(1049)、水泊渡(5370) | 3 | 菁河(324)、倒座岩(100~150)、石关(119)、白果(226.52)、文家桥(312)、红星(189)、西洛(775)、茅坪(224)、川洞(205)、木黄衣(176) | 10 | 31 |
| 8 | 6.100.16 | 湄江(4913) | 卜水河(342)、鱼泉河(107)、茅官河(290)、陶泥河(168)、洛安江(715)、洋川河(123)、后溪沟(114) | 7 | | | | | | | 湄江(2125)、角口(5400) | 2 | 梁家嘴(200~250)、柳水(213)、龙江(141)、李家坝(158.2)、东方红(278.3)、李家寨(106)、东华溪(700)、洛安沟(170)、水坪(300)、潘村(153)、彭溪沟(146)、红旗(367)、水洞(125.5)、万里(593)、老厂(146)、烂牌塘(147) | 17 | 49 |
| 9 | 6.100.16.3 | 湘江(2126) | 喇叭河(293)、高坪河(134)、仁江(687)、后水河(311)、鱼剑沟(105)、烂泥沟(146) | 6 | | | | | | | 海龙(2960)、后水河(1590) | 2 | 米村(384)、青年塘(110)、马老岩(100~150)、黎元(100~150)、沙坝(138)、龙井岩(150)、龙井湾(150)、葡萄(200~250)、新庄湖(229)、南郑(505)、红岩(600~700)、龙岩(927)、北郊(291)、大厂沟(120)、双仙(134)、洪江(197)、三坝(322) | 17 | 57 |
| 10 | 6.100.17 | 清水河(6611) | 车田河(121)、小车河(202)、头堡河(390)、鱼铜河(119)、三江河(175)、谷龙河(102)、洗马河(133)、中坪河(149)、马岔河(213) | 9 | | | | | 大花水电站(27650) | 1 | 松柏山(4760)、格里桥(7740)、花溪(3140)、阿哈(7228) | 4 | 汪官(263)、台子田(900)、米坪(121)、十字溪(112)、石饭滩(361)、石笋(131.6)、石岩(226.9)、贵阳市小关(231)、堰名(106)、三岩(243)、冷水河(125)、东风(300)、黄泥哨(100)、千牧菁(105.39) | 14 | 34 |
| 11 | 6.100.17.4 | 独木河(2244) | 三元河(541)、猴子沟(113)、西门河(214)、砚岩田河(108) | 4 | | | | | | | | | 云雾湖(250)、暗山(100)、甲落(250)、花马冲(159)、枧山(100) | 7 | 28 |
| 12 | 6.100.17.5 | 鱼梁河(1039) | 光阴河(162)、罗广河(183) | 2 | | | | | | | | | 高滩(112)、合作(145)、香巴房(156.6)、十三寸(230)、浪潮(245)、南江水(900~1000) | 6 | 20 |
| 13 | 6.100.21 | 余庆河(1502) | 满溪河(160)、大龙河(102)、小乌江(297)、麻溪河(108) | 4 | | | | | | | 团结(1780) | 1 | 巷溪河(124)、印桥(450)、芝洲(306) | 3 | 16 |

续表

| 河流 | | | 湖泊 | | | | 水库 | | | | | |
|---|---|---|---|---|---|---|---|---|---|---|---|---|
| 流域面积1000km²及以上 | | | 水面面积10km²及以上 | | 水面面积1~10km² | | 大型 | | 中型 | | 小(1)型 | | 小(2)型 |
| 序号 | 条目编号 | 河流·河段 | 数目 | 名称 | 数目 | 名称 | 数目 | 名称 | 数目 | 名称 | 数目 | 名称 | 数目 |
| 14 | 6.100.22 | 六池河(2029) | 6 | 龙罩河(309)、苎溪(256)、永河小河(121)、杨家河(274)、山伍溪河(196)、蜂王河(353) | | | | | 3 | 九道拐(4260)、东方红(2930)、努吽(1350) | 12 | 向阳(149)、双鱼夫(100~150)、明溪(500)、金家槽(117)、红晴(100~150)、朱家寨(149)、马塘(451)、冷溪(100~150)、道沟池(220)、洋蚊溪(231.7)、梅子坝(250)、井溪河(280) | 42 |
| 15 | 6.100.23 | 石阡河(2104) | 6 | 包溪河(192)、 溪塘河(111)、凯峡河(641)、伍德河(213)、银水苧河(162)、小溪河(215) | | | | | 1 | 羊溪河(1250) | 10 | 来耙田(100~150)、黑山沟(207)、泗河坝(250)、岩门(325)、塘头(600)、长滩(725)、罗家坝(700)、凯峡湾(162.7)、利民(345) | 22 |
| 16 | 6.100.25 | 印江河(1245) | 4 | 芙蓉河(107)、长滩河(179)、六井溪河(463)、冷水沟(164) | | | | | 1 | 白水泉(2400) | 1 | 林家沟(350) | 21 |
| 17 | 6.100.28 | 甘龙河(1700) | 4 | 楠木溪(390)、小河(582)[董河(360)]、丁市沟(146) | | | | | 2 | 小坝一级(1248)、蛆汀(1034) | 1 | 小坝一级(130) | 17 |
| 18 | 6.100.31 | 潘河(5585) | 11 | 高桥河(221)、冷水河(431)、南河(658)[青狮河(287)]、野猫河(342)、段溪河(306)、黔龙河(188)、金溪(341)、细沙河(557)、马嘶沟(157)、南溪河(127) | 1 | 小南海(2.87) | 2 | 朝阳寺(12050)、大河口(11500) | 4 | 洞塘(1210)、舟白(2899)、渔滩(4260)、梯子洞(2467) | 4 | 东乡溪(165)、凤青岩(120)、丛山(177)、三汇溪(120) | 54 |
| 19 | 6.100.32 | 洪渡河(3677) | 5 | 岩门河(115)、羊岗河(580)、大渡河(220)、车甫河(230)、塘坝河(139) | | | | | 2 | 石垭子(7557)、沙坝(9940) | 6 | 土地岩(187)、大坪(340)、青坪(842)、白合(100)、偏洋洞(400)、大沟(138) | 25 |
| 20 | 6.100.35 | 郁江(4600) | 9 | 官地坝河(163)、四合头河(353)、观音桥河(149)、小沙溪(129)、龙嘴河(127)、金铃河(231)、中河(709)[石合沟(138)]、沙坝沟(216) | | | | | 3 | 福宝山(1040)、长顺(6833)、马岩洞(6775) | 4 | 花角坝(113)、团结(140)、贺家湾(124)、翻身(114) | 22 |
| 21 | 6.100.35.2 | 普子河(1207) | 3 | 龙潭沟(116)、石流凼(110)、楼棠河(244) | | | | | 1 | 老鹰石(1440) | 1 | 葡萄(185) | 2 |
| 22 | 6.100.37 | 芙蓉江(7406) | 12 | 罗家河(113)、桥榴河(260)、双石河(190)、香树河(108)、猛溪沟(158)、流濑河(193)、马河(268)、石溪沟(235)、烂泥坝河(110)、灌水(171)、洛龙河(259)、板桐沟(107) | | | 2 | 渔塘(12130)、江口(58600) | 1 | 良玫(2197) | 5 | 五江(462)、三汇溪(120)、朱老村(100)、宽阔水(160)、止水(450) | 34 |
| 23 | 6.100.37.1 | 清溪河(1503) | 3 | 曹村河(175)、太白河(166)、庙河(287) | | | | | 1 | 清溪(1100) | 1 | 六井沟(235) | 11 |
| 24 | 6.100.37.2 | 三江(1077) | 2 | 新洲河(272)、下司河(222) | | | | | | | 3 | 庆湾(100)、瓮溪(658)、蚂蝗沟(162) | 4 |
| 25 | 6.100.37.3 | 梅江(1224) | 4 | 奇连河(109)、永锡河(114)、凌河(300)、玉溪河(252) | | | | | 1 | 洋渡(1240) | 1 | 沙坝(760) | 15 |
| 26 | 6.100.40 | 大溪河(1765) | 3 | 龙岩江(218)、龙川江(227)、鱼泉河(246) | | | | | 2 | 肖家沟(2400)、鱼洞(9520) | 11 | 双河(744)、白净堂(445)、双狮子(220)、老木沟(286)、中坝(487)、车仕沟(401)、老熊箐(114)、杜家沟(106)、转舳(108)、东风(227)、六角(100) | 61 |
| 合计 | | | 222 | | 0 | | 1 | | 16 | | 51 | | 253 | | 1011 |

## 表6－11　乌江口—宜昌河段河湖水系一览表

| 流域面积1000km²及以上 | | | 河　流 | | 湖　泊 | | | | 水　库 | | | | | |
|---|---|---|---|---|---|---|---|---|---|---|---|---|---|---|
| 序号 | 条目编号 | 河流·河段 | 数目 | 流域面积100～1000km² 名称 | 水面面积10km²及以上 名称 | 数目 | 水面面积1～10km² 名称 | 数目 | 大型 数目 | 大型 名称 | 中型 数目 | 中型 名称 | 小(1)型 名称 | 小(2)型 数目 |
| | | 长江干流·乌江口—宜昌 | 41 | 珍溪河（100）、渠溪河（923）[飞龙沟（150）]、碧溪河（182）、东溪河（150）、甘井河（910）[白石河（209）、黄金河（256）]、汝溪河（743）[联丰河（171）]、石桥河（183）、灌渡河（273）、白水溪（115）、长岭河（118）、苎溪河（229）、九龙溪（101）、朱衣河（149）、草堂河（394）[石马河（195）]、官渡河（377）、抱龙河（332）、三溪河（263）、小溪河（198）、万石河（299）、青干河（780）、庙坪河（159）、梅家河（139）、磨鼓洞河（194）、良斗河（441）、童庄河（252）、九畹溪（592）、茅坪河（120）、下溪河（124）、百岁河（159）、东天溪（418）、西河（135）、横溪（140）、下牢溪（131）、朱家坝（478）、龙泉河（169）、桥迈河（284） | | | | | 2 | 三峡(4500000)、葛洲坝(158000) | 7 | 白石（4166）、甘宁（3390）、登丰（1010）、新田（1545）、沙坪（4075）、官庄（1700）、王家坝（1750） | 67 | 后坝（100）、百胜（533）、洪湖（526）、告竹沟（548）、塞马口（102）、高滩（201）、英武（178）、范家沟（204）、老鹰洞（105）、沈家沟（250）、跃进（156）、茄子沟（162）、白江洞（367）、关田沟（126）、隆家沟（370）、拦马石（108）、新青（104）、东风（219）、大池（141）、石桥沟（129）、马耳坝（149）、石河沟（555）、万胜（167）、任家沟（187）、蛟家（139）、鲛鱼（334）、磨子（358）、金星（152）、瓦店（140）、金竹沟（162）、贯丰（126）、红旗（232）、灯子河（141）、柏林（200）、大林（104）、太平（104）、两层桥（108）、万年（159）、普安（107）、韩池（144）、东坪（145）、工农（128）、五粱（132）、高峰（297）、万家沟（151）、来地沟（119）、东桥（220）、龙泉（122）、农建（213）、和平（104）、朱家沟（122）、晏家（111）、黄井（340）、水塘（123）、三关（139）、燎原（106）、青蒿岭（287）、草池坪（163）、上木坪（128）、大米山（133）、稻厂（115）、周家嘴（514）、榨坊河（376）、法官（407） | 369 |
| 1 | 6.102 | 龙河(2810) | 11 | 悦来河（258）、蚕溪河（110）、大沙河（122）、双庆沟（119）、下路沟（140）、茶园沟（112）、暨龙河（257）、暨龙沱（108）、双鹰河（111）、龙洞河（235）、包鸾河（147） | | | | | 2 | 藤子沟(19300)、石板水(10547) | 2 | 龙池坝(2203)、弹子台(1037) | 4 | 丰石团结（268）、鱼剑口（880）、安子沟（145）、黄水湖（144） | 30 |
| 2 | 6.107 | 小江(5225) | 5 | 满月溪（151）、盐井坝河（115）、东坝河（183）、桨马溪（148）、养龙溪（189） | | | | | | | 1 | | 9 | 大胜（118）、兴隆（195）、皂角坪（105）、农纲（203）、桂花（136）、龙嘴（128）、大兴（134）、天官（216）、金龙（105） | 76 |
| 3 | 6.107.1 | 南河(1710) | 3 | 破石沟（196）、映阳河（217）、桃溪河（592） | | | | | | | 1 | 三江(1520) | 10 | 大慈（159）、凤顶（158）、同乐（107）、中心（110）、大龙（203）、杨柳湾（106）、公里（107）、甘溪（239）、花盐井（163）、石安（102） | 58 |

续表

| 序号 | 条目编号 | 河流 | | | 湖泊 | | | | 水库 | | | | | |
|---|---|---|---|---|---|---|---|---|---|---|---|---|---|---|
| | | 流域面积1000km²及以上 | 流域面积100~1000km² | | 水面面积10km²及以上 | | 水面面积1~10km² | | 大型 | | 中型 | | 小(1)型 | 小(2)型 |
| | | 河流·河段 | 数目 | 名称 | 数目 | 名称 | 数目 | 名称 | 数目 | 名称 | 数目 | 名称 | 名称 | 数目 |
| 4 | 6.107.2 | 苎里河(1178) | 2 | 关龙溪(145)、岳溪(211) | | | | | | | | | 大兴(181)、渣北(121)、朝阳(218)、张家沟(123)、长池(120) | 39 |
| 5 | 6.108 | 汤溪河(1707) | 3 | 岩水河(251)、南溪河(235)、梅子水(148) | | | | | | | | | 南溪(130)、白腊(171)、西林(109) | 41 |
| 6 | 6.109 | 磨刀溪(3092) | 7 | 龙塘沟(117)、双河溪(143)、官渡河(353)、罗田河(221)、龙驹河(419)、罗家溪(102)、泥溪河(628) | | | | | | | 1 | 鱼背山(9300) | 七里沟(208)、店子坪(173)、枫香坪(175)、虾耙口(106)、关田坝(158)、太地(145)、上游(158) | 54 |
| 7 | 6.110 | 长滩河(1486) | 2 | 石笋河(472)、安坪河(168) | | | | | | | | | 付家坝(218)、鱼泉(267)、苦桃林(150)、天坪山(258)、大穴厂(101) | 13 |
| 8 | 6.111 | 梅溪河(1932) | 6 | 朝阳河(172)、咸水河(105)、车家坝河(263)、崔家河(372)、高治河(115)、黄村河(161) | | | | | | | 1 | 咸池(2030) | 立新(122)、纸厂湾(103)、红星(101)、浸塘(110)、百丈(243) | 31 |
| 9 | 6.113 | 五马河(1587) | 2 | 五马河(543)、庙宇沟(202) | | | | | | | | | | |
| 10 | 6.114 | 大宁河(4170) | 9 | 汤家坝河(191)、东溪河(545)、后溪河(458)、柏杨河(342)、长溪河(136)、桥头河(119)、杨溪河(485)、马渡河(506)、平定河(212) | | | | | 1 | 古洞口(13800) | 1 | 孔梁(6140) | 九龙(105) | 4 |
| 11 | 6.116 | 沿渡河(1047) | 2 | 三道河(129)、平阳河(197) | | | | | | | | | | |
| 12 | 6.119 | 香溪(3099) | 8 | 毛家河(217)、竹园河(156)、咸水河(148)、响水河(135)、湘坪沱(694)[九冲河(130)]、高岚河(833)[王家河(296)] | | | | | 1 | 西北口(21000) | 2 | | 田家坪(115)、永乐(103) | 13 |
| 13 | 6.123 | 黄柏河(2016) | 1 | 雾河(566) | | | | | | | 4 | 玄庙观(6820)、天福庙(6420)、尚家河(1646)、汤渡河(3930) | 十字沟(118)、黄家冲(291)、望家冲(112) | 16 |
| 合计 | | | 102 | | 0 | | 0 | | 6 | | 18 | | 121 | 744 |

401

表 6-12　宜昌—洞庭湖口河段河湖水系一览表

| 序号 | 条目编号 | 河流·河段 流域面积 1000km² 及以上 | 流 河流 流域面积 100~1000km² | | 湖 水面面积 10km² 及以上 | 泊 水面面积 1~10km² | | 大 型 | | 水 中 型 | | 库 小(1)型 | | 小(2)型 |
|---|---|---|---|---|---|---|---|---|---|---|---|---|---|---|
| | | | 数目 | 名称 | 数目 / 名称 | 数目 | 名称 | 数目 | 名称 | 数目 | 名称 | 数目 | 名称 | 数目 |
| 1 | 6.126 | 长江干流·宜昌—洞庭湖口 (16700) | 4 | 九道河（261）、玛瑙汇（776）、冯家冲（116）、鲁家港（122） | | 9 / 东湖（3.4）、刘家湖（1.6）、罗家湖（1.0）、东溯（1.1）、白洋湖（1.2）、大长湖（1.3）、黄家拐湖（3.0）、鸭子湖（4.3）、菀子口湖（5.1） | | | 3 | 九道河（1401）、普溪冲（2040）、火山口（1656）、胡家畈（2575）、泉（2352）、台河（2059）、鲁家港（4230） | 7 | 望城岗（242）、民强（563）、马蹄咀（209）、家冲（456）、金钟寺（891）、（280）、丰足（120）、饭门溪（808）、肖冯冲（461）、刘家冲（627）、张家大堰（129）、金塔（236）、海云（475）、严河（360）、楠木溪（337）、民强（267）、龙盘虎（200）、张桥（162）、团结（266）、清水溪（242）、太白（154）、马店（719）、龙头桥（118）、蒋（448）、东西泉（167）、六眠冲、永丰（538）、安桥（528）、六眠冲 | 106 |
| 2 | 6.126.2 | 清江（16700） | 20 | 流料河（253）、小溪河（353）、甘明溪（249）、梆把溪（508）、混水河（221）、芭蕉河（161）、金银溪（163）、马尾沟（323）、伍家河（229）、龙王河（619）、磨刀河（234）、招徕河（797）、[叶溪河（307）、干河沟（173）]、泗杨溪（413）、千河沟（439）、谢家溪（168）、头道河（100）、丹水（523）、小昌平河（131） | | | | | 水布垭（458000）、屏河（333000）、高坝洲（48600） | 2 | 车坝河（5970）、大溪（1065） | 10 | 罗家田（124）、三溪峡（825）、黄泥坡（574）、金马（114.5）、五金沟（140.3）、月亮岩（180）、桥（145.5）、湖平（215.4）、水流坪（740）、马么河（144） | 50 |
| 3 | 6.126.3 | 忠建河（1656） | 3 | 花楸河（300）、东乡河（149）、赵家坪河（123） | | | | 溯坪（34300） | 1 | 龙洞（6823） | 1 | 齐跃（100） | 11 |
| 4 | 6.126.4 | 马水河（1709） | 5 | 两溪河（106）、米家河（221）、洛溪河（232）、马口河（209）、上马水河（100） | | | | | 1 | 四十二坝（1140） | 4 | 红岩（260）、坪阳1号（129.5）、坪阳2号（103.3）、响板（287） | 6 |
| 5 | 6.126.11 | 野三河（1157） | 1 | 支井河（239） | | | | | | | | | 2 |
| 6 | 6.129 | 淞滋河（1197） | 1 | 小河（119） | 淤泥湖（16.5）、牛浪湖（15.9） 2 | 8 / 小南海（9.5）、庆寿湖（6.8）、玉湖（4.0）、蠡田湖（1.8）、湖溪岩湖（1.6）、郝家湖（1.0）、魏家渡湖（3.3）、新垱坝湖（1.9） | | | 2 | 熊渡（9508）、香客岩（2193） | 6 | 箭楼子（300）、五眼泉（118）、万春（200）、永乐（100）、红山（124）、全福（234） | 11 |
| 7 | 6.129 | 松滋河（3891） | 4 | 木天河（183）、新河（512）、东河（134km）、西支（47km） | | | | | 3 | 北河（5640）、巷桥（1180）、南河（1037） | 5 | 宝塔（524）、新桥（121）、石桥（183）、李桥（670）、木天河（405） | 12 |
| 8 | 6.129.4 | 沱水（2218） | 3 | 南河（344）、洛溪河（280）、界溪河（190） | | 2 / 王家大湖（7.8）、马鞍湖（1.9） | | 沱水（57600） | 1 | 大青河（1270）、文家（1720） | 2 | 共青团（147.5）、万家（122）、六泉（667）、伍家湾（129）、茶园（146.8）、和平（103.3）、曾家峪（311）、毛坪（107.5）、双峰（223.6）、白果（127.5）、红旗（413）、清潭湾（127）、金家 | 31 |

续表

| 河流 | | | 湖泊 | | | | 水库 | | | | | |
|---|---|---|---|---|---|---|---|---|---|---|---|---|
| 流域面积1000km²及以上 | | | 水面面积10km²及以上 | | 水面面积1~10km² | | 大型 | | 中型 | | 小(1)型 | 小(2)型 |
| 序号 | 条目编号 | 流域面积100~1000km² | | | | | | | | | | |
| | | 河流·河段 | 数目 | 名称 | 数目 | 名称 | 数目 | 名称 | 数目 | 名称 | 数目 | 名称 | 数目 | 名称 | 数目 |
| 8 | 6.130 | 虎渡河(2098) | | | | | 茈湖(6.0)、北湖(3.4)、朱家湖(1.7)、黄天湖(3.0)、关湖(2.1)、扁担湖(2.1)、老营溪湖(2.1)、马尾湖(1.0) | 8 | | | | | 大畈(208.5)、斗巴沟(123)、望家冲(115)、张桥(245)、友谊(237)、玉泉(795)、陈冲(126)、长坂(116)、木店(270)、金沙(210)、红岩河(131)、清溪二级(130)、纸厂(200)、均口(589)、段店(706)、王冲(177)、金星(399)、张冲(126)、利岗冲(280)、杨冲(511)、燎原(198)、胡家营(185)、长坡(678)、龙井(579)、张家港(163)、熊家港(542)、向家岭(764)、铁子岗(163) | 110 | |
| 9 | 6.131 | 沮漳河(7305) | 6 | 鸡冠河(323)、胡家河(100)、岩河(114)、巩河(178)、玉泉河(128)、鲜家港(126) | | 崇湖(13.9)、王湖(10.2) | 2 | 太平湖(2.6)、陶家湖(3.7)、季家湖(1.5)、张家山湖(3.4)、菱角湖(0.4)、北湖(8.6)、南湖(1.7)、竹箭湖(1.7) | 8 | 巩河(17323) | 1 | 跑马(4274)、杨树河(2348)、官道岭(1559)、石子河(2151)、沙港(1403) | 5 | 倒座庙(267.5)、观沟(134)、太平(115)、泥龙(453)、晓坪(634)、龚冲(141)、沙河(865)、苏家沟(401)、宇店(415)、友道(136)、鲫鱼沟(625)、普咨寺(233)、老虎湾(776)、马鞍山(450)、九冲(288)、双暖(101)、朱冲(145)、谢花桥(325)、董冲(211)、冯冲(374)、阁冲(139)、吴冲(174)、洪门冲(270)、许山(106)、胡家砦(163)、铁坪(265)、玄河(316)、朝阳(111)、周沟(114)、羊福(135)、高山(167)、赵家岭(861)、岩子河(166)、王郎沟(206)、刘家岭(154)、姚沟(124)、烂泥沟(218)、杨家冲(580)、毛家岗(105) | 42 |
| 10 | 6.131.3 | 漳河(2968) | 7 | 小漳河(155)、茅坪河(352)、丁家河(147)、钱家河(154)、瓦家河(139)、明阳洞河(220)、清溪河(174) | | | | | | 漳河(203500) | 1 | 刘家冲(1010)、车桥三星寺(1384)、车桥(2011) | 3 | 沙港河(119)、岩子河(265)、朝阳(154)、烂泥沟(135)、王郎沟(218)、刘院(580)、乌盆沟(124)、杨家冲(380)、毛家塆(105) | 121 | |
| 11 | 6.132 | 藕池河(2064) | 1 | 梅田湖河(27km) | 1 | 东湖(23.2) | | 秦克湖(2.7)、猪米湖(1.0)、东双湖(1.8)、破湖(1.0)、黄莲湖(1.8)、塌湖(9.2)、朱氏湖(4.0)、下车湾湖(3.41)、西湖(7.77)、上车湾湖(1.56)、罗帐湖(3.0)、蔡田湖(1.53)、赤湾湖(2.75)、七星湖(4.1)、悦米湖(1.77) | 16 | | | 北汉(1450) | 1 | 沙河(610) | 1 | |
| 合计 | | | 55 | | 5 | | 51 | | 7 | | 27 | | 138 | | 461 |

表 6-13　洞庭湖水系一览表

| 序号 | 条目编号 | 河流·河段 | 流域面积100～1000km² | | 湖泊 | | | | 水库 | | | | | | |
|---|---|---|---|---|---|---|---|---|---|---|---|---|---|---|---|
| | | 流域面积1000km²及以上 | 名称 | 数目 | 水面面积10km²及以上 | | 水面面积1～10km² | | 大型 | | 中型 | | 小(1)型 | | 小(2)型 |
| | | | | | 名称 | 数目 | 名称 | 数目 | 名称 | 数目 | 名称 | 数目 | 名称 | 数目 | 数目 |
| | 6.133 | 洞庭湖水系(262800) | | | | | | | | | | | | | |
| 1 | 6.133.2 | 澧水(18583) | 向家坪河(259)、周家河(120)、罗峪河(1083)、洪家关河(116)、邵水(489)、氽水(105)、九溪河(142)、后坪河(103)、仙人溪(381)、贺虎溪(408)、药石河(117)、潜水(211)、茅溪(162)、岩口河(176)、零溪河(354) | 15 | | | | | 鱼潭(11600)、三江口(22000)、三艳洲(17600) | 3 | 双泉(1208)、贺龙(4446)、茅溪(5580)、仙人溪(1114)、协和(1076)、紫庵(1800)、赵家垭(1538)、陈家(6291)、双红(7340) | 9 | 水井台(170)、车尔溪(360)、尧湾(720)、青坪(150.1)、漩水(250)、土地峪(118)、芦毛溶(143)、张家溪(138)、清水泉(124)、高竹山(109)、黄毛溪(119)、两盆溪(134)、黄沙泉(231.3)、红旗(330)、七里峪(224)、永丰(192)、龙虎峪(146.5)、金岩(104)、九龙(176)、胜天(162.7)、长乐(138.4)、砚田(248.5)、黑峪湾(144.5)、白岩溪(122)、陈家垭(410)、白羊峪(196)、李家垭(141.7)、月亮(830)、新街(127.2)、金坑(296)、红岩溪(325.5)、花桥(138.5)、八一(223)、九龙(590)、中溪峪(106.5)、天池堰(122.8)、白溪(226)、阳湖(340)、山羊溪(226)、阳湖(340)、慈利城关电站(878)、沃沙(628) | 43 | 153 |
| 2 | 6.133.2.1 | 澧水中源(1263) | 湛家河(185)、澧水南源(553)、万民岗(119) | 3 | | | | | | | 杉木河(1610) | 1 | 亚东(102)、雅子溪(152.8) | 2 | 3 |
| 3 | 6.133.2.5 | 溇水(5048) | 唐家河(153)、汪家河(207)、家河(552)、甬渡江(269)、大典江(354)、澹水(534)、余湖(136)、人潭溪(183)、石厂河(102)、[湘潭溪(113)、306]、杉木桥(113) | 12 | | | | | 江垭(174100) | 1 | 哈蟆颈(1560)、庄塔(1970)、漾溪(1080)、皮家垭(1040) | 4 | 紫荆(114)、九岭(123)、南滩(169)、磨子峪(109)、双高(161)、峪垭(548)、创业(210)、黑泉(588)、余湖(227)、青年(982)、关田溶(196) | 11 | 15 |
| 4 | 6.133.2.7 | 漤水(3201) | 白溪河(204)、黄虎港(384)、后河(134)、毛子河(356)、竹溪河(111)、仙峪河(550)、千滩河(112)、峡峪江(206) | 8 | | | | | 皂市(144000) | 1 | 里山河(1575)、南溪(1114) | 2 | 大长湖(130)、联合(169.2)、迎新(233)、中茏(135)、高岩壁(110.1)、工农(146.5)、黄沙壁(127.6)、老峪(365)、马家岩(467)、南盆溪(178.5)、黄家湾(131)、洞湾(134)、五峰(119)、双龙(180.3)、共冲(113.5)、六和(120)、黄口(226.4)、长冲(150.7)、六口 | 19 | 48 |

404

续表

| 序号 | 条目编号 | 河流·河段 | 流域面积 1000km² 及以上 | | | 湖泊 | | | | 水库 | | | | | |
|---|---|---|---|---|---|---|---|---|---|---|---|---|---|---|---|
| | | | 流域面积 100~1000km² | | 水面面积 10km² 及以上 | | 水面面积 1~10km² | | 大型 | | 中型 | | 小(1)型 | | 小(2)型 |
| | | | 数目 | 名称 | 数目 | 名称 | 数目 | 名称 | 数目 | 名称 | 数目 | 名称 | 数目 | 名称 | 数目 |
| 5 | 6.133.2.11 | 㵲水 (1364) | 3 | 㵲水北源 (162)、杨明溪 (144)、沙溪河 (233) | | | | | | | 7 | 蒙泉 (6760)、东泉 (1384)、首桥 (1270)、高桥 (1220)、浮山 (1070)、同欢 (2230)、群英 (2040) | 33 | 银泉 (118)、七迂溪 (117.5)、牛头 (268)、何岗 (133.5)、南门 (232)、龙头坝 (181.7)、共青 (155)、陈家湾 (109)、向阳 (650)、峪口 (134)、潘家岗 (407)、九根丛 (282)、曹吉垱 (286)、太平 (390)、太山 (674)、张家垱 (205)、东堤 (119)、金星 (373)、家档 (582)、红星 (207)、五星 (792)、复治口 (430)、杨坪 (183.5)、斗私冲 (121)、何家堰 (179)、天鹅 (114)、尺量堰 (261)、车匠冲 (114)、(156)、郝家峪 (340)、古堤溶 (779)、横冲 (124)、胜利 (137.5)、卫星 (124) | 140 |
| 6 | 6.133.2.12 | 溆水 (1188) | 2 | 溆水北源 (184)、余家河 (156) | 1 | 北民湖 20.4 | 1 | 朱鲁湖 (3.33) | 2 | 王家厂 (30500)、山门 (11150) | 2 | 盐井 (1585)、赵家峪 (1172) | 22 | 深茅湾 (116.4)、红旗 (117)、凤兴 (252)、水溪洞 (175)、楠木 (169.2)、大樟洞 (176.8)、文家冲 (305)、四方桥 (169)、宜万 (129)、石公桥 (950.3)、陈家湾 (152.1)、蔡家坡 (288.5)、团结 (116)、谭家冲 (245.5)、红星 (124.2)、芦茅阳 (114.3)、龙垱 (105.2)、红棚峪 (180.5)、扬花桥 (154)、烟峪 (100.1)、竹马 (170.9)、(128) | 74 |
| | 澧水小计 | | 43 | | 1 | | 1 | | 7 | | 25 | | 130 | | 433 |
| 7 | 6.133.3 | 沅江 (89647) | 64 | 盆河 (239)、莱园河 (139)、堤泥河 (196)、南犟河 (137)、羊昌河 (143)、龙山河 (181)、鸭塘河 (182)、岑孟溪 (123)、平夏河 (104)、南孟彦溪 (207)、乌下江 (758)、八洋河 (193)、松江 (124.5)、等溪 (117)、岩头冲 (812)、兰田河 (260)、红旗 (128)、洪江河 (430)、对江河 (195)、米贝河 (142)、清江河 (139)、窦家巴河 (488)、汪溪河 (162)、公溪江 (267)、托里溪 (165)、溪渡江 (196)、凡溪 (176)、新建溪 (149)、溪、响溪 (275)、黄溪 (186)、(126)、上蒲溪 (113)、柿溪 (244)、蒲溪 (115)、洛衣溪 | | | | | 6 | 三板溪 (409400)、岩登漂 (10300)、白洪江 (32000)、五强溪 (435000)、竹园 (13160)、凌津滩 (64800) | 25 | 茶园 (1960)、里禾 (1735)、丼治 (4184)、绿茵湖 (1880)、梨溪口 (3352)、八面山 (2300)、黄狮洞 (2256)、岩门溪 (2355)、西溪 (550)、王龙岩 (1940)、汪一 (104)、王家湾 (2244)、首冲 (223.5)、龙田 (1064.1)、岩头冲 (110)、红旗 (1190)、王家坡 (100)、五间田 (102)、大溪 (141)、(1135)、船溪 (121)、胡琴塘 (259)、五岭 (114)、芦溪冲 (111)、栗坡 (126)、三里聚 (174)、芦溪 (120)、大塅田 (1780)、米贝 (3730)、澄山 (3650)、跃进 (1990)、五里田 (2177)、五里坳 (2440)、李家冲 (146)、扶车 (136)、漕 (5000)、罗子山 (1720) | 147 | 高街 (101)、虾子 (100)、金泉 (104)、乌塘 (100)、早枝 (114)、红山 (135)、龙里 (300)、富江 (100)、白土 (280)、栏塘 (405)、团鱼浪 (450)、清蒲 (550)、明英 (900)、石头 (320)、汪一 (104)、新总 (128.5)、香冲 (223.5)、龙山 (104.1)、岩头冲 (110)、大溪 (141)、王家坡 (100)、五间田 (102)、蒋公溪 (259)、黄土坡 (115)、黄土冲 (204)、红旗 (123.5)、铜溪 (2040)、挖鱼山 (348)、和平 (454.4)、团结 (348)、和平 (454.4)、荔溪 | 565 |

续表

| 序号 | 条目编号 | 河流 | | 湖泊 | | | | 水库 | | | | | |
|---|---|---|---|---|---|---|---|---|---|---|---|---|---|
| | | 流域面积1000km²及以上 | | 水面面积10km²及以上 | | 水面面积1~10km² | | 大型 | | 中型 | | 小(1)型 | 小(2)型 |
| | | 河流·河段 | 流域面积100~1000km² | | | | | | | | | | |
| | | 数目 | 名称 | 数目 | 名称 | 数目 | 名称 | 数目 | 名称 | 数目 | 名称 | 名称 | 名称 |
| | | | (338)、**兰溪**(569)[南溪(179)]、深溪(398)、朱红溪(625)、南溪(216)、*怡*溪(874)[马溪(146)、(361)、雷*岜*(118)]、大旻溪(大旻溪(186)、*洞岜溪*(714)[大莲堰(164)、王家溪(290)]、香莲堰(121)、大泥*溪*(598)[洞溪(125)、小沧溪(220)、千丘田(732)]、*太平铺河*(101)]、**黄望溪**、(134)、澄溪(303)、水溪(288)、[李家官庄坪(114)、*娅溪*(419)、浙水(284)、*桂水*(484)[黄土店河(106)] | | | | | | | | | | (141.7)、竹元头(193)、杜家溪(110.9)、黑岩洞(157)、岩板溪(142)、双坡(126)、洞头山(146)、漱岑(100)、小黄单(135)、双溪(119)、田金山(110)、四方岩(768)、湖马池(132)、猪儿洞(143)、潮池(550)、冲火垅(121)、沙渡溪(230)、婆田(152)、千丘田(110)、杀头岩(385)、大孔(154)、后青岩(179)、九曲溶(141)、猪槽溪(340)、吾米洞(106)、麻坪(180)、夹石溪(512.8)、飞碟(159)、龙洞(143)、鳜鱼洞(126)、干工坝(280)、高家溪(654)、四方(122.9)、舒公溪(322)、官庄(143.5)、竹写(118)、童家田(140.5)、红鹤殿(214.5)、龙潭溪(184.7)、广溪山(186.4)、古溪冲(193.7)、野猫冲(152.1)、梅溪桥(282.8)、尹家冲(140.3)、五保山(158.2)、湖田(251.4)、马江唱(140.9)、许家冲(117.5)、南北凄(116.5)、草堰(127.7)、北斗溪(131.7)、金星(231)、花桃坪(174.2)、北凤坡(140.5)、羊脑坪(213.1)、道山头(118.9)、高益(147.9)、金宇山(264.5)、狮子岭(330.1)、前山桥(769.5)、岩家冲(360.6)、雷打岩(111.8)、张家冲(117.4)、金龙(337)、花家坝(马峰)(111.1)、聂家冲(118.8)、古水洞(139.1)、石门峪(118.3)、响水洞(115.2)、代家棚(514.8)、粘木冲(150.1)、斗蓥冲(128.2)、黑潭洞(106.5)、龙溪(160.5)、丰盈(550)、(127.3)、鹤丰(178.5)、王家端(龙门)(546)、建新(221)、王家端(411.7)、群英(209)、鸽子湾(110.7)、白龙(232.2)、茶叶(280)、大溪(104)、金耳岗(161.9)、基隆(208)、长岭河(110.5)、易家冲(109)、双冲(582)、英雄(139)、王家(111)、金子溪(132) | |

406

续表

| 序号 | 条目编号 | 河流·河段 | 流域面积 100~1000km² 数目 | 流域面积 100~1000km² 名称 | 湖泊 水面面积 10km²及以上 数目 | 湖泊 水面面积 10km²及以上 名称 | 湖泊 水面面积 1~10km² 数目 | 湖泊 水面面积 1~10km² 名称 | 水库 大型 数目 | 水库 大型 名称 | 水库 中型 数目 | 水库 中型 名称 | 水库 小(1)型 数目 | 水库 小(1)型 名称 | 水库 小(2)型 数目 |
|---|---|---|---|---|---|---|---|---|---|---|---|---|---|---|---|
| 8 | 6.133.3.3 | 重安江(2774) | 5 | 围陇河(261)、羌布河(353)、浪波河(335)、白水河(229)、翁马里河(238) | | | | | | | | | 9 | 格田(235)、马岩(570)、水冲(100)、卡翁(500)、手爬岩(100)、黑塘桥(600)、龙滩河(100)、庞河(547)、苦李井(217) | 24 |
| 9 | 6.133.3.4 | 巴拉河(1356) | 3 | 望丰河(116)、羊吾江(104)、翁里河(354) | | | | | | | 1 | 岩寨(9860) | 3 | 九十九(102)、康巴(143)、老屯(450) | 4 |
| 10 | 6.133.3.5 | 巫密河(1255) | 2 | 南哨河(661)、郎洞河(224) | | | | | | | | | 4 | 南哨(880)、交下(102)、南东(550)、马颈坳(150) | 2 |
| 11 | 6.133.3.8 | 六洞河(2070) | 4 | 台烈河(145)、贵极河(110)、出洞河(138)、双寨河(228) | | | | | | | | | 9 | 桃云(182)、摆洞(107)、满天星(336.8)、大山沟(194)、老花山(100)、莲花洞(480)、贵明河口(600)、娃娃洞(600)、平坝(900) | 22 |
| 12 | 6.133.3.9 | 荔江(1637) | 4 | 高场河(135)、嵩屯河(185)、古河(218)、钟灵河(263) | | | | | | | 4 | 鱼塘(5028)、八河(2603)、墨门山(1430)、八舟(1350) | 4 | 水冲溪(158)、虎形(103)、五里江(295)、三硐坎(350) | 23 |
| 13 | 6.133.3.12 | 柔水(6772) | 14 | 下温河(152)、九丰江(139)、木溪(405)、黄荤江(129)、牙屯堡河(226)、四乡河(612)、马王溪(138)、老鸦溪(280)、地脚腰溪(124)、文溪河(115)、会同(267)、广坪河(802)[地灵河 c342] | | | | | 1 | 晒口(13400) | 6 | 金麦(1450)、水酿塘(7750)、高涌洞(2550)、大溪(1112)、朗江(8340)、螺丝塘(4400) | 34 | 偶洞(231)、八宝河(101)、地夹冲(126.2)、飞山(828)、竹冲(381)、信冲(139.2)、打油冲(124.2)、鼓洞(113.3)、长杆冲(135)、大坡(109.7)、林家冲(304)、地灵(506.2)、水塔坳(243)、江洲寨(458)、岩板桥(112.4)、六黄(134.9)、毛寨坳(129.3)、雄塘冲(108.5)、颜家冲(173.5)、杨田冲(193)、大溪洞(140.7)、八一(125)、小岩溪(125.3)、冷水头(106.6)、广坪电站(586.2)、大冲(139.8)、小田冲(202.9)、马鞍冲(600)、地理坝(156)、木溪(176.5)、南团坝(650)、丁洞(118.8)、湖漂肉(146)、张黄电站(350) | 100 |
| 14 | 6.133.3.12.2 | 通道河(1574) | 3 | 双江河(379)、马龙河(141)、羊溪河(439) | | | | | | | | | 5 | 跃进(126.4)、江头(311.1)、金竹滩电站(298)、三角塘电站(124)、江口坪电站(245) | 25 |

续表

| 序号 | 条目编号 | 河流·河段 | 流域面积 1000km² 及以上 | | 湖 泊 | | | | 水 库 | | | | | | |
|---|---|---|---|---|---|---|---|---|---|---|---|---|---|---|---|
| | | | | 流域面积 100～1000km² | 水面面积 10km² 及以上 | | 水面面积 1～10km² | | 大 型 | | 中 型 | | 小(1)型 | | 小(2)型 |
| | | | 数目 | 名 称 | 数目 | 名称 | 数目 | 名称 | 数目 | 名称 | 数目 | 名称 | 数目 | 名 称 | 名 称 | 数目 |
| 15 | 6.133.3.13 | 潕水 (10334) | 17 | 下坝河 (103)、小塘河 (112)、杉木河 (255)、舍拉河 (408)、江凯河 (106)、野鸦河 (227)、新店坪溪 (189)、细米溪 (129)、西溪 (226)、柳寨河 (539)、细米溪 (129)、杨溪河 (452)、晓坪溪 (179)、罗旧溪 (136)、青叶树 (111)、太平溪 (347)、烟溪 (117) | | | | | 2 | 观音岩 (12300)、鲢塘溪 (15300) | 11 | 红旗 (5800)、两岔河 (6320)、罗朝阳 (4800)、朝阳 (1380)、大田 (1380)、两川口 (4290)、春阳滩 (1310)、金厂坪 (1580)、红岩 (3000)、三角滩 (5400)、五龙溪 (1232) | 90 | 潮水湾 (100)、诸葛洞 (100)、曹冲铺 (128)、新兴 (100)、大麻湾 (200)、杉木河 (250)、西峡 (320)、东峡 (225)、新店 (405)、黑塘 (566)、大飞 (400)、大王滩 (450)、门青滩 (700)、铺田 (700)、贺家滩 (930)、马面坡 (965)、老渡桥 (393)、龙江 (203)、洋码头 (287)、仙人桥 (118)、大飞水 (110)、曹冲铺 (128)、克麻 (110)、洋马头 (158)、老渡桥 (393)、黑滩 (566)、西峡 (320)、东峡 (225)、苗寨 (163)、西峡 (930)、马面坡 (965)、贺家滩 (405)、正冲 (122)、野鸡坪 (150)、芝洲 (306)、盘龙寨 (142)、泥水溪口 (105)、小估坪 (124.5)、洛溪口 (162.5)、杨家坳 (190)、半峡 (110)、仲黄坪 (165.5)、姑召 (320)、田家溪 (259)、双溪坪 (155)、槐花坪 (157)、胡家坡 (120)、黄花坪 (172)、桃水 (209.1)、巽公坡 (380)、小狮子 (143.3)、白洋溪 (114)、清水冲 (194)、(110)、郭袭冲 (111)、花树冲 (141)、乌溪 (房溪 (355)、团山坡 (153)、板木溪 (419)、(532)、芦塘袋 (316)、小阳 (600.6)、天鹅坨 (100)、过江龙 (116.2)、黄溪 (114.9)、板坡 (149.5)、扒修 (227)、跃进 (193)、扶柱 (396)、小狮子 (194)、(247)、狮子岩 (692)、革命溪 (120)、长冲坡 (164.5)、前进 (141)、三里平湖 (202.5)、黄水溪 (112)、固合 (146)、细毛冲 (102.5)、林青溪 (161)、裕鸿 (252)、堰塘冲 (140)、青子坪 (115.5)、鱼市 (660)、洪溪 (159.1)、白岩堰 (150)、船溪 (110.5)、千田冲 (247)、板筏坡 (235)、老堰塘 (668) | 265 |

续表

| 序号 | 条目编号 | 河流 流域面积1000km²及以上 | | 湖泊 | | | | 水库 | | | | | |
|---|---|---|---|---|---|---|---|---|---|---|---|---|---|
| | | 河流·河段 | 流域面积100～1000km² | | | 水面面积10km²及以上 | | 水面面积1～10km² | | 大型 | | 中型 | | 小(1)型 | | 小(2)型 |
| | | | 名称 | 数目 | 名称 | 数目 | 名称 | 数目 | 名称 | 数目 | 名称 | 数目 | 名称 | 数目 | 数目 |
| 16 | 6.133.3.13.3 | 龙江河(1714) | 尚寨河(103)、路溪河(124)、昇溪河(204)、新安河(121) | 4 | | | | | | | | | 余家寨(100)、匀塘(150)、塘家坡(800)、冷水溪(110)、石门坎(320)、夫遮(430)、合作(145)、苗寨(163) | 31 |
| 17 | 6.133.3.13.4 | 车坝河(1286) | 湖溪(118)、六马河(123)、排坡河(191) | 3 | | | | | | | | 小龙滩(1630) | 1 | 冷家沟(110)、大河坪(213)、天落塘(187)、甘溪沟(115)、赵坪(164)、姚寨(180)、柏扬沟(268)、冷溪(130)、将军山(546)、地落(430)、团结(193)、牟黄(200)、吊井(322)、苗坪(100)、绿坪(100) | 22 |
| 18 | 6.133.3.15 | 巫水(4205) | 兰蓉溪(104)、大阳水(171)、界青水(255)、岚清水(425)、清溪(171)、白溪水(208)、虾子溪(123)、白岩水(155)、时竹水(496)、下寨水(120)、枫木团河(143)、木栗(244)、麻塘溪(103)、江抱溪(150)、小河(273)、车皮溪(118) | 16 | | | | | 白云(36000) | 1 | 江口塘(2900)、若水(1780)、长田(1260)、渔梁湾(1580) | 4 | 坝头冲(156)、双溪桥(198)、沉江渡(860)、棕树园(411)、吊水洞(131)、梅子坳(118)、王家庄(139.8)、岩青溪冲(137.9)、雪峰(137.4)、花洋溪(105.1) | 10 |
| 19 | 6.133.3.16 | 溆水(3290) | 圭洞溪(156)、葛竹坪溪(173)、猫儿江(106)、诗溪江(126)、龙王江(349)、炒溪(136)、溪口江(113)、四都河(881)[岩家坡溪(147)]、三都河(338)、麻阳水(158)、恩家溪(117) | 12 | | | | | | | 刘家坪(3328)、银珍(3100)、深子湖(7400)、金家洞(1480)、杉木塘(1075) | 5 | 报木(189.9)、红岩(133.5)、合作(143.3)、长明洞(118.5)、黄马田(120)、柳溪(144)、紫荆(247)、坪溪(135)、五化坝(507.4)、仙桃溪(128.2)、大溪口(377)、王里坑(128.1)、卫星(544)、合心(102)、幸福(112)、跨界坳(115)、水集塘(109)、狻门溪(199.3)、鱼米滩(150)、云麓(133.6)、前进(388) | 77 | 21 |

409

续表

| 序号 | 条目编号 | 河流 | | | 湖泊 | | | | 水库 | | | | | |
|---|---|---|---|---|---|---|---|---|---|---|---|---|---|---|
| | | 流域面积1000km²及以上 | | 流域面积100~1000km² | | 水面面积10km²及以上 | | 水面面积1~10km² | | 大型 | | 中型 | | 小(1)型 | 小(2)型 |
| | | 河流·河段 | 数目 | 名称 | 数目 | 名称 | 数目 | 名称 | 数目 | 名称 | 数目 | 名称 | 数目 | 名称 | 数目 |
| 20 | 6.133.3.17 | 辰水(7536) | 16 | 罗江河(137)、大平河(513)、谢桥河(116)、云竹河(168)、马岩溪(126)、瓦屋河(341)、四人坪(173)、壹罗溪(699) [老溪(156)]、麻开河(249)、沱水河(228)、程禾溪(234)、摘潭溪(172)、斯头溪(351)、(113)、龙门溪 | | | | | | 1 | 渣头(11460) | 5 | 罗家寨(4800)、铜信溪(5930)、长土溪(5285)、竹田(2795)、林坪(1750) | 69 | 茅坪(167.2)、猴子沟(178.5)、豹子云(217)、梅花(182)、龙升(550)、项盘(200)、艾家(250)、岚湾(310)、王家山(640)、翁坑(734)、浑水洞(236)、猴子沟(178.5)、王家山(640)、大岩(126)、水竹坪(110)、大冲沟(170)、砂坝(495)、筠加(122.2)、南泥(236.6)、牛尿洞(103.8)、小溪(136.7)、天堂坡(145)、昌塘(212)、天穗(103.7)、高洞(319.7)、朱兰门(212)、三山洞(110)、大坨(157)、黄连坡(220)、龙家坡(141)、大禾溪(129)、水洞(127)、酌皮(256)、山野竹(108)、宝禾岭(207)、杨柳坡(118)、青山(179.3)、合龙(141)、新方族(118)、茂禾溪(520)、天井坡(139)、团结(291)、通观(132)、四十弯(366)、跃进(206)、三塊田(110)、花兰(108)、擢溪(141)、桃坳(949.2)、乌金坳(118)、桐仙(123)、红旗(148)、三脚岩(350)、山羊头(199.4)、木树湾(157)、白沙(187.9)、岩家(243)、排坪(321.9)、马王塘(147)、石禅岩(114)、西牛潭(293.4)、团水井(122)、毛洲一号(480)、毛洲二号(240)、龙洞溪(873)、锦和电站(960)、潭口(405)、老里碑 | 296 |
| 21 | 6.133.3.17.2 | 小江河(1373) | 4 | 寨英河(335)、大榮河(570) [老云河(152)]、丰郎河(103) | | | | | | | | 2 | 观音山(1100)、天生桥(3646) | 8 | 富里坳(100)、清水塘(450)、洋水洞(236)、水竹坪(110)、梨砚(450)、大岩(126)、河界岩(100)、马槽河(600) | 24 |
| 22 | 6.133.3.18 | 武水(3574) | 9 | 怕湾河(131)、小龙江洞(121)、文溪河(124)、万溶江(488)、司马河(264)、芒江(981)、龙塘河(158)、丹青河(369)、能溪(273) | | | | | | | | 7 | 甘溪桥(1360)、长潭岗(9970)、河溪(2210)、长潭(5300)、黄石洞(1100)、墮公(2400)、小陂流(4510) | 39 | 连花山(147)、大小坪(840.6)、夯用(109)、让烈(173)、天星叫(111.5)、团结(276)、跃进(359.5)、万溶江(350.6)、千田(140)、白岩洞(420)、上佬(106)、马田(129)、寨坡(156.5)、大庭(273)、大古坡(104)、山江一库(314)、锦皮(160)、大田角(156.5)、千潭(293.3)、锡家(133.2)、马家冲(250)、田溶(122)、龙头冲(670)、鱼尾坡(193)、贝果唱(150)、青明(148.7)、兰曹河(102)、和平(150)、洞底(800)、乾州(110)、岩塘(148.7)、夯色庵(122)、上游(255)、湘口溶(250)、狮子图(825)、杨家滩(300)、青底(230) | 97 |

410

续表

| 序号 | 条目编号 | 河流 | | 湖泊 | | | | 水库 | | | | | | |
|---|---|---|---|---|---|---|---|---|---|---|---|---|---|---|
| | | \\multicolumn{2}{河流·河段} | \\multicolumn{2}{水面积 10km² 及以上} | \\multicolumn{2}{水面积 1~10km²} | \\multicolumn{2}{大型} | \\multicolumn{2}{中型} | \\multicolumn{2}{小(1)型} | \\multicolumn{2}{小(2)型} |

| 序号 | 条目编号 | 河流·河段 流域面积 1000km² 及以上 | 流域面积 100～1000km² 数目 | 流域面积 100～1000km² 名称 | 水面积 10km² 及以上 数目 | 水面积 10km² 及以上 名称 | 水面积 1～10km² 数目 | 水面积 1～10km² 名称 | 大型 数目 | 大型 名称 | 中型 数目 | 中型 名称 | 小(1)型 数目 | 小(1)型 名称 | 小(2)型 数目 |
|---|---|---|---|---|---|---|---|---|---|---|---|---|---|---|---|
| 23 | 6.133.3.20 | 酉水 (18530) | 32 | 曾家河 (197)、高罗河 (189)、岩洞河 (196)、大江溪 (121)、人皇口车河 (170)、龙山河 (301)、皮渡河 (128)、小河 (107)、杜塘坪 (366)、招头寨 (188)、大洛河 (175)、长潭河 (194)、造康河 (123)、泗溪河 (392)、路路河 (108)、涂作河 (515)、夫家河 (189)、王村 (191)、鱼泉溪 (266)、施洛溪 (301)、西溪河 (887)、[草塘河 (383)]、明溪 (250)、曹家河 (102) | | | | | 2 | 碗米坡 (37800)、凤滩 (173300) | 7 | 新峡 (3520)、卧龙 (1451)、湾塘 (5810)、贾坝 (1371)、松柏 (1329)、白溪 (1640)、长潭 (1300) | 45 | 大沟 (253)、尚家洞 (113.2)、金光 (100)、岩风洞 (134)、下河沟 (537)、纺车溪 (500)、金盆曾家坳 (221.5)、龙洞河 (100)、车沟 (140.4)、龙颏坳 (103)、咱代湖 (166)、塘竹湾 (446)、龙潭溪 (209.8)、龙覃 (125)、塘口湾 (600)、红石溪 (270)、酉酬河 (325)、格则湖 (334)、小河寨 (214)、泽比条 (120)、桃花 (110)、团结 (218)、双坡 (116)、杜塘 (120)、细塔响 (113.7)、千丘田 (110)、广潭河 (235)、堂 (132.3)、杨家岭 (131.8)、亮坪林 (104)、紫荆山 (600)、红旗 (107.4)、梓姨 (104.7)、欠坝 (180)、冲坪 (142)、东风 (844)、竹桐 (107)、三元 (698)、狮子头 (150)、沙洲溪 (230)、家溪 (310)、排香电站 (302.9)、龙沙 (160) | 204 |
| 24 | 6.133.3.20.3 | 梅江河 (2890) | 1 | 平江河 (387) | | | | | | | 2 | 钟灵 (3230)、末衣 (2674) | 8 | 孝溪 (821)、百瑞 (154)、徐家大溪 (237)、贵道溪 (186)、枫香坪 (256)、水银溪 (140)、炳家 (460) | 30 |
| 25 | 6.133.3.20.3.2 | 龙潭河 (1260) | 3 | 冷水河 (121)、渤海沟 (173)、洛溪河 (547) | | | | | | | 2 | 龙覃 (1003)、胜利 (1215) | 1 | 苓木 (123) | 10 |
| 26 | 6.133.3.20.4 | 洗车河 (1276) | 4 | 小河溪 (209)、几车河 (312)、高洞溪 (100)、贾窝河 (257) | | | | | | | | | 9 | 大山沟 (126.5)、光明 (296.1)、张家湾 (108.2)、杨家冲 (110)、麻家河 (220)、五洞 (400)、大洞 (198.4)、冷水溪 (524.57)、万福 (165.4) | 26 |
| 27 | 6.133.3.20.6 | 花垣河 (2797) | 7 | 坪南河 (161)、盐门河 (245)、大道 (148)、洪安河 (238)、卡棚河 (108)、足弟河 (438)、[下金洛河 (122)] | | | | | | | 6 | 平举 (1721)、虎渡口 (4600)、小排吾 (1200)、两盆河 (2700)、兄弟河 (7880)、卡棚红卫 (2200) | 15 | 龙停 (100)、大鱼泉 (110)、东方红 (685)、大龙桥 (200)、寨郯坳 (200)、跃进 (500)、两盆河 (1200)、龙河 (160)、坝务 (134)、龙劲角 (224.3)、广车 (308.6)、狮子桥 (798)、民利 (109.5)、双路滩电站 (721)、格则湖 (334) | 76 |
| 28 | 6.133.3.20.7 | 猛洞河 (2275) | 5 | 缺台河 (284)、大溪沟 (104)、中山溪 (107)、施洛 (967)、朗溪河 (289) | | | | | | | 3 | 高家坝 (8000)、马鞍山 (2840)、海螺 (3190) | 16 | 虎虹 (181.8)、十里沟 (244.8)、长虹元卡 (126.4)、新村 (172.2)、跃进龙塔 (128.9)、友谊 (126.7)、梓尊溪 (112)、洞竹 (108.3)、友谊 (272.5)、梓潭 (400)、曹家湾 (302.9)、红卫禾炸 (207.6)、施洛 (153)、约鱼台电站 (400)、哈启 (119)、哈尼启 (960) | 70 |

续表

| 序号 | 条目编号 | 河流·河段 | 河流 流域面积100~1000km² | | 湖泊 水面面积10km²及以上 | | 水面面积1~10km² | | 水库 大型 | | 中型 | | 小(1)型 | | 小(2)型 |
|---|---|---|---|---|---|---|---|---|---|---|---|---|---|---|---|
| | | 流域面积1000km²及以上 | 数目 | 名称 | 数目 | 名称 | 数目 | 名称 | 数目 | 名称 | 数目 | 名称 | 数目 | 名称 | 数目 |
| 29 | 6.133.3.28 | 白洋河(1719) | 6 | 东溪(189)、龙泉溪(175)、理公港(224)、九溪(110)、漆家辅河(355)、潘家辅河(109) | 0 | | 0 | | 1 | 黄石(61200) | 3 | 戈尔潭(1732)、田河(1252)、寺垭(1650) | 29 | 张家湾(125.4)、界溪(102)、放溪(118.7)、太浮(173)、石堰(313)、清凉洞(228.1)、金星(101.2)、神门溪(183)、云潮(144.7)、付家峪(130.7)、东风(781.4)、黎家峪(115.6)、金星(140.6)、坡寨(132.9)、陈家溶(119.4)、白岩峪(118.9)、正龙(180.6)、铁甲(132)、揭岩(238)、长峪(110)、金鸡坡(393.3)、中心(423.5)、刘家峪(113.8)、白鹤山(150)、磨子峪(184)、渠岩(175.57)、古堤(593.57)、姜岩(136.1)、三层堰(136.1) | 106 |
| | 沅江水系小计 | | 238 | | 0 | | 0 | | 14 | | 94 | | 598 | | 2130 |
| 30 | 6.133.4 | 资水(28142) | 41 | 玉溪(129)、石门河(322)、高桥河(130)、辰水(849)、一都河(851)[两汇(185)、都溪江(163)]、四益(117)、岩湾(136)、小江(416)、毗溪(186)、烟溪(344)、白竹河(336)、伏(151)、大坝河(840)、鱼溪(162)、石马江(182)、双江(180)、球溪(104)、麻溪(128)、朱溪(200)、小洋溪(104)、油溪(719)、白溪(358)、董溪(198)、沙田溪(113)、赛江(2120)、雾溪(122)、大酉溪(168)、清溪(126)、思溪(240)、霹雳(237)、昌螺港(113)、沽溪(114)、麻溪(57)、桃花江(407)、志溪河(265)、(626) | 0 | | 0 | | 3 | 六都寨(13112)、析溪(356500)、羊田江(12750) | 13 | 威溪(2105)、岩石(1440)、周头(1037)、颜岭(1165)、跃进(298)、红岩(1037)、梅花洞(2120)、碧螺(1587)、桃花江(7450)、克上冲(2240)、梓山村(1220)、颜家庙(1110) | 210 | 真宝顶(285)、公鸡包三级(203)、口潭(130)、竹叶塘(250)、金紫江(136)、五星(130)、大河江(107)、青丝肋(130)、新塘冲(140)、清溪(180)、十一(170)、长塘(130)、尾(125)、曹家塘(170)、孔家团(156)、长冲(112)、保庆(235)、三塘(370)、东云(300)、人民(140)、石马(395)、龙潭(280)、梅树田(104)、七(105)、狮子(272)、辛福(145)、大建(144.4)、龙塘(165)、杨家坝(191.4)、茅坪(187)、扬才冲(151)、破巷(190)、杨家(113)、浦溪(117)、斗照楼(326)、长水铺(229)、板栗山(184)、大冲(125)、坳头(215)、莫各田(144)、对江(152)、李家坊(182)、苏婆溪(163)、营宅(130.6)、土桥(473)、文仙(124)、营三(120)、木山(370)、朱林(140.9)、三八(468)、寨塘(171)、向家(115)、黄雅(110)、双江(223)、古石(179)、长塘(100)、中团(132)、三角(210)、仁溪(132)、青山(145)、梅亭(175)、昆仑(113)、石仙湾(150)、落石(172)、部武(375)、(375) | 947 |

续表

| 序号 | 条目编号 | 河流 | | | 湖泊 | | | | 水库 | | | | | |
|---|---|---|---|---|---|---|---|---|---|---|---|---|---|---|
| | | 流域面积1000km²及以上 | 流域面积100~1000km² | | 水面面积10km²及以上 | | 水面面积1~10km² | | 大型 | | 中型 | | 小(1)型 | 小(2)型 |
| | | 河流·河段 | 数目 | 名称 | 数目 | 名称 | 数目 | 名称 | 数目 | 名称 | 数目 | 名称 | 数目 名称 | 数目 |

小(1)型 名称：石燕(260)、长塘(170)、茶林(135)、划船塘(145)、泉井(144)、芦山(210)、长塘(103)、蛇湾(347)、尚里冲(142)、湘利(295)、土桥(150)、马脑口(152)、罗城(392)、三山寺(147)、港井(123)、龙井(200)、胜利(126)、双江(810)、联合(210)、李子塘(128.4)、老尾桥(340)、栗米冲(168)、小林江(277)、小东冲(113)、高家坳(160)、邱家(109)、炉滩(288)、高叶塘(113)、梧桐(125)、梅子坝(140)、岩门口(288)、长塘罗山洞(358)、鸭家冲(100)、大坝(143)、红颌(132)、啊上(267.6)、李岭(236)、安乐山(225.4)、李公桥(115)、大丰山(147)、马安(137.4)、枫木(108)、江家洞(136)、南沅(156)、敷源(172.5)、石板(186)、田家(140)、枫山(229)、卢毛路(110)、皇府殿(101)、高峰(189)、红心(129)、革新(108)、青山(121)、马栏冲(117)、大神山(114)、光辉(101)、华东(208)、朝晖(177.2)、建山项(225)、金凤(120)、太平(533.9)、新田(128)、寨门(125)、福星(141)、胜天(139)、龙江(114)、晨光(109)、龙冲里(124)、横溪(120)、杉山(130)、龙谟冲(125)、南家冲(153)、大塘(120)、包家(146.6)、浮栗溪(211)、佳山(107.9)、鹿马(170)、密岩(150)、岩冲(110)、又一(200)、建新(100)、马鲫(260)、文冲(140)、大洞冲(150)、新兰冲(180)、灵山(189.9)、栗树村李家村(164.5)、碑矶(128.8)、安宁(163.5)、竹楼洞(117.5)、罗溪(326.2)、江石桥(109)、野猪冲(176.6)、石坝(105)、雪峰山(515)、目鱼口(154.5)、杨公塘(165)、分水坳(123.9)、花桥(208)、杨岭(208.2)、九岗山(113)、严家村(107.4)、虎形(126)、板桥村(103.6)、雪岭(108.9)、天子仑(108.9)、竹景村(168.2)、花果山(459)、黄土坝(234.4)、肖家村(161.1)、莲花(138)、石牛罩(613)、峡山(257.1)、阿盘冲(112)、七里冲(371)、关圣顶(139.7)、塘湾(132.7)、八角冲(190.4)、船形(153.6)、大章河(131.5)、洋溪江(145)、夫仙(144)、银北峰山(132)、砖(220)、杨林坳(403)、高洞(110)

续表

| 序号 | 条目编号 | 河流 | | 湖泊 | | | | 水库 | | | | |
|---|---|---|---|---|---|---|---|---|---|---|---|---|
| | | 流域面积 1000km² 及以上 | | 流域面积 100～1000km² | | 水面面积 10km² 及以上 | | 水面面积 1～10km² | | 大型 | | 中型 | | 小(1)型 | | 小(2)型 | |
| | | 河流·河段 | 数目 | 名称 | 数目 | 名称 | 数目 | 名称 | 数目 | 名称 | 数目 | 名称 | 数目 | 名称 | 数目 | 名称 | 数目 |
| 31 | 6.133.4.2 | 萝水(1141) | 2 | 广竹水(114)、滚水(185) | | | | | | | | 洛口山(1408)、超美(3120)、大业冲(1630) | 3 | 黄蜡水(142)、虹山(216)、大屋场(230)、桐木塘(225)、团鱼塘(102)、新塘(204)、马家(105)、碰塘(165)、幸福(232)、刘家冲(430)、姚家冲(412)、海塘(262)、旺冲(128) | 13 | | 43 |
| 32 | 6.133.4.3 | 平溪(2269) | 5 | 长塘河(253)、古楼河(338)、半江(123)、黄泥江(436)、西洋江(421) | | | | | | | | 南景冲(1200)、龙江(1230)、木瓜山(5730) | 3 | 土地界(152)、银坪(273.7)、石板桥(154)、半江(521)、光冲(210)、汤家园(179)、龙塘(833)、岩塘(100)、祖塔(112)、毛坪(125)、暗前子塘(127)、三溪坡(142)、白茅坡(126)、塘觉溪(104)、炭山园(128)、超英(117)、英雄(104) | 18 | | 95 |
| 33 | 6.133.4.5 | 夫夷水(4554) | 9 | 爪里河(179)、三紫河(160)、茛笏河(102)、蓊木江(684)[长湖水(228)]、罗同河(106)、冻江(249)、横溪(112)、渡水(408) | | | | | | | | 青背(1220)、大坬(7100)、三联(1260)、大水江(3300) | 4 | 源江(285)、鸡公苞二级(203)、口潭(250)、火烧寨(115)、金紫江(136)、东风(160.8)、罗源(224.4)、华洋(221)、腊竹山(268.5)、完洪(202.7)、满竹山(215.4)、坝头(243)、禾塘冲(178.9)、跃进(319.6)、甘井(251.4)、东冲(196)、石盆二(191.4)、碾阳江(170)、雷公塘(650)、金桥(138)、石门(238)、碧田(198)、瓦子塘(124)、小木塘(140)、严塘(248)、煤炭塘(130)、青铜(163)、八一(210) | 30 | | 133 |
| 34 | 6.133.4.6 | 邵水(2068) | 5 | 楂江(293)、嵩木岭河(167)、西洋江(319)、檀江(631)、双江(123) | | | | | | | | 三都(1155)、天台山(1055)、天黄(1010)、三合(1065)、耗子岩(2427)、龙家坝(115)、龙家桥(410)、尧鱼塘(360)、过路塘(1321)、枫树坑(1524)、双江(1025)、金江(1570)、张家(1505)、黑家冲(1070) | 12 | 江口亭(120)、天门坝(115)、道江(287)、兰子塘(112)、刘家冲(434)、瞿子岙(110)、横冲(153)、大塘岙(363)、大塘(108)、喇叭塘(115)、岩子岩(115)、龙家桥(344)、黄金洞(148)、小冲(114)、天子山(383)、高视(283)、罗市岭(198)、杨梅塘(108)、洞山岩(164)、长林山(107.6)、大湖塘(156)、罗家井(112)、水牛坑(156)、炉前(480)、朱家冲(176)、徐家冲(224) | 32 | | 136 |

414

续表

| 序号 | 条目编号 | 河流 流域面积1000km² 及以上 | | 流域面积100~1000km² | | 湖泊 水面面积10km²及以上 | | 水面面积1~10km² | | 水库 大型 | | 中型 | | 小(1)型 | | 小(2)型 |
|---|---|---|---|---|---|---|---|---|---|---|---|---|---|---|---|---|
| | | 河流·河段 | 数目 | 名称 | 数目 | 名称 | 数目 | 名称 | 数目 | 名称 | 数目 | 名称 | 数目 | 名称 | 数目 | 数目 |
| 35 | 6.133.4.8 | 大洋江(1285) | 4 | 中洲江(103)、石溪(211)、汝溪(353)、详溪(135) | | | | | | | | 半山(1990) | 1 | 龙溪(574.5)、红光(105.2)、双冲(102)、白洋(127.2)、南北(189.4)、桥头(361)、三八(139)、梅树坳(229) | 8 | 36 |
| 36 | 6.133.4.12 | 渠水(1120) | 3 | 彰水(257)、龙溪(111)、滔溪(212) | | | | | | | | 廖家坪(4330) | 1 | 下洞坳(130)、碑冲(116)、游溪坑(238)、后溪坑(155)、马井(110)、大㙟(188)、木瓜塘(128)、温冲(406)、盐井(158) | 9 | 49 |
| | 资水水系小计 | | 69 | | 0 | | 0 | | 3 | 五里峡(10783)、资湘(18200)、尾洲(46000)、源渡(45100)、空洲(47400) | 37 | | 320 | | 1439 |
| 37 | 6.133.5 | 湘江(94660) | 44 | 龙溪河(367)、白衣港(180)、乌石铺(109)、石滓河(162)、罐子笠(112)、白泉灌河(149)、谭家屋河(386)、昭陵河(110)、建宁港(105)、紫荆河(246)、新河村(103)、滨洼港(173)、夏凝港(222)、潢川河(410)、建江(406)、咸水河(198)、双石河(155)、长亭河(244)、万乡河(726)、[山川河(212)]、宜湘河(652)、戈塘源(137)、文桥河(184)、石朋河(907)、[上车河(270)]、瓦头山河(145)、石溪江(325)、白阳河(865)、青江(282)、滘水(298)、托塘坳河(110)、横沙江(430)、斐江河(219)、车江(145)、洪山庙河(135)、龙阴港(113)、石漕河(171)、衡湘桥(135)、黄龙河(149)、马家湾(124)、颜家港(101)、白石港(297)、[新江河(781)] | | | | | 5 | | 30 | 源口(1283)、上桂峡(2080)、磨盘(4045)、石蚬(2302)、天湖(1266)、易家(1293)、五福(4050)、中路铺(1270)、石坝口(1421)、大京(2040)、杨源(2450)、半山桥(2616)、德圳(4020)、龙溪电站(4286)、湘江岩(3860)、[鱼形山(1820)、猫儿岩(3370)、早禾冲(2330)、白连(4600)、九观桥(3370)、曹口蟹(2570)、红旗(2550)、唐夫冲(1154)、西塘(1210)、石坝(2730)、岭方(2600)、雅雀塘(1284)、山寺门(1420)、周防(1720)] | 137 | 太平寨(579)、灵湖(343)、石站园(311)、双井塘(121)、源蝶蝶(124)、赵家(513)、辽塘(203)、香鲁塘(241)、山塘里(160)、黄金坪(254)、海洋坪(853)、腰古岑(380)、支灵(343)、桐塘(740)、流兰冲(534)、上坪(954)、东方红(371)、鲁塘(174)、山口(316)、大清塘(195)、金沙冲(869)、洛塘(500)、裹衣塘(333)、杨夫(210)、紫岗(327)、连鱼头(100)、清水头(440)、禁伍里(137.8)、大田(202.7)、群伍(125.5)、枝板塘(552.7)、北冲(172)、邓家冲(135)、大古塘(128.5)、朱塘(173)、坪一(207.6)、莲塘(116)、新台头(130)、小吉塘(555)、峨啄(139.5)、哲冲(179.8)、长塘(120.4)、长坝(292.4)、茶园(118.9)、红坝(185.3)、炭木冲(121.2)、楠木屯(146.5)、保定安(116.5)、文家冲(446.2)、水口庙(169)、东江源(127)、石洞源(861.7)、黄马塘(360)、建设(293)、挑水塘(102)、乌山冲(108.8)、野马箭(749.6)、旱禾冲(101.7)、火箭(170.6)、老虎冲(231)、铁螺塘(256.3)、十二冲(100.3)、里雅塘(750)、高兴(437)、小涧塘(274) | 1026 |

415

续表

| 序号 | 条目编号 | 河流 | | | 湖泊 | | | | 水库 | | | | | |
|---|---|---|---|---|---|---|---|---|---|---|---|---|---|---|
| | | 流域面积1000km²及以上 | | 流域面积100～1000km² | | 水面面积10km²及以上 | | 水面面积1～10km² | | 大型 | | 中型 | | 小(1)型 | | 小(2)型 |
| | | 河流·河段 | 数目 | 名称 | 数目 | 名称 | 数目 | 名称 | 数目 | 名称 | 数目 | 名称 | 数目 | 名称 | 数目 |
| 38 | 6.133.5.5 | 灌江(2291) | 5 | 牛筏河(183)、大源江(102)、秀江(144)、会湘河(106)、新富江(111) | | | | | | | | 水牛(5010) | 1 | 铁口源(150)、古迹塘(122)、月塘(185)、白板洞(239) | 4 | 石门(281)、源山(508)、五龙山(286)、清水塘(301.2)、上吉岭(146.2)、甘斗冲(267.5)、长冲(284)、青峰(130.5)、民主(166)、杉山(131)、团结(229)、盘古岭(229)、尚丰(164.7)、四星(378)、水口亭(179.8)、白露(180)、联合(319.5)、栗子桥(246)、袁家(146)、八一(203)、同心冲(106.5)、石门(122.8)、狐狸冲(154.1)、扬名(149)、枫林(157.3)、栗山(173.4)、大浦元(150)、萱塘(322)、谷溪冲(130)、印山(170)、金光冲(108)、岭峰(128.2)、上游(125.2)、光明星(172.5)、丰收(180.5)、世上冲(106.3)、螺头山(153.7)、千家(140)、回龙(190)、凤凰(277)、太湖(287)、五峰山(165)、猴子洞(229)、山塘(105)、五云(103)、碧石(110)、友谊(140)、上水冲(103)、三人(140)、友谊(495)、一(380)、大禾田(109.8)、大宜冲(125)、石塘(161)、紫荆山(400)、白云寺(252.5)、新塘(152.5)、大营(180.7)、茅栗冲(194)、寺冲(137)、排楼坝(353.5)、新华(151)、尖山(110)、观音岩(600)、茶亭(684)、石冲(235)、楠竹山(137)、湖西冲(191)、红旗(105) | 19 |
| 39 | 6.133.5.7 | 紫溪河(1011) | 4 | 龙桥河(171)、靖位江(166)、龙溪(102)、肴江河(129) | | | | | | | | 高岩(4680)、松江(1126) | 2 | | 10 | 紫江(594)、东源(116.4)、超美(159)、龙溪(134.5)、妙江(117.2)、群峰(113)、险峰(100.2)、大兴(117.3)、龙江(103)、砀江(193) | 33 |

416

续表

| 序号 | 河流 流域面积1000km² 及以上 | | 流域面积100~1000km² | | 湖泊 水面面积10km² 及以上 | | 湖泊 水面面积1~10km² | | 水库 大型 | | 中型 | | 小(1)型 | | 小(2)型 |
|---|---|---|---|---|---|---|---|---|---|---|---|---|---|---|---|
| | 河流·河段 | 条目编号 | 数目 | 名称 | 数目 | 名称 | 数目 | 名称 | 数目 | 名称 | 数目 | 名称 | 数目 | 名称 | 数目 |
| 40 | 潇水 (12099) | 6.133.5.9 | 21 | 中河 (221)、大锡河 (371)、安宁河 (173)、贝江 (188)、麻江河 (241)、萌诸水 (355)、东河 (856)、[东河 (154)]、蚣蝮河 (509)、濂溪河 (201)、龙江 (123)、宜江 (182)、横江 (109)、麻江 (158)、枰江 (331)、永江 (104)、贤水 (475)、苑江 (110)、九江 (151) | | | | | | 2 | 浮天河 (10500)、双牌 (69000) | 7 | 上坝 (1510)、乐海 (1030)、廊洞 (1040)、草岭 (1220)、单江 (2350)、南津渡 (6100)、云溪 (1140) | 32 | 黑山口 (145)、旱塘 (167)、四角山 (339.2)、石盘塘 (346.8)、开源 (148)、东水源 (215)、深冲 (550.6)、二坝 (226)、四清 (105.5)、西源 (580)、跃进 (105)、天鹅塘 (344)、天花园 (106)、清明田 (125.5)、乐福堂 (484)、大路坝 (185)、砚石 (125.5)、下溪 (123.5)、联合 (283)、长兴 (125.5)、沙田 (127)、朱里源 (445)、前进 (232)、向阳 (165)、花山岭 (257.8)、万冲洞 (100)、两水口 (121)、张家冲 (440)、大古源 (128)、霞塘 (141)、双井 (132)、邓古塘 (102.8) | 231 |
| 41 | 永明河 (1216) | 6.133.5.9.3 | 4 | 油田河 (106)、大远河 (143)、马河 (211)、洞尾河 (114) | | | | | | | | | 1 | 古宅 (4730) | 9 | 大坪墈 (410.6)、莲花岩 (186.3)、水流界 (230.7)、大路下 (101)、双龙 (103)、盐下 (144.1)、两江口 (145.7)、花楼 (136.8)、川岩 | 57 |
| 42 | 宁远河 (2619) | 6.133.5.9.5 | 8 | 东江 (107)、砗水 (947)、[巢塘河 (128)]、西梅水 (307)、社福山河 (103)]、九嶷河 (597)、[别江 (100)]、中河 (227) | | | | | | | | | 5 | 尹佳 (1133)、水市 (1985)、双龙 (1217)、凤仙桥 (1061)、半山 (1232) | 15 | 中心江 (126.9)、红旗 (129.8)、小观音阁 (140)、牛形坝 (177.7)、双坝 (320)、大坝口 (292)、黄梅洞 (100.5)、小东江 (285)、锡海 (120.7)、三联 (128.4)、桂里园 (128.7)、伞巴冲 (117.7)、新花园 (108)、油榨冲 (191) | 77 |
| 43 | 泸洪江 (1069) | 6.133.5.11 | 2 | 西涧水 (182)、南江河 (192) | | | | | | | | | 1 | 金江 (1616) | 14 | 大盛 (170.7)、白石江 (115)、新江 (105)、陶江 (100.5)、群江 (101.5)、大溪 (121)、天堂 (110)、福江 (101.3)、金溪 (137.4)、凤江 (108.5)、铁炉冲 (136.6)、卫星 (129)、长坝 (135.8)、向阳 (485) | 91 |
| 44 | 祁水 (1685) | 6.133.5.12 | 4 | 步云桥河 (169)、双江口河 (192)、横桥河 (244)、梓家河 (244) | | | | | | | | | 5 | 江口 (2310)、铁塘桥 (1276)、上夫冲 (1296)、杨家台 (2680)、龙江桥 (1224) | 21 | 金盛 (207)、乌山冲 (410)、石江 (142)、梅塘 (107)、大堰 (140.5)、狮子山 (221)、江家冲 (143)、石堰江 (157)、舜塘 (102.5)、炳溪冲 (365)、寿里冲 (262)、茶元冲 (332)、四角丘 (249.5)、陶家冲 (142)、碧芝塘 (122)、丁源冲 (249)、石敲脑 (136.5)、月口冲 (194)、高陂塘 (159)、波罗山 (143.6)、大桥 (265.9) | 108 |

417

续表

| 序号 | 条目编号 | 河流 | | | 湖泊 | | | | 水库 | | | | | | |
|---|---|---|---|---|---|---|---|---|---|---|---|---|---|---|---|
| | | 流域面积 1000km² 及以上 | | | 水面面积 10km² 及以上 | | 水面面积 1~10km² | | 大型 | | 中型 | | 小(1)型 | | 小(2)型 |
| | | 河流·河段 | 流域面积 10(~1000km² | | | | | | | | | | | | |
| | | | 名称 | 数目 | 名称 | 数目 | 名称 | 数目 | 名称 | 数目 | 名称 | 数目 | 名称 | 数目 | 数目 |
| 45 | 6.133.5.13 | 白水(1810) | 大黄司河（271）、大江边河（197）、黄花河（647）[泥河(134)] | 4 | | | | | | | 大江边（4965）、内下（6920） | 2 | 大牛冲(209.27)、唐家冲(164.4)、烟塘(126.1)、高拱桥(104.3)、相司桥(159.4)、畔塘(153.7)、里塘(149.6)、楼塘(141.7)、东风(146.3)、朗板橙(173.6)、邓古塘(102.8)、小木源(197.1)、大木源(142.9)、富塘(153.5)、三百塘(124.8) | 15 | 70 |
| 46 | 6.133.5.16 | 宣水(1056) | 潭水(459) | 1 | | | | | | | 洋泉(5726) | 1 | 胜利(258.5)、金冲(170.6)、红旗(198)、超湖(110)、丫田(110.2)、红星(400.6)、塘冲(139)、簸箕塘(102.6)、天堂(102.6)、冷水(127.2)、塘冲元(111.7)、邓水(118.7)、新塘(124.1) | 13 | 59 |
| 47 | 6.133.5.18 | 舂陵水(6623) | 竹市水(155)、汶水(484)、田心河(110)、新河(110)、石燕河(141)、黄狮江(581)、陶家河(272)、老村河(197)、黄家河(135)、黄家河(102)、龙家冲河(117)、高家冲河(126)、象江(175)、桥边村河(170) | 14 | | | | | | 欧阳海(42470) | 1 | 方元(1824)、洋头(1690)、盘山(1225)、观音库(2926)、梅埠桥(3125)、高塘坪(1030) | 6 | 万水洞(810)、五星(120)、高峰(120.6)、甘竹山(575.5)、兰里(244)、周家塘(104)、白鸿洞(325)、高寨(135)、高塞(120)、岐山(121.8)、红卫(124)、金山(454.8)、周家洞(125)、枝桠(167)、木京亭(787.2)、白杜(152)、大源(178)、天然(160)、铁坑(137)、曾源(647)、太和(341)、邓家(210)、五星(264)、塔青(310)、下落(131.5)、大田源(415)、江龙(175)、甫口(333)、万山(206)、清水塘(216.2)、荷叶塘(189)、大塅上(137.2)、石塘(328.6)、红旗(172)、双口洞(178)、冲头岭(100.1)、大井(122.3)、邝家二(345)、秀峰(189)、关口(146)、大石塘(660)、大喇叭冲(130)、大良和(141.2)、大源(178)、天源(178)、天然(160)、铁坑(101.2)、卫王山(270.6)、大叉山(148.5)、逢进(215.6)、前进(139.2)、标准塘(100.3) | 65 | 398 |

续表

| 序号 | 条目编号 | 河流 | | | 湖泊 | | | | 水库 | | | | | |
|---|---|---|---|---|---|---|---|---|---|---|---|---|---|---|
| | | 流域面积1000km²及以上 | | | 水面面积10km²及以上 | | 水面面积1～10km² | | 大型 | | 中型 | | 小(1)型 | 小(2)型 |
| | | 河流·河段 | 流域面积100～1000km² | | | | | | | | | | | |
| | | 数目 | 名称 | 数目 | 名称 | 数目 | 名称 | 数目 | 数目 | 名称 | 数目 | 名称 | 名称 | 数目 |
| 48 | 6.133.5.18.2 | 新田河 (1668) | 日东河 (170)、石羊河 (208)、车溪水 (692) [枧田河 (129)、小江 (127)、芹溪河 (215)] | 6 | | | | | | | 7 | 莲塘 (3670)、贤江 (1140)、金陵 (4980)、立新 (1560)、杨家洞 (1230)、肥源 (1300)、两江口 | 21 | 平湖 (134.6)、塘下 (342.9)、野牛山 (164.4)、山田湾 (124.4)、下圩 (126)、罗家厂 (184.7)、大坝 (317.6)、水漫圆 (199)、团结 (291.4)、赵家 (303.7)、东岭 (349.5)、新亭岭 (181.8)、友谊 (232)、西安 (400)、石龙 (115)、源头 (113)、芦山 (128.5)、上汾 (117)、五一 (310)、向阳 (517.2)、岭青洞 (346.2) | 79 |
| 49 | 6.133.5.19 | 蒸水 (3470) | 祝吉堂河 (120)、岁河 (129)、梅竹水 (135)、岳沙河 (391)、欧江桥河 (139)、演陂水 (356)、武水 (315)、青化水 (230)、柿竹水 (245)、石蜥港 (147) | 10 | | | | | | | 8 | 双陂桥 (2095)、牛形山 (5900)、斜陂堰 (5775)、石狮堰 (1284)、柿竹 (2300)、城坪冲 (1740)、上沙江 (1845)、同乐坪 (1280) | 61 | 合心 (119)、易家冲 (250)、双河 (221)、上石洞 (131)、神前洞 (286)、小水冲 (227)、龙骨头 (138)、光塘 (142)、芽江 (220)、梅子塘 (157)、杨柳冲 (143)、畔塘 (288)、耳石岭 (467)、前进 (147)、贤陂塘 (292)、鱼形山 (116.5)、两里塘 (123.2)、力青 (220)、大东塘 (124.8)、黄梅 (336)、友谊 (151)、山口堰 (195.3)、白洋桥 (171.5)、光锋 (160)、群英 (137.5)、严家铺 (128)、联防塘 (123.8)、小泉 (372)、和平 (124.5)、红旗 (143)、桥头 (164.4)、卫星 (447.5)、豆陂 (140)、将军 (450)、大池塘 (156)、两冬 (347)、蚺龙 (118)、双溪 (108)、造基 (270)、卫星石 (101)、大源冲 (221)、孟公殿 (388.5)、小陂冲 (126)、六门前 (310)、龙潭口 (218.5)、小源冲 (128.2)、东田冲 (218.5)、顺石冲 (495)、八亩亭 (146)、三塘冲 (103)、千山 (171)、盘古庙 (172)、白石园 (215)、龙潭冲 (163)、石排子 (187)、永乐丰 (183)、财源冲 (228)、石冲 (155)、何家堍 (262) | 133 |

419

续表

| 序号 | 条目编号 | 河流 | | | 湖泊 | | | | 水库 | | | | | |
|---|---|---|---|---|---|---|---|---|---|---|---|---|---|---|
| | | 流域面积1000km² 及以上 | | | 水面面积10km² 及以上 | | 水面面积1~10km² | | 大型 | | 中型 | | 小(1)型 | | 小(2)型 |
| | | 河流·河段 | 流域面积100~1000km² | | | | | | | | | | | | |
| | | 名称 | 数目 | 名称 | 数目 | 名称 | 数目 | 名称 | 数目 | 名称 | 数目 | 名称 | 数目 | 名称 | 数目 |
| 50 | 6.133.5.20 | 耒水(11783) | 27 | 营盘河(133)、淇水(473)、东坪河(132)、㴖水(817)[山田江(196)]、滦水(475)、秀水江(162)、资兴江(748)、下洞河(125)、塘冲垄河(150)、山河(143)、东河(118)、郴江(772)[同心河(176)]、犀石河(149)、程江(507)、廖市河(106)、滑石滩河(140)、㨉江(432)、湘永冲河(107)、瀍工(522)、凉水冲河(110)、小大铺河(201)、敖山河(233)、沙河(651)、塘冲垱河(282)、向阳桥河(110) | | | | | 2 | 东江(915500)、白渔潭(28000) | 14 | 龙泥洞(3448)、大头坡(1120)、凉水冲(1238)、关王塘(1520)、洋龙(2280)、四清(1868)、高峰(1300)、龙潭(140)、军民(1300)、仙岭(1394)、满天星(5987)、山河(1420)、山店(2380)、渔仔口(3570)、江(1120) | 73 | 月洞(230)、转湖(220)、玉潭(300)、横洞(113.8)、李家洞(140)、团结(169)、中洞(244)、流坑(190.2)、大源(126.8)、长坡(137)、五里坳(500)、石壁山(380)、朝里(180)、长安(133)、望城(121.5)、大丰洞(142.5)、大壁坡(282)、友谊(144)、淅江(928)、过船轮(286.6)、西湖(160.5)、中心(180)、上芬(156)、张家坳(108.9)、邱家(104)、坝洞(108)、凉伞坪(523.3)、龙潭(205)、立新(275)、石壁城(795)、秀林塘(116)、黄鸾(210)、上塘冲(133)、鸭婆坡(121)、劳武(316)、桃李冲(215)、四清(295)、龙形(406)、暮冲(140)、军民(129)、大皮江(445)、黄土仙(146)、石头山(145)、铁路冲(325)、水口山(182)、洞冲(116)、上石(173)、大石桥(173)、红桥(215)、龙下冲(106)、驾台冲(165)、朱家桥(485)、雷打干(123)、双桥(130)、星子洞(278)、长岭(178)、马冲(195.1)、昂头(195.1)、袁家冲(124.4)、马形(350)、小仙冲(461)、石门口(462)、民合(180.1)、坡塘(268.7)、梅塘(366.5)、三口桥(757)、丑田(300.5)、林目(125.8)、大山坪(202.5)、赵家(131.4)、红卫(156)、旸家冲(252) | 466 |
| 51 | 6.133.5.20.6 | 西河(1618) | 3 | 土坡洞河(118)、址渡河(468)、坝家河(142) | | | | | | | 5 | 大平(1947)、肖家山(1480)、长青(1744)、柳泉(1028)、黄口堰(3350) | 12 | 双江(136)、东城(210)、马头江(165)、神机冲(125)、跳石江(167)、工农利(150)、上源(126)、小龙潭(197)、障冲(113.5)、郑家冲(115)、龙王井(137.2)、红卫(117.8) | 52 |

续表

| 序号 | 条目编号 | 河流·河段 | 流域面积 10C~1000km² | | 湖泊 水面面积 10km²及以上 | | 水面面积 1~10km² | | 水库 大型 | | 中型 | | 小(1)型 | | 小(2)型 |
|---|---|---|---|---|---|---|---|---|---|---|---|---|---|---|---|
| | | 流域面积 1000km²及以上 | 数目 | 名称 | 数目 | 名称 | 数目 | 名称 | 数目 | 名称 | 数目 | 名称 | 数目 | 名称 | 数目 |
| 52 | 6.133.5.26 | 洣水 (10305) | 17 | 吊排寺河 (120)、双江口河 (220)、河漠水 (904)[管仓下河 (230)、斗笠河 (158)]、洣水 (287)、五拢工 (146)、马伏江 (775)、马江 (12E)、茶水 (903) [洲陂河 (108)]、石联河 (157)、四姓河 (148)、清江 (478)、龙门前河 (119)、小成湾 (126) | | | | | 1 | 洣水 (51500) | 6 | 岩口 (1690)、东坑 (1260)、龙头 (1250)、青年 (2660)、荣桓 (1120)、黄沙河 (1320) | 34 | 梨树洲 (118.5)、炎山 (101)、战备 (103)、跃进 (114.5)、筱子婆 (826)、野鸭坪 (135)、大祸坡 (105)、艾家 (144)、兴家旺 (258)、黄沙田 (488.3)、建民 (296)、老虎冲 (550)、泉塘 (121)、江南 (148)、老虎岩 (100)、金龙 (428)、大阁 (109)、土桥 (380)、余水 (403)、红卫 (117)、龙虎塘 (231)、东凤 (286)、庙东 (229)、紫丰楼 (155)、敏东 (340)、大甸 (307.5)、新林 (250)、石冠冲 (142)、沙泥塘 (109.8) | 179 |
| 53 | 6.133.5.26.4 | 㵲水 (1192) | 3 | 大塘河 (153)、银坑水 (265)、沙洲上河 (101) | | | | | 1 | 渌韩江 (29500) | | | 5 | 草田 (113)、中洞 (139)、凉江 (353)、幽居 (180)、楠竹江 (114) | 45 |
| 54 | 6.133.5.26.5 | 永乐江 (2572) | 9 | 甲水 (135)、庐洋河 (117)、猴子港 (266)、差禾江 (231)、石灰冲 (114)、差多港 (144)、安平司 (265)、牛下河 (137)、江口港 (137) | | | | | 1 | 青山垄 (11400) | 5 | 杨洞 (3350)、茶安 (1517)、大源 (7068)、江东 (1755)、大石 (1280) | 24 | 三红 (110.8)、坪塘 (126)、江源冲 (172)、牛形坡 (195)、堰塘 (125)、中秋田 (438)、龙源 (309)、金竹立新 (114)、凡家坡 (206)、西江 (105)、荷叶塘 (117)、虎形 (262)、长虎坪 (306)、长塘 (136)、辽塘 (109)、张家冲 (139)、满天星 (400)、丰收红石 (113)、关王栏 (196)、下石冲 (503)、曹婆 | 131 |
| 55 | 6.133.5.30 | 渌水 (5675) | 6 | 南坑水 (208)、麻山河 (278)、荷尧水 (135)、磨子石河 (310)、新阳河 (152)、神福港 (116) | | | | | | | 5 | 黄土开 (1789)、坪村 (1120)、河江 (1082)、望仙桥 (1670)、朝底潭 (2215) | 32 | 牛角冲 (106)、毡塘 (179)、安全 (183)、幸福 (105)、长福头 (304)、芦洞 (101)、山口塘 (106)、石圈 (115)、老奄 (145)、下石陂 (520)、星亮 (701)、石碳冲 (184)、新坝 (360)、红旗 (228)、保源 (174)、柏梅 (191)、南岗口 (434)、万祥 (194)、团结 (19)、徐家坡 (125)、五宝洞 (159)、黄茅 (213)、三联 (105)、大塘 (194)、黄岗冲 (141)、跃进 (120.6)、小良 (144)、罗源 (132.9)、东泥冲 (107)、大坝冲 (122)、大坝 (300)、大坝冲 (107) | 199 |
| 56 | 6.133.5.30.2 | 澄潭江 (1464) | 2 | 栗水 (421)[金山河 (112)] | | | | | | | 4 | 枣木 (1300)、清江 (1134)、雪峰 (1314)、荷田 (1240) | 7 | 樟槽 (740)、团结 (600)、竖溪 (123)、大山 (120)、郡庄 (405)、竖焦坑 (100)、明兰 (357) | 51 |

421

续表

| 序号 | 条目编号 | 河流 | | 湖泊 | | 水库 | | | | | | |
|---|---|---|---|---|---|---|---|---|---|---|---|---|
| | | 流域面积 1000km² 及以上 河流·河段 | 流域面积 100~1000km² | | 水面面积 10km² 及以上 | 水面面积 1~10km² | 大型 | | 中型 | | 小(1)型 | 小(2)型 |
| | | | 数目 | 名称 | 数目 | 名称 | 数目 | 名称 | 数目 | 名称 | 数目 | 名称 | 数目 | 名称 | 数目 |
| 57 | 6.133.5.30.4 | 铁水(1728) | 6 | 新铺河(135)、浦马河(179)、草水(336)、涟水(275)、梨树下河(104)、花龙江(162) | | | | | 2 | 藕塘(1132)、皮佳如(1165) | 19 | 新坝(350)、红旗(228)、柏梅(191)、宝源冲(747)、团结(119)、徐家坡(125)、万洋(194)、五保洞(159)、山关(198)、明月(169)、洞上(194)、四和(100.2)、鸭嘴(311)、寺冲(290)、龙山(111)、滑灰冲(105)、上坤冲(120)、龙龟湖沙坨(120)、小涮塘(128) | 75 |
| 58 | 6.133.5.31 | 涓水(1764) | 4 | 黄家湾河(130)、刘家湾河(118)、赵家湾河(282)、胡家湾河(135) | | | | | 4 | 新桥(2204)、花石(4390)、印子山(1324)、上石坝 | 27 | 九峰(120.7)、道仁冲(190.5)、中峰(205)、石牌(373)、江边(607.6)、新耀(117.6)、五一(149.3)、团建(112.5)、枚木(145)、响水潭(174.2)、新阳(200)、大新(224)、南田(475)、洞口(116)、东凤(857)、下石坝(139)、瓦片(231)、荷塘(110)、严冲(277)、彭河(215)、新坝(125)、陶仓(166)、踏龙(110)、月塘(150)、铜梁(770)、柴山(112)、曾峰(146.6) | 104 |
| 59 | 6.133.5.32 | 涟水(7155) | 19 | 新港河(164)、温江(153)、湄江河(727)[潭塘河(162)、东石山(166)]、高灯河(121)、苏水(807)、枫昨水(153)、西阳江水(343)、戌家湾水(218)、樟山湾水(113)、虞塘港(244)、石狮(112)、双口水(190)、杨家滩河(418)、大坪洲水(118)、荷家河(281)、老家坪水(119)、杨家港(162) | | | | 1 | 水府庙(56000) | 9 | 白马(6650)、大江口(4430)、桃林(1685)、红旗(1215)、合东(2800)、红日(1190)、赤石(1180)、长江、双江(1650) | 64 | 工衣(168)、东凤(500)、花果园(153)、垂木(139.1)、新坪(118.3)、友谊(148)、碰泥(329)、红旗(320)、芦塘(100.4)、高坪(121)、上抚台(103)、横子冲(133)、石江(150)、东马(244.8)、骠马(143)、民兵(104)、铁马(201)、小水洞(196)、栗山(116.8)、四洞山(108)、跃进(105)、跃进(212)、新塘(112)、龙洞(152.4)、过路(119)、九家冲(152.4)、白羊(104)、荷家(140)、柘木塘(118)、冷水冲(999)、万家冲(137)、台水(123)、青山(130)、高胜(104)、九雁(179)、小青山(121)、湘眉(165)、青年(600)、南田(沟)(100)、湘韶(219)、跃进(440)、云田(351.5)、高池(258)、大塘(108)、南紫(138.7)、联峰(132)、红卫(115)、钟灵(132)、麻溪洞(115.7)、丰美(117) | 354 |

422

续表

| 序号 | 条目编号 | 河流 | | | 湖泊 | | | | 水库 | | | | | | 条目 小(2)型 |
|---|---|---|---|---|---|---|---|---|---|---|---|---|---|---|---|
| | | 流域面积1000km²及以上 | 流域面积100～1000km² | | 水面面积10km²及以上 | | 水面面积1～10km² | | 大型 | | 中型 | | 小(1)型 | | |
| | | 河流·河段 | 名称 | 条目 | 名称 | 条目 | 名称 | 条目 | 名称 | 条目 | 名称 | 条目 | 名称 | 条目 | |
| 60 | 6.133.5.32.4 | 㵲水(1822) | 深江(221)、泥湾碛河(129)、四安埠河(721)、㵲水(327)、金溪(101) | 5 | | | | | | | 南冲(1577)、燕营流光岭(1970)、峡山塘(1143) | 5 | 红旗(137)、石莽岩(138)、石辉堂(149)、光冲(443)、水口庙(289)、大溢塘(128.9)、树山(483.4)、黄河(133.4)、柳村(181.9)、谢泥塘(103)、金塘(122.3)、山茂(408.2)、九龙(140.4)、千金(222.2)、公益亭(164.9)、工农兵(130.3)、龙覃脑(267)、四方井(190.6)、合心(105)、敬山(233.9)、杨冲(139.3)、红旗(232.7)、肖家冲(129.9)、宣丰山(253)、半山(298.9)、落水岩(423)、新庄(295.5)、曲江坝(253.5)、鸡干石(143.6)、虎形山 | 30 | 155 |
| 61 | 6.133.5.34 | 渔溪河(4237) | 椒花溪(135)、小溪河(782)、㵲江(435)、秦塘河(155)、榨山河(148)、花桥河(125) | 6 | | | 跨进湖(1.5) | 1 | 株树桥(27800)、白庄(12100) | 2 | 仙人造(1030)、梅田(1521)、板晋(2280)、富岭(1270)、道源(1490)、马川(1630) | 6 | 石湾(164)、板溪(326)、金鸡(144)、大荆冲(351)、郭家冲(452)、宝盖洞(283)、杨溪皂(512)、泉塘(552)、幸福(215)、峡山(497)、唐家冲(170)、大基头(267)、东庄(350)、同升(380)、鸭冀冲(274)、金甲(160)、百倍冲(307)、中段(239) | 18 | 118 |
| 62 | 6.133.5.35 | 涝川河(2543) | 猴岩河(146)、永乐桥河(131)、黄泥江(112)、金坪河(726)[麻林桥河(182)]、白沙河(320) | 6 | | | | | | | 南坑(1100)、万丰山(1018)、横山头(1780)、关山马尾皂(2590)、金井(1410)、红旗(2480)、白漫坪(350)、丰枝岭(2480)、桐仁桥(1890) | 8 | 龙华(226)、洞庭房(508)、石洞岭(271)、金盆(370)、洞阴(616)、军民(287)、团结(224)、岳岭(156)、白石源(287)、峡冲(131.5)、向家冲(112)、桂花冲(732)、战备(436)、狮子脑(水坝)、西冲(126)、元冲(141)、金江坝(580)、丁家港(257)、响塘(150)、婆庭(368)、仁寿(100)、鹭塘(201)、英家洞(241)、白漫(322)、五仑山(217)、北山(189)、关山(145)、丰枝岭(350)、清竹湖(228)、上游(145)、立新(117)、定里冲(124)、龙头坝(122)、代家洞(108)、桥坪(480)、太阳滩(280)、梓洞(1290)、郭公渡(144)、青山(315)、大里塘(210) | 39 | 170 |

423

续表

| 序号 | 条目编号 | 河流·河段 | 流域面积1000km²及以上 | | 湖泊 | | | | 水库 | | | | | |
|---|---|---|---|---|---|---|---|---|---|---|---|---|---|---|
| | | | 流域面积100~1000km² | | 水面面积10km²及以上 | | 水面面积1~10km² | | 大型 | | 中型 | | 小(1)型 | 小(2)型 |
| | | | 数目 | 名称 | 数目 | 名称 | 数目 | 名称 | 数目 | 名称 | 数目 | 名称 | 数目 / 名称 | 数目 |
| 63 | 6.133.5.36 | 沩水 (2761) | 4 | 沩沙河 (416)、乌江 (587)、平水 (103)、八曲河 (331) | 0 | | 1 | | 1 | 黄材 (15300) | 4 | 洞庭桥 (1268)、田坪 (4380)、泉水冲 (1040)、格塘 (1024) | 32 明堂湖 (499)、国丰 (455.9)、祝丰 (110)、长冲 (175)、砂田溪 (128)、西洋陂 (568)、西牛山 (124.9)、庆丰 (297)、星星 (321)、元丰 (113)、关门木 (155)、平湖 (202)、荆竹界 (487)、四陂堰 (315)、城洲湖 (233)、梁家湾 (154)、彭家坪 (129.5)、三渡水 (332)、大冲 (154)、洪富 (114)、林家冲 (218)、张家湾 (103)、芭蕉 (173)、(198)、柳溪 (422)、龙罩 (255)、竹冲 (118)、莲荷塘 (366)、喉哽管 (904)、儒雅桥 (170)、仁如冲 (132.4)、九岗冲 (310)、王家冲 (119.5)、东南 (275)、肖家冲 (143)、高家坝 (170)、朱亮桥 (629)、八方坪 (401)、古堰 (145)、龙泉堰 (147)、群力 (516.2)、度家峪 (184.6) | 141 吉洞 (122)、珍珠 (150)、舒塘 (187)、花院 (105)、地南 (108.1)、花园 (191.2)、梅花 (297.2)、团山 (270)、康山 (324)、奇观 (312.7)、杨柳 (274)、胜溪 (129.5)、东凤 (225.3)、红旗 (132.9)、赤竹冲 (117.6)、少年 (162)、峨山口 (410)、铁冲 (452.4)、金河 (621.1)、石牛 (267)、樟树湾 (132)、马桥 (138)、乌鸣 (161.2)、文家冲 (246)、塘山 (162.2)、香山冲 (208)、华光 (206.5)、宿洞冲 (417.4)、向阳 (123.2)、古冲 (270)、康宁冲 (169.5)、老龙潭 (174) |
| | 湘江水系小计 | | 244 | | 0 | | 1 | | 17 | | 153 | | 833 | 4621 |
| | 洞庭湖湖区 | | | | | | | | | | | | | |
| | 西洞庭湖湖区 | | 13 | 官垸河 (47km)、大湖口河 (43km)、澧水洪道 (74km)、团山河 (76km)、南茅运河 (86km)、陈家岭河 (21km)、官垱河 (41km)、沱江 (42km)、沅江洪道 (54km)、冲柳撇洪河 (540)、南湖 (96*)、沧水 (247)、浪水 (179) | 9 | 洞庭湖 (2625.0)、七里湖 (74.67)、西毛里湖 (44.7)、珊瑚湖 (22.53)、柳叶湖 (16.93)、目平湖 (332.9)、安乐湖 (14.67)、龙池湖 (10.0)、包山湖 (烟) | 32 | 马公湖 (4.00)、杨家溇湖 (3.63)、水长湖 (1.20)、西保溇湖 (2.84)、雁溇湖 (1.47)、官家溇湖 (1.44)、壕堑湖 (2.95)、蔡家湖 (1.07)、太溶湖 (1.53)、南湖汊 (1.0)、白正珍湖 (1.2)、冲天湖 (6.25)、土地湖 (1.0)、牛栗溇 (2.5)、盘塘湖 (8.67)、谢家湖 (4.34)、肖家湖 (1.0)、青泥湖 (1.2)、湘莲湖 (2.39)、太和陂湖 (2.0)、太白湖 (3.67)、西斋湖 (2.95)、桥头湖 (5.92)、南岩湖 (3.53)、大汪湖 (1.0)、红岩湖 (3.67)、洋淘湖 (1.4)、上菱角湖 (2.93)、调蓄湖 (2.32)、(2.30)、(3.04) | 4 | 金陵 (1940)、江东坝 (1300)、清水 (1200)、迎丰 (2238) | 4 | 43 | 249 |

424

续表

| 序号 | 条目编号 | 河流·河段 | 河流 流域面积1000km²及以上 | | 湖泊 水面积10km²及以上 | | 水面积1~10km² | | 水库 大型 | | 中型 | | 小(1)型 | | 小(2)型 |
|---|---|---|---|---|---|---|---|---|---|---|---|---|---|---|---|
| | | | 流域面积100~1000km² 名称 | 数目 | 名称 | 数目 | 名称 | 数目 | 名称 | 数目 | 名称 | 数目 | 名称 | 数目 | 数目 |
| | | 南洞庭湖湖区 | 沧水铺河(120)、泉交河(221)、符郎水(118)、兰家河(119)、甘溪港河(20.7km)、毛角口河(29km)、北湖口河(36km)、烂泥湖濑洪河(708)、湘江西支(21km)、湘江东支(20km)、白水江(176)、黄家坪水(159) | 12 | 黄家湖(11.7)、南洞庭湖(905)、烂泥湖(11.7) | 3 | 人形汊湖(4.81)、黄土湖(1.0)、枫树坝湖(1.6)、后港湖(2.25)、琼湖(1.1)、烂竹湖(6.67)、醋头湖(1.87)、小黄家湖(1.47)、白平湖(1.24)、南门湖(1.87)、鹿角湖(1.35)、洪合湖(4.67)、签头湖(2.0)、德兴湖(1.23)、团黄湖(3.0)、头荆湖(2.82)、鼻湖(2.21)、团湖(1.67)、鹤龙湖(1.26)、长白沙湖(5.4)、洋沙湖(2.87)、注濑湖(4.33)、白泥湖(3.47)、东湖(2.87)、刘家湖(1.13)、范家坝湖(2.33)、伍家湖(3.2)、北酬塘湖(3.07)、(1.33) | 30 | | | 梓山湖(1220)、鸦雀塘(2600)、鱼形山(3250)、蓉原(1020)、赛美(1020) | 5 | 白马圳(125)、担丘(164)、朱公塘(164)、烂竹冲(259)、梅塘(1366)、长塘(210)、接龙(108)、松塘(170)、石坝口(225)、洞冲街(120)、望塔(263)、峡山(168)、金鸡山(141)、常家洞(100)、六塘(122)、三塘(198)、农大(160)、寺坝(185)、小塘(110)、红旗(262)、胜利(156) | 21 | 209 |
| | | 东洞庭湖湖区 | | | 大通湖(82.85)、南湖(岳阳)(17.0)、东洞庭湖(1312.8) | 3 | 大连湖(3.71)、鸳鸯岗湖(2.80)、瓦复湖(3.67)、光团湖(4.24)、濠河沟湖(1.6)、桥河湖(3.55)、费家河湖(2.67)、南套湖(4.67)、套河湖(1.0)、北套湖(1.5)、东风湖(4.11)、古家湖(1.07) | 12 | | | | | 梅溪(236)、王家坡(164)、桥头(278)、乔石(186.1)、黄沙(534.2)、超英(234)、狮子(136.4)、(103.9)、东风(147.6) | 9 | 36 |

425

续表

| 序号 | 条目编号 | 河流·河段 | 河流 流域面积 1000km² 及以上 | | 湖泊 | | | | 水库 | | | | | | |
|---|---|---|---|---|---|---|---|---|---|---|---|---|---|---|---|
| | | | 流域面积 10C~1000km² | | 水面面积 10km² 及以上 | | 水面面积 1~10km² | | 大型 | | 中型 | | 小(1)型 | | 小(2)型 |
| | | | 数目 | 名称 | 数目 | 名称 | 数目 | 名称 | 数目 | 名称 | 数目 | 名称 | 数目 | 名称 | 数目 |
| 64 | 6.133.6 | 汨罗江(5543) | 16 | 木瓜河(308)、涓下河(105)、曲溪洞(100)、黄金洞(270)、丽江(113)、钟洞河(108)、汶江(321)、清水(355)、周家坡(670)、[曲江(125)、车坪河(9480)、双江口河(142)、罗水(595)、兰家河(344)、浒河(194)、兰家洞(108)] | | | 4 | 古湖(1.33)、荞麦河坝湖(2.33)、双麦河坝湖(1.33)、新塘湖(1.0) | | | 10 | 岳坊(3440)、大江洞(3400)、兰罗(5755)、汨罗(1248)、九峰(1240)、秋水(1142)、黄金洞(9480)、徐家洞(1010)、白水(2100)、向家洞(2480) | 65 | 飘峰(160)、大保寺(135)、龙头坳(131)、木瓜堰(202)、龙山(243)、高庄(130)、黄龙山(154)、新龙(134)、碧源堰(285)、洞坪(170)、石塘(132)、安乐堰(460)、四美(106)、江东(322)、合山(213)、砂岩(140)、夜合(120)、三兴(260)、管坡(106)、安全(480)、丁溪(205)、大五星(197)、杨岭(138)、郑南(668)、黄市(260)、粕食港(160)、界牌(416)、白沙(280)、荷莲港(105)、进(105)、道冲(138)、包塘(100)、关山(300)、青坑(110)、小署潭(120)、阳(337)、团结(110)、大塘源(375)、西林(244)、坡冲(116)、九雁(175)、红旗(545)、反时南(125)、白山(220)、浙碑(210)、蓼原(385)、立新(100)、向阳花(170)、丽江(262)、反原(100)、飘峰(200)、花湾(125.6)、丽江(398)、马头(288)、星火界(870)、桐木(231)、石坡(160)、鹤冲(235)、桂花湾(206.5)、东(110)、黄金坡 | 401 |
| 65 | 6.133.7 | 新墙河(2370) | 6 | 大洞河(117)、汨港河(973)、[忠港(240)、白羊田(111)、乌江港河(219)]、彭宗河(165) | | | 11 | 三菱湖(4.0)、白莲湖(4.7)、中湖(7.9)、培咖湖(9.2)、牛毛湖(4.0)、米湖(1.9)、滟园湖(1.4)、百汉湖(2.3)、和北湖(2.9)、方台湖(1.45)、采桑湖(6.31) | 2 | 铁山(63500)、龙源(10230) | 5 | 兰桥(1448)、大坳(1315)、小饶港(1508)、忠防(1300)、团湾(5030) | 38 | 鸦山(105)、大塘(218)、断山洞(105)、伍家洞(130.4)、石湾(440)、刘家湾(390.2)、阿洞(800)、南山(580)、胜天(108.6)、乌江(176.3)、楠木(185.6)、花山(157.9)、南源(738.6)、云椴(258.9)、毛田(244.5)、石跟(102)、湾(185)、楼娄洞(278.1)、洞下极(231.4)、西冲(102.3)、红光(104)、东(仑(560)、井塘(135)、香严(107)、立新(144.7)、香花坝(127)、桂林(177.9)、进塘(102)、广桥(811.6)、香严(236.4)、台洋(560)、新荣家湾(200)、明星(950.8)、三店(133)、幸福(116.7) | 236 |
| 66 | 6.133.9 | 华谷河(1125) | 2 | 南支(21km)、华洪运河(30km) | | | | | | | | | 2 | 华一(1185)、东山(5030) | 1 | 金鱼档(205) | 35 |
| 洞庭湖区小计 | | | 49 | | 17 | | 89 | | 2 | | 26 | | 177 | | 1166 | |
| 合计 | | | 643 | | 18 | | 91 | | 43 | | 335 | | 2058 | | 9789 | |

表6-14　洞庭湖口—汉江口河段河湖水系一览表

| 河流 | | | | 湖泊 | | | | 水库 | | | | | | |
|---|---|---|---|---|---|---|---|---|---|---|---|---|---|---|
| 流域面积1000km²及以上 | | | | | | | | | | | | | | |
| 条目编号 | 河流·河段 | 流域面积100～1000km² | | 水面面积10km²及以上 | | 水面面积1～10km² | | 大型 | | 中型 | | 小(1)型 | | 小(2)型 |
| | | 数目 | 名称 | 数目 | 名称 | 数目 | 名称 | 数目 | 名称 | 数目 | 名称 | 数目 | 名称 | 数目 |
| 长江干流·洞庭湖口—汉江口 | | 9 | 沅潭河（405）、大荆江（230）、太平桥港（135）、蓟咕河（473）、长港河（128）、西梁湖水系（827）、汀洲河（184）、泉口河（125）、宋家河（137） | 8 | 白泥湖（14.5）、芭蕉湖（12.3）、冶湖（11.3）、黄盖湖（72.2）、大岩湖（12.0）、西梁湖（72.1）、蜜泉湖（13.7）、汤逊湖（36.6） | 24 | 松阳湖（8.07）、洋溪湖（4.35）、肖田湖（2.40）、涓田湖（3.75）、陈家湖（4.3）、大荆湖（1.30）、沉碟湖（5.3）、吉家湖（4.11）、倒郝湖（1.07）、东风湖（3.20）、中山湖（1.06）、沧湖（1.40）、蜀湖（2.7）、茶湖（4.9）、黄家湖（1.6）、烧鸡湖（6.9）、青菱湖（1.4）、野湖（9.7）、南湖（8.0）、野湖（2.2）、小黄家湖（4.2）、芷湖（1.0）、后石湖（1.1）、耿家湖 | 1 | 三湖连江（10500） | 3 | 双花（1805）、双花（1060）、黄沙（5920） | 39 | 马鞍（148）、佛寺（120）、关山（458）、枧冲（200）、曹峰（369.9）、清溪（396.8）、栗楠（236）、沈家冲（130.3）、雪坳（113）、大和（295）、东岳（245）、胜龙（400）、烟竹冲（137）、黄沙里（101）、群强（105）、雷家桥（239）、石人泉（450.2）、狮子山（204）、阮家塘（209）、九玻（110）、神丰（118）、虎山（178）、寨甲（104）、谭家山（100）、神农（327）、三门（370）、团山口（118）、红旗桥（181）、南北冲（194）、南门山（205）、龚家坡（116）、马眼（161）、丁李家（144）、东海山（406）、矿山（105）、新农村（107）、九峰（81.5）、胜利（140）、胜利（133） | 376 |
| 1 6.139 | 陆水（3847） | 9 | 菖蒲港（635）、鲤港（139）、铁栏港（248）、沙堆港（145）、石城港（156）、青山港（100）[东山河（504）]、高堤港（594）、大市河（221） | | | 3 | 大罗湖（1.3）、松泊湖（2.4）、珍湖（2.7） | 2 | 青山（42900）、陆水（70600） | 13 | 百丈罩（1710）、左港（1850）、云溪（4605）、东冲阁壁（1315）、龙潭（1284）、香山（1346）、台山（1360）、全林（2545）、杨林桥（1043）、松柏（1619）、石壁（1186）、红石（269）、渗子湖（1079）、沙墩（1059）、（1750.4） | 36 | 杨润庙（145）、神龙石（615.9）、夏家源（100）、尖山（112）、天门观（205.1）、雁门（119）、石人冲（229.4）、石青（310）、马井（421.7）、黄榜（151）、清水塘（397）、富强（111.7）、七里冲（101）、大盘山（112）、理冲（100）、中里庙（203.4）、鳖形（249）、关山（100）、天门门（97）、全林（113）、长城（206）、花庙（251）、伍塞岭（186）、红石（269）、驼儿湾（133）、金盆（102）、八斗冲（113）、白石（100）、蔡原（680）、长角（101.9）、李家冲（97）、张家坝（540）、石塘（102.3）、龙头（178）、胜利（289）、龙塘山（100） | 217 |

续表

| 序号 | 条目编号 | 河流 | | | 湖泊 | | | | 水库 | | | | | |
|---|---|---|---|---|---|---|---|---|---|---|---|---|---|---|
| | | 流域面积1000km²及以上 | 流域面积100~1000km² | | 水面面积10km²及以上 | | 水面面积1~10km² | | 大型 | | 中型 | | 小(1)型 | 小(2)型 |
| | | 河流·河段 | 数目 | 名称 | 数目 | 名称 | 数目 | 名称 | 数目 | 名称 | 数目 | 名称 | 数目 名称 | 数目 |
| 2 | 6.143 | 内荆河(11548) | 4 | 太湖港河(337)、付家冲(162)、西荆河(538)、[大港河(221)] | 6 | 长湖(129.1)、借粮湖(10.4)、西湖(19.8)、洪湖(344.4)、大沙湖(12.6)、里湖(14.0) | 47 | 庙湖(6.0)、西湖(1.3)、内沿湖(1.4)、虾子湖(1.6)、后湖(2.4)、返咀湖(7.8)、河家湖(5.3)、白鹭湖(4.2)、王大院(5.8)、马嘴湖(1.9)、青杨湾(1.5)、牛湾湖(2.5)、彭冢湖(5.8)、荒湖(1.5)、郑家奎(1.2)、彭家湖(6.5)、红湖(1.0)、东港湖(2.8)、加湖(9.0)、云帆湖(3.4)、洋圻湖(7.0)、后湖(7.2)、塘老堰(7.5)、夹湖(6.8)、沙套湖(7.5)、形斗湖(6.0)、鸟湖(8.0)、太马湖(4.1)、东场湖(3.9)、山植湖(1.9)、连三角湖(3.7)、斗湖(2.0)、西湖(1.8)、茶潭(1.9)、东蚂蚁湖(1.9)、汊沙壳湖(2.8)、三八湖(2.4)、端阳湖(1.5)、周老湖(2.5)、水宁湖(2.3)、杨沟湖(1.3)、洪湖(1.3)、南湖(3.1)、大成(1.0)、张家湖(1.2)、狮外湖 | 1 | 太湖港(12200) | 8 | 龙泉(1675)、杨树垱(2410)、凡桥(1216)、金鸡(1785)、刘古(1700)、龙垱(1420)、安洼(1330)、潘集(1440) | 8 | 苏塚(184)、周坪(221)、张家嘴(140)、朱家沟(415)、和议(240)、大咩湾(281)、后湖(322)、龙山(397)、新湾(364)、八宝(120)、(165) | 45 |
| 3 | 6.143.1 | 拾回桥河(1018) | 4 | 岳集河(221)、戴家港(126)、魏河(215)、王桥河(148) | 3 | | | | | | | 4 | 龙泉(1675)、柏树垱(2410)、凡桥(1216)、金鸡(1785) | 21 | 凤凰(944)、红鹤(184)、官冲(140)、朱家沟(298)、龙山(281)、前进(110)、龟山(125)、潘垱(322)、三届(323)、黄金港(780)、朱垱(339)、老山(390)、吴垱(705)、鞠湾(352)、罗垱冲(465)、黄傍(104)、杨场(410)、白龙滩(134)、钱家湾(247)、郭滩(188)、郭场(141) | 15 |
| 4 | 6.145 | 金水河(2695) | 3 | 金水河(684)、淦河(854)[黄沟河(163)] | 3 | 斧头湖(114.7)、团墩湖(11.9)、鲁湖(40.2) | 1 | 后古河(4.2) | 1 | 南川(11190) | 1 | 四门楼(3720) | 9 | 友谊(146)、高腊梅(168.8)、红旗(212.8)、沙港(215)、前进(189)、神山口(102.3)、五(135)、鸣水泉(581)、大泉口(170.6) | 72 |
| 合计 | | | 29 | | 17 | | 75 | | 5 | | 29 | | 113 | | 725 |

## 表6-15 汉江水系一览表

| 序号 | 条目编号 | 河流 | | 湖泊 | | | | 水库 | | | | | | |
|---|---|---|---|---|---|---|---|---|---|---|---|---|---|---|
| | | 流域面积1000km²及以上 | | 水面面积10km²及以上 | | 水面面积1~10km² | | 大型 | | 中型 | | 小(1)型 | | 小(2)型 |
| | | 河流·河段 | 流域面积100~1000km² 名称 | 数目 | 名称 | 数目 | 名称 | 数目 | 名称 | 数目 | 名称 | 数目 | 名称 | 数目 |
| | | | 数目 | | | | | | | | | | | | |
| 1 | 6.148 | 汉江(159000) | | | | | | | | | | | | |
| | | 汉江干流·河源—唐白河河口 | 八庙河(204)、冷峪河(162)、小扁河(150)、台河(553)、肖家河(214)、水磨河(105)、大林河(122)、*玉带河*(831)、大堰河(438)、漾家河(566)、黄坝河(127)、外坝河(196)、濂水沟(743)、冷水河(660)、青石夫河(136)、兴隆河(192)、文川河(223)、*南沙河*(321)、堰沟河(168)、*沙河*(120)、盨水河(317)、西水河(963)、金水河(213)、王家河(159)、许家河(184)、栗子坝河(278)、千掌峡河(720)、仗水河(164)、白勉峡河(199)、*塔峰河*(410)、东河(143)、富水河(289)、牟梓河(381)、清溪河(114)、*汝河*(532)、*洞河*(532)、*杨河*(197)、大汇河(179)、南坪河(494)、林本河(169)、富垟河(100)、石转河(143)、吉河(192)、黄洋河(23)、蜀河(116)、*神滩河*(150)、仙溪(109)、仙河[西岔河(533.1)、冷水河(500)、天桥河(807)]、*厚方河*(133)、红石河(147)]、*仙河*(436)、大兰河(121)、将军河(431)、南沟(116)、*神定河*(227)、泗河(469)、[吕家河(233)]、*官山河*(381)、大泗河(127)、仙人河(132)、曲远河(153)、黑洞沟(146)、安乐河(115)、黄贩河(206)、狮子岩河(148)、杨又河(132)、石家畈(101) | 78 | | | | | *石泉*(47000)、安康(258500)、丹江口(初期2097000;后期2905000)、孟桥川(11280)、王甫洲(30950) | 5 | *红寺坝*(3381)、南沙河(4430)、沙河(1435)、*泥水河*(4190)、卡房(2992)、云河(1390)、*茅塔河*(1385)、马家河(2220)、巨家河(1770)、*宦山河*(2030)、浪河(1655)、*龙潭*(2840)、马冲(1847)、唐沟(1035)、*黑虎山*(1377)、大柏河(242)、程家沟(259)、狭马河(1430)、前进(1612)、*回龙河*(2995)、姚家河(1105)、石河畈(1640)、肖家碥(1900)、*家子湾*(3270)、罗岗(1840) | 23 | 千山(624)、李家湾(215)、大湾沟(630)、鹅壁滩(266)、三盆沟(245)、双岭(115)、凤家沟(109)、梁河(352.29)、麻底沟(250)、双龙寺(360)、堰沟河(515.2)、郭家(270)、苎溪河(380)、龙王滩(407)、两河口(189.3)、大井沟(127)、强家湾(877.3)、华山沟(336.95)、铁炉沟(325.62)、凤凰山(248.54)、陈家村(182.77)、白沙寨(144.7)、钟宝桑(307.8)、灌沟(164.29)、小岩(192)、卧龙沟(105)、莲花石(185)、红花寺(366)、团结(158.5)、隆台沟(161)、东风(134.5)、许家河(380)、千掌河(110)、鲍沟(100)、谭家湾(484)、花瓶(498)、上塔(147)、挖断岗(277)、高源(224)、白鹤铺(783)、峡沟(153)、茅塔河(662)、百二河(202)、岩洞(290)、太都(157)、剑河(155)、金岗(155)、三盆河(305)、堰湾(199)、三盆沟(135)、金庄(217)、大柏河(242)、黄莺(135)、胡家山(159)、杨山一库(395)、狭马沟(259)、程家沟(163)、杨山二库(366)、新黑龙河(400)、北张山(754)、无山(306)、林茂山(345)、龟山(301)、小刘营(129)、双桥连(247)、小桥河(1359)、凉水泉(342)、青龙沟(320)、大发岭(803)、普陀河(706)、白龙堰(930)、黑龙堰(178)、程棚(786)、黄龙堰(490)、支湾(133)、叶庄(316)、叶庄(215)、郭寨(355)、夏营(185)、代沟(296)、郭寨(216)、柳威岗(294)、中明湾(174)、七里冲(108)、胡沟(153)、老党(753)、米湾(829)、肖坡(153)、兴隆坝(1065)、成岗(829)、三八水库(121)、千弓(934)、赵冲(175)、余湾(278)、余湾(173) | 682 | | | | 94 |

429

续表

| 序号 | 条目编号 | 河流 | | 湖泊 | | | | 水库 | | | | | |
|---|---|---|---|---|---|---|---|---|---|---|---|---|---|
| | | 流域面积 1000km² 及以上 | | 流域面积 100～1000km² | | 水面面积 10km² 及以上 | | 水面面积 1～10km² | | 大型 | | 中型 | |
| | | 河流·河段 | | 名称 | 数目 | 名称 | 数目 | 名称 | 数目 | 名称 | 数目 | 名称 | 数目 |
| | | | | | | | | | | | | | |

| 序号 | 条目编号 | 河流·河段 | 名称 | 数目 | 大型 名称 | 大型 数目 | 中型 名称 | 中型 数目 | 小(1)型 名称 | 小(1)型 数目 | 小(2)型 数目 |
|---|---|---|---|---|---|---|---|---|---|---|---|
| 2 | 6.148.2 | 濉河(3908) | 蒿坝河(225)、桑元沟(130)、小南河(126)、北浇河(157)、尚溪河(263)、沙沟河(171) | 6 | 石门(10980) | 1 | | | 八里畈(237)、狮子沟(181.61)、许家岭(180)、渔谱沟(112.47)、邢家坝、段家沟(152) | | 27 |
| 3 | 6.148.2.1 | 红岩河(1346) | 太白河(642) | 1 | | | | | | | |
| 4 | 6.148.5 | 湑水河(2340) | 平堵河(127)、板登河(116) | 2 | | | | | 雷草沟(二)(150) | 1 | 24 |
| 5 | 6.148.10 | 子午河(3028) | 酸溪河(592)、东岭河(133)、西河(364)、浦河(496)、长安河(485) | 5 | | | | | | | 6 |
| 6 | 6.148.11 | 牧马河(2807) | 峡河(380)、沙河(347) | 2 | | | | | | | 28 |
| 7 | 6.148.11.1 | 泾洋河(1008) | 麻石河(172) | 1 | | | | | | | |
| 8 | 6.148.14 | 池河(1022) | 东河(143) | 1 | | | | | 西沙河(133) | 1 | 1 |
| 9 | 6.148.15 | 任河(4983) | 渚河(964)、黄安溪(119)、活鱼溪(149)、厚坪溪(169)、岚竹溪(129)、北屏溪(323)、筒竹河(176)、坪坝河(401)、庙柳沟(162)、麻柳河(262)、朱溪河(176)、权河(118)、渚河(964)、巴庙河(143) | 14 | | | 半耳坝(1154) | 1 | | | |
| 10 | 6.148.18 | 岚河(2126) | 正阳河(176)、南木河(174)、渭河(398)、四季河(171)、东香河(147) | 5 | | | | | | | |
| 11 | 6.148.20 | 月河(2826) | 娘娘庙河(148)、观音河(100)、青泥河(433)[中河(128)、沈坝河(118)、恒河(975)、黑水河(122)、紫荆河(105)、大河(147)、付家沱(457) | 10 | | | 观音河(1552)、黄石滩(4177) | 2 | 安子沟(107.4)、白鱼河(180)、新民(227)、福滩河(111.2) | 4 | 72 |
| 12 | 6.148.22 | 坝河(2050) | 吕河(696.5)、神河(197)、太平河(451)、冲河(180)、金沙河(230)、汝河(167)[大金河(143)] | 7 | | | | | 平定(214) | 1 | 2 |

续表

| 序号 | 条目编号 | 河流 | | | 湖泊 | | | 水库 | | | | | | |
|---|---|---|---|---|---|---|---|---|---|---|---|---|---|---|
| | | 流域面积1000km²及以上 | 流域面积100～1000km² | | 水面面积10km²及以上 | | 水面面积1～10km² | | 大型 | | 中型 | | 小(1)型 | 小(2)型 |
| | | 河流·河段 | 数目 | 名称 | 数目 | 名称 | 数目 | 名称 | 数目 | 名称 | 数目 | 名称 | 数目 | 名称 | 数目 |
| 13 | 6.148.23 | 旬河(6307) | 10 | 江河(221)、麻坪河(191)、冷水河(147)、达仁河(400)、东川河(396)、西川河(169)、沙沟河(106)、月河(428)、甘岔河(131)、小仁河(199) | | | | | | | | | 2 | 钟家坪(980)、西沟河(101) | |
| 14 | 6.148.23.1 | 乾佑河(2507) | 2 | 东川河(154)、镇安河(246) | | | | | | | | | | | 2 |
| 15 | 6.148.26 | 夹河(5622) | 13 | 小河(227)、杜川河(432)、唐家河(629)、岩屋河(185)、米溪河(122)、三岔河(118)、新家河(190)、大坝河(418)、两岔河(108)、伞河(105)、四岔河(150)、冷水河(121)、冷水河(196) | | | 1 | 陡岭子(48420) | | | | 1 | 薛家沟(117.5) | | |
| 16 | 6.148.26.1 | 马滩河(1428) | 3 | 县川河(744)、小河(401)、北沟河(122) | | | | | | | | | 1 | 马家沟(118) | |
| 17 | 6.148.28 | 乾河(1614) | 4 | 汇河(126)、五河(434)、安家河(256)、大麦峪河(308) | | | | | | | 2 | 马安夫(1670)、土门(1065) | 9 | 土门(716)、麦峪(180)、范坪(144)、马家沟(390)、东沟(141)、泥河(234)、张家湾(132)、五马面(160)、南峰山(112) | 96 |
| 18 | 6.148.29 | 蚂河(12431) | 18 | 大曙河(368)、竹溪河(125)、浪河(121)、束河(216)、万江河(303)、红水河(901)、深河(582)、苦桃河(5533)、邓家河(123)、菖河(781)、北星峪河(459)[拦鱼河(105)]、铁峪河(145)、化峪河(168)、唐家河(341)、君地河(118)、大峡河(139)、黄家沟(316) | | | | | 3 | 鄂坪(29200)、霍龙河(10200)、黄龙滩(116250) | 2 | 石庙子(1775)、潭家河(1370) | 8 | 头坝(614)、东河(205)、双丰(107)、关家沟(225)、明钗(129.5)、石匣子(180)、八里(127) | 18 |
| 19 | 6.148.29.2 | 潭口河(1522) | 5 | 小文峪河(127)、尖山河(209)、老王河(658)、竹溪河(119)、洛家河(102) | | | | | | | 1 | 竹溪河(2290) | 9 | 黑龙(287)、鹰嘴石(121)、洞沟(167)、唐坪(105)、施家河(150)、岱王沟(103)、文峪河(100)、古家沟(220)、古家沟(825) | 85 |
| 20 | 6.148.29.4 | 白渡河(2885) | 7 | 明峪河(281)、洪岭河(245)、公祖河(445)、渣渔河(3223)、平渡河(292)、瓦沧河(184)、铁峪河(227) | 1 | 大九湖(1.8) | | | | | | | | | |

431

续表

| 序号 | 条目编号 | 河流 河流·河段 | 流域面积 100~1000km² 名称 | 数目 | 湖泊 水面面积 10km²及以上 名称 | 数目 | 湖泊 水面面积 1~10km² 名称 | 数目 | 水库 大型 名称 | 数目 | 水库 中型 名称 | 数目 | 水库 小(1)型 名称 | 数目 | 水库 小(2)型 数目 |
|---|---|---|---|---|---|---|---|---|---|---|---|---|---|---|---|
| 21 | 6.148.34 | 丹江（16812） | 油磨河（130）、板桥河（588）、黄川河（117）、大洞河（214）、黄秦河（576）、会峪河（220）、老君河（262）、庵底沟（122）、西沟（108）、资峪河（147）、武关河（900）、峡河（161）、清油河（369）、县河（272）、耀岭河（113）、湘河（223）、滔河（346） | 17 | | | | | | | | 二龙山（8100）、鱼岭（1037） | 2 | 南秦（984）、庙湾（493）、王山沟（123）、龙潭（272）、庙沟（142）、县河（667）、试马（272）、裴营（115） | 8 | 21 |
| 22 | 6.148.34.4 | 银花河（1045） | 洛峪河（649） | 1 | | | | | | | | | | 西沟（104） | 1 | 11 |
| 23 | 6.148.34.6 | 洪河（1598） | 峡河（201）、黑漆河（102） | 2 | | | | | | | | | | | | |
| 24 | 6.148.34.7 | 滔河（1210） | | | | | | | | | | 滔河（7160）、梅铺（2860） | 2 | 西沟（165）、长新（339）、董家舍（142） | 4 | 21 |
| 25 | 6.148.34.8 | 老鹳河（4231） | 石界河（14）、军马河（257）、蛇尾河（543）、丁河（563）、古庄河（186）、镇坪（147）、湍河（197）、篙坪河（153）、紫气河（149） | 9 | | | | | | | | 石门（9100）、重阳（2655） | 2 | 庄口（510）、黑子树（106）、古琛山（110）、石人沟（110）、孙庄（132.5）、高坪（172.6）、中里坪 | 7 | 38 |
| 26 | 6.148.38 | 北河（1194） | 紫金河（16])、盐池河（213） | 2 | | | | | | | | 霸口（4462）、团湖（1910） | 2 | 刘倍（464）、打磨沟（227）、狮子头（176）、大冲（137）、赵子头（152）、蛤蟆口（300）、黄龙草（526） | 7 | 35 |
| 27 | 6.148.39 | 南河（6481） | 宋洛河（332）、古水河（406）[青阳河（144）]、全斗河（104）、清溪河（599）[张家河（101）、黄堡河（175）]、西河（333）、东河（114）、黄土河（104）、白水河（106） | 11 | | | | | | 白水峪（14800） | 1 | 南河（8300） | 1 | 独树垭（215）、砚瓦石（206）、石龙沟（148） | 3 | 11 |
| 28 | 6.148.39.2 | 马栏河（2301） | 包家河（148）、汪家河（641）、黑东沟（107）、盘峪河（131）、易沟（104）、云河（208）、武禹河（116）、刘家河（324）、马家河（177） | 9 | | | | | | | | 汪家河（1123）、潭家湾（1025） | 2 | 潭家湾（113）、白玉沟（137）、郑家湾（520）、封门山（160）、小寨（170）、玉观（150）、乱石沟（100）、胖牛（127）、吴家沟（147）、杏水沟（180）、七里沟（135）、小里沟（100）、王家沟（122） | 13 | 51 |

432

续表

| 序号 | 条目编号 | 河流 | 流域面积 1000km² 及以上 河段 | 流域面积 100~1000km² | | 湖泊 水面面积 10km² 及以上 | | 湖泊 水面面积 1~10km² | | 水库 大型 | | 水库 中型 | | 水库 小(1)型 | | 水库 小(2)型 数目 |
|---|---|---|---|---|---|---|---|---|---|---|---|---|---|---|---|---|
| | | | | 数目 | 名称 | 数目 | 名称 | 数目 | 名称 | 数目 | 名称 | 数目 | 名称 | 数目 | 名称 | |
| 29 | 6.148.42 | 小清河(2010) | | 4 | 西排子河(259)、黑水河(331)、马张河(192)、大吕沟(128) | | | | | 2 | 西排子河(22215)、红水河(16130) | 6 | 冯营(1131)、武家营(2158)、柳疃集(1540)、古城(2930)、马张河(1960)、滕庄(1260) | 16 | 黑营(348)、代岗(191)、龚家桥(136)、贺凭(362)、齐岸(300)、申家洼(469)、王湖冲(205)、王坡(426)、李家冲(685)、铁岗(232)、店子坡(143)、刘洼(599)、谢洼(193)、邓湖(257)、耿坡(209)、张坡(523) | 44 |
| | | 汉江干流·江源—唐白河河口小计 | | 249 | | 0 | | 1 | | 14 | | 48 | | 196 | | 1277 |
| 30 | 6.148.43 | 唐白河(24590) | | 1 | 港沟河(215) | | | | | | | 3 | 樊庄(1771)、港沟(1752)、高庵(620) | 9 | 易坡(267)、杨庄(352)、孙赵湾(506)、武岗(386)、段冲(104)、宋坡(386)、张连(105)、友谊(154)、堰岗(790) | 23 |
| 31 | 6.148.43.1 | 白河(12224) | | 12 | 松河(411)、潢鸭河(681)、排路河(341)、甾山河(170)、空山河(167)、兰溪河(120)、潦河东支(276)、鸭河(457)、泗水河(668)、白条河(102)、潦河(701) | | | | | 1 | 鸭河口(131600) | 8 | 廖河(1024)、辛庄(1346)、冢岗庙(4350)、龙王沟(5270)、彭坡(4940)、李岗(3741)、三道岭(220)、何平打磨石(2592)、兰营(1246) | 14 | 花园口(384)、郭庄(533)、柏树庄(307)、青岩板(244)、盛塔岩(541)、罗圈岩(189)、吴二坪(173)、三道岭(149)、何平(430)、塔子山(133)、杨树岗(524)、寺沟 | 101 |
| 32 | 6.148.43.1.7 | 湍河(4946) | | 5 | 丹水河(250)、黄水河(219)、默河(607)、扎漆口(215)、运粮河(123) | | | | | | | 3 | 七岭(1136)、斩龙岗(1505)、打岗(2182) | 9 | 石岭河(217)、红山(245)、王庄(444)、庙山(128)、方山(499)、张岗(630)、半坡(750)、庵(126.8)、雷庄 | 44 |
| 33 | 6.148.43.1.7.1 | 赵河(1342) | | 3 | 黑河(104)、严陵河(743)、洪河(154) | | | | | 1 | 赵湾(10650) | 1 | 高丘(3308) | 1 | 高西河(173) | 8 |
| 34 | 6.148.43.1.8 | 刁河(1006) | | 1 | 汤堰河(112) | | | | | | | 1 | 太山庙(2228) | 10 | 油房(166)、庙湾(175)、周槽河(233)、温岗(152)、西沟(190)、吴沟(141)、王沟(190)、立新(251)、刘家营(215)、岗西(176) | 13 |

续表

| 序号 | 条目编号 | 河流 河段 流域面积1000km²及以上 | 流域 流域面积100~1000km² 数目 | 流域 流域面积100~1000km² 名称 | 湖泊 水面面积10km²及以上 数目 | 湖泊 水面面积10km²及以上 名称 | 湖泊 水面面积1~10km² 数目 | 湖泊 水面面积1~10km² 名称 | 水库 大型 数目 | 水库 大型 名称 | 水库 中型 数目 | 水库 中型 名称 | 水库 小(1)型 数目 | 水库 小(1)型 名称 | 水库 小(2)型 数目 |
|---|---|---|---|---|---|---|---|---|---|---|---|---|---|---|---|
| 35 | 6.148.43.2 | 唐河(8685) | 17 | 潴河(636)、阿陂河(220)、疆石拉河(136)、赵河(400)、柳河(119)、崛河(382)[马河(136)]、清河(134)、青水河(320)、绵延河(128)、浦石河(322)、蓼阳河(130)、疆石河(127)、桐黄河(828)、仓龙河(258)、罗桥河(448)[黑清河(138)] | 0 | | 0 | | 1 | 宋家场(13200) | 7 | 望花亭(3803)、新峰(1984)、黑桥(1950)、罗桥(8120)、刘桥(3350)、小黄河(3210)、周桥(3200) | 19 | 东方红(200)、洪寨(426)、马庄(264)、连花堰(110)、工联坝(104)、杨庄(287)、辛庄(118)、唐梓山(590)、赵桥(153)、八一(138)、双山(205.8)、土门(105)、洞沟(128.5)、百亩堰(258)、刘湾(487.5)、临泉(444)、太山(264)、白马堰(722)、山头(103.8) | 52 |
| 36 | 6.148.43.2.3 | 泌阳河(1715) | 1 | 沙河(346) | | | | | 1 | | 3 | 华山(6350)、五门(2220)、三门(1324) | 1 | 李庄(135) | 42 |
| 37 | 6.148.43.2.5 | 三夹河(1493) | 4 | 鸿汉河(128、鸿鹏河(177)、丑河(121)、江河(238) | | | | | | | 3 | 二郎山(4015)、虎山(9616)、倪河(1140) | 7 | 龙官河(107)、半坡(135)、罗庄(141)、下坡(130)、田桥(526)、李兴堂(162)、栗园(205) | 27 |
| 38 | 6.148.43.3 | 滚河(2833) | 6 | 沙河(722)、王城河(269)、昆河(289)、优良河(134)、熊河(410)、官洺河(146) | | | | | 2 | 华阳河(12300)、熊河(25400) | 16 | 东郊(6570)、油坊湾(1890)、西河(1090)、徐嘴(1116)、资山(1470)、清潭(1150)、大黄河(5210)、姚棚桥(2000)、石梯(7160)、沙河(7200)、荆川(1500)、北郊(1900)、吉冲(5000)、东方红(1610)、烈土陵(1338)、官冶(5340) | 38 | 王坡(198)、西郊(840)、东沟(160)、打石场(192)、双河(148)、石头河(148)、丁庄(118)、龙断桥(140)、郑庄(312)、吕冲(213)、张湾(127)、响水罩(264)、黄沟(321)、胡挡(980)、鹤嘴岩(136)、六十母地(348)、台命山(120)、五里桥(233)、三道河(535)、刘老庄(160)、周家洪(127)、三里桥(294)、连子山(206)、八房湾(780)、金峡(229)、吴家湾(147)、东方红(103)、响水坊(119)、张家挡(398)、刘挡沟(136)、余家岷(123)、岩巴堰(183)、甘家冲(384)、伍河(460)、石板堰(150)、栎湾(221)、腰盆井(511)、张湾(114) | 140 |
| | 唐白河小计 | | 50 | | 0 | | 0 | | 5 | | 45 | | 108 | | 450 |

434

续表

| 序号 | 条目编号 | 河流 流域面积1000km² 及以上 河流·河段 | 流域面积100~1000km² 数目 | 流域面积100~1000km² 名称 | 湖泊 水面面积10km² 及以上 数目 | 水面面积10km² 及以上 名称 | 水面面积1~10km² 数目 | 水面面积1~10km² 名称 | 水库 大型 数目 | 大型 名称 | 中型 数目 | 中型 名称 | 小(1)型 数目 | 小(1)型 名称 | 小(2)型 数目 |
|---|---|---|---|---|---|---|---|---|---|---|---|---|---|---|---|
| | | 汉江干流·唐白河口—汉江口 | 16 | 渭水 (423)、柳林桥河 (103)、鲤鱼桥河 (492)、清河 (104)、肖家湾河 (149)、弯嘴河 (100)、陈埠河 (115)、竹皮河 (197)、马集河 (558)、[堤嘴河 (108)]、[幸子河 (453)、[黄冲河 (391)、老君寺河 (486)、蔡甸 (107)]、长泾 (224) | 4 | 钟祥南湖 (70.6)、后河汊湖 (34.4)、蔡甸西湖 (12.7) | 24 | 北湖 (2.1)、林家湖 (3.9)、康吕桥湖 (1.3)、罗吕湖 (1.5)、邓家湖 (2.0)、旧港长湖 (2.1)、白龙潭湖 (2.8)、黄三潭畈 (3.2)、包湖 (1.1)、三潭 (2.2)、万家湖 (1.4)、朱山湖 (3.5)、小多湖 (4.8)、桐树湖 (7.7)、张家湖 (3.0)、三角湖 (2.8)、龙阳湖 (2.2)、水太子湖 (1.8)、南河湖 (3.4)、许家湖 (6.0)、金龙湖 (2.1)、独沧 (1.3)、王家泾 (1.1)、(2.8) | 1 | 鄂河一库 (11940) | 13 | 渭水 (2400)、鲤鱼桥 (2100)、朝阳寺 (2190)、黑石沟 (1445)、彝嘴 (4020)、钱山 (3400)、北山 (3440)、陈山寺 (1650)、岩山 (1150)、洪坡 (1555)、乐山坡 (1540)、十里冲 (1020) | 52 | 郝家冲 (370)、清水垱 (775)、朱家垱 (174)、朱家沟 (420)、飞虎峡 (552)、石门 (700)、大龙潭 (430)、小龙潭 (420)、黄冲 (500)、中山 (142)、阳光 (192)、老虎山 (184)、双合 (220)、太牛冲 (370)、付泉 (690)、丁垱 (127)、石佑牛 (142)、观垱 (460)、陈山坡 (153)、魏家堰 (460)、螺丝垱 (770)、张垱 (409)、白鲸冲 (726)、刘冲 (480)、小林冲 (134)、红星 (492)、伍冲 (310)、陈沟 (273)、老君山 (860)、李家垱 (315)、三家店 (120)、冷家河 (486)、余冈冲 (110)、王家嘴 (250)、黄家河 (260)、黄冲 (217)、沙河 (488)、阮安 (102)、杨山 (104)、官塘角 (131)、柴岗 (141)、公场 (111)、双堰 (110)、寨子坡 (185)、关山 (150)、三宝垱 (216)、老垱 (244)、河塔 (339) | 174 |
| 39 | 6.148.46 | 蛮河 (3276) | 6 | 白洛河 (106)、八都河 (150)、王家河 (561)、墨水 (802)、尖堤河 (351)、界牌河 (100) | | | | | 3 | 石门集 (16160)、三道河 (15610)、云台山 (13400) | 4 | 小南河 (3164)、谭河 (1470)、湾河 (1440)、鲶鱼潭 (1047) | 22 | 花庄 (1120)、黄连树 (119)、砂河 (204)、群力 (114)、李湾 (240)、盘龙 (758)、辉子园 (178)、解放 (194)、蒋生 (342)、双石滚 (216)、煌 (261)、冬家河 (650)、王岗 (200)、邬家冲 (410)、武城 (120)、田家冲 (486)、水头 (112)、冷水 (217)、沙河 (272) | 98 |
| 40 | 6.148.48 | 潮河 (1143) | 4 | 龙峪湖河 (115)、象河 (181)、九渡港河 (293)、蓟家冲河 (109) | | | | | 7 | 峡卡河 (2590)、龙岭河 (1685)、象河 (1215)、仙居河 (3350)、建泉 (1030)、岩垱 (1225)、横山嘴 (1530) | 20 | 黑军 (240)、姚湾 (105)、上泉桥 (177)、岩堡 (133)、官泉 (194)、段家冲 (401)、黑龙 (204)、金山 (111)、火焰冲 (219)、田家冲 (307)、石滚冲 (234)、金牛山 (548)、天子河 (239)、寺石桥 (144)、康乐 (286)、尹湾 (193)、黄冲 (496) | 35 |
| 41 | 6.148.50 | 滶河 (1597) | 3 | 朱家河 (107)、左车河 (596)、五里河 (127) | | | | | 2 | 温峡口 (57800)、黄坡 (11850) | 1 | 陡沟 (2190) | 8 | 花山 (314)、五星 (167)、和平 (122)、天星 (273)、磨石冲 (130)、卢冲 (125)、三泉 (320)、三岔口 (158) | 5 |

435

续表

| 序号 | 条目编号 | 河流・河段 | 流域面积1000km²及以上 | | 湖泊 | | | | 水库 | | | | | |
|---|---|---|---|---|---|---|---|---|---|---|---|---|---|---|
| | | | 流域面积100~1000km² | | 水面面积10km²及以上 | | 水面面积1~10km² | | 大型 | | 中型 | | 小(1)型 | 小(2)型 |
| | | | 数目 | 名称 | 数目 | 名称 | 数目 | 名称 | 数目 | 名称 | 数目 | 名称 | 数目 名称 | 数目 |
| 42 | 6.148.54 | 东荆河(4298) | 7 | 田关河(30.2km)、兴隆河(38km)、中沙河(25.5km)、城南河(35.1km)、排涝河北闸(48.4km)、分盐河(26.9km)、东荆河北支(37.2km) | 2 | 五湖(20)、排湖(12.4) | 10 | 张家湖(4.9)、西湖(1.0)、大汊湖(2.7)、鲫鱼湖(2.2)、芦林湖(3.1)、许家湖(2.1)、西沟子湖(1.0)、连子湖(1.0)、大有院(1.3)、陈湖(8.7) | | | | | | |
| 43 | 6.148.54.1 | 通顺河(3783) | 14 | 通北河(32.2km)、洛江河(38.8km)、皇河(40.4km)、改道河(26km)、通洲河(8km)、小陈河(20km)、玉带河(32.5km)、纳河(50.4km)、黄丝河(68.1km)、西瀛河(53.4km)、老蘭河(41km)、庙五河(32.2km)、旧港长江支(23.5km)、蚂蚁河(20.6km) | | | | | | | | | | |
| 44 | 6.148.55 | 汉北河(6256) | 6 | 季河(105)、司马河(271)、永隆河(129)、东川(211)、渲水(749) | 1 | 东西汉湖(24.3) | 12 | 华严湖(6.1)、张家湖(6.2)、白湖(2.8)、石家湖(2.3)、老观湖(9.5)、杨家湖(7.0)、商家湖(1.0)、陈家湖(1.1)、塔湖(1.3)、沿湖(1.1)、龙骨湖(2.2) | 2 | 石门(15200)、惠亭(31400) | 7 | 石龙(7497)、吴岭(7220)、叶畈(1244)、余家河(1090)、大湖桥(4263)、绿水堰(2065)、渣子河(2048) | 47 安坡(937)、黄集(145)、高潮(302)、雷家冲(898)、雷家河(101)、平安(423)、兔子冲(245)、何家冲(146)、东湖(262)、黄泉寺(270)、夹板冲(168)、小泉冲(375)、长林山(320)、黄龙寺(216)、胡家冲(276)、裴冲(406)、订河(385)、鸡公塔(824)、跃进塔(414)、东石门(138)、坛子口(238)、崔家冲(356)、清水档(119)、龙口(278)、洪口(1090)、石堰口(490)、段家冲(186)、川江(170)、呼家冲(337)、土皮陈(149)、毛家冲(215)、三合(164)、六份湾(190)、金斗(552)、燕子山(588)、芳四屋(384)、黄家庙(170)、洪潭(583)、石堰口(153)、伍(167)、西潭(396)、月潭(276)、四龙河(333)、愚公(332)、季河(422)、青山坡 | 203 |
| 45 | 6.148.55.10 | 大富水(1672) | 2 | 三道河(182)、石板河(282) | | | | | 1 | 高关(20840) | 3 | 刘畈(5500)、八字门(9740)、短港(9020) | 13 八里坪(132)、三里寺(135)、五泉(167)、廖家冲(136)、马甸泉(372)、艾河(113)、秒家河(207)、陡山坡(239)、赵坡(807)、屈家河(224)、鸭子岗(56)、李家嘴(672)、黄毛冲(532) | 60 |
| | 汉江干流·唐白河口—汉江口小计 | | 58 | | 7 | | 46 | | 9 | | 35 | | 162 | 575 |
| | 合计 | | 357 | | 7 | | 47 | | 28 | | 128 | | 466 | 2302 |

表 6-16　汉江口—鄱阳湖口河段河湖水系一览表

| 河流域面积1000km²及以上 | | | 湖泊 | | | | 水库 | | | | |
|---|---|---|---|---|---|---|---|---|---|---|---|
| 河流·河段 | 流域面积100~1000km² | | 水面面积10km²及以上 | | 水面面积1~10km² | | 大型 | | 中型 | | 小(1)型 | 小(2)型 |
| | 数目 | 名称 | 数目 | 名称 | 数目 | 名称 | 数目 | 名称 | 数目 | 名称 | 数目 | 名称 | 数目 |

| 序号 | 条目编号 | 河流·河段 | 数目 | 名称 | 数目 | 名称 | 数目 | 名称 | 数目 | 名称 | 数目 | 名称 | 数目 | 名称 | 数目 |
|---|---|---|---|---|---|---|---|---|---|---|---|---|---|---|---|
| | | 长江干流·汉江口—鄱阳湖口 | 10 | 铁牛沟河(114)、板桥港河(125)、乐园河(309)、南阳河(190)、长河(703)-横港河(283)、沙河(180)、大平河(264)、东升水(277)、浪溪水(241) | 12 | 东湖(33.7)、严西湖(11.8)、武湖(21.2)、涨渡湖(35.2)、花马湖(21.1)、策湖(11.8)、海口湖(12.9)、赤东湖(26.8)、赤湖(68.95)、赛城湖(53.6)、八里湖(17)、阿湖(42.3) | 39 | 黄塘湖(1.5)、月牙湖(1.4)、杜公湖(2.8)、东湖(7.2)、沙湖(3.5)、严东湖(7.7)、北湖(2.8)、胜家湖(1.5)、顶家汊(1.0)、薛家嘴(1.0)、陶家大湖(3.1)、七湖(4.2)、安仁湖(6.8)、南迹湖(4.4)、白潭湖(5.2)、蔡家湖(2.5)、赵家罩(1.4)、黄婆汊(1.1)、东湖(1.0)、西湖(1.8)、詹家湖(1.8)、杨汊湖(1.3)、青草湖(1.0)、柴泊湖(2.8)、朱家湖(5.0)、盛湖(9.5)、望天湖(5.3)、涂家湖(2.0)、茅山湖(3.9)、连耳湖(1.2)、洋澜湖(2.5)、孙家湖(1.5)、赤西湖(6.2)、雨湖(1.2)、马口湖(4.0)、军山塘(2.6)、[圩 装湖(1.4)、[圩 装湖(1.22)、白水湖(1.86)] | | | 9 | 三姑井(1361)、石桥岭(1715)、马迹岭(1249)、余家堰(3691)、白沙(1195)、石门浪溪(5947)、立新(1940)、横港(1144)、高泉(1095) | 27 | 夫子岭(190)、黄龙(823.5)、黄山(120.5)、白龙(311)、白雄山(147)、东方山(121.6)、大瑰(140)、小岭浦(103)、连花(335)、龙源(647)、下雷(114)、大壤(518)、芦泉(305)、红旗(355)、木梓湾(131)、毛桥(106.9)、立新(106)、朗山(396.2)、雨淋(137)、螺山(568.2)、陈溪坂(101)、代山(414)、咸江(434)、梅山(106)、南城(138.6)、如琴湖(120)、芦林湖(112) | 230 |

437

续表

| 序号 | 条目编号 | 河流 | 流域面积 1000km² 及以上 | | 湖泊 | | | | 水库 | | | | | | |
|---|---|---|---|---|---|---|---|---|---|---|---|---|---|---|---|
| | | | 流域面积 100~1000km² | | 水面面积 10km² 及以上 | | 水面面积 1~10km² | | 大型 | | 中型 | | 小(1)型 | | 小(2)型 |
| | | 河流·河段 | 数目 | 名称 | 数目 | 名称 | 数目 | 名称 | 数目 | 名称 | 数目 | 名称 | 数目 | 名称 | 数目 |
| 1 | 6.149 | 府㵲河(14287) | 12 | 双河(161)、㵲水(567)、姚过河（96、均水（417）、徐家河（753）[龙泉河(226)]、㵲水(123)、浪山河(116)、滚子河(141)、㵲水(930) | 3 | 童家湖(26.6)、王母湖(10.8)、野猪湖(14.4) | | | 5 | 大洪山（12640）、黑山湾（16320）、吴家河（18858）、徐家河（77110）、郑家河（19300） | 14 | 黑龙口(1902)、唐王（2300）、罗河(4346)、环潭（2165）、鲁城河（4016）、桃园河（5754）、马鞍山（2020）、白果河（4622）、清水（4406）、幸福河（1146）、长冲（1120）、清林(1146)、黄石冲（2900）、丁河（1622）、朗鹰岩(2682) | 74 | 椒藤河(413)、星火(143)、额头冲(329)、红安(344)、苏家河(615)、松柏(936)、泉嘴(309)、新庙(337)、联合(122)、王家店(146)、朱家湾(134)、狮子潭(146)、周家河(158)、白庙(136)、荞麦河(204)、沙子河(102)、民建(342)、任家嘴(192)、红光(704)、光华(455)、石板山(198)、八里棚(193)、永丰(511)、旭光(235)、光明(156)、行明(136)、龙冲(262)、横山(175)、朱家堆(174)、邓冲(292)、严冲(274)、杜冲(130)、六合河(270)、胜利桥(269)、观音冲(320)、双河口(252)、同心(813)、长冲(487)、兔子坡(717)、叶家(246)、易家跳坡(140)、联合(102)、百花(370)、李冲(580)、天堂(201)、周家大塘(262)、皮家冲(145)、合力(204)、代冲(243)、洪寺(192)、肖塘(150)、塔山(419)、徐冲(201)、双塘(306)、楂山(692)、合汊(127)、龙王寺(154)、回龙寺(197)、乌龟嘴(485)、北凤(397)、四家门楼(109)、关嘴(165)、陈家棚子(386)、甘门(120)、刘家沟(101)、家湾(148)、中峰寺(192)、梭子冲(144)、梅家沟(368)、深冲沟(162)、高峰(122)、八道河(306)、王家冲(139)、黄陂小湾(143) | 627 |
| 2 | 6.149.4 | 㵲水(1275) | 3 | 封江口河(459)、沙家庄河(183)、杜家河(102) | | | | | 2 | 天河口(11680)、封江口(26480) | 2 | 龙脉(2132)、龙鹿沟(1146) | 10 | 红岩(402)、白岩(672)、砂河口(745)、继红(146)、关山(159)、辽头(620)、罗家河(268)、朱家湾(126)、合河(440)、楼子河(108) | 16 |

续表

| 序号 | 条目编号 | 河流·河段 | 河流 流域面积 100～1000km² | | 湖泊 水面面积 10km² 及以上 | | 水面面积 1～10km² | | 水库 大型 | | 中型 | | 小(1)型 | | 小(2)型 |
|---|---|---|---|---|---|---|---|---|---|---|---|---|---|---|---|
| | | 流域面积 1000km² 及以上 | 数目 | 名称 | 数目 | 名称 | 数目 | 名称 | 数目 | 名称 | 数目 | 名称 | 数目 | 名称 | 数目 |
| 3 | 6.149.5 | 溾水 (1090) | 1 | 浆溪店河 (517) | | | | | 1 | 先觉庙 (27480) | 2 | 黑洞湾 (3416)、两河口 (1527) | 8 | 东两河口 (176)、夹子沟 (253)、白沟 (220)、傅家塝 (297)、龙脖 (652)、黄家湾 (125)、七里冲 (144)、岩子河 (260) | |
| 4 | 6.149.11 | 滠水 (3618) | 11 | 方家河 (111)、严家河 (148)、胡家河 (137)、晏家河 (368)、邹家河 (158)、女儿港 (132)、滚子河 (172)、杨店河 (239)、黄家寨河 (108)、界河 (220)、彭家河 (114) | | | | | | 1 | 观音岩 (10040) | 9 | 界牌 (7770)、罗汉坡 (2123)、姚汉注 (1559)、方畈 (5840)、金盆 (2990)、八汉注 (2256)、矿山 (1490)、巴山 (1031)、青板桥 (1075) | 24 | 赵冲 (310)、曹冲 (106)、罗家棚子 (219)、暖子沟 (162)、四方湾 (115)、路家冲 (265)、象鼻河 (200)、破竹林 (579)、蔡家湾 (137)、姿姿 (740)、李家冲 (193)、张冲 (182)、群联 (173)、双洪 (302)、石板沟 (197)、刘家 (205)、凉亭 (222)、安联 (317)、群建 (172)、白云 (792)、酉冲 (174)、丰产 (145) (163) | 92 |
| 5 | 6.149.11.6 | 应山河 (1515) | 3 | 四五湾河 (213)、广水河 (508)、刘家河 (194) | | | | | | | | | 2 | 碾家河 (3448)、高峰寺 (1192) | 13 | 白水河 (108)、黄岩 (240)、桃园 (218)、龙兴沟 (248)、青山 (387)、立新 (147)、口子湾 (289)、铺祠冲 (157)、三里岗 (98)、吉阳 (137)、狮子洼 (195)、天堡寨 (113)、寿龙寺 (124) | |
| 6 | 6.150 | 澴水 (2582) | 9 | 上西大河 (121)、刘家集河 (174)、上璇水河 (290)、姚集河 (157)、梅店河 (135)、夏家寺河 (228)、泊溪港河 (125)、下石港河 (168)、吴家寺河 (115) | | | 1 | 后湖 (16.2) | 4 | 什子湖 (2.7)、任凯湖 (1.5)、后湖 (1.0)、姚子海 (1.5)、马家湖 (1.7) | 2 | 夏家寺 (28960)、梅店 (16458) | 3 | 彭店 (5146)、泥河 (2736)、阮桂寺 (9615) | 40 | 严家河 (294)、尹家湾 (126)、徐家冲 (216)、关程河 (144)、会冲 (109)、左程冲 (379)、独石冲 (348)、乐家冲 (487)、石骨冲 (735)、王家冲 (206)、青骨冲 (779)、雷谷冲 (307)、两河口 (271)、友爱 (186)、玛畈冲 (271)、祝家山 (103)、狮子冲 (358)、吴家寺 (666)、王家店 (150)、王朗冲 (105)、新田 (280)、中盆 (260)、解放 (144)、小坳 (115)、乐家河 (100)、余家冲 (126)、曼家冲 (184)、周王长冲 (166)、王家山 (200)、吴家寺 (307)、友爱 (186)、德利 (111)、红十月 (396)、人造湖 (240)、劳动 (622)、杨子冲 (117)、龙兴湖 (668)、七里畈 (476)、刘喜湖 (315)、象鼻子 (240)、朱家山 (246)、天岗 (65)、(133)、(168) | 123 |

续表

| 序号 | 条目编号 | 河流 | | | | 湖泊 | | | | 水库 | | | | | |
|---|---|---|---|---|---|---|---|---|---|---|---|---|---|---|---|
| | | 流域面积1000km²及以上 | 流域面积100~1000km² | | | 水面面积10km²及以上 | | 水面面积1~10km² | | 大型 | | 中型 | | 小(1)型 | 小(2)型 |
| | | 河流·河段 | 数目 | 名称 | | 数目 | 名称 | 数目 | 名称 | 数目 | 名称 | 数目 | 名称 | 数目 名称 | 数目 |
| 7 | 6.153 | 倒水 (1793) | 4 | 金沙河（13ˊ）、下店河（139）、高桥河（152）、太平河（151ˊ） | | | | | | 1 | 金沙河 (17870) | 4 | 檀树岗 (7179)、烟宝地 (4650)、八角庙 (1688)、火连畈 (3130) | 21 | 连花堰 (240.4)、金桥 (212.2)、杨冲 (284.8)、清连 (104.1)、鸭山 (106.9)、石噤堰 (406)、新安村 (138)、千功堰、杨明古山 (312)、大麻寺 (174)、新在 (740)、殷家冲 (517)、马安树 (606)、曹河 (830)、鄢家冲 (217)、白果树 (227)、山西冲 (114)、将家冲 (144)、大山青 (178)、毛家冲 (212)、大山青 (178)、毛家冲 (264) | 153 |
| 8 | 6.157 | 举水 (4059) | 12 | 跳石河 (213)、尚家河 (729)、碧绿河 [蟹绿河 (116)、白果山水湾河 (321)、浮桥河 (507)] 、鄢家河 [邹家河、120]、鄢家河 (219)、东河 (174)、沙河 (770)、道观河 (141)、贺桥王河 (145)] | | 6 | 梁子湖 (304.3) [牛山湖 (54.49)、保安湖 (48)、三山湖 (24.3)、鸭儿湖 (18)、梧桐湖 (25.8)] | | | 5 | 尾斗山 (11050)、浮桥河 (46050)、三道河 (16900)、明口 (16460)、道观河 (10700) | 11 | 大坳 (2760)、碧绿河 (6150)、黑石嘴 (1026)、茅屋 (2160)、大旗山 (1640)、少潭河 (1980)、大河埔 (1740)、龙塞河 (199)、桐遛关 (1766)、刘家冲 (276)、夏家冲 (1170)、双霞河 (127)、付河 (2214)、横河 (2408) | 45 | 虎形地 (775)、毛家冲 (201)、水 丰 (260)、响鼓墩 (215)、皎衣河 (845)、邓家冲 (879)、管山 (114)、鲇鱼坝 (814)、大石板 (852)、黄麻坳 (114)、大吴河 (338)、群乐 (110)、积雨哑 (413)、四新 (174)、红心 (127)、永红 (127)、落衣山 (662)、姚家河 (373)、白石河 (154)、草庙沟 (250)、黑龙潭 (313)、茶田 (110)、大河冲 (199)、朝阳 (135)、鸡遛关 (1740)、龙家河 (127)、大铺头坳 (168)、卫 (159)、麻城 (130)、东凤 (106)、群建 (182)、高峰 (101)、石佛洞 (110)、付河 (142)、何水岩 (114)、将军山 (975)、家冲 (115)、方家坳 (170)、宋李湾 (122)、孔子河 (757)、陈家山 (120) | 240 |
| | 6.158 | 梁子湖水系 (3265) | 5 | 新港 (218)、高桥河 (893)、金牛河 [167]、梨篙河 (134)、张桥湖港 (116) | | 3 | 严家湖 (3.1)、杨桩湖 (1.3)、鸭家湖 (8.1)、马桥湖 | | | | | 1 | 毛浦 (3020) | 22 | 董家坡 (222)、祖丘坡 (203.5)、马栏桥 (381)、余家坡 (163)、独家口 (875)、马龙口 (750)、八一 (108.4)、新华 (107.1)、胡家湾 (108.8)、永丰 (116)、五一 (139)、幸福 (103.4)、招山 (108.8)、金盆 (490)、纪家桥 (398)、朱山 (131.8)、九龙 (432.4)、狮子口 (311)、青龙 (130)、青龙明 (138.1)、五里山 (118.3) | 145 |

440

续表

| 序号 | 条目编号 | 河流·河段 | 流域面积 1000km² 及以上 | | 流域面积 100~1000km² | | 湖泊 水面面积 10km² 及以上 | | 湖泊 水面面积 1~10km² | | 大型 | | 中型 | | 小(1)型 | | 小(2)型 |
|---|---|---|---|---|---|---|---|---|---|---|---|---|---|---|---|---|---|
| | | | 名称 | 数目 | 名称 | 数目 | 名称 | 数目 | 名称 | 数目 | 名称 | 数目 | 名称 | 数目 | 名称 | 数目 | 数目 |
| 9 | 6.160 | 巴水 (3697) | | | 胜利河 (262)、新昌河 (436)、罗田河 (764) [深水河 (107)]、五桂河 (207)、陈庙河 (181)、长河 (366) | 7 | | | | | 牛车河 (10230)、天堂 (16216) | 2 | 杉林河 (1349)、回龙 (1131)、庙河 (1460)、响水潭 (3357)、跨马墩 (3450)、凤凰关 (3860)、东河 (1210)、双河口 (1080)、梅子山 (1123)、白洋河 (2403) | 10 | 何门嘴 (189)、蛤蟆石 (159)、介岭 (141)、游家冲 (175)、王家边 (413)、覃家冲 (164)、木马岩 (132)、子覃冲 (679)、毛家铺 (484)、夏家铺 (428)、三官殿 (283)、独练河 (245)、中桥 (223)、龙潭冲 (107)、花石岩 (100)、槐树坳 (113)、长王岩 (159)、洵耳尖 (118)、余家垸 (131)、仲家畈 (101)、云架山 (100)、五牛相牴 (101)、平头岭 (116)、张家山 (125)、杨秀河 (101)、下石冲 (868)、回龙二 (489)、辛福 (622)、刘家冲 (324)、文子岭 (930)、大屋嘴 (461) | 206 |
| 10 | 6.162 | 浠水 (2499) | | | 土门河 (105)、西河 (125)、陈家河 (520)、沈家河 (125) | 3 | | | 芝麻湖 (1.1) | 1 | 张家嘴 (10440)、白莲河 (121000) | 2 | 古河 (2680) | 1 | 西洪 (249)、板船山 (388)、散山 (132)、龙潭河 (269)、河铺 (937)、桃花冲 (162)、上水田 (164)、枫木坳 (892)、乌云山 (165)、石头河 (199)、余家冲 (259)、野猪河 (225)、松山 (544)、吴桦村 (333)、叶家坳 (613)、李家畈 (100)、郑家烷 (102)、方家山 (125)、断河 (323)、虎形地 (100)、余家堰 (345)、象鼻嘴 (682)、盛家冲 (119)、锁口垸 (303)、腹上湾 (197)、油铺嘴 (131)、龙潭冲 (136)、石夹口 (330) | 119 |
| 11 | 6.166 | 大冶湖水系 (1106) | | | 大港 (571)、牛皮港 (104)、栖儒桥港 (.51) | 3 | 大冶湖 (68.7) | 1 | 太白湖 (2.7)、大湾湖 (1.0)、下塞湖 (1.3) | 3 | | | 杨桥 (1600)、九眼桥 (1260)、小青山 (1168) | 3 | 梅家洪 (130.2)、红峰 (215)、石岭屋 (226)、杨华龙 (136)、眠丰畈 (240)、姜桥 (684)、洪余 (150.5)、下马岩 (119.2)、陈介山 (133.8)、李家泉 (106)、秀山 (221.8)、石家塘 (486)、钟山 (107.1)、华清湾 (181)、四颗 (265)、冯家塘 (112)、雁门 (418)、冯家清 (157.6)、童家口 (800)、邹家岭 (505)、双港口 (220)、红岩 (137) | 67 |

续表

| 序号 | 条目编号 | 河流·河段 | 河流 流域面积 1000km² 及以上 | | 湖泊 水面面积 10km² 及以上 | | 湖泊 水面面积 1~10km² | | 水库 大型 | | 水库 中型 | | 水库 小(1)型 | | 小(2)型 数目 |
|---|---|---|---|---|---|---|---|---|---|---|---|---|---|---|---|
| | | | 流域面积 100~1000km² 数目 | 名称 | 数目 | 名称 | 数目 | 名称 | 数目 | 名称 | 数目 | 名称 | 数目 | 名称 | |
| 11 | 6.168 | 靳水 (1971) | 5 | 白水畈河 (111)、狮子河 (273)、株林河 (292)、许家河 (126)、沙河 (101) | | | | | 2 | 大同 (26040)、花园 (10040) | 1 | 落马桥 (2030) | 26 | 朱冲 (336)、黑沟冲 (401)、鹅公包 (430)、陈旺 (122)、狮子堰 (799)、桂华 (221)、八斗合 (189)、孙坑 (205)、荆竹山 (198)、高潮 (505)、曾冲 (119)、张林冲 (762)、黄河坪 (219)、泡桐树 (218)、华山 (546)、黄梅坳 (481)、陈云 (161)、金鸡岭 (140)、胡芦石 (214)、刘付二 (125)、立新功 (140)、石板冲 (112)、土门坳 (104)、磨尔林 (207)、碎石山 (151)、大平 (503) | 82 |
| 12 | 6.173 | 富水 (5250) | 14 | 杨芳河 (133)、湄港 (111)、通山河 (246)、横石河 (44)、黄沙河 (127)、慈爱河 (366)、龙港河 (768)、三溪河 (847)、蔡贤港 (289)、冠塘港 (162)、戴羊河 (137)、牛湖港 (140)、朱婆港 (119)、乐园河 (309) | 1 | 朱婆湖 (17.7) | 23 | 南田湖 (8.3)、北燥湖 (4.8)、竹林塘 (3.9)、东西湖 (4.4)、赛桥湖 (4.0)、下洋湖 (3.3)、游汤湖 (1.1)、马蹄湖 (1.0)、大泉湖 (1.8)、内牧羊湖 (1.7)、芦荡湖 (2.3)、东春湖 (1.4)、碧湖塘 (1.8)、朱家汊 (1.3)、牛湖 (2.2)、杨赛湖 (1.9)、燕落湖 (1.3)、良存湖 (1.0)、赛桥南湖 (1.7)、太芦湖 (1.0)、石灰寨湖 (2.0) | 2 | 富水 (166500)、王英 (58400) | 5 | 雨山 (1265)、石门 (2130)、蔡贤 (1000)、石门塘 (4700)、罗北口 (1397) | 33 | 寺口 (393)、富池坑 (300)、鱼下 (110)、山口 (102)、红旗一 (280)、大屋场 (108)、万家坡 (184)、大幕 (122)、游龙 (300)、东兴龙 (100.2)、马明山 (286)、峡石洞 (149)、流泉 (127.4)、郁 (988)、南冲 (161.6)、大新田 (122.8)、北山龙 (156.5)、楼下 (215)、十八折 (122)、阮儿 (520)、吴东城 (183)、后山 (688)、朱应通 (310)、野马港 (190)、刘之嫘 (303)、董姓塊 (330)、东岭 (120.4)、下陈 (177)、太平冲 (325)、水红 (118.9)、水段二库 (162)、东坡 (610) | 196 |
| 合计 | | | 102 | | 24 | | 74 | | 25 | | 77 | | 426 | | 2296 |

442

表6-17　鄱阳湖水系一览表

| 序号 | 条目编号 | 河流·河段<br>流域面积1000km²及以上 | 流域面积100~1000km²名称 | 数目 | 水面面积10km²及以上名称 | 数目 | 水面面积1~10km²名称 | 数目 | 大型名称 | 数目 | 中型名称 | 数目 | 小(1)型名称 | 数目 | 小(2)型数目 |
|---|---|---|---|---|---|---|---|---|---|---|---|---|---|---|---|
| | 6.178 | 鄱阳湖水系(162225) | 潼津河(978)、土埠水(257)、徐埠港(231)、田坂街水(500)、九龙水(207)、甘溪水(195)、池溪水(124)、三汊港水(278) | 8 | 鄱阳湖(3672.8)、南湖(25)、蚌湖(36)、新妙湖(24)、珠湖(80.8)、南北港(86.8)、康山大湖(86.8)、陈家湖(22)、军山湖(184) | 9 | 沙湖(8.5)、矶山湖(7.4) | 2 | 军民(19000) | 1 | 张岭(1302)、长垅(1125)、殷山(1310)、大源河(1961)、秧塘(1934)、钟陵(1268) | 6 | 永丰(640)、洞陂山(110)、向民(193)、战备(152)、杨诺(282)、土安(172)、七角(207)、泉水坡(103)、宝山(263)、环山(113)、东安(107)、田民(269)、凤山(138)、东边冲(249)、虎山(151)、大沙(182)、阳光(135)、向东(153)、向阳(115)、繁荣(249)、凤凰山(147)、多宝(397)、金沙庵(125)、幸福(205)、冯家(134)、苏山(495)、陶家冲(166)、春山(104)、末坡(108)、杨岭(243)、寒林(142)、梅溪(245)、龙潭涧(218)、邹家(149)、邹厂涧(114)、九房涧(121)、亭子涧(110)、泉水坡(347)、曲尺湾(143)、姜家山(206.4)、胡家坡(112.5)、饶家山(127)、谢家山(166)、清水垅(136)、叶家坝(187.8)、华林(128)、金山垅(131)、白石嘴(153)、龚家垅(109)、石家坡(133)、石牛山(102)、枧注(120)、长冲(275.3)、官塘坡(128)、石桥头(807)、金潭(408)、响水垄(469)、胜利(471)、献忠(123)、黎岭(280)、苏家坂(200)、丹桂等(186)、石坑垒(150)、兰家坝(150)、韶田(300)、王家山(180)、鸡公山(161)、大㙍尾(306)、闫结(120)、神元山(157)、叶家坡(173)、岔路岗(128)、蛇山(284)、新星居(118)、建设(133)、杨家(146)、猪母垅(106)、杨家(146)、新生(352) | 81 | 598 |
| 1 | 6.178.2 | 博阳河(1220) | 车桥水(109)、田家水(141)、庐山河(367)、洞霄水(150) | 4 | | | | | | | 幸福(1874)、湖塘(4700)、林泉(1502)、马头(1566)、观音塘(1122) | 5 | 东山(377)、蔡山垅(140)、红桥(530.6)、新田(963.7)、城门(135.3)、上易(129.3)、冯家(1174)、杨家垅(177.6)、王文里(118)、群英(102.4) | 10 | 108 |

续表

| 序号 | 条目编号 | 河流 流域面积1000km²及以上 河流·河段 | 流域面积100~1000km² 数目 | 流域面积100~1000km² 名称 | 湖泊 水面面积10km²及以上 数目 | 湖泊 水面面积10km²及以上 名称 | 湖泊 水面面积1~10km² 数目 | 湖泊 水面面积1~10km² 名称 | 水库 大型 数目 | 水库 大型 名称 | 水库 中型 数目 | 水库 中型 名称 | 水库 小(1)型 数目 | 水库 小(1)型 名称 | 水库 小(2)型 数目 |
|---|---|---|---|---|---|---|---|---|---|---|---|---|---|---|---|
| 2 | 6.178.3 | 修水 (14797) | 24 | 港口水 (135~澄津水 (952)[东港水 (274)、上杉水 (127)、杨津水 (209)]、北岸溪水 (478)、柏口水 (228)、安水 (516)、船滩水 (442)、辽田水 (102)、东林水 (125)、洋湖港水 (273)、清江水 (119)、大源水 (178)、罗溪水 (327)、烟港水 (165)、西渡港 (269)、沙田水 (158)、昌口水 (136)、巾口水 (592)、大桥河 (285)、罗坪水 (146)、瓜源水 (193)、蔡溪河 (104) | | | | | 2 | 东津 (79500)、柘林 (792000) | 6 | 红旗 (1231)、石嘴 (1119)、抱子石 (5270)、郭家滩 (2620)、盘溪 (9690)、源口 (3700) | 55 | 奉港 (175)、东红 (240)、上游 (227)、跃进 (258)、张源 (268)、赤区堰 (105)、红色 (390)、立新 (250)、正游 (110)、卫门 (297)、泉丰 (110)、小联 (180)、石门壕 (122)、塘港 (110)、河涧 (143)、红水 (150)、排河岭 (120)、乐源 (120)、北坑 (110)、横源 (238)、南茶 (945.5)、官塘 (185)、坡港 (700)、大坪 (370)、泉仓 (126)、湘竹 (128)、龙泉 (130)、彭桥 (255)、金坑 (118.8)、下坑 (124)、红源 (276)、建新 (120)、东风 (262)、先锋 (288)、邓家源 (376)、双港 (217)、高峰 (538)、大源 (269)、半源 (255)、大田 (183.5)、王连坑 (147)、龙峰 (965)、大寺里 (818)、关口 (110)、万福桥 (157.7)、红旗 (681)、新源 (173)、双坑 (234)、五星 (187)、刘淮 (119)、柏桐 (63.1.5)、朱家山 (245.5)、安城 (282.4)、新屋 (176.8)、马湾 (730) | 223 |
| 3 | 6.178.3.3 | 武宁水 (1735) | 4 | 石桥水 (110)、大嵊水 (113)、奉乡水 (450)、杨家坪水 (137) | | | | | 1 | 大嵊 (11500) | 1 | 龙潭峡 (1995) | 16 | 金鸡桥 (113.5)、关山 (398)、北坑 (398)、沈坊 (150)、祥云 (198)、峡领 (275)、河坑 (128)、卫东 (134)、白竹坪 (110)、山口 (224)、杨坑 (285)、茶子岗 (566)、车联堰 (303)、双港口 (987)、茅坪 (680)、燕子岩 (235) | 28 |
| 4 | 6.178.3.7 | 潦河 (4380) | 4 | 嵊下水 (孟溪河188)、黄沙港 (210)、石鼻河 (241)、龙安河 (305) | | | | | 1 | 香坪 (1475)、水栏关 (2500)、樟树岭 (1990)、云山 (5934) | 4 | | 37 | 国庆 (502.8)、红旗 (164.2)、狮子山 (267)、大港垅 (115.5)、大禾坡 (121.5)、席家 (161)、乌石 (698)、独古坡 (104)、冷井坪 (112)、九螺丝港 (102)、黄家 (100)、车联堰 (566)、九脚颈 (715)、罗源 (195)、罗家坡 (100.4)、蔡家坡 (800)、十里乡 (159)、关青头 (124)、跃进 (800)、仕源 (539.7)、蟹山 (198)、棠里 (660)、艾家 (梅花 (140)、竹溪 (114.6)、坳上 (136)、毛家 (后港坡 (104.5)、易山 (104.5)、观察 (670)、胜利 (120.11)、燕山 (194)、观家角 (101)、观边 (520)、候家 (485)、礼源 (152)、罗亭 (414)、长垅 (141)、长坡 (222) | 158 |

续表

| 序号 | 条目编号 | 河流 | 流域面积1000km²及以上 河流·河段 | 流域面积100~1000km² 数目 | 流域面积100~1000km² 名称 | 湖泊 水面面积10km²及以上 数目 | 湖泊 水面面积10km²及以上 名称 | 湖泊 水面面积1~10km² 数目 | 湖泊 水面面积1~10km² 名称 | 水库 大型 数目 | 水库 大型 名称 | 水库 中型 数目 | 水库 中型 名称 | 水库 小(1)型 数目 | 水库 小(1)型 名称 | 水库 小(2)型 数目 |
|---|---|---|---|---|---|---|---|---|---|---|---|---|---|---|---|---|
| 5 | 6.178.3.7.3 | 北潦河(1518) | | 1 | 靖安北河(736) | | | | | | | 3 | 罗湾(7700)、石马(1005)、小湾(4770) | 9 | 开源(980)、港口(117.7)、桃源(138)、红卫(362)、洋凤(282)、吉岭(256)、龙湾(292)、东运(210)、梅源(359)、戴家(210)、洪山(136.5)、珠璐(202) | 26 |
| 6 | 6.178.4 | 赣江(82809) | | 41 | 龙山河(133)、合龙河(111)、黄沙河(199)、安治河(159)、兰田河(160)、洛河(139)、小溪河(667)[禾丰河(220)]、长村镇河(114)、潇江河(150)、白鹭河(162)、良口水(535)、皂口水(204)、武水(140)[土龙水(243)、土龙水通津水(239)、高蕉薰水(106)、水(408)、高蕉薰水(122)、云亭水(76l)、[水楂水(118)]、仙槎水(135)、缝岭水(569)、固陂水(205)、杨梅水(115)、横石水(360)、合坪水(134)、桥塘水(120)、同江(960)[高田水(168)]、住岐水(319)、黄金江(289)、砚溪水(292)、沂江(921)[七姜水(109)、幸福水(148)]、渭湘水(191)、荀领水(213)、洋湖河(101)、乌沙河(244)、梅岭水(162) | 1 | 瑶湖(13) | 3 | 青山湖(3.01)、艾溪湖(3.92)、蝶子湖(1.35) | 2 | 万安(221400)、老营盘(10160) | 20 | 日东(6700)、龙山(2905)、官溪(1600)、银湾析(2760)、江口(1900)、双山(2674)、横山(1225)、太幸福(2045)、万宝(2878)、田南(1145)、密里(3830)、黄岭泥坪(1160)、竣埠(1728)、廖圩(2261)、马头(1180)、蕉源(2471)、历里(1018)、洞口(1430)、光明(4710)、芦源溪霞(1630) | 126 | 长村(713)、南元(437)、东凤(296)、梅塘(486)、盈新(465)、长统(464)、邹家源(407)、横江(125)、大洲(923)、夏园(616)、马头(407)、立茅(836)、溪江(440)、历头(268)、松溪(187)、鸭田(334)、下湖(255)、元里(293)、佐坑(101)、宝田(101)、界山(172)、培山(154)、龙王潭(277)、村口(143)、乐岭(166)、灌庄(229)、洋歧江(113)、盈坑(130)、枫山(106)、建设(465)、露江(278)、立新(149)、金塘(309)、夏园(237)、山下源(384)、跃进(319)、中洲(126)、牛栏坑(154)、龙王潭(139)、南岭(190)、中岐岭(127)、山塘(102)、上湘岭(159)、老坑(385)、马头山(482)、中坳(995)、红旗(625)、油岭(344)、嶂(112)、笔架(482)、洋岐岭(291)、枫景(492)、鹏岭(135)、鸽山(340)、鹞塘(133)、南元(670)、车草(291)、红旗(625)、乐田(154)、中陵山(169)、象山(116)、马井(142)、早禾田(641)、箭潮(510)、青岚(105) | 720 |

445

续表

| 序号 | 条目编号 | 河流 流域面积1000km²及以上 河段 | 河流 流域面积100~1000km² 数目 | 河流 流域面积100~1000km² 名称 | 湖泊 水面积10km²及以上 数目 | 湖泊 水面积10km²及以上 名称 | 湖泊 水面积1~10km² 数目 | 湖泊 水面积1~10km² 名称 | 水库 大型 数目 | 水库 大型 名称 | 水库 中型 数目 | 水库 中型 名称 | 水库 小(1)型 数目 | 水库 小(1)型 名称 | 水库 小(2)型 数目 |
|---|---|---|---|---|---|---|---|---|---|---|---|---|---|---|---|
| 7 | 6.178.4.3 | 湘水 (2029) | 8 | 上津河 (102)、清溪河 (112)、半照河 (103)、石坝河 (163)、中村河 (103)、官丰河 (163)、永槎河 (196)、板坑河 (166) | | | | | | | 1 | 石壁坑 (6030) | 7 | 芙蓉 (358)、雷公坝 (610)、大寨 (130)、石示 (670)、大竹坝 (120)、东乡 (258)、羊子岩 (594) | 12 |
| 8 | 6.178.4.4 | 濂水 (2339) | 8 | 江头河 (169)、大脑河 (227)、阳光河 (102)、龙布河 (203)、天心河 (125)、团龙河 (134)、桂林河 (282)、仁凤河 (140) | | | | | | | 2 | 蔡坊 (2654)、渣翁埠 (1085) | 5 | 月形 (193)、山森 (181)、山栗坑 (168)、双芜 (490)、上丁 (570) | 30 |
| 9 | 6.178.4.5 | 西江 (1010) | 1 | 万田河 (120) | | | | | | | | | 10 | 佐陂 (347)、西陂 (426)、白马坝 (282)、永丰 (292)、沙陇 (875)、环溪 (834)、迳口 (172)、赖田坑 (123)、梅坑山 (106)、山下 (202) | 23 |
| 10 | 6.178.4.6 | 梅江 (7121) | 14 | 琳池河 (218)、黄陂河 (761)、[小布河 (107)、下沾河 (119)]、安福河 (119)、会同河 (289)、固厚河 (144)、[洋坑河 (400)、元田河 (188)、岗孔河 (114)、罗邦河 (478)、岩前河 (143)、裹坑河 (151)、仙下河 (137) | | | | | 1 | 团结 (14570) | 5 | 竹坑 (2305)、上长洲 (2740)、留金坝 (5630)、下栏 (1170)、老埠 (1715) | 33 | 禾塘 (791)、黄泥河 (849)、云岭 (154)、迳背 (253)、坑青 (482)、高岭 (463)、低塘 (412)、红星 (147)、鹧鸪 (180)、塘边 (138)、东坑 (120)、百胜 (233)、宁都梅源 (251)、陈坊 (209)、陈岭 (110)、廖岭青 (316)、白石 (448)、花斜 (218)、康源 (360)、中会 (411)、山田 (170)、梅屋 (884)、高陂 (937)、禾溪 (282)、戴忠 (262)、莱青 (219)、祥山 (181)、鸭婆坑 (129)、迳子 (119)、葛大 (113)、丁陂 (120)、杨梅 (174) | 137 |
| 11 | 6.178.4.6.6 | 琴江 (2110) | 5 | 高田河 (145)、大琴河 (148)、石田河 (183)、横江河 (220)、王坊河 (125) | | | | | | | 1 | 岩岭 (1440) | 14 | 龙湾 (303)、高岭 (260)、石罗滩 (111)、大昌坝 (295)、朱票 (576)、小坪湖 (134)、嵊头尾 (113)、征麟坑 (361)、大塘 (368)、七格 (153)、里迳 (104)、阳谷 (181)、黄土陂 (985)、口三门滩 (985) | 48 |
| 12 | 6.178.4.8 | 平江 (2851) | 7 | 琳河 (139)、淳水 (777) [崇贤河 (232)]、杨村村 (120)、社富司 (115)、田村河 (143)、石河 (104) | | | | | 1 | 长冈 (37000) | 2 | 长龙 (1540)、金盘 (1360) | 13 | 桐林 (680)、雄心 (127)、上丰 (103)、向阳 (112)、西江 (177)、太平 (230)、下窑 (118)、岩前 (104)、长垄 (177)、清溪 (229)、白溪前 (100)、斜坑 (107)、大胜坑 (199) | 50 |

446

续表

| 序号 | 条目编号 | 河流 | | 湖泊 | | | 水库 | | | | | | |
|---|---|---|---|---|---|---|---|---|---|---|---|---|---|
| | | 流域面积 1000km² 及以上 | | 水面面积 10km² 及以上 | | 水面面积 1~10km² | | 大型 | | 中型 | | 小(1)型 | 小(2)型 |
| | | 河流·河段 | 流域面积 100~1000km² | | | | | | | | | | |
| | | | 数目 | 名 称 | 数目 | 名 称 | 数目 | 名 称 | 数目 | 名 称 | 数目 | 名 称 | 数目 | 名 称 | 数目 |
| 13 | 6.178.4.9 | 樟江(7864) | 15 | 小溪水(182)、小慕河(103)、太平江(445)、潭江(448)[放龙洞(111)]、黄田江(486)[放龙洞(710)、龙江河(604)[古城河(102)、小江河(108)、小河(295)]、西河(384)、小全水(318)、大陂河(227)、尚汶河(107) | | | | | | 黄云(4790)、虎头陂(1083)、龙兴(2400)、龙头滩(1380)、桃江(3710)、五渡港(3330)、走马垄(2370)、中村(1015)、居龙滩(7360) | 9 | 下龙井(305)、河坑(174)、东村(104)、石陂山(122)、适口(410)、毫基口(156)、鸡公石(147)、焦坑(156)、适古潭(254)、古公坑(102)、大排角(121) | 11 | | 114 |
| 14 | 6.178.4.9.9 | 东河(1079) | 3 | 金鸡河(120)、大桥河(180)、安西河(321) | | | | | | | 龙井(1385)、上迳(1185)、白兰(1161) | 3 | 浪头石(162) | 1 | | 8 |
| 15 | 6.178.4.10 | 章水(7700) | 6 | 内良河(168)、浮江河(228)、杨梅河(166)、龙江(155)、赤土水(204)、禾坊河(383) | | | | | 油罗口(11000) | 1 | 添锦潭(2240)、龙澜里(1760)、跃进(2225) | 3 | 滩头(168)、峡口(350)、康阳(320)、旗(925)、吉坑(110)、龙下(166)、横寨(540)、石孜坳(300)、龙虎陂(191)、大坑(145)、文峰(120)、西湖(860)、合江(307)、石门口(302)、龙夜里(260)、南康梅源(181) | 16 | | 66 |
| 16 | 6.178.4.10.2 | 上犹江(4647) | 9 | 集溪水(125)、热水(107)、文英河(113)、上堡河(157)、思顺河(231)、崇义水(498)[稳下河(104)]、营前河(547)、油石河(168) | | | | | 龙潭(11560)、上犹江(82220) | 2 | 两江口(3510)、南河(5250)、仙人陂(1915)、长河坝(1315)、罗边(1590)、梅鼻坡(1250)、三江口(2750) | 7 | 革命(190)、狮子岩(115)、东坑(170)、流溪(350)、园滩(300)、桐梓岭(350)、黄龙(298)、水寨(235)、阳岭(145)、梅梅源(144)、塔源(345) | 12 | | 33 |
| 17 | 6.178.4.10.2.7 | 龙华江(1144) | 2 | 紫阳河(203)、麻双河(464) | | | | | | | 灵潭(1480) | 1 | 上洛(414)、红卫(350) | 2 | | 31 |
| 18 | 6.178.4.12 | 遂川江(2882) | 6 | 大汾水(275)、左溪(990)[桥头岭(217)]、禾源水(133)、金沙水(211)、碧洲水(154) | | | | | | | 安村(1965)、仙口(2135) | 2 | 寨坑(111)、横坑(137)、同裕(158)、草林冲(355)、龙长岭(179)、南奥陂(167)、北奥陂(160)、罗洪口(455) | 9 | | 23 |
| 19 | 6.178.4.13 | 蜀水(1301) | 1 | 大旺水(326) | | | | | | | 井冈冲(1990) | 1 | 武山(130) | 1 | | 19 |
| 20 | 6.178.4.15 | 孤江(3103) | 9 | 楼溪(119)、君埠水(141)、潭头水(249)、沙溪水(557)、螺田水(136)、沙田水(129)、蓄田水(794)、带溪(100)、东固水[枫边水(118)] | | | | | 白云山(11400) | 1 | 下溪(2049)、白云山二级(4410)、螺滩(1180) | 3 | 猫儿下(920)、花岩(420)、珠源(393)、浒溪(100)、芳陂(784)、西团(600)、白珠田(125)、天良山(109)、紫坊(532)、带源(573)、溪峰(235)、水口电站(795) | 12 | | 52 |

续表

| 序号 | 条目编号 | 河流 | | | 湖泊 | | | 水库 | | | | | | |
|---|---|---|---|---|---|---|---|---|---|---|---|---|---|---|
| | | 流域面积1000km²及以上 | | | 水面面积10km²及以上 | | 水面面积1~10km² | | 大型 | | 中型 | | 小(1)型 | | 小(2)型 |
| | | 河流·河段 | 数目 | 名称 | 数目 | 名称 | 数目 | 名称 | 数目 | 名称 | 数目 | 名称 | 数目 | 名称 | 数目 |
| 21 | 6.178.4.16 | 禾水(9103) | 14 | 坊楼水(102)、湖上水(124)、南村水(163)、神泉水(129)、文竹水(189)、小江河(924)[东上水(137)、新城水(198)、三湾水(275)、龙溪口水(123)]、龙潭口水(275)、浴江(423)、南江水(115)、龙陂水(240)、南前水(108) | | | | | | | 楼楼碓(1180)、灵坑源口(1076)、赋渡(5700)、龙源口(4515)、洞口(1125)、禾山(1552)、丰源(1540)、斗上(1055)、功阁(3136)、樟坑(1462) | 10 | 君山(586)、梅园(457)、仓田(213)、岩下(288)、大东塘(277)、周家(260)、石门(242)、三八(205)、西山(120)、鄱塘(146)、瑶塘(109)、安瓦(105)、马田(146)、老仙(545)、长明湾(440)、(405)、乔林(941)、大东(209)、(132)、支南(684)、谭子根(105)、罗卜冲(110)、三英冲(107)、东打冲(208)、南塘(233)、半冲(107) | 26 | 138 |
| 22 | 6.178.4.16.3 | 牛吼江(1062) | 1 | 六七河(434) | | | | | 1 | 南车(15318) | 2 | 罗浮(1086)、芦源(1908) | 4 | 小陂(102)、石狮口(300)、梅花陂(374)、足山(250) | 22 |
| 23 | 6.178.4.16.4 | 泸水(3400) | 4 | 洋溪水(134.2)、金水(235)、东备水(374)、山庄水(306) | | | | | 2 | 社上(17070)、东谷(13425) | 2 | 端华山(3377)、岩头陂(1767) | 15 | 狮子罩(392)、万顷(290)、源源(184)、老虎岩(157)、破石(104)、茅庵(770)、东凤(728)、胜园(396)、白门洲(270)、典坑(256)、陂头(164)、龙口(375)、麻下(245)、柘塘(128)、磨下(977) | 131 |
| 24 | 6.178.4.16.4.2 | 洲湖水(1110) | 3 | 芦溪(167)、合口水(208) | | | | | | | 3 | 繁荣(1080)、(1682)、谷口(3265) | 5 | 跃进(882)、南山(437)、北山(372)、下街(198)、大陂头(902) | 37 |
| 25 | 6.178.4.18 | 乌江(3883) | 10 | 招携水(195)[王泥汗水(100)]、鰲溪水(118)、雩村水(254)、罩港水(119)、万崇水(2120)、永丰水(310)、藤田水(791)[崇河(39⁂)、(199.5)]、施家边水(160) | | | | | | | 6 | 返步桥(2120)、山坑(1056)、东源(1188)、龙罩(1613)、白水门(2134)、高虎脑(1700) | 35 | 院青(870)、树元(379)、肇基山(127)、油水坑(102)、野溪(948)、梅坑(350)、睦源(383)、司青(342)、南源(318)、鹧颈(260)、郭坑(226)、欧源(194)、旺坑(201)、石上(187)、吉竹坑(150)、严范(157)、石井(111)、苦井(138)、焦源(119)、峡园(129)、丝源(122)、毛坪(164)、小管(410)、夫坑(651)、上保(175)、曹家电站(281)、江下(165)、岭青(258)、历江(261)、冷水井(134)、看坊(240)、胜利(172)、三百圩(153)、丁元(218)、东岸电站(710) | 181 |

448

续表

| 序号 | 条目编号 | 河流 | | 湖泊 | | | | 水库 | | | | |
|---|---|---|---|---|---|---|---|---|---|---|---|---|
| | | 流域面积1000km²及以上 | | 水面面积10km²及以上 | | 水面面积1～10km² | | 大型 | | 中型 | | 小(1)型 |
| | | 河流·河段 | 流域面积100～1000km² | | | | | | | | | |
| | | | 数目 | 名称 | 数目 | 名称 | 数目 | 名称 | 数目 | 名称 | 数目 | 名称 |

| 序号 | 条目编号 | 河流·河段 | 数目 | 名称 | 数目 | 名称 | 数目 | 名称 | 数目 | 名称 | 数目 | 名称 | 数目 |
|---|---|---|---|---|---|---|---|---|---|---|---|---|---|
| 26 | 6.178.4.21 | 袁水(6262) | 19 | 万龙山河(211)、坑西河(421)[遵市河(153)]、金端河(394)(197)、楠木河(167)、温汤河、南庙河(176)、新坊河(180)、三阳河(190)、杨桥河(553)、澜溪河(134)、新祉河(154)、界水江(209)、孔目江(597)[双林河(100)]、龙塘水(112)、蒙河(494)[水北河(104)]、南安河(221) | | | | | 2 | 江口(79400)、飞剑潭(10060) | 10 | 西坑(1538)、石溪江(1172)、沙江(1131)、彰湖(1658)、石牛滩(1409)、狮子口(1750)、鸽山(1203)、龙门口(1390)、里睦(1812)、南江(1090) | 74 | 鱼龙(760)、大塘(210)、诺塘(132)、山坑(378)、永红(689)、板冲(119)、里塘(108)、新塘(157)、袁塘(222)、官塘梅(185)、东凤(326)、石龙口(209)、南源(723)、坡口(205)、英山(138)、源头(376)、南塘(127)、水口(154)、王源(141)、潜下(134)、塘源冲(274)、团结(247)、团结(158)、虎形(102)、小站庙(112)、双塘(201)、三五(106)、大陂(226)、狮山(508)、更生(165)、山里(869.7)、峡山(440)、星落(568)、主塘(113.4)、七一(384)、大岭(143.3)、太阳升(264)、斗牛河(敢)(109.4)、横江(602.5)、冷水井(241)、石虎尾(228)、阻陂坑(井丘)(132.4)、关江(108.8)、肖塘(123.81)、拆上(133)、芦毛沟(228)、袁家(230)、板松塘(502)、芦木(797)、梅山(980)、三八(196)、曹王庙(159)、新纺(334)、仙坑(526)、庙菊(273)、拓基(132)、朱家庙(268.54)、举坑(484)、长坑(165)、龙坑(136)、石屋坑(118.8)、沙新(167)、芦下(135.9)、柏树下(180.3)、白沙(146.6)、广山坪(106)、樟树坡(青)(树下)(167)、山南(128.3)、内塘(199)、高坑(387)、大山(124.7)、赤古山(104) | 477 |
| 27 | 6.178.4.22 | 肖江(1213) | 3 | 三城河(143)、山前河(291)、澧江(242) | | | | | | | 4 | 严罗胜(3864)、庙前(1473)、昊城(2350)、三八(1057) | 30 | 青潭(110)、冲锋(235)、前进(529)、横里(565)、七里(373.6)、潜塘(154.9)、草塘(183)、三郎港(142)、芙塘(404)、蠢塘(445)、安阳港(396)、亭子(327)、桐塘(267.2)、童田(154)、金家岭(169.2)、凤岭(753)、南岭(196)、天子冈(293.09)、槐山(115.5)、峡(127.2)、今塘(109)、珠山(266)、荷泉(291.5)、芦泉(747)、协助(878)、团结(319)、山东(480)、玩前(150)、嘴塘(145) | 180 |

449

续表

| 序号 | 条目编号 | 河流 | | 湖泊 | | 水库 | | | | | |
|---|---|---|---|---|---|---|---|---|---|---|---|
| | | 流域面积1000km²及以上 | | | | | | | | | |
| | | 河流·河段 | 流域面积100～1000km² | | 水面面积10km²及以上 | | 水面面积1～10km² | | 大型 | 中型 | 小(1)型 | 小(2)型 |
| | | | 数目 | 名称 | 数目 | 名称 | 数目 | 名称 | 数目 | 名称 | 数目 | 名称 | 数目 | 名称 | 数目 |
| 28 | 6.178.4.23 | 锦江(7886) | 23 | 白水河(118)、竹渡水(167)、严岭水(129)、康乐水(396)[九龙水(128)]、芳溪水(479)、宜丰河(214)、田心河(158)、斜口港(340)、野鸡河(100)、城陂河(213)、棠浦水(555)、苏溪水(405)、高邮河(107)、毛村河(114)、祥山水(210)、圳头水(370)、石溪水(131)、流湖水(517)、山水(201)、石埠水(152) | | | 1 | 药湖(1.12) | 1 | 上游(18300) | 22 | 矿山(3839)、碧山(1979)、曾家桥(1300)、光华(1632)、三兴(1380)、韶江(1170)、三十坝(1023)、江南(1084)、三十把(2653)、大丰(1606)、神山(1684)、双峰(1533)、丰产(1309)、蒙山(352)、湖潭(192)、新塘坑(169)、三溪龙(640)、山林(548)、四级土坝(143)、土地坪(300)、棣棚下(148)、鸡公尾(143)、连花塘(170)、观桥(188)、海坪(370)、肩峰(1195)、港(2885)、燕窝(460)、梦山(1286)、朱坊(1290) | 141 | 石辛岗(113.8)、南山(803)、龙山(720)、雷坊(201)、岭(136.7)、鲍丰(259)、狮子山(157)、古园(275.2)、万家(114.79)、甘家(124.7)、烟山(186.8)、乌石头(179)、安岭(569.4)、老塘(274.8)、罗家岭(255.2)、李家岭(327.)、联合(192.2)、东溪(107)、勾形(290)、常埔(270)、大冲(155)、邹源冲(275)、佛岭(206)、水马冲(140)、民兵(152)、冬瓜冲(102.6)、杨柳冲(247)、杨坑(138.8)、长中(103)、古塘(162)、军屯(306)、三一八(553.2)、合胜(463)、杜坑(109.7)、三一乙(310)、塘原(190.9)、新店坑(137.6)、棕榔(124)、篓坑(147)、红光(510)、蜜田坑(235)、和坡(118)、红星(283)、白马桥(235)、山脚(135)、双港口(163)、凌石坑(183.4)、界(134)、杨源大(135)、青源(718)、头里(132.5)、源坑(124)、仁和(692)、平(420)、长尾坑(193)、罗家(140)、居井(119)、南河(200)、吴科(381)、万坑(286)、鹃山(120)、合作(325.6)、山(135.5)、五家铺(153)、戈家塘(260)、湖潭(169)、神山(352)、东边(540)、山(1923)、粘蟆(148)、三坡(637)、引龙飞(192)、新塘土(143.4)、鸡公尾(640)、奎子坡(134)、四级坝(188)、官塘(359.38)、茅家山(484)、保丰(460)、源塘(248.9)、车头(102.89)、东垱下(412)、芦家(285)、白露(163.9)、祥山(134)、黄秋坝(635.3)、凤皇洲(434)、九龙(105.06)、狮子塘(515)、长冈(238)、灵山(551)、观(375)、铜塘(106.07)、扬岭(152)、至(150.6)、洲上(101.5)、青家(143)、草山(137)、大石口(132)、甘竹(164)、杨(150)、英田北(307)、岩落(226)、南岸(101)、店前(175)、冈瓦(151)、严家(191)、茶前(412)、铁溪(278)、双排(133)、峭峻(416)、下蹄坊(148)、夫子岗(346)、末家(480)、店前东坝(112)、坡(257)、(273) | 748 |

续表

| 流域面积1000km²及以上 | 条目编号 | 河流 | | 湖泊 | | | | 水库 | | | | | | |
|---|---|---|---|---|---|---|---|---|---|---|---|---|---|---|
| 序号 | | 河流·河段 | 流域面积100~1000km² | | 水面面积10km²及以上 | | 水面面积1~10km² | | 大型 | | 中型 | | 小(1)型 | | 小(2)型 |
| | | | 数目 | 名称 | 数目 | 名称 | 数目 | 名称 | 数目 | 名称 | 数目 | 名称 | 数目 | 名称 | 数目 |
| 29 | 6.178.5 | 清丰山溪 (2380) | 5 | 艻水 (331)、秀富水 (520)、富水 (193)、槎水 (355)、白土水 (104) | | | | | 2 | 紫云山 (11300)、潘桥 (10360) | 10 | 黄金 (5079)、洞下 (4515)、洞塘 (1580)、上阳 (2126)、三门坑 (4685)、枫溪 (1160)、敖洛 (1568)、金桥 (2140)、芦圉 (2512)、梅林 (1340) | 16 | 尧峰岭 (397)、皮湖 (605)、建设 (171)、埂头 (201)、横山 (177)、井门 (574)、汪前 (221.5)、前山 (357)、官江 (144)、富西塞 (196.3)、小源 (206.6)、三溪峡 (625)、伏塘 (234)、铁门槛 (121.2)、古塘 (175)、陈家 (175) | 241 |
| 30 | 6.178.6 | 抚河 (16493) | 21 | 塘坊水 (159)、尖峰水 (138)、头陂水 (241)、长桥水 (144)、古竹港 (162)、千善浦 (119)、益村水 (263)、霍村水 (106)、甘坊水 (134)、密港水 (142)、九剿水 (295)、狮菌水 (135)、池浪水 (281)、芦河 (540) [石峡水 (112)、芦河 (540)]、岳口水 (113)、宫庙水 (2-3)、琅琚水 (268)、梦港水 (432)、桐源水 (146) | | | | | 1 | 廖坊 (43200) | 11 | 杨溪 (2840)、中坊 (2340)、青桐 (2330)、潘家渡 (3010)、车磨岭 (1515)、潭湖 (5680)、徐坊 (2351)、豂源 (2653)、跃进 (1104)、上游 (3420)、前进 (2225) | 66 | 南头 (530)、石嘴 (635)、芙蓉 (436)、陂 (240)、高坑 (140)、塘青 (119)、下坊 (580)、高桥 (590)、岩岭 (150)、沙冀 (530)、松源 (330)、坪上 (192)、百子亭 (160)、长屋脊 (100)、丁庄 (238)、康坑 (118)、黄家源 (130)、黎家源 (120)、古田 (100)、老虎岩 (299.6)、安家堂 (235.4)、梧桐口 (265.2)、庙音堂 (114)、张家 (622)、胜利 (376)、八面佐 (102)、节云山 (103.5)、双坑 (133)、古圩 (147)、坪上 (350)、火焰山 (102)、陈岭 (468)、横塘 (148)、厚坑 (144)、添祭 (164)、陀山 (103.5)、白果树 (267)、乔麦坑 (167)、庆丰 (138)、巴山口 (205)、展坪 (702)、蔡家巷 (212.6)、米山墩 (398.4)、番坊 (706.4)、黄道 (272.7)、三人 (111.6)、五角 (100)、石溪 (635)、江家源 (170)、山中圩 (175)、栋梁 (344)、圳上坑 (380)、山中圩 (560)、保安山 (160)、东门山 (126)、御驾塬 (163)、卫星 (197)、新华 (891)、石门 (147)、五九 (136)、陈坊 (148)、梅家 (130)、朱家巷 (130)、千劲 (146)、付家 (113) | 422 |
| 31 | 6.178.6.4 | 黎滩河 (2453) | 8 | 德胜关水 (173)、社苹水 (159)、龙安河 (536) [田家水 (193)]、资福水 (904) [龙湖水 (219)、笁浦水 (256)]、韩公水 (100) | | | | | 1 | 洪门 (121400) | 2 | 豂源 (2433)、龙头寨 (3030) | 2 | 福山源 (302)、余坊 (320) | 25 |

451

续表

| 序号 | 条目编号 | 河流 | | | 湖泊 | | | | 水库 | | | | | | |
|---|---|---|---|---|---|---|---|---|---|---|---|---|---|---|---|
| | | 流域面积1000km²及以上 | | | 流域面积100～1000km² | | | 水面面积10km²及以上 | | 水面面积1～10km² | | 大型 | | 中型 | | 小(1)型 | | 小(2)型 |
| | | 河流·河段 | 数目 | 名称 | 数目 | 名称 | 数目 | 名称 | 数目 | 名称 | 数目 | 名称 | 数目 | 名称 | 数目 | 名称 | 数目 |
| 32 | 6.178.6.8 | 临水(5151) | 7 | 黄陂水(163)、店前水(189)、宜水(415)、曹水(125)、梨溪水(312)、许坊水(110)、凤岗河(131) | | | | | | | | | | 2 | 观音山(8800)、下南(3902) | 8 | 金华山(573)、博溪(242.5)、红星(382.8)、新姜(189.6)、狮子口(363.8)、龙利(240.5)、梅山(150)、溪山(151) | 62 |
| 33 | 6.178.6.8.3 | 崇仁水(2813) | 4 | 梧漳水(08)、元家桥水(139)、孤岭水(362)、同坪水(256) | | | | | | | | | | 3 | 港河(2748)、虎毛山(1115)、石路(1183) | 36 | 金山寺(200)、萱华(235)、高陂陂(133)、烟火山(100.71)、栎树下(124.5)、车源(131)、涂家(211)、上游(158.5)、又井亭(13.9)、桃源(113)、白陂(456)、路头(244)、溪(173.6)、易水(114.5)、龙仪(830)、大桐源(354)、同富亭(160)、青石桥(205)、北坑(148)、大罗(104.5)、霍陂(207.87)、荒山(204)、牛石坑(140)、灯笼坑(120.5)、余山(143)、青连山(243.7)、行源(137)、红旗(766)、青金龙(810.8)、财源坑(176.2)、连珠源(121.3)、老屋(511)、寺下(538)、江坊电站(282)、霍陂电站(206) | 140 |
| 34 | 6.178.6.8.3.1 | 宝塘水(1072) | 1 | 龚坊水(150) | | | | | | | | | | | | 8 | 东陂湾(349)、友谊(509)、石里元(448)、西排(109)、长坡(353)、才元(270)、大盆山(194)、大池(280) | 58 |
| 35 | 6.178.6.9 | 东乡水(1236) | 1 | 北港水(337) | | | | | | | | | | 2 | 幸福(4675)、何坊(1023) | 35 | 佛岭(440)、楼前(540)、五星(262)、狮子岭(254)、卫星(755)、太阳(404.7)、辉煌(475.6)、刘伯源(300)、官塘(150)、邹塘(293)、红明(390)、丁仕(266)、中万(296)、丰产(495)、岗上积(125)、九龙(480)、北楼(420)、枫源(159)、东边垄(130)、汪仕巷(136)、红旗(150)、官家(130)、后溪(483)、白沙(150)、株利(247)、黎阳(505)、美满(108)、胜利(289)、周家(128)、杨塘(595)、林塘(378)、杨家岭(185)、古塘(135)、五一(137)、丁家(549) | 184 |

续表

| 序号 | 条目编号 | 河流 |  | 湖泊 |  |  |  | 水库 |  |  |  |  |  |
|---|---|---|---|---|---|---|---|---|---|---|---|---|---|
|  |  | 流域面积1000km²及以上 |  | 水面面积10km²及以上 |  | 水面面积1~10km² |  | 大型 |  | 中型 |  | 小(1)型 | 小(2)型 |
|  |  | 河流·河段 | 流域面积100~1000km² |  |  |  |  |  |  |  |  |  |  |
|  |  |  | 数目 | 名 称 | 数目 | 名称 | 数目 | 名称 | 数目 | 名称 | 数目 | 名称 | 数目 | 名称 | 数目 |
| 36 | 6.178.7 | 信江 (17599) | 30 | 大桥溪 (209)、池溪 (352)、童畈河 (341)、八际河 (193)、诸北河 (619)、高畈河 (102)、石溪水 (172)、马眼水 (176)、船坑水 (121)、大地水 (148)、湖坊河 (652)、双港溪 (231)、港边水 (128)、梓坞河 (322)、葛溪河 (474)、象山溪 (229)、罗塘水 (656)、筑口水 (112)、东山溪 (142)、枧河 (263)、塔桥河 (142)、童家河 (191)、白露水 (227)、硬石河 (129)、黄庄溪 (146)、珠桥河 (123)、方华河 (493) |  |  |  |  | 七一 (24890)、大坳 (27570)、界牌 (33500) | 3 | 峡口 (1340)、王它 (3460)、上潭 (1050)、姚源 (1036)、水碓李 (1450)、木溪 (4506)、大山 (1909)、神岭 (1867)、枫株湖 (1210)、硬石岭 (5335)、太平畈 (1132)、白庙 (1580)、桐子岭 (2631)、大禾源 (1192)、五雷岩 (2646)、黄庄 (1518)、底方团 (3090)、丰产 (1056)、鸡公峡 (2227)、碓头岭 (1297)、岩洋关 (4067)、柴家山 (1945)、韶北 (3840)、张家湾 (1321)、黄源 (1098) | 26 | 八一 (245)、童坞 (137.5)、艾家 (102)、十家井 (234)、西洋湖 (129.5)、竹泉 (500)、黄家井 (103)、后陈 (117)、桑元 (102)、大弄 (257)、礼堂 (705)、玉东 (108)、生东 (540)、和平 (280)、广平 (354)、毛宅 (442)、山门 (120)、金鸡源 (184)、竹川 (610)、芦仙弄 (104)、马尾 (107)、广平 (102)、周田 (387)、王沙塘 (120)、里亭 (118)、南塘 (162.4)、冷水弄 (222)、红星 (470)、蟠蟹埂 (440)、台口 (150)、高丘 (360)、胜利 (550)、姚家 (225)、英坂 (940)、岩阳 (100)、平原 (149)、群眠 (128)、塘狮 (565)、台塘 (111)、灵山 (394)、亚桥 (290)、毛村 (460)、名家坊 (133)、大山岭 (443)、枫岭 (128)、五通桥 (124)、石桥湾 (363)、邱家 (320)、上坂 (210)、未家 (246.5)、彭家 (415)、亭 (877)、木源 (108)、郑家垄 (290)、石亭 (158)、童家湾 (100)、木前垄 (488)、立新 (119)、河源 (148)、桥家 (124)、鸡脚角 (122)、大城 (124)、磨官塘 (110)、凤形 (764)、新子岭 (745)、花门楼 (356)、江家 (170)、江家仓 (142)、龙岩 (195)、未家块 (142)、小溪口 (176)、头 (246)、黄庄 (338)、鸡公峰 (503)、外妙湾 (462)、东源山 (1054)、源头 (202.7)、石亭坊 (710)、戈阳 (115)、毛坊 (119)、罗家 (491)、洋石 (377.5)、石门 (203)、案仿 (112)、五七 (102.1)、炉峰 (432.6)、桂家垄 (126.2)、老菅 (266.9)、电筑库 (198)、家溪 (139.8)、石青 (106.8)、广源 (134.9)、梁上岙 (234.7)、铁山 (184)、枫溪 (114)、石港 (267)、九都 (177.3)、许家 (181)、石崛 (181)、王家桥 (165)、塔尼 (149)、南源 (152)、熊家 (324)、孟山 (573)、十一 (198)、阳 (316)、西源 (109)、王家塘 (250)、九连冈 (558)、毛塘 (299)、岭北 (299)、道山 (202)、忠心 (354)、桃塘 (155)、坊 (147)、前进 (162)、衡家 (302)、河潭 (492)、寒牛山 (1055)、左家 (327)、黄源 (201)、单坊 (119)、枫树塘 (708)、吴家 (892)、湖前 (188) | 885 王家宅、湖云两水库经除险加固、仍做小型水库处理收, 但未验 |

续表

| 序号 | 条目编号 | 河流·河段 流域面积1000km²及以上 | | 湖泊 水面面积10km²及以上 | | 湖泊 水面面积1~10km² | | 水库 大型 | | 水库 中型 | | 水库 小(1)型 | | 水库 小(2)型 |
|---|---|---|---|---|---|---|---|---|---|---|---|---|---|---|
| | | 名称 | 数目 | 名称 | 数目 | 名称 | 数目 | 名称 | 数目 | 名称 | 数目 | 名称 | 数目 | 数目 |
| 37 | 6.178.7.4 | 丰溪河(2260) | | 十五郁港(376)、十郁港(189)、花丁水(280)、铁山水(240) | 4 | | | | | 七星(9986)、军潭(4724)、关里(2836)、下会坑(3505) | 4 | 赵家(116)、石龙孔(207)、廿四厂(104)、枫树垄(182)、翻身(380)、华兴(135)、繁荣(115)、石龙头(468)、新丰(306)、詹家坞(185)、施村(887)、甜坑垄(239)、石垄(272)、黄尖山(180.2)、孙坞(125.7)、条铺(450)、芦林(131)、翁富(108)、长覃口(279)、岭底(269)、白水泉(326) | 21 | 139 |
| 38 | 6.178.7.7 | 铅山河(1262) | | 紫溪水(163)、杨林(468) | 2 | | | | | 铁炉(3283) | 1 | 铁炉一级(321)、青草垄(135)、岩坞岭(155) | 3 | 13 |
| 39 | 6.178.7.14 | 白塔河(2839) | | 泸阳河(180)、正港水(114)、桂港水(284)、梅潭水(123)、青田港(646)、[陆坊水(200)]、小溃水(271) | 7 | | | | | 洪湖(1380)、刘家山(1990)、横山(2813)、蛮桥(1165)、高坊(6750)、马街(3760)、五湖(2240) | 7 | 杨溪(625.5)、大坊(149.4)、九峰(311.04)、管坊(550.0)、霞光(167.5)、桥头岭(140.0)、历山(154.0)、蟾岭坡(570.0)、硝坊(257.1)、院前源(130.0)、三八(185.0)、侯家岗(189.4)、孔四源(424.4)、洪桥(151.0)、上房(125.0)、孔四源(180.0)、象山(226)、狮子山(110)、华山(730)、里山(175)、陈家店(140)、于家山(418)、芳源(240)、大源坡(290)、深山源(137)、江家源(102)、红狮(572)、杨坑(141)、双门石(724)、焦岭(180)、昌圩一级电站(168)、昌果二级电站(412)、大觉山电站(187)、白果树电站(186.4)、浪港一级电站(511.3)、福源电站(115.1) | 36 | 215 |

454

续表

| 序号 | 条目编号 | 河流 流域面积1000km²及以上 | | 流域面积100~1000km² | | 湖泊 水面面积10km²及以上 | | 水面面积1~10km² | | 水库 大型 | | 中型 | | 小(1)型 | | 小(2)型 |
|---|---|---|---|---|---|---|---|---|---|---|---|---|---|---|---|---|
| | | 河流·河段 | 数目 | 名称 | 数目 | 名称 | 数目 | 名称 | 数目 | 名称 | 数目 | 名称 | 数目 | 名称 | 数目 | 数目 |
| 40 | 6.178.8 | 饶河(15300) | 21 | 溪头水(135)、江湾水(235)、清华水(626)[凤山水(211)]、车田水(193)、高砂水(214)、九郾水(666)[赋春水(235)]、李宅水(185)、中云水(2-4)、赋春水(426)、沽水(555)[长乐水(131)]、长乐水(516)[官正河(163)]、官正河(190)、桂嶷水(608)、安殷水(693)、[大源溪(1C3)]、鄱溪水(297)、大吉水(104) | | | | | | 1 | 共产主义(14370) | 15 | 大港桥(2985)、群英(1171)、双溪(5798)、双河口(1150)、段莘河(5180)、钟吕(2155)、大塘坞(1402)、灌湖(3277)、上兰(486)、清华(1672)、东方红(1381)、里湖(1220)、幸福(1380)、大口坞(1650)、勤俭(1386)、星江水电站(1326) | 105 | 刘家湾(1104)、毛源(332)、三门岭(443)、杨家坞(244)、丰收(462)、为胜利(162.5)、余源(1100)、杜里(320)、南山(112.4)、钟古山(114.5)、大源里(127)、港道源(337)、上丁(115)、万金(100)、花园(240)、尚家源(104.3)、红色(253)、百丈岭(147.2)、毛家源(120)、桐源(153.3)、民兵(247.5)、大一(422)、青塘坞(100)、栖田(158)、七龙山(155)、喇叭口(260)、山南(365)、坑源坞(270)、五七(316)、凤凰岭(454)、银港电站(750)、茅山岗电站(229.5)、盘石山电站(800)、山溪(255)、叶坑(522)、林塘(248)、朱林桥(103)、新塘坞(132)、石井(487)、南坑(128)、晓庄(817.8)、洪村电站(215)、思口江村电站(312)、秋口电站(517)、新村电站(610.8)、利源电站(110)、程村电站(525)、武口电站(335)、中州电站(537)、鸡公桥(538)、高峰(692)、杨梅岭(520)、上兰(486)、高家山(163)、石岭(218)、陶家(138)、西潭(237)、枫林(294)、洪家堂(166)、付林(283)、杨家板(180)、张家山(123)、南冲(104)、何家堂(305)、高丰殿(137)、沿山(214)、东湖(905)、鸡拱山(127)、南峰(163)、大坑口(319)、万福亭(148)、军峰(182)、山(278)、石鸡(183)、民兵(785)、蒙禾峰(840)、共青(830)、龙塘(333)、潘家塘(255)、虎山(158)、三八(264)、南山(330)、官口(810)、横塘(289)、大坞庙(164)、上塘(153)、牛形(144)、喇叭坞(263)、桥亭(157)、上冲口(164)、马路口(120)、长山坞(140)、方家坞(108)、干群(126)、新丰(255)、虎口(216)、下湾(326)、罗源(365)、红领巾(321)、童家坞(348)、塘源(258)、跃进(130)、戴坞(131) | 655 |

刘家湾、余源两水库由于坝基渗漏,未能达到设计标准,列于小型水库

续表

| 河　流 | | | 湖　泊 | | | | 水　库 | | | | | | |
|---|---|---|---|---|---|---|---|---|---|---|---|---|---|
| 流域面积1000km²及以上 | | | 水面面积10km²及以上 | | 水面面积1～10km² | | 大　型 | | 中　型 | | 小(1)型 | | 小(2)型 |
| 序号 | 条目编号 | 河流·河段 | 流域面积100～1000km² 名　称 | 数目 | 名　称 | 数目 | 名　称 | 数目 | 名　称 | 数目 | 名　称 | 数目 | 名　称 | 数目 | 数目 |

| 序号 | 条目编号 | 河流·河段 | 名　称 | 数目 | 名　称 | 数目 | 名　称 | 数目 | 名　称 | 数目 | 名　称 | 数目 | 数目 |
|---|---|---|---|---|---|---|---|---|---|---|---|---|---|
| 41 | 6.178.8.7 | 建节水(1001) | 梅溪水(167)、曹溪(389) | 2 | | | | | | | 千岽(126)、新丰(255)、虎口(216)、下湾(370)、罗源(200)、红领巾(340)、童家湾(348) | 7 | 58 |
| 42 | 6.178.8.10 | 昌江(6260) | 金东河(130.8)、洎溪河(108.1)、查湾河(120.5)、大北水(523.9)、小北港(886)[港口水(111)、目茅港水(191)、北河(244)、建溪水(205)、洎河(587)、西河(482)、甫河(520)[东流水(117)、柳家湾水(108)]、丽阳水(126)、南溪河(160)、游城河(140) | 18 | | | 浣田(11150) | 1 | 玉田(2260)、山田(1760)、蟹蚬山(2210) | 3 | 佛子岭(149.8)、流源(700)、程家山(120)、方坑(120)、虎形锦溪(361)、马鞍(177)、盘源鸡(143)、酉坪(667)、小麦鸡(108)、台荣园(115)、大坞(120)、山田鸡(497)、台冲(115)、横溪桥(100)、猪皮岸(150)、郭卜峰(110)、杨湾(199)、樟树坑(697) | 20 | 336 |
| 43 | 6.178.8.10 | 漳田河(2072) | 利安水(296)、胡家水(129)、黄山河(134)、大港(408)[天港水(108)] | 5 | | | 北槎垄(1250)、大港(4716)、大板(1730) | 3 | | 3 | 浣田桥(1190)、红岩(748)、彭丰(150)、长丰(203)、梅塘(150)、庙前沟(140)、曹坡塘(106)、高山塘(114)、长茅垄(188)、新建(106)、红莲山(230)、西嵌(187)、新建(180)、青年(100)、楠树(279.5)、铜邻(125)、西峰(560)、铁炉(469)、高峰星(191)、陈家山(165)、林丰(166)、杨屋(143)、大源山(159)、中弯(186)、跃进(210)、虎鸣(170)、中弯(498)、杨屋(125)浣田桥虽经除险加固，但未整收，仍列于小(1)型水库 | 29 | 184 |
| 鄱阳湖区小计 | | | | 22 | | 9 | | 2 | | 3 | | 24 | | 136 | 1131 |
| 修水小计 | | | | 33 | | 0 | | 0 | | 3 | | 14 | | 117 | 435 |
| 赣江小计 | | | | 212 | | 1 | | 4 | | 14 | | 119 | | 602 | 3280 |
| 抚河小计 | | | | 42 | | 0 | | 0 | | 2 | | 20 | | 155 | 891 |
| 信江小计 | | | | 43 | | 0 | | 0 | | 3 | | 38 | | 207 | 1252 |
| 饶河小计 | | | | 41 | | 0 | | 0 | | 2 | | 18 | | 132 | 1049 |
| 合　计 | | | | 393 | | 10 | | 6 | | 27 | | 233 | | 1349 | 8038 |

注　鄱阳湖区含鄱阳湖区、博阳河、清丰山溪与漳田河。

表 6-18　鄱阳湖口—长江口河段河湖水系一览表

| 序号 | 条目编号 | 河流·河段 | 流域面积 1000km² 及以上 | | 湖泊 | | | | 水库 | | | | | |
|---|---|---|---|---|---|---|---|---|---|---|---|---|---|---|
| | | | | 流域面积 120~1000km² | 水面面积 10km² 及以上 | | 水面面积 1~10km² | | 大型 | | 中型 | | 小(1)型 | | 小(2)型 |
| | | | 数目 | 名称 | 数目 | 名称 | 数目 | 名称 | 数目 | 名称 | 数目 | 名称 | 数目 | 名称 | 数目 |
| | 6.181 | 长江干流·鄱阳湖口—长江口 | 44 | 太平河(264)、东升水(277)、浪溪水(241)、完坡河(756.4)[陕田坂河(124.1)]、得胜河(140)、石婆河(427.3)、姥下河(166)、九华河(285.9)、广阳河(708)、九华河(532.8)、黄湖河(431)、罗昌河(477)[钱桥河(141)]、顺安河(460)、采石河(102)、慈湖天然河(125)、石硕河(129)、江宁河(200)、板桥河(128)、九乡河(132)、便民河(149)、青通河(105)、秋扬河(394)、白塔河(132)、红旗河(145)、通济运河(203)、南官河(142)、古马干河(110)、如泰运河(452)、复仕港(120)、龙开港(697)、新江海河(233)、江海河(167)、九洋河[?]、团结河(267)、置望港(267)、海白运河(530)、海门河(142)、焦港(526)、如海运河(824)、三和港(153)、头兴港(198) | 7 | 芳湖(14.3)、白荡湖(25.7)、枫沙湖(沙沟)(71)、陈瑶湖(25.8)、竹丝湖(19.12)、龙窝湖(11.15)、龙感湖(17.07) | 15 | 黄泥湖(7.33)、太泊湖(5.3)、刘王湖(3.33)、小七里湖(3.33)、刘村湖(3.33)、人民湖(1.08)、马料湖(3)、马枪湖(2)、蜻蜓湖(1.45)、连花湖(1.37)、七成湖(1.33)、狭湖(1.33)、天井湖(1.07)、凤鸣湖(1.07)、玄武湖(3.68) | | | 9 | 马迹岭(1171)、余家堰(3691)、白沙(1245)、浪溪(5947)、东山(1606)、鞍山(1218)、月塘(1549)、玉荫(1200)、马桥 | 91 | 小岭涧(103)、连花(335)、登山(131)、桃花岭(131)、铁笼(138)、丰科(247)、马家山(418.6)、三畈(327)、乱石湾(402.6)、紫家坡(177.5)、姥冲(105)、新屋坡(240)、石光山(118)、林冲(180)、洞鸣(144)、红丹(166)、利冲(111)、丁冲(106)、牡丹(145)、长冲(513)、马简(128)、四进(181)、圣冲(167)、思源塢(420)、前进(735)、九龙(823)、周山(118)、向阳(110)、白弥(111)、东红(209)、鱼斗岩(125)、华阳(113)、环峰塘(297)、砚口(141)、林芝沟(108)、熊官塘(133)、大青春(186)、龙泉坡(154)、考塘(137)、麻官(186)、九条坡(100)、独山(119)、街口(110)、顺岗(158)、龙门(121)、西山口(370)、杨村湖(206)、石龙口(125)、五倒(221)、汪洋(752)、双龙(353)、王星寺(287)、朱山冲(109)、石南(267)、东方红(231)、榄山(149)、河沿(344)、东三岔(194.24)、七桥(864)、租庄(333)、青口塘(161)、三岔(778)、享堂(107)、大黄(169)、侯坝(124)、象山(143)、向阳(193)、安基山(618)、公塘(483)、谷里(518)、赵岩(139)、神坊(358)、红庙(116)、乌石岗(113)、蒋山(120)、杨庄(307)、高山(116)、沙塞(741)、寒冯(670)、龙潭坝(244)、邵冲(392)、光华(219)、大鲍(135)、六松(129)、沙河徐(185)、余桥(193)、豚行(864.39) | 412 |
| 1 | 6.181 | 华阳河(5511) | 6 | 梅川河(295)、大河(164)、崇亭河(1411)、寺角河(419)、崇亭河(259.8)、宝塔河(137) | 6 | 武山湖(16.1)、太白湖(25.1)、龙感湖(475)、大官湖(194)、黄湖(290)、泊湖(123) | 5 | 大源湖(8.0)、小源湖(1.5)、杨柳湖(1.6)、塞湖(1.0)、拦杆湖(1.67) | 1 | 龙坪(13200) | 7 | 梅川(4220)、荆竹(7433)、仙人坝(4991)、大全(3127)、古角(5600)、永安(7100)、钓鱼台(9177) | 21 | 百亩(561)、三人(964)、田冲(234)、石池(177)、桐山(127)、酒坡(427)、龙池沖(178)、彭阿(526)、饶放冲(199)、紫山(234)、象山(567)、都山(293)、张百果(830)、黎凹(208)、郭家山(214)、乌龟颈(720)、程晃岭(325)、黄大口(113)、新河(327)、东门山(356)、周冲(113) | 154 |

457

续表

| 序号 | 条目编号 | 河流 | | | 湖泊 | | | | 水库 | | | | | |
|---|---|---|---|---|---|---|---|---|---|---|---|---|---|---|
| | | 河流·河段<br>流域面积1000km²及以上 | 流域面积100~1000km² | | 水面面积10km²及以上 | | 水面面积1~10km² | | 大型 | | 中型 | | 小(1)型 | 小(2)型数目 |
| | | | 数目 | 名称 | 数目 | 名称 | 数目 | 名称 | 数目 | 名称 | 数目 | 名称 | 数目 | 名称 | |
| 2 | 6.184 | 皖河(6442) | 7 | 徐良河(158)、岔溪河(215.2)、牦驼寺河(359.2)、柴利河-102.8、黑河(217)、羊肠河(675.9)、月山河(133) | 2 | 武昌湖(86.6)、石门湖(18.7) | 1 | 焦赛湖(3.75) | 1 | 花凉亭(239800) | 2 | 方洲(1750)、麻塘湖(4230) | 19 | 袭隐寺(772)、官山(219)、莆塘(190)、金鸡岭(268)、皖埠(623)、赵山(108)、胜利(205)、八字(112)、红旗(114)、羊兰收(115)、赤河(137)、连花(276)、罗河(308)、汪河(100)、罗河(100)、石河(380)、东方红(254)、响水岩 | 149 |
| 3 | 6.184.2 | 潜水(1326) | 2 | 撞钟河(112)、王家河(235.8) | | | | | | | | | 5 | 汪岭(339)、大关(202)、王冲(192)、夏冲(120)、幸福河 | 41 |
| 4 | 6.184.3 | 皖水(1083) | | | | | 1 | 白洋湖(7) | | | | | 1 | 龙井(232) | 20 |
| 5 | 6.185 | 黄湓河(1548.1) | 1 | 丁香河(298.84) | | | 2 | 八郁湖(8.8)、高桥湖(1.2) | | | 2 | 长春(1730)、毛尖山(4950) | 12 | 新岭(184)、柴山(110)、虎形口(226)、愿公(412)、红旗(282)、候店(692)、响水滩(259)、东湘(298)、芭茅洼(120)、石岭(320)、禾冲(112)、张田(454) | 68 |
| 6 | 6.186 | 茅子湖水系(3686) | 3 | 挂车河(28)、龙眠河(299)、孔城河(615) | 2 | 菜子湖(242.9)、破罡湖(65.65) | 3 | 连城湖(2.53)、菱湖(1.8) | | | 2 | 枯牛背(7593)、境主庙(2480) | 6 | 板桥河(490)、王岗(294)、虎洞(770)、禾丰(107)、洪桥(133)、利尚桥(246) | 50 |
| 6 | 6.186.2 | 大沙河(1395.9) | 2 | 鲁垱河(125)、高河大河(358) | | | 2 | 麻湖(1.4)、三野寺湖(7.7) | | | 2 | 红旗(1385)、观音洞(1130) | 6 | 黄鹤塘(183)、金岭(161)、洪湾(156)、清凤岩(635)、马安(332)、香山(102) | 31 |
| 7 | 6.188 | 秋浦河(3019) | 5 | 公信河(361)、贡溪河(120)、龙舒河(484)、牌楼河(10C)、白洋河(593) | | | 2 | 平天湖(白沙湖)9.29、乌头湖(5.66) | | | | | 4 | 八一(505)、滴水岩(147)、西山(138)、庆丰(188) | 75 |
| 8 | 6.190 | 大通河(1233.38) | 2 | 青通河(388.7)、南河(235) | | | 7 | 十八素圩(6.78)、白浪湖(7.33)、水桥湖(5.6)、缸笛湖(3.7)、西岔湖(3.36)、庆丰圩(2.65)、双丰 | | | 2 | 东山(1725)、牛桥(2641) | 5 | 东风(101)、泉水冲(137)、广德口(404)、石壁(160)、广湖(215) | 54 |
| 9 | 6.194 | 漳河(1450) | 3 | 峨岭河(110)、后港河(156)、峨溪河(169) | | | 1 | 奎湖(4.78) | | | | | 7 | 广寺冲(112)、茅王(115)、石块冲(152)、葛林红旗(106.96)、燕子山(119.1)、万水(101)、石峰(716) | 42 |

续表

| 序号 | 条目编号 | 河流 | | | 湖泊 | | | | 水库 | | | | | |
|---|---|---|---|---|---|---|---|---|---|---|---|---|---|---|
| | | 流域面积1000km²及以上 | | | 水面面积10km²及以上 | | 水面面积1~10km² | | 大型 | | 中型 | | 小(1)型 | | 小(2)型 |
| | | 河流·河段 | 流域面积100~1000km² | | | | | | | | | | | | |
| | | | 数目 | 名称 | 数目 | 名称 | 数目 | 名称 | 数目 | 名称 | 数目 | 名称 | 数目 | 名称 | 数目 |
| 10 | 6.195 | 青弋江(7195) | 18 | 石云河(123.6)、溪下河(109)、王村河(180.4)、陵阳河(128)、茶溪河(313)、秋浦河(401)、婆溪河(161)、麻川河(690)[祥云河(194)]、合溪河(152)、茂林河(136.7)、孤峰河(191)、琴溪河(341.9)、舒溪河(182.6)、高桥河(133)、汀溪河(159.2)、漕溪河(244)、红杨树河(422) | | | 2 | 黑沙湖(2.9)、池湖(1.4) | 1 | 陈村(270600) | 1 | 毛坦(3000) | 14 | 红旗(660)、考干河(121)、六百丈(116)、瓦屋场(192)、里塘(131)、龙山(118)、陈塘(336)、承流峰(296)、黄道冲(114)、鸡亚中(108)、梅村(282)、石门(252)、凤景(588)、新丰(204) | 95 |
| 11 | 6.195.3 | 徽水(1064.3) | 3 | 玉溪河(222.8)、橹桥河(106.5)、乌溪河(108.9) | | | | | | | | | 1 | 黄河冲(106) | 44 |
| 12 | 6.196 | 水阳江(10265) | 14 | 浣溪河(168)、上坦河(255)、华阳河(286)、宛溪河(330)、长溪河(140)、大沙河(233)、飞鲤河(122)、东门渡河(151)、青河(225)、漆桥河(108)、同家山河(119)、云鹤支河(113)、新桥河(232)、丹阳河(206) | 3 | 石臼湖(200)、南漪湖(203)、固城湖(32) | 1 | 双矶湖(6) | 1 | 港口湾(94100) | 6 | 天子门(3112)、螃蟹头(3180)、龙塘(1183)、老鸭坝(1170)、姚家(1038)、赫山头(1140) | 20 | 东风(545)、董冲(160)、驮村(628)、七里冲(100)、文脊峰(115)、塔上(100)、丁家山(312)、苗圃(236)、九龙(117)、无恶寺(306)、岔路口(101)、象山(249)、龙嘴(137)、贯庄(226)、焦赞山(110)、东方(150)、龙头(192)、大砚(290)、洞陵(111)、东山凹(126) | 142 |
| 13 | 6.196.2 | 东津河(1315) | 3 | 宁墩河(385)、中津河(130)、万家河(311) | | | | | | | | | 1 | 胜利(103) | 34 |
| 14 | 6.196.4 | 郎川河(2552) | 10 | 粮长河(108)、泥河(408)、流洞河(254)、双溪沟(195.6)、东亭河(148)、桐汭河(909)、洲河(221)、无桃河(397)、花鼓河(173)、钟师河(225) | 1 | | 1 | 荡南湖(2) | | | 3 | 卢村(6410)、张家湾(1070)、龙须湖(2028) | 20 | 独山(255)、郎宁(123)、郎源(881)、双塘(145)、杨桥(218)、百家冲(314)、梅松树(400)、方山冲(135)、沟连岩(188)、洪山(110)、陵村(361)、玫龙桥(293)、九斗川(190)、皎村(668)、前山门(179)、青峰岭(153)、石门丰(277)、汪家桥(110)、杨家店(380)、梅梅冲(108) | 68 |
| 15 | 6.197 | 巢湖水系(13486) | 8 | 派河(584.6)、十五里河(111.25)、析灵河(135)]、[夏阁河(518.2)、兆河(504)、白石天河(577)、金牛河(125.4)、罗昌河(205.1) | 1 | 巢湖(764.46) | | | | | 1 | 下汤(1725) | 18 | 跃子山(123)、陈佳(138)、蒋家冲(408)、尖山(293)、陈桥(188)、永丰(223)、老乔院(151)、小鲅塘(206)、湖高塘(388)、幸福(150)、王嘴头(838)、官湾(340)、东南塘(117)、大堰湾(480)、营湖(196)、潭井(470)、栢草塘(151) | 76 |

续表

| 序号 | 条目编号 | 河流 流域面积1000km²及以上 河流·河段 | 河流 流域面积100~1000km² 名称 | 数目 | 湖泊 水面面积10km²及以上 名称 | 数目 | 湖泊 水面面积1~10km² 名称 | 数目 | 水库 大型 名称 | 数目 | 水库 中型 名称 | 数目 | 水库 小(1)型 名称 | 数目 | 小(2)型 数目 |
|---|---|---|---|---|---|---|---|---|---|---|---|---|---|---|---|
| 15 | 6.197.3 | 杭埠河(4150) | 龙河(200)、滑石河(139)、龙潭河(231)、孔家河(106)、清水句(144.5) | 5 | | | | | 龙河口(90300) | 1 | | | 付冲(218)、金汤(895)、粥米山果元山(925)、(133) | 4 | 65 |
| 16 | 6.197.3.2 | 丰乐河(2080) | 陈家河(258)、张母桥河(305)、杨滩河(100)、龙潭河(206)、弓桥河(116) | 5 | | | | | | | 磨墩(1356)、托山(1027) | 2 | 荷叶塘(108)、马槽(177)、(178)、友爱(156)、岩湾(251)、下山口(106)、光明(325)、小官塘(286)、程店(607)、大官塘(550)、大桥塘(195) | 11 | 215 |
| 17 | 6.197.5 | 南淝河(1464) | 四里河(200.3)、板桥河(177.25)、二十埠河(161)、店埠河(557) | 4 | | | | | 董铺(24900)、大房郢(18400) | 2 | 众兴(9948)、张桥(1122)、蔡塘(1525)、大官塘(1080) | 4 | 老郭冲(310)、青年坝(120)、古梗(266)、老坝埂(210)、迎春(103)、龙头堰(455)、三十头(476)、梅冲(620) | 8 | 74 |
| 18 | 6.197.7 | 滁溪河(4333) | 清溪河(235)、黄陈河(114.4)、二屯河(404) | 3 | | | | | | | 和平(1020) | 1 | 香元安(117)、二阴庙(102)、关山口(147)、小庙岗(154) | 4 | 22 |
| 19 | 6.197.7.1 | 西河(2305) | 黄泥河(194.6)、瓦洋河(164.6)、郭公河(120.9)、永安河(367.3)、龙渡河(246) | 5 | 黄陂湖(21.3) | 1 | | | | | 张院(1360) | 1 | 石板塘(114)、移湖(900)、新华(247)、响山(104)、皖江(705)、牌楼(735)、打鼓(240)、苏塘(176) | 8 | 41 |
| 20 | 6.199 | 秦淮河(2658) | 覆船河(100)、三河(146)、横溪河(119)、云台山河(227)、运粮河(1100) | 6 | | | | | | | 中山(2731)、方便(5170)、卧龙(1406)、赵村(1040) | 4 | 王家旬(101)、山头(155)、龙王庙(149)、西蒲山(342)、小茅山(196)、溧塘(325)、驻家山(332)、爱国(175)、南塘(102)、红星(589)、邵处(142)、风波攻(115) | 12 | 38 |
| 21 | 6.199.4 | 句容河(1264) | 北河(10~)、中河(152)、南河(213)、汤水河(242)、解溪河(130) | 5 | | | 赤山湖(7.8) | 1 | | | 北山(4980)、句容(2668)、二圣桥(5696)、茅山(2153) | 4 | 虬山冲(999)、龙山(108)、李塔(556)、老虎洞(564)、方山(140)、古山头(386)、红旗(175)、固江口(501)、肖任(256)、汤泉(275)、覃山(172)、阜东(178)、横山(272)、余村(180)、黄宅垅(226)、管头(188)、东焦桥(143)、西边(115) | 20 | 51 |

续表

| 序号 | 条目编号 | 河流·河段 | 河流 流域面积100~1000km² 名称 | 数目 | 湖泊 水面面积10km²及以上 名称 | 数目 | 水面面积1~10km² 名称 | 数目 | 水库 大型 名称 | 数目 | 中型 名称 | 数目 | 小(1)型 名称 | 数目 | 小(2)型 数目 |
|---|---|---|---|---|---|---|---|---|---|---|---|---|---|---|---|
| 22 | 6.202 | 滁河(8015) | 小马厂河(287)、管坝河(141)、大马厂河(232)、襄河(720)、来安河(749)、沛河(289)、郭马山河(244)、汊河(107)、老河(475)、黄木桥河(119)、八百河(450)、新襄河(139)、八里河(113) | 13 | | | | | 黄栗树(23000)、屯仓(11790) | 2 | 管弯(2547)、袁河西(2955)、徐山(4286)、三尖(3900)、长山(1250)、马厂(3296)、昭关(2008)、高屯(122)、赵店(345)、土桥(1380)、陷湖陂(956)、稻香集(675)、大陈(631)、红丰(458)、大李(432)、金牛山(1505)、庙计(502)、山桥(9315)、大泉(1217)、平阳(3244)、浪波塘(289)、西甘群(215)、大竹塘(195)、山陶(142)、山湖(2473) | 16 | 大林(192)、下王(178)、东方红(296)、红石沟(825)、倒兴集(249)、王庄(356)、上陶(334)、瓦山(383)、上石坝(925)、永丰(150)、杨冈(188)、杨冈二库(144)、兴云(206)、新光(264)、花园(326)、锁子集(240)、官渡(610)、耿桥(122)、丰产(409)、董庄(188)、蔡港(152)、三人(170)、黄郢(188)、凫港(163)、尹庄(168)、陈郢(534)、大港(354)、三里庄(140)、张花郢(215)、苏家冲(220)、莲花塘(270)、官塘港(745)、头(134)、东岳庙(194)、东寺洪(745)、岗(127)、联圩(129)、大衙(343)、洪家湖(384)、龙华(102)、六姓(117)、任家边(345)、大金庄(142)、高屯(122)、半边月(718)、大陈(344)、陷湖陂(956)、蒋香集(458)、大李(675)、庙计(502)、稻香(254)、洪桥(215)、大竹塘(195)、西甘群(289)、军王(164)、庄陶(218)、山陶(142)、黑首(167)、南潘(165)、北建(139)、古铜(133)、大旱塘(131)、新盟(123)、小汤(113)、联盟(107)、东方红(106)、平圩(112)、三友(761)、卫庄(325)、解放(650)、侯营(124)、泥汊(500)、海平庄(223)、陆庄(164)、孔庄(131)、唐公(354)、毛营(225)、黄山(232)、山曹(337)、红阳(200)、汪岗(100)、红二(246)、四瓦(135)、乌龙(144)、三星(181)、唐娄(125)、傅坝(214)、南平(294)、平山(469)、孟坝(116) | 407 | |
| 23 | 6.202.6 | 清流河(1318) | | | | 23 | | 44 | 沙河集(18533) | 1 | 练子山(1100)、独山(7112)、燕子凹(2010)、城西(1390) | 4 | 丁家坝(180)、九板桥(192)、罗城(156)、广北(110)、小刘(120)、小潭(102)、黑狼庙(149)、红星(153)、王桥(145)、红花桥(714)、龙丰(139)、农中(140)、三人(177)、金歪桥(578)、老虎庄(110)、樟木山(356)、长生(152)、双捐(165)、老鹰窝(126)、凤凰连(112)、石塘罗(345)、石桥(402) | 22 | 67 |
| 24 | 6.217 | 崇明环岛河(1267) | | | | | | | | | | | | | | |
| 合计 | | | | 177 | | 23 | | 44 | | 10 | | 73 | | 432 | 2535 |

表6-19　太湖水系一览表

| 序号 | 条目编号 | 河流·河段 | 河流 流域面积1000km² 及以上 | | 湖泊 水面面积10km² 及以上 | | 湖泊 水面面积1～10km² | | 水库 大型 | | 水库 中型 | | 水库 小(1)型 | | 水库 小(2)型 |
|---|---|---|---|---|---|---|---|---|---|---|---|---|---|---|---|
| | | | 流域面积100～1000km² 数目 | 名称 | 数目 | 名称 | 数目 | 名称 | 数目 | 名称 | 数目 | 名称 | 数目 | 名称 | 数目 |
| | 6.220 | 太湖 | | | 1 | 太湖(2338.1) | | | | | | | | | |
| 1 | 6.220.1 | 苕溪(4576.4) | 7 | 中苕溪(229)、北苕溪(310)、湘溪(157.9)、余英溪(179)、阜溪(124.5)、埭溪(175)、妙溪港(119.7) | | | 1 | 西湖(6.38) | 2 | 青山(21500)、对河口(14690) | 4 | 里畈(2094)、水涌庄(2888)、四岭(2719)、老虎潭(9966) | 10 | 方家头(160)、馒头山(122)、石门(114)、芮坞坞(133)、红旗(122)、仙伯杭(169)、奇坑(120)、高家坞(144)、高峰(369)、稍康(157) | 105 |
| 2 | | 西苕溪(2267) | 5 | 南溪(384)、泽溪(315)、递溪(142)]、泽泥港(286)、和平港(106) | | | | | 2 | 赋石(21800)、老石坎(11500) | 4 | 凤凰(2112)、大河口(1010)、天子冈(1801)、和平(1146) | 15 | 草荡(616)、石冲(265)、受荣(257)、罗窟贵(210)、神游坞(119)、潘村(169)、石坞岭(249)、双渔塘(172)、长潮(116)、宿石岭(138)、周吴(280)、青山(128)、陆施(112)、天荒坪上库(885)、天荒坪下库(877) | 82 |
| | | 长兴水系(1342) | 3 | 泗安溪(342)、合溪(381.3)、乌溪(185) | | | | | 1 | 合溪(11100) | 2 | 泗安(5870)、二界岭 | 3 | 梅红(394)、梅丰(157)、下庄(160) | 7 |
| 3 | 6.220.3 | 南河(3091) | 7 | 北溪河、大溪河、沙溪河、漂戴河、屋邕河、竹贲河、渚渎河 | | | 4 | 东氿(7.5)、马公荡(3.0)、团氿(3.2)、鬲山荡(1.8) | 3 | 沙河(10900)、大溪(17100)、横山(11300) | 2 | 前末(1537)、塘马(1258) | | | |
| | | 洮滆水系 | 20 | 通济河、胜利河、武宜运河、金溪漕河、薛堵河、武晋河、北干河、夏溪河、扁担河、涂里河、永安河、鹤溪河、香草河、漕桥河、殷村港、烧香河、太滆运河、锡溧漕港、丹阳漕河、商渎河 | 2 | 滆湖(116)、洮湖(82) | 3 | 徐家大塘(4.7)、中天荒(2.5)、钱贵荡(1.2) | | | 5 | 茅东(1761)、菜东(1176)、凌塘(1450)、仓山(2613)、油车(3324) | | | |
| | | 湖西沿江水系 | 5 | 新孟河、澡港、九曲河、浦河、剩银河 | | | | | | | | | | | |

续表

| 序号 | 条目编号 | 河流 | | | 湖泊 | | | | 水库 | | | | |
|---|---|---|---|---|---|---|---|---|---|---|---|---|---|
| | | 流域面积1000km²及以上 河段 | 流域面积100~1000km² | | 水面面积10km²及以上 | | 水面面积1~10km² | | 大型 | | 中型 | | 小(1)型 小(2)型 |
| | | | 数目 | 名称 | 数目 | 名称 | 数目 | 名称 | 数目 | 名称 | 数目 | 名称 | 数目 名称 数目 |
| 4 | 6.220.6 | 武澄锡河(3928) | 39 | 澡港河、新沟河、锡澄运河、白屈港、张家港、伯渎港、九里河、武进北运河、直湖港、梁溪河、锡北运河、利港、桃花港、申港、三山港、漕河、五牧河、北塘河、新夏港、应天河、冯泾河、青祝河、北兴塘、太字圩港、黄昌河、蠡河、西横河、三福河、朝东圩港、七千河、北福山塘、四千河、雅浦港、锡溧漕运河、华妙河、曹王泾、大溪河、洋溪河 | 1 | 尚湖(12.5) | 4 | 五里湖(8.6)、鹅真荡(5.3)、嘉菱荡(1.2)、宛山荡(1.55) | | | | | |
| | 6.220.7 | 望虞河(61km) | | | | | | | | | | | |
| | 6.220.8 | 阳澄淀泖河(4393) | 59 | 泖河、西塘河、元和塘、白茆塘、上塘河、杨林塘、急水港、大浦港、青洋江、徐六泾、金径、迷津河、菁洋泾、荡茜河、钱径、浪港、石头塘、盐铁塘、龙泾、莫城河、永昌泾、黄棣塘、济民塘、浒浦运河、冶长泾、浒东运河、全塱港、三官塘、界泾河、南福山塘、辛安塘、青暘塘、大潴、三泾、苏州外城河、青阳港、河、黄花泾、木光河、瓜泾、胥江、苏东运河、简径河、泾港、汉浦河、庙泾河、思常港、港、东北泾、长牵路港、大直支浦港、道墟浦、千灯浦、三船路港、新开路港、北大港、苏申外港线、饮港、八汤港、同浦河 | 5 | 阳澄湖(119)、澄湖(45)、昆承湖(18)、独墅湖(14.2)、长白荡(10.2) | 40 | 九里湖(2.5)、金鸡湖(7.2)、傀儡湖(6.7)、黄泥兜(4.0)、南湖荡(4.5)、白莲荡(5.5)、三白荡(5.8)、长白荡(1.3)、白砚潭(3.7)、明镜潭(3.3)、同里湖(1.2)、巴城湖(1.4)、商鞅潭、石湖、沙湖、杨氏田湖(1.9)、陆墓荡、急水荡(3.1)、六里塘、汪洋湖(3.4)、雉底潭(2.0)、张鸭荡、长曦荡(2.1)、孙宁荡、袁浪湖(1.1)、春申湖、万迁湖、鳡鲤湖、蚬子兜、南参荡(1.4)、阮白荡、方家荡、官荡、庄西荡、西下沙荡(0.93)、天花荡(1.4)、南星港、下港湖(4.7)、漕湖(8.9) | | | | | |
| 5 | 6.220.8.14 | 吴淞江(125km) | | | | | | | | | | | |

463

续表

| 序号 | 条目编号 | 河流 流域面积1000km²及以上 | | 河流 流域面积100～1000km² | | 湖泊 水面面积10km²及以上 | | 湖泊 水面面积1～10km² | | 水库 大型 | | 水库 中型 | | 水库 小(1)型 | | 水库 小(2)型 |
|---|---|---|---|---|---|---|---|---|---|---|---|---|---|---|---|---|
| | | 河流·河段 | 数目 | 名称 | 数目 | 名称 | 数目 | 名称 | 数目 | 名称 | 数目 | 名称 | 数目 | 名称 | 数目 |
| 6 | 6.220.9 | 太浦河(58km) | | | | | | | | | | | | | | |
| | 6.220.10 | 杭嘉湖河网(7436) | 79 | 大钱港、罗溇、幻溇、濮溇、杨溇、北横河、南横塘、菱湖塘、义家溇、双林塘、旧馆港、洲塘港、丁泾港、邢窑港、善琏塘、月明塘、含山塘、白米塘、东大港、洛溇港、大东港、横塘、东苕河、杭州塘、老龙溪、十字港、鲫浦塘、二海塘、嘉兴北郊河、塘、广陈塘、俞汇塘、铁店塘、秋泾塘、东官塘、新塍塘、嘉善塘、上津河、盐官下河、长山河、南台头港、平湖塘、长水塘、盐塘、大泖港、袁花支河、海盐塘、花桥港、长水塘、洛塘河、连平塘、蕃园港、吕塚港、盐浦、平塘、里泾塘、永兴塘、新板桥、港、渠溪塘、苏州塘、大坝水路、斜路水道、芦雁塘、攻头水塘、伍泾塘、和尚塘、长生港、白马塘、金牛塘、玫瑰港、西大港、紫存塘、大德塘、麻溪、清溪河、三里塘、余杭塘河、顺塘 | | | 70 | 北麻漾(9.6)、汾湖(7.43)、长漾(6.53)、西湖(5.65)、梅家荡、杨家荡(旧北荡)(4.97)、金鱼漾(4.30)、淘家荡、行杜河、连四荡(3.74)、长白荡(3.00)、邗上荡、许家荡(2.89)、弯腰湖(2.4)、祥河荡(斜河荡)(2.36)、夏墓荡(2.11)、南官荡(2.09)、长绫漾(2.07)、草荡(2.03)、宁溪漾(官溪漾)(2.01)、倪家漾、长漾、庄田漾等(2.01)、大龙荡(1.98)、百南漾(1.96)、白鱼荡(1.94)、陆家荡(1.75)、蒋家洋、桃花洋(1.64)、蒋家洋、桃花洋(1.62)、蒋家洋(1.62)、洛舍荡(1.60)、上项荡、洪溇(1.55)、草头漾、菏叶漾、北长塍漾(1.44)、天花荡、北许荡、西虎荡(1.42)、西雁荡(1.42)、西白洋(1.40)、钱山漾(2)、菱湖(1.6)、湘家荡(1.34)、商林漾(1.33)、蚂蚁漾(1.31)、西封漾、陶洪漾(1.27)、菩提漾、毛家荡(1.27)、西白谭(鳗子斗)(1.19)、三白谭(1.17)、三官塘荡、长泖漾(1.12)、和尚荡(1.11)、六百荡(1.08)、西山漾(1.07)、郎中荡(1.05)、沈荡(1.04)、徐家荡(1.03)、徐家荡漾(1.03)、韶村漾(1.0)、齐眉山漾(1.0)、北洋(瀞泽洋)(1.0) | | | | | | | |

464

续表

| 序号 | 条目编号 | 河流 流域面积1000km² 及以上 河流·河段 | 流域面积100~1000km² 数目 | 流域面积100~1000km² 名称 | 湖泊 水面面积10km² 及以上 数目 | 湖泊 水面面积10km² 及以上 名称 | 湖泊 水面面积1~10km² 数目 | 湖泊 水面面积1~10km² 名称 | 水库 大型 数目 | 水库 大型 名称 | 水库 中型 数目 | 水库 中型 名称 | 水库 小(1)型 数目 | 水库 小(1)型 名称 | 水库 小(2)型 数目 |
|---|---|---|---|---|---|---|---|---|---|---|---|---|---|---|---|
| 7 | 6.220.11 | 黄浦江(5193) | 4 | 拦路港、泖河、斜塘、圆泄泾 | | | | | | | | | | | |
| | 6.220.12 | 浦西河网(2165) | 36 | 淀浦河、油墩港、新泾港、苏州河、蕰藻浜、横沥、娄塘河、顾浦、吴塘、沙泾、马路河、杨盛河、获泾、杨泾、桃浦河、西大盈港、东大盈港、新通波塘、洞泾港、俞泾港、六磊港、小涞港、孙溇、华田泾、龙华港、虬江、杨树浦港、虹口港、走马塘、蒲汇塘、通波塘、潘泾、张家塘港、沙泾港、木渎港、彭越浦 | 2 | 淀山湖(64)、元荡(12.55) | 1 | 薛漾荡(1.53) | | | 1 | 宝钢(1000) | 1 | 陈行(832) | |
| | 6.220.13 | 浦东河网(2301) | 35 | 金汇港、张家浜、大治河、川杨河、叶榭塘、龙泉港、浦东运河、浦南运河、外环运河、赵家沟、张泾河、秦青港、随塘河、南沙港、南竹港、南横泾、航塘港、三团港、沈庄塘、姚家浜、白莲泾、曹家沟、咸塘港、高桥港、惠新港、五二灶港、六灶港、北四灶港、北尺沟、勋马河、石皮勒港、白龙港、五灶港、团芦港、白龙港、练祈河 | 1 | 汤水湖(5.0) | | | | | | | | | |
| 8 | 6.220.14 | 江南运河(318km) | | | | | | | | | | | | | |
| 合计 | | | 295 | | 12 | | 124 | | 8 | | 18 | | 29 | | 194 |

注 太湖流域无典型的平原河网地区，平原河网河道无法分河流流域面积。"流域面积100~1000km²"一列主要列举了该区域内较重要的河道。

## 表 7 独流入海水系河湖数据统计表

| 水 系 | 河流（条） | | 湖泊（个） | | | 水库（座） | | | |
|---|---|---|---|---|---|---|---|---|---|
| | 流域面积 1000km² 及以上 | 流域面积 100~1000km² | 水面面积 10km² 及以上 | 水面面积 1~10km² | | 大型 | 中型 | 小（1）型 | 小（2）型 |
| 合 计 | 404 | 2341 | 23 | 32 | | 136 | 627 | 2734 | 12057 |
| 表 7-1 入日本海水系 | 10 | 86 | 0 | 2 | | 0 | 11 | 26 | 29 |
| 表 7-2 入黄海水系 | 12 | 130 | 0 | 0 | | 14 | 27 | 88 | 140 |
| 表 7-3 入渤海水系 | 11 | 124 | 0 | 0 | | 10 | 18 | 79 | 234 |
| 表 7-4 滦河水系 | 14 | 104 | 0 | 0 | | 4 | 13 | 46 | 369 |
| 表 7-5 冀东、鲁北沿海诸河水系 | 7 | 112 | 0 | 2 | | 2 | 26 | 63 | |
| 表 7-6 山东半岛独流入海水系 | 22 | 163 | 1 | 5 | | 17 | 103 | 457 | 2644 |
| 表 7-7 钱塘江水系 | 12 | 133 | 0 | 8 | | 15 | 57 | 354 | 2051 |
| 表 7-8 浙江沿海诸河水系 | 12 | 67 | 6 | 0 | | 13 | 54 | 187 | 635 |
| 表 7-9 闽江水系 | 16 | 176 | 0 | 0 | | 9 | 81 | 236 | 832 |
| 表 7-10 福建沿海诸河水系 | 15 | 127 | 0 | 0 | | 11 | 80 | 246 | 977 |
| 表 7-11 韩江水系 | 10 | 66 | 0 | 0 | | 6 | 17 | 119 | 532 |
| 表 7-12 粤桂沿海诸河水系 | 22 | 154 | 0 | 1 | | 20 | 80 | 515 | 1619 |
| 表 7-13 元江水系 | 21 | 152 | 0 | 0 | | 6 | 21 | 154 | 1552 |
| 表 7-14 澜沧江水系 | 42 | 285 | 1 | 9 | | 4 | 22 | 84 | 283 |
| 表 7-15 怒江水系 | 38 | 83 | 3 | 0 | | 1 | 8 | 28 | 84 |
| 表 7-16 伊洛瓦底江水系 | 6 | 36 | 0 | 0 | | 0 | 5 | 43 | 63 |
| 表 7-17 雅鲁藏布江—布拉马普特拉河水系 | 97 | 236 | 7 | 1 | | 2 | 3 | 5 | 13 |
| 表 7-18 恒河水系 | 12 | 13 | 2 | 0 | | 0 | 0 | 0 | 0 |
| 表 7-19 印度河水系 | 14 | 13 | 2 | 0 | | 0 | 0 | 0 | 0 |
| 表 7-20 额尔齐斯河水系 | 11 | 81 | 1 | 4 | | 2 | 1 | 4 | 0 |

表 7-1

## 入日本海水系一览表

| 流域面积1000km² 及以上 | | 河 流 | | 湖 泊 | | | | 水 库 | | | | | |
|---|---|---|---|---|---|---|---|---|---|---|---|---|---|
| | | | | 水面面积10km²及以上 | | 水面面积1~10km² | | 大 型 | | 中 型 | | 小 (1) 型 | | 小 (2) 型 |
| 序号 | 条目编号 | 河流·河段 | 数目 | 流域面积 100~1000km² 名 称 | 数目 | 名 称 | 数目 | 名 称 | 数目 | 名 称 | 数目 | 名 称 | 数目 | 名 称 | 数目 |
| 1 | 7.1.1 | 绥芬河 (1732) | 11 | 大地荫沟 (124)、道芬沟 [鹿沟 (107)、石门子河 (212)、罗子沟 (209)、西大河 (516) [白石河 (166)]、黄泥河 (373)、大寒葱河 (110)、老黑山河 (818) [头道沟 (176)] | | | | | | | | | 城子沟 (600) | 1 | 1 |
| 2 | 7.1.1.1 | 小绥芬河 (3435) | 13 | 大石砬子甫河 (142)、二道沟 (267)、塞沟河 (506) [北大河 (155)]、细鳞河 (568) [老沟河 (151)、三道河子 (107)、黄金河 (134)、石门子河 (194)、小通河 (132)、沙河子河 (435) [大黄金河 (168)]、二十八道河子 (138) | | | | | | | 2 | 天长山 (380)、金家沟 (205) | | | |
| 3 | 7.1.1.2 | 珊布图河 (1732) | 4 | 佛谷沟 (974)、[水曲柳沟 (171)、小乌蛇沟 (340)、葳子河 (801) | | | | | | 1 | 九佛沟 (1034) | 1 | 城子沟 (715) | | 1 |
| 4 | 7.1.2 | 图门江 (22632*) | 11 | 玉石沟 (124)、新丰河 (158)、柳洞河 (292)、官地江 (202)、沙金河 (103)、石头河 (221)、密江 (771) [东阴村东沟 (119)、罗圈沟 (104)、干密江 (103)]、英安河 (140) | | | 2 | 五道泡 (3.18、八道泡 (8.96) | | 1 | 龙山 (3135) | 6 | 清泉 (212)、三洞 (182)、三道池 (466)、四道池 (108)、头道池 (110)、五咖山 (915) | 20 |
| 5 | 7.1.2.2 | 红旗河 (1199) | 2 | 大马鹿河 (599) [大马鹿支河 (200)] | | | | | | | | | | | |
| 6 | 7.1.2.3 | 嘎呀河 (13565) | 18 | 东新河 (786) [响水河 (128)、筒子河 (129)、坡旬子河 (633)、春阳河 (940) [金矿河 (121)、牛圈沟 (154)、大石头河 (142)、大梨树河 (106)、阿米达河 (135)、托婆河 (118)、前河 (729) [后河 (272)、鸡冠河 (478)、仲坪河 (218)、牡丹川河 (136)、仲坪河 (218)、新兴河 (146) | | | | | | 2 | 满台城 (9990)、春阳 (1528) | 3 | 庙岭 (493)、东林 (633)、凤梧 (534) | |
| 7 | 7.1.2.3.4 | 汪湖河 (1250) | 2 | 西沟 (221)、小正清河 (399) | | | | | | | | | | | |
| 8 | 7.1.2.3.5 | 布尔哈通河 (7065) | 9 | 南沟 (121)、福兴沟 (383)、长兴河 (457)、宝山河 (118)、细鳞河 (184)、朝阳河 (775) [梨树沟 (217)]、延吉河 (290)、依兰沟 (410) | | | | | | 3 | 安图 (5162)、五道 (6300)、河龙 (3070) | 10 | 大西 (249)、二青 (140)、歧阳 (463)、细鳞河 (128)、福满洞 (119)、水北 (124)、大永洞 (184)、大西 (245)、大箕 (105)、吉玻 (269) | 7 |
| 9 | 7.1.2.3.5.3 | 珲春河 (2934) | 8 | 蜂蜜河 (610) [泉水洞沟 (108)、华集沟 (117)、福洞河 (222)、长沟 (344)、六道沟 (425) [大砬子沟 (178)]、八道沟 (154) | | | | | | 4 | 石国 (1493)、亚东 (4186)、大蔚 (1637)、海龙 (3070) | 2 | 兴进 (102)、松月 (744) | |
| 10 | 7.1.2.5 | 珲春河 (3963) | 8 | 北盆沟 (125)、兰家碴子河 (624) [草帽顶子河 (180)]、官道沟 (215)、四道沟 (128)、三道沟 (223)、二道沟 (122)、头道沟 (166) | | | | | | | | 1 | 东兴 (126) | |
| 合 计 | | | 86 | | 0 | | 2 | | 0 | | 11 | | 26 | | 29 |

表 7－2　入黄海水系一览表

| 序号 | 条目编号 | 河流·河段 流域面积1000km²及以上 | 河流 流域面积100～1000km² 数目 | 河流 流域面积100～1000km² 名称 | 湖泊 水面面积10km²及以上 数目 | 湖泊 水面面积10km²及以上 名称 | 湖泊 水面面积1～10km² 数目 | 湖泊 水面面积1～10km² 名称 | 水库 大型 数目 | 水库 大型 名称 | 水库 中型 数目 | 水库 中型 名称 | 水库 小(1)型 数目 | 水库 小(1)型 名称 | 水库 小(2)型 数目 |
|---|---|---|---|---|---|---|---|---|---|---|---|---|---|---|---|
| | 7.2 | 入黄海水系 | 21 | 三十里河 (238)、青云河 (128)、登沙河 (229)、大沙河 (964) [夹河 (160)]、清水河 (191)、费子河 (210)、余粮河 (136)、小沙河 (149)、三岔河 (120)、小寺河 (246)、庄河 (618) [庄河西支 (126.52)]、地窨河 (251.77)、寨妇河 (29)、枣儿沟河 (440) [响水河 (265) [赘官河 (110)]、新开河 (289)、龙恣河 | | | | | 3 | 刘大 (18900)、朱隈 (16600)、转角楼 (14200) | 13 | 箭子塘 (1906.12)、大西山 (2299.1)、卧龙 (1170.31)、大梁屯 (2479.41)、十字街 (1095)、何家岗 (2217)、合平 (1479)、太记 (1227)、永 (3035)、龙王塘 (1976.24)、连子店 (1290)、五四 (1237)、北大河 (1169) | 37 | 石门子 (737.5)、龙口 (591.6)、北大河 (1169)、王家店 (632)、青云河 (1015.3)、肖家沟 (182)、东瓜川 (314.6)、华沟 (283)、前崔 (453)、北头 (514)、千甸 (381)、四清 (162.07)、周家岗 (179.23)、黄家岗 (342.41)、老虎河 (104.06)、夏家 (132.51)、大高屯 (153.68)、东方红 (234.5)、大盛 (169.31)、高屯 (229.4)、向阳 (124.97)、盖平 (510)、大鱼沟 (159)、关门沟 (271)、敦子山 (184.99)、高桥 (102.7)、大渔沟 (116.34)、丁家 (571.5)、老庭山 (539)、凌水 (138)、浪黄庙 (185.42)、七股顶 (118.17)、寺沟 (128)、南山里 (112.4)、小狐山 (740.6)、松树沟 (396.34)、张屯 (317) | 69 |
| 1 | 7.2.1 | 鸭绿江 (32000*) | 30 | 二十三河河 (159)、十九道沟河 (363)、红旗沟河 (129) [入盘道北沟 (181)、孤山三河 (167)]、十五道沟河 (138)、十三道沟河 (150)、八道沟河 (718) [人盘道北沟 (125)、五道沟河 (512)、三道沟河 (747)、牡牛河 (119)、蚂蚁河 (101)]、二道沟 (287)、三道沟 (263)、下三道沟河 (196)、下头道沟 (102)、秋皮河 (106)、通海河 (398)、太平河 (144)、榆树林河 (208)、大路河 (198)、杨林河 (140)、嵩子河河 (157)、坦甸河 (212)、安平河 (223.02)、安民河 (134)、石佛沟河 (355)、柳林河 (173) | | | | | 5 | 云峰 (372000)、渭原 (62600)、水丰 (1490000)、太平湾 (17000)、铁甲 (25500) | 1 | 聚宝 (5700) | 13 | 十四道沟 (120)、大松树 (104)、元宝 (325)、小湖 (214)、吊打 (625)、青山 (206)、黑沟 (279)、萌芽 (2217)、泥粒河 (558.7)、昔源 (107)、坡口 (110)、小湖 (214)、二沟 (492.49) | 23 |
| 2 | 7.2.1.8 | 浑江 (15381) | 27 | 大阳岔河 (193)、红土崖河 (587) [石人河 (191)、大罗圈河 (733)]、承安河 (125)、六道沟 (107)、小罗圈沟 (222)、水洞河 (105)、蛎蚧河 (787)、赶马河 (101)、羊沙河 (683)、[蚂蚁河 (153)]、高崖河 (104)、和平河 (132)、小新开河 (727)、[东明河 * 115]、红汀子河 (311.36)、哈达河 (177.62)、大二河 (*56) [果松川河 (108.18)、桦尖子河 (232.73)]、大崖河 (753.5)、雅河 (376.8)、新华河 (114)、漏河 (205)、五里甸子河 (163)、下露河 (183) | | | | | 3 | 桓仁 (34600)、回龙山 (12300)、太平哨 (20900) | 7 | 西江 (2000)、曲家营 (2960)、英额布 (2597)、三家子 (2158)、龙家港 (3441)、河口中 (3420)、凤鸣 (5000) | 13 | 青沟子 (168)、太安 (152)、和胜 (165)、里 (239)、桦尖子 (654)、崔家街 (115.3)、东江 (826.4)、青沟 (2217)、太安 (238.25)、河口中 (146.5)、太平 (145.5)、和胜 (205.36)、潮里 (239.32) | 20 |

续表

| 流域面积1000km²及以上 | | 河流 流域面积100~1000km² | | 湖泊 水面面积10km²及以上 | | 湖泊 水面面积1~10km² | | 水库 大型 | | 水库 中型 | | 水库 小(1)型 | | 水库 小(2)型 |
|---|---|---|---|---|---|---|---|---|---|---|---|---|---|---|
| 序号 | 条目编号 | 河流·河段 | 数目 | 名称 | 数目 | 名称 | 数目 | 名称 | 数目 | 名称 | 数目 | 名称 | 数目 | 名称 |
| 3 | 7.2.1.8.3 | 哈泥河(1489) | 4 | 大荒沟河(194)、二密河(306)、[大横道河(109)]、金厂河(132) | 0 | | 0 | | | | 1 | 桃园(5244) | 1 | 水源(852.39) | 5 |
| 4 | 7.2.1.8.7 | 富尔江(2316) | 4 | 依木树河(200)、旺清河(189.10)、巨流河(399.54)、胜利河(160) | | | | | | | | | 5 | 夹河北(450.27)、火石(123)、六道(256.63)、查家(118.8)、马家窝铺(122) | 5 |
| 5 | 7.2.1.8.13 | 半拉江(1315) | 3 | 下甸河(114.67)、北腰河(467.28)、南腰河(610.01) | | | | | | | | | | | |
| 6 | 7.2.1.11 | 蒲石河(1168.55) | 3 | 楼房河(109)、毛甸子河(208.16)、小虎沟河(106.49) | | | | | | | | | 1 | 八一(883.17) | |
| 7 | 7.2.1.12 | 爱河(5817.67) | 8 | 大边沟河(542.33)、牛毛生河(397)、牤牛河(121.84)、八道河(935.83)[三股河(240)]、旧哨山河(273.27)、饮马河(307)、民生河(202) | | | | | | | | | 1 | 代家(175) | 2 |
| 8 | 7.2.1.12.2 | 草河(2176.44) | 5 | 山羊峪河(624.71)[方家河(102)]、暖河(217.36)、金家河(257)]、南大河(305.83) | | | | | | | | | 2 | 白水(209)、黑岭(101.3) | |
| 9 | 7.2.2 | 大洋河(6168.52) | 12 | 哈达河(551.89)[干沟河(231.46)、汤池河(119.81)]、雅河(262.70)、牤牛河(132.67)、沟连河(219.99)、亮子河(591.90)[红旗河(281)、土牛子河(657.08)、小洋河(271.11)、双岔河(361)[双岔河东支(108)] | | | | | 1 | 土门子(19300) | 3 | 罗圈背(5424)、刁家堡(2859)、廉家坝(3238.08) | 7 | 江山头(550.13)、前营(853)、山城(270.99)、唐家隈子(673)、小甸子(446.4)、跃进(577.84)、自由(173) | 12 |
| 10 | 7.2.2.1 | 哨子河(2258.6) | 5 | 三家子河(194.3)、青台峪河(514.56)[青河(219.37)、古洞河(200.77)]、渭子河(298.42) | | | | | | | | | | | |
| 11 | 7.2.4 | 英那河(1004) | 1 | 沙河(321.01) | | | | | 1 | 英那河(28700) | 2 | 红旗(4886.62)、玉石(8852) | 5 | 新房(167)、光辉(232)、双龙坝(275)、红旗(154)、幸福(104) | 2 |
| 12 | 7.2.7 | 碧流河(2814) | 7 | 太平庄河(132.64)、卧泉河(115.30)、响水河(340)、蛤蜊河(301.55)、八家河(113.68)、董屯河(124.55)、吊桥河(143.56) | | | | | 1 | 碧流河(93400) | | | 3 | 墨盘(222.53)、转山湖(396)、金家房(157) | 2 |
| 合计 | | | 130 | | 0 | | 0 | | 14 | | 27 | | 88 | | 140 |

## 表 7-3  入渤海水系一览表

| 序号 | 条目编号 | 河流·河段 | 河流 流域面积1000km² 及以上 数目 | 河流 流域面积100~1000km² 名称 | 湖泊 水面面积10km² 及以上 数目 | 湖泊 水面面积10km² 及以上 名称 | 湖泊 水面面积1~10km² 数目 | 湖泊 水面面积1~10km² 名称 | 水库 大型 数目 | 水库 大型 名称 | 水库 中型 数目 | 水库 中型 名称 | 水库 小(1)型 数目 | 水库 小(1)型 名称 | 水库 小(2)型 数目 |
|---|---|---|---|---|---|---|---|---|---|---|---|---|---|---|---|
|  | 7.3 | 入渤海水系 | 30 | 金丝河(74.7)、九江河(180)、强盈河(105)、石河(434)、鞍河(606)、猫眼河(106)、长滩河(119)、菱角河(143)、烟台河(320)、东沙河(132)、兴城西河(702.92)、双龙河(181)、五里河(155)、连山河(169.44)、大兴堡河(186)、百大堡河(186)、干沟子(174)、长潮沟(115)、邢家沟(202)、大旱河(339)、北海河(103)、沙河(201.38)、熊岳河(322.54)、浮渡河(474)、永宁河(156)、茅套河(204)、红沿河(106)、冯王考河(173)、南栏河(232)、鞍子河(179) |  |  |  |  | 1 | 大风口(20800) | 2 | 碱厂(4890)、八一(3306) | 24 | 下荆(144.28)、闫家岭(119.1)、青石岭(266.41)、泉大(116.3)、朱甸(165.24)、驼峰(100.1)、达营(185.8)、双龙(200.2)、鞍子河(170)、庙山(146)、青松(191.39)、秋皮(733.82)、落城台(326.8)、条石(295.79)、西山(165.87)、三合(800)、四家子(101.45)、沙河(113.76)、水峪(299.92)、杨堡(103.3)、莹场(223)、东沟(263.2)、金龙寺(102.74)、牧城拜(561.2) | 132 |
| 1 | 7.3.1 | 复洲河(1638) | 3 | 回头河(104)、九道河(157)、岚崮河(330) |  |  |  |  | 2 | 松树(16700)、东风(14200) | 4 | 九龙(2681)、大河(1128)、连花(1310)、七道房(1125) | 2 | 岚崮(503.9)、青年(497.92) | 16 |
| 2 | 7.3.5 | 大清河(1473.46) | 2 | 吕王河(134.08)、西大清河(362.47) |  |  |  |  | 1 | 石门(10220) | 1 | 三道岭(3490) | 3 | 二道房(122)、虎峪(205.2)、厢房(129) | 8 |
| 3 | 7.3.6 | 大凌河(23549) | 27 | 新开岭河(102.39)、魏家岭河(105.93)、贺文子河(105.93)、菁豪河(106.08)、二道河(22.16)、黄山河(112.49)、西大川河(317.14)、渗津河(723.3)、奎胜店河(204.71)、西大川河(214)、安子河(278.11)、老谷苗河(322)、卧虎沟河(124.16)、羊角沟河(118.46)、胜利河(258.24)、黄道营子河(107.78)、十八道河(113.28)、大庙河(602.21)、[古山子河(168.80)、东五家子河(313.83)]、顾涧河(433.47)、牤牛营子河(172.19)、岳水河(726.23)、东官营子河(328.54)、长条河(195.41)、扎兰营子河(375)、疏城河(128)、大定河(312.34)、大业河(125.78) |  |  |  |  | 3 | 白石(164500)、宫山咀(10886)、阎王鼻子(21700) | 2 | 菩萨庙(1225)、龙潭(3300) | 26 | 大营子(513)、三道沟(111)、横河子(152.49)、黄土坎(109)、李杖子(438)、山嘴子(459.06)、石盖子(117.71)、石门(214)、安子沟(249.27)、孤山子(887.48)、郭子(540)、老子(387)、流水沟(132.81)、孟屯(162.6)、石门(103.05)、温杖子(234)、五道河子(200.3)、下河套(414)、华山(114.1)、北山(127.63)、十二台子(515.66)、石门(103.05)、胜利(434.08)、喇嘛营(258)、红旗(861.26)、孤山子(887.48) | 24 |
| 4 | 7.3.6.4 | 大凌河西支(2889) | 7 | 榆林杖子河(228)、朱杖子河(300)、大王杖河(104.04)、热水沟(418.89)、[万元店河(128.87)]、黄金代河(194.37)、六官营子河(228.72) |  |  |  |  |  |  | 1 | 瓦房店(2409) | 1 | 水泉沟(113) | 4 |

续表

| 流域面积1000km²及以上 | | | 河流 流域面积100~1000km² | | 湖泊 水面面积10km²及以上 | | 水面面积1~10km² | | 水库 大型 | | 中型 | | 小(1)型 | | 小(2)型 |
|---|---|---|---|---|---|---|---|---|---|---|---|---|---|---|---|
| 序号 | 条目编号 | 河流·河段 | 数目 | 名称 | 数目 | 名称 | 数目 | 名称 | 数目 | 名称 | 数目 | 名称 | 数目 | 名称 | 数目 |
| 5 | 7.3.6.6 | 第二牤牛河(1102) | 3 | 二道磨河(133.08)、深井河(344.61)、中三家子河(120.18) | | | | | | | | | 1 | 丛元(364.9) | 2 |
| 6 | 7.3.6.7 | 老虎山河(1412) | 4 | 热水汤河(143.7)、喀喇沁河(159.9)、青岭岭河(200.3)、二道河子(298.7) | | | | | | | | | | | 2 |
| 7 | 7.3.6.9 | 牤牛河(4747) | 15 | 石碑河(197)、下三家子河(628.67) [杨家河(201)]、春玉河(97.3)、干寺河(295)、官营子河(954) [王家营子河(182)]、北四家子河(178.51)、黑城子河(138)]、亿石戈河(136.93)、宝国老河(366.39)、马友营河(196.78)、十八台河(135.21)、蒙古营河(309.66) | | | | | | | 3 | 岗岗(1048)、石家店(1969.4)、高家店(1140) | 4 | 周家营(111)、白音他拉(170.5)、友爱(102)、水泉(102) | 14 |
| 8 | 7.3.6.11 | 细河(3308.3) | 9 | 九营子河(119.32)、五道桥河(172.46)、依马图河(783) [阿门朝老河(122)]、稍户营河(108.75)、汤头河(424.57)、东沙河(2.3.79)、清河(239)、大榆树堡河(116.42) | | | | | | | 1 | 老龙口(4522) | 6 | 花尔楼(709.7)、下洞(187.4)、朱家沟(112)、碾子山(511.77)、四合(220.39)、嗽嗽嗽沟(118.73) | 2 |
| 9 | 7.3.7 | 小凌河(5475) | 13 | 大车户沟河(112.58)、黑牛营子河(101)、大四家子河(110.88)、根德营子河(279)、四台营河(123.17)、五十家子河(469.68)、北小河(466.86)、沈家台河(204.02)、巴图营子河(172.42)、百殷河(301.49) [头道河(100)]、大兴堡河(123.71)、大兴堡河(175.77) | | | | | 1 | 佛手(14500) | 2 | 元宝山(2677)、靠山屯(1593) | 4 | 根德(308.76)、大马厂(142.71)、东山咀(550)、良图沟(344.5) | 16 |
| 10 | 7.3.7.2 | 女儿河(1492.59) | 2 | 新沙河(115.99)、金星河(150.22) | | | | | 1 | 乌金塘(29100) | 1 | 虹螺山(1005.94) | 2 | 拉拉屯(110.04)、黄家湾(160.9) | 3 |
| 11 | 7.3.12 | 六股河(3102.47) | 9 | 巴什罕河(103.58)、小德营子河(97.50)、红墓河(129.74)、毛河(282.23)、云山洞河(189.91)、响水河(112.07)、黑水河(555.44)、王宝河(414.54)、花石河(105) | | | | | 1 | 龙屯(11900) | 1 | 马道子(1122) | 6 | 仓上(135.18)、高杖子(490.6)、谷杖子(735.37)、韩杖子(180.7)、李金(917.04)、棒鸭沟(128.54) | 11 |
| 合计 | | | 124 | | 0 | | 0 | | 10 | | 18 | | 79 | | 234 |

表 7-4  滦河水系一览表

| 序号 | 条目编号 | 河流·河段 流域面积1000km²及以上 | | 流 | | 湖 泊 | | | | 水 库 | | | | | | |
|---|---|---|---|---|---|---|---|---|---|---|---|---|---|---|---|---|
| | | 河流·河段 | 流域面积100~1000km² | | | 水面积10km²及以上 | | 水面积1~10km² | | 大 型 | | 中 型 | | 小 (1) 型 | | 小 (2) 型 |
| | | 名称 | 名称 | 数目 | | 名称 | 数目 | 名称 | 数目 | 名称 | 数目 | 名称 | 数目 | 名称 | 数目 | 数目 |
| 1 | 7.4 | 滦河(44800) | 二道河(109)、骆驼河(156)、五女河(255)、胡明合河(121)、沙井子河(660)[头道河(172)]、骆驼山后沟(105)、查汗沟(140)、魏轩把沟(165)、五一种畜场河(118)、沙河(128)、羊肠子河(169)、大河西沟(157)、槽碾西沟(324)、四岔口沟(441)[大阁店河(109)]、白云沟(163)、红王硷河(125)、滇河沟(129)、西南沟(152)、鱼亮子北沟(232)、三岔口沟(138)、弯沟(116)、牤牛河(167)、清水河(255)、王营子川(257)、台河(684)[柴河(187)]、暖儿河(231)、孟子河(188)、簧河(123)、长河(684)、清河(363)、冻清河(153)[小横河(152)、西沙河(128) | 36 | | | | | | 潘家口(293000)、大黑汀(33700) | 2 | 闪电河(4260)、石门子(1480)、大河口(2600)、西山湾(9900)、丰宁电站(7199)、房官营(1054) | 6 | 孤石(315)、双山(815)、南天门(153)、黑逛(157)、高家店(765)、西河南寨(113)、龙湾(101)、唐沟(128)、万宝沟(765)、沙河(157)、万宝河(106)、赫梓鸽子庵(156)、千柴岭(106)、罗峪(110)、史家峪(413)、沙涧(107)、高古庄(113)、曹古台(165)、小佝河(123)、麻地(200)、娄子山(221)、马台子(167)、迷谷(102)、炮石岭沟(100) | 23 | |
| 2 | 7.4.2 | 黑风河(1618) | 蛇皮河(2130)、乃仁勒(386)、一家河(252) | 3 | | | | | | | | | | | | |
| 3 | 7.4.3 | 小河子河(1295) | 骆驼场河(213)、南沙口林场河(126) | 2 | | | | | | | | | | | | |
| 4 | 7.4.4 | 吐力根河(1816) | 超格都尔河(368)[马排子河(124)]、撅尾巴河(179) | 3 | | | | | | | | | | | | |
| 5 | 7.4.5 | 小滦河(2010) | 如意河(209)、头道子河(143)、三座山河(109) | 3 | | | | | | | | | | | | |
| 6 | 7.4.6 | 兴州河(1970) | 何营川(158)、正北川(259)、白翅沟(141)、犷牛河(335) | 4 | | | | | | 黄土梁(2830)、窟窿山(1430) | 2 | | | 牛心山(100) | 1 | |

续表

| 序号 | 条目编号 | 河流 | | | 湖泊 | | | | 水库 | | | | | | 小(2)型数目 |
|---|---|---|---|---|---|---|---|---|---|---|---|---|---|---|---|
| | | 流域面积1000km²及以上 | 流域面积100～1000km² | | 水面面积10km²及以上 | | 水面面积1～10km² | | 大型 | | 中型 | | 小(1)型 | | |
| | | 河流·河段 | 数目 | 名称 | 数目 | 名称 | 数目 | 名称 | 数目 | 名称 | 数目 | 名称 | 数目 | 名称 | |
| 7 | 7.4.7 | 伊逊河(6689) | 11 | 五道川(157)、大唤起河(295)、道坝子河(227)、不澄河(586)[兰旗卡伦河(178)、清泉河(101)]、黄土玫河(214)、东杨树沟(136)、偏坡营川(177)、通事营川(253)、挖塔营西沟(160) | 0 | | 0 | | 1 | 庙宫(18300) | 1 | 钓鱼台(1320) | 1 | 黑山口(322) | |
| 8 | 7.4.7.3 | 蚁蚂吐河(2435) | 5 | 大柳塘子河(142)、大孟奎川(267)[小孟奎川(101)]、柴沟川(167)、大两间房河(208) | | | | | | | | | | | |
| 9 | 7.4.8 | 武烈河(2580) | 6 | 茅沟川(630)、石洞子川(241)、志云河[阿家河(241)、蟠龙川(765)]、头沟川(727)[109] | | | | | | | | | 1 | 二道湾(620) | |
| 10 | 7.4.10 | 老牛河(1713) | 6 | 下院川(180)、岔沟川(109)、东山嘴川(255)、野猪河(193)、白马河(269)、干柳河(180) | | | | | | | | | 2 | 唐家湾(285)、东房子(253) | |
| 11 | 7.4.11 | 柳河(1199) | 2 | 北水泉川(11)、车河(158) | | | | | | | | | 1 | 西湾子(108) | |
| 12 | 7.4.12 | 瀑河(1990) | 6 | 赶瀑河(105)、车轮矫河(179)、道虎沟(116)、苔萝树河(167)、羊河(328)[小柳河(153)] | | | | | | | 1 | 大庆(1350) | | | |
| 13 | 7.4.14 | 潵河(1160) | 2 | 潵河南源(1830)、黑河(217) | | | | | | | 1 | 老虎沟(1220) | | | |
| 14 | 7.4.19 | 青龙河(6340) | 15 | 三十家子河(479)[刘杖子河(117)]、窟隆山河(213)、清水河(388)、郭阴河(462)[冰沟河(121)]、都源河(203)、星干河(469)[千沟(136)、南沟(211)、三岔口河(102)、沙河(856)[白羊河(128)] | | | | | 1 | 桃林口(85900) | 2 | 三旗杆(1030)、水胡洞(4038) | 17 | 八道沟(282)、柑枝子(417)、龙头山(117)、天桥子(102)、孟圈(162)、东风(100)、毛各庄(160)、滤马庄(111)、亮甲峪(111)、抄道沟(135)、白道子(115)、九龙泉(300)、大徐沟(106)、刘黑石(257)、邴家沟(174)、葛园(103)、下枣园(130) | |
| | 合计 | | 104 | | 0 | | 0 | | 4 | | 13 | | 46 | | 369 (含冀东诸河水系) |

473

## 表7-5 冀东、鲁北沿海诸河水系一览表

| 序号 | 条目编号 | 河流 | 河流·河段 | 流域面积 1000km² 及以上 | 流域面积 100~1000km² | | 湖泊 | | | | 水库 | | | | | |
|---|---|---|---|---|---|---|---|---|---|---|---|---|---|---|---|---|
| | | | | | | | 水面面积 10km² 及以上 | | 水面面积 1~10km² | | 大型 | | 中型 | | 小(1)型 | 小(2)型 |
| | | | | | 数目 | 名称 | 数目 | 名称 | 数目 | 名称 | 数目 | 名称 | 数目 | 名称 | 数目 名称 | 数目 |
| 1 | 7.5.1 | 冀东沿海诸河 (9780) | | 6 | 石河 (618)、汤河 (181)、戴河 (290)、马河 (520)、贾河 (198)、沙河 (902)、饮 | | | 1 | 燕塞湖 (4.7) | | | | | 13 | 浅中 (112)、温泉堡 (697)、代庄 (148)、大寨堡 (894)、鸽子塘 (114)、北庄河 (162)、野鸡店 (278)、下荆子 (154)、果乡 (440)、杨山沟 (103)、沙河 (130)、正明山 (137)、下洼 (125) | |
| | 7.5.1.3 | 洋河 (1110) | | 1 | 东洋河 (343) | | | | | 1 | 洋河 (38600) | | | 14 | 魏家沟 (102)、腰站 (133)、石家沟 (146)、桐甲台 (122)、梧桐峪 (175)、重寺底下 (140)、韩江峪 (131)、黄金山 (129)、黄家村 (210)、小所庄 (504)、潘石后 (100)、黄山河 (159)、滨 (265)、李庄 (101) | |
| 2 | 7.5.1.7 | 陡河 (1340) | | 2 | 管河 (262)、石榴河 (185) | | | | | 1 | 陡河 (51520) | | | 2 | 饭依寨 (728)、小龙潭 (700) | |
| | 7.5.2 | 鲁北诸河 (徒骇马颊河水系, 29713) | | 13 | 潴龙河 (1129)、草桥沟 (471)、沽利河仙 (343)、捷河 (503)、永清河 (472)、马立河 (350)、褚官河 (220)、堵河 (126)、草莘沟东天流 (150)、太平河 (145)、马颊河 (275)、刁口河 (123)、新卫东河 (160) | | | | | | | 16 | 聊城电厂 (1760)、信彦 (1460)、李三尖 (1140)、天心 (1798)、孟家 (770)、澄波湖 (1063)、龙德湖 (1077)、仙鹤湖 (500)、大寺河 (1071)、西海 (1490)、秦台 (2600)、东海 (1390)、富国 (1000)、毛家庄 (4260)、利津 (2000)、桃花岛 (1180)、赛东 (1210) | 25 | 谭庄 (813)、目庄 (185)、清源湖 (954)、李庄 (835)、孟家 (770)、龙岭 (983)、龙德湖 (150)、南幸福 (260)、马坊 (200)、清城 (500)、马寿 (422)、明湖 (飞龙 (500)、清子 (200)、孙庙 (500)、王仓 (350)、胜利 (976)、穗庙 (500)、滨 (120)、月湖 (600)、鲁石山 (500)、丰民 (580)、马营 (997)、琢鳖 (960)、下河 (650)、沽化幸福 (200) | |
| 3 | 7.5.2.1 | 徒骇河 (13900) | | 46 | 理直沟 (117)、永顺沟 (230)、薪金线河 (518)、赵王河 (693)、小运河 (331)、上时 (518)、薪河 (37)、西薪河 (468)、七里河 (342)、老金线河 (172)、西薪沟 (263)、周公河 (190)、庄新河 (248)、丰蒲沟 (110)、在中 (140)、范薪河 (249)、南支流 (191)、友谊河 (103)、管路沟 (249)、中心河 (211)、新巴公河 (139)、李甸 (650)、老赵牛河 (938)、观金 (139)、李河 (371)、管氏河 (391)、四新河 (502)、新巴公河 (136)、六沟河 (139)、温聪河 (158)、齐济河 (184)、倪伦河 (136)、六沟河 (157)、大六河 (192)、芦兰河 (230)、牧马 (104)、东支流 (226)、土马河 (232)、南支流 (155)、杜家沟 (120)、土马河 (165)、朝阳河 (837)、西沙河 (171)、沃王店沟 (165)、朝阳河 (160)、胡营河 (172)、全家河 (110)、山千河 (110)、赫家河 (876)、李河 (33) | | | | 1 | 东昌湖 (5) | | | 2 | 沙河故道 (1860)、芦家河子 (1000) | | |

续表

| 序号 | 条目编号 | 河流 | | | 湖泊 | | | | 水库 | | | | | | |
|---|---|---|---|---|---|---|---|---|---|---|---|---|---|---|---|
| | | 流域面积1000km²及以上 | | 流域面积100~1000km² | | 水面积10km²及以上 | | 水面积1~10km² | | 大型 | | 中型 | | 小(1)型 | 小(2)型 |
| | | 河流·河段 | 数目 | 名称 | 数目 | 名称 | 数目 | 名称 | 数目 | 名称 | 数目 | 名称 | 数目 | 名称 | 数目 |
| 4 | | 新赵牛河(1203) | | | | | | | | | | | | | |
| 5 | | 秦口河(3142) | 5 | 白杨河(500)、青坡河(137)、傅家河(351)、小米河(157)、朱龙河(153) | | | | | | | | | | | |
| 6 | 7.5.2.2 | 马颊河(8330) | 26 | 引潘入马颊渠(171)、潘龙河(247)、鸿雁渠(402)、德王河(284)、裕民渠(452)、冠堂渠(264)、冠县三千渠(206)、唐公沟(515)、青年渠(153)、笃马河(773)、马颊河故道(258)、朱家河(555)、宁津河(153)、新河(674)、跃马河(309)、辛庄沟(118)、德王东支(135)、胡堰河(114)、沙河沟(279)、新禹津河(116)、大宗旱河(153)、避言店沟(115)、尹家连沟(106)、赵芙沟(115)、李土固沟(105)、跃丰一干(104)、前进沟(214) | | | | | | 7 | 夏津(1150)、平原县相家河(5260)、丁庄(2980)、丁东杨安镇(1880)、庆云(1525)、埕口(2300) | 7 | 塔坡(180)、建得(860)、勾盘河(550)、新禹津河(980)、宁津(900)、小店(150)、南侯(990) | |
| 7 | 7.5.2.2.1 | 德惠新河(3249) | 13 | 洪沟河(175)、赵王河(173)、禹临河(457)、临商河(508)、商中河(434)、跃进河(307)、菅东河(349)、引徒总干(277)、丰收河(515)、土马河(149)、春风河(102)、备战河(149)、改貌河(136) | | | | | | | | 1 | 三角洼(1000) | 2 | 红坛(960)、利民(990) | |
| | 合计 | | 112 | | 0 | | 2 | | 2 | | 26 | | 63 | | 33 (鲁北诸河) |

注：冀东沿海诸河小(2)型水库统计在滦河水系中。

475

表 7-6  山东半岛独流入海水系一览表

| 序号 | 条目编号 | 河流·河段 | 河流 流域面积 1000km² 及以上 数目 | 流域面积 100～1000km² 名称 | 湖泊 水面面积 10km² 及以上 数目 | 名称 | 水面面积 1～10km² 数目 | 名称 | 水库 大型 数目 | 名称 | 中型 数目 | 名称 | 小(1)型 数目 | 名称 | 小(2)型 数目 |
|---|---|---|---|---|---|---|---|---|---|---|---|---|---|---|---|
| | | 山东半岛独流入海水系 | 44 | 潮白河(512)、甜水河(110)、白马河(556)、吉利河(292)、横河(158)、风河(316)、巨洋河(134)、洋河(256)、盐水河(440)、龙泉河(110)、白沙河(215)、张村河(127)、莲阴河(130)、纪疃河(112)、白沙河(231)、留格庄(253)、东村河(244)、汉河(247)、五渚河(119)、昌阳河(156)、鱼鸟河(112)、青龙河(245)、小落河(208)、沁河(207)、平畅河(196)、石家河(253)、平畅河(2455)、龙山河(201)、涑汶河(1900)、罗山河(174)、界河(581)、钟南河(116)、东桥河(162)、白沙河(404)、南胶河(132)、台河(219)、黄垒河(635)[老青河(129)、堤堑(112)、虞河(860)[潍河(230)、丰产河(284)] | | | 1 | 天鹅湖(4.04) | 2 | 八河(10438)、广南(11400) | 38 | 小珠山(2782)、户部岭(4903)、吉利河(6057)、陡崖子(5679)、孙家屯(1002)、铁山(4864)、山洲(2360)、城阳书院(1352)、石棚(1138)、北花园(5955)、王店(3874)、南台(1071.7)、里店(2665)、盘石(1610)、纸坊(1651)、崮山(2690)、龙泉(1899.5)、南圈(1296)、坤龙邢(6471.1)、湾头(1547.1)、后龙河(5062)、所前泊(3663)、高陵(6713)、邱山(3003.4)、战山(3155.7)、平山(1236)、北邪家(1325)、迟家沟(2044)、金岭(1251)、白云洞(1130)、坎上(1199)、赵家(1670)、瓦窑(3105)、愉疃河(1099)、留亭(1100)、花家疃(1894)、(淄博市)新城(1006)、商店(1101.2) | 188 | 河洛埠(165.25)、流清河(266.28)、大河东(440.1)、大石村(350.77)、张家河(111.69)、登瀛(244.1)、晓望(144.2)、五十堡(328)、李黄山(112.85)、大龙(144.82)、郭家(159)、大瞳(146.5)、上口(254)、宁家(397.65)、大嵩(108.2)、芦山(142)、曲家(145.4)、殷家河(151.3)、解戈庄(180.57)、青石湾(353.1)、戴家沟(276.96)、周石市(108.38)、丁家河(166.53)、里口山(150.7)、南夏家(114.46)、于家河(218)、林头(268)、东北(139.16)、北下河(117.66)、郑口(204.9)、樘山(139)、王家口(109.8)、沟陈家(104)、北花园(165.9)、金曲沟(111.35)、阜葵(222.7)、五龙沟(181.54)、崔家(141.5)、郭郭(165.16)、东厩(153.7)、朱下庄(151.31)、毛家沟(153.6)、孔家(528.52)、花坊(106.9)、狄村(494.31)、韩家庄(466.25)、桑行(171.93)、松下(800.82)、肖家注(115.51)、崖下(463.74)、岳岭(219.13)、河水城(168.82)、河湾(387.22)、杨家阁(119.9)、林子(247.19)、塔山冯(181.14)、山冯(183.73)、石屋沟(184.69)、西寨(133.95)、陡阳(110.45)、朱戈庄(242.23)、大珠山(363.3)、库山(137.02)、邓横陶(121.41)、周(299)、大沙沟(243)、山口(129.89)、高城邑(164.32)、石灰窑(117.45)、大王道(131.3)、十八道沟(187.1)、团彪(158.41)、金字河(256.92)、虹口(137.04)、段村(144)、罗家苗(110.16)、小范家(189.63)、云头兴(212.1)、院西(107.6)、洪家(169)、英武店(123.2)、大嵇石(103.96)、木桥(744.4)、牟格庄(597.5)、才苑(355.5)、山口(410)、望海(103.5)、獐山(174.6)、河东(214.5)、獭村(399.2) | 1036 |

476

续表

| 河流 流域面积1000km²及以上 | | | 湖泊 | | | | 水库 | | | | | |
|---|---|---|---|---|---|---|---|---|---|---|---|---|
| | 流域面积100~1000km² | | 水面积10km²及以上 | | 水面积1~10km² | | 大型 | | 中型 | | 小(1)型 | 小(2)型 |
| 河流·河段 | 数目 | | 数目 | 名称 | 数目 | 名称 | 数目 | 名称 | 数目 | 名称 | 名称 | 数目 |
| 序号 | 条目编号 | | | | | | | | | | | |
| | | | | | | | | | | 黄疃(213.4)、冷家(101.5)、逍遥(778)、赵家(345)、雷家(154)、黑家所(115.5)、冶口(690.3)、朱家寨(143.7)、东车门所(195)、序班庄(130.7)、北石缸(213.4)、苏家口(186.8)、岩岭(451.1)、金龙(240)、凤凰山(235)、庙后(151)、集后(233.6)、香山(203.12)、天福山(100)、李家(362.4)、山后侯家(183.69)、徐田庄(122)、大珠机(273)、帽刘家(193)、后荫子(100)、毕家店(114.91)、雨山(272)、大山口(230.8)、里口(115)、店子(119)、东风(293.6)、新愚公(485.5)、马山(133.01)、朱车(374.7)、徐村(132.9)、屯车店(123)、吴家(191)、峰山(138)、鄂家(108.7)、小院(126)、侯家(424)、大庙(161.49)、清明沟(147)、武官(133)、长马(346)、常胜(111.1)、南山庄园(127)、安家(167.5)、陈家(483)、南山佛光(431)、大园(100)、员外刘家(613)、孙家所(558)、侯家沟(190)、龙王(242)、石门朱家(165.8)、荣家河(304)、张石阜(235.3)、北集(130)、环山河二号(163.1)、罗山(420)、堡子(198.8)、蜀子顶(150.27)、原疃(119)、灵山(372.8)、小于家(746)、上坡(118)、袍菜(156)、丰收(256)、饮马池(777.6)、河套(280.9)、南庙(108.25)、东朱来(200)、宝泉(385.7)、菌山寺(128.3)、日照庄(150.3)、石城(100)、朝阳山(147.7)、薛院下(139.8)、生花庵(108.9)、范家沟(116)、蒋家(145.3)、一分场(150)、龙南(260)、王岗(706)、神堂(617)、北辛1号(300)、南郊(660)、辛镇5号(100)、景屋(100) | |

477

续表

| 序号 | 条目编号 | 河流 | | 湖泊 | | | | 水库 | | | | | | |
|---|---|---|---|---|---|---|---|---|---|---|---|---|---|---|
| | | 流域面积 1000km² 及以上 | | 水面面积 10km² 及以上 | | 水面面积 1~10km² | | 大型 | | 中型 | | 小(1)型 | | 小(2)型 |
| | | 河流·河段 | 流域面积 100~1000km² | | | | | | | | | | | 数目 |
| | | | 数目 | 名称 | 数目 | 名称 | 数目 | 名称 | 数目 | 名称 | 数目 | 名称 | 数目 | |
| | | | 名称 | | | | | | | | | | | |
| 1 | 7.6.1 | 支脉河 (3382) | 15 | 北支新河 (580)[杜姚沟 (26km)、千二排 (31km)、胜利河 (25km)、打渔张新河 (11km)、工农河 (24km)]、打渔张河 (25km)、小河子 (49km)、武家大沟 (31km)、新广蒲河 (65km)、老广蒲河 (28km)、广利河 (510)、溢洪河 (48km)、永丰河 (28km)、三排沟 (25km) | | | | | | | | | | | |
| 2 | 7.6.2 | 小清河 (10433) | 10 | 土河 (187)、马四干运河 (108)、巨野河 (254)、绣江河 (536)、弥河河流 (689)[普子沟 (468)、西张曾河 (378)、跃龙河 (118)]、杏花河 (998) | 1 | 马踏湖 (23.3) | 2 | 芽庄湖 (3.19)、白云湖 (2.2) | | | 10 | 东湖 (5376.7)、双王城 (6150)、码头 (1200)、杜张 (1350)、狼猫山 (1558)、大芦 (2233)、埠庄 (1421)、杏林 (1301)、韩店 (4500)、大芦湖 (3028) | 19 | 孟家 (175)、华泰清河 (330)、浆水泉 (105)、丁庄 (500)、燕棚 (129.25)、梅家 (108)、朱务务 (437)、北曹范 (110)、百丈崖 (450)、跃进 (142)、瓦屋 (125)、朴柱 (222.5)、龙华 (242)、拦石湾 (121)、东凤 (139.76)、三八 (330)、台头 (145)、千印 (136)、龙吟 (983) | 47 |
| 3 | 7.6.2.8 | 孝妇河 (1930) | 6 | 般阳河 (120)、漫泗河 (109)、范阳河 (397)[阳阳河 (102)]、西猪龙河 (217)、东猪龙河 (224) | | | | | | | 3 | 萌山 (9025)、纯化 (3341)、打渔张渠首 (1340) | 9 | 国家庄 (193.13)、淋漓湖 (138.2)、碾子山 (198.64)、刘瓦 (140.65)、丁家 (114.4)、河东 (105.37)、古城 (185.3)、周村 (201.3)、芽田 (128) | 34 |
| 4 | 7.6.2.9 | 预备河 (2567) | 4 | 乌河 (500)[三龙排沟 (100)、游淄河 (153)]、兴淄河 (253) | | | | | | | | | 2 | 南堤 (312.2)、徐旺 (120) | 5 |
| 5 | 7.6.2.10 | 淄河 (1411) | 3 | 南博山河 (124)、池上河 (172)、仁河 (142) | | | | | 1 | 太河 (18330) | 3 | 淄河 (1000)、石马 (1633)、仁河 (2815) | 9 | 大店 (150)、五老峪 (147.39)、鄣部 (100.1)、鄣庄 (148.85)、英章 (137)、黄崖 (101.5)、田庄 (126.1)、王鲁山 (202)、紫峪 (118.95) | 24 |

续表

| 序号 | 条目编号 | 河流 流域面积1000km² 及以上 河流・河段 | 流域面积100～1000km² 数目 | 流域面积100～1000km² 名称 | 湖泊 水面面积10km² 及以上 数目 | 湖泊 水面面积10km² 及以上 名称 | 水面面积1～10km² 数目 | 水面面积1～10km² 名称 | 水库 大型 数目 | 水库 大型 名称 | 中型 数目 | 中型 名称 | 小(1)型 数目 | 小(1)型 名称 | 小(2)型 数目 |
|---|---|---|---|---|---|---|---|---|---|---|---|---|---|---|---|
| 6 | 7.6.2.11 | 堽河(3737) | 4 | 龙泉河(117)、王钦河(157)、织女河(355)、益寿新河(179) | | | 1 | 汨淀湖(9.41) | | | | | 4 | 龙虎(257.62)、赵庄(450)、琵琶(159.7)、琵琶(138.57) | 2 |
| 7 | 7.6.3 | 弥河(3319) | 10 | 寺头石河(16)、临朐丹河(158)、黄龙沟河(102)、洗耳河(104)、五井石河(350)、大石河(241)、南阳河(175)、丹河(911)、朱龙河(126)、崔家河(113) | | | | | 1 | 冶源(20300) | 5 | 渐水崖(1013)、丹河(1243)、嵩山(5628)、黑虎山(5360)、荆山(1210) | 32 | 大秦场(133)、韩家峪(100)、大寺(134.89)、朱家峪(151)、刘家庄(128)、白沙(101)、偏龙头(138)、白塔(190)、杨庄(153)、石河头(238)、同家河(132)、胡家沟(120)、卢家庄子(245)、姚家崖(112)、石门坊(102)、张家崖(238)、八一(328)、上坪(104)、残邱一库(103.13)、钓鱼台(104)、七一(336)、郑家沟(176)、常家庄(212.12)、韩家阳阜(153)、南郝(356)、马家龙湾(505)、西河(222.33)、南流泉(180.88)、黄埠(191.45)、崔家庄(148)、老坝河(129)、南秦(425) | 135 |
| 8 | 7.6.4 | 白浪河(1262) | 2 | 大圩河(279)、坞河(410) | | | | | 1 | 白浪河(1456) | 2 | 马宋(1215)、符山(2816.3) | 11 | 丁家垛子(139)、驻程(137.37)、北唐(105)、五图(300)、西上疃(101)、大解召(143.48)、郭齐(119)、钱家庄(176)、孤山(161.9) | 48 |
| 9 | 7.6.5 | 潍河(6502) | 10 | 洪凝河(381)[中至河(162)]、太古庄河(194)、渚河(300)、朱读河(278)[洪河(102)]、芦水河(172)、尺河(353)、渠沟河(357)、史角河(13") | | | | | 2 | 峡山(140500)、嵩沂(38693) | 10 | 河西(1887)、学庄(1932)、小王瞳(1723)、长城岭(1096.4)、青墩(4163)、三里庄(6912)、石门(1002)、大福田(124.11)、莎沟(376.5)、青团(170.15)、北米解(132.95)、石龙口(129)、曙光(243.75)、杨家庄(209.51)、罗家(299)、伏留(456.13)、麻院(131) | 21 | 裴家峪(317)、转山子(100.2)、菌(175.6)、却岭(125.5)、朱官庄(416.6)、十里沟(653)、陆家庄子(239)、冯家坪(759)、水西合子(208)、满堂岭(715)、山王庄(337)、郭家村(1550) | 217 |

479

续表

| 序号 | 条目编号 | 河流 | | 湖泊 | | 水库 | | | | | |
|---|---|---|---|---|---|---|---|---|---|---|---|
| | | 流域面积1000km²及以上 | | 水面面积10km²及以上 | 水面面积1~10km² | 大型 | | 中型 | | 小(1)型 | 小(2)型 |
| | | 河流·河段 | 流域面积100~1000km² | | | | | | | | |
| | | | 数目 / 名称 | 数目 / 名称 | 数目 / 名称 | 数目 | 名称 | 数目 | 名称 | 名称 | 数目 |
| 10 | 7.6.5.2 | 潍河(1061) | 4 / 老子河(10)、闸河(111)、店子河(1200)、湘河(122) | | | | | 3 | 下株梧(1634)、于家河(5410)、吴家楼(1089) | 何家庄子(100.7)、圈河(324)、北楼(149.54)、许家庄(785)、漫流(132.5)、北相家庄(101)、鄂家伙峪(222.2)、庄家村(124.75)、高家营(280.9)、金湖(221.1)、共青团(735.6) | 57 |
| 11 | 7.6.5.4 | 潍汶河(1687) | 4 / 孟津河(105)、鲤虻河(132)、浚河(125)、红河(229) | | | 2 | 高崖(14528)、牟山(27800) | 3 | 沂山(1023)、大关(2413)、尚庄(2089) | 李家峨峪(104)、马家庄(107)、刘家党(142.61)、西石马南(107.58)、辛宅子(143.6)、苗山子(175.04)、石家营(124)、核桃园(222)、双山(139)、南岳(600.3)、马庄(317)、黄山河(220)、崖连(131.27)、杜家庄(195)、尚庄(286.5)、五龙潭(110.4)、云家庄子(106.2)、川里院(164.64)、白山头(322)、辉渠(179)、归家疃(210)、张家石龙(115.38) | 155 |
| 12 | 7.6.6 | 北胶莱河(3750) | 6 / 昌平河(122)、吴沟河(109)、白沙河(124)、现河(下)(253)[白里河(174)]、龙王河(285) | | | | | 5 | 黄山(1511)、双庙(1117)、双山(1073.6)、大泽山(1060.02)、淄阳(1420) | 城北(510)、巧女张(280.38)、黄洛子(139.5)、苍山(140.01)、东养鱼(161.36)、大跃(109) | 63 |
| 13 | | 北胶新河(1066) | 8 / 官河(105)、鱼池河(124)、柳沟河(上)(370)[店子河(109)]、五龙河(上)(202)[店子河(109)]、泽河(822)、漩河(250)、淄阳河(185) | | | | | 1 | 马旺(2495.4) | 拒城河(626)、李家庄(951)、大村(162.6) | 37 |
| 14 | 7.6.8 | 黄水河(1066) | 1 / 黄水河东支流(269) | | | 1 | 王屋(12118) | | | 东营(187.2)、大李家(195)、牛心沟(164)、吴家(119.2)、林家(309)、会文(108)、大刘家(577)、高里所(144.54) | 101 |

480

续表

| 序号 | 条目编号 | 河流 | | | 湖泊 | | | | 水库 | | | | | | |
|---|---|---|---|---|---|---|---|---|---|---|---|---|---|---|---|
| | | | 流域面积 1000km² 及以上 | | 水面面积 10km² 及以上 | | 水面面积 1~10km² | | 大型 | | 中型 | | 小(1)型 | | 小(2)型 |
| | | 河流・河段 | 流域面积 100~1000km² | | | | | | | | | | | | |
| | | | 名 称 | 数目 | 数目 | 名称 | 数目 | 名称 | 数目 | 名称 | 数目 | 名称 | 数目 | 名 称 | 数目 |
| 15 | 7.6.9 | 大沽夹河(2293) | 大沽夹河(122)、大庄头河(144) | 2 | | | | | 1 | 门楼(24397) | 1 | 桃园(1235.9) | 16 | 卫星(338.3)、善疃(171.2)、黑石(303.4)、山南周(128)、向阳(119.5)、东刘家(104.3)、辽上(168.5)、南野祚(194.8)、沙家(116.5)、下杨家(240)、营盘(301.15)、清泉埠(179.5)、圈里(168.9)、八甲(113)、落金(118.9)、青松(120.6) | 64 |
| 16 | | 内夹河(1224) | 山东河(122)、大庄头河(144) | 2 | | | | | | | 1 | 庵里(7603) | 12 | 郭家店(222.4)、翁留(301.5)、罗家(205.75)、王格庄(140.25)、主格庄(135)、董家沟(158.64)、南寨(204)、石门河(234.41)、南阜(513.23)、田家(630.53)、磁山(101)、钻辘磨(171.27) | 92 |
| 17 | 7.6.12 | 母猪河(1092) | 张格河(137)、东母猪河(356) | 2 | | | | | 1 | 米山(28043) | 3 | 武林(1337.8)、昆嵛山(1013)、郭格庄(1401.2) | 12 | 黄龙(146.6)、五道河(174.65)、青庄(223.56)、姚家沟(141.65)、小阮(579.45)、大山前(288)、陡崖(191.2)、院下(142)、潘家(159.71)、小嘴岭(242.82)、沙子(182.81)、松山(750) | 32 |
| 18 | 7.6.13 | 孔山河(1039) | 正甲祚河(111)、午极河(169)、夏村河(147) | 4 | | | | | 1 | 龙角山(10789) | 2 | 台依(1896)、院里(1098) | 8 | 马石山(317.5)、磨山(116.9)、黄祚沟(120.3)、正甲祚(372.4)、董家(132.3)、辉寨(100)、垜疃(696.9)、马家祚(111) | 54 |

481

续表

| 序号 | 条目编号 | 河流 | | | 湖泊 | | | | 水库 | | | | | | |
|---|---|---|---|---|---|---|---|---|---|---|---|---|---|---|---|
| | | 流域面积1000km²及以上 | | | 水面面积10km²及以上 | | 水面面积1~10km² | | 大型 | | 中型 | | 小(1)型 | | 小(2)型 |
| | | 河流·河段 | 流域面积100~1000km² | | | | | | | | | | | | |
| | | | 数目 | 名称 | 数目 | 名称 | 数目 | 名称 | 数目 | 名称 | 数目 | 名称 | 数目 | 名称 | 数目 |
| 19 | 7.6.14 | 五龙河(2810) | 7 | 唐山河(114)、杨础河(142)、白龙河(127)、崔阳河(162)、富水河(948)[富水河北支(191)]、清水河(354) | | | | | 1 | 沐浴(18948) | 3 | 小平(1040)、龙门口(6761.8)、建新(2500) | 30 | 南岩(305.51)、三里庄(286.4)、方里(128.75)、柳林(234.28)、下范家沟(178.58)、瑶头(180.94)、新庄(119.1)、东八田(111.45)、上庄(115.5)、南榆疃(131)、朱崔(176.7)、瓦屋庄(156.16)、汪格庄(247.5)、钟家院(151.2)、河西疕(125.5)、黄燕底(199.34)、郭落庄(106)、马耳崖(152.25)、焦家店(276.6)、姜村庄(119.08)、留寺庄(112.6)、胜利庄(239.2)、岗山(893)、蓑杆山(318.9)、孙疃(155.5)、战家(158.45)、孙家疕(141.9)、古家(243.5)、石观(593.1)、桂山(734.5) | 185 |
| 20 | 7.6.17 | 大沽河(6205) | 11 | 薄家河(137)、云溪河(148)、潴河(413)[七星河(108)]、五沽河(114)、双桥西沟(140)、洛药西沟(242)、流浩河(384)、桃源河(300)、沫河(421) | | | | | 2 | 产芝(37590)、棘洪滩(15820) | 6 | 城子(4200)、青年(1048)、勾山(3920)、高格庄(2045)、朱化泉(2461)、挪城(1324) | 20 | 李家淮(267.46)、马连庄(284)、小荒(132.34)、毕郭二库(229)、毕郭一库(164)、胜利(200)、芦山(691)、齐山(164)、小官里(115)、徐家庄(297)、老徐疕(155)、兰家沟(105.6)、上东庄(154.4)、青龙疕(161)、七里河(151.8)、贤都(161.66)、辛安(130.5)、大汪家(164.6)、朱戈庄(100.35)、普东(685.35) | 122 |
| 21 | 7.6.17.3 | 小沽河(1015) | 2 | 黄同河(146)、猪螺河(263) | | | | | 1 | 尹府(14458) | 3 | 北墅(4961)、庙卓河(1019.4)、黄同(5274) | 8 | 田格庄(109.59)、劳畅河(102.5)、盟格庄(183.2)、新家庄(202)、马山(222)、新家屯(100.1)、大洪埠(1)库(163.3)、涧口(108.79) | 91 |
| 22 | 7.6.18 | 南胶莱河(1562) | 4 | 助水河(196)、碧沟河(109)、胶河(572)、墨水河(324) | | | | | | | 1 | 王吴(7120) | 6 | 墨翠水(209.61)、法家庄(152.64)、杨家屯(156.71)、柏乡(276.4)、黄家河(388.32)、红旗(375.65) | 43 |
| 合计 | | | 163 | | 1 | | 5 | | 17 | | 103 | | 457 | | 2644 |

482

表 7-7　　钱塘江水系一览表

| 序号 | 条目编号 | 河流·河段 | 流域 流域面积 100~1000km² | | 湖泊 水面面积 10km²及以上 | | 水面面积 1~10km² | | 水库 大型 | | 中型 | | 小(1)型 | | 小(2)型 |
|---|---|---|---|---|---|---|---|---|---|---|---|---|---|---|---|
| | | 河流·河段 | 条目 | 名称 | 条目 | 名称 | 条目 | 名称 | 条目 | 名称 | 条目 | 名称 | 条目 | 名称 | 条目 |
| | 7.7 | 钱塘江(55558) | | | | | | | | | | | | | |
| 1 | | 钱塘江干流·源头—金华江口 | 25 | 何田溪(147)、村头溪(159)、中村溪(139)、池淮溪(418)、张湾溪(112)、龙山溪(332)、马啸溪(275)、龙绕溪(126)、南门溪(180)、虹桥溪(132)、芳村溪(357)、大夫源(110)、铜山源(246)、罗稂源(158)、下山溪(114)、芝溪(350)、社阳溪(727)[罗家溪(138)]、塔石溪(225)、芩畈溪(168)、游埠溪(162)、厚大溪(171)、赤溪(162) | | | | | 2 | 铜山源(17240)、沐尘(12600) | 12 | 齐溪(4575)、茅岗(1125)、千家排(1967)、狮子口(1496)、芙蓉(9500)、同公畈(1174)、社阳(1337)、莘畈(3888)、金山头(1810)、火炉山(1450)、九峰(9805)、应村(2349) | 405 | 塘根(114)、碧龙源(735)、碧家河(756)、红旗岗(556)、茹菇塘(510)、长坑垄(550)、塘坞(968)、十里丰一号(686)、洪畈(909)、王山(138)、白渡(174)、大溪垄(233)、田里(151)、大坞(115)、蹇坑(125)、胡村(129)、高塘(150)、灵合(141)、东坑(300)、陈塘(255)、七里岙(202)、东坑(135)、官塘(218)、花园弄(169)、大坑(144)、苏州塘(217)、支(301)、店坝头(140)、月岭(120)、敬垄(152)、龙塘(148)、三八(178)、九井岭脚(100)、岭后(238)、赤源(186)、青口(219)、白马泉(170)、里塘坞(308)、大坑(244)、泉水垄(130)、南祥(131)、小牢岭(103)、石鼓(166)、塘北垄(104)、联家弄(252)、划船丘(124)、金村坡(314)、白西坑(400)、珈垅(168)、部源(198)、崇口(285)、泉水塘(385)、尖峰山(281)、红岩(265)、工农兵(264)、安仁(117)、金仓垅(338)、十里丰六号(229)、苕坑(184)、大水垅(206)、凤山峡(150)、苕源(320)、翁塘坞(159)、三官垄(153)、坞口垄(282)、龙头(192)、过溪(163)、关溪(267)、杨家源(341)、林塘(257)、黄泥坑(218)、八石畈(216)、红塘坑(206)、山门寺(346)、青塘(234)、花木塘(203)、西尖山垄(250)、双牌(358)、包坞(100)、洪畈(128)、金印(235)、石孔头(157)、鲤鱼山(108)、七里坡(104) | 88 |
| 2 | 7.7.1 | 江山港(1946) | 4 | 周村溪(122)、广渡溪(129)、长台溪(252)、达河溪(237) | | | | | 2 | 白水坑(24800)、碗窑(22300) | 1 | 峡口(6420) | | | |
| 3 | 7.7.2 | 乌溪江(2577) | 5 | 碧龙溪(152)、关川(129)、湖山源(406)、周公源(424)、洋溪源(186) | | | | | 1 | 湖南镇(206700) | 1 | 黄坛口(7950) | | | |

483

续表

| 序号 | 条目编号 | 河流 | | 河流·河段 | 流域面积100~1000km² | | 湖泊 水面面积10km²及以上 | | 湖泊 水面面积1~10km² | | 水库 大型 | | 水库 中型 | | 水库 小(1)型 | | 水库 小(2)型 |
|---|---|---|---|---|---|---|---|---|---|---|---|---|---|---|---|---|---|
| | | 流域面积1000km²及以上 | | | 数目 | 名称 | 数目 | 名称 | 数目 | 名称 | 数目 | 名称 | 数目 | 名称 | 数目 | 名称 | 数目 |
| | | 钱塘江干流·金华江汇口—新安江汇口 | | | 3 | 甘溪（190）、梅溪（454）、大溪（107） | | | | | | | 2 | 芝堰（3547）、城头（1600） | | 红旗（242）、东坑（150）、小溪垅（177）、横塘（300）、羊尖山（388）、上横畈（214）、和力坡（146）、山横桥（204）、阳野猫垅（258）、缪源（179）、坑垅（111）、大庆（122）、小西湖（209）、工农（184）、大块（334）、清水塘（118）、大夏口（146）、上旺（101）、陈大门（108）、东湖（538）、杨村垅（109）、西弯坑（117）、金宅（160）、碧川（129）、溪南（215）、白马（392）、雷滚口（655）、东吴（538）、浪坑口（727）、沈岭（930）、夏城（612）、八达（990）、王坑（599）、卫星（538）、深塘（878）、洪塘坑（523）、黄坂（520）、上黄（549）、东湖（547）、方坑（510）、上荷塘（754）、山口（632）、清塘（545）、郭力坡（632） | 516 |
| 4 | 7.7.6 | 金华江(6782) | | | 9 | 八达溪（102）、白溪（297）、南江（933）[桂溪（215）]、吴溪（188）、航慈溪（135）、孝顺溪（135）、含香溪（113）、白沙溪（315） | | | | | 2 | 横锦（28100）、南江（11680） | 6 | 东方红（2515）、柑峰（1172）、金兰（9490）、沙畈（8560）、高甫1180 | 111 | 马蹄畈（270）、源头（209）、许坑（131）、景良（154）、里山（211）、小溪口（484）、东溪（185）、蜀墅塘（161）、姑塘（322）、红专（225）、红渠（124）、枫塘（118）、古寺（114）、利民（429）、南山坑（475）、建设（232）、珠坑（351）、三联（352）、岭口（114）、连塘山（220）、大坑（128）、王坑（253）、泽潭里（122）、龙潭（239）、黄岭口（120）、白云（161）、龙家（122）、方丘（121）、寺坑（157）、大畈（120）、石井冈（235）、上四隆（493）、万石院（116）、教隆寺（266）、双源口（140）、汪家坡（450）、巨潭（270）、鹿田（198）、寺坑（160）、长岭（238）、山下吴（199）、跃进（177）、双龙（172）、上陈畈（142）、麻古坑（148）、西畈（178）、溪口（115）、小寺坡（241）、金坡（113）、王里源（256）、洞源（189）、满塘（295）、（418）、寺口垅（310）、白溪（212）、山河溪（182）、塘（202）、黄鸟口（131）、东溪（214）、山坡（318）、铁堰（255） | |
| 5 | 7.7.6.3 | 武义江(2520) | | | 10 | 杨溪（174）、华溪（409）[酥溪（140）]、熟昌（354）[乌溪（117）]、八仙溪（112）、白溪（122）、白鹭溪（114）、梅溪（244）、马达溪（151） | | | | | | | 6 | 太平（4895）、三渡溪（1135）、杨溪（5450）、清溪口（1360）、源口（2360）、安地（7097） | | | |

484

续表

| 序号 | 条目编号 | 河流·河段<br>流域面积1000km² 及以上 | 流域面积 100~1000km² | | 湖泊 水面面积10km²及以上 | | 水面面积1~10km² | | 水库 大型 | | 中型 | | 小(1)型 | | 小(2)型 |
|---|---|---|---|---|---|---|---|---|---|---|---|---|---|---|---|
| | | | 名称 | 数目 | 名称 | 数目 | 名称 | 数目 | 名称 | 数目 | 名称 | 数目 | 名称 | 数目 | 数目 |
| 6 | 7.7.7 | 新安江(11674) | 小源(114)、祁源(111)、新岭水(202)、汊水(146)、治阳河(110)、桂溪(130)、棉溪(124)、昌源(416)、华源(121)、大洲源(157)、衔源(205)、云源港(264)、东源港(404)、秋源(190)、郁川(150)、武强溪(293)、[障村港(102)]、凤村港(293)、[白马溪(117)]、商家源(102)、清平溪(105)、寿昌江(692)、连花溪(114)、长宁溪(101) | 24 | | | | | 新安江(2163000) | 1 | 霞源(1370)、铜山(1695)、严家(2158)、枫树岭(5744) | 4 | 即口(115)、岩坑(198)、四村(104)、丰乐二坝(315)、白石源(920)、连川(190)、东凤(425)、金通(118)、翠溪(297)、上源(376)、叶家港(540)、白岭坑(579)、河村(210)、新店(108)、龙眺(358)、红旗(115)、后宅(225)、大同坑(144)、乘旗源(220)、龙头(115)、九弄(113)、大宅坑(150)、跃进(194)、石笕(140)、杨家口(197)、牙坑(103)、洞山(148)、三槠坞(129)、红塘(213)、石堂(131)、石郭源(191)、绿红塘(265)、武塘(207)、公曹(250)、狮山(234)、里诺(198)、解放(385)、九里坑(146)、林薮(202)、杨家(156) | 40 | 277 |
| 7 | 7.7.7.1 | 徽江(1053) | 虞山溪(162)、渠口河(109)、休宁河(217) | 3 | | | | | | | 东方江(2443) | 1 | | | |
| 8 | 7.7.7.2 | 练江(1601) | 孔灵溪(180)、登源河(229)、富资水(211)、丰乐河(514) | 4 | | | | | | | 丰乐(8430) | 1 | | | |
| | | 钱塘江干流·新安江江口-浦阳江汇口 | 三都溪(174)、胥溪(198)、芦茨溪(156)、清潆港(221)、大源溪(146)、绿诸江(747)、[松溪(157)]、壶源江(761)、青云浦(101)、新桥江(206)、大源溪(140) | 11 | | | | | 富春江(87400) | 1 | 罗村(2180)、肖岭(1740)、岩石岭(4530) | 3 | 外胡(655)、胜利(286)、畔型塘(104)、镇头(260)、剪一(175)、溪旁(114)、合岭(187)、大坑(294)、乌口(449)、白岭(181)、奇源(178)、小松源(164)、马鞍(122)、白云源(313)、龙门(146)、青石门(243)、中华山(104)、龙王溪(156)、甘溪(214)、上尤(130) | 36 | 304 |
| 9 | 7.7.9 | 分水江(3444) | 昌西溪(373)、[蒲溪(163)]、昌南溪(294)、[蒲溪(101)]、天目溪(762)、[丰畈溪(164)]、后溪(266)、太阳溪(333)、[罗溪(107)] | 11 | | | | | 分水江(19260) | 1 | 华光潭(8257)、青山殿(5600)、英公(3528) | 3 | 王家(100)、同俅(126)、云溪坞(105)、大源塘(154)、江岭(106)、千顷塘(390)、红旗(103)、娄家坞(102)、青田(119)、金竹畈(121)、甘坑(134)、坡(148)、龙王庙(122)、巧溪(170)、亭山(124)、石门(220)、茶壶里 | | |

485

续表

| 序号 | 条目编号 | 河流·河段 | 河流 流域面积1000km² 及以上 | | 湖泊 水面面积10km²及以上 | | 水面面积1~10km² | | 水库 大型 | | 中型 | | 小(1)型 | | 小(2)型 |
|---|---|---|---|---|---|---|---|---|---|---|---|---|---|---|---|
| | | | 流域面积100~1000km² 名称 | 数目 | 名称 | 数目 | 名称 | 数目 | 名称 | 数目 | 名称 | 数目 | 名称 | 数目 | 数目 |
| | | 钱塘江干流·浦阳江江口—入海口 | | | | | | | | | | | | | |
| 10 | 7.7.10 | 浦阳江(3452) | 大陈江(2641)[楂林溪(116)]、开化江(617)[陈蔡江(274)、小东江(120)]、五泄江(2491)、枫桥江(426)[栎江(104)]、凰桐江(167)、永兴江(280) | 10 | | | 湘湖(3.2)、白马湖(1.15) | 2 | 石壁(11030)、陈蔡(11640) | 2 | 通济桥(8076)、金坑岭(2150)、青山(5880)、安华(1713)、丽水源(1001)、五泄(1250)、巧溪(3674)、征天(1253) | 8 | 幸福(676)、夏履(612)、前丁(755)、眠牛弄(627)、上东(998)、渔溪坑(517)、马岙(510)、东塘(310)、龙门脚(177)、安乐弄(144)、反帝(104)、里坞(125)、周西坞(104)、金狮岭(120)、白石潭(227)、丽水源(156)、岳塘(115)、和平(435)、石朗岭(213)、白毛坞(127)、东风(151)、毛竹塔(119)、打洞坞(356)、蒸溪坑(220)、横坑(224)、双龙(210)、上游(164)、文同(184)、溪口(103)、寺湖岭(100)、三联(221)、牛头颈(156)、蔚生(146)、蔚丰(138)、两岩(170)、青格(119)、杨梅桥(390)、中村(363)、桐坑(173)、长北坑(136)、下贩(119)、三曲里(131)、三跳(163)、岩弄(126)、沙山(111)、新昌(163)、王岙(100)、天浦岭(135)、胜利(104)、蟠龙(100)、石门(465)、石缸(107)、跃进(126)、西桥茅(100)、紫岭(200)、巧王(138)、笠家坑(140)、凤凰寨(155)、寺前(174)、张村(345)、下坂(370)、铜水(225)、大山下(165)、民胜(152)、托潭坑(102)、汶溪湾(156)、红领巾(395)、大黄(190)、大统(150)、孔岭(106)、大童(146)、蔚合(144)、石井(108)、丫叉坑(320)、主山湖(242)、冷弯(224)、鲍岙(308)、童山湖(146)、大乔岙(196) | 549 |
| 11 | 7.7.11 | 曹娥江(5931) | 左于江(250)、小乌溪江(159)、新昌江(532)、长乐江(877)[南溪(127)、石璜溪(113)、崇仁江(146)]、黄泽江(584)[上东江(172)]、嵊溪(138)、下管溪(235)、小舜江(548)[北溪(127)] | 13 | | | 鉴湖(172.72)、白塔湖(5.14)、瓜渚湖(1.49)、白塔漾(1.25)、贺家池(1.84)、皂李湖(1.17) | 6 | 长诏(18900)、南山(10500)、汤浦(23500) | 3 | 五丈岩(2131)、门溪(1962)、巧英(2760)、丰潭(1488)、辽湾(1027)、剡源(1050)、坂头(1057)、前岩(1185)、平水江(5457) | 9 | 岩岙(163)、 ... | 79 |
| 12 | | 钱清江(1446) | 平水江(134) | 1 | | | | | | | | | | 354 | |
| 合计 | | | | 133 | | 0 | | 8 | | 15 | | 57 | | 354 | 2051 |

486

表 7-8  浙江沿海水系一览表

| 序号 | 条目编号 | 河流 流域面积1000km²及以上 河流·河段 | 流域面积100~1000km² 数目 | 流域面积100~1000km² 名称 | 湖泊 水面面积10km²及以上 数目 | 湖泊 水面面积10km²及以上 名称 | 湖泊 水面面积1~10km² 数目 | 湖泊 水面面积1~10km² 名称 | 水库 大型 数目 | 水库 大型 名称 | 水库 中型 数目 | 水库 中型 名称 | 水库 小(1)型 数目 | 水库 小(1)型 名称 | 水库 小(2)型 数目 |
|---|---|---|---|---|---|---|---|---|---|---|---|---|---|---|---|
| | 7.8 | 浙江沿海水系 | 2 | 白溪(622)、大嵩江(330) | | | | | 1 | 白溪(16840) | 3 | 新路岙(1610)、西溪(8500)、浃溪(4100) | 27 | 驻岭(561)、柏坑(755)、槠树潭(514)、夹柴岙(639)、卫星(187)、石头岙(144)、合岙冈(250)、银士(117)、九峰山(113)、岭下(101)、银丰(105)、浃水湖(166)、大石坑(215)、宁蓄上库(112)、状元岙(108)、里岙(170)、横坑(175)、宁靖下库(100)、大横山(348)、华山(108)、外牌楼(197)、观丁(226)、章圣寺(122)、屯岭(150)、庄岙(116)、西岙(160)、栎斜(192) | 119 |
| 1 | 7.8.2 | 甬江(4518) | 4 | 奉化溪(178)、奉江(219)[东江(116)]、鄞江(348) | 1 | 东钱湖(19.9) | | | 4 | 亭下(15300)、横山(11180)、周公宅(11980)、皎口(11200) | 2 | 横溪(3975)、三溪浦(3310) | | | |
| 2 | 7.8.2.4 | 姚江(1934) | 1 | 通明江(145) | 5 | 牟山湖(3.33)、管溪湖(1.75)、凤湖(1.00)、灵湖(1.15)、外杜湖(3.3) | | | 1 | 四明湖(12300) | 3 | 梁辉(3152)、陆埠(2625)、溪下(2838) | 12 | 向家茅(630)、大池墩(636)、相岙(342)、穴湖(127)、前溪湖(212)、寺前王(344)、魏岭(168)、车厩(190)、百丈岗(214)、横岙(155)、单溪口(172)、三号(300) | 14 |
| 3 | 7.8.5 | 椒江(6603) | 11 | 曹洋港(105)、九都坑(107)、十三都坑(226)、十八都坑(114)、北岙坑(191)、朱溪(379)、双港溪(141)、大田港(522)、又城港(229)、永宁江(890)、龙溪(301) | | | | | 3 | 下岸(15300)、牛头山(29900)、长潭(73200) | 4 | 里林(1280)、溪口(2840)、佛岭(1728)、秀岭(1916) | 52 | 合岙(956)、北岙(552)、西岙(645)、拮苍(946)、高畈(205)、大路(123)、东岭(445)、方山(340)、双溪(450)、双坑(123)、西坑河(140)、石长坑(162)、道人辽(164)、郑桥(515)、界岙桥(145)、前王(360)、界岙(612)、渭溪(173)、紫霄(314)、幸福(497)、狮子口(147)、王里溪(475)、伍伯(153)、横坑(102)、利民(300)、孟岸(234)、杨家岙(128)、梅岙(283)、龙珠潭(210)、王漾(172)、狮子坑(315)、扩岙(102)、小岭(145)、杜宁(103)、南丰坑(150)、小芝岭脚(102)、龙门口(134)、龙门口(357)、红岩岭(172)、上角尖(144)、外王(128)、谷溪岙(174)、坪(101)、黄家寨(316)、黄岙(343)、水竹(113)、西溪(391)、乌山(287)、猫坑(101)、十二坑(103)、英山(257)、下水龟(114) | 51 |
| 4 | 7.8.5.3 | 始丰溪(1616) | 2 | 三茅溪(155)、苍山溪(169) | | | | | 1 | 里石门(19900) | 3 | 龙溪(2558)、桐柏上库(1473)、桐柏下库(1290) | | | 118 |
| 5 | 7.8.6.1 | 金清港(1173) | | | | | | | | | | | | | |

487

续表

| 序号 | 流域面积1000km²及以上条目编号 | 河流·河段 | 河流 流域面积100~1000km² | | 湖泊 水面积10km²及以上 | | 湖泊 水面积1~10km² | | 水库 大型 | | 水库 中型 | | 水库 小(1)型 | | 水库 小(2)型 |
|---|---|---|---|---|---|---|---|---|---|---|---|---|---|---|---|
| | | | 数目 | 名称 | 数目 | 名称 | 数目 | 名称 | 数目 | 名称 | 数目 | 名称 | 数目 | 名称 | 数目 |
| 6 | 7.8.9 | 瓯江(18100) | 16 | 八都溪(396)、均溪(207)、岩樟溪(228)、大贵溪(188)、安仁溪(129)、浮云溪(338)、宣平溪(831)、西溪(141)、小溪[100]、小安溪(558)、梭埠溪(225)、船寮溪(358)、四都港(301)、楠江(150)、西溪(165)、支浦江(247) | | | | | 2 | 紧水滩(139300)、滩坑(41900) | 19 | 端洋(1088)、大白岸(2230)、雾溪(1176)、石塘(8300)、玉溪(1017)、雅溪(2900)、开罗(2836)、金坑(2420)、英川(3731)、上标(2159)、五里亭(4575)、外雄(4351)、大岙坑(3240)、双坑口(1470)、塘坑(1202)、北溪(3820)、泽雅(5713)、柳义(1218) | 66 | 均溪二级(589)、浣溪(510)、竹洋(315)、石隆(122)、均溪一级(174)、梅登(361)、泗洲堂(130)、大竹(100)、清水源(332)、杨岭(162)、南源(120)、四都(467)、安民(125)、车门脚(125)、大院后(219)、关溪(725)、(132)、大院后(154)、三港(223)、东坡(116)、五里亭(131)、松溪(285)、郎奇(445)、七百秋(243)、胡村(162)、浣溪(274)、赤坑(116)、岭头(348)、左库(470)、更新(136)、古方塘(100)、捕花塔(330)、金岭脚(116)、官庄(100)、练公坪(195)、三支树(700)、八源(997)、黄水(845)、金坑口(104)、上标二级(218)、高岩(205)、下(358)、景洞(178)、石郭(290)、贵岙(231)、坑内(185)、奇艺二级(117)、建洋(175)、后井(100)、龙潭(146)、山溪头(367)、毛竹(228)、小子溪(470)、西溪一级(110)、佳陵(139)、石田坑(108)、金溪一级(132)、下岙(208)、半岭(230)、西溪二级(370)、黄山坑(812)、北溪二级(197)、坑口(365)、塘下坑(163)、芳洋(263) | 259 |
| 7 | 7.8.9.4 | 松阴溪(1981) | 4 | 高碧溪(117)、濂溪(188)、小港(497)、[安民溪(100)] | | | | | | | 5 | 成屏一级(5230)、成屏二级(1340)、谢村源(1473)、梧桐源(1671)、东坞(1610) | | | |
| 8 | 7.8.9.6 | 好溪(1340) | 3 | 盘溪(283)、[贝溪(126)]、严溪(185) | | | | | | | 2 | 黄村(1845)、大洋(1250) | | | |
| 9 | 7.8.9.7 | 小溪(3574) | 7 | 左溪(354)、英川溪(403)、标溪(364)、[上标溪(138)]、梧桐源(145)、炉西坑(202)、大顺源(156) | | | | | | | 2 | 左溪(1545)、大岩坑(1125) | | | |
| 10 | 7.8.9.8 | 楠溪江(2436) | 5 | 岩坦溪(267)、张溪(138)、东皋溪(310)、小楠溪(644)、[黄坦溪(141)] | | | | | | | 1 | 金溪(1937) | | | |
| 11 | 7.8.10 | 飞云江(3719) | 8 | 里光溪(154)、洪口溪(359)、莒江溪(175)、岱作口溪(287)、泗溪(244)、高楼溪(125)、王泉溪(275)、金潮港(349) | | | | | 1 | 珊溪(180400) | 8 | 白鹤(1603)、三插溪(4662)、仙民(1825)、三插溪(3289)、高岭头一级(1682)、高文漈一级(2135)、莒小(6341)、林溪(3410) | 24 | 洪溪一级(941)、洪溪二级(950)、南山(205)、白鹤渡(110)、江度(106)、桥山(102)、翁山(120)、三滩(300)、三插溪二级(130)、济下(102)、驮洋(138)、高岭头三级(168)、黄鹿(129)、坑下山(114)、东山(117)、东三电(220)、大小桥(100)、桐溪(330)、梧岙(159)、马赞山(131)、金河(126)、集云山(205)、大南(150)、北白桥(280) | 74 |
| 12 | 7.8.11 | 鳌江(1530) | 4 | 怀溪(103)、带溪(100)、南港(496)、蒌溪(104) | | | | | | | 2 | 桥墩(8430)、吴家园(2320) | 6 | 斑南(968)、吴垟(164)、闹村(374)、昆阳(125)、晓坑(271)、欠美(194) | 6 |
| 合计 | | | 67 | | 6 | | 0 | | 13 | | 54 | | 187 | | 635 |

488

## 表7-9　闽江水系一览表

| 序号 | 条目编号 | 河流·河段 | 流域面积100~1000km² 名称 | 数目 | 湖泊 水面积10km²及以上 名称 | 数目 | 水面积1~10km² 名称 | 数目 | 水库 大型 名称 | 数目 | 中型 名称 | 数目 | 小(1)型 名称 | 数目 | 小(2)型 数目 |
|---|---|---|---|---|---|---|---|---|---|---|---|---|---|---|---|
| 1 | 7.9 | 闽江(60992) | 东溪(274)、中沙溪(131)、西溪(516)[石碧溪(141)、武层溪(109)]、各溪(104)、高溪(386)、罗坊溪(152)、罗峰溪(400)、桂口溪(505)[洛溪(108)]、益溪(157)、潮贡溪(300)、溪源溪(199)、黄沙溪(701)[夏阳溪(203)]、暮沙溪(192)、合溪(120)、东牙溪(254)、碧溪(140)、黄竹洲溪(沙县)(949)、[富桥溪(247)、富口溪(233)]、豆士溪(303)[龙永溪(139)]、洛阳溪(109)、员当溪(143)、西芹溪(318)、吉溪(146)、迪口溪(591)、武步溪(504)[大渡溪(289)、玉西溪(102)、高洲溪(125)]、安仁溪(321)、解溪(298)、[芝溪(224)、会沙溪(182)]、源里溪(135)、大王溪(191)、上寨溪(101)、小目溪(106)、荆溪(166)、第一溪(142)、七濑溪(331)、闽江北港(157)、晋安河(127)、白眉溪 106 | 49 | | | | | 安砂(74000)、沙溪口(16400)、水口(260000) | 3 | 斑竹(6670)、台江(4345)、竹洲(2389)、嵩口坪(1676)、城关(1436)、高砂(4000)、西门(1031)、丰海(1740)、贡川(2786)、官昌(2242)、鸭姆潭(1070)、沙坪(1127)、隆坡(1735)、大华山(247)、东牙溪(2263)、安仁溪(1252)、三溪(2600)、岭头(1161)、白眉(1825)、溪源(2428)、南溪(6700) | 20 | 山湖塘(138)、井塘(106)、坡下(132)、小托(119)、霖峰(119)、溪源(414)、各溪(213)、高地(100)、大坪(109)、龙楂(106)、南岐(300)、龙下(120)、上谢(293)、寨头里(386)、乌龙峡(201)、洞天岩一库(460)、洞天岩二库(197)、官蟹(412)、双坑(118)、里村(440)、长万(105)、上曹(101)、天际(910)、黄竹洲陈坊(116)、洋竹(118)、扬砂(254)、黄竹洲(165)、暮沙溪(925)、楼坪(126)、洋邦(830)、上布(高)(137)、曹地(632)、大华山(247)、店口(160)、田头(114)、卢头溪(165)、团结(122)、岑峰口(318)、长桌(415)、赤岭(477)、前洋(102)、转洋头山(110)、昌溪(767)、浪溪洋(245)、陶洋(131)、叶井(155)、宝兜(203)、榕上(609)、林洋(105)、溪兜(230)、大溪(870)、登云(297)、八一(193)、过溪(133)、恩顶(255) | 230 |
| 2 | 7.9.1 | 罗口溪(2019) | 文川溪(连城溪)、520[小文川溪(206)]、长潭河(410)、文昌溪(112) | 4 | | | | | | | 龙潭(1028)、琴源(1494) | 2 | 马头坑(104)、关公凹(754)、龙坊(187)、蕉坑(469)、五寨(305)、石门岩(327)、寨角(104)、竹青(870)、召光(146)、洋坑(686) | 10 | 33 |
| 3 | 7.9.3 | 文川溪(1161) | 湖口溪(赖源溪)215 | 1 | | | | | | | 上坂(2200)、山峰(1020) | 2 | 上吉(106)、后详(730)、上地(124)、郑地(一级)(171) | 4 | 12 |

489

续表

| 序号 | 条目编号 | 河流 | 河流·河段 流域面积1000km²及以上 | | 流域面积130~1000km² | | 湖泊 水面面积10km²及以上 | | 水面面积1~10km² | | 水库 大型 | | 中型 | | 小(1)型 | | 小(2)型 |
|---|---|---|---|---|---|---|---|---|---|---|---|---|---|---|---|---|---|
| | | | 数目 | 名称 | 数目 | 名称 | 数目 | 名称 | 数目 | 名称 | 数目 | 名称 | 数目 | 名称 | 数目 | 名称 | 数目 |
| 4 | 7.9.6 | 金溪—富屯溪(13733) | | | 19 | 里沙溪(210)、宁溪(414)、富田溪(212)、黄乡溪(184)、大渠溪(111)、大布溪(203)、常口溪(157)、里沙溪(115)、池湖溪(388)、南胜溪(135)、将溪(104)、龙池溪(156)、安福口溪(377)、漠村溪(108)、洋坊溪(137)、蛟溪(133)、麻溪(146)、路兹溪(262)、照口溪(194)、王台溪(119) | | | | | 1 | 池潭(87000) | 10 | 合水口(1780)、大言(1944)、黄潭(1959)、范眉孔头(3310)、良浅(1795)、谟武(3180)、际下(2960)、峡阳(4173)、小王(1360)、照口(6078) | 21 | 斗埕(653)、罗坊(212)、东风岭(134)、器村(711)、谟武(111)、贵溪(1944)、里沙溪(859)、宁溪(237)、双溪口(101)、王坪栋(189)、坑井(152)、兰陂(202)、吉竹溪(801)、际下(202)、龙井(323)、梨仔坑(423)、大坂(105)、芦前(414)、院尾(717)、上榜仔(130)、八字桥(110) | 47 |
| 5 | 7.9.6.1 | 杉溪(1159) | | | 5 | 将石溪(105)、交溪(110)、上清溪(143)、黄溪(101)、北溪(127) | | | | | | | 1 | 水埠(1307) | 9 | 百竹园(4123)、将溪(383)、滩头(250)、九龙口(120)、石阶(123)、大埠岗(149)、坪地(252)、层溪(323)、长兴(129) | 20 |
| 6 | 7.9.6.2 | 铜溪(1052) | | | 3 | 枫溪(136)、夏坊溪(209)、城灵溪(243) | | | | | | | 4 | 泉上(1141)、蒙州(1978)、芦下陂(1028)、水口(2250) | 5 | 罗翠(512)、洋地际(156)、角一(350)、吴地(158)、角三(125) | 14 |
| 7 | 7.9.6.4 | 富屯溪(5285) | | | 8 | 止马溪(135)、大垅溪(179)、古山溪(211)、菁司溪(248)、晒口溪(158)、朱坊河(159)、水口寨溪(503)、仁寿溪(307) | | | | | | | 8 | 景顺下沙(3000)、富昌(1658)、千岭(1474)、下洒口(1198)、金龙(2168)、金塘(3099)、金卫(3099)、洋口(6207) | 5 | 坊上(855)、东关(935)、拿口(700)、水口(300)、分站(265) | 51 |
| 8 | 7.9.6.4.1 | 北溪(1366) | | | 4 | 箬菜溪(203)、清溪(343)、汉溪(161)、沙坪溪(117) | | | | | | | 2 | 霞洋(4292)、高家(3840) | 3 | 际上(203)、小际(167)、大山头(100) | 3 |

490

续表

| 序号 | 河流 流域面积1000km² 及以上 | | 河流 流域面积100~1000km² | | 湖泊 水面面积10km² 及以上 | | 湖泊 水面面积1~10km² | | 水库 大型 | | 水库 中型 | | 水库 小(1)型 | | 水库 小(2)型 |
|---|---|---|---|---|---|---|---|---|---|---|---|---|---|---|---|
| | 条目编号 | 河流·河段 | 数目 | 名称 | 数目 | 名称 | 数目 | 名称 | 数目 | 名称 | 数目 | 名称 | 数目 | 名称 | 数目 |
| 9 | 7.9.8 | 建溪(16396) | 16 | 官田溪(168)、马连河(148)、富岭溪(623)[山下溪(134)]、临江渡溪(580)[山下溪(134)]、石陂溪(185)、横溪30二[杭头溪(122)]、梨溪(116)、乾溪(246)、后山松溪(107)、东边溪(107)、小松溪(227)、小桥溪(474)、高阳溪(506) | | | | | | | 8 | 东风(2111)、东坑(1666)、北津(9446)、杨墩(2775)、崀前(1630)、高坊(2905)、龙岭下(1320)、洋后(4685) | 21 | 禹溪(136)、大黄头(128)、东溪(二级)(208)、古亭(360)、七里街(260)、八字洋(105)、卢上(130)、彭墩(171)、将口(100)、黄潭(251)、际下(224)、际头(396)、石圳(120)、高坑(116)、山古(402)、黄溪(190)、龙门(696)、小松(650)、洋潮(539)、下洋(152)、靛墩(354) | 100 |
| 10 | 7.9.8.1 | 崇阳溪(5458) | 12 | 岚谷溪(133)、朝硬溪(103)、西溪(410)[蒲前溪(180)]、黄柏溪(262)、梅溪(275)、九曲溪(531)、潭溪(267)、澄浒溪(153)、岜崇溪(172)、徐辰溪(246)、吉阳河(214) | | | | | | | | | 12 | 坑口(三级)(403)、横溪(126)、后溪(二级)(212)、古亭(360)、楮树下(390)、周坂(168)、崇雏(760)、溪头(375)、吴山(124)、李梅(131)、团结(172)、浒洲(160) | 26 |
| 11 | 7.9.8.1.3 | 麻阳溪(1570) | 5 | 黄坑溪(110)、七宝溪(118)、江坊溪(111)、书肯溪(246)、茶马溪(163) | | | | | 1 | 东溪(10180) | 5 | 雷公口(5231)、太平桥(1116)、旧馆(2320)、红湖(2213)、黄塘甲(3312) | 6 | 西门(300)、横布(560)、杜罩(一级)(685)、后山(213)、牛头岭(666)、五福洋(666) | 20 |
| 12 | 7.9.8.2 | 松溪(4785) | 15 | 安溪(318)、竹口溪(292)、渭田溪(304)、七里溪(110)、界溪(333)[花桥溪(134)]、界溪(104)、七星溪(731)[梅龙溪(144)、龙罩溪(183)]、后山溪(161)、水源溪(330)[大源溪(130)]、溪屯溪(271)、东溪(167) | | | | | | | 5 | 前进(1040)、茶州(2700)、界岭(1750)、宝岭(1030)、小赤院(1249) | 21 | 钜上(105)、松源(二级)(174)、庐下(180)、彭屯(256)、钱桥(167)、鹅角(340)、石板桥(114)、大溪(532)、大湾(376)、大坂洋(300)、大际(300)、南湾(376)、黄沙(856)、下洋(152)、甫场(124)、登山(100)、长际(580)、上九蓬(218)、坂坑(286)、龙罩(156)、际头(395)、三斗(530) | 73 |

491

续表

| 序号 | 条目编号 | 河流 | 河流·河段 | 流域面积 100～1000km² 名 称 | 数目 | 湖泊 水面面积 10km² 及以上 名称 | 数目 | 湖泊 水面面积 1～10km² 名称 | 数目 | 水库 大型 名称 | 数目 | 水库 中型 名称 | 数目 | 水库 小(1)型 名称 | 数目 | 水库 小(2)型 数目 |
|---|---|---|---|---|---|---|---|---|---|---|---|---|---|---|---|---|
| 13 | 7.9.9 | 龙溪(5436) | | 和平溪(365)、大张溪(154)、街面溪(140)、京口溪(108)、清溪(388)[玉斗溪(128)]、青印溪(657)、源谢溪(119)、华兰溪(392)[绸纪溪(102)] | 10 | | 0 | | 0 | 街面(182437)、水东(10800) | 2 | 双里(1041)、坑口(2700)、六角宫(7090)、柳塘(4300) | 4 | 京口(288)、昆山(273)、龙芦(390)、上春(126)、剑溪(三级)(134)、双溪口(244)、大池(181) | 8 | 49 |
| 14 | 7.9.9.2 | 大田溪(1373) | | 铭溪(104)、朱坂溪(369)、新桥溪(108) | 3 | | | | | | | | | 仁坂(234)、瑶溪口(517)、大中(174)、建爱(193)、高云(138)、坂(140)、高土洋坡(247)、文江溪(三级)(200)、坊头(467)、大坪洋(100) | 10 | 18 |
| 15 | 7.9.10 | 古田溪(1794) | | 柏源溪(282)、王源溪(179)、前垅溪(401)[大桥溪(132)]、曹洋溪(180)、淮溪(103) | 6 | | | | | 古田溪(一级)(64000) | 1 | 古田溪(三级)(1490)、古田溪(二级)(1885) | 2 | 锯洋溪(172)、古田溪(四级)(840)、坑头(340)、龙虎盆(803)、远丘(140)、岑洋(661)、桃溪(370)、曲斗(173) | 8 | 34 |
| 16 | 7.9.13 | 大樟溪(4843) | | 蕉溪(112)、双芹溪(148)、涌口溪(453)[梓溪(145)]、长潭溪(516)[后亭溪(233)]、长庆溪(253)[下际溪(120)]、月洲溪(163)、梧桐溪(椹溪,511)[青龙溪(219)]、富泉溪(202)、清吉溪(259)[白云溪(110)]、九老溪(111)、一都溪(132) | 16 | | | | | 金钟(10560) | 1 | 双剑潭(1066)、龙门滩(一级)(1660)、双溪(三级)(5280)、涌溪(6900)、东固(5400)、后元宫(2183)、九仙溪(一级)(1120)、油洋(1307) | 8 | 王庙(104)、良诰(101)、方山(197)、丘洋(549)、广(137)、尖山(229)、善光(153)、隆泰(164)、初溪(136)、双溪(一级)(287)、芹坡(二级)(190)、涌潭(四级)(444)、园潭(142)、江下皮厝(698)、长潭(100)、大传(522)、石头坂(149)、大坪(116)、䓣亭(431)、汾阳(620)、三际头(400)、芭蕉(295)、顶隔(129)、得石(109)、王洋(165)、先进(130)、桐溪(551)、白云(580)、万利(246) | 34 | 102 |
| 合 计 | | | | | 176 | | 0 | | 0 | | 9 | | 81 | | 236 | 832 |

492

## 表 7-10 福建沿海水系一览表

| 序号 | 条目编号 | 河流·河段 | 河流 流域面积100~1000km² 数目 | 河流 流域面积100~1000km² 名称 | 湖泊 水面面积10km²及以上 数目 | 湖泊 水面面积10km²及以上 名称 | 湖泊 水面面积1~10km² 数目 | 湖泊 水面面积1~10km² 名称 | 水库 大型 数目 | 水库 大型 名称 | 水库 中型 数目 | 水库 中型 名称 | 水库 小(1)型 数目 | 水库 小(1)型 名称 | 水库 小(2)型 数目 |
|---|---|---|---|---|---|---|---|---|---|---|---|---|---|---|---|
| | 7.10 | 福建沿海水系 | 41 | 赤溪（381）、七都溪（351）、金溪（187）、起步溪（241）、杯溪（284）、罗汉溪（204）、水北溪（381）、百步溪（124）、水北溪（418）[库口溪（105）]、双岳溪（116）、照口溪（132）、龙江（538）、渔溪（207）、浔阴江（229）[湘溪（168）]、林峭溪（216）、枫慈溪（142）、三溪（274）、赤岭溪（127）、后溪（205）、东西溪（612）、汀溪（150）、东溪（153）、九溪（114）、石井江（381）、晋安溪（117）、杜浔溪（128）、鹿溪（615）[盐陀溪（124）]、梧江（207）、赤湖溪（173）、佛昙溪（226）、南江（961）、赤兰溪（157）、西溪（149）、北溪（186）、山美溪（107）]、梅州溪（172） | | | | | 3 | 东张（19900）、惠女（12327）、峰头（17700） | 26 | 桑园（7350）、金涵（6700）、溪西（3980）、南溪（2015）、金钟（1633）、桥头（2015）、新三层际（195）、库楼（186）、三溪（1146）、三十六脚湖（1641）、方红（2170）、建新（104）、后溪（216）、东湖（1335）、石兜（6654）、杏林（1412）、汀溪（4845）、溪东（5780）、竹坝（1012）、石壁（2099）、祖妈林（3661）、后井（2076）、梁山（1077）、眉力（1548）、赤兰溪（5625）、石过陂（1605）、彭水（1023） | 74 | 洋尾溪（149）、李下溪（155）、八一（111）、下大洋（108）、大洋溪（176）、西犁（125）、新三层际（195）、外度（486）、梨壁（159）、坪溪（146）、香城（342）、大溪（197）、草帮（146）、后寨（104）、后坂（216）、生迹（104）、新南（237）、尾田（357）、格口（108）、（325）、梅山（102）、红星（114）、龙潭（108）、（463）、古马山（102）、东石（234）、坂水（744）、文子（121）、河溪（556）、七一（108）、古宅（312）、岩内（611）、白沙溪（145）、申角（250）、三坑（177）、老鼠穴（104）、彎竹（324）、金岗山（135）、水磨岭（223）、严内（苕竹（444）、石犀（244）、石斗（268）、小径（310）、百华山（104）、丰收（259）、大安（300）、井坑（144）、坪洋（421）、陂仔内（120）、（518）、下庵（108）、（208）、石对坑（193）、甘竹（554）、水凤（126）、屏山、丁藜（169）、双田（209）、四鄉（610）、古夫（122）、梅洲（638）、| 300 |
| 1 | 7.10.2 | 交溪（5635） | 5 | 犀溪（179）、牛坡溪（300）、[龙首溪（115）]、长溪（340）、茜洋溪（402） | | | | | | | 4 | 潭头（2555）、麻竹坪（2948）、柏洋（1150）、青岚（1082） | 16 | 王社（二级）（398）、何庸（109）、半岭（328）、留洋（503）、顶溪（709）、炉山（328）、金钟（181）、龙溪（454）、乌岩下（106）、友谊（550）、地前（447）、铁炉坑（117）、六六溪（169）、坑口（485）、马头山（998）、红领巾（143） | 57 |
| 2 | 7.10.2.1 | 西溪（1178） | 2 | 长濑溪（316）、蕉溪（249） | | | | | | | 2 | 牛头山（9717）、下东溪（1802） | 5 | 斜滩（448）、山际（175）、浦洋（514）、刘柴（652） | 21 |
| 3 | 7.10.2.2 | 穆阳溪（1389） | 6 | 仕洋溪（浙江，482）、润乔溪（118）、前洋（102）、七步溪（156）、下逢溪（181）、酃溪（101） | | | | | | | 3 | 下温洋（4471）、周宁（4700）、黄兰溪（1560） | 5 | 丰源（565）、前坪（334）、纯池（141）、李园（960）、黄埔（108） | 18 |
| 4 | 7.10.3 | 霍童溪（2244） | 5 | 当溪（122）、金造溪（980）、[小金造溪（275）]、黛溪（248）、桃漈溪（177） | | | | | | | 7 | 溪尾（2680）、匪桥（1515）、金造（9450）、黛溪（5995）、洞宫（1268）、后垄溪（一级）（2113）、后垄（二级）（2601） | 8 | 甜泉（545）、下路林（121）、上培（340）、梅溪（117）、园坪（274）、李大坪（152）、南水岩（110）、向山（247） | 31 |
| 5 | 7.10.4 | 鳌江（2655） | 10 | 西洋溪（171）、龙舞溪（152）、黄埔溪（211）、文山阋溪（172）、斌溪（244）、目溪（239）、[华林溪（105）]、山溪（189）、牛溪（271）、财溪（112） | | | | | | | 3 | 双口陂（1918）、溪尾（1739）、路口（1337） | 21 | 后桥（983）、南宫（320）、塘坂（128）、观音亭（111）、狮山（155）、财坂（590）、龙宫里（137）、北宫（111）、溪边（332）、田地（二级）（123）、佳源（542）、佳级（二级）（215）、徐州坝（169）、斌溪（201）、洪潭（820）、溪下（109）、曹地（430）、溪坪（169）、月洋（109）、贝里（249）、三溪（110） | 57 |

493

续表

| 序号 | 条目编号 | 河流<br>流域面积 1000km² 及以上<br>河段 | | 流域面积 100～1000km² 名称 | 数目 | 湖泊<br>水面面积 10km² 及以上 名称 | 数目 | 水面面积 1～10km² 名称 | 数目 | 水库<br>大型 名称 | 数目 | 中型 名称 | 数目 | 小(1)型 名称 | 数目 | 小(2)型 数目 |
|---|---|---|---|---|---|---|---|---|---|---|---|---|---|---|---|---|
| 6 | 7.10.8 | 木兰溪(1732) | 5 | 大济溪(109)、龙华溪(1117)、仙水溪(176)、延寿溪(527)、荻芦河(129) | | | 0 | | 0 | 东圳(43500) | 1 | 东溪(2330)、古洋(2328)、蒋隔(1464)、塘西(1006)、双溪口(1954) | 5 | 长里溪(128)、红山(501)、后井(100)、下塘(151)、丰收(194)、山门(481)、石盘(300)、西漈(124)、九龙岩(140)、大济溪(367)、金山(412) | 11 | 72 |
| 7 | 7.10.10 | 晋江(5629) | 11 | 都溪(148)、双溪(12*)、坑仔口溪(112)、龙潭溪(416)、金谷溪(290)、英溪(106)[龙门溪(203)]、九十九溪(391)、蓝溪(551)、兰溪(172)、内坑溪(104*)、[双溪] | | | | | | | | 蓝田(2226)、村内(1117)、头(1103)、笋塔(1540) | 4 | 新垵兴(147)、罗丰(135)、白濑(286)、曾竹(101)、东青(139)、城东(421)、仙夹(136)、官坑(134)、内坪(104)、连花(118)、桃源(556)、裘龙(399)、龙溪(183)、新田(146)、火烧桥(129)、河溪后(281)、溪边(155)、欧村(100)、鲤 | 21 | 102 |
| 8 | 7.10.10.1 | 东溪(1917) | 5 | 湖洋溪(396)、诗溪(260)、淘溪(119)、罗东溪(249)、鹏溪(101) | | | | | | 山美(65600) | 1 | 龙门滩(四级)(1625)、文溪(1159)、五一(1033)、后桥(1782)、新安(4040) | 5 | 坑口(111)、山围内(142)、山围肉(207)、观音亭(278)、鲤鱼(252)、明新(129)、程头隔(249)、永发(397)、沽山(210)、山门(215)、南(205)、前洋(146)、坂美(100)、洋蒸(117)、冬青(148)、圆峰(154)、后坂(164)、东山(468)、紫湖(155)、紫溪(131)、灯塔 | 21 | 82 |
| 9 | 7.10.11 | 九龙江(14741) | 19 | 麻林溪(269)、小溪(101)、拱桥溪(251)、溪南溪(144)、溪尾溪(655)、文深溪(477)、[祥华溪(145)、塔仔溪(131)、仙都溪(343)、赤水溪(208)、内坊溪(103)、林墩溪(106)]、龙岩溪(924)、汶内溪(180)、马洋溪(153)、南溪(660)、水口溪(138)、昌凤溪(210) | | | | | | 白沙(19926)、万安溪(22890) | 2 | 天宫(5900)、新美(1120)、利水(2656)、绵良(1850)、西陂(1640)、大灌(1870)、华安(4224)、小䃅(820)、溪仔口(1200)、大坂(1462) | 10 | 布坑(154)、后房(120)、华安(520)、石垅(260)、西山(894)、张福岭(108)、展鹏(340)、罗屋坑(764)、合溪(872)、上福(一级)(313)、红岩(一级)(195)、浙溪(728)、白云(一级)(255)、易缘(185)、排坑(153)、高层(155)、南盘石(820)、大坑(141)、泽源(212)、龙津园(350)、江新(202)、东井(105)、三平东顺(254) | 25 | 138 |
| 10 | 7.10.11.2 | 雁石溪(1459) | 4 | 小池溪(237)、小溪(224)、富溪(170)、家豫溪(166) | | | | | | | | 黄岗(3200)、村美(1079) | 2 | 美山(709)、苏坂技改、红邦(750)、崚坑(117) | 4 | 12 |
| 11 | 7.10.11.3 | 新桥溪(1028) | 3 | 丰坡溪(119)、京口溪(187)、活盘溪(663) | | | | | | | | 石狮坂(2870)、上林(1023)、活盘(1993) | 3 | 仁坂(182)、割坂(132)、佳联(395)、城口(530)、祥华二级(986)、红岩(474)、美乾(115)、溪口(420)、十一湖(215) | 9 | 14 |
| 12 | 7.10.11.6 | 适中溪(3940) | 3 | 适中溪(131)、永溪(151)、黄井溪(121) | | | | | | 南一(15800) | 1 | 上峰(2580) | 1 | 月岭(108)、长山(146)、梅二(248)、大房(126)、南五(319)、南三(293)、莲池(179) | 7 | 24 |
| 13 | 7.10.11.6.2 | 西溪(1062) | 3 | 南胜溪(151)、高磜溪(129)、文峰溪(168) | | | | | | | | | | 坑内(586)、花溪(340)、平寨(323) | 3 | 15 |
| 14 | 7.10.11.6.3 | 龙山溪(1132) | 2 | 坂场溪(103)、永丰溪(352) | | | | | | | | | | 国绿(二级)(120)、鸿明(244)、国绿(一级)(126)、谷礁坑(103)、杨坑(122)、横溪(一级)(990)、德溪(520) | 8 | 11 |
| 15 | 7.10.14 | 东溪(诏安)(1127) | 3 | 金溪(115)、庵下溪(163)、赤水溪(108) | | | | | | | | 杜塘(1621)、亚湖(3850)、龙潭(5360)、新荣(1050)、岭下溪(1696) | 5 | 碗窑(928)、洋坑(5111)、濑井(215)、三姑娘(182)、月港(109)、赤竹坪(184)、雄鸡(114)、三红坑(378) | 8 | 23 |
| 合计 | | | 127 | | | | 0 | | 0 | | 11 | | 80 | | 246 | 977 |

494

## 表7-11  韩江水系一览表

| 序号 | 条目编号 | 河流·河段 | 河流 流域面积1000km² 及以上 | | 湖泊 水面面积10km² 及以上 | | 湖泊 水面面积1~10km² | | 水库 大型 | | 水库 中型 | | 水库 小(1)型 | | 水库 小(2)型 |
|---|---|---|---|---|---|---|---|---|---|---|---|---|---|---|---|
| | | | 数目 | 流域面积100~1000km² 名称 | 数目 | 名称 | 数目 | 名称 | 数目 | 名称 | 数目 | 名称 | 数目 | 名称 | 数目 |
| 1 | 7.11 | 韩江(30112) | 8 | 银江(211)、合溪水(220)、砂田水(110)、大胜溪(113)、九河溪(204)、蕉溪(141)、凤凰溪(293)、文栖水(179) | | | | | | | | | 7 | 大南(101)、马鞍山(230)、华亭(172)、洋坑(385)、山方(106)、白石岭(282.6)、樟塘堤(119) | 163 |
| 2 | 7.11.1 | 梅江(13929) | 19 | 龙砑水(195)、华阴水(620)[水墩水(152)]、周江水(110)、平安水(120)、大都河(185)、横陂水(268)、古里水(104)、蕉州河(314)、荷涧水(173)、程江(78)[琴江水(122)、南口水(144)]、周溪河(12)、白宫水(197)、三乡水(126)、隆文水(294)、松源河(642) | | | | | 2 | 丹竹(15600)、蓬莱滩(13200) | 4 | 梅西(5100)、岩前(1715)、桂田(1620)、东方红(1320) | 29 | 平星(508)、鸽子社(127)、三渡水(804)、小都(396)、锡坑(396)、五星(120)、程屋(133)、洪潭(253)、生风坳(219)、大合坑(120)、黄沙坑(183)、甘畲(171)、鹿石(203)、径里(115)、大都水(108)、木江(276)、里江(115)、七丈水(122)、录水礤(143)、嶂中屋(172.5)、东风(184)、马山(112)、梧桐水(145)、跌马磜(102)、邹洞(203)、黄糊坑(138)、黎地径(129)、松美(269)、教美(423) | 131 |
| 3 | 7.11.1.3 | 五华河(1832) | 3 | 岐岭河(406)、潭下河(386)、棱车河(102) | | | | | 1 | 益塘(16479) | 2 | 高陂(1012)、黄江(1141) | 10 | 上双坑(101)、黄梅(137)、水坑里(406)、源坑(138)、坑尾(105)、大布坪(260)、樟田坑(140)、罗丰(164)、黄牛坪(387)、三坑(323) | 14 |
| 4 | 7.11.1.4 | 宁江(1023) | 3 | 罗岗河(261)、石马河(154)、永和水(105) | | | | | 1 | 合水(11469) | 3 | 温公(2200)、石壁(1002)、和山岩(2048) | 31 | 高坑(364)、坪田(482)、热水(130)、元潭(138.5)、甘口陂(156.5)、圳塘(121)、大浪(120)、醋板桥(193.7)、上坪塘(287)、九菜口(155.2)、三变(232)、麻岭(233)、仙人坐(549.9)、曾坑(207.2)、响水(160)、乌尾(200)、打石石(108.9)、长峻(444)、九畋(105.8)、坪杯(114)、三枫(103)、建新(116)、福新(985)、兴江(186.7)、红湖(166.5)、和山(320)、黄泥陂(283)、东湖(400.8)、仙人庵(148)、班基坪(394)、汝水(617) | 35 |
| 5 | 7.11.1.6 | 石窟河(3681) | 10 | 平川河(194)、中东溪(376)、差干河(590)[民主河(204)]、高陂河(129)、柚树河(909)[东石河(148)、大靖河(166)、长田河(107)]、石窟河 | | | | | 1 | 长潭(17200) | 1 | 黄田(5230) | 17 | 横寨(705)、鹅髻(104)、高桥(179)、长田(375)、留畬寨(170.9)、石径(158.5)、黄竹良(132)、冷坑(379)、长坑(161)、径(186.4)、石磜(452)、龙潭(446)、红坑(106)、浒竹(138)、百丈磜(138)、水口(146.3)、北坑(149.4) | 48 |
| 6 | 7.11.2 | 汀江(11809) | 14 | 河田溪(108)、南山河(283)、下店溪(133)、灌田坝河(862)[梅溪(170)、红山河(109)]、涂坊河(150)、楂兰溪(677)[雁村河(299)]、增溪(176)、元丰溪(178)、小靖河(124)、漳溪(825)、丰良河(899) | | | | | 1 | 棉花滩(203500) | 4 | 陂下(5887)、溪源(1246)、六甲(1624)、金山(5500) | 12 | 上水寨(171)、红畲(494)、银坑(111)、连屋(700)、寨下(162)、(308)、郭寨(106)、深陂(667)、向东(214)、六金(365)、茅坪(111)、冰东(324)、漳溪水(365) | 84 |
| 7 | 7.11.2.4 | 旧县河(1694) | 5 | 宣和溪(150)、潮峰溪(209)、苔溪(174)、苔溪(311)、南阳溪(197) | | | | | | | | | 3 | 丘地尾(155)、大石岩(640)、坝上电站(520) | 16 |
| 8 | 7.11.2.5 | 黄潭河(1222) | 2 | 调和溪(162)、丰朗溪(147) | | | | | | | 1 | 灌洋(2224) | 3 | 梅花山(418)、白沙坑(416)、张芬(103) | 20 |
| 9 | 7.11.2.7 | 永定河(1075) | 1 | 坎市溪(265) | | | | | | | 1 | 青溪(7468) | 5 | 增加(149)、田龙(231)、田地(107)、寨青炉(133)、龙寨(858) | 18 |
| 10 | 7.11.2.9 | 梅潭河(1603) | 1 | 九峰溪(368) | | | | | | | 1 | 双溪(9460) | 2 | 葵坑(230)、柑峻(858) | 3 |
| 合计 | | | 66 | | 0 | | 0 | | 6 | | 17 | | 119 | | 532 |

表 7-12 粤桂沿海诸河水系一览表

| 序号 | 编号 | 河流·河段 | 流域面积 1000km² 及以上 | | 湖泊 | | | | 水库 | | | | | | |
|---|---|---|---|---|---|---|---|---|---|---|---|---|---|---|---|
| | | | 条目 | 流域面积 100~1000km² 名称 | 水面面积 10km² 及以上 条目 名称 | | 水面面积 1~10km² 条目 名称 | | 大型 条目 名称 | | 中型 条目 名称 | | 小(1)型 条目 名称 | | 小(2)型 条目 |
| | 7.12 | 粤桂沿海诸河 | 41 | 狮石湖水（193）、蓉江（273）、乌坎河（506）[长山河（14?）]、赤石河（382）[明热水（10?）]、吉隆河（116）、白云河（102）、大塘湖河（709）、那扶河（68?）、三合河（271）、水东河（257）、洋边河（657）[织贯河（266?）]、上洋河（135）、雷胡河（697）[龙湾河（244）]、电白沿海河（196）、茂月河（345）、通明河（225）、雷肯河（101）、澜风河（244）、船利河（118）、北松河（120）、雷定河（156）、大水桥河（243）、流沙河（253）、英利河（219）、土贡河（151）、龙汀河（406）、企水河（192）、江洪河（147）、乐民河（361）[田西河（106）、杨树河（432）[豆坡河（174）]、袭平河（139）、大烟河（362）、白沙河（654）[蕉林河（178）]、珊城河（895） | | | | 1 | 湛光岩（2.3） | 4 | 大隆洞（29640）、大水桥（15490）、老虎头（12500）、小峰（10320） | 6 | 河溪（1748）、陂头（3864）、牛尾岭（2550）、金窝（7900）、东兴（5787）、龙门（8309） | 121 | 公背（299）、江山（285）、灯芯洋（203）、石笕（162）、寨内（246）、东坑（127）、青湖（118）、虎坑（150）、罗深坑（176）、双水（190）、塔仔（348）、安溪夹（215）、剑响（114）、南坑（330）、北飞鹅（250）、赤溪（177）、金竜箐（192）、新响（217）、虎陂（732）、大岭（950）、行（204）、尖山（230）、凉水井（204）、双梅（478）、尖石（127）、芒窝（147）、吉隆河（251）、土党（577）、狮头坑（247）、虎仔（665）、客陵（147）、完斗（208）、泗马岭（130）、三角山（284）、嘉田（405）、马岭（104）、大住（292）、黎顶（107）、南冲（112）、南岭（529）、射水（378）、三坑（329）、后城（189）、黄顶（529）、东湖上库（392）、含石（470）、草洋（468）、新粘（317）、牛路（403）、石栏柱（246）、建新（106）、东湖下库（300）、马良（215）、月咯港（147）、前山上（165）、石栏岭（210）、后难（506）、曾家（616）、狮子岭（581）、马定陂（275）、郑家（319）、望高（341）、北卜（205）、那平（188）、石仔岭（496）、新市（777）、九斗（639）、石栏（730）、毛云（593）、大坑（376）、咸古（803）、大隆迳（165）、罗马坛（980）、山内（214）、黑怨顶（191）、南村塘（596）、小金（881）、大田笼（305）、鲤鱼坑（242）、鸡笼山（159）、石陂岭（135）、梅子坳（164）、都下（987）、正坑（327）、牛尾（103）、西坑（363）、小祖（109）、黄陂坑（244）、禽山（195）、饮果岗（113）、石门（388）、鲤鱼（147）、石陂塘（109）、三步迳（284）、稠萝（978）、山耳（101）、磨刀石（106）、西坑（366）、南宅（177）、宜山辽（470）、官冲（590）、深冲（181）、木旺田（125）、绿练江（212）、大清塘（195）、水路江（123） | 215 |
| 1 | 7.12.1 | 黄冈河（1317） | 4 | 九村溪（119）、食饭溪（116）、东山溪（102）、樟家溪（123） | | | | | 1 | 汤溪（38100） | 1 | 大潭（1693）、坪溪（1333） | 12 | 新跃进（667）、双门官（191）、赤竹坪（243.6）、红岩（125）、马鞍山（982）、虎地路欸（113）、石佛（192）、马湖塘（969）、江西塘（130）、西岩（278）、后溪（151） | 68 |
| 2 | 7.12.2 | 榕江（4650） | 8 | 上砂水（134）、横江（101）、石壁水（102）、龙潭水（219）、五经富水（183）、洪阳河（189）、白合河（580） | | | | | 1 | 龙颈上库（16600） | 1 | 横江（7043） | 39 | 水磜坑下（123）、眉岭（117）、洞经栏（139）、葡芦（288）、金坑（180）、方山坑（120）、北龙潭（173）、东坑（100）、水打坝（140）、秀岭（131）、磨石坑（143）、黄沙坪（150）、连花山（328）、长坑（114）、龙潭（291）、鲤鱼沟（191）、鸡陂（477）、曲头山（320）、西坑（132）、南陇（992）、老南亭（144）、九重坑（197）、螳头（425）、黄满礤（104）、黄（501）、下坊埔（584）、石门坑上库（152）、石门坑下库（136）、狮尾岭（98）、树下（124）、飞英（506）、新丰（93）、新埔（326）、河溪鸡笼（184）、八角塘（119）、曹坑（257）、石联（165） | 96 |
| 3 | 7.12.2.3 | 北河（1629） | 5 | 汶水溪（186）、龙车溪（134）、新西河（110）、枫江（664）[车田水（119）] | | | | | 3 | 新西河（5958）、河溪（1748）、翁内（1312） | 16 | 八角塘（119）、曹坑（257）、石联（165）、九重坑（196.8）、双坑（856）、水呖（810）、世德堂（582）、老虎欸（384）、下径巷（176）、姑坑（609）、横田（187）、岭后（128）、葡芦上库（834）、大坑（279）、葡芦下库（169.5）、洪山洞（113） | 63 |

496

续表

| 序号 | 条目编号 | 河流 流域面积1000km²及以上 河流・河段 | | 湖泊 水面面积10km²及以上 | | 湖泊 水面面积1~10km² | | 水库 大型 | | 水库 中型 | | 水库 小(1)型 | | 水库 小(2)型 |
|---|---|---|---|---|---|---|---|---|---|---|---|---|---|---|
| | | 数目 | 名称 | 数目 | 名称 | 数目 | 名称 | 数目 | 名称 | 数目 | 名称 | 数目 | 名称 | 数目 |
| 4 | 7.12.4 | 2 | 秋风水(168)、北港水(245) | | | | | | | 7 | 上三坑(1705)、下三坑(1685)、白沙溪(1936)、红场(3490)、秋风岭(6903)、大龙溪二级(3056)、白沙溪(1145) | 39 | 东龙潭(190)、西龙潭(115)、水磜坑下(123)、后山(136)、新楼里(213)、圆堆(137)、蔡口(210)、龙潭峰(142)、后山(148)、大坝仔(430)、赛鹁(988)、大坑口(127)、北坑(107)、桂竹园(103)、凤吹礤(126)、洞仙(151)、峡仔(136)、西坑(980)、鲤鱼陂(627)、东岩(128)、鳖窦(671)、胡芦(233)、迳门(208)、乌石(224)、三合(108)、东棚(210)、洞内(188)、下金溪(714)、利陂(296)、五沟(329)、老虎岩(131)、牛栏岭(253)、蝴蝶埔(132)、印石(135)、水柳(125)、锡坑(158)、白竹(250) | 138 |
| 5 | 7.12.5 | 1 | 雷岭水(254) | | | | | 2 | 龙潭(10589)、石榴潭(11080) | 5 | 巷口(4962)、船桥(1591)、圆藤(381)、溪口(528)、桃园(353)、螺蜒岭(2525)、头官陂(2976)、镇北(1260)、鹅豆(305)、长支(302)、石井(269)、白塔(471)、大横(127)、飞天圳(124)、虎头岩(214) | 18 | 铜锣湖(450)、柴片角(176)、罗古寨(174)、崩寨(184)、陂尾(382)、浦洋(156)、圆山仔(272)、鸡心屿(277) | 70 |
| 6 | 7.12.8 | 4 | 螺溪(159)、南北溪(123)、新田水(201)、潭西水(269) | | | | | | | 4 | 南告(7870)、牛角隆(2155)、三溪水(2561)、禁投围(2462) | 12 | 龙井头(155)、米坑(278)、石门坑(138)、白石门(327)、牛牯头(138)、蕉坑(197)、富梅(654)、河东(561)、北龙(256)、青年(293)、石示头(183)、下石示(174) | 88 |
| 7 | 7.12.9 | 2 | 龙津河(105)、大液河(161) | | | | | 2 | 公平(32200)、青年(10589) | 9 | 红花地(6478)、黄山洞(2122)、平安洞(2401)、赤沙(1430)、红阳(1905)、平龙(1479)、南门(1759)、朝阳(1398)、朝面山(1891) | 6 | 金锡(310)、十三坑(492)、南门下(218)、竹仔坑(741)、尖山(675)、南雁(249) | 31 |
| 8 | 7.12.13 | 13 | 马堂河(141)、云霖河(280)、那乌水(123)、山口[鄂]河(113)、西山河(989)、座州(171)、蟠龙河(120)、渡头河(118)、轮水河(109)、大八河(278)、邓龙河(945)、[那吉河(148)、周]亭河(129) | | | | | 2 | 大河(33200)、东湖(12223) | 9 | 北河(5700)、合水(1198)、岗美(1300)、仙家洞(2418)、马山(1420)、张公龙(2030)、江河(3150)、石河(9972)、上水(1777) | 48 | 谭必塘(293)、爱国(225)、那目(427)、霸竹角(102)、牛山(1060)、越石坑(159)、枕头坑(110)、砂底坑(167)、河表(600)、沙洞(109)、马颈(101)、沙表南(451)、青山寺(213)、青山冲(132)、黎迫坑(101)、马安山(265)、万祥(310)、塘尾(250)、蒲壳塘(442)、石仔岭(496)、麻跟(404)、牛山咀(143)、罗角坑(125)、必冲(121)、东湖上库(194)、东湖下库(300)、沈塘(189)、那陂(769)、沙表北(266)、羊陂(605)、清湾仔(138)、大水田(240)、银泉(836)、蛤沟(725)、薊山(337)、马合(173)、牛仔岭(727)、佛佬迳(328)、狗尾(183)、铜仔坑(522)、波萝营(206)、草朗(434)、放鸡(188)、大塘(166)、磨刀坑(589) | 91 |
| 9 | 7.12.13.2 | 3 | 乔连河(317)、三甲河(100)、龙门河(283) | | | | | | | 1 | 仙溪洞(2110) | 5 | 石龙岭(136)、西泮冲(330)、木蠹坑(102)、露田(581)、牛犀峡(181)、石仔岭(496)、万祥(310)、三圩(131)、下茅坪(406)、新米洞(390)、泊水(356)、长坡(545)、龙坑(104)、山里(304)、德樑(210) | 10 |

497

续表

| 河流 | | | 湖泊 | | | | 水库 | | | | | | |
|---|---|---|---|---|---|---|---|---|---|---|---|---|---|
| 流域面积1000km²及以上 | | | 水面面积10km²及以上 | | 水面面积1~10km² | | 大型 | | 中型 | | 小(1)型 | | 小(2)型 |
| 序号 | 编号 | 河流·河段 | | | | | | | | | | | |
| | | 数目 | 名称 | 数目 | 名称 | 数目 | 名称 | 数目 | 名称 | 数目 | 名称 | 数目 | 数目 |
| 10 | 7.12.16 | 鉴江(6948) | 小水河(130)、北界河(3.9)、大井河(586)[黄塘水(142)]、曹江(874)、[云炉河(119)]、新洞河(104)]、南塘河(122)、沙田河(234)、塘缀河(333) | | | | 1 | 高州(115000) | 1 | 尚文(3189) | 19 | 山雅(484)、北庄(162)、红石陂(259)、山脚(112)、栗冲(150)、槐根(123)、龙胆塘(109)、南坡(792)、安塘(440)、甘帐(538)、四方田(428)、到底尾(198)、三岔(580)、珍塘(193)、正冲(149)、那敢(154)、长滩(131) | 121 |
| 11 | 7.12.16.5 | 罗江(2618) | 清湖水(178)、凌江(824)、中桐河(216)、官桥河(140)、石湾河(125) | | | | | | 2 | 长湾河(3324)、宝树(1450) | 17 | 三合水(636)、响水(614)、大华(432)、六竹(200)、连界(844)、丰利(444)、流坑(299)、水口(724)、磨刀岗(132)、那西(127)、多坑(122)、石兰口(125)、茅田(111)、禾潭(254)、坡(130)、云潭(708) | 50 |
| 12 | 7.12.17 | 袂花江(2516) | 大社河(115)、黄岭河(100)、观珠河(150)、鹅坑河(114) | | | | | | 1 | 黄沙(4731) | 7 | 草基结瓜(250)、磨罐坑(109)、陂头坡(112)、山心(270)、适口门(178)、黄坑仔(120)、潭桥(118) | 11 |
| 13 | 7.12.17.3 | 甘江(1142) | 泗水河(203)、公馆河(232)、三丫河(346) | | | | | | | | 6 | 文林(236)、南塘(110)、陂头塘(112)、大闸口(110)、狮子岭(115)、中间堂(107) | 16 |
| 14 | 7.12.18 | 遂溪河(1486) | 凤朗河(137)、良田河(319)、良桐河(118) | | | | | | | | 4 | 肉塘(662)、南边洋(145)、溪头(140)、新村洋(161) | 23 |
| 15 | 7.12.21 | 南渡河(1444) | 土塘水(146)、松竹河(158)、公和水(178)、花桥 | | | | | | | | 3 | 白水沟(814)、平原(227)、黎陇(166) | 11 |
| 16 | 7.12.26 | 九洲江(3337) | 宁潭河(200)、武陵河(209)、廉江河(176)、沙铲河(890)、[白马岭河(104)]、塘逢河(294)、陀村河(113)] | | | | 2 | 鹤地(114400)、长青(14640) | 2 | 武陵(9740)、江头(1126) | 23 | 赤坎(360)、山佳(118)、江口(177)、包墩(222)、过水塘(123)、大岭(421)、青罐岭(280)、三塘(652)、北京靖(246)、红卫下库(176)、红卫上库(135)、雷坡坑(400)、坡脚(896)、麻兰(568)、暗地(301)、滩面(290)、东山(284)、佳塘(233)、陆黄(159)、石铲(157)、张湖坑(128)、清耳(102)、陆各坑(101) | 236 |
| 17 | 7.12.30 | 南流江(9232) | 清湾江(367)、定川江(683)、鸡桥江(121)、丽江(537)、[西水江(195)]、旺老江(102)、沙田江(119)、绿珠河(350)、至河(213)、山江(240)、水鸣河(176)、合江(581)、[东平河(260)]、马江(905)、张黄江(424)、洪潮江(472) | | | | 3 | 小江(102500)、旺盛江(15040)、洪潮江(71400) | 19 | 大容山(2124)、铁联(1172)、赤烟(1291)、鲤鱼湾(1863)、江口(1902)、罗田(3976)、共和(1163)、六洋(3041)、茶根(1452)、温罗(2923)、良东(307)、新荣(354)、李家(483)、三和(452)、川凳(439)、三联(411)、廉东(366)、嵋冲(359)、石塘岭(809)、良水塘(285.5)、大白水(283.5)、木壕(353)、凤凰田(346)、南田(214)、新塘(1416)、东龙(1754)、牛芦(176)、长塘(170)、塘(254)、寒山(1510)、充栗(6040)、火甲(5936)、西牛(1210)、凌青(1130)、石康(1230)、大冲口(142)、大冲角(140)、龙头(131)、凤门岭(130)、长冲(158)、清潮江(7120) | 26 |

续表

| 序号 | 流域面积1000km²及以上河流·河段编号 | 河流 流域面积1000km²及以上 | | 湖泊 水面面积10km²及以上 | | 湖泊 水面面积1~10km² | | 水库 大型 | | 水库 中型 | | 水库 小(1)型 | | 水库 小(2)型 |
|---|---|---|---|---|---|---|---|---|---|---|---|---|---|---|
| | | 数目 | 名称 | 数目 | 名称 | 数目 | 名称 | 数目 | 名称 | 数目 | 名称 | 数目 | 名称 | 数目 |
| 18 | 7.12.30.10 武利江(1223) | 2 | 鱼良河(141)、宁江(114) | | | | | | | | | 4 | 香山(244)、上塘(203)、驮面(181)、罗竹山(136) | 15 |
| 19 | 7.12.31 大风江(1888) | 3 | 清香江(114)、白鹤江(206)、丹竹江(261) | | | | | | | 2 | 长江(1540)、荷木(2238) | 11 | 那雾塘(921)、合叉江(802)、邓阳(724)、薪胜塘(678)、双山(375)、万利(350)、金鸡(214)、大坡境(198)、红坎(125)、高桥(122)、后背江(114) | 31 |
| 20 | 7.12.33 钦江(2391) | 4 | 那隆水(211)、大平河(128)、旧州江(190)、新坪水(105) | | | | | 1 | 灵东(17900) | 4 | 京塘(1158)、昔隆(1826)、大马鞍(1216)、田寮(1111) | 49 | 长安(656)、石欧岭(631)、东乐(629)、牛皮鞍(618)、龙塘(582)、那挖耳(526)、白木(446)、老虎坪(435)、北虎塘(420)、凤凰隆(420)、天井岭(353)、那拉(342)、横岭(331)、桐油塘(315)、逆龙江(313)、天顶山(297)、六俄(294)、帽拉(287)、岩牛(252)、高峰(245)、琴茶(244)、水产峡(225)、木村(194)、吴屋隆(194)、石龙(193)、陆金(189)、石仁(182)、黄睹碑(169)、震祥(164)、王猛(164)、青苏(163)、青碑(157)、华麓(153)、小田寮(152)、马塘冲(150)、清岗沟(137)、沙岗坑(137)、石排麓(135)、勒莱峒(133)、夸夸岭(132)、猪槽麓(113)、夏塘(113)、马鞍山(110)、大禾塘(110)、青龙(107)、鲤鱼上水(106)、枚卓(105)、石东(101)、九龙塘(100) | 86 |
| 21 | 7.12.34 茅岭江(2909) | 7 | 板城江(167)、那蒙江(393)、大丰江(586)[新圩河(103)]、滩荠河(829)[屯笔河(167)、大直江(339)] | | | | | | | 1 | 石梯(4683) | 22 | 三曲(771)、凤凰(710)、麻元(489)、定晓(392)、三甲水(330)、大筒麓(298)、英雄岭(280)、那志(259)、美丽(180)、南蛇(155)、那浪(151)、友谊(147)、平惨(142)、六路麓(136)、那亭(127)、茅坳(120)、河洋(121)、定德(121)、孔芬(111)、旺晓(110) | 80 |
| 22 | 7.12.37 北仑河(1187) | 2 | 那良河(139)、马路河(118) | | | | | | | | | 8 | 夹浪(485)、罗围(310)、江那(211)、河洲(149)、冲树(140)、那一(131)、白鹤岭(121)、大勉(108) | 21 |
| 合计 | | 154 | | 0 | | 1 | | 20 | | 80 | | 515 | | 1619 |

表 7—13　元江水系一览表

| 序号 | 条目编号 | 河段 | 河流 流域面积1000km² 及以上 | | 湖泊 | | | | 水库 | | | | |
|---|---|---|---|---|---|---|---|---|---|---|---|---|---|
| | | 河流·河段 | 流域面积100~1000km² 名称 | 数目 | 水面面积10km²及以上 名称 | 数目 | 水面面积1~10km² 名称 | 数目 | 大型 名称 | 数目 | 中型 名称 | 数目 | 小(1)型 名称 | 数目 | 小(2)型 数目 |

| 序号 | 条目编号 | 河流·河段 | 流域面积100~1000km² 名称 | 数目 | 水面面积10km²及以上 名称 | 数目 | 水面面积1~10km² 名称 | 数目 | 大型 名称 | 数目 | 中型 名称 | 数目 | 小(1)型 名称 | 数目 | 小(2)型 数目 |
|---|---|---|---|---|---|---|---|---|---|---|---|---|---|---|---|
| 1 | 7.13 | 元江(76300) | 南潮河(557)、[灰河(115)]、牛街河(185)、五街河(198)、自雄河(178)、明者河(126)、鱼庄河(202)、三街河(368)、自雄河(178)、明者塘河(126)、鱼庄河(232)、莽家拉河(116)、高卷塘河(144)、小江河(183)、大春河(276)、洋龙河(351)、峨德江(258)、味河(104)、西尼河(126)、南独河(149)、溪尼河(101)、挖笠河(224)、西拉河(199)、甘庄河(169)、南溪河(252)、清水河(497)、南巴河(139)、黄昏河(277)、旱龙河(455)、[134]、七星河(349)、大黑河(220)、玛琅河(255)、者那河(433)、[丫多河(130)]、龙盆河(259)、贾沙河(.13)、马老河(129)、普洒河(161)、芒铁河(165)、连春龄河(106)、小干河(142)、麻衣河(256)、绿水河(351)、老碑河(178)、(190)、新聊河(353)、新桥河(178) | 46 | | | | | | | | 福庆(2540)、黄草坝(3460)、章房河(2338)、磨街子河(1440)、街子河(1194)、小官村(1091) | 6 | 权甫(116)、三道箐(248)、羊发城(591)、关山河(198)、自雄(178)、小弯子(283.3)、水底未(149.1)、老厂河(228)、小弯子(283.5)、邱家坝(283.5)、峨德河(586.7)、二箐(147.64)、侯进(158.5)、限莫代(599)、烂泥箐(132)、(146)、侯进(116.7)、三岔河(127)、和平子(240)、板桥(351)、永乐(116.7)、三岔河(127)、和平子(240)、洗马(179)、新village(103)、水龙(270)、兴龙(102)、洗马塘(110)、云祥素(251)、红河(455)、红旗(497)、洛南(310)、桉榔寨(248)、游丰坝(169.246)、领水阁(730)、磨房箐(443)、磨房箐(327)、领水阁(195)、甘坝(142)、黄乐嘴(60.5)、呼山坝(219)、呼山坝(162.5)、函坡(107)、龙街(195)、甘坝(219)、肥香村(429.4) | 38 | 672 |
| 2 | 7.13.3 | 苴力河(1016) | 瞧耀河(185) | 1 | | | | | | | | 栗树营(1772) | 1 | | | 39 |
| 3 | 7.13.4 | 一街河(1097) | 苴么河(184)、鹿窝河(553)、[塘子河(258)]、折自么河(184) | 4 | | | | | | | | | | | | 8 |
| 4 | 7.13.6 | 马龙河(1946) | 镇棱河(182)、白衣河(482)、小沙河(204) | 3 | | | | | | | | | | 石丫口(148) | 1 | 24 |
| 5 | 7.13.7 | 绿汁江(8613) | 西河(418)、南河(152)、犀子沟河(109)、舍资河(397)、[黑其河(212)]、老耳河(137)、浩石河(119)、川街河(183)、股水河(116)、大田河(118)、河口河(116)、他龙河(115)、衣施河(151)、[南布河(222)、平地河(156)、龙田河(363)、[南布河(162)] | 16 | | | | | | | | | | 羊溪冲(358)、大箐(100)、袂田箐(105)、大跃进(487)、长坡箐(177)、葫芦河(135)、大夫田(111)、团结(160)、右坝冲(218)、三岔河(118)、老夫坝(174)、嘎力寺(336)、黄坡(293)、大箐(277)、水口箐(154)、吴家箐(105.2)、瓦白果(308)、三岔河(756)、石牌(513)、后海(540)、山高村(380)、化箐(151)、姜木箐(102.6)、团结(125)、大龙潭(102)、黑箐(130)、母子星(565.83)、平河场(252.54)、小石桥(203)、小庙村(200)、平河场(119)、小石桥(336)、中山(145)、三丘田(166)、大庆(551)、大箐(108.39)、小街(122)、杞家村(118.4)、大护箐(532)、老马河(120)、狮子口(563)、(400)、英雄(173)、栗树更(195)、老马河(112)、李芳村(107.4)、芦彩箐(117)、竹行(471)、长田(172)、小嫩坡(121) | 52 | 320 |
| 6 | 7.13.7.3 | 沙甸河(1500) | 法康河(11)、瓦德河(571)、[打苴河(275)]、阿家河(239) | 4 | | | | | | | | | | 中土坡(123) | 1 | 24 |

续表

| 序号 | 流域面积 1000km² 及以上 条目编号 | 河流·河段 名称 | 流域面积 100~1000km² 数目 | 流域面积 100~1000km² 名称 | 湖泊 水面面积 10km² 及以上 数目 | 湖泊 水面面积 10km² 及以上 名称 | 湖泊 水面面积 1~10km² 数目 | 湖泊 水面面积 1~10km² 名称 | 水库 大型 数目 | 水库 大型 名称 | 水库 中型 数目 | 水库 中型 名称 | 水库 小(1)型 数目 | 水库 小(1)型 名称 | 水库 小(2)型 数目 |
|---|---|---|---|---|---|---|---|---|---|---|---|---|---|---|---|
| 7 | 7.13.7.4 | 扒河 (1583.9) | 3 | 大河 (320)、小河 (105)、大河 (294) | | | | | | | 2 | 岔河 (2640)、大谷厂 (3030) | 14 | 镜湖 (460)、团山 (186)、迎水 (144)、南屯 (118)、大龙潭 (139)、大龙置 (100)、南伞 (167)、东也 (118)、小河 (593)、合作 (114)、丰收 (242)、未茂 (398)、沙衣 (305) | 71 |
| 8 | 7.13.10 | 小河底河 (3999.5) | 7 | 河外河 (146)、平甸河 (248)、[新平河 (894)、[甸中河 (200)]、叉河 (154)、五郎沟河 (723)、大桥河 (392) | | | | | | | 2 | 化念 (1967)、平甸河 (2160) | 11 | 自然坝 (149)、大西 (244)、清水河 (256)、亚尼 (112)、尼昨 (214.7)、他克冲 (175)、团结 (472)、绵溪 (100)、响水河 (214)、大坝 (243)、小新寨 (175) | 81 |
| 9 | 7.13.14 | 南溪河 (3355) | 4 | 阿岔河 (451)、金产河 (137)、鱼塘河 (888)、小南溪河 (246) | | | | | | | 3 | 庄寨 (1440)、五里冲 (7949)、菲白 (1437) | 2 | 响水河 (214)、小新寨 (175) | 7 |
| 10 | 7.13.15 | 李仙江 (19366) | 17 | 漭康河 (327)、董棍河 (278)、南线(践)河 (179)、支边河 (343)、朴麻河 (143)、清水河 (137)、南曼怕河 (124)、隆沙河 (107)、大叉河 (201)、磨黑河 (293)、普洱河 (142)、爬嫩河 (485)、他郎河 (801) [坝沙河 (138)]、里鸣河 (117)、坝渡河 (502)、马泥河 (146)、土卡河 (364)、整康河 (150) | | | | | 5 | 崖羊山 (24700)、龙马 (51000)、居甫渡 (18550)、南兰滩 (38200)、戈支河、土卡河 (13400) | 1 | 南洋河 (1697) | 4 | 徐家坝 (653)、乌布鲁 (825)、南掌 (420)、老街子 (125.46) | 67 |
| 11 | 7.13.15.1 | 勐硐江 (1807) | 3 | 勐康河 (240)、南眼河 (243)、漫先河 (150) | | | | | | | | | 2 | 勐烈 (163)、尚廉河 (172) | 1 |
| 12 | 7.13.15.2 | 阿墨江 (7042.9) | 8 | 南老河 (115)、坝干河 (270)、麻大街河 (114)、班东河 (142)、鲁池河 (190)、普沿河 (485)、他邱河 (746)、[金河 (324)] | | | | | | | 1 | 草坝 (149)、乌龙 (139)、山卡 (105)、普珠坝 (120)、潘家东山 (120)、坝卡河 (746)、须立 (146.5)、鲁珠坝 (475)、坝卡河 (235) | 8 | 38 |
| 13 | 7.13.15.2.3 | 泗南江 (1658) | 2 | 尼马洛巴河 (213)、坝兰河 (432) | | | | | | | 1 | 黄连山 (1125) | 1 | 娘蒲 (153.2) | 7 |
| 14 | 7.13.15.5 | 小黑江 (1190.5) | 1 | 嘎鸣河 (425) | | | | | | | | | 1 | 苦竹林 (223) | 6 |
| 15 | 7.13.15.6 | 藤条江 (4213.6) | 9 | 乌拉河 (358)、平堰河 (164)、南板河 (166)、茨通坝河 (699.4)、茅菜坪河 (133)、金平河 (211)、金水河 (351)、藤条河 (100)、三家河 (394) | | | | | | | | | 15 | 芹菜塘 (184.9)、山后 (175.4)、洪峰坝 (157.5)、新民 (621)、江东 (115.59)、老胖箐 (110)、回龙 (213)、鱼塘坡 (283)、尼龙洪 (138.9)、幕科格 (222.6)、头塘 (101.7)、石桥 (317)、灿同 (178)、连花塘 (654.2)、路德 (339) | 129 |
| 16 | 7.13.16 | 盘龙河 (6100) | 7 | 岔河 (476)、德厚河 (567)、马过河 (162)、顺甸河 (122)、倮匠河 (296)、布都河 (721)、畴阳河 (127)、孟洞河 | | | | | 1 | 马鹿塘 (50660) | 3 | 丰坡 (3575)、回龙坝 (1267)、稼依 (2091) | 15 | | 129 |
| 17 | 7.13.16.7 | 八布河 (1211) | 2 | 哦哈河 (120)、八斗河 (289) | | | | | | | 1 | 马鞍山 (1114) | 3 | 芦差塘 (110) | 3 |
| 18 | 7.13.16.8 | 高南河 (1768) | 1 | 白河 (404) | | | | | | | | | 1 | 芦差塘 (110) | 8 |
| 19 | 7.13.16.8.2 | 大梁子河 (1117) | 2 | 响水河 (568)、[南山河 (234)] | | | | | | | 1 | 大丫口 (1101) | | | 6 |
| 20 | 7.13.16.9 | 南利河 (3717) | 8 | 科麻河 (164)、[巴掌河 (100)、岔河 (140)]、石马河 (202)、达马河 (665)、[那酒河 (139)、小木恩河 (191)]、芭蕉冲河 (116) | | | | | | | | | 3 | 荒田 (137)、杜宜 (171.2)、波么 (191.1) | 26 |
| 21 | 7.13.16.9.2 | 百南河 (2024) | 4 | 田房河 (146)、下华河 (245)、下荣河 (158)、百合河 (580) | | | | | | | | | | | 15 |
| | 合计 | | 152 | | 0 | | 0 | | 6 | | 21 | | 154 | | 1552 |

**表 7-14　澜沧江水系一览表**

| 流域面积1000km²及以上 | | 河流 | | 湖泊 | | | | 水库 | | | | |
|---|---|---|---|---|---|---|---|---|---|---|---|---|
| 序号 | 条目编号 | 河流·河段 | 数目 | 流域面积100~1000km² 名称 | 水面面积10km²及以上 | | 水面面积1~10km² | | 大型 | | 中型 | | 小(1)型 | | 小(2)型 |
| | | | | | 数目 | 名称 | 数目 | 名称 | 数目 | 名称 | 数目 | 名称 | 数目 | 名称 | 数目 |
| 1 | 7.14 | 澜沧江 (164400) | 88 | 扎加曲 (103)、陇昌曲 (161)、结弛曲 (109)、查日曲 (159)、加贡曲 (116)、扎结曲 (299)、色丘工涌曲 (474)、日阿甬 (234)、永崩涌曲 (149)、拉荣示 (119)、机日甬曲 (114)、巴青甬 (228)、科空涌曲 (484)、赛薯甬 (175)、夭乎 (250)、扎芬涌 (180)、牙涌 (890)、各哈涌曲 (510)、宽曲 (360)、脏压 (120)、肖甬 (250)、白扎曲 (350)、扎涌 (130)、打甬甬 (100)、恩到曲 (460)、郭荣涌曲 (106)、结绕涌 (182)、耐干涌 (120)、沙切曲 (225)、笘涌 (358)、岳涌 (252)、若曲 (873)、沙曲 (901)、西鲁河 (145)、阿东河 (473)、德钦小河 (238) [三岔河 (123)]、永支溪 (238)、俣马河 (178)、路抓依玛 (132)、大桥河 (154)、老厂河 (123)、永春河 (792) [公龙河 (135)]、其普河 (115)、安洛河 (129)、德庆河 (186)、大竹菁河 (183)、小河 (240)、基独河 (238) [漕涧河 (520)]、阿所菁河 (127)、笪流河 (243)、公郎河 (213)、中古河 (156) [啕片河 (177)]、拿鱼河 (393)、大荣河 (534)、螳青河 (336)、夏日河 (156)、四哈涧道河 (148)、马台河 (167)、斗南河 (279)、耍料河 (161)、威达河 (353)、芒海河 (173)、芒帕河 (590) [拉巴河 (109)]、邦敬河 (103)、腊马河 (442)、芒旺河 (377)、勐主河 (147)、勐醪河 (171)、南甸河 (227)、大中河 (550) [龙潭河 (112)]、南召河 (296)、南漫河 (177.8)、布里河 (122)、南昆河 (599) [曼召河 (296)]、南漫河 (177.8)、纳动河 (203.6)、南鄂河 (2289、南木河 (153)、纳木塞河 (182) | | | | 2 | 布托措纷 (6.4)、布托措青 (9.0) | 4 | 小湾 (15 13200)、大漫湾 (92000)、大朝山 (94000)、景洪 (113900) | | | | |
| 2 | 7.14.1 | 扎阿曲 (2572) | 5 | 扎尕曲 (416)、昂瓜涌曲 (280)、昂纳涌曲 (284)、格龙涌曲 (349)、托吉曲 (450) | | | | | | | | | | | |
| 3 | 7.14.2 | 阿涌 (1169) | 1 | 康谷 (121) | | | | | | | | | | | |
| 4 | 7.14.3 | 布当曲 (1930) | 5 | 阿藏迭赛曲 (308)、众根涌曲 (379)、然者涌曲 (178)、东脚涌曲 (131)、尕茸曲 (187) | | | | | | | | | | | |
| 5 | 7.14.6 | 宁曲 (1169) | 3 | 梭罗涌 (149)、莫海 (350)、晓名龙曲 (256) | | | | | | | | | | | |

续表

| 序号 | 条目编号 | 河流 流域面积1000km²及以上 河流·河段 | 河流 流域面积1000km²及以上 数目 | 河流 流域面积100～1000km² 名称 | 湖泊 水面面积10km²及以上 数目 | 湖泊 水面面积10km²及以上 名称 | 湖泊 水面面积1～10km² 数目 | 湖泊 水面面积1～10km² 名称 | 水库 大型 数目 | 水库 大型 名称 | 水库 中型 数目 | 水库 中型 名称 | 水库 小(1)型 数目 | 水库 小(1)型 名称 | 水库 小(2)型 数目 |
|---|---|---|---|---|---|---|---|---|---|---|---|---|---|---|---|
| 6 | 7.14.7 | 子群涌 (12645) | 14 | 子群涌 (187)、格玛涌 (110)、东莫涌 (120)、枪查牙 (242)、德曲 (619)、眼梓陇 (125)、日青曲 (602)、麻目涌 (147)、洛色当香 (100)、白青曲 (282)、磐曲 (553)、游涌 (355)、江西沟 (235)、隆曲 (789) | | | | | | | | | | | |
| 7 | 7.14.7.2 | 盖曲 (5930) | 3 | 郭曲 (550)、亚涌曲 (853)、蒙头曲 (410) | | | | | | | | | | | |
| 8 | 7.14.7.2.3 | 卓曲 (1300) | 3 | 江琼 (130)、西曲 (330)、赤木涌 (160) | | | | | | | | | | | |
| 9 | 7.14.8 | 热曲 (2470) | 2 | 妥曲 (638)、玉河 (640) | | | | | | | | | | | |
| 10 | 7.14.9 | 吉曲 (16774) | 28 | 节曲 (182)、热美王瓦曲 (174)、沟曲 (145)、恩达曲 (137)、腰曲 (302)、瓦共曲 (208)、谢把曲 (142)、塘木曲 (174)、羊木涌 (851)、买曲 (875)、甘牙郎 (275)、龟禾能 (120)、赛睛涌 (370)、巷涌 (137)、查青涌 (132)、加涌曲 (277)、达俊能 (145)、吉涌 (15)、巴拉涌 (250)、阿班优涌 (250)、过曲 (170)、吉普 (100)、杂油 (650)、借菁霞 (167)、达曲 (107)、智曲 (287)、桑阿涌 (247)、又曲 (122) | | | | | | | | | | | |
| 11 | 7.14.9.1 | 木曲 (1170) | | | | | | | | | | | | | |
| 12 | 7.14.9.3 | 沙木曲 (1412) | 1 | 等曲 (284) | | | | | | | | | | | |
| 13 | 7.14.9.5 | 巴曲 (1752) | | | | | | | | | | | | | |
| 14 | 7.14.10 | 麦曲 (6450) | 5 | 大毕镛 (167)、汪车囫 (650)、勇曲 (693)、雍曲涌 (314)、多曲 (590) | | | | | | | | | | | |
| 15 | 7.14.10.2 | 柳曲 (1000) | 1 | 色曲 (239) | | | | | | | | | | | |
| 16 | 7.14.10.4 | 色曲 (1486) | 1 | 多曲 (613) | | | | | | | | | | | |
| 17 | 7.14.11 | 金河 (6493) | 4 | 脚曲 (233)、巴曲 (123)、学曲 (167)、热曲 (710) | | | | | | | | | | | |
| 18 | 7.14.11.4 | 格曲 (1713) | 1 | 抛曲 (380) | | | | | | | | | | | |
| 19 | 7.14.13 | 培曲 (1060) | 1 | 熊曲 (415) | | | | | | | | | | | |
| 20 | 7.14.14 | 登曲 (1057) | | | | | | | | | | | | | |
| 21 | 7.14.18 | 通甸河 (1350.4) | 2 | 安乐街河 (124)、清木江 (105) | 2 | 布托错分 (6.4)、布托错青 (9.0) | | | | | | | | | |
| 22 | 7.14.19 | 沘江 (2709.4) | 3 | 沘江支 (200)、象图小河 (419)、师里河 (254) | 1 | 天池 (1.26) | | | | 丰坪 (3230.7) | 1 | 青石岩 (108) | | 3 |

续表

| 流域面积1000km²及以上 | | | 河流 | | 湖泊 | | | | 水库 | | | | | |
|---|---|---|---|---|---|---|---|---|---|---|---|---|---|---|
| | | | 流域面积100~1000km² | | 水面面积10km²及以上 | | 水面面积1~10km² | | 大型 | | 中型 | | 小(1)型 | 小(2)型 |
| 序号 | 条目编号 | 河流·河段 | 名称 | 数目 | 名称 | 数目 | 名称 | 数目 | 名称 | 数目 | 名称 | 数目 | 名称 | 数目 |
| 23 | 7.14.21 | 永平河 (1440) | 打平河 (168.4) | 1 | | | | | | | | | 大碱塘 (911.6) | 3 |
| 24 | 7.14.22 | 黑惠江 (12110.9) | 蜻蛉河 (229.5)、桃源河 (320.9)、弥沙河 (992.5)、沙河 (67.7)、平头河 (253)、吐鲁河 (229.8)、鸡街河 (256.7)、桂蔚河 (101)、歪角河 (530.7)、羊街河 (192.7)、小黑箐 (349.9) | 11 | | | | | | | 玉华 (1065) | 1 | 白汉场 (627)、三哨 (908)、麻甸 (102.2)、上村 (136.38)、老太箐 (116)、千海子 (125.2)、大栗树 (100)、小春箐 (105) | 8 | 34 |
| 25 | 7.14.22.3 | 西洱河 (2718.4) | 三义河 (100.7)、凤羽河 (249.4)、波罗江 (213.4) | 3 | 洱海 (249.4) | 1 | 西湖 (3.3)、茈碧湖 (7.43)、海西海 (4.33) | 3 | | | | | 千海 (125.6)、麻甸 (102.2) | 2 | 14 |
| 26 | 7.14.22.4 | 顺濞河 (1716.5) | 大双江 (116.9)、碌伍河、六米河 | 3 | | | | | | | | | | | |
| 27 | 7.14.25 | 罗闸河 (3230.7) | 砚瑰河 (388)、凤庆河 (481)、晓街河 (188)、茂兰河 (194) | 4 | | | | | | | 河西 (1160)、正觉庵 (1103)、两盆河 (1092) | 3 | 由心 (138)、麻地河 (115)、黑马塘 (105.9) | 3 | 21 |
| 28 | 7.14.29 | 勐曼河 (1539) | 二道河 (254)、兵东河 (422) | 2 | | | | | | | 昔木 (2600) | 1 | 火箐 (126)、迁毛 (763)、长海 (319) | 4 | 23 |
| 29 | 7.14.30 | 小黑江 (5784) | 老发金河 (127.4)、芒片河 (286.2)、拉勐河 (714.1)[答木斯维河 (225.9)]、灵勐河 (124)、勐维河 (168.6)[下龙河 (750.9)清卡河 (120.5)] | 9 | | | | | | | 勐懂 (1410)、芒巴 (1100)、允俘 (1200) | 3 | 班崴 (300)、淘金河 (125) | 2 | 15 |
| 30 | 7.14.30.4 | 勐助河 (1354.6) | 章外河 (111.7) | 1 | | | | | | | 回东河 (1310) | 1 | | | |
| 31 | 7.14.32 | 威远江 (8810.5) | 西山河 (121)、威远河 (303.4)、恩垦河 (266.1)、曼谷河 (632.7)、曼兔河 (127)、习陵河 (176.6)、南井河 (126.2)、铁厂河 (157.5)、那糯河 (123.6) | 10 | | | | | | | 响水 (5670)、戴坑河 (2722)、东洱河 (1139.7)、信房 (1032) | 4 | 徐家坝 (653)、会地 (136.5)、平地 (148)、挖萨 (318)、排砂河 (355)、东风 (205)、西洱河 (266)、大河边 (420)、闷桥 (802)、波萝坝 (139)、弯河 (387)、豆地箐 (216)、倒倘河 (100)、大青河 (184)、芹菜塘 (146)、洗马河 (420)、文板 (138)、丁家回 (337)、那贺 (126)、昔本 (108)、云海 (457.5)、茨箐河 (132)、那板 (458)、梅子湖 (660) | 24 | 58 |
| 32 | 7.14.32.2 | 小黑江 (1979.9) | 通达河 (151.3)、暖里河 (175.6)、独达河 (114.6)、勐剥河 (393.1)、曼达河 (113.1) | 5 | | | | | | | | | 东风 (138.3)、昔本 (108.0) | 2 | 1 |

续表

| 序号 | 条目编号 | 河流 | | | 湖泊 | | | | 水库 | | | | | |
|---|---|---|---|---|---|---|---|---|---|---|---|---|---|---|
| | | 流域面积1000km²及以上 | 流域面积100～1000km² | | 水面面积10km²及以上 | | 水面面积1～10km² | | 大型 | | 中型 | | 小(1)型 | 小(2)型 |
| | | 河流·河段 | 数目 | 名称 | 数目 | 名称 | 数目 | 名称 | 数目 | 名称 | 数目 | 名称 | 名称 数目 | 数目 |
| 33 | 7.14.32.3 | 普洱大河(1894.3) | 4 | 那栗河(225.6)、思茅河(296)、驾莱塘(130.9)、南邦河(467.4) | | | | | | | 1 | 东耳河(1437)、信房(1030) | 3 洗马河(420)、芹菜塘(146)、箐河(132.4) | 23 |
| 34 | 7.14.33 | 黑河(2106.5) | 4 | 小塘河(113)、谎迈河(406.2)、锰坎河(138.2)、杜康河(146.2) | | | | | | | 1 | 多依林(1740) | 2 草坝(133)、糯梗(133) | 7 |
| 35 | 7.14.37 | 南栗河(1248.2) | 4 | 南啊河(304.2)、南碰河(107.8)、那勐河(187.5)、曼浪河(110.4) | | | | | | | | | 2 那依(150)、帕迪(125) | 6 |
| 36 | 7.14.40 | 流沙河(2052.8) | 5 | 南开河(276)、南哈河(464.4)、南木央河(107)、南木河(164.2)、箐窝河(257) | | | | | | | 4 | 那达勐(4943)、曼满(1520)、勐板(2300)、飞龙(1261.3) | 10 曼兴(120)、长田坝(170)、曼西良(238)、曼盆(156)、南咪细辛(589)、特林(106)、平湖(130)、曼丹(120)、曼海(120)、曼老(296) | 37 |
| 37 | 7.14.41 | 南阿河(7678.9) | 18 | 五里河(335.6)、踏青河(105.9)、盐井河(124.6)、曼汤河(307.1)、踏青河支(101.9)、景弄河(124.6)、勐旺河(427.4)、清水河(122.5)、景弄河(296.6)、南线河(107.7)、磨羊河(460.1)、龙山河(131.7)、磨芹河(111.8)、简帮河(314.2)、塔青河(519.5)、龙倍河(177.7)、南品河(786)、布屯河(264.7) | | | | | | | 2 | 箐门口(1169)、营盘山(1495) | 5 龙帕(108)、大寨(349)、木乃河(155)、曼洪(193)、弯干(238) | 3 |
| 38 | 7.14.41.1 | 普文河(1188.2) | 2 | 瘴气河(140.8)、麻速河(114.1) | | | | | | | | | 1 曼苦(149.6) | 11 |
| 39 | 7.14.42 | 南阿河(1528.5) | 3 | 南坎河(109.1)、南普芽河(278.8)、南菁图 | | | | | | | 3 | | 3 前卫(105)、八一(160)、勐末(240) | 11 |
| 40 | 7.14.43 | 南腊河(3911) | 11 | 龙曼河(134.0)、南瓜河(230.6)、南杭河(112.8)、南木浪河(143.8)、南木菁河(660.7)、南满河(592.5)、南远河(131.4)、南泥河(173.0)、塔岩河(47C.6)、南结河(116)、来沟河(156) | | | | | | | 6 | | 6 白象山(668)、国防(225)、岔河(138)、回龙(116)、上中良(689)、曼旦(800) | 6 |
| 41 | 7.14.44 | 南牛河(1928.7) | 5 | 塔拉苹河(162.8)、南牦河(176)、南满河(178.6)、南基河(247.6) | | | | | | | 4 | | 4 哈巴河(246)、勐柏(163)、中勒(606)、回旺(270) | 3 |
| 42 | 7.14.44.2 | 南疤河(4002.7) | 9 | 南丙河(177.4)、南蒲河(111.8)、南任河(176.3)、南满河(106.5)、南门河(150.9)、付腊河(246.5)、南佬河(263.2)、南擞河(311.8)、南木界(399.7) | | | | | | | 1 | | 1 幸福展(120) | 4 |
| 合计 | | | 285 | | 1 | | 9 | | 4 | | 22 | | 84 | 283 |

505

表 7-15　怒江水系一览表

| 流域面积1000km²及以上 | | | 流域面积100~1000km² | | 湖泊 | | | | 水库 | | | | | |
|---|---|---|---|---|---|---|---|---|---|---|---|---|---|---|
| | | | | | 水面面积10km²及以上 | | 水面面积1~10km² | | 大型 | | 中型 | | 小(1)型 | 小(2)型 |
| 序号 | 条目编号 | 河流·河段 | 名称 | 数目 | 名称 | 数目 | 名称 | 数目 | 名称 | 数目 | 名称 | 数目 | 名称 数目 | 数目 |
| 1 | 7.15 | 怒江(136000*) | 多比曲(514)、当曲(797)、洛隆曲(566)、苍曲(401)、马曲(654)、列曲(404)、木空曲(426)、席瓦洛(105)、双拉河(109)、逆麻洛河(272)、普拉河(406)、齐得洛(127.4)、当珠可(125.1)、利沙洛河(113.6)、亚目依玛(193.1)、堵珠罗依玛(164.1)、计多依玛(174.8)、听命河(110.9)、以火啰(123.5)、古炭河(106.9)、老姥河(579.2)、干可(158.9)、孙足河(386.8)、澡塘河(149.9)、李扎河(128)、勐来河(224.3)[水长河(703.6)、水长河支(128.5)]、罗明坝河(308)、蓝褒河(215.5)、勐梅河(252.7)、德昂河(642.4)、大龙洞河(114.2)、苏帕河(664)、柏漾河(119.5)、大麦坝河(115.1)、绿衰河(107.7)、公养河(194.8)、万马河(266.4)、晒干河(129)、曼干河(186)、勐古河(110.1)、南滚河(558*) | 43 | 哦乎措(15.6)、错那(182.4)、错加(20) | 3 | | | 茄子山(12560) | 1 | 大海坝(2370) | 1 | | |
| 2 | 7.15.2 | 母曲(2103) | | | | | | | | | | | | |
| 3 | 7.15.3 | 沈曲(1090) | | | | | | | | | | | | |
| 4 | 7.15.4 | 姜曲(1232) | | | | | | | | | | | | |
| 5 | 7.15.5 | 罗曲(1479) | | | | | | | | | | | | |
| 6 | 7.15.6 | 卡曲(8590) | | | | | | | | | | | | |
| 7 | 7.15.6.1 | 柔曲(1772) | | | | | | | | | | | | |
| 8 | 7.15.6.2 | 白曲(2149) | 江曲(721) | 1 | | | | | | | | | | |
| 9 | 7.15.7 | 嘎曲(1060) | | | | | | | | | | | | |
| 10 | 7.15.8 | 索曲(13840) | 登曲(439)、贡曲(944)、枪曲(419) | 3 | | | | | | | | | | |
| 11 | 7.15.8.3 | 本曲(2405) | | | | | | | | | | | | |
| 12 | 7.15.8.4 | 巴青曲(1259) | | | | | | | | | | | | |
| 13 | 7.15.8.6 | 益曲(2362) | | | | | | | | | | | | |
| 14 | 7.15.8.7 | 库尔色曲(1280) | | | | | | | | | | | | |
| 15 | 7.15.9 | 热玛曲(2378) | | | | | | | | | | | | |
| 16 | 7.15.10 | 热曲(1453) | | | | | | | | | | | | |

续表

| 序号 | 流域面积1000km²及以上 | | 河流 流域面积100～1000km² | | 湖泊 水面面积10km²及以上 | | 湖泊 水面面积1～10km² | | 水库 大型 | | 水库 中型 | | 水库 小(1)型 | | 水库 小(2)型 |
|---|---|---|---|---|---|---|---|---|---|---|---|---|---|---|---|
| | 条目编号 | 河流·河段 | 数目 | 名称 | 数目 | 名称 | 数目 | 名称 | 数目 | 名称 | 数目 | 名称 | 数目 | 名称 | 数目 |
| 17 | 7.15.11 | 妞曲(5590) | | | | | | | | | | | | | |
| 18 | 7.15.11.1 | 七曲(1050) | | | | | | | | | | | | | |
| 19 | 7.15.11.2 | 麦牙曲(1281) | | | | | | | | | | | | | |
| 20 | 7.15.12 | 美曲(1658) | | | | | | | | | | | | | |
| 21 | 7.15.13 | 拉布希曲(1322) | | | | | | | | | | | | | |
| 22 | 7.15.14 | 色曲(4810) | | | | | | | | | | | | | |
| 23 | 7.15.14.1 | 汲曲(1364) | | | | | | | | | | | | | |
| 24 | 7.15.17 | 卓玛卿曲(2552) | 1 | 西曲(854) | | | | | | | | | | | |
| 25 | 7.15.18 | 达曲(2995) | | | | | | | | | | | | | |
| 26 | 7.15.18.1 | 鞘曲(1263) | | | | | | | | | | | | | |
| 27 | 7.15.22 | 徳曲(3733) | | | | | | | | | | | | | |
| 28 | 7.15.22.1 | 巴曲(1002) | 1 | 紫曲(616) | | | | | | | | | | | |
| 29 | 7.15.23 | 八洽曲(3110) | 1 | 瓦曲(852) | | | | | | | | | | | |
| 30 | 7.15.25 | 然布曲(1879) | | | | | | | | | | | | | |
| 31 | 7.15.27 | 伟曲(9190) | | | | | | | | | | | | | |
| 32 | 7.15.36 | 勐波罗河(6646.4) | 5 | 沙河(157.9)、丙麻河(187.5)、橄榄河(111.2)、落匀河(318.9)、塘夫河(218.5) | | | | | 2 | 三块石(2340)、北庙(7350) | 11 | 大海子(208)、龙塘(212.8)、大坝(280)、拦河坝(243.8)、石桦房(115)、大浪坝(140)、油榨子(390)、余家寨(210)、老街子(129.5)、米河(132)、田头(139) | 51 |
| 33 | 7.15.36.3 | 大勐统河(3077.9) | 5 | 南糯河(148.2)、匐腊河(205.5)、更夏河(135.7)、勐廷大河(373.8)、忙捞河(108.5) | | | | | | | 4 | 浪浪河(127)、红花塘(101.67)、大沙坝(120)、香菇塘(332) | 8 |
| 34 | 7.15.36.3.2 | 镇康河(1047.6) | 3 | 徳党河(223.8)、南桥河(358.9)、忙练河(135.9) | | | | | 1 | 忙海(3110) | 3 | 水头(304)、菁树河(191.91)、天生桥(105) | 2 |
| 35 | 7.15.38 | 南汀河(8207.9*) | 12 | 昔宴河(105.9)、勐旺河(210.4)、头道水(164.9)、盘河(261.3)、勐罔河(153.1)、芒咻河(138.6)、河底河(697.6)、忙扒大河(259.3)、勐段河(162.5)、南林河(204.3)、小黑河(418.8)[南令河(119.1)] | | | | | 1 | 博尚(2320) | 6 | 马鹿坑(262)、中山(433)、铁厂河(640)、芒蚌(277.8)、丙令(111.2)、锅底塘(176.5) | 16 |
| 36 | 7.15.38.4 | 南棒河(2797.3) | 5 | 芦子园河(110)、勐梓河(966.3)、打龙河(228.7)、勐统河(313) | | | | | 2 | 南伞(1175)、四楞坝(1965) | 1 | 蕨坝(104) | 6 |
| 37 | 7.15.40 | 南卡江(2268.3*) | 2 | 格浪磺河(128.2)、南马河(504.3) | | | | | 1 | 腊福(3328.8) | 3 | 马散(176)、班卡(438)、英腊(178) | 1 |
| 38 | 7.15.40.1 | 南滚河(1063.8*) | 1 | 库芥河(557.6) | | | | | | | | | | | |
| 合计 | | | 83 | | 3 | | 0 | | 1 | | 8 | | 28 | | 84 |

# 伊洛瓦底江水系一览表

表 7-16

| 序号 | 条目编号 | 河流 | 流域面积 1000km² 及以上 | | 流域面积 100~1000km² | | 湖泊 水面面积 10km² 及以上 | | 湖泊 水面面积 1~10km² | | 水库 大型 | | 水库 中型 | | 水库 小(1)型 | | 水库 小(2)型 |
|---|---|---|---|---|---|---|---|---|---|---|---|---|---|---|---|---|---|
| | | | 河流·河段 | 数目 | 名称 | 数目 | 名称 | 数目 | 名称 | 数目 | 名称 | 数目 | 名称 | 数目 | 名称 | 数目 | 数目 |
| 1 | 7.16 | 伊洛瓦底江 (21300*) | | 9 | 日东曲 (806)、麻必洛 (231)、木切尔洛 (192)、担当洛 (285)、垒壤河 (224)、勐戛河 (968)、大巴江 (173)、勐戛河 (423)、勐乃河 (382) | 9 | | 0 | | 0 | | 0 | | | | | |
| 2 | 7.16.4 | 大盈江 (5859) | | 9 | 滇堂河 (234)、户永河 (328)、支那河 (337)、槟榔河 (145)、芒东河 (200)、盏达河 (348)、南奔河 (118)、户永河 (229)、户撒河 (265) | 9 | 户宋河 (8055) | 1 | | | | | 草坝 (227.3) | 1 | | 6 |
| 3 | 7.16.4.3 | 南底河 (1721) | | 3 | 明朗河 (431)、桂花树河 (124)、蘑菇河 (244) | 3 | | | | | | | 芒旦 (1139.7) | 1 | 油竹坝 (158)、地方头 (359.9)、黄莲塘 (142)、张家坝 (120.9)、侍郎坝 (308)、团结 (200) | 6 | 9 |
| 4 | 7.16.5 | 瑞丽江 (9743) | | 9 | 高树根河 (126.3)、西沙河 (471)、顺利河 (129)、龙江小江 (981)、春柏河 (135)、大蒲窝河 (158)、小蒲窝河 (101.6)、萝卜塘河 (574)、难张河 (103) | 9 | 大河 (3135)、姐勒 (2512) | 2 | | | | | 天湖 (120)、黄莲塘 (127)、坪子寨 (240)、长汉坝 (65)、蚌相 (100)、那目 (143)、海黄 (984)、章凤 (180)、甘露寺 (500)、龙黄田 (206)、勐卯 (120.85)、芒别 (826)、勐板坂 (805.5)、芒允 (137)、红卫 (800)、勐湖 (246)、一朵桥 (444)、清水河 (215)、塘子坝 (176)、大岗 (100)、草坝 (227)、小白龙 (180)、磨水 (222)、弄贵 (210) | 24 | 20 |
| 5 | 7.16.5.6 | 芒市河 (1881) | | 5 | 浪光河 (144)、支郎河 (354)、轩岗河 (204)、孔曲河 (136)、曼洞山河 (128) | 5 | | | | | | | 芒究 (1866) | 1 | 蚌相 (100.0)、小白龙 (193.95)、尹旺 (143.0)、勐板 (805.5)、大岗 (100) | 5 | 11 |
| 6 | 7.16.5.8 | 南碗河 (1439) | | 1 | 南洼河 (140) | 1 | | | | | | | | | 丙印红卫 (800.0)、弄贯 (178.8)、海岗 (984.0)、磨水 (209.0)、章凤 (186.6)、芒允 (175.1)、西湖 (185.2) | 7 | 17 |
| | 合计 | | | 36 | | | | 0 | | 0 | | 0 | | 5 | | 43 | 63 |

## 表7-17　雅鲁藏布江—布拉马普特拉河水系一览表

| 序号 | 条目编号 | 流域面积1000km²及以上 河流·河段 | 河流 流域面积100~1000km² 数目 | 河流 流域面积100~1000km² 名称 | 湖泊 水面面积10km²及以上 名称 | 湖泊 水面面积10km²及以上 数目 | 湖泊 水面面积1~10km² 名称 | 湖泊 水面面积1~10km² 数目 | 水库 大型 名称 | 水库 大型 数目 | 水库 中型 名称 | 水库 中型 数目 | 水库 小(1)型 名称 | 水库 小(1)型 数目 | 水库 小(2)型 数目 |
|---|---|---|---|---|---|---|---|---|---|---|---|---|---|---|---|
| 1 | 7.17 | 雅鲁藏布江 (242000*) | 36 | 鄂月曲 (711)、雄曲 (983)、拉龙藏布 (711)、忙嘎普曲 (760)、热曲 (691)、贡波吉曲 (527)、希鲁得藏布 (893)、嘎给布 (185)、乃弄曲 (200)、拉纠普曲 (516)、普曲 (181)、日军普曲 (215)、洞庵 (325)、色甫沟 (314)、孔獏布 (528)、色车坐曲 (570)、古加曲 (708)、拿戏浦 (618)、阿那塘 (600)、金东曲 (964)、南伊曲 (629)、邦荚河 (367)、修扶河 (637)、西工河 (265)、抗哥曲 (265)、白马西路河 (769)、忆两曲 (182)、多姆曲 (308)、宁夹河 (790)、那布曲 (430)、支荻河 (149)、希芝河 (567)、西苹河 (247)、拉龙藏布 (711) | 朗错 (12.1) | 1 | | | | | | | | | |
| 2 | | 玛修藏布 | | | | | | | | | | | | | |
| 3 | | 库比曲 | | | | | | | | | | | | | |
| 4 | | 荣久藏布 | | | | | | | | | | | | | |
| 5 | | 江曲藏布 | | | | | | | | | | | | | |
| 6 | | 查布曲 | | | | | | | | | | | | | |
| 7 | 7.17.2 | 米乌藏布 (3476) | | | 森里错 (83.8) | 1 | | | | | | | | | |
| 8 | 7.17.3 | 日阿苏藏布 (2629) | 1 | 加扑藏布 (826) | | | | | | | | | | | |
| 9 | 7.17.5 | 柴曲 (4302) | 1 | 约曲 (989) | | | | | | | | | | | |
| 10 | 7.17.6 | 尼多曲 (1261) | | | | | | | | | | | | | |
| 11 | 7.17.7 | 加塔藏布 (6264) | | | | | | | | | | | | | |
| 12 | 7.17.7.1 | 如角藏布 (1097) | | | | | | | | | | | | | |
| 13 | 7.17.7.2 | 萨曲 (1090) | | | | | | | | | | | | | |
| 14 | 7.17.8 | 吉曲 (1664) | 2 | 泵种曲 (219)、其让浦曲 (233) | | | | | | | | | | | |
| 15 | 7.17.11 | 萨迪冲曲 (1449) | 1 | 卡拉 (221) | | | | | | | | | | | |
| 16 | 7.17.12 | 多堆藏布 (19697) | 9 | 洛雄藏布 (848)、长马曲 (365)、如青曲 (213)、江曲 (182)、宗曲 (180)、如多曲 (293)、谢欧曲 (314)、洛贡曲 (237)、弓马曲 (606) | | | | | | | | | | | |
| 17 | 7.17.12.1 | 孔弄曲 (1783) | 1 | 加布者曲 (307) | | | | | | | | | | | |
| 18 | 7.17.12.2 | 美曲藏布 (9979) | 6 | 桑日阿普曲 (159)、亚弄浦 (423)、攻曲藏布 (423)、那弄曲 (401)、机弄曲 (291)、康萨普曲 (306) | 安泥错 (18.5) | 1 | | | | | | | | | |
| 19 | 7.17.12.2.1 | 查洛谷曲 (1296) | | | | | | | | | | | | | |

续表

| 序号 | 条目编号 | 流域面积 1000km² 及以上 河流·河段 | 数目 | 流域面积 100~1000km² 名 称 | 水面面积 10km² 及以上 数目 | 名称 | 水面面积 1~10km² 数目 | 名称 | 大型 数目 | 名称 | 中型 数目 | 名称 | 小(1)型 数目 | 名称 | 小(2)型 数目 |
|---|---|---|---|---|---|---|---|---|---|---|---|---|---|---|---|
| 20 | 7.17.12.2.2 | 布曲藏布 (2698) | 2 | 郎阿藏布 (276)、马桑扎曲 (121) | | | | | | | | | | | |
| 21 | 7.17.12.2.3 | 烈巴藏布 (1559) | 1 | 曲当所嘎曲 (464) | | | | | | | | | | | |
| 22 | 7.17.13 | 荣曲 (1350) | 1 | 拉档涂曲 | | | | | | | | | | | |
| 23 | 7.17.15 | 夏布曲 (5420) | 9 | 荼多曲 (430)、下瓦曲 (230)、结曲 (490)、当曲 (248)、塔曲 (385)、荣扎曲 (224)、雄干普曲 (108)、下覆曲 (393)、歇曲 (168) | | | | | | | | | | | |
| 24 | 7.17.16 | 塘河 (2418) | 2 | 南木切曲 (467)、纳浦曲 (721) | | | | | | | | | | | |
| 25 | 7.17.17 | 年楚河 (11101) | 10 | 色来曲 (322)、任波曲 (144)、半堆河 (764)、夏曲 (163)、得热浦 (160)、仁拉普曲 (256)、帮玉曲 (287)、卡乌曲 (613)、夜日阿曲 (900)、吓曲 (274) | 1 | 冲巴雍错 (12.3) | | | 1 | 满拉 (15500) | | | 1 | 羊磊 (109) | 4 |
| 26 | 7.17.17.3 | 昨嘎普曲 (2896) | 1 | 昨嘎普曲 (122) | | | 1 | 桑旺湖 | | | | | | | |
| 27 | 7.17.17.4 | 江嘎雄曲 (1450) | 2 | 马浦茶儿 (213)、金嘎采久 (552) | | | | | | | 1 | 楚松 (1460) | | | |
| 28 | 7.17.18 | 湘曲 (7346) | 3 | 则学藏布 (271)、宗荣曲 (315)、秋木曲 (257) | | | | | | | | | | | |
| 29 | 7.17.18.1 | 仁曲 (1338) | 2 | 结曲 (183)、奴堆藏布 (428) | | | | | | | | | | | |
| 30 | 7.17.18.2 | 觉牙曲 (2390) | 2 | 白曲 (514)、饿弄曲 (210) | | | | | | | | | | | |
| 31 | 7.17.19 | 浪孔曲 (1601) | 3 | 立嘉曲 (391)、普则玛曲 (396)、康结杂曲 (105) | | | | | | | | | | | |
| 32 | 7.17.20 | 曼曲 (1377) | 2 | 勇曲 (265)、吉雄 (156) | | | | | | | | | 1 | 勇水库 (320) | |
| 33 | 7.17.21 | 尼木玛曲 (2339) | 6 | 绕曲 (626)、尼玛沟 (129)、帕古沟 (111)、帕布沟 (349)、敏拉曲 (152)、达拉麦巴沟 (207) | | | | | | | | | 1 | 措杰 (160) | |
| 34 | 7.17.23 | 拉萨河 (32896) | 16 | 曲浦 (272)、南木沟 (137)、流沙河 (231)、新仓沟 (105)、白纳沟 (195)、塔吉沟 (109)、玛岗沟 (130)、罗浦 (166)、加玛沟 (259)、玛朗朗 (138)、索记朗 (256)、阿朗朗 (173)、扎曲 (464)、苍若朗 (151)、折明朗 (115)、曾戎曲 (266) | | | | | 1 | 直孔 (22400) | | | | | 7 |
| 35 | 7.17.23.1 | 麦曲 (2312) | 3 | 错不阴藏布、韩嘎曲、洋勒 | | | | | | | | | | | |
| 36 | 7.17.23.2 | 桑曲 (2215) | 1 | 多那曲 (268) | | | | | | | | | | | |
| 37 | 7.17.23.3 | 乌鲁龙曲 (3933) | 2 | 巴覆当 (254)、联瑞浦 (103) | | | | | | | | | | | |

续表

| 序号 | 流域面积1000km²及以上 | | 河　流 | | | 湖　泊 | | | | 水　库 | | | | | |
|---|---|---|---|---|---|---|---|---|---|---|---|---|---|---|---|
| | 条目编号 | 河流·河段 | 流域面积100~1000km² | | | 水面面积10km²及以上 | | 水面面积1~10km² | | 大　型 | | 中　型 | | 小(1)型 | 小(2)型 |
| | | | 数目 | 名　称 | | 数目 | 名称 | 数目 | 名称 | 数目 | 名称 | 数目 | 名称 | 数目 名称 | 数目 |
| 38 | 7.17.23.3.1 | 拉曲(1588) | | | | | | | | | | | | | |
| 39 | 7.17.23.4 | 雪域藏布(2041) | 6 | 麻纳朗(327)、仲达沟(199)、卓葵曲(169)、打布松多沟(200)、引波弄(405)、霞青弄(118) | | | | | | | | | | | |
| 40 | 7.17.23.6 | 辇竹藏布(2172) | 5 | 石浦(495)、真木朗(164)、玛纳浦(134)、曲切朗(141)、优弄朗(149) | | | | | | | | | | | |
| 41 | 7.17.23.7 | 壬年曲(1867) | 4 | 耽巴曲(310)、塔约普曲(240)、白曲(246)、牛玛曲(154) | | | | | | | 虎头山(1470) | 1 | 卡改(334)、龙泉(102) | 2 | 1 |
| 42 | 7.17.23.9 | 堆龙曲(5093) | 12 | 格达沟(182)、雪古曲(216)、扎纳沟(101)、阿果曲(524)、优曲(687)、雄曲(451)、色兴沟(118)、楚布曲(618)、古仁曲(662)、贾木沟(102)、朗巴浦(123)、吉浦(104) | | | | | | | | | | | |
| 43 | 7.17.25 | 亚拉雄藏布(2024) | | | | | | | | | | | | | |
| 44 | 7.17.25.1 | 班垢河(1059) | | | | | | | | | 琼果(1040) | 1 | | | |
| 45 | 7.17.26 | 吉舍曲(2033) | 2 | 曲松河(647)、马如曲(106) | | | | | | | | | | | |
| 46 | 7.17.27 | 沃卡曲(1430) | 2 | 罗林曲(428)、达西马曲(387) | | | | | | | | | | | |
| 47 | 7.17.29 | 脚不娜(1618) | | | | | | | | | | | | | |
| 48 | 7.17.34 | 那湖曲(1150) | | | | | | | | | | | | | |
| 49 | 7.17.35 | 里龙曾曲(1558) | | | | | | | | | | | | | |
| 50 | 7.17.36 | 拉昔曲(1127) | | | | | | | | | | | | | |
| 51 | 7.17.38 | 尼洋河(17535) | 8 | 野弄(591)、湄中弄(308)、下木坡朗(558)、几布堆(715)、则弄(541)、白雄(409)、八支陇(307)、林芝沟(327) | | | | | | | | | | | |
| 52 | 7.17.38.4 | 虮曲(1861) | | | | | | | | | | | | | |
| 53 | 7.17.38.5 | 巴阴朗(1605) | 2 | 司玛阴曲(245)、昔普曲(346) | | | | | | | | | | | |
| 54 | 7.17.38.6 | 巴河(4191) | 1 | 罗结曲(654) | | 1 | 八松错(25.5) | | | | | | | | |
| 55 | 7.17.38.6.3 | 朱拉曲(1787) | 1 | 仓布巴(477) | | | | | | | | | | | |
| 56 | 7.17.39 | 帕隆藏布(28969) | 4 | 真空弄巴(502)、牟波弄巴(312)、若弄巴(169)、尼亚河(148) | | 1 | 然乌错(22) | | | | | | | | |

续表

| 流域面积1000km²及以上 | | | 河流·河段 | | 湖泊 | | 水库 | | | | | | |
|---|---|---|---|---|---|---|---|---|---|---|---|---|---|
| | | | 流域面积100~1000km² | | 水面面积10km²及以上 | | 水面面积1~10km² | | 大型 | | 中型 | | 小(1)型 | 小(2)型 |
| 序号 | 条目编号 | 河流·河段 | 数目 | 名 称 | 数目 | 名称 | 数目 | 名称 | 数目 | 名称 | 数目 | 名称 | 数目 名称 | 数目 |
| 57 | 7.17.39.4 | 曲宗藏布(1469) | 4 | 普宗西曲(126)、打龙曲(184)、歇浓曲(168)、宽洛藏布(268) | | | | | | | | | | |
| 58 | 7.17.39.7 | 波堆藏布(4212) | 2 | 则普曲(612)、林珠藏布(303) | | | | | | | | | | |
| 59 | 7.17.39.7.1 | 亚龙藏布(1387) | | | | | | | | | | | | |
| 60 | 7.17.39.8 | 易贡藏布(13533) | 3 | 磨让曲(370)、龙普曲(546)、徐沽曲(393) | 1 | 易贡错(22) | | | | | | | | |
| 61 | 7.17.39.8.2 | 松曲(2265) | | | | | | | | | | | | |
| 62 | 7.17.39.8.3 | 尼郁藏布(1267) | | | | | | | | | | | | |
| 63 | 7.17.39.8.4 | 夏曲(2952) | | | | | | | | | | | | |
| 64 | 7.17.39.8.6 | 勒曲藏布(1651) | | | | | | | | | | | | |
| 65 | 7.17.39.9 | 拉月曲(2857) | 3 | 珍洛玛曲(205)、下巴弄巴(119)、鲁朗河(807) | | | | | | | | | | |
| 66 | 7.17.41 | 金珠曲(2133) | 1 | 嘎隆曲(173) | | | | | | | | | | |
| 67 | 7.17.46 | 帅秦曲(1306) | 1 | 荣布马古曲(330) | | | | | | | | | | |
| 68 | 7.17.48 | 昔勒帕振曲(1040) | | | | | | | | | | | | |
| 69 | 7.17.51 | 鲜约尔河(5384) | 1 | 永木河(550) | | | | | | | | | | |
| 70 | 7.17.51.1 | 德铁姆河(1353) | | | | | | | | | | | | |
| 71 | 7.17.52 | 木汋河(1258) | | | | | | | | | | | | |
| | 7.17.54 | 布拉马普特拉河 | 4 | 西巴尔河(600*)、西曼河(700)、布拉河(524*)、巴尔冈河(186) | | | | | | | | | | |
| 72 | | 察隅曲(17881*) | 13 | 沙贡弄巴(615)、卡阴弄巴(268)、桑久曲(363)、达美河(217)、秋果拉河(808)、堆普曲(663)、尺古曲(946)、拉曲(443)、庞畜河(283)、赛棒河(384)、梓玛曲(183)、多格曲(482)、蒂丁河(357*) | | | | | | | | | | |
| 73 | 7.17.54.8 | 贡日嘎布曲(5370) | 3 | 空札曲(456)、雅达曲(721)、脚通龙曲(270) | | | | | | | | | | |
| 74 | 7.17.54.14 | 杜莱曲(1823) | 2 | 莫翁曲(434)、卡里加曲(259) | | | | | | | | | | |
| 75 | 7.17.54.16 | 丹巴曲(12114*) | 2 | 安扎河(514)、阿玉河(650) | | | | | | | | | | |

续表

| 河流 | | | | | | 湖泊 | | | | | 水库 | | | | | |
|---|---|---|---|---|---|---|---|---|---|---|---|---|---|---|---|---|
| 流域面积1000km²及以上 | | | 流域面积100~1000km² | | 水面面积10km²及以上 | | 水面面积1~10km² | | 大型 | | 中型 | | 小(1)型 | | 小(2)型 | |
| 序号 | 条目编号 | 河流·河段 | 数目 | 名 称 | 数目 | 名称 | 数目 | 名称 | 数目 | 名称 | 数目 | 名称 | 数目 | 名称 | 数目 |
| 76 | 7.17.54.16.2 | 德利河(1558) | 1 | 学里曲(453) | | | | | | | | | | | |
| 77 | 7.17.54.16.3 | 唐工河(2725) | 2 | 丹巴林河(618)、阿潘里河(645) | | | | | | | | | | | |
| 78 | 7.17.54.16.4 | 恩姆拉河(1788) | | | | | | | | | | | | | |
| 79 | 7.17.54.16.6 | 衣屯河(1389) | | | | | | | | | | | | | |
| 80 | | 西巴霞曲(25775*) | 5 | 朗麦河(512)、玉门曲(409)、人哥东曲(782)、马林河(370)、阿协果曲河(624) | | | | | | | | | | | |
| 81 | 7.17.56 | 洛曲(2546) | | | | | | | | | | | | | |
| 82 | 7.17.56.2 | 加波曲(2302) | | | | | | | | | | | | | |
| 83 | 7.17.56.3 | 扎日曲(1092) | | | | | | | | | | | | | |
| 84 | 7.17.56.5 | 苏摩河(1176) | | | | | | | | | | | | | |
| 85 | 7.17.56.9 | 次拉河(6927) | 4 | 打坝河(163)、巴尼亚河(219)、黑马河(540)、班弘达朗曲(388) | | | | | | | | | | | |
| 86 | 7.17.56.10 | 克鲁河(2536) | 1 | 马格里曲(418) | | | | | | | | | | | |
| 87 | 7.17.56.10.5 | 哈姆得里河(2074*) | 2 | 佩林河(3077)、卡依河(379) | | | | | | | | | | | |
| 88 | 7.17.56.11 | 迪克朗河(1317*) | | | | | | | | | | | | | |
| 89 | 7.17.56.12 | 卡门河(10790*) | 3 | 新查河(501)、巴普河(453)、派克河(611*) | | | | | | | | | | | |
| 90 | 7.17.59 | 克纮龙曲(1026) | | | | | | | | | | | | | |
| 91 | 7.17.59.1 | 巴秋河(1216) | | | | | | | | | | | | | |
| 92 | 7.17.59.2 | 比道河(3677) | 2 | 唯通曲(881)、莱姆咋曲(921*) | | | | | | | | | | | |
| 93 | 7.17.59.4 | 姚江曲(6707*) | 1 | 纽克曲(736) | | | | | | | | | | | |
| 94 | 7.17.60 | 达旺曲(3380) | 2 | 曲拿曲(302)、马哥河(849) | | | | | | | | | | | |
| 95 | 7.17.60.2 | 洛扎雅曲(6312*) | 1 | 浦错麦进曲(974) | | | | | | | | | | | |
| 96 | 7.17.61 | 洛扎下曲(2038) | | | | | | | | | | | | | |
| 97 | 7.17.61.2 | 康布曲(1690*) | 1 | 邦里曲(613) | | | | | | | | | | | |
| 合计 | | | 236 | | 7 | | 1 | | 2 | | 3 | | 5 | | 13 |

表 7-18  恒河水系一览表

| 序号 | 条目编号 | 河流 | | 湖泊 | | | | 水库 | | | | | |
|---|---|---|---|---|---|---|---|---|---|---|---|---|---|
| | | 流域面积1000km²及以上 | | 流域面积100~1000km² | | 水面面积10km²及以上 | | 水面面积1~10km² | | 大型 | 中型 | 小(1)型 | 小(2)型 |
| | | 河流·河段 | 数目 | 名称 | 数目 | 名称 | 数目 | 名称 | 数目 | 名称 数目 | 名称 数目 | 名称 数目 | 数目 |
| 1 | 7.18.1 | 马甲藏布(3063*) | | | | | | | | | | | |
| 2 | 7.18.2 | 吉隆藏布(2188*) | 2 | 卧马曲(165)、乃勒拉(444*) | | | | | | | | | |
| 3 | 7.18.2.3 | 斗嘎尔河(1365*) | 2 | 波河(261)、护河(523) | | | | | | | | | |
| 4 | 7.18.3 | 朋曲(24272*) | 6 | 热曲(732)、卡达曲(377)、卡马曲(571)、吉马曲(974)、绒辖藏布(969*)、鲁乌龙木(314*) | 1 | 丁木错(11.1) | | | | | | | |
| 5 | 7.18.3.1 | 朋秋曲(1300) | | | | | | | | | | | |
| 6 | 7.18.3.3 | 洛洛曲(1723) | 1 | 协曲(840) | | | | | | | | | |
| 7 | 7.18.3.5 | 叶如藏布(8376) | | | 1 | 定结错(12.7) | | | | | | | |
| 8 | 7.18.3.5.1 | 苦曲藏布(1194) | | | | | | | | | | | |
| 9 | 7.18.3.5.2 | 金龙曲(2396) | | | | | | | | | | | |
| 10 | 7.18.3.5.3.1 | 麻加曲(1030) | | | | | | | | | | | |
| 11 | 7.18.3.6 | 扎嘎曲(2280) | | | | | | | | | | | |
| 12 | 7.18.3.10 | 波曲(2099*) | 2 | 荣吉嘎(393)、仓曲(370) | | | | | | | | | |
| 合计 | | | 13 | | | | 2 | | 0 | 0 | 0 | 0 | 0 |

表 7-19　印度河水系一览表

| 流域面积1000km²及以上 | | | 河流 | | 湖泊 | | | | 水库 | | | | | |
|---|---|---|---|---|---|---|---|---|---|---|---|---|---|---|
| 序号 | 条目编号 | 河流·河段 | 数目 | 流域面积100～1000km² 名称 | 水面面积10km²及以上 | | 水面面积1～10km² | | 大型 | | 中型 | | 小(1)型 | 小(2)型 |
| | | | | | 数目 | 名称 | 数目 | 名称 | 数目 | 名称 | 数目 | 名称 | 数目 名称 | 数目 |
| 1 | 7.19.1 | 森格藏布(27170*) | | | | | | | | | | | | |
| 2 | 7.19.1.1 | 生拉藏布(1195) | | | 1 | 夏寨错(14.5) | | | | | | | | |
| 3 | 7.19.1.2 | 赤左藏布(2500) | | | | | | | | | | | | |
| 4 | 7.19.1.3 | 噶尔河(1848) | | | | | | | | | | | | |
| 5 | 7.19.1.4 | 噶尔藏布(6258) | | | | | | | | | | | | |
| 6 | 7.19.2 | 奇普恰普河(1040*) | 2 | 西大沟(554*)、[天南河(236*)] | 1 | 鸳鸯湖(1.2) | | | | | | | | |
| 7 | 7.19.2.3 | 加勒万河(1745*) | | | | | | | | | | | | |
| 8 | 7.19.2.4 | 老臣摩河(1100*) | 1 | 昌隆河(615*) | | | | | | | | | | |
| 9 | 7.19.3 | 朗钦藏布(23070*) | | | | | | | | | | | | |
| 10 | 7.19.3.1 | 努扎戎曲(2680) | 2 | 明真(336)、曲那坡(484) | | | | | | | | | | |
| 11 | 7.19.3.2 | 玛那曲(1085) | | | | | | | | | | | | |
| 12 | 7.19.3.3 | 香孜河(2012) | | | | | | | | | | | | |
| 13 | 7.19.3.4 | 俄布河(4572) | 5 | 杜司其(220)、色邬底曲(585)、达萨冬(824)、尼哪木稀扎(406)、下扎(425) | | | | | | | | | | |
| 14 | 7.19.3.5 | 如许藏布(2630*) | 3 | 松杰曲(398)、巴尕觉曲(172)、巨哇曲(209) | | | | | | | | | | |
| 合计 | | | 13 | | 2 | | 0 | | 0 | | 0 | | 0 | 0 |

表 7-20  额尔齐斯河水系一览表

| 序号 | 条目编号 | 流域面积 1000km² 及以上 河流·河段 | 河流 条目数 | 流域面积 100～1000km² 名称 | 湖泊 水面面积 10km² 及以上 条目数 | 名称 | 水面面积 1～10km² 条目数 | 名称 | 水库 大型 条目数 | 名称 | 中型 条目数 | 名称 | 小(1)型 条目数 | 名称 | 小(2)型 条目数 |
|---|---|---|---|---|---|---|---|---|---|---|---|---|---|---|---|
| 1 | 7.20 | 额尔齐斯河 (50425*) | 23 | 加勒格孜阿霞吾河 (747)、乌里吐尔根河 (123)、赛依里青河 (218)、喀拉努尔 (118)、昆格依特 (107)、塔亚塔尔河 (113)、苏尔特 (124)、王勒青库斯特河 (206)、吐洪河 (443)、喀拉通沟 (774)、苏普特河 (213)、库尔特河 (494)、孔乌腊克河 (125)、塔斯特河 (277)、萨尔布拉克 (560)、阿拉克别克河 (998)、塔斯特河 (443△)[色仍喀腊泽依河 (111)、也尔克德克河 (108)]、拉斯特河 (837△) [萨喀萨依河 (108)、巴特巴克布拉克河 (233)]、乌珈昆乌拉斯图河 (356) | | | | | 1 | 可可托海 (11300) | | | 4 | 喀拉通克 (652)、二十三公里 (230)、吐尔洪 (580)、达拉吾孜 (330) | |
| 2 | 7.20.1 | 喀依纳特斯河 (2706) | 7 | 博扎依都尔根河 (174)、喀拉都尔根河 (220)、正格河 (415)、乌勒肯昆克特河 (129)、阿拉散河 (220)、喀什克尔特河 (110)、喀德热特河 (637) | | | | | | | | | | | |
| 3 | 7.20.3 | 喀拉额尔齐斯河 (6522) | 6 | 杜洛埃河 (10△)、逊柯姆河 (107)、昆古依特河 (173)、巴拉颇尔齐斯河 (944)、特根什河 (228)、库珠尔特河 (124) | | | | | | | | | | | |
| 4 | 7.20.3.1 | 卓琴特河 (3334) | 5 | 托依托果西河 (127)、库尔木图河 (820)、阿拉善河 (176)、阿阔依喀喀 (105)、库木阿斯散沟 (278) | | | | | | | | | | | |
| 5 | 7.20.4 | 克巴河 (6792) | 8 | 阿克萨拉赛河 (169)、阿祖巴依河 (116)、小克尔河 (336)、乌拉斯河 (137)、汗德玟特河 (300)、[裂别河 (221)]、索尔苏 (151)、切木六切克河 (988) | | | 1 | 黑嗬滩湖 (1.5) | 1 | 唐巴湖 (22000) | | | | | |
| 6 | 7.20.4.4 | 阿拉哈克特河 (1455) | 3 | 阿拉孜特河 *100)、昂沙提河 (100)、库布图河 (226) | | | 2 | 阿拉哈克湖 (5.4)、克孜治拉湖 (4) | | | 1 | 阿菲滩 (4500) | | | |
| 7 | 7.20.5 | 布尔津河 (9836) | 10 | 则库乌河 (242)、哈孔贵特河 (141)、可布拉克斯河 (101)、乌鲁克托河 (222)、海流滩河 (476)、哲别特 (181)、布的乌喀拉斯河 (237)、二尔滚河 (220)、阿库里滚河 (291)、贝洛替河 (116) | 1 | 喀纳斯湖 (53.78) | 1 | 阿克库勒湖 (8.5) | | | | | | | |
| 8 | 7.20.5.1 | 禾木河 (2160) | 4 | 苏木河 (581)、雅刁朵霍河 (134)、奥得那朵阿拉珊阿仁河 (376)、吉普林河 (392) | | | | | | | | | | | |
| 9 | 7.20.5.4 | 苏木达依力克河 (2459) | 9 | 土尔根河 (218)、卡拉依里克河 (502)、加阿什他依河 (145)、塔拉吉克依 (213)、卡拉克达依特河 (213)、铁美尔巴以他乌拉 (125)、欲文卡拉扎特河 (105)、拉卓多特河 (213)、克秀布拉克河 (108) | | | | | | | | | | | |
| 10 | 7.20.6 | 哈巴河 (6228) | 6 | 托洛姆托河 (132)、那伦河 (280)、铁列克德河 (605)、吉别特河 (263)、莫尔朝特河 (201)、加鲁哈巴河 (128) | | | | | | | | | | | |
| 11 | 7.20.7 | 别列则克河 (1600) | | | | | | | | | | | | | |
| | 合计 | | 81 | | 1 | | 4 | | 2 | | 1 | | 4 | | 0 |

## 表 8 珠江水系河湖数据统计表

| 水　系（河段） | 河流（条） | | 湖泊（个） | | 水库（座） | | | |
|---|---|---|---|---|---|---|---|---|
| | 流域面积1000km² 及以上 | 水面面积100~1000km² | 水面面积10km²及以上 | 水面面积1~10km² | 大型 | 中型 | 小(1)型 | 小(2)型 |
| 合　计 | **129** | **932** | **10** | **1** | **65** | **352** | **1627** | **6132** |
| 表8-1 西江水系 | 99 | 713 | 9 | 0 | 44 | 211 | 1155 | 4592 |
| 一、西江干流·南盘江 | 23 | 158 | 8 | 0 | 6 | 56 | 247 | 2172 |
| 二、西江干流·红水河 | 35 | 227 | 0 | 0 | 13 | 43 | 316 | 537 |
| 三、西江干流·黔江 | 23 | 165 | 0 | 0 | 16 | 58 | 323 | 766 |
| 四、西江干流·浔江 | 7 | 51 | 0 | 0 | 2 | 11 | 60 | 354 |
| 五、西江中下游 | 11 | 112 | 1 | 0 | 7 | 43 | 209 | 763 |
| 表8-2 北江水系 | 14 | 120 | 0 | 0 | 10 | 44 | 161 | 528 |
| 表8-3 东江水系 | 10 | 61 | 1 | 1 | 3 | 38 | 114 | 561 |
| 表8-4 珠江三角洲 | 6 | 38 | 0 | 0 | 8 | 59 | 197 | 451 |

## 西江水系一览表

表 8-1

| 序号 | 条目编号 | 河流·河段 | 流域面积 100~1000km² | | 水面面积 10km² 及以上 | | 水面面积 1~10km² | | 大 型 | | 中 型 | | 小 (1) 型 | | 小 (2) 型 |
|---|---|---|---|---|---|---|---|---|---|---|---|---|---|---|---|
| | | 流域面积 1000km² 及以上 | 名称 | 数目 | 名称 | 数目 | 名称 | 数目 | 名称 | 数目 | 名称 | 数目 | 名称 | 数目 | 数目 |
| 1 | 8 | 珠江 (453690) | | | | | | | | | | | | | |
| 2 | 8.1 | 西江 (353120) | | | | | | | | | | | | | |
| | | 南盘江干流 (56880) | 白浪水 (133)、西河 (202)、潇湘江 (380) [白石江 (141)]、龙潇河 (377)、板桥河 (199)、永清河 (172.1)、阿油铺河 (598) (160.8、麦田河 517.9、猴子坝河 721.1 [汤池河 (377)]、青龙河 (173.3)、巴江 (843.5) [大河河 (230)]、大沟边河 (174)、盆科河 (141)、野则冲河 (119.1)、老李冲洞河 (277)、中和普河 (429)、六郎洞河 (973.1)、洛羊河 (117.5)、地底河 (150.1)、小江″857、禹乐河 (292.2)、 枯龙河 (496.5)、五洛河 (176.2)、汉里河 (348.3)、倘柳河 (189.4)、古碾河 (425) [块草河 (115⁻、坡西河 (194)、仓皇河 (148)、红蜂冲 "470 [蒙里河 (207)]、白水河 (444)、新街河 (904)、东河 (402)、扁子河 (169)、那东河 (283.48)、虹坚村河 (119.24)、乃言河 (151)、百东河 (618) [蒲佑河 (174)]、百麦河 (157)、根标河 (211)]、八洞河 (147)、长麦河 (157)、百康河 (180) | 51 | 阳宗海 (31.9) | 1 | | | 柴石滩 (43700)、平班 (27800)、天生桥一级 (1025700) | 3 | 花 山 (8233)、白浪 (2070)、西湘河 (3600)、满湘 (4437)、响水 (1980)、麦子河 (1350)、板桥 (1470)、永清河 (1700)、连花田 (1885)、黄草坪 (1090)、黑龙潭 (2434)、月湖 (1100)、三角海 (2700)、白坡 (1195)、卡洼 (2144)、天生桥二级 (1378) | 16 | 老鸦村 (293)、辛口子 (155)、老黑箐 (131)、瓦渡 (250)、架格 (282)、新山 (172)、草甸海 (428)、白羊山 (163)、小西村 (262)、围结 (420)、绿芳塘 (207)、北大海子 (176)、板桥海子 (154)、七角塘 (230)、三角 (258)、青峰 (138)、小屯 (341)、汤皮量 (203)、胡家坡 (106)、大麦地 (760)、马场 (105)、小德基 (358)、黄泥堡 (168)、姑娘桥 (109)、小撒卜龙 (685)、小百户 (248)、吃水坝 (292)、根虎房 (239)、普山 (274)、大石河 (795)、大麦坪 (165)、石河 (440)、韭菜坪 (168)、西河坝 (172)、棒山 (165)、跃进坝 (315)、白河 (100)、大石 (650)、小井坝 (152)、棒果 (108)、麦冲 (184)、杨柳坝 (163.6)、大寨 (120.7)、七星河 (152)、石寨河 (134)、山冲河 (352)、马槽地 (121.6)、过山洞 (140)、西大冲 (148)、竹箐河 (173)、万松寺 (300)、额纳 (280)、大凹 (127)、芭李冲 (130)、水麦田 (224)、鸡脖子 (217)、矢则河 (745)、各纳 (347)、登楼山 (176)、神子沟 (146.5)、勒白冲 (107)、大箐 (135)、老里箐 (596.7)、近冲 (546)、拢洪 (155)、黄草箐 (100)、大水塘 (343)、东凤 (280)、者主 (560)、保云 (200)、茂乡 (130)、盆河 (220.5)、龙苗山 (108.8)、砂玛 (358)、虹溪白云 (973.8)、大坝山 (220.5)、连峰 (131.7)、板宜 (151)、旱滩 (396.7)、东凤 (235.5)、松林破 (187.5)、西冲 (145)、终南山 (248)、大坝间 (425)、庄上新坝 (237)、青山 (233)、面店 (116.5)、石坎箸 (546)、老西山 (240)、石板河 (240)、石塘河 (150)、牙弄 (106.2)、大可薪闾 (109)、坎塘坡 (315)、芭第 (110)、威黑 (416) | 1167 |
| 3 | 8.1.8 | 海口河 (1113) | | | 抚仙湖 (212)、星云湖 (34.7) | 2 | | | | | 东大河 (1064)、梁王河 (1100)、茶尔山 (1075) | 3 | | | 46 |

518

续表

| 序号 | 条目编号 | 河流·河段 | 流域面积 100～1000km² | | 湖泊 水面面积 10km² 及以上 | | 水面面积 1～10km² | | 水库 大型 | | 中型 | | 小(1)型 | | 小(2)型 |
|---|---|---|---|---|---|---|---|---|---|---|---|---|---|---|---|
| | | 流域面积 1000km² 及以上 | 数目 | 名称 | 数目 | 名称 | 数目 | 名称 | 数目 | 名称 | 数目 | 名称 | 数目 | 名称 | 数目 |
| 4 | 8.1.10 | 华溪河(4107.8) | 10 | 九溪河(15)、罗木菁河(120.5)、西河(141)、绮庄河(297.6)、石邑河(152.2)、小黑箐(129.5)、香木桥河(197.5)、玄甸河(450.8)、白龙河(147)、新街小河(150.7) | 1 | 纪龙湖(37.3) | | | | | 4 | 东风(9025)、白龙海(1080)、飞井海(1080)、黄草坪(1090) | 34 | 红旗(740)、凤凰(436)、大红坡(185)、田房(147.75)、二龙潭(410)、西河一库(268.5)、合作(189)、美箐(410)、西河二库(435)、矢电(241)、西河二库(175.6)、黄甸坝(305)、拖黑(247)、海棠(248)、雄梅(151)、矢土(142)、白家山(163)、鸡脖子(105)、石板井(186)、舍郎(360)、石邑(105)、回龙(122)、新村(151)、老熊箐(112.53)、洗澡塘(270)、东山团结(115)、老红山(104)、大寨(248)、小棚租(196.3)、罗壁(115)、蛤蒿(136)、八索(134)、那隆(115) | 196 |
| 5 | 8.1.11 | 泸江(4980) | 6 | 旷野河(233.2)、塔冲河(118.2)、象冲河(186.3)、革庄河(197.8)、羊街河(180.1)、猪衣河(108.7) | 1 | 异龙湖(34) | | | | | 3 | 跃进(5370)、天华山(1400)、高冲(1000) | 22 | 席草塘(130)、水塘哨(113)、袁家山(103.4)、王黄塘(187)、龙潭(588)、龙冲(120)、花果山(147.5)、神仙洞(267)、塔冲(780)、个旧湖(329)、云锡小海(444)、黑水塘(191)、青云(380)、尖山(294)、法武(200)、水草冲(270)、黑马箐(196)、龚家庵(341)、红旗(100)、大山(415)、团结(244)、合作(200) | 117 |
| 6 | 8.1.11.3 | 沙甸河(1664.7) | 3 | 大庄河(177)、车甸河(133)、绿冲河(150) | 2 | 长桥海(10.8)、大屯海(12.33) | | | | | 2 | 三角海(2700)、北坡(1275) | | | 51 |
| 7 | 8.1.12 | 甸溪河(3272) | 5 | 白路村河(150.8)、花口河(363.5)、旦方河(445.3)、厦河沟(194.8)、矢白马河(205.9) | | | | | | | 7 | 板桥河(7687)、五者村(8589)、阿平(1297)、招北(1200)、白浪海(353)、水塘(3550)、租舍(1085)、洗洒(1604) | 17 | 黑果坝(146.5)、歪者山(173.5)、小黑洞(114)、鸡街铺(73.5)、招北(240)、迎春(155)、石滚子(100)、雨介(100)、杨梅冲(117)、山衣(208)、无浪海(353)、平海子(650)、杨柳寨(53)、核桃村(200)、上马(129)、所街村(120)、沈回(109) | 107 |
| 8 | 8.1.18 | 清水江(5488) | 3 | 者菱河(208)、石菱河(285.4)、安正河(180.1) | | | | | | | 2 | 听湖(1758)、丁家石桥(1450) | 7 | 红舍龙(722)、回龙(575)、清平(130.1)、团结(274.24)、千龙产(248.2)、黑箐(620)、增产(362.5) | 173 |
| 9 | 8.1.18.1 | 龙江河(1533.5) | 1 | 清平河(164.6) | | | | | | | 1 | 红旗(5400) | 1 | 普者黑湖(6.29) | 13 |
| 10 | 8.1.19 | 黄泥河(7645) | 10 | [响水河(138.5)、寿田小河(185.2)、中安河(107)、朴夯河(199.6)、舍打河(137.5)]牛街河(414)[喵娜河(177.5)]、朴龙河(41.9)、红岩脚河(124)、多衣河(641.3) | | | | | 1 | 鲁布革(12240) | 6 | 响水(1890)、石坝(3540)、湾子(1240)、龙王庙(1092)、东风(1716)、涵子田(1550) | 17 | 社安河(127)、大箐(140)、洋洞(120)、简西石山(270)、大格(118)、羊者窝(153)、奴革(196)、小石岩(231)、吉克(160)、色丛(105)、红石岩(128)、白马(101)、边(183)、多衣河(449)、迤佐河(384) | 97 |
| 11 | 8.1.19.2 | 九龙河(2304.4) | 1 | 响水河(583) | | | | | 1 | 独木(10560) | | | | | 34 |
| 12 | 8.1.19.3 | 小黄泥河(1446) | 1 | 拖佴河(124) | | | | | | | | | | | 5 |

续表

| 序号 | 条目编号 | 河流 | | 湖泊 | | | | 水库 | | | | |
|---|---|---|---|---|---|---|---|---|---|---|---|---|
| | | 流域面积1000km²及以上 | | 水面面积10km²及以上 | 水面面积1~10km² | 大型 | | 中型 | | 小(1)型 | | 小(2)型 |
| | | 河流·河段 | 流域面积100~1000km² 名称 | 名称 | 名称 | 数目 | 名称 | 数目 | 名称 | 数目 | 名称 | 数目 |
| | | | 数目 | 数目 | 数目 | | | | | | | |
| 13 | 8.1.22 | 马别河(2842) | 猪场河(311)、石桥河(265)、三海子河(149)、木浪河(366)、纳省河(204)、木贾河(133)、纳灰河(265) 7 | | | | | | | 毛栗寨(176)、猪场河(178)、幸福(861) | 3 | 11 |
| 14 | 8.1.30 | 北盘江(26357) | 渌水河(278.1)、龙洞河(165.6)、西河(128.7)、龙洞河(113.5)、羊场河(123.2)、法耳河(178)、龙场河(111)、邦得河(138)、麻布河(147)、西泌河(431) [鳙泅河(148)]、龙荨河(134)、三岔河(199)、那郎河(221)、鲁贡河(105)、者平河(193)、巴浪河(611.1、春楼河(486、望谟河(558)[平卜河(114)] 20 | | | 光照(324500) | 1 | 眉山湖(1350)、清底河(1050)、木浪(4710)、兴西湖(2750) 4 | 3 | 包湾(146)、花椒(356)、滴水(105)、马房(230)、冲口(295)、陶家玫(107)、安益(156)、巧啁(168)、东凤(162)、三岔河(419)、纳山岗(656)、白玫(570)、小屯(123)、抄子(142)、杨梅山(150)、法泥(126)、乌寨(240)、三曹(106)、纳过(132)、官田(110) 20 | 59 |
| 15 | 8.1.30.1 | 冰那河(1022) | 马路河(258.8)、羊场河(146.8) 2 | | | | | | | 二道沟(104)、铁厂(180)、后河(213)、梨树坪(135) 4 | 21 |
| 16 | 8.1.30.2 | 拖长江(1220) | 鸡场河(107)、大营河(124) 2 | | | | | | | 长子海(122) 1 | 4 |
| 17 | 8.1.30.3 | 可渡河(3088) | 得禄河(139)、龙覃河(168)、麻车河(111)、八道河(556.2) [明德河(149)]、双河(106)、底拉河(150)、泥依河(162)、赶得河(150)、文兴河(132) 10 | | | | | | | 三联(192)、三岔(130)、得宜(108)、冒水(138) 4 | 15 |
| 18 | 8.1.30.4 | 乌都河(1997) | 噜嚼河(188)、卡合河(153)、小坝河(134)、大桥河(113)、乌图河(472.2) 5 | | | | | | | 木龙(572)、许家屯(304)、松官(134.5) 3 | 8 |
| 19 | 8.1.30.6 | 月亮河(1026) | 通伸河(226)、花德河(340) 2 | | | | | | | 加开营(687)、中坝(288) 2 | 4 |
| 20 | 8.1.30.9 | 麻沙河(1434) | 巴铃河(144.2)、紫马河(266)、大桥河(172) 3 | | | | | | | 三宝(140) 1 | 9 |
| 21 | 8.1.30.10 | 打帮河(2864) | 石头寨河(137)、六枝河(739)、桂家河(306)、蛾蛸河(550) [断桥河(269)]、许怀河(102)、格纵河(206) 7 | | | | | | 王二河(9930)、油桥河(5960)、桂家湖(2854)、八河(1088) 4 | 直蒲(205)、瓦窑(131)、白岩脚(265) 3 | 16 |
| 22 | 8.1.30.11 | 红辣河(2049) | 白石岩河(234)、洗鸭河(158)、简嘎河(152)、羊栗河(685)[(154)] 5 | | | | | | | 3 | 4 |
| 23 | 8.1.30.12 | 大田河(2220) | 鲁沟河(426)、挽澜河(278)、绿河(1117)、反坪河(319) 4 | | | | | | | 大山(144)、马家屯(238)、青树子(435.5)、三角坝(408)、乌寨(240)、红旗大鸭溪(355) 6 | 15 |
| 小 计 | | | 158 | 8 | 0 | | 6 | | 56 | | 247 | 2172 |

续表

| 序号 | 条目编号 | 河流·河段 | 流域面积100~1000km² | | 湖泊 水面面积10km²及以上 | | 水面面积1~10km² | | 水库 大型 | | 中型 | | 小(1)型 | | 小(2)型 | |
|---|---|---|---|---|---|---|---|---|---|---|---|---|---|---|---|---|
| | | 流域面积1000km²及以上 | 名称 | 数目 | 名称 | 数目 | 名称 | 数目 | 名称 | 数目 | 名称 | 数目 | 名称 | 数目 | 名称 | 数目 |
| | | 红水河段区间 | 乐康河(366)[纳亮河(131)]、渡邑河(129)、柔朗河(903)[中亭河(108)]、幼平河(190)、圭垩河(168)、罗苏河(298)、罗变河(118)、芽洞河(664)[甲尧河(106)]、立细河(118)、都牙河(170)、大拉河(663)、坡拉河(155)、东兰河(349)、槛洞河(154)、波豪河(194)、清枚河(427)、九敕河(268)、乔利河(144)、澄江(926)、马山河(136)、四音河(353)、古篷河(402)、北润河(212)、科利河(200)、龙涧河(169)、止马河(512)、蒙村河(289)、凤凰河(642)[龙头河(106)]、芽山河(509)、南洞河(157) | 34 | | | | | 龙滩(2730000)、岩滩(3380000)、大化(81500)、百龙滩(34000)、乐滩(95000) | 5 | 大朗(2638)、大龙(1835)、南岩(1968)、三利(6200)、二沟(1950)、清潭(1363)、陈寺(1260)、高境(1257)、莲花(1175)、樟村(1170)、富泓(1043) | 11 | 造加(618)、新汉(624)、南洪(810)、南岭(649)、顶伞(546)、六勇(528)、方庆(502)、那庆(489)、白沙(450)、白面(450)、德育一库(440)、里民(415)、六茂(410)、菊厂(173)、岭(316)、甘首(311)、衣茂(308)、独山(307)、那龙(300)、坛古(195)、朝阳(192)、大段(231)、六宁(149)、甘坡(142)、东亭(129)、大雷(170)、洛沙(119)、官塘(720)、弄村(495)、桶水(125)、岜燕(183)、石桥(131)、竹水(111)、龙团(350)、江板(284)、塘江(156)、皮太(138)、那豆(176)、龙浪(444)、六汉(121)、人念(112)、那马(115)、天生桥(480) | 47 | | 69 |
| 24 | 8.1.34 | 濛江(8733) | 猫营河(398)、板当河(148)、水塘河(237)、墨所河(47C)、从里河(113)、罗甸河(128)、八茂河(105) | 7 | | | | | | | 雷公滩(1530)、格人(1000)、孟坑(1339) | 3 | 石燕(180)、革寨(320)、红岩(485)、石板田(168) | 4 | | 9 |
| 25 | 8.1.34.3 | 涟江(2335) | 翁岭河(381)、鱼梁河(154)、威远河(204)、水源河(10C)、卢山河(121)、[甲尧河(134)]、花芽(185)、长安河(221) | 6 | | | | | | | | | 翁闹(122)、鱼梁(360)、水打桥(105)、天生桥(134)、花芽(185) | 5 | | 10 |
| 26 | 8.1.34.4 | 坝王河(2576) | 三岔河(133) | 1 | | | | | | | | | 水头(974) | 1 | | 9 |
| 27 | 8.1.35 | 牛河(5582) | 墨冲河(179)、交舟河(599)[兔场河(217)]、河中河(126)、拉旺河(484)、红合河(111) | 6 | | | | | | | | | 狮子山(190)、石家洞(180) | 2 | | 3 |
| 28 | 8.1.35.2 | 曹渡河(2079) | 剪刀河(126)、甜菜河(186)、掌布河(135)、上莫河(125)、打贵河(117) | 5 | | | | | | | 龙塘(3220) | 1 | | | | 26 |
| 29 | 8.1.37 | 布柳河(2775) | 谱里河(506)、安亭河(196)、大马河(304)、板隆河(142)、向阳河(142) | 5 | | | | | | | | | 红里(105)、巴象(100) | 2 | | 5 |
| 30 | 8.1.39 | 吾隘河(1078) | 打牛河(235)、罗富河(101)、牛桥河(247) | 3 | | | | | | | 拉希(3224) | 1 | | | 天生桥(480)、接龙滩(214) | 2 | | 5 |
| 31 | 8.1.41 | 洪阳河(2550) | 洪龙河(263) | 1 | | | | | | | 乔音(1210) | 1 | | | 林内(176)、介排(161)、恩助(128)、巴定(470) | 4 | | 4 |
| 32 | 8.1.43 | 良岐河(1930) | 朔良河(200)、燕洞河(574)、羌河(129) | 3 | | | | | | | | | | | 坡甲(148)、杏花(186)、罗乡(170)、福乡(164)、平乐(467)、谋爱(110) | 6 | | 5 |
| 33 | 8.1.44 | 平冶河(1258) | 乐坪河(161)、那乐河(417) | 2 | | | | | | | 达洪江(6560) | 1 | | | 坡雷(720)、六力(二库)(270)、黎明(263) | 3 | | 22 |
| 34 | 8.1.47 | 地苏河(1080) | | | | | | | | | | | | | | | |

521

续表

| 序号 | 流域面积1000km²及以上 | | 河流·河段 | 河流 | | 湖泊 | | | | 水库 | | | | | | |
|---|---|---|---|---|---|---|---|---|---|---|---|---|---|---|---|---|
| | 条目编号 | | | 流域面积100~1000km² | | 水面面积10km²及以上 | | 水面面积1~10km² | | 大型 | | 中型 | | 小(1)型 | | 小(2)型 |
| | | | | 数目 | 名称 | 数目 | 名称 | 数目 | 名称 | 数目 | 名称 | 数目 | 名称 | 数目 | 名称 | 数目 | 名称 | 数目 |
| 35 | 8.1.50 | | 刁江(3632) | 6 | 长老河(143)、九圩河(199)、花笼河(186)、保平河(126)、板岭河(174)、仁寿河(518) | | | | | | | | | 10 | 大龙(981)、平里(921)、坡甲(148)、花笼(186)、罗皮(170)、花月(100)、古丹(691)、纳盘(140)、里防(201)、精华(168) | 3 | 杏花(186)、古丹(691)、纳盘(140) |
| 36 | 8.1.53 | | 驮乐河(1035) | 1 | 驮乐河(514) | | | | | | | | | 2 | 拉洞(450)、板毛(353) | | |
| 37 | 8.1.54 | | 清水河(4215) | 13 | 亭亮河(113)、大龙湖(760)[朝阳河(186)、玉峰河(117)、狮螺江(226)、沙江(251)、新桥河(291)、南河(900)、蛇山河(208)、石狗河(118)、大桥河(230)]、合江河(333)、龙降河(.24) | | | | | 1 | 大龙洞(15100) | 2 | 清平(9710)、东敖(4910) | 60 | 莲塘(985)、陶鹿(922)、楚花(873)、六旺(847)、塘来(769)、黄寨(663)、木榄(518)、古民(491)、桥里(488)、赵村(448)、大凡(379)、天山(375)、北诺(366)、五村(340)、北诺(306)、云苏(295)、大虫(282)、四季(281)、六全(241)、东塘(225)、六冯(206)、门头(198)、香马(149)、江亚(145)、龙江(128)、福隆(127)、古房(127)、六化(100)、点星(100)、山口(415)、横木(394)、大乙(362)、排塘(360)、黄梨(354)、木塘(330)、张村(304)、六盘(296)、江平(286)、欧阳(277)、六屯(259)、石宝(229)、东塘(210)、关口(206)、凤凰(196)、小六蒙(154)、来鹿(180)、叶六(162)、磨刀(138)、客路(132)、大六蒙(142)、李家(138)、里庙(111)、三六(108)、蒙寨(107)、三叉(120)、其林(991) | 16 |
| 38 | 8.1.55 | | 北之江(1403) | 2 | 思绿河(388)、古塔河(184) | | | | | | | | | 4 | 百爱(991)、岩口(648)、龙头(593)、古瓦(422) | | |
| 39 | 8.1.59 | | 柳江(58270) | | | | | | | | | | | | | | |
| | | | 都柳江段间 | 28 | 三岔河(111)、鄂江河(142)、马场河(376)[普安河(142)]、排洞河(783)[苇勤河(102)、鸡家河(126)、排长河(263)、(112)]、胸嗣河(349)、鸳家河(133)、牛长河(230)、孙觅河(371)[加勒河(135)、宰便河(298)、平正河(749)[加车河(291)、(139)]、样桐河(435)、呼寨河(291)、蛐蛐河(425)[宫图河(108)]、大牛河(529)[南江河(206)]、水口河(108)]、苗江河(326)、龙额河(163)、龙额河(108) | | | | | | | | | 3 | 泗维河(6710)、石祥河(7770)、丰收(3606) | 34 | 燕山(551)、大河(262)、猪槽滩(150)、狮山(130)、乐里(231)、新城(182)、大塘吻(204)、达(150)、边(225)、石头弯(220)、铜鼓岭(164)、三合(935)、冲生(126)、燕山(551)、龙日(954)、两旺(213)、马黎(393)、牡丹(182)、古天(251)、花仪(665)、山头(143)、松林(426)、北冬(134)、里团(385)、根林(177)、武岗(422)、泗浪(400)、恭桐(115)、上澜(440)、后屯(410)、合口(269) | 20 |
| 40 | 8.1.59.4 | | 寨蒿河(2326) | 2 | 尚重河(125)、瑞里河(343) | | | | | | | | | | | 3 |
| 41 | 8.1.59.4.2 | | 平永河(1086) | 2 | 怎冷河(193)、平永河(310) | | | | | | | | | | | 3 |
| 42 | 8.1.59.7 | | 双江(1377) | 4 | 增冲河(163)、口江河(335)、四寨河(264)、谷坪小(139) | | | | | | | 2 | 双江(3050)、四寨河(3830) | 1 | 半冲(191) | 6 |

续表

| 序号 | 流域面积1000km² 及以上 | | | 湖泊 | | | | 水库 | | | | | |
|---|---|---|---|---|---|---|---|---|---|---|---|---|---|
| | 条目编号 | 河流·河段 | 流域面积100~1000km² | | 水面面积10km²及以上 | | 水面面积1~10km² | | 大型 | | 中型 | | 小型 |
| | | | 数目 | 名称 | 数目 | 名称 | 数目 | 名称 | 数目 | 名称 | 数目 | 名称 | 小(1)型 名称 | 小(2)型 数目 |

| 序号 | 条目编号 | 河流·河段 | 数目 | 名称 | 数目 | 名称 | 数目 | 名称 | 数目 | 名称 | 数目 | 名称 | 数目 名称 | 数目 |
|---|---|---|---|---|---|---|---|---|---|---|---|---|---|---|
| 43 | 8.1.59.12 | 古宜河(5083) | 11 | 大湾河(147)、高桥河(193)、芙蓉河(255)、和平河(322)、平寨河(169)、三门河(570)[大地河(107)、四甲河(419)[葡萄河(140)]、林溪河(427)[八江(139)] | | | | | | | | | 石锦(340)、四合(149)、凤岗(138)、西坪江(778) | 6 |
| 44 | 8.1.59.12.2 | 平等河(1031) | 3 | 永江(136)、伟江(338)、西腰河(139) | | | | | | | | | | 3 |
| | | 融江段区间 | 11 | 西坡河(153)、白云河(330)、泗滩河(327)、保江(232)、红岭河(391)、永乐河(184)、大罗河(117)、邵岗河(103)、中回河(141)、沙浦河(695)、东泉河(325) | | | | | 4 | 麻石(28800)、浮石(45000)、大浦(57800)、古顶(32500) | 23 | 芦洞(486)、连花(404)、吉兆(346)、鸡啼(282)、班江(262)、大华(223)、龙驹(221)、木榄(201)、老苗(183)、小山(154)、六湖(132)、上村(107)、密江(221)、大山(160)、标江(570)、都鸡(438)、新塘(149)、大塘枫木冲(480)、同光(170)、泗北(100)、社宜(354)、圳水库(204)、燕山(551) | 37 |
| 45 | 8.1.59.15 | 浪溪河(1228) | 3 | 黄金河(124)、雅露河(171)、甫上河(430) | | | | | | | | | | 1 |
| 46 | 8.1.59.17 | 贝江(1788) | 5 | 结合河(120)、河村河(217)、民洞河(102)、都郎河(206)、香粉河(139) | | | | | | | | | | 3 |
| 47 | 8.1.59.20 | 阳江(1316) | 3 | 武阳江(349)、龙岸河(155)、北源河(105) | | | | | 2 | 洞攻(1640)、安乐(1625) | 7 | 帮洞(827)、木王(347)、上皇坪(203)、地峨(175) | 黄泥(282)、琴底(220)、西岩(372) | 8 |
| | | 柳江段区间 | 9 | 凤山河(206)、浪江(113)、大柯河(744)[三千河(308)]、里堡河(140)、石祥河(305)、高龙河(220) | | | | | 1 | 红花(300000) | 4 | 石祥河(7770)、龙杯(3335)、工农(2072)、北弓(1214) | | 89 |
| 48 | 8.1.59.23 | 龙江(16878) | 15 | 黄江(315)、台村河(299)、小七北河(415)、拉电河(109)、温泉河(167)、屯蒙河(273)、围道河(125)、五里河(185)、六坡河(212)、大坪河(111)、香梅河(198)、高要河(203)、中和河(362)、王格河(111)、合林河(237)、流山河(113) | | | | | 2 | 拉浪(12500)、洛东(18500) | 4 | 六坡(3210)、洛西(1608)、土桥(3318)、芒勇(2049) | 板道(1012)、卡马(938)、天堂(750)、里雍(615)、下河(337)、蒋芦山(397)、苘芦山(397)、双峰(247)、双蒙(370)、下河(337)、接龙滩(250)、王巷(554)、洛江(212)、下甫(220)、接龙滩(214)、龙头江(170)、下甫(207)、香梅(198)、沙坪(186)、纳屯(170)、肯城(175)、大安(153)、斗捻(104)、永代(151)、狮山(130)、甲马 | 79 |
| 49 | 8.1.59.23.3 | 榕江(1673) | 1 | 水东河(502) | | | | | | | 4 | 洪江(249)、威刀(107)、梅玄(228)、比寨(112) | | 13 |
| 50 | 8.1.59.23.5 | 大坏江(2891) | 3 | 文雅河(128)、大安河(145)、地理河(113) | | | | | | | | | | 15 |
| 51 | 8.1.59.23.5.1 | 古宾河(1353) | 2 | 大千河(237)、洛阳河(137) | | | | | | | 4 | 下甫(259)、南川(160)、古宾(113)、下庙(110) | | 8 |
| 52 | 8.1.59.23.7 | 小坏江(2362) | 7 | 下邦河(126)、明伦河(106)、平门河(110)、河溪河(130)、留涧河(100)、大才河(159)、岭寨河(103) | | | | | | | 4 | 平桥(365)、下庙(337)、拉甫(283)、玉楼(365) | | 5 |

523

续表

| 河流 | | | 湖泊 | | | | 水库 | | | | | |
|---|---|---|---|---|---|---|---|---|---|---|---|---|
| 流域面积1000km²及以上 | | | 水面面积10km²及以上 | | 水面面积1~10km² | | 大型 | | 中型 | | 小(1)型 | 小(2)型 |
| 序号 | 条目编号 | 河流·河段 | 数目 | 流域面积100~1000km² | | | | | | | | |
| | | | | 数目 | 名称 | 数目 | 名称 | 数目 | 名称 | 数目 | 名称 | 数目 | 名称 | 数目 |

| 序号 | 条目编号 | 河流·河段 | 数目 | 名称 | 数目 | 名称 | 数目 | 名称 | 数目 | 名称 | 数目 | 名称 | 数目 |
|---|---|---|---|---|---|---|---|---|---|---|---|---|---|
| 53 | 8.1.59.23.8 | 东小江(1903) | 4 | 宝坛河(243)、怀群河(327)、自强河(132)、流河(276) | | | | | | | 2 | 马岭(352)、下河(337) | 6 |
| 54 | 8.1.59.26 | 洛清江(7602) | 7 | 洢江(122)、稻塘江(566)、垦星河(458)[金鸡河(148)]、大邢河(214)、矮岭河(117)、古岩河(389) | | | | | 4 | 板峡(8740)、金鸡河(3095)、马步(1850)、龙母(1152) | 29 | 小江(880)、石脉(470)、青龙口(762)、罗山江(692)、狮子口(774)、马东宅(356)、绕塞底(290)、马桥(210)、大坡口(316)、木叶(223)、六谷(206)、七排岭(197)、塔元(194)、南场(189)、焦额(174)、正老虎(169)、新塞(168)、四堡(175)、九塔(135)、木虎元(135)、红沙沟(155)、高峰(130)、兰村(116)、东木山(106)、古备(127)、寺青(105)、经旗(106)、富合 | 8 |
| 55 | 8.1.59.26.3 | 西河(1143) | 1 | 寿城河(365) | | | | | | | 2 | 落岭(371)、思塘江(309) | 3 |
| 56 | 8.1.59.26.5 | 石门河(1116) | 2 | 黄腊河(232)、福龙河(277) | | | | | | | 3 | 里洪(327)、三漫(138)、长弄(115) | 11 |
| 57 | 8.1.59.26.6 | 石榴河(1326) | 4 | 头排河(131)、长眉河(166)、拉沟河(117)、卡旁河(16) | | | | | | | 6 | 龙岩(432)、红旗(227)、公相(215)、洞底(171)、歪石(130)、长塘(528) | 1 |
| 58 | 8.1.59.27 | 运江(2219) | 5 | 门沃河(241)、浦头河(391)、金秀河(244)、木晶河(603)[隔木河(199)] | | | | | 2 | 长村(1720)、下六甲(3280) | 17 | 田村(966)、两旺(935)、长塘(585)、大山(505)、马力(393)、甫上(321)、六冲(259)、蓝淀坑(226)、金岩(204)、老虎尾(190)、跌马寨(180)、歪甲(145)、土合(144)、红泥(134)、云岩(124)、都堂(113)、百万(103) | 23 |
| | | 小 计 | 227 | | 0 | | 0 | | 43 | | 316 | | 537 |
| | | 黔江段区间 | | | | | | 达开(39800) | 1 | 乐梅(1400) | 13 | 北堂(633)、福隆(680)、乐业(690)、松响(405)、大荣(358)、黄岭(216)、黄山(175)、马山(168)、西山(160)、洪岭(140)、陈康(139)、横岭(127)、地有(107)、石滩(107) | |
| 59 | 8.1.61 | 郁江(89677) | | | | | | 百色(566000) | 1 | 天雹(1684) | 3 | 八桥(138)、央达(125)、八桃(143) | 8 |
| | | 駄娘江段区间 | 17 | 拉达河(403)、瓦科河(515)、泥洞河(129)、老贡河(192)、那芳河(916)[那娘河(239)]、龙美河(102)、新塞河(141)、那门河(627)[平利河(152)]、八中河(599)[百隆河(208)]、者苗河(128)[巷仙河(762)、百康河(239)[能冥河(112)]、阳圩河(121) | | | | | | | | | | |
| 60 | 8.1.61.4 | 西洋江(5226) | 8 | 那佗河(173.5)、杉木桥河(105.3)、阿用河(143.4)、平密河(769.7)、那用河(175.5)、驮佐河(244)、那米河(247.2)、那比河(186.7) | | | | | | | 1 | 龙潭(235) | 44 |

524

续表

| 序号 | 条目编号 | 河流 流域面积1000km² 及以上 | | 湖泊 水面面积10km²及以上 | | 水面面积1~10km² | | 水库 大型 | | 中型 | | 小(1)型 | | 小(2)型 |
|---|---|---|---|---|---|---|---|---|---|---|---|---|---|---|
| | | 河流·河段 | 名称 数目 | 名称 | 数目 | 名称 | 数目 | 名称 | 数目 | 名称 | 数目 | 名称 | 数目 | 数目 |
| 61 | 8.1.61.5 | 那能河(1112) | 3 | 那能河(193)、甲村河(108)、者帮河(132) | | | | | | | | | | 6 |
| 62 | 8.1.61.6 | 谷拉河(3362) | 9 | 洪门河(249.2)、板伦河(201.2)、里呼河(118.4)、架街河(132.6)、洞波河(174.5)、百油河(148.5)、者利河(566)[那定河(244)]、洋水河(268) | | | | | | | | | | 6 |
| 63 | 8.1.61.8 | 乐里河(1412) | 2 | 利周河(228)、汪甸河(102) | | | | | | 丰厚(855)、平宜(463)、板桃(102) | 3 | | | 7 |
| 64 | 8.1.61.10 | 澄碧河(2086) | 3 | 朝里河(170)、意亡河(169)、仁东河(149) | | | | 澄碧河(113000) | 1 | 下盈(346)、坡脚(331)、板里(320)、平林(277)、那晋(190)、塘兴(151)、九联(137) | 7 | | | 6 |
| | | 右江段区间 | 19 | 端村河(644)[那音河(254)]、同乐河(140)、保利河(236)、里赖河(109)、百乐河(196)、林蓬河(132)、那尼河(142)、达寨江(145)、新圩河(380)、濑江(146)[盘龙河(129)、驮湾河(217)]、覃曹河(158)、杨湾河(106)、那桐河(121)、龙江(126)、又梅河(128) | | | | 那音(1772)、布瓦(4095)、龙马(3880)、那峰(2634)、惠洞(1942)、布良(1684)、敢杯(1610)、合良(1330)、那马(1290) | 9 | | | 又梅(960)、兴达(475)、定龙(671)、布门(414)、那沙(504)、下花(475)、派芳(330)、龙门(323)、金沙河(390)、武陵(310)、那龙(314)、大林(310)、那达(273)、那民(305)、布也(290)、马村(275)、那达(269)、德利(263)、古沙(248)、果丰(236)、玩哒(234)、玩利(228)、西牛(214)、百笔(214)、何德(212)、百育(188)、六丹(160)、六龙(157)、六外(149)、两水(145)、子安(143)、合龙(137)、那益(129)、六组(123)、覃内(122)、安邦(117)、那邓(117)、公靖(113)、河建(113)、红灯(108)、双邓(101)、那笔(100)、灵横(100)、六连(100) | 44 | 31 |
| 65 | 8.1.61.11 | 福禄河(1396) | 2 | 昔仁河(278)、乌拉河(123) | | | | | | 鸡甫(135)、龙景(190)、那杯(513)、乌拉(251) | 4 | | | 5 |
| 66 | 8.1.61.13 | 田洲河(1299) | 2 | 百里河(224)、碛桑江(438) | | | | 百东河(9192)、惠塘(1942)、浪塘(1663) | 3 | 朔柳(256)、懂立(108) | 2 | | | 6 |
| 67 | 8.1.61.14 | 龙须河(2828) | 4 | 马隘河(334)、通怀河(485)、东江河(128)、那甲河(103) | | | | 邑蒙(9228)、龙须河(3245) | 2 | 大旺(739) | 1 | | | 6 |
| 68 | 8.1.61.15 | 古榕江(1179) | 1 | 那便河(112) | | | | | | 果枫(311) | 1 | | | 1 |
| 69 | 8.1.61.19 | 渌水江(2080) | 1 | 天等河(448)、罗兴江(309) | | | | 下琴(1369) | 1 | 定天(223) | 1 | | | 5 |
| 70 | 8.1.61.20 | 武鸣河(3991) | 11 | 两江河(131)、府城河(358)、仙湖河(479)、香山河(965)[马头河(160)]、罗波河(193)、新圩河(203)、双桥河(152)、锣圩河(438)[内庞河(166)]、俭学河(130) | | | | 仙湖(12500) | 1 | 睿定(4786)、那打(2647)、定标(2435)、忠党(1186)、六朝 | 5 | 元霄(685)、马定(677)、桥银(600)、达马(586)、增坝(584)、芭益(510)、绿学(552)、那油(498)、定罗(520)、世排(250)、林渌(406)、西甫(475)、友谊(468)、布凌(218)、新庆(243)、渌之(404)、苗甫(392)、那渌(310)、六一(147)、那登(218)、伏山(218)、蜜蜂(237)、绿大(223)、清水(198)、那罗(130)、那茂(一)库(179)、绿洋(204)、文坛(164)、红岭(127)、江元(130)、下潘(118)、凤凰(115)、河夫(105) | 33 | 119 |

续表

| 序号 | 条目编号 | 河流 | | | 湖泊 | | | | 水库 | | | | | |
|---|---|---|---|---|---|---|---|---|---|---|---|---|---|---|
| | | 流域面积1000km²及以上 | 流域面积100~1000km² | | 水面面积10km²及以上 | | 水面面积1~10km² | | 大型 | | 中型 | | 小(1)型 | 小(2)型 |
| | | 河流·河段 | 数目 | 名称 | 数目 | 名称 | 数目 | 名称 | 数目 | 名称 | 数目 | 名称 | 数目 名称 | 数目 |
| 71 | 8.1.61.21 | 左江 (32379) | 16 | 凭祥河 (102)、上龙河 (146)、小湾河 (185)、岵阳河 (477)、安农河 (104)、板崇河 (166)、那渠河 (152)、板中河 (810) [响水河 (273)]、那陶河 (152)、张中河 (822) [那练河 (104)、何大河 (153)、双凭河 (435) [芭蕾河 (165)]、下磨河 (218) | | | | | 2 | 左江 (71600)、客兰 (32300) | 4 | 派夫 (2893)、新安 (1840)、农安 (1826)、那利 (1642) | 24 | 万礼 (320)、捅花 (258)、群杯 (219)、盛平塘 (128)、拦碰 (642)、六板 (505)、驮坎 (366)、勇坡 (329)、渠茗 (212)、革新 (206)、谷满 (141)、巴宁 (126)、六鸡 (103)、派章 (161)、浦峭 (153)、锦阁 (439)、绿随 (193)、巴帕 (822)、杯阳 (306)、派农 (442)、那河 (388)、巴浪怀 (288)、皇 (185)、滦 (150) | 49 |
| 72 | 8.1.61.21.1 | 水口河 (5532) | 3 | 峒桂河 (984) [桔隆河 (134)]、驮贯河 | | | | | | | | | 3 | 春秀 (682)、沿边 (454)、青龙山 (411) | 3 |
| 73 | 8.1.61.21.2 | 明江 (6379) | 10 | 驮赖河 (127)、驮林河 (589) [平岩河 (207)]、公安河 (393) [那市河 (117)、平批河 (184)、江叫河 (144)]、那桥河 (124)、思外河 (186)、大念河 (287) | | | | | 2 | 那板 (10850)、小峰 | 1 | 凤凰 (1120) | 23 | 念伦 (920)、尚透 (652)、板细 (289)、百肯 (214)、四佛 (164)、六桥 (103)、上旦 (132)、六卜 (113)、那别 (164)、大闸 (469)、那旺 (360)、鸿鸾 (354)、路白 (313)、松林 (141)、那翁 (163)、梅湾 (136)、小白马 (129)、巴晓 (153)、友谊 (129)、下间 (141)、派雷 (113)、新屋 (112)、辽隆 | 29 |
| 74 | 8.1.61.21.4 | 派连河 (1569) | 3 | 板坡河 (554) [浦门河 (134)]、渠围河 (377) | | | | | | | | | 4 | 燕安 (391)、那标 (330)、捐平 (273)、大象 (243) | 4 |
| 75 | 8.1.61.21.4 | 黑水河 (6025) | 4 | 碧泉河 (343)、明壮河 (592) [106]、槐圩河 (295) | | | | | | | 2 | 乔苗 (2448)、金龙 (1938) | 4 | 友谊 (980)、龙潭 (181)、那礼 (158)、大龙潭 (271) | 12 |
| 76 | 8.1.61.21.4.1 | 下雷河 (1200) | 2 | 多吉河 (159)、三潮河 (212) | | | | | | | 1 | 朋杯 (1101) | 2 | 派林 (141)、派钦 (586) | 1 |
| 77 | 8.1.61.21.4.2 | 向水河 (1134) | 1 | 龙门河 167.5 | | | | | | | | | 4 | 邏湃 (816)、伏懞 (685)、念向 (515)、东仪 (133) | 4 |
| 78 | 8.1.61.21.8 | 汪庄河 (1226) | 2 | 那巴河 (201)、邑盆河 (294) | | | | | | | 1 | 那江 (2292) | 9 | 伯俺 (833)、岭林 (699)、三哈 (659)、姑龙 (644)、弄攀 (219)、百合 (189)、必计 (178)、丁欧 (174)、那派 (108) | 23 |

续表

| 序号 | 条目编号 | 河流·河段 | 流域面积1000km²及以上 | 流域面积100～1000km² 名称 | 数目 | 湖泊 水面面积10km²及以上 名称 | 数目 | 湖泊 水面面积1～10km² 名称 | 数目 | 水库 大型 名称 | 数目 | 水库 中型 名称 | 数目 | 水库 小(1)型 名称 | 数目 | 水库 小(2)型 数目 |
|---|---|---|---|---|---|---|---|---|---|---|---|---|---|---|---|---|
| | | 郁江段区间 | | 心圩江(123)、茅桥河(115)、良凤江(505)、三塘河(150)、沙江(762)[西云江(162)、四塘河(176)]、东班江(890)[石吊江(225)、伶俐江(251)、青龙江(890)]、沙坪河(180)、六丁江(249)[马岭河(539)、沙坪河(528)、曲江(257)、莲塘河(184)、蒙江河(445)[新兴河(114)、罗凤河(564)]、大冲河(282)]、镇龙江(614)[向阳河(106)、云表江(101)]、反塘江(664)[石马河(137)、木格河(132)、东博江(186)、画眉河(447)、大洋山河(668)[小平山河(164)、木根河(116)、撩江(329)]、独流江(655) | 33 | | | | | 西津(310000)、仙衣滩(37200)、马骝滩(31900) | 3 | 西云江(6359)、青龙江(2490)、六兰(9552)、北滩(6500)、云表(3656)、青年(1477)、逢逯(1312)、九渡(1791)、甘道(1740)、平合(2519)、布新(1803)、石旺(1735)、白石(1260)、大洋河(1058)、岭蒙(2800)、化寿(1216)、大坡(1080)、红江(1033)、新城(1960)、六佑(2388)、百合(1645)、思明(1440) | 23 | 银岭(875)、崎村河(804)、天堂(733)、康宁(651)、老虎岭(640)、六思(625)、马安(427)、金沙湖(390)、六冬(370)、罗引(338)、薪生(231)、草坪(214)、罗文(213)、坛逢(186)、罗伞岭(133)、狮子岭(132)、六桃(130)、跃进(127)、那久(117)、九末菁石(114)、古平(128)、独(101)、华楠(406)、白滩(157)、十五山(117)、朗加(山麓(103)、李村(580)、黄茅坪(873)、六巴(656)、陈汝(555)、水燕(570)、旺安(277)、(493)、牛口(453)、那洪(546)、三岔(357)、元江(314)、大陆(340)、狼山(438)、六桐(318)、西甘塘(268)、象峰(299)、江南(324)、车桑(277)、(237)、那敦(231)、长天塘(265)、六叱(259)、潘石(222)、北马(221)、留塘(230)、山明(229)、甲江(岭(195)、飘塘(203)、北三(188)、秋根(184)、九塘(183)、三合(167)、王三(166)、火塘(163)、六贡(183)、角塘(159)、三托(158)、一号(157)、快林(161)、东方红(147)、红口(156)、龙江(154)、车桑(149)、快吊(大)、水(145)、七兰(146)、镇海(146)、红旗(145)、泥江(116)、黄塘(143)、北团(135)、黑石滩(145)、大陈新(107)、五盖(114)、西牛洞(105)、桥邓(114)、下艾(109)、鹤岭(122)、封结(138)、石篆口(102)、山中(109)、新民(595)、公德(345)、罗英塘(503)、子孙(389)、白罗(389)、社岭(103)、长生(298)、大兴(109)、兰河塘(389)、牛塘(186)、大地(174)、鱼年(256)、罗蕃(159)、官(237)、文星(150)、大塘(150)、石屋(124)、东塘(103) | 357 | |
| 79 | 8.1.61.24 | 八尺江(2298) | | 公安河(233)、那元河(301)、那岳河(226)、思灵河(793)[新连河(127)、新江河(120)] | 6 | | | | | 屯六(22600)、凤亭河(50720)、大王滩(63800) | 3 | 英雄(2999) | 1 | 帽子岭(650)、香流(285)、那寨(197)、文笔(187)、那西(120)、桂盛(109) | 6 | 2 |
| 80 | 8.1.61.33 | 武思江(1134) | | 竹瓦江(160)、大陂(119)、塞开河(124) | 3 | | | | | 武思江(12775) | 1 | 茶山(1020)、马坡(2730) | 2 | 红卫(101)、大西(171)、德礼(119)、大水(105)、金康(530) | 5 | 16 |
| 81 | 8.1.61.36 | 鲤鱼江(1164) | | 黄练河(240) | 1 | | | | | 平龙(12465) | 1 | 三漾(1651) | 1 | 马班(588)、中螺(414)、六班(127)、石牛(213)、六末(161)、龙颈(127)、鸡颅(123)、虾公(118)、古塔(110) | 9 | 17 |
| | 小 计 | | | | 165 | | 0 | | 0 | | 16 | | 58 | | 323 | 766 |

527

续表

| 序号 | 流域面积1000km²及以上 | | 河流 | | 湖泊 | | | | 水库 | | | | | |
|---|---|---|---|---|---|---|---|---|---|---|---|---|---|---|
| | 条目编号 | 河流·河段 | 流域面积100～1000km² | | 水面面积10km²及以上 | | 水面面积1～10km² | | 大型 | | 中型 | | 小(1)型 | 小(2)型 |
| | | | 数目 | 名 称 | 数目 | 名称 | 数目 | 名称 | 数目 | 名称 | 数目 | 名称 | 数目 名称 | 数目 |
| | 寻江段区间 | | 22 | 新江(159)、濠江(300)、旺村河(118)、武藏水(186)、东乡河(248)、马来河(475)、社坡河(285)、大漳江(874)[三连河(1140)、紫荆河(394)]、思旺河(332)、乌江(287)、寺青水(164)、秦川河(3033)、郁榜河(113)、蒙辽河(114)、洄培河(189)、安平河(210)、白石河(334)、石子河(101)、上小河(311)、下小河(673) | | | | | 1 | 长洲(560000) | 7 | 杜坡河(5514)、金田(6630)、罗贤(2260)、马皮(1251)、田贵(4887)、东平(5740) | 117 维醑(903)、皮塘(440)、石锦(340)、四合(149)、石贯(146)、四清(104)、牛寮塘(100) | |
| 82 | 8.1.66 | 白沙江(1139) | 2 | 富藏河(165)、大湘河(178) | | | | | 1 | 六陈(32600) | 4 | | 26 水明河(540)、龙角(463)、六佰(395)、白竹(156) | |
| 83 | 8.1.67 | 蒙江(3894) | 8 | 茶山河(184)、文圩河(293)、百合河(106)、陈塘河(115)、陈塘河(162)、平福河(553)[黄润河(153)]、马河(229) | | | | | | | 2 | 茶山(6300)、大圧(4155) | 50 座洞(322)、都旧(226)、大陆(211)、古柜(128)、那暖(124)、罗社(120)、拆邓(114)、月魄(113)、都堂(660)、瓦冲(167)、屯敬 | |
| 84 | 8.1.67.2 | 大黎江(1140) | 1 | 大黎河(288) | | | | | | | | | 2 | |
| 85 | 8.1.68 | 北流河(9359) | 8 | 六麻河(214)、新丰河(176)、民乐河(256)、六华河(20)、道知河(220)、洞罗河(834)[新隆河(122)]、黄沙河(228) | | | | | | | 1 | 宁冲(1051) | 95 佛子湾(884)、同敏(807)、观眉(214)、周安(130)、大益(114)、英雄(550)、大村(583)、桃源(219)、分水(862)、民安(850)、六卜冲(115)、佛子湾(884)、六和(215)、山心(141)、小洞(662)、百三(473)、红田(460)、康塘(740)、龟河(348)、石剑(335)、深塘(248)、竹山(2334)、木井(183)、古旺(125)、竹沅(112) | |
| 86 | 8.1.68.1 | 杨梅河(1093) | 3 | 黎村河(195)、灵山河(102)、池水河(119) | | | | | | | | | 17 平梨(621)、满洞(459)、天堂(391)、双车(308)、白沙(374) | |
| 87 | 8.1.68.4 | 黄华河(2398) | 3 | 白石水(529.5)、雯子河(156)、水汶(217) | | | | | | | | | 13 珊瑚坪(275)、黄龄(230)、六满(138)、兵营(240) | |
| 88 | 8.1.68.5 | 义昌江(1962) | 4 | 梨木河(139)、大淀河(423)[筋竹河(161)]、糯桐河(448) | | | | | | | 2 | 赤水(1115)、塘坪(2413) | 34 望里(720)、石鹰(590)、大汪(174)、旺坡(165) | |
| | 小 计 | | 51 | | 0 | | 0 | | 2 | | 11 | | 60 | 354 |
| | 西江中下游 | | 16 | 罗董河(190)、罐龙水(213)、罗劳河(175)、涤水河(167)、连城水(14)、桂圩河(660)、马圩河(660)、渌水河(20)、连连河(159)、大峰水(130)、虎城河(87)[凤村河(130)]、大榕水(100)、大迳水(458)、宋隆水(410)、九坑河(153) | 1 | 星湖(6.49) | | | 2 | 冲源(3720)、金林(1608) | 10 黄铜降(1486)、河洐坪(1911)、向阳(9750)、大河(1180)、九坑河(3845)、杨梅(2372)、金龙河(1421)、瓶库(1382) | 24 仙罗(249)、寺田(137)、双枝塘(263)、中坑(155)、富林(379)、永丰(460)、牛湖(197)、桃子坪(307)、鲤鱼尾(650)、马咀(470)、尤鱼(332)、猫爪(159)、良村(260)、久留(355)、犁口咀(219)、平台(222)、文塘(205)、五柳迳(428)、沙田坑(280)、神坑(193)、胡梅高(211)、利涠(100)、胡村塘(195)、小罗(128)、利涠(168)、嫩坑(165) | 281 |

续表

| 序号 | 条目编号 | 河流 | | 湖泊 | | | 水库 | | | | | | |
|---|---|---|---|---|---|---|---|---|---|---|---|---|---|
| | | 流域面积1000km²及以上 | | 水面面积10km²及以上 | 水面面积1~10km² | | 大 型 | | 中 型 | | 小(1)型 | | 小(2)型 |
| | | 河流·河段 | 流域面积100~1000km² | | | | | | | | | | |
| | | | 数目 | 名 称 | 数目 | 名称 | 数目 | 名称 | 数目 | 名称 | 数目 | 名 称 | 数目 | 名称 | 数目 |
| 89 | 8.1.71 | 桂江(18790) | 23 | 黄柏江(154)、川江(141)、灵渠(253)、小溶江(271)、甘棠江(764)、桃花江(299)、奇峰河(497)、黄沙河(216)、浦沙河(128)、潮田河(444)、南圩河(109)、兴坪河(253)、田家河(665)[洌河(165)、临江(226)]、文竹河(281)、金宝河(147)、车田河(125)、西南冲(146)、六口河(158)、龙江(377、思良江(393)[旺甫河(203)] | | | | 3 | 青狮潭(60000)、京南(24300)、昭平(12200) | 4 | 大江(4160)、久大(1800)、阳朔洞(1385)、金陵(2121) | 35 | 桂冲(318)、大浪(162)、跌马桥(113)、同古(406)、富庆(420)、思龙冲(295)、三合口(204)、白竹箐(760)、马鞍(316)、栗木(530)、绿迪(529)、白沙(460)、木浪岗(294)、幸福源(276)、管山(206)、罗门塘(184)、羊角山(122)、马水(119)、芦田(604)、大岭头(428)、罗古山(278)、狮子山(190)、石家洞(180)、白云江(142)、九牛岭(121)、连塘(102)、月光洞(725)、太平寨(565)、白纸江(155)、反肯江(153)、金钱弄(460)、小江(880)、大庙(808)、大堡(589)、东乐(629) | 98 |
| 90 | 8.1.71.6 | 荔浦河(2038) | 7 | 蒲芦河(200)、杜莫河(126)、新坪河(127)、大塘冲(112)、栗木河(105)、马岭河(600)[龙坪河(134)] | | | | | 2 | 大江(8140)、古信(2330) | 10 | 交椅(730)、奶奶堡(460)、红山(421)、田尾(407)、下坡潭(373)、架枧(340)、寺村(230)、高洞(167)、潘厂(133)、双鱼洞(127) | 29 |
| 91 | 8.1.71.7 | 恭城河(4282) | 12 | 秀峰河(224)、桃川河(254)、栗木河(328)、苏坡河(100)、西岭村(598)[保安河(129)]、势江河(331)、莲花河(172)、榕津河(901)[上昌河(185)、同安河(307)] | | | | | 3 | 兰洞(3740)、平口(5960)、新华(1586) | 12 | 豪洞(342)、长山弄(175)、马林源(145)、花田岗(144)、沙冲(288)、广篇(224)、白源(127)、乌源(867)、东山(393)、下湾(280)、谢家(781)、新田(760) | 14 |
| 92 | 8.1.71.9 | 思勤江(1717) | 2 | 花山河(160)、珊瑚河(522) | | | | | 3 | 义洞(2190)、花山河(4349)、龙潭(3455) | 14 | 十里河(976)、军冲(607)、大桥冲(562)、清塘竹冲(152)、大洞(378)、凤翔大冲(320)、石墨冲(314)、蒋家冲(244)、大磅(187)、桂岭(134)、田冲(120)、牛塘(119)、茅花(111)、梅岭(109) | 6 |
| 93 | 8.1.71.10 | 富群河(1223) | 2 | 姚江(198)、九龙河(411) | | | | | 3 | 周家(1455)、良佑(2660)、周家(1455) | 17 | 下洞(338)、米州(252)、界塘(299)、古站(263)、砂子冲(173)、峡口(170)、肚(170)、大潭(220)、盐山(217)、连塘(173)、营盘(152)、六一冲(121)、东斛(170)、黄砂冲(121)、金鸡(109)、大龙井(107)、底冲(102)、大冲口(100) | 38 |

529

续表

| 河流 | | | 湖泊 | | | | 水库 | | | | | | | |
|---|---|---|---|---|---|---|---|---|---|---|---|---|---|---|
| 流域面积1000km²及以上 | | | 水面面积10km²及以上 | | 水面面积1~10km² | | 大型 | | 中型 | | 小(1)型 | | 小(2)型 | |
| 序号 | 条目编号 | 河流·河段 | 流域面积100~1000km² | | | | | | | | | | | |
| | | | 数目 | 名称 | 数目 | 名称 | 数目 | 名称 | 数目 | 名称 | 数目 | 名称 | 数目 | 名称 |
| 94 | 8.1.72 | 贺江(11590) | 19 | 金田河(128)、石家河(170)、沙洲河(239)、白沙河(312)、西湾河(205)、沙田河(224)、马尾河(460)、古源河(134)、林洞河(247)、西厩河(176)、金装水(400)[长安水(133)]、大玉口水(128)、连都河(261)、湎游河(626)[杏花河(128)、黄闸河(108)] | | | 2 | 龟石(59500)、合面狮(29600) | 6 | 狮洞(1720)、沙冲(1620)、横塘(1778)、西山(1188)、大冲(1930)、七星河(2560) | 54 | 华山(604)、龙会(510)、桂山(414)、宗祖(413)、云溪(400)、盘谷(388)、蕉树(292)、滚源(245)、回龙(130)、龙龟(129)、石家(981)、鸡公山(962)、洪水坪(870)、毛田(846)、曹塘里(662)、长春(600)、新华(289)、砂龙冲(574)、大坪塘(344)、又族(322)、杨獅(220)、龙窝塘(195)、华岗(288)、上洞(241)、龙岩(114)、桥头江(175)、淮南河(186)、松光脚(180)、源(210)、罗希(108)、毛家(160)、黄牛井(120)、芦家(199)、罗马(102)、都鹤(141)、长塘(106)、石家(145)、大观塘(108)、白梅(975)、茶坪(140)、红光(981)、茶松根(281)、松坪(273)、新丰(207)、双敢(102)、大沙洲(200) | 156 |
| 95 | 8.1.72.3 | 大宁河(2419) | 7 | 桂东河(149)、草寨河(193)、大滩河(701)[梅洞水(258)、沙田水(251)]、都江河(371)、黄涧河(136) | | | | | 2 | 天鹅(2200)、利水(1070) | 3 | 七里(794)、高涧(146)、青年(144) | 4 |
| 96 | 8.1.72.7 | 东安江(2388) | 2 | 石川河(127)、塘寄河(206) | | | | | | | | | | 13 |
| 97 | 8.1.72.7.1 | 大平河(1102) | 3 | 龙槽河(104)、高禄河(125)、六堡河(398) | | | 1 | 爽岛(21200) | | | 4 | 社山(430)、大城(288)、白水(420)、交刀(240) | | |
| 98 | 8.1.74 | 罗定江(4493) | 14 | 罗镜河(354)[分界河(119)]、新榕河(126)、连州河(147)、涮峣河(464)[都门水(147)]、萤滨河(307)[新乐水(136)]、千官河(247)、船步河(2.6)、白石河(440)、深步河(282)、连滩水(106) | | | | | 6 | 罗光(3150)、金银河(4148)、湘洞(1680)、山洞(1650)、东风(1420)、云霄(2245) | 21 | 步塘(676)、云丽(650)、大水坑(302)、山田(735)、二涧(130)、三友坑(180)、小涧(258)、六电(273)、黄鹅塘(132)、大黄(145)、狮子头(275)、大石塘(228)、坡围(190)、龙涛坑(239)、大坑口(140)、五路塘(354)、大冲(188)、寻龙塘(165)、同庆庙(190)、双塘(200)、河口(416) | 104 |
| 99 | 8.1.78 | 新兴江(2355) | 5 | 南河(337)[共成河(129)]、回龙河(328)、小河(403)、杨梅水(403) | | | | | 4 | 合河(9470)、共成(5082)、北峰山(1090)、朝阳(2398) | 15 | 岩头(401)、大坞(705)、双榕(157)、洞尾(174)、双古(112)、雨洞(149)、朱门楼(220)、黄青塘(173)、团结(232)、五尺峡(170)、陈洛明(145)、河白低(992)、三安坑(475)、大坑洞(236) | 20 |
| 西江中下游小计 | | | 112 | | 1 | | 0 | | 7 | | 43 | | 209 | | 763 |
| 合计 | | | 713 | | 9 | | 0 | | 44 | | 211 | | 1155 | | 4592 |

表 8-2　北江水系一览表

| 序号 | 条目编号 | 河流 1000km² 及以上 河流·河段 名称 | 河流 100～1000km² 数目 | 河流 100～1000km² 名称 | 湖泊 水面面积 10km² 及以上 数目 | 湖泊 水面面积 10km² 及以上 名称 | 湖泊 水面面积 1～10km² 数目 | 湖泊 水面面积 1～10km² 名称 | 水库 大型 数目 | 水库 大型 名称 | 水库 中型 数目 | 水库 中型 名称 | 水库 小(1)型 数目 | 水库 小(1)型 名称 | 水库 小(2)型 数目 |
|---|---|---|---|---|---|---|---|---|---|---|---|---|---|---|---|
| 1 | 8.2 | 北江 (46710) | 27 | 新龙水 (109)、南山水 (219)、江头水 (106)、凌江 (365)、滃江 (174)、大坪水 (101)、都安水 (256)、横水 (129)、百顺水 (392)、灵溪水 (116)、大富水 (158)、枫湾河 (526)、大坝水 (132)、马坜河 (345)、滃布水 (298)、官田水 (231)、仙桥水 (182)、波萝坑 (191)、黎洞水 (189)、高田水 (107)、生佛水 (107)、青龙寨下 (113)、黄洞水 (232)、潖江河 (580) [迎咀河 (132)、银盏河 (133)]、漫水河 (791) | | | | | 5 | 小坑 (11316)、孟洲坝 (20400)、蒙里 (18100)、白石窑 (40600)、飞来峡 (190400) | 12 | 孔江 (6943)、瀑布 (3400)、横江 (1531)、中坪江 (2036)、宝头江 (2367)、罗背 (1075)、罗坑 (8325)、迎咀 (7265)、太源 (3082)、银盏 (1093)、冰溪河 (1176)、苍石 (1152)、滃溪河 (1152) | 39 | 杨梅 (524)、閏肖 (708)、松山 (121)、梅岭 (153)、竹高坑 (131)、蛇岭 (124)、大坝 (135)、大源 (694)、罗田 (221)、乌陀 (220)、山口 (103)、山 (188)、长坑 (272)、樟口 (283)、念塘 (124)、大南 (163)、蒲英 (250)、九龙岗 (397)、枕头湾山 (570)、河角 (128)、新桥 (182)、大山背 (167)、山口一级 (800)、太源 (132)、大桥 (260)、黄坑 (443)、石子坳 (109)、大坑 (267)、廻龙 (350)、缸瓦坑 (114)、盎岁 (488)、大坑 (399)、狮子头 (166)、新塘 (233)、长坑 (145)、带坑 (153)、潜水 (180)、壮坑 (153)、枕头湾 (570) | 169 |
| 2 | 8.2.3 | 翁江 (1367) | 2 | 罗坝水 (339)、沈所水 (129) | | | | | | | 1 | 花山 (1668) | 3 | 流田 (165)、小地 (367)、樟树湾 (440) | 6 |
| 3 | 8.2.5 | 锦江 (1913) | 5 | 扶溪水 (132)、梅坜河 (265)、大麻溪河 (257)、黎星水 (155)、董堂水 (297) | | | | | 1 | 锦江 (18900) | 2 | 赤石迳 (1420)、高坪 (7680) | 2 | 大水坝 (436)、工农 (236) | 28 |
| 4 | 8.2.7 | 武水 (7097) | 15 | 大湾水 (144)、沙坪河 (359)、罗家水 (179)、宜章河 (291)、章水 (529) [平和河 (168)]、梅花水 (147)、太平水 (160)、九峰水 (292)、西洞水 (100)、嘸岳河 (365)、杨溪河 (498)、新前水 (339) [重阳河 (153)] | | | | | | | 6 | 长塘 (4088)、黄牛岙 (1470)、落山 (3082)、东龙 (1124)、杨溪一级电站 (9954)、冬春 (4389) | 22 | 丰收 (958)、金鸡 (572)、云岩 (241)、竹子塘 (218)、竹岗 (178)、辛福 (257)、水牛岰 (108)、鹧鸪塘 (101)、八宝山 (113)、八卖背 (116)、石寨 (166)、白露塘 (104)、横神 (152)、上舟境 (134)、冬春 (273)、沅江 (182)、宝贝林 (110)、烟竹塘 (181)、仙江 (111)、大津 (105)、蔚洞 (120)、李家洞 (110) | 103 |
| 5 | 8.2.7.2 | 长乐水 (1223) | 3 | 黄沙溪 (169)、澄江 (173)、辽思水 (255) | | | | | | | 1 | 黄沙溪 (1486) | 3 | 关溪 (360)、牙基寨 (170)、南冲 (100) | 12 |
| 6 | 8.2.9 | 南水 (1489) | 3 | 龙溪水 (250)、龙归水 (524) [下村水 (111)] | | | | | 1 | 南水 (124300) | 1 | 泉水 (2160) | 3 | 国公岩 (101)、旱岩 (249)、高涧 (106) | 9 |
| 7 | 8.2.14 | 滃江 (4847) | 10 | 九仙水 (127)、龙仙水 (463)、贾东水 (217)、朋陂水 (314)、漾屋水 (252)、青塘水 (325)、横石水 (156)、大镇水 (642) [硐洞水 (119)] | | | | | 1 | 长湖 (15498) | 7 | 岩庄 (2090)、泉坑 (1675)、岩跃进 (1885)、桂竹 (1085)、上空 (1672)、空子 (3480)、枫树坪 (1180) | 23 | 博下 (236)、峡子坝 (119)、金门 (119)、岩下 (291)、禾花塘 (107)、横岭 (535)、大甲 (310)、黄金坑 (265)、石神 (233)、翁城 (251)、留田 (216)、上洞 (197)、石背 (184)、蕉坑 (247)、后坑 (150)、金坑 (118)、大塘坑 (143)、八泉 (120)、梯子岭 (155)、五指山 (514)、回陀 (300)、欧公洞 (155)、遥田 (368) | 25 |

531

续表

| 序号 | 条目编号 | 河流·河段 流域面积1000km² 及以上 | 河段 流域面积100～1000km² 数目 | 河段 流域面积100～1000km² 名称 | 湖泊 水面面积10km²及以上 数目 | 湖泊 水面面积10km²及以上 名称 | 湖泊 水面面积1～10km² 数目 | 湖泊 水面面积1～10km² 名称 | 水库 大型 数目 | 水库 大型 名称 | 水库 中型 数目 | 水库 中型 名称 | 水库 小(1)型 数目 | 水库 小(1)型 名称 | 水库 小(2)型 数目 |
|---|---|---|---|---|---|---|---|---|---|---|---|---|---|---|---|
| 8 | 8.2.14.6 | 烟岭河(1029) | 3 | 大坡水(102)、白沙水(235)、汝罗河(239) | | | | | | | | | 2 | 高岗(133)、路下(232) | 4 |
| 9 | 8.2.15 | 连江(10061) | 22 | 大路边水、黄桥水(356)、保安水(389)、东陂河(823)[冲口水(160)、大龙水(147)、新庙岈(147)、三江河(680)[大保河(179)、九陂河(138)]、洞冠水(655)、庙公水(166)、七拱河(845)[沙河(991)、鱼沙坑水(100)]、波罗河(991)[月坪水(104)、钟鼓水(262)]、黄涧河(394)、竹田河(302)、水边河(837)[青松水(133)] | | | | | 2 | 潭岭(17650)、锦潭(24500) | 3 | 上兰陂(1850)、沙坝(1561)、茶坑(1858) | 24 | 甬子(538)、良塘(652)、老莫洞(184)、破塘(130)、漂塘(109)、柳塘(296)、榃槎(173)、古道(337)、水晶(212)、板桥(98)、大迳(173)、冷水塘(337)、青(427)、牛路水(137)、冷水洞(304)、沙水塘(359)、高敞(105)、小水坪(571)、小水坪(900)、管(690)、牛头冲(113)、六古(691)、牛洞(612)、大围塘(339)、黄花(235) | 71 |
| 10 | 8.2.15.8 | 青莲水(1221) | 3 | 横龙桥水(139)、坑仔水(107)、黄垄水(291) | | | | | | | 1 | 曹田坑(2308) | 4 | 下榨(310)、跃进(220)、先锋(126)、山田(175) | 8 |
| 11 | 8.2.17 | 潭江(1386) | 3 | 龙南水(110)、四九水(169)、迳二水(323) | | | | | | | 1 | 放牛洞(1820) | 10 | 响水隆(203)、大塘(468)、梅坑(313)、黄花河(430)、良洞(771)、香粉(544)、上小洞(153)、止贝岜(137)、山间(1117)、石瓮(435) | 36 |
| 12 | 8.2.18 | 滨江(1728) | 6 | 白湾水(113)、黄洞冂(232)、石玖水(150)、蒯水(169)、坝仔水(185)、秦皇水(136) | | | | | | | 1 | 龙须带(8845) | 4 | 下坑(227)、凤云(175)、大罗山(847)、建中(234) | 5 |
| 13 | 8.2.21 | 绥江(7184) | 16 | 小三江(107)、上帅水(169)、太平水(154)、马宁水(928)、[大岗水(146)、冷坑水(233)、闸岗水(116)、古木河(919)、诗绢水(650)、古木河(231)、广宁水(151)、袁河(204)、排沙水(105)、龙江(567) | | | | | | | 7 | 龙王庙(1660)、南雄(1503)、下竹(5390)、三坑(4430)、琅山(1204)、花谷(6300)、江谷(7031) | 20 | 天湖(326)、南雄(552)、三步(184)、木桥(274)、老鸦(238)、羊福(230)、金坑(150)、南胜(162)、金鸡(442)、银盏(227)、下黎(150)、大南山(145)、黄泥塘(330)、莲塘迳(207)、南田(220)、连塘(129)、乌石(228)、鸡嶂岭(173)、大坑口(507)、荷包岗(146) | 44 |
| 14 | 8.2.21.2 | 凤岗河(1222) | 2 | 洽水(236)、楼花水(557) | | | | | | | 1 | 皈洞(3640) | 2 | 丰洞(196)、大莳(105) | 8 |
| 合计 | | | 120 | | 0 | | 0 | | 10 | | 44 | | 161 | | 528 |

## 表8-3 东江水系一览表

| 序号 | 8.3 编号 | 河流·河段<br>流域面积1000km²及以上 | 河流<br>流域面积100~1000km²<br>数目 | 河流<br>流域面积100~1000km²<br>名称 | 湖泊<br>水面面积10km²及以上<br>数目 | 湖泊<br>水面面积10km²及以上<br>名称 | 湖泊<br>水面面积1~10km²<br>数目 | 湖泊<br>水面面积1~10km²<br>名称 | 水库 大型<br>数目 | 水库 大型<br>名称 | 水库 中型<br>数目 | 水库 中型<br>名称 | 水库 小(1)型<br>数目 | 水库 小(1)型<br>名称 | 水库 小(2)型<br>数目 |
|---|---|---|---|---|---|---|---|---|---|---|---|---|---|---|---|
| 1 | 8.3 | 东江(27040) | 21 | 剑溪河(127)、马踏河(224)、龙图河(268)、曾乡河(272)、流田水(188)、罗洲水(115)、丰田水(224)、沙梓水(118)、曾田水(137)、小沥水(181)、[叶潭河(108)、黄村河(415)、康禾河(413)、义社河(149)]、柏埔河(446)、古竹水(403)[汀村水(112)]、大岚水(225)、小金河(116)、稻树下河(125) | 1 | 潼湖(17.9) | 1 | 惠州西湖(3.2) | 1 | 枫树坝(193200) | 15 | 斗晏(9820)、新村(1128)、新溪(1526)、七析(1730)、白盘(3032)、霞沙洲(1315)、三角坑(1400)、上板桥(2817)、庙滩(1310)、伯公坳(1034)、招元(1400)、黄沙(2000)、观洞(4620)、稻树下(3090) | 23 | 仙泉(123)、箭竹排(860)、上南(590)、黄坭乙河(268)、大坑(130)、三坑(380)、佛岭(239)、仙村(160)、水濂山(997)、三丫陂(183)、大王岭(283)、老虎岩(222)、金鸡嘴(437)、三枝松(182)、长湖(446)、清溪湖(936)、墨斗角(479)、东丫湖(681)、(114)、柏埔河(112)、仙人掌(121) | 282 |
| 2 | 8.3.4 | 定南水(2364) | 4 | 新田水(199)、柱石河(108)、下历水(203)、老城河(535) | | | | | | | 5 | 礼享(3910)、东凤(1145)、转塘(2480)、九曲(1880)、长滩(1130) | 3 | 紫云嶂(235)、前锋(193)、三端峰(439) | 12 |
| 3 | 8.3.6 | 浰江(1677) | 4 | 和平水(257)、贝岭水(707)、佗胜水(219)、彭寨水(216) | | | | | | | 1 | 老园(1455) | 6 | 聂子石(618)、蒲凶(244)、桐木坑(239)、田同坑(152)、雅水(412)、月坑(252) | 61 |
| 4 | 8.3.9 | 新丰江(5813) | 6 | 梅坑河(105)、双良河(125)、羌坑河(182)、层坑河(163)、大乔河(589)、大游河(630) | | | | | 1 | 新丰江(1389600) | 3 | 白磜(1094)、大坑(1118)、翁潭(3200) | 6 | 岩头(596)、石燕岩(330)、白水磜(108)、石角(174)、(下游)(238)、潭公洞(186) | 42 |
| 5 | 8.3.9.3 | 船塘河(2015) | 6 | 上莞水(108)、大湖河(176)、忠信河(311)[高莞河(622)]、骆湖河(127)、灯塔河(113) | | | | | | | 1 | 赤竹径(1782) | 11 | 高莞(673)、小溪尾(269)、清河水(235)、山下(115)、堂背(311)、大陂(136)、碓窑(170)、致富(166)、梅罗坑(177)、游鸭嶂(167)、枫木塘(143) | 33 |
| 6 | 8.3.12 | 秋香江(1669) | 5 | 鹅嘣水(180)、龙嶂水(107)、青溪水(193)、(226)、南山水(164)、好义水(191) | | | | | | | | | 6 | 响水(268)、黄坑(626)、谢家(449)、富径(208)、布格(133)、马耳坪(128) | 21 |
| 7 | 8.3.13 | 公庄河(1197) | 3 | 水东陂水(132)、柏塘水(229)、麻陂水(232) | | | | | | | 4 | 黄山洞(3143)、下宝溪(1530)、水东陂(6267)、梅树下(1180) | 21 | 独坝(173)、罗京径(161)、上望(141)、园墩洞(603)、红女(586)、三径(218)、羊角山(269)、高岭背(871)、大坑口(292)、古楹径(155)、独松(556)、跃进(318)、大坑(133)、翁坑(621)、水轱坝(187)、斑鱼塘(131)、九陂(137)、黄沙(187)、长塘(327)、东坑尾(121)、牛蜃肚(159)、丹竹江(191) | 20 |
| 8 | 8.3.14 | 西枝江(4120) | 8 | 杨梅水(123)、小沥水(110)、小沥水(117)、矮山水(404)、磜下水(101)、白花水(172)、梁化河(307) | | | | | 1 | 白盆珠(122000) | 2 | 花树下(3120) | 16 | 李氏陂(180)、牛牯陂(379)、大洞洋(192)、马头(195)、崖子山(104)、黄湾(143)、燕门(125)、栏岭(120)、磜布(132)、鸡笼山(160)、青牟(215)、任屋寮(512)、连塘布(351)、黄涧(661) | 49 |
| 9 | 8.3.14.4 | 淡水河(1308) | 2 | 坪山水(181)、横岭水(135) | | | | | | | 3 | 大坑(1070)、鸡心石(1321)、沙田(2165) | 7 | 龙衣窝(344)、正径(483)、石门潭(330)、花山(120)、任子头(169)、水流坑(137)、溃青(512) | 32 |
| 10 | 8.3.18 | 石马河(1249) | 2 | 雁田水(163)、潼湖水(443) | | | | | | | 4 | 雁田(1410)、茅輋(1160)、契爷石(1300)、虾公岩(1180) | 15 | 牛运(112)、鲤鱼塘(146)、塘心(668)、牛眠浦(202)、大神岭(213)、电光村(280)、官井(723)、黄洞(212)、吓角(120)、高鲁(394)、牛咀(268)、赖屋山(278)、羚水坑(133)、民治(400)、石回(124) | 9 |
| 合计 | | | 61 | | 1 | | 1 | | 3 | | 38 | | 114 | | 561 |

533

## 表8－4　珠江三角洲水系一览表

| 序号 | 编号 | 河流·河段 | 流域面积1000km²及以上 | | 湖泊 | | | | 水库 | | | | | | |
|---|---|---|---|---|---|---|---|---|---|---|---|---|---|---|---|
| | | | | | 水面面积10km²及以上 | | 水面面积1~10km² | | 大型 | | 中型 | | 小(1)型 | | 小(2)型 |
| | | | 数目 | 名称 | 数目 | 名称 | 数目 | 名称 | 数目 | 名称 | 数目 | 名称 | 数目 | 名称 | 数目 |
| 8.4 | | 珠江三角洲(26820) | 2 | 茅洲河(371)、深圳河(306) | | | | | 2 | 船湾淡水湖(23000)、万宜(28000) | 6 | 深圳(4559)、西丽(3239)、罗田(2845)、石岩(3199)、铁岗(8322)、梅林(1309) | 33 | 长岗(664)、坪迳(710)、新塘(185)、扫管塘(195)、朱洞(371)、石花(340)、蚝涌头(727)、坂潭(717)、高公田(236)、山蕉坑(322)、王三(351)、山猪窟(208)、关芦明(202)、荽芽塘(256)、罗岗(992)、牛山(125)、烂逆塘(315)、八字陂(344)、蛇山坑(2885)、白鸽陂(104)、白狗公(583)、石狗公(259)、五指耙(172)、老鼠坑(129)、鹅颈(583)、石狗公(219)、七沥(266)、立新(879)、铁坑(425)、莲塘(219)、横岗(221)、长流陂(728)、长流陂(411)、屋山(154)、上坪(154) | 48 |
| 1 | 8.4.1.1 | 西北江三角洲 | 1 | 沙河(328) | | | | | | | | | 17 | 横坑(115)、五点梅(658)、马尾(392)、白坑(477)、杯德(284)、莲花湖(114)、大溪水(590)、芦花(306)、花灯盏(122)、鲫鱼岗(179)、赤坎(433)、洗马井(134)、朗下(186)、水涡(119)、龙洞(288)、禾叉隆(110)、水口(730) | 10 |
| | | 前明河(1033) | 2 | 更楼河(114)、杨梅河(195) | | | | | | | | 四堡(3340)、长江(5040)、大旗山(1210)、乾务(1388)、凤凰山(1510)、那咀(1548)、南坑(1371)、东方红(2810)、梅阁(1229) | 9 | | | |
| | | | | | | | | | | | 2 | 深步(1540)、西坑(1030) | 6 | 孔堂(194)、大沙(302)、潭黎(215)、荷村(142)、福山(273)、大坑(279) | 61 |
| 2 | 8.4.2.8 | 流溪河(3917) | 7 | 牛栏水(111)、玉溪水(189)、汾田水(101)、龙潭水(160)、小海河(236)、白坭河(758)、新街河(435) | | | | | 1 | 流溪河(38700) | 12 | 黄龙带(9400)、广蓄上库(2408)、广蓄下库(1225)、九湾潭(2342)、天湖(1034)、茂敏(2206)、福源(4292)、芙蓉嶂(1000)、和龙(1652)、木强(2376)、三坑(1636)、花斗(1636) | 47 | 仙溪(410)、九龙坑(139)、山口(188)、磨刀坑(576)、红路(132)、梅隆(243)、大源(154)、铜锣径(325)、沙田(521)、新陂(168)、白沾(292)、南嶂(134)、耙齿沥(144)、新庄(620)、洪秀全(583)、集益(250)、伯公坳(549)、中洞(282)、磨刀坑(193)、羊石(339)、六线岗(497)、蟛蜞石(405)、南大(440)、大岭山一级(270)、白沾罩(197)、银林(335)、大坑(203)、南隆(142)、龙潭(634)、麻村(283)、棋杆(317)、鱼公洞(206)、沙溪(771)、石壮(213)、达溪(335)、联桑(280)、小沙(178)、皇母(167)、大布迳(153)、马岭(143)、甄(240)、东源峡下石(195)、伯公坳(497)、六花岗(549)、新庄(620)、葛麻坑(116) | 83 |
| 3 | | 东江三角洲 | 3 | 寒溪水(720)、西福河(580)、金坑河(119) | | | | | | | | 同沙(6220)、横岗(3280)、联安(1870)、增塘(1276)、白洞(1069)、松木山(5750)、黄牛埔(1454) | 8 | 吊钟(458)、山角(424)、水响(116)、金坑(1276)、尖岗(272)、腰坑(268)、格元(123)、蝴蝶地(175)、连塘头(300)、清泉(540)、打鼓山(103) | 10 | 32 |

续表

| 序号 | 条目编号 | 河流 流域面积1000km²及以上 河流·河段 | | 湖泊 水面面积10km²及以上 | | 水面面积1~10km² | | 水库 大型 | | 中型 | | 小(1)型 | | 小(2)型 |
|---|---|---|---|---|---|---|---|---|---|---|---|---|---|---|
| | | 名称 | 数目 | 名称 | 数目 | 名称 | 数目 | 名称 | 数目 | 名称 | 数目 | 名称 | 数目 | 数目 |
| 3 | 8.4.3.2 | 沙河(1020) | 1 | | | | | 亚庇岗(13829) | 1 | 联和(8216) | 1 | 粮坑(516)、石зай(667)、酥醪(258)、大洞(915)、石牙潭(274)、太平山(551)、蓟结(188)、石峡(390) | 8 | 35 |
| 4 | 8.4.3.3 | 增江(3114) | 蓝田水(180)、铁岗河(175)、水(244)、白沙河(113)、永汉河(410)、葛布田河(110)、派潭河(357.5)[二龙河(114)] | 8 | | | | | 天堂山(24300) | 1 | 七星墩(2313)、梅州(8147)、百花林(1057)、白沙河(2763) | 4 | 水响(116)、腰坑(115)、水星(930)、红旗(272)、石磜(590)、万田(386)、余家庄(783)、七星墩(396)、石马龙(165)、牛牯嶂(105)、拖罗(151)、大封门(665)、银场(119)、竹(286)、木潭(146)、流杯(122)、山角(119)、长岩、坑(374)、水口(133) | 20 | 62 |
| 5 | 8.4.4 | 潭江(6026) | 萌底水(148)、莲塘水(245)、蚬冈水(185)、白沙水(383)、新昌水(576)[五十水(101)、三合水(110+]、公益水(136)、薪桥水(143)、址山河(204)、萯会河、虎跳门水道(122) | 12 | | | | | 锦江(41800) | 1 | 良西(3800)、定鸭仔(3300)、西坑(6756)、鳓山(4647)、鹅坑(1075)、陈坑(1232)、曾坑(1221)、万亩(2173)、鱼山(1230)、龙门(1368)、风子山(2960)、青南角(1801)、老营底(1542)、塘田(2784)、南坑(1371) | 15 | 大带(950)、茶山坑(648)、版村(137)、东坑(162)、长坑(185)、马山(115)、黄嶂(123)、大泽一库(407)、大泽二库(483)、五指尖(106)、柚柑坑(119)、大旺(268)、赤泥塘(266)、大营盘(163)、长坑(563)、老虎笼(131)、扫杆塘(163)、长塘(700)、东坑(347)、螺塘(178)、青石坑(478)、抒昌(172)、龙潭(150)、石涧一库(187)、石涧二库(297)、壁山(101)、五更闸(208)、羊迳(288)、罗汉山西库(165)、罗汉山东库(222)、角比(127)、鹅山(130)、凤山(235)、恩开(294)、蔡洞(544) | 35 | 75 |
| 6 | 8.4.4.5 | 镇海水(1203) | 双桥水(226)、开平水(470) | 2 | | | | | 镇海(11400)、大沙河(25800) | 2 | 立新(1200)、花身蚕(1100) | 2 | 马咀坑(106)、龙山(620)、挪双坑(135)、龙眼坑(166)、石门西坑(195)、小娘潭(236)、苏坑(205)、更鼓楼(126)、螺山(198)、大塘(243)、苍联(152)、禾叉坑(113)、镐敬岗(198)、九雅塘(140)、洞厚(105)、那简(120)、青年(971)、虹岭(104)、龙潭(105)、佛岣(371)、龙眼坑(285) | 21 | 45 |
| | 合计 | | 38 | | 0 | | 0 | | 8 | | 59 | | 197 | 451 |

## 表 9 海岛水系河湖数据统计表

| 水 系 | 河流（条） | | | 湖泊（个） | | | 水库（座） | | | |
|---|---|---|---|---|---|---|---|---|---|---|
| | 流域面积1000km²及以上 | 流域面积100~1000km² | 合计 | 水面面积10km²及以上 | 水面面积1~10km² | 合计 | 大型 | 中型 | 小(1)型 | 小(2)型 |
| 合 计 | 16 | 114 | | 0 | 1 | | 20 | 76 | 291 | 724 |
| 表 9-1 台湾水系 | 9 | 38 | | 0 | 1 | | 9 | 14 | 15 | 17 |
| 表 9-2 海南岛诸河水系 | 7 | 76 | | 0 | 0 | | 11 | 62 | 276 | 707 |

表 9-1　台湾水系一览表

| 序号 | 条目编号 | 河流·水系 | 河流 流域面积 1000km² 及以上 数目 | 河流 流域面积 100~1000km² 名称 | 湖泊 水面面积 10km² 及以上 数目 | 湖泊 水面面积 10km² 及以上 名称 | 湖泊 水面面积 1~10km² 数目 | 湖泊 水面面积 1~10km² 名称 | 水库 大型 数目 | 水库 大型 名称 | 水库 中型 数目 | 水库 中型 名称 | 水库 小(1)型 数目 | 水库 小(1)型 名称 | 水库 小(2)型 数目 |
|---|---|---|---|---|---|---|---|---|---|---|---|---|---|---|---|
| | 9.1 | 台湾水系 | 21 | 和平溪 (562)、兰阳溪 (978)、双溪 (132.5)、凤山溪 (250)、头前溪 (566)、中港溪 (446)、后龙溪 (537) [大湖溪 (110)]、大安溪 (758)、北港溪 (645)、朴子溪 (427)、八掌溪 (475)、急水溪 (397) [龟重溪 (122.79)]、盐水溪 (343)、二仁溪 (350)、阿公店溪 (137)、东港溪 (472)、四重溪 (125)、立雾溪 (621) [陶塞溪 (100)] | | | | | 1 | 鲤鱼潭 (12612) | 8 | 永和山 (2958)、宝山第二 (3218)、明德 (1770)、仁义潭 (2911)、白河 (2509)、阿公店 (4500)、牡丹 (3119)、湖山 (5218) | 9 | 宝山 (547)、大埔 (900)、兰潭 (972)、鹿寮溪 (378.4)、兰山埤 (811)、德元埤 (385)、虎头埤 (135.7)、成功 (108.4)、太湖 (128) | 11 |
| 1 | 9.1.5 | 淡水河 (2726) | 4 | 三峡河 (137)、新店溪 (910) [景美溪 (114)]、基隆河 (490) | | | | | 2 | 石门 (30910)、翡翠 (40600) | 2 | 荣华 (1240)、新山 (1000) | 1 | 鸢山堰 (126) | 3 |
| 2 | 9.1.11 | 大甲溪 (1236) | | | | | | | 1 | 德基 (23200) | 1 | 谷关 (1320) | 1 | 石冈 (338) | 1 |
| 3 | 9.1.12 | 乌溪 (2026) | 4 | 南港溪 (432)、猫罗溪 (337.5)、大里溪 (400.72)、筏子溪 (132.5) | | | | | | | | | | | |
| 4 | 9.1.13 | 浊水溪 (3157) | 2 | 陈有兰溪 (459)、清水溪 (254) | | | | | 2 | 雾社 (14600)、日月潭 (17162) | 3 | 武界坝 (1400)、明潭 (1400)、集集拦河堰 (1448) | 1 | 明湖 (970) | 1 |
| 5 | 9.1.18 | 曾文溪 (1177) | | | | | | | 3 | 曾文 (74840)、南化 (15800)、乌山头 (15416) | | | 1 | 镜面 (115) | |
| 6 | 9.1.22 | 高屏溪 (3257) | 3 | 荖浓溪 (340)、旗山溪 (842) [美浓溪 (114)] | | | | | | | | | 2 | 澄清湖 (500)、凤山 (920) | 1 |
| 7 | 9.1.25 | 卑南溪 (1603) | 1 | 鹿野溪 (464) | | | | | | | | | | | |
| 8 | 9.1.26 | 秀姑峦溪 (1790) | 2 | 乐乐溪 (438)、丰坪溪 (295) | | | | | | | | | | | |
| 9 | 9.1.27 | 花莲溪 (1507) | 1 | 万里溪 (238) | | | | | | | | | | | |
| | 合计 | | 38 | | 0 | | 1 | 鲤鱼潭 (1.04) | 9 | | 14 | | 15 | | 17 |

表9-2　海南岛诸河水系一览表

| 序号 | 条目编号 | 河流·水系 | 流域 | | 湖泊 | | | | 水 库 | | | | | |
|---|---|---|---|---|---|---|---|---|---|---|---|---|---|---|
| | | | 流域面积1000km²及以上 | | 水面面积10km²及以上 | | 水面面积1～10km² | | 大 型 | | 中 型 | | 小（1）型 | 小（2）型 |
| | | | 数目 | 名 称 | 数目 | 名称 | 数目 | 名称 | 数目 | 名称 | 数目 | 名 称 | 名 称 | 数目 |
| 9.2 | | 海南岛诸河 | 40 | 珠溪河（358）、北水溪河（156）、文教河（523）、文昌江（345）、石壁河（191）、新园水（144）、九曲河（278）、龙滚河（214）、龙首河（136）、龙尾河（135）、太阳河（593）[南桥水（65）]、英州河（128）、藤桥西河（709）[响水河（109）]、大茅水（17）、三亚河（337）、望楼河（27）[千家水（125）]、佛罗河（118）、白沙溪（170）、南港河（117）、感恩河（381）、通天河（193）、罗带河（222）、北黎河（136）、南罗溪（212）、珠碧江（957）、山鸡江（100）[石碌河（1.2）、排浦江（648）、春江（538）、北门江（777）、光村水·181）、文澜江（101）、加来河（152）]、马袅河（117）、滨州河（253） | | | | | 2 | 万宁（15200）、长茅（14210） | 42 | 陀兴（9900）、赤田（7710）、福山（6800）、高坡岭（6790）、石门（6450）、沙河（6360）、春江（5500）、珠碧江（5440）、龙虎山（4830）、永庄（1025）、丁荣（1125）、东湖（1045）、凤潭（2387）、宝芳（2854）、八角（1240）、石壁（1693）、中平仔（2560）、颂和（1830）、沅西雾（1690）、加坦（1380）、砰头（2515）、促进（1780）、红洋（1490）、汤他（290）、半福（430）、岭角（285）、坡им（270）、南平（168）、三同村（835）、力村（364）、草篱（218）、沙牛坡（140）、弯应（127）、公田（106）、石建（157）、万州岭（147）、昌盛（255）、什架巴（168）、白山马（146）、三益（214）、南望（168）、抱包（133）、雅隆（199）、庚庵园（185）、唐底（133）、三班牙（329）、温外（167）、志堡（960）、王坡（225）、老欧（498）、尔信（498）、荣邦（570）、王化（423）、南雅（518）、新（以下省略） | 美星（123）、那博（200）、东城（181）、羊山（379）、岭后（188）、龙惠（148）、昌白（257）、福潮（548）、吴仲田（183）、树德（137）、龙达（335）、石嘴（256）、箕名园（635）、东赤（204）、门板（441）、水西（624）、竹（998）、太山（340）、石三水（277）、龙滚坑（702）、隆丰（514）、丁田（190）、船所（156）、岭（530）、老村（455）、山嘴（350）、李山（194）、茂密（257）、深田（266）、中（927）、翁龙（364）、竹包（750）、大坡（269）、石马（991）、溪尾（181）、宝岸（274）、堆石（152）、龙西（333）、唐教（274）、天鹅塘（143）、排浦（159）、（243）、龙吐（118）、文仔（324）、高塘（180）、东口仔（222）、田碌（144）、红色群英（100）、台沙沟（102）、冬瓜岭（184）、苏中岭（125）、七星（746）、九六峡（142）、三顶貴（100）、南平（127）、白石岭（190）、袁熊塘（382）、水声（770）、博鸠（223）、香车（740）、红色（860）、陂塘（127）、仔（154）、合岭（104）、黄塘（127）、洛斗（140）、老园（100）、九（461）、岭脚湖（122）、半簪睿（230）、鱼落塘（106）、民青（106）、罗古（127）、（215）、深田（260）、山竹（107）、石（209）、新昌（305）、美威（560）、东塘岭（166）、文篇（162）、道兴（185）、岭前（250）、永良（137）、玛瑙红（151）、震尼（169）、符朗（214）、黄坡（125）、牛（213）、东仁（469）、美万（135）、火岭（323）、美造（125）、（227）、石马岭（170）、田尾（510）、小江（940）、角目（133）、那兰（190）、红岭（268）、岭南（184）、抱拉（178）、方村（940）、山鸡江（415）、黎屋（181）、仲田（750）、三浓（154）、布云（723）、龙坪（835）、三同（746）、洛（270）、塞拉（296）、空顶（364）、芒兰（325）、九曲（140）、草童（218）、沙牛坡（100）、（285）、塞山（344）、番番（102）、什漏（142）、太禾（708）、红星（278）、弯应（106）、公田（157）、（111）、番坡（320）、番那（112）、南昌（109）、昌尾（147）、航空（147）、石建（255）、万州岭（168）、松坡（154）、泰隆（2870）、德发（285）、永同（333）、富（194）、白花（950）、霓霞（189）、土昌（189）、什门（146）、白山马（168）、邸（227）、十三公里（430）、青梅沟（290）、坡他（430）、那（270）、只琼（545）、土卡（192）、三社（192）、（112）、那仁（419）、青梅沟（545）、陀烈（142）、打江（174）、王坡（168）、温外（133）、唐底（214）、山道（665）、来雨（197）、长田（712）、王坡（132）、龙（185）、志堡（167）、温外（329）、天惠（992）、柴头（458）、老欧（224）、博沟（168）、山竹沟（960）、大坡（225）、王化（185）、南雅（262）、（284）、先前（301）、俄查（376）、红他岭（229）、香苗（185）、南茅（400）、荣邦（393）、尔信（206）、王化（423）、新田（298）、芭岭（204）、那千（268）、岭兴（149）、香苗（149）、陀烈（300）、王峰（380）、可青（480）、木榆（570）、南伟（968）、老村（229）、柴山（229）、红地岭（498）、茶知（498）、尔信（570）、王化（423）、南雅（518）、（730）、子俄（500）、芭尾（204）、东山（287）、南萦（149）、陀烈（268）、丰前岭（332）、美良（180）、黄沟岭（350）、（500）、黎母山（500）、岭（115）、南萦（149）、那千（268）、东山（287）、金坡（400）、高峰（326）、薪风 | 471 |

续表

| 序号 | 条目编号 | 河流 流域面积 1000km² 及以上 河流·水系 | 河流 流域面积 100~1000km² 数目 | 河流 流域面积 100~1000km² 名称 | 湖泊 水面面积 10km² 及以上 数目 | 湖泊 水面面积 10km² 及以上 名称 | 湖泊 水面面积 1~10km² 数目 | 湖泊 水面面积 1~10km² 名称 | 水库 大型 数目 | 水库 大型 名称 | 水库 中型 数目 | 水库 中型 名称 | 水库 小(1)型 数目 | 水库 小(1)型 名称 | 水库 小(2)型 数目 |
|---|---|---|---|---|---|---|---|---|---|---|---|---|---|---|---|
| 1 | 9.2.1 | 南渡江(7033) | 14 | 南美河(124)、南春河(105)、南湾河(184)、腰子河(356)、南坤河(133)、西昌水(144)、绿现水(174)、大塘河(601)、海仔河(176)、汝安河(165)、温村水(124)、巡崖河(445)、铁炉溪(105)、南南溪(·20) | 0 | | 0 | | 3 | 松涛(334500)、石碌(14100) | 7 | 沙坡(1328)、铁炉(2065)、岭北(1410)、坡生(1715)、美亭(1600)、促进(1380)、南方(1450) | 25 | 大路东(264)、大王岭(374)、高山朗(188)、群星(324)、美玉(214)、纵公塘(212)、三甸(265)、高林(288)、保山(461)、高山一库(206)、高山三库(152)、村内(326)、格水(287)、南遵(135)、南任(459)、大美(264)、加巨(130)、晋文(854)、长钦(206)、高黄(448)、荔枝良(340)、日富(118)、头岭(469)、长岭(905)、加潭 | 101 |
| 2 | 9.2.1.2 | 龙州河(1293) | 1 | 南淀河(134) | | | | | | | 3 | 南扶(9160)、良坡(1210)、加乐潭(1500) | 11 | 蒙贡(176)、征洪(314)、南台(125)、大同(490)、白常肚(504)、圆岭(198)、山竹岭(122)、麻罗岭(932)、香车(153)、水青岭(135)、保村(734) | 2 |
| 3 | 9.2.4 | 万泉河(3693) | 4 | 太平溪(220)、中平溪(110)、文曲河(135)、加浪河(181) | | | | | 1 | 牛路岭(77800) | 4 | 南潭(1520)、文岭(2626)、美容(2050)、石合(2960) | 9 | 良世(790)、蓝山(161)、苏区(420)、椰丛(172)、长岭(301)、下沟(237)、官排(350)、陈占(620)、红旗 | 45 |
| 4 | 9.2.4.2 | 定安河(1222) | 2 | 营盘溪(113)、青梯溪(214) | | | | | 2 | 红岭(55800)、大边河(50800) | | | 2 | 里寨(655)、满昌园(544) | 4 |
| 5 | 9.2.6 | 陵水河(1131) | 3 | 石硐河(183)、都总河(236)、金聪河(127) | | | | | | | 4 | 小妹(4900)、黎跃(5055)、南平(2870)、走表(2620) | 4 | 黎万(450)、竹利(815)、保南(122)、连章(218)、保国(550)、七指岭(213) | 8 |
| 6 | 9.2.8 | 宁远河(1020) | 2 | 雅边方河(104)、龙潭河(116) | | | | | 1 | 大隆(46800) | 1 | 抱古(2230) | 9 | 那浩(325)、只俄(430)、牛落(684)、三嵝(888)、金鸡(170)、抱便(147)、南黎(164) | 29 |
| 7 | 9.2.12 | 昌化江(5150) | 10 | 毛阳河(177)、南圣河(660)[毛苗河(120)]、乌中河(387)、大安河(146)、南巴河(271)、南绕河(371)、七差河(145)、东方河(215)、石碌河(546) | | | | | 2 | 大广坝(171000)、石碌(14113) | 1 | 望老(1076) | 4 | 什俞(110)、德霞(285)、永明(333)、毛贞(599) | 47 |
| 合计 | | | 76 | | 0 | | 0 | | 11 | | 62 | | 276 | | 707 |

539

## 表10 内陆河湖水系数据统计表

| 水系 | 河流（条） | | | 湖泊（个） | | 水库（座） | | | |
|---|---|---|---|---|---|---|---|---|---|
| | 流域面积1000km²及以上 | 流域面积100~1000km² | 水面面积10km²及以上 | 水面面积1~10km² | 大型 | 中型 | 小(1)型 | 小(2)型 |
| 合　计 | 365 | 1248 | 396 | 310 | 24 | 133 | 319 | 123 |
| 表10-1 鄂尔多斯内流区 | 1 | 1 | 5 | 12 | 0 | 0 | 0 | 0 |
| 表10-2 西藏内陆河湖 | 3 | 8 | 19 | 0 | 0 | 0 | 0 | 0 |
| 表10-3 羌塘高原内流区 | 103 | 120 | 266 | 5 | 0 | 0 | 0 | 0 |
| 表10-4 塔里木内流区 | 87 | 516 | 15 | 59 | 12 | 38 | 57 | 5 |
| 表10-5 艾比湖水系 | 7 | 45 | 2 | 1 | 1 | 8 | 26 | 4 |
| 表10-6 准噶尔盆地河湖 | 10 | 86 | 4 | 6 | 3 | 38 | 89 | 53 |
| 表10-7 乌伦古湖水系 | 4 | 11 | 3 | 11 | 1 | 4 | 12 | 3 |
| 表10-8 吐哈—巴伊盆地河湖 | 4 | 56 | 10 | 6 | 0 | 8 | 18 | 33 |
| 表10-9 柴达木盆地河湖 | 34 | 78 | 35 | 27 | 1 | 3 | 5 | 0 |
| 表10-10 青海湖水系 | 8 | 34 | 4 | 17 | 0 | 0 | 0 | 4 |
| 表10-11 河西走廊—阿拉善内流区 | 18 | 36 | 16 | 31 | 4 | 18 | 64 | 8 |
| 表10-12 内蒙古高原内流区 | 69 | 90 | 17 | 133 | 1 | 9 | 6 | 0 |
| 表10-13 中哈跨界内陆河 | 17 | 167 | 0 | 2 | 1 | 7 | 42 | 13 |

表 10-1  鄂尔多斯内流区河湖水系一览表

| 序号 | 条目编号 | 河流·水系 | 河流 流域面积1000km² 及以上 | | 湖泊 水面面积 10km² 及以上 | | 湖泊 水面面积 1~10km² | | 水库 大型 | | 水库 中型 | | 水库 小(1)型 | | 水库 小(2)型 |
|---|---|---|---|---|---|---|---|---|---|---|---|---|---|---|---|
| | | | 数目 | 名称 | 数目 | 名称 | 数目 | 名称 | 名称 | 数目 | 名称 | 数目 | 名称 | 数目 | 数目 |
| 1 | 10.1 | 鄂尔多斯内流区(46500) | | | 5 | 红碱淖(36.63)、巴汗淖(27.9)、合同察汗淖(24.19)、盐海子(15.7)、察汗淖(11.63) | 12 | 硔力庙海子(5.38)、骟骑卜拉海子(4.0)、苏贝淖(8.7)、巴彦淖(6.15)、奥摆淖(7.45)、好来报计淖(4.9)、花马池(0.63)、北大池(7.73)、查汗淖(7.15)、大定洎淖(4.31)、小湖(1.0)、木都察汗淖(4.95) | | 0 | | 0 | | 0 | 0 |
| | 10.1.1 | 摩林河(5222) | 1 | 八里河(878) | | | | | | | | | | | |
| | 合计 | | 1 | | 5 | | 12 | | | 0 | | 0 | | 0 | 0 |

表10-2　西藏内陆河湖水系一览表

| 序号 | 条目编号 | 河流 流域面积1000km²及以上 | | 湖泊 水面面积10km²及以上 | | 湖泊 水面面积1~10km² | | 水库 大型 | | 水库 中型 | | 水库 小(1)型 | | 水库 小(2)型 |
|---|---|---|---|---|---|---|---|---|---|---|---|---|---|---|
| | | 河流·水系 | 数目 | 名称 | 数目 | 名称 | 数目 | 名称 | 数目 | 名称 | 数目 | 名称 | 数目 | 数目 |
| | 10.2.1 | 拿日雍错 | | 拿日雍错(26.8) | 1 | | | | | | | | | |
| | 10.2.2 | 哲古错 | 1 | 业久曲(730) | 1 | 哲古错(56.8) | | | | | | | | |
| | 10.2.3 | 羊卓雍错 | 1 | 卡鲁雍曲-412 | 2 | 空姆错(40.4)、羊卓雍错(678.0) | | | | | | | | |
| 1 | 10.2.3.2 | 绒波藏布(1325) | | | | | | | | | | | | |
| 2 | 10.2.3.3 | 嘎马林河(1010) | | | | | | | | | | | | |
| | 10.2.4 | 巴纠错 | 1 | 巴纠曲(656) | 1 | 巴纠错(45.5) | | | | | | | | |
| | 10.2.5 | 沉错 | | | 1 | 沉错(39.1) | | | | | | | | |
| | 10.2.6 | 普莫雍错 | 1 | 加曲(744) | 1 | 普莫雍错(290) | | | | | | | | |
| | 10.2.7 | 嘎拉错 | | | 2 | 嘎拉错(26.6)、多庆错(60) | | | | | | | | |
| 3 | 10.2.7.1 | 裕洛藏布(1750) | | | | | | | | | | | | |
| | 10.2.8 | 错母折林 | | | 1 | 错母折林(66.5) | | | | | | | | |
| | 10.2.9 | 昂仁金错 | | | 1 | 昂仁金错(24.3) | | | | | | | | |
| | 10.2.10 | 错朋莫 | | | 1 | 错朋莫(22.1) | | | | | | | | |
| | 10.2.11 | 浪强错 | | | 1 | 浪强错(28.4) | | | | | | | | |
| | 10.2.12 | 打加错 | | | 1 | 打加错(114.5) | | | | | | | | |
| | 10.2.13 | 佩枯错 | 1 | 巴日雍曲(580) | 1 | 佩枯错(284) | | | | | | | | |
| | 10.2.14 | 错戳龙 | | | 1 | 错戳龙(17.3) | | | | | | | | |
| | 10.2.15 | 公珠错 | | | 1 | 公珠错(66.2) | | | | | | | | |
| | 10.2.16 | 拉昂错 | 3 | 那曲(840)、孔曲藏布(861)、萨莘河(922) | 2 | 拉昂错(268.5)、玛旁雍错(412) | | | | | | | | |
| | 合计 | | 8 | | 19 | | 0 | | 0 | | 0 | | 0 | 0 |

542

表10-3　羌塘高原内流区河湖水系一览表

| 序号 | 条目编号 | 河流 流域面积1000km²及以上 河流·水系 名称 | 湖泊 流域面积100~1000km² 数目 | 湖泊 流域面积100~1000km² 名称 | 湖泊 水面面积10km²及以上 数目 | 湖泊 水面面积10km²及以上 名称 | 湖泊 水面面积1~10km² 数目 | 湖泊 水面面积1~10km² 名称 | 水库 大型 数目 | 水库 大型 名称 | 水库 中型 数目 | 水库 中型 名称 | 水库 小(1)型 数目 | 水库 小(1)型 名称 | 水库 小(2)型 数目 |
|---|---|---|---|---|---|---|---|---|---|---|---|---|---|---|---|
|  | 10.3.1 | 错鄂 |  |  | 1 | 错鄂(61.3) |  |  |  |  |  |  |  |  |  |
|  | 10.3.2 | 乃日平错 |  |  | 1 | 乃日平错(69.6) |  |  |  |  |  |  |  |  |  |
|  | 10.3.3 | 董错 |  |  | 1 | 董错(124) |  |  |  |  |  |  |  |  |  |
|  | 10.3.4 | 纳木错 |  |  | 1 | 纳木错(1920) |  |  |  |  |  |  |  |  |  |
| 1 | 10.3.4.1 | 波曲(1450) |  |  |  |  |  |  |  |  |  |  |  |  |  |
| 2 | 10.3.4.2 | 吕曲(1436) |  |  |  |  |  |  |  |  |  |  |  |  |  |
| 3 | 10.3.4.3 | 测曲(2350) |  |  |  |  |  |  |  |  |  |  |  |  |  |
|  | 10.3.5 | 蓬错 |  |  | 2 | 蓬错(135.7)、崩错(141) |  |  |  |  |  |  |  |  |  |
| 4 | 10.3.5.1 | 罗可曲(1913) |  |  |  |  |  |  |  |  |  |  |  |  |  |
|  | 10.3.6 | 兹格塘错 |  |  | 1 | 兹格塘错(191.4) |  |  |  |  |  |  |  |  |  |
| 5 | 10.3.6.1 | 茱夫藏布(1364) |  |  |  |  |  |  |  |  |  |  |  |  |  |
|  | 10.3.7 | 江错 |  |  | 1 | 江错(36) |  |  |  |  |  |  |  |  |  |
|  | 10.3.8 | 达如错 |  |  | 1 | 达如错(54.2) |  |  |  |  |  |  |  |  |  |
|  | 10.3.9 | 巴木错 | 3 | 荣扶藏曲(8:2)、桑曲(476)、卡莫曲(992) | 1 | 巴木错(191) |  |  |  |  |  |  |  |  |  |
| 6 | 10.3.9.1 | 白桑秦布(1980) |  |  |  |  |  |  |  |  |  |  |  |  |  |
|  | 10.3.10 | 申错 |  |  | 1 | 申错(43.3) |  |  |  |  |  |  |  |  |  |
|  | 10.3.11 | 东松错 |  |  | 1 | 东松错(46.7) |  |  |  |  |  |  |  |  |  |
|  | 10.3.12 | 徐果错 | 1 | 桑曲(596) | 1 | 徐果错(22.7) |  |  |  |  |  |  |  |  |  |
|  | 10.3.13 | 其香错 | 1 | 夏玛纳多曲(752) | 1 | 其香错(149) |  |  |  |  |  |  |  |  |  |
|  | 10.3.14 | 多尔索洞错 |  |  | 1 | 多尔索洞错(400) |  |  |  |  |  |  |  |  |  |
|  | 10.3.14.1 | 米提江古木错 | 1 | 曲柳乌日河(630.9) | 3 | 米提江古木错(476.8)、孔纳木错(15.4)、日居错(25.9) |  |  |  |  |  |  |  |  |  |
| 7 | 10.3.14.1.1 | 帮跋陇巴河(3910.4) | 1 | 巴日积曲(740) | 4 | 波涛湖(70.2)、燕子湖(16.1)、玛巧错(26.8)、诺多错(57.3) |  |  |  |  |  |  |  |  |  |
| 8 | 10.3.14.1.3 | 切水恰藏布(1150) |  |  |  |  |  |  |  |  |  |  |  |  |  |

续表

| 序号 | 条目编号 | 河流 | | 湖泊 | | | 水库 | | | | | |
|---|---|---|---|---|---|---|---|---|---|---|---|---|
| | | 流域面积1000km²及以上 | | 水面面积10km²及以上 | | 水面面积1~10km² | | 大型 | | 中型 | 小(1)型 | 小(2)型 |
| | | 河流·水系 | 流域面积100~1000km² 名称 数目 | 名称 | 数目 | 名称 | 数目 | 名称 | 数目 | 名称 数目 | 名称 数目 | 数目 |
| 9 | 10.3.14.1.4 | 曾松曲 (1860) | | | | | | | | | | |
| 10 | 10.3.14.3 | 托纳藏布 (2310) | | | | | | | | | | |
| | 10.3.15 | 雪连湖 | | 雪连湖 (51.7) | 1 | | | | | | | |
| | 10.3.16 | 欧错 | | 欧错 (16.3) | 1 | | | | | | | |
| | 10.3.17 | 加木称错 | | 加木称错 (30.5) | 1 | | | | | | | |
| | 10.3.18 | 仁错贡玛 | | 仁错约玛 (55.2) | 1 | | | | | | | |
| | 10.3.18.1 | 仁错贡玛 | 扎汪雄曲 (508) 1 | 仁错贡玛 (103.7) | 1 | | | | | | | |
| | 10.3.18.2 | 玫如错 | 藏布曲 (950) 1 | 玫如错 (40.4) | 1 | | | | | | | |
| | 10.3.19 | 雅根查错 | | 雅根查错 (108) | 1 | | | | | | | |
| | 10.3.20 | 美日切错 | 美日北河 (732) 1 | 美日切错 (69) | 1 | | | | | | | |
| | 10.3.21 | 班戈错 | | 班戈错 (55.2) | 1 | | | | | | | |
| 11 | 10.3.21.1 | 卡挖藏布 (1572) | | | | | | | | | | |
| | 10.3.22 | 纳卡错 | | 纳卡错 (16.8) | 1 | | | | | | | |
| | 10.3.23 | 洋纳朋错 | | 洋纳朋错 (12.5) | 1 | | | | | | | |
| | 10.3.24 | 太平甫湖 | | 太平甫湖 (13.9) | 1 | | | | | | | |
| | 10.3.25 | 太平湖 | | 太平湖 (19.8) | 1 | | | | | | | |
| | 10.3.26 | 扎木错玛琼 | | 扎木错玛琼 (18.1) | 1 | | | | | | | |
| | 10.3.27 | 昂达尔错 | | 昂达尔错 (34.3) | 1 | 昂达尔东错 (3.1) | 1 | | | | | |
| | 10.3.28 | 赞宗错 | | 赞宗错 (13.0) | 1 | | | | | | | |
| | 10.3.29 | 普嘎错 | | 普嘎错 (36.2) | 1 | | | | | | | |
| | 10.3.30 | 向阳湖 | | 向阳湖 (97.1) | 1 | | | | | | | |
| | 10.3.31 | 瀑赛尔错 | | 瀑赛尔错 (18.3) | 1 | | | | | | | |
| | 10.3.32 | 多格错仁强错 | 天台河(892)、玉龙河(328)、西南河(544) 3 | 多格错仁强错 (207.3) | 1 | | | | | | | |
| 12 | 10.3.32.4 | 五泉河 (1504) | | | | | | | | | | |
| | 10.3.33 | 色林错 | | 色林错 (1628) | 1 | | | | | | | |
| 13 | 10.3.33.1 | 扎加藏布 (14850) | 达卓曲(728)、悲劲藏布(496)、桑曲嘎曲(688) 3 | 亚土错 (24.5) | 1 | | | | | | | |

续表

| 序号 | 条目编号 | 河 流 流域面积1000km²及以上 河流·水系 | 河 流 流域面积100~1000km² 数目 | 河 流 流域面积100~1000km² 名称 | 湖 泊 水面面积10km²及以上 数目 | 湖 泊 水面面积10km²及以上 名称 | 湖 泊 水面面积1~10km² 数目 | 湖 泊 水面面积1~10km² 名称 | 水 库 大 型 数目 | 水 库 大 型 名称 | 水 库 中 型 数目 | 水 库 中 型 名称 | 水 库 小(1)型 数目 | 水 库 小(1)型 名称 | 水 库 小(2)型 数目 |
|---|---|---|---|---|---|---|---|---|---|---|---|---|---|---|---|
| 14 | 10.3.33.1.1 | 香嘎曲(1420) | | | | | | | | | | | | | |
| 15 | 10.3.33.1.5 | 梁尔曲(3216) | | | | | | | | | | | | | |
| 16 | 10.3.33.1.5.1 | 多苦曲(1020) | | | | | | | | | | | | | |
| 17 | 10.3.33.1.6 | 欧曲(1760) | | | | | | | | | | | | | |
| 18 | 10.3.33.2 | 波曲藏布(1360) | | | | | | | | | | | | | |
| 19 | 10.3.33.3 | 阿里藏布(7145) | | | 3 | 木纠错(78)、错鄂(269)、时补错(13.5) | | | | | | | | | |
| 20 | 10.3.33.4 | 扎根藏布(15315) | | | 7 | 查藏错(17.8)、德格错(62.2)、木地达拉王错(23.6)、格仁错(475.9)、改佳错(73)、吴如错(343)、恰规错(88.5) | | | | | | | | | |
| 21 | 10.3.33.4.4.1 | 巴波藏布(2820) | | | | | | | | | | | | | |
| 22 | 10.3.33.4.5.1 | 虾嘎荣藏布(1648) | | | | | | | | | | | | | |
| | 10.3.34 | 桃湖 | | | 1 | 桃湖(20.4) | | | | | | | | | |
| | 10.3.35 | 果忙错 | | | 1 | 果忙错(97.0) | | | | | | | | | |
| | 10.3.36 | 果根错 | | | 1 | 果根错(28.8) | | | | | | | | | |
| 23 | 10.3.36.1 | 大汶泛河(1148) | | | | | | | | | | | | | |
| | 10.3.37 | 永波湖 | | | 1 | 永波湖(37.5) | | | | | | | | | |
| | 10.3.38 | 闰山湖 | | | 1 | 闰山湖(32.4) | | | | | | | | | |
| | 10.3.39 | 多格错仁 | 2 | 长水河(836)、源泉河(740) | 1 | 多格错仁(393.3) | | | | | | | | | |
| 24 | 10.3.39.1 | 洪玉泉河(1120) | | | | | | | | | | | | | |
| 25 | 10.3.39.2 | 东温河(1380) | | | | | | | | | | | | | |
| 26 | 10.3.39.5 | 长龙河(1876) | | | | | | | | | | | | | |
| | 10.3.40 | 东月湖 | | | 1 | 东月湖(23.4) | | | | | | | | | |
| | 10.3.41 | 长湖 | 1 | 西峡河(890) | 1 | 长湖(46) | | | | | | | | | |
| | 10.3.42 | 才多茶卡 | | | 1 | 才多茶卡(38.5) | | | | | | | | | |
| | 10.3.43 | 蒂让碧错 | | | 1 | 蒂让碧错(22.1) | | | | | | | | | |

545

续表

| 序号 | 条目编号 | 河流 流域面积1000km²及以上 河流·水系 | 流域面积100~1000km² 条目 | 名称 | 湖泊 水面面积10km²及以上 条目 | 名称 | 水面面积1~10km² 条目 | 名称 | 水库 大型 条目 | 名称 | 中型 条目 | 名称 | 小(1)型 条目 | 名称 | 小(2)型 条目 |
|---|---|---|---|---|---|---|---|---|---|---|---|---|---|---|---|
|  | 10.3.44 | 恒梁湖 |  |  | 1 | 恒梁湖 (17.8) |  |  |  |  |  |  |  |  |  |
|  | 10.3.45 | 雅个冬错 |  |  | 1 | 雅个冬错 (34.8) |  |  |  |  |  |  |  |  |  |
|  | 10.3.46 | 荷花湖 |  |  | 1 | 荷花湖 (22.5) |  |  |  |  |  |  |  |  |  |
|  | 10.3.47 | 玉液湖 |  |  | 1 | 玉液湖 (82.2) |  |  |  |  |  |  |  |  |  |
| 27 | 10.3.47.1 | 西沙河 (1028) |  |  |  |  |  |  |  |  |  |  |  |  |  |
|  | 10.3.48 | 毕洛错 |  |  | 1 | 毕洛错 (24.9) |  |  |  |  |  |  |  |  |  |
|  | 10.3.49 | 浅水湖 |  |  | 1 | 浅水湖 (12.2) |  |  |  |  |  |  |  |  |  |
|  | 10.3.50 | 鄂雅错 |  |  | 1 | 鄂雅错 (58.7) |  |  |  |  |  |  |  |  |  |
|  | 10.3.51 | 阿木错 |  |  | 1 | 阿木错 (34.8) |  |  |  |  |  |  |  |  |  |
|  | 10.3.51.1 | 希浓洛玛曲 (1291) |  |  |  |  |  |  |  |  |  |  |  |  |  |
| 28 | 10.3.52 | 达尔沃错温 |  |  | 1 | 达尔沃错温 (36.8) |  |  |  |  |  |  |  |  |  |
|  | 10.3.53 | 崩则错 | 卡姿当玛河 (904) | 1 | 2 | 崩则错 (18.5)、[钠江错 (44.3)] |  |  |  |  |  |  |  |  |  |
| 29 | 10.3.53.1.1 | 浦志藏布 (1196) |  |  |  |  |  |  |  |  |  |  |  |  |  |
|  | 10.3.54 | 令戈错 |  |  | 1 | 令戈错 (95.6) |  |  |  |  |  |  |  |  |  |
|  | 10.3.55 | 白滩湖 | 向峰河 (712) | 1 | 1 | 白滩湖 (15.7) |  |  |  |  |  |  |  |  |  |
|  | 10.3.56 | 万安湖 |  |  | 1 | 万安湖 (10.4) |  |  |  |  |  |  |  |  |  |
|  | 10.3.57 | 琼浆湖 |  |  | 1 | 琼浆湖 (18.2) |  |  |  |  |  |  |  |  |  |
|  | 10.3.58 | 半岛湖 |  |  | 1 | 半岛湖 (29.2) |  |  |  |  |  |  |  |  |  |
|  | 10.3.59 | 北雷错 |  |  | 1 | 北雷错 (21.8) |  |  |  |  |  |  |  |  |  |
|  | 10.3.60 | 若拉错 | 琲浪河·674)、烈马河 (364)、裕尼河 (792) | 3 | 3 | 若拉错 (57)、[双连湖 (11.6)、浓冰湖 (22.2)] |  |  |  |  |  |  |  |  |  |
|  | 10.3.61 | 美菊湖 |  |  | 1 | 美菊湖 (13.4) |  |  |  |  |  |  |  |  |  |
|  | 10.3.62 | 长颈湖 |  |  | 1 | 长颈湖 (11.0) |  |  |  |  |  |  |  |  |  |
|  | 10.3.63 | 恰尔嘎木错 |  |  | 1 | 恰尔嘎木错 (21.0) |  |  |  |  |  |  |  |  |  |
|  | 10.3.64 | 玉盘湖 |  |  | 1 | 玉盘湖 (15.4) |  |  |  |  |  |  |  |  |  |

续表

| 序号 | 条目编号 | 河流 | | 湖泊 | | | | 水库 | | | | | |
|---|---|---|---|---|---|---|---|---|---|---|---|---|---|
| | | 流域面积 1000km² 及以上 | | 水面面积 10km² 及以上 | | 水面面积 1~10km² | | 大型 | | 中型 | | 小(1)型 | 小(2)型 |
| | | 河流·水系 | 数目 | 名称 | 数目 | 名称 | 数目 | 名称 | 数目 | 名称 | 数目 | 名称 数目 | 数目 |
| | 10.3.65 | 龙尾湖 | | 龙尾湖 (43.8) | 1 | | | | | | | | |
| | 10.3.66 | 孔错 | | 孔错 (11.7) | 1 | | | | | | | | |
| | 10.3.67 | 赛布错 | | 赛布错 (62.7) | 1 | | | | | | | | |
| | 10.3.68 | 太苫湖 | | 太苫湖 (20) | 1 | | | | | | | | |
| | 10.3.69 | 雪梅湖 | | 雪梅湖 (33.5) | 1 | | | | | | | | |
| | 10.3.70 | 朋彦错 | | 朋彦错 (48.8) | 1 | | | | | | | | |
| | 10.3.71 | 银波湖 | | 银波湖 (30.4) | 1 | | | | | | | | |
| | 10.3.72 | 诺尔玛错 | | 诺尔玛错 (68.1) | 1 | | | | | | | | |
| | 10.3.73 | 孔孔茶卡 | | 孔孔茶卡 (37.7) | 1 | | | | | | | | |
| | 10.3.74 | 仙鹤湖 | | 狭床河 (660) 1 | | 仙鹤湖 (33.4) | 1 | | | | | | |
| | 10.3.75 | 映天湖 | | | | 映天湖 (14.4) | 1 | | | | | | |
| | 10.3.76 | 雪环湖 | | 汇水河 (760) 1 | | 雪环湖 (40.6) | 1 | | | | | | |
| | 10.3.77 | 饮龙湖 | | | | 饮龙湖 (10.7) | 1 | | | | | | |
| | 10.3.78 | 浩波湖 | | | | 浩波湖 (15) | 1 | | | | | | |
| | 10.3.79 | 拔度错 | | | | 拔度错 (59.5) | 1 | | | | | | |
| 30 | 10.3.79.1 | 萨嘎东藏布 (1044) | | | | | | | | | | | |
| | 10.3.80 | 甲热布错 | | 塘芏冈玛曲 (568) 1 | | 甲热布错 (36.4) | 1 | | | | | | |
| | 10.3.81 | 肖茶卡 | | | | 肖茶卡 (12.1) | 1 | | | | | | |
| | 10.3.82 | 纳克茶卡 | | | | 纳克茶卡 (31.2) [琵邑湖 (15.8)] | 2 | | | | | | |
| | 10.3.83 | 达刚错 | | | | 达刚错 (244.7) | 1 | | | | | | |
| 31 | 10.3.83.1 | 波仓藏布 (8494) | | | | 它日错 (40.7)、冻果错 (23.9) | 2 | | | | | | |
| 32 | 10.3.83.1.3 | 舍藏布 (1610) | | | | | | | | | | | |
| | 10.3.84 | 马尔下错 | | | | 马尔下错 (63.8) | 1 | | | | | | |
| 33 | 10.3.84.1 | 雅贝藏布 (1100) | | | | | | | | | | | |
| | 10.3.85 | 确日错 | | | | 确日错 (36.4) | 1 | | | | | | |

续表

| 序号 | 流域面积1000km² 及以上 条目编号 | 河流·水系 名称 | 流域面积100~1000km² 名目 | 流域面积100~1000km² 名称 | 水面面积10km² 及以上 名目 | 水面面积10km² 及以上 名称 | 水面面积1~10km² 名目 | 水面面积1~10km² 名称 | 大型 名目 | 大型 名称 | 中型 名目 | 中型 名称 | 小(1)型 名目 | 小(1)型 名称 | 小(2)型 名目 | 小(2)型 名称 |
|---|---|---|---|---|---|---|---|---|---|---|---|---|---|---|---|---|
| 34 | 10.3.86 | 雪景湖 | 1 | 淋水河(516) | 1 | 雪景湖(53.1) | | | | | | | | | | |
| 35 | 10.3.86.1 | 玲珑河(1746) | | | | | | | | | | | | | | |
|  | 10.3.86.1.1 | 微水河(1092) | | | | | | | | | | | | | | |
| 36 | 10.3.87 | 错尼 | | | 1 | 错尼(67.5) | | | | | | | | | | |
|  | 10.3.87.1 | 曲龙河(2550) | | | | | | | | | | | | | | |
|  | 10.3.88 | 雅根错 | | | 1 | 吐坡错(22.5) | | | | | | | | | | |
|  | 10.3.89 | 昂孜错 | | | 1 | 雅根错(42.4) | | | | | | | | | | |
| 37 | 10.3.89.1 | 达扎藏布(2980) | | | 1 | 昂孜错(461.5) | | | | | | | | | | |
| 38 | 10.3.89.2 | 江子藏布(1288) | | | | | | | | | | | | | | |
|  | 10.3.90 | 戈芒错 | | | 2 | 戈芒错(52) [张牙错(36)] | | | | | | | | | | |
|  | 10.3.91 | 虾朔错 | | | 1 | 虾朔错(15.5) | | | | | | | | | | |
|  | 10.3.92 | 得雨湖 | | | 1 | 得雨湖(43.7) | | | | | | | | | | |
|  | 10.3.93 | 朝阳湖 | | | 1 | 朝阳湖(22.8) | | | | | | | | | | |
|  | 10.3.94 | 角木茶卡 | | | 1 | 角木茶卡(41.8) | | | | | | | | | | |
|  | 10.3.95 | 懂布错 | | | 1 | 懂布错(27) | | | | | | | | | | |
|  | 10.3.96 | 亚克错 | | | 1 | 亚克错(18.5) | | | | | | | | | | |
|  | 10.3.97 | 达杂迪扎错 | | | 1 | 达杂迪扎错(10) | | | | | | | | | | |
| 39 | 10.3.97.1 | 桑绿河(1428) | | | | | | | | | | | | | | |
|  | 10.3.98 | 玛尔果茶卡 | | | 1 | 玛尔果茶卡(80) | | | | | | | | | | |
| 40 | 10.3.98.1 | 虾河(1596) | | | | | | | | | | | | | | |
|  | 10.3.99 | 江尼茶卡 | | | 2 | 江尼茶卡(38.2)、玛尔盖茶卡(79.6) | | | | | | | | | | |
| 41 | 10.3.99.1 | 玉龙河(2443) | | | 1 | 淡水湖(23.2) | | | | | | | | | | |
| 42 | 10.3.99.2.1 | 日马卜松曲(3193) | | | | | | | | | | | | | | |
|  | 10.3.100 | 振泉湖 | | | 1 | 振泉湖(42.4) | | | | | | | | | | |
| 43 | 10.3.100.2 | 迎雪河(1276) | 1 | 镜龙河(468) | | | | | | | | | | | | |

续表

| 序号 | 条目编号 | 河流 流域面积1000km²及以上 河流·水系 | 河流 流域面积100~1000km² 名称 | 河流 流域面积100~1000km² 数目 | 湖泊 水面面积10km²及以上 名称 | 湖泊 水面面积10km²及以上 数目 | 湖泊 水面面积1~10km² 名称 | 湖泊 水面面积1~10km² 数目 | 水库 大型 名称 | 水库 大型 数目 | 水库 中型 名称 | 水库 中型 数目 | 水库 小(1)型 名称 | 水库 小(1)型 数目 | 水库 小(2)型 数目 |
|---|---|---|---|---|---|---|---|---|---|---|---|---|---|---|---|
|  | 10.3.101 | 康如茶卡 |  |  |  |  | 康如茶卡(9.6) | 1 |  |  |  |  |  |  |  |
|  | 10.3.102 | 热觉茶卡 |  |  | 热觉茶卡(20) | 1 |  |  |  |  |  |  |  |  |  |
|  | 10.3.103 | 映山湖 |  |  |  |  | 映山湖(0.7) | 1 |  |  |  |  |  |  |  |
|  | 10.3.104 | 依布茶卡 |  |  | 依布茶卡(88) | 1 |  |  |  |  |  |  |  |  |  |
| 44 | 10.3.104.1 | 江爱藏布(5345) |  |  |  |  |  |  |  |  |  |  |  |  |  |
| 45 | 10.3.105 | 当惹雍错 | 卜寨藏布(736) | 1 | 当惹雍错(835) | 1 |  |  |  |  |  |  |  |  |  |
| 46 | 10.3.105.1 | 达果藏布(5899) |  |  |  |  |  |  |  |  |  |  |  |  |  |
|  | 10.3.105.1.1 | 昂玛藏布(1170) |  |  |  |  |  |  |  |  |  |  |  |  |  |
|  | 10.3.106 | 当穹错 |  |  | 当穹错(54.5) | 1 |  |  |  |  |  |  |  |  |  |
|  | 10.3.107 | 涌波湖 |  |  | 涌波湖(56)[大鹏湖(10.4)] | 2 |  |  |  |  |  |  |  |  |  |
| 47 | 10.3.107.1 | 浑水河(1126) |  |  |  |  |  |  |  |  |  |  |  |  |  |
|  | 10.3.108 | 喷呐湖 |  |  | 喷呐湖(28) | 1 |  |  |  |  |  |  |  |  |  |
|  | 10.3.109 | 冈塘错 |  |  | 冈塘错(11.3) | 1 |  |  |  |  |  |  |  |  |  |
|  | 10.3.110 | 甲若错 | 董杯曲河(746) | 1 | 甲若错(13.5)、[姗莫错(10.8)]、俯尖错(17.9) | 3 |  |  |  |  |  |  |  |  |  |
|  | 10.3.111 | 嘎尔孔茶卡 |  |  | 嘎尔孔茶卡(51.6) | 1 |  |  |  |  |  |  |  |  |  |
|  | 10.3.112 | 许如错 |  |  | 许如错(211.1) | 1 |  |  |  |  |  |  |  |  |  |
|  | 10.3.113 | 姆错丙尼 |  |  | 姆错丙尼(146.2) | 1 |  |  |  |  |  |  |  |  |  |
|  | 10.3.114 | 日干配错 |  |  | 日干配错(39.1) | 1 |  |  |  |  |  |  |  |  |  |
|  | 10.3.115 | 直若错 |  |  | 直若错(10.6) | 1 |  |  |  |  |  |  |  |  |  |
|  | 10.3.116 | 北于湖 |  |  | 北于湖(10.5) | 1 |  |  |  |  |  |  |  |  |  |
|  | 10.3.117 | 拉梢错 |  |  | 拉梢错(16.9) | 1 |  |  |  |  |  |  |  |  |  |
|  | 10.3.118 | 达玛玫壤 |  |  | 达玛玫壤(33.1) | 1 |  |  |  |  |  |  |  |  |  |
|  | 10.3.119 | 扎日南木错 |  |  | 扎日南木错(997) | 1 |  |  |  |  |  |  |  |  |  |
| 48 | 10.3.119.1 | 措勤藏布(9930) | 恰孜藏布(743)、温多藏布(749) | 2 |  |  |  |  |  |  |  |  |  |  |  |
| 49 | 10.3.119.1.1 | 独日藏布(1157) |  |  |  |  |  |  |  |  |  |  |  |  |  |

续表

| 序号 | 河流 流域面积1000km²及以上 | | 流域面积100~1000km² | | 湖泊 水面面积10km²及以上 | | 水面面积1~10km² | | 水库 大型 | | 中型 | | 小(1)型 | | 小(2)型 |
|---|---|---|---|---|---|---|---|---|---|---|---|---|---|---|---|
| | 备目编号 | 河流·水系 | 名称 | 数目 | 名称 | 数目 | 名称 | 数目 | 名称 | 数目 | 名称 | 数目 | 名称 | 数目 | 数目 |
| 50 | 10.3.119.1.2 | 鲁马样登曲(1060) | | | 坡夜错(27.4) | 1 | | | | | | | | | |
| 51 | 10.3.119.1.5 | 萨沃藏布(1072) | | | 齐格错(20.3) | 1 | | | | | | | | | |
| 52 | 10.3.119.2 | 达龙藏布(2560) | | | 戈木茶卡(76) | 1 | | | | | | | | | |
| | 10.3.120 | 戈木茶卡 | | | 布若错(87.5) | 1 | | | | | | | | | |
| | 10.3.121 | 布若错 | | | 雪源湖(24.8) | 1 | | | | | | | | | |
| | 10.3.122 | 雪源湖 | | | 甲多错(40.3) | 1 | | | | | | | | | |
| | 10.3.123 | 甲多错 | | | 南扎错(12.8) | 1 | | | | | | | | | |
| | 10.3.124 | 南扎错 | | | 昂古错(22.6) | 1 | | | | | | | | | |
| | 10.3.125 | 昂古错 | 桑无藏存(616) | 1 | 圆湖(10.3) | 1 | | | | | | | | | |
| | 10.3.126 | 圆湖 | | | 拉雄错(59.7) | 1 | | | | | | | | | |
| | 10.3.127 | 拉雄错 | | | 扎西错(47.2) | 1 | | | | | | | | | |
| | 10.3.128 | 扎西错 | | | | | | | | | | | | | |
| 53 | 10.3.128.1 | 勒仁藏布(1416) | | | 棉桃湖(15) | 1 | | | | | | | | | |
| | 10.3.129 | 棉桃湖 | 拉顺东汪(944) | 1 | 拉顺潮(18) | 1 | | | | | | | | | |
| | 10.3.130 | 拉顺潮 | 下曲(685)、雅孜藏布(400)、绒玛藏布(598) | 3 | 达瓦错(114.4) | 1 | | | | | | | | | |
| | 10.3.131 | 达瓦错 | | | 敦布错(63.4) | 1 | | | | | | | | | |
| | 10.3.132 | 敦布错 | | | 嘎仁错(66) | 1 | | | | | | | | | |
| 54 | 10.3.132.1 | 康巴藏布(1740) | | | 杰萨错(146.2) | 1 | | | | | | | | | |
| | 10.3.133 | 杰萨错 | | | 洞错(87.7) | 1 | | | | | | | | | |
| | 10.3.134 | 洞错 | | | | | | | | | | | | | |
| 55 | 10.3.134.1 | 下曲藏布(3760) | | | 羊湖(90) | 1 | | | | | | | | | |
| 56 | 10.3.134.1.1 | 重目藏布(1424) | | | | | | | | | | | | | |
| | 10.3.135 | 羊湖 | | | | | | | | | | | | | |
| 57 | 10.3.135.1 | 隆桑曲(7763) | | | | | | | | | | | | | |
| 58 | 10.3.135.1.1 | 西岔布(1682) | | | | | | | | | | | | | |

续表

| 序号 | 流域面积1000km²及以上 | | 河流 流域面积100~1000km² | | 湖泊 水面面积10km²及以上 | | 水面面积1~10km² | | 水库 大型 | | 中型 | | 小(1)型 | | 小(2)型 |
|---|---|---|---|---|---|---|---|---|---|---|---|---|---|---|---|
| | 条目编号 | 河流·水系 | 名称 | 数目 | 名称 | 数目 | 名称 | 数目 | 名称 | 数目 | 名称 | 数目 | 名称 | 数目 | 数目 |
| | 10.3.136 | 冈玛错 | | | 冈玛错(13.6) | 1 | | | | | | | | | |
| | 10.3.137 | 才玛尔错 | | | 才玛尔错(38) | 1 | | | | | | | | | |
| 59 | 10.3.137.1 | 改木藏布(1152) | | | | | | | | | | | | | |
| 60 | 10.3.137.2 | 乌孜藏布(1262) | | | | | | | | | | | | | |
| | 10.3.138 | 多玛错 | | | 多玛错(12.8) | 1 | | | | | | | | | |
| | 10.3.139 | 布尔嘎错 | | | 布尔嘎错(12.6) | 1 | | | | | | | | | |
| | 10.3.140 | 热那错 | | | 热那错(17) | 1 | | | | | | | | | |
| | 10.3.141 | 心湖 | | | 心湖(29.4) | 1 | | | | | | | | | |
| | 10.3.142 | 拉果错 | | | 拉果错(91.2) | 1 | | | | | | | | | |
| 61 | 10.3.142.1 | 索美藏布(2100) | | | | | | | | | | | | | |
| 62 | 10.3.142.2 | 桑块河(1220) | | | | | | | | | | | | | |
| | 10.3.143 | 查波错 | | | 查波错(35.5) | 1 | | | | | | | | | |
| | 10.3.144 | 扎布耶茶卡 | | | 扎布耶茶卡(243) | 1 | | | | | | | | | |
| 63 | 10.3.144.1 | 桑目旧曲(11652) | | | 塔若错(487) | 1 | | | | | | | | | |
| 64 | 10.3.144.1.2 | 脚步曲(2038) | | | 麦芬错(62.3) | 1 | | | | | | | | | |
| 65 | 10.3.144.1.3 | 甲布曲(1602) | | | | | | | | | | | | | |
| 66 | 10.3.144.2 | 罗目藏布(1676) | | | 玉环湖(10.3) | 1 | | | | | | | | | |
| | 10.3.145 | 玉环湖 | | | 三岛湖(20.4) | 1 | | | | | | | | | |
| | 10.3.146 | 三岛湖 | | | 万泉湖(30.4) [温泉湖(13.4)] | 2 | | | | | | | | | |
| | 10.3.147 | 万泉湖 | | | 吓嘎错(23.2) | 1 | | | | | | | | | |
| | 10.3.148 | 吓嘎错 | | | | | | | | | | | | | |
| 67 | 10.3.148.1 | 罗仁藏布(4100) | | | 拉布错(12.4) | 1 | | | | | | | | | |
| | 10.3.149 | 拉布错 | | | 帕龙错(141) | 1 | | | | | | | | | |
| | 10.3.150 | 帕龙错 | | | 仓木错(87.5) | 1 | | | | | | | | | |
| | 10.3.151 | 仓木错 | | | | | | | | | | | | | |
| 68 | 10.3.151.1 | 冬隆藏布(1560) | | | | | | | | | | | | | |

续表

| 序号 | 河流<br>流域面积1000km²及以上 | | 流域面积100~1000km² | | 湖泊<br>水面面积10km²及以上 | | 水面面积1~10km² | | 水库 | | | | | | |
|---|---|---|---|---|---|---|---|---|---|---|---|---|---|---|---|
| | | | | | | | | | 大型 | | 中型 | | 小(1)型 | | 小(2)型 |
| | 条目编号 | 河流·水系 | 名称 | 数目 | 名称 | 数目 | 名称 | 数目 | 名称 | 数目 | 名称 | 数目 | 名称 | 数目 | 数目 |
| 68 | 10.3.152 | 仁青休布错 | | | 仁青休布错 (187.1) | 1 | | | | | | | | | |
| 69 | 10.3.152.1 | 祝地藏布 (1350) | | | | | | | | | | | | | |
| | 10.3.153 | 邱拉仁错 | | | 邱拉仁错 (512.7) | 1 | | | | | | | | | |
| 70 | 10.3.153.1 | 昂荆藏布 (7077) | | | 金美错 (16.8) | 1 | | | | | | | | | |
| 71 | 10.3.153.1.2 | 惹杳木曲 (2693) | | | 阿果错 (62.3) | 1 | | | | | | | | | |
| 72 | 10.3.153.1.3 | 顶色藏布 (1398) | | | | | | | | | | | | | |
| 73 | 10.3.153.2 | 拉布让藏布 | 拉加纳曲 (830) | 1 | | | | | | | | | | | |
| | 10.3.154 | 果普错 | 江若藏布 (688) | 1 | 果普错 (62.3) | 1 | | | | | | | | | |
| | 10.3.155 | 拜惹布错 | | | 拜惹布错 (128.8) | 1 | | | | | | | | | |
| | 10.3.156 | 达热布错 | | | 达热布错 (21) | 1 | | | | | | | | | |
| | 10.3.157 | 碱水湖 | | | 碱水湖 (88.9) | 1 | | | | | | | | | |
| | 10.3.158 | 喀湖错 | | | 喀湖错 (22) | 1 | | | | | | | | | |
| | 10.3.159 | 长条湖 | | | 长条湖 (16.6) [托和平错 (31.6)] | 2 | | | | | | | | | |
| 74 | 10.3.159.1.1 | 托和平河 (1584) | | | | | | | | | | | | | |
| | 10.3.160 | 别若则错 | | | 别若则错 (33.2) | 1 | | | | | | | | | |
| 75 | 10.3.160.1 | 帕莫藏布 (1868) | | | | | | | | | | | | | |
| | 10.3.161 | 黑石北湖 | | | 黑石北湖 (93.5) | 1 | | | | | | | | | |
| | 10.3.162 | 捌干错 | | | 捌干错 (15.5) | 1 | | | | | | | | | |
| | 10.3.163 | 扎仓茶卡 | | | 扎仓茶卡 (128) | 1 | | | | | | | | | |
| | 10.3.164 | 昆楚克错 | | | 昆楚克错 (23.4) | 1 | | | | | | | | | |
| | 10.3.165 | 普让茶卡 | | | 普让茶卡 (35) | 1 | | | | | | | | | |
| | 10.3.166 | 错啊错 | | | 错啊错 (51.7) | 1 | | | | | | | | | |
| | 10.3.167 | 恰贡错 | | | 恰贡错 (22.4) | 1 | | | | | | | | | |
| | 10.3.168 | 美马错 | | | 美马错 (140.5) [阿鲁错 (103)] | 2 | | | | | | | | | |
| | 10.3.169 | 纳屋错 | | | 纳屋错 (65.8) [汀波龙错 (16)] | 2 | | | | | | | | | |
| 76 | 10.3.169.1 | 贾个块木嘎河 (1548) | | | | | | | | | | | | | |

续表

| 序号 | 条目编号 | 河流 流域面积1000km²及以上 河流·水系 | 流域面积100~1000km² 名称 | 数目 | 湖泊 水面面积10km²及以上 名称 | 数目 | 湖泊 水面面积1~10km² 名称 | 数目 | 水库 大型 名称 | 数目 | 水库 中型 名称 | 数目 | 水库 小(1)型 名称 | 数目 | 水库 小(2)型 数目 |
|---|---|---|---|---|---|---|---|---|---|---|---|---|---|---|---|
|  | 10.3.170 | 聂尔错 |  |  | 聂尔错(33) | 1 |  |  |  |  |  |  |  |  |  |
| 77 | 10.3.170.1 | 响曲(4077) |  |  |  |  |  |  |  |  |  |  |  |  |  |
|  | 10.3.171 | 色喀执错 | 久尘曲(753) | 1 | 色喀执错(18.8) | 1 |  |  |  |  |  |  |  |  |  |
|  | 10.3.172 | 骆驼湖 |  |  | 骆驼湖(63.2)[清澈湖(58.2)] | 2 |  |  |  |  |  |  |  |  |  |
|  | 10.3.173 | 普尔错 |  |  | 普尔错(40)[月牙湖(14.8)] | 2 |  |  |  |  |  |  |  |  |  |
|  | 10.3.174 | 独立石湖 |  |  | 独立石湖(75.3) | 1 |  |  |  |  |  |  |  |  |  |
|  | 10.3.175 | 鲁玛江冬错 |  |  | 鲁玛江冬错(325) | 1 |  |  |  |  |  |  |  |  |  |
| 78 | 10.3.175.1 | 东玛好尔毛河(1900) |  |  |  |  |  |  |  |  |  |  |  |  |  |
| 79 | 10.3.175.2 | 库尔拿河(2530) |  |  | 显民得错(15.6) | 1 |  |  |  |  |  |  |  |  |  |
|  | 10.3.176 | 阿翁错 |  |  | 阿翁错(58.6) | 1 |  |  |  |  |  |  |  |  |  |
| 80 | 10.3.176.1 | 扎哥拉哥藏布(1586) |  |  |  |  |  |  |  |  |  |  |  |  |  |
|  | 10.3.177 | 邦达错 |  |  | 邦达错(106.5) | 1 |  |  |  |  |  |  |  |  |  |
| 81 | 10.3.177.1 | 泉水河(2452) |  |  | 窊尔巴错(93.8) | 1 |  |  |  |  |  |  |  |  |  |
|  | 10.3.178 | 先日错 |  |  | 先日错(11.2) | 1 |  |  |  |  |  |  |  |  |  |
|  | 10.3.179 | 郭扎错 | 郭扎东·北河(908) | 1 | 郭扎错(252.6) | 1 |  |  |  |  |  |  |  |  |  |
|  | 10.3.180 | 结则茶卡 |  |  | 结则茶卡(108) | 1 |  |  |  |  |  |  |  |  |  |
|  | 10.3.181 | 热帮错 |  |  | 热帮错(31.6) | 1 |  |  |  |  |  |  |  |  |  |
|  | 10.3.182 | 埃永错 |  |  | 埃永错(22.4) | 1 |  |  |  |  |  |  |  |  |  |
|  | 10.3.183 | 龙木错 |  |  | 龙木错(97) | 1 |  |  |  |  |  |  |  |  |  |
|  | 10.3.184 | 芒错 |  |  | 芒错(12.4) | 1 |  |  |  |  |  |  |  |  |  |
|  | 10.3.185 | 昆仲错 |  |  | 昆仲错(15) | 1 |  |  |  |  |  |  |  |  |  |
|  | 10.3.186 | 松木希错 |  |  | 松木希错(24.6) | 1 |  |  |  |  |  |  |  |  |  |
| 82 | 10.3.186.1 | 秋玛强娘河(1408) |  |  |  |  |  |  |  |  |  |  |  |  |  |
|  | 10.3.187 | 班公错 |  |  | 班公错(604) | 1 |  |  |  |  |  |  |  |  |  |

续表

| 序号 | 河流 流域面积1000km²及以上 | | 流域面积100~1000km² | | 湖泊 水面面积10km²及以上 | | 水面面积1~10km² | | 水库 大型 | | 中型 | | 小(1)型 | | 小(2)型 | |
|---|---|---|---|---|---|---|---|---|---|---|---|---|---|---|---|---|
| | 条目编号 | 河流·水系 | 名称 | 数目 | 名称 | 数目 | 名称 | 数目 | 名称 | 数目 | 名称 | 数目 | 名称 | 数目 | 名称 | 数目 |
| 83 | 10.3.187.1 | 多马曲(3000) | | | | | | | | | | | | | | |
| 84 | 10.3.187.2 | 麻嘎藏布(9200) | | | | | | | | | | | | | | |
| 85 | 10.3.187.2.1 | 戴藏布(1008) | | | | | | | | | | | | | | |
| 86 | 10.3.187.3 | 目隆河(1644) | | | | | | | | | | | | | | |
| | 10.3.188 | 泽错 | 猪豚高热嘎河(460) | 1 | 泽错(112.7) | 1 | | | | | | | | | | |
| | 10.3.189 | 曼冬错 | | | 曼冬错(61.6) | 1 | | | | | | | | | | |
| 87 | 10.3.189.1 | 唐热曲(1000) | | | | | | | | | | | | | | |
| | | 东羌塘(青海、新疆部分) | 泉水河(200)、黑牛峰西河(209)、花海滩河(473)、鲸鱼湖北河(135)、荒草滩河(274)、伯拉克拉克里河(187) | 6 | | | | | | | | | | | | |
| | 10.3.190 | 盐湖 | 盐湖河(180) | 1 | 盐湖(32.8) | 1 | | | | | | | | | | |
| | 10.3.191 | 海丁诺尔 | 海丁河(568) | 1 | 海丁诺尔(35.7) | 1 | | | | | | | | | | |
| | 10.3.192 | 库赛湖 | | | 库赛湖(254.4) | 1 | | | | | | | | | | |
| 88 | 10.3.192.1 | 库赛河(2864) | | | | | | | | | | | | | | |
| | 10.3.193 | 卓乃湖 | 卓乃河(684) | 1 | 卓乃湖(89.9) | 1 | | | | | | | | | | |
| | 10.3.194 | 错达日玛 | | | 错达日玛(89.9) | 1 | | | | | | | | | | |
| | 10.3.195 | 可考湖 | | | 可考湖(62.3) | 1 | | | | | | | | | | |
| | 10.3.196 | 可可西里湖 | | | 可可西里湖(299.9)、饮马湖(107.2) | 2 | | | | | | | | | | |
| | 10.3.197 | 勒斜武担湖 | | | 勒斜武担湖(227) | 1 | | | | | | | | | | |
| | 10.3.198 | 泓湖 | | | 泓湖(26.3) | 1 | | | | | | | | | | |
| | 10.3.199 | 月亮湖 | | | 月亮湖(15) | 1 | | | | | | | | | | |
| | 10.3.200 | 移山湖 | | | 移山湖(18.5) | 1 | | | | | | | | | | |
| | 10.3.201 | 西金乌兰湖 | 洪水河(828)、阴流河(89.2)、还东河(520) | 3 | 西金乌兰湖(346.2) | 1 | | | | | | | | | | |

续表

| 序号 | 流域面积1000km²及以上 条目编号 | 河流·水系 | 河流 流域面积100~1000km² 数目 | 名称 | 湖泊 水面面积10km²及以上 数目 | 名称 | 水面面积1~10km² 名称 | 水库 大型 数目 | 名称 | 中型 数目 | 名称 | 小(1)型 数目 | 名称 | 小(2)型 数目 |
|---|---|---|---|---|---|---|---|---|---|---|---|---|---|---|
| 89 | 10.3.201.3 | 陷牛河(2160) | | | 1 | 永红湖(69.9) | | | | | | | | |
| | 10.3.202 | 明镜湖 | 2 | 盼末沟河(500)、明镜西河(627) | 1 | 明镜湖(88.1)、节钓湖(17) | | | | | | | | |
| | 10.3.203 | 豌豆湖 | | | 1 | 豌豆湖(17.9) | | | | | | | | |
| | 10.3.204 | 乌兰乌拉湖 | 1 | 跑牛河(940) | 1 | 乌兰乌拉湖(544.5) | | | | | | | | |
| 90 | 10.3.204.1 | 茅马河(1360) | | | | | | | | | | | | |
| 91 | 10.3.204.3 | 小沙河(1160) | | | | | | | | | | | | |
| | 10.3.205 | 阿牙克库木湖 | | | 4 | 阿牙克库木湖(538)、库牙克库木勒湖(18)、艾其克库木勒湖(25)、贝勒克提湖(21) | | | | | | | | |
| 92 | 10.3.205.1 | 依协克帕提湖(15000) | 1 | 风尘口东河(416) | 1 | 依协克帕提湖(15.2) | | | | | | | | |
| 93 | 10.3.205.1.2 | 库木开月河(4709) | 2 | 哈勒塞河(558)、求勉雷克苏河(又名喀尔漏河209) | | | | | | | | | | |
| 94 | 10.3.205.1.3 | 皮提勒克河(8869) | 10 | 莫诺马哈冰河(124)、双岔河(138)、平台山东河(141)、北极星堡河(101)、阿尔喀山东河(141)、苏鲁彼得勒克得亚南河(280)、丙帖里克达里雅南河(243)、黑牛沟河(208)、丰隐沟河(109)、雪掌岭南河(173) | | | | | | | | | | |
| 95 | 10.3.205.2 | 色斯河亚河(4660) | 2 | 百泉河上源可(299)、百泉河(455) | | | | | | | | | | |
| | 10.3.206 | 鲸鱼湖 | 1 | 玉浪河(648) | 1 | 鲸鱼湖(264) | | | | | | | | |
| | 10.3.207 | 阿其格库勒湖 | | | 1 | 阿其格库勒湖(351.2) | | | | | | | | |
| 96 | 10.3.207.1 | 哈复克力克河(3233) | 4 | 雄鹰台东河(171)、屏障岭河(179)、碎石沟(276)、双泉河(496) | | | | | | | | | | |
| 97 | 10.3.207.2 | 艾梗乌格木各河(2007) | 4 | 雁头山河(54)、黄沙河(621)[黑顶山沟(132)、黄泥河(155)] | | | | | | | | | | |
| 98 | 10.3.207.3 | 阿其格库勒河(4691) | 2 | 畅流沟(121)、曲曲沟(123) | | | | | | | | | | |
| 99 | 10.3.207.3.1 | 月牙河(3591) | 4 | 月牙湾泉水河(257)、鹿角沟(265)、三合河(106)、寒凝泉河(163) | | | | | | | | | | |

续表

| 序号 | 条目编号 | 河流·水系 | 河流 流域面积1000km²及以上 | | 湖泊 水面面积10km²及以上 | | 湖泊 水面面积1～10km² | | 水库 大型 | | 水库 中型 | | 水库 小（1）型 | | 水库 小（2）型 |
|---|---|---|---|---|---|---|---|---|---|---|---|---|---|---|---|
| | | | 数目 | 流域面积100～1000km² 名称 | 数目 | 名称 | 数目 | 名称 | 数目 | 名称 | 数目 | 名称 | 数目 | 名称 | 数目 |
| | | 中孚塘（新疆部分） | 14 | 银球湖河(102)、细流河(121)、乌溪沙河(127)、头道沟河(174)、宽平沟(270)、雪头河(157)、西长沟(106)、塔斯坎萨依河(101)、东长沟(205)、塞宿沟(210)、黄羊沟(212)、盼水河(496)、甜水海河(336)、泉水沟(295) | | | | | | | | | | | |
| 100 | 10.3.208 | 塔什库勒什河 | | | 1 | 塔什库勒湖(11.2) | | | | | | | | | |
| | 10.3.209 | 勒勃湖(7073) | | | | | 1 | 勒勃湖(9.6) | | | | | | | |
| | 10.3.210 | 长虹湖 | 5 | 微波河(371)、峡口河(412)[峡口河东岔(164)、峡口河西岔(113)]、群波河(167) | 1 | 长虹湖(17.2) | | | | | | | | | |
| | 10.3.211 | 半岛湖 | 1 | 头道沟河(250) | 1 | 半岛湖(11.8) | | | | | | | | | |
| | 10.3.212 | 黄草湖 | 2 | 黄草湖河(100)、莲藕湖河(108) | 1 | 黄草湖(2.1) | | | | | | | | | |
| | 10.3.213 | 工字湖 | | | | | 1 | 工字湖(0.81) | | | | | | | |
| 101 | | 孝日克也依拉克河(1460) | | | | | | | | | | | | | |
| 102 | | 黄羊沟(3600) | 2 | 眉沙沟(220)、千枝沟(362) | | | | | | | | | | | |
| | | 西羌塘（新疆、西藏部分） | 3 | 铁隆滩沟(302)、龙巴其保西河(699)、泉水沟(755) | | | | | | | | | | | |
| | 10.3.214 | 阿克赛钦湖 | 2 | 阿克赛铁湖北河(360)、阿克赛湖东河(259) | 1 | 阿克赛钦湖(168.5) | | | | | | | | | |
| | 10.3.215 | 萨利吉勒干南库勒湖 | | | 1 | 萨利吉勒干南库勒湖(46.9) | | | | | | | | | |
| 103 | | 萨利吉勒干西河(1140) | 3 | 老路冲沟(131)、金鱼山西河(100)、猎马沟(191) | | | | | | | | | | | |
| | 10.3.216 | 列腾格湖 | | | 1 | 列腾格湖(43) | | | | | | | | | |
| | 合计 | | 120 | | 266 | | 5 | | 0 | | 0 | | 0 | | 0 |

表 10-4　塔里木内流区河湖水系一览表

| 序号 | 条目编号 | 河流·水系 | 河流 流域面积1000km²及以上 数目 | 名称 | 河流 流域面积100~1000km² 数目 | 名称 | 湖泊 水面面积10km²及以上 数目 | 名称 | 湖泊 水面面积1~10km² 数目 | 名称 | 水库 大型 数目 | 名称 | 水库 中型 数目 | 名称 | 水库 小(1)型 数目 | 名称 | 水库 小(2)型 数目 |
|---|---|---|---|---|---|---|---|---|---|---|---|---|---|---|---|---|---|
|  | 10.4 | 塔里木内流区河湖 |  |  | 5 | 吐米亚河(637), 叙河(736), 乌鲁克萨依河(895), 恰勒河(552), 波斯喀河(659) | 3 | 曲曲克苏湖(15), 乌鲁库勒湖(15.4), 阿什库勒湖(10.5) | 1 | 硝尔库勒湖(5) |  |  |  |  |  |  |  |
|  | 10.4.1 | 罗布泊 |  |  |  |  | 1 | 罗布泊(5350) |  |  |  |  |  |  |  |  |  |
| 1 | 10.4.1.1 | 孔雀河(97590) |  |  |  |  | 3 | 沙尔诺尔湖(14), 无名湖6(12), 科克苏湖(25) | 21 | 科克乌散湖(1.2), 黄水湖(6.1), 沙尔诺尔湖(14), 哈尔达勒湖(2.1), 巴个达乌苏湖(1.1), 诺子湖(1.7), 哈根努热湖(2.2), 再格森诺尔湖(9.7), 查汗诺尔湖(2.2), 达乌孙诺尔湖(7.8), 老海子(4.0), 老海子北湖(1.9), 老海子东湖(7.7), 老海子南湖(4.2), 千木开诺尔湖(3.9), 梧尔诺尔湖(3.3), 无名湖1(1.1), 无名湖2(8.5), 无名湖3(1.1), 无名湖4(1.6), 无名湖5(2.7) |  |  | 2 | 八一(1650), 希尼尔(9800) | 4 | 阿克苏甫(581), 波斯阿木(500), 双丰(104), 铁门关(724) | 3 |
| 2 | 10.4.1.1.1 | 博斯腾湖 |  |  | 8 | 乌什塔拉河(783△), [冬都塔西哈恩郭勒河(445), 扎哈塔西哈恩郭勒河(177)], 曲惠沟(392△)[努茨根乃郭勒河(332), 乃仁克图恩郭勒河(144), 布拉格恩郭勒河(164), 哈仑海沟(102)] | 2 | 博斯腾湖(1211), 大盐湖(65) |  |  |  |  |  |  |  |  |  |
| 3 | 10.4.1.1.4 | 清水河(1016△) |  |  | 3 | 乌特艾肯河(294), 优克尔克古提沟(360), 那依特河(194) |  |  |  |  |  |  |  |  |  |  |  |
| 4 | 10.4.1.1.5 | 黄水沟河(4311△) |  |  | 8 | 布鲁斯台河(275), 哈龙沟(103), 哈尔哈提河(101), 巴仑台郭勒(116), 哈尔嘎特河(993), 开肯郭勒(341), 勒河(256), 托拉特郭勒(260) |  |  |  |  |  |  |  |  |  |  |  |

557

续表

| 序号 | 流域面积1000km² 及以上 | | | 河流 | | 湖泊 | | | | 水库 | | | | | |
|---|---|---|---|---|---|---|---|---|---|---|---|---|---|---|---|
| | 条目编号 | 河流·水系 | 数目 | 流域面积100~1000km² | | 水面面积10km²及以上 | | 水面面积1~10km² | | 大型 | | 中型 | | 小(1)型 | 小(2)型 |
| | | | | 名称 | 数目 | 名称 | 数目 | 名称 | 数目 | 名称 | 数目 | 名称 | 数目 | 名称 数目 | 数目 |
| 4 | 10.4.1.1.1.6 | 开都河(22998) | 31 | 乔鲁哈河(130)、塔古勒格特恩母勒布河(124)、阿木尔郭勒河(116)、大布鲁斯台河(299)、古洛(136)、查干乌散(138)、依其里克片(150)、亚马规沟(242)、沙马满沟(137)、赛尔克勒救河(165)、布贴克勒克接河(100)、乌拉斯台郭勒(173)、哈尔萨拉河(114)、拉尔赵藤尔萨尔(119)、阿尔哈尔拉(313)、乌兰乌苏河(260)、鄂木拿哈尔沙拉(262)、大扎格特台河(199)、赛开河(511)、萨根图海河(597)、阿尔萨根图海河(488)、乌塔木尔河(134)、哈尔郭尔郭勒(415)、依浪菊特河(129)、贡哇起劳尔(151)、乌拉斯台河(109)、赛开乌苏河(669) [克力起劳河(219)]、哈尔沙拉河(273)、霍拉(451) | 2 | 开口斯东湖(1.9)、开口斯西湖(1.4) | | | | 察汗乌苏(12500) | 1 | 大山口(2980) | 1 | 哈尔努尔(830)、普惠哈尔努尔(500) | 2 |
| 5 | 10.4.1.1.1.6.1 | 孔格斯台河(1025) | | | | | | | | | | | | | |
| 6 | 10.4.1.1.1.6.2 | 依克赛河(4125) | 3 | 江布青德鄂勒(350)、阿沟特沟(132)、哈里哈特沟(407) | | | | | | | | | | | |
| 7 | | 乃门乌苏河(1059) | 3 | 巩德沟(157)、霍尔哈规沟(184)、巴音郭勒河(366) | | | | | | | | | | | |
| 8 | 10.4.1.1.1.6.10 | 乌拉斯台河(2260) | 2 | 木呼尔查干河(375)、哈仁郭勒河(523) | | | | | | | | | | | |
| 9 | | 巴音郭勒河(1039) | 2 | 苏力杰河(640)、克努克河(382) | | | | | | | | | | | |
| | 10.4.2 | 台特马湖 | | | | 台特马湖 | 1 | | | | | | | | |
| 10 | 10.4.2.1 | 塔里木河(365900) | 33 | 帕克勒克苏河(488)、依干其艾青河(146)、喀拉玉水源河(520) [克奇克库车改娃依能代尔亚斯河(229)]、弯库改娃依能代尔亚斯河(156)、吐改鲁克(213)、达尔亚克河(108)、赤库鲁拉克(205)、沙格达里亚河(270)、胡夜河(510)、苏库努尔沟(147)、克卡因河(165)、赤库努大哨河(169)、克尔力艾青河(300)、卡里呼阿嘎及呈河(361)、苏拉阿孜河(369)、无名哈台河(118)、大龙池(301)、提约叔哈河(144)、洪水河(736)、阿其克达里亚河(356)、沙格劳里亚河(118)、苦兰姆拉克河(108)、达利亚河(104)、吐格达里亚河(462)、勿土里格达里亚河(108)、玉苏甫代亚河(104)、沙依巴代河(185)、巨尔隆代亚河(713)、章代牙河(227)、阿克赛依河(361)、克其孜其代亚河(486)、卡尔苏河(178)、吐米亚河(637) | 1 | 巴什库勒湖(4.4) | 4 | 色格孜力克湖(79)、塞艾曼库勒湖(10)、依库库勒湖(10)、格力米开勒库勒湖(11) | 3 | 胜利(10800)、恰拉(16100)、大西海子(18600) | 4 | 胡满(3910)、大寨(1996)、射满(4000)、塔里木(2970) | | |

续表

| 序号 | 流域面积1000km²及以上 | | 河流・水系 | 河流 | | | 湖泊 | | | | 水库 | | | | | |
|---|---|---|---|---|---|---|---|---|---|---|---|---|---|---|---|---|
| | 条目编号 | | | 流域面积100~1000km² | | 水面面积10km²及以上 | | 水面面积1~10km² | | 大型 | | 中型 | | 小(1)型 | | 小(2)型 |
| | | | | 数目 | 名称 | 数目 | 名称 | 数目 | 名称 | 数目 | 名称 | 数目 | 名称 | 数目 | 名称 | 数目 |
| 11 | 10.4.2.1.1 | | 叶尔羌河(72700) | 23 | 隆格帕冈波河(143)、卧蚕山河(151)、欣格科里河(145)、冰脉河(285)、卡帕朗苏河(373)、卡帕浪沟(376)、252道班南河(564)、麻扎羔雕段南河(152)、赎扎垃沟(687)、千里克吉里阿河(307)、热斯卡河(430)、米萨力克河(172)、莫禾吉力克河(331)、米勒克尼河(185)、马尔洒河(462)、马拉特河(116)、皮下尼牙提河(174)、皮勒甑河(272)、伊色司尼河(107)、布伦木沙河(230)、克其克通河(139)、大同河(635)、[若吉勒敦河(197)] | | 游注汤湖(3.5)、阿吉巴青库勒(2.2) | 2 | | 4 | 苏库(10802)、苏(50000)、小海子(永安坝)(南坝11000)、上游水库(18000) | 11 | 宗朗(1010)、苏依勒提湖(1130)、艾力西其(5200)、依下红(4758)、东方(3800)、前进(9500)、永安坝北库(9000)、墩巴格(1136)、米吉冬(1500)、汗克尔(2200)、吉仁马(3500)、红海(7200) | 14 | 布勒克其亚(295)、巴仁(200)、卡尔巴斯曼(574)、保尔(970)、桑依(800)、桑珠二库(100)、克其托(450)、大寨(260)、央托卡依(360)、佰什坎特(575)、托卡木库勒(480)、苏坦尼木(220)、拍克其(310)、塔尕其(950) |
| 12 | 10.4.2.1.1.1 | | 纳麟什河(1168) | 3 | 无名沟左1河(269)、无名沟右2河(203) | | | | | | | | | | | |
| 13 | 10.4.2.1.1.2 | | 阿尼塔河(2815) | 4 | 莴甫吉勒嘎河(254)、无名沟右1河(114)、苏盖提达坂河(179)、无名沟右2河(433) | | | | | | | | | | | |
| 14 | 10.4.2.1.1.4 | | 苏勒库瓦河(2172) | 3 | 肯依布拉克河(146)、克打石沟(179)、无名沟右2河(114) | | | | | | | | | | | |
| 15 | 10.4.2.1.1.5 | | 克勒青河(7802) | 3 | 无名沟右1河(130)、冰水河(163)、克里蒲河(352) | | | | | | | | | | | |
| 16 | 10.4.2.1.1.5.1 | | 音苏盖提河(1410) | 2 | 木斯塔格冰河(383)、乔戈里冰河(289) | | | | | | | | | | | |
| 17 | 10.4.2.1.1.8 | | 巴什朝甫河(2292) | 2 | 开拉素河(102)、苏特干河(100) | | | | | | | | | | | |
| 18 | 10.4.2.1.1.8.1 | | 库浪现古河(1401) | 3 | 冰水河(148)、高吉拉(125)、米排尔提河(122) | | | | | | | | | | | |
| 19 | 10.4.2.1.1.10 | | 塔什库尔干河(11356) | 16 | 赞坎达乌河(222)、皮斯岭沟(180)、吐尔得库勒河(128)、那玫乌陵河(124)、辛滚河(490)、届满(100)、其其力克吉勒沟河(245)、反恰河(951)、科科什克依河(194)、老脊河(151)、帕斯热瓦提河(998)、阿勒马力克河(180)、塔勒巴什河(156)、保勒木沙吉尔河(138)、巴尔大隆(104)、木扎冷吉尔嘎河(143)、吉勒嘎河(143) | | | | | | | | | | | |

559

续表

| 序号 | 条目编号 | 河流 河流·水系 | 河流 流域面积1000km²及以上 数目 | 河流 流域面积100~1000km² 名称 | 湖泊 水面积10km²及以上 数目 | 湖泊 水面积10km²及以上 名称 | 湖泊 水面积1~10km² 数目 | 湖泊 水面积1~10km² 名称 | 水库 大型 数目 | 水库 大型 名称 | 水库 中型 数目 | 水库 中型 名称 | 水库 小(1)型 数目 | 水库 小(1)型 名称 | 水库 小(2)型 数目 |
|---|---|---|---|---|---|---|---|---|---|---|---|---|---|---|---|
| 20 | 10.4.2.1.1.10.1 | 塔拉赛巴什河 (1623) | 7 | 瓦根基河 (184)、克克吐鲁克河 (139)、基里克河 (126)、罗布盖子河 (174)、排依克吉勒河 (323)、帕日帕克河 (324)、衣拉克素河 (144) | | | | | | | | | | | |
| 21 | 10.4.2.1.1.10.2 | 塔合曼河 (1553) | 4 | 阔克赛勒苏河 (105)、卡拉苏河 (700)、额兰阔勒吉勒 (117)、土根曼苏河 (168) | | | | | | | | | | | |
| 22 | 10.4.2.1.1.11 | 格尔堪萨依河 (1227) | 4 | 苏阿克尔 (100)、羊大库勒沟 (106)、塔什库勒木河 (114)、喀孜河 (371) | | | | | | | | | | | |
| 23 | 10.4.2.1.1.12 | 霍尔拉甫河 (1028) | 2 | 库尔阿克沟 (235)、堵江河 (269) | | | | | | | | | | | |
| 24 | 10.4.2.1.1.13 | 柁盘河 (1386) | 1 | 许许达腊河 (242) | | | | | | | | | | | |
| 25 | 10.4.2.1.1.18 | 提孜那甫河 (7226) | 8 | 东喀拉坦斯河 (1025)、帕合甫河 (652)、其克羊的河 (162)、卡拉卡西河 (199)、西河休河 (757)、库米河 (109)、求汪阿尔孜河 (257)、古萨斯河 (277) | | | | | | | | | | | |
| 26 | 10.4.2.1.1.18.1 | 柯克亚河 (2442) | 1 | 阿克其河 (635) | | | | | | | | | | | |
| 27 | 10.4.2.1.1.18.2 | 乌鲁克河 (1121△) | | | | | | | | | | | | | |
| 28 | | 虚木浪吾那塘 (1108) | | | | | | | | | | | | | |
| 29 | 10.4.2.1.2 | 喀什噶尔河 (66760) | 20 | 喀拉其其克河 (787)、[喀拉哲勒汰特河 (128)]、江布达特河 (193)、喀拉喀阔洛特河 (453)、夏特河 (229)、康苏河 (668)、萨依喀勒河 (155)、阿散托克莫克河 (143)、库铁热克河 (210)、乌喀克尔沟 (110)、布拉沟 (167)、谢依依特沟 (159)、希燕继鲁沟 (184)、塔什艾勒克河 (500)、依沟 (134)、库铁列刘克沟 (102)、阔什布拉克阿依河 (249)、伊力亚斯河 (584)、吐沟 (235)、阿特巴扎吉勒嘎河 (869) | 3 | 库木别勒琼库勒 (1.0)、苏鲁果如木都库勒 (1.0)、沙特瓦拉得湖 (1.4) | 1 | 硝尔库勒湖 (50) | 1 | 阿尔 (10040) | 9 | 阿湖 (2984)、托卡依 (4000)、(疏附) (1100)、卡达提 (2400)、昆都孜 (1800)、红旗 (4150)、草龙 (3500)、卫星 (2700)、托克拉克 (4300) | 27 | 飘尔托卡依 (100)、加马铁热克 (265)、阔滚其 (300)、大桥 (206)、兖勒其 (190)、麻扎格 (300)、库鲁克 (100)、谢依提 (109)、阿皮力克 (350)、喀什一级 (150)、牙郎 (900)、瓦普 (140)、电站 (350)、马场 (380)、栏杆 (500)、红旗 (109)、阿克萨 (600)、克孜塘木 (150)、柯 (200)、阿西 (800)、(英吉沙县) (185)、青年 (145)、康赛 (400)、杆 (110)、帕万 (150)、铁力木 (250)、吾甫 (550)、克孜尔米其 (800)、库邱塔格 | 2 |

续表

| 序号 | 流域面积1000km² 及以上 | | | 河　流 | | 湖　泊 | | | | 水　库 | | | | | |
|---|---|---|---|---|---|---|---|---|---|---|---|---|---|---|---|
| | 条目编号 | 河流·水系 | 数目 | 流域面积 100～1000km² | | 水面面积 10km² 及以上 | | 水面面积 1～10km² | | 大　型 | | 中　型 | | 小(1)型 | 小(2)型 |
| | | | | 名称 | 数目 | 名称 | 数目 | 名称 | 数目 | 名称 | 数目 | 名称 | 数目 | 名称 数目 | 名称 数目 |
| 30 | 10.4.2.1.2.2 | 卓尤勒干苏河 (2006) | 4 | 玉奇塔什苏啊啊河 (133)、塔克塔库如木苏啊啊河 (235)、古巨提根河 (174)、萨瓦尔达顿河 (318) | | | | | | | | | | | |
| 31 | 10.4.2.1.2.3 | 玛尔坎苏河 (3724) | 11 | 琼铃诃什沟 (184)、琼萨达特沟 (177)、卡拉塔河 (340)、空贝利河 (242)、色利根得河 (131)、阔侠义河 (100)、乌尔托明铁盖河 (145)、托古求尔河 (456)、古肉木吐尔河 (214)、阿恰别勒河 (187)、克牙孜河 (413) | | | | | | | | | | | |
| 32 | | 卡拉特河 (1346) | | | | | | | | | | | | | |
| 33 | 10.4.2.1.2.5 | 阿依瓦尔特河 (1376) | 4 | 古勒滚涅克河 (127)、孙多果勒河 (303)、多勒塔尔河 (131)、阔克阔勒河 (314) | | | | | | | | | | | |
| 34 | 10.4.2.1.2.6 | 卡浪沟吉尔河 (1954) | 2 | 库孜滚河 (667)、乌如克河 (995) | | | | | | | | | | | |
| 35 | 10.4.2.1.2.8 | 盖孜河 (15042) | 16 | 塔什乌托克沟 (140)、皮拉里河 (130)、乌鲁杂依提依龙萨依沟 (178)、卡拉硕河 (102)、喀拉马沟河 (148)、克孜勒吉也克河 (810)、琼什额什沟 (258)、倭鱼巴勒滚河 (472)、托果洛克墩沟 (151)、克拉牙依拉克山谷冰川河 (263)、可尔于可鲁河 (172)、维他克河 (535)、[皮拉塔什河 (152)]、乌鲁阿特河 (584△)、[阿克塔什河 (153)]、阿拉木特河 (702) | | 琼库勒巴什湖 (7.5)、布伦库勒湖 (3.5) | 2 | | | | | | | | |
| 36 | 10.4.2.1.2.8.1 | 开尔戈巴什河 (1279) | 2 | 苏勒巴什达利亚河 (220)、坑苏河 (267) | | | | | | | | | | | |
| 37 | 10.4.2.1.2.8.4 | 喀阿克河 (2561) | 5 | 科克晒力冰吉勒嘎河 (147)、依给别里吉勒嘎河 (138)、喀拉库勒嘎河 (479)、琼库勒吉勒嘎河 (478)、木库尔吉勒嘎河 (112) | | | | 喀拉库勒湖 (6) | 1 | | | | | | |
| 38 | 10.4.2.1.2.8.8 | 且木干河 (2953) | | | | | | | | | | | | | |
| 39 | 10.4.2.1.2.9 | 恰克马克河 (4820) | 4 | 苏约克河 (963)、[塔什玉依河 (131)、托云萨依河 (482)、结拉尔特河 (104)] | | | | | | | | | | | |

561

续表

| 流域面积1000km² 及以上 | | | 河流·水系 | 条目编号 | 序号 | 流域面积100~1000km² | | 湖泊 | | | | 水库 | | | | | |
|---|---|---|---|---|---|---|---|---|---|---|---|---|---|---|---|---|---|
| | | | | | | | | 水面面积 10km² 及以上 | | 水面面积 1~10km² | | 大型 | | 中型 | | 小(1)型 | 小(2)型 |
| | | | | | | 名称 | 数目 | 名称 | 数目 | 名称 | 数目 | 名称 | 数目 | 名称 | 数目 | 名称 数目 | 名称 数目 |
| 40 | 10.4.2.1.2.10 | 布古孜河 (6610△) | | | 9 | 和坚特河(550)、艾格尔河(110)、库防别河(126)、博孜铁列克河(468)、琼喀腊铁克河(206)、奥尔吐苏河(119)、苏滚厄青河(101)、阔托乃郭勒河(550)、库鲁木都克河(190) | | | | | | | | | | | |
| 41 | 10.4.2.1.2.11 | 库仑河 (2169△) | | | 6 | 托儿色子河(215)、喀拉塔什河(又名卡拉塔石代才河876)、[苏盖特河(133)、卡拉塔石(175)]、乌苇克拉嘎依河(155)、喀音能伊其河(126) | | | | | | | 1 | 沙孚(5600) | | | |
| 42 | 10.4.2.1.2.12 | 依格孜亚河 (1340△) | | | 5 | 劳布斯萨依河(354)、艾捷克萨依河(149)、乌尔大隆萨依河(159)、铁热克其克河(129)、出木萨依河(151) | | | | | | | | | | | |
| 43 | 10.4.2.1.2.15 | 阿坪河 (4470△) | | | | | | | | | | | | | | | |
| 44 | 10.4.2.1.3 | 阿瓦苏河 (46787) | | | 5 | 英沿河(179)、孤尔克苏河(104)、阿合奇河(259)、卡西荞洮路河(112)、阿阿亚尔(488△) | | 卡维艾希曼(1.2)、萨依艾日克湖(8.1)、黄宫湖(8.64)、苏西曼湖1(1.3)[艾西曼湖2(6.7)、艾西曼3(8.7)、二团海子(17、二团海子(1.9)、二团海子4(2.5)、二团海子5(1.2)、二团海子6(2.5)、二团海子7(13)、无名湖1(1.6)、无名湖2(2.3)、无名湖3(1.1)、无名湖4(1.8)] | 18 | 多浪(12000) | 1 | 新井子(8600)、西大桥水电厂调节水库(2320)、阿克库木须(5769) | 3 | 苏盖特来(160) 1 | |
| 45 | 10.4.2.1.3.1 | 托木尔苏河 (1018) | | | | | | | | | | | | | | | |
| 46 | 10.4.2.1.3.2 | 托什干河 (28223) | | | 20 | 琼乌鲁苏河(210)、开勤特外克河(299)、喇嘎尔特依河(150)、铁古恰甫河(109)、巴勒梗得河(150)、儋特尔加依尔河(127)、坎苏河(130)、阿特开依梅汚河(216)、麦尔其沟河(128)、土由克梅盖鲁克河(103)、铁列克同河(244)、通古孜河(165)、恰勒马提苏河(104)、别迭里克河(408)、科克曾木苏河(350)、滚滚铁里克河(342)、阿依特阿然尔河(125)、喀依恰河(205)、美阿苏河(225)、臻丹河(119) | | | | | | | | | | | |

续表

| 序号 | 流域面积1000km² 及以上 | | | 河流 | | 湖泊 | | | | 水库 | | | | | |
|---|---|---|---|---|---|---|---|---|---|---|---|---|---|---|---|
| | 条目编号 | 河流·水系 | 数目 | 流域面积100~1000km² | | 水面面积10km² 及以上 | | 水面面积1~10km² | | 大型 | | 中型 | | 小(1)型 | 小(2)型 |
| | | | | 名称 | 数目 | 名称 | 数目 | 名称 | 数目 | 名称 | 数目 | 名称 | 数目 | 名称 数目 | 数目 |
| 47 | 10.4.2.1.3.2.1 | 阿依克特克河 (1283) | 3 | 图尤克河 (128)、希勒维鲁河 (190)、洽雷苏河 (134) | | | | | | | | | | | |
| 48 | 10.4.2.1.3.2.2 | 玉山古西河 (1527) | 4 | 克齐铁热克河 (132)、琼铁热克河 (231)、恰特铁热克河 (173)、贝那河 (111) | | | | | | | | | | | |
| 49 | 10.4.2.1.4 | 和田河 (46400) | 44 | 兰池湖河 (137)、南大沟河 (217)、喀拉喀什河西分支 (298)、胜利河 (788)、八一大坂河 (140)、克夜勒吉勒洪河 (294)、红山湖河 (254)、小喀拉喀什河 (998) [天神河 (180)、玉塔河 (135)、落石沟河 (265)、谷顶雪山河 (127)、无名沟右2河 (186]、毛拉切可沟 (310)、滚石河 (672)、无名沟1河 (125)、无名沟左1河 (149)、无名沟左3河 (196)、无名沟左3河 (119)、哈巴沟 (320)、无名达坂河 (176)、古里巴扎沟 (312)、苏鲁提达坂河 (258)、蕲巍公路河 (705)、无名左1河 (138)、苏干布拉克河 (106)、吐日苏河 (812)、克里洋河 (316)、达瓦沟 (113)、阿玫阿那个沟 (124)、因爱西河 (141)、克艾牙克河 (328)、塔机拉河 (158)、阿扪拉河 (426)、勒糜依河 (133)、科洛克巴河 (262)、普守达里亚河 (358)、皮及达里亚河 (684)、蒿巴罕河 (177)、托满河 (358)、皮及达里亚河 (202)、穷卡拉子河 (425)、克其克卡皮子河 (122)、鲁直于直代牙河 (620) | | 错鲁勤错湖 (9.38) | 1 | | | 乌鲁瓦提 (34700) | 1 | 东风 (4370)、艾日克 (1700)、新建 (2300) | 3 | 色斯吾特 (300)、雅瓦第一 (400)、南平 (600)、喀尔赛 (500) 4 | |
| 50 | 10.4.2.1.4.6 | 喀纳子达里亚河 (1003) | | | | | | | | | | | | | |
| 51 | 10.4.2.1.4.10 | 玉龙喀什河 (19803) | 7 | 别仁深能代里牙河 (245)、喀让古塔格河 (444)、尼萨河 (483)、巴溪克纳克代牙河 (256)、达格棐宁依告河 (223)、克塞尔河 (561)、朴牙达理亚河 (749) | | | | | | | | 东方红 (3000)、哈拉快勒 (2300) | 2 | 尕宗 (160)、友谊 (330)、斯马瓦提 (350)、布尔库木 (229) 4 | |
| 52 | | 皮夏河 (1356) | | | | | | | | | | | | | |

续表

| 序号 | 流域面积 1000km² 及以上 | | | 河　　流 | | 湖　泊 | | | 水　　库 | | | | |
|---|---|---|---|---|---|---|---|---|---|---|---|---|---|
| | 河流·水系 | 条目编号 | | 流域面积 100～1000km² | | 水面面积 10km² 及以上 | | 水面面积 1～10km² | | 大型 | | 中型 | | 小(1)型 | 小(2)型 |
| | | | 数目 | 名称 | 数目 | 名称 | 数目 | 名称 | 数目 | 名称 | 数目 | 名称 | 数目 | 名称 | 数目 | 名称 | 数目 |
| 53 | 东玉龙喀什河 (2050) | | 7 | 克改勒沙衣河 (205)、阿拉沟左1河 (312)、无名沟左1河 (114)、无名沟左2河 (290)、无名沟左3河 (128)、无名沟左4河 (124)、无名沟右1河 (185) | | | | | | | | | | | |
| 54 | 西玉龙喀什河 (1460) | | 5 | 多塔冰川河 (215)、昆仑冰川河 (307)、无名沟左1河 (154)、无名沟右1河 (146)、多峰冰川河 (452) | | | | | | | | | | | |
| 55 | 西昆仑冰川河 (1041) | | 1 | 无名沟右1河 (222) | | | | | | | | | | | |
| 56 | 哈能威代里亚河 (3134) | | 1 | 右岸无名河 (203) | | | | | | | | | | | |
| 57 | 哈能威代里亚河南源 (1667) | | 4 | 无名沟1河 (447)、无名沟2河 (364)、无名沟3河 (175)、无名沟4河 (415) | | | | | | | | | | | |
| 58 | 哈能威代里亚河西源 (1467) | | 5 | 无名沟右1河 (212)、无名沟右2河 (223)、再依勒克河 (345)、无名沟左1河 (118)、无名沟左2河 (240) | | | | | | | | | | | |
| 59 | 台兰河 (1338) | 10.4.2.1.7 | 5 | 琼台兰河 (610)、西亏特连冰川 (200)、东亏特连冰川 (133)、克其克台兰苏河 (464)、塔合拉克河 (152) | | | | | | | | | | | |
| 60 | 渭干河 (18187) | 10.4.2.1.13 | 10 | 克改勒厄肯河 (702)、阿脯列肯河 (953)、卡拉交勒河 (380)、土格别里齐河 (576)、阿克奇苏里亚河 (203)、腊吉勒拜发苏河 (114)、聚色日克苏河 (258)、吐鲁木塔依尼青河 (206)、库如克苏依尼青河 (466)、[库列根河] (207) | | | | 5 | 碓亚 (3.0)、巴依夜库尔湖 (7.3)、阿尔墩达西湖 (1.0)、旧河湖 (1.7)、无名湖 (2.5) | 1 | 克改尔 (64000) | 2 | 跃进 (5800)、五一 (3900) | | | |
| 61 | 卡木斯浪河 (2620) | 10.4.2.1.13.1 | 5 | 阿克塔格奥特拉克河北支 (273)、阿克塔格奥特拉克河西支 (394)、克改勒肯青河 (243)、铁列克尼青河 (243)、台勒维丘屯河 (870) | | | | | | | | | | | |
| 62 | 卡拉苏河 (1604) | 10.4.2.1.13.2 | 1 | 穷果勒河 (362) | | | | | | | | | | | |

续表

| 序号 | 条目编号 | 河流 河流·水系 流域面积1000km²及以上 | 河流 名称 流域面积100~1000km² | 河流 数目 | 湖泊 名称 水面面积10km²及以上 | 湖泊 数目 | 湖泊 名称 水面面积1~10km² | 湖泊 数目 | 水库 大型 名称 | 水库 大型 数目 | 水库 中型 名称 | 水库 中型 数目 | 水库 小(1)型 名称 | 水库 小(1)型 数目 | 水库 小(2)型 数目 |
|---|---|---|---|---|---|---|---|---|---|---|---|---|---|---|---|
| 63 | 10.4.2.1.13.3 | 黑孜河 (4956) | 托个别拜尔晋列河 (378)、依尔勒克河 (215)、博孜克尔格河 (519)、琼果勒河 (446)、克其克果勒河 (223)、卡尔果尔河 (505)、梅斯布拉克河 (120) | 7 | | | | | | | | | | | |
| 64 | 10.4.2.1.14 | 库车河 (3118) | 卡尔塔西河 (161)、盐木沟 (470) | 2 | | | 大龙池 (1.2) | 1 | | | | | | | |
| 65 | | 博斯坦托拉克尼青河 (1139) | 阿恰沟 (205)、克格拉克尼青河 (746) | 2 | | | | | | | | | | | |
| 66 | 10.4.2.1.15 | 迪那河 (2300) | 卡拉库尔艾青河 (3333)、吐要克艾青河 (128)、喀拉库尔艾青河 (100)、铁干力克迪那河 (272)、阿散艾青河 (151)、牙格迪那河 (291)、高茅狼河 (135) | 7 | | | | | | | | | | | |
| 67 | 10.4.2.2 | 乌尊啃尔湖 | | | 乌尊啃尔湖 | 1 | 乌尊啃尔湖 (3.115) | 1 | | | | | | | |
| 68 | 10.4.2.2.3 | 米兰河 (4108) | 卡鲁巧卡沟 (477)、帕夏拉依塔河 (640)、苏盖里克河 (705) | 3 | | | | | | | | | | | |
| 69 | | 苏盖提河 (1628) | | | | | | | | | | | | | |
| 70 | | 库木塔什河 (1113) | 阿其克库勒河 (155) | 1 | | | | | | | | | | | |
| 71 | 10.4.2.4 | 若羌河 (2755) | 其昂里克河 (895) | 1 | | | | | | | | | | | |
| 72 | 10.4.2.5 | 瓦石峡河 (11260) | 无名河 (195)、吐孜布拉克河 (878) | 2 | | | | | | | | | | | |
| 73 | | 塔特勒克布萨克河 (1511) | 喀拉翁库尔萨依 (204)、科克恰普 (828)、阿克萨依河 (250) | 3 | | | | | | | | | | | |
| | 10.4.2.6 | 塔什萨依河 (1433) | 无名河 (707)、尧勒萨依河 (424) | 2 | | | | | | | | | | | |

续表

| 序号 | 河流 | | | 湖泊 | | | | 水库 | | | | |
|---|---|---|---|---|---|---|---|---|---|---|---|---|
| | 流域面积1000km²及以上 | | | 水面面积10km²及以上 | | 水面面积1~10km² | | 大型 | | 中型 | | 小(1)型 |
| | 条目编号 | 河流·水系 | 流域面积100~1000km² 名称 | 条目数 | 名称 | 条目数 | 名称 | 条目数 | 名称 | 条目数 | 名称 | 条目数 | 名称 |
| | | | 条目数 | | | | | | | | | | |
| 74 | 10.4.2.7 | 车尔臣河(24700) | 哈迪勒克萨依河(428)、塔特勒克苏依河(242)、江孜勒萨依河(711)、克其克江孜勒萨依河(252)、无努斯萨依河(273)、吐格曼塔什萨依河(992)、红柳沟(609)、克孜勒乌增河(228)、库兰勒格河(179)、哈马乌腊克河(379)、阿拉库里萨尔河(316)、小乌鲁克苏河(607)、线峡沟(161)、无名沟左1河(155)、塔拉阿塔萨依(188)、克改勒袁库尔河(174)、克嗯格河(489)、曼达里克河(260)、阿克苏河(623)、矿萨依(368)、曲库萨依河(169)、托其里萨依依河(470) | 22 | | | | | | | | | |
| 75 | 10.4.2.7.1 | 金水河(7377) | 天辨河(456)、甜心潮河(223)、柯河(433)、畅格沟(104)、天柱岩沟(100)、春艳河(212)、白银河(125)、江梅滩河(221)、温滋河(131)、青龙河(197)、嗣床河(483)、白水河(469) | 12 | | | | | | | | | |
| 76 | 10.4.2.7.2 | 阿里雅力克河(2249) | 石块地河(112)、目普河(524)、雅克拉克联河(370) | 3 | | | | | | | | | |
| 77 | 10.4.3 | 喀拉米兰河(2923) | 布拉克巴什代牙河(813)、卡特里西萨依河(139)、米特代牙河(713) | 3 | | | | | | | | | |
| 78 | 10.4.4 | 莫勒切河(2478) | 阿克布牙代牙河(147)、塔尔夫干里萨依沟(251)、塔西里克萨萨依沟(194)、七安勒克萨沟(157)、儿克里里朝勒萨依依河(239)、包斯塘萨依沟(138) | 6 | | | | | | | | | |
| 79 | 10.4.5 | 安迪水河(3944) | 阿克苏孝依河(954)、苏盖提坎沟(242)、阔果能萨依河(720) | 3 | | | | | | | | | |
| 80 | 10.4.8 | 牙通古欣河(2000) | 西目司吐斯什牙河(974)、未都拉克哈恩木代牙河(724)、云和里克哈恩木牙河(245)、无名沟右1河(244) | 4 | | | | | | | | | |
| | | | | | | | | | | 1 | 跃进(106) | | |

续表

| 序号 | 流域面积1000km²及以上 条目编号 | 河流·水系 | 流域面积100~1000km² 数目 | 名称 | 水面面积10km²及以上 数目 | 名称 | 水面面积1~10km² 数目 | 名称 | 大型 数目 | 名称 | 中型 数目 | 名称 | 小(1)型 数目 | 名称 | 小(2)型 数目 |
|---|---|---|---|---|---|---|---|---|---|---|---|---|---|---|---|
| 81 | 10.4.9 | 尼雅河 (1661) | 12 | 乌鲁克萨依东支河 (288)、乌鲁克萨依西支河 (274)、阿克苏塔格河 (115)、下马里克河 (388)、无名右1河 (125)、塔拉吉勒格萨依河 (122)、叶亦克河 (299)、阿尔巴能艾青河 (388)、其其干萨依河 (187)、卡坎达萨梭河 (136)、库拉玛克萨依河 (107)、依山干河 (171) | | | | | | | | | | | | |
| 82 | 10.4.12 | 克里雅河 (8382) | 15 | 乌拉因克尔河 (13)、无名右1河 (134)、无名沟右2河 (171)、无名沟右3河 (116)、无名沟右二河 (538)、阿克他寨代牙河 (708)、克里雅代牙1河 (408)、克里雅代牙2河 (213)、无名沟左1河 (180)、柳什河 (161)、爱什库龙代牙河 (125)、库甫河 (677)、苏克代牙河 (303)、阿羌代牙河 (263)、皮什盖河 (606) | | | | | | | | | | | | |
| 83 | | 阿克苏河 (1225) | 1 | 克他斯吉勒干河 (239) | | | | | | | | | | | |
| 84 | 10.4.18 | 策勒河 (2032) | | | | | | | | | | | | | |
| 85 | 10.4.19 | 杜瓦河 (1034) | | | | | | | | | | | | | |
| 86 | 10.4.21 | 桑株河 (1070) | 2 | 库尔良达利亚河 (453)、扬瓦克河 (376) | | | | | | | | | | | |
| 87 | 10.4.22 | 皮山河 (3215) | 4 | 布琼河 (716)、康阿孜河 (787)、拉木龙河 (424)、博斯腾塔河 (395) | | | | | | | | | | | |
| 合计 | | | 516 | | 15 | | 59 | | 12 | | 38 | | 57 | | 5 |

表 10-5  艾比湖水系一览表

| 序号 | 条目编号 | 河流·水系 | 河流 流域面积 1000km² 以上 | | 湖泊 水面面积 10km² 及以上 | | 湖泊 水面面积 1~10km² | | 水库 大型 | | 水库 中型 | | 水库 小(1)型 | | 水库 小(2)型 |
|---|---|---|---|---|---|---|---|---|---|---|---|---|---|---|---|
| | | 流域面积 100~1000km² | 名称 | 数目 | 名称 | 数目 | 名称 | 数目 | 名称 | 数目 | 名称 | 数目 | 名称 | 数目 | 数目 |
| | 10.5 | 艾比湖 | 哈勒泝依河 (711)、苏吉尔河 (528)、斯月克河 (355)、喇叭河 (拉巴)河 381)、恰唐沟 (150)、哈克巴克博格特河 (101)、加朗阿什河 (232)、胡家台沟 (262)、邮电局沟 (335)、托托河 (265)、乌东果勒河 (234)、呼斯坦马苏河 (250) | 12 | 艾比湖 (634)、赛里木湖 (458) | 2 | | | | | | | | | | |
| 1 | 10.5.1 | 奎屯河 (1910) | 乌兰德克河 (824)、尼拉朗特河 (247)、夏尔尕子尔河 (119)、西大沟 (363)、四棵树河 (921) [冬都果勒河 (180)、太比勒黑果勒河 (143)、莫托沙拉河 (185)] | 9 | | | 奎屯水库东湖 (1.4) | 1 | 柳沟 (10520) | 1 | 奎屯水库 (5000)、车排子 (4000)、泉沟一库 (4000)、黄沟一库 (3220)、黄沟二库 (2480)、鄂托赛尔 (2349) | 6 | 七一 (180)、可可沙拉 (150)、可可沙拉二库 (407)、大一泉 (550)、马场湖一库 (150)、大二泉 (100)、大青 (900)、马场湖二库 (100)、西海子 (170)、三泉 (101)、子二库 (117)、九间楼 (112)、黄哈泉一库 (145)、黄哈泉二库 (410)、西湖 (476)、塔斯尔海 (220)、八一 (287)、现哈一库 (850)、河 (400)、枯柯 (350)、共青二库 (600)、共青三库 (350)、克玫加尔一库 (100)、三营 (127)、创业 (129)、西海河 (101)、现哈二库 (112)、双 | 24 | 4 |
| 2 | 10.5.1.3.2 | 古尔图河 (1006) | 阿秀果勒河 (597)、莫松达坂郭勒河 (161)、西白提河 (188)、东查果勒河 (384)、西克菖冈郭勒河 (100) | 5 | | | | | | | | | | | |
| 3 | 10.5.2 | 柳树沟河 (1435) | | | | | | | | | | | | | |
| 4 | 10.5.3 | 精河 (1419) | 乌照精河 (657)、埃姆精河 (172)、克明沟 (196)、巴音门萨依沟 (100)、祖木娥沟 (170) | 5 | | | | | | | 下天吉 (3300) | 1 | | | |
| 5 | 10.5.4 | 博尔塔拉河 (16500△) | 捷麦克河 (147)、巴音达拉河 (125)、柯克他克乌河 (147)、苏郡别格争河 (100)、伊和呼斯台河 (152)、阿尔夏特乌苏河 (112)、哈拉吐鲁克河 (260)、东德河 (342)、阿恰勒河 (684) [尼勒克河 (296)] | 10 | | | | | | | 五一 (1960) | 1 | 七一 (450)、八一 (286) | 2 | |
| 6 | 10.5.4.1 | 沃比额萨水河 (1201) | 布尔尕勒特河 (104)、哈夏河 (215) | 2 | | | | | | | | | | | |
| 7 | 10.5.4.5 | 大河沿子河 (1697) | 托盆能苏河 (115)、苏勒铁列克河 (184) | 2 | | | | | | | | | | | |
| | 合计 | | | 45 | | 2 | | 1 | | 1 | | 8 | | 26 | 4 |

**表 10-6　准噶尔盆地河湖水系一览表**

| 序号 | 条目编号 | 河流·水系 | 河流<br>流域面积 1000km² 及以上<br>数目 | 河流<br>流域面积 1000km² 及以上<br>名称 | 河流<br>流域面积 100~1000km²<br>数目 | 河流<br>流域面积 100~1000km²<br>名称 | 湖泊<br>水面面积 10km² 及以上<br>数目 | 湖泊<br>水面面积 10km² 及以上<br>名称 | 湖泊<br>水面面积 1~10km²<br>数目 | 湖泊<br>水面面积 1~10km²<br>名称 | 水库<br>大型<br>数目 | 水库<br>大型<br>名称 | 水库<br>中型<br>数目 | 水库<br>中型<br>名称 | 水库<br>小(1)型<br>数目 | 水库<br>小(1)型<br>名称 | 水库<br>小(2)型<br>数目 |
|---|---|---|---|---|---|---|---|---|---|---|---|---|---|---|---|---|---|
| | 10.6.1 | 北塔山诸小河 | | | 2 | 乌尔塔布拉克河(108)、大锡别特河(100) | | | 3 | 北塔山湖(30)、达诺尔松巴湖(已干涸)、小盐池(20) | | | | | | | |
| | 10.6.2 | 博格达山北麓水系 | | | 35 | 大红柳峡河(296)、卓勒木哲河(200)、卧龙沟(259)、西地河(345)、大石头河(175)、七城子河(173)、大郎别特河(191)、博斯坦河(165)、白杨河(144)、木垒河(467△)、东城河(16△)、水磨河(103)、英格堡河(140)、开垦河(371△)、中葛根沟(203△)、新户河(66)、兽流河(282)、根葛河(112)、吉布库河(125)、达坂河(121)、吾宗沟(184)、大龙口河(105)、白杨沟(162△)、小龙沟(300)、西大龙口子沟(163△)、西台子沟(142)、黄土沟(371△)、二工河(252△)、阜康市(137)、白杨沟(阜康市)(131△)、三工河(209△)、阿口河(371△)、甘唐沟(295△)、芦草沟(127△)、水磨河(281) | | | 2 | 天山天池(2.52)、艾维湖(已干涸) | | | 6 | 龙王庙(1294)、东塘(1050)、下新湖(3000)、东大龙口(1000)、西大龙口(1200)、冰湖(1900) | 31 | 大石头(123)、博斯坦(285)、三场槽子(300)、汪家口1号(100)、汪家口(320)、大石头(15)、柳坡子(600)、西泉(150)、六运湖(200)、梧桐沟(310)、白杨河(460)、西吉尔(282)、东城(406)、英格堡(287)、新户尔(108)、元山子(107)、根葛尔(122)、宽沟(274)、南园(120)、黄水槽子(220)、东二眭(140)、八户地(800)、贡拜拜(354)、八家地(676)、红星湖(180)、南泉(250)、草原(421)、卡弯(100)、上游(107)、黄土梁(310)、红山(375) | 25 |
| | 10.6.3 | 玛纳斯湖水系 | 19 | 克丁郭勒河(210)、乌图郭力河(156)、腊克乌河(132)、庙尔沟(226)、羊圈沟(147)、西沟(417)、铁厂沟(117)、柏杨河(106)、奎东沟(106)、[大西沟(170△)]、塔西河(664△)、[巽克依达尔河(127)]、三道马场河(164)、三道马场河(164)、[达水柑河(727△)]、乌鲁木齐河(924)、[坚水德沟(840△)]、(128△)、哈熊沟(118)、三屯河(264)]、[努尔加河] | 4 | 玛纳斯湖(已干涸)550、艾里克湖(50)、达巴松诺尔(150)、小盐池(50) | 1 | 小艾里克湖(1.51) | | | 28 | 红岩(3600)、八一(3500)、西沙河(1500)、鹰湖(1538)、东沟二库(2700)、塔桥湾(1000)、大海子(1487)、山(4000)、红山(1250)、白土坑(600)、鸭池沟(750)、新户坪(3000)、东大龙口(5010)、柳树沟(1325)、洪沟(1910)、拦洪坝(250)、卡子湾(298)、安集海二库(4000)、洪沟(3557)、安集海(1825)、黄羊泉(1600)、鬼湾(2800)、碱滩(100)、白杨河(3500)、三坪(3300)、阿依库勒(3800)、加音塔拉(2320)、于什盖(5620)、红雁池(6500)、三屯河(3500) | 56 | 柏杨河(192)、三屯碑(100)、大草滩(103)、石化污(530)、九道湾(197)、卧龙岗(469)、试验场(167)、六工(250)、十三户(120)、二十四户(200)、后沟(126)、幸福一号(136)、幸福二号(140)、幸福三号(328)、沙山子(976)、黄家粱(600)、幸福强(100)、发庙(1296)、青年(800)、鸭淮沟(750)、吐尔条沟(150)、四大滩(100)、大石碑(150)、牛圈子(150)、献礼(100)、莫索湾(250)、卡子湾(650)、黑走山(142)、黎明(100)、东沟一库(110)、东沟二队(200)、卡子湾(280)、东泉(230)、塔西河上(720)、幸福一坪(111)、子泉湖(300)、早卡子滩(120)、青年(110)、东坑沟(110)、小莫登(121)、莫德纳巴(272)、莫德纳巴(491)、乌拉图拉格(140)、东沟(160)、蔡稀恃(160)、巴音勒瓦(120)、乌兰陵格(250)、照壁山(753)、阿西斯场部(120)、九泉(160)、石仁子(150)、东沟(100) | 28 |

569

续表

| 序号 | 条目编号 | 河流·水系 (流域面积1000km²及以上) | 数目 | 流域面积100~1000km² 名称 | 湖泊 水面面积10km²及以上 数目 | 名称 | 水面面积1~10km² 数目 | 名称 | 水库 大型 数目 | 名称 | 中型 数目 | 名称 | 小(1)型 数目 | 名称 | 小(2)型 数目 |
|---|---|---|---|---|---|---|---|---|---|---|---|---|---|---|---|
| 1 | 10.6.3.2 | 头屯河(2221) | 2 | 东南沟(356)、宰尔德沟(173) | | | | | | | 1 | 头屯河(1837) | | | |
| 2 | 10.6.3.4 | 呼图壁河(1840△) | 7 | 哈普其克河(489)、派艾留尔河(181)、努尔吐熏吐普河(150)、兰特尔乌增河(182)、台普西克乌增河(104)、铁热克特沟(123)、白杨河(192) | | | | | | | | | 2 | 呼图壁种牛场六号(600)、呼图壁种牛场八号(800) | |
| 3 | 10.6.3.7 | 玛纳斯河(5156△) | 4 | 夏格孜郭勒河(713)、也盖孜阿苏河(131)、袁德郭勒河(225)、清水河子(478)、宁家河(964) | | | | | 3 | 凤城水库(10000)、跃进(10330)、蘑菇湖(18000) | 2 | 大泉沟(4000)、夹河子(8000) | | | |
| 4 | 10.6.3.7.1 | 古仿郭勒河(1003) | 1 | 哈拉哈特(359) | | | | | | | | | | | |
| 5 | 10.6.3.7.8 | 呼斯台郭勒河(1629) | 3 | 乌达特柯(102)、阿斯克吐河(100)、哈拉哈依特柯(222) | | | | | | | | | | | |
| 6 | | 金沙河(1867△) | 4 | 包尔调勒河(237)、阿尔恰特沟(253)、英德萨依河(204)、大南沟(356)、喀 | | | | | | | | | | | |
| 7 | 10.6.3.7.9 | 巴音沟河(1729△) | 3 | 阿冬萨拉沟(265)、哈尔阿特沟(494)、头道河(165) | | | | | | | | | | | |
| 8 | 10.6.3.8.1 | 白杨河(克拉玛依市)(2008) | 3 | 奎尔都仑赛尔河(288)、克拉尔德克河(143)、阿合苏河 | | | | | | | | | | | |
| 9 | 10.6.3.8.2 | 木胡尔塔依河(4927) | 3 | 布尔调合河(168)、铁厂沟北河(461)、铁厂沟河(374) | | | | | | | | | | | |
| 10 | 10.6.3.12 | 和布克河(4378) | | | | | | | | | 1 | 加音塔拉(1850) | | | |
| 合计 | | | 86 | | 4 | | 6 | | 3 | | 38 | | 89 | | 53 |

表 10-7　乌伦古湖水系一览表

| 序号 | 流域面积 1000km² 及以上 条目编号 | 河流·水系 | 河流 流域面积 100~1000km² | | 湖泊 水面面积 10km² 及以上 | | 湖泊 水面面积 1~10km² | | 水库 大型 | | 水库 中型 | | 水库 小(1)型 | | 小(2)型 |
|---|---|---|---|---|---|---|---|---|---|---|---|---|---|---|---|
| | | | 名称 | 数目 | 名称 | 数目 | 名称 | 数目 | 名称 | 数目 | 名称 | 数目 | 名称 | 数目 | 数目 |
| 1 | 10.7 | 乌伦古湖 | 喀尔交河 (225)、乌特拉克河 (125) | 2 | 乌伦古湖 (836)、吉力湖 (172)、小海子 (21) | 3 | 查干郭勒湖 (1.7)、大什巴尔库勒湖 (2.5)、小什巴尔库勒湖 (1.7)、加马尼格勒湖 (1.5)、死海子 (4.4)、中海子 (11)、克西考勒湖 (1.5)、渔塘 (2.0)、东湖 (1.184)、红旗湖 (1.1)、玉勤肯克湖 (1.6) | 11 | | | | | | | |
| 2 | 10.7.1 | 乌伦古河 (27572*) | 强罕河 (580)、阿兹沙特河 (285)、川带依 (136)、他乌查干郭勒 (119) | 4 | | | | | 福海 (22000) | 1 | 顶山 (6000)、阿克达拉 (4000)、哈拉霍英 (5900) | 3 | 拜兴 (613)、东风 (854)、强罕 (200)、杜热 (630)、福海农场 (686)、东方红 (800)、南关 (850)、萨尔铁列克 (720)、南湖 (600)、喀尔交一库 (100)、喀尔交二库 (261) | 11 | 2 |
| 3 | 10.7.1.1 | 小青格里河 (1297) | 窝斯他克河 (139)、灭日特古河 (326)、伊拉斯特河 (150)、塔拉提河 (168) | 4 | | | | | | | 克孜勒萨依 (1189) | 1 | | | 1 |
| 4 | 10.7.1.2 | 查干郭勒河 (1954) | 克协河 (185) | 1 | | | | | | | | | | | |
| | 10.7.1.3 | 布尔根河 (10315) | | | | | | | | | | | 布尔根 (204) | 1 | |
| | 合计 | | | 11 | | 3 | | 11 | | 1 | | 4 | | 12 | 3 |

表10-8 吐哈—巴伊盆地河湖水系一览表

| 流域面积1000km² 及以上 | | | 河流 | | 湖泊 | | | | 水库 | | | | | |
|---|---|---|---|---|---|---|---|---|---|---|---|---|---|---|
| 序号 | 条目编号 | 河流·水系 | 流域面积100~1000km² | | 水面面积10km²及以上 | | 水面面积1~10km² | | 大型 | | 中型 | | 小(1)型 | | 小(2)型 |
| | | | 数目 | 名称 | 数目 | 名称 | 数目 | 名称 | 数目 | 名称 | 数目 | 名称 | 数目 | 名称 | 数目 |
| | 10.8.1 | 艾丁湖 | 16 | 大河沿河(787△)、[喀尔勒克艾青沟(217)]、塔尔朗河(473△)、[琼喀拉郭勒河(112)]、吞鲁克河(104)、煤窑沟(482△)、繁勒坎河(148)、二塘沟(498△)、柯柯亚尔河(707△)、[卡外乌尔河(343)]、国尔求乌尔河(320)、戈尔其果勒河(542△)、[台木哈达河(163)、公木艾格孜河(207)]、硝尔果塔河(246) | 5 | 艾丁湖(75)、柴窝铺湖(30)、盐湖(37)、乌尊布拉克沟(已干涸 276)、沙尔得兰布拉克湖(已干涸 70) | 3 | 小盐湖(2.4)、咸湖(3.4)、帕尔干布拉克东湖 | 0 | | 3 | 红山(5350)、柯柯亚尔(1052)、坎尔其(1180) | 8 | 红坑子(300)、托台(139)、大墩(395)、雅尔乃孜(463)、洋沙(110)、葡萄沟(875)、胜金口(182)、胜金台(119) | 8 |
| 1 | 10.8.1.1 | 阿拉沟(5620△) | 7 | 代代河(102)、夏尔沟(467)、乌拉斯台沟(201)、蝦尔沟(231)、艾维尔沟(633)、祖鲁木图沟(242)、乌斯通沟(482) | | | | | | | | | | | |
| 2 | 10.8.1.1.1 | 白杨河(乌鲁木齐市)(2994) | 6 | 柳树沟河(102)、白杨沟河(306)、三个盆沟(473)、黑沟(2004)、阿克苏沟(397)、南堃子沟(331) | | | | | | | | | | | |
| 3 | | 克尔礆河(1581) | | | | | | | | | | | | | |
| | 10.8.5 | 沙尔湖 | 14 | 柳树沟(123)、二道沟(100)、三道沟(134)、四道沟(104)、五道沟(216)、石城子河(822△)、头道海沟(371)、寒气沟(130)、故乡河(439)、板房沟(336)、庙尔沟河(372)、榆树沟(232△)、赤里苏河(171)、八木墩河(104) | 2 | 七角井东盐湖(已干涸 40)、白山湖(已干涸 10) | 2 | 沙尔湖(已干涸 3)、石英滩南盐湖(已干涸) | 0 | | 3 | 石城子(2060)、榆树沟(1170)、南湖(1167) | 3 | 庙尔沟(300)、花园(161)、五堡(725) | 11 |
| | 10.8.8 | 淖毛湖 | 8 | 伊吾河(827)、[库木开其克河(209)、科托郭勒河(103)]、塔什开其克河(215)、大白杨沟河(233△)、玉尔滚河(155)、吐尔干河(132)、代布尔代河(104) | 3 | 巴里坤湖(100)、托勒库勒湖(29.1) | 1 | 淖毛湖(已干涸) | 0 | | 4 | 东泉(230)、三塘湖(128)、大红柳峡(149)、下马崖(130) | 14 |
| 4 | 10.6.1 | 柳条河(3000) | 5 | 水磨河(289)、大柳沟东沟(116)、头道白杨沟(125)、三道白杨沟(110)、大白杨沟(104) | | | | | | | 2 | 二渠(1724)、柳条河(1000) | 3 | 乌沟(252)、团结(600)、红山口(500) | |
| | 合计 | | 56 | | 10 | | 6 | | 0 | | 8 | | 18 | | 33 |

表 10-9　柴达木盆地河湖水系一览表

| 序号 | 条目编号 | 河流・水系 | 流域面积1000km²及以上 | 流域面积100~1000km² 数目 | 流域面积100~1000km² 名称 | 水面面积10km²及以上 数目 | 水面面积10km²及以上 名称 | 水面面积1~10km² 数目 | 水面面积1~10km² 名称 | 水库 大型 数目 | 水库 大型 名称 | 水库 中型 数目 | 水库 中型 名称 | 水库 小(1)型 数目 | 水库 小(1)型 名称 | 水库 小(2)型 数目 |
|---|---|---|---|---|---|---|---|---|---|---|---|---|---|---|---|---|
|  |  | 河流 |  |  |  | 湖泊 |  |  |  |  |  |  |  |  |  |  |
|  | 10.9.1 | 苏干湖 |  |  | 2 | 苏干湖(108)、小苏干湖(11.6) |  |  |  |  |  |  |  |  |  |  |
| 1 | 10.9.1.1 | 大哈尔腾河(5967) |  |  |  |  |  |  |  |  |  |  |  |  |  |  |
| 2 | 10.9.1.2 | 小哈尔腾河(1320) |  |  |  |  |  |  |  |  |  |  |  |  |  |  |
|  | 10.9.2 | 昆特依盐湖 |  |  | 1 | 昆特依干盐湖(2765) |  |  |  |  |  |  |  |  |  |  |
|  | 10.9.3 | 德宗马海湖 |  |  |  |  | 2 | 德宗马海湖(9.0)、巴仑马海湖(2.7) |  |  |  |  |  |  |  |  |
| 3 | 10.9.3.1 | 鱼卡河(2382) |  | 7 | 哈尔昆德(270)、巴格奇策尔根(180)、德奇策尔根(100)、巴格拜奇目日尔(250)、伊克奇策尔根(175)、脑儿河(275)、嗾唠河(325) |  |  |  |  |  |  |  |  |  |  |  |
|  | 10.9.4 | 伊克柴达木湖 |  | 1 | 八里沟河(175) | 1 | 伊克柴达木湖(36) |  |  |  |  |  |  |  |  |  |
|  | 10.9.5 | 巴嘎柴达木湖 |  |  |  | 1 | 巴嘎柴达木湖(71.5) | 1 | 乌拉哈鹱拜合仑尔诺尔(2.1) |  |  |  |  |  |  |  |
| 4 | 10.9.5.1 | 塔塔棱河(4771) |  | 9 | 伊克达坂郭勒(100)、亚马托郭勒(215)、马亦郭勒(180)、敦德(250)、扎仑(162)、乃仁(275)、乌腊哿克郭(255)、亚马托(928)、大头丰雨(168) |  |  |  |  |  |  |  |  |  |  |  |
|  | 10.9.6 | 托素湖 |  | 1 | 巴勒根河(882) | 2 | 托素湖(165.9)、克鲁克湖(56.7) | 4 | 浩茫尔诺尔(1.0)、奥伦诺尔(1.0)、恩晴诺尔(2.5)、昌吉诺尔(1.0) |  |  | 1 | 黑石山(3664) | 1 | 怀头他拉(890) |  |
| 5 | 10.9.6.2 | 巴音河(10200) |  | 10 | 蓉合郭勒(150)、黄果鲁达沃(212)、苏令郭勒(220)、东碭格云郭勒(400)、艾木汤根尔郭勒(130)、伊连辛达吾(100)、哈勒特尔河(500)[哈林河(100)]、复尔郭勒(400)(290)、夏尔郭勒 |  |  |  |  |  |  |  |  |  |  |  |  |
|  | 10.9.7 | 尕海 |  |  |  | 1 | 尕海(32) |  |  |  |  |  |  |  |  |  |
|  | 10.9.8 | 柴凯盐湖 |  |  |  | 1 | 柴凯盐湖(48) | 1 | 柴旦湖(2.8) |  |  |  |  |  | 赛西(102.6) | 1 |
|  | 10.9.9 | 柯柯盐湖 |  |  |  | 1 | 柯柯盐湖(95.0) | 2 | 西茵水湖(2.4)、东茵水湖(1.3) |  |  |  |  |  |  |  |
|  | 10.9.10 | 希里沟湖 |  |  |  | 1 | 希里沟湖(23) |  |  |  |  |  |  |  |  |  |
| 6 | 10.9.10.1 | 都兰河(1133) |  |  |  |  |  |  |  |  |  |  |  |  |  |  |

续表

| 序号 | 流域面积1000km² 及以上条目编号 | 河流·水系 数目 | 流域面积100~1000km² 名称 | 数目 | 湖泊 水面面积10km² 及以上 名称 | 数目 | 水面面积1~10km² 名称 | 数目 | 水库 大型 名称 | 数目 | 中型 名称 | 数目 | 小(1)型 名称 | 数目 | 小(2)型 名称 |
|---|---|---|---|---|---|---|---|---|---|---|---|---|---|---|---|
| | | | | | | | | | | | | | | | |
| | 10.9.11 | 苦海 | | | 苦海(44) | 1 | | | | | | | | | |
| | 10.9.12 | 察尔汗盐湖 | 2 | 蒙古尔河(390)、乌图美仁河(2500) | 察尔汗盐湖(5856)[包括达布逊湖(1001)、北霍鲁逊湖(74.7)、南霍鲁逊湖(441.48)、大别勒湖(85.45)、涩聂湖(103.4)及小别勒湖、团结河等小湖面积达1700km²] | 8 | 朗果(2.0)、错龙卡(3.0)、金子海(1.5)、扎尕错(3.0)、多纳冻辛湖(2.6)、无名湖(1.6,N35°06',E99°01')、无名湖(1.1,N35°52',E99°1')、无名湖(1.5,N35°26',E95°12')、无名湖(1.2,N35°12',E98°36',E98°44')(1.1N35°14',E98°44') | 10 | | | | | | | |
| 7 | 10.9.12.1 | 素棱郭勒河(13500) | 4 | 琅玛(100)、吉合申沟(500)、爱利克斯伦河(232)、扎獭斯特河(300) | | | | | | | | | | | |
| 8 | 10.9.12.1.1 | 东扎大河(1175) | | | | | | | | | | | | | |
| 9 | 10.9.12.2 | 紫达木河(14500) | 2 | 欧马吕里河(725)、莫格尔加(580) | 冬给措纳湖(230) | 1 | | | | | | | | | |
| 10 | 10.9.12.2.2 | 乌兰乌苏河(4088) | 2 | 哈勒郭勒(250)、阿东(140) | 阿拉克湖(35) | 1 | | | | | | | | | |
| 11 | 10.9.12.2.3 | 清水河(1949) | 1 | 得龙(200) | | | | | | | | | | | |
| 12 | 10.9.12.2.4 | 察汗乌苏河(6500) | 5 | 平若夏尔加隆(255)、张禄河(810)、夏日哈河(973)、波洛斯太河(300)、博鲁古斯坦河(180) | | | | | | | | | | | |
| 13 | 10.9.12.3 | 哈鲁乌苏河(5200) | | | | | | | | | | | | | |
| 14 | 10.9.12.4 | 诺木洪河(3728△) | 4 | 东哈拉郭勒(625)、可可晒尔郭勒(130)、金水口河(220)、努尔河(130) | | | | | | | | | | | |
| 15 | 10.9.12.6 | 五龙沟(1106) | 1 | 高西里(22.5) | | | | | | | | | | | |
| 16 | 10.9.12.7 | 大格勒(1109) | 1 | 东沟(150) | | | | | | | | | | | |
| 17 | 10.9.12.8 | 格尔木河(19614△) | | | 卡巴纽尔多湖(29)、错日阿巴鄂阿东湖(15.0) | 2 | | | 温泉(25500) | 1 | | | | | |
| 18 | 10.9.12.8.3 | 格动曲(1700) | | | 错木斗江草湖(21) | 1 | | | | | | | | | |
| 19 | 10.9.12.8.4 | 无名滩根郭勒(2100) | 3 | 夏日阿清岗龙郭勒(150)、乌兰乌拉郭勒(200)、启得喜繁陇哇(250) | | | | | | | 小干沟(1030) | 1 | | | |
| 20 | 10.9.12.8.6 | 昆仑河(7527) | 2 | 高地东沟(300)、小南川(250) | 黑海(38.7) | 1 | | | | | | | | | |
| 21 | 10.9.12.8.6.2 | 南河(1206) | 3 | 黑剌沟(100)、西余一塔土沟(150)、东大滩沟(504) | | | | | | | | | 西乡(670)、哈图(142)、大于沟(978) | 3 | 乃吉里(2400) |

续表

| 序号 | 条目编号 | 河流 | | 湖泊 | | | | 水库 | | | | | |
|---|---|---|---|---|---|---|---|---|---|---|---|---|---|
| | | 流域面积1000km²及以上 河流·水系 | 流域面积100～1000km² | | 水面面积10km²及以上 | | 水面面积1～10km² | | 大型 | | 中型 | | 小(1)型 | 小(2)型 |
| | | | 数目 | 名称 | 数目 | 名称 | 数目 | 名称 | 数目 | 名称 | 数目 | 名称 | 数目 | 数目 | 数目 |
| 22 | 10.9.12.9 | 托拉海河(1830) | 1 | 西托勒黑沟(400) | | | | | | | | | | |
| 23 | 10.9.12.10 | 大柴大河(3800) | 2 | 哈西五图(500)、向阳沟(725) | | | | | | | | | | |
| 24 | 10.9.12.11 | 小柴大河(3251) | 2 | 苏海图河(450)、胡热格里河(250) | | | | | | | | | | |
| 25 | 10.9.12.12 | 拉毁杜大河(1425) | 1 | 拉毁高里河(500) | | | | | | | | | | |
| 26 | 10.9.12.13 | 乌图美仁河(2500) | | | | | | | | | | | | |
| | | 西台吉乃尔湖 | | | 1 | 西台吉乃尔湖(129.7) | | | | | | | | |
| | | 东台吉乃尔湖 | | | 1 | 东台吉乃尔湖(208) | | | | | | | | |
| 27 | 10.9.14 | 那棱格勒河(26000) | 1 | 圆头山河(585) | 2 | 咋水淀(33.6)、太阳湖(100) | 2 | 鸭湖(6.0)、索阿克赛湖(1.5) | | | | | | |
| 28 | 10.9.14.1 | 雪山河(1280) | 2 | 黄土梁河(500)、乌膝德陶可可(575) | | | | | | | | | | |
| 29 | 10.9.14.1.3 | 楚拉阿拉千河(10152) | 7 | 绍立版仁(420)、巴音格勒河(270)、莫斯图河(260)、吐鲁格图河(300)、塔拉额热格图河(275)、德拉特郭勒(900)、尖山曲(725) | | | 2 | 布南湖(7.5)、小库赛湖(9.0) | | | | | | |
| 30 | 10.9.14.1.5 | 额尔滚赛埃苏图河(3600) | 2 | 克其克改苏河(870)、努可图郭勒(250) | | | | | | | | | | |
| 31 | 10.9.14.1.5.1 | 洋德仑河(1450) | 2 | 可可尔图河(300)、额勒森众诺英郭勒(250) | | | | | | | | | | |
| 32 | 10.9.14.1.6 | 台吉乃尔湖(4150) | 2 | 可可尔图河(210) | | | | | | | | | | |
| | 10.9.14.1.7 | 某森泉湖 | | | 1 | 甘森泉湖(16.0) | | | | | | | | |
| | 10.9.15 | 一里坪干盐湖 | | | 1 | 一里坪干盐湖(360) | | | | | | | | |
| | 10.9.16 | 茫崖盐湖 | | | 1 | 茫崖盐湖(128) | | | 3 | 茫崖湖(1.8)、小盐湖(1.2)、冷湖(1.1) | | | | |
| | 10.9.17 | 大浪滩干盐湖 | | | 1 | 大浪滩干盐湖(5000) | | | | | | | | |
| | 10.9.18 | 尕斯库勒湖(17365) | | | 1 | 尕斯库勒湖(123.8) | | | | | | | | |
| 33 | 10.9.19.1 | 铁木里克河(17365) | | | | | | | | | | | | |
| 34 | 10.9.19.1.1 | 阿特阿特沙河(4531) | | | | | | | | | | | | |
| 合计 | | | 78 | | 35 | | 27 | | 1 | | 3 | | 5 | 0 |

575

表 10-10　青海湖水系一览表

| 流域面积1000km² 及以上 | | | 河流 | | | 湖泊 | | | | 水库 | | | | | |
|---|---|---|---|---|---|---|---|---|---|---|---|---|---|---|---|
| | | | 流域面积100～1000km² | | | 水面面积10km²及以上 | | 水面面积1～10km² | | 大型 | | 中型 | | 小(1)型 | 小(2)型 |
| 序号 | 条目编号 | 河流·水系 | 数目 | 名称 | 数目 | 名称 | 数目 | 名称 | 数目 | 数目 | 名称 | 数目 | 名称 | 数目 | 数目 |
| | 10.10 | 青海湖 | 4 | 泉吉河(567)、甘子河(296)、倒淌河(727)、黑马河(112) | 2 | 青海湖(4186)、尕海(47.2) | 10 | 错苔链(1.6)、喜马错(1.2)、扎吾拉错(1.0)、尕海滩湖(6.29)、涨海滩(4.5)、错纳日阿玛(4.5)、错尕尔当(1.0)、茶尔勒洼尔玛(1.0)、塔果日(1.3)、错琼(2.5) | | | | | | 4 |
| 1 | 10.10.1.1 | 哈尔盖河(1613) | 2 | 查拉河(390)、青达玛河(126) | | | | | | | | | | | |
| 2 | 10.10.1.6 | 布哈河(14384) | 8 | 多尔吉曲(238)、亚合隆瓦玛(192)、哲合乔合曲(175)、亚合隆许玛(160)、艾热盖曲(765)、扎什盖玛祀(228)、哈吉尔曲(515)、阆克赛曲(120) | | | 1 | 错喀蟹湖(8.0) | | | | | | | |
| 3 | 10.10.1.6.2 | 希格尔曲(2047) | 3 | 达芒曲(425)、阿隆汪猪(205)、色热瓦尔马(245) | | | | | | | | | | | |
| 4 | 10.10.1.6.3 | 夏日格曲(1358) | 3 | 维日克琼(110)、亚合隆曲(120)、央龙多让(205) | | | | | | | | | | | |
| 5 | 10.10.1.6.4 | 峻河(3163) | 3 | 申木庆(300)、恰日欧(408)、结森沟(280) | | | | | | | | | | | |
| 6 | 10.10.1.6.4.1 | 夏日哈河(1189) | 1 | 根迪龙阿(100) | | | | | | | | | | | |
| 7 | 10.10.1.6.5 | 吉尔孟河(1092) | 4 | 达日阿龙哇(100)、哈达龙哇(185)、刊得晚曲(240)、泉吉龙哇(130) | | | | | | | | | | | |
| 8 | 10.10.1.8 | 伊克乌兰河(1500) | 2 | 瓦音曲(320)、鄂乃曲(140) | | | | | | | | | | | |
| | 10.10.2 | 茶卡盐湖 | 2 | 莫河(120)、高韦河(200) | 1 | 茶卡盐湖(116.1) | 3 | 达连海湖(4.0)、更尕尔(4.7)、笑得海(1.1) | | | | | | | |
| | 10.10.3 | 哈拉湖 | 2 | 音德尔特河(410)、苏令河(280) | 1 | 哈拉湖(601.7) | 3 | 诺卡诺尔(3.2)、库克呼尔千诺尔(1.0)、无名湖(1.0) | | | | | | | |
| 合计 | | | 34 | | 4 | | 17 | | 0 | 0 | | 0 | | 0 | 4 |

表10-11　河西走廊—阿拉善内流区河湖水系一览表

| 序号 | 条目编号 | 河流 流域面积1000km² 及以上 河流·水系 | 河流 流域面积100~1000km² 数目 | 河流 流域面积100~1000km² 名称 | 湖泊 水面面积10km²及以上 数目 | 湖泊 水面面积10km²及以上 名称 | 湖泊 水面面积1~10km² 数目 | 湖泊 水面面积1~10km² 名称 | 水库 大型 数目 | 水库 大型 名称 | 水库 中型 数目 | 水库 中型 名称 | 水库 小(1)型 数目 | 水库 小(1)型 名称 | 水库 小(2)型 数目 |
|---|---|---|---|---|---|---|---|---|---|---|---|---|---|---|---|
| 1 | 10.11.16 | 阿拉善内流区 | 3 | 牛石头河(126.0)、塔尔岭沟(115)、马圈沟(162.5) | 15 | 果红果不隆诺尔(14.0)、吉兰泰盐湖(39.17)、鸡龙同古干盐湖(47.5)、和屯盐池(10.0)、巴嘎淖尔(19.2)、爱麦克湖(18.0)、千盐池(16.5)、长湖(12.5)、白碱诺尔(42.0)、大海子(16.0)、雅布赖盐湖(22.6)、吉尔孜子芒硝湖(24.5)、音德尔盐湖(42.9)、哈拉贺少干盐湖(80.0)、居延海(42) | 30 | 无名湖(9.2)、河面新湖(7.1)、察汗池(5.8)、黑盐池(5.0)、古兴班汗湖(9.6)、巴兴高勒湖(3.4)、哈克图湖(3.3)、通古楼诺尔(3.1)、夏勤淖(3.0)、哈拉木格台湖(3.0)、巴格淖尔(2.8)、二海子(2.4)、马尔会尔东北海子(2.0)、红兰湖(2.0)、三海子(2.0)、哈德海(2.0)、诺尔图湖(1.7)、阿欠海子(1.9)、艾吉伊克湖(1.5)、库德伦(1.6)、苏木巴音吉林湖(1.3)、柴达木巴格湖(1.2)、克尔森柴达木湖(1.2)、呼拉郭(1.2)、音德尔盐湖(1.1)、准泽德伦少希(1.0)、伊和吉格德湖(1.0)、库尔柴达木湖(1.0)、多希哈勒金柴达木湖(1.0)、巴音诺尔(1.0)、准吉格德尔(1.0) | | | | | 3 | 塔尔岭(227)、水磨沟(144)、巴彦诺特 | 1 |
| 2 | 10.11.16.6 | 石羊河(416007) | 11 | 大靖河(460△)、古浪河(877△)、柳条河(130)、龙沟河(420)、黄羊河(328△)(403)、峡门河(325)、营溪河[140]、杂木河(851△)、金塔河(841△)、西大河(811) | | | | | | | 5 | 西大河(6800)、黄羊河(5644)、大靖河(1226)、南营(2000)、红星山(9993) | 8 | 老人头(120)、大泉家湖(915)、石节子(120)、曹八里堡(630)、柳条河(111)、四坝(174)、吴家磨(103) | |
| 3 | 10.11.16.6 | 西营河(1455) | 3 | 水管河(297)、响水河(140)、冰沟(325) | | | | | | | 1 | 西营(2350) | | | |
| 4 | 10.11.16.7 | 红水河(3361) | 1 | 斜河(591) | | | | | | | | | | | |
| 5 | 10.11.16.9 | 东大河(1614) | 1 | 平羌沟(138) | | | | | | | 1 | 皇城(8000) | | | |
| 6 | | 金川河(2053) | | | | | | | | | 1 | 金川峡(6500) | 1 | 西大河(788) | |

续表

| 序号 | 条目编号 | 河流 | 流域面积100~1000km² | | 湖泊 水面面积10km²及以上 | | 湖泊 水面面积1~10km² | | 水库 大型 | | 水库 中型 | | 水库 小(1)型 | | 水库 小(2)型 |
|---|---|---|---|---|---|---|---|---|---|---|---|---|---|---|---|
| | | 河流·水系 | 数目 | 名称 | 数目 | 名称 | 数目 | 名称 | 数目 | 名称 | 数目 | 名称 | 数目 | 名称 | 数目 |
| 6 | 10.11.18 | 黑河(142900) | 4 | 大野口河(102)、摆浪河(211)、马营河(419△)、丰乐河(568△) | | | | | | | 4 | 大草滩(6400)、瓦房城(2160)、霍寨子(1460)、小海子(1048) | 43 | 焦家嘴(125)、夹山子(570)、郑国寺(121)、花园(117)、临水七一(108)、哔尖七一(105)、铜盖梁子(140)、夹边沟(141)、北河湾(960)、红沙墩(570)、沙枣墩(580)、板滩(500)、菠菠墩(473)、焦家大湖(240)、海菁湖(233)、清河跨东(135)、青河湾西(132)、高腰墩(169)、迎亲湖(135)、安远沟(315)、石灰关(256)、摆浪河(715)、鲍家湖(447)、马尾湖(715)、后夹湖(200)、天成湖(280)、西腰墩(110)、刘家深湖(100)、大湖湾(180)、明塘湖(350)、芦湾墩下(280)、西湾湖(132)、马郡滩(195)、双泉湖(250)、平川(1133)、海潮坝(143)、酥油口(385)、海潮(735)、流水口(126)、寺沟(230)、三十六道沟(115)、大野口(350)、二坝(329) | 8 |
| 7 | 10.11.18.1 | 八宝河(2511) | | | | | | | | | | | | | |
| 8 | 10.11.18.2 | 大马营河(4400) | 2 | 童子坝河(334△)、苏油口河(147) | | | | | | | 2 | 李桥(1540)、祁家店(2100) | | | |
| 9 | 10.11.18.2.3 | 洪水河(1064) | 3 | 大都麻(217)、小都麻(101)、海潮坝河(153) | | | | | | | 1 | 双树寺(2530) | | | |
| 10 | 10.11.18.3 | 梨园河(2240△) | 2 | 大磁窑河、黄草坝河 | | | | | | | 1 | 鹦鸽嘴(2500) | | | |
| 11 | 10.11.18.7 | 讨赖河(6883) | 4 | 清水河、临水河、红山河、观山河 | | | | | | | | | | | |
| 12 | 10.11.18.7.2 | 洪水坝河(1374) | | | | | | | | | | | | | |
| 13 | 10.11.20 | 疏勒河(14888) | 2 | 安南坝河(345)、石油河(656) | 1 | 哈拉湖(已干枯) | 1 | 德勤诺勒(4.5) | 2 | 鸳鸯池(10480)、大草滩(6400) | 1 | 赤金峡(3878) | 9 | 新工三坝(10)、黄水坝(200)、榆林河(730)、祁家坝(116)、桥子东坝(162)、跃进坝(125)、白杨坝(943)、条湖(115)、青山(235) | 7 |
| 14 | 10.11.20.2 | 白杨河(2259) | | | | | | | | | | | | | |
| 15 | 10.11.20.5 | 踏实河(2800) | | | | | | | | | 2 | 双塔堡(20000)、昌马(19340) | | | |
| 16 | 10.11.20.6 | 党河(42000) | | | | | | | | | 1 | 党河(4640) | | | |
| 17 | 10.11.20.6.1 | 野马河(5687) | | | | | | | | | | | | | |
| 18 | | 北石河(2400) | | | | | | | | | | | | | |
| 合计 | | | 36 | | 16 | | 31 | | 4 | | 18 | | 64 | | 8 |

578

表 10-12　内蒙古高原内流区河湖水系一览表

| 序号 | 条目编号 | 河流 | | 湖泊 | | | | 水库 | | | | | |
|---|---|---|---|---|---|---|---|---|---|---|---|---|---|
| | | 流域面积 1000km² 及以上 | | 水面面积 10km² 及以上 | | 水面面积 1~10km² | | 大型 | | 中型 | | 小(1)型 | 小(2)型 |
| | | 河流·水系 | 数目 | 名称 | 数目 | 名称 | 数目 | 名称 | 数目 | 名称 | 数目 | 名称 | 数目 |
| | 10.12.1 | 伊和沙巴尔诺尔 | | | | 伊和沙巴尔诺尔(5.33)、淮沙巴尔诺尔(6.25) | 2 | | | | | | |
| 1 | 10.12.1.2 | 乌兰乌尔洋迪(5402.21) | | | | 纽来根诺尔(4.05) | 1 | | | | | | |
| 2 | 10.12.1.2.1 | 巴彦乌拉阿尔闫干(359.8) | 1 | | | | | | | | | | |
| 3 | 10.12.1.3 | 呼清闫干(1019.66) | | | | 阿尔塞特诺尔(4.35) | 1 | | | | | | |
| 4 | 10.12.1.4 | 乌兰道希洋迪(2622.27) | | | | | | | | | | | |
| | 10.12.2 | 乌拉盖戈壁 | | 乌兰盖戈壁(215.92) | 1 | 伊和诺尔(4.25) | 1 | | | | | | |
| 5 | 10.12.2.1 | 乌拉盖河(23354.24) | 1 | 图力嘎洋迪(423.24) | 1 | 阿尔勒诺尔(8.65)、劳日特诺尔(7.5)、伊和达布斯诺尔(6.68)、额仁诺尔(5.78)、塔日牙诺尔(3.13)、柴达木诺尔(1.10)、碱诺尔(8.28) | 7 | 乌拉盖(31200) | 1 | 高力罕(3785) | 1 | | |
| 6 | 10.12.2.1.2 | 色也勤钦郭勒(1980.87) | | | | | | | | | | | |
| 7 | 10.12.2.1.3 | 敖仑套海(1987.04) | | | | | | | | | | | |
| 8 | 10.12.2.1.4 | 布尔嘎斯台郭勒(1167.61) | | | | | | | | | | | |
| 9 | 10.12.2.1.5 | 彦吉嘎郭勒(3284.12) | | | | | | | | | | | |
| 10 | 10.12.2.1.6 | 高日罕郭勒(3377.16) | | | | | | | | | | | |
| 11 | 10.12.2.1.9.1 | 新郭勒(2811.81) | | | | | | | | | | | |
| 12 | 10.12.2.2 | 巴拉格尔郭勒(8868.49) | | | | | | | | | | | |
| 13 | 10.12.2.2.1 | 浩勒图郭勒(1295.36) | 2 | 轩来洋迪(704.66) | | 轩来洋迪(796.43)、陶孙沃门洋迪 | | | | | | | |

续表

| 序号 | 条目编号 | 河流·水系 流域面积1000km² 及以上 | 流域面积100~1000km² | | 湖泊 水面面积10km² 及以上 | | 水面面积1~10km² | | 水库 大型 | | 中型 | | 小(1)型 | | 小(2)型 |
|---|---|---|---|---|---|---|---|---|---|---|---|---|---|---|---|
| | | | 名称 | 数目 | 名称 | 数目 | 名称 | 数目 | 名称 | 数目 | 名称 | 数目 | 名称 | 数目 | 数目 |
| 14 | 10.12.3 | 伊和吉林郭勒(23005.3) | 沃布拉格郭勒(425.19) | 1 | 新吉诺尔(20.65) | 1 | 巴嘎额吉诺尔(2.88)、查干诺尔(2.69)、阿拉诺尔(1.20)、伊利诺尔(1.58) | 4 | | | | | | | |
| 15 | 10.12.3.1 | 巴格吉仁郭勒(2215.28) | | | | | 巴伦诺尔(2.94) | 1 | | | | | | | |
| 16 | 10.12.3.2 | 敖伦汪郭勒(7147.33) | | | | | | | | | | | | | |
| 17 | 10.12.3.2.1 | 巴彦郭勒(1204.6) | | | | | | | | | | | | | |
| 18 | 10.12.3.2.2 | 锡林河(10541.91) | 好来吐郭勒(843.22)、那仁塔拉浑迪(898.31) | 2 | | | 查干诺尔(5.55)、布拉格尔(3.75)、扎格斯特诺尔(1.90) | 3 | | | 锡林河(1867) | 1 | | | |
| 19 | 10.12.3.2.2.1 | 塔日彦浑迪(1549.28) | | | | | 斯勃苏图诺尔(1.0) | 1 | | | | | | | |
| 20 | 10.12.3.2.2.2 | 浩来郭勒(1127.53) | | | | | | | | | | | | | |
| 21 | 10.12.3.2.3 | 宝拐高勒(1524.93) | | | | | | | | | | | | | |
| 22 | 10.12.3.2.4 | 哈沙图高勒(1211.87) | | | | | | | | | | | | | |
| 23 | 10.12.3.3 | 马尼呐郭勒(1958.43) | | | | | | | | | | | | | |
| 24 | 10.12.3.4 | 阿尔塔音勒(1444.17) | | | 达里诺尔(24.0) | 1 | | | | | | | | | |
| 25 | 10.12.3.5 | 吉拉嘎浑迪(1197.31) | | | 岗更诺尔(18.9) | 1 | | | | | | | | | |
| 26 | 10.12.4.1 | 公格尔河(1886) | 敖色郭勒(315.7)、黑林沟(269.3)、奎森郭勒(171.0)、央森郭勒(121.0) | 4 | | | 巴彦诺尔(8.53)、嘎尔德音诺尔(3.38)、查干诺尔(2.0)、沙尔布日德诺尔(1.50)、绍古民诺尔(2.78) | 5 | | | | | | | |
| 27 | 10.12.5 | 巴彦诺尔 | | | | | | | | | | | | | |
| 28 | 10.12.6 | 呼尔查干诺尔 | | | 呼尔查干诺尔(109.9) | 1 | | | | | | | | | |

续表

| 序号 | 条目编号 | 河流·水系 | 流域面积 100～1000km² 名称 | 数目 | 水面面积 10km² 及以上 名称 | 数目 | 湖泊 水面面积 1～10km² 名称 | 数目 | 水库 大型 名称 | 数目 | 中型 名称 | 数目 | 小(1)型 名称 | 数目 | 小(2)型 数目 |
|---|---|---|---|---|---|---|---|---|---|---|---|---|---|---|---|
| | | 流域面积 1000km² 及以上 | | | | | | | | | | | | | |
| 27 | 10.12.6.1 | 霍勒斯台郭勒 (5145.4) | 辉腾高勒 (932.3) | 1 | 白银库伦诺尔 (14.1) | 1 | 呼斯诺尔 (2.20)、太里木诺尔 (1.10)、古尔班巴彦诺尔 (1.0)、乌兰察布诺尔 (1.10)、准查干诺尔 (1.0)、准洪特诺尔 (1.60)、巴湄诺希马格诺尔 (1.30)、敖德诺尔 (1.90)、希日图诺尔 (1.80) | 11 | | | | | | | |
| 28 | 10.12.6.2 | 巴拉嘎斯诺尔 (1239.48) | | | | | 巴拉嘎斯诺尔 (2.28) | 1 | | | | | | | |
| | | 努格斯郭勒 | 哈沙忙哈勒 (513.33) | 1 | | | 扎格斯台诺尔 (5.10) | 1 | | | | | | | |
| | 10.12.7 | 浩勒图音诺尔 | 浩勒图音诺尔 (10.03) | 1 | 浩勒图音诺尔 (10.03) | 1 | 鸿图诺尔 (1.30)、德鹉孙达拉诺尔 (1.0)、道德高辛木格诺尔 (1.0)、爱尔巴特胡诺尔 (1.20)、达格诺尔 (1.50)、桑根达木诺尔 (3.63)、乌尔塔音诺尔 (3.63)、巴彦诺尔 (3.78)、德鹉高希木格诺尔 (1.0) | 2 | | | | | | | |
| | 10.12.8 | 宝沙岱诺尔 | 宝沙岱诺尔 (15.65) | 1 | 宝沙岱诺尔 (15.65) | 1 | 查干诺尔 (9.50)、合洛巴诺尔 (2.01)、努得格诺尔 (1.50)、下里里诺尔 (3.23)、浩勒包诺尔 (1.0) | 9 | | | | | | | |
| 29 | 10.12.8.1 | 哈拉巴郭勒 (1971.23) | 得里斯巴郭勒 (449.59) | 1 | | | | 5 | | | | | | | |
| | | 亚姆诺尔 | | | | | 亚姆诺尔 (1.7)、花诺尔 (1.20)、哈格诺尔 (1.0) | 3 | | | | | | | |
| | | 好来诺尔 | | | | | 好来陶其诺尔 (2.73)、其格诺尔 (1.70)、哈达其格诺尔 (1.10)、扣坑陶勒盖诺尔 (2.0) | 4 | | | | | | | |
| 30 | 10.12.9 | 沙拉格诺尔 | | | | | 沙拉格诺尔 (7.55)、阿拉腾嘎达斯诺尔 (3.28)、大淖 (1.5) | 3 | | | | | | | |
| | 10.12.10 | 布尔嘎斯特高勒 (3497.01) | 楚鲁恩恩格查高勒 (545.74) | 1 | | | | | | | | | | | |
| 31 | | 又吉村河 (1188.81) | | | | | | | | | | | | | |
| | | 阿布达布延沙不堆饶木 | | | | | | | | | | | | | |
| | 10.12.11 | 哈沙土诺尔 | | | 哈沙吐诺尔 (22.83) | 1 | 达布苏诺尔 (1.1) | 1 | | | | | | | |
| 32 | 10.12.12 | 伊和诺尔 | 伊稿勒 (1145.38) | | | | 僧僧戈壁 (1.8) | 1 | | | | | | | |

续表

| 序号 | 条目编号 | 河流 | | | 湖泊 | | | | 水库 | | | | | | |
|---|---|---|---|---|---|---|---|---|---|---|---|---|---|---|---|
| | | 流域面积1000km²及以上 河流·水系 | 流域面积100～1000km² 名称 | 数目 | 水面面积10km²及以上 名称 | 数目 | 水面面积1～10km² 名称 | 数目 | 大型 名称 | 数目 | 中型 名称 | 数目 | 小(1)型 名称 | 数目 | 小(2)型 数目 |
| 33 | 10.12.13 | 哈沙图郭勒(2128.3) | | | | | 蒙古勒诺尔(1.5)、依和沼呼奎日木(1) | 2 | | | | | | | |
| 34 | 10.12.14 | 朝鲁更高勒(3688.29) | | | | | 巴彦诺尔(1.10) | 1 | | | | | | | |
| | 10.12.15 | 阿尔善戈壁诺尔 | | | 阿尔善戈壁诺尔(14.86) | 1 | 阿拉其盖戈壁(2.0)、布朗戈壁(2.0)、乌兰特查干诺木(4.78)、厅格姆呼塔拉诺尔(2.0)、布郎查干马壁拉诺尔(1.0)、德尔彦诺尔(2.0)、苏力特诺斯诺尔(1.0)、塔干诺尔(1.0)、呼勒斯台诺尔(2.0)、塔尔查干诺尔(1.0)、乌和尔高勒诺尔(2.80)、查干诺尔(4.08)、乌兰干诺尔(1.10)、达布苏诺尔(1.5)、塔永干呼勒斯台诺尔(1.0)、恩格斯图诺尔(1.1) | 19 | | | | | | | |
| 35 | | 乌伊尼诺尔 | | | | | 乌兰诺尔(3.0)、哈尔诺尔(2.0)、布斯音戈壁(1.0)、布斯音戈壁(1.3) | 4 | | | | | | | |
| | | 阿勒特套高诺尔 | | | | | 包尔呼吉诺尔(1.0) | 1 | | | | | | | |
| | | 准查干诺尔 | | | | | 准查干诺尔(1.20)、呼和诺尔(1.05) | 2 | | | | | | | |
| | | 包力德音高勒(1057.98) | | | | | | | | | | | | | |
| 36 | 10.12.16 | 阿木乌苏洋迪(2572.67) | | | | | | | | | | | | | |
| | | 巴润达来诺尔 | 嘎顺乃高勒(698.51) | 1 | | | 宝力格诺尔(3.0) | 1 | | | | | | | |
| | | 宝力格诺尔 | | | | | 戈壁诺尔(1.15)、翁贡诺尔(2.20) | 2 | | | | | | | |
| | | 戈壁诺尔 | | | | | | | | | | | | | |
| | | 呼吉尔诺尔 | | | | | 呼吉尔诺尔(7.88、3.53)、哈尔查布诺尔(5.80) | 3 | | | | | | | |
| 37 | 10.12.17 | 德尔嘎郭勒(3559.57) | | | | | | | | | | | | | |
| 38 | 10.12.18.1 | 上胡尔登郭勒(1513.9) | | | | | | | | | | | | | |
| | 10.12.19 | 巴布拉格郭勒(1616.1) | | | | | | | | | | | | | |
| 39 | | 乌兰诺尔 | | | | | 乌兰诺尔(2.15) | 1 | | | | | | | |

续表

| 序号 | 条目编号 | 河流 流域面积1000km²及以上 河流·水系 | 河流 流域面积100~1000km² 名称 | 河流 流域面积100~1000km² 数目 | 湖泊 水面面积10km²及以上 名称 | 湖泊 水面面积10km²及以上 数目 | 湖泊 水面面积1~10km² 名称 | 湖泊 水面面积1~10km² 数目 | 水库 大型 名称 | 水库 大型 数目 | 水库 中型 名称 | 水库 中型 数目 | 水库 小(1)型 名称 | 水库 小(1)型 数目 | 水库 小(2)型 数目 |
|---|---|---|---|---|---|---|---|---|---|---|---|---|---|---|---|
| 40 | 10.12.20 | 查干诺尔 莱音呼都格郭勒(4240.45) | 二道荣河(170.85) | 1 | | | 查干诺尔(1.43)、乌兰诺尔(1.10) | 2 | | | | | | | |
| 41 | | 乌尔罕廷郭勒(2073.81) | | | | | | | | | | | | | |
| 42 | 10.12.21 | 横格勒泽迪(8602.98) | 哈禾泉河(297.22) | 1 | | | | | | | | | | | |
| 43 | 10.12.21.1 | 长胜湾河(1023.14) | | | | | | | | | | | | | |
| 44 | 10.12.21.2 | 丁汁河(1409.96) | 西土城河(105.16)、巴仁下布图河(996.02) | 2 | | | | | | | | | | | |
| 45 | 10.12.22 | 乌日古布力格(1708.99) | 努青郭勒(305.41) | 1 | | | | | | | | | | | |
| | | 达布哈尔依尔木格郭勒 | 都呼木洋迪(259.43) | 1 | | | | | | | | | | | |
| | | 戈壁音乌兰诺尔 | 乌尔塔高勒(675.12) | 1 | | | | | | | | | | | |
| | | 德鲁科佳地 | 阿木特音高勒(716.74) | 1 | | | | | | | | | | | |
| 46 | 10.12.23 | 好尔泽迪(1032.95) | 阿尔盖廷高勒(453.42) | 1 | | | | | | | | | | | |
| | | 多尔博勒金乌兰诺尔 | 查干散包高勒(573.98) | 1 | | | | | | | | | | | |
| 47 | 10.12.24 | 章古音高勒(1360.39) | 水井子河(463.89) | 1 | 榕材山诺尔(14.68) | 1 | 查干雅饶木诺尔(3.43) | 1 | | | | | | | |
| | 10.12.25 | 查干雅饶木诺尔 | 宝目河(328.59) | 1 | | | 达布散诺尔(9.10) | 1 | | | | | | | |
| | 10.12.26 | 达尔散诺尔 | 十八顷河(385.46)、大清沟(539.24)、五台河(830.11)、号半地河(358.29)、六台河(698.73) | 5 | | | 哈乌图诺尔(8.15) | 1 | | | 白音希勒(1825) | 1 | | | |
| | | 黑沙土诺尔 | | | | | 东乌兰诺尔(6.05)、西乌兰诺尔(3.28)、七嘛噻诺尔(3.33)、九连城岸(6.15)、盐岸(3.90) | 5 | | | | | | | |
| | | 乌兰诺尔 | | | | | 三吉岸(1.90) | 1 | | | | | | | |
| | | 二吉岸 | | | | | | | | | | | | | |
| 48 | 10.12.27 | 蔡汗岸 | 玻璃慇镜河(349.05) | 1 | 蔡汗岸(40.47) | 1 | 大车家滩西岸(1.20)、康卜岸(1.0)、海小牧岸(1.30) | 3 | | | 八股地(1200)、五一(1120) | 2 | | | |
| | 10.12.27.1 | 不冻河(1190.87) | | | | | | | | | | | | | |

续表

| 序号 | 条目编号 | 河流·水系<br>流域面积1000km²及以上 | 河流<br>流域面积100～1000km²<br>名称 | 数目 | 湖泊<br>水面面积10km²及以上<br>名称 | 数目 | 湖泊<br>水面面积1～10km²<br>名称 | 数目 | 水库<br>大型<br>名称 | 数目 | 水库<br>中型<br>名称 | 数目 | 水库<br>小(1)型<br>名称 | 数目 | 小(2)型<br>数目 |
|---|---|---|---|---|---|---|---|---|---|---|---|---|---|---|---|
| 49 | 10.12.27.2 | 特布乌拉河(1173.59) | | | | | | | | | | | | | |
| | 10.12.28 | 碱海子 | 虾礸河(597.68)、段家村河(198.23) | 2 | 碱海子(11.75) | 1 | | | | | 石门口(1550) | 1 | | | |
| | 10.12.29 | 东岸湖 | | | | | 东岸湖(8.08) | 1 | | | | | | | |
| | 10.12.29 | 小海子 | 丹岱河(110.27) | 1 | | | 小海子(4.63) | 1 | | | | | | | |
| | | 莫石盖海 | | | | | 莫石盖海(1.58) | 1 | | | | | | | |
| | | 韩盖淖尔 | | | | | 韩盖淖尔(1.25) | 1 | | | | | 哈卜泉(722.8) | 1 | |
| 50 | 10.12.30 | 黄旗海 | 霸王河(899.32)、磨子山河(318.14) | 2 | 黄旗海(113.90) | 1 | | | | | | | | | |
| | 10.12.30.1 | 泉玉林河(2001.92) | 印沟(243.58)、榛赖沟(378.29)、五葫芦沟(136.33)、庙湾沟(239.45)、隆盛庄西河(188.53)、呼和乌素河(181.47)、老平地泉河(371.98) | 7 | | | 红海子(1.0)、小淖南南海(1.0)、东八号(1.1) | 3 | | | 双古城(2100)、泉玉林(4870) | 2 | | | |
| | 10.12.31 | 岱海 | 索代沟(117.62)、大河沿沟(331.23)、天成河(267.08)、步量河(192.65)、五号河(272.01)、弓坝河(206.49) | 6 | 岱海(164.68) | 1 | | | | | 石门子(1000.7) | 1 | 弓坝河(173) | 1 | |
| | | 查干诺尔 | | | | | 查干诺尔(1.40) | 1 | | | | | | | |
| | | 哈沙图查干诺尔 | 格色尔音高勒(733.90) | 1 | | | 哈沙图查干诺尔(5.0) | 1 | | | | | | | |
| | | 巴润好来查干诺尔 | 巴润好来河(754.17) | 1 | | | 巴润好来查干诺尔(4.28) | 1 | | | | | | | |
| | 10.12.32 | 呼和诺尔 | | | 呼和诺尔(21.13) | 1 | 查干诺尔(4.53) | 1 | | | | | | | |
| 51 | 10.12.32.1 | 塔布河(10482.74) | 中后河(468.39)、韭菜沟(869.49)、耗赖山(321.12)、乌兰花(538.69)、黑沙图沟(243.54)、红格尔沟(517.72)、乌古图高勒(656.91) | 7 | | | | | | | | | 黄花滩(1453)、平营(735)、乌兰花(570)、泉掌子(255) | 4 | |
| 52 | 10.12.32.1.1 | 乌日图沟(1257.56) | 席边沟(675.26) | 1 | | | | | | | | | | | |
| 53 | 10.12.33 | 乌兰陶勒盖高勒(2429.15) | 后哈子河(885.51) | 1 | | | | | | | | | | | |
| | 10.12.34 | 查干诺尔 | 扎达盖高勒(319.80) | 1 | | | | | | | | | | | |
| 54 | 10.12.34.1.1 | 戈壁盖河(7185.46) | 阿尔陶孙羊迪(581.07)、苏巴格尔(750.96) | 2 | 腾格尔诺尔(28.77) | 1 | 查干淖尔(1.76)、公乌苏北诺尔(2.10) | 2 | | | | | | | |
| 55 | 10.12.34.1.1.1 | 塔尔洪河(2472.49) | 阿木斯尔(408.35)、乌兔河(350.94)、高腰海沟(184.39)、集口河(977.69) | 4 | | | | | | | | | | | |
| | | | 大河(385.02)、太和成河(396.52)、扎达盖河(785.25)、二道河(933.91) | 4 | | | | | | | | | | | |

续表

| 序号 | 条目编号 | 河流·水系 | 河流<br>流域面积1000km²及以上<br>名称 | 数目 | 水面面积10km²及以上<br>名称 | 数目 | 湖泊<br>水面面积1~10km²<br>名称 | 数目 | 水库<br>大型<br>名称 | 数目 | 中型<br>名称 | 数目 | 小(1)型<br>名称 | 数目 | 小(2)型<br>名称 | 数目 |
|---|---|---|---|---|---|---|---|---|---|---|---|---|---|---|---|---|
| 56 | 10.12.34.2 | 乌桂郭勒(2790.1) | 阿尔乌苏沟(638.19)、哈斯格沟 | 2 | | | | | | | | | | | | |
| | | 乌兰淖 | 乌兰伊勒更河(222.09) | 1 | | | | | | | | | | | | |
| | | 赛打木苏淖 | 乌兰额热格河(772.53)、少亥图河(44.42) | 2 | | | 赛打木苏淖(2.18) | 1 | | | | | | | | |
| 57 | 10.12.35 | 开令河(1882.43) | | | | | 哈尔诺尔(6.88) | 1 | | | | | | | | |
| 58 | 10.12.36 | 扎尔格楞图河(1570.76) | | | | | 桑根达来诺尔(2.05) | 1 | | | | | | | | |
| | | 查干陶勒盖诺尔 | 新尼乌素河(583.09)、乌力吉图河(167.29) | 2 | | | | | | | | | | | | |
| 59 | 10.12.37 | 那林河(3217.28*) | 乌珠尔呼舒河(361.42) | 1 | | | | | | | | | | | | |
| 60 | 10.12.37.1 | 乌兰额热格(2035.51) | | | | | | | | | | | | | | |
| 61 | 10.12.38 | 阿尔沙土沟(4320.56*) | 沙布根高勒(317.9)、扎明淖尔泽迪(549.19) | 2 | | | | | | | | | | | | |
| 62 | 10.12.38.1 | 古尔班乌兰好来(1525.69) | | | | | | | | | | | | | | |
| 63 | 10.12.38.2 | 昌吉高勒(1192.59) | | | | | | | | | | | | | | |
| 64 | 10.12.39 | 包尔呼顺高勒(1048.23*) | 呼勒斯内高勒(88.92) | 1 | | | | | | | | | | | | |
| | | 和布特呼都呼仍戈壁 | 毛敦特呼都格音高勒(477.18) | 1 | | | | | | | | | | | | |
| 65 | 10.12.40 | 巴音呼热音高勒(1190.33) | 公尚德音高勒(385.21) | 1 | | | | | | | | | | | | |
| 66 | 10.12.41 | 阿布日和音高勒(2742.43) | 敖仑毛德高勒(395.92) | 1 | | | | | | | | | | | | |
| 67 | 10.12.42 | 巴仑毛德临高勒(1928.28) | | | | | | | | | | | | | | |
| 68 | 10.12.43 | 迈马乌苏郭勒(1090.18) | 苏根高勒(748.73) | 1 | | | | | | | | | | | | |
| 69 | 10.12.44 | 莫林河(5799.35) | 居力格合高勒(449.08) | 1 | | | | | | | | | | | | |
| | 合计 | | | 90 | | 17 | | 133 | | 1 | | 9 | | 6 | | 0 |

表 10 – 13

## 中哈跨界内陆河水系一览表

| 流域面积1000km² 及以上 | | | 河流 | | 湖泊 | | | | 水库 | | | | |
|---|---|---|---|---|---|---|---|---|---|---|---|---|---|
| 序号 | 条目编号 | 河流·水系 | 数目 | 流域面积100~1000km² 名称 | 水面面积10km² 及以上 名称 | 数目 | 水面面积1~10km² 名称 | 数目 | 大型 名称 | 数目 | 中型 名称 | 数目 | 小(1)型 名称 | 数目 | 小(2)型 名称 | 数目 |
| 1 | 10.13.1 | 额敏河 (20900*) | 38 | 达因苏河 (100)、乌什水河 (168)、其本德河 (136)、库斯特河 (114)、别勒其尔 (108)、哈拉依其天勒河 (252△)、结勒也苏河 (106)、乌尔孪勤特河 (906)[别斯铁列克河 (360)、阿克铁热克河 (130)、莫鲁纳娃河 (218)]、巴依腾合河 (111)、阿克苏河 (350)、马拉苏河 (262△)、库鲁木苏河 (311)、乌尊巴拉河 (179)、多拉特河 (100)、铁斯巴汗河 (171)、库甫河 (522)、朗格特河 (200)、扎曼特木河 (108)、伯依布诺尔河 (124)、阿勒腾也木河 (100)、万德尔河 (125)、哈乌苏布拉河 (356△)、阿舒孪达斯河 (107)、切德尔河 (537)、江格尔乌增河 (107)、奥迪也河 (247)、紫汗托布河 (578*)、斯板伯勒河 (162)、麦海英河 (143)、翻伯图河 (231)、大锡伯图河 (186)、阿木都拉河 (271△)、哈浪古尔河 (349△)、乌拉斯台河 (189△)、卡拉克大克河 (118) | | | 沙夜湖 (1.2) | 1 | | | 乌什水 (3850)、阿额敏 (1850)、哈克苏 (2114)、伯拉 (1436)、喀浪古木 (3900)、乌拉斯台 (2000) | 6 | 喀拉哈巴克 (800)、哈夏 (362)、库尔拜 (366)、多拉普 (212)、乌宗布拉克 (113)、库布拉克 (110)、铁泰 (480)、夜巴汗 (120)、伯布 (120)、克改布拉 (620)、莫菊芦 (500)、锡伯提 (110)、卡因达 (105)、乌塔克 | 14 |
| 2 | 10.13.3 | 铁列古提河 (1109*) | 4 | 塔斯提河 (994*) [曲勒齐特 (104)、布尔干河 (165)]、喀英特河 (162*) | | | | | | | | | | | |
| | | | 3 | 多库丘特河 (176)、丘尔丘特河 (100)、加曼铁列克提河 (119) | | | | | | | | | | | |
| | | | 2 | 孔吾拉巴河 (380)、乌宗布拉克 (100) | | | | | | | | | | | |
| 3 | 10.13.4 | 伊犁河 (57151*) | 39 | 苏木拜河 (161)、哈萘河 (442)、喀拉苏河 (514*)、阿克苏河 (300)、吐尔干布拉克河 (104)、乌玉尔台河 (112)、齐斯乌泽河 (66)、巴哈勒克河 (119)、喀拉萨依河 (188)、柯舍野特古萨依河 (244)、布力开河 (120)、胡斯太依克河 (110)、苏阿苏河 (131)、阿勒玛勒河 (105)、曲鲁海河 (102)、蔡布查尔东沟 (100)、吉台拉河 (251)、洪海沟 (395△)、果子沟 (657)、小西沟 (270)、开干河 (200)、吐尔布拉克河 (563)、康苏河 (153)、吐尔根布拉克河 (181)、大洪纳海河 (205)、小洪纳海河 (105)、大莫音台河 (205)、科克铁热克河 (102)、萨尔阔步克河 (255)、阔步河 (890)、[切热克河 638]、乔拉克铁热克河 (169)、苏布苏河 | | | 阿克库勒湖 (2.6) | 1 | | | | | | | | | |

续表

| 序号 | 条目编号 | 河流·水系 | 河流 流域面积100~1000km² |  | 湖泊 水面面积10km²及以上 |  | 湖泊 水面面积1~10km² |  | 水库 大型 |  | 水库 中型 |  | 水库 小(1)型 |  | 小(2)型 数目 |
|---|---|---|---|---|---|---|---|---|---|---|---|---|---|---|---|
|  |  | 流域面积1000km²及以上 | 数目 | 名称 | 数目 | 名称 | 数目 | 名称 | 数目 | 名称 | 数目 | 名称 | 数目 | 名称 |  |
| 4 | 10.13.4.1 | 木扎特河(1275) | 2 | 萨依亨河(519)、艾尊曼特河(250) |  |  |  |  |  |  |  |  |  |  |  |
| 5 | 10.13.4.2 | 夏特河(1228) | 3 | 克其克木扎尔特河(550)、阿登布拉克河(119)、敦都郭勒河(330) |  |  |  |  |  |  |  |  |  |  |  |
| 6 | 10.13.4.6 | 阿合牙孜河(2813) | 5 | 哈布腾苏河(449)、科普尔特依河(527)、空古拉布拉克河(222)、萨喀鲁斯青河(100)、大台代河(121) |  |  |  |  |  |  |  |  |  |  |  |
| 7 | 10.13.4.9 | 库克苏河(5666) | 11 | 吾浪青玄河(205)、合同沙拉河(333)、达乌喀公河(101)、察汗冲拉河(198)、哈希克塔尔河(109)、喀腊孜依萨依河(183)、阿勒阙斯乌侠克(199)、其布特尔河(338)、康卡尔河(403)、买提格尔萨尔依河(192)、哈比斯朗沟(240) |  |  |  |  |  |  |  |  |  |  |  |
| 8 | 10.13.4.9.1 | 库尔代河(1125) | 2 | 兮牟伴仗太河(283)、克希库什太河(253) |  |  |  |  |  |  |  |  |  |  |  |
| 9 | 10.13.4.10 | 小吉尔格朗河(1024) | 3 | 达鲁巴依撒尔马河(366)、哈尔干德河(297)、恰西河(274) |  |  |  |  |  |  |  |  |  |  |  |
| 10 | 10.13.4.11 | 大吉尔格朗河(2191) | 5 | 博图河(146)、尔博图河(109)、库尔德宁河(264)、莫耶尔拉河(215)、乌勒青莫合尔河(114) |  |  |  |  |  |  |  |  |  |  |  |
| 11 | 10.13.4.12 | 巩乃斯河(7707) | 10 | 紫芩乌苏河(285)、阿拉善沟(384)、阿克仁沟(129)、巴日特能干赞丐沟(320)、塔勒德夏河(238)、目梓天日河(104)、拉阶台沟(118)、坎苏沟(239)、吐尔根沟(180)、则克台沟(159) |  |  |  |  |  |  |  |  |  |  |  |
| 12 | 10.13.4.12.1 | 恰甫河(1305) |  |  |  |  |  |  |  |  |  |  |  |  |  |
| 13 | 10.13.4.13 | 喀什河(9541) | 30 | 波格果拉河(113)、阿扶斯坦河(396)、孟克德萨依河(482)、[萨尔东提河(289)]、阔尔东库河(121)、赛青都鲁河(129)、依生布古河(134)、欧默热娃娃萨依河(148)、吐(145)、布古喇拉河(12)、阿尔桑萨萨依河、鲁曾哈千河(181)、阿碧沙朋河(242)、寨口河(145)、喀布其稔河(140)、铁米尔吐布克河(183)、胡昔尔台萨依河(167)、索米尔勒克河(150)、巴尔沃依提河(102)、陈泽溪河(169)、巴彦郭勒河(218)、恰奇河(106)、水磨沟河(232)、阿克布旱河(326)、塔斯达旺溪河(215)、库末尔塔依溪河(125)、尼勒克河(101)、乌拉特塔依溪(170)、喀拉苏河(225)、苏布台河(163)、博东博松河~938) | | | | | 1 | 吉林台 | 1 | 托海(1750) | | | |

续表

| 序号 | 流域面积 1000km² 及以上 条目编号 | 河流·水系 | 河流 流域面积 1000km² 及以上 名称 | 数目 | 流域面积 100~1000km² 名称 | 湖泊 水面面积 10km² 及以上 名称 | 数目 | 水面面积 1~10km² 名称 | 数目 | 水库 大型 名称 | 数目 | 中型 名称 | 数目 | 小(1)型 名称 | 数目 | 小(2)型 名称 |
|---|---|---|---|---|---|---|---|---|---|---|---|---|---|---|---|---|
| 14 | 10.13.4.16 | 匹里青河 (1187) | | 4 | 克孜勒库拉河 (104)、阿希河 (329)、脑盖头溪河 (141)、苏阿尔勒马特河 (218) | | | | | | | | | | | |
| 15 | 10.13.4.17 | 萨尔布拉克河 (1184) | | 3 | 库尔特冷苏河 (141)、鬲古晋河 (100)、切特沙尔布拉克河 (156) | | | | | | | | | | | |
| 16 | 10.13.4.21 | 三道河子河 (1237) | | 2 | 大西沟 (272)、切德克河 (284) | | | | | | | | | | | |
| 17 | 10.13.4.23 | 霍尔果斯河 (1660) | | 1 | 海仁赛尔河 (240) | | | | | | | | | 28 | 倒须沟 (400)、三盆口 (137)、塔尔基一库 (256)、凉尔基二库 (100)、麻杆沟 (120)、二道河 (111)、二道泉 (100)、卡桑布拉克 (100)、61团三道泉 (136)、62团城东 (204)、62团共荣 (105)、63团跃进一库 (420)、63团跃进二库 (229)、63团跃进三库 (335)、63团跃进四库 (200)、63团跃进五库 (300)、63团跃进六库 (110)、63团跃进八库 (400)、63团跃进九库 (200)、64团一号 (110)、64团三号 (117)、64团六号 (117)、64团七号 (210)、64团八号 (322)、64团九号 (570)、64团红旗 (593)、67团吉林一库 (262)、67团吉林二库 (298) | 7 |
| 合计 | | | | 167 | | | 0 | | 2 | | 1 | | 7 | | 42 | | 13 |

# 《中国河湖大典 综合卷》
# 编辑出版人员名单

总 编 辑：汤鑫华

副总编辑：胡昌支

责任编辑：李金玲　王　丽　吴　娟　冯红春　吉鑫丽　王海琴　王德鸿

美术编辑：刘一橥　芦　博

地图编辑：黄云燕

封面设计：刘一橥

版式设计：黄云燕

责任排版：吴建军　郭会东　孙　静　丁英玲　聂彦环

责任校对：张　莉　梁晓静　吴翠翠

责任印制：崔志强　帅　丹　孙长福　王　凌

# 中国政区

各省区最高峰

| 省份 | 最高主峰 | 海拔（米） |
|---|---|---|
| 北京市 | 东灵山 | 2303 |
| 天津市 | 八仙桌子 | 1052 |
| 河北省 | 小五台山 | 2882 |
| 山西省 | 五台山北台叶斗峰 | 3061.1 |
| 内蒙古自治区 | 敖包圪垯 | 3556 |
| 辽宁省 | 花脖山 | 1336 |
| 吉林省 | 白云峰 | 2691 |
| 黑龙江省 | 大秃顶子 | 1690 |
| 上海市 | 大金山 | 103 |
| 江苏省 | 云台山 | 624.4 |
| 浙江省 | 黄茅尖 | 1921 |
| 安徽省 | 莲花峰 | 1864.8 |
| 福建省 | 黄岗山 | 2160.8 |
| 江西省 | 黄岗山 | 2160.8 |
| 山东省 | 玉皇顶 | 1532.7 |
| 河南省 | 老鸦岔脑 | 2414 |
| 湖北省 | 神农顶 | 3105 |
| 湖南省 | 壶瓶山 | 2099 |
| 广东省 | 石坑崆 | 1902 |
| 广西壮族自治区 | 猫儿山 | 2141 |
| 海南省 | 五指山 | 1867 |
| 重庆市 | 阴条岭 | 2797 |
| 四川省 | 贡嘎山 | 7556 |
| 贵州省 | 韭菜坪 | 2900 |
| 云南省 | 梅里雪山 | 6740 |
| 西藏自治区 | 珠穆朗玛峰 | 8844.43 |
| 陕西省 | 太白山 | 3767 |
| 甘肃省 | 阿尔金山 | 5798 |
| 青海省 | 布喀达坂峰 | 6860 |
| 宁夏回族自治区 | 敖包圪垯 | 3556 |
| 新疆维吾尔自治区 | 乔戈里峰 | 8611 |
| 香港特别行政区 | 大帽山 | 957 |
| 澳门特别行政区 | 叠石塘山 | 172 |
| 台湾省 | 玉山 | 3952 |

南海诸岛 1:32 000 000

1:16 000 000

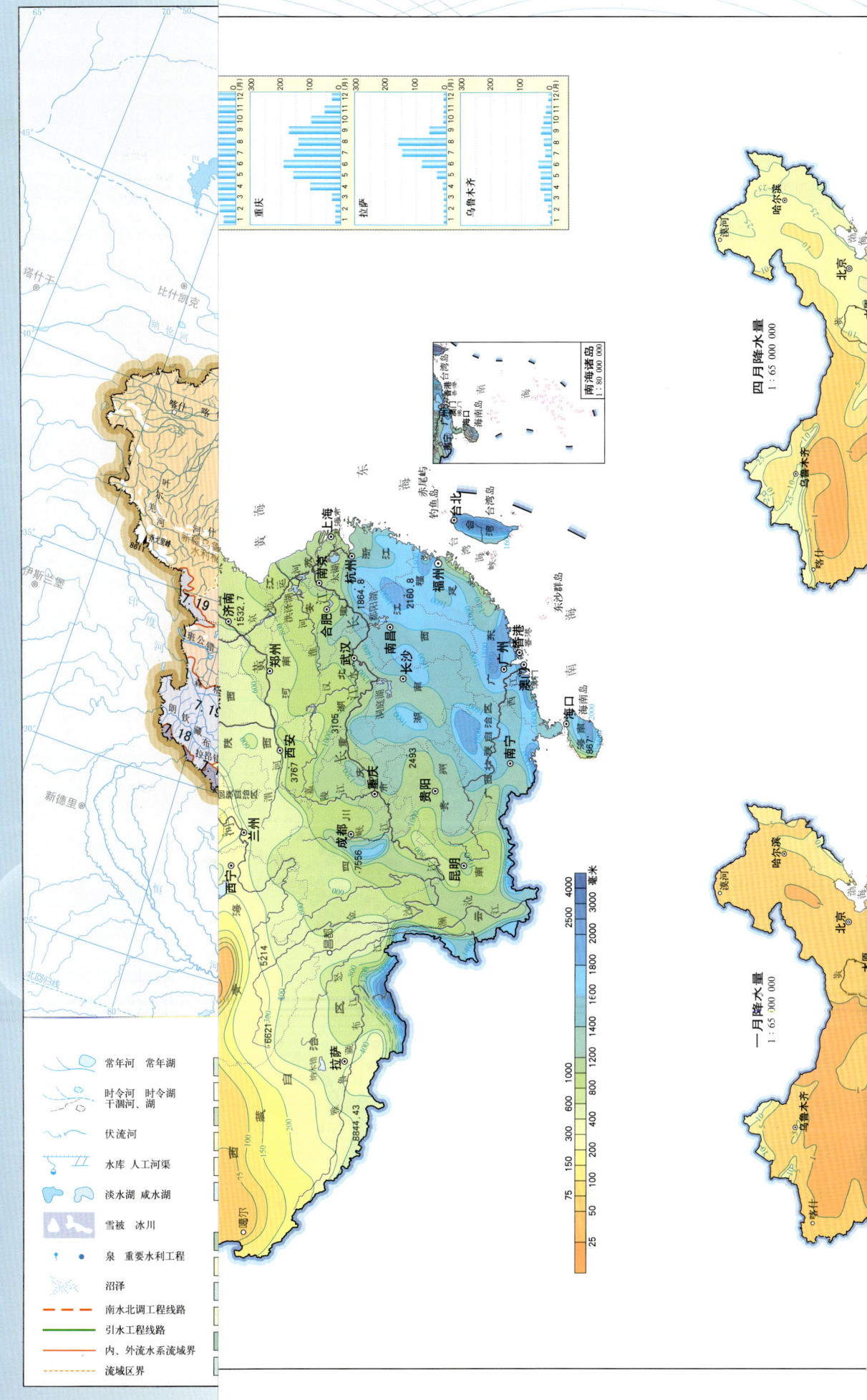

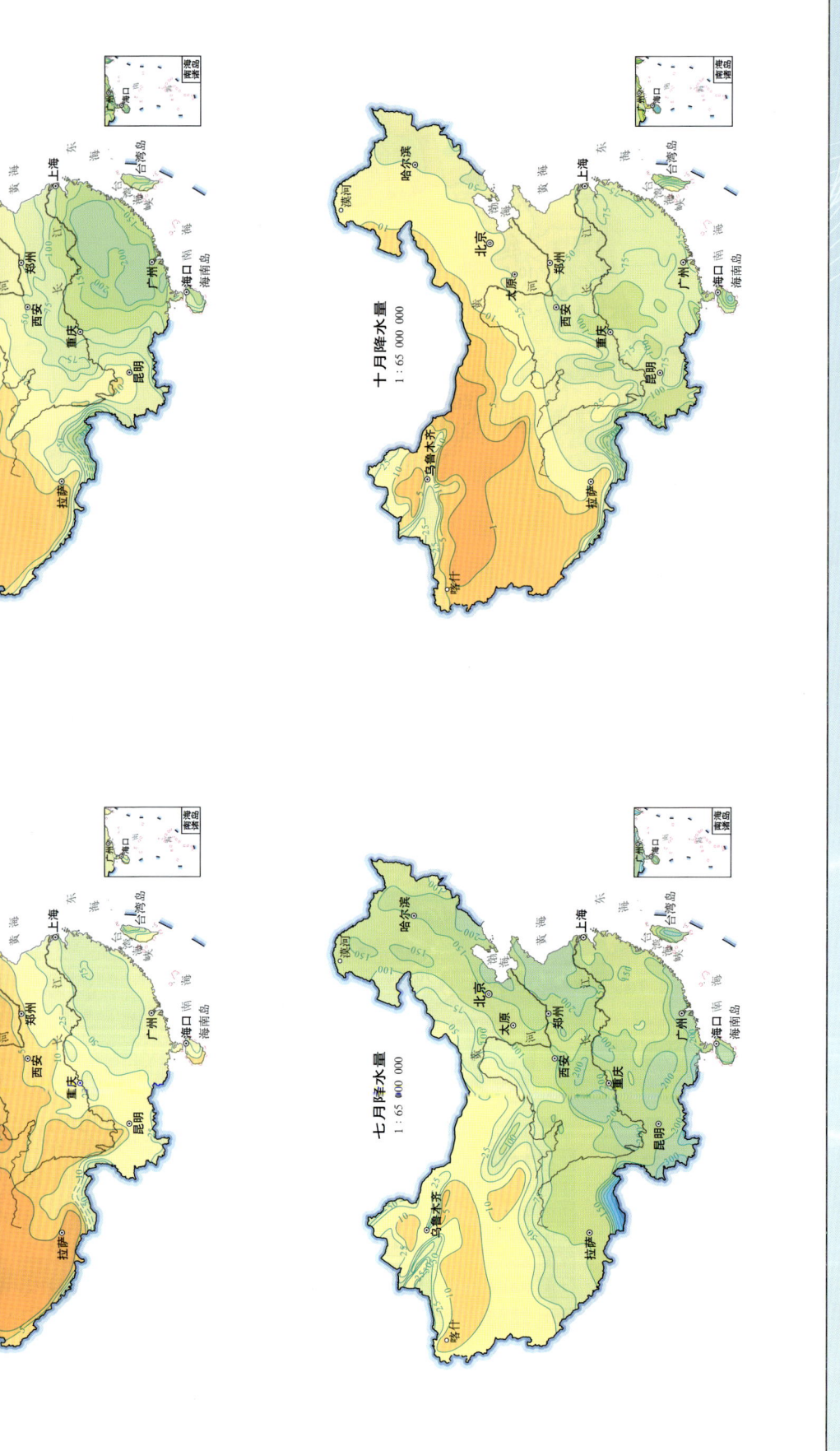